Werkstoffe des Reaktorbaues

mit besonderer Berücksichtigung der Metalle

Von

Karl Lintner
Dr. phil., a. o. Professor
II. Physikal. Institut der
Universität Wien

und

Erich Schmid
Dr. phil. Dr. mont. h. c., o. Professor
Ausw. wissensch. Mitglied d. Max Planck-
Instituts für Metallforschung Stuttgart
Vorstand d. II. Physikal. Instituts der
Universität Wien

Mit 405 Abbildungen

Springer-Verlag Berlin Heidelberg GmbH 1962

ISBN 978-3-662-13421-4 ISBN 978-3-662-13420-7 (eBook)

DOI 10.1007/978-3-662-13420-7

Ursprünglich erschienen bei Springer Verlag oHG Berlin Gottigen Heidelberg 1962

Softcover reprint of the hardcover 1st edition 1962

Library of Congress Catalog Card Number: 62-14 308

Vorwort

Immer wieder wird von zuständigen Stellen betont, daß die Fortentwicklung des Spaltungsreaktors heute viel mehr von der Lösung der auftretenden schwierigen Werkstoffprobleme abhängt als von der Förderung kernphysikalischer Probleme, die heute im großen und ganzen überblickt werden. Für die Werkstoffkunde und Festkörperphysik sind durch die Forderungen, die der Bau von Spaltungsreaktoren mit sich bringt, zahlreiche, zum Teil völlig neuartige Aufgaben entstanden, deren Bearbeitung in regem Fluß aber noch keineswegs abgeschlossen ist. Bei dieser Sachlage erscheint der Wunsch des Verlages nach einer zusammenfassenden Darstellung der neuen Entwicklungslinien in der Werkstoffkunde und -physik durchaus verständlich. Die an uns gerichtete Einladung zur Abfassung einer solchen Darstellung begegnete sich mit unseren eigenen Absichten, die dahin gingen, die an der Universität Wien und an der Technischen Akademie, Bergisch Land, Wuppertal, gehaltenen Vorträge erweitert zu veröffentlichen und die Grundlagen eines eigenen Forschungsgebiets – der Strahlenbeeinflussung von Metallen – eingehender zu beschreiben. Der Umstand, daß bis dahin keine zusammenfassende Darstellung im deutschen Schrifttum bestand – inzwischen ist die „Werkstoffkunde der Kerntechnik" von Professor Dr. W. Epprecht im Birkhäuser-Verlag erschienen –, bestärkte uns in unserem Vorhaben.

Da ein wichtiger neuer Gesichtspunkt bei der Beurteilung der Reaktorbaustoffe die Notwendigkeit der Berücksichtigung eines Bestrahlungseinflusses ist, wird der Beschreibung der Werkstoffe eine eingehende Darstellung des Einflusses von Korpuskalurbestrahlung auf Materie vorangestellt, wobei die theoretischen Grundlagen und das heute schon sehr breite Beobachtungsmaterial geschildert werden. Von den typischen Reaktorwerkstoffen sind die Brennstoffe die wichtigsten. Bei ihnen handelt es sich um die bisher nur wenig benutzten Metalle Uran und Thorium und um das nur künstlich herstellbare Plutonium. Die Verhüttung der Erze und die Verarbeitung der Metalle wird nur kurz behandelt, wohl aber erfahren ihre Eigenschaften, die wegen der niedrigen Kristallsymmetrie viele und neuartige Besonderheiten aufweisen, eine ausführliche Darlegung. Die Erörterung der weiteren Reaktorbaustoffe ist nach deren Verwendungsart im Reaktor gegliedert. Bei den Moderatoren wird eingehend

Graphit behandelt, aber auch das immer größere Bedeutung erlangende Beryllium wird gewürdigt. Während im Sinne der Neutronenökonomie bei den Moderatoren eine möglichst geringe Absorption thermischer Neutronen im Vordergrund steht, werden zur Herstellung der Regelstäbe umgekehrt besonders stark absorbierende Werkstoffe verwendet. Zur Abführung der Wärme bzw. zu ihrer Übertragung auf den Wärmeaustauscher werden gasförmige und flüssige Kühlmittel verwendet, an welche die mannigfaltigsten Anforderungen gestellt werden, wie günstiges Korrosionsverhalten gegenüber Brennstoff und Konstruktionsmaterial, gute Wärmeübertragung und geringe induzierte Radioaktivität. Für das Konstruktionsmaterial von Behältern, Leitungen usw. ging man zunächst von den bekannten Baustoffen des Maschinenbaus aus, wobei naturgemäß wieder die kernphysikalische Forderung nach geringer Neutronenabsorption im Vordergrund stand, weiterhin von Bedeutung sind günstiges Verhalten gegenüber Brennstoff und Kühlmittel, ausreichende Warmfestigkeit und geringe Aktivierung. Die Entwicklungslinien auf diesem Gebiet werden geschildert, auf neuartige Baustoffe wie Zirkonium und Niob wird des näheren eingegangen und die für die einzelnen Beanspruchungsfälle in Frage kommenden Werkstoffe werden aufgeführt. Das Material der Schutzwände wird nicht besonders behandelt, wohl aber wird fallweise auf die erforderliche Abschirmung der Wärme-, der Neutronen- und γ-Strahlung hingewiesen. In einem einleitenden Kapitel werden die benutzten kernphysikalischen Begriffe erläutert, keineswegs eine ausreichende Einführung in die Kernphysik, wofür auf Standardwerke verwiesen wird. Eine sich anschließende metallkundliche Übersicht bringt, um spätere Überlastungen des Textes zu vermeiden, wichtige Grundtatsachen der Metallkunde, ein Kapitel, das von Metallurgen wohl überschlagen werden kann.

Wenn auch eine vollständige Erfassung der heute kaum mehr übersehbaren Veröffentlichungen auf diesem Gebiet nicht möglich ist, so wurde doch versucht, für die neuen Entwicklungen ausreichende Literaturhinweise zu geben. Als wichtige Fundgruben erwiesen sich dabei außer den zuständigen Fachzeitschriften Berichte von Spezialtagungen, vor allem die der Internationalen Konferenzen für friedliche Verwertung der Atomenergie in Genf und die der amerikanischen Atomenergiekommision. Stets wurde Wert darauf gelegt, das Grundsätzliche und nicht technische Einzelheiten in den Vordergrund zu rücken. Unter den Werkstoffen sind die Metalle wegen ihrer Wichtigkeit besonders bevorzugt.

Das Buch wendet sich an alle an Reaktorfragen Interessierten, insbesondere an die mit der Weiterentwicklung von Reaktoren Beschäftigten, ferner an die Gruppe von Werkstoffachleuten, die auf dem schwierigen aber sehr zukunftsreichen Gebiet der Vervollkommnung der Reaktorwerkstoffe tätig sind.

Es ist uns eine angenehme Pflicht, Frau Professor Dr. B. KARLIK, von der der erste Anstoß zu unserer Beschäftigung mit Reaktorwerkstoffen ausging, hierfür und für zahlreiche fördernde Diskussionen herzlichst zu danken. Unser Dank gilt weiterhin dem Springer-Verlag, der nicht nur für die traditionsreiche gute Ausstattung des Buches gesorgt, sondern auch unseren Vorschlägen auf das freundlichste entsprochen hat.

Wien, im Februar 1962

Die Verfasser

Inhaltsverzeichnis

Einleitung

Der Darstellung der Spezialwerkstoffe des Reaktorbaus sollen zwei einleitende Übersichten vorausgestellt werden, die das Verständnis des Folgenden erleichtern sollen. Die erste dieser Übersichten betrifft jenen Teil der Kernphysik, der mit dem Problem des Kernspaltungsreaktors in Beziehung steht. Sie behandelt die Kernspaltung und die darauf aufbauende Kerntechnik, sie schildert den grundsätzlichen Aufbau eines Reaktors und kennzeichnet wichtige Reaktortypen.

Die zweite einleitende Übersicht betrifft die Metallkunde. Zunächst werden die zur kristallographischen Metallkunde gehörigen Erscheinungen und Vorgänge, Gitterbau, Anisotropie physikalischer Eigenschaften, Kristallplastizität, Texturen, ihre Entstehung und Auswirkung, Korngrenzenwirkung und Erholung und Rekristallisation beschrieben. Es folgen kurze Hinweise auf die von der Thermodynamik beherrschte Phasenlehre, die Härtung von Stahl und von übersättigten Mischkristall-Legierungen sowie die Härtung durch Einlagerungen. Schließlich bringt ein mechanisch-technologischer Abriß die Festigkeitseigenschaften gegenüber statischer, dynamischer und Wechselbeanspruchung und die Korrosionsfestigkeit.

Ebenso wie dem Physiker der erste Abschnitt kaum Neues bringen wird, er ihn also ruhig überschlagen kann, wird der zweite Abschnitt dem Metallkundler entbehrlich sein.

I. Kernphysikalische Übersicht

Es kann hier keine allgemeine Einleitung in die Kernphysik und Reaktortechnik gegeben werden. Hierzu sei auf die einschlägige Fachliteratur verwiesen, die heute bereits sehr umfangreich ist. Wir nennen an deutschsprachigen Werken für Kernphysik [*1*, *2*], für Reaktorphysik [*3*, *4*, *5*, *6*, *7*, *17*]. Wir übergehen auch eine Besprechung der natürlichen Radioaktivität, die Umwandlung von Stickstoff in Sauerstoff durch α-Beschuß (RUTHERFORD; erster Schritt zur Kerntechnik) und die künstliche Radioaktivität. Ganz kurz sollen nur wichtige Ergebnisse der Kernspaltung und eine Übersicht über den Reaktorbau gebracht werden.

A. Kernspaltung

Hahn und Strassmann haben 1938 auf Grund chemischen Nachweises einen ganz neuartigen Prozeß entdeckt, die Spaltung des Urans durch Bestrahlung mit Neutronen in zwei mittelschwere Kerne [8]. In rascher Folge wurde gleichzeitig und unabhängig voneinander an mehreren Stellen der physikalische Nachweis der Spaltung erbracht.

Eine der vielen Möglichkeiten des Zerfalls von Uran ist durch die folgende Reaktionsgleichung

$$\nearrow {}_{39}\mathrm{Y}^{95} \xrightarrow{\beta} {}_{40}\mathrm{Zr}^{95} \xrightarrow{\beta} {}_{41}\mathrm{Nb}^{95} \xrightarrow{\beta} {}_{42}\mathrm{Mo}^{95}$$

$${}_{92}\mathrm{U}^{235} + {}_{0}\mathrm{n}^{1} \longrightarrow {}_{92}\mathrm{U}^{236} \longrightarrow {}_{53}\mathrm{J}^{139} \xrightarrow{\beta} {}_{54}\mathrm{Xe}^{139} \xrightarrow{\beta} {}_{55}\mathrm{Cs}^{139} \xrightarrow{\beta} {}_{56}\mathrm{Ba}^{139} \xrightarrow{\beta} {}_{57}\mathrm{La}^{139}$$

$$\searrow 2\,{}_{0}\mathrm{n}^{1}$$

dargestellt[1]. Die beim Zerfall entstehenden Elemente sind meist instabil und gehen erst nach einer Reihe von β-Zerfällen in stabile Endprodukte über, die in dem dargestellten Fall Isotope von Molybdän und Lanthan mit den Massen 95 bzw. 139 sind. Bei der Spaltung werden auch zwei bis drei Neutronen freigesetzt, die überwiegend unmittelbar beim Spaltvorgang entstehen (prompte Neutronen), zum Teil jedoch erst nach einer Verzögerungszeit emittiert werden (verzögerte Neutronen).

Die Verteilung der Massen der beobachteten Spaltstücke ist in Abb. 1 dargestellt. Insgesamt sind Massen von 72 (Zn) bis 161 (Tb) nachgewiesen. In Tab. 1 sind die beim Zerfall von 1 t Uran 235 (0,2% Abbrand) entstandenen Elemente enthalten, wie sie 100 Tage nach Beendigung des Uranzerfalls feststellbar sind. Außer stabilen Endprodukten sind daher auch noch längerlebige Zwischenprodukte mitaufgenommen. Miteingetragen sind die Aktivitäten, die eindrucksvoll die Gefährlichkeit des einem Reaktor entnommenen Brennstoffs zeigen.

Tabelle 1. *Zusammensetzung und Aktivität von 1 t Uran nach 0,2% Abbrand und 100tägiger Lagerung* [11]

Element	Gewicht in g	($\beta + \gamma$)-Aktivität in C
U^{235}	998000	—
Pu	800	—
Cs	110	13100
Sr	40	41500
Ba	40	4200
Y	20	51000
La	40	—
Ce	100	174000
Pr u. a. selt. Erden	155	15000
Zr	115	112000
Nb	5	203000
Mo	85	—
Tc	25	—
Ru	55	37000
Rh	12	—
andere Elemente*	40	2000

* Nicht aufgenommen sind die flüchtigen, bei der Spaltung entstehenden Edelgase.

[1] Wir benützen die international übliche Schreibweise: Atomnummer links unten, Massenzahl rechts oben vom chemischen Symbol.

Bei der Spaltung des Urans werden große Energiemengen entbunden (etwa 200 MeV[1]), die hauptsächlich als kinetische Energie der Bruchstücke in Erscheinung treten (165 MeV; Rest kinetische Energie von β und n und Energie der γ-Strahlung). Die große kinetische Energie wurde auch zum physikalischen Nachweis ausgenützt. Diese experimentell gemessenen Energiebeträge stehen in sehr guter Übereinstimmung mit der auf Grund der Massendefekte berechneten.

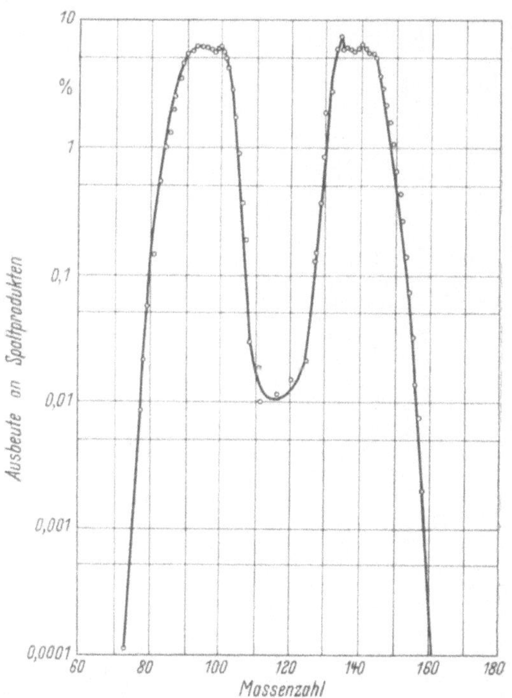

Abb. 1. Spaltung von U^{235} durch thermische Neutronen; Verteilung der Massen der Spaltstücke [9, 10]

Bald nach der Entdeckung der Uranspaltung zeigte sich, daß U^{235} vornehmlich mit thermischen Neutronen spaltbar ist, während U^{238} nur mit Neutronen mit einer Energie größer als 1 MeV gespaltet wird. Abb. 2 zeigt den Wirkungsquerschnitt[2] für Spaltung von U^{235} für das Energiegebiet von 0,004 eV bis 4 MeV. Deutlich ist eine Zunahme des Wirkungsquerschnitts für Spaltung mit sinkender Neutronenenergie beobachtbar (1/v-Gesetz; v = Neutronengeschwindigkeit) mit Abweichungen vom glatten Kurvenverlauf durch Resonanzeinfang. Der Querschnitt der Spaltung durch thermische Neutronen ($E = 0{,}025$ eV) beträgt 590 b. Abb. 3 zeigt die Energieabhängigkeit des Spaltquerschnitts für U^{238} im Energiebereich von 0,1 bis 4 MeV. Erst ab dem Schwellenwert von 0,6 MeV steigt der Querschnitt steil an und erreicht ab 2 MeV einen konstanten

[1] Energieeinheit der Kernphysik. 1 eV ist die Energie, die ein Elektron in einem Feld von 1 Volt erhält.

$$1\ \text{eV} = 1{,}6 \cdot 10^{-12}\ \text{erg} = 3{,}8 \cdot 10^{-20}\ \text{cal} = 4{,}42 \cdot 10^{-24}\ \text{kWh}.$$

[2] Die Wahrscheinlichkeit des Eintretens eines Kernprozesses wird, wie in der Gaskinetik die Streuung, durch die Fläche gekennzeichnet, die scheinbar durch das einfallende Teilchen getroffen werden muß, damit die Kernreaktion tatsächlich einsetzt. Der Wirkungsquerschnitt wird in Einheiten 1 barn (b) $= 10^{-24}$ cm^2 angegeben.

Wert. Für thermische Neutronen wird experimentell ein Spaltquerschnitt von < 5 mb gefunden.

Der totale Wirkungsquerschnitt von U^{238} als Funktion der Energie der Neutronen ist in Abb. 4 wiedergegeben. Im Bereich von einigen eV bis zu einigen hundert eV sind ausgeprägte Resonanzstellen zu beobachten, bei denen der Querschnitt in schmalem Energiebereich um mehrere Zehner-

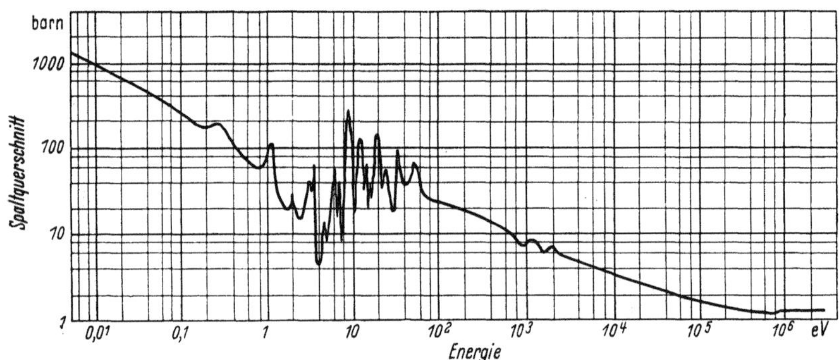

Abb. 2. Spaltquerschnitt von U^{235} in Abhängigkeit von der Neutronenenergie [*12*] (vgl. auch [*10*])

potenzen ansteigen kann. Für die Spaltung bedeutet diese Resonanzabsorption einen gefährlichen Verlust von Neutronen. Die Absorption führt gemäß nachfolgender Gleichung über die Bildung von U^{239} durch anschließende β-Zerfälle zu Transuranen, welche die Namen Neptunium (Np) und Plutonium (Pu) erhalten haben.

$$_{92}U^{238} + {}_0n^1 \longrightarrow {}_{92}U^{239} \xrightarrow{\beta} {}_{93}Np^{239} \xrightarrow{\beta} {}_{94}Pu^{239}\,.$$

Dies ist eine Reaktion, die bei den Bruterreaktoren zur Erzeugung von Plutonium, einem durch thermische Neutronen spaltbaren Brennstoff führt.

Die hohe, bei der Spaltung eines Urankerns auftretende Energie läßt diese Spaltung naturgemäß als außerordentlich ergiebige Energiequelle erscheinen. In einem Gramm Uran steckt etwa eine Energie von $19 \cdot 10^6$ kcal gegenüber 8 kcal in einem Gramm Kohle.

Um die Uranspaltung zu einem technischen Energiegewinnungsverfahren auszubauen, ist der Ablauf des Spaltprozesses als Kettenreaktion erforderlich. Hierzu ist unerläßlich, daß von den bei jedem Spaltprozeß von U^{235} im Mittel entstehenden 2,5 schnellen Neutronen mindestens ein Neutron für den nächsten Spaltprozeß erhalten bleibt. Es dürfen also nicht mehr als im Mittel 1,5 Neutronen verlorengehen. Diese Neutronenverluste treten durch Absorption sowie durch Abwandern von Neutronen aus dem endlichen Uranvolumen ein. Durch entsprechende

Maßnahmen ist für äußerste Neutronenökonomie Sorge zu tragen. Die Maschinen, in denen sich eine Kettenreaktion abspielt, werden Reaktoren genannt. Die erste technische Verwirklichung gelang FERMI 1942 in Chicago.

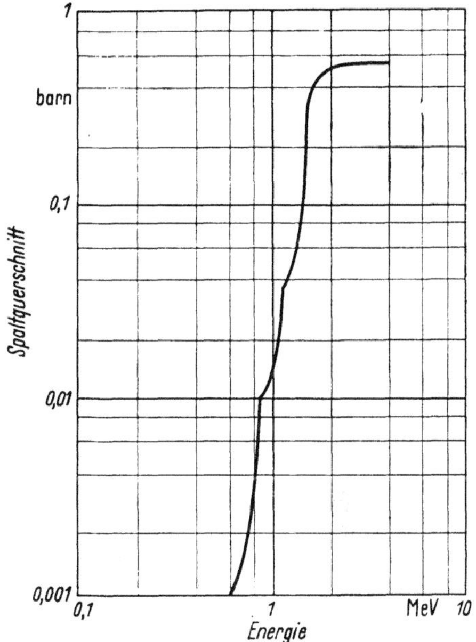

Abb. 3. Spaltquerschnitt von U^{238} in Abhängigkeit von der Neutronenenergie [12] (vgl. auch [10])

Mit U^{238} allein ist eine Kettenreaktion mit schnellen Neutronen ausgeschlossen, da der Spaltquerschnitt zu klein ist; die Neutronen werden absorbiert oder sie wandern ab, bevor sie durch Zusammenstöße mit U^{233}-Atomen zur Spaltung Anlaß geben könnten. Mit natürlichem Uran ist eine Kettenreaktion nur möglich, wenn man den großen Spaltquerschnitt für thermische Neutronen ausnützt, d.h. U^{235} – das nur in geringer Konzentration (0,7%) vorhanden ist – spaltet. Die bei dieser Spaltung entstehenden Neutronen sind energiereich (häufigste Energie der Spaltneutronen 0,6 bis 0,8 MeV), sie müssen daher, um selbst wieder in ausreichendem Ausmaß Spaltung einleiten zu können, durch geeignete Maßnahmen auf thermische Geschwindigkeiten gebracht werden. Diese Verlangsamung besorgt der Moderator. Da die meisten Elemente für thermische Neutronen große Absorptionsquerschnitte haben, kommt für die Auswahl der Reaktorbaustoffe im allgemeinen die Forderung hinzu, möglichst kleinen Ab-

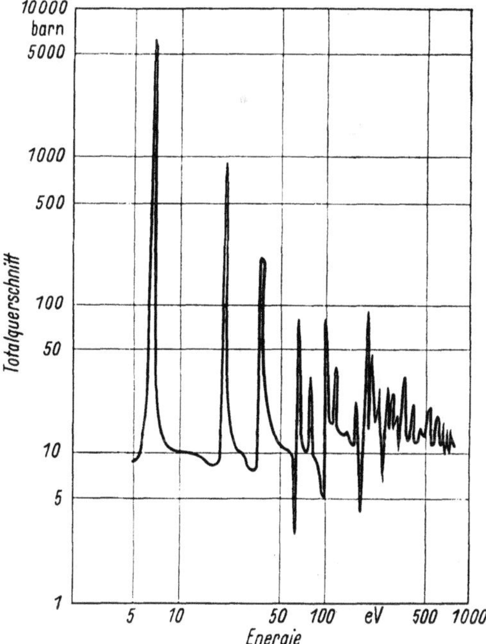

Abb. 4. Totalquerschnitt von U^{238} in Abhängigkeit von der Neutronenenergie [12, 13]

Tabelle 2. *Absorptionsquerschnitte für thermische Neutronen* [*12, 10*]

Atom-nummer	Symbol	Atom-gewicht	Absorptionsquerschnitt atomar in barn	Absorptionsquerschnitt makroskop. in cm^{-1}	Atom-nummer	Symbol	Atom-gewicht	Absorptionsquerschnitt atomar in barn	Absorptionsquerschnitt makroskop. in cm^{-1}
1	H	1,008	0,332		47	Ag	107,88	62,0	3,74
2	He	4,003	0,0000		48	Cd	112,41	2550	118
3	Li	6,940	71,0	3,29	49	In	114,76	191	7,3
4	Be	9,013	0,010	0,0012	50	Sn	118,70	0,60	0,018
5	B	10,82	769	85,5	51	Sb	121,76	5,5	0,18
6	C	12,010	0,0032	0,00027	52	Te	127,61	4,5	0,13
7	N	14,008	1,88		53	J	126,92	6,7	0,16
8	O	16,000	$<$ 0,002		54	Xe	131,3	35	
9	F	19,00	$<$ 0,010		55	Cs	132,91	28,0	0,24
10	Ne	20,183	$<$ 2,8		56	Ba	137,36	1,17	0,018
11	Na	22,997	0,525	0,0134	57	La	138,92	8,9	0,24
12	Mg	24,32	0,069	0,0030	58	Ce	140,13	0,70	0,020
13	Al	26,97	0,241	0,0145	59	Pr	140,92	11,3	0,33
14	Si	28,06	0,130	0,0064	60	Nd	144,27	46,0	1,33
15	P	30,98	0,190	0,0067	61	Pm	147	60,0	1,60
16	S	32,066	0,490	0,019	62	Sm	150,43	5500	170
17	Cl	35,457	31,6		63	Eu	152,0	4600	96,5
18	Ar	39,944	0,620		64	Gd	156,9	46000	1400
19	K	39,096	1,97	0,026	65	Tb	159,2	44	1,38
20	Ca	40,08	0,430	0,010	66	Dy	162,46	1100	34,6
21	Sc	45,10	24,0	0,99	67	Ho	164,94	64	2,06
22	Ti	47,90	5,6	0,31	68	Er	167,2	166	5,47
23	V	50,95	5,00	0,36	69	Tm	169,4	118	3,9
24	Cr	52,01	2,9	0,24	70	Yb	173,04	36	0,87
25	Mn	54,93	13,2	1,09	71	Lu	174,99	108	
26	Fe	55,85	2,62	0,22	72	Hf	178,6	105	4,7
27	Co	58,94	38,0	3,4	73	Ta	180,88	21,3	1,13
28	Ni	58,69	4,6	0,42	74	W	183,92	19,2	1,22
29	Cu	63,54	3,85	0,33	75	Re	186,31	84	5,56
30	Zn	65,38	1,10	0,072	76	Os	190,2	14,7	1,07
31	Ga	69,72	2,77	0,14	77	Ir	193,1	430	30,1
32	Ge	72,60	2,35	0,104	78	Pt	195,23	8,1	0,54
33	As	74,91	4,1	0,19	79	Au	197,2	98,0	5,75
34	Se	78,96	11,8	0,38	80	Hg	200,61	380	15,4
35	Br	79,916	6,6	0,16	81	Tl	204,39	3,3	0,115
36	Kr	83,70	28,5		82	Pb	207,21	0,170	0,0056
37	Rb	85,48	0,70	0,0076	83	Bi	209,00	0,032	0,0009
38	Sr	87,63	1,16	0,021	84	Po	210		
39	Y	88,92	1,38	0,0415	85	At			
40	Zr	91,22	0,185	0,0079	86	Rn	222		
41	Nb	92,91	1,16	0,063	87	Fr			
42	Mo	95,95	2,17	0,14	88	Ra	226,05		
43	Tc		100		89	Ac			
44	Ru	101,7	2,46	0,18	90	Th	232,12	7,0	0,21
45	Rh	102,91	149	10,9	91	Pa	231		
46	Pd	106,7	8,0	0,54	92	U	238,07	7,68	0,37

sorptionsquerschnitt für langsame Neutronen zu besitzen. Tab. 2 bringt die Absorptionsquerschnitte der Elemente für thermische Neutronen. Da die Häufigkeit einer Kernreaktion proportional dem hierfür wirksamen Querschnitt je Atom (atomarer Querschnitt σ) und der Anzahl der

Atome je cm³ (N) ist, ist erst das Produkt beider Maßzahlen ($\sigma \cdot N = \Sigma$ = makroskopischer Querschnitt) für den Vergleich verschiedener Stoffe geeignet. In der Tabelle ist für das natürliche Isotopengemisch der atomare und mit Ausnahme der gasförmigen Elemente auch der makroskopische Absorptionsquerschnitt verzeichnet. Man erkennt, daß der Absorptionsquerschnitt von Element zu Element sehr stark schwanken kann, die Werte unterscheiden sich bis um 7 Zehnerpotenzen.

Mit diesen Zahlen läßt sich in einfacher Weise der makroskopische Absorptionsquerschnitt von Gemischen oder Legierungen ermitteln. Auf Grund der chemischen Zusammensetzung des Werkstoffs ist die Anzahl der Atome je cm³ für die einzelnen Komponenten zu berechnen und mit dem jeweiligen atomaren Querschnitt zu multiplizieren. Der makroskopische Querschnitt des Werkstoffs ergibt sich als Summe aller derart berechneten Einzelquerschnitte[1].

Für mittelschnelle Neutronen wird in vielen Fällen der typische Verlauf von Resonanzabsorption (außerordentliche Schwankung der Absorptionsquerschnitte) beobachtet. Im Bereich der schnellen Neutronen ist die Neutronenabsorption gering, die Schwankungen sind klein, der Querschnitt nähert sich dem geometrischen Querschnitt des Kerns.

B. Reaktoren

Ein Reaktor dient dazu in geeigneter Weise die Spaltung schwerster Atome, in der Hauptsache Uran – aber auch Plutonium kommt in Frage –, in einer Kettenreaktion durchzuführen. Die wichtigsten Bestand-

[1] Als erstes Beispiel diene die Berechnung des Absorptionsquerschnittes eines 18/8-Chrom-Nickel-Stahls (18% Cr, 8% Ni, 0,5% Si, 0,5% Mn, 0,1% C, Rest Eisen, Dichte 7,8 g/cm³). Zahl der Atome = Loschmidt-Zahl ($6{,}025 \cdot 10^{23}$/Mol) mal anteilige Dichte durch Atomgewichte.

	Gew.-%	anteil. Dichte	Zahl der Atome/cm³	Beitrag für Σ
Fe	72,9	5,686	$0{,}0610 \cdot 10^{24}$	0,160
Cr	18	1,404	0,0162	0,047
Ni	8	0,624	0,0064	0,029
Mn	0,5	0,039	0,0004	0,005
Si	0,5	0,039	0,0008	0,0001
C	0,1	0,008	0,0004	0,0000
				0,241 cm⁻¹

gegenüber $\Sigma_{Fe} = 0{,}22$ cm⁻¹.

Als zweites Beispiel diene technisches Zirkonium (mit 2% Hf):

Zr	98,0	6,44	$0{,}0425 \cdot 10^{24}$	0,00786
Hf	2,0	0,13	0,00044	0,0462
				0,0541 cm⁻¹;

hier ergibt sich ein großer Unterschied gegenüber reinem Zirkonium (0,0079 cm⁻¹).

teile des Reaktors sind: der Brennstoff, der Moderator, die Reflektoren, die Regelstäbe und das Kühlmittel. Hinzu kommen das Konstruktionsmaterial für den inneren Aufbau und das Material für die Abschirmung von Strahlung und Wärme.

Der *Brennstoff* muß die mit thermischen Neutronen spaltbare Komponente U^{235}, U^{233} oder Pu^{239} in ausreichender Menge enthalten, so daß bei dem entsprechenden Reaktortyp eine Kettenreaktion gewährleistet ist. Diese ausreichende Menge wird als kritische Masse bezeichnet. Liegt eine geringere Menge des Brennstoffs vor, so unterbleibt die Kettenreaktion, da viele Neutronen nach außen diffundieren, ohne eine Spaltung eingeleitet zu haben; bei Überschreitung der kritischen Masse kann nur durch Neutronenabsorption ein stürmischer Ablauf der Kettenreaktion (Überhitzung) vermieden werden.

Zur Abbremsung der energiereichen Spaltneutronen auf Energien, für die der Brennstoff große Wirkungsquerschnitte aufweist, dient der *Moderator*. Die Abbremsung erfolgt durch elastische Zusammenstöße der Neutronen mit den Kernen der Moderatorsubstanz. Aus den Stoßgesetzen folgt, daß die je Zusammenstoß vom Neutron übertragene Energie im Mittel um so größer ist, je ähnlicher die Kernmasse der Moderatorsubstanz der Neutronenmasse ist. Bei dem Verlangsamungsprozeß durchschreiten die Neutronen aber das Gebiet, in dem durch Resonanzprozesse sehr große Querschnitte auftreten können, so z.B. das Gebiet, in dem mit sehr großer Häufigkeit Neutronen im U^{238} absorbiert werden (vgl. Abb. 4). Durch Verwendung möglichst leichter Atome im Moderator erfolgt die Verlangsamung in großen Schritten, die Möglichkeit des Resonanzeinfangs wird klein gehalten. Auch durch entsprechende räumliche Anordnung von Brennstoff und Moderator kann die Resonanzabsorption verkleinert werden. In der Moderatorsubstanz muß außerdem das Streuvermögen für Neutronen groß und die Neutronenabsorption klein sein.

Die *Reflektoren* haben die Abwanderung langsamer Neutronen nach außen möglichst zu verhindern. Die hierfür in Frage kommenden Stoffe müssen daher ein großes Streuvermögen für Neutronen kombiniert mit geringem Absorptionsvermögen aufweisen. Reflektoren für thermische Neutronen gleichen daher den Moderatoren. In „schnellen" Reaktoren werden Substanzen mit hohem Atomgewicht (Blei, Thorium, Uran) als Reflektoren verwendet.

Zur Erhaltung der Stabilität des Reaktorbetriebs muß die Zahl der sekundlichen Kernspaltungen konstant gehalten werden. Dies kann auf verschiedene Weise erfolgen: durch Veränderung der Menge des Spaltmaterials wird die Zahl der entstehenden Neutronen, durch Verschiebung der Reflektoren die Zahl der von außen zurückgeworfenen Neutronen verändert, und schließlich kann die Regelung mit Hilfe der sogenannten

Regelstäbe erfolgen, deren Material einen großen Absorptionsquerschnitt für langsame Neutronen hat (Kadmium, Bor). Durch Verschiebung dieser Regelstäbe kann die Zahl der absorbierten Neutronen beeinflußt werden. Entscheidend für diese Steuerungsmöglichkeit ist der Umstand, daß nicht alle bei der Spaltung entstehenden Neutronen gleichzeitig, sondern ein kleiner, unter 1% liegender Bruchteil mit einer Verzögerungszeit von bis zu 50 Sekunden von den Spaltprodukten ausgesandt wird. Beim „thermischen" Reaktor wird die Stabilität des Betriebs vorwiegend mit Hilfe von Regelstäben verbürgt, beim „schnellen" Reaktor muß nach einer der beiden anderen Methoden gearbeitet werden.

Für die Abführung der Wärme bzw. ihre Übertragung auf einen Wärmeaustauscher sorgt das *Kühlmittel.* Auch bei ihm ist, da es bis in den Reaktorkern geführt wird, neben den erforderlichen kalorischen Eigenschaften im Interesse der Neutronenökonomie auf möglichst geringe Neutronenabsorption zu achten.

Dieselbe Forderung kommt zu den Ansprüchen hinsichtlich der technologischen Eigenschaften weiterhin für das für den inneren Aufbau des Reaktors verwendete *Konstruktionsmaterial* hinzu.

Die Abschirmung hat außer gegen Wärme vor allem auch gegen Neutronen- und γ-Strahlung Schutz zu gewähren. Die Anforderungen an das *Material für die Abschirmung* sind daher so komplex, daß im allgemeinen nicht mit *einem* Material das Auslangen gefunden wird, sondern mehrere Schichten die einzelnen Aufgaben zu übernehmen haben. Gegebenenfalls können auch die einzelnen wirksamen Komponenten in Form einer Mischung verwendet werden. Die Abschirmung der Wärme erfolgt in üblicher Weise durch Stahlschutzschilde, die gegen γ-Strahlung im Prinzip wie der Schutz gegen Röntgenstrahlung. Der Schutz gegen Neutronen wird durch zwei Schritte besorgt. Zunächst verlangsamt man die Neutronen durch eine Moderatorsubstanz, anschließend werden sie durch stark absorbierende Materialien (zumeist Bor oder Kadmium) unschädlich gemacht. Als Anhalt für die Wirkungsweise verschiedener Abschirmmaterialien ist in Tab. 3 die Dicke jener Schicht

Tabelle 3. *Relaxationslänge verschiedener Werkstoffe für Neutronen [14] und für γ-Strahlen [3]*

Material	Relaxationslänge in cm		
	Spaltneutr.	γ-Strahlen	
		0,5 MeV	2 MeV
Be	9	—	—
Al	10	4,4	8,3
Fe	6	1,6	3,0
Pb	9	0,6	2,0
U	—	—	1,0
Wasser	10	11,1	21,0
Graphit	9	12,5	27,0
BeO	9	—	—
Beton	11	5,6	11,1
Schwerspatbeton	8	—	8,3
Eisenbeton (Dichte 4,3)	6	—	6,2

angegeben, die eine Schwächung von γ- und Neutronenstrahlung auf den e-ten Teil bewirkt (Relaxationslänge). Die Zahlen zeigen das Ansteigen der Schutzwirkung gegen γ-Strahlung mit zunehmendem Atomgewicht und die Notwendigkeit bei härterer Strahlung dickere Schichten zu verwenden. Sie zeigen weiterhin, daß für schnelle Neutronen keine wesentlichen Unterschiede in der Schutzwirkung der verschiedenen Substanzen bestehen. Die Änderung der Energie der durchtretenden Neutronen wird durch diese Zahlen, die lediglich die Intensität der Strahlung wiedergeben, nicht ausgedrückt.

Auf die Konstruktion der verschiedenen Reaktortypen soll hier nicht eingegangen werden. Es sei nur hervorgehoben, daß man auf Grund der

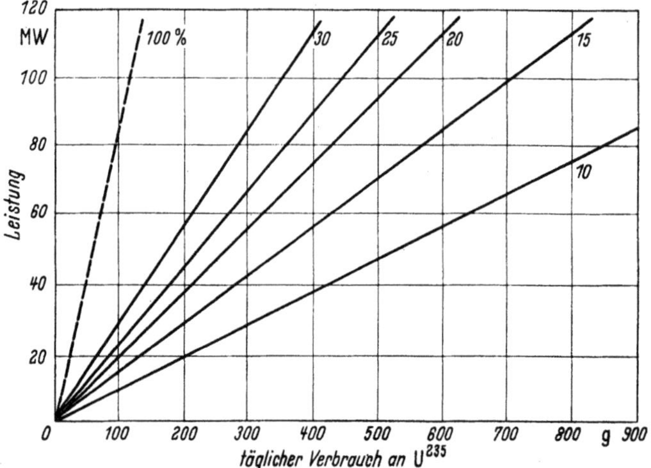

Abb. 5. Verbrauch von U^{235} im Leistungsreaktor in Abhängigkeit vom thermischen Wirkungsgrad der Anlage [*15*]

geometrischen Anordnung zwei große Gruppen, die heterogenen und die homogenen Reaktoren unterscheidet. Von heterogenen spricht man, wenn Brennstoff und Moderatorsubstanz getrennt, von homogenen, wenn Brennstoff und Moderatorsubstanz vereint sind, wie dies z. B. bei Verwendung einer wässerigen Uransalzlösung oder von Uran-Zirkoniumhydrid als Brennstoff der Fall ist. Auf Grund der Neutronenenergie unterscheidet man schnelle (Mittelwert der Energie $\sim 10^5$ eV), mittelschnelle ($\sim 10^2$ eV) und thermische ($\sim 0{,}025$ eV) Reaktoren. Schließlich sei noch auf den Brüterreaktor hingewiesen. Während man beim normalen Spaltungsreaktor die Absorption von Resonanzneutronen im U^{238} möglichst zu unterdrücken sucht (sie bedeutet ja Neutronenverluste), wird im Brüter gerade diese Absorption bewußt zur Bildung von Plutonium ausgenutzt, das ein vorzüglicher Brennstoff für thermische Reaktoren ist.

Allerdings muß beim Brüterreaktor entsprechend dem höheren Neutronenverlust durch Absorption das Spaltmaterial an spaltbarer Komponente stärker angereichert sein als beim normalen Reaktor. Neben der Möglichkeit Plutonium gemäß der oben angegebenen Gleichung im Uran-Brüterreaktor zu erzeugen, besteht auch die weitere, das durch thermische Neutronen gut spaltbare U^{233} in einem Thorium-Brüterreaktor gemäß der Gleichung

$$_{90}Th^{232} + {}_0n^1 \longrightarrow {}_{90}Th^{233} \xrightarrow{\beta} {}_{91}Pa^{233} \xrightarrow{\beta} {}_{92}U^{233}$$

zu gewinnen.

Unter den Anwendungsmöglichkeiten von Kernspaltungsreaktoren steht wirtschaftlich die Energiegewinnung an erster Stelle. Über den Brennstoffverbrauch in derartigen Reaktoren unterrichtet Abb. 5, welche die Energie in MW als Funktion des Tagesverbrauchs für verschiedene thermische Wirkungsgrade der Turbinenanlage wiedergibt. Gesicherte Kenntnisse über die Wirtschaftlichkeit der verschiedenen Typen von Leistungsreaktoren liegen heute noch nicht vor, große Entwicklungsprogramme werden hierzu in den führenden Industrieländern durchgezogen. Tab. 4 gibt die thermische Leistung von in Betrieb und im Bau befindlichen Reaktoren mit Stand vom Dezember 1960 wieder.

Tabelle 4. *Leistungsreaktoren; Stand Dezember 1960* [*16*]

Land	Therm. Leistung in MW	Zahl der Reaktoren
Großbritannien	12552	25
USSR	6310	20
USA	5163	30
Frankreich	2700	8
Italien	1828	3
Kanada	781	2
Japan	632	2
Tschechoslowakei	590	1
Ostdeutschland	265	1
Westdeutschland	105	2
Schweden	65	1
Belgien	41	1
Norwegen	5	1

Eine weitere wichtige Verwendung finden Reaktoren in Wissenschaft und Technik als intensivste Neutronenquelle. Auf die darauf gegründeten sehr bedeutungsvollen Anwendungsmöglichkeiten kann hier nicht näher eingegangen werden. Hervorgehoben sei nur die Herstellung radioaktiver Isotoper, die in Medizin, Naturwissenschaft und Technik weitgehende Verwendung finden, und die unmittelbare Anwendung der Neutronen, ihre therapeutischen Wirkungen und ihre Heranziehung zur Strukturuntersuchung auf Grund der Interferenz von Neutronenwellen.

Schließlich seien noch die vielseitigen Anwendungsmöglichkeiten der von verwendeten Brennstoffelementen emittierten γ-Strahlung erwähnt (Kunststoffveredelung, Sterilisation und anderes).

II. Metallkundliche Übersicht[1]

A. Gitterbau und seine Auswirkungen

In der den Gasen und Flüssigkeiten gegenüberstehenden Klasse der Festkörper besteht eine Trennungslinie von grundlegender Bedeutung. Sie scheidet die Körper mit regelmäßiger Atomanordnung, die Kristalle, von den regellos aufgebauten, amorphen Stoffen. Diese letzteren werden vielfach auch als unterkühlte Flüssigkeiten mit sehr großer innerer Reibung aufgefaßt, weil sie auch geringen Kräften bei lang dauernder Einwirkung schließlich durch bleibende Formänderung nachgeben. Zudem sind ihre Eigenschaften mit der Temperatur stark und kontinuierlich veränderlich. Weder in der Dichte noch in der Viskosität oder der spezifischen Wärme zeichnet sich ein Schmelzpunkt durch eine scharfe Sprungstelle aus, wie es bei den kristallinen Stoffen der Fall ist.

Die Metalle und Gesteine sind vielkristalline Aggregate, deren Eigenschaften von den Eigenschaften der einzelnen Kristalle und der Anordnung der Kristalle im Vielkristall abhängen. Für ihr Verständnis ist daher die Kenntnis des Verhaltens des Einkristalls und die der Textur (Gefügeregelung) erforderlich.

Charakteristisch für den Kristallaufbau ist die gesetzmäßige Anordnung der Atome (Ionen, Moleküle) in einem dreidimensionalen Raumgitter. Form und Abmessungen des Raumgitters sind ein Ausdruck der zwischen den kleinsten Bausteinen herrschenden Kräfte. Das Gitter ist eine charakteristische Eigenschaft des betreffenden Stoffs und ist durch äußere Einwirkungen (Erzeugungsbedingungen) nicht beeinflußbar. Ebene Flächenbegrenzung ist keineswegs eine notwendige Eigenschaft eines Kristalls, die „Tracht" der Kristalle, ihr durch Anzahl und Größe der auftretenden Flächen bedingtes äußeres Aussehen, wird dadurch zu einer nebensächlichen, weil zufälligen, Eigenschaft gestempelt.

Der raumgittermäßige Aufbau der Kristalle bedingt, daß im allgemeinen verschiedene Richtungen nicht gleichwertig sind, wie dies bei den amorphen Festkörpern der Fall ist. Daher sind bei den Kristallen auch die Eigenschaften in verschiedenen Richtungen im allgemeinen verschieden; der Kristall ist anisotrop. Es ergibt sich nun, daß es dennoch fast stets Richtungen gibt, in denen sich der Kristall geometrisch und

[1] Für ausführliche Unterrichtung sei auf [*1*] verwiesen.

physikalisch identisch verhält. Die Gesamtheit der gleichwertigen Richtungen bringt die Symmetrie des Kristalls zum Ausdruck. Diese beobachteten Symmetrien sind im Sinne der Raumgittertheorie als Gittersymmetrie anzusprechen. Repräsentant einer solchen Symmetrie ist eine sogenannte Deckoperation, das ist eine geometrische Vorschrift, die auf das Gitter angewendet, gleichwertige Richtungen und Ebenen ineinander überführt. Ganz allgemein sind Drehungen, Spiegelungen und Parallelverschiebungen als Deckoperationen möglich. Für ein Raumgitter ergibt sich hinsichtlich der Drehung eine weitgehende Einschrän-

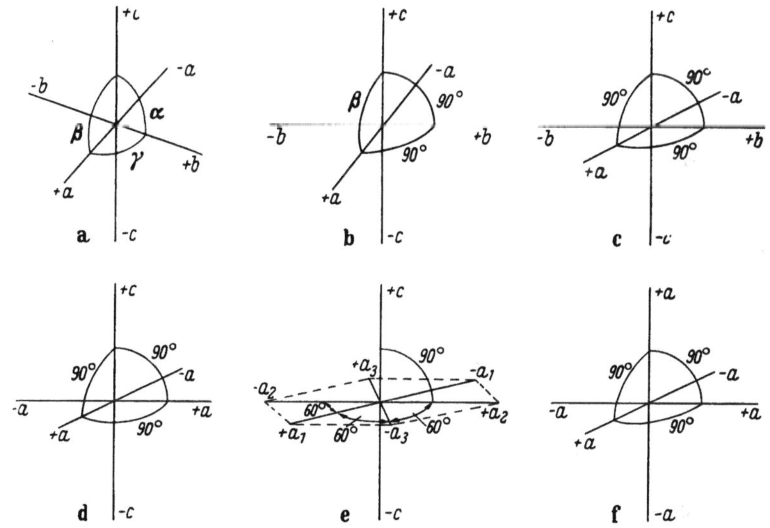

Abb. 6a–f. Achsenkreuze der verschiedenen Kristallsysteme
a) triklin; b) monoklin; c) rhombisch; d) tetragonal; e) hexagonal; f) kubisch

kung: Es sind nur Drehungswinkel von 360 (bzw. 0), 180, 120, 90 und 60° möglich, entsprechend ein-, zwei-, drei-, vier- und sechszähligen Drehachsen. Die Gesamtheit der möglichen Gitterformen erhält man durch Aufsuchung aller Kombinationen der drei elementaren Deckoperationen. Diese rein mathematische Aufgabe führt zu den 230 Raumgruppen (SCHÖNFLIESS 1891, FEDOROW 1894).

Die zur Identität führende Parallelverschiebung des Kristallgitters entspricht dem Gitterabstand der Bausteine, sie liegt also in der Größenordnung von 10^{-8} cm und stellt gegenüber den makroskopisch erkennbaren Drehungen und Spiegelungen ein mikroskopisches Symmetrieelement dar. Kombiniert man nur die makroskopischen Symmetrieelemente, so erhält man eine wesentlich gröbere Unterteilung der Formensystematik; es ergeben sich die 32 Kristallklassen (HESSEL 1830, BRAVAIS 1849).

Die bisherigen Einteilungen der Gitterformen auf Grund der Symmetrieeigenschaften sind zwangsläufig und eindeutig. Eine weitere Zusammenfassung der Kristallklassen zu Kristallsystemen erfolgt unter dem Gesichtspunkt der Zweckmäßigkeit auf Grund des zur Kristallbeschreibung geeignetsten Koordinatenkreuzes. In Abb. 6 sind die den 6 Kristallsystemen zugehörigen Achsenkreuze wiedergegeben. Das hexogonale Kristallsystem, das 12 Kristallklassen umfaßt, besitzt zwei Unterabteilungen: entweder werden auf Grund der Zähligkeit der Hauptachse die Kristallklassen mit dreizähliger Hauptachse zur trigonalen Unterabteilung vereinigt, oder es werden jene Kristallklassen, für die zweckmäßig ein rhomboedrisches Achsenkreuz zur Beschreibung herangezogen wird (3 gleich lange, sich unter gleichen Winkeln – $\neq 90°$ – schneidende Achsen), zur rhomboedrischen Unterabteilung zusammengefaßt.

Wenn man also an einem vorgelegten Kristall nur rein geometrische Messungen (Winkelmessungen) ausführen kann, so kann man ihn in eines der Kristallsysteme einordnen, d.h. man kommt zur Überzeugung, daß eines der aufgezählten Koordinatensysteme am besten zu seiner Beschreibung geeignet ist. Erhöht man das Unterscheidungsvermögen dadurch, daß man noch makroskopische physikalische Messungen hinzunimmt (Gleichwertigkeit von Ebenen und Richtungen, Ätzfiguren, Doppelbrechung usw.), so kann man den Kristall noch einer der 32 Kristallklassen zuordnen. Nimmt man noch die Möglichkeit der Röntgenmessungen hinzu, was im wesentlichen bedeutet, daß man zwischen gleichzähligen Dreh- und Schraubenachsen, zwischen Spiegel- und Gleitspiegelebenen unterscheiden kann, so erhöht sich die Zahl der unterscheidbaren Gruppen auf 230.

Zur Darstellung von Ebenen und Richtungen verwendet man die sogenannten MILLERschen Indizes. Für Ebenen sind es die auf ganze Zahlen erweiterten reziproken Achsenabschnitte – sie werden im allgemeinen in runde Klammern gesetzt. Auch die Indizierung von Richtungen erfolgt durch die Angabe der Verhältnisse dreier Zahlen. Die Richtung wird parallel durch den Koordinatenursprung gelegt und die Koordinaten eines beliebigen Punkts, auf teilerfremde ganze Zahlen erweitert, geben die Indizes – sie werden in eckiger Klammer geschrieben.

Am Beispiel der Abb. 7, die sich auf einen kubischen Kristall bezieht, soll die Indizierung von Flächen und Richtungen nochmals erläutert werden. Die den Koordinatenebenen parallelen Würfelebenen sind durch die Indizes (100), (010) und (001) gegeben. Von den 4 Oktaederflächen hat z.B. die Fläche BDE die Indizes (111); die Fläche BDG schneidet auf der z-Achse den Abschnitt minus 1 ab, ihr kommen daher die Indizes $(11\bar{1})$ zu, die weiteren zwei Oktaederflächen sind durch $(\bar{1}11)$ und $(1\bar{1}1)$ gegeben. Von den 6 Dodekaederflächen kommt der Fläche $BDHF$ die Bezeichnung (110) zu; die Fläche $ACGE$, die man sich durch den

Punkt B oder D parallel verschoben denkt, hat die Indizes $(1\bar{1}0)$ oder $(\bar{1}10)$. Beide Indizierungen sind identisch. Von den einfachen Richtungen sei eine der Würfelkanten AB [100], eine der 4 Raumdiagonalen AG [111] und eine der 6 Flächendiagonalen AF [101] hervorgehoben.

Soll nicht eine individuelle Kristallfläche, sondern nur die kristallographische Natur der Fläche zum Ausdruck gebracht werden, so werden die MILLERschen Indizes in geschlungene Klammern gesetzt, z.B. {100}

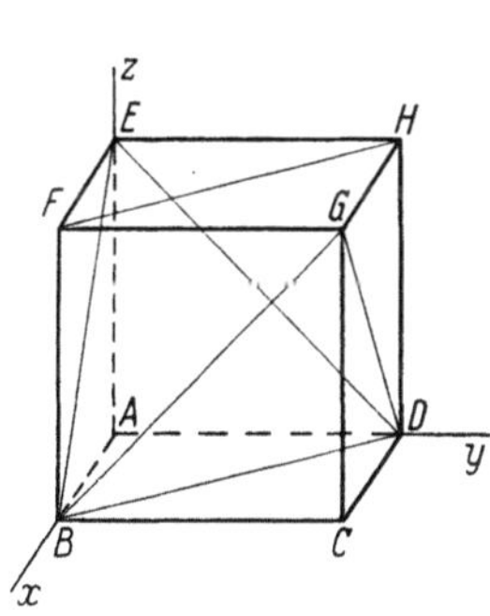

Abb. 7. Zur Indizierung von Flächen und Richtungen eines kubischen Kristalls

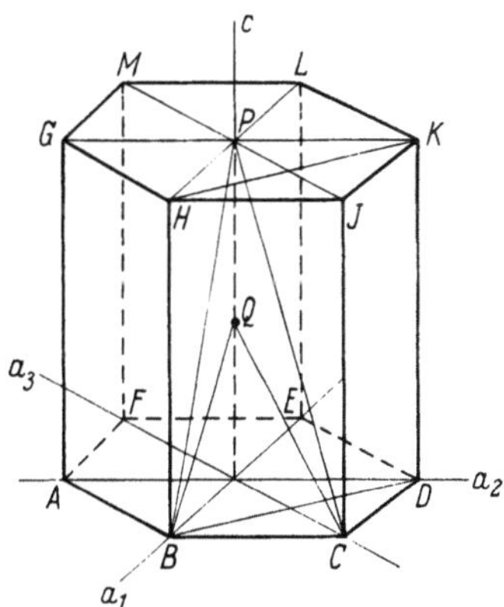

Abb. 8. Zur Indizierung von Flächen und Richtungen eines hexagonalen Kristalls

oder {111}, Würfel- oder Oktaederfläche eines kubischen Kristalls. Eine allgemeine Kennzeichnung der Richtungen erfolgt durch Verwendung einer geknickten Klammer, z.B. $\langle 111 \rangle$ für die Raumdiagonale.

Beim hexagonalen System sind 4 Achsen vorhanden, drei davon in der Grundfläche. Da eine Ebene bereits durch das Verhältnis dreier Zahlen gegeben ist, sind die 4 Indizes des hexagonalen Systems $(hkil)$ nicht voneinander unabhängig. Wie man sich leicht überzeugt, ist der dritte Index i gleich der negativen Summe der beiden ersten: $i = (\bar{h} + \bar{k})$.

Bei hexagonalen Kristallen (Abb. 8) ist die Basisfläche durch (0001) gegeben. Den zu den zweizähligen Nebenachsen (digonalen Achsen I. Art) parallelen Prismenflächen I. Art kommen die Indizes $(10\bar{1}0)$ (Ebene $BCJH$), $(01\bar{1}0)$ und $(\bar{1}100)$ zu, den auf den digonalen Achsen senkrecht stehenden Prismenflächen II. Art die Bezeichnungen $(11\bar{2}0)$ (Ebene $BDKH$) usw. Die durch die Grundkanten des Basissechsecks gehenden Pyramidenflächen I. Art sind durch die Indizes $(10\bar{1}\,l)$ gegeben, wobei l die Ordnung der Pyramide angibt (BCP = Pyramidenfläche I. Art, 1. Ordnung; BCQ = Pyramidenfläche I. Art, 2. Ordnung). Den Pyramidenflächen II. Art entsprechen die Indizes $(11\bar{2}\,l)$ (BDP = Pyramidenfläche II. Art, 1. Ordnung; BDQ = Pyramidenfläche II. Art,

Tabelle 5. *Gitterstruktur der chemischen Elemente* [2, 3]; vgl. auch [4, 5]
A1 = kubisch-flächenzentriert, A2 = kubisch-raumzentriert, A3 = hexagonale dichteste Kugelpackung usw. (nach [4])

1 H A3																	2 He A3
3 Li A2	4 Be A3											5 B	6 C A4, A9	7 N A3 ~B21	8 O	9 F	10 Ne A1
11 Na A2	12 Mg A3											13 Al A1	14 Si A4	15 P A17	16 S A16	17 Cl A18	18 Ar A1
19 K A2	20 Ca A1, A3	21 Sc A3, A1	22 Ti A3, A2	23 V A2	24 Cr A2 (A3 A12)	25 Mn A12	26 Fe A2, A1	27 Co A3, A1	28 Ni A1 (A3 A6)	29 Cu A1	30 Zn A3	31 Ga A11	32 Ge A4	33 As A7	34 Se A8	35 Br A14	36 Kr A1
37 Rb A2	38 Sr A1	39 Y A3	40 Zr A3, A2	41 Nb A2	42 Mo A2	43 Te A3	44 Ru A3	45 Rh A1	46 Pd A1	47 Ag A1	48 Cd A3	49 In A6	50 Sn A4, A5	51 Sb A7	52 Te A8	53 I A14	54 X A1
55 Cs A2	56 Ba A2	57–71	72 Hf A3.	73 Ta A2	74 W A2, A15	75 Re A3	76 Os A3	77 Ir A1	78 Pt A1	79 Au A1	80 Hg A10	81 Tl A3, A2	82 Pb A1	83 Bi A7	84 Po A19	85 At	86 Rn
87 Fr	88 Ra	89–103	104														
						I						II				III	

57 La A3, A1	58 Ce A1, A3	59 Pr A1, A3	60 Nd A3	61 Pm	62 Sm	63 Eu A2	64 Gd A3	65 Tb A3	66 Dy A3	67 Ho A3	68 Er A3	69 Tu A3	70 Yb A1	71 Lu
89 Ac	90 Th A1	91 Pa	92 U A20, A3, A2	93 Np	94 Pu*)	95 Am	96 Cm	97 Bk	98 Cf	99 E	100 Fm	101 Mv	102 No	

*) Vgl. Kap. IV A 2.

2. Ordnung). Der hexagonalen Achse entspricht das Symbol [0001], den digonalen Achsen I. Art (Grundkanten des Basissechsecks) $[11\bar{2}0]$, $[1\bar{2}10]$ und $[\bar{2}110]$, schließlich den digonalen Achsen II. Art (Höhen im Basissechseck) die Indizes $[10\bar{1}0]$ usw.

Die Gitterstrukturen der festen Elemente sind heute praktisch bekannt. In einer Reihe von Fällen treten allotrope Modifikationen auf. Der bekannteste Fall ist das reine Eisen, das bis 906 °C kubisch-raumzentriert, im darüber liegenden Bereich bis 1401 °C kubisch-flächenzentriert und schließlich bis zum Schmelzpunkt wieder kubisch-raum-

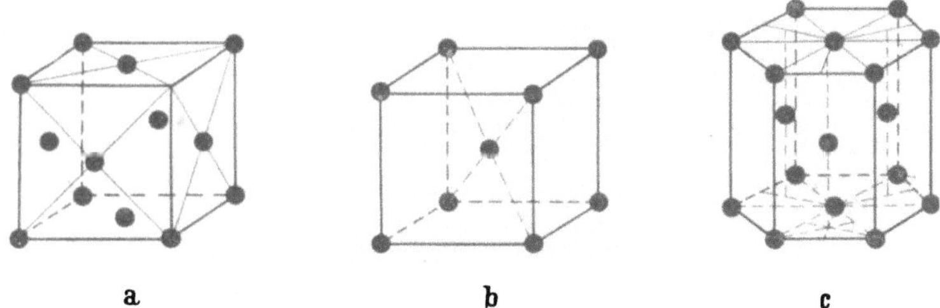

Abb. 9a–c. Wichtigste Gittertypen der Metalle
a) kubisch-flächenzentriert; b) kubisch-raumzentriert; c) hexagonale dichteste Kugelpackung

zentriert kristallisiert. Besonders zahlreiche Modifikationen wurden neuerdings bei Plutonium beobachtet, worauf wir später noch ausführlich eingehen. Eine Übersicht über die Verteilung der verschiedenen Gittertypen auf das Periodensystem der Elemente findet sich in Tab. 5. Außer Atomnummer und Symbol des Elements ist der Gittertyp gemäß der Bezeichnung des Strukturberichts angegeben. A 1 bedeutet das kubisch-flächenzentrierte Gitter (Abb. 9a) (kubisch dichteste Kugelpackung), A 2 das kubisch-raumzentrierte Gitter (Abb. 9b), A 3 die hexagonale dichteste Kugelpackung (Abb. 9c). Für ideale hexagonale dichteste Kugelpackung ergibt sich ein Achsenverhältnis $c/a = 2\sqrt{2/3} = 1{,}633$. Abweichungen treten zu höheren Werten (Zn 1,86, Cd 1,89), in gewissem Ausmaß aber auch zu niedrigeren Werten (Be und Y 1,58, Ti und Zr 1,59) auf. A 4 bedeutet das Diamantgitter, A 5 das tetragonale Gitter des weißen Zinns, A 9 das hexagonale Schichtgitter des Graphits usw. Aus der Tabelle ist zu ersehen, daß sich die Elemente, abgesehen von den Edelgasen, in drei Klassen unterteilen lassen. In Klasse I, zu der der Großteil der Metalle gehört, herrschen die dichtesten Kugelpackungen und das kubisch-raumzentrierte Gitter weitgehend vor. Von den Elementen der Klasse II haben noch einige dicht gepackte Gitterstrukturen. In der Klasse III der Metalloide ist der Gitterbau durch die sogenannte „8 minus N"-Regel gegeben, worin N die Nummer der Gruppe des Periodensystems ist. Jedes Atom ist von 8 – N nächsten Nachbarn umgeben, es ergänzt seine äußerste Elektronenschale auf das Edelgasoktett, indem es je ein Elektron mit diesen Nachbarn teilt. Für N kleiner 4 sind naturgemäß diese Gitterarten nicht mehr möglich. Die durch VAN DER WAALSsche Kräfte zusammengehaltenen Kristalle der Edelgase weisen schließlich wieder dichteste Kugelpackung auf.

Auf Grund der Gitterabmessungen läßt sich unter der Annahme der Kugelförmigkeit der Atome ein „Atomradius" berechnen. Für das kubisch-flächenzentrierte Gitter beispielsweise ist er durch $^1/_4$ der Würfelflächendiagonale gegeben, bei hexagonaler dichtester Kugelpackung

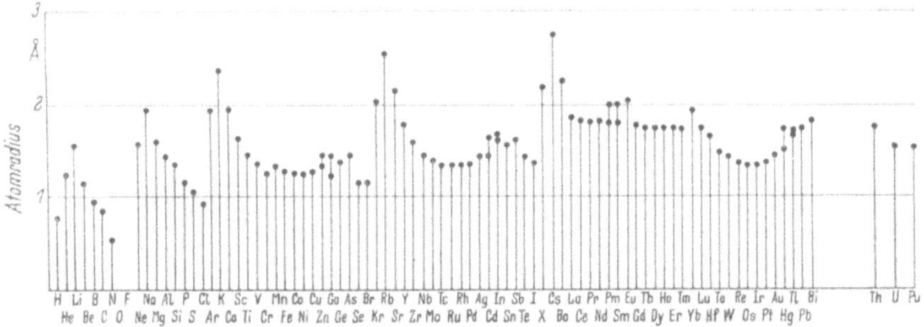

Abb. 10. Atomradien der Elemente für Koordinationszahl [12] [*6*]

durch die Hälfte der Seitenkante des Basissechsecks. In diesen beiden Fällen der dichtesten Kugelpackung besitzt jedes Atom 12 gleichberechtigte nächste Nachbarn, man spricht von einer Koordinationszahl [12]. Beim kubisch-raumzentrierten Gitter liegt eine Koordinationszahl [8] vor, beim tetragonalen Gitter des weißen Zinns eine solche von [6], beim Diamantgitter eine solche von [4]. Abb. 10 stellt den Atomradius der Elemente als Funktion der Ordnungszahl dar. Die Werte gelten für die Koordinationszahl [12]; um hieraus den für andere Koordinationszahlen wirksamen Radius zu erhalten, ist beim Übergang von [12] zu [8] eine Verringerung um 3%, beim Übergang von [12] zu [6] eine solche um 4% und beim Übergang [12] zu [4] eine solche um 12% vorzunehmen. Bei intermetallischen Verbindungen treten gelegentlich starke Kontraktionen gegenüber den angegebenen Werten auf.

Der anisotrope Aufbau der Kristalle bedingt, daß zahlreiche Eigenschaften von der Richtung im Kristall abhängig sind. Wenn es sich um sehr feinkörniges Material mit regelloser Orientierung der Kristallkörner handelt, kann das betreffende Werkstück als quasiisotrop betrachtet werden; die Eigenschaften sind in diesem Fall in allen Richtungen gleich, ihr numerischer Wert durch den Mittelwert über die Bereiche, die die einzelnen Eigenschaften in ihrer Orientierungsabhängigkeit bestreichen, gegeben. Quasiisotropie ist aber keineswegs die Regel, die meisten Herstellungs- und Verarbeitungsverfahren hinterlassen ein mehr oder minder geregeltes Gefüge. In solchen Fällen sind die Eigenschaften der Werkstücke durch die Kristallanisotropie und die Gefügeregelung (Textur) bestimmt. Hierüber soll nachfolgend ganz kurz berichtet werden.

Physikalische Eigenschaften, die zu ihrer erschöpfenden Charakterisierung nur einen Zahlenwert erfordern, wie Masse, Volumen, spezifisches Gewicht, Temperatur, spezifische Wärme, sind skalare Eigenschaften. Der anisotrope Aufbau des Kristallgitters spielt für sie keine Rolle. Ihnen steht die große Gruppe der vektoriellen und tensoriellen Eigenschaften gegenüber, die in mehr oder minder ausgeprägtem Maße von der Richtung im Kristall abhängen; sie spiegeln, wie schon oben erwähnt, in ihrer Richtungsabhängigkeit die Symmetrie des Kristalls wieder.

Zur vollständigen Kennzeichnung des elastischen Verhaltens eines isotropen oder quasiisotropen Festkörpers sind 2 Konstanten erforderlich: Elastizitätsmodul und Torsionsmodul. Es kann aber auch die Querkontraktionszahl und die Kompressibilität herangezogen werden, die mit den beiden erstgenannten Größen durch zwei Gleichungen verknüpft sind. Zur Beschreibung des elastischen Verhaltens kubischer Kristalle sind 3 elastische Parameter erforderlich. Sowohl Elastizitätsmodul als auch Schubmodul hängen von der Lage der Prüfrichtung in bezug auf die Würfelkanten ab. Diese Orientierungsabhängigkeit ist durch die Ausdrücke

$$\frac{1}{E} = s_{11} - 2\left[(s_{11} - s_{12}) - \frac{1}{2}s_{44}\right](\gamma_1^2\gamma_2^2 + \gamma_2^2\gamma_3^2 + \gamma_3^2\gamma_1^2) \qquad \text{(II, 1a)}$$

und

$$\frac{1}{G} = s_{44} + 4\left[(s_{11} - s_{12}) - \frac{1}{2}s_{44}\right](\gamma_1^2\gamma_2^2 + \gamma_2^2\gamma_3^2 + \gamma_3^2\gamma_1^2) \qquad \text{(II, 1b)}$$

gegeben, worin E und G Elastizitäts- und Torsionsmodul, s_{ik} die drei elastischen Parameter und $\gamma_1, \gamma_2, \gamma_3$ die Richtungscosinus der Winkel der Stabachse zu den drei Würfelkanten darstellen. Der Ausdruck $\Gamma = \gamma_1^2\gamma_2^2 + \gamma_2^2\gamma_3^2 + \gamma_3^2\gamma_1^2$ variiert von 0 (Stabachse // Würfelkante) bis $^1/_3$ (Stabachse // Raumdiagonale).

Eine Zusammenstellung der Elastizitätskoeffizienten einiger kubischer Metalle und Legierungen ist in Tab. 6 enthalten. Die meisten der untersuchten kubisch-flächenzentrierten Metalle verhalten sich in der Richtungsabhängigkeit des Elastizitätsmoduls sehr ähnlich; in Richtung der Raumdiagonalen ist der Modul etwa dreimal so groß (2,23 bis 4,58) wie in Richtung der Würfelkante. Erheblich abweichend verhält sich nur Aluminium mit $E_{111} : E_{100} = 1{,}21$. Von den kubisch-raumzentrierten Metallen zeigen die Alkalimetalle und α-Eisen sehr starke Richtungsabhängigkeit des Moduls, Wolfram ist elastisch isotrop und bei Molybdän tritt eine geringfügige Abhängigkeit im Sinne eines Minimums

Tabelle 6. *Elastische Koeffizienten von Metallkristallen* (in 10^{-13} cm^2/Dyn) (aus [7])

Metall	s_{11}	s_{12}	s_{44}	s_{13}	s_{33}	
k. flz.						
Al	15,9	− 5,80	35,2			
Cu	14,91	− 6,25	13,28			
Ag	23,21	− 9,93	22,9			
Au	23,30	− 10,65	23,80			
Ni	7,99	− 3,12	8,44			
Pb	93,0	− 42,6	69,4			
α-Messing (72% Cu)	19,4	− 8,35	13,9			
k.rz.						
Na	494	− 221	175			
K	833	− 370	380			
α-Fe	7,57	− 2,82	8,62			
Mo	2,8	− 0,78	9,10			
W	2,57	− 0,73	6 60			
β-Messing	38,7	− 15,3	5,78			
Diamant-G.						
Ge	9,70	− 2,65	14,8			
hex. dKp						
Be	2,94	0,88	9,09	− 0,097	2,81	
Mg	22,15	− 7,7	60,3	− 4,93	19,75	
Co	6,22	− 2,77	19,28	− 1,63	5,08	
Zn	8,31	+ 0,7	25,7	− 7,7	27,5	
Cd	12,6	− 1,5	59,0	− 9,3	36,2	
rhomboedr.						s_{14}
Sb	17,7	− 3,8	41,0	− 8,5	33,8	− 8,0
Bi	26,9	− 14,0	104,8	− 6,2	28,7	16,0
Hg	154	− 119	151	− 21	45	− 100
tetragonal						s_{66}
Sn	18,5	− 9,9	57,0	− 2,5	11,8	135
hexagonal						s_{14}
Te	48,7	− 6,9	58,1	− 13,8	13,4	?

des Elastizitätsmoduls in der Raumdiagonalen zutage. Das im kubischen Diamantgitter kristallisierende Germanium weist eine relativ geringe elastische Anisotropie auf: $E_{111} : E_{100} = 1{,}51$.

Hexagonalen Kristallen kommen je nach der Kristallklasse 5, 6 oder 7 elastische Parameter zu. Für in hexagonaler dichtester Kugelpackung kristallisierende Metalle sind 5 Parameter erforderlich, für die gleichfalls in Tab. 6 einige Werte gebracht sind. Die Orientierungsabhängigkeit des Elastizitäts- und Torsionsmoduls dieser Metalle ist durch Rotationssymmetrie um die hexagonale Achse ausgezeichnet. Ebenso wie bei kubisch-raumzentrierten Metallen treten große individuelle Unterschiede in der Orientierungsabhängigkeit des Moduls auf. Bei tetragonalen Kristallen werden je nach Kristallklasse 6 oder 7, bei rhombischen 9, bei monoklinen 13 und schließlich bei triklinen 21 elastische Parameter benötigt[1].

Für eine Reihe von physikalischen Eigenschaften – spezifischer Widerstand für Elektrizitäts- und Wärmeströmung, thermische Ausdehnung, Thermokraft, magnetische Suszeptibilität, Konstante σ des THOMSEN-Effekts[2] – verhalten sich kubische Kristalle isotrop. Für Kristalle mit einer Hauptachse – hexagonal, tetragonal – gilt, wenn φ der Winkel zwischen der untersuchten Richtung und der Hauptachse ist, für die Eigenschaft (ϱ_φ) der Ausdruck

$$\varrho_\varphi = \varrho_\perp + (\varrho_\parallel - \varrho_\perp)\cos^2\varphi\,. \tag{II,2}$$

Der Wert der Eigenschaft in einer beliebigen Richtung ist also durch zwei Konstanten (Werte parallel und senkrecht zur Hauptachse) und den Winkel φ gegeben. Bei niedrigerer Symmetrie sind zur Beschreibung der orientierungsabhängigen Eigenschaften drei Konstanten erforderlich, die sich auf drei aufeinander senkrecht stehende Richtungen (Hauptachsen des Tensorellipsoids) beziehen. Der Wert der Eigenschaft in einer unter den Winkeln α, β, γ zu den Achsen des Tensorellipsoids liegenden Richtung ist durch den Ausdruck

$$\varrho_{\alpha\beta\gamma} = \varrho_{\mathrm{I}}\cdot\cos^2\alpha + \varrho_{\mathrm{II}}\cdot\cos^2\beta + \varrho_{\mathrm{III}}\cdot\cos^2\gamma \tag{II,3}$$

gegeben, worin ϱ_{I}, ϱ_{II}, ϱ_{III} die Werte der Eigenschaft in den drei Hauptachsen darstellen.

Einige Beispiele für die Richtungsabhängigkeit der eben erwähnten physikalischen Eigenschaften in nicht kubischen Metallen bringt Tab. 7. Man erkennt, daß diese Richtungsabhängigkeit sehr ausgeprägt sein kann (thermische Ausdehnung von Zink und Kadmium); im Falle des Tellurs schrumpft sogar ein Kristall parallel der trigonalen Achse, während senkrecht dazu eine erhebliche Dilatation erfolgt. Auf das Verhalten niedrig symmetrischer Kristalle (Fehlen einer Hauptachse) wird bei der Behandlung der als Reaktorbrennstoffe wichtigen Metalle Uran und Plutonium näher eingegangen.

Bisher wurden die Eigenschaften der Metallkristalle und ihre Anisotropie ausschließlich mit dem anisotropen Gitteraufbau der Kristalle in Zusammenhang gebracht. Gitterfehler, die in allen Realkristallen auf-

[1] Außer den elastischen Koeffizienten s_{ik}, die als Konstante in den Gleichungen des allgemeinen HOOKEschen Gesetzes auftreten, welche die elastischen Deformationen mit den Spannungskoeffizienten verknüpft, werden häufig auch die aus den s_{ik} berechenbaren elastischen Moduln c_{ik} verwendet, die als Konstanten in den Gleichungen für die Spannungskomponenten als Funktion der Deformationen auftreten.

[2] Die beim Durchgang der Elektrizitätsmenge 1 bei einem Temperaturgefälle von 1°/cm im Leiterstück von 1 cm entwickelte Wärmemenge.

Tabelle 7. *Anisotropie physikalischer Eigenschaften von Metallkristallen* (aus [8])

Metall	spez. elektr. Widerstand in 10^{-6} Ω cm		spez. Wärmeleitung in W/cm °C		therm. Ausdehnung* in 10^{-6}/°C	
	∥	⊥	∥	⊥	∥	⊥
Mg	3,8	4,6			26,4	25,6
Zn	6,1	5,8	1,24	1,24	63,9	14,1
Cd	8,3	6,8	0,83	1,04	52,6	21,4
Hg	0,0557	0,0737	0,399	0,290	47,0	37,5
Bi	138	109			14,0	10,4
Sb	36	43			15,6	8,0
Te	56000	154000			−1,6	27,2
Sn	14,3	9,9			30,5	15,5

* Bei Mg, Zn, Cd zwischen 20 und 100 °C, bei Bi, Sb, Te, Sn bei etwa 20 °C, bei Hg zwischen − 188 und − 79 °C.

treten, blieben unberücksichtigt, da ihr Einfluß auf das besprochene Verhalten nachweislich gering bleibt. Eigenschaften, die in der Hauptsache vom Gitterbau des Idealkristalls und nur in geringem Ausmaß von Kristallfehlern abhängen, werden gemeinhin als „strukturunempfindlich“ bezeichnet. Treten dagegen die Abweichungen vom idealen Gitterbau mit in den Vordergrund (z.B. bei der Plastizität), so spricht man von „strukturempfindlichen“ Eigenschaften. Zu solchen Abweichungen gehören Punktdefekte, Leerstellen und besetzte Zwischengitterplätze, auf die wir bei der Besprechung der Strahleneinwirkung zurückkommen; weitere Fehlstellen sind Versetzungen (dislocations), die wesentlich das plastische Verhalten der Kristalle mitbestimmen und die wir bei der theoretischen Deutung der Kristallplastizität sogleich näher kennzeichnen werden. Schließlich sei das „Crowdion“ genannt, eine sehr instabile Anhäufung von Gitterpunkten entlang dicht belegter Gitterkanten, zu dessen Auflösung schon sehr geringfügige Aktivierungsenergien genügen. Im Abschnitt über Bestrahlungseinflüsse kommen wir hierauf nochmals zurück.

B. Plastizität

Nicht nur für das eben besprochene physikalische Verhalten ist der Gitterbau der Kristalle entscheidend, er bestimmt weitgehend auch ihr plastisches Verhalten. In der weitaus überwiegenden Zahl der Verformungsvorgänge gleiten ja nicht die den technischen Vielkristall aufbauenden Körner aneinander ab, sondern die einzelnen Körner werden gereckt (Abb. 11). Dies bedeutet aber, daß das Studium der Kristallplastizität für ein Verständnis der Verformbarkeit der Metalle unerläßlich ist.

Der wichtigste Grundvorgang der Kristallplastizität ist die *Translation:* sie besteht in einem Abgleiten von Kristallteilen entlang niedrig indizierter kristallographischer Flächen in Richtung wichtiger Gitterkanten. Abb. 12 zeigt die Auswirkung dieses Verformungsmechanismus bei der Dehnung von Einzelkristallen. Als beste Translationsrichtung erweist sich stets die dichtest belegte Gittergerade, und auch die Trans-

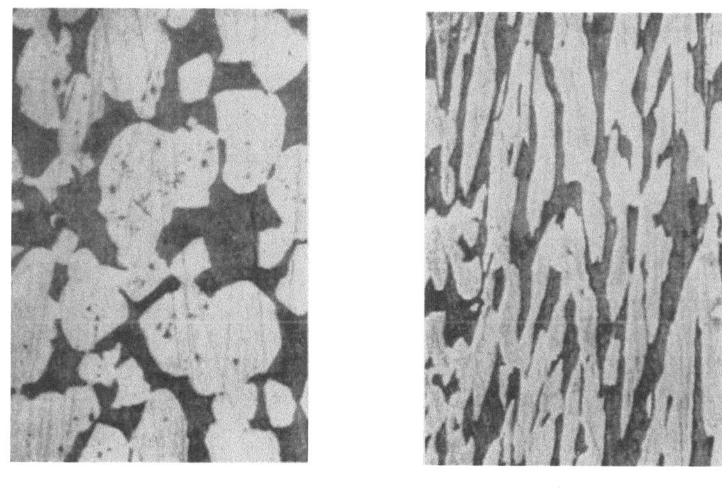

Abb. 11 a u. b. Kornreckung im verformten Vielkristall (α-β-Messing); $V \sim 200$ [9]
a) vor der Verformung; b) nach der Verformung

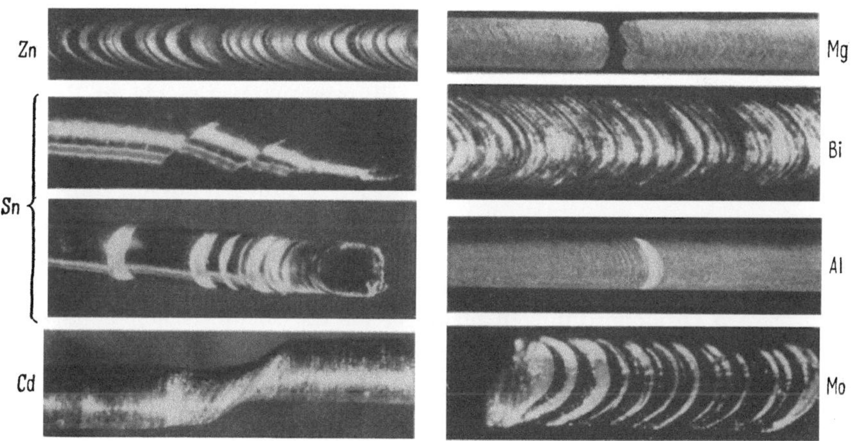

Abb. 12. Translation von Metallkristallen (aus [8])

lationsflächen sind dicht belegte Netzebenen des Gitters. Quantitative Angaben über die Dicke der Gleitschichten sind schwierig; sie liegt häufig in der Größenordnung von 10^{-3} bis 10^{-4} cm, aber auch sehr viel dünnere, nur wenige Hundert Angström dicke Schichten werden beobachtet.

Im Verlauf der Translation treten erhebliche Orientierungsänderungen auf, die beim frei gedehnten Einkristall durch ein „Eindrehen“ der Längsachse in die wirkende Translationsrichtung gegeben sind. Ausmaß der Dehnung und Orientierungsänderung hängen durch die Beziehung

$$\frac{l_1}{l_0} = \frac{\sin \lambda_0}{\sin \lambda_1} = \frac{\sin \chi_0}{\sin \chi_1} \tag{II,4}$$

miteinander zusammen (λ_0 und λ_1 Winkel zwischen Längsachse und Gleitrichtung vor und nach der Dehnung; χ_0 und χ_1 analoge Winkel zur Gleitfläche).

Das quantitative Gesetz für den Eintritt deutlicher Abgleitung besagt, daß der Translationsbeginn an die Erreichung einer bestimmten, für das in's Spiel kommende Translationssystem charakteristischen kritischen Schubspannung gebunden ist („Schubspannungsgesetz“ [*10*]). Über die bei verschiedenen Metallkristallen wirksamen Translationssysteme und die Größe dieser kritischen Schubspannung gibt Tab. 8 Auskunft. Sie enthält Beispiele für die „Gleitfähigkeit“ verschiedener Translationssysteme, für den Temperatureinfluß und für den Einfluß von Beimengungen, der bei dieser fehlstellenempfindlichen Eigenschaft besonders groß ist. Man erkennt die Abstufung der Gleitfähigkeit verschiedener Translationssysteme, die sich mit Variation der Temperatur bisweilen umkehrt. Die große Bedeutung der Beimengungen wird durch die Beispiele des Aluminiums und des Quecksilbers illustriert.

Im allgemeinen sinkt die kritische Schubspannung mit steigender Temperatur oder sie bleibt konstant. Für die Oktaedertranslation von reinen Kupferkristallen wurde von Heliumtemperaturen bis zu Raumtemperatur dieselbe kritische Schubspannung beobachtet [*12*]. Der Anstieg der kritischen Schubspannung des Basistranslationssystems von Beryllium bei Erhöhung der Temperatur ist vermutlich auf ein Inlösunggehen von Beimengungen zurückzuführen.

Die Absolutwerte der kritischen Schubspannung, in der Größenordnung von 10^{-4} des Schubmoduls, sind außerordentlich niedrig. Sie liegen um etwa 3 Größenordnungen niedriger als die theoretischen Schätzungen, die zu Werten von etwa einem Zehntel bis einem Dreißigstel des Schubmoduls führen. Es sei jedoch darauf hingewiesen, daß Metalle unter gewissen Bedingungen bis nahe an die theoretischen Festigkeitswerte beansprucht werden können (Metallfäden, Whiskers).

Die Schubfestigkeit des wirkenden Translationssystems bleibt auch während der Verformung die bestimmende Größe. Die Schar der von der Ausgangsorientierung der Kristalle abhängigen Dehnungskurven kann durch *eine* von der Orientierung unabhängige Verfestigungskurve mit den Koordinaten Schubspannung und Abgleitung (Verschiebung zweier im Abstand 1 befindlicher Translationsflächen) dargestellt werden. Diese

Tabelle 8. *Translation von Metallkristallen* (aus [11])

Metall	Temperatur ϑ	Gleit- Ebene	Gleit- Richtung	krit. Schubspannung in p/mm^2
k.flz				
Al	20 °C	{111}	⟨110⟩	100; 370*
Al	$\vartheta/\vartheta_F > 0{,}72$	{100}	⟨110⟩	
Cu				100
Ag				60
Au	20 °C	{111}	⟨110⟩	92
Ni				580–800
Pb				
k.rz				
α-Fe		{110},{112},{123}	⟨111⟩	
α-Fe		{110}	⟨111⟩	4400
Mo, W, Na	$\vartheta/\vartheta_F = 0{,}08$–$0{,}24$	{112}		
Mo, Na	$\vartheta/\vartheta_F = 0{,}26$–$0{,}50$	{110}	⟨111⟩	
Na, K	$\vartheta/\vartheta_F = 0{,}80$	{123}		
Nb		{110}		10000
Diamant-G.				
Si, Ge		{111}	⟨101⟩	
tetragonal				
β-Sn		{110}	[001]	130
	20 °C	{100}	[001]	190
		{101}	[100]	
		{121}	[100]	
	$\vartheta/\vartheta_F > 0{,}8$	{110}	⟨111⟩	
hex.dKp				
Be	20 °C	(0001)		1400
	500 °C	(0001)	$\langle 11\bar{2}0\rangle$	1750
	20 °C	$\{10\bar{1}0\}$		6300
α-Ti		$\{10\bar{1}0\}$		5000
	20 °C	(0001)	$\langle 11\bar{2}0\rangle$	11000
		$\{10\bar{1}1\}$		
α-Zr	20 °C	$\{10\bar{1}0\}$	$\langle 11\bar{2}0\rangle$	650
Mg	20 °C	(0001)	$\langle 11\bar{2}0\rangle$	83
	$\vartheta/\vartheta_F > 0{,}54$	$\{10\bar{1}1\}$		
Zn		(0001)	$\langle 11\bar{2}0\rangle$	35
	20 °C	$\{10\bar{1}1\}$		
		$\{11\bar{2}2\}$	$\langle 11\bar{2}3\rangle$	1000–1600
Cd	20 °C	(0001)	$\langle 11\bar{2}0\rangle$	58
rhomboedr.				
Bi	20 °C	{111}	$[10\bar{1}]$	221
Hg	− 60 °C	{111}	$[10\bar{1}]$	4; 28**
rhombisch				
α-U	20 °C	(010)	[100]	340
		(001)	[100]	24
	600 °C	(010)	[100]	290
		{110}	⟨110⟩	390
		{021}	⟨112⟩	1750

* Beimengungen 0,01 und 0,5%. ** Beimengungen 10^{-7} und 10^{-1}%

ϑ_F = Schmelztemperatur.

Abgleitung a berechnet sich aus der durch Gl. (II,4) gegebenen Dehnung d und den Ausgangsstellungswinkeln von Gleitfläche und -richtung gemäß

$$a = \frac{1}{\sin\chi_0}\left(\sqrt{d^2 - \sin^2\lambda_0} - \cos\lambda_0\right). \tag{II,5}$$

Bei hexagonalen Metallen steigt die Schubfestigkeit etwa linear mit der Abgleitung an.

Von großer Bedeutung für den Verlauf der Verformung ist die Frage, wie sich die Schubfestigkeit anderer möglicher Translationssysteme dabei ändert. Besonders wichtig sind die Verhältnisse bei kubischen Metallen mit ihren zahlreichen Translationssystemen. Häufig wird in diesen Fällen keine lineare, sondern eine parabolische Verfestigungskurve beobachtet, die überdies nur in sehr roher Annäherung als Ersatz der individuellen orientierungsabhängigen Dehnungskurven angesehen werden kann. Es kann kein Zweifel darüber bestehen, daß dies durch Mitbeteiligung von Gleitsystemen bedingt ist, bei Orientierungen, bei denen diese Systeme geometrisch dem zunächst wirksamen gegenüber noch benachteiligt sind. Der Reinheitsgrad des Metalls spielt dabei eine maßgebliche Rolle, offenbar aber auch das Vorhandensein von Oberflächendeckschichten.

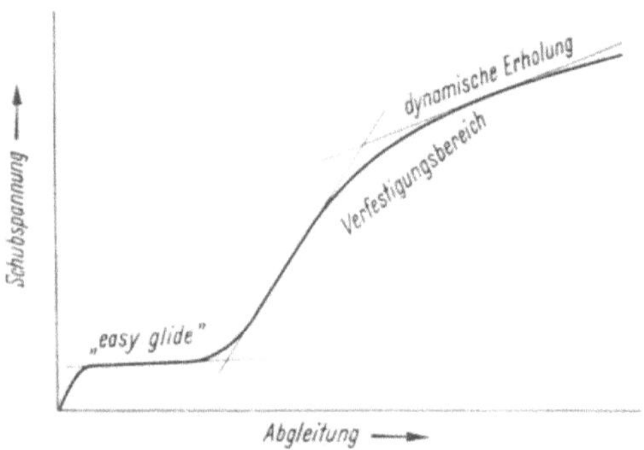

Abb. 13. Schematischer Verlauf der Verfestigungskurve kubisch-flächenzentrierter Metalle

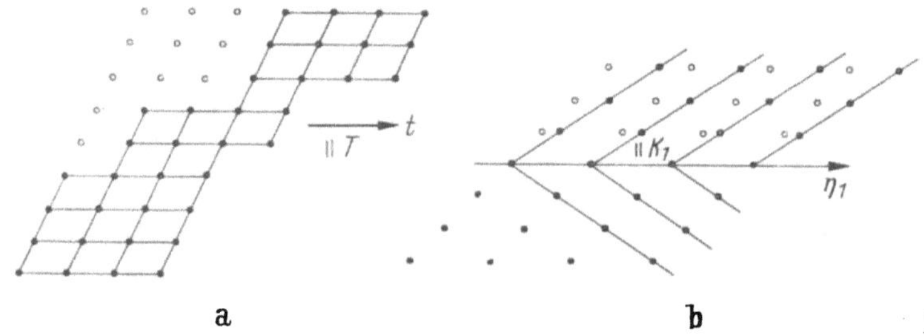

Abb. 14a u. b. Bewegung der Gitterpunkte bei Translation (a) und mechanischer Zwillingsbildung (b)

Schematisch ist der Verlauf der Verfestigungskurve kubisch flächenzentrierter Metalle in Abb. 13 dargestellt. An den durch einfache Oktaedergleitung gebildeten „easy-glide"-Bereich schließt sich ein Verfestigungsbereich an, in dem Mehrfachgleitung erfolgt. Dieser Bereich setzt bei Aluminium z.B. schon lange vor Erreichung einer symmetrischen Lage des zweiten Gleitsystems ein. Gegen Schluß der Verformung wird die Verfestigungskurve wieder flacher; es überlagert sich der Verfestigung eine Art dynamischer Erholung.

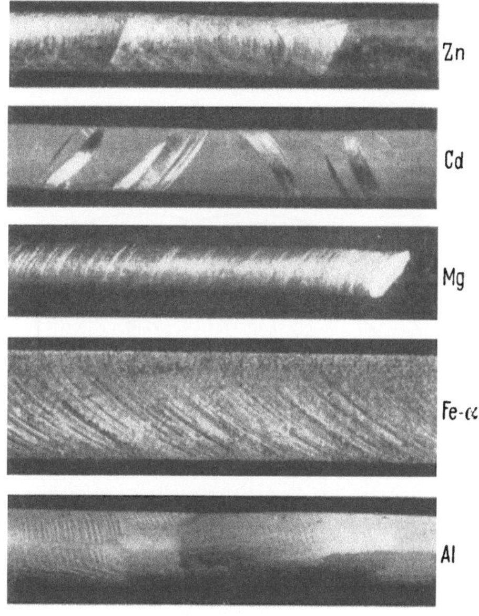

Abb. 15. Deformationszwillinge in Metallkristallen (aus [8])

Zum Abschluß dieser Bemerkungen über Translation sei noch darauf hingewiesen, daß unter räumlichen Spannungszuständen Translationen auftreten können, die üblicherweise nicht beobachtet werden. Solche zusätzlichen Gleitungen wurden z.B. in der unmittelbaren Nachbarschaft von Korngrenzen deformierten Aluminiums beobachtet.

Der zweite Grundvorgang plastischer Kristallverformung ist die *mechanische Zwillingsbildung*. Sie ist ein Vorgang, bei dem unstetig Teile des beanspruchten Kristalls in eine in bezug auf eine Ebene (oder eine Richtung) symmetrische Stellung zu dem übrigen Kristall gelangen. Modellmäßig besteht die Bildung von Deformationszwillingen in einer einfachen Schiebung: Abgleitung von ebenen Schichten um einen Betrag, der proportional ist dem Abstand der Schichten von der Trennungsebene zwischen unverformtem und verformtem Teil (Zwillingsebene). Die Unterschiede dieser Zwillingsgleitung von der Translation treten in Abb. 14 deutlich zutage. Jeweils ist die Gitterebene dargestellt, die durch die Gleitrichtung geht und auf der Gleitebene senkrecht steht (Ebene der Schiebung). Während bei der Translation die kleinste Abschiebung eine Gitterperiode in der Translationsrichtung beträgt, ist das Ausmaß der Abgleitung bei der Zwillingsgleitung in der Regel nur ein kleiner Bruchteil eines Gitterschrittes.

Einige Beispiele von Deformationszwillingen sind in Abb. 15 dargestellt. Die bei der mechanischen Zwillingsbildung wirksamen Schiebungselemente von Metallkristallen enthält Tab. 9. Außer der Gleitebene (1. Kreisschnittsebene, K_1) und dem Betrag der Schiebung (s) ist auch die 2. Kreisschnittsebene (K_2) angegeben. Zur Definition der beiden Kreisschnittsebenen und des Betrags der Schiebung möge Abb. 16 dienen.

Wieder ist die Zeichenebene die Ebene der Schiebung. Die darauf senkrecht stehende Zwillingsebene K_1 schneidet sie in der Gleitrichtung η_1. Als Kreis ist der Schnitt der Einheitskugel mit der Ebene der Schiebung eingezeichnet. Diese Kugel wird durch die Zwillingsgleitung zu einem volumsgleichen Ellipsoid deformiert ($a\,c = 1$), dessen Schnitt mit der Ebene der Schiebung ebenfalls eingetragen ist. Die Gleitebene K_1 ändert bei der Deformation weder ihre Gestalt (1. Kreisschnittsebene) noch ihre Lage. Alle übrigen Ebenen und die nicht in K_1 liegenden Richtungen erfahren dagegen eine Kippung. Eine der Ebenen, senkrecht zur Ebene der Schiebung stehend, bleibt dabei ebenso wie K_1 als Kreis erhalten (2. Kreisschnittsebene, K_2). η_2 ist ihr Schnitt mit der Ebene der Schiebung. Der Betrag der Verschiebung, den eine Schicht im Abstand 1 von der Zwillingsebene erleidet, wird als Schiebung (s) bezeichnet. Das Ausmaß der durch Zwillingsbildung erreichbaren Verformung ist durch den Betrag der Schiebung und die Winkel der betrachteten Richtung zu den Zwillingsgleitelementen gegeben. Im Hinblick auf die kleinen Werte von s bleibt sie, im Gegensatz zu der durch Translation erzielbaren großen Verformung, stets nur gering. Für Dehnung und Stauchung folgen die Maximalwerte:

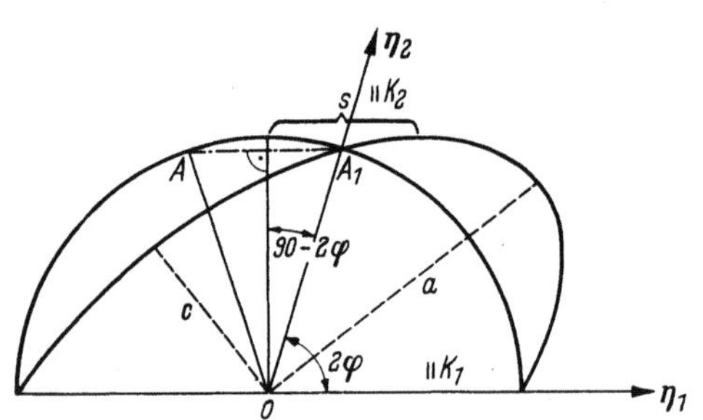

Abb. 16. Zur geometrischen Behandlung mechanischer Zwillingsbildung

$$d_{\text{max, Dehnung}} = \frac{s}{2} + \sqrt{1 + \frac{s^2}{4}}\,, \qquad \text{(II,6a)}$$

$$d_{\text{max, Stauchung}} = -\frac{s}{2} + \sqrt{1 + \frac{s^2}{4}}\,. \qquad \text{(II,6b)}$$

Wie bei der Translation betätigt sich auch bei der Zwillingsgleitung kubisch-flächenzentrierter Metalle die Oktaederfläche als Gleitfläche, die Richtung der Abgleitung ist nun aber keine $\langle 101\rangle$- sondern eine $\langle 112\rangle$-Richtung. Beim raumzentrierten α-Eisen wird das Translationssystem $\{112\}/\langle 111\rangle$ auch als System der Zwillingsgleitung beobachtet, allerdings nur bei tiefen Temperaturen, bei denen es nicht mehr als Translationssystem wirksam ist.

Über die Kenntnis der zur Zwillingsbildung führenden Bedingungen verfügen wir heute noch nicht. Die Schaffung definierter, vorangehende Translation ausschließender Versuchsbedingungen ist schwierig. Sicher ist nur, daß auch bei dieser Verformung die Abgleitung nicht elastisch erreicht wird, sondern lange vorher das Umklappen in die Zwillingsstellung erfolgt. Wiederholt wurde als Initialbedingung auch hier ein Schubspannungsgesetz vermutet, und die Tatsache, daß hohe hydrostatische Drucke bei Zink keine Beeinflussung der Zwillingsbildung ergeben, stützt diese Auffassung. Erwiesen ist die Gültigkeit eines derartigen Initialgesetzes aber noch keineswegs.

Tabelle 9. *Schiebungselemente von Metallkristallen* (aus [*11*])

Metall	K_1	K_2	s
k.flz.			
Al, Cu	(111)	$(11\bar{1})$	0,7071
k.rz.			
α-Fe	(112)	$(11\bar{2})$	0,7071
tetragonal			
β-Sn	(331)	$(1\bar{1}1)$	0,120
hex.dKp			
Be	$(10\bar{1}2)$	$(10\bar{1}\bar{2})$	0,186
α-Ti	$(10\bar{1}2)$	$(10\bar{1}\bar{2})$	0,171
	$(11\bar{2}1)$		
	$(11\bar{2}2)$		
α-Zr	$(10\bar{1}2)$	$(10\bar{1}\bar{2})$	0,167
	$(11\bar{2}1)$	(0001)	0,628
	$(11\bar{2}2)$	$(11\bar{2}\bar{2})$	0,965
	$(11\bar{2}3)$	(0001)	1,883
Mg	$(10\bar{1}2)$	$(10\bar{1}\bar{2})$	0,131
	$(10\bar{1}1)$		
	$(30\bar{3}4)$		
	$(11\bar{2}1)$		
Zn	$(10\bar{1}2)$	$(10\bar{1}\bar{2})$	0,143
Cd	$(10\bar{1}2)$	$(10\bar{1}\bar{2})$	0,175
rhomboedr.			
Bi	(001)	(100)	0,146
Sb	(001)	(100)	0,118
rhombisch			
α-U	(130)	$(1\bar{1}0)$	0,299
	$\sim(1\bar{7}2)$	(112)	0,216
	$\sim(1\bar{7}6)$	(111)	0,229

Verhältnismäßig selten ist bei Metallkristallen das Auftreten glatter Reißflächen. Dort, wo ein solcher Bruch eintritt (Basisflächenspaltung von Beryllium und Zink, Würfelflächenspaltung von α-Eisen bei tiefen Temperaturen), kann er die Ursache erheblicher Materialversprödung sein. Dynamisch wird der Spaltbruch durch das SOHNCKEsche Normalspannungsgesetz geregelt, das besagt, daß die zur Erzielung des Bruchs auf die Reißfläche wirkende Normalkomponente einen bestimmten, kritischen Wert, der wieder weit unterhalb des theoretischen liegt, erreichen muß[1].

Die bei der Verformung eines Werkstücks in den einzelnen Körnern sich abspielenden Gleitvorgänge bedingen, daß hierbei gewisse Regelungen in der Orientierung der Einzelkörner auftreten: es entsteht eine Deformationstextur. Allgemein wird unter Textur die Art der Anordnung der Kristallite in einem Vielkristall verstanden. Wenn keine Richtungsunterschiede in einem Kristallaggregat erkennbar sind, dann ist es statistisch isotrop, andernfalls ist es statistisch anisotrop. Geregelte Texturen können beim Wachstum auftreten (Gußstücke, elektrolytische

[1] Auf Grund von Versuchen an dicken Zinkkristallen wurden kürzlich Einwendungen gegen das Normalspannungsgesetz erhoben [*13*].

Niederschläge, aufgedampfte Schichten), bei Kaltverformung, bei anschließender Rekristallisation und schließlich auch bei Warmverformung. Für übersichtliche Zusammenstellungen vgl. [*14*, *15*]. Bei der Ausbildung der Wachstumstextur ist offenbar eine Anisotropie der Wachstumsgeschwindigkeit für die entstehende Gefügeregelung verantwortlich. Die Deformationstextur nach Kaltverformung wird durch die oben erwähnten Orientierungsänderungen der Einzelkörner durch plastische Deformation verursacht. Wenn auch eine quantitative Ableitung der Zieh-, Stauch- und Walztexturen, der Torsionstextur und der beim Tiefziehen auftretenden noch nicht erschöpfend gelungen ist, so kann doch kein Zweifel bestehen, daß der eingeschlagene Weg richtig ist. Als entscheidend für die sich ausbildende Textur hat sich die Symmetrie der Fließvorgänge und nicht die Symmetrie der wirkenden Kräfte ergeben. Für die Auswahl der sich betätigenden Gleitelemente spielt das Prinzip der kleinsten Deformationsenergie eine wichtige Rolle.

Die Deutung der sich durch Rekristallisation verformter Werkstücke ergebenden Rekristallisationstexturen bietet noch viele offene Fragen. Die Texturen nach Warmverformung sind auf Grund der Wirkung der Gleitelemente zu deuten, gegebenenfalls durch Hinzutreten neuer Gleitelemente bei höheren Temperaturen und durch während der Verformung vor sich gehende Rekristallisation.

Zunächst soll über Art und Bedeutung der Texturen in kaltverformten Werkstücken kurz berichtet werden. Unter den Bestimmungsverfahren, auf die nicht näher eingegangen werden kann, nimmt die röntgenographische Methode die wichtigste Rolle ein. Liegt nur *eine* Hauptverformungsrichtung vor, wie bei Ziehen oder Walzen von Drähten, so bildet sich eine rotationssymmetrische Textur (Fasertextur) aus. Zur Beschreibung verwendet man entweder die Angabe der bevorzugt in die Längsrichtung fallenden kristallographischen Richtung (⟨111⟩ und ⟨100⟩ bei kubisch-flächenzentrierten Metallen, ⟨110⟩ bei kubisch-raumzentrierten) oder eine Polfigurdarstellung mit der zur Längsrichtung senkrecht stehenden Ebene als Projektionsfläche. Abb. 17 zeigt als Beispiel die Ziehtextur von Zinklegierungsstangen als Funktion des Ziehgrads. Die Überlagerung von Translation und Zwillingsbildung ist

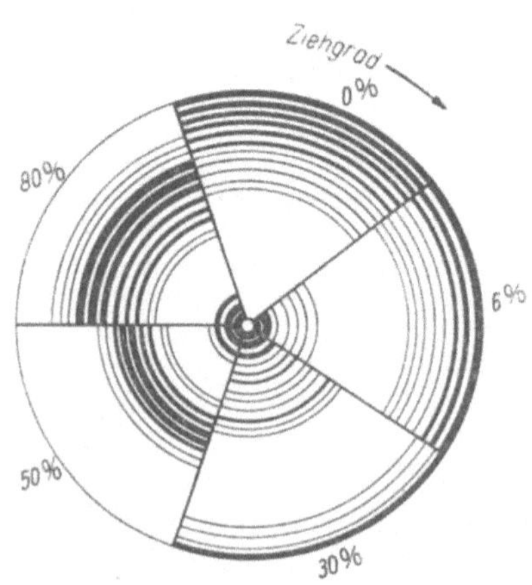

Abb. 17. Ziehtextur von Stangen einer Zinklegierung (ZnAl 10 Cu 2); Polfigur der Basis [*16*]

an diesem Beispiel deutlich erkennbar. Während zunächst in der gepreßten Stange die Basisfläche bevorzugt unter kleinen Winkeln zur Längsachse orientiert ist, eine Textur, die sich nach einem Ziehgrad von 6% noch schärfer ausbildet, tritt im weiteren Verlauf der Reckung mechanische Zwillingsbildung auf, welche neue Basislagen mit Neigungen von etwa 60° zur Längsrichtung erzeugt. Hierdurch werden erneut günstige Bedingungen für Translation geschaffen. Mittelbar kommt so der Verformung durch Zwillingsbildung, die selbst nur geringfügige Dehnung bringt, durch Schaffung neuer, für Translation geeigneter Gitterbereiche wesentliche Bedeutung für die Verformbarkeit zu.

Außer der durch Abb. 17 gekennzeichneten Polfigurendarstellung, bei welcher die Verteilung wichtiger kristallographischer Richtungen (und Ebenen) auf ein durch die Probe definiertes Koordinatensystem angegeben wird, benutzt man gelegentlich auch eine Darstellung durch sogenannte reziproke Polfiguren. Dabei wird von einem kristallographischen Koordinatensystem ausgegangen und die Verteilung wichtiger Richtungen der Probe (Längsrichtung bei Stangen und Drähten) in bezug auf dieses Koordinatensystem wiedergegeben [*17*, *18*, *19*]. Für die Beschreibung von Fasertexturen hat die reziproke Polfigur gegenüber der normalen den Vorteil, daß nicht Rotationssymmetrie um die Faserachse vorausgesetzt ist (Mehrdeutigkeit), sondern, daß durch *eine* Polfigur eine erschöpfende Übersicht über die Gefügeregelung gegeben wird. Bei Vorliegen scharfer Texturen ist die für die Gewinnung reziproker Polfiguren erforderliche Umrechnung relativ einfach, sie wird jedoch kompliziert, wenn es sich um Texturen mit großen Streubereichen handelt.

Die Darstellung von Walztexturen geschieht entweder durch Angabe von Hauptlagen (Gitterebenen und Gitterkanten, die parallel zu Walzebene und Walzrichtung liegen) oder übersichtlich wieder durch Polfiguren. Als Beispiel seien Walzbleche kubisch-flächenzentrierter Metalle herangezogen. Die Walztextur der großen Mehrzahl dieser Metalle kann durch zwei Hauptlagen beschrieben werden, nämlich 1. (110) parallel zur Walzebene und $[1\bar{1}2]$ parallel zur Walzrichtung und 2. (112) parallel zur Walzebene und $[11\bar{1}]$ parallel zur Walzrichtung. Diese doppelte Walzlage wird bei reinen Metallen und niedrig legierten Mischkristall-Legierungen gefunden. Nur die erste Hauptlage $\big((110)/[1\bar{1}2]\big)$ tritt bei α-Messing und anderen kubisch-flächenzentrierten Legierungen höherer Konzentration auf. Wegen der Wichtigkeit dieser Metalle sei der Unterschied der beiden Texturen auch noch an Hand von Polfiguren (Abb. 18) gezeigt, die wegen der darin zum Ausdruck kommenden Streuung ein besseres Bild der Deformationstexturen geben als die Angabe idealer Hauptlagen. Es ist nicht bekannt, ob das unterschiedliche Verhalten (eine oder zwei Hauptlagen) auf Unterschiede in der Verfestigung latenter Gleitsysteme oder auf verschiedene Mitbeteiligung kristallographisch ungleichwertiger Systeme zurückzuführen ist.

Auf die Walztextur hexagonaler Metalle bezieht sich Abb. 19, welche die Polfigur der Basis für Zink-, Magnesium und α-Zirkoniumbleche dar-

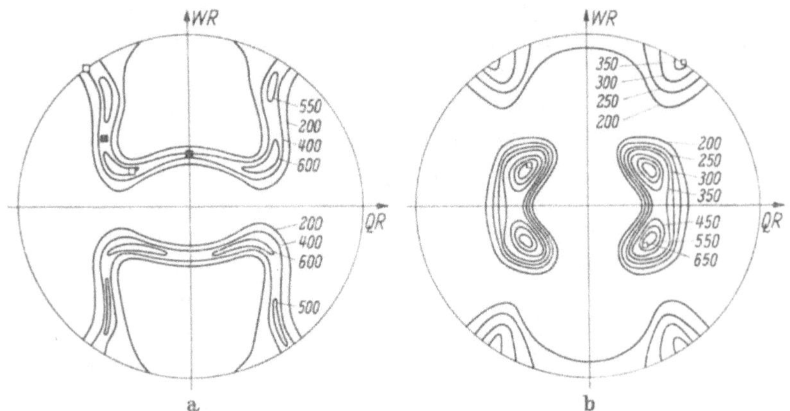

Abb. 18 a u. b. Walztextur von kubisch-flächenzentrierten Metallen (Polfigur der Würfelebene) [*20*]
a) Cu; b) α-Messing □ 1. Hauptlage; ■ 2. Hauptlage

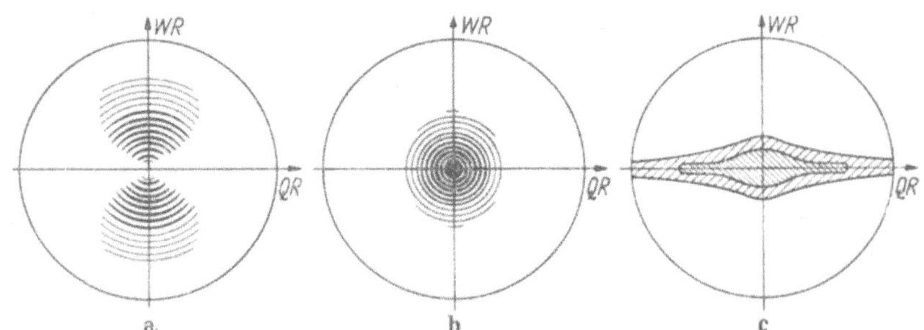

Abb. 19 a–c. Walztextur hexagonaler Metalle (Polfigur der Basis)
a) Zn [*21*]; b) Mg [*22*]; c) Zr [*23*]

stellt. Während die Unterschiede in der Lagenmannigfaltigkeit in Zink- und Magnesiumblechen auf die, dem verschiedenen Achsenverhältnis entsprechende verschiedene Auswirkung der mechanischen Zwillingsbildung zurückzuführen sind, ist zur Deutung der Textur des α-Zirkoniumbleches vor allem auch auf die bei diesem Metall vorherrschende Prismengleitung Rücksicht zu nehmen.

Auch zur Beschreibung der Walztexturen werden neuerdings reziproke Polfiguren benutzt, in denen die Verteilungsdichte der Walzrichtung und der Normalenrichtung in bezug auf ein kristallographisches Koordinatensystem angegeben wird. Wir werden später entsprechende

Beispiele bringen. In diesem Fall erbringt jedoch die Verwendung zweier reziproker Polfiguren keine ersichtlichen Vorteile gegenüber der Verwendung zweier üblicher Polfiguren (etwa für Würfel- und Oktaederfläche bei kubischen Metallen) trotz des großen Rechenaufwands, der für die Ermittlung der reziproken Polfiguren erforderlich ist.

Die bisher beschriebenen Verformungen waren getragen von der Reckung der einzelnen, den technischen Vielkristall aufbauenden Körner. Ihre gegenseitige Verwachsung entlang der Korngrenzen ist tragfähiger als die einzelnen Körner selbst. Mit steigender Verformungstemperatur und insbesondere bei langsamer Verformung bei hoher Temperatur (Warmkriechen) sinkt die Korngrenzenfestigkeit unter die der Kristallkörner, bei der „equicohesiv"-Temperatur sind beide Festigkeiten einander gleich.

Mit der Verformung eines Kristalls steigt, wie schon oben ausgeführt, die zur Aufrechterhaltung der Translation erforderliche Schubspannung an, der Kristall verfestigt sich. Etwa gleichartig wie das verformte Einzelkorn verfestigt sich bei kubischen Metallen auch der technische Vielkristall. Bei Vorliegen singulärer Translationsflächen (Basisfläche bei hexagonalen Kristallen) kann das im Vielkristall eingebettete Korn der aufgezwungenen Verformung sehr viel schlechter nachgeben als der frei gedehnte Einkristall. Die Verfestigung des Vielkristalls überwiegt hier weit die des Einkristalls gleichen Verformungsgrads.

Erwärmt man verformte Einkristalle auf mäßige Temperaturen (für niedrig schmelzende Kristalle genügt ein Lagern bei Raumtemperatur), so beobachtet man, daß ohne Änderung der Orientierung (und ohne Kornzerfall) die aufgeprägte Verfestigung allmählich und stetig zurückgeht, unter Umständen bis zur Erreichung der Festigkeit des unverformten Kristalls. Diese Art der Entfestigung wird als *Erholung* bezeichnet [*24*]. Ebenso wie an Hand technologischer Festigkeitseigenschaften kann sie auch mit Hilfe physikalischer, durch die Kaltreckung geänderter Eigenschaften beobachtet werden. Im allgemeinen geht die Erholung bei verschiedenen Eigenschaften mit verschiedener Geschwindigkeit vor sich.

Auch verformte Vielkristalle zeigen diese Art von Entfestigung. Sie führt hier wegen der, durch gegenseitige Behinderung der miteinander verwachsenen Körner, in der Nachbarschaft der Korngrenzen auftretenden Turbulenz der Verformung im allgemeinen nur zu geringfügiger Entfestigung; die für die unverformte Ausgangsprobe gültigen Werte werden keineswegs erreicht.

Grundsätzlich zu unterscheiden von der Erholung ist die ***Rekristallisation.*** Sie beseitigt die durch Kaltreckung hervorgerufenen Veränderungen im Verhalten der geprüften Werkstücke durch einen Neuaufbau des Kristallgefüges, der über Kernbildung und Wachstum dieser Kerne vor sich geht. Der Abbau der durch die Kaltreckung bewirkten Änderungen der Eigenschaften der verformten Körner erfolgt unstetig bei der Bildung des neuen Gefüges. Da im Werkstück, je nach den Glühbedingungen, noch verformte und bereits rekristallisierte Bereiche nebeneinander bestehen können, kann pauschal ein stetiger Übergang von den Eigen-

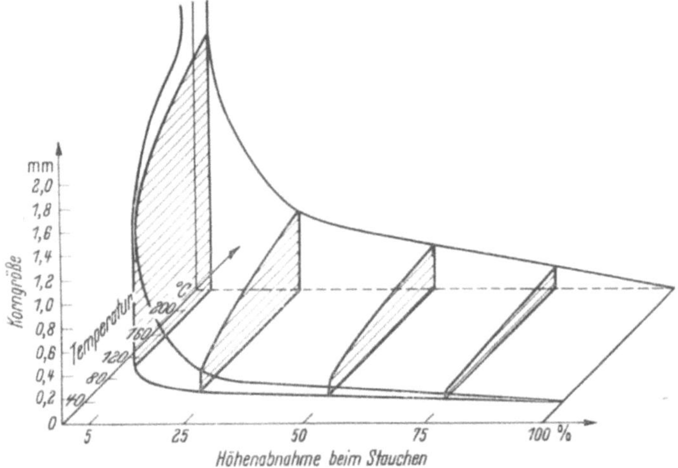

Abb. 20. Rekristallisationsdiagramm von Zinn [9]

schaften des verformten Werkstücks zu denen des geglühten auftreten. Im allgemeinen führt die Rekristallisation zur Wiederherstellung der Eigenschaften der unverformten Proben. Bei Ausbildung gewisser Rekristallisationstexturen kann aber auch völlig neuartiges Verhalten auftreten.

Die Korngröße des rekristallisierten Gefüges hängt in charakteristischer Weise mit Reckgrad und Glühtemperatur zusammen. Als Beispiel sei in Abb. 20 das Rekristallisationsdiagramm des Zinns dargestellt. Hoher Reckgrad und niedrige Glühtemperatur führen zu besonderer Feinkörnigkeit, geringer Reckgrad und hohe Temperatur führen zu groben Körnern, unter Umständen zu Rekristallisationseinkristallen. Sehr anschaulich stellt Abb. 21 die Bedeutung des Reckgrads für das Rekristallisationsgefüge dar. In der Umgebung der Schußlöcher eines durchschossenen Zinnbleches tritt zufolge starker Verformung feines Kristallgefüge auf, die Korngröße wächst mit steigendem Abstand. Die Grenze gegenüber den unrekristallisiert gebliebenen Teilen des Blechs bildet einen kreisförmigen Saum sehr grobkörnigen Rekristallisationsgefüges.

Durch vorausgehende Erholung wird die Rekristallisationsfähigkeit beeinflußt. Völlig erholte Einkristalle haben ihre Rekristallisationsfähigkeit überhaupt eingebüßt. Bei vielkristallinem Material äußert sich dieser Umstand z. B. durch Herabsetzung der Kernzahl durch Glühbehandlung unterhalb der Rekristallisationstemperatur (Einfluß der Erhitzungsgeschwindigkeit).

Als Abschluß dieses der plastischen Verformung gewidmeten Teils soll versucht werden, das Bild anzudeuten, das man sich heute physi-

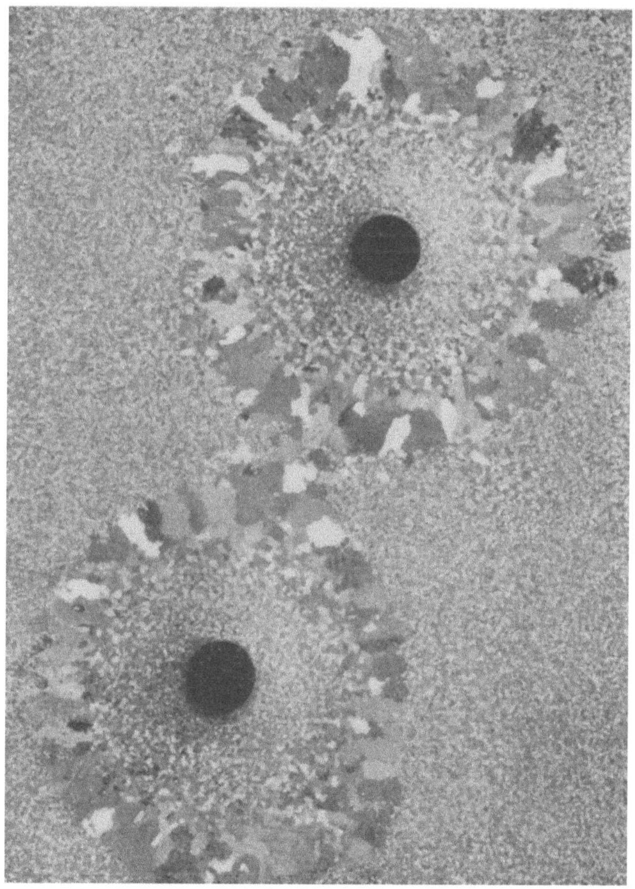

Abb. 21. Durchschossenes, anschließend bei 200 °C rekristallisiertes Zinnblech [9]

kalisch von dem Zustandekommen der Kristallplastizität macht. Da es erwiesen ist, daß die Abgleitung bei der Translation und bei der mechanischen Zwillingsbildung, das Zerreißen nach Kristallflächen keineswegs durch Erreichen der dem idealen Gitter zukommenden Festigkeit bewirkt wird, müssen Unvollkommenheiten des Gitters für das vorzeitige Versagen verantwortlich sein. Für die Art dieser Unvollkommenheiten wurde gleichzeitig und unabhängig voneinander von POLANYI [25], OROWAN [26] und TAYLOR [27] derselbe Vorschlag (Versetzung, dislocation) gemacht. Abb. 22 zeigt das Schema einer solchen Gitterversetzung, eingebettet in ein unversehrtes Gitter. n Atomen auf dem einen Ufer der Gleitfläche stehen (n + 1) auf dem anderen gegenüber. Verschiebung der beiden Gitterhälften um einen Bruchteil der Gitterperiode läßt die Konfiguration der Versetzung unverändert, verschiebt jedoch ihre Lage um eine Gitterperiode.

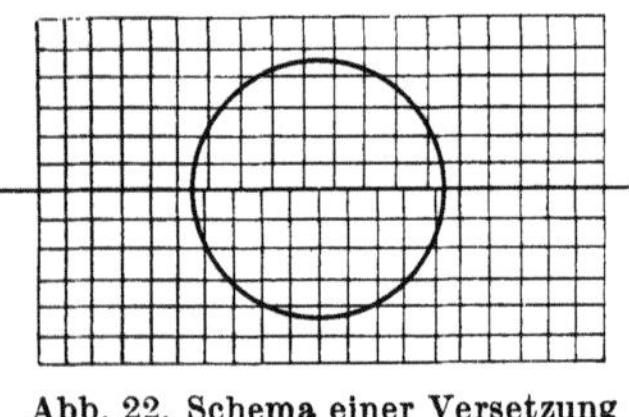
Abb. 22. Schema einer Versetzung [25]

Diese Gedanken haben sich als ungemein fruchtbar erwiesen. Wenn wir auch noch keineswegs in der Lage sind, alle die vielfältigen Erscheinungen der Kristallplastizität zu deuten, so kann doch kein Zweifel mehr bestehen, daß den Versetzungen ausschlaggebende Bedeutung zukommt. Charakteristisch für die Ausbildung der Versetzungstheorie ist, daß sie im wesentlichen deduktiv erfolgt ist. Man hat geometrisch die Versetzungen klassifiziert und die in verschiedenen Strukturen möglichen Versetzungen abgeleitet. Man hat mathematisch die Energie der Versetzungen, die zwischen ihnen wirkenden Kräfte, den Beitrag zum elektrischen Widerstand usw. berechnet. Für ausführliche Unterrichtung verweisen wir auf [28, 29].

Die zwei wichtigsten Spezialfälle einer allgemein beliebig im Raum verlaufenden Versetzungslinie sind die Stufen- (edge-) (Abb. 23) und die Schraubenversetzung (screw dislocation) (Abb. 24). $ABCD$ in Abb. 23 ist die Gleitfläche. Gleitung in Richtung CB ist im Bereich $ABEF$ erfolgt. Einander entsprechende Punkte (P, P') zu beiden Seiten der Gleitfläche sind um den Betrag des BURGERS-Vektors (Richtung und Größe der Verschiebung der Atome oberhalb der Gleitfläche gegenüber denen unterhalb) gegeneinander verschoben [30]. Läuft die Versetzung durch den ganzen Kristall hindurch, so ist Abgleitung um einen Gitterschritt erfolgt. Versetzungslinie EF und BURGERS-Vektor stehen aufeinander senkrecht. Bei der Schraubenversetzung (Abb. 24) erfolgt die Abgleitung parallel zur Versetzungslinie. Wieder ist im Bereich $ABEF$ der Gleitfläche Abgleitung erfolgt. Der BURGERS-Vektor ist wieder durch die Verschiebung PP', die nun aber parallel zu EF liegt, gegeben. Läuft die Versetzung durch den ganzen Kristall hindurch, so entsteht wieder dieselbe Konfiguration wie beim Durchlaufen einer Stufenversetzung: gegenseitige Abgleitung der beiden Hälften des Kristalls um eine Gitterperiode.

Je nachdem, ob oberhalb oder unterhalb der Gleitebene die Zahl der Gitteratome vergrößert ist, spricht man von positiven oder negativen

Versetzungen. Versetzungen gleichen Vorzeichens stoßen sich im allgemeinen ab, während Versetzungen ungleichen Vorzeichens sich anziehen.

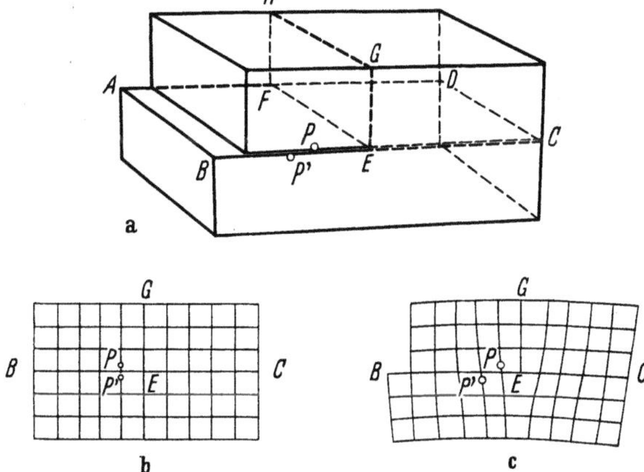

Abb. 23 a–c. Stufenversetzung (aus [*28*])
a) Abgleitung im Bereich *ABEF* in Richtung *EB*; b) und c) quadratisches Netz auf der Stirnfläche (Schema des Gitterbaus) vor und nach Abgleitung

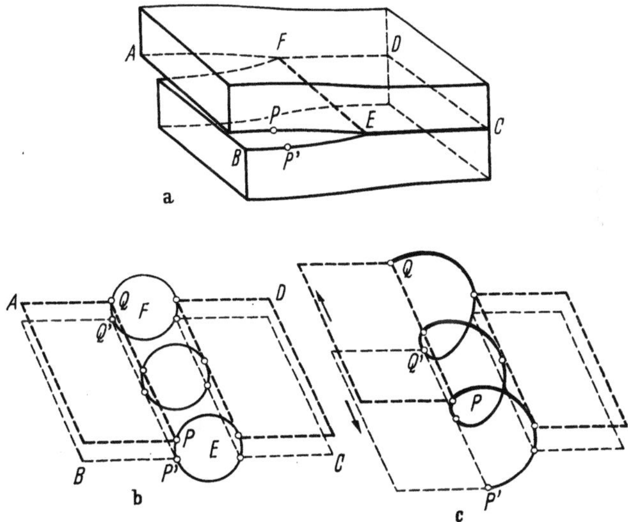

Abb. 24 a–c. Schraubenversetzung (aus [*28*])
a) Abgleitung im Bereich *ABEF* in Richtung *AB*; b) und c) Kreise senkrecht zur Translationsrichtung im Abstand des BURGERS-Vektors vor und nach der Abgleitung

Die Berechnung der Energie einfacher Versetzungen zeigt, daß sie ein Minimum wird, wenn der BURGERS-Vektor parallel der dichtest belegten Richtung liegt. Solche Versetzungen benötigen auch die niedrigste Schubspannung zum Wandern. Wir kommen so und durch Betrachtung der Stabilität von Versetzungen zum Verständnis der beobachteten Translationsrichtungen. Schwieriger ist die Ableitung der Translationsebenen. Bei Kupfer ist die Energie einer Versetzung mit (111) als Gleitebene um 5 bis 10% niedriger als die einer (110)-Versetzung und um rund 20% niedriger als die einer (100)-Versetzung. Bei Aluminium ist die energetische Reihenfolge dieselbe, die Unterschiede sind allerdings wesentlich geringer. Bei hexagonalen Metallen wird die Basisfläche als Gleitfläche bevorzugt, weil in dieser Ebene liegende Versetzungen unter Energieabgabe in zwei Halbversetzungen zerfallen können.

Für die plastische Verformung ergibt sich nun das folgende Bild: Getragen wird die Gleitung entlang den Translationsrichtungen durch das Durchlaufen von Versetzungen. Die Berechnung der Schubspannung, die zur Wanderung einer Versetzung führt, liefert Werte in der Größenordnung von 10^{-4} des Schubmoduls in guter Übereinstimmung mit den experimentellen Befunden. Zu den großen Abgleitungen, die viele tausend Male größer sind als die durch das Durchlaufen einer Versetzung erzeugten, gelangt man durch die Annahme des ständigen Entstehens neuer Versetzungen bei der Verformung, wofür theoretisch plausible Mechanismen vorgeschlagen wurden.

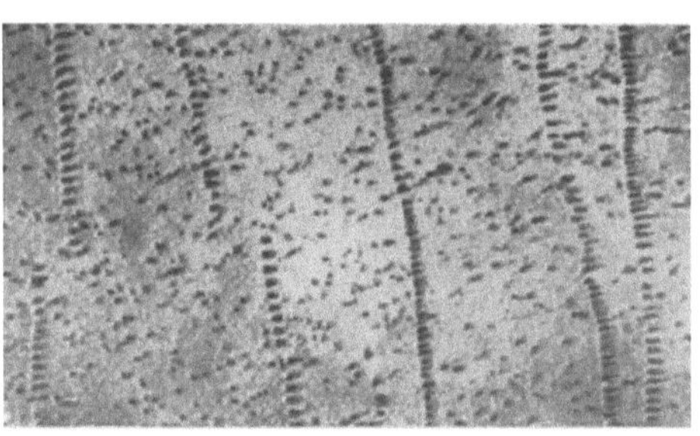

Abb. 25. Kleinwinkelkorngrenzen in einem Zinkkristall; $V \sim 750$ [*31*]

Für den Anstieg der Schubspannung beim laminaren Gleiten (hexagonale Metalle, easy glide der kubisch-flächenzentrierten) liegt heute anscheinend noch keine quantitative Theorie vor, wohl aber kann man die Verfestigung bei Mehrfachgleitung deuten. Die meisten Versetzungen wandern nicht durch den ganzen Kristall, sie bleiben an Hindernissen stecken und führen zur Ausbildung innerer Spannungen, welche die Fließgrenze erhöhen.

Auch die mechanische Zwillingsbildung wird heute durch einen Versetzungsmechanismus erklärt.

Ein Mechanismus der Erholung, die sogenannte Polygonisation, wird ebenfalls durch Wandern von Versetzungen gedeutet. Bei dieser Polygonisation zerfällt das gestörte Gitter in ungestörte Bereiche, deren Orientierungen sich nur um sehr kleine Winkel unterscheiden. Werden bei Biegung eines Kristalls viele Versetzungen desselben Vorzeichens gebildet, so stoßen sie sich gegenseitig ab, sie können aber durch Lagerung senkrecht übereinander zu einer stabilen Konfiguration führen. Senkrecht übereinander liegende Stufenversetzungen sind daher auch das atomistische Bild von Kleinwinkelkorngrenzen. Abstand (D) der Versetzungen, Gitterkonstante (b) und Orientierungsunterschied (Θ) hängen durch die Beziehung $D = b/\Theta$ zusammen, die beispielsweise bei Germanium vollauf bestätigt werden konnte. In einem Zinkkristall durch Stufenversetzungen gebildete Kleinwinkelkorngrenzen sind in Abb. 25 wiedergegeben.

C. Legierungskunde

1. Einstoffsysteme

Die Gitterstruktur der reinen Metalle wurde schon eingangs besprochen (Tab. 5) und auch auf allotrope Modifikationen wurde bereits hingewiesen. Zwei Temperaturen treten bei der Erhitzung eines Metalls

a b c

Abb. 26a–c. Geätzte Metalloberflächen
a) Korngrenzenätzung (Fe); $V \sim 250$ (aus [9]); b) Kornfelderätzung (Al-Guß); $V \sim 1/2$ (aus [9]); c) elektromikroskopische Aufnahme (Al) [32]

besonders auffällig in Erscheinung: der Schmelzpunkt und der Siedepunkt. Die Bedeutung des Schmelzpunkts braucht nicht näher erläutert zu werden. Die Lage des Siedepunkts gibt einen rohen Anhalt über die Verflüchtigung eines Metalls bei hohen Temperaturen. Als Beispiel sei hier nur auf Zink hingewiesen, das bei einem Schmelzpunkt von 419,4 °C und einem Siedepunkt von 907 °C sehr zur Verflüchtigung neigt, und ihm gegenüber auf Zinn, das bei einem Schmelzpunkt von 233 °C erst bei etwa 2275 °C siedet. Naturgemäß ist für die Beständigkeit eines Metalls bei hohen Temperaturen auch seine Oxydationsfähigkeit von entscheidender Bedeutung, vor allem wenn sich, wie etwa im Falle des Molybdäns, das einen Schmelzpunkt von 2500 °C und einen Siedepunkt von etwa 5000 °C besitzt, schon weit unterhalb des Schmelzpunkts ein flüchtiges Oxyd bildet.

Im Gefüge eines reinen Metalls ist naturgemäß nur eine Kristallart erkennbar. Durch geeignete Ätzverfahren werden entweder die Korngrenzen verstärkt angegriffen oder es erfolgt eine Kornfelderätzung. Bei dieser letzteren werden in den Schliffflächen gesetzmäßig begrenzte Ätzfiguren erzeugt, die je nach der Richtung des einfallenden Lichts die Kornoberfläche hell oder dunkel erscheinen lassen. Durch Wahl geeigneter Ätzmittel gelingt es, Ätzgruben mit kristallographisch verschiedenartiger Begrenzung (z.B. Oktaeder- oder Würfelflächen bei kubischen Metallen) herzustellen. Vermessung der Richtung maximaler Helligkeit läßt die Orientierung des untersuchten Korns gegenüber der Schlifffläche ermitteln. Abb. 26 zeigt Beispiele einer Korngrenzen- und einer Kornfelderätzung (a u. b), sowie eine elektronenmikroskopische Aufnahme hoher Vergrößerung (c), die den kristallographisch gesetzmäßigen Angriff unmittelbar sichtbar macht.

2. Zweistoffsysteme

Im gasförmigen Zustand sind zwei oder mehrere Elemente stets völlig ineinander löslich. Im flüssigen Zustand liegt bei metallischen Zweistoffsystemen im allgemeinen ebenfalls vollständige Löslichkeit bei jeder

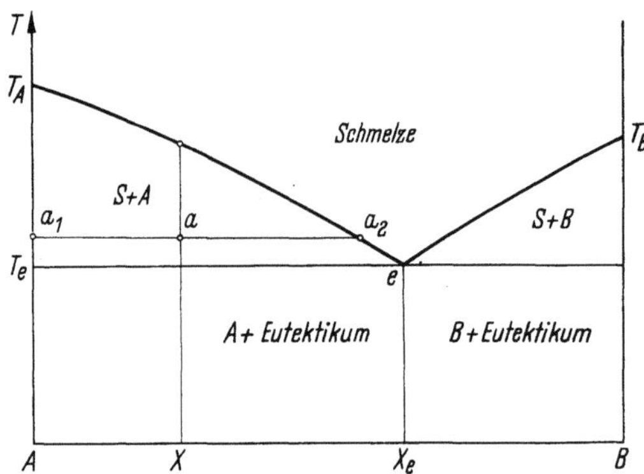

Abb. 27. Binäres Zustandsdiagramm bei gegenseitiger Unlöslichkeit der beiden Komponenten

Konzentration und Temperatur vor. Es kann aber – wie im Beispiel der Kupfer-Blei-Legierungen – eine nur teilweise Löslichkeit vorliegen, die sich mit der Konzentration und der Temperatur ändert, oder aber es kann – wie in den Beispielen Eisen-Blei, Plutonium-Lithium – vollkommene Unlöslichkeit der beiden Schmelzen bei jeder Konzentration und jeder Temperatur vorliegen.

Auch im festen Zustand liegen dieselben Möglichkeiten wie in den Schmelzen vor: Völlige gegenseitige Unlöslichkeit der beiden Stoffe, völlige gegenseitige Löslichkeit und teilweise Löslichkeit. Hinzu kommt die Möglichkeit der Bildung intermetallischer Verbindungen.

Die Konzentration einer Zweistofflegierung wird in Gewichtsprozenten oder in Atomprozenten angegeben, wobei die erste Angabe vornehmlich für technische Zwecke benützt wird (Herstellung der Einwaagen usw.), die zweite Angabe vornehmlich für Untersuchungen, in denen dem Aufbau intermetallischer Phasen nachgegangen wird[1].

Das sehr verschiedenartige Verhalten der Zweistoffsysteme kann auf eine Reihe typischer Grundfälle zurückgeführt werden, durch deren Kombination die realen Zustandsdiagramme entstehen.

Diese Grundfälle sind die folgenden:

α) Beide Stoffe kristallisieren aus der Schmelze rein aus (Unlöslichkeit im festen Zustand).

β) Beide Stoffe sind im festen Zustand ineinander unlöslich, bilden aber eine intermediäre Kristallart, die mit einem Schmelzpunktmaximum kongruent schmilzt.

γ) Beide Stoffe sind im festen Zustand ineinander unlöslich, bilden eine intermediäre Kristallart, die unter Zersetzung inkongruent schmilzt.

δ) Beide Stoffe bilden im festen Zustand eine lückenlose Mischkristallreihe.

ε) Beide Stoffe bilden nur begrenzte Mischkristallreihen mit einem Eutektikum.

ζ) Beide Stoffe bilden nur begrenzte Mischkristallreihen mit einem Peritektikum.

Gemeinsame Voraussetzung für die bisher charakterisierten Fälle ist, daß die Stoffe im geschmolzenen Zustand in allen Verhältnissen mischbar sind.

η) Beide Stoffe bilden im flüssigen Zustand eine mehr oder minder große Mischungslücke, im festen Zustand ein mechanisches Gemenge.

Auf einige Fälle wird im nachfolgenden etwas näher eingegangen.

Abb. 27 bringt ein schematisches Beispiel vollkommener Unlöslichkeit im festen Zustand. Durch Zusatz eines zweiten Stoffes wird der

[1] Für die Umrechnung einer Angabe von Gewichtsprozenten in Atomprozente gelten die nachstehenden Formeln. Eine Mischung enthalte x Gew.-% des Stoffes A mit dem Atomgewicht M_A und $(100 - x)$ Gew.-% des Stoffes B mit dem Atomgewicht M_B. In 100 Gewichtsteilen der Mischung sind daher x/M_A Grammatome des Stoffes A und $(100 - x)/M_B$ Grammatome des Stoffes B enthalten. Daraus ergeben sich die At-% X von A und $(100 - X)$ von B zu

$$X = \frac{100\, x\, M_B}{x\, M_B + (100 - x)\, M_A} \quad \text{und} \quad (100 - X) = \frac{100 \cdot (100 - x)\, M_A}{x\, M_B + (100 - x)\, M_A}.$$

Umgekehrt erhält man aus den X des Stoffes A und $(100 - X)$ des Stoffes B die Gew.-% durch die Formeln

$$x = \frac{100 \cdot X\, M_A}{X\, M_A + (100 - X)\, M_B} \quad \text{und} \quad (100 - x) = \frac{100 \cdot (100 - X)\, M_B}{X\, M_A + (100 - X)\, M_B}.$$

Schmelzpunkt einer sich rein ausscheidenden Komponente immer erniedrigt, und zwar um so mehr, je höher der Zusatz am zweiten Bestandteil ist. Die von den Erstarrungspunkten der reinen Komponenten ausgehenden Kurven geben die Temperatur und die Zusammensetzung der mit den Stoffen A bzw. B gesättigten Schmelzen (Liquiduslinien). Mit zunehmender Anreicherung der Schmelzen am zweiten Bestandteil wird schließlich ein Punkt (e) erreicht (Schmelzpunkt des Eutektikums), in dem die Schmelze sowohl mit A als auch mit B im Gleichgewicht ist. Bei weiterem Wärmeentzug kristallisieren bei konstanter Temperatur (T_e) A und B aus, bis die gesamte Schmelze verbraucht ist (eutektische Kristallisation). Aus dem Diagramm erkennt man, daß die Kristallisation aller derartigen binären Legierungen mit eutektischer Kristallisation abschließt.

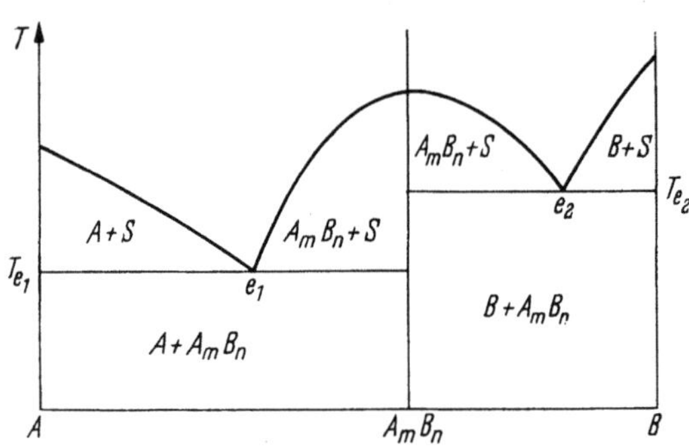

Abb. 28. Binäres Zustandsdiagramm bei Auftreten einer Verbindung mit offenem Maximum

Oberhalb der beiden Liquiduslinien liegt homogene Schmelze vor, auf den beiden Liquiduslinien homogene Schmelze, die mit A bzw. B gesättigt ist, unterhalb dieser Kurven entsprechen den einzelnen Punkten zwei Phasen, nämlich Schmelze und Kristall. Sie werden für den Punkt a der Abb. 27 beispielsweise gefunden, indem durch ihn eine Isotherme gezeichnet und ihr Schnitt mit der Temperaturachse (a_1) und der Liquiduslinie (a_2) gesucht wird. Eine solche Isotherme, welche die Zustandspunkte zweier miteinander im Gleichgewicht befindlicher Phasen verbindet, wird in Mehrstoffsystemen Konode genannt. Eine Hebelbeziehung liefert die Mengenanteile der beiden Phasen. Es verhält sich die Menge des Kristalls A zur Menge der Schmelze der Zusammensetzung a_2 wie die Strecken aa_2 zu a_1a. Unterhalb der eutektischen Isotherme T_e liegen primär ausgeschiedene Kristalle A oder B vor, umgeben von Eutektikum.

Ein schematisches Diagramm für den Fall, daß die beiden Phasen im festen Zustand ineinander unlöslich sind und eine mit einem Temperaturmaximum kongruent schmelzende Verbindung bilden, bringt Abb. 28. Für die Verbindung A_mB_n gilt zum Unterschied von den Komponenten, daß Zugabe kleiner Mengen einer der beiden Komponenten keine Änderung des Schmelzpunkts bringt. Während die Tangenten an die Liquiduskurven im Falle der reinen Komponenten die Temperaturachse stets unter einem Winkel kleiner als 90° schneiden, verläuft die Tangente an die Gleichgewichtskurve der Verbindung bei der Konzentration A_mB_n unter 90° zur Temperaturachse. Die Senkrechte über A_mB_n zerteilt das Diagramm in zwei Teile, deren jeder dem Diagramm in Abb. 27 sehr ähnelt. Hinsichtlich der Lage des Schmelzpunkts der Verbindung lehrt die Erfahrung, daß bei Verbindungen mit großen Bildungswärmen die Schmelzpunkte weit über dem mittleren Schmelzpunkt der beiden Komponenten liegen, bei Verbindungen mit kleinen Bildungswärmen dagegen die Schmelzpunkte nicht wesentlich von denen der Komponenten abweichen.

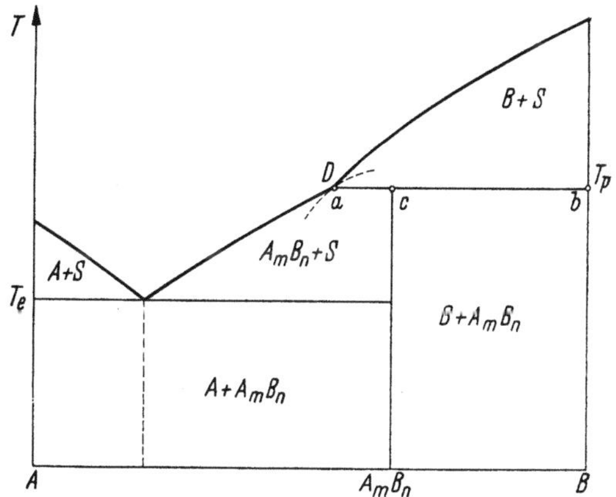

Abb. 29. Binäres Zustandsdiagramm bei Auftreten einer unter Zersetzung schmelzenden Verbindung

Es sei bemerkt und wird aus dem Späteren noch deutlich hervorgehen, daß es auf Grund der Kristallstrukturbestimmung in den meisten Fällen nicht sinnvoll ist, im Kristallzustand einer intermetallischen Verbindung von einem Molekül A_mB_n zu sprechen. Auch in der Schmelze lassen sich Moleküle intermediärer Kristallarten im allgemeinen nicht nachweisen; die Lösung ist atomdispers.

Abb. 29 bringt das Schema eines binären Zustandsdiagramms mit einer unter Zersetzung schmelzenden Verbindung, ein Fall der häufig bei weit auseinander liegenden Schmelzpunkten der beiden Komponenten vorliegt. Bei einer bestimmten Temperatur zerfällt die Verbindung in eine Schmelze bestimmter Zusammensetzung und in eine Kristallart höheren Schmelzpunkts, die in der Abbildung eine der Komponenten ist, die aber auch eine andere Verbindung sein kann. Eine Legierung der Zusammensetzung A_mB_n spaltet sich bei Wärmezufuhr bei der Gleichgewichtstemperatur (T_p) in eine Schmelze der Zusammensetzung a und in B-Kristalle. Die Mengen von Schmelze zu Kristall stehen im Verhältnis wie die Strecken cb zu ca.

Wenn Schmelzen des Konzentrationsbereichs zwischen A_mB_n und B abgekühlt werden, so kristallisiert primär die Kristallart B, bis die Temperatur T_p erreicht ist. Hier findet eine Reaktion der primär gebildeten Kristalle B mit der Schmelze statt unter Bildung der Verbindungskristalle. Eine solche Reaktion wird peritektisch genannt. Bei Fortschreiten der Reaktion bei der peritektischen Temperatur wird in diesem

Konzentrationsbereich zuerst die Schmelze aufgebraucht; das Gefüge besteht daher aus einem Gemenge von B- und A_mB_n-Kristallen. Liegt die Zusammensetzung zwischen der von A_mB_n und der des Punkts D, so wird bei der Reaktion zuerst B aufgebraucht, es verbleibt Schmelze, aus der bei weiterer Abkühlung nunmehr die Verbindung A_mB_n auskristallisiert, bis die Zusammensetzung der Schmelze das Eutektikum erreicht hat. Hier ist die Schmelze an A_mB_n und an A gesättigt. Die restliche Erstarrung erfolgt eutektisch.

Im realen Fall treten bei der Kristallisation von Legierungen dieses Erstarrungstyps Störungen auf, welche die Ausbildung der Gleichgewichtsstruktur beeinträchtigen. Bei der peritektischen Reaktion zwischen Kristall und Schmelze bilden sich an den Primärkristallen peritektische Säume, welche die Berührung dieser Kristalle mit der Schmelze unterbinden können. Durch hinreichend lange Glühbehandlung gelingt es häufig, die Reaktion dennoch zu Ende zu führen.

Lückenlose Mischkristallbildung ist im binären Diagramm der Abb. 30 dargestellt. In diesem Fall liegt im festen Zustand nur eine Phase vor, ein Mischkristall, der sich in der Zusammensetzung von der einen bis zur anderen Komponente erstreckt. Die Kristallisation erfolgt stets in einem Temperaturintervall. Die Zusammensetzung eines Mischkristalls unterscheidet sich von der Schmelze, mit der er im Gleichgewicht ist. Der Mischkristall wird mehr von der Komponente enthalten, deren Zusatz die Gleichgewichtstemperatur erhöht. Hieraus folgt, daß in diesem Fall lückenloser Mischbarkeit im festen Zustand noch zwei weitere Formen von Zustandsdiagrammen möglich sind, die sich durch die Form der Liquiduslinie (Beginn der Kristallisation) und der der Soliduslinie (Ende der Kristallisation) unterscheiden. Bei der einen tritt ein Maximum der Schmelztemperatur auf, bei der anderen ein Minimum. Gemeinsam diesen beiden Formen ist, daß bei dem Extremwert der Temperatur Liquidus- und Soliduslinie einander berühren, die Erstarrung also bei einer definierten Temperatur stattfindet.

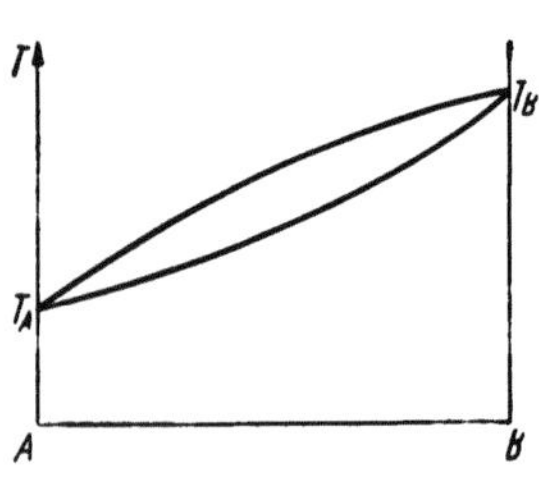

Abb. 30. Binäres Zustandsdiagramm bei lückenloser Mischkristallbildung

Wie schon erwähnt, besteht im Gleichgewichtsfall die Legierung mit lückenloser Mischkristallbildung aus einheitlichen Kristallen. Dies kann jedoch nur gelten, sofern Diffusion zum Konzentrationsausgleich führt. Wenn dies nicht der Fall ist, beobachtet man Zonenkristalle mit veränderlicher Zusammensetzung.

Wenn im festen Zustand eine Mischungslücke auftritt, so ergeben sich je nachdem, ob die Kurven des Beginns der Kristallisation sich unterhalb des Schmelzpunkts der tiefer schmelzenden Komponente schneiden oder bei einer Temperatur zwischen den Schmelzpunkten der beiden Komponenten, zwei verschiedene Diagramme. Der erste Fall führt zum Auftreten eines Eutektikums, der zweite zu einem Peritektikum.

Einige Bemerkungen zur Struktur metallischer Phasen seien angeschlossen. Im Falle der Nichtmischbarkeit im festen Zustand und des Fehlens einer intermetallischen Phase liegen im Gefüge die beiden Komponenten nebeneinander. Das sich bildende Eutektikum ist durch besondere Feinkörnigkeit ausgezeichnet, es kann körnigen oder lamellaren Charakter aufweisen. Gelegentlich tritt in ihm eine der beiden Kristallarten als die führende hervor; es ist dann in groben Körnern dieser Kristallart die zweite Kristallart fein dispers verteilt.

Tritt eine intermediäre Phase auf, so ergibt die röntgenographische Untersuchung, daß ihr im allgemeinen ein von den Gittern der beiden Komponenten verschiedenes Gitter zukommt. Die beiden Atomsorten sind gesetzmäßig verteilt; in der Regel liegen mehrere ineinandergestellte Teilgitter vor. Sehr häufig erstrecken sich die intermediären Kristallarten über einen schmäleren oder breiteren Homogenitätsbereich, wiederholt liegt die stöchiometrische Zusammensetzung der Verbindung außerhalb dieses Bereichs, d.h. daß die Verbindung nur mit einem gewissen Überschuß der einen oder anderen Komponente stabil ist. Weiterhin ergibt sich vielfach, daß die Strukturformeln auf Grund exakter Röntgenanalyse nicht mit einfachen Multiplen auskommen. Schließlich gibt es auch Fälle, in denen die Gitterstruktur zwar mit einfachen Proportionen übereinstimmt, aber trotzdem nicht die gesetzmäßige Verteilung der Atomsorten auf die Gitterpunkte vorliegt. Aus diesen Gründen ist die chemische Valenz als Aufbauprinzip metallischer Strukturen in den Hintergrund getreten.

Vier Arten von Bindungskräften sind für den Zusammenhalt von Kristallen zu unterscheiden:

1. Die heteropolare Bindung, bei der der Kristall aus Ionen entgegengesetzten Vorzeichens aufgebaut ist. Die Atome trachten durch Elektronenaufnahme bzw. -abgabe Edelgaskonfiguration in der Elektronenhülle anzunehmen. Zwischen den Ionen wirken Coulombsche Kräfte. Der Gittertyp wird hier bei Forderung dichter Packung (hohe Koordinationszahl) durch das Verhältnis der Ionenradien bestimmt.

2. Homöopolare oder Valenzbindung. Auch bei dieser Art der Bindung entsteht eine edelgasähnliche Struktur der Atome, jedoch in ganz anderer Art als bei der heteropolaren Bindung. Es handelt sich grundsätzlich um Auffüllung der Elektronenschalen dadurch, daß ein und dasselbe Elektron zwei Nachbaratomen angehört. Im Falle des Diamants, in dem jedes Kohlenstoffatom in Tetraeder-Symmetrie von vier Nachbarn umgeben ist, hat es mit jedem derselben zwei Elektronen gemeinsam, d.h. jedes Kohlenstoffatom wird von 8 Elektronen umgeben. Diese

Elektronenbrücken entsprechen den Valenzen der Chemie. Für den Aufbau des Gitters ist nicht mehr die Forderung nach dichter Packung im Vordergrund, sondern die Richtung der Valenzen ist bestimmend.

3. Auch bei der metallischen Bindung trachtet das Metall Edelgasstruktur anzunehmen. Es gibt Valenzelektronen ab, die als freie Elektronen (Leitungselektronen) im Raumgitter verbleiben. Wohl bilden die positiven Ionen ein Raumgitter, die negativen, in diesem Fall die Elektronen, sind jedoch nicht lokalisiert. Die Gitterkräfte sind elektrostatischer Natur, Valenzkräfte fehlen, dichteste Kugelpackung ist bevorzugt.

4. Die vierte Art von Bindungskräften, die VAN DER WAALSschen, sind auf Orientierungs-, Induktions- und Dispersionseffekte gegründet. Sie sind räumlich ungerichtet und treten vor allem in den Gittern der Edelgase und in Molekülstrukturen auf; für metallische Strukturen spielen sie keine Rolle.

Bei den metallischen Phasen gibt es außer der typischen metallischen Bindung Übergänge zur Ionen- und homöopolaren Bindung. Sichere Aussagen über Existenz, Zusammensetzung und Struktur metallischer Phasen können wir heute noch nicht machen. Wir kennen jedoch große Gruppen von Verbindungen, die nach bestimmten Bauprinzipien aufgebaut sind. Daneben aber gibt es sehr viele noch nicht einzuordnende Verbindungen.

In den HUME-ROTHERY-Phasen ist die Valenzelektronenkonzentration, d.h. das Verhältnis der Zahl der Valenzelektronen zur Zahl der Atome, für die Gitterstruktur bestimmend (für ein Verhältnis 3 : 2 tritt kubisch-raumzentriertes Gitter auf, für 21 : 13 die kubische γ-Messing-Struktur und schließlich für 7 : 4 hexagonal-dichteste Kugelpackung). Meist weisen diese HUME-ROTHERY-Phasen große Homogenitätsbereiche auf. Für die LAVES-Phasen, denen allgemein die Formel AB_2 zukommt, sind vorwiegend geometrische Gründe bestimmend, wenn auch ein gewisses Mindestmaß an Affinität zwischen den Partnern vorhanden sein muß. Die auftretenden Strukturen sind durch höchste Raumerfüllung ausgezeichnet; der Idealwert liegt bei einem Radienverhältnis der beiden Partner von 1,225. Die Raumerfüllung ist in diesem Fall 71% gegenüber 74,1% bei dichtester Kugelpackung. LAVES-Phasen finden sich über das ganze Periodensystem der Elemente verstreut. Hingewiesen sei auch auf den häufig vorkommenden hexagonalen NiAs-Typ, in dem neben einem heteropolaren Bindungsprinzip auch eine homöopolare Komponente zwischen den Kationen wirksam ist. Schließlich seien noch die ZINTL-Phasen erwähnt, die bei Verbindungen der Alkali- und Erdalkalimetalle mit Elementen der IV. bis VII. Gruppe des Periodensystems auftreten. Sie sind durch zwei Merkmale gekennzeichnet: sie kristallisieren in nichtmetallischen typisch salzartigen Strukturen, sie sind jeweils diejenige Phase des Legierungssystems, welche die größte Menge an unedler Komponente (Alkali-, Erdalkalimetall) enthält.

Schon bei Erörterung intermediärer Kristallarten wurde darauf hingewiesen, daß diese häufig innerhalb eines gewissen Konzentrationsbereiches stabil sind, d.h. also, daß die einer stöchiometrischen Zusammensetzung entsprechende Phase Atome der einen oder auch beider Komponenten in Lösung aufnehmen kann. Auf einige wichtige Eigenschaften solcher Mischkristalle soll nun näher eingegangen werden.

Sind zwei Metalle in der Lage sich im festen Zustand in jeder Konzentration ineinander zu lösen, so spricht man von einer lückenlosen Mischkristallreihe. Reicht das Aufnahmevermögen einer Komponente für die andere nur bis zu einem bestimmten Höchstwert der Konzentration, so liegt nur begrenzte Mischbarkeit vor.

Bei lückenloser Mischkristallbildung erfolgt der Einbau der gelösten Atome durch Substitution; die Atome der beiden Partner können sich gegenseitig im Gitter ersetzen. Voraussetzung für eine solche lückenlose Mischkristallbildung ist daher gleicher Gittertyp und, wie die Erfahrung gelehrt hat, ähnliche Atomdurchmesser der beiden Atomsorten (Unterschied kleiner als etwa 14%). Im allgemeinen ändert sich die Gitterkonstante des Mischkristalls linear mit der Konzentration (VEGARDsche Regel). Seien a_1 und c_1 Gitterkonstante und Atomkonzentration der Komponente 1 und analog a_2 und c_2 der Komponente 2, so ist die Gitterkonstante a des Mischkristalls durch den Ausdruck $a = (c_1 a_1 + c_2 a_2)/100$ gegeben. Einige Beispiele für den Verlauf der Gitterkonstanten in Mischkristallreihen kubisch-flächenzentrierter Metalle sind in Abb. 31 gegeben. Man erkennt, daß neben guter Erfüllung der VEGARDschen Regel auch deutliche Abweichungen vom linearen Verlauf, sowohl nach oben als auch nach unten, vorhanden sind. Daß gleicher Gitterbau und sehr ähnliche Gitterabmessungen jedoch nicht hinreichende Bedingungen für lückenlose Mischkristallbildung sind, zeigt das Beispiel der Kupfer-Silber-Legie-

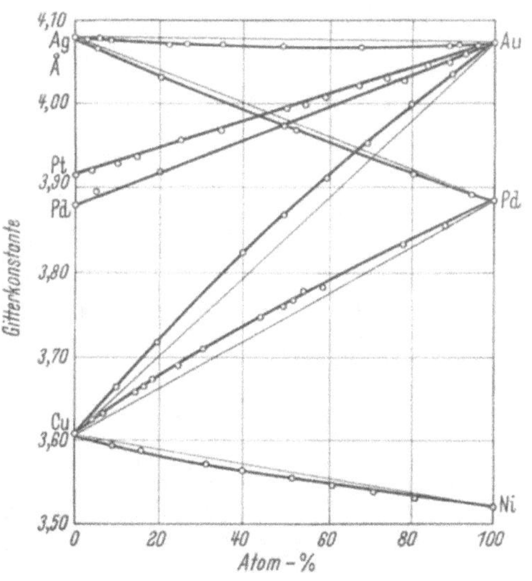

Abb. 31. Verlauf der Gitterkonstanten in Mischkristallreihen einiger kubisch-flächenzentrierter Metalle (aus [33])

rungen. Die Gitterkonstante von Silber ist mit 4,04 Å praktisch gleich der von Gold. Die Gitterkonstante des Kupfers beträgt 3,61 Å. Während Gold und Kupfer eine lückenlose Mischkristallreihe ergeben, zeigen Silber-Kupfer-Legierungen nur beschränkte Mischkristallbildung, getrennt durch eine Mischungslücke.

Innerhalb des Mischkristallgebiets treten bei gewissen Legierungssystemen im festen Zustand Umwandlungen auf, die in der Ausscheidung von Verbindungen bestehen. Als Beispiel sei das System Gold-Kupfer genannt, in dem sich die Verbindungen CuAu und Cu_3Au bei langsamer Abkühlung bilden. Jede von diesen bildet mit den Komponenten in gewissem Umfang Mischkristalle. Die Umwandlungstemperatur für die Legierung mit 75 Atomprozent Kupfer (Zusammensetzung von Cu_3Au) liegt bei 395 °C, die der Legierung CuAu bei 425 °C. Bei der Bildung der Legierung Cu_3Au bleibt das kubisch-flächenzentrierte Gitter unter geringfügiger Verkleinerung der Gitterkonstanten erhalten; die vorher ungeordnete Atomverteilung geht jedoch in eine geordnete über (Kupferatome in den Seitenflächenmitten, Goldatome in den Würfelecken). Bei der Bildung von CuAu tritt außer der Ordnung der Atomverteilung (Würfelflächen abwechselnd nur von Gold- oder nur von Kupferatomen besetzt) eine Gitteränderung auf: das kubisch-flächenzentrierte Gitter erfährt eine tetragonale Verzerrung.

In der großen Mehrzahl der begrenzten Mischkristallreihen liegen ebenfalls Substitutionsmischkristalle vor. In einer Reihe von Fällen ist es hier gelungen, die Sättigungsgrenze theoretisch zu verstehen. Der Gittertyp bleibt auch in der begrenzten Mischkristallreihe erhalten. Ausnahmen bilden Lösungen der kubischen Metalle Eisen, Kobalt und Nickel im tetragonalen γ-Mangan. Hier gleicht sich mit zunehmendem Gehalt des zweiten Bestandteils das für die tetragonale Phase gültige Achsenverhältnis c/a stetig dem für kubische Kristalle gültigen Wert 1 an.

Eine zweite Gruppe von Mischkristallen ist dadurch ausgezeichnet, daß in ihr die Atome des zweiten Bestandteils in Gitterlücken des lösenden Bestandteils eingelagert sind. Solche Einlagerungsmischkristalle bestehen in Systemen, bei denen das lösende Metall ein sogenanntes Übergangsmetall ist (unabgeschlossene innere Elektronenschalen; Atomnummern 21–28, 39–46, 57–78 und Actinide) und der gelöste Stoffe ein Metalloid mit kleinem Atomradius (H, N, C, B; vgl. Abb. 10). Diese Mischkristalle behalten metallischen Charakter, die hochsymmetrische Metallstruktur bleibt, eventuell unter gewissen Verzerrungen, erhalten. Aus dem Bauprinzip derartiger Mischkristalle geht unmittelbar hervor, daß nur begrenzte Löslichkeit vorhanden sein kann. Das kubisch-flächenzentrierte Gitter weist im Zentrum und in jeder Seitenkantenmitte eine Lücke auf, die von 6 Metallatomen in Oktaederform umgeben ist. Im kubisch-raumzentrierten Gitter befinden sich die entsprechenden Lücken in den Flächen- und Kantenmitten. Genaue Überlegungen dieser geometrischen Bedingungen erklären es, daß der Kohlenstoff, aber auch die übrigen zu Einlagerungsmischkristallen führenden Metalloide im kubisch-flächenzentrierten γ-Eisen eine höhere Löslichkeit haben als im raumzentrierten α-Eisen.

3. Mehrstoffsysteme

Zweistofflegierungen bilden nur einen kleinen Teil der technisch verwendeten Legierungen. Als Grundlage für die Beschreibung und weitere Entwicklung der Mehrstofflegierungen sind daher auch die Systeme mit 3, 4 und mehr Bestandteilen zu untersuchen und darzustellen. Eine solche Darstellung ist bei Dreistoffsystemen durch ein räumliches Modell möglich, da von den 3 Konzentrationen eines ternären Systems ja nur zwei voneinander unabhängig sind, die Darstellung der Zusammensetzung also in einer Ebene erfolgen kann, über der dann eine weitere Variable, etwa die Temperatur, räumlich aufgebaut wird. Bei den Vierstoffsystemen würde schon für die Darstellung der Konzentration ein räumliches Gebilde benötigt. Es besteht somit keine Möglichkeit, eine weitere Variable modellmäßig zur Anschauung zu bringen. Wie man diesen Schwierigkeiten begegnet, soll hier nicht mehr erörtert werden, es seien lediglich einige Bemerkungen über Dreistoffsysteme angeführt.

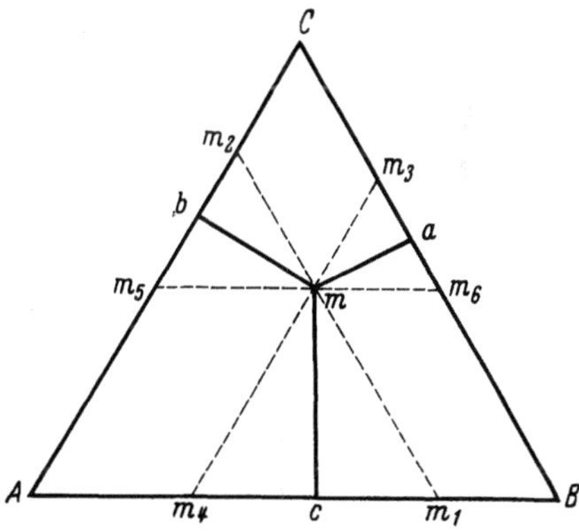

Abb. 32. Zur Darstellung ternärer Systeme

Zur Darstellung der Konzentration in einem ternären System wird ein gleichseitiges Dreieck benutzt, dessen Ecken die reinen Stoffe versinnbildlichen. Die Tatsache, daß die Summe der Senkrechten, die von einem im Inneren des Dreiecks gelegenen Punkt auf die drei Seiten gefällt werden, stets gleich der Höhe des gleichseitigen Dreiecks ist, führt zur Kennzeichnung der Gehalte (c_1, c_2, c_3) der Legierung an den 3 Komponenten. Für diese Gehalte gilt die Beziehung $c_1 + c_2 + c_3 = 1$ (100%). An Stelle der Längen der drei Lote ma, mb und mc in der Abb. 32 können auch die Abschnitte m_1B (m_2C) oder m_3C (m_4A) oder m_5A (m_6B) verwendet werden. Dies ist die übliche Kennzeichnung. Alle Legierungen, die auf einer zu BC parallelen Strecke liegen, haben die gleiche Konzentration an A. Analoges gilt für die zu AC bzw. AB

parallelen Strecken. Legierungen, die auf einer durch einen Eckpunkt gehenden Geraden liegen, enthalten die beiden anderen Komponenten in einem konstanten Verhältnis. Die Konzentrationen der binären Randsysteme liegen auf den Seiten des gleichseitigen Dreiecks.

Auf die große Vielzahl der Erstarrungstypen in ternären Systemen einzugehen, ist hier unmöglich, es seien nur einige Beispiele kurz angedeutet.

Alle drei Komponenten seien in der Schmelze ineinander löslich, im festen Zustand dagegen unlöslich und intermediäre Phasen treten nicht

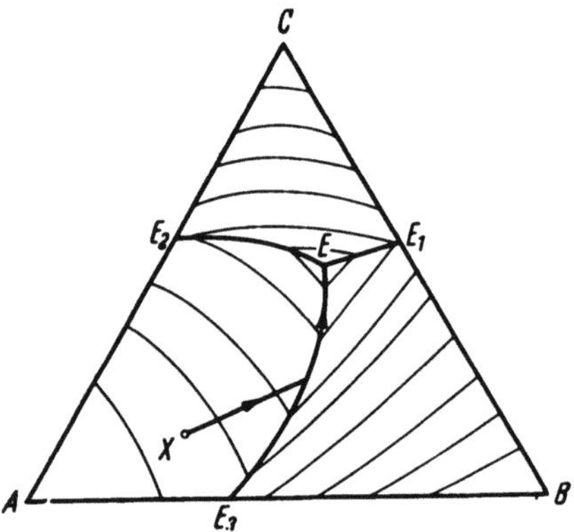

Abb. 33. Ternäres Zustandsdiagramm bei völliger Unlöslichkeit der drei Komponenten

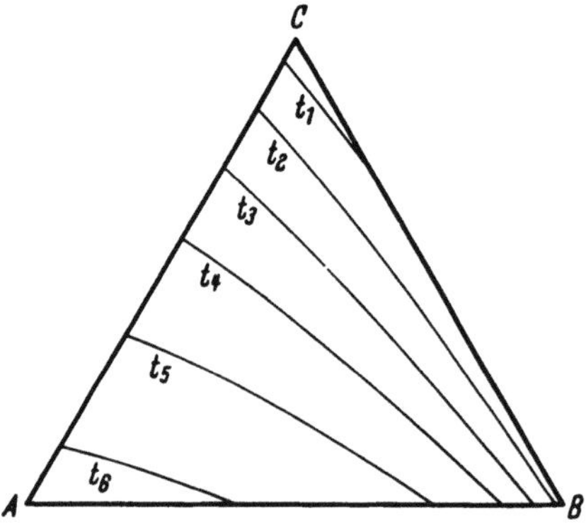

Abb. 34. Ternäres Zustandsdiagramm bei lückenloser Mischkristallbildung in den drei binären und im ternären System

auf. Es handelt sich also um drei einfache eutektische Systeme entsprechend der Abb. 27. Kühlt man eine Schmelze der Zusammensetzung *X* (Abb. 33) ab, so wird sie bei einer bestimmten Temperatur an einer der Kristallarten (im gewählten Beispiel an *A*) gesättigt sein, bei weiterer Abkühlung wird also Kristallisation von *A* erfolgen. Die Zusammensetzung der Schmelze ändert sich daher von *X* aus längs der durch *A* und *X* gelegten Geraden. Schließlich wird bei ständig fallender Temperatur eine Konzentration erreicht, bei der die Schmelze auch an einer zweiten Kristallart (*B*) gesättigt ist. Nunmehr scheiden sich bei weiterer Abkühlung gleichzeitig *A* und *B* aus, bis schließlich ein Punkt *E* erreicht ist, in dem die Schmelze auch an der letzten Kristallart (*C*) gesättigt ist. Jetzt erstarrt bei Wärmeentzug ohne weitere Temperaturabnahme das aus *A*, *B* und *C* bestehende ternäre Eutektikum. Die Kurven, längs denen gleichzeitig zwei Kristallarten kristallisieren (E_1E, E_2E und E_3E), nennt man binäre eutektische Kurven oder eutektische Rinnen. Trägt man die Temperatur beginnender Erstarrung senkrecht über der Konzentrationsfläche auf, so gelangt man zur Schmelzfläche (Liquidusfläche) des ternären Systems. Durch Eintragung von Isothermen in das Konzentrationsdreieck gewinnt man ein anschauliches Bild über die räumliche Ausbreitung der Liquidusflächen.

Als weiteres Beispiel seien in Abb. 34 die Liquidus-Isothermen eines Systems wiedergegeben, in dem in den drei binären Systemen und in dem ternären System lückenlose Mischkristallbildung vorliegt. Der Darstellung ist der Fall zugrunde gelegt, daß der Schmelzpunkt von A der höchste ist und über B nach C abfällt, die Temperatur der eingezeichneten Isothermen daher von t_1 bis t_6 zunimmt.

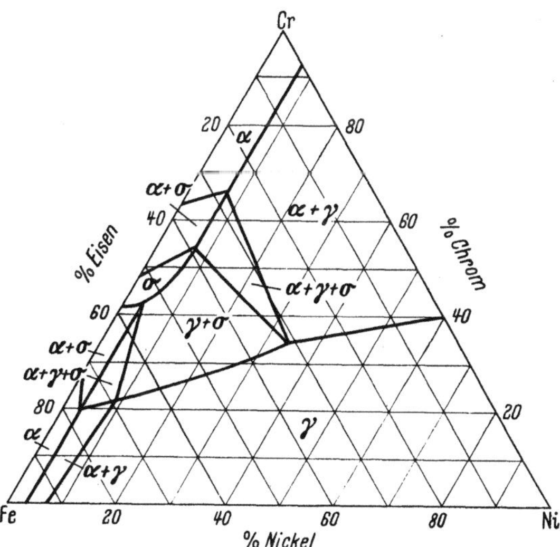

Abb. 35. Isothermer Schnitt (650 °C) für das ternäre Diagramm Eisen-Chrom-Nickel [34]

Ebenso wie der Beginn der Erstarrung werden auch die Verhältnisse im festen Zustand durch Projektion auf die Fläche des Konzentrationsdreiecks veranschaulicht. Abb. 35 bringt einen isothermen Schnitt für eine Temperatur von 650 °C durch ein reales räumliches Konstitutionsdiagramm, nämlich das Diagramm Eisen-Chrom-Nickel. Durch parallele Schnitte bei anderen Temperaturen gewinnt man einen Überblick über das gesamte räumliche Diagramm. Die ternären Eisen-Chrom-Nickel-Legierungen weisen von der Erstarrungstemperatur bis zur Raumtemperatur drei große Phasengebiete auf: das Gebiet der kubisch-raumzentrierten α-Phase, das der kubisch-flächenzentrierten γ-Phase und ein heterogenes Gebiet, in dem α- und γ-Mischkristalle nebeneinander beständig sind. Hinzu kommt die intermetallische Eisen-Chrom-Verbindung FeCr, die technisch so gefürchtete σ-Phase. Man erkennt, daß die im binären Diagramm Eisen-Chrom auftretende σ-Phase bis zu einem gewissen Grad Nickel zu lösen imstande ist.

D. Mechanische Technologie

Das mechanisch-technologische Verhalten, d.h. die Zuordnung der auf den Prüfkörper wirkenden äußeren Kräfte zu den entsprechenden Verformungen, wird übersichtlich in Kraft-Verformungs-Schaubildern dargestellt. Die Kräfte werden dabei als Spannungen auf die Flächeneinheit des beanspruchten Querschnitts bezogen, die Formänderungen als spezifische Verformungen auf die Längen- oder Querschnittseinheit. Die unter Wirkung der Kraft auftretenden Verformungen können elastisch oder plastisch sein. Die elastischen Verformungen steigen dem

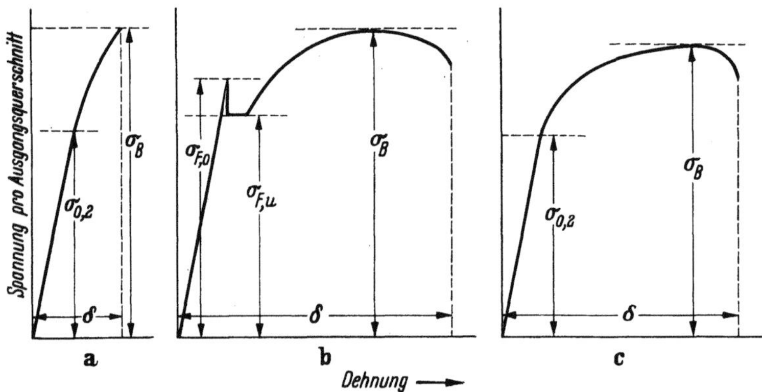

Abb. 36a–c. Spannungs-Dehnungs-Diagramme (schematisch)
a) spröder Werkstoff; b) und c) zäher Werkstoff

HOOKEschen Gesetz gehorchend proportional der Belastungszunahme an. Die von einer gewissen Grenzbelastung an hinzukommenden plastischen Verformungen steigen sehr viel rascher und beschleunigt mit der Belastungszunahme.

Eine besonders wichtige statische Festigkeitsprüfung ist der Zugversuch. Hierbei wird der Probenkörper bis zum völligen Erschöpfen der Verformbarkeit des Werkstoffes beansprucht. Unablässig sind die Bemühungen, nach anderen Prüfverfahren ermittelte Werkstoffkennziffern, etwa die Härte, in Beziehung zu setzen zu den Kennziffern des Zugversuchs und umgekehrt auf Grund dieser Kennziffern auf das Verhalten des Werkstoffes unter andersgearteten Beanspruchungen Aussagen zu machen.

In Abb. 36 sind drei typische Spannungs-Dehnungs-Schaubilder dargestellt, von denen sich Kurve a auf sprödes Material, die Kurven b und c auf zähe Werkstoffe beziehen. Kurve b, die eine obere und untere Streckgrenze aufweist ($\sigma_{F,o}$ und $\sigma_{F,u}$), ist für weiche Stahlsorten in gewalztem oder geglühtem Zustand charakteristisch. Kurve c gilt für höher legierte vergütete Stähle und für den Großteil der übrigen metallischen

Werkstoffe. Als Streckgrenze ($\sigma_{0,2}$) wird im Falle des stetigen Anstiegs der Spannung mit der Dehnung jene Spannung definiert, bei der die bleibende Formänderung 0,2% erreicht. Zur Bestimmung der Zugfestigkeit (σ_B) wird nicht die Zerreißlast, sondern die Höchstlast herangezogen, die durch den Ausgangsquerschnitt (f_0) geteilt wird. Die Bruchdehnung (δ) ist die in Prozenten ausgedrückte bleibende Verlängerung der ursprünglichen Meßlänge. Als Querschnittsverminderung oder Einschnürung (ψ) wird der Quotient $(f_0 - f)/f_0 \cdot 100$ bezeichnet, worin f den kleinsten Querschnitt an der Bruchstelle bedeutet. Die zwischen der Dehnungskurve und der Abszissenachse liegende Fläche ist ein Maß für die bis zum Zerreißen aufgewendete Arbeit.

Der Druckversuch ist die Umkehrung des Zugversuchs. Die bei diesem benutzten Begriffe werden sinngemäß übertragen. Die auf die Querschnittseinheit bezogene Druckkraft wird als Druckspannung, die auf die Ausgangshöhe der Probe bezogene Verkürzung als Stauchung bezeichnet. Der Streckgrenze entspricht die Quetschgrenze (Spannung für eine bleibende Stauchung von 0,2%). Die Druckfestigkeit berechnet sich aus der maximalen Belastung unter der der Bruch erfolgt, und dem Ausgangsquerschnitt.

Als Härte wird der Widerstand bezeichnet, den ein Körper dem Eindringen eines anderen entgegenbringt. Die Technik verwendet Eindringkörper, die eine wesentlich höhere Härte aufweisen als das zu prüfende Werkstück. An der Berührungsstelle des Eindringkörpers mit dem Werkstück tritt ein mehrachsiger Spannungszustand auf, was zur Folge hat, daß man auch in gemeinhin spröden Körpern zumeist noch bleibende Eindrücke erzeugen kann. Für die Form der Eindruckkörper sind viele Vorschläge gemacht worden und mehrere verschiedene Formen sind zur Zeit in Anwendung.

Kugeldruckprüfung: Brinell schlug als Eindruckkörper eine gehärtete Stahlkugel vor, die durch einen statischen Druck so lange in das Prüfstück eingedrückt wird, bis ein bleibender Eindruck entsteht und das Eindringen der Kugel praktisch beendet ist. Als Härte des Stoffes bezeichnet Brinell den mittleren Druck (P in kp) auf die Flächeneinheit der Eindruckkalotte (O in mm²): Brinell-Härte $H_B = P/O$. Da die Oberfläche durch $O = \pi \cdot D \cdot t = \frac{\pi D^2}{2} - \frac{\pi D}{2} \sqrt{D^2 - d^2}$ gegeben ist, worin D den Kugeldurchmesser, t die Eindringtiefe und d den Eindruckdurchmesser bedeuten, ergibt sich schließlich für die Brinell-Härte $H_B = \frac{2P}{\pi D (D - \sqrt{D^2 - d^2})}$. Mikroskopisch gemessen wird der Eindruckdurchmesser, die ihm und den Prüfbedingungen entsprechenden Härtezahlen werden Tabellen entnommen.

Zwischen der Kugeldruckhärte und der Zugfestigkeit bestehen für einige Werkstoffe (Stähle, Aluminium-Kupfer-Magnesium-Legierungen) bestimmte lineare Beziehungen, die es erlauben, aus der Härte angenähert auf die Zugfestigkeit zu schließen. Für Kohlenstoffstahl und Al-Cu-Mg-Legierungen gilt $\sigma_B = 0{,}36\, H_B$, für Chrom-, Chrom-Molybdän- und Chrom-Nickel-Stähle $\sigma_B = 0{,}34\, H_B$. Allgemein gültige Umrechnungsfaktoren lassen sich nicht angeben, je nach Art und Zustand des Werkstoffes liegen die Werte zwischen 0,3 und 0,5.

Bei der Pyramidendruckprüfung nach VICKERS wird eine vierseitige Diamantpyramide mit einem Winkel zwischen je zwei gegenüberliegenden Seitenflächen von 136° durch eine stoßfrei aufgebrachte Last so lange in den Werkstoff eingedrückt, bis das Eindringen der Pyramide praktisch beendet ist. Die Pyramide erzeugt einen quadratischen Eindruck, dessen Oberfläche aus der mittleren Länge (E) der gemessenen Diagonalen berechnet wird. Die Härte (H_V) ist wie bei der BRINELL-Härte das Verhältnis der aufgewandten Belastung (P in kp) zu der erzeugten Eindruckoberfläche (in mm²): $H_V = P \cdot 1{,}8544/E^2$. Wieder sind die Härtewerte entsprechend dem Mittelwert der Diagonalen und der Belastung Tabellen zu entnehmen.

Bei der ROCKWELL-Härteprüfung (Härteprüfung mit Vorlast) wird als Maß für die Härte die bleibende Eindringtiefe eines Kegels (Öffnungswinkel 120°) oder einer Kugel benutzt, die durch eine Belastungssteigerung von einer Vorlast auf eine Gesamtlast hervorgerufen wird. Die Eindringtiefe wird auf einer Meßuhr direkt abgelesen. Je nach der Härte der zu prüfenden Werkstoffe werden verschiedene Prüfbedingungen benutzt; die häufigst verwendeten sind in Tab. 10 zusammengestellt.

Tabelle 10. *Prüfbedingungen für Rockwell-Härte* (DIN 50103; amerikanische Norm)

	Eindringkörper	Vorlast in kp	Prüflast in kp
R_B	Kugel (∅ 1/16″)	10	100
R_E	Kugel (∅ 1/8″)	10	100
R_F	Kugel (∅ 1/16″)	10	60
R_c	Kegel 120°	10	150
R_A		10	60
R_D		10	100

Ohne zu der Frage nach der geeignetsten Härteprüfung Stellung zu nehmen, sind in Abb. 37 die Beziehungen zwischen den wichtigsten verschiedenen Härten zusammengestellt.

Der bisher beschriebenen statischen Prüfung des Festigkeitsverhaltens steht die Prüfung bei einmaliger schlagartiger Beanspruchung gegenüber. Besondere Bedeutung haben dabei nicht Schlagzerreiß- und Schlagstauchversuche erlangt, sondern Kerbschlagbiegeversuche, die eines der wichtigsten Prüfverfahren für den technisch so gefürchteten Sprödbruch darstellen. Die Ausführung des Kerbschlagbiegeversuchs erfolgt in Pendelschlagwerken unter Verwendung bestimmter genormter Proben und

Kerbformen. Der Kerb hat mehrfache Bedeutung, er bewirkt nicht nur am Kerbgrund örtliche Spannungserhöhung, sondern führt auch zu einem räumlichen Spannungszustand; er beschränkt die Verformung auf ein kleines Volumen und schafft so Voraussetzungen für einen verformungsarmen Trennungsbruch. Das Schlagwerk muß kräftig genug sein, um die Probe mit einem Schlag zu brechen oder bis zum größt-

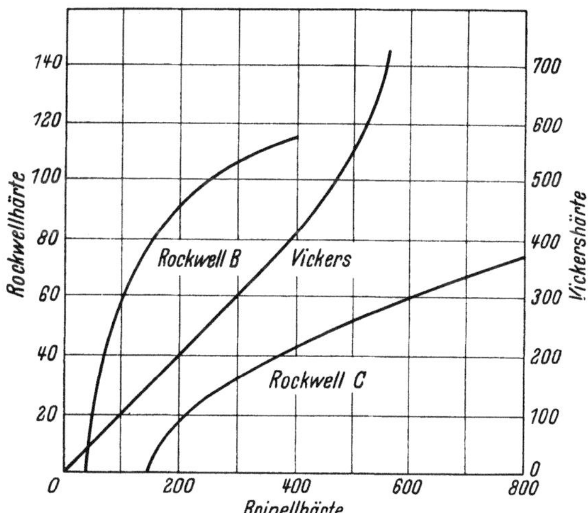

Abb. 37. Zusammenhang zwischen den nach verschiedenen Verfahren erhaltenen Härtewerten

möglichen Winkel zu biegen. Die hierzu verbrauchte Arbeit wird aus dem Unterschied der Fallhöhe und Steighöhe des Hammers ermittelt, sie wird in mkp/cm² bezogen auf den Probenquerschnitt im Kerbgrund angegeben und als spezifische Schlagarbeit, Kerbzähigkeit oder Kerbschlagzähigkeit bezeichnet[1]. Abb. 38 stellt die Kerbschlagzähigkeit verschiedener Werkstoffe als Funktion der Versuchstemperatur dar. Kupfer zeigt in dem untersuchten Temperaturbereich keinen Abfall der Kerbzähigkeit bei tiefen Temperaturen, ähnlich verhält sich auch kubischflächenzentrierter austenitischer Stahl, und auch α-Messing zeigt keine Kaltsprödigkeit, wohl aber eine ausgesprochene Sprödigkeit bei Temperaturen zwischen 300 und 500 °C. Deutliche Kaltsprödigkeit zeigen Zink und weicher Stahl, bei denen in einem schmalen Temperaturgebiet der Übergang von der Hochlage der Kerbschlagzähigkeit (zäher Bruch) zur Tieflage (Sprödbruch) erfolgt.

[1] Da für die Probenform, wie bereits erwähnt, verschiedene Normvorschriften bestehen, wird im amerikanischen und englischen Schrifttum zumeist nicht die spezifische Schlagarbeit, sondern die unmittelbar gemessene Schlagarbeit in mkp angegeben.

Nach der Behandlung der Prüfung des Festigkeitsverhaltens gegenüber statischer und schlagartiger Beanspruchung sollen nun Verfahren besprochen werden, welche eine Prüfung bei Dauerbeanspruchung durchführen. In Dauerstandversuchen wird die Fähigkeit eines Werkstoffs ermittelt, langdauernde ruhende Belastung zu ertragen. In Wechselfestigkeitsversuchen wird die Probe einer Dauerbeanspruchung unterworfen, die sich periodisch zwischen zwei Grenzwerten ändert.

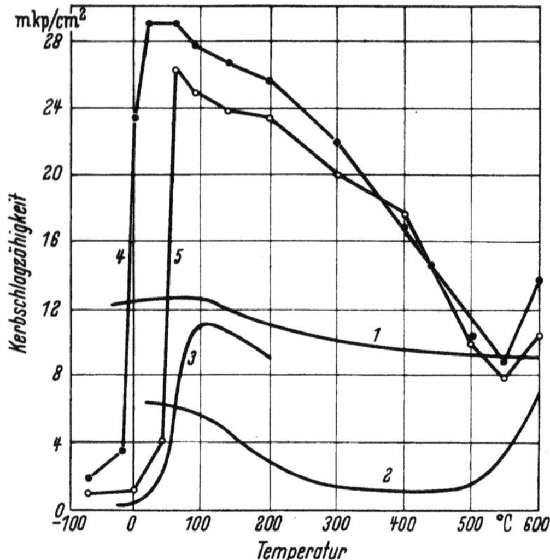

Abb. 38. Kerbschlagbiegeversuche (aus [35])
1 Cu; *2* Messing; *3* Zn; *4* weicher Stahl; *5* weicher Stahl, 16% gereckt und bei 250 °C angelassen

Als Dauerstandfestigkeit wird jene Grenzfestigkeit bezeichnet, unter der eine anfängliche Dehnung des Werkstoffs im Verlauf der Zeit zum Stillstand kommt, bei deren Überschreitung aber mit fortschreitender Dehnung schließlich mit Eintritt des Bruchs zu rechnen ist. Zu ihrer Bestimmung sind Belastungsversuche langer Dauer unter verschiedenen Laststufen durchzuführen und die jeweils eintretende Dehnung zu registrieren. Da es sich sehr häufig um das Dauerstandverhalten bei erhöhter Temperatur handelt, sind die Proben in geeigneten temperaturgeregelten Öfen unterzubringen.

Wegen der notgedrungen langen Dauer derartiger Versuche wurden eine Reihe von Vorschlägen vorgebracht, kurzzeitig durch Verfolgung der Dehnung über beschränkte Zeiten zu Näherungswerten der Dauerstandfestigkeit zu gelangen. Genannt sei z.B. der Versuch, die Dauerstandfestigkeit für Kohlenstoff- und niedrig legierten Stahl dann als erreicht anzusehen, wenn im Zeitraum zwischen der 25. und 35. Stunde nach Lastaufgabe eine Dehnungsgeschwindigkeit von 0,0015% je Stunde vorliegt. Sehr viel längere Zeiten verwenden Vorschläge, auf Grund von Versuchen bis zu 1500 Stunden durch Extrapolation die Belastung zu ermitteln, die zu einer Dehnung von 0,1 bzw. 1% in 1000 Stunden oder 1 bzw. 10% in 100000 Stunden führt. Da bei der praktischen Beanspruchung im allgemeinen mehrachsige Spannungszustände vorliegen, die naturgemäß die Verformung beeinflussen, ist wohl nicht zu erwarten, zu einer wirklich exakten Vorausbestimmung des betrieblichen Verhaltens aus Kurzversuchen zu gelangen.

Unter schwingender Beanspruchung eines Werkstoffes beobachtet man die als Ermüdung bezeichnete Erscheinung, die darin besteht, daß der Werkstoff eine gewisse Belastung, die weit unter der Zugfestigkeit, ja sogar unterhalb der Streckgrenze liegen kann, nicht beliebig oft erträgt; es kommt zum Dauerbruch ohne wesentliche Verformungen. Zur Bestimmung der Dauerfestigkeit werden glatte Probestäbe im allgemeinen einer sich nach einer Sinuskurve ändernden Beanspruchung unterworfen. Die Beanspruchung kann eine Zug-Druck-Beanspruchung oder eine Wechselbiege- oder Wechseltorsionsbeanspruchung sein. Das auf WÖHLER zurückgehende Verfahren zur Bestimmung der Wechselfestigkeit beruht darauf, daß mehrere, etwa 4 bis 10 Probestäbe, einer Dauerbeanspruchung unterworfen werden, die von Stab zu Stab verschieden hoch gewählt wird. Trägt man die gewählte Dauerbeanspruchung (berechnete maximale Spannung) als Funktion der bis zum Bruch erreichten Lastspielzahl auf, so erhält man für jeden Probestab einen Punkt im Diagramm Wechselspannung-Lastspielzahl. Die Verbindung der Punkte liefert die WÖHLER-Kurve. Die allgemeine Gestalt dieser WÖHLER-Kurve ist durch ein asymptotisches Einmünden in eine Parallele zur Lastspielachse gekennzeichnet, d.h. daß unterhalb einer bestimmten Wechselbeanspruchung kein Ermüdungsbruch mehr erfolgt. Die dieser Asymptote entsprechende Wechselspannung wird als Wechselfestigkeit des Werkstoffs bezeichnet. Praktisch wird als Ermüdungsfestigkeit jene Wechselbeanspruchung angesehen, die in 10^6 (gegebenenfalls bis 10^8) Lastspielen noch nicht zum Bruch führt.

E. Aushärtung und Härtung durch Einlagerungen

In zahlreichen Legierungen können durch geeignete thermische Behandlung Verbesserungen in den technologischen Eigenschaften erhalten werden. Häufig gewinnen diese Legierungen erst dadurch ihre technische Bedeutung. Die Wärmebehandlung besteht dabei grundsätzlich darin, daß zunächst ein bei hoher Temperatur stabiler Zustand auf tiefere Temperatur unterkühlt wird, bei der sich dann häufig unter Einschaltung von Zwischenzuständen allmählich der dieser Temperatur entsprechende Gleichgewichtszustand auszubilden trachtet. In vielen Fällen wird die Angleichung nicht bei Raumtemperatur, sondern bei leicht erhöhter Temperatur vorgenommen. Für die sich bei der Aushärtung abspielenden Strukturänderungen sind einmal Umwandlungsvorgänge und weiterhin Ausscheidungsvorgänge zufolge temperaturabhängiger Löslichkeit verantwortlich.

Neuerdings gewinnt auch eine Härtung durch Einlagerung fein verteilter unplastischer Verbindungen, zumeist Eigen- oder Fremdoxyde, sehr an Bedeutung.

Abb. 39 zeigt das für Eisen-Kohlenstoff-Legierungen grundlegende Diagramm. Dargestellt ist das metastabile Fe-Fe_3C-System[1]. Das bis zu 906 °C beständige α-Eisen und das zwischen 1401 °C und dem Schmelzpunkt beständige δ-Eisen sind kristallographisch identisch; beide Modifikationen besitzen kubisch-raumzentriertes Gitter. Dazwischen liegt das

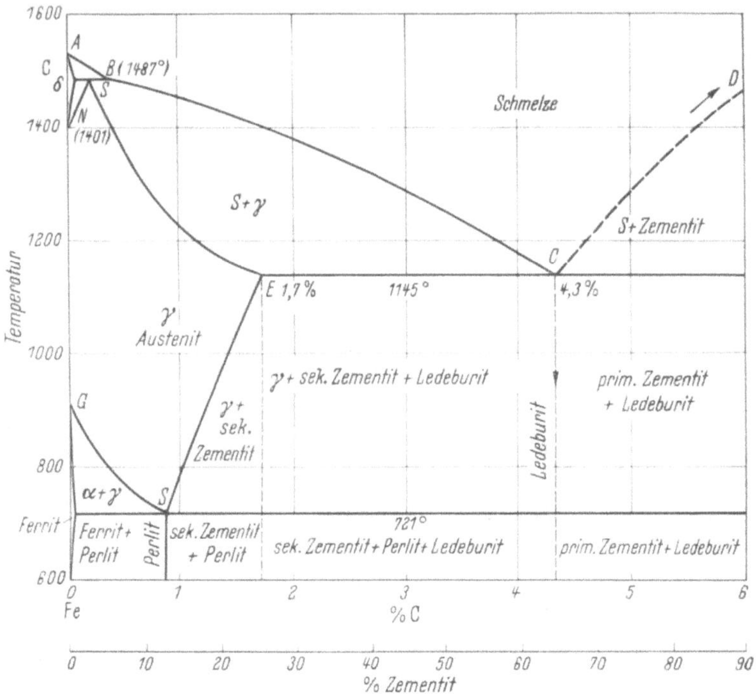

Abb. 39. Zustandsdiagramm der Eisen-Kohlenstoff-Legierungen (Zementitsystem)
[An Stelle von *S* (unterhalb *B*) ist *J* zu setzen]

kubisch-flächenzentrierte γ-Eisen. Man erkennt, daß γ-Eisen Kohlenstoff in Lösung aufzunehmen vermag (Einlagerungsmischkristall) zunächst unter Aufweitung des Existenzgebiets (Austenit). In δ-Eisen ist Kohlenstoff nur in geringem Ausmaß löslich, noch geringer ist seine Löslichkeit im α-Eisen. Bei 721 °C beträgt die Sättigungsgrenze etwa 0,04%, sie fällt mit fallender Temperatur stark ab. Bei der Erstarrung der Schmelzen scheidet sich zwischen *A* und *B* primär δ-Mischkristall aus. Durch peritektische Umsetzung kommt bei *J* der γ-Mischkristall mit der Schmelze in Berührung, der sich zwischen *B* und *C* primär ausscheidet. Bei *C* scheidet sich das Eutektikum aus γ-Mischkristall und der Verbindung Fe_3C (Zementit) aus, das den Namen Ledeburit trägt.

[1] Das zur befriedigenden Deutung der Vielfalt der Erscheinungen bei Gußeisen heranzuziehende stabile Eisen-Graphit-Diagramm ist beiseite gelassen.

Zwischen C und D schließlich liegt das Gebiet der Primärausscheidung von Zementit. Die Sättigungsgrenze des γ-Mischkristalls für Kohlenstoff sinkt vom Punkt E aus ab, bei 721 °C findet ein eutektoider Zerfall des γ-Mischkristalls in α-Mischkristall (Ferrit) und Zementit statt. Dieses Eutektoid trägt den Namen Perlit. Der Zementit scheidet sich dabei plattenförmig aus. Bei sehr langsamer Abkühlung oder bei entsprechender Glühung ballen sich zufolge der Wirkung der Oberflächenspannung die einzelnen Zementitlamellen zu Körnern zusammen.

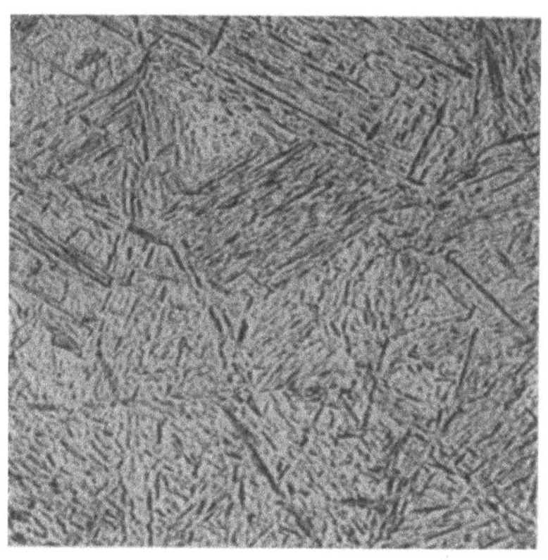

Abb. 40. Martensitisches Gefüge; durch kristallographisch geregelte Austenitumwandlung entstanden; $V \sim 200$ (aus [36])

Die betrachteten Zustands- und Strukturänderungen treten nur dann vollständig ein, wenn den Legierungen genügend lang Zeit zur Auswirkung der Diffusionsvorgänge gegeben ist. Bei rascher Abkühlung können Umwandlungen, die dem Gleichgewichtsdiagramm entsprechen, weitgehend unterdrückt werden, eine Tatsache, die für die Stahlhärtung von grundlegender Bedeutung ist. Zur Erzielung hoher Härten werden zunächst zur Lösung des Perlits untereutektoide Stähle bei Temperaturen etwa 50° über der Linie GS geglüht, übereutektoide etwa 80° oberhalb der Linie SE, und dann in kaltem Wasser abgeschreckt. Für Werkzeugstahl ist eine solche Behandlung zumeist ausreichend. Die Zugfestigkeit erfährt dabei eine mit steigendem Kohlenstoffgehalt zunehmende Erhöhung. Durch das Härten wird im Stahl die Perlitbildung unterdrückt. Es entsteht ein schwer ätzbares, zumeist feinkörniges, nadelförmiges Gefüge, der Martensit, in dem das Eisen in einem vom α-Eisen wenig verschiedenen tetragonalen Zustand vorliegt, der den Kohlenstoff noch größtenteils zwangsweise gelöst enthält. Durch geringe Temperaturerhöhung kann die Kohlenstoffentmischung stattfinden und das Eisen in die kubische Form übergehen. Durch die kristallographisch geregelte Umwandlung des Austenits in Martensit sind im Schliffbild des zerfallenen Austenits Kristalle mit einander durchdringenden Plattensystemen erkennbar (Abb. 40).

Bei legierten Stählen wird die Wärmebehandlung oft noch durch ein Anlassen ergänzt. Dadurch wird das Formänderungsvermögen auf Kosten der Festigkeit verbessert. Häufig werden die Umwandlungstemperaturen durch die Zusätze beeinflußt, Martensitbildung tritt dann schon bei geringerer Abkühlungsgeschwindigkeit ein.

Die Abschreckung des Stahls führt naturgemäß zu inneren Spannungen im Werkstück. Diese sind teilweise reine Wärmespannungen, wie sie stets bei schnellem Abkühlen entstehen, teils sind es Spannungen, die von der bei der Austenit-Martensit-Umwandlung eintretenden Volumsvergrößerung herrühren. Durch geeignete Abschreckbedingungen lassen sich die Härtespannungen und die durch sie bedingte Aufreißneigung herabsetzen.

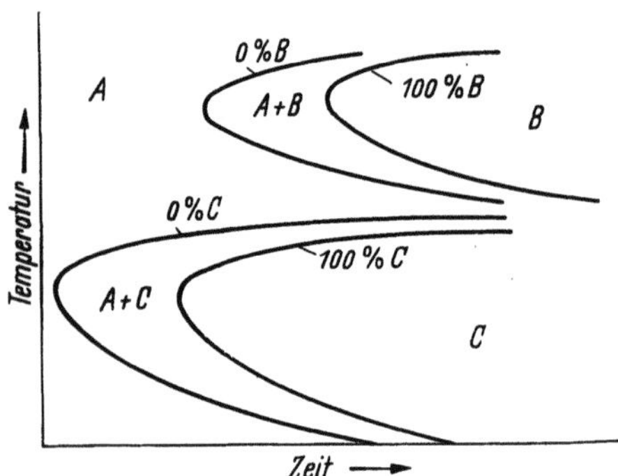

Abb. 41. TTT-Diagramm (schematisch)

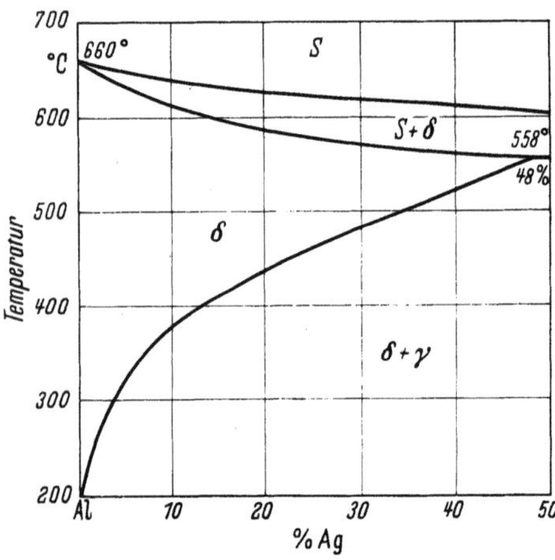

Abb. 42. Aluminiumseite des binären Diagramms Aluminium-Silber (aus [38])

Für den zeitlichen Ablauf einer Umwandlung sind aus dem Zustandsdiagramm keine Angaben zu gewinnen. Hierfür ist eine Darstellung erforderlich, in der der Ablauf der Umwandlung (oder Entmischung) als Funktion der Zeit für verschiedene Temperaturen dargestellt ist [37]. Solche „TTT"-Diagramme (Transformation, Time, Temperature) werden neuerdings vielfach zur Veranschaulichung der Umwandlungskinetik gegeben. Schematisch ist ein solches Diagramm in Abb. 41 dargestellt, das eine in zwei Schritten vor sich gehende Umwandlung durch Wiedergabe der Kurven für den Beginn und das Ende der Umwandlung kennzeichnet.

In den Kohlenstoffstählen spielt die Austenit-Martensit-Umwandlung eine entscheidende Rolle für die Härtung. In den nun zu besprechenden, in einer Vielzahl von Legierungen auftretenden Aushärtungsvorgängen ist eine mit steigender Temperatur zunehmende Sättigungskonzentration eines Mischkristalls unerläßliche Voraussetzung. Als Beispiel für die Erörterung der sich abspielenden Vorgänge mögen Aluminium-Silber-Legierungen gewählt werden. Abb. 42 zeigt die Aluminiumseite des Aluminium-Silber-Diagramms. Man erkennt, daß Aluminium mit steigender Temperatur erhebliche Mengen von Silber zu lösen vermag. Die Löslichkeit nimmt von weniger als 0,5% Ag bei Raumtemperatur auf etwa 48% bei der eutektischen Temperatur von 558 °C zu. Schreckt man Aluminium-Silber-Legierungen aus dem Gebiet des homogenen δ-Mischkristalls ab und gibt man dieser nunmehr übersättigten Legierung durch Lagerung bzw. Anlaßbehandlung bei erhöhter Temperatur, die Möglichkeit sich dem Gleichgewichtszustand zu nähern, so beobachtet man in vielen physikalischen und technologischen Eigenschaften zeitlich verlaufende Änderungen. Für den Fall der Härte ist dies für das Beispiel einer 38% Silber enthaltenden Legierung, die zunächst bei 545 °C homogenisiert, anschließend in Wasser abgeschreckt und hierauf verschiedenen Anlaßbehandlungen unterworfen wurde, in Abb. 43 dargestellt. Es lassen sich deutlich zwei Gebiete unterscheiden, in deren jedem die Härte durch ein Maximum geht. Dieses beträgt für das erste bis etwa 180 °C reichende Gebiet 135 bis 140 H_B, in dem zweiten Gebiet, das bei 480stündiger Anlaßdauer bis etwa 140 °C herabreicht, liegt das Härtemaximum bei etwa 185 H_B. Dieses Bild und die Verfolgung der Änderungen der übrigen Eigenschaften lehrt, daß sich beim Anlassen homogener Aluminium-Silber-Legierungen offenbar zwei Aushärtungsvorgänge hintereinander abspielen. Der erste Vorgang, die Kalthärtung, setzt ohne Anlaufzeit ein. Der zweite Vorgang, die Warmhärtung, beginnt erst nach einer bestimmten Anlaufzeit [*39*].

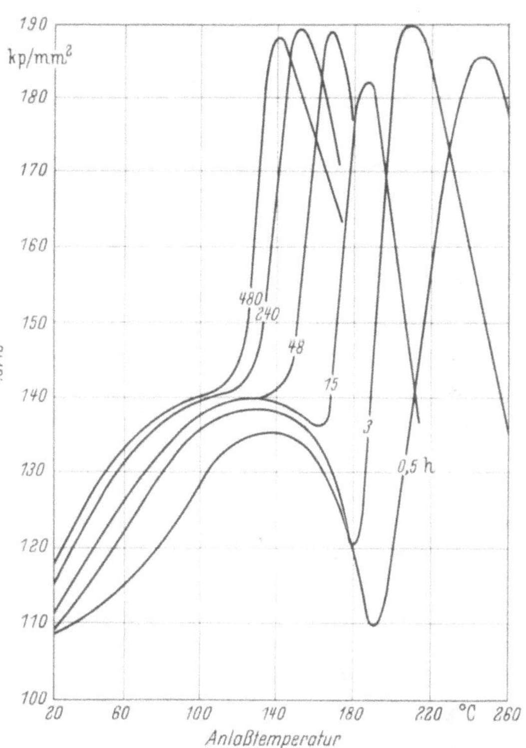

Abb. 43. Abhängigkeit der Härte einer 38%igen Aluminium-Silber-Legierung als Funktion der Anlaßbehandlung [*39*]

Ohne auf die zahlreichen Untersuchungen über aushärtbare Legierungen näher einzugehen, sei hervorgehoben, daß nach den heutigen Ansichten die Kalthärtung auf einphasiger Entmischung, Enthomogenisierung des übersättigten Mischkristalls, beruht. Sie spielt sich als selbständiger Vorgang im übersättigten instabilen Mischkristall ab in einem Temperatur-Konzentrationsgebiet, das unterhalb der Löslichkeitslinie liegt. Der Kalthärtungsgrad stellt sich sowohl bei steigender als auch bei fallender Temperatur auf einen bestimmten, durch die Temperatur bedingten Wert ein. Die ihm zugrunde liegende Zustandsänderung ist reversibel.

Die Warmhärtung wird durch Ausscheidung der übersättigt gelösten Komponente hervorgerufen. Ihr Gebiet ist im Zustandsdiagramm zu höheren Temperaturen hin durch die Löslichkeitslinie begrenzt. Da die Ausscheidung einer neuen Kristallart Keimbildung voraussetzt, benötigt die Warmhärtung eine Anlaufzeit, während der diese Keimbildung vor sich geht.

Die Frage, ob die beiden Vorgänge in einem ursächlichen Zusammenhang miteinander stehen, wurde in der letzten Zeit vielfach erörtert. Es scheint, daß die einphasige Entmischung nicht als Vorstufe der Ausscheidung zu gelten hat.

Wie oben erwähnt, ist die Aushärtung von Legierungen, die zuerst am Beispiel der Aluminium-Kupfer-Magnesium-Legierungen gefunden wurde [*40*], eine äußerst verbreitete Erscheinung. Bei Erörterung der Reaktorbaustoffe wird sie uns noch wiederholt begegnen.

Bei der heute mit großer Aufmerksamkeit verfolgten Härtung durch Einlagerungen (dispersion hardening) erfolgt die Verfestigung durch Einbringung feinverteilter unplastischer Phasen in das Grundmetall. Wenn diese Phasen in der Grundmasse bis zu deren Schmelzpunkt nur geringfügig löslich sind, werden insbesondere die Warmfestigkeitseigenschaften auf diese Weise beträchtlich erhöht. Einen wesentlichen Anstoß erhielt diese neue Entwicklung durch die Schaffung des Werkstoffs SAP (Sinter Aluminium Pulver), bei dem die verfestigende Einlagerungsphase durch die auf den einzelnen Pulverteilchen unvermeidlich sich bildenden Oxydhäute gegeben ist [*41*, *42*][1]. Entsprechende Entwicklungsarbeiten wurden auch auf andere Metall-Oxyd-Systeme ausgedehnt. Außer der pulvermetallurgischen Herstellung kommt für die Gewinnung von durch Einlagerungen gehärteten Werkstoffen auch die übliche über die Schmelze erfolgende in Betracht, beispielsweise durch nachträgliche selektive Oxydation einer Legierungskomponente. Eine Übersicht über das Gebiet wird in [*44*] gegeben.

Im Grunde ist diese zuletzt besprochene Härtung eng verwandt mit der Warmaushärtung von Legierungen, bei der ja auch der Härtungseffekt durch Ausscheidungen, die durch geeignete thermische Behandlung erzwungen werden, bewirkt wird. Die Unterschiede liegen in Art und Entstehung der Einlagerungen und in ihrer Temperaturbeständigkeit.

[1] Für frühere Arbeiten, in denen auch Nitridhäute eingelagert wurden, vgl. [*43*].

F. Korrosion und Erosion

Den Abschluß dieses nur unvollständigen Überblicks über wesentliche Tatsachen der Metallkunde sollen einige Bemerkungen über Korrosion und Erosion bilden.

Unter Korrosion der Metalle wird eine langsam wirkende chemische oder elektrochemische Zerstörung der Werkstoffe verstanden. Erscheinungen, die äußerlich der Korrosion ähneln, wie z.B. die Zinnpest (allotrope Umwandlung von weißem in graues Zinn) gelten im Sinne obiger Definition nicht als Korrosion. Das Studium der verschiedenartigen Erscheinungsformen der Korrosion hat zur Aufteilung gemäß der eben angeführten Ursachen geführt, nämlich auf eine Korrosion durch chemische Reaktionen und auf eine solche durch elektrochemische Reaktionen.

Als Beispiel einer chemischen Reaktion sei die Zerstörung von Metallen in der Hitze, besonders unter Mitwirkung von Sauerstoff, Stickstoff, Schwefel, Chlor u.a. unter Bildung von Additionsverbindungen genannt. Auch die sogenannte Reiboxydation gehört hierher, bei der Metalle, die einer trockenen Reibung ausgesetzt sind, durch Sauerstoffaufnahme der reibenden Oberfläche unter Bildung von Oxydationsprodukten korrodieren. Für die Kinetik dieser Korrosion ist entscheidend, ob die gebildete Verbindung flüchtig ist bzw. durch Abblättern entfernt wird, oder ob festhaftende Deckschichten entstehen. Im ersten Fall schreitet die Korrosion linear mit der Zeit fort, im zweiten Fall hängt das Fortschreiten der Korrosion von der Durchlässigkeit der gebildeten Deckschicht ab. Im allgemeinen nimmt dabei die Korrosionsgeschwindigkeit nach einem Exponentialgesetz oder parabolisch mit der Zeit ab.

Die Ursache für die so wichtige Korrosion in Elektrolyten ist das Bestreben der Metalle, Ionen in die Lösung zu senden. Edelmetalle mit geringerem Lösungsbestreben sind der Gefahr der Korrosion weniger ausgesetzt als die durch starkes Lösungsbestreben ausgezeichneten unedleren Metalle. Der quantitative Maßstab für das Lösungsbestreben wird durch die elektrochemische Spannungsreihe gegeben, welche das Verhalten der Metalle gegen Normallösungen ihrer Salze wiedergibt. Ebenso wie bei chemischer Korrosion können auch bei elektrochemischer Korrosion Komplikationen durch Bildung von Deckschichten aus Korrosionsprodukten auftreten.

Da die meisten Legierungen heterogenes Gefüge aufweisen, ist auf ihrer Oberfläche mit der Ausbildung galvanischer Elemente zu rechnen, die als Lokalelemente bezeichnet werden, da die einzelnen Gefügebestandteile einander eng benachbart sind. Lokalelementbildung ist nicht nur auf das Vorliegen verschieden edler Gefügebestandteile beschränkt, sie kann auch durch örtliche Kaltverformung, durch Schwankungen in der Zusammensetzung des Elektrolyten, durch Temperaturunterschiede, durch verschiedene Belüftung usw. verursacht werden. Von Lochfraß spricht man, wenn sich auf einer Metalloberfläche nur einzelne heterogene Stellen befinden, auf die sich der Angriff des Korrosionsmittels konzentriert. Die so gefährliche interkristalline Korrosion beruht darauf, daß gewisse Ausscheidungen an den Korngrenzen bevorzugt angegriffen werden, die Kornflächen hingegen einen elektrolytischen Schutz erfahren. Ist der Korrosionsangriff mit auf mechanische Spannungen zurückzuführen, so spricht man von Spannungskorrosion, die sich besonders gefährlich bei Vorliegen interkristalliner Korrosion äußern kann, da die korrodierten Korngrenzen als Kerben wirken, in deren Grund bei Vorliegen von Zugbeanspruchungen erhebliche Spannungsüberhöhungen eintreten können. Es ist nach dem Obigen verständlich, daß Ausscheidungen, z. B. durch thermische Behandlung gebildet, Ausgangspunkt für Korrosion sein können. Von Korrosionsermüdung spricht man, wenn das einer Wechselbeanspruchung unterworfene Werkstück gleichzeitig einer langsamen Korrosion unterworfen wird. Es ist naheliegend, eine Verwandtschaft dieser Korrosionsermüdung mit interkristalliner Korrosion anzunehmen.

Zur Prüfung des Korrosionsverhaltens von Werkstoffen werden sowohl Langzeitversuche (Naturversuche) als auch Kurzversuche im Laboratorium angestellt. Eine wichtige Gruppe der Naturversuche sind die Betriebsversuche, bei denen Versuchsproben in die Apparatur eingehängt und unter der Summe der zahlreichen, oft verwickelten Einzelbedingungen, genau den praktischen Fällen entsprechend geprüft werden. Die klassische Laboratoriumsprüfung ist der Standversuch, bei dem an Glashäkchen in das Korrosionsmittel eingehängte Proben dem Angriff ausgesetzt werden. Eine Beschleunigung des Versuches kann durch Rühren des Bades erreicht werden; für gleichmäßigen Luftzutritt ist zu sorgen. Gelegentlich werden Wechseltauchgeräte benutzt, in denen ein häufiger Wechsel der Wirkung von Flüssigkeit und Luft erfolgt. In Sprühversuchen ahmt man die Verhältnisse des Bewitterungsversuchs nach.

Die Angriffsstärke wird bei flächiger Korrosion entweder als Gewichtsverlust ($g/m^2 \cdot Tag$) oder – daraus berechnet – als Dimensionsänderung (mm/Jahr) angegeben.

Für die Prüfung der interkristallinen Korrosion sind verschiedene Prüfverfahren in Verwendung. Handelt es sich um eine Korrosion ohne äußere Spannung, so beobachtet man den Angriff des Korrosionsmittels durch Schliffuntersuchung oder man verfolgt ihn durch die Änderungen, welche die Dehnung, die Einschnürung oder, und zwar in besonders empfindlicher Weise, die Dämpfung (etwa von Biegeschwingungen) erfährt. Zur Prüfung der interkristallinen Korrosion unter gleichzeitiger Wirkung äußerer Spannungen sind Anordnungen in Verwendung, bei denen die Versuchsprobe in definierter Weise elastisch verspannt wird. Die Korrosionsbeständigkeit wird hier durch die bis zum Reißen der Probe verstrichene Zeit gemessen. Die Korrosionsermüdung wird in den üblichen Wechselbeanspruchungsmaschinen verfolgt, entweder nach vorheriger Korrosionsbeanspruchung der Probestäbe oder unter gleichzeitiger Wechsel- und Korrosionsbeanspruchung des Prüfstabes.

Zur Erhöhung der Korrosionsfestigkeit metallischer Werkstoffe werden seit eh und je Schutzüberzüge verwendet, und zwar sowohl solche metallischer als auch nichtmetallischer Natur. Insbesondere bei den Überzügen, die nicht eine elektrolytische Schutzwirkung ausüben, kommt es wesentlich auf die Dichtigkeit der Schutzschichten an. Die Aufbringung metallischer Schutzschichten wird durch Schweißplattierung, durch elektrolytische Niederschläge, durch Tauchverfahren, durch Spritzverfahren und durch Diffusion (Erhitzen der zu überziehenden blanken Metallgegenstände in Metallpulver des Überzugsmaterials) hergestellt. Man kombiniert auf diese Weise die Grundeigenschaften des Kernwerkstoffs mit der hohen Korrosionsfestigkeit der Deckschichten. Als Beispiel sei nur auf das Verzinken und Verzinnen von Stahl hingewiesen, Verfahren bei denen am verbreitetsten die Herstellung des Überzugs durch Eintauchen in geschmolzene Metalle ist. Vernickeln, Verchromen, Verkadmieren, Verkupfern, Vermessingen erfolgt in der Regel auf galvanischem Weg. Ein wichtiges Mittel zum Oberflächenschutz von Stahlteilen sind ferner Farbüberzüge. Diese Anstriche sollen zum Schutz und zur Verbesserung des Aussehens dienen. Als besonders wichtige Beispiele von auf chemischem Weg hergestellten Schutzschichten seien weiterhin genannt: Schichten von Böhmit (γ-$Al_2O_3 \cdot H_2O$) auf Aluminium (Eloxalverfahren), ferner Phosphatschichten und Chromatschichten auf Stahl. Praktisch bedeutungsvoll ist dabei auch die durch die Schutzschichten hervorgerufene Aufrauhung und Vergrößerung der Oberfläche, die nunmehr ein Mehrfaches an Fetten, Ölen, Wachsen und dergleichen aufnehmen kann als die blanke Metalloberfläche.

Hingewiesen sei schließlich noch auf die Passivierung des reinen Eisens und des noch unedleren Chroms. Unter stark oxydierenden Einflüssen, z.B. in konzentrierter rauchender Salpetersäure, wird reines Eisen passiv, was sich darin äußert, daß infolge der Entwicklung hoher Sauerstoffkonzentrationen an der Metalloberfläche das Eisen nach kurzer Zeit von der Säure nicht mehr angegriffen wird. Eine völlige Aufklärung der Passivität liegt heute noch nicht vor; außer der Oxydfilmtheorie sind auch andere Deutungen vorgebracht worden, auf die aber nicht eingegangen werden kann.

Zum Abschluß soll noch kurz auf einen Verschleiß der Werkstoffe hingewiesen werden, der als Erosion bezeichnet wird. Es handelt sich im Gegensatz zur Korrosion, welche bei ruhendem Angriffsmedium ihre zerstörende Wirkung ausübt, um eine Zerstörung unter dem Einfluß strömender Flüssigkeit. Die Erosion ist also grundsätzlich ein mechanischer Vorgang, der aber häufig von Korrosion begleitet wird, so daß es oft nicht leicht ist, beide Abnützungsarten zu trennen. Bei der Erosion lassen sich folgende drei Gruppen unterscheiden: Erosion durch mitströmende Fremdkörper (z.B. mitgeführter Sand in Betriebswässern aus Gebirgsbächen), Erosion durch Tropfenschlag und schließlich Erosion durch Kavitation (Bildung von Hohlräumen, die mit Dampf und ausgeschiedenen Gasen gefüllt sind). In allen drei Fällen handelt es sich um die Wirkung oft wiederholter Stöße, Stoß von Festkörpern im ersten Fall und einer Flüssigkeit gegen die feste Fläche beim Tropfenschlag und der Kavitation.

III. Beeinflussung der Festkörpereigenschaften durch Bestrahlung

Obwohl eine Beeinflussung der Festkörpereigenschaften durch Bestrahlung seit langem bekannt ist – erinnert sei nur an den photographischen Prozeß, an das große Gebiet der Verfärbungserscheinungen der Kristalle, an die Veränderung der Lumineszenzfähigkeit gewisser Kristalle durch α- und γ-Strahlen –, ist das Problem der Strahleneinwirkung erst in jüngster Zeit besonders durch Werkstofffragen beim Reaktorbau sehr in den Vordergrund getreten (WIGNER). Weiterhin liefert die Strahlenbeeinflussung technisch wertvolle Ergebnisse bei der Behandlung von Kunststoffen und Halbleitern. Über diese technischen Bereiche hinaus kommt der Strahlenbeeinflussung der Festkörper für deren grundsätzliches Verständnis wesentliche Bedeutung zu. Insbesondere hofft man hierdurch auf dem Gebiet der Plastizität wertvolle Beiträge zu erhalten, da es durch Strahleneinwirkung gelingt, Fehlstellen in dosierter Weise in Kristalle einzubauen und deren Einfluß zu verfolgen.

Das vorliegende Kapitel soll vor allem dazu dienen, einen allgemeinen Überblick über das Gebiet zu geben und die Vielfalt der Bestrahlungswirkungen an Hand von Beispielen darzutun, ohne irgendwelche Ansprüche auf Vollständigkeit zu erheben; für weitere Darstellungen vgl. [*1*, *2*, *3*, *4*, *5*]. Einleitend werden die heute noch nicht abgeschlossenen theoretischen Überlegungen kurz dargestellt, anschließend folgt eine kurze Schilderung der experimentellen Einrichtungen und der Durchführung der Bestrahlungsversuche, und schließlich werden einige charakteristische Beispiele über die Bedeutung der Bestrahlung für die Gitterstruktur, für physikalische und technologische Eigenschaften von Metallen und Legierungen, für den Widerstand von Halbleitern, für physikalische und technologische Eigenschaften von Isolatoren und Ionenkristallen und für Hochpolymere gebracht.

Sofern es sich um im Reaktorbau verwendete Werkstoffe handelt, werden die entsprechenden Befunde in den betreffenden späteren Kapiteln geschildert.

A. Theoretische Übersicht

Grundsätzlich ist die Strahleneinwirkung aller Strahlenarten in Betracht zu ziehen. Zweckmäßig wird man dabei eine Unterteilung in einzelne Gruppe vornehmen, je nach der Art der zu erwartenden Wirkung. Die ungeladenen Neutronen werden durch Kernstöße und Kernreaktionen wirksam, die geladenen Protonen, Deuteronen, α-Strahlen und Kerntrümmer durch Ionisation *und* Kernstöße; Elektronen und Photonen werden im allgemeinen nicht in der Lage sein, Atome aus Gitterplätzen wegzuschießen, sie werden ihre Energie vielmehr hauptsächlich durch Ionisation und Anregung aufbrauchen.

Die eben beschriebenen Wirkungen der Korpuskularstrahlen werden weiterhin je nach Natur des bestrahlten Materials verschieden sein. Bei den Metallen sind vor allem die elastischen Zusammenstöße mit den Atomkernen wichtig, während – wegen des Bestehens elektrischer Leitfähigkeit – Ionisierung weit im Hintergrund bleibt. Bei den Halbleitern und Isolatoren macht sich neben den Folgen der elastischen Kernstöße auch die Ionisierung für die elektrischen Eigenschaften bemerkbar; bei den Hochpolymeren tritt diese Ionisierung als wichtige Ursache für Festigkeitsänderungen auf, da sie Änderungen des Vernetzungsgrads langgestreckter Moleküle bewirken kann.

Zur theoretischen Verfolgung der Strahleneinwirkung sind vor allem modellmäßige Betrachtungen der Stoßvorgänge, die zur Ausbildung von Leerstellen und von besetzten Zwischengitterplätzen führen, herangezogen worden. Weiterhin wurde die Auswirkung derartiger Paare von Fehlstellen (Frenkel-Defekte) auf die physikalischen Eigenschaften der bestrahlten Materie abgeschätzt.

1. Strahleneinwirkung als Stoßvorgang

Den Ausgangspunkt für die modellmäßige Betrachtung und eine erste quantitative Abschätzung der Zahl der gebildeten Frenkel-Defekte gibt die Theorie von Seitz [*6*], die sich mit dem Einfluß eines Bombardements von geladenen Partikeln und von Neutronen beschäftigt.

Ein geladenes Teilchen, das in Materie eindringt, verliert seine Energie auf zweierlei Weise: erstens durch Anregung und Ionisation und zweitens durch Übertragung kinetischer Energie auf die Gitterbausteine.

Die quantitative Durchführung zeigt, daß es für die Wechselwirkung eines schweren geladenen Teilchens mit der Elektronenhülle eine Grenzenergie gibt. Liegt die Energie des Projektils darüber, so findet hauptsächlich Ionisation und Anregung statt, liegt die Energie darunter, so erfolgt die Energieabgabe ausschließlich durch elastische Zusammenstöße. Für geladene Teilchen mit einer Energie in der Größenordnung von MeV liegt das Verhältnis von Energieverlust durch Anregung und Ionisation zu Energieverlust durch elastischen Stoß bei etwa 10^3.

Der Energiebetrag, welcher einem Kern bei einem elastischen Zusammenstoß mit fliegenden Teilchen übertragen wird, ist im ruhenden Schwerpunktsystem auf Grund der Stoßgesetze durch den Ausdruck

$$\Delta E = E_A \frac{4 M_A M_B}{(M_A + M_B)^2} \sin^2 \frac{\vartheta}{2} \qquad \text{(III,1)}$$

gegeben, worin E_A und M_A Energie und Masse des bewegten Teilchens, ϑ der Winkel, um den es aus seiner Richtung abgelenkt wird, und M_B die Masse des ruhenden Teilchens sind. Die maximal übertragbare, dem zentralen Stoß entsprechende Energie beträgt ($\vartheta = 180°$)

$$\Delta E_{\text{max}} = 4 E_A \frac{M_A M_B}{(M_A + M_B)^2} \qquad \text{(III,1a)}$$

und im Mittel wird bei isotroper Streuung der Betrag von

$$\overline{\Delta E} = 2 E_A \frac{M_A M_B}{(M_A + M_B)^2} \qquad \text{(III,1b)}$$

auf die Gitterbausteine übertragen. Die große Bedeutung der Massen der in Wechselwirkung tretenden Teilchen geht aus dieser Gleichung klar hervor. Elektronen können infolge ihrer kleinen Masse bei gleicher Energie nur geringe Energiemengen übertragen.

Zur Veranschaulichung der Energieübertragung sind in Abb. 44a die mittleren relativen Energieaufnahmen verschieden schwerer Gitterbausteine (bis Atomgewicht 250) dargestellt, die für den elastischen Zusammenstoß mit Neutronen (Protonen), α-Strahlen und Al-Rückstoßkernen gelten. Für Elektronen als stoßende Teilchen ist die analoge Darstellung in Abb. 44b gegeben. Die für Protonen und Neutronen geltenden Kurven fallen wegen der Gleichheit der Massen zusammen. Für schwere Partikel folgt auf ein nach steilem Anstieg durchschrittenes Maximum, welches einer Masse des getroffenen Atoms von gleicher Größe wie die der stoßenden Partikel entspricht, ein rascher Abfall mit zunehmender Atommasse. Die größenordnungsmäßig geringere Übertragbarkeit von Energie durch Stoß von Elektronen geht aus dem Vergleich der Kurve in Abb. 44b mit denen in Abb. 44a klar hervor.

Die von den stoßenden Teilchen abgegebene Energie kann einerseits dazu dienen, den getroffenen Gitterbaustein aus seiner Lage herauszuschlagen, anderseits Gitterwellen zu erzeugen, deren Energie durch Dämpfung in thermische Energie übergeht. Die Rechnung ergibt, daß die durch elastischen Stoß verlorene Energie sich zu etwa gleichen Teilen auf diese beiden Vorgänge aufteilt. Der erste Vorgang kann nur dann eintreten, wenn die beim Zusammenstoß übertragene Energie größer als die Energie (E_v) ist, die den Gitterbaustein an seine Gleichgewichtslage bindet. Den Mittelwert für diese Verlagerungsenergie schätzt SEITZ für Metall-, Ionen- und Valenzgitter zu etwa 25 eV, eine Schätzung, die durch jüngste experimentelle Untersuchungen, auf die später noch eingegangen

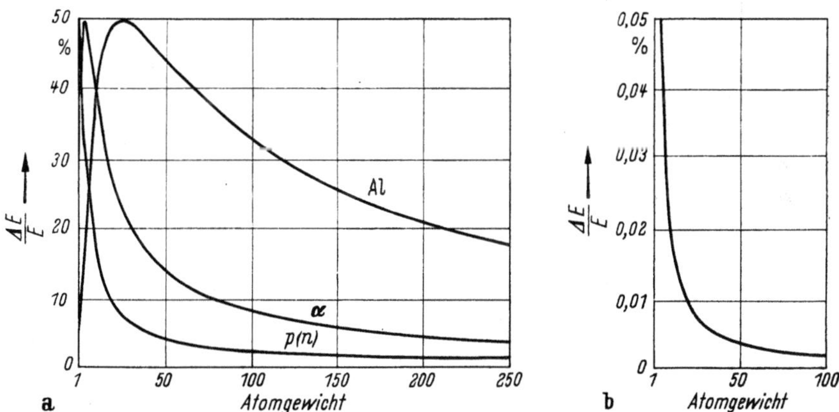

Abb. 44a u. b. Mittlere relative Energieübertragung verschiedener Partikel auf Materie beim elastischen Zusammenstoß
a) für Protonen (Neutronen), α-Partikel und Aluminiumkerne; b) für Elektronen

wird (III C 2.3), durchaus gerechtfertigt erscheint[1]. Auf Grund dieses Wertes erkennt man, daß schwere Partikel von z. B. 1 MeV Energie durchaus befähigt sind, Gitterbausteine aus ihrer Lage zu lösen, und daß die herausgeschlagenen Atome (knocked-on atoms) wegen der auf sie übertragenen hohen Energie selbst sekundär, tertiär usw. Atome aus dem Gitter herausschlagen können. Elektronen einer Anfangsenergie von 1 MeV sind nur bei den leichten Kernen (etwa bis Atomgewicht 90) befähigt, Atome aus ihren Gitterlagen zu entfernen. Die so herausgeschlagenen Atome werden im allgemeinen nicht mehr in der Lage sein, sekundär und gar tertiär weitere Atome aus ihren Gitterlagen zu stoßen.

---

[1] In der Folge ist versucht worden, die Energie, die zur Verlagerung eines Gitteratoms auf einen Zwischengitterplatz erforderlich ist, in Abhängigkeit von der Richtung der Verlagerung zu berechnen. Für Kupfer hat sich dabei gezeigt, daß die Verlagerung eines Zentrierungspunktes der Seitenflächen in die Raummitte eine um 5 bis 20% kleinere Energie erfordert als die entsprechende Verlagerung des Eckpunkts des Elementarkubus [*7*]. Auch für Germanium (Diamantgitter) wurde die Bedeutung der Orientierung der Verlagerung für die Energie aufgezeigt [*8*].

Zur theoretischen Abschätzung der Zahl der gebildeten FRENKEL-Defekte ist die ursprüngliche Theorie modifiziert worden [*9*, *10*, *11*, *12* *13*]. Wir schließen uns in der nachfolgenden Skizzierung der in [*11*] und [*12*] gegebenen Darstellung an.

1.1 Stoß von schweren geladenen Teilchen. Grundsätzlich ist die Zahl (n) der von einer eingeschossenen geladenen Partikel in der bestrahlten Probe gebildeten FRENKEL-Defekte durch den Ausdruck

$$n = n_p \bar{\nu} \tag{III,2}$$

gegeben, worin n_p die primär von der Partikel herausgeschlagenen Atome bedeutet und $\bar{\nu}$ die mittlere Anzahl der je primär herausgeschlagenem Atom gebildeten FRENKEL-Defekte (Vervielfachungsfaktor).

Die Größe n_p genügt der Differentialgleichung

$$\mathrm{d}\, n_p = N \sigma_v \, \mathrm{d} R\,, \tag{III,3}$$

worin N die Zahl der Atome je Volumseinheit, σ_v der Wirkungsquerschnitt für eine primäre Verlagerung und $\mathrm{d}\,R$ die differentielle, von der Partikel im Festkörper zurückgelegte Wegstrecke bedeuten.

Der Wirkungsquerschnitt hängt von der Primärenergie der einfallenden Partikel ab. Für den zunächst behandelten Fall schwerer geladener Partikel gilt umgekehrte Proportionalität von σ_v mit der Energie E

$$\sigma_v = \frac{\eta}{E}\,. \tag{III,4}$$

Der Proportionalitätsfaktor (η) ergibt sich auf Grund der RUTHERFORD-schen Streutheorie (zu der man neuerdings wieder zurückgekehrt ist) zu

$$\eta = 4 \pi a_H \frac{M_A}{M_B} \frac{Z_A^2 Z_B^2}{E_v} R_H^2 \tag{III,5}$$

(a_H = BOHRscher Radius des Wasserstoffatoms = 5,292 · 10^{-9} cm, R_H = RYDBERG-Energie = 13,54 eV, Z_A und Z_B Atomnummer der einfallenden Partikel und des gestoßenen Atoms).

Die Zahl der von einer eingeschossenen Partikel in einer Schichtdicke d primär erzeugten FRENKEL-Defekte ist durch Integration der Gl. (III,3) zu

$$n_p = N \eta \int\limits_{R_1 - d}^{R_1} \frac{\mathrm{d}\,R}{E} \tag{III,6}$$

gegeben, worin R_1 die Reichweite der einfallenden Partikel ist.

Für die Praxis interessieren vor allem die beiden Grenzfälle: Probendicke groß und Probendicke klein gegen Reichweite der Strahlung. Unter Zugrundelegung der Energieabhängigkeit der Reichweite gemäß der

Gleichung $R(E) = C\,E^{\gamma}$ (worin C und γ empirische Konstanten sind; γ stets ≤ 2) erhält man für dicke Proben

$$n_p = N\,R_1 \frac{\eta}{E_A} \frac{\gamma}{\gamma - 1} \qquad \text{(III,6 a)}$$

und für dünne Proben

$$n_p = N\,d \frac{\eta}{E_A} \left[1 + \frac{1}{2\gamma} \frac{d}{R_1} + \frac{1}{6} \frac{\gamma + 1}{\gamma^2} \left(\frac{d}{R_1}\right)^2\right]. \qquad \text{(III,6 b)}$$

Vielfach werden die von der einfallenden Partikel aus ihrer Gleichgewichtslage im Gitter herausgeschlagenen Atome so hohe Werte an kinetischer Energie erhalten, daß sie, wie schon oben erwähnt, selbst wieder durch elastische Zusammenstöße mit Gitteratomen in der Lage sind, weitere Frenkel-Defekte zu erzeugen. Folgende Annahmen liegen der Berechnung der Zahl dieser sekundär erzeugten Frenkel-Paare zugrunde. Ist die Energie des herausgeschlagenen Atoms größer als die Grenzenergie oberhalb welcher Ionisation bewirkt wird, so seien die Energieverluste so lange nur durch Ionisation bedingt, bis die kinetische Energie auf den Wert dieser Grenzenergie abgefallen ist. Herausgeschlagene Atome mit Energien unterhalb der Grenzenergie verlieren ihre kinetische Energie nur durch elastische Zusammenstöße mit Gitterpunkten. Jedes Mal, wenn einem Gitteratom durch elastischen Zusammenstoß mit einem herausgeschlagenen Atom eine Energie größer als E_v übertragen wird, verläßt es seine Gleichgewichtslage, ist die übertragene Energie kleiner als E_v, so verbleibt es an seinem Platz.

$g(x)$ sei die Gesamtzahl der Atome, welche herausgeschlagen werden, wenn ein Primäratom mit einer anfänglichen kinetischen Energie

$$E = x\,E_v \qquad \text{(III,7)}$$

durch die eingeschossene Partikel erzeugt worden ist. Die Größe $g(x)$ schließt also sowohl das primär herausgeschlagene als auch alle von ihm sekundär produzierten Verlagerungen ein, ihr unterer Grenzwert ist also gleich 1. Die Wahrscheinlichkeit für eine bestimmte Energie der herausgeschlagenen Atome nach ihrem Zusammenstoß mit einem anderen Atom ist für jeden Energiebereich zwischen 0 und E gleich groß, d.h. sie ist für den Bereich $\mathrm{d}E$ durch $\mathrm{d}E/E$ gegeben.

Das zuerst herausgeschlagene Atom mit der Energie E_1 erzeugt ein sekundäres Atom mit der Energie $E_1 - (E_2 + E_v)$, wobei E_2 seine Energie nach dem Zusammenstoß ist. Die entsprechenden Energien unter Benützung der Gl. (III,7) in Einheiten von E_v ausgedrückt sind: x_1, $x_1 - (x_2 + 1)$ und x_2. Die Gesamtzahl der herausgeschlagenen Atome ergibt sich sodann aus der Integralgleichung

$$g(x_1) = \int_0^{x_1} g(x_2) \frac{\mathrm{d}x_2}{x_1} + \int_0^{x_1 - 1} g(y) \frac{\mathrm{d}y}{x_1} \tag{III,8}$$

mit $y = x_1 - (x_2 + 1)$.

Für den Bereich $0 \leq x_1 \leq 1$ (d.h. $E_1 \leq E_v$) ergibt sich unmittelbar

$$g(x_1) = 1, \tag{III,8 a}$$

da das herausgeschlagene Atom ja nicht in der Lage ist, weitere Atome aus dem Gitter zu entfernen. Für $x_1 \geq 4$ ergibt sich schließlich die lineare Beziehung

$$g(x_1) = 0{,}561\,(1 + x_1)\,. \tag{III, 8 b}$$

Auf Grund der RUTHERFORDschen Streuung ist die Energieverteilung der primär herausgeschlagenen Atome dem Wert $1/(x_1 + 1)^2$ proportional. Der Mittelwert für $g(x_1)$ ergibt sich somit zu

$$\bar{\nu} = 0{,}885 + 0{,}561 \ln\left(\frac{x_m + 1}{4}\right), \tag{III,9}$$

wobei $x_m + 1$ der in Einheiten von E_v ausgedrückten maximal übertragbaren Energie gemäß Gl. (III,1 a) entspricht.

Später [*14*] wurde darauf hingewiesen, daß das primär durch eine einfallende Partikel herausgeschlagene Gitteratom grundsätzlich durch weitere Zusammenstöße nur dann zu einer Vermehrung der FRENKEL-Defekte führen kann, wenn ihm zunächst eine Energie größer als $2\,E_v$ übertragen wurde. Liegt seine Energie zwischen E_v und $2\,E_v$, so vermag es zwar einen Gitterpunkt sekundär herauszuschlagen – nämlich dann, wenn es ihm mehr Energie als E_v überträgt –, bleibt aber, da seine Energie nun kleiner als E_v ist, an Stelle des neu herausgeschlagenen Atoms haften („Austauschstoß“). Überträgt es dem Gitteratom eine Energie kleiner als E_v, so bleibt dieser an seiner Stelle und das stoßende Atom fliegt weiter. Die Zahl der FRENKEL-Defekte wird also durch solche Zusammenstöße nicht vermehrt. Während in reinen Kristallen derartige Austauschstöße kaum Bedeutung haben, können sie in Substitutionsmischkristallen zu Eigenschaftsänderungen führen.

Es wurde weiterhin angenommen, daß die Austauschstöße auch schon eintreten, wenn dem gestoßenen Atom ein Energiebetrag zwischen einer unteren Grenzenergie E_r ($< E_v$) und E_v übertragen wird und das stoßende mit einer Energie kleiner E_v zurückbleibt. Für geeignete Energieparameter kann die Anzahl der Austauschstöße die der zu normalen FRENKEL-Defekten führenden übersteigen.

Der unter dieser zusätzlichen Annahme berechnete Wert des Vervielfachungsfaktors (ν) ist 1 im Bereich $0 \leq E_1 \leq 2E_v$ und wird

$$\nu = \frac{E_1}{2E_v} \qquad \text{(III,10)}$$

für den Bereich $2E_v \leq E_1 \leq E_i$. E_i ist die schon oben erwähnte Grenzenergie, oberhalb der das herausgeschlagene Teilchen seine Energie nur durch Ionisation und nicht durch elastische Stöße verliert, d.h. daß ν für $E_1 > E_i$ konstant bleibt. Die Gl. (III,10) tritt an Stelle der oben angegebenen Gl. (III,9).

Eine schematische Gegenüberstellung der Ergebnisse nach beiden Berechnungsarten ist in Abb. 45 gegeben. Der Vervielfachungsfaktor ist 1

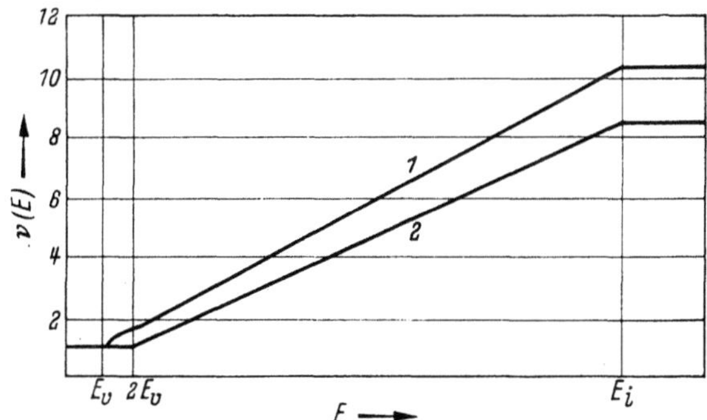

Abb. 45. Vervielfachungsfaktor in Abhängigkeit von der Energie des primär herausgeschlagenen Teilchens
1 berechnet nach [*12*]; *2* berechnet nach [*14*]

für den Energiebereich 0 bis E_v bzw. 0 bis $2E_v$. In beiden Fällen steigt mit zunehmender Energie des herausgeschlagenen Teilchens der Vervielfachungsfaktor linear an, er wird erneut konstant ab der Grenzenergie E_i.

Neuerdings wurde der Fall durchgerechnet, daß stoßende Partikel mit Energien zwischen der einfachen und der doppelten Verlagerungsenergie eines Gitterpunkts im Mittel mit der Wahrscheinlichkeit 1/2 ein Frenkel-Paar erzeugen. Berücksichtigung dieser Doppelstufe auch bei der Wirkung sehr energiereicher Partikel führt auf einen Vervielfachungsfaktor, der ab der dreifachen Verlagerungsenergie etwa um den Faktor 0,7 gegenüber Kurve *2* der Abb. 45 verkleinert ist [*15*].

1.2 Stoß von Neutronen. Ist das eingeschossene Teilchen ein schnelles Neutron, so treten Energieverluste praktisch nur durch elastische Stoßvorgänge ein. Bei jedem dieser Stoßvorgänge wird, solange die auf das Gitteratom übertragene Energie größer als E_v ist, ein Frenkel-Paar erzeugt. Der weit überwiegende Teil dieser Stöße führt daher zur

Verlagerung des gestoßenen Atoms; es kann so als Verlagerungsquerschnitt hier der Streuquerschnitt des Neutrons (σ_{st}) verwendet werden.

Die Kleinheit des Streuquerschnitts bedingt, daß die mittlere freie Weglänge (λ; Weg zwischen zwei aufeinanderfolgenden Zusammenstößen mit Gitteratomen) eines Neutrons im Festkörper gemäß der Gleichung

$$\lambda = \frac{1}{\sigma_{st} N} \tag{III,11}$$

groß ist. Für Aluminium und Kupfer folgen beispielsweise die Werte 7,2 und 3,5 cm.

Der Berechnung der Zahl der gebildeten FRENKEL-Defekte hat man, mäßige Dicken der durchstrahlten Körper vorausgesetzt, im Falle der Neutronen nur den ersten Zusammenstoß mit einem Gitteratom und die von diesem in Kaskaden erzeugten Defekte zugrunde zu legen. Für eine durchstrahlte Dicke im Bereich der mittleren freien Weglänge (Energieunabhängigkeit des Streuquerschnitts) ergibt sich somit für die Zahl der je cm³ primär herausgeschlagenen Gitteratome (n_p^*) der Ausdruck

$$n_p^* = N \sigma_{st}\,. \tag{III,12}$$

Die Berechnung der durch die primär herausgeschlagenen Gitteratome erzeugten FRENKEL-Defekte einschließlich des primären führt mit Hilfe der Gl. (III,8) auf einen Wert des Vervielfachungsfaktors ($\bar{\nu}^*$) von

$$\bar{\nu}^* = 0{,}28\,(x_m + 2), \tag{III,13}$$

der sich hier nur auf den ersten Zusammenstoß des Neutrons bezieht.

Eine Abschätzung von $\bar{\nu}^*$ kann nach [*14*] bei Vernachlässigung von Energieverlusten durch Ionisation auch dadurch gewonnen werden, daß man die mittlere Energie des primär vom Neutron herausgeschlagenen Teilchens durch die doppelte Bindungsenergie E_v eines Gitterpunktes dividiert

$$\bar{\nu}^* \cong \frac{\bar{E}_1}{2 E_v} \tag{III,14 a}$$

beziehungsweise

$$\bar{\nu}^* \cong \frac{E_{1,\max}}{4 E_v}\,. \tag{III,14 b}$$

Wenn im Falle leichter Elemente die maximal übertragene Energie die Grenzenergie der Ionisation E_i übersteigt, so verliert das primär herausgeschlagene Atom seine Überschußenergie im wesentlichen durch Ionisation. Für $\bar{\nu}^*$ ergibt sich dann

$$\bar{\nu}^* = \left(2 - \frac{E_i}{E_{1,\max}}\right) \frac{E_i}{4 E_v}\,. \tag{III,14 c}$$

1.3 Stoß von schnellen Elektronen. Elektronen sind nur bei sehr hohen Geschwindigkeiten – so daß man bereits die relativistische Massenveränderlichkeit bei der Berechnung berücksichtigen muß – in der Lage, auf schwere Atome durch Zusammenstöße Energien zu übertragen, die den Schwellenwert E_v überschreiten. Es wird dabei stets nur *ein* FRENKEL-Defekt erzeugt, da das herausgeschlagene Atom zu energiearm ist, um sekundär ein weiteres Atom zu verlagern.

1.4 Stoß von γ-Quanten. Elektronenbeschuß ist auch bei der γ-Bestrahlung von Festkörpern der wirksame Mechanismus zur Erzeugung von FRENKEL-Defekten. Die Auslösung der Elektronen erfolgt durch drei verschiedene Mechanismen: Photoeffekt, COMPTON-Effekt und Paarbildung. Die schematische Abb. 46 zeigt die Energiebereiche, in denen die einzelnen Mechanismen vorherrschend sind. In allen drei Prozessen werden Elektronen hoher Energie entbunden, die nun ihrerseits Zusammenstöße mit Gitteratomen erleiden.

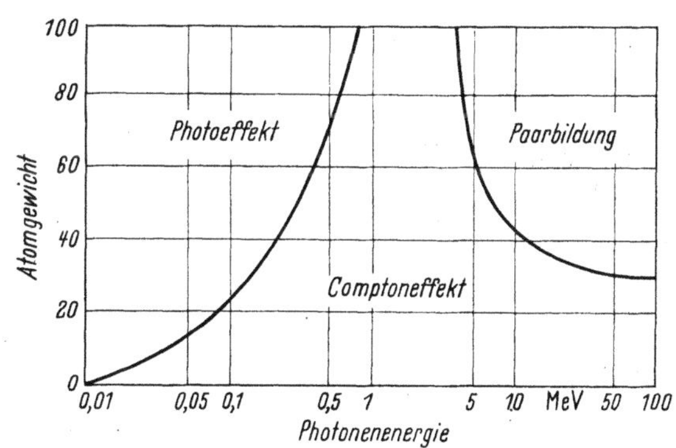

Abb. 46. Energiebereiche für die verschiedenen Prozesse der Elektronenentbindung durch γ-Quanten [16]

Wenn auch bei Röntgenstrahlung die entbundenen Elektronen die zum Herausschlagen von Gitterpunkten erforderliche Energie nicht erreichen, so ist dies im γ-Strahlfeld eines Reaktors und bei Einwirkung künstlicher γ-Strahler durchaus der Fall.

1.5 Stoß von Kernbruchstücken. Schließlich können auch Kernbruchstücke, wie sie bei der Spaltung von Uran, Thorium oder Plutonium entstehen, zur Erzeugung von FRENKEL-Defekten führen. Bei der Spaltung von U^{235} haben die beiden Bruchstücke, die mit größter Häufigkeit Massen um 95 und 139 haben, die hohe kinetische Energie von etwa 160 MeV. Bei Uran liegt die Grenzenergie für Ionisierung sehr hoch, so daß die Kernbruchstücke im wesentlichen ihre Energie durch elastische Zusammenstöße verlieren und dadurch FRENKEL-Defekte erzeugen. In den Fällen jedoch, in denen die Bruchstücke in leichte Elemente eintreten, wird die Abbremsung zunächst durch Ionisation und Anregung erfolgen, die Zahl der FRENKEL-Defekte daher kleiner sein.

2. Anzahl von Frenkel-Defekten in bestrahlten Festkörpern

Zum Abschluß dieser Schilderung der Stoßvorgänge in Festkörpern soll an Hand von Tab. 11 eine Übersicht über die Anzahl der unter bestimmten Bedingungen erzeugten FRENKEL-Defekte gegeben werden. Bei

Tabelle 11. *Zahl der von einer stoßenden Partikel erzeugten Frenkel-Defekte* (berechnet nach [*14*])

Element	α-Teilchen (5 MeV)	Proton (5 MeV)	Neutron (1 MeV)
	insgesamt		durch 1. Stoß
Be	60	33	180
C (Graphit)	93	47	240
Al	98	46	340
Ge	91	55	290

den geladenen Teilchen handelt es sich dabei um die Gesamtzahl der Defekte, beim Neutron um die Zahl der beim ersten Zusammenstoß gebildeten. Man erkennt, daß im Falle des Neutrons durch einen Stoß erheblich mehr Defekte erzeugt werden als insgesamt durch ein schweres geladenes Teilchen, das ja den überwiegenden Teil seiner Energie durch Ionisation und Anregung verliert.

Die Verteilung der FRENKEL-Defekte im Volumen der durchstrahlten Probe ist je nachdem, ob es sich um ein schweres geladenes Teilchen oder um ein Neutron handelt, durchaus verschieden. In beiden Fällen konzentrieren sich die Defekte auf den Raum, in dem die Bahnen der herausgeschlagenen Atome verlaufen. Über die Dichte der FRENKEL-Defekte in diesen Bereichen können kaum Angaben gemacht werden, möglicherweise ist sie für den Fall des Neutronenbeschusses größer als für den Fall geladener Teilchen. Völlig anders liegen die Verhältnisse hingegen, wenn man die Dichteverteilung der FRENKEL-Defekte im durchstrahlten Volumen betrachtet. Im Falle der geladenen Geschosse konzentriert sich das gestörte Gebiet auf eine schmale Zone nahe dem Ende der Reichweite des Projektils; bei Neutronenbeschuß dagegen sind die gestörten Bereiche gleichmäßig im Volumen verteilt. Unter der Annahme, daß der Durchmesser der gestörten Bereiche am Ende der Reichweite geladener Partikel, bzw. um den Ort des ersten Zusammenstoßes eines Neutrons mit einem Gitteratom, etwa 100 Å beträgt, erhält man für eine Bestrahlung von 1 Stunde mit einem Flux von 10^{12} Teilchen/cm^2 sek die in Tab. 12 enthaltene Anzahl der Defekte. Sie bezieht sich, um es zu wiederholen, bei den α-Teilchen auf eine 100 Å dicke Schicht am Ende der Reichweite, bei den Neutronen auf eine gleichdicke Schicht in beliebiger Lage in der Probe. Der Vergleich zeigt nun, daß in der vornehmlich beeinflußten Zone der α-bestrahlten Probe die Dichte der FRENKEL-Defekte um 6 Zehnerpotenzen höher ist als in der mit Neutronen bestrahlten Probe. Korpuskularbeschuß mit geladenen Teilchen muß sich daher, bei Verwendung entsprechend dünner Proben (Größenordnung der Reichweite), ungleich stärker auswirken als Neutronenbeschuß mit gleicher Dosis.

Tabelle 12. *Anzahl der in verschiedenen Stoffen durch Korpuskularbestrahlung* (1^h; $\Phi = 10^{12}$ Teilchen/cm² sek) *erzeugten Frenkel-Defekte in 100 Å dicker Schicht*

	α-Strahlen		Neutronen	
	eingestrahlte Partikel (Störbereiche)	FRENKEL-Defekte	primär herausgeschlag. Atome (Störbereiche)	FRENKEL-Defekte
Be	$3{,}6 \cdot 10^{15}$	$2{,}2 \cdot 10^{17}$	$1{,}3 \cdot 10^{9}$	$2{,}3 \cdot 10^{11}$
C	3,6	3,4	0,86	2 1
Al	3,6	3,6	0,50	1,7
Ge	3,6	3,3	0,72	2,1

Solange es sich um relativ kleine Dosen handelt, ist die Verteilung der FRENKEL-Defekte in der gestörten Zone naturgemäß nicht homogen, da die einzelnen gestörten Bereiche durch intakt gebliebene Gebiete voneinander isoliert sind. Das eben für die Anzahl der FRENKEL-Defekte Gesagte gilt daher noch in höherem Maße für die Anzahl der gestörten Bereiche (bei geladenen Geschossen identisch mit der Zahl der einfallenden Partikel, bei Neutronen mit der Zahl der primären Zusammenstöße mit Gitteratomen).

Bezüglich der durch Kernbruchstücke erzeugten FRENKEL-Defekte sei als ungefährer Anhalt genannt, daß in metallischem Uran je gespaltenem U^{235}-Kern etwa 2 bis $5 \cdot 10^4$ FRENKEL-Defekte entstehen. Ist das Uran in Graphit eingebettet, so liegt die Zahl der im Graphit gebildeten FRENKEL-Defekte zwischen 3 und $8 \cdot 10^3$ [*6*, *17*].

Auf die Bedeutung von Korpuskularbeschuß über die Bildung von Punktdefekten hinaus gehen wir nunmehr ein.

3. Störungsbereiche in bestrahlten Festkörpern[1]

In den vorangegangenen Punkten wurde beschrieben, wie eine in einem Festkörper eingeschossene Partikel ihre Energie durch Anregung und Ionisation und durch elastische Zusammenstöße verliert. Wird bei diesen Zusammenstößen eine Energie auf das Gitteratom übertragen, die groß ist gegenüber der Bindungsenergie der Gitteratome, so kann das herausgeschlagene Atom selbst weitere Atome in Zusammenstößen von ihren Gitterplätzen entfernen. Die Spur eines solchen herausgeschlagenen Gitteratoms und die der einfallenden Partikel ist aber nicht nur durch die erzeugten FRENKEL-Defekte markiert. Sie ist auch durch lokale Erhitzung gekennzeichnet, die von Zusammenstößen mit Gitteratomen

[1] Wir verwenden hier den Ausdruck Störungsbereich als Sammelbegriff und nicht wie in [*1*] zur Bezeichnung des „thermal spike“.

herrührt, bei denen weniger als die Bindungsenergie E_v übertragen wird. Gleiches wie für die herausgeschlagenen Gitteratome gilt natürlich auch für schwere Kernbruchstücke.

Die Abschätzung der lokal entstehenden Temperatur führt auf Werte von einigen Tausend °K, die allerdings nur kurzzeitig (10^{-10} bis 10^{-11} sek) bestehen bleiben [*18, 19, 20, 12*]. Auf solche lokale Temperaturerhöhungen war schon lange vorher in [*21*] bei Erörterung von Strahlenabsorption in verschiedenen Stoffen, insbesondere in biologischen Geweben, hingewiesen worden.

Bereiche des beschossenen Metalls in der Umgebung der Spur der einfallenden Partikel und der Spuren der weiterhin herausgeschlagenen Atome sind durch eingelagerte Frenkel-Defekte, die durch sie bedingten Spannungen und durch thermische Spannungen, die von der schroffen Abschreckung nach stoßartiger hoher Erhitzung herrühren, gekennzeichnet: Überhitzungsbereiche („thermal spikes").

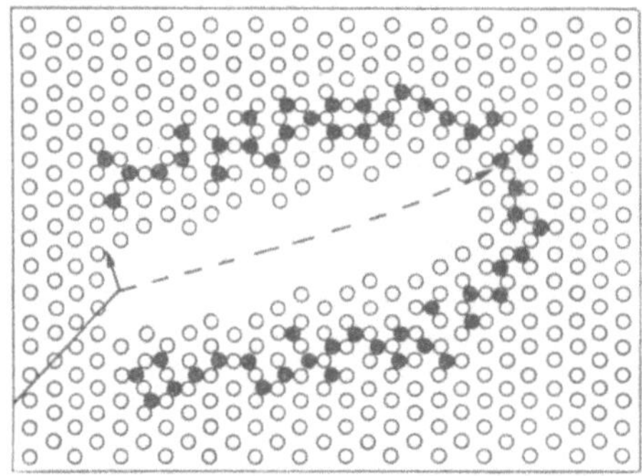

Abb. 47. Gitterbereich am Ende der Reichweite einer stoßenden Partikel (zweidimensionales Schema) [*23*]
● Zwischengitteratom

In Fortführung dieser Modellvorstellung wurden in [*22, 23*] weitere Bereiche angenommen, die sich um das Ende der Bahn eines herausgeschlagenen Atoms bilden. Zufolge der Verringerung der freien Weglänge zwischen aufeinanderfolgenden Zusammenstößen erzeugt ein herausgeschlagenes Atom gegen Ende seiner Bahn eine Vielzahl von Leerstellen, was zu einer Hohlraumbildung führt. Dieser Hohlraum ist seinerseits umgeben von einer Zone, die mit besetzten Zwischengitterplätzen gesättigt ist (Abb. 47). Unter dem Druck dieser Hülle stürzt diese Konfiguration zusammen, es bildet sich angenähert das ursprüngliche Gitter wieder aus, wobei allerdings die Mehrzahl der Atome von ihren ursprünglichen Gitterplätzen verlagert ist. In diesen Umlagerungsbereichen („displacement spikes") werden die Frenkel-Defekte weitgehend verschwunden sein, wohl aber werden Versetzungen und gegebenenfalls kleine, fehlorientierte Gebiete vorliegen.

Zur Abschätzung der Größe dieser Umlagerungsbereiche wurde jene Energie des fliegenden Geschosses ermittelt, für welche die freie Weglänge gleich dem kürzesten Gitterabstand wird. In manchen Fällen – hauptsächlich bei Elementen mit großem Atomgewicht – liegt diese kritische Energie in der gleichen Größenordnung wie die oben erörterte

Grenzenergie E_i, das bedeutet, daß in diesen Fällen der Großteil der gebildeten FRENKEL-Defekte in den Umlagerungsbereich fiele und daher beseitigt wird. Die Überhitzungsbereiche treten hier gegenüber den Umlagerungsbereichen weitgehend zurück. Bei Elementen mit niedriger Atomnummer liegt die kritische Energie weit unterhalb von E_i; in diesen Fällen dominiert daher der Überhitzungsbereich.

Um einen Anhalt für die Größe der Umlagerungsbereiche zu erhalten, wurde die kritische Energie in der Weise gleichmäßig auf sämtliche Atome des Bereichs aufgeteilt, daß jedem einzelnen Atom ein Energiewert von

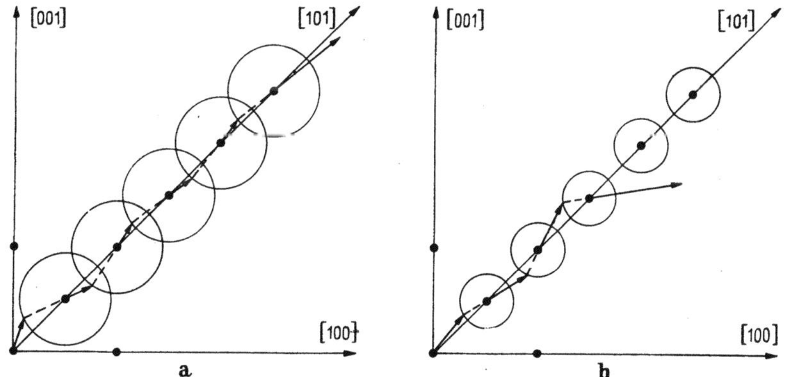

Abb. 48a u. b. Schematische Darstellung von Stoßwirkungen [*25*]
a) fokussierender Stoß; b) zerstreuender Stoß (dynamisches Crowdion; „Einlagerung" von Leerstellen)

1 eV zukommt. Dies führt beispielsweise für die Umlagerungsbereiche, die 2-MeV-Neutronen in Kupfer erzeugen, auf etwa $2 \cdot 10^4$ Atome, d.h. unter Annahme der Kugelgestalt des Bereichs auf einen Durchmesser von etwa 75 Å. Einwände gegen diese Berechnung betreffen die Größe der freien Weglänge, für welche in [*12*] und [*18*] etwa zehnmal größere Werte erhalten werden.

In [*24*] wird ein vermittelnder Standpunkt eingenommen. Der zentrale Hohlraum (Abb. 47) wird durch ein etwas kleineres Gebiet ersetzt, in dem nicht alle, wohl aber ein erheblicher Bruchteil (etwa 25%) der Atome fehlen. Die Mehrzahl dieser fehlenden Atome ist nach außen gewandert und steht nicht mehr in Wechselwirkung mit dem Störungsbereich. Nach dieser Vorstellung würden also Zonen kleinerer Dichte in der umgebenden Matrix eingebettet sein.

In allen bisherigen Überlegungen wurde Unabhängigkeit aufeinanderfolgender Stöße vorausgesetzt. In [*25*] wird, aufbauend auf in [*26*] entwickelte Vorstellungen, darauf hingewiesen, daß sowohl fokussierende als auch zerstreuende Wirkungen möglich sind. Für ein kubisch-flächenzentriertes Gitter werden beide Möglichkeiten schematisch in Abb. 48

für Stöße etwa parallel zur Flächendiagonale angedeutet. Die Eindringtiefe der Störung wird durch fokussierende Stöße erhöht. Eine Begrenzung findet sie an Unstetigkeiten des Gitters, insbesondere an Korngrenzen.

4. Fremdatomeinlagerung durch Kernreaktionen

Von vornherein ist abzusehen, daß die Zahl der in einer Probe entstandenen Fremdatome hinter der Zahl der FRENKEL-Defekte erheblich zurückbleiben muß, da Rückstoßatome zwar FRENKEL-Defekte erzeugen, praktisch aber keine Kernreaktionen auslösen können. Die Anzahl der Fremdatome könnte daher im äußersten Fall 1 je einfallendes Geschoß werden, im allgemeinen wird sie sehr weit darunter liegen.

Zur Kennzeichnung der Häufigkeit des Eintritts einer Kernreaktion dient der in Kap. I definierte Wirkungsquerschnitt (σ). Die Zahl $\mathrm{d}N$ der im cm^3 in der Zeit t reagierenden Atome ist somit durch die Gleichung

$$\mathrm{d}N = \sigma N \Phi t \qquad \text{(III,15a)}$$

gegeben, worin N wieder die Gesamtzahl der Atome je cm^3 und Φ der Teilchenflux ist. $\mathrm{d}N/N$ stellt daher die Konzentration der Fremdatome dar unter der Voraussetzung, daß das gebildete Atom stabil bzw. die Halbwertszeit τ eines gebildeten instabilen Atoms klein gegenüber der Bestrahlungszeit ist, d.h. daß während der Bestrahlung alle gebildeten instabilen Atome praktisch zerfallen sind. Trifft diese Voraussetzung nicht zu, so gilt für die Konzentration der Fremdatome der Ausdruck

$$\frac{\mathrm{d}N}{N} = \sigma \Phi t \left(1 - \mathrm{e}^{-0{,}69\,t/\tau}\right), \qquad \text{(III,15b)}$$

ein Ausdruck, der für sehr kleines τ natürlich in Gl. (III,15a) übergeht. Die Größe des Wirkungsquerschnitts variiert in weitesten Grenzen (10^{-4} bis 10^5 barn). Die Werte für langsame Neutronen liegen im allgemeinen erheblich höher als die für geladene Geschosse.

Die numerische Berechnung ergibt bei α-Beschuß beispielsweise von Aluminium und Kupfer einen Anteil der Fremdatome (Si^{30} bei Al; Ga^{69} bei Cu) in der Größenordnung von 10^{-8} der erzeugten FRENKEL-Defekte. Deutlich höher liegt die Konzentration der gebildeten Fremdatome bei Beschuß mit thermischen Neutronen, da die Einfangquerschnitte in manchen Fällen sehr groß werden. Bei Aluminium und Kupfer ist die Zahl der Fremdatome 10^{+3}- bis 10^2-mal kleiner als die durch die gleiche Dosis schneller Neutronen erzeugte Zahl von FRENKEL-Defekten. Ganz besonders groß ist die Erhöhung der Konzentration des Kadmiumisotops 114 durch Neutronenbeschuß; hier gelang es sogar, die Anreicherung massenspektroskopisch nachzuweisen [27]. Während im natürlichen

Ausgangskadmium die Anteile Cd^{113} und Cd^{114} 12,3 und 28% betragen, wurden hierfür nach intensiver Bestrahlung 1,6 und 39,5% gefunden.

Wenn auch die gebildeten Fremdatome stabile Einlagerungen in den bestrahlten Metallen sind, die gebildeten FRENKEL-Defekte dagegen durch Rekombination oder durch Bildung von Umlagerungsbereichen wesentlich instabil sind, so wird man in der Annahme nicht fehlgehen, daß die Wirkung von Fremdatomen gegen die der FRENKEL-Defekte bei weitem zurücktritt.

5. Einfluß von Frenkel-Defekten auf physikalische Eigenschaften

WIGNER hat wohl als erster auf die Möglichkeit hingewiesen, daß die durch Korpuskularbeschuß in Festkörpern verursachten Störungen die physikalischen und technologischen Eigenschaften beeinflussen können, und die Notwendigkeit einer theoretischen Behandlung dieses Problems betont [*28*]. Bei diesen Störungen handelt es sich um FRENKEL-Defekte, um Zwischengitteratome allein, wie sie durch Austauschstöße gebildet werden, und um Störungsbereiche.

Wir sind heute noch weit davon entfernt, eine erschöpfende theoretische Bewertung der Störstellen für die verschiedenen Eigenschaften zu besitzen. Dies ist keineswegs erstaunlich, fehlen uns doch auch für ungestörte Kristalle die theoretischen Ableitungen vieler Eigenschaften (z.B. der Plastizität). Über das bisher vorliegende Material wird im folgenden kurz berichtet.

5.1 Elastische Eigenschaften. Die elastischen Koeffizienten eines Kristalls sind durch die zweiten Ableitungen der potentiellen Gitterenergie je Volumseinheit nach den Deformationen gegeben. Diese Berechnungsweise liefert für kubische Kristalle die reziproke kubische Kompressibilität $\frac{1}{\varkappa} = \frac{1}{3}(c_{11} + 2c_{12})$, den Torsionsmodul c_{44} eines kreiszylindrischen, parallel einer Würfelachse orientierten Kristallstabs und die Kombination $\frac{1}{2}(c_{11} - c_{12})$, die ebenfalls einen Schubwiderstand mißt. In [*29*] wird das durch eingelagerte FRENKEL-Defekte inhomogen gewordene Kristallgitter durch ein quasihomogenes, in welchem die durch die Gitterstörungen bedingten Wechselwirkungen gleichmäßig über den ganzen Kristall verschmiert sind, ersetzt. Das bedeutet, daß die geometrischen Eigenschaften des Gitters beibehalten sind, die potentielle Energie des Systems entsprechend den durch Zwischengitterplatzbesetzungen und Leerstellen neu gebildeten bzw. gelösten Kontakten geändert wird. Die erhaltenen Ergebnisse werden durch Berücksichtigung der Relaxation in der Umgebung der Gitterstörungen korrigiert, was besonders bei den Alkalimetallen wegen ihres niedrigen Schmelzpunkts in's Gewicht fällt.

Über das Ausmaß der für eine Einlagerung von 1 At.-% FRENKEL-Defekte berechneten Änderungen der elastischen Konstanten gibt Tab. 13 Auskunft. Sie enthält neben den für den homogenen Kristall

Tabelle 13. *Berechnung elastischer Konstanten von Kupfer- und Natriumkristallen mit eingelagerten Frenkel-Defekten* [*29*]

elastische Konstanten	Kupfer		Natrium	
	homogener Kristall	Änderung durch 1 At.-% FRENKEL-Defekte	homogener Kristall	Änderung durch 1 At.-% FRENKEL-Defekte
$c_{11}-c_{12}$	$5{,}1 \cdot 10^{11}$	3,9	$1{,}16 \cdot 10^{10}$	0,6
c_{44}	$8{,}6 \cdot 10^{11}$	7,0	$4{,}26 \cdot 10^{10}$	0,7
$1/\varkappa$	$1{,}33 \cdot 10^{12}$	6,8	$4{,}15 \cdot 10^{10}$	1,9

gültigen Ausgangswerten deren prozentuale unter Berücksichtigung der Relaxation berechnete Änderungen, die bei Kupfer in einem Anstieg zwischen 4 und 7%, bei Natrium zwischen 0,6 und 2% liegen.

Im Gegensatz zu diesem erwarteten Anstieg der elastischen Moduln durch Korpuskularbestrahlung führt eine Berücksichtigung der Beziehung zwischen Deformationsenergie und Moduln zu einer Abnahme mit steigender Bestrahlungsdosis. Ausgegangen wird von der an einer großen Zahl von kurzen Mischkristallreihen der Metalle Kupfer, Silber und Gold gefundenen Abnahme des Elastizitätsmoduls mit zunehmender Fremdatomkonzentration [*30*]. Da einer der grundlegenden Faktoren für die Begrenzung der Löslichkeit der Unterschied der Atomradien von lösendem und gelöstem Stoff ist, wurde geprüft, ob die Verformungsenergie, welche durch den Unterschied der Atomradien entsteht und zu einer Begrenzung der Löslichkeit führt, auch eine Beeinflussung des Elastizitätsmoduls bewirken kann [*31*]. Die theoretischen Überlegungen führen zu Ergebnissen, die, wie am Beispiel zahlreicher Kupfermischkristallreihen gezeigt wird, mit den beobachteten befriedigend übereinstimmen. Es sei nochmals betont, daß es sich ungeachtet dessen, ob das gelöste Atom größer oder kleiner als das lösende ist, stets um Abnahmen des Elastizitätsmoduls mit steigender Konzentration handelt. Übertragung dieser Überlegungen auf die Wirkung eingelagerter Leerstellen und Zwischengitterplätze führt ebenfalls auf eine Abnahme des Elastizitätsmoduls mit steigender Bestrahlungsdosis [*32*] (einige Prozente für 1 At.-% FRENKEL-Defekte).

Völlig andersartig ist eine theoretische Behandlung, welche auf die in dem Kristall vorhandenen Versetzungen Rücksicht nimmt. Auch hier war die Theorie zunächst für die Bedeutung von eingelagerten Fremdatomen aufgestellt [*33*]; sie wurde erst später auf die Wirkung eingelagerter Punktdefekte, wie sie durch Bestrahlung entstehen, erweitert [*34*]. Die gemessene elastische Verformung e_m setzt sich nach dieser Theorie aus einer rein elastischen Verformung des Gitters e_g und einem von den Versetzungen herrührenden Betrag e_v gemäß $e_m = e_g + e_v$ zusammen. Sowohl die elastische Gitterverformung als auch der Beitrag durch die Versetzungen werden proportional der wirkenden Spannung angenommen, so daß auch die Beziehung

$$\frac{1}{E_m} = \frac{1}{E_g} + \frac{1}{E_v}$$

gilt, worin E_m der gemessene Modul und E_g und E_v sich auf die reine Gitterdeformation und auf Deformation zufolge der Versetzungslinien bezieht. Für den Verformungsbeitrag der Versetzungslinien ist die freie Länge zwischen zwei Verankerungspunkten entscheidend. Die Aufgabe besteht daher darin, die Verteilungsfunktion der freien Versetzungslängen als Funktion der Bestrahlungsdosis zu ermitteln, da ja den hierdurch gebildeten Punktdefekten dieselbe Verankerungswirkung zugeschrieben wird wie in der ursprünglichen Theorie den Fremdatomen. Für $1/E_v$ ergibt sich schließlich der Ausdruck

$$\frac{1}{E_v} = \frac{c}{(1 + \gamma \Phi t)^2}, \tag{III,16}$$

wobei Φ den Flux und t die Bestrahlungszeit darstellen. In der Konstanten c sind die Gesamtlängen der Versetzungslinien je Volumseinheit und die mittlere Länge eines Versetzungslinienabschnitts vor der Bestrahlung enthalten, sowie der Schubmodul und eine Orientierungsfunktion. Die Konstante γ enthält die Zahl der Gitterpunkte je cm^3, die Zahl der Verankerungspunkte der Versetzungslinie je herausgeschlagenes Atom, den atomaren Wirkungsquerschnitt für Verlagerung eines Gitteratoms durch die einfallenden Partikel und die Gesamtlänge der Versetzungen je cm^3.

Ähnliche Überlegungen können auch zur Beurteilung des Einflusses der Bestrahlung auf die Dämpfung (δ) herangezogen werden. Unter der Annahme, daß die freie Länge der Versetzungslinie einen Beitrag zur Dämpfung liefert, welcher der m. Potenz der Länge proportional ist, ergibt sich für die Änderung der Dämpfung die Gleichung

$$\frac{\delta - \delta_\infty}{\delta_\infty} = \frac{c'}{(1 + \gamma \Phi t)^{m-1}}, \tag{III,17}$$

worin δ_∞ der asymptotisch angenäherte Endwert für unendlich große Dosis, c' und γ analoge Konstanten wie oben bedeuten. Aus diesen beiden Ausdrücken ergibt sich, daß der Elastizitätsmodul durch Bestrahlung der Proben einen Anstieg und die Dämpfung einen starken Abfall erfährt.

5.2 Spezifischer Widerstand. Den Ausgangspunkt der Berechnung bildet der Ausdruck für die Widerstandsänderung durch die Streuung der Leitungselektronen an eingebauten Fremdatomen, der sinngemäß auf Leerstellen übertragen wird. In [*35*] wurden zwei Beiträge für die Streuung der Elektronenwellen herangezogen, nämlich derjenige, welcher von der unmittelbaren Veränderung des Gitterpotentials herrührt durch Wegnahme oder Hinzufügen eines Atoms, und weiterhin derjenige, der von sekundären Änderungen in der Nachbarschaft der Punktdefekte herrührt. Wenn der zweite Effekt auch sehr klein ist, so sei er doch nicht völlig zu vernachlässigen.

In [*36*] wird der erste dieser Beiträge, herrührend von Leerstellen in Kupfer, Silber und Gold berechnet. Hierbei wurde die Berechnung streng wellenmechanisch durch Streuung an dem Potential der Fehlstellen durchgeführt. In [*37*] und [*38*] wurde die Wirkung der Zwischengitteratome in Kupfer in sehr ähnlicher Weise behandelt. In [*39*] und [*40*] wurde insbesondere der Beitrag betrachtet, welcher von den elastischen Verschiebungen der Atome in der Nachbarschaft der Punktdefekte herrührt. Es ergab sich, daß bei Zwischengitteratomen die Elektronenstreuung der verformten Gebiete die des Zwischengitteratoms selbst um eine Größenordnung übertrifft; bei Leerstellen ist der Beitrag der verformten Gebiete geringer, aber doch nicht vernachlässigbar.

Die Ergebnisse dieser Berechnung sind in Tab. 14 zusammengefaßt, welche den Widerstandsanstieg für 1 At.-% Punktdefekte wiedergibt. Wenn diese theoretischen Ergebnisse auch sehr stark streuen, so geben sie doch eine erste Grundlage.

Tabelle 14. *Änderung des spezifischen Widerstands durch Einbringung von 1 At.-% Gitterfehlstellen*

Metall	Änderung des Widerstands in $\mu\Omega$cm durch		Literatur
	1% Leerstellen	1% Zwischengitteratome	
Cu	0,4	0,6	[*35*]
	1,3	5,0	[*36, 39*]
	1,4	1,3	[*37, 38*]
	1,5	10,5	[*40*]
Ag, Au	0,4	0,6	[*35*]
	1,5	—	[*36*]

5.3 Neutronenstreuung. Die Streuung langsamer Neutronen an Leerstellen und Zwischengitteratomen kann sehr ähnlich der Streuung von Leitungselektronen behandelt werden. Ist die Wellenlänge groß genug, so erfolgt die Streuung an den Punktdefekten isotrop (sofern Bragg-Reflexion verhindert ist) [*41*]. Die Wirkungen von Leerstellen und besetzten Zwischengitterplätzen sind einander gleich. Zur Berechnung der Streuintensität ist die Kenntnis des Streuquerschnitts erforderlich, der für Neutronen bekannt ist, so daß die Unterschiede des Streuvermögens fehlstellenfreier Proben und von Proben mit bestimmter Konzentration an FRENKEL-Defekten berechnet werden können.

5.4 Schubfestigkeit von Translationssystemen. Die niedrige Schubfestigkeit der Gleitsysteme von Kristallen wird auf Grund von Versetzungen erklärt, die in den Realkristallen vorhanden sind und ein Abgleiten bei Spannungen weit unterhalb der theoretischen Schubfestigkeit herbeiführen. Zur Deutung des Anstiegs der kritischen Schubspannung als Folge eines Korpuskularbeschusses wurde ein Mechanismus vorgeschlagen, der durch die Bestrahlung ausgelöst wird und in der Bildung von Versetzungsringen besteht, die sich um die Störungsbereiche ausbilden und die Bewegung von Versetzungen hindern. Die mathematische Behandlung dieses Modells führt auf einen Ausdruck für die Änderung der kritischen Schubspannung als Funktion der Bestrahlungsdosis. Er besagt, daß diese kritische Schubspannung mit der dritten Wurzel der Neutronendosis ansteigt [*42*].

5.5 Übergangstemperatur zäher Bruch – spröder Bruch. Eine halbquantitative Theorie für die Verschiebung der Übergangstemperatur vom zähen Bruch zum spröden Bruch nach höheren Temperaturen durch Neutronenbestrahlung kubisch-raumzentrierter Metalle wurde in [*43*, *44*, *45*] gegeben. Ausgegangen wird von einer Versetzungsreaktion in den Translationsebenen (101) und (10$\bar{1}$), die zum Auftreten eines Spaltkeils in der symmetrisch zu den beiden Gleitflächen liegenden Würfelfläche (001) führt. Liegt die Korngröße über einem gewissen Wert, so wird der Spaltkeil bei weiterer Beanspruchung ausgeweitet, in Gefügen mit kleinem Korn werden dagegen die Mikrokerben wieder geschlossen. Aus der beobachteten und später theoretisch abgeleiteten Änderung der Streckgrenze mit der Kubikwurzel aus der Neutronendosis ergibt sich auf Grund theoretischer Überlegungen, daß auch die Verschiebung der Übergangstemperatur (ΔT) proportional der gleichen Potenz der Dosis (Φt) erfolgt. Die Ermittlung der Konstanten in der Gleichung $\Delta T = \text{const}\ (\Phi t)^{1/3}$ erfolgt halb empirisch aus den Ergebnissen von statischen Zug- und Biegeversuchen unbestrahlter Proben unter verschiedenen Bedingungen (Korngröße, Temperatur), aus Messungen der Übergangstemperatur unbestrahlter Proben in Kerbschlagversuchen und aus der Temperaturabhängigkeit des Proportionalitätsfaktors zwischen Streckgrenzenänderung und dritter Wurzel aus der Dosis. Man erkennt, daß zur Gewinnung eines Überblicks über die Beeinflussung der Übergangstemperatur einer bestimmten Stahlsorte durch Bestrahlung zwar eine ganze Reihe von Messungen notwendig ist, diese dann aber eine Abschätzung für einen breiten Bereich der Korngröße und der Bestrahlungsbedingungen ermöglichen.

6. Erholung

Zum Abschluß dieses theoretischen Abschnitts soll nun noch das Verschwinden von Gitterstörungen, die durch Korpuskularbestrahlung erzeugt worden sind, kurz gestreift werden.

Als Gitterstörungen kommen die schon ausführlich erörterten Leerstellen und Zwischengitteratome in Frage, die als FRENKEL-Paare entstehen, die aber auch isoliert als Punktdefekte zu betrachten sind. Auch Kombinationen mehrerer Leerstellen sind zu berücksichtigen, desgleichen auch Paare von Zwischengitteratomen, wie sie an einem Beispiel für das kubisch-flächenzentrierte Gitter in Abb. 49 veranschaulicht sind; zwei Zwischengitteratome flankieren symmetrisch eine Leerstelle.

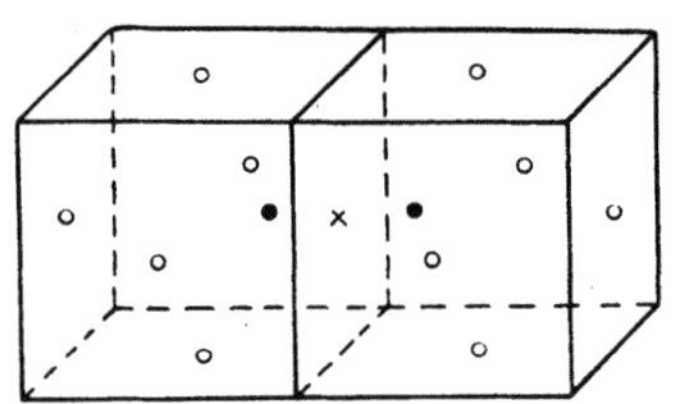

Abb. 49. Paar von Zwischengitteratomen im k.-flz. Gitter [46] ○ normale Gitteratome; ● Zwischengitteratome; × Leerstelle

Der grundlegende Mechanismus der Erholung sind Platzwechselvorgänge, die entweder durch Rekombination von FRENKEL-Defekten zu einer Beseitigung der Gitterstörung führen oder durch Diffusion von Punktdefekten an die Oberfläche, zu Korngrenzen (innere Trennungsflächen) oder zu einer Versetzung. Temperatur und Zeit sind die beiden, den Ablauf steuernden Faktoren.

Zu dieser thermischen Erholung kommt eine in gewissem Ausmaße vorhandene „Bestrahlungserholung“ hinzu, die in einer Rückbildung von FRENKEL-Defekten unter dem direkten Einfluß der Bestrahlung besteht.

Zum Eintritt einer Rekombination eines FRENKEL-Paares sind bei der Diffusion einer Leerstelle oder eines Zwischengitteratoms energiereichere Zustände zu durchlaufen. Dem Reaktionspartner ist eine bestimmte Aktivierungsenergie zur Verfügung zu stellen. Mehrfach wurde versucht, diese Aktivierungsenergie für die Rekombination nahe benachbarter Leerstellen und besetzter Zwischengitterplätze, für die Diffusion einzelner Punktdefekte und auch von Anhäufungen von Zwischengitteratomen bzw. Leerstellen zu berechnen. Die bis heute erhaltenen Ergebnisse, die als kleine Differenzen großer Energien gefunden werden, sind noch recht ungenau. Für die Wanderung von Defekten in Kupfer führen wir in Tab. 15, nach der Größe geordnet, Richtwerte für die Aktivierungsenergien an. Die kleinste Aktivierungsenergie benötigt die Diffusion eines Zwischengitterplatzes über den Zustand eines Zwischengitterpaares (Abb. 49); der größte Wert kommt den relativ stabilen Dreiergruppen von Leerstellen zu.

Liegen die beiden Partner eines FRENKEL-Defekts nahe benachbart, so wirkt das räumliche Spannungsfeld der Umgebung im Sinne einer

Tabelle 15. *Aktivierungsenergie für Wanderung von Gitterdefekten*

Defekt	Wanderungsenergie in eV	Literatur
Cu: Zwischengitteratome	0,1 –0,25	[47]
Doppelleerstelle	0,25–0,6	[48]
	0,2	[49]
Leerstelle	1,2	[46]
	1,3	[49]
Dreierleerstelle	1,9	[49]
NaCl: Kationen-Leerstelle	0,9	[50]
Anionen-Leerstelle	1,1	[50]
KCl: Kationen-Leerstelle	1,1	[50]
Anionen-Leerstelle	1,2	[50]

Näherung der Partner. Die Schwellenenergie für eine Diffusion der Zwischengitteratome auf die Leerstelle zu ist niedriger als die für die Wanderung senkrecht zu dieser Richtung. Mit der Annäherung des Zwischengitteratoms an die Leerstelle steigt seine zu ihr gerichtete Wanderungsgeschwindigkeit an. Die Aktivierungsenergie für Rekombination liegt noch unterhalb der für die Wanderung isolierter Zwischengitteratome.

Bei Ionenkristallen kann sich eine positive und eine negative Leerstelle zu einem stabilen Paar vereinigen [51, 52, 53]. Für die Aktivierungsenergie der Leerstellenwanderung von Kationen und Anionen in NaCl und KCl sind berechnete Werte in Tab. 15 mit aufgenommen.

Für den zeitlichen Ablauf der Erholung sind zwei Fälle zu unterscheiden. Entweder erfolgt die Diffusion im Störfeld der zusammengehörigen Partner eines Frenkel-Paares oder in Bereichen, die nicht einer derartigen Störung ausgesetzt sind. Im ersten Fall nähern sich Zwischengitteratom und Leerstelle einander um so rascher, je geringer der gegenseitige Abstand ist. Für die Änderung der Zahl der in der Zeiteinheit noch nicht rekombinierten Frenkel-Defekte ergibt sich hierbei

$$\frac{dN}{dt} = -\frac{N}{\tau}, \tag{III,18}$$

worin N die Zahl der in der Volumseinheit ursprünglich vorhandenen Frenkel-Defekte ist und τ die vom Abstand Zwischengitteratom–Leerstelle abhängige Sprungzeit bedeutet. Die auf diese Weise herbeigeführte Rekombination besitzt die Kinetik einer monomolekularen Reaktion.

Im zweiten Fall wird die Bewegung der Störstellen nicht durch ein räumliches Spannungsfeld beeinflußt. Es tritt so lange regellose Diffusion ein, bis die Störstellen einem zu ihrer Auflösung führenden Partner nahe kommen oder ohne Rekombination an einer äußeren oder inneren Oberfläche des Festkörpers sich auflösen. In diesem Fall ergibt sich für die Zahl der nicht rekombinierten Frenkel-Defekte eine etwa hyperbolische

Abnahme mit der Zeit, die entsprechende Kinetik ist die einer bimolekularen Reaktion [*54*]. Im realen Fall werden sich naturgemäß beide Vorgänge überlagern.

B. Durchführung der Versuche

Quellen für Korpuskularstrahlen, die den geringsten experimentellen Aufwand benötigen, sind radioaktive Präparate (natürliche Strahler und künstlich radioaktive Isotope). Eine verhältnismäßig energiereiche α-Strahlung (5,3 MeV) liefert Radium F (Polonium), dessen lange Halbwertszeit (140 Tage) für die Messung von Vorteil ist. Als radioaktiver reiner β-Strahler kommt besonders das aktive Phosphorisotop P^{32} in Frage, das mit einer Halbwertszeit von 14 Tagen zerfällt und eine β-Energie von 1,71 MeV liefert. Als Vorteil ist anzumerken, daß bei Verwendung radioaktiver Strahlungsquellen vor allem wegen der geringen Intensität ohne wesentliche Vorkehrungen Untersuchungen *während* der Bestrahlung, also unter Vermeidung nachträglicher Erholungswirkungen, möglich sind.

Für die Erzeugung *intensiver* Protonen-, Deuteronen- und α-Strahlen kommen vor allem die großen Teilchenbeschleuniger, Zyklotron und Linearbeschleuniger verschiedener Bauart, in Frage. Die Einwirkung der hinsichtlich ihrer Energie homogenen Strahlung findet zumeist außerhalb des Geräts statt. Die maximal erreichbaren Intensitäten liegen zur Zeit in der Größenordnung von 0,1 mA, das bedeutet einen Flux von $6 \cdot 10^{14}$ Protonen/cm^2 sek oder $3 \cdot 10^{14}$ α-Teilchen/cm^2 sek. Hier sind Vorkehrungen zum Schutz vor dem direkten Strahl, ferner auch vor einer induzierten Aktivität der Probe zu treffen.

Intensive Elektronenstrahlung zur Prüfung ihres Einflusses auf verschiedene Materialien wird aus Betatrons entnommen. Auch hier erfolgt die Bestrahlung außerhalb der Beschleunigungsanlage. Die erforderlichen Schutzmaßnahmen gelten hier der Primärstrahlung und der sekundär erzeugten Röntgenstrahlung.

Für die Prüfung des Einflusses der Neutronenstrahlung kommen vor allem Reaktoren in Frage. Zufolge der hohen Intensität der Strahlung tritt in den bestrahlten Proben eine starke induzierte Radioaktivität auf, so daß im allgemeinen die Untersuchung der Proben in strahlengeschützten Räumen (hot cell laboratories) oder erst nach wesentlichem Abklingen der induzierten Radioaktivität erfolgen kann. In diesem Fall gelangt die Probe erst nach mehr oder minder ausgeprägter Erholung zur Untersuchung, die erhaltenen Ergebnisse kennzeichnen also nicht die Eigenschaften des Materials während der Bestrahlung.

Die Neutronen selbst überdecken wegen der Einwirkung der unerläßlichen Moderatorsubstanz einen breiten Energiebereich, so daß die übliche Angabe der Dosis als Produkt von Flux und Bestrahlungszeit keineswegs erschöpfend ist, wodurch Abweichungen verschiedener Meßreihen unter gleicher Gesamtbestrahlung erklärlich werden. Der Neutronenstrahlung überlagert sich infolge von sekundären Prozessen eine starke β- und γ-Strahlung.

Um die Bestrahlungszeit so weit wie möglich abzukürzen, trachtet man in sogenannten Material-Prüfreaktoren einen möglichst hohen Neutronenflux zu erzielen. In dem ersten zur Materialprüfung gebauten Reaktor, dem Material Testing Reactor (MTR) in Arco, Idaho, (Brennstoff: angereichertes Uran, Moderator und Kühlmittel: Wasser, Reflektoren: Beryllium und Graphit) beträgt die mittlere Neutronenintensität $2 \cdot 10^{14}$ thermische und $1 \cdot 10^{14}$ schnelle Neutronen/cm² sek. Heute erreicht man in mehreren Reaktoren bereits Werte von 10^{15} Neutronen/cm² sek und darüber.

Trotz intensiver Bearbeitung verfügen wir heute noch keineswegs über einen ausreichenden Überblick über die Strahlenbeeinflussung der Materie; immer wieder wird daher die Forderung nach Vermehrung der Zahl der Prüfreaktoren erhoben. Zahlreiche Röhren, die unter verschiedenen Richtungen bis in den Kern des Reaktors (maximale Intensität an schnellen Neutronen) führen, dienen zur Aufnahme der Proben, die mit verschiedener Intensität und auch verschiedener energetischer Zusammensetzung der Neutronenbestrahlung beansprucht werden können.

Handelt es sich darum, möglichst hohe Ausbeute an schnellen Neutronen unter Vermeidung thermischer zu erzielen, so werden die zu bestrahlenden Proben, in Uranröhren eingeschlossen, an einer Stelle des Reaktors mit hoher Dichte thermischer Neutronen der Bestrahlung ausgesetzt. Die thermischen Neutronen erzeugen im Uran Spaltneutronen, die zur Einwirkung auf die Probe gelangen, die im Inneren des Uranrohres durch Kadmium vor den thermischen Neutronen geschützt ist [*55*, *56*].

Soll eine technologische Prüfung von Werkstoffen auf ihre Eignung im Reaktorbau durchgeführt werden, so werden Proben bekannter Eigenschaften, gegebenenfalls ganze Bauelemente, in den Reaktor eingebracht, dort unter normalen Betriebsbedingungen einer intensiven Bestrahlung ausgesetzt und anschließend erneut geprüft. Die Betriebsbedingungen umfassen dabei neben der Bestrahlung hohe Temperaturen und gegebenenfalls gleichzeitiges Einwirken von strömendem Kühlmittel.

Handelt es sich um eine physikalische Verfolgung der Bedeutung von durch die Bestrahlung eingebrachten Fehlstellen für die Materialeigenschaften, so wird man je nach den gestellten Aufgaben die Strahlenart, ihre Intensität und Energie, die geometrischen Verhältnisse und die Bestrahlungstemperatur wählen.

Ausführlich wird in [57] über die Technik der Untersuchung der Beeinflussung der Eigenschaften verschiedener Materialien durch Korpuskularbeschuß in weiten Temperaturbereichen unter Heranziehung einer großen Zahl von Originalveröffentlichungen berichtet.

C. Ergebnisse

Richtwerte für die Empfindlichkeit technologischer Eigenschaften für Neutronenbestrahlung sind in Tab. 16 angegeben. Die Zusammenstellung zeigt, daß bei organischen Stoffen sehr viel geringere Dosen schon zu deutlichen Veränderungen führen als bei Metallen. Wie im nachfolgenden gezeigt wird, treten aber auch bei diesen in manchen Fällen schon bei sehr viel niedrigeren Dosen deutliche Bestrahlungseffekte auf.

Tabelle 16. *Wirkung von Neutronenbestrahlung auf verschiedene Stoffe* [58]

Dosis n/cm²	Wirkung
10^{14}	Germanium Transistor – Verlust der Verstärkung
	Gläser – Verfärbung
10^{15}	Polymethylmetacrylat und Zellulose – Festigkeitsabnahme
	Wasser und organische Flüssigkeiten – Gasentwicklung
10^{16}	Natur- und Kunstgummi – Verlust der Elastizität
10^{17}	Kunstgummi – Erweichung
	Polyäthylen – Festigkeitsabnahme
10^{18}	Naturgummi – Härtung
	Aliphatische Öle – Anstieg der Zähigkeit
	Metalle – Anstieg der Streckgrenze
	Kohlenstoffstahl – Abnahme der Kerbschlagzähigkeit
10^{19}	Polystyren – Festigkeitsabnahme
10^{20}	Keramik – Verringerung von Wärmeleitfähigkeit und Dichte; Strukturänderungen
	Kunststoffe – unbrauchbar als Baustoffe
	Kohlenstoffstahl – Fließgrenze verdoppelt, Duktilität stark verringert, Anstieg der Grenztemperatur spröd-plastisch
	rostfreier Stahl – Verdreifachung der Streckgrenze
10^{21}	Aluminiumlegierungen – geringe Verringerung der Duktilität
	rostfreier Stahl – geringe Verringerung der Duktilität

Der folgende Überblick über die experimentellen Ergebnisse von Strahleneinwirkung auf Festkörperverhalten wird nach den betreffenden Eigenschaften gegliedert. Wie schon eingangs erwähnt, bleiben dabei die typischen Reaktorbaustoffe außer Betracht; für sie wird die Strahlenfestigkeit im Rahmen der diesen Werkstoffen gewidmeten Kapitel beschrieben.

1. Gitterstruktur und Gefüge

1.1 Röntgenographischer Nachweis von Gitterdefekten. Grundsätzlich ist von den durch Korpuskularbeschuß im Gitter erzeugten Frenkel-Defekten zu erwarten, daß sie die Gitterabmessungen beeinflussen und innere Spannungen im Gitter erzeugen. Im Röntgenbild müßte sich dies als Verschiebung und Verbreiterung der Interferenzlinien äußern.

Die Aufnahmetechnik hat bei der Untersuchung bestrahlter Proben auf die induzierte Radioaktivität Rücksicht zu nehmen (β- und γ-

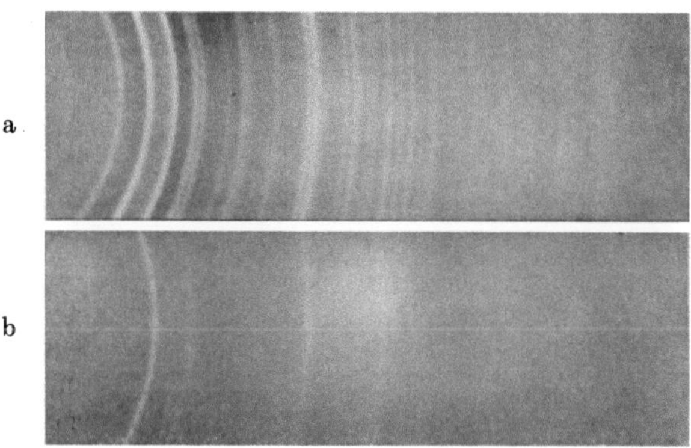

Abb. 50a u. b. DEBYE-SCHERRER-Aufnahmen von Zirkoniumdioxyd (ZrO_2) [*62*]
a) unbestrahlt; b) neutronenbestrahlt ($5{,}7 \cdot 10^{19}$ n/cm²)

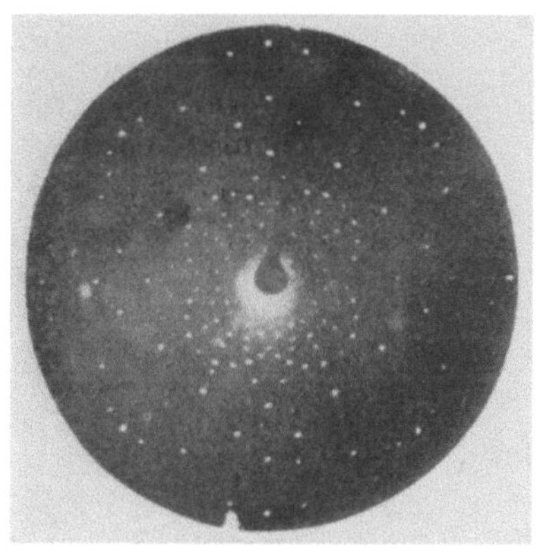

a b

Abb. 51a u. b. LAUE-Aufnahmen von Zirkoniumsilikat-($ZrSiO_4$-)Einkristallen [*63*]
a) unbestrahlt; b) neutronenbestrahlt ($2{,}8 \cdot 10^{20}$ n/cm²)

Strahlen), die eine allgemeine Untergrundschwärzung bedingt. Die Wirkung der β-Strahlung wurde in üblichen DEBYE-SCHERRER-Kammern durch Anbringung eines parallel zur Kammerachse liegenden Magnetfeldes eliminiert, das die Elektronen auf konzentrische Kreisbahnen zwingt [*59*]. Um auch die γ-Strahlung unschädlich zu machen, wurde in [*60*] ein Zweikristallbeugungsgerät mit einem Geigerzähler als Empfänger verwendet. Schließlich wurde die Beseitigung des Untergrunds auch durch Verwendung eines Proportionalzählrohrs und Diskriminatorschaltung erreicht [*61*].

Abb. 50 zeigt für Zirkoniumoxyd die Änderung des DEBYE-SCHERRER-Diagramms durch Neutronenbestrahlung. Ein Beispiel für die Änderung des LAUE-Diagramms von Zirkoniumsilikat-Einkristallen durch Neutronenbestrahlung ist in Abb. 51 wiedergegeben. Sehr deutlich tritt

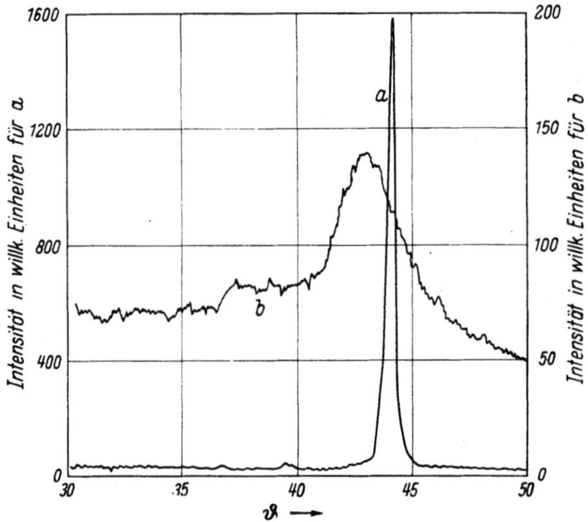

Abb. 52. (111)-Reflex von Diamant [*64*]
a unbestrahlt; *b* neutronenbestrahlt ($3{,}8 \cdot 10^{20}$ n/cm² bei 500 °C)

Linienverschiebung und -verbreiterung durch Neutronenbeschuß in den Abb. 52 und 53 hervor, welche sich auf die (111)-Reflexion unbestrahlten und mit hohen Neutronendosen bestrahlten Diamants und auf die $(22\bar{4}0)$-Reflexion eines unbestrahlten und bestrahlten Quarzkristalls beziehen. Im ersten Fall ist durch die Bestrahlung auch eine außerordentliche Abnahme der Intensität der Reflexion erfolgt. Im zweiten Fall ist die zunächst deutliche Auflösung des K_α-Dubletts durch die starke Linienverbreiterung völlig verschwunden. Daß die Wirkung der Bestrahlung im Quarz anisotrop ist, zeigt Abb. 54, welche die Änderung des Achsenverhältnisses als Funktion der Neutronenbestrahlung darstellt.

Eingehende Untersuchungen an neutronenbestrahlten Lithiumfluorid-Kristallen haben zu ähnlichen Ergebnissen geführt. Linienverbreiterung, Gitteraufweitung und Intensitätsänderung [*65*, *66*, *67*]. Diese Substanz ist deshalb besonders geeignet für eine Prüfung von Strahleneinwirkung, weil hier auch thermische Neutronen verwendet werden können. Lithium absorbiert diese Neutronen und es entsteht durch einen (n, α)-Prozeß Tritium. Die Bruchstücke (*He* und *T*) habenEnergien über 2 MeV und erzeugen daher in üblicher Weise FRENKEL-Defekte. Ein Vergleich der röntgenographischen und gravimetrischen Dichtebestimmung an Kristallen vor und nach Neutronenbestrahlung ergab Übereinstimmung innerhalb von 6% [*68*]. In einer neueren Untersuchung wurde gezeigt, daß bei kleineren Neutronendosen die Gitterkonstante linear mit der Dosis ansteigt, bei etwa $4 \cdot 10^{17}$ n/cm² ein Maximum durchschreitet und bei noch höheren Dosen wieder abnimmt [*69*]. Gedeutet wird der lineare Anstieg auf Grund der theoretisch zu erwartenden FRENKEL-Defekte, die Sättigung durch Erreichung einer Grenze für die Anzahl der Defekte, die dann erreicht ist, wenn ein neu hinzugefügtes Zwischengitteratom unmittelbar neben eine im Gitter bereits vorhandene Leerstelle zu liegen kommt. Der Abfall wird durch Rekombination der Punktdefekte erklärt (Bestrahlungserholung).

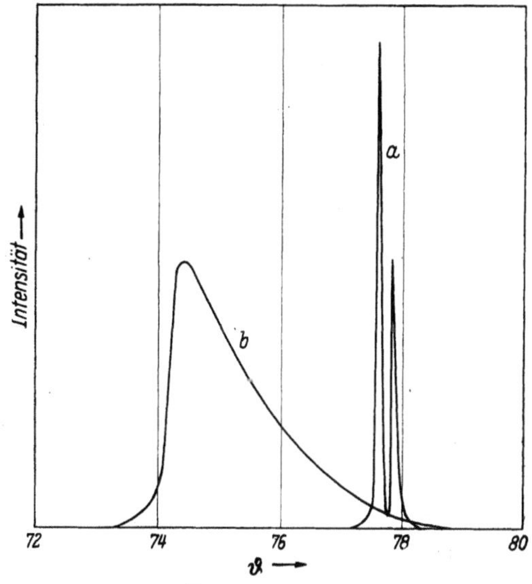

Abb. 53. ($22\bar{4}0$)-Reflex von Quarz [*62*]
a unbestrahlt; *b* neutronenbestrahlt ($8,0 \cdot 10^{19}$ n/cm²)

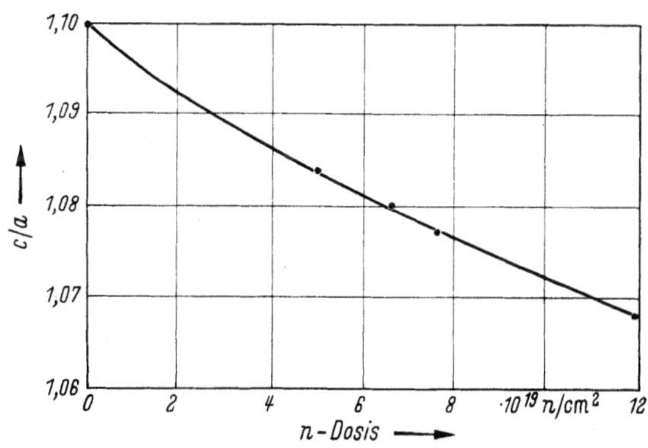

Abb. 54. Änderung des Achsenverhältnisses *c*/*a* von Quarz durch Neutronenbestrahlung [*63*]

Auch in Germaniumkristallen wurden durchaus analoge Effekte durch Neutronenbestrahlung beobachtet [*70*]. Hier wurden auch Kleinwinkelaufnahmen zur Untersuchung der Strahlenbeeinflussung herangezogen [*71*]. Die Kristalle wurden bei −180 °C mit aus einem Zyklotron stammenden Deuteronen (8 MeV) bestrahlt, und auch die Röntgenaufnahmen wurden bei der tiefen Temperatur ausgeführt. Aus der Winkelverteilung der Intensität der Streustrahlung wird auf das Vorhandensein regellos verteilter, kleiner Bereiche von etwa 35 Å Halbmesser geschlossen. Es wird vermutet, daß es sich dabei um lokale Schmelzbereiche handelt, die bei der niedrigen Temperatur in glasigem Zustand eingefroren sind.

Ein Überblick über das Verhalten keramischer Stoffe gegenüber einer Neutronenbestrahlung von $2 \cdot 10^{20}$ n/cm² zeigt noch einmal, daß eine Reihe von Substanzen bis zum völligen Verlust des kristallinen Aufbaus verändert wird (Tab. 17), daß aber bei einer weiteren Gruppe von Mate-

Tabelle 17. *Einfluß von Neutronenstrahlung* ($2 \cdot 10^{20}$ n/cm²) *auf das Röntgenbeugungsbild verschiedener Stoffe* [*72*]

Material	Veränderung
Verschiedene Gläser	Abnahme des Nahordnungsgrads
Bleiglas	Entglasung
Email, Lava, $ZrSiO_4$	Verlust des kristallinen Charakters
Siliziumkarbid	Gitteraufweitung und Verlust des kristallinen Charakters
Glimmer	1,3% Vergrößerung von c_0
Berylliumoxyd	0,3% Vergrößerung von c_0, keine Änderung in a_0
Bariumtitanat	2,87% Vergrößerung von a_0, Linienverbreiterung
Cordierit	Linienverbreiterung
Hf-freie Zirkoniumerde	monokline Phase wandelt um, kubische bleibt beständig
Zirkoniumerde	0,28% Vergrößerung von a_0
Magnesiumoxyd	Erleichterung der Verbindungsbildung

rialien (Tonerde, Spinell, Forsterit, Porzellan, Steatit und Titandioxyd) trotz der hohen angegebenen Strahlendosis keinerlei Veränderungen eintreten [*72*].

Analoge Effekte, wie die bisher an neutronenbestrahlten Kristallen beschriebenen, treten auch bei Bestrahlung mit anderen Korpuskularstrahlen auf [*73, 74, 75*].

Die Strukturänderung einer Reihe von Kristallen durch Beschuß mit α-Strahlen ist in [*76*] beschrieben. Die Proben lagen als feines Kristallpulver mit Korngrößen unterhalb der Reichweite der α-Strahlen vor. Allgemein hat sich dabei ergeben, daß bei Vorhandensein starker Bindung, dichter Raumerfüllung oder großer Elektronenbeweglichkeit in den Röntgendiagrammen keine merkbaren Änderungen von Lage, Intensität und Schärfe der Debye-Scherrer-Interferenzen durch die Bestrahlung auftreten (Zinksulfid, metallisches Selen, Quecksilbersulfid, Calciumfluorid, Natriumfluorid, Kaliumchlorid und Natriumkarbonat). Ist hingegen die chemische Stabilität gering, bei Molekülgittern die Raumerfüllung niedrig, so treten in den Röntgendiagrammen deutliche Störungen auf, die auf eine Verkleinerung kohärenter Kristallbereiche zurückgehen, ein Vorgang, der schließlich bis zur flüssigkeitsähnlichen Struktur führen kann (Kaliumpermanganat, Arsentrioxyd, Natriumoxalat und Antracen [vgl. Abb. 55]).

Recht spärlich sind, abgesehen von dem erst später zu besprechenden Einfluß einer Bestrahlung auf den Ordnungsgrad in Legierungen, die heute vorliegenden Ergebnisse über den röntgenographischen Nachweis von durch Korpuskularbeschuß erzeugten Gitterfehlern in *Metallen*. Die beobachteten Linienverschiebungen führen auf Änderungen der Gitterabmessungen in der Größenordnung von Promillen und darunter. Auch die Linienverbreiterungen sind gering; sie werden zumeist nur durch Verfolgung der Auflösbarkeit des K_α-Dubletts in DEBYE-SCHERRER-Linien erkennbar.

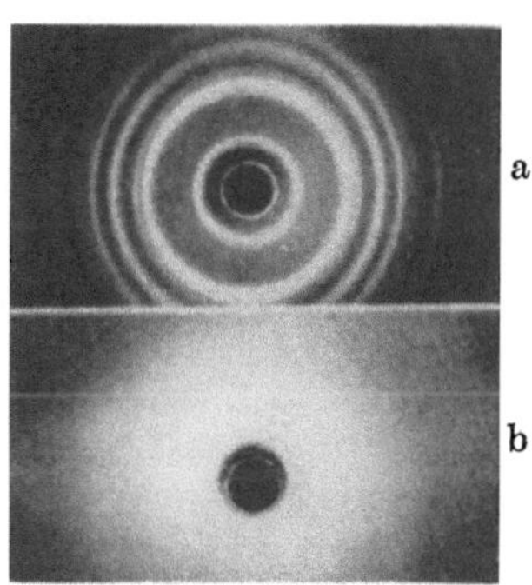

Abb. 55a u. b. DEBYE-SCHERRER-Aufnahmen von Arsentrioxyd [*76*] a) unbestrahlt; b) nach α-Bestrahlung

Bei Molybdän technischer Reinheit, das bei 35 °C mit einer Dosis schneller Neutronen bis zu $2{,}3 \cdot 10^{19}$ n/cm² bestrahlt wurde, konnte eine Gitterkonstantenvergrößerung von 0,041% beobachtet werden [*77*]. Mit 12 MeV-Deuteronen bei 12 °K bestrahlte dünne Kupferproben zeigten nach einer Dosis von $6{,}3 \cdot 10^{16}$ d/cm² eine Gitteraufweitung von 0,026%; eine Änderung der Linienbreite konnte nicht beobachtet werden [*78*]. Wohl aber trat eine solche bei Platin auf, das bei Raumtemperatur einer Neutronenbestrahlung unterworfen worden war [*79*]. In analogen Versuchen mit Molybdän- und Kupferproben traten keinerlei Änderungen ein, ein Umstand, der von den Autoren im Sinne des Auftretens von Umlagerungsbereichen bei Platin gedeutet wird. Demgegenüber wurde in [*80*] in nuteronenbestrahltem Kupfer und auch in Magnesium eine gewisse Linienverbreiterung gefunden; Messing zeigte bei derartigen Versuchen sowohl Linienverbreiterung als auch eine geringe Aufweitung des Gitters. Auch an stark kaltbearbeitetem Aluminium konnte nach einer Neutronenbestrahlungsdosis von etwa $4 \cdot 10^{20}$ n/cm² durch Verfolgung des K_α-Dubletts zweier DEBYE-SCHERRER-Linien eine Linienverbreiterung durch Bestrahlung beobachtet werden [*81*].

1.2 Ordnungszustand in Legierungen. Wenn auch der Einfluß der Korpuskularbestrahlung auf die Abmessungen der Metallgitter verhältnismäßig klein ist, so bewirkt sie in Legierungen, in denen Umwandlungen im festen Zustand auftreten doch sehr deutliche Effekte. In diesem Punkt wird die Bedeutung eines Korpuskularbeschusses für Ordnungsvorgänge erörtert, im nachfolgenden die für Modifikationsänderungen.

Besonders eingehend untersucht wurden bisher Kupfer-Gold-Legierungen, aber auch für Nickel-Mangan-Legierungen und Messing liegen bereits experimentelle Erfahrungen vor.

Wir beginnen mit der Darstellung der Befunde an Kupfer-Gold-Legierungen. Die beiden Metalle bilden bei hohen Temperaturen eine lückenlose Mischkristallreihe. Innerhalb des Mischkristallgebiets treten Umwandlungen auf, die in einer Ausscheidung der Verbindungen CuAu und Cu_3Au bestehen (vgl. S. 48).

Die ersten Beobachtungen über einen Einfluß von Neutronenbestrahlung auf den Ordnungszustand gehen auf SIEGEL [82] zurück. Tab. 18 gibt als Beispiel die Änderung des Widerstands von Proben der Legierung Cu_3Au wieder, die, ausgehend vom geordneten bzw. ungeordneten Zustand, bei 40 °C steigender Bestrahlung mit Neutronen einer Energie von über 50 keV ausgesetzt waren. Bei geordnetem Ausgangszustand tritt durch die Bestrahlung ein erheblicher Widerstandsanstieg auf, der bei $3 \cdot 10^{19}$ n/cm² zu einer über 100prozentigen Erhöhung führt. Der schließlich erreichte Widerstandswert gleicht nahezu dem für ungeordnetes Material. Die Proben mit ungeordnetem Ausgangszustand ändern ihren Widerstand durch die Bestrahlung praktisch nicht.

Tabelle 18. *Einfluß von Neutronenbestrahlung auf den Widerstand von* Cu_3Au [82]

Dosis in 10^{19} n/cm²	Widerstand in $\mu\Omega$ cm Ausgangszustand geordnet	ungeordnet
0	4,60	11,20
0,4	5,71	11,25
0,6	6,25	11,25
1,0	7,54	11,17
1,5	8,36	11,21
3,3	10,10	11,30

Die Erklärung dieser Erscheinung wurde auf Grund der mit dem Neutronenbombardement verbundenen kurzzeitigen Temperaturerhöhung über die Grenztemperatur der geordneten Phase hinaus und anschließende

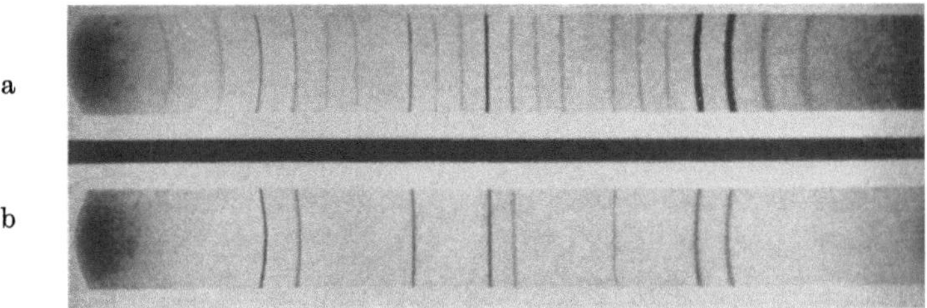

Abb. 56a u. b. Cu_3Au: Übergang des geordneten Ausgangszustandes in den ungeordneten durch Neutronenbestrahlung [55]. a) unbestrahlt; b) neutronenbestrahlt

schroffe Abschreckung zufolge der guten Wärmeleitung in den metallischen Proben gegeben. Der unmittelbare Nachweis des Übergangs vom geordneten in den ungeordneten Zustand wird durch das Verschwinden der Überstrukturlinien in Röntgendiagrammen erbracht. Auf die Bestrahlung einer geordneten Cu_3Au-Legierung mit schnellen Neutronen bezieht sich Abb. 56. Der allmähliche Übergang vom geordneten in den ungeordneten Zustand durch steigende α-Bestrahlung wird in Abb. 57a durch die Änderung der Gitterkonstanten einer Cu_3Au-Legierung als Funktion der Dosis dargestellt und in Abb. 57b für die Legierung CuAu durch die Änderung der tetragonalen Achse (c) und der Nebenachse (a). Nach einer Dosis von $35\,\mu$Ah/cm² ist die tetragonale, geordnete Phase verschwunden. Analoge Feststellungen wurden an neutronenbestrahlten, ursprünglich geordneten Proben gemacht [*85*].

Bestrahlungsversuche im Reaktor zeigen deutlich den Einfluß der Bestrahlungstemperatur auf die Erscheinungen [*86, 87*].

Weitere Untersuchungen mit verschiedenen Projektilen, die auch an CuAu vorgenommen wurden, lassen die Verhältnisse heute einigermaßen übersehen. Außer dem eben beschriebenen Entstehen ungeordneter Bereiche in geordneten Mischkristallen durch Bestrahlung sind noch weitere Folgen der Bestrahlung zu berücksichtigen. Die Einbringung von FRENKEL-Defekten erhöht einmal die zur Entstehung geordneter Bereiche führende Diffusion, sie führt zweitens zu einer Erschwerung der Elektronenleitung in den Proben. Experimentell nachgewiesen wurde die Erhöhung der inneren Beweglichkeit durch einen Versuch, bei dem ungeordnetes Cu_3Au verwendet wurde [*88*]. Die Legierung wurde bei 200 °C auf ihren Widerstand geprüft, bei welcher Temperatur ihre Relaxationszeit (Zeit bis zur Einstellung des der Temperatur entsprechenden Gleichgewichts) etwa 10^5 Stunden beträgt. Die Probe wurde sodann in einem Reaktor bei 200 °C einer Neutronenbestrahlung mit einem Flux von 10^{12} n/cm² sek ausgesetzt. Hierbei sinkt der Widerstand mäßig ab, was auf eine gewisse Erhöhung des Ordnungszustands schließen läßt. Abschalten des Reaktors zeigt, daß zur Einstellung des Gleichgewichts jetzt nur 12 Stunden gegenüber den 10^5 Stunden bei unbestrahlter Probe notwendig sind. Den unmittelbaren Beweis für das Auftreten von geordneten Bereichen haben die Autoren durch Beobachtung von Überstrukturlinien erbracht [*89*]. Aus der Halbwertsbreite der Linien haben sie

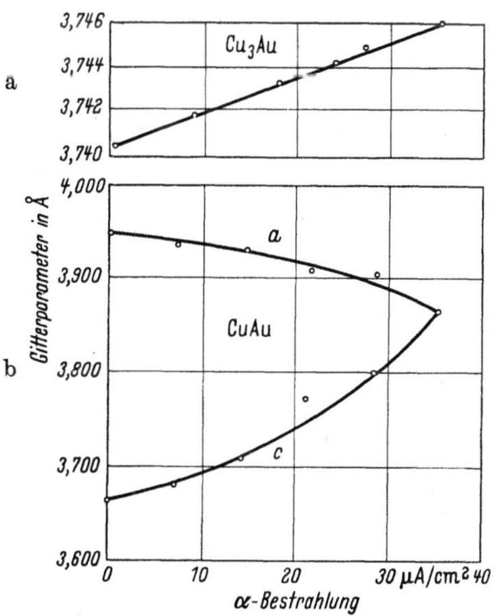

Abb. 57a u. b. Änderung der Gitterkonstanten geordneter Kupfer-Gold-Legierungen als Funktion der α-Strahlendosis [*83*] (vgl. [*84*]). (Abszissenmaßstab richtig in μAh/cm²)

auf etwa 125 Å Durchmesser für die geordneten Bereiche geschlossen. Diese Größe steht in guter Übereinstimmung mit einer früheren Schätzung, die auf Grund des Streuquerschnitts für Neutronen (3 barn), sowie der Gesamtzahl der Neutronen und der Zahl der von einem Neutron erzeugten FRENKEL-Defekte, geordnete Bereiche in der Größenordnung von 100 Å ergeben hat.

Die Erschwerung des Elektronendurchtritts wird durch Versuche belegt, in denen zur Unterdrückung der Diffusion Proben von Cu_3Au bei tiefen Temperaturen (−100 °C) in geordnetem und ungeordnetem Zustand einer Protonenstrahlung (9 MeV) von insgesamt $5 \cdot 10^{17}$ p/cm² ausgesetzt wurden [*90*]. Die geordnete Probe zeigt bei der anschließenden Widerstandsmessung bei −180 °C einen Widerstandsanstieg von 4,25, die ungeordnete einen solchen von nur 0,65 $\mu\Omega$ cm. Der letzte Wert stellt den reinen Wert der Widerstandsänderung dar, der durch in die Probe eingebrachte Fehlstellen bedingt ist. Bei der geordneten Probe überlagert sich diesem Widerstandsanstieg der Anteil, der auf lokale Unordnung entlang der Bahn der eingeschossenen Protonen zurückgeht. Dieser Anteil beträgt demnach 3,60 $\mu\Omega$ cm.

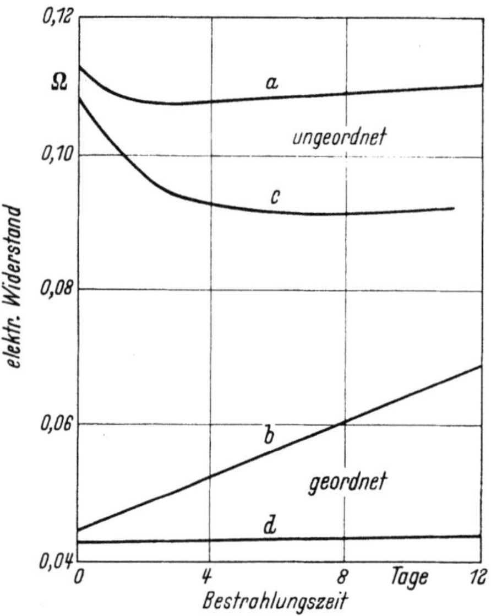

Abb. 58. CuAu: Widerstand nach steigender Neutronenbestrahlung [*56*]. Kurven *a* und *b* mit, Kurven *c* und *d* ohne Abschirmung der thermischen Neutronen

Sowohl an Cu_3Au- als auch an CuAu-Proben sind Untersuchungen mit verschiedenen Neutronenenergien durchgeführt worden. In [*55, 56*] werden Versuche beschrieben, bei denen Cu_3Au- und CuAu-Proben an verschiedenen Stellen eines Reaktors der Neutronenstrahlung ausgesetzt und in Vergleichsversuchen auch eine Ausschaltung der im Spektrum vorhandenen thermischen Neutronen vorgenommen wurde. Neben der Unordnungsbildung durch schnelle Neutronen, die im Falle des CuAu um etwa 30% langsamer erfolgt als bei Cu_3Au, finden die Autoren einen leichten anfänglichen Widerstandsabfall bei der Bestrahlung in geordneten und ungeordneten Proben, besonders deutlich, wenn thermische Neutronen mitbeteiligt sind. Abb. 58 stellt den zeitlichen Verlauf des Widerstands von CuAu-Legierungen dar, die in geordnetem und ungeordnetem Ausgangszustand steigender Neutronenbestrahlung ausgesetzt waren. Die Kurven *a* und *b* beziehen sich auf rasche Spaltneutronen von Uran; das Präparat befand sich im Reaktor im Inneren eines Rohres aus Uran, unter völliger Abschirmung der thermischen Neutronen. Die Kurven *c* und *d* beziehen sich auf Proben, die dem normalen Neutronenspektrum des Reaktors, also einem Gemisch aus schnellen und langsamen Neutronen, ausgesetzt waren. Deutlich ist der Eintritt eines Ordnungsvorganges in den ungeordneten Proben zu erkennen, der im Fall der Anwesenheit langsamer Neutronen wesentlich ausgeprägter

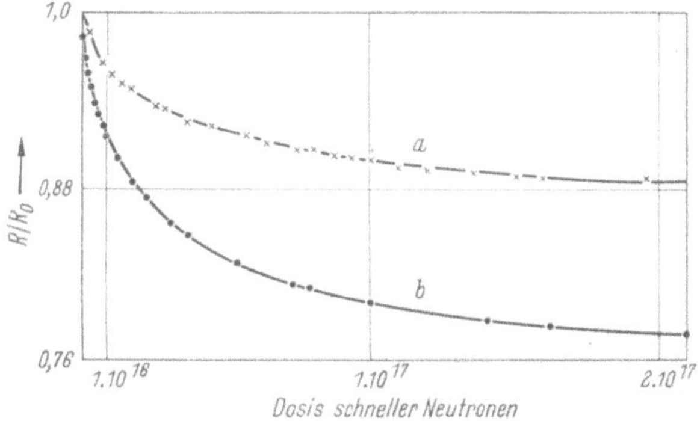

Abb. 59. Cu_3Au: Änderung des Widerstands als Funktion der Neutronenstrahlendosis [*91*]
Kurve *a*: $1 \cdot 10^{12}$ schnelle und $1 \cdot 10^{12}$ thermische Neutronen/cm²;
Kurve *b*: $2{,}5 \cdot 10^{11}$ schnelle und $1 \cdot 10^{12}$ thermische Neutronen/cm²

ist. Bei der geordneten Legierung kompensieren sich im vorliegenden Fall bei Beteiligung thermischer Neutronen Ordnungs- und Unordnungswirkung (Kurve *d*).

In [*91*] werden Versuche beschrieben, in denen der Flux schneller Neutronen und damit die Dichte der Frenkel-Defekte geändert wird, während der Flux thermischer Neutronen annähernd konstant gehalten wird. Abb. 59 gibt die relative Widerstandsänderung von Cu_3Au als Funktion der Dosis schneller Neutronen für eine Bestrahlungstemperatur von 150 °C an. Im Falle *a* (starker Flux schneller Neutronen) ist die durch die Bestrahlung eintretende Ordnung erheblich geringer als im Falle *b* mit schwächerem Flux schneller Neutronen.

Als Ursache des Ordnungsvorgangs wird in [*55*] und [*56*] das durch thermische Neutronen aus Gold gebildete Quecksilber vermutet, das als neue Komponente die Diffusion beeinflussen kann. Demgegenüber wird in [*91*] eine zu Ordnung führende Leerstellendiffusion verantwortlich gemacht. Die im Falle großer Dichten von Frenkel-Defekten von den Leerstellen bis zu ihrem Einfang zurückgelegten Wege sind kürzer als im Falle geringer Konzentration, daher die Rekombination (Erholung) rascher, womit der Einfluß der Dichte schneller Neutronen auf die Widerstandsänderung plausibel gedeutet wird.

Erfolgt die Bestrahlung der Proben mit Elektronen, so tritt die erste der bei Beschuß mit schweren Teilchen beschriebenen Erscheinungen ganz in den Hintergrund. Elektronen bewirken zufolge der niedrigen, von ihnen auf den Kern übertragenen Energie die Entstehung von FRENKEL-Defekten nur in geringer Konzentration, lokale Temperaturerhöhung längs der Bahn bis in den Stabilitätsbereich der ungeordneten Phase treten im allgemeinen nicht auf, so daß eine Beschleunigung des Übergangs des geordneten Ausgangszustands in den ungeordneten Zustand nicht erfolgt [*90*, *92*, *93*, *94*]. Aber auch hinsichtlich der Wirkung der eingelagerten FRENKEL-Defekte unterscheiden sich elektronenbestrahlte Proben von mit schweren Korpuskeln bestrahlten. Die Widerstandserhöhung tritt völlig zurück, da die Dichte der durch Elektronenbestrahlung entstehenden Defekte sehr gering ist (mit 1 MeV-Elektronen würden in Kupfer z. B. Konzentrationen von nur $6 \cdot 10^{-6}$ erreicht [*92*]), außerdem ist der Partnerabstand der so entstandenen FRENKEL-Defekte so klein, daß diese Defekte zum Teil labil sind und ohne Energiezufuhr rekombinieren können [*93*].

Auf der Wirkung von Elektronen beruhen auch die durch γ-Strahlung (Co^{60}) hervorgerufenen Änderungen, die den eben beschriebenen gleichen [*95*].

In einer Reihe von Untersuchungen wurde der Mechanismus zu klären versucht, der zu einer Erhöhung der Diffusionsgeschwindigkeit durch FRENKEL-Defekte führt. Insbesondere wurde dabei zu entscheiden getrachtet, welche der beiden Komponenten, Leerstelle oder Zwischengitteratom, für die Erhöhung der inneren Beweglichkeit verantwortlich ist. Mitherangezogen wurden Versuche, in denen Leerstellen auf andere Weise in die Kupfer-Gold-Legierung eingebracht wurden (Abschrecken von verschieden hohen Temperaturen) und Versuche über die Bedeutung von Wärmebehandlung bei verschiedenen Temperaturen auf die Eigenschaften der Proben, die Fehlstellen enthalten.

Anschließend an die in [*88*] beschriebenen Versuche wurde aus Verfolgung des Widerstands von geordneten Cu_3Au-Proben, die bei $-180\,°C$ mit 36 MeV α-Partikeln bestrahlt wurden, eine Umwandlungsgeschwindigkeit von 4,5% je 1 μAh/cm² abgeleitet [*96*]. Wurde eine analoge Probe bei 220 °C derselben Bestrahlung unterworfen, so ergab sich eine etwa sechsmal kleinere Umwandlungsgeschwindigkeit. Dies wird als Überlagerung eines Ordnungsprozesses gedeutet, der bei 220 °C zu dem Unordnungsvorgang, der sich bei $-180\,°C$ ungestört abspielt, hinzukommt. Wird die Widerstandsänderung bei 220 °C ohne gleichzeitige α-Bestrahlung verfolgt, so tritt nur ein Effekt von etwa 5% der angegebenen Differenz auf, d.h. also, daß die durch die Bestrahlung gebildeten Frenkel-Defekte für den Ordnungsvorgang entscheidend sind.

Die Aktivierung der zur Ordnung führenden Diffusion tritt besonders rein in elektronenbestrahlten Proben auf, da bei ihnen ja eine Überlagerung durch Zerstörung der Ordnung durch die Bestrahlung wegfällt [*90*, *93*, *97*]. Dies bedingt, daß in derart bestrahlten Proben ein Ordnungsgleichgewicht erhalten wird, das einer niedrigeren Temperatur als der Bestrahlungstemperatur entspricht [*92*].

Da die Wanderung von Zwischengitteratomen keinen Beitrag zum Ordnungszustand liefern kann, was geometrisch unmittelbar einleuchtet und in [*90*] quantitativ bewiesen wird, kommt für die ihn verbessernde Diffusion nur die Wanderung von Leerstellen in Frage, in welche von den Nachbaratomen bevorzugt solche übertreten, die zur Annäherung an den dem Gleichgewicht entsprechenden Ordnungszustand führen.

Besonders eingehend beschäftigt sich die Arbeit [*90*] mit der Art der Gitterstörungen und ihrer Ausheilung durch verschiedene Vorgänge. Aus Anlaßversuchen bei verschiedenen Temperaturen werden Schlüsse auf den Partner der Frenkel-Defekte gezogen, welcher für diese Ausheilung verantwortlich ist. Die bei tiefen Temperaturen bestrahlten Proben zeigen sowohl im geordneten als auch im ungeordneten Zustand einen Widerstandsabfall von 0,60 $\mu\Omega$cm, wenn die Anlaßtemperatur zwischen -60 und 0 °C liegt. Die Tatsache, daß dieser Abfall etwa gleich groß ist wie der weiter oben beschriebene Zuwachs bei einer ungeordneten, bei tiefen Temperaturen bestrahlten Probe (und der oben Gitterstörungen zugeschrieben wurde), macht es wahrscheinlich, daß es sich bei der Anlaßwirkung um die Ausheilung der entstandenen Gitterstörungen durch Rekombination der Frenkel-Defekte handelt. Bei der ungeordneten Probe bleibt der Widerstand auch nach dem Anlassen bis 130 °C noch über dem Wert vor der Bestrahlung. Diese Versuche werden weiterhin auch als Beleg dafür angesehen, daß die Rekombination nicht durch die Wanderung der Leerstellen erfolgt sein kann, da ja dann, wie bereits ausgeführt, eine Begünstigung des Ordnungsgrads herbeigeführt worden wäre. Durch Wanderung von Zwischengitteratomen tritt, wie eben erwähnt, eine solche Erhöhung des Ordnungsgrads nicht ein. Diese Ergebnisse führen die Autoren zu dem Schluß, daß die Bewegung von Zwischengitteratomen eine geringere Aktivierungsenergie erfordert als die von Leerstellen. Dies steht im Einklang mit der in Tab. 15 (S. 87) angegebenen Reihenfolge der Aktivierungsenergien für die Wanderung von Punktdefekten.

Durch die Annahme, daß Zwischengitteratome zu ihrer Wanderung eine geringere Energie erfordern als Leerstellen, läßt sich auch das zu nächst merkwürdig erscheinende Ergebnis deuten, daß der Ordnungsgrad von Cu_3Au-Proben nach dem Anlassen bei 100 °C etwa derselbe ist, gleichgültig, ob die Proben vorher mit Elektronen oder bei tiefen

Temperaturen mit Protonen bestrahlt waren, obwohl die Konzentration der Leerstellen (nur deren Wanderung führt ja zur Erhöhung der Ordnung) bei der Zyklotronbestrahlung um vieles größer ist. Die Rekombinationswahrscheinlichkeit (P_v) von Zwischengitteratomen und Leerstellen ist konzentrationsabhängig und nach Bestrahlung im Zyklotron viel größer als die Wahrscheinlichkeit (P_d), daß ein Zwischengitteratom an einer Versetzung oder einer Korngrenze vernichtet wird. Diese letztere Wahrscheinlichkeit ist von der Konzentration unabhängig. Nach der Bestrahlung bei tiefen Temperaturen wandern so lange Zwischengitteratome und rekombinieren mit Leerstellen, bis $P_v < P_d$ geworden ist. Im weiteren werden immer mehr Zwischengitteratome durch Vereinigung mit Versetzungen oder Korngrenzen ausscheiden, und es bleibt ein Überschuß von Leerstellen vergleichbarer Konzentration mit der in elektronenbestrahlten Proben.

Sehr spärliche Angaben liegen über die Bedeutung von Korpuskularbestrahlung für mechanische Eigenschaften von Gold-Kupfer-Legierungen vor. Ungeordnete und geordnete Cu_3Au-Proben mit Ausgangshärten von 100 und 110 Vickers wiesen nach einer Neutronenbestrahlung ($3 \cdot 10^{20}$ n/cm^2) bei 80 °C Härten von 121 bzw. 158 auf [*85*]. Es liegt nahe, die Härtesteigerung bei ungeordneten Proben der Wirkung der gebildeten Frenkel-Defekte zuzuschreiben; bei den geordneten Proben überlagert sich dieser Wirkung eine weitere Erhöhung durch teilweisen Übergang in den ungeordneten Zustand. Auch nach Beschuß mit α-Strahlen wurde sowohl an geordneten als auch an ungeordneten Cu_3Au- und CuAu-Proben ein Härteanstieg beobachtet [*83*].

Ganz kurz sollen nun noch Ergebnisse mit Ni_3Mn-Legierungen skizziert werden. Nickel und Mangan bilden unterhalb der Soliduslinie eine lückenlose Reihe von Mischkristallen [*98*]. Nickelreiche Legierungen sind nach dem Abschrecken von hohen Temperaturen paramagnetisch, durch sehr langsame Abkühlung oder durch mehrtägiges Anlassen bei 400 bis 450 °C werden sie in den ferromagnetischen Zustand übergeführt, wobei gleichzeitig der spezifische Widerstand erheblich absinkt. Am stärksten ändern sich beide Eigenschaften bei einer Zusammensetzung, die der Formel Ni_3Mn entspricht. Gedeutet wird dies durch Ausbildung einer, durch Auftreten von Überstrukturlinien und durch elastische Messungen nachgewiesenen, geordneten Verteilung der Manganatome im kubischflächenzentrierten Nickelgitter, durchaus analog dem oben besprochenen Ordnungszustand in Kupfer-Gold-Legierungen.

Eine Übersicht über die mit geordneten und ungeordneten Ausgangslegierungen der Zusammensetzung Ni_3Mn erhaltenen Ergebnisse über den Einfluß von Neutronenbestrahlung auf den Widerstand, seinen Temperaturkoeffizienten und die magnetische Induktion ist in Tab. 19 gegeben. Aus den mit geordneten Ausgangslegierungen erhaltenen Effek-

Tabelle 19. *Änderung physikalischer Eigenschaften von* Ni_3Mn *durch Neutronenbestrahlung* [*99*]

Dosis in 10^{20} n/cm²	geordnet ϱ in $\mu\Omega$cm	geordnet $1/\varrho \cdot d\varrho/dt$ in Grad⁻¹	geordnet $4\pi I$ in Gauß	ungeordnet ϱ in $\mu\Omega$cm	ungeordnet $1/\varrho \cdot d\varrho/dt$ in Grad⁻¹	ungeordnet $4\pi I$ in Gauß
0	30	0,0022	9800	74	0,000265	410
0,55	63	0,0007	4700	73,4	0,000280	250
0,92	71	0,0004	2300	73,1	0,000286	210

ten geht hervor, daß die Bestrahlung unter den verwendeten Bedingungen vorwiegend im Sinne einer Zerstörung der geordneten Atomverteilung wirkt. Bei Mangangehalten über 23% ist dies der beherrschende Vorgang, bei niedrigeren Mangangehalten überlagert sich ihm ein zweiter Vorgang, der ordnungserhöhend wirkt. Weiterhin wird gezeigt, daß sich ungeordnete Ni_3Mn-Legierungen bei Bestrahlung verschieden verhalten, je nachdem ob der ungeordnete Zustand durch Abschrecken (Einbringen von eingefrorenen Leerstellen) oder durch Kaltbearbeitung (Versetzungen) herbeigeführt worden ist. Im ersten Fall bewirkt, wie bei den Gold-Kupfer-Legierungen, zunehmende Bestrahlung steigenden Ordnungsgrad, während im zweiten Fall die Eigenschaftsänderungen steigender Störung im Gitter entsprechen. Analoge Befunde an CuAu wurden in [*100*] beschrieben. Zusätzlich für die oben für die Entstehung von Unordnung in Kupfer-Gold-Legierungen durch Korpuskularbeschuß gegebene Erklärung wird für die Ni_3Mn-Legierung auch noch auf die Bedeutung von Austauschstößen hingewiesen [*14*].

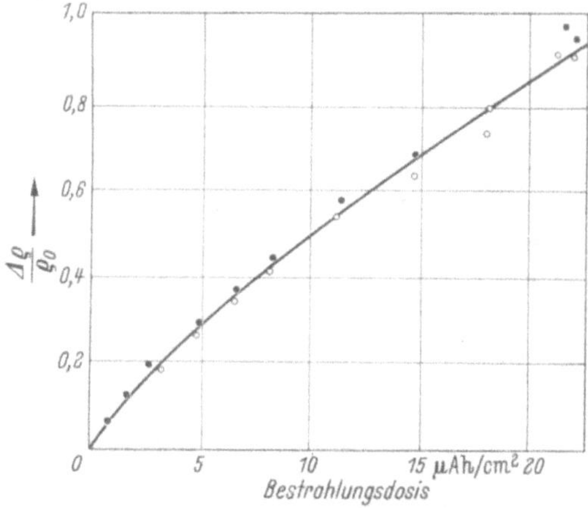

Abb. 60. Relative Widerstandsänderung von β-Messing durch α-Bestrahlung [*102*]

Als letztes Beispiel für den Einfluß von Korpuskularbestrahlung auf den Ordnungsgrad einer Legierung sei der einer α-Bestrahlung auf Messing angeführt. In einem schmalen Konzentrationsbereich bei 50% Zn (bei 200 °C 46,6 bis 50,6%), der sich nach höheren Temperaturen zu stark erweitert, liegt bei Kupfer-Zink-Legierungen der Stabilitätsbereich der kubisch-raumzentrierten β-Phase. Oberhalb Temperaturen von 460 °C liegt ungeordnete Atomverteilung, unterhalb geordnete vor [*101*].

β-Messingfolien von 0,13 mm Stärke wurden steigender Bestrahlung von 33 MeV α-Partikeln eines Zyklotrons ausgesetzt, wobei die Temperatur der Proben während der Bestrahlung unter $-100\,^{\circ}$C gehalten wurde. Nach verschiedenen Zeiten wurde die Bestrahlung unterbrochen und der Widerstand der Proben bei $-146\,^{\circ}$C gemessen. Abb. 60 gibt die Widerstandsänderung als Funktion der Bestrahlung wieder. Man erkennt den starken Widerstandsanstieg, der bei einer Bestrahlung von 23 μAh/cm^2 über 90% des Ausgangswerts beträgt und damit den Widerstandsanstieg bei ähnlichen Versuchen an unlegierten Metallen weit übertrifft (bei Kupfer betrüge unter gleichen Bedingungen die Widerstandserhöhung zwischen 35 und 40%, vgl. S. 122). Es wird vermutet, daß der durch die Bestrahlung bewirkte Effekt in der Hauptsache auf den Übergang der Legierung in den ungeordneten Zustand zurückzuführen ist.

In kubisch-flächenzentriertem α-Messing (25 und 30% Zn) wurden durch Neutronenbestrahlung und auch durch thermische Behandlung Abnahmen der Gitterkonstanten nur bis um 0,02% beobachtet. Diese Dimensionsänderungen werden mit Nahordnungsvorgängen zu erklären versucht [*103*].

1.3 Modifikationsänderungen. Als erstes Beispiel für die Einleitung einer Modifikationsänderung durch Korpuskularbeschuß seien Versuche genannt, in denen Kupfer-Eisen-Legierungen mit 2,4% Fe einem Elektronenbombardement ausgesetzt waren. Wie in [*104*] gezeigt worden ist, gelingt es, in Legierungsproben, die durch geeignete Vorbehandlung das Eisen in kubisch-flächenzentrierter, unmagnetischer Form enthalten, dieses durch Elektronenbeschuß in die kubisch-raumzentrierte, ferromagnetische Form überzuführen, wenn die Elektronen eine Energie größer als 0,5 MeV besitzen. Unter der Annahme, daß die Umwandlung durch erzeugte FRENKEL-Defekte veranlaßt wird, ergibt sich für die Energie, die ein Gitteratom des Eisens aus seinem Platz herausschlagen kann, 25 eV, in guter Übereinstimmung mit der theoretischen Annahme, die einleitend beschrieben worden ist.

Mehrfach wurde die Bedeutung eines Neutronenbombardements auf die Austenit-Umwandlung untersucht. In [*105*] wurden zwei Manganstähle (0,48% C, 7,7% Mn, 2,2% Cu und 1,4% C, 4,0% Mn), ein Nickelstahl (0,50% C, 21,0% Ni) und zwei Nickel-Mangan-Stähle (0,025% C, 22,7% Ni, 2,88% Mn und 0,020% C, 22,4% Ni, 3,48% Mn) einem Neutronenbombardement von etwa 10^{17} n/cm^2 ausgesetzt. Es ergab sich auf Grund magnetischer Messungen, daß im Falle der Mangan- und Nickel-Stähle die Martensitumwandlung durch die Bestrahlung begünstigt wurde, während im Falle des Nickel-Mangan-Stahls die Bestrahlung eine Stabilisierung der γ-Phase bewirkte (Abb. 61). Der Kinetik der isothermen Martensitumwandlung bei verschiedenen Temperaturen von vorher neutronenbestrahlten Stählen wurde in [*106*] nachgegangen.

Untersuchungen an austenitischem Chromstahl (1,26% C, 5,40% Cr, 0,36% Mn, 0,42% Si, geschmiedet; 1,28% C, 5,60% Cr, 0,34% Mn, 0,28% Si, gewalzt) sind in [*107*] beschrieben. Auch hier wurde die Martensitumwandlung mit Hilfe magnetometrischer Messungen verfolgt. Wie im Falle der Mangan- und Nickelstähle ergab auch diese Unter-

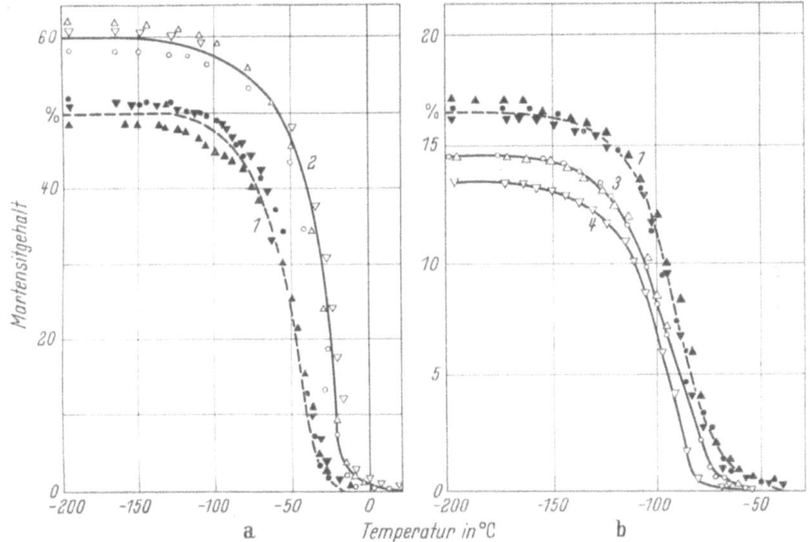

Abb. 61 a u. b. Einfluß von Neutronenbestrahlung auf die Martensitumwandlung [*105*]
a) Stahl 50 G 8 (0,48% C, 7,7% Mn, 2,2% Cu); b) Stahl N 22 G 3 (0,02% C, 22,4% Ni, 3,48% Mn)
1 unbestrahlt; *2* 100ʰ n-bestrahlt; *3* 200ʰ n-bestrahlt; *4* 200ʰ n-bestrahlt und 5ʰ bei 100 °C angelassen

suchung, die Bestrahlungen bis zu Neutronendosen von 10^{18} n/cm^2 verwendete, eine Vergrößerung des bei tiefen Temperaturen gebildeten Martensitanteils in den bestrahlten Proben. Als Beispiel bringt Abb. 62 wieder die Martensitmengen als Funktion der Temperatur. Während eine Bestrahlungsdosis von 10^{16} n/cm^2 noch keinen Unterschied gegenüber den unbestrahlten Proben ergibt, bewirkt eine Dosis von 10^{17} n/cm^2 eine Parallelverschiebung der Kurve zu höheren Werten. Durch eine Bestrahlung mit 10^{18} n/cm^2 ist bereits erheblicher Martensitzerfall eingetreten, Abkühlung der Proben bringt hier nur mehr geringen zusätzlichen Zerfall. Des weiteren wurde die Bedeutung der Vorbestrahlung für die Wirkung anschließender thermischer Behandlung (Stabilisationsglühung bei niedrigen Temperaturen und Anlassen) untersucht.

Zinn besitzt bei 18 °C einen Umwandlungspunkt, bei dem die darüber stabile tetragonale β-Phase (weißes Zinn) in die kubische, im Diamantgitter kristallisierende α-Phase (graues Zinn) übergeht. Die Umwandlungsgeschwindigkeit ist bei dieser Temperatur außerordentlich gering. Sie steigt mit fallender Temperatur zunächst an, geht bei etwa $-48\,°C$ durch ein Maximum und fällt bei weiterer Temperaturerniedrigung wieder ab. In [*108*] wurde die Frage geprüft, ob die Umwandlungsgeschwindigkeit durch Neutronenbestrahlung beeinflußbar ist. Hierzu wurden Proben von 0,5 mm Stärke einer Bestrahlung von 1 bis 2 Wochen Dauer in einem Reaktor unterworfen, wobei gleichzeitig die Temperatur der Proben nahe der des flüssigen Stickstoffs gehalten wurde. Nach der

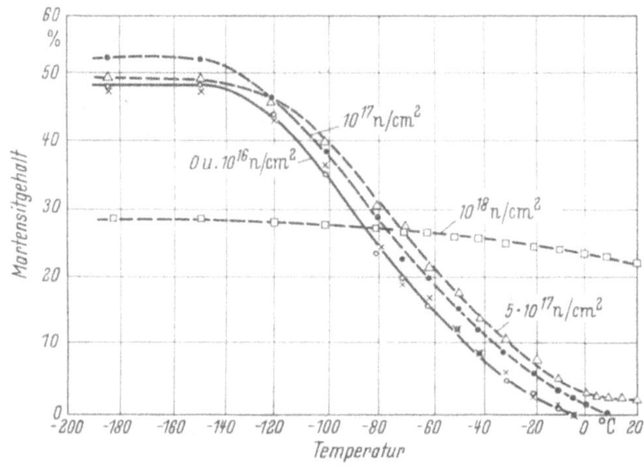

Abb. 62. Einfluß von Neutronenbestrahlung auf die Martensitumwandlung von Chrom-Stahl (5,4% Cr, 0,36% Mn, 0,42% Si, 1,26% C) [107]

Bestrahlung wurden die Proben bis zum Abklingen der induzierten Radioaktivität in flüssigem Stickstoff aufbewahrt und sodann mit unbestrahlten, aber sonst gleich behandelten Proben verglichen. Es ergab sich ein deutlicher Einfluß der Neutronenbestrahlung: während die unbestrahlten Proben keinerlei Anzeichen von Umwandlung aufwiesen, zeigten die bestrahlten Proben deutliche Nester von „Zinnpest". In weiteren Versuchen wurde gezeigt, daß die bestrahlten Proben sich ähnlich verhalten wie Proben, die mit grauem Zinn geimpft waren [*109*]. Ob Punktdefekte, Aggregate von solchen Defekten oder elastische Spannungen in der Nachbarschaft der Störstellen als künstliche Keime wirken, kann noch nicht entschieden werden.

Der Übergang einer Raumtemperaturphase in eine Hochtemperaturphase durch Neutronenbestrahlung wurde in [*110, 111, 95*] beschrieben. Zirkoniumdioxyd, das bis zu 1100 °C monoklin kristallisiert, geht durch ein Neutronenbombardement von 10^{20} n/cm² bei etwa 100 °C in die kubische, erst oberhalb 1900 °C stabile Phase über; auch Bariumtitanat wird durch eine ähnliche Bestrahlung aus der stabilen tetragonalen Kristallform in die kubische Perowskitstruktur übergeführt. Weitere Untersuchungen ergaben, daß völlig hafniumfreies ZrO_2 diesen Umwandlungsvorgang nicht erleidet [*112*]. Dies zeigt, daß den Beimengungen eine wichtige Rolle für die Unterkühlungsfähigkeit der Hochtemperaturphase zukommt. Es wird vermutet, daß es sich im vorliegenden Fall nicht um Hafnium selbst, sondern um eine andere, mit dem Hafnium entfernbare Beimengung handelt.

Modifikationsänderungen wurden auch bei Selen beobachtet, das in glasiger, in zwei monoklinen und in der metallischen hexagonalen Modifikation, welche die stabilste ist, auftritt. Wie in [*76*] gezeigt, geht monoklines Selen durch α-Bestrahlung (Rn, etwa 100 mC) in die hexagonale Modifikation über. Ein Übergang in diese Modifikation tritt auch bei der Bestrahlung von glasigem Selen (hergestellt durch Abschrecken geschmolzenen Selens in Wasser) auf. Wenn auch die auftretenden Linien des hexagonalen Selens gelegentlich nur angedeutet waren, so sind sie doch in einer Reihe von Fällen sehr ausgeprägt zutage getreten.

Eine ähnliche Beschleunigung der Umwandlungsgeschwindigkeit durch α-Bestrahlung wurde auch bei plastischem Schwefel gefunden [*113*]. Auch durch Röntgen- und γ-Strahlung wird die Kristallisation amorphen Schwefels herbeigeführt. Die gleiche Wirkung hat auch β-Bestrahlung, ein Effekt, der übrigens schon vor langem bei durch Sublimation erhaltenen Schwefeltropfen beschrieben worden ist [*114*].

Thermodynamisch wird die Änderung der Umwandlungstemperatur mit dem Druck durch die Clapeyron-Clausius-Gleichung beschrieben. Die spezifischen Volumina der Phasen und die auftretenden Drucke in der Nachbarschaft von Überhitzungsbereichen bestimmen neben der Wärmetönung die Änderung der Umwandlungstemperatur. Dies gibt grundsätzlich die Möglichkeit, Voraussagen, ob thermodynamisch eine Phasenumwandlung durch Bestrahlung möglich ist, zu treffen [*115*].

1.4 Aushärtung von Legierungen. Die Bedeutung eines Korpuskularbeschusses für die mit Umwandlungsvorgängen verknüpfte Aushärtung haben wir oben am Beispiel der Austenit-Martensit-Umwandlung beschrieben. In diesem Punkt sollen Aushärtungsvorgänge behandelt werden, die auf Entmischung zufolge temperaturabhängiger Löslichkeit beruhen. Das bisher am häufigsten untersuchte Material sind Kupfer-Beryllium-Legierungen. Die α-Phase der binären Legierungen ist ein kubisch-flächenzentrierter Mischkristall, die β-Phase kristallisiert kubisch-raumzentriert mit regelloser Atomverteilung, sie zerfällt bei 576 °C eutektoid in α und γ und ist nur oberhalb dieser Temperatur beständig. Auch die γ-Phase kristallisiert kubisch-raumzentriert. Sie weist entsprechend der in ihrem Konzentrationsgebiet enthaltenen Zusammensetzung CuBe regelmäßige Atomverteilung auf. Technisch bedeutsam sind Kupfer-Beryllium-Legierungen mit einem Berylliumgehalt von etwa

2%. Sie werden zunächst durch Homogenisierung bei hohen Temperaturen (etwa 800 °C) und anschließendes Abschrecken in homogenen übersättigten Mischkristallzustand übergeführt. Anlassen auf mittlere Temperaturen führt zur Entmischung, die zunächst in der Ausbildung von Beryllium-Ansammlungen entlang der Würfelflächen des Mischkristallgitters besteht; bei Erhöhung der Anlaßzeit scheidet sich dann das überschüssige Beryllium in Form der γ-Phase (CuBe) aus. Die thermische Behandlung kann zu außerordentlichem Anstieg der Festigkeitseigenschaften führen, welcher den technischen Wert dieser Legierungen bedingt.

Erste Versuche über die Bedeutung einer Neutronenbestrahlung für die Eigenschaftsänderung von Kupfer-Beryllium-Legierungen sind in [*116*] beschrieben. Proben einer Legierung mit 2,15% Be und insgesamt 0,2% Al, Fe und Si wurden nach verschiedener thermischer und mechanischer Vorbehandlung einer Neutronenbestrahlung verschiedener Dosis ausgesetzt. Die auf die Härte bezüglichen Ergebnisse sind in Tab. 20 zusammengestellt. Sehr erheblich sind die im abgeschreckten Zustand durch die Bestrahlung bewirkten Härteanstiege. Die Bestrahlung führt bei den verwendeten Dosen jedoch noch nicht zu den durch thermische Aushärtung erreichbaren Höchstwerten. 50prozentige Kaltverformung der abgeschreckten Legierungen verringert das Ausmaß der zusätzlichen Strahlungshärtung außerordentlich. Nach optimaler thermischer Aushärtung (1 bis 3 Stunden bei 284 °C) bringt die anschließende Bestrahlung nur ganz geringfügige weitere Härteanstiege. Im Maß, in dem die Legierung überaltert ist (Koagulation der γ-Ausscheidung zu größeren Körnern) steigt die Strahlungshärtung an.

Tabelle 20. *Härteanstieg einer* Cu-Be-*Legierung durch Neutronenbestrahlung* [*116*]

Vorbehandlung	Härte R_G vor Bestrahlung	Härte R_G nach Bestrahlung	Änderung
$1{,}8 \cdot 10^{18}$ n/cm²			
Abgeschreckt von 770 °C	14	44	+ 30
+ 50% Kaltreckung	87	87	0
+ 50% Kaltreckung + 1 Std. 300 °C	102	100	− 2
+ 50% Kaltreckung + 1 Std. 500 °C	65	68	+ 3
+ 50% Kaltreckung + 6 Std. 500 °C	55	69	+ 14
+ 50% Kaltreckung + 10 Std. 500 °C	55	71	+ 16
9 10^{19} n/cm²			
Abgeschreckt von 770 °C	18	80	+ 62
+ 50% Kaltreckung	83	95	+ 12
+ 50% Kaltreckung + 1/2 Std. 284 °C	94	98	+ 4
+ 50% Kaltreckung + 1 Std. 284 °C	101	102	+ 1
+ 50% Kaltreckung + 2 Std. 284 °C	100	103	+ 3
+ 50% Kaltreckung + 3 Std. 284 °C	103	104	+ 1
+ 50% Kaltreckung + 1 Std. 396 °C	89	95	+ 6
+ 50% Kaltreckung + 18 Std. 400 °C	67	85	+ 18

Nur geringfügige Änderungen (in der Größenordnung von 1%) weist der Elastizitätsmodul durch Neutronenbestrahlung auf. Erheblich ist die Beeinflussung des elektrischen Widerstands. Grundsätzlich ergibt sich ein ähnliches Bild wie bei der Härte. Große Effekte treten bei homogenisierten Legierungen auf (Widerstandsanstieg bis zu 15,5%). An das Abschrecken anschließende Kaltreckung setzt den Widerstandsanstieg auf unter 2% herab. Anlaßglühungen, die zur höchsten technischen Aus-

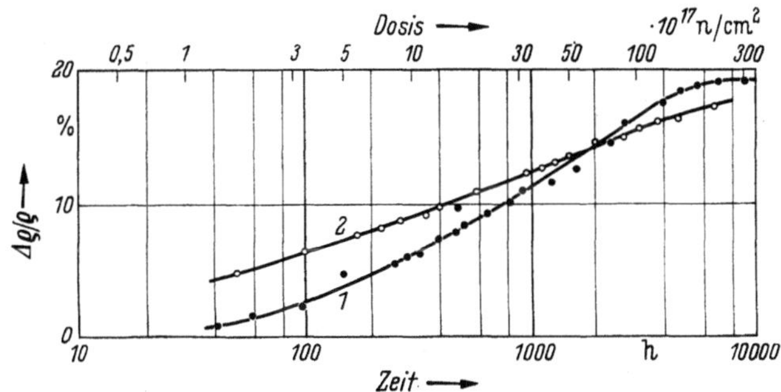

Abb. 63. CuBe: Widerstandsanstieg homogenisierter Legierungen als Funktion der Zeit [*117*]
1 n-bestrahlt; *2* unbestrahlt bei 75 °C angelassen

härtung führen, bringen einen starken Rückgang der Änderung des Widerstands, der bei Überalterung der Legierungen wieder ansteigt. Der Umstand, daß der α-Mischkristall volumsmäßig weitaus überwiegt, bedingt es, daß die beobachteten Widerstände vornehmlich durch die Berylliumkonzentration dieses α-Mischkristalls bedingt sind.

Sehr eingehend wurden die Verhältnisse in [*117*] untersucht. Die Neutronenbestrahlung wurde dabei mit einem Flux von etwa $1 \cdot 10^{12}$ schnellen und $0{,}4 \cdot 10^{12}$ thermischen Neutronen/cm² sek durchgeführt, wobei die Temperatur der Proben zwischen 0 und 40 °C gehalten wurde. Die Dosis erstreckte sich bis zu etwa $3 \cdot 10^{19}$ n/cm². Die Ergebnisse der vorangegangenen Arbeit konnten bestätigt und erweitert werden. Abb. 63 bringt den Widerstandsanstieg homogenisierter Proben als Funktion der Dosis. Miteingezeichnet in die Abbildung ist der Widerstand einer homogenisierten unbestrahlten Probe, wie er durch Anlassen bei 75 °C bis zu etwa 7000 Stunden erhalten wird. Der ähnliche Verlauf beider Kurven wird als Hinweis dafür aufgefaßt, daß die Anlaßbehandlung bei niedrigen Temperaturen und die Neutronenbestrahlung gleichartige Vorgänge in den Proben bedingen.

Ausführlich wird auch das Problem der Rückbildung untersucht. Das Ergebnis ist in Abb. 64 zusammengefaßt, die die Rückbildung von bestrahlten und 122 Stunden bei 125 °C angelassenen Proben sowohl für die Härte als auch für den spezifischen Widerstand darstellt. Als Maß der Rückbildung ist dabei der Quotient $\Delta P'/\Delta P$ verwendet, worin $\Delta P'$

die Änderung der Eigenschaft durch Erholung, ΔP die ursprüngliche Änderung der Eigenschaft durch Bestrahlung oder Aushärtung bei 125 °C bedeutet. Wenn auch sehr erhebliche Streuungen zutage treten, so zeichnen sich doch deutlich zwei verschiedene Gebiete ab, in deren einem der Widerstand, in deren anderem die Härte rückgebildet werden, unabhängig davon, ob die ursprüngliche Änderung der Eigenschaft durch die Bestrahlung oder durch Anlaßglühung bei 125 °C herbeigeführt worden war.

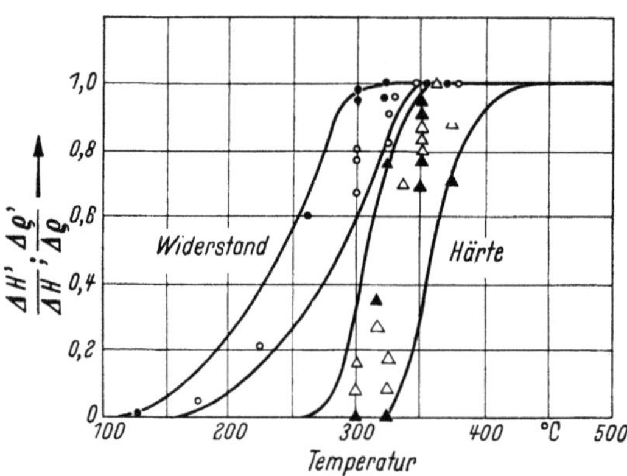

Abb. 64. CuBe: Temperaturabhängigkeit der Rückbildung von Härte- und Widerstandsänderung [117] Widerstand: ○ bestrahlt; ● unbestrahlt 122h bei 125 °C angelassen. Härte: △ bestrahlt; ▲ unbestrahlt 122h bei 125 °C angelassen

Auch dieses Ergebnis bestärkt die Autoren in der Auffassung, daß die durch Bestrahlung bewirkten Änderungen in den übersättigten Mischkristallen weitgehend den durch Aushärtung bei niedrigen Temperaturen (etwa 100 °C) entsprechen. Sie vermuten daher, daß auch durch die Bestrahlung eine Keimbildung von γ-Ausscheidung eintritt, weisen aber gleichzeitig darauf hin, daß die Keime, welche für die Widerstandserhöhung verantwortlich sind, andere seien als die, welche den Härteanstieg bedingen.

In [*118*] wird im Gegensatz zu der bisher geschilderten Auffassung die Ansicht vertreten, daß die durch Bestrahlung bewirkten Erscheinungen in Kupfer-Beryllium-Legierungen vorwiegend durch eine unmittelbare Wirkung der eingebrachten Frenkel-Defekte für das Durchlaufen von Versetzungen und Elektronenwellen zu deuten sind und nicht durch eine Beeinflussung der Entmischung.

Demgegenüber sei jedoch auf Versuche hingewiesen, in welchen die Neutronenbestrahlung auch bei niedrigen Temperaturen (etwa 27 und − 153 °C) vorgenommen wurde [*119*]. Es ergab sich, daß der Widerstandsanstieg bei − 153 °C bei gleicher Dosis etwa nur 25% des für eine Bestrahlungstemperatur von 27 °C gültigen beträgt. Wird zunächst bei tiefer Temperatur und anschließend bei 27 °C bestrahlt, so stimmt die Gesamtänderung des Widerstands etwa überein mit der für eine Ausführung der Gesamtbestrahlung bei 27 °C. Hieraus wird der Schluß gezogen, daß der Hauptteil der Widerstandserhöhung wahrscheinlich auf Mikrodiffusion beruht.

Zur Prüfung der Frage des Einflusses von α-Bestrahlung auf Cu-Be-Legierungen wurden in [*120*] Drähte von 0,04 mm Durchmesser einer Legierung mit 1,7% Be steigender Bestrahlung durch ein Polonium-Präparat (etwa 40 mC) unterworfen. Die Drähte wurden bei Raumtemperatur im homogenisierten (Abschrecktemperatur 800 °C) und im ausgehärteten Zustand (2 Stunden 320 °C) der Einwirkung der α-Strahlen von 5,4 MeV mit einer aus der geometrischen Anordnung geschätzten maximalen Dosis von 10^{14} α/cm^2 ausgesetzt. Abb. 65 zeigt den Anstieg des Widerstands für homogenisierte und ausgehärtete Proben, und zwar gemessen sowohl bei 20 °C als auch bei − 190 °C. Wie bei den neutronenbestrahlten Proben ist die Wirkung der Bestrahlung bei den homogenisierten Proben erheblich größer als bei den ausgehärteten. Absolut bleibt der Effekt um mehr als eine Größenordnung hinter dem durch Neutronenbestrahlung zurück. Da die Zahl der Projektile bei der α-Bestrahlung jedoch um etwa 6 Größenordnungen kleiner ist, folgt, daß ein eingeschossenes α-Teilchen eine erheblich größere Störung für den Durchgang von Leitungselektronen hervorruft als ein einfallendes Neutron.

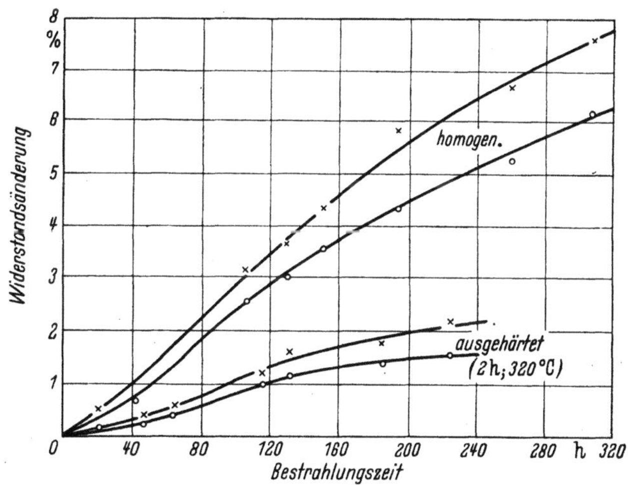

Abb. 65. CuBe: Widerstandsänderung homogenisierter und ausgehärteter Proben durch α-Beschuß [*120*]
○ bei 20 °C, × bei − 190 °C gemessen

Bestrahlungen an aushärtbaren Nickel-Beryllium-Legierungen (2,5 Gew.-% = 15,2At.-% Be) sind in [*121*] beschrieben. Die Proben wurden zunächst bei 1120 °C homogenisiert und in Wasser abgeschreckt. Gemessen wurde die Curie-Temperatur, wobei die Proben den Kern einer Spule, deren Induktanz verfolgt wurde, bildeten. Zunächst ergab sich, daß Bestrahlung bei etwa 35 °C keinerlei Einfluß auf spezifischen Widerstand [*117*] und Curie-Temperatur hat. Abb. 66 bringt die Ergebnisse einer Vorbehandlung bei 300 °C. Die Curie-Temperatur ist als Schnitt der geradlinigen Extrapolation des abfallenden Kurvenastes mit der Horizontalen, welche der Induktion ohne Spule entspricht, gegeben. Für den homogenisierten Ausgangszustand führt dieses Vorgehen zu einer Curie-Temperatur von 52,2 °C, für Proben, die 30 Tage bei 300 °C angelassen wurden, auf 94 °C und schließlich für Proben, die 30 Tage bei 300 °C neutronenbestrahlt waren ($4 \cdot 10^{17}$ n/cm²), auf 121,5 °C. Auf Grund der linearen Beziehung zwischen Curie-Temperatur und Berylliumgehalt der Mischkristall-Legierung [*122*] ergibt sich die Berylliumkonzentration der homogenisierten Proben zu 14,65, die der angelassenen zu 12,65 und schließlich die der bestrahlten zu 11,35 At.-%. Dies bedeutet also, daß sich die Mischkristallkonzentration zufolge der Bestrahlung mit schnellen Neutronen um 1,2 At.-% Beryllium verringert hat.

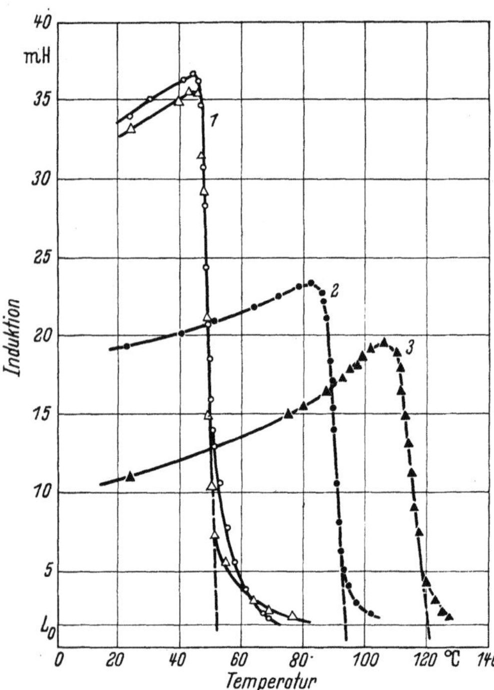

Abb. 66. NiBe: Magnetische Induktion in Abhängigkeit von der Vorbehandlung [*121*]
1 Ausgangswerte; *2* ein Monat bei 300 °C angelassen; *3* ein Monat bei 300 °C bestrahlt ($4 \cdot 10^{17}$ n/cm²)

Welcher Mechanismus für die Beschleunigung der Entmischung durch die Bestrahlung maßgebend ist, kann im einzelnen noch nicht angegeben werden, wohl aber ist zu vermuten, daß die erzeugten Frenkel-Defekte die Diffusionsgeschwindigkeit erhöhen. Die Tatsache, daß bei Raumtemperatur kein Effekt gefunden wurde, scheint darzutun, daß Überhitzungsbereiche keine wesentliche Rolle bei der Erscheinung spielen, denn dann würde ja der Bestrahlungstemperatur keine so entscheidende Rolle zukommen.

In übersättigten Aluminium-Silber-Legierungen wurde durch Kleinwinkelaufnahmen der Einfluß einer Neutronenbestrahlung auf das Wachstum von Guinier-Preston-Zonen verfolgt. Es zeigte sich, daß in Folien einer 20prozentigen Al-Ag-Legierung, die zunächst von 52 °C abgeschreckt und anschließend verschiedene Zeiten bei 20, 100 und

150 °C angelassen wurden, eine Neutronenbestrahlung von 10^{19} n/cm² bei etwa 40 °C die Wachstumsgeschwindigkeit der blättchenförmigen Silberansammlungen bei anschließender neuerlicher Anlaßbehandlung deutlich herabsetzt. Für eine bestimmte Zonengröße sinkt diese Verlangsamung mit steigender Temperatur, sie sinkt bei konstanter Temperatur mit steigender Ausgangsgröße der Zone [*123*].

Tabelle 21. *Einfluß von Neutronenbestrahlung* (10^{20} n/cm²) *auf die Entmischung von Kupfer-Eisen-Legierungen* (3,25% Fe) [*124*]

Temperatur in °C	Zeit in Min.	Widerstandsänderung in %
700	10	− 4,9
700	60	− 5,6
550	10	12,1
550	60	10,9
550	240	1,0
400	10	35,6
400	60	32,1
400	240	30,1
homogenisiert und abgeschreckt		5,8

Ergebnisse von Bestrahlungsversuchen mit Kupfer-Eisen-Legierungen (3,25% Fe), bei denen auch angelassene Proben untersucht wurden, sind in Tab. 21 enthalten. Man erkennt, daß Neutronenbestrahlung (10^{20} n/cm²) in homogenisierten und abgeschreckten Proben eine Widerstandserhöhung ergibt. Auch in bei mäßigen Temperaturen angelassenen Proben steigt durch den Neutronenbeschuß der Widerstand, bei 700 °C angelassene Proben zeigen dagegen eine geringfügige Abnahme des Widerstands durch die Bestrahlung. Erklärt wird dieses Verhalten dadurch, daß Ausscheidungen geringer Korngröße, wie sie bei niedrigen Anlaßtemperaturen entstehen, durch Neutronenbestrahlung sich aufzulösen trachten, Ausscheidungen gröberer Korngröße dagegen weiter wachsen [*124*].

1.5 Mikrostruktur. Aus jüngster Zeit stammen einige elektronenmikroskopische Untersuchungen des Mikrogefüges bestrahlter Proben. In bei −196 °C mit einer Dosis von 10^{18} n/cm² bestrahltem Aluminium traten Versetzungsschleifen und gewundene Versetzungen auf [*125*]. Analog wurden auch in Kupfer nach Bestrahlung bei Raumtemperatur mit $6{,}7 \cdot 10^{17}$ n/cm² kleine Verformungsgebiete (Durchmesser < 100 Å) in Durchleuchtungsaufnahmen beobachtet. Eine Reihe von ihnen konnte klar als Versetzungsschleifen erkannt werden [*126*]. Erhöhung der Dosis auf $1{,}4 \cdot 10^{20}$ n/cm² führt zu einer hohen Konzentration viel größerer Versetzungsschleifen. In Nickelfolien von 1000 bis 2000 Å Stärke konnte dagegen bis zu einem Neutronenflux von 10^{19} n/cm² keinerlei strukturelle Änderung bei der benutzten Vergrößerung bis 65000fach beobachtet werden [*127*]. Allerdings traten Änderungen im Durchstrahlungsbild ein, wenn bestrahlte Folien von 0,1 mm Stärke nach der Bestrahlung einer Reckung um etwa 2% unterzogen und anschließend durch Schleifen und Polieren auf etwa 1000 Å Dicke gebracht wurden. Aufnahmen bestrahlter Proben zeigen nun Versetzungsschleifen und gewundene Versetzungen; im Bild unbestrahlter Proben fehlen dagegen die Versetzungsschleifen.

Oberflächenprüfung mit Licht- und Elektronenmikroskopie von LiF ergab, daß durch Neutronenbestrahlung weder eine Bewegung von Versetzungen noch das Auftreten von veränderten Ätzbereichen herbeigeführt wird. Für Dosen $> 10^{15}$ n/cm² trat eine allgemeine Aufrauhung der Oberfläche ein, die sich bei weiterer Erhöhung der Dosis nicht mehr wesentlich veränderte. Diese Erscheinung wird auf die gebildeten FRENKEL-Defekte zurückgeführt; jedenfalls scheint sie nichts mit dem durch Kernreaktion gebildeten Helium zu tun zu haben, da auch in elektronenbestrahlten Kristallen (etwa $5 \cdot 10^{15}$ e/cm², $E = 1{,}5$ MeV) die gleiche Beeinflussung der Ätzbarkeit auftritt [*128*]. Glühbehandlung bestrahlter Proben führt zum Auftreten von Hohlräumen, die kristallographische Begrenzungen aufweisen, wenn die Anlaßtemperaturen über 600 °C liegen. Abb. 67 zeigt durch Würfelflächen begrenzte Hohlräume in einem mit einer Dosis von 10^{17} n/cm² bestrahlten LiF-Kristall, der anschließend an die Bestrahlung 24 Stunden bei 800 °C angelassen worden war. In gesonderten Versuchen wird bewiesen, daß es sich bei diesen Hohlräumen nicht um die Wirkung von gebildetem Helium handelt, sondern daß sie wahrscheinlich durch Agglomeration von Leerstellen, die durch Verlust von Fluor, das aus dem Kristall durch Diffusion entwichen ist, entstanden sind.

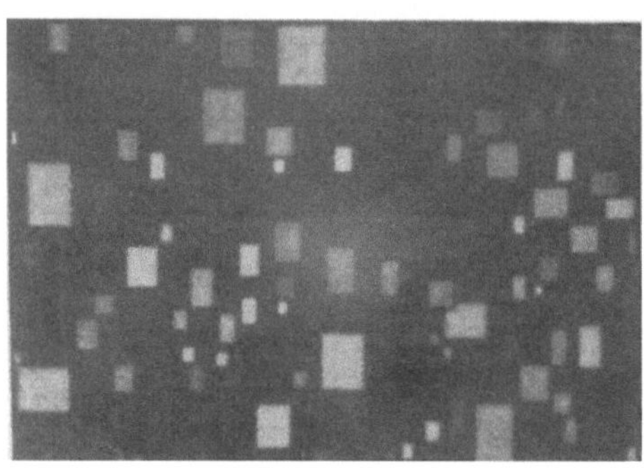

Abb. 67. Kristallographisch begrenzte Löcher in LiF, das neutronenbestrahlt (10^{17} n/cm²) und dann 24^h bei 800 °C angelassen wurde; $V \sim 400$ [*128*]

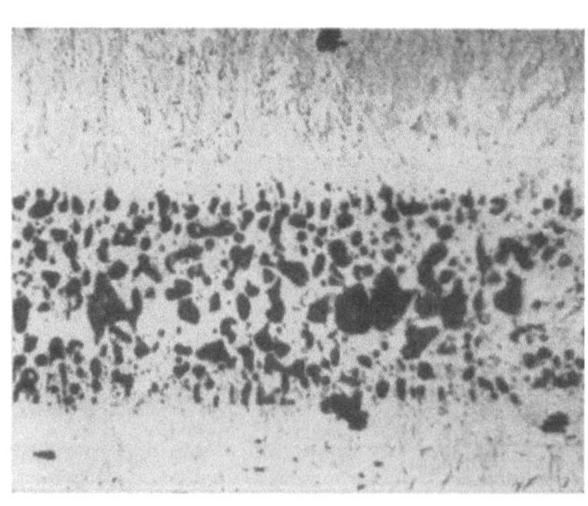

Abb. 68. α-bestrahltes Beryllium (Ende der α-Reichweite); 1^h bei 1150 °C geglüht; $V \sim 200$ [*129, 130*]

Sehr zu beachten sind hingegen die Wirkungen von bei der Spaltung von Brennstoffen bzw. durch (n, α)-Prozesse in Lithium, Bor, Beryllium und Magnesium gebildeten Gasmengen. Hierüber wird später ausführlicher gesprochen, hier seien nur Kurzversuche erwähnt, in denen Beryllium und Kupfer unmittelbar einem α-Beschuß ausgesetzt worden sind [*129*]. Abb. 68 zeigt als Beispiel das Auftreten einer Reihe von Gasblasen am Ende der Reichweite der eingeschossenen α-Partikel (40 MeV). Durch eine an die Bestrahlung anschließende Glühung ist eine Koagulation der zunächst sehr feinen, an den Korngrenzen gebildeten Blasen eingetreten. Abb. 69 zeigt die entlang der Korngrenzen von α-bestrahltem Kupfer durch Glühbehandlung gebildeten Korngrenzensäume von Gasblasen.

Die Frage, ob das Korngefüge durch Bestrahlung eine Änderung erfährt, ist heute noch nicht mit Sicherheit zu beantworten. In [*132*] sind Versuche beschrieben, welche zeigen, daß in weichgeglühtem Kupfer und Nickel eine Neutronenbestrahlung bei Temperaturen zwischen 250 und 300 °C von etwa $1{,}2 \cdot 10^{20}$ n/cm^2 ein gewisses Kornwachstum erbrachte. Die mittleren Korndurchmesser stiegen bei Kupfer von 32 auf 43 μ, bei Nickel von 68 auf 103 μ. Entgegen der üblichen Erweichung durch Rekristallisation, trat gleichzeitig ein gewisser Härteanstieg ein. Besonders ausgeprägte Änderungen traten bei Neutronenbestrahlung ($2 \cdot 10^{20}$ n/cm^2) in Zirkonium auf. Hier wurde bei Bestrahlungstemperaturen von 250 °C außer dem Auftreten von Deformationszwillingen Kornverfeinerung durch Rekristallisation beobachtet.

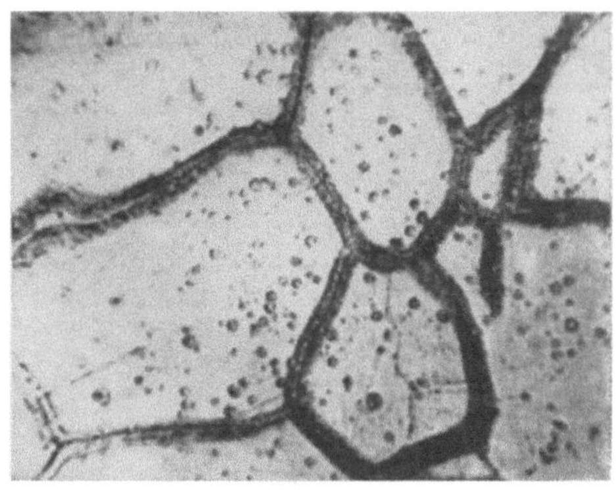

Abb. 69. α-bestrahltes Kupfer (Schnitt senkrecht zur Richtung der α-Strahlen); 1^h bei 750 °C geglüht; $V \sim 550$ [*129, 131*]

Diesem Befund stehen Ergebnisse entgegen [*133*], die an bestrahlten Proben von Kupfer, Nickel, Titan, Zirkonium, Eisen und Molybdän mit Bestrahlungsdosen von 2 bis $7 \cdot 10^{19}$ n/cm^2 erhalten wurden. Metallographische Prüfung ein und desselben Schliffbereichs vor und nach Bestrahlung und nach einer Anlaßbehandlung zur Beseitigung der Verfestigungseffekte der Bestrahlung konnte keine Änderung der Korngröße in den untersuchten Proben feststellen. Weitere experimentelle Beiträge zur Frage der Beeinflussung des Mikrogefüges durch Bestrahlung sind erforderlich. Insbesondere ist das Verhalten bestrahlter Proben zu klären, die sehr viel höhere Störstellendichten aufweisen als neutronenbestrahlte (Protonen-, Deuteronen- und α-Beschuß).

2. Physikalische und technologische Eigenschaften von Metallen und Legierungen

Während im Abschnitt über Gitterstruktur und Gefüge die Bestrahlungswirkungen allgemein erörtert wurden, beschränkt sich dieser, die physikalischen und technologischen Eigenschaften betreffende Abschnitt, auf Metalle und Legierungen. Halbleiter, Ionenkristalle und Isolatoren sowie Hochpolymere werden in getrennten Abschnitten kurz besprochen. Betont sei nochmals, daß Metalle, die im Reaktorbau Verwendung finden, in entsprechenden späteren Kapiteln behandelt werden.

2.1 Dichte. Zur Messung der Dichteänderung durch Korpuskularbeschuß müssen wegen der Kleinheit des Effekts sehr empfindliche Meßverfahren benutzt werden. In [*134*] wurden zur Ermittlung der Volumsänderung von Kupfer durch Deuteronenbeschuß Rohre von 0,52 mm Wandstärke verwendet, die der Eindringtiefe der Deuteronen (21 MeV) entsprach. Die Rohre wurden gebogen, durch Anlassen von Spannungen befreit und bei tiefen Temperaturen (– 196 °C) einseitig der Deuteronenbestrahlung bis zu $2 \cdot 10^{17}$ d/cm² ausgesetzt. Aus der mit Spiegelablesung verfolgten Änderung des Biegezustands konnte auf die Volumsänderung der bestrahlten Teile des Rohres geschlossen werden. Die beobachteten Volumsänderungen reichen bis 0,017%, entsprechend einer Längenänderung von etwa 0,006%.

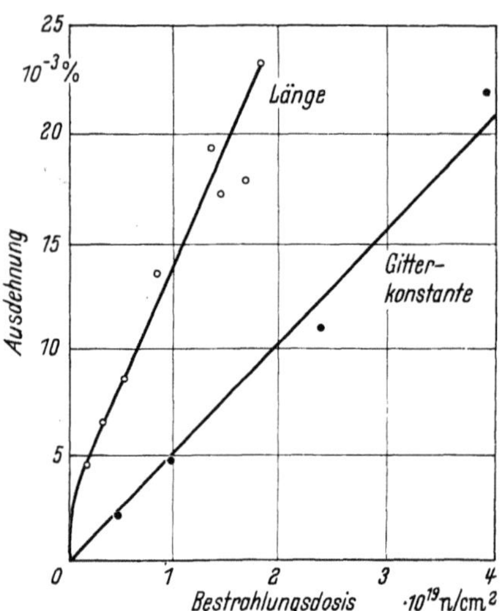

Abb. 70. Änderung von Länge und Gitterkonstante von Molybdän durch Neutronenbestrahlung [*136*]

Bestrahlungsversuche mit Deuteronen an Kupferfolien bei sehr viel tieferen Temperaturen (17 °K) sind in [*135*] beschrieben. Durch mikroskopische bzw. photographische Kontrolle der Probenlänge ergab sich linearer Anstieg der Länge mit der Bestrahlungsdosis, wobei bei einer maximalen Dosis von $8 \cdot 10^{16}$ d/cm² eine Verlängerung von 0,026% erzielt wurde. Für die Wirkung von einem Deuteron je cm² (E = 8,5 MeV) folgt daraus eine Verlängerung von $3{,}8 \cdot 10^{-19}$%.

Auf Neutronenbestrahlung beziehen sich Messungen an Molybdän, bei denen außer der mit einem Komparator verfolgten Längenänderung auch Präzisionsbestimmungen der Gitterkonstanten erfolgten. Abb. 70

gibt die prozentuale Verlängerung und den prozentualen Anstieg der Gitterkonstanten als Funktion der Neutronenbestrahlung bei 30 °C wieder. Beim Vergleich der beiden Kurven ist zu berücksichtigen, daß die Röntgenuntersuchung an pulverförmigem Material anderen Reinheitsgrads durchgeführt worden war. Dennoch wird vermutet, daß die Längenänderung größer ist als die Zunahme der Gitterkonstanten. Für eine Deutung eines solchen Unterschieds wird darauf hingewiesen, daß die Aktivierungsenergie für die Wanderung von Zwischengitteratomen geringer ist als die für die Wanderung von Leerstellen, d.h. also, daß sich die Zwischengitteratome an der Oberfläche anlagern können.

Auf Legierungen, die zwischen 21 und 60 °C einer Neutronenbestrahlung von $3{,}5 \cdot 10^{20}$ schnellen Neutronen je cm^2 ausgesetzt waren, beziehen sich die in Tab. 22 enthaltenen Angaben. Der Fehler bei dieser Dichte-

Tabelle 22. *Dichteänderung von Legierungen durch Neutronenbestrahlung* [*137*]

Material	mittlere Dichte unbestrahlt in g/cm³	mittlere Dichte Änderung in %
SA 212 (C-Stahl)	7,850	0,0
316 (< 0,1% C, 16–18% Cr, 10–14% Ni, 2–3% Mo)	7,995	− 0.06
347 (< 0,08% C, 17–20% Cr, 8–12% Ni, Nb 10fach C)	7,938	− 0,09
347 + Ta	7,942	− 0,04
410 (< 0,15% C, 11,5–13,5% Cr)	7,675	− 0,05
Ni-A	8,894	− 0,07
Monel	8,836	− 0,05
Stellit 3	8,550	+ 0,06
Stellit 6	8,330	+ 0,11

bestimmung betrug ± 0,05%. Die beobachteten Effekte liegen zum Teil innerhalb, sonst nur knapp außerhalb der Meßgenauigkeit. Bei den Stelliten wird im Gegensatz zum Verhalten der übrigen Materialien ein geringer Dichteanstieg durch die Bestrahlung verursacht. Dichteabnahmen von 0,3 bis 0,6% sind bei Cermets aus Wolfram- und Tantalcarbiden mit Cobalt und Titancarbiden mit Nickel beobachtet worden.

2.2 Elastische Eigenschaften und Dämpfung. Zunächst seien hier systematische Untersuchungen über den Einfluß einer Neutronenbestrahlung auf den Elastizitätsmodul und die Dämpfung von Kupferkristallen beschrieben [*138*, *139*, *34*, *140*]. Für Raumtemperaturbestrahlung gibt Abb. 71 bis zu einer Dosis von $4 \cdot 10^{12}$ schnellen Neutronen/cm^2 das Verhalten des Elastizitätsmoduls und der Dämpfung wieder. Man erkennt den schon bei sehr kleinen Dosen einsetzenden Anstieg des Moduls und den schroffen Abfall der Dämpfung. In beiden Fällen deutet der Kurvenlauf auf die Erreichung einer Sättigung schon bei relativ geringer Gesamtbestrahlung. Der Anstieg des Elastizitätsmoduls liegt im betrachteten Beispiel bei etwa 2,5%, während die Dämpfung auf weniger als ein Achtel des Ausgangswertes abfällt. In einem anderen Versuch sank die Dämpfung bis auf ein Zwanzigstel des Ausgangswerts.

Durch Untersuchung von Kristallen verschiedener Orientierung wurde auch der Einfluß der Bestrahlung auf die elastische Anisotropie des Kupfers geprüft. Der lineare Zusammenhang zwischen $1/E$ und der Orientierungsfunktion Γ [Gl. (II, 1 a)] ist für unbestrahlte und bis zur Sättigung neutronenbestrahlte Kristalle in Abb. 72 dargestellt. Man erkennt, daß die Neigung der Geraden keine wesentliche Änderung durch die Bestrahlung erfährt. Der Schnittpunkt dieser Geraden mit der Ordinatenachse gibt den reziproken Elastizitätsmodul parallel einer Würfelkante, der gegeben ist durch den elastischen Parameter s_{11}. Durch die Bestrahlung ist eine Abnahme um 2% eingetreten. Um den Einfluß der Bestrahlung auch auf die Konstanten s_{12} und s_{44} zu ermitteln, wären außer den Zugversuchen auch Torsionsversuche heranzuziehen.

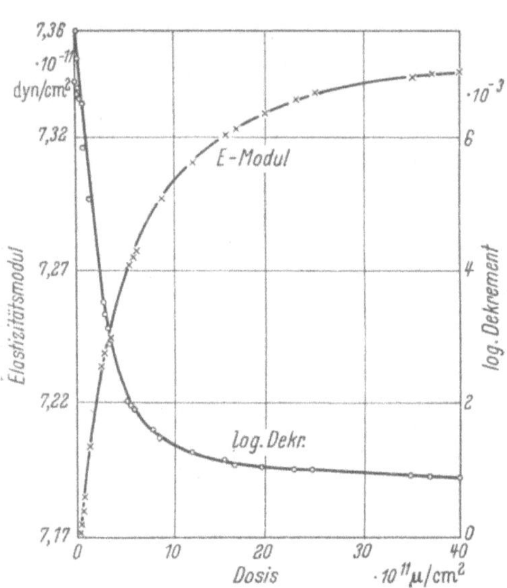

Abb. 71. Elastizitätsmodul und logarithmisches Dekrement eines Kupferkristalls in Abhängigkeit von der Neutronenbestrahlung [34]

Auf den Einfluß von Elektronenbestrahlung (1 MeV) auf den Elastizitätsmodul reinen Kupfers bezieht sich Abb. 73. Sie läßt ebenfalls erkennen, daß schon bei sehr kleinen Dosen der anfängliche Anstieg des Elastizitätsmoduls zu einem Maximum von etwa 1,9% führt, bei weiterer Erstreckung der Bestrahlung fällt der Elastizitätsmodul langsam ab.

Die ausgeprägten Effekte schon bei kleinen Bestrahlungsdosen finden ihre Deutung durch die zusätzliche Verankerung von Versetzungslinien durch die durch die Bestrahlung erzeugten Frenkel-Defekte, das Wiederabsinken des Elastizitätsmoduls nach Durchschreiten eines Maximums kann durch die steigende Mitwirkung von Verformungsenergie in der Umgebung der Frenkel-Defekte erklärt werden (vgl. S. 82). Eine Stütze finden diese Erklärungen durch die Ergebnisse von Versuchen über die Temperaturabhängigkeit der Beeinflussung des Elastizitätsmoduls. Neutronenbestrahlung bei etwa 21 °K an Kupferkristallen ergab ähnliche Effekte für den Elastizitätsmodul und die Dämpfung wie Bestrahlung bei Raumtemperatur, wobei jedoch die Dosis, die bei der tiefen

Temperatur zur Sättigung führt erheblich höher lag [140]. Bei tiefen Temperaturen (90 °K) mit geringen Dosen elektronenbestrahltes Kupfer erbrachte zunächst einen Elastizitätsmodulanstieg um 0,31%, mehrstündige Lagerung bei Raumtemperatur und anschließende Messung wieder bei tiefer Temperatur führte zu einer Gesamterhöhung um fast 1% [32]. Verantwortlich für den Anstieg des Effekts bei höherer Temperatur ist die leichtere Diffusion der Fehlstellen, die im Sinne der Verankerungstheorie nun in größeren Bereichen Versetzungslinien lokal festlegen (als Wirkungsweite der Defekte werden etwa 3 Atomabstände angegeben). Eine weitere Stütze findet die Blockierungstheorie durch Ergebnisse von Versuchen, in denen Kupferproben *verschiedener Vorgeschichte* einer Elektronenbestrahlung bei tiefer Temperatur ausgesetzt worden sind. Abb. 74 läßt erkennen, daß nach geringer Kaltbearbeitung der Proben der größte Effekt beobachtet wird, im Gegensatz zu dem Verhalten vieler anderer Eigenschaften, die sich im geglühten Material am stärksten mit der Bestrahlungsdosis ändern (vgl. z. B. S. 134).

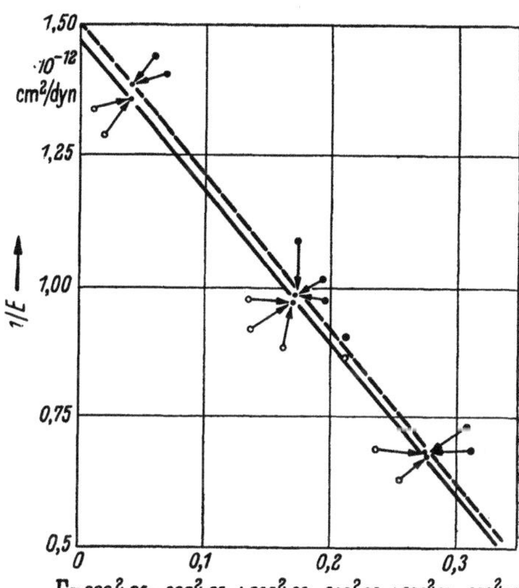

Abb. 72. Elastische Anisotropie von Kupferkristallen ● unbestrahlt [141]; ○ neutronenbestrahlt ($4 \cdot 10^{12}$ n/cm²) [34]

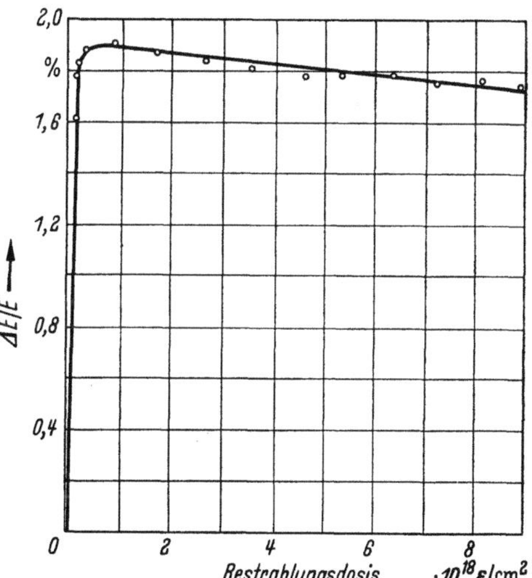

Abb. 73. Elastizitätsmodul eines elektronenbestrahlten Kupferkristalls als Funktion der Dosis [32]

Auch durch γ-Bestrahlung (1,5 MeV, Co^{60}) bei Raumtemperatur treten in Kupferkristallen deutliche Erhöhungen des Elastizitätsmoduls und Abnahmen der Dämpfung ein [142]. Die Effekte sind in völliger Übereinstimmung mit der oben erörterten Deutung durch Verankerung von Versetzungslinien durch Gitterdefekte. Gebildet werden diese Defekte durch Zusammenstöße mit den durch die γ-Bestrahlung gebildeten COMPTON- und Photoelektronen.

Den Einfluß einer Neutronenbestrahlung auf die Dämpfung von Magnesium, Aluminium und Kupfer gibt Tab. 23 wieder. Die Arbeit

Tabelle 23. *Änderung der Dämpfung durch Neutronenbestrahlung* [*143*]

Metall	Dämpfung in 10^{-3}, bestrahlt mit n/cm²				
	unbestrahlt	$2 \cdot 10^{16}$	$3 \cdot 10^{17}$	$2 \cdot 10^{20}$	$5 \cdot 10^{20}$
Mg	1,42	1,32	1,25		
Al	1,20		1,05		
Cu	1,65	1,40	0,85	0,70	0,70

stellt den durch Bestrahlung bedingten Effekten die durch Kaltreckung erhaltenen gegenüber, die ganz analog sind. Zur Deutung wird ebenfalls die Blockierung von Versetzungslinien herangezogen.

In [*144*] finden sich Angaben über den Einfluß von Neutronenbestrahlung auf die Kompressibilität von Magnesium und Aluminium. Durch

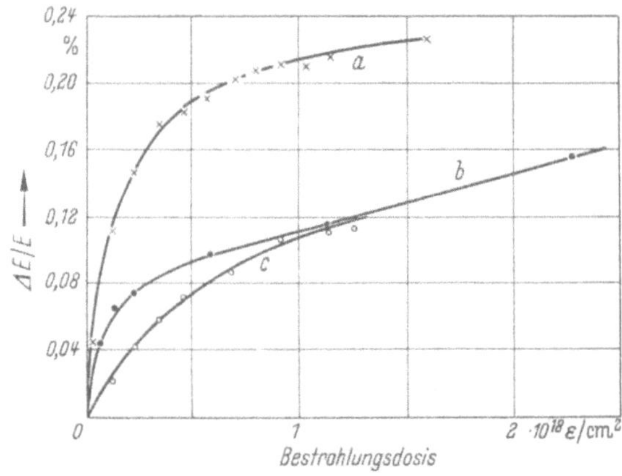

Abb. 74. Elastizitätsmodul von elektronenbestrahlten Kupferkristallen als Funktion der Dosis [*32*] *a* schwach kaltbearbeitet; *b* angelassen; *c* stark kaltbearbeitet

eine Dosis von etwa 10^{19} n/cm² werden Änderungen bei Raumtemperatur von etwa 5% gefunden.

2.3 Spezifischer Widerstand. Über die Bedeutung eines Korpuskularbeschusses für den spezifischen Widerstand von Mischkristall-Legierungen, in denen hierdurch Änderungen des Ordnungsgrads oder der Konzentration auftreten, ist bereits in den Punkten 1.2 und 1.4 dieses Kapitels berichtet worden. Diese Widerstandsänderungen können beim Übergang vom geordneten in den ungeordneten Zustand sehr erheblich sein und 100% übersteigen. Vergleichsweise wurde weiterhin auch schon hervorgehoben, daß die Widerstandserhöhung, die ausschließlich auf durch die Bestrahlung erzeugte FRENKEL-Defekte zurückgeht, erheblich geringer ist (beobachtet durch Protonenbeschuß von ungeordneten Cu-Au-Proben). In diesem Punkt soll ein Überblick über derartige Bestrahlungseffekte auf den spezifischen Widerstand gegeben werden, bei denen Änderungen in der Verteilung der Gitterpunkte nicht auftreten.

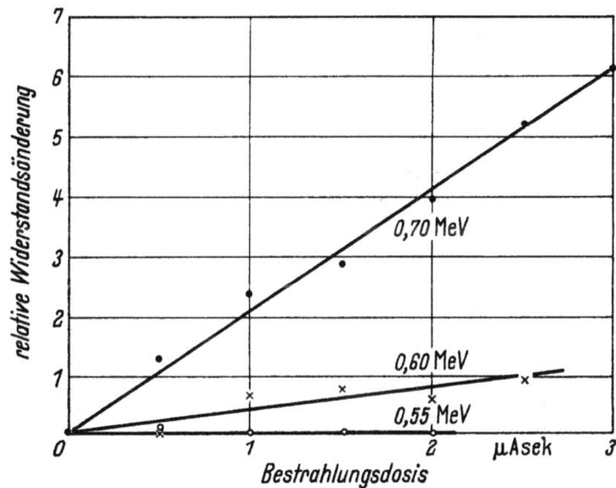

Abb. 75. Widerstandsänderung von Nickelfolien durch Elektronenbestrahlung [*145*]

In Abb. 75 ist zunächst die Änderung des spezifischen Widerstands dünner Nickelproben als Funktion der Bestrahlungsdosis mit Elektronen verschiedener Energie dargestellt. Bestrahlung und Messung erfolgte bei Helium-Temperatur. Man erkennt, daß der Widerstand linear mit der Dosis ansteigt, außerdem daß eine bestimmte Schwellenenergie der Elektronen für eine Widerstandserhöhung erforderlich ist. Wird diese unterschritten, so reicht die bei Zusammenstößen der einfallenden Partikel mit den Gitteratomen übertragene Energie nicht mehr zur Verlagerung der Gitterpunkte aus. Auf Grund der Formel (III,1 a) läßt sich somit aus derartigen Versuchen die Verlagerungsenergie der Gitteratome experimentell ermitteln. Tab. 24 gibt einige auf diese Weise erhaltene Werte der Verlagerungsenergie wieder. Sie sind in guter Übereinstimmung mit der schon eingangs erwähnten theoretischen Abschätzung (25 eV).

Tabelle 24. *Energie, die zur Verlagerung eines Gitterbausteins nötig ist*

Material	Verlagerungsenergie in eV	Literatur
Kupfer	25 ± 1	[*147*]
γ-Eisen	27 ± 1	[*104*]
Nickel	35 ± 2	[*145*]
Germanium	30	[*148*]

Die Ergebnisse von Bestrahlungsversuchen mit Neutronen sind in Abb. 76 zusammengestellt. Die Reaktorbestrahlung und Widerstands-

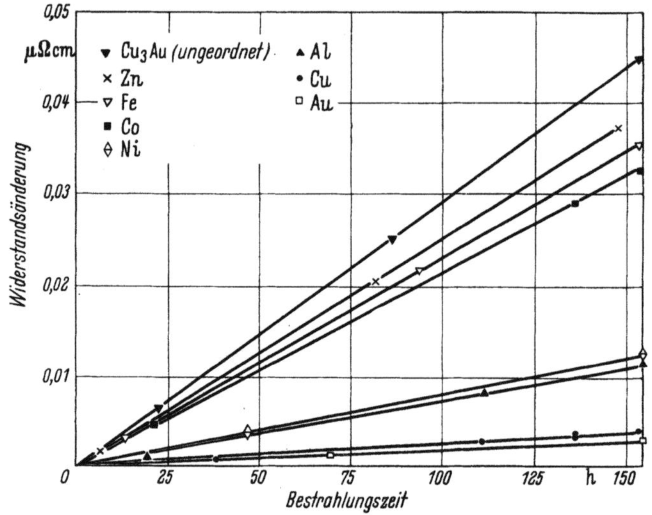

Abb. 76. Widerstandsanstieg von Metallen durch Neutronenbeschuß [*149*]

messung erfolgte wieder bei sehr tiefen Temperaturen (18 °K), so daß Erholungswirkungen weitgehend ausgeschaltet sind. Mitaufgenommen in die Abbildung ist auch das Widerstandsverhalten einer neutronen-

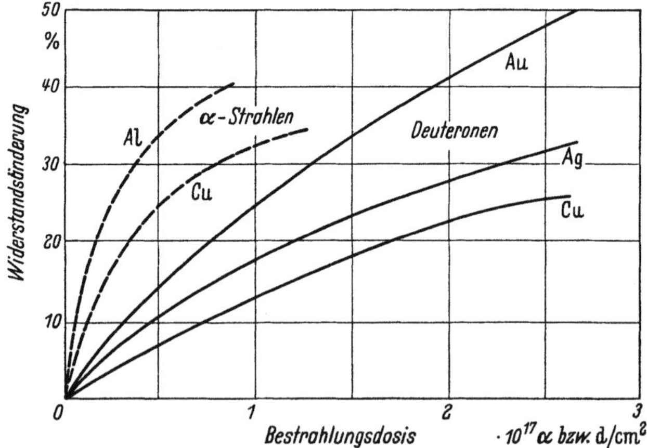

Abb. 77. Widerstandsanstieg von Metallen durch α- [*150*] und Deuteronenbeschuß [*151*]

bestrahlten ungeordneten Cu_3Au-Probe. Auch hier steigt der Widerstand linear mit der Dosis an, ein Effekt, der ebenso wie bei den übrigen Metallen durch die gebildeten, den Elektronendurchgang erschwerenden

Frenkel-Defekte und nicht durch Änderung des Ordnungsgrads verursacht wird (vgl. S. 96).

Widerstandserhöhungen werden bei tiefen Temperaturen auch durch α-, Protonen- und Deuteronenbeschuß gefunden. Naturgemäß müssen in diesen Fällen die Abmessungen der Proben, ebenso wie bei den Versuchen mit Elektronenstrahlen, der geringen Eindringtiefe dieser Strahlenarten angemessen sein. Abb. 77 gibt einige Ergebnisse an kubisch-flächenzentrierten Metallen, die bei $-150\,°C$ bestrahlt worden waren,

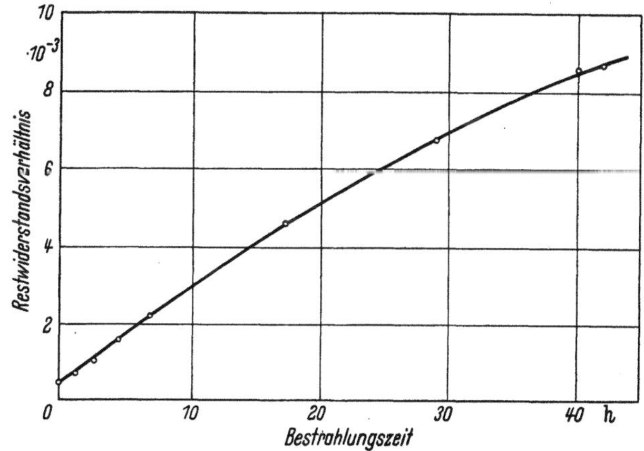

Abb. 78. Restwiderstandsverhältnis von α-bestrahltem Zinn (Po, 50 ml) [152]

wieder. Im Gegensatz zum linearen Anstieg des Widerstands bei Tiefsttemperaturbestrahlung, scheint nunmehr die Widerstandserhöhung einer Sättigung zuzustreben. Die Ursache dieses Verhaltens dürfte in Erholungseffekten liegen, die bei der verwendeten Bestrahlungstemperatur bereits während der Bestrahlung wirksam sind.

Auf den Restwiderstand von α-bestrahltem weißem Zinn bezieht sich Abb. 78. Gemessen wurde der Widerstand dünner Zinnfolien bei Heliumtemperatur nach verschieden langer α-Bestrahlung bei derselben Temperatur. Man erkennt einen linearen Anstieg des Restwiderstandsverhältnisses am Beginn der Bestrahlung, dem anscheinend eine Bestrahlungserholung folgt. Die Bedeutung zunehmender α-Strahlendosis für die Sprungtemperatur für den Eintritt von Supraleitung ist in Abb. 79 dargestellt, in der als Abszisse das Restwiderstandsverhältnis aufgetragen ist. Auf einen steilen Abfall am Beginn der Bestrahlung folgt nach Durchschreiten eines Minimums ein leichter Anstieg. Während sich der Restwiderstand bestrahlter Proben sehr ähnlich dem legierter Proben verhält (bei gleicher Atomkonzentration von Fremdatomen und Frenkel-Defekten), sinkt der Sprungpunkt in den bestrahlten Proben erheblich rascher ab als in den legierten.

Die gleichzeitige Messung des HALL-Koeffizienten und des Widerstands als Funktion der Bestrahlungsdosis gestattet in bekannter Weise die Änderung der Zahl der Ladungsträger und die ihrer Beweglichkeit zu ermitteln. Als Versuchsmaterial dienten dünne Metallfolien, um möglichst die ganze Reichweite der verwendeten α-Strahlen von Polonium (5,4 MeV) auszunutzen. Die Bestrahlung wurde bei einer Temperatur von

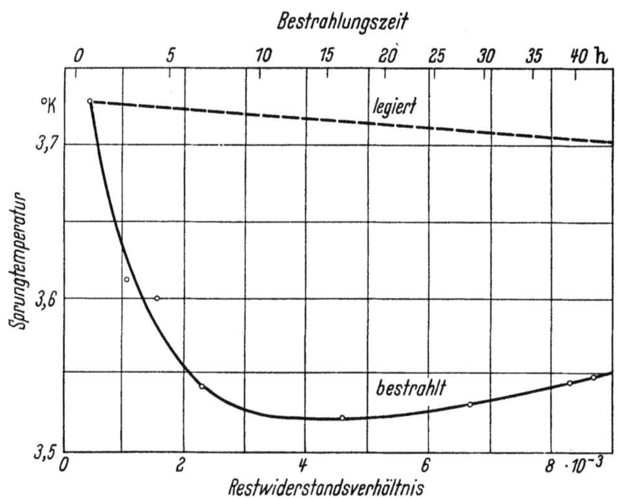

Abb. 79. Sprungtemperatur von α-bestrahltem [*152*] und niedrig legiertem Zinn [*153*]

etwa $-180\,°C$ durchgeführt und bis zu einer Dauer von 90 Stunden erstreckt. Der elektrische Widerstand der untersuchten Metalle, Aluminium und Kupfer, nahm durch diese Bestrahlung ähnlich wie in Abb. 77 gezeigt, um insgesamt 5,5% (Al) bzw. 3,5% (Cu [*155*]) zu. Die Änderung der

Tabelle 25. *Leitfähigkeitsänderung von Aluminium durch α-Bestrahlung* [*154*]

Ladungsträger	unbestrahlt	bestrahlt	Änderung
	Zahl d. Ladungsträger je Atom		
Elektronen	1,00607	1,00557	− 0,05%
Defektelektronen	$6{,}07 \cdot 10^{-3}$	$5{,}57 \cdot 10^{-3}$	− 8,4%
	Beweglichkeit in cm sek^{-1}/V cm^{-1}		
Elektronen	$0{,}2203 \cdot 10^{3}$	$0{,}2092 \cdot 10^{3}$	− 5,0%
Defektelektronen	$2{,}405 \cdot 10^{3}$	$2{,}392 \cdot 10^{3}$	− 0,5%

HALL-Konstanten von Aluminium ist in Abb. 80 dargestellt. Die Ergebnisse der auf Grund eines Zweibändermodells durchgeführten Berechnung von Zahl und Beweglichkeit der Ladungsträger sind in Tab. 25 verzeichnet.

Vergleicht man die experimentell durch Tieftemperaturbestrahlung erhaltenen Widerstandserhöhungen mit den theoretisch aus der Zahl der FRENKEL-Defekte und der Wirkung je Punktdefekt (Tab. 14, S. 84) errechneten, so sieht man, daß eine Übereinstimmung nur größenordnungsmäßig besteht und daß die theoretisch erhaltenen Werte stets höher liegen als die beobachteten. Für das Letztere dürfte eine Überbewertung der Wirkung der Punktdefekte die Schuld tragen. Zusammentritt von Defekten zu Störungsbereichen oder Crowdions läßt geringere Wirkung erwarten als die Summe der Störungen isolierter Defekte (vgl. insbesondere [*24*]). Hinzu kommt die Möglichkeit einer Bestrahlungserholung, besonders wenn, wie bei Beschuß mit schweren Partikeln, die Dichte der Defekte groß ist. Schließlich wäre auch noch an eine thermisch bedingte Erholung zu denken, wenn die Versuchstemperatur nicht so tief ist, daß dieser Effekt ausgeschaltet bleibt.

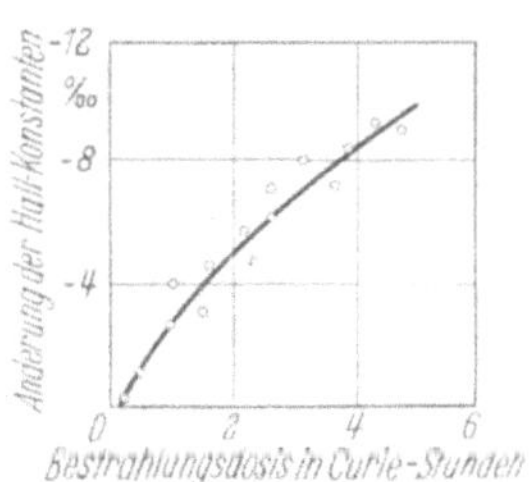

Abb. 80. Änderung der HALL-Konstanten von Aluminium durch α-Beschuß [*154*]

Abschließend seien noch einige Beispiele erwähnt, in denen durch Korpuskularbeschuß eine Widerstands*abnahme* der Proben erfolgt. Ein Mechanismus für einen solchen Widerstandsabfall ist bei Mischkristallen der schon in Punkt 1.2 dieses Kapitels erörterte Übergang einer ungeordneten in eine geordnete Atomverteilung. Derartige Effekte sind nicht nur auf die stöchiometrische Zusammensetzung von Verbindungen beschränkt, sondern können teilweise auch bei davon abweichenden Zusammensetzungen auftreten. Als Beispiel seien α-Messinglegierungen mit 10, 20 und 30% Zink genannt, bei denen eine Reaktorbestrahlung bei 50 °C durchgeführt wurde [*156*, *157*]. Die Widerstandsänderung wurde bei Raumtemperatur, bei 80 °K und bei 4 °K gemessen. In allen Fällen wurde eine Abnahme des Widerstands mit der Bestrahlung beobachtet. Allgemein setzt sich der Widerstand aus dem temperaturunabhängigen Restwiderstand und einem temperaturabhängigen Anteil (R_T) zusammen, für den die GRÜNEISEN-Formel

$$R_T = a\, f\,(T/\Theta)\,(1 + a_1\, T + a_2\, T^2)$$

gilt, worin a, a_1 und a_2 individuelle Konstanten, f dagegen eine universelle Funktion des Quotienten aus absoluter und charakteristischer (DEBYE-) Temperatur darstellen. Die Funktion f gibt die experimentellen Befunde am besten wieder, wenn sie bei tiefen Temperaturen Proportionalität des Widerstands mit $(T/\Theta)^5$ gibt [*158*]. Eine Abnahme des Widerstands kann also auch durch eine Änderung der charakteristischen Temperatur bewirkt werden, die als Folge der durch die Bestrahlung herbeigeführten Änderung der elastischen Konstanten auftritt. Für die

Tatsache des Absinkens des Restwiderstands kann diese Deutung jedoch nicht herangezogen werden; hier ist an teilweise Ordnung als Folge der Bestrahlung zu denken.

Aus der großen Reihe der im Anschluß an diese Versuche durchgeführten Arbeiten seien hier nur noch die Bestrahlungsversuche an Kupfer-Aluminium-Legierungen erwähnt. Abb. 81 zeigt die Widerstands-

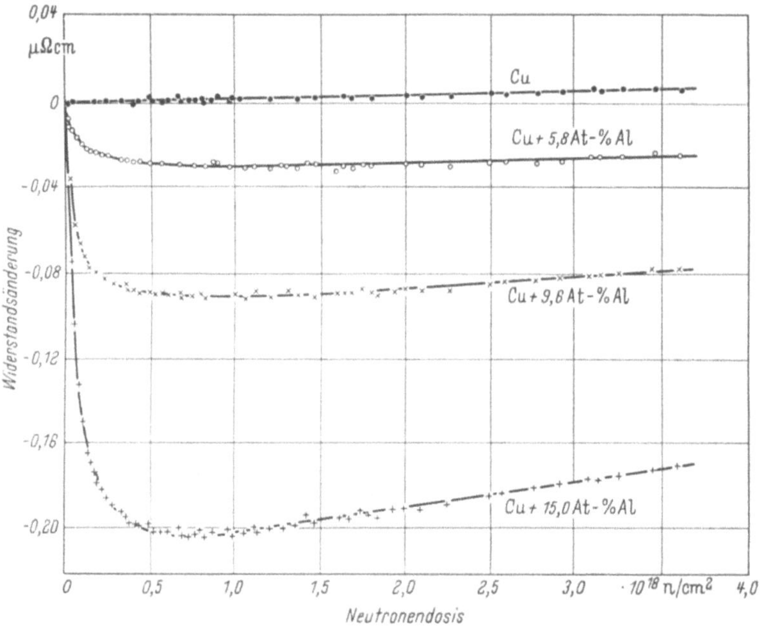

Abb. 81. Widerstandsänderung von Kupfer-Aluminium-Legierungen durch Neutronenbestrahlung nahe Raumtemperatur [*159*]

änderung von Legierungen verschiedener Aluminiumkonzentration als Funktion einer bei etwa 35 °C durchgeführten Reaktorbestrahlung. Die Legierungen zeigen in allen Fällen am Beginn der Bestrahlung eine deutliche Widerstandsabnahme, die nach Durchschreiten eines Minimums schließlich in den gewohnten linearen Anstieg mit zunehmender Bestrahlung übergeht. Eine endgültige Deutung dieses Widerstandsverhaltens kann heute noch nicht gegeben werden. Man wird aber nicht fehlgehen in der Annahme, daß sich zwei Effekte überlagern. Einmal die bei reinen Metallen allein beobachtete Widerstandserhöhung durch die Bestrahlung (verursacht durch Punktdefekte bzw. Störbereiche) und zum zweiten durch einen weiteren Prozeß, der zu einer raschen Abnahme des Widerstands und Erreichung einer Sättigung führt (bedingt entweder durch Nahordnung, durch Anhäufung der gelösten Fremdmetallatome oder durch Vereinigung von Fremdatomen mit Leerstellen) [*5*].

Bei reinen Metallen wird ein Anstieg des temperaturabhängigen Teils des Widerstands mit der Bestrahlung beobachtet, d.h. daß hier die DEBYE-Temperatur mit steigender Bestrahlung sinkt. Als Beispiel ist in Abb. 82 für OFHC-Kupferproben, die mit α-Strahlen von 33,6 MeV bis zu einer Intensität von 15,1 μAh/cm^2 bestrahlt und anschließend verschiedenen Anlaßglühungen bis zu 300 °C unterworfen waren, die Änderung der charakteristischen Temperatur als Funktion des Restwiderstands, der ein Maß für den Störstellengehalt ist, dargestellt.

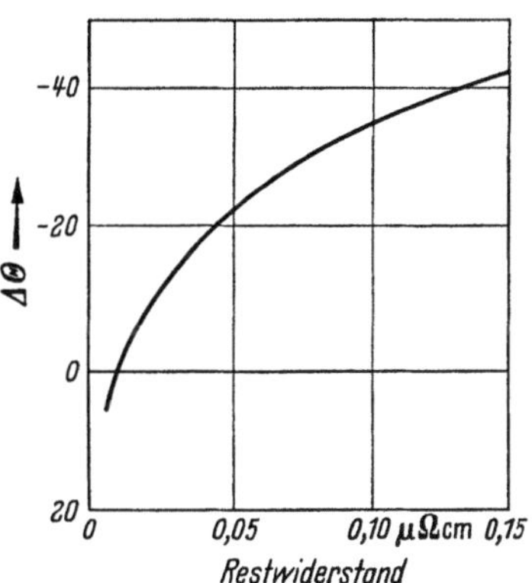

Abb. 82. Änderung der DEBYE-Temperatur als Funktion des Restwiderstands von α-bestrahltem Kupfer [*160*]

Als letztes Beispiel seien Untersuchungen erwähnt, in denen durch Elektronenbeschuß eine Widerstandsabnahme erfolgt [*161*]. Als Probenmaterial wurde schwach kaltverfestigter Kupferdraht verwendet. Liegen die Bestrahlungstemperaturen zwischen 100 und 150 °C, so tritt eine mit steigender Bestrahlungsdosis zunehmende, etwa lineare Widerstandsabnahme ein (um so stärker, je höher die Bestrahlungstemperatur), bei einer Bestrahlungstemperatur von etwa 80 °K wird dagegen der übliche Widerstandsanstieg mit steigender Dosis gefunden. Die Widerstandsabnahme dürfte als Folge einer teilweisen Beseitigung der Folgen der Kaltbearbeitung durch lokale Erwärmungen entlang der Bahn der eingeschossenen Elektronen anzusehen sein.

2.4 Weitere physikalische Eigenschaften. Als erstes sei hier die Bedeutung von Korpuskularbestrahlung für die *Diffusion* erörtert. Da für die zugrunde liegenden Platzwechselvorgänge in Metallen vor allem Leerstellen von Bedeutung sind, wirkt die Bestrahlung auf die Diffusion auf dem Umweg über die durch sie erzeugten Leerstellen. Ein entscheidender Einfluß kommt der Bestrahlungstemperatur zu. Bei sehr hohen Temperaturen werden die zusätzlich erzeugten Leerstellen rasch ausheilen, d.h. ein Einfluß der Bestrahlung auf die Diffusion ist hier kaum zu erwarten. Bei sehr tiefen Temperaturen hingegen kann der Einfluß außerordentlich groß werden.

Beispiele für die erhöhte Diffusion in bestrahlten Legierungen sind schon früher (III C 1.2) bei Besprechung des Einflusses eines Korpuskularbeschusses auf Ordnungsvorgänge gebracht worden.

Eine Beeinflussung der Selbstdiffusion von Silber durch Protonenbeschuß (10 MeV) wurde in [*162*] durch Verfolgung der Wanderung eingebrachten radioaktiven Silbers geprüft. Die Versuchstemperatur lag in dem für Silber hohen Temperaturintervall von 525 bis 822 °C. In Übereinstimmung mit den eben gebrachten Überlegungen trat kein beobachtbarer Effekt der Bestrahlung auf.

In breitem Temperaturbereich wurde die Bestrahlungsbeeinflussung der Diffusion an α-Messingdraht (30% Zink) untersucht [*163, 164*]. Als Maß des Diffusionskoeffizienten wurde die reziproke Relaxationszeit benutzt, wobei sich die Relaxation auf die Abnahme des elektrischen Widerstands bezog, der wieder mit der Ausbildung von Nahordnung zusammenhängt. Für diese ist aber die Diffusion der tragende Mechanismus. Die Bestrahlung selbst erfolgte mit einem Neutronenflux von etwa $5 \cdot 10^{12}$ n/cm² sek, davon etwa 25% schnelle Neutronen. Das Ergebnis der Versuche ist auszugsweise in Tab. 26 enthalten. Wieder erkennt man, daß bei hoher Temperatur die Bestrahlung ohne Einfluß bleibt, bei den tieferen Temperaturen treten aber außerordentlich starke Abnahmen der Relaxationszeit und damit Erhöhungen des Diffusionskoeffizienten auf.

Tabelle 26. *Beschleunigung der Diffusion in α-Messing durch Neutronenbestrahlung* (Flux $5 \cdot 12^{12}$ n/cm² sek) [*164*]

Temperatur in °C	Relaxationszeit in sek unbestrahlt τ_0	im Reaktor τ_R	τ_0/τ_R
297	~1	~1	~1
202	~ 10^3	~ 10^3	~1
190	$2{,}5 \cdot 10^3$	$2{,}0 \cdot 10^3$	1,2
173	$1{,}2 \cdot 10^4$	$5{,}5 \cdot 10^3$	2,2
150	$1{,}4 \cdot 10^5$	10^4	14
100	$6{,}3 \cdot 10^7$	10^4	$6{,}3 \cdot 10^3$
50	$2{,}5 \cdot 10^{11}$	10^4	$2{,}5 \cdot 10^7$
0	$1{,}6 \cdot 10^{16}$	10^4	$1{,}6 \cdot 10^{12}$

Hinsichtlich der *Thermokraft* sind nur geringfügige Änderungen durch die Bestrahlung zu erwarten; auch Kaltbearbeitung bringt hier nur Änderungen, die knapp über der Empfindlichkeitsgrenze liegen. Bestrahlungsversuche an Eisen-, Konstantan-, Cromel-, Platin- und 10prozentigen Platin-Rhodium-Drähten bis zu Temperaturen von 500 °C, die mit α-Strahlen von 40 MeV durchgeführt wurden, zeigten, daß an den Enden der bestrahlten Drähte, in denen ein Temperaturgradient aufrechterhalten wurde, Änderungen der Thermospannung unter 0,3 μV/Grad, der Grenze der Empfindlichkeit der benutzten Anordnung, lagen. Auch bei der Bestrahlung von Lötstellen von Thermoelementen zeigte sich kein meßbarer Effekt [*165*]. Wiederholung der Messung an Eisen und Konstantan unter Verwendung von 10-MeV-Protonen und Gewährleistung einer Temperatur unter 0 °C während der Bestrahlung führte zu einem Maximum des induzierten thermoelektrischen Potentials von 0,3 μV/Grad bei Eisen und 0,1 μV/Grad bei Konstantan. Tieftemperaturbestrahlungsversuche (– 180 °C) mit schnellen Neutronen von $5 \cdot 10^{16}$ n/cm² Gesamtdosis führten schließlich bei Kupfer-Konstantan- und Eisen-

Konstantan-Thermoelementen zu einer Konstanz der Thermokraft auf $\pm$ 10 μV während des Beschusses [*166*].

Bei den *magnetischen Eigenschaften* können Ordnungsvorgänge erhebliche Veränderungen bedingen. Bei ihrem Auftreten wird ein diffusionsfördernder Bestrahlungseinfluß sehr wesentlich sein. Ein Beispiel hierfür ist schon bei Besprechung des Ordnungszustands in Legierungen gegeben worden, ein weiteres wird gleich zu erörtern sein. Auf dem Weg über die Diffusionsförderung kann Korpuskularbeschuß auch dann zu erheblichen Änderungen des magnetischen Verhaltens führen, wenn durch ihn die Ausscheidung einer ferromagnetischen Phase aus einer paramagnetischen Muttersubstanz erfolgt; auch hierfür ist bereits ein Beispiel gebracht worden (Kupfer-Eisen-Legierung mit 2,4% Fe in Punkt IIIC1.4).

Über diese mittelbar durch strukturelle Vorgänge bedingten Änderungen hinaus kann eine Bestrahlung auch unmittelbar durch die durch sie erzeugten FRENKEL-Defekte eine Beeinflussung von magnetischen Eigenschaften herbeiführen. Naturgemäß sind hier bei den sogenannten struktur*un*empfindlichen Eigenschaften (wie z.B. Sättigungsmagnetisierung) nur geringfügige Änderungen zu erwarten, bei den strukturempfindlichen (Suszeptibilität, Permeabilität, Remanenz, Koerzitivkraft) dagegen größere.

In austenitischen Stählen wurden durch eine Reaktorbestrahlung (10^{19} langsame Neutronen/cm^2) Anstiege der magnetischen Suszeptibilität bis zu 700% beobachtet (Stahl 316 AISI: 0,06% C, 17% Cr, 13% Ni, 2,5% Mo; Stahl-Eisenliste 4436). Wenn auch diese Änderungen

Tabelle 27. *Prozentuale Änderung der magnetischen Kennwerte (Gleichstrommessung) durch Neutronenbestrahlung* (2,74 · 10^{18} n/cm^2) [*167*]

Material	μ_{20}	μ_{max}	Koerzitivkraft	Remanenz	Sättigungsmagnetisierung	B_r/B_{max}
Silizium-Eisen (3,5% Si, 96,5% Fe)	8	− 1	5,7	0,8	0	0,8
Nickel-Eisen (50% Ni, 50% Fe)	− 31	15	− 28	− 24	− 4	− 21
5-79-Molybdän-Permalloy (5% Mo, 79% Ni, 16% Fe)	− 93	− 93	815	− 38	− 3,2	− 36
2 Vanadium-Permendur (2% V, 49% Cr, 49% Fe)	2,7	1,7	− 2	− 0,6	− 0,7	0
Aluminium-Eisen (16% Al, 84% Fe)	34	15	− 8	7,5	− 5	13
Nickel-Ferrit ($NiO \cdot Fe_2O_3$)	1,2	1,4	− 4,6	− 4	− 1,7	− 2,4
2-81-Molybdän-Permalloy (2% Mo, 81% Ni, 17% Fe)	− 6,8	− 3,7			0,2	

Tabelle 28. *Prozentuale Änderung der magnetischen Kennwerte (Wechselstrommessung) durch Neutronenbestrahlung* (2,74 · 10^{18} n/cm²) [*167*]

	H*	Remanenz		H*	Remanenz		H*	B_r/B_{max}		Koerzitivkraft	
		60 Hz	400 Hz		60 Hz	400 Hz		60 Hz	400 Hz	60 Hz	400 Hz
Silizium-Eisen (3,5% Si, 96,5% Fe)	0,1	1	0,5	1	– 2,5	– 8	7	1,5	1,5	9	7
Nickel-Eisen (50% Ni, 50% Fe)	0,1	– 36	– 41	1	– 17	– 21	2	– 17	– 17	44	85
5-79-Molybdän-Permalloy (5% Mo, 79% Ni, 16% Fe)	0,01	– 92	– 84	0,1	– 76	– 81	4	– 46	– 37	1000	780
2 Vanadium-Permendur (2% V, 49% Cr, 49% Fe)	1,0	5	2,5	4	– 1,5	– 15	20	– 6	– 2,5	5	10
Aluminium-Eisen (16% Al, 84% Fe)	0,1	– 4	– 5	1	– 1,0	– 1,5	5	– 1,5	1	8	4
Nickel-Ferrit ($NiO \cdot Fe_2O_3$)	4,0	– 2,5	23	10	– 3,0	– 3	20	– 0,5	8	5	3,5
2-81-Molybdän-Permalloy (2% Mo, 81% Ni, 17% Fe)	1,0	– 7	– 8	4	– 7	– 6					

* Feldamplitude (in Oe), bei der die Eigenschaft gemessen wurde.

groß sind, so sind wegen der so niedrigen Ausgangssuszeptibilität (etwa $30 \cdot 10^{-6}$ c-g-s-Einheiten) auch die nach der Bestrahlung erreichten Werte nur sehr niedrig [*137*].

Ausführlich wurde der Einfluß einer Reaktorbestrahlung auf Magnetmaterial in [*167*] untersucht. Bei einem Flux von $1{,}8 \cdot 10^{12}$ n/cm² sek (4% der Neutronen mit Energien über 1 eV) wurde bis zu einer Gesamtdosis von $2{,}74 \cdot 10^{18}$ n/cm² bestrahlt. Die Temperatur der Proben schwankte langsam zwischen 40 und 70 °C, sie blieb im Hauptteil der Zeit zwischen 55 und 65 °C. Untersucht wurde sowohl martensitisches als auch austenitisches Material. Die Messungen erstreckten sich auf die Anfangspermeabilität (μ_{20}), die Maximalpermeabilität, Remanenz, Koerzitivkraft und Sättigungsmagnetisierung. Die Wechselstrommagnetisierung wurde mit 60 und 400 Hz durchgeführt. Die Tab. 27 und 28 geben die erhaltenen Resultate wieder. Die Tabellen enthalten auch noch die Änderung einer Größe, die zur Charakterisierung der Rechteckform der Hysteresisschleife herangezogen wird und die durch den Quotienten aus Remanenz und Sättigungsmagnetisierung definiert ist. Die größten Änderungen durch die Bestrahlung werden bei 5-79-Molybdän-Permalloy und beim 50prozentigen Nickel-Eisen beobachtet. Abb. 83 gibt zusätzlich die mit 60 Hz erhaltene Hysteresisschleife von unbestrahltem und bestrahltem 5-79-Molybdän-Permalloy wieder. Die außerordentlich starke Verschlechterung der Rechteckschleife durch die Bestrahlung tritt klar zutage. Die Maximalpermeabilität dieser Legierung fällt schon bei relativ geringfügiger Dosis (bis $0{,}3 \cdot 10^{18}$ n/cm²) steil ab, um bei weiterer Bestrahlung nur mehr wenig weiter zu sinken (Abb. 84). Hier dürfte die Änderung des Ordnungsgrads der Legierung für die so ausgeprägte Strahlenbeeinflussung maßgebend sein. Am geringsten sind die Änderungen der Magnetwerte beim Silizium-Eisen (3,5% Si), beim Aluminium-Eisen und beim Vanadin-Permendur. Zwischen diesen Extremen liegen der Nickel-Ferrit und das gesinterte 2-81-Molybdän-Permalloy.

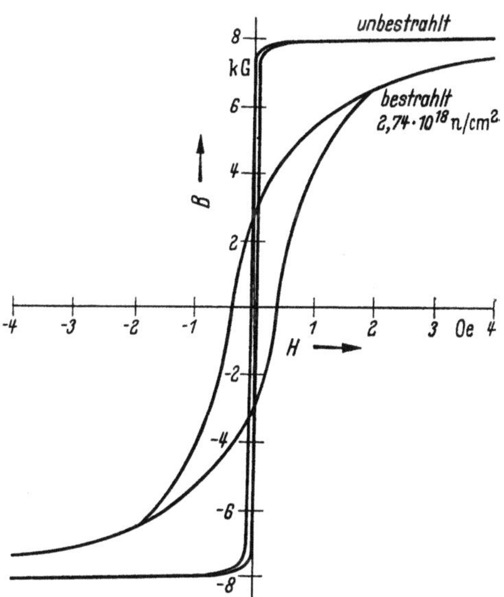

Abb. 83. Hysteresisschleife von unbestrahltem und neutronenbestrahltem 5-79-Molybdän-Permalloy [*167*]

In [*168*] wurde gezeigt, daß auch Supermalloy eine gleich starke Beeinflussung der magnetischen Werte durch Neutronenbeschuß erleidet wie 5-79-Molybdän-Permalloy.

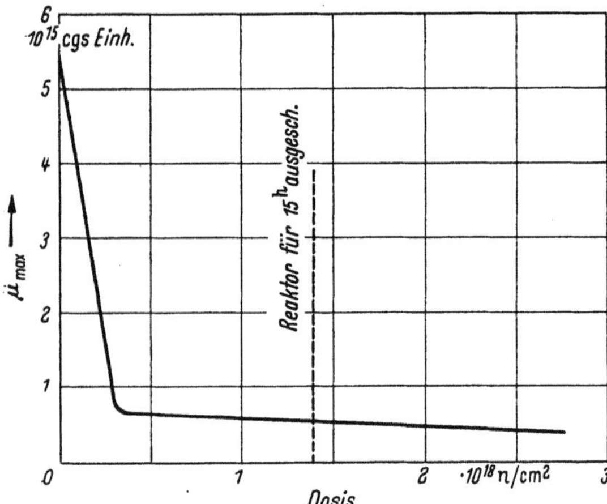

Abb. 84. Änderung der maximalen Permeabilität von 5-79-Molybdän-Permalloy durch Neutronenbestrahlung [*167*]

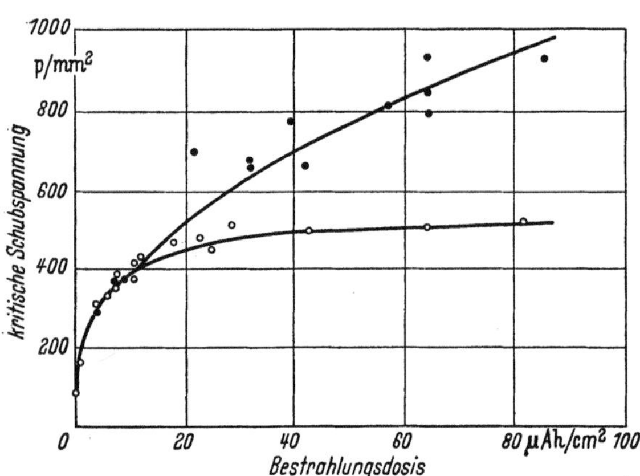

Abb. 85. Änderung der kritischen Schubspannung von Kupferkristallen durch Elektronenbestrahlung ($E = 4$ MeV) [*170*] Bestrahlungstemperatur: ○ 40 °C; ● −195 °C

Als letztes sei hier noch auf die Bedeutung einer Reaktorbestrahlung für das *Wachsen* von *Whiskern* hingewiesen. Die Versuche ergeben, daß die Neigung zur Bildung der dünnen Metallfäden in Zinnproben ansteigt, wenn das Material einem Neutronenbombardement ausgesetzt wird [*169*].

2.5 Translation. Die Grundvorgänge der plastischen Verformung von Kristallen sind die Translation und die mechanische Zwillingsbildung (s. II B). Die erstere wird dynamisch durch die kritische Schubspannung und deren Anstieg als Funktion der Abgleitung, die Verfestigungskurve, beschrieben. Zur Kennzeichnung des Einflusses einer Korpuskularbestrahlung ist also ihre Bedeutung auf kritische Schubspannung und Verfestigungskurve zu ermitteln. Um die Überlagerung temperaturbedingter Ausheilungseffekte auszuschließen, sind Bestrahlung und mechanische Prüfung, im einfachsten Fall im Zugversuch, bei entsprechend tiefen Temperaturen vorzunehmen.

Auf den hier am häufigsten untersuchten Kupferkristall bezieht sich Abb. 85. Es handelt sich um Elektronenbestrahlung von Kristallen, deren Durchmesser (1,7 mm) kleiner war als die Reichweite der verwendeten 4-MeV-Elektronen ($\sim$2 mm). Die Bestrahlung wurde bei etwa 40 und bei −195 °C ausgeführt, die anschließenden Zugversuche bei −195 °C.

Man erkennt einen raschen Anstieg der kritischen Schubspannung von etwa 90 p/mm² im unbestrahlten Zustand auf 400 p/mm² bei einer Bestrahlung von etwa 10 μAh. Der weitere Verlauf geht bei der 40 °C-Bestrahlung in einen Sättigungswert (500 p/mm²) über, Bestrahlung bei − 195 °C führt zu weiterer starker Verfestigung bei den verwendeten Dosen.

Ebenfalls auf Kupfer, nunmehr neutronenbestrahlt, bezieht sich Abb. 86. Sie stellt die kritische Schubfestigkeit des Oktaedergleitsystems als Funktion der Dosis dar. Bestrahlung und Messung erfolgte bei Raumtemperatur. Man erkennt den sehr erheblichen Anstieg der kritischen Schubspannung, die schon nach verhältnismäßig niedrigen Dosen auf das über Zehnfache des Ausgangswertes ansteigt. Der Anstieg erfolgt proportional der dritten Wurzel aus der Neutronendosis, wie dies später auch theoretisch plausibel gemacht wurde (III A 5.4). Eine sehr erhebliche Schubverfestigung ergab sich auch bei Nickel, bei dem eine Bestrahlungsdosis von etwa 10^{20} n/cm² eine mehr als 40fache Verfestigung bewirkt [*173*]. Versuche an Aluminium, bei denen Reaktorbestrahlung und Messung bei 80 °K durchgeführt wurden, ergaben etwa gleiches Verhalten der kritischen Schubfestigkeit (erschlossen aus der Torsionsstreckgrenze von Drähten) wie bei dem mituntersuchten Kupfer; Verfestigung auf das etwa 5fache wurde beobachtet [*174*]. Auch bei Eisen wird eine Schubverfestigung durch Neutronenbestrahlung gefunden [*80*, *175*].

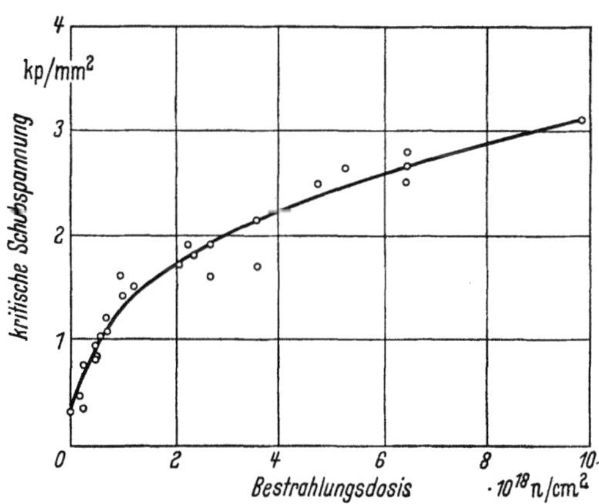

Abb. 86. Änderung der kritischen Schubspannung von Kupferkristallen durch Neutronenbestrahlung [*171*]
○ Meßpunkte; —— theoretisch berechnete Kurve

Aussagen über das Verhalten der kritischen Schubfestigkeit von Metallkristallen können auch auf Grund von Dämpfungsmessungen an vielkristallen Drähten gewonnen werden. Entsprechende Versuche an Kupfer, Aluminium und Magnesium ergaben besonders bei Kupfer außerordentlich starke Anstiege. Die hier bis zu einer Neutronendosis von $5 \cdot 10^{20}$ n/cm² durchgeführten Versuche erbrachten eine Schubverfestigung von Kupfer auf das 280fache. Bei der geringen Dosis von $3 \cdot 10^{19}$ n/cm² beträgt die Verfestigung das 77fache für Kupfer, das 30fache für Aluminium und das 15fache für Magnesium. Mit Rücksicht auf die höhere Erholungsfähigkeit der beiden Leichtmetalle gegenüber Kupfer sind die beobachteten Unterschiede verständlich [*143*].

Mit dem Anstieg der kritischen Schubfestigkeit durch Korpuskularbeschuß geht eine im Maße der Bestrahlung immer deutlicher werdende Ausbildung einer Streckgrenze einher.

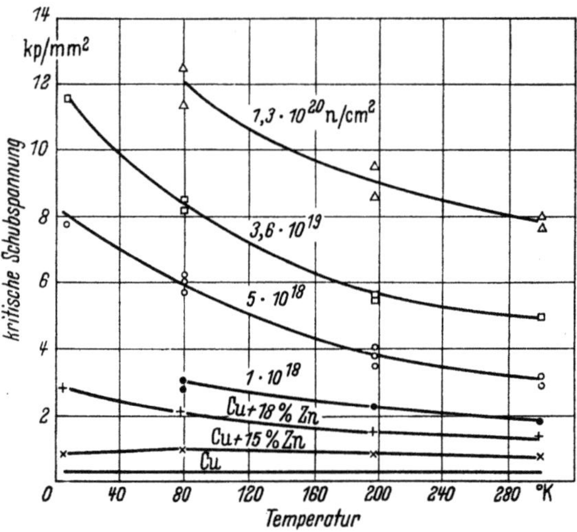

Abb. 87. Temperaturabhängigkeit der kritischen Schubspannung von neutronenbestrahlten Kupferkristallen [*178*] und von Messingkristallen [*179*]

Sehr auffällig ist der Einfluß, den eine Korpuskularbestrahlung für die Temperaturabhängigkeit der kritischen Schubspannung von Kupfer hat. Im allgemeinen ist diese Abhängigkeit bei Metallkristallen gering; bei reinem Kupfer wird bis zu Helium-Temperaturen hinunter nahezu derselbe Wert wie bei Raumtemperatur gefunden [*176*]. Abb. 87 zeigt, wie im Maß der Bestrahlungsdosis der Temperaturanstieg der kritischen Schubspannung bei abnehmender Temperatur immer steiler erfolgt [*177*, *178*]. Mit eingezeichnet in die Abbildung sind zwei Kurven, die sich auf α-Messinge beziehen. Man erkennt, daß auch Mischkristallbildung einen Anstieg der Verfestigung bei tiefen Temperaturen herbeiführt.

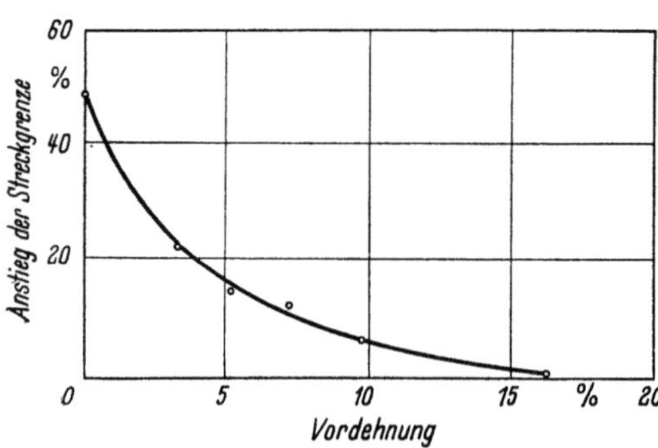

Abb. 88. Einfluß von Neutronenbestrahlung ($1{,}5 \cdot 10^{18}$ n/cm²) auf die Streckgrenze kaltgereckter Eisenkristalle [*175*]

Erfolgt die Bestrahlung an durch Kaltreckung vorverfestigten Kristallen, so sinkt die zusätzliche Strahlungsverfestigung mit dem Betrag der Vorreckung der Kristalle. Abb. 88 zeigt dies für Eisenkristalle identischer Ausgangsorientierung, die einer Gesamtbestrahlung von $1{,}5 \cdot 10^{18}$ n/cm² nach verschiedener Vorreckung unterworfen wurden. Die im unverformten Kristall fast 50% betragende Schubverfestigung durch Bestrahlung ist nach etwa 16,5% Reckung fast auf Null abgesunken.

Auf den Verlauf der Schubfestigkeit während der Dehnung bestrahlter Kristalle bezieht sich Abb. 89. Nochmals geht der Anstieg der Anfangsschubfestigkeit und die Ausbildung der Streckgrenze mit zunehmender Bestrahlung klar hervor. Weiterhin zeigt sich, daß mit zunehmender plastischer Verformung sich die den verschieden starken Bestrahlungen zugehörigen Kurven immer mehr der Kurve des unbestrahlten Kristalls

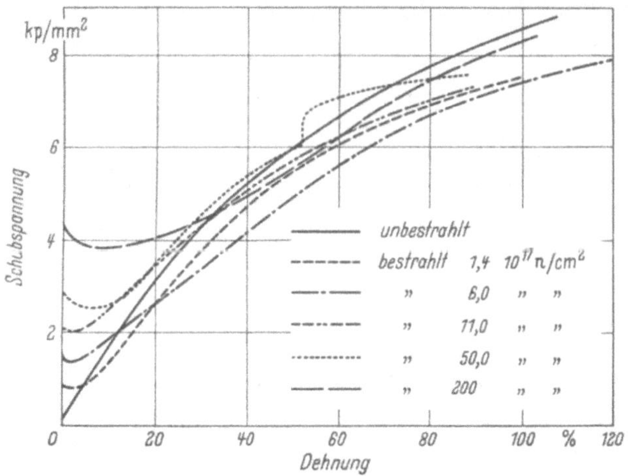

Abb. 89. Schubspannungs-Dehnungskurven unbestrahlter und neutronenbestrahlter Kupferkristalle [*179*]

angleichen. In den üblichen Koordinaten – Spannung und Dehnung – sind zusätzlich in Abb. 90 Dehnungskurven von Eisenkristallen im unbestrahlten und neutronenbestrahlten Zustand eingetragen.

Bei Zink-Kristallen führt Raumtemperaturbestrahlung mit einer Dosis von 10^{18} n/cm² zu einer deutlichen Verfestigung durch die Bestrahlung, wenn die Orientierung der Basisfläche größere Dehnungen gestattet. Wirkungslos bleibt die Bestrahlung, sofern schon zu Beginn der Verformung Zwillingsbildung einsetzt. Bei Bleikristallen verändert dieselbe Neutronendosis die allgemeine Gestalt der Dehnungskurve kaum, allerdings weisen die bestrahlten Kristalle größere Dehnungen auf, die in einem Fall die Dehnung eines unbestrahlten Kristalls ähnlicher Orientierung um mehr als das Doppelte übertrifft [*80*].

Über Gleitlinienbildung bei der Translation wird in [*180*] für das Beispiel von neutronenbestrahlten Kupferkristallen ($5 \cdot 10^{17}$ bis $8 \cdot 10^{18}$ n/cm²) und in [*181*] für α-bestrahlte Aluminiumkristalle (39,6 MeV; $9 \cdot 10^{16}\,\alpha$/cm²) berichtet. Die Kupferkristalle sind nach dem Bridgman-Verfahren im Vakuum hergestellt worden, die Aluminiumkristalle durch Rekristallisation. Bei kleinen Dehnungen wurde in den bestrahlten Kupferkristallen zum Unterschied vom Verhalten der unbestrahlten Kristalle das Auftreten von Gleitlinien in Anhäufungen beobachtet, in einzelnen Fällen erschienen auch Gleitlinien, welche die wirksame Gleitfläche kreuzen. Eine Anhäufung von Gleitlinien wurde weiterhin nach größeren Abgleitungen beim Einsetzen von Doppelgleitung beobachtet. Bei Dehnungen bei $-195\,°C$ wird die Translationsstreifung zarter, und die An-

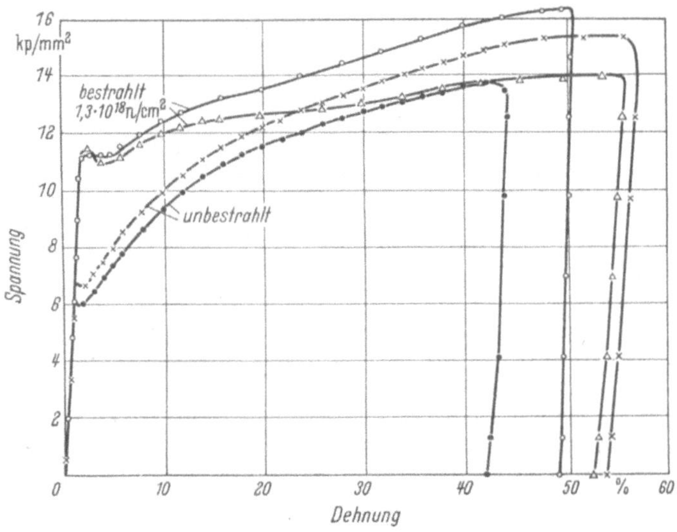

Abb. 90. Dehnungskurven von unbestrahlten und neutronenbestrahlten Eisenkristallen [*175*]

häufungen treten zurück. Bei Aluminiumkristallen ergaben sich für den Fall der Bestrahlung und Dehnung bei Raumtemperatur keine Unterschiede, erfolgte Bestrahlung und Dehnung bei $-180\,°C$, so schien der Betrag der Abgleitung in den Gleitschichten gegenüber unbestrahlt gedehnten Kristallen vergrößert.

Vor allem auf Grund der Gestalt der Verfestigungskurve von Kupferkristallen, ihrer Temperaturabhängigkeit und der Wirkung von Anlaßbehandlungen wurde darauf geschlossen, daß die Erhöhung der kritischen Schubfestigkeit durch Bestrahlung auf zwei Mechanismen zurückzuführen ist, deren erster darin besteht, daß erzeugte Punktdefekte zu Versetzungen wandern, die sie festzuhalten vermögen, was zu einer immer ausgeprägteren und höheren Streckgrenze führt. Der zweite Mechanismus besteht darin, daß andere Punktdefekte kleine Anhäufungen bilden, die homogen im Gitter verteilt sind und dadurch eine allgemeine Gitterhärtung bedingen. Während die erste verfestigende Wirkung sehr temperaturabhängig und durch Anlassen leicht aufzuheben ist, ist die Gitterhärtung temperaturunempfindlich und nur durch Glühungen bei höheren Temperaturen zu beseitigen. Die Dosisabhängigkeit der beiden Verfestigungen ist typisch verschieden voneinander. Bei kleinen Dosen ist vor allem die Blockierungswirkung vorherrschend, ihr Einfluß sinkt bei Überschreitung einer Dosis von etwa 10^{18} n/cm² wieder ab. Die Gitterhärtung dagegen steigt langsam mit der Dosis an und herrscht nach etwa $5 \cdot 10^{18}$ n/cm² vor [*170*, *172*].

Bei der Verformung von Kupferkristallen bei tiefen Temperaturen wird bei entsprechender Ausgangsorientierung der Kristalle im Anschluß an die Translation auch mechanische Zwillingsbildung beobachtet. Erfolgt bei Kristallen aus diesem Orientierungsgebiet eine vorherige Reaktorbestrahlung, so zeigt sich bei Zugversuchen bei 77 °K außer der eben beschriebenen Beeinflussung des Translationsverlaufs, daß die Verformung, welche zur Zwillingsbildung führt, bei der bestrahlten Probe (10^{18} n/cm²) etwas niedriger liegt als bei der unbestrahlten. Deformation der Kristalle bei Helium-Temperatur ergab, daß zwischen der gleichmäßigen Translation und dem Auftreten von Deformationszwillingen eine diskontinuierliche, sprunghafte Translation auftritt, die in der lawinenartigen Ausbildung von Gleitlinien besteht. Neutronenbestrahlung ändert nicht das Orientierungsgebiet, in welchem das Auftreten von Zwillingen erfolgt, wohl aber kann sie die gleichmäßige Translation im Zugversuch bei Helium-Temperatur völlig unterdrücken. Die Deformation beginnt in diesem Fall unmittelbar mit der sprunghaften Translation, an die sich bei geeigneter Ausgangsorientierung Zwillingsbildung anschließt [*182*]. Zur Frage des Einflusses einer Korpuskularbestrahlung auf die zur Zwillingsbildung führenden Bedingungen können die Versuche keinen Beitrag liefern, da ja die Initialbedingung der Zwillingsbildung heute noch nicht erkannt ist. Daß der Bestrahlungseinfluß auf die Zwillingsbildung nur gering sein dürfte, zeigen die schon erwähnten Versuche an Zinkkristallen mit sehr schräger Ausgangslage der Basisfläche (s. S. 135).

Recht uneinheitlich sind die Ergebnisse hinsichtlich einer Bestrahlung auf das Kriechverhalten von Metallkristallen. Zunächst wurde an etwa 1 mm dicken Kadmiumkristallen beobachtet, daß eine α-Bestrahlung (Polonium) die Kriechgeschwindigkeit unter konstanter Last erhöht, in einem Fall bis auf den 5fachen Wert. Mit zunehmender Vordehnung ging der Effekt zurück und verschwand schließlich völlig [*183*]. Eine Wiederholung dieser Versuche unter Verwendung eines stärkeren Poloniumpräparats ($5 \cdot 10^8$ α/cm² sek gegenüber $1{,}5 \cdot 10^8$ α/cm² sek) hat diese ersten Beobachtungen nicht bestätigen können. Zur Untersuchung gelangten Kadmiumkristalle, die aus Ausgansgmaterial verschiedener Reinheit gezüchtet worden waren (spektroskopisch reines und übliches Reinkadmium). Jeweils wurde eine Reihe von Kristallen untersucht, wobei Kriechgeschwindigkeiten zwischen 0,08 und 0,26%/min verwendet wurden. Eine Änderung der Kriechgeschwindigkeit durch Bestrahlung hat sich dabei nicht ergeben, die Fließkurven zeigen keinerlei Unstetigkeit bei Annäherung oder Entfernung des Präparats. Abb. 91 gibt ein Beispiel für die erhaltenen Kriechkurven. Lediglich bei ein- bis zwei-

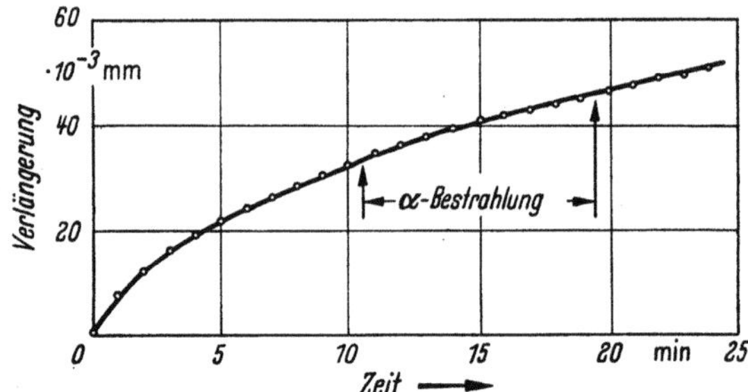

Abb. 91. Kriechkurve eines Kadmiumkristalls; zeitweise α-bestrahlt [184]

stündiger Bestrahlung vor dem Fließversuch wurde bei Kristallen aus spektroskopisch reinem Kadmium eine gewisse Verringerung der Fließgeschwindigkeit beobachtet, obwohl nur ein Drittel der Ausgangslänge des Kristalls der Bestrahlung unterworfen worden war. Es wird ver-

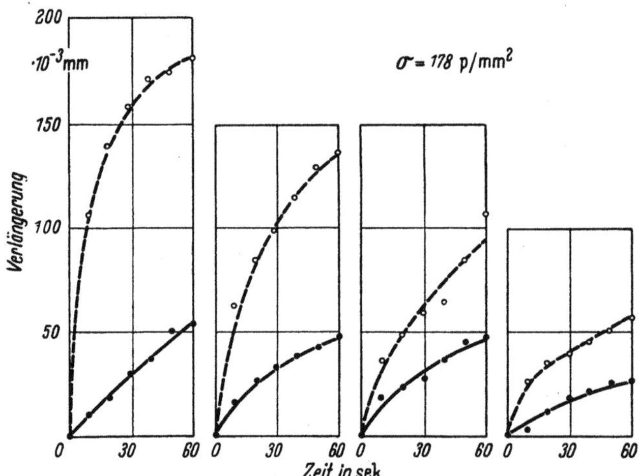

Abb. 92. Kriechkurven eines unbestrahlten (○) und α-bestrahlten (●) Zinkkristalls [185]

mutet, daß diese Verfestigung durch eine Oxydation der Kristalle zufolge des durch die Bestrahlung gebildeten Ozons bedingt ist.

Bei einem Vergleich der Kriechgeschwindigkeit unbestrahlter und α-bestrahlter Zinkkristalle wurde als α-Strahlenquelle ebenfalls Polonium (etwa 40 mC) verwendet. Die Querschnitte der untersuchten Kristalle lagen im allgemeinen unter 0,5 mm², um den Einfluß der bombardierten

Oberflächenschicht (Eindringtiefe der α-Strahlen etwa 13 μ) möglichst wirksam werden zu lassen. Die Versuche ergaben in zahlreichen Fällen das Auftreten einer deutlichen Verfestigung neben anderen Fällen, in denen sich die Bestrahlung als wirkungslos erwies. Häufig trat der Verfestigungseffekt erst nach einer gewissen Vordehnung des Kristalls ein. Mit zunehmender Gesamtdehnung klang er wieder ab. Möglichstes Fehlen von Oxydschichten an der Kristalloberfläche erwies sich gleichfalls als notwendig. Ein Beispiel für erhaltene Serien von Fließkurven, abwechselnd ohne und mit Bestrahlung aufgenommen, ist in Abb. 92 gegeben.

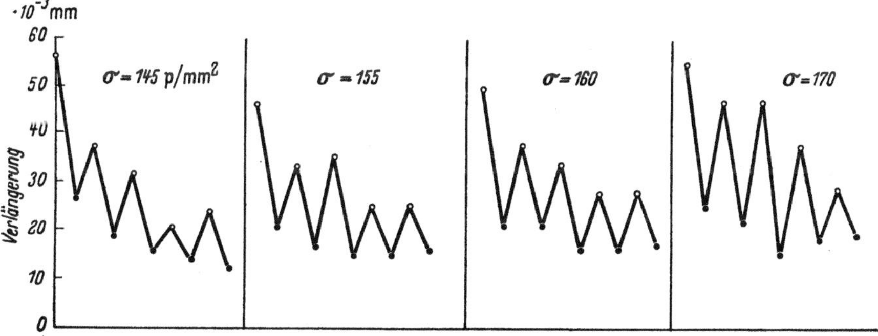

Abb. 93. Alternierendes Kriechen eines Zinkkristalls (Gesamtfließweg nach jeweils einer Minute) ● mit und ○ ohne α-Bestrahlung [*186*]

Stets führt das unter α-Bestrahlung vor sich gehende Fließen zu kleineren Verlängerungen als das Fließen in unbestrahltem Zustand. Eine besonders lange Serie von abwechselnd mit und ohne Bestrahlung aufgenommenen Fließkurven ist in Abb. 93 auszugsweise wiedergegeben, in der nur die jeweils nach einer Minute erhaltenen Fließwege verzeichnet sind. Die über einen großen Dehnungsbereich aufrechterhaltene Verfestigung durch den α-Beschuß tritt klar hervor. Derselbe Versuch scheint überdies zu zeigen, daß für die Wirkung des Bombardements wesentlich ist, daß es während des Fließens erfolgt und nicht in den eingehaltenen Erholungspausen von 3 Minuten. Der Verfestigungseffekt hat sich bei Zinkkristallen überdies auch bei kontinuierlicher Aufnahme einer Fließkurve teils ohne, teils mit Bestrahlung gezeigt; Annäherung der Strahlenquelle und ihre Entfernung führen zu deutlichen Unstetigkeiten im Kurvenverlauf [*187*].

Erwähnt seien hier auch noch Versuche, in denen der Einfluß einer Neutronenbestrahlung auf das Fließen von Zinkkristallen geprüft wurde. Als Strahlenquelle wurde dabei Radon + Beryllium verwendet, eingeschlossen in ein dünnwandiges Glasröhrchen. Die Stärke des Präparats betrug anfangs etwa 1000 mC. Außer Neutronen treten aus der Strahlungsquelle auch γ-Strahlen und in geringem Maße auch β-Strahlen aus.

Die Verfolgung von Fließkurven läßt eine deutliche Entfestigung durch die Bestrahlung erkennen, die anscheinend aber vorzugsweise dem Einfluß der β- und γ-Strahlung zuzuschreiben ist [*185,288*].

Schließlich sei in Abb. 94 der Einfluß reiner β-Bestrahlung auf das Fließen von Zinkkristallen illustriert (Strahlenquelle radioaktiver Phosphor, etwa 75 mC). Man erkennt, daß durch die Bestrahlung eine gewisse Entfestigung des Kristalls herbeigeführt wird, die nicht durch eine allgemeine Temperaturerhöhung bewirkt sein kann, da eine Papierisolation einen Wärmeübergang von der Strahlenquelle auf den Kristall verhinderte.

Theoretische Überlegungen lassen, wie in [*188*] gezeigt wird, sowohl ein Absinken als auch ein Ansteigen der Kriechgeschwindigkeit erwarten.

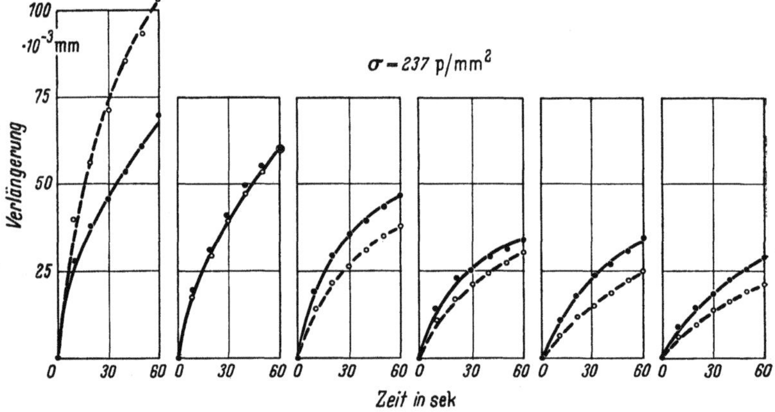

Abb. 94. Kriechkurven eines unbestrahlten (○) und β-bestrahlten (●) Zinkkristalls [*187*]

In welcher Richtung sich die Bestrahlung auswirkt, hängt davon ab, welcher Einfluß überwiegt. Die durch die Bestrahlung erzeugten FRENKEL-Defekte behindern die Bewegung der Versetzungen, wirken also verfestigend. Das Auftreten von Störungsbereichen dagegen kann zunächst verankerten Versetzungen die erforderliche Energie zur Überwindung der Verankerung liefern, also entfestigend wirken. Weiterhin ist für das Verhalten der Kristalle wesentlich die thermische Erholung von den Schäden der Bestrahlung und die Kinetik des Kriechvorganges. Bei höheren Temperaturen (rasche Erholung) wird die Härtung nicht ausreichen, um den Kristall zu verfestigen, bei tiefen Temperaturen kann auch im unbestrahlten Kristall die Kriechgeschwindigkeit so klein sein, daß eine zusätzliche Härtung nicht mehr in Erscheinung tritt. Auch in [*189*] wird auf die Bedeutung der Versuchstemperatur für die Art der Bestrahlungseinwirkung hingewiesen. Bei niedrigen Temperaturen sei eine Abnahme der Kriechgeschwindigkeit möglich, dagegen sei bei höheren Temperaturen ein Anstieg zu erwarten. Die Entfestigung wird aber nicht auf die Diffusion der FRENKEL-Defekte zurückgeführt, sondern auf die Wechselwirkung von Leerstellen mit Versetzungen. Es ergibt sich hierbei, daß die Entfestigung vornehmlich bei Temperaturen im Bereich der halben absoluten Schmelztemperatur zu erwarten ist.

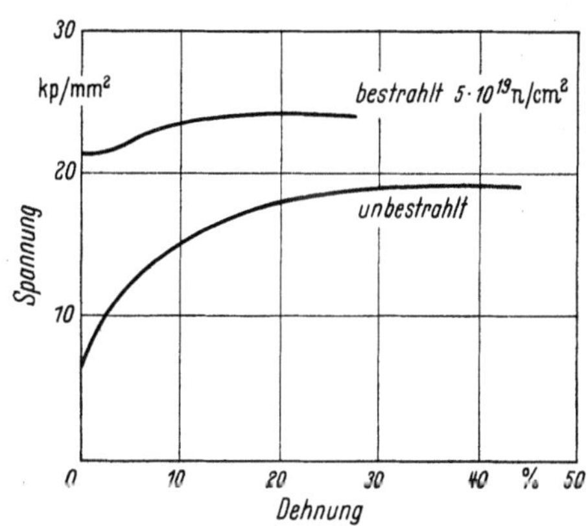

Abb. 95. Dehnungskurven unbestrahlten und neutronenbestrahlten Kupfers [172]

2.6 Technologische Eigenschaften. Zunächst seien Beobachtungen erwähnt, die sich auf einen Einfluß von Neutronenbestrahlung auf die Walztextur kubisch-flächenzentrierter Metalle beziehen. Im Fall reiner Metalle (und niedrig legierter Mischkristalle) ist diese Textur bekanntlich durch die doppelte Walzlage I: $(100)||WE$ und $[1\bar{1}2]||WR$ und II: $(112)||WE$ und $[11\bar{1}]||WR$ zu beschreiben. Bei höher konzentrierten Mischkristall-Legierungen tritt nur die erste dieser beiden Lagen im gewalzten Blech auf. In [*190*] wird gezeigt, daß reines Kupfer nach Neutronenbestrahlung eine Walztextur aufweist, welche sehr ähnlich der von Legierungen ist, und daß die Dehnungskurve bestrahlten Reinkupfers gleichfalls sehr der von α-Messing ähnelt. In [*170*] wird hervorgehoben, daß der Umschlag der Walztextur von der des reinen Metalls zu der von Mischkristall-Legierungen durch Neutronenbeschuß auch bei Nickel eintritt, nicht aber bei Reinstaluminium. Eine Erklärung für dieses Verhalten steht noch aus, es ist aber nicht daran zu zweifeln, daß sie in einer Beeinflussung der Translation durch die eingebrachten FRENKEL-Defekte besteht. Erwähnt sei übrigens, daß auch Kaltwalzen von Reinkupfer bei etwa 80 °K zur Ausbildung einer Textur mit nur der ersten Hauptlage führt [*191*].

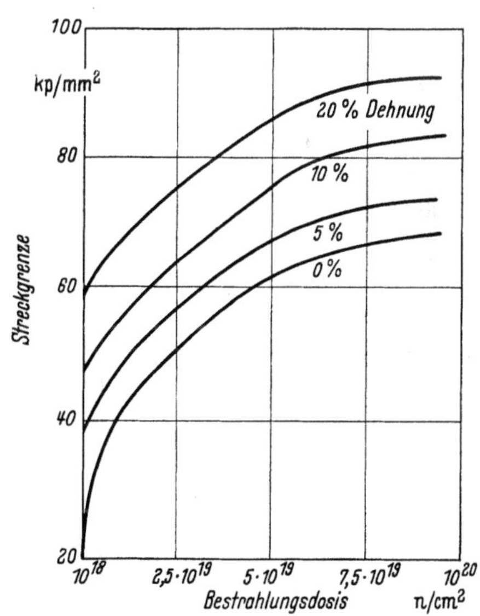

Abb. 96. Abhängigkeit der Streckgrenze unverformten und verformten Nickels von der Bestrahlungsdosis [172]

Für die Beurteilung des mechanisch-technologischen Verhaltens eines metallischen Werkstoffes spielt die Dehnungskurve eine besonders wichtige Rolle. Sie liefert die Werte für Streckgrenze, Zugfestigkeit und Bruchdehnung. Abb. 95 bringt den Einfluß einer Neutronenbestrahlung auf die Dehnungskurve von weichgeglühtem Kupfer. Die Bestrahlung bewirkt das Auftreten einer deutlich ausgeprägten Streckgrenze unter gleichzeitiger starker Spannungserhöhung, einen Anstieg der Zugfestigkeit, eine Verringerung der Dehnung. Dieser Einfluß ist für das Verhalten weichgeglühter Werkstoffe charakteristisch. Als Beispiel für die Dosisabhängigkeit der Streckgrenzenerhöhung ist in Abb. 96 die Streckgrenze von Nickel, gemessen bei $-195\,°C$, als Funktion der Dosis dargestellt. Die Abbildung enthält weiter Kurven, die sich auf die Streckgrenze verschieden kaltbearbeiteten Materials beziehen und die zeigen, daß, ebenso wie es bei der Schubfestigkeit von Translationssystemen der Fall ist, die zusätzliche Strahlungsverfestigung mit steigender Vorreckung sinkt. Ebenso wie die Schubfestigkeit des Kupfergleitsystems im Maß der Bestrahlung stärker temperaturabhängig wird, gilt dies auch für die Streckgrenze von Vielkristallen. Abb. 97 läßt dies für die Beispiele von Kupfer und Nickel deutlich erkennen. Außer der starken Temperaturabhängigkeit bringt Neutronenbestrahlung auch eine ausgeprägte Geschwindigkeitsabhängigkeit der Streckgrenze mit sich [*172, 193*]. Für einen Kohlenstoff-Silizium-Stahl sind die Änderungen der Kenngrößen des Zugversuchs durch steigende Neutronenbestrahlung in Abb. 98 dargestellt. Die mit der Dosis zunehmende Versprödung geht aus der Annäherung der Streckgrenzenkurve an die Zugfestigkeitskurve, aus der Abnahme von Dehnung und Querschnittsverminderung klar hervor. Miteingezeichnet ist auch das Verhalten der Übergangstemperatur von zähem zu sprödem Bruch, worauf weiter unten näher eingegangen wird.

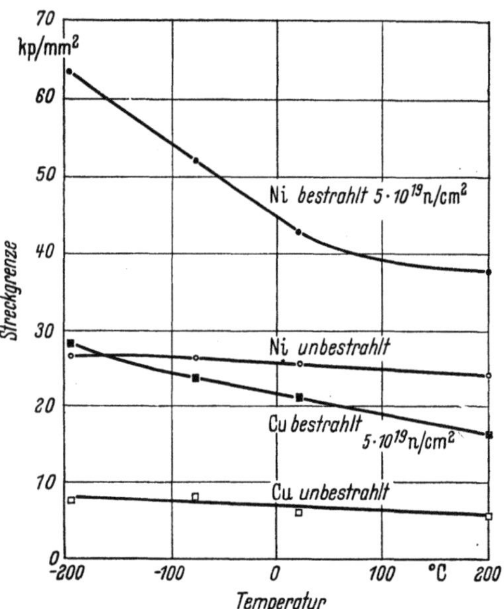

Abb. 97. Temperaturabhängigkeit der Streckgrenze von Kupfer und Nickel in unbestrahltem und neutronenbestrahltem Zustand [*192*]

Von den zahlreichen Untersuchungen des Einflusses eines Korpuskularbeschusses auf die Härte sind in Tab. 29 einige charakteristische

Zahlen aufgenommen. Sie zeigen, daß Beschuß mit allen verwendeten Strahlenarten zu einem Anstieg der Härte führt, der bei weichem Ausgangsmaterial erheblich größer ist als bei hartem. Das Ansteigen der

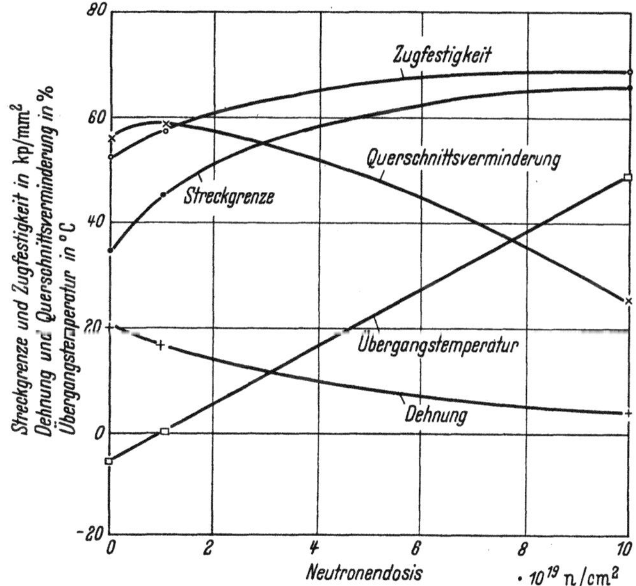

Abb. 98. Technologische Kenngrößen eines Kohlenstoff-Silizium-Stahls in Abhängigkeit von der Neutronendosis [*193*]

Härte mit zunehmender Dosis ist für Neutronenbestrahlung in Abb. 99 dargestellt, die erkennen läßt, daß bei den kubischen Metallen mit steigender Bestrahlung eine Sättigung erreicht wird, während sich bei den hexagonalen Metallen der Anstieg bis zu den höchsten verwendeten Dosen ($2 \cdot 10^{22}$ n/cm²) linear fortsetzt.

Tabelle 29. *Härteänderung von Metallen durch Korpuskularbeschuß*

Metall	Bestrahlung Art	Bestrahlung Dosis	Temperatur in °C	Härte vor Bestrahlung	Härte nach Bestrahlung	Literatur
Cu weich	ε	$5 \cdot 10^{18}$	− 20	H_P 44	48	[*194*]
Cu weich hart	n	$5 \cdot 10^{19}$	40	R_F 43 93	90 97	[*195*]
Mo weich hart	d	$1{,}6 \cdot 10^{13}$		K* 158 identisch	177	[*196*]

* Knoop-Härte.

Über die technologischen, aus dem Zugversuch zu bestimmenden Größen liegen außerordentlich viele Untersuchungen vor, die jedoch häufig in den Ergebnissen weit voneinander abweichen. Unterschiede im verwendeten Ausgangsmaterial und Unterschiede in den Bestrahlungsbedingungen sind hierfür verantwortlich. Eine kleine Auswahl der Ergebnisse ist in der Tab. 30 enthalten. Angegeben sind die Änderungen von Streckgrenze, Zugfestigkeit, Bruchdehnung und Härte und eine Größe $\left(\frac{\sigma_B - \sigma_{0,2}}{\sigma_B}\right)$, die ein empfindliches Maß für die Duktilität der Proben darstellt. Allgemein bleibt bestehen, daß die Neutronenbestrahlung eine Härtung des Materials bewirkt. Diese ist um so ausgeprägter, je weicher

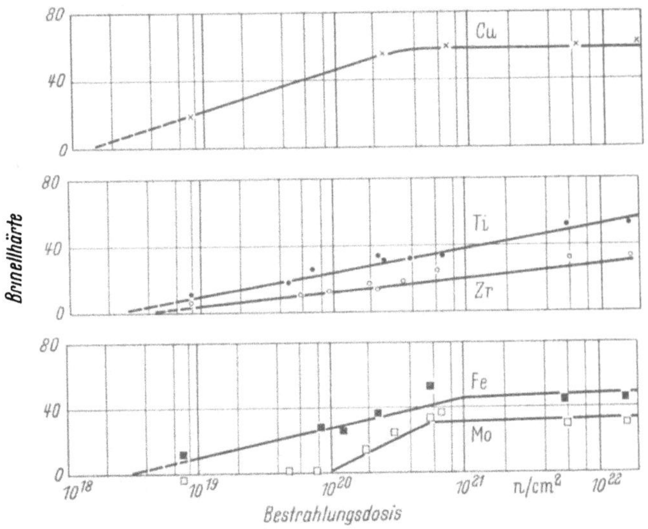

Abb. 99. Abhängigkeit der Brinellhärte von der Neutronendosis [197]

der Ausgangszustand ist. Als Beispiel besonders starker Abweichung der Ergebnisse verschiedener Autoren sei auf die beiden Versuchsreihen mit Nickel hingewiesen. Die in der Tabelle angegebenen Ausgangszahlen der technologischen Festigkeitswerte zeigen, daß es sich bei dem Material, das die hohe Strahlenbeeinflussung zeigt, um einen besonders weichen Ausgangszustand handelt. Der Fall des Zirkoniums zeigt, daß bei sehr hartem Ausgangszustand durch die Bestrahlung sogar eine gewisse Plastizierung erreicht werden kann (Erschöpfung der Verfestigung, ein Zustand, bei dem zusätzlich eingebrachte Fehlstellen zur Befreiung verankerter Versetzungen führen können).

Kriechversuche unter Reaktorbestrahlung sind schwierig durchzuführen, die Anforderungen an die Temperaturkonstanz sind bei dem großen Einfluß, den die Versuchstemperatur auf die Kriechgeschwindigkeit hat, sehr hoch. Das Bild, das die mit vielkristallinen Proben angestellten Versuche zur Prüfung des Einflusses einer Bestrahlung mit

Tabelle 30. *Änderung statischer Festigkeitseigenschaften durch Neutronenbestrahlung*

Werkstoff	Temperatur in °C	Dosis in 10^{19} n/cm²	ΔH in %	$\Delta\sigma_{0,2}$ in %	$\Delta\sigma_B$ in %	$\frac{\sigma_B - \sigma_{0,2}}{\sigma_B}$ vor Bestrahlung	$\frac{\sigma_B - \sigma_{0,2}}{\sigma_B}$ nach Bestrahlung	$\Delta\delta$ in %	Literatur
Aluminium									
weich	30	15		+ 100	+ 60			− 67	*[198]*
halbhart				+ 10	+ 6			0	
hart				sehr klein	sehr klein				
Nickel	100	5		+ 72	+ 7	0,39	0,016	− 32	*[170]**
	80	10	+ 88	+ 420	+ 110	0,64	0,11	− 87	*[143]***
Eisen (Armco)	280	14	+ 88	—	+ 81			− 67	*[132]*
Zirkonium									
weich	80	10	—	+ 112	+ 35	0,38	0,06	− 56	*[143]*
hart	100	5		− 1	+ 1	0,14	0,14	+ 20	*[199]*
Stahl									
1 Cr, 0,025 V, 0,5 C	80	24	0	+ 58	+ 27	0,30	0,17	− 47	*[132]*
13 Cr, 0,5 Mo, 1,5 Nb, 0,12 C			+ 26	+ 116	+ 44	0,34	~ 0	− 97	
18 Cr, 9 Ni, 0,06 C			+ 66	+ 148	+ 2	0,69	0,23	− 26	

* Ausgangswerte: $\sigma_{0,2} = 25{,}2$ kp/mm², $\sigma_B = 41{,}4$ kp/mm², $\delta = 34\%$
** Ausgangswerte: $\sigma_{0,2} = 14{,}0$ $\sigma_B = 39{,}0$ $\delta = 37$

geladenen Partikeln oder Neutronen auf das Kriechverhalten geben, ähnelt weitgehend dem im vorigen Punkt für Einkristallversuche gezeichneten. In einer ganzen Reihe von Fällen wurde kein oder nur ein geringer Einfluß der Bestrahlung beobachtet. Bestrahlung von Aluminium mit 38-MeV-α-Strahlen eines Zyklotrons [*200*] und von Kupfer mit 16-MeV-Deuteronen [*201*] änderte die Kriechgeschwindigkeit innerhalb der Meßgenauigkeit nicht. Eine Neutronenbestrahlung mit einem Flux von $1{,}3 \cdot 10^{12}$ n/cm² sek ergab gleichfalls keine wesentliche Änderung der Kriechgeschwindigkeit vielkristallinen Aluminiums bei 15 °C; angedeutet ist eine geringe Herabsetzung der Kriechgeschwindigkeit, die aber noch innerhalb der Versuchsfehler liegt [*202*]. Eine Zusammenstellung von weiteren Kriechversuchen unter Reaktorbestrahlung findet sich in [*146*]. Keinen oder nur geringen Effekt erbrachte die Bestrahlung von Aluminium, Nickel, Konstantan und Inconel. Bei austenitischem Stahl wurde in [*203*] gefunden, daß bei einer Bestrahlung unterhalb 760 °C eine Abnahme, bei einer Bestrahlung oberhalb dieser Temperatur eine leichte Zunahme der Kriechgeschwindigkeit auftritt. In Versuchen mit unter Druck stehenden Rohren ist im Gegensatz hierzu bei 600 °C kein wesentlicher Effekt beobachtet worden [*204*]. Bei Zirkonium wurden große Abnahmen der Kriechgeschwindigkeit durch Reaktorbestrahlung ($3 \cdot 10^{12}$ n/cm² sek) bei 260 °C gefunden. In Tab. 31 sind die erhaltenen Resultate verzeichnet, die eine sehr starke Verfestigung durch die Bestrahlung erkennen lassen.

Tabelle 31. *Änderung der Kriechgeschwindigkeit von Zirkonium durch Neutronenbestrahlung* (260 °C, $3 \cdot 10^{12}$ n/cm² sek) [*205*]

Spannung in kp/mm²	Kriechgeschwindigkeit v in 10^{-4} %/Stunde vor	während Bestrahlung	nach	Verhältnis v_{ohne}/v_{mit}
12,65	1,0	< 0,045		> 20
23,30		0,23	4,6	20
12,65	2,8	< 0,22		> 13
10,90	2,0	< 0,20		> 10
13,00		2,0	13,0	6,5

Ausgehend von der Beobachtung, daß Uran während Reaktorbestrahlung eine außerordentliche Plastizierung erfährt, trotzdem es sich nach Entnahme aus dem Reaktor als verfestigt erweist [*206*], wurde diesem Verhalten in [*207*] systematisch nachgegangen. Bei einer Bestrahlung bei 100 °C kriecht α-Uran langsam (10^{-5}%/Stunde) unter äußeren Spannungen, die nur etwa ein Hundertstel der normalen Kriechspannung des Metalls bei dieser Temperatur sind. Zur empfindlichen

Registrierung dieses Fließens wurden Uranspiralen von 35 mm Länge aus 1 mm dickem Draht mit regellosem Gefüge untersucht, die in Heliumatmosphäre in einem Quarzrohr aufgehängt, über einen Hebelarm belastet der Bestrahlung im Reaktor ausgesetzt waren. Allwöchentlich wurde die Anordnung aus dem Reaktor geholt und die Verlängerung der Spirale gemessen. Zwischen der 7. und 9. Woche waren die Versuche

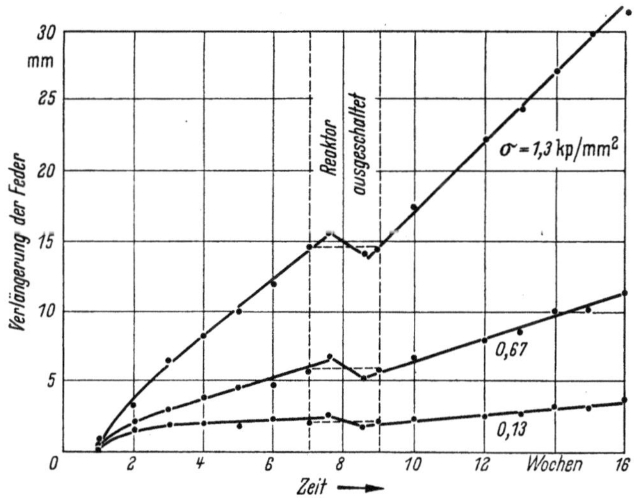

Abb. 100. Kriechen einer Uranspirale unter Reaktorbestrahlung [*207*]

unterbrochen. Das Ergebnis dieser Versuche, bei denen drei verschiedene Spannungen verwendet wurden, ist in Abb. 100 wiedergegeben. Als Ursache für das Kriechen unter Reaktorbestrahlung werden innere Spannungen angesehen, die sich durch das anisotrope Wachsen der rhombischen α-Urankörner durch die Bestrahlung ausbilden. Eingehender wird auf diese Erscheinung im Abschnitt über Uran eingegangen. Es ergibt sich, daß die Wachstumsgeschwindigkeit bei einem Flux von 10^{12} n/cm² sek bei 200 °C ein Maximum erreicht, von wo sie zu höheren Temperaturen steil abfällt und bei etwa 450 °C Null wird. Unter den verwendeten Versuchsbedingungen kann das Uran die sich bis zu einwöchiger Bestrahlung ausbildenden Spannungen elastisch aufnehmen in Übereinstimmung mit den Beobachtungen. Im Anschluß an diese Untersuchungen bei 450 °C durchgeführte Kriechversuche von Uran mit Druckbeanspruchung ergaben, daß eine Neutronenbestrahlung mit $3 \cdot 10^{12}$ n/cm² sek das Fließen nicht wesentlich beeinflußt, was mit der Feststellung im Einklang steht, daß bei 450 °C kein Wachsen der Urankristalle durch Bestrahlung mehr erfolgt und daher auch keine Ausbildung innerer Spannungen [*208*].

Die Übergangstemperatur von zähem zu sprödem Bruch ist eine strukturempfindliche Eigenschaft; sie kann daher als empfindliches Maß für die Versprödung durch Korpuskularbeschuß verwendet werden. In Abb. 101 ist die Verschiebung der Übergangstemperatur eines Kohlen-

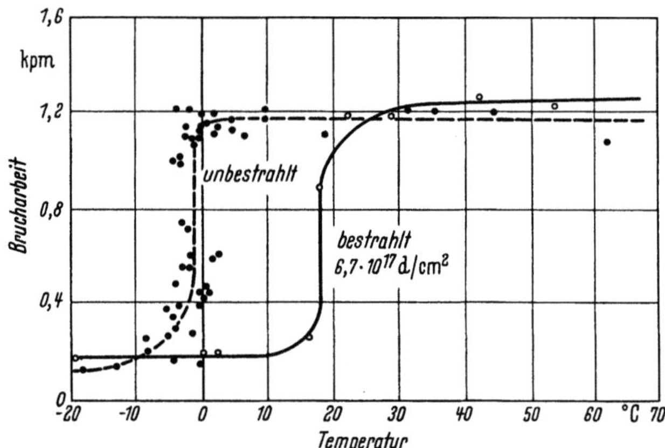

Abb. 101. Versprödung eines Kohlenstoffstahls (SA 1019) durch Deuteronenbestrahlung [*209*]

stoffstahls durch Deuteronenbestrahlung (18,6 MeV; $6{,}7 \cdot 10^{17}$ d/cm²) dargestellt. Für Molybdän wird die durch Neutronenbestrahlung mit einer Dosis von etwa $4 \cdot 10^{22}$ n/cm² bewirkte Versprödung an Hand der Temperaturabhängigkeit der Querschnittsverminderung in Abb. 102 gezeigt. Auch hier wird eine Übergangstemperatur beobachtet, die durch den Neutronenbeschuß von etwa $-30\,°C$ auf $+70\,°C$ erhöht wird. Als weiteres Beispiel bringt Abb. 103 die Temperaturabhängigkeit der Brucharbeit eines normalisierten Kohlenstoff-Silizium-Stahls in unbestrahltem Zustand und in zwei mit verschiedenen Dosen neutronenbestrahlten Zuständen. Während nach der geringen Dosis von 10^{19} n/cm² die Übergangstemperatur nur schwach erhöht und die Brucharbeit unverändert geblieben ist, bringt die zehnmal größere Dosis von 10^{20} n/cm² eine starke Verschiebung der Übergangstemperatur und auch eine erhebliche Verringerung der Schlagarbeit.

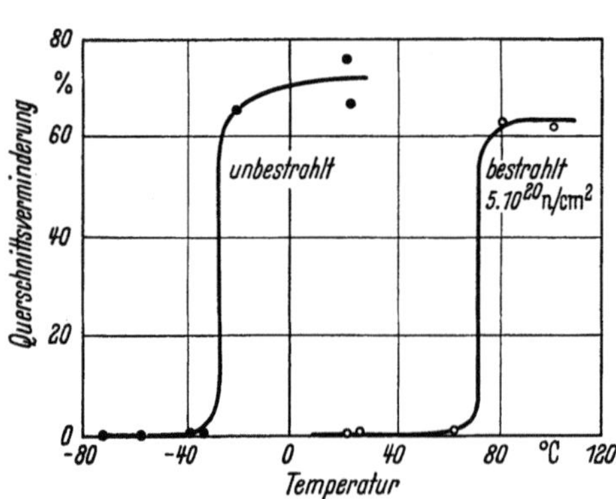

Abb. 102. Versprödung von Molybdän durch Neutronenbestrahlung [*210*]

Inwieweit die Verschiebung der Übergangstemperatur heute einer theoretischen Behandlung zugänglich ist, wurde in III A 5.5 dargelegt. Tab. 32 stellt für eine Reihe von Werkstoffen den experimentellen Beobachtungen theoretische Schätzungen gegenüber. Die beobachteten

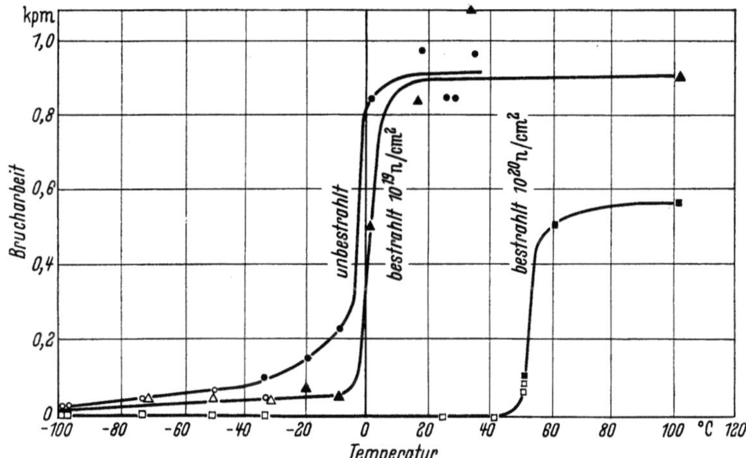

Abb. 103. Versprödung eines normalisierten Kohlenstoff-Silizium-Stahls durch Neutronenbestrahlung [*193*]

Erhöhungen sind im allgemeinen in Übereinstimmung mit den Abschätzungen, wenn auch im einzelnen ausgeprägte Abweichungen auftreten (vgl. hierzu auch IV E 5).

Tabelle 32. *Änderung der Übergangstemperatur von zähem zu sprödem Bruch durch Neutronenbestrahlung* [*170*]

Stahl	Bestrahlung		Änderung der Übergangstemperatur in °C	
	Temperatur in °C	Dosis in 10^{18} n/cm²	geschätzt	beobachtet
En 2	< 100	0,25	11	5–10
		0,95	17	10–25
		1,9	21	5–10
		15	43	30–35
		19	47	50–65
		38	59	60–65
		57	67	70–75
		93	79	55–75
Ducol	50–60	40	60	35
	130–140	40	60	66
	50–60	76	74	73
	130–140	76	74	74

En 2: 0,15% C, 0,12% Si, 0,59% Mn, 0,15% Ni, 0,10% Cr, 0,15% Mo, 0,06% Co, 0,02% Al.

Ducol: 0,15% C, 0,18% Si, 1,24% Mn, 0,49% Cr, 0,09% Ni, 0,15% Cu, 0,28% Mo, 0,07% V.

2.7 Korrosion und Oberflächenaktivität. Zunächst seien jene Bestrahlungswirkungen im Festkörper nochmals kurz zusammengefaßt, die eine Beeinflussung des Korrosionsverhaltens verursachen können. Der Korpuskularbeschuß kann zur Bildung neuer Phasen führen, er kann Phasen stabilisieren bei Temperaturen außerhalb ihres Stabilitätsbereichs, er kann zur Bildung metastabiler Zustände in übersättigten Mischkristall-Legierungen führen. In allen diesen Fällen ist im allgemeinen mit einer Änderung der Korrosionsfestigkeit zu rechnen. Die Bildung von FRENKEL-Defekten fördert die Diffusionsmöglichkeiten, wodurch einerseits ein erleichtertes Herausdiffundieren von Metall an die Oberfläche oder, sofern die metallische Oberfläche von einer Deckschicht bedeckt ist, ein erleichtertes Herandiffundieren des Angriffsmittels an das Metall entlang von Ketten von FRENKEL-Defekten in der Deckschicht ermöglicht wird. Innere Spannungen, wie sie beispielsweise in den Störungsbereichen auftreten, können gleichfalls korrosionsfördernd wirken, ebenso wie lokale Temperaturunterschiede in den Proben. Eine große makroskopische Verschlechterung der Korrosionsbeständigkeit kann ferner durch ein durch das Korpuskularbombardement bedingtes Rissigwerden (Oberflächenvergrößerung) der Probe herbeigeführt werden. Nicht außer acht zu lassen ist schließlich in Werkstoffen mit großem Einfangquerschnitt für thermische Neutronen die Bildung von Fremdatomen.

Einige der eben beschriebenen Mechanismen dürften auch die Häufigkeit aktiver Zentren in der Oberfläche beeinflussen, daher z.B. auch die Eignung der Probe als Katalysator.

Als besonders wichtig ist schließlich zu beachten, daß der Korpuskularbeschuß im angreifenden Medium chemische Änderungen bewirken kann, unter erheblicher Veränderung der Aggressivität. Besonders wichtig ist dieses Problem beim homogenen Siedewasserreaktor, in wassergekühlten Reaktoren, insbesondere bei Verwendung hoher Kühlmitteltemperaturen und in Reaktoren mit organischen Moderatoren.

Für die Strahlenchemie des Wassers (vgl. zusammenfassende Arbeiten [*212, 213, 214*]) steht die ionisierende Wirkung der Strahlung weit im Vordergrund. Außer geladenen Partikeln wirken auch die ungeladenen Neutronen auf dem Umweg über Rückstoßkerne, insbesondere Protonen, stark ionisierend. Gleiches gilt von Röntgen- und γ-Strahlung, deren ionisierende Wirkung hauptsächlich auf die durch sie erzeugten Elektronen zurückgeht. Durch Absorption derartiger Strahlung in Wasser wird die Bildung freier Radikale H^+ und OH^-, ferner von H_2-, O_2- und H_2O_2-Molekülen beobachtet. Die relativen Geschwindigkeiten der Bildung und die Reaktionsgeschwindigkeiten dieser Komponenten bestimmen die Stabilität des Wassers. Sein Verhalten unter Wirkung einer ionisierenden Strahlung kann durch drei Reaktionen beschrieben werden: nämlich durch

$$2\,H_2O \rightsquigarrow H_2 + H_2O_2\,, *$$

weiterhin durch die zu den Radikalen führende Spaltung

$$H_2O \rightsquigarrow H^+ + OH^-$$

und schließlich durch die beiden Rekombinationsreaktionen

$$H_2 + OH^- \longrightarrow H_2O + H^+$$
$$H_2O_2 + H^+ \longrightarrow H_2O + OH^-$$

Qualitativ ist das Verhalten von schwerem Wasser völlig analog; es unterscheidet sich nur quantitativ durch etwas geringere Reaktionsgeschwindigkeiten.

Die Kinetik dieser Reaktionen ist maßgeblich beeinflußt durch die Dichte der Ionisation (Art der Strahlung), durch Beimengungen und die Temperatur. Aus den Gleichungen ersieht man, daß größere Dichte der Ionisation zu stärkerer Zersetzung führt und daß hohe Temperaturen die Rekombination beschleunigen (RGT-Regel). Die Wirkung der Beimengungen beruht einmal auf der Möglichkeit, die Radikale aus der Lösung zu entfernen und dadurch die Rekombinationsmöglichkeit zu vermindern; weiterhin können die so entstandenen Verbindungen selbst eine erhöhte Aggressivität zeigen. Erwähnt sei hier z.B., daß in Wasser gelöster Stickstoff bei Überschuß von Wasserstoff zu Ammoniak-, bei Überschuß von Sauerstoff zu Salpetersäurebildung führt.

Von den experimentellen Ergebnissen seien zunächst aus dem breiten Gebiet der Strahlenchemie einige Beispiele gebracht, in denen der Bestrahlungseinfluß zweifellos Veränderungen im angreifenden Medium bewirkt hat, die dann zu geänderter Beständigkeit des geprüften Werkstoffes führen.

In [*215*] sind Versuche beschrieben, in denen Aluminium dem Angriff von Leitungs- und destilliertem Wasser, Kupfer und weicher Stahl dem doppeltnormaler Salzsäure ohne und mit γ-Strahlung (Co^{60}) ausgesetzt waren. Ein Aluminiumrohr zeigte nach dreißigtägiger Lagerung in Leitungswasser einen deutlichen Unterschied im Korrosionsangriff im bestrahlten (200000 r/h) und unbestrahlten Teil. Während der bestrahlte Teil keinerlei Anfressungen zeigte, wies der unbestrahlte deutlich selektive Korrosion auf. Durch Verfolgung der Gewichtsänderung konnte in weiteren Versuchen gezeigt werden, daß die bestrahlten Proben kleinere Gewichtszunahmen aufwiesen als die unbestrahlten. Metallographisch konnten bei diesem, 42 Tage (300000 r/h) währenden Versuch

* $\rightsquigarrow$ bedeutet die Einwirkung ionisierender Strahlung.

auch im bestrahlten Teil Angriffsstellen nachgewiesen werden, die aber flacher waren als die im unbestrahlten. Erklärt wird dieses Verhalten durch Bildung von oxydierendem Wasserstoffsuperoxyd und oxydierenden freien Radikalen durch Einwirkung der Bestrahlung auf das Wasser, wodurch sich in der bestrahlten Zone eine dichtere schützende Deckschicht ausbildet. Die Lösungsversuche von Kupfer und Eisen in Salzsäure erbrachten den gegenteiligen Effekt, nämlich eine Vergrößerung der Korrosionsgeschwindigkeit durch die Bestrahlung: bei Kupfer Ge-

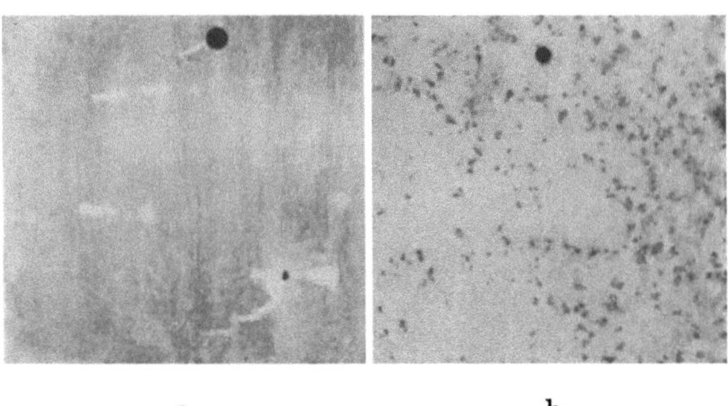

a b

Abb. 104a u. b. AlCuMg-Proben: nach dreieinhalbjähriger Korrosion im Böcksteiner Stollen [*216*] a) etwa 20 °C, Tropfnässe, Emanationsgehalt unbedeutend; b) etwa 42 °C, 95% Feuchtigkeit, Emanationsgehalt einige nC; etwa 1/3 nat. Gr.

wichtsverluste von 0,419 g im bestrahlten und 0,039 g im unbestrahlten Zustand, bei Eisen entsprechend 5,23 g und 2,84 g. Gedeutet wurde dieser Effekt beim Kupfer durch Bildung oxydierender, korrosionsfördernder Agentien in der Lösung durch Bestrahlung, beim Eisen durch depolarisierende Wirkung des H_2O_2 und durch korrosionsbeschleunigende freie Radikale.

Eine Förderung der Deckschichtbildung durch Bestrahlung ergaben auch Versuche mit Zirkonium, das unter Deuteriumbeschuß bei 316 °C dem Angriff entgasten Wassers ausgesetzt war. Die Deckschichtbildung erfolgte hier etwa zehnmal so rasch wie in Vergleichsversuchen ohne Bestrahlung. Wird dagegen die Bestrahlung vor dem Wasserangriff ausgeübt, so ergibt sie keinen Einfluß auf die nachfolgende Deckschichtbildung [*213*].

Auf das Korrosionsverhalten von AlCuMg-Proben bei sehr unterschiedlichem Emanationsgehalt der Atmosphäre bezieht sich Abb. 104, aus der man erkennt, daß die höhere Bestrahlung außerordentlich korrosionsfördernd gewirkt hat. Die Proben waren an zwei verschiedenen Stellen des Böcksteiner-Heilstollens etwa dreieinhalb Jahre dem atmosphärischen Angriff ausgesetzt. Geringfügige Unterschiede im gleichen Sinn wurden auch bei Stäben aus der Gußlegierung AlSi12 beobachtet.

Auf Kurzversuche mit erheblich höherer Konzentration von Emanation bezieht sich Abb. 105. Sie betrifft eine Blechprobe der Legierung AlMg3, die acht Tage lang bei 50 °C einer mit Wasserdampf gesättigten Atmosphäre eines Emanationsgehalts von einigen mC/cm³ ausgesetzt war. Ausgeprägte selektive Korrosion ist erkennbar, die unter gleichen Bedingungen auch bei Reinaluminium beobachtet wurde. Unbestrahlte Kontrollproben erwiesen sich in beiden Fällen als völlig resistent. Variierte Versuchsbedingungen (α-Beschuß in trockener Atmosphäre, Zugabe von

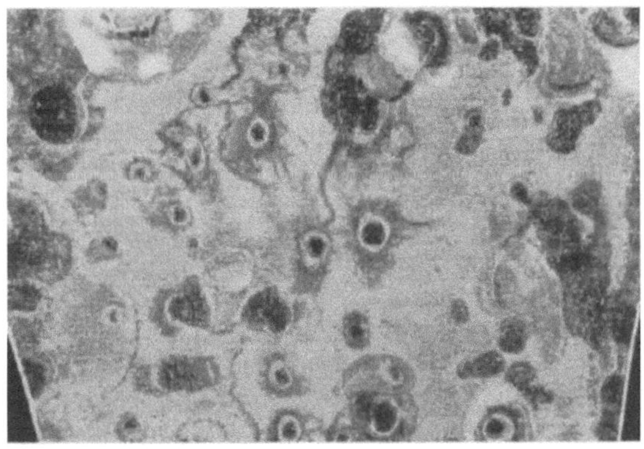

Abb. 105. AlMg3-Proben bei 50 °C und 100% Feuchtigkeit unter Einwirkung von Emanation (einige mC/cm³) korrodiert; $V \sim 6$ [*216*]

H_2O_2 zu feuchter Atmosphäre ohne Emanation) führten in keinem Fall zu einem Angriff der Proben, wodurch bewiesen ist, daß weder die Bestrahlung allein (Bildung von Ozon), noch Wasserstoffperoxyd allein für den Angriff verantwortlich sind. Bei austenitischem Chrom-Nickel-Stahl (18/8), bei Titan und Zirkonium führten derartige Versuche nicht zu lokalen Angriffsstellen [*217*].

Aufgeklärt wurde die korrosionsfördernde Einwirkung der Bestrahlung durch Versuche, in denen die Korrosionsprodukte chemisch untersucht wurden. In [*218*] wird eine Versuchsanordnung beschrieben, bei der sich die Proben in einem abgeschlossenen Gefäß in bestimmter Atmosphäre befinden. Gleichzeitig enthält das Gefäß als α-Strahlenquelle ein Poloniumpräparat, das aber so angeordnet ist, daß die Proben nicht unmittelbar von den Strahlen getroffen werden, lediglich die Ionisierung durch die α-Strahlen kommt zur Auswirkung. Abb. 106 gibt die Gewichtszunahmen, die bei den Versuchen mit Aluminium, Kupfer und Stahl erhalten wurden, wieder. Ohne eingebrachte Strahlenquelle war in allen Fällen in der angegebenen Zeit noch keine Gewichtszunahme zu beobachten. Die relative Feuchtigkeit betrug bei diesen, bei Raumtemperatur durchgeführten Versuchen 73%. Variierung der Feuchtigkeit führte bei Aluminiumproben zu den gleichfalls in die Abbildung eingezeichneten Kurven. Sie lassen den außerordentlich starken Einfluß des Wassergehalts der Atmosphäre erkennen. In absolut trockener Luft blieb auch bei Bestrahlung die Gewichtszunahme unbeobachtbar. Die Korrosionsprodukte ergaben sich bei Aluminium zu 25% als $Al_2O_3 \cdot H_2O$ und 75% als $Al(NO_3)_3 \cdot 9\,H_2O$, bei Kupfer als $Cu(NO_3)_2 \cdot 3\,H_2O$ und schließlich bei Stahl als wasserlösliche basische Nitrate und als $Fe(OH)_3$. Offensichtlich ist für die Bildung der Nitrate das durch α-Bestrahlung gebildete Stickoxyd wesentlich, das in feuchter Atmosphäre zu Salpetersäure, mit naturgemäß stärkerem Korrosionsangriff, führt. Zu demselben Ergebnis kommt auch eine Untersuchung, in der Aluminium, Kupfer, Blei, Nickel und Inconel unter Reaktorbestrahlung einer Korrosion in feuchter Luft ausgesetzt waren. Insbesonders die quantitativen Versuche mit Nickel ergaben nach Bestrahlung in feuchtem Sauerstoff geringfügige Mengen schwarzen Nickeloxyds und in feuchter Luft große Mengen von $Ni(NO_3)_2 \cdot H_2O$. Keinerlei Reaktion wurde bei Verwendung trockener Gase (Sauerstoff, Stickstoff oder Luft) beobachtet [*219*].

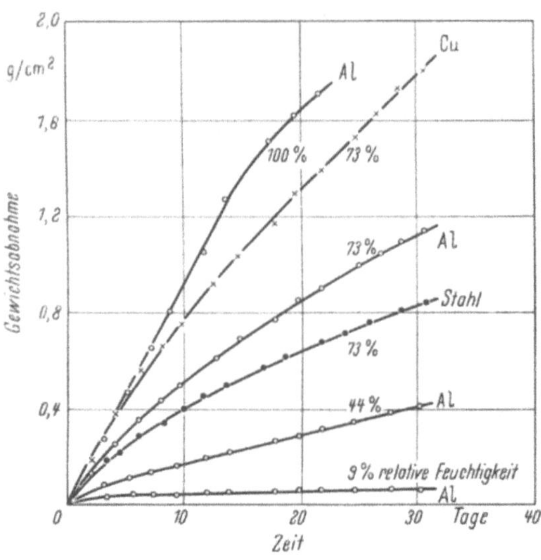

Abb. 106. Korrosion von Metallen bei Gegenwart von ionisierender Strahlung [*218*]

Über die Einwirkung einer Bestrahlung auf die katalytische Aktivität von Metallen und Metalloxyden für die Hydrierung von Äthylen wird in [*220*, *221*, *222*] berichtet. Durch Bombardement mit Argon-Ionen konnte diese Aktivität eines Nickelkristalls gesteigert werden. Desgleichen wurde die Adsorption von Wasserstoff an Palladium- und Kupferkatalysatoren durch Röntgenbestrahlung erhöht und damit die Ausbeute der Reaktion verbessert. Im Falle eines γ-bestrahlten ZnO-Katalysators wird dagegen eine Abnahme der katalytischen Aktivität durch die Bestrahlung für dieselbe Hydrierungsreaktion angegeben. Die Aktivität eines Platinkatalysators für die Oxydation von SO_2 bei Gegenwart von Wasserdampf wird durch Röntgenstrahlung erhöht [*223*]. Eine bleibende, zu etwa 50% höherer Ausbeute führende Verbesserung der Aktivität von Eisenoxydkatalysatoren auf der Grundlage von Walzzunder für die Hydrierung von Kohlenmonoxyd durch γ-Bestrahlung wurde beobachtet. Parallel mit dieser Veränderung der Oberflächenaktivität geht eine gesteigerte Exoelektronenemission bei einer bestimmten Temperatur, wie durch Aufnahme von Glowkurven gezeigt wurde [*224*]. Einbringung eines β-Strahlers (radioaktiver Schwefel) in Magnesium- bzw. Bariumsulfat konnte ebenfalls die katalytische Wirkung dieser Substanzen für die Dehydrierung von Cyclohexan erhöhen, wobei diese Erhöhung linear mit der Konzentration des radioaktiven Schwefels anstieg [*225*]. Als Ursache der Veränderung der katalytischen Wirksamkeit ist wohl an die Bildung von Gitterdefekten durch die Bestrahlung zu denken.

Über die Bedeutung eines Protonenbeschusses auf Oberflächenreaktionen gibt Tab. 33 Aufschluß, welche den Effekt der Bestrahlung auf das elektrochemische Potential von Wolfram gegenüber einer Kalomel-Elektrode angibt. Man erkennt, daß durch die Bestrahlung sehr viel größere Änderungen bewirkt werden als durch eine Kaltbearbeitung. Der Sinn der Änderung liegt in der Richtung zu unedlerem Metall, d.h. also, daß die Bestrahlung das Wolfram chemisch reaktiver macht.

Tab. 33. *Änderung des elektrochemischen Potentials von Wolfram durch Protonenbestrahlung* [*226*]

Zustand	Bestrahlung: Dosis in 10^{15} p/cm²	Bestrahlung: Energie in MeV	Potential in mV
geglüht	0		0
kaltgezogen	0		22
geglüht + bestrahlt	1,9	130	72?
	1,8	260	39
	6,8	260	47
	22	260	84
bestrahlt + geglüht	22	260	0

Schließlich seien noch zwei Beispiele gebracht, die nochmals eine Erhöhung der chemischen Reaktivität durch Bestrahlung illustrieren. Protonenbestrahlung brachte eine beträchtliche Erhöhung der Lösungsgeschwindigkeit von Ferrioxyd in Salzsäure [*227*]. Weiterhin wurde eine erhebliche Abkürzung der Induktionsperiode für die Reduktion von Nickeloxyd bei niedrigen Temperaturen durch Protonenbestrahlung gefunden; gleichzeitig erhöhte sich die Geschwindigkeit der Reduktion beträchtlich. Bei Temperaturen über 400 °C unterschieden sich die Reduktionsgeschwindigkeiten von bestrahltem und unbestrahltem Nickeloxyd nicht mehr; hier sind die durch die Bestrahlung hervorgerufenen Störungen thermisch ausgeheilt [*228*].

3. Erholung von den Folgen der Bestrahlung

Schon wiederholt ist darauf hingewiesen worden, daß die durch die Bestrahlung bewirkten Veränderungen der Eigenschaften leicht rückgebildet werden können. Da die Beweglichkeit der gebildeten Defekte stark temperaturabhängig ist, kann durch Temperaturerhöhung eine Rekombination der Partner der FRENKEL-Defekte stattfinden, es kann zu einer Abwanderung von Leerstellen oder Zwischengitteratomen zu Korngrenzen, zur Oberfläche und zu Versetzungen kommen. Durch diese

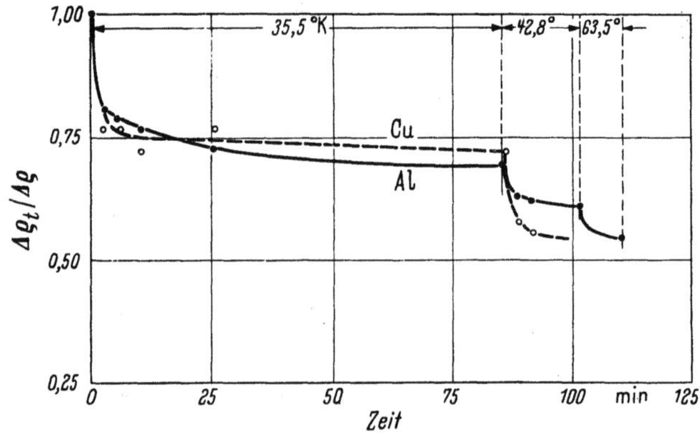

Abb. 107. Erholung von bei 18 °K neutronenbestrahlten Aluminium- und Kupferproben [*149*]

Wanderung der Defekte verringert sich die Konzentration der Fehlstellen, und es müssen sich auch die von dieser Konzentration abhängigen Eigenschaften ändern.

Die Bestrahlungsexperimente ergaben die bemerkenswerte Tatsache, daß Erholung von den Wirkungen der Bestrahlung schon bei tiefsten Temperaturen einsetzen kann. Untersuchungen des spezifischen Widerstands haben ergeben, daß die Änderungen, die durch Bestrahlung eingetreten sind, auch bei Lagerung bei 80 °K verringert werden. Lagert man die bestrahlten Proben jedoch bei etwa 10 °K, so bleibt die Widerstandsänderung erhalten [*151*, *229*]. Als Beispiel für die Erholung bei tiefsten Temperaturen bringt Abb. 107 Kurven für den spezifischen Widerstand neutronenbestrahlter Kupfer- und Aluminiumkristalle. Die Bestrahlung war bei 18 °K mit einer Gesamtdosis von $4 \cdot 10^{17}$ n/cm² durchgeführt worden. Die Erholungstemperaturen sind in der Abbildung angegeben.

Über das Anlaßverhalten von Edelmetallproben, die bei 10 °K mit einer Dosis von $8 \cdot 10^{16}$ d/cm² *deuteronen*bestrahlt worden waren, gibt Abb. 108 Auskunft. In ihr sind die mit einer Erwärmungsgeschwindigkeit von 15 bis 30° je Stunde erhaltenen Widerstandsänderungen gegenüber unbestrahlten, thermisch analog behandelten Proben eingezeichnet. Bei

Kupfer wird bei 40 °K ein starker Widerstandsabfall (40%) beobachtet, und auch bei Silber tritt im Bereich von etwa 30 °K ein, wenn auch erheblich schwächer ausgeprägter Abfall des Widerstands ein. Gold zeigt bei diesen tiefen Temperaturen keinerlei steilen Widerstandsabfall. Zunehmende Erwärmung der Proben bringt bei Kupfer (und auch bei Gold)

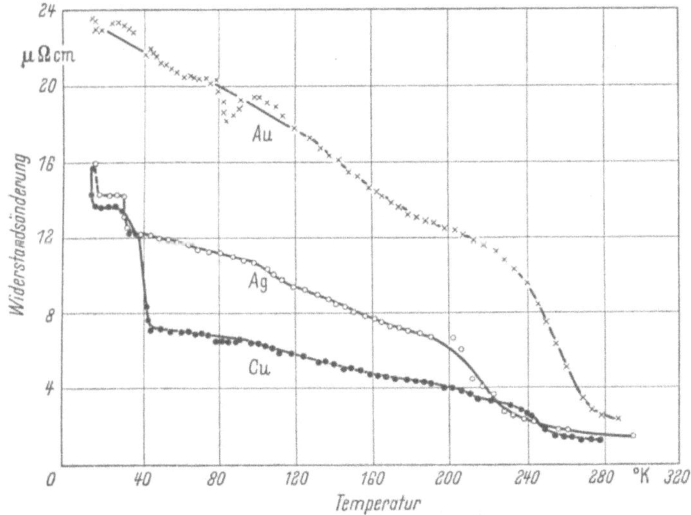

Abb. 108. Erholung von bei 10 °K deuteronenbestrahlten Edelmetallen [229]

einen flachen Abfall des Widerstands bis etwa 240 °K. Darüber hinaus erfolgt der Abfall steiler. Für Silber erfolgt der Steilabfall ab etwa 200 °K. Für eine genauere Verfolgung der Widerstandsabnahme mit zunehmender Erwärmung wurden Kupferproben verwendet, die bei 80 °K deuteronenbestrahlt waren. Wieder zeigte sich dabei, daß zwischen 90 und 220 °K der Widerstand etwa gleichmäßig mit der Temperatur abnimmt und daß zwischen 220 °K und Raumtemperatur ein steilerer Abfall einsetzt.

Über die Erholung von *α-bestrahltem* Kupfer wird in [*230*] berichtet. Drähte von 0,075 mm Stärke wurden bei einer Temperatur von 98 °K einer α-Bestrahlung (35 MeV; ungefähre Reichweite in Cu 0,18 mm) mit einer Gesamtintensität von etwa 13 μAh/cm² ausgesetzt. Anschließende Glühbehandlung ergab, daß zwischen 200 °K und Raumtemperatur der stärkste Widerstandsabfall erfolgt.

Auf die Erholung bei 18 °K *neutronen*bestrahlter Kupferkristalle verschiedener Herstellungsart und verschiedener Vorgeschichte bezieht sich Abb. 109. Sie enthält die Ergebnisse, die mit Kupfer (99,995%), mit kaltbearbeiteten und angelassenen Proben, mit zonengeschmolzenem Kupfer und mit Kupferwhiskern ($\sim 1\,\mu$ Durchmesser) erhalten worden waren. Die Erwärmung der Proben erfolgte jeweils 3 Minuten lang, die anschließende Widerstandsmessung wurde bei 14 °K vorgenommen. Man erkennt, daß in diesem hochreinen Kupfer die verschiedenen Dichten der

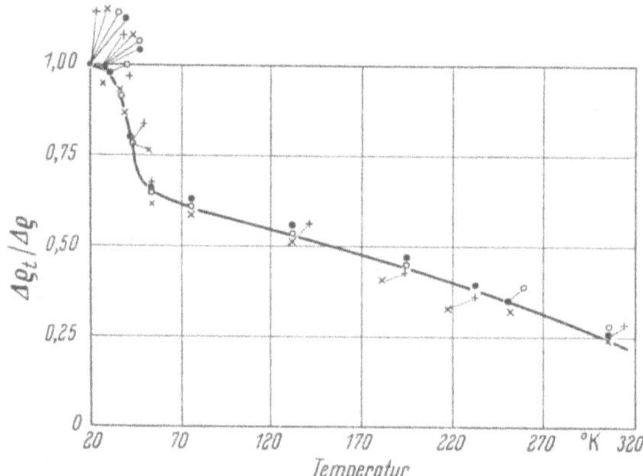

Abb. 109. Erholung von bei 18 °K neutronenbestrahlten Kupfereinkristallen [*231*]

● 99,995	$\varrho_0 = 0{,}0225\ \mu\Omega\text{cm}$,	$\Delta\varrho = 0{,}0102\ \mu\Omega\text{cm}$
○ zonengeschmolzen	$\varrho_0 = 0{,}0077\ \mu\Omega\text{cm}$,	$\Delta\varrho = 0{,}0091\ \mu\Omega\text{cm}$
× angelassen	$\varrho_0 = 0{,}0101\ \mu\Omega\text{cm}$,	$\Delta\varrho = 0{,}0087\ \mu\Omega\text{cm}$
+ Whisker	$\varrho_0 = 0{,}0114\ \mu\Omega\text{cm}$,	$\Delta\varrho = 0{,}0088\ \mu\Omega\text{cm}$

Defekte nur geringen Einfluß auf die Höhe der Widerstandsänderung durch die Bestrahlung und auf die Kinetik der Erholung beim Anlassen haben.

Über die Bedeutung von Beimengungen zu Kupfer durchgeführte Untersuchungen ergaben, daß eingelagerte Fremdatome in der Größenordnung von 0,1 At.-% die Tieftemperaturerholung von Kupfer merklich unterdrücken können, gleichgültig, ob die Beimengungen einen kleineren oder größeren Atomradius als Kupfer haben. Abb. 110 zeigt dies für Beryllium- (Atomradius 1,13 Å) und Goldzusätze ($r_A = 1{,}44$ Å gegenüber 1,28 Å für Cu). Im gleichen Sinn wirkt auch eine Beimengung von Silizium ($r_A = 1{,}34$ Å), während Zink- und Nickelzusätze ($r_A = 1{,}37$ bzw. 1,24 Å) die Kinetik der Erholung nicht ändern.

Auch bei neutronenbestrahltem Aluminium tritt schon bei tiefsten Temperaturen ein Widerstandsabfall durch Erholung ein (vgl. Abb. 107), neutronenbestrahltes Eisen und Zink zeigen dagegen starke Erholung erst im Temperaturbereich um 100 °K [*149*].

Die Widerstandserholung von mit *Elektronen* beschossenen Proben wurde an hochreinem Kupfer und Nickel untersucht. Kupferproben von $32\,\mu$ Stärke wurden bei 10 °K mit einer Dosis von $8{,}4 \cdot 10^{16}\ \varepsilon/\text{cm}^2$ (1,35 MeV) bestrahlt. Bis zu Anlaßtemperaturen von 21 °K wurde keinerlei Erholung gefunden, während 90% der Widerstandserhöhung bei einer

Anlaßtemperatur von 65 °K beseitigt wird [234]. Durch weitere Versuche an bei 80 °K mit 1,25 MeV Elektronen bestrahlten Kupferproben wurde die Erholung bei höheren Temperaturen verfolgt [235]. Es ergaben sich

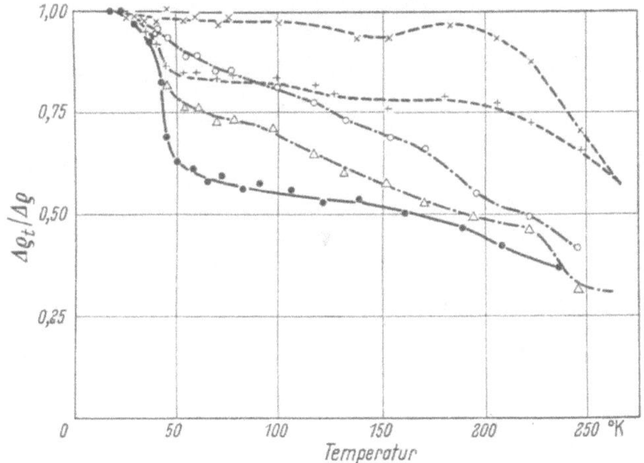

Abb. 110. Erholung von Kupfer mit geringen Zusätzen [231]
● Cu 99,999; + Cu+0,1% Be; × Cu +1,0% Be; △ Cu +0,1% Au; ○ Cu +1,0% Au

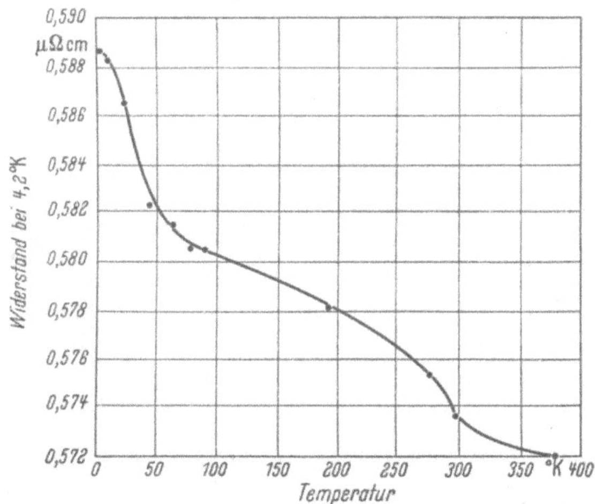

Abb. 111. Erholung von bei tiefsten Temperaturen mit Elektronen bestrahlten Nickelproben [232] (vgl. auch [233])

dabei ähnliche Temperaturbereiche wie bei den mit schweren Teilchen bestrahlten Proben. Auf die Erholung von bei tiefsten Temperaturen bestrahltem Nickel bezieht sich Abb. 111. Der Widerstandsabfall zeigt wieder weitgehend ähnlichen Verlauf wie bei der Erholung von mit schweren Teilchen bestrahltem Kupfer.

In wesentlich geringerem Ausmaß als durch Verfolgung des spezifischen Widerstands wurden die Erholungserscheinungen bestrahlter Proben an Hand anderer Eigenschaften verfolgt. Daß die Änderung der

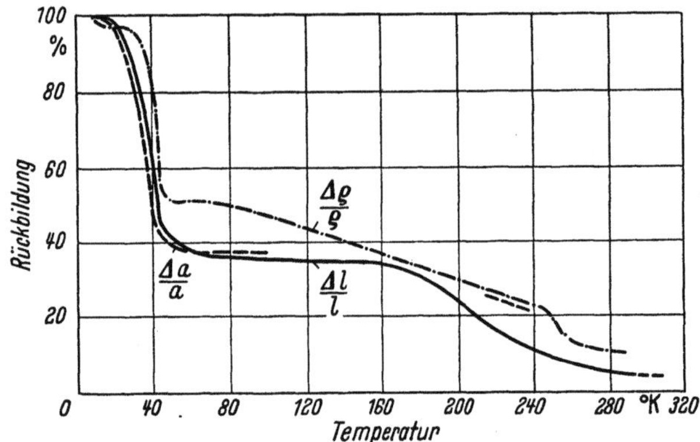

Abb. 112. Rückbildung verschiedener Eigenschaften bei der Erholung deuteronenbestrahlten Kupfers (nach [*135*])

Probenabmessungen, der Gitterkonstanten und des spezifischen Widerstands in denselben Temperaturbereichen sich rückbilden, zeigt Abb. 112 für Kupfer, das bei tiefen Temperaturen deuteronenbestrahlt worden war.

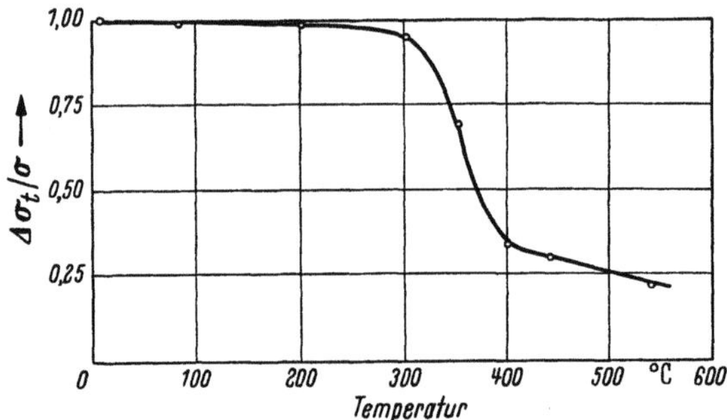

Abb. 113. Rückbildung der Torsionsstreckgrenze neutronenbestrahlter Kupferdrähte bei Anlaßbehandlungen [*174*]

Bei den bisher besprochenen physikalischen Eigenschaften setzt die Erholung von den Folgen der Bestrahlung schon bei sehr tiefen Temperaturen ein. Anders liegen die Verhältnisse bei den das plastische Verhalten der Werkstoffe charakterisierenden Eigenschaften. Auf die Schubspannung an der Torsionsstreckgrenze neutronenbestrahlter Kupferdrähte, die anschließend Anlaßbehandlungen unterworfen wurden, bezieht sich Abb. 113. Die Drähte waren bei 80 °K mit einer Dosis von etwa

10^{19} n/cm² bestrahlt und anschließend jeweils 10 Minuten bei bestimmten Anlaßtemperaturen getempert worden. Man erkennt, daß bis zu 300 °C die Schubspannung sich kaum ändert, bei weiterer Temperatursteigerung jedoch ein steiler Abfall erfolgt. Denselben Temperaturbereich für den steilen Abfall hatten auch Versuche über die kritische Schubspannung hochreiner Kupferkristalle ergeben, die im Reaktor einer Gesamtstrahlung von $6 \cdot 10^{18}$ n/cm² ausgesetzt worden waren. Die Relaxationszeit nahm von 400 Stunden bei 305 °C auf 11 Minuten bei 385 °C

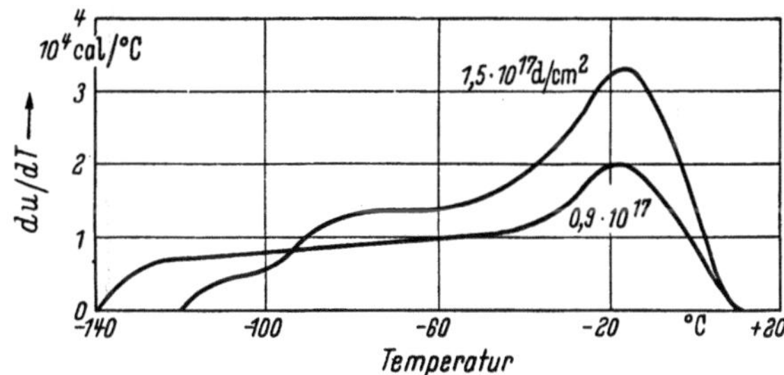

Abb. 114. Energieentbindung beim Anlassen deuteronenbestrahlter Kupferproben [*238*]

ab [*236*]. Daß es sich bei dieser Rückbildung der Eigenschaften um echte Erholung und nicht um Rekristallisation handelt, wird durch die Einkristallversuche überzeugend belegt.

Die sehr viel größere Stabilität der technologischen Eigenschaften gegenüber der des elektrischen Widerstands geht auch aus Untersuchungen der Härte bestrahlter Proben aus Kupfer und Kupfer-Zink-Legierungen hervor. Erst ab Anlaßtemperaturen über 200 °C bildet sich der durch Neutronenbestrahlung verursachte Härteanstieg wieder zurück [*237*].

Da für die Bildung von Defekten in Kristallen Energie aufgewendet werden muß (sie entstammt der Energie des eingeschossenen Projektils), so muß bei der Beseitigung der Fehlstellen durch Erholung Energie frei werden. Gelänge es also, die freigesetzte Wärmemenge zu erfassen und würde man die Zahl der durch die Bestrahlung gebildeten Fehlstellen kennen, so ließe sich die Bildungswärme einer Fehlstelle berechnen. Die Ergebnisse entsprechender Anlaßversuche mit Kupferfolien, die bei −180 °C einem Deuteronenbombardement ausgesetzt waren, sind in Abb. 114 dargestellt. Sie gibt die für zwei verschiedene Bestrahlungsdosen gültige, bei anschließender Temperung bis Raumtemperatur je Grad Temperaturerhöhung entwickelte Wärmemenge wieder. Man erkennt in beiden Fällen ein ausgeprägtes Maximum bei etwa −18 °C.

Die mit der Erholung bei sehr tiefen Temperaturen verknüpfte Energieentbindung wurde an zonengeschmolzenen Kupfer- und Aluminiumkristallen untersucht, die bei 20 °K mit Neutronen bis zu einer

Dosis von $4 \cdot 10^{17}$ n/cm² beschossen worden waren. Die bombardierten Kristalle wurden langsam bis zu 60 °K angewärmt, derart, daß die reziproke Erwärmungsgeschwindigkeit proportional der spezifischen Wärme war. Anschließend wurden die Kristalle wieder auf 20 °K abgekühlt und hierauf neuerlich bis zu 60 °K erwärmt. Ein eventueller Unterschied in den beiden Kurven würde durch die bei der ersten Erwärmung entwickelte Erholungswärme bedingt sein. Es ergab sich in beiden Fällen, daß die Wärmeentwicklung sehr gering und zwischen 30 und 50 °K nicht größer als 0,1 cal/Mol war [*149*].

Aus den für die verschiedenen Temperaturbereiche beobachteten Erholungsgeschwindigkeiten lassen sich in bekannter Weise die Aktivierungswärmen der jeweils zugrunde liegenden Vorgänge ableiten, weiterhin läßt sich entscheiden, ob die Reaktion erster oder zweiter Ordnung ist.

Für das Beispiel Kupfer und das hier am besten untersuchte Verhalten des Widerstands werden heute 5 Erholungsbereiche angenommen, denen man zunächst versuchsweise auf Grund der experimentellen Befunde und der thermisch für die verschiedenen Gitterdefekte abgeschätzten Wanderungsenergien (Tab. 15) bestimmte atomistische Gittervorgänge zugeordnet hat. Eine Übersicht über diese Zuordnung, wie sie heute von verschiedenen Stellen angenommen wird, ist in Tab. 34 gegeben. Sie enthält am Kopf die Temperaturbereiche und die in diesen Bereichen experimentell ermittelten Aktivierungsenergien. Mitberücksichtigt bei dieser Zuordnung werden die Ergebnisse, die bei verformten und bei von hohen Temperaturen abgeschreckten Proben erhalten worden sind. Im ersten Fall treten viele Versetzungen, aber auch Leerstellen und in geringem Maße Zwischengitteratome auf, im zweiten Fall bestehen die Gitterfehler vor allem aus einer großen Zahl von Leerstellen. Wie sich

Tab. 34. *Mechanismen der Widerstandserholung von Kupfer nach Korpuskularbestrahlung*

Bereich *I* 20–65 °K $E = 0{,}1$ eV	Bereich *II* 65–240 °K 0,2–0,6 eV	Bereich *III* 240–320 °K 0,7 eV	Bereich *IV* 320–450 °K 1,2 eV	Bereich *V* 500 °K 2,1 eV	Literatur
FD	FD, (L_m)	Z	L, Z_m, L^+, Z^+	SD	[*235*]
FD, Stb.	Z	L_2	L	SD	[*239*]
FD, Stb.	FD, (L_m)	Z	L	SD	[*24*]
FD, Z	L_m	L	–	SD	[*240*]
FD, Z	Z^+, (L_2)	L	–	SD	[*241*]
FD, Z	Z^+, (L_2, Z_m)	Z^{++}	L	SD	[*242*]

FD = Rekombination benachbarter Partner von FRENKEL-Defekten, Stb. = Umlagerungen in Störbereichen, Z = Diffusion von Zwischengitteratomen, Z_m = Diffusion von Gruppen von Zwischengitteratomen, Z^+ = Diffusion von Zwischengitteratomen, die mit geringer Energie festgehalten sind, Z^{++} = von solchen, die mit größerer Energie festgehalten werden, L = Leerstellendiffusion, L_2 = Diffusion von Doppelleerstellen, L_m = Diffusion von Leerstellengruppen, L^+ = Diffusion von festgehaltenen Leerstellen, SD = Selbstdiffusion.

der Widerstand bei derartigen Ausgangszuständen in den 5 Bereichen ändert, ist, im Vergleich zur Widerstandsänderung bestrahlter Kupferproben, schematisch in Abb. 115 dargestellt. Erholung im Bereich *I* tritt nur in bei Heliumtemperatur bestrahlten Proben auf, nicht dagegen in bei diesen Temperaturen verformten. Im einzelnen sei zu der Zuordnung, die von den Autoren in einigen Bereichen übereinstimmend,

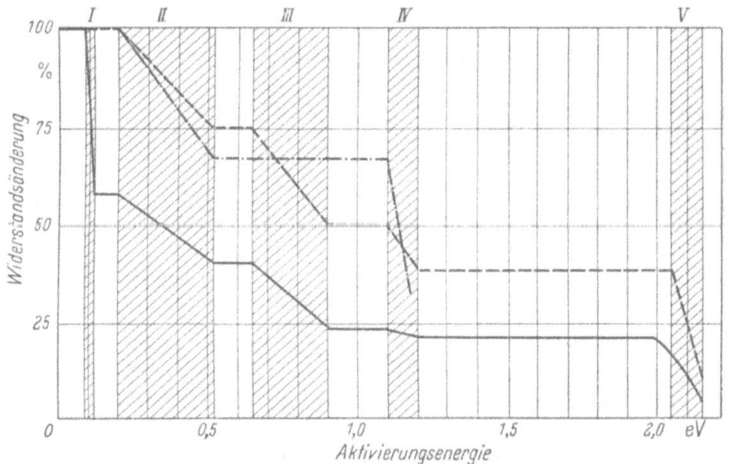

Abb. 115. Widerstandserholung von Kupfer als Funktion der Aktivierungsenergie (schematisch) [*289*]; vgl. auch [*239*]
——— bestrahlt; - - - von hohen Temperaturen abgeschreckt; — · — · — kaltverformt

in anderen jedoch unterschiedlich gegeben wird, folgendes angeführt: Im niedrigsten Temperaturbereich (Bereich *I*) wird die Erholung auf die Wanderung von Zwischengitteratomen zurückgeführt, für welche die theoretisch abgeschätzte Wanderungsenergie bis zu den beobachteten Werten herabreicht. Weiterhin wird auch die Rekombination sehr benachbarter Partner von Frenkel-Defekten als tragender Mechanismus angenommen. Hier ist zufolge der Störungsfelder die Wanderungsenergie der Zwischengitteratome stark herabgesetzt. Als weiterer Mechanismus wird eine Umlagerung in Störbereichen vermutet, die am Ende der Reichweite schwerer Teilchen gebildet werden. Hierzu wird auf die Analogie mit dem Widerstandsverhalten bei tiefsten Temperaturen aufgedampfter Metallschichten beim Anlassen hingewiesen [*243*]. Schließlich sei noch ein Vorschlag erwähnt, der die Wanderung von Crowdions als wesentlichen Mechanismus in Bereich *I* ansieht [*149, 231*]. Begründet wird diese Ansicht durch die Tatsache, daß die durch Erholung im Bereich *I* freiwerdende Energie ($<$ 0,1 cal/Mol) erheblich kleiner ist als die durch Rekombination von Frenkel-Defekten zu erwartende ($\sim$0,4 cal/Mol). Als weitere Stütze wird auf den Umstand hingewiesen, daß die Erholung unabhängig von der Herstellungsart und der Vorgeschichte der Proben ist (vgl. Abb. 109), und schließlich, daß der Unterschied in den Atomradien von Beimengung und Grundmetall ohne Einfluß auf die Unterdrückung der Tieftemperaturerholung ist (vgl. Abb. 110). Von den Einwänden gegen diesen Crowdion-Mechanismus sei vor allem der erwähnt, daß die Änderung der Gitterparameter auch im Bereich *I* parallel der Widerstandserholung geht (vgl. Abb. 112), was durch Umlagerung in Störbereichen und durch Wiedervereinigung von FRENKEL-Defekten gut, durch Wanderung von Crowdions aber nur schwer verständlich ist [*24*, *3*]. Weiterhin wird hervorgehoben, daß die Stabilisierung von Zwischengitteratomen nicht nur durch Atome kleiner als die des Grundmetalls, sondern auch durch größere erfolgen kann, wobei bei größeren Einlagerungsatomen die erforderliche Wanderungsenergie geringer ist als bei Einlagerung von kleineren Fremdatomen, sofern sie große Änderung der Gitterabmessungen bewirken [*242*].

Neuerdings hat die sehr eingehende Verfolgung der Widerstandserholung im Bereich *I* zu einer Aufspaltung dieses Bereiches in 5 Unterbereiche geführt, denen versuchsweise differenzierte Erholungsmechanismen zugeordnet werden [*240*, *241*].

Im Temperaturbereich *II* wird ebenso wie im Bereich *I* die Wiedervereinigung der Partner von FRENKEL-Defekten und die Wanderung von Zwischengitteratomen als Erholungsmechanismus angenommen. Neu hinzu kommt die Wanderung von Leerstellenpaaren und von mehrere Leerstellen umfassenden Gruppen. Ferner wird auch die Wanderung von durch Fremdatome festgehaltenen Zwischengitteratomen als Mechanismus vermutet.

Im Bereich *III* wird zum erstenmal die Diffusion einzelner Leerstellen neben der Diffusion von Doppelleerstellen und Zwischengitteratomen als Erholungsmechanismus postuliert. Diese Leerstellendiffusion wird einheitlich für die Erholung im Bereich *IV* verantwortlich gemacht, während im Hochtemperaturbereich *V* Selbstdiffusion, die zu Polygonisation, gegebenenfalls auch schon zu Rekristallisation führen kann, angenommen wird.

Wenn auch in großen Zügen die Auffassungen über die für die einzelnen Erholungsbereiche verantwortlichen atomistischen Mechanismen einander schon sehr nahe gekommen sind, so sind doch für die ersten Bereiche zahlreiche Unsicherheiten vorhanden, deren Beseitigung systematische Untersuchungen im Bereich niedriger Temperaturen erfordert. Man darf ferner nicht vergessen, daß sich Tab. 34 ausschließlich auf *eine* Eigenschaft eines *einzigen* Metalls, nämlich den spezifischen Widerstand von Kupfer bezieht und daß über die Erholung anderer Eigenschaften von den Folgen einer Bestrahlung nur sehr spärliches Beobachtungsmaterial vorliegt. Eine Komplikation, die heute noch keineswegs gelöst ist, besteht ferner darin, daß durch die Wanderungsvorgänge von Defekten bei niedrigen Erholungstemperaturen neue Defekte (Komplexe von Punktdefekten) entstehen können, die eventuell für eine anschließende Erholung bei höheren Temperaturen wichtig sind.

Zum Abschluß dieses Punktes über die Erholung soll noch kurz auf die „Bestrahlungserholung" zurückgekommen werden. Der ihr zugrunde liegende Mechanismus besteht darin, daß bei Vorhandensein hoher Dichten von FRENKEL-Defekten zusätzlich gebildete Punktdefekte eine merkliche Wahrscheinlichkeit haben, mit Defekten zu rekombinieren, die von den vorhergehenden Bestrahlungswirkungen stammen. Experimentell äußert sich diese Bestrahlungserholung in dem Abbiegen der Kurve, die den Zusammenhang zwischen Eigenschaftsänderung und Dosis wiedergibt, von der geraden Linie und Annäherung an eine Sättigung.

4. Widerstand von Halbleitern

Während bei den Metallen und Legierungen die Bedeutung der Korpuskularbestrahlung für eine ganze Reihe von physikalischen und technologischen Eigenschaften geschildert wurde, soll für die Halbleiter nur eine markante Eigenschaft, der Widerstand, behandelt werden.

Die wesentlichen Unterschiede zwischen metallischem Leiter, Halbleiter und Isolator sind durch die Verteilung der Elektronen auf verschiedene Energiebänder gegeben. Diese Energiebänder entstehen aus den diskreten Energiezuständen des an ein Ion gebundenen Elektrons durch die Störungen, die durch das periodische Potentialfeld der Gitterionen im Kristall bedingt sind. Für die innersten, für die Röntgenstrahlung zuständigen Elektronen bleibt der Einbau des Atoms in das Kristallgitter ohne Bedeutung, d.h. die Energiezustände dieser Elektronen bleiben ungestört und scharf. Mit wachsender Entfernung vom Kern nimmt die Störung und damit die Breite der Energieniveaus der Elektronen zu. Bei den optischen, im allgemeinen unbesetzten Niveaus erreicht die Breite mehrere eV, so daß der Ausdruck „Energieband" gerechtfertigt ist. Bei den höchsten Energieniveaus kann die Bandbreite so groß werden, daß Überlappung verschiedener Bänder eintritt.

Wenn wir nun nur die beiden obersten Energiebänder herausgreifen, so kommen wir zu einer vereinfachten Darstellung von Elektronenleiter, elektronischem Halbleiter und Isolator. Ist das oberste Energieband nur teilweise mit Elektronen besetzt, so ist der Kristall metallisch leitend, da Elektronen durch das elektrische Feld beschleunigt werden können. Ebenfalls metallische Leitfähigkeit liegt vor, wenn das oberste Energieband leer ist, sich aber mit dem vollbesetzten nächsten Energieband überlappt. Wenn das vollbesetzte Band (Valenzband) und das tiefste leere Band (Leitfähigkeitsband) durch eine Lücke (verbotene Zone) von mehreren eV (eine Energie, die thermisch schwer aufgebracht werden kann) getrennt ist, liegt ein Isolator vor (Beispiel reiner Diamant). Ist dagegen die verbotene Zone nur schmal, dann können durch thermische Anregung Elektronen aus dem vollbesetzten in das höhere leere Band gehoben werden, wodurch dem Kristall eine mit steigender Temperatur steigende elektronische Leitfähigkeit erteilt wird. Man spricht von elektronischem Halbleiter, in diesem Fall insbesondere von Eigenhalbleiter. Neben der Eigenhalbleitung gibt es bei Halbleitern auch eine Störstellenleitung, die durch Einbau von Fremdatomen bzw. durch Einbringung von Punktdefekten bewirkt werden kann. Abb. 116 dient zur schematischen Kennzeichnung dieses Tatbestandes. Liegen bei den eingelagerten Fremdatomen mit Elektronen besetzte Energieniveaus im verbotenen Band, so spricht man von Donatoren, liegen dem Fremdatom zugehörige leere Energieniveaus in dieser Zone, so liegt ein Akzeptor vor.

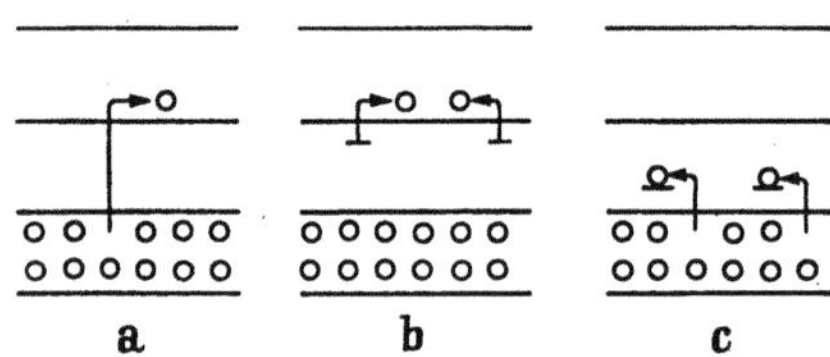

Abb. 116a–c. Energiebandmodell a) für Eigenhalbleiter; b) für Überschußhalbleiter; c) für Defekthalbleiter

Für die Wirksamkeit dieser Fremdatome ist es wesentlich, wo die entsprechenden Energieniveaus im Bezug auf die sogenannte FERMI-Grenzenergie liegen. Diese Grenze stellt die höchste kinetische Energie dar, welche die Elektronen beim absoluten Nullpunkt haben können. Liegen die Niveaus der Donatoren knapp unter der unteren Grenze des Leitfähigkeitsbandes, so können Elektronen durch thermische Energiezufuhr in dieses Band gehoben werden, wodurch eine elektronische Leitfähigkeit auftritt (N-Typ- oder Überschußleitung). Liegen die Niveaus der Akzeptoren knapp oberhalb der oberen Grenze des Valenzbandes, so können Elektronen aus diesem Band thermisch angehoben werden, es entstehen hierdurch „Löcher“ (Defektelektronen) im Valenzband, die unter Wirkung eines äußeren elektrischen Feldes ebenfalls zu Leitfähigkeit führen (P-Typ- oder Defektelektronenleitung). Unwirksam bleiben unterhalb der FERMI-Grenze liegende Donatorniveaus und über der FERMI-Grenze liegende Akzeptorniveaus. Zusätzlich eingebrachte Akzeptorniveaus unter der FERMI-Grenze verringern die Konzentration der Leitungselektronen im N-Typ- und vergrößern die Löcherkonzentration im P-Typ-Halbleiter. Der umgekehrte Effekt tritt ein, wenn Donatorniveaus oberhalb der FERMI-Grenze eingebracht werden. Die FERMI-Grenze liegt im Eigenhalbleiter in der Mitte der verbotenen Zone, im N-Typ-Leiter in ihrer oberen, im P-Typ in ihrer unteren Hälfte. Der Abstand von den Bandgrenzen ist um so geringer, je höher die Konzentration der Ladungsträger ist.

Für die technische Verwendung als Halbleiter kommen die in der IV. Gruppe des Periodensystems stehenden Elemente Germanium und Silizium vornehmlich in Betracht, die in Form sehr reiner Einkristalle verwendet werden. Als Donatoren dienen Elemente der V. Gruppe (P, As, Sb), als Akzeptoren solche der Gruppe III (B, Al, Ga). Die übliche Konzentration der Zusätze ist außerordentlich gering, sie liegt unter 10^{-4} Atomprozent. Wertvolle Halbleitereigenschaften besitzen auch Verbindungen von Elementen der III. und V. Gruppe, so z. B. Indium-Antimonid, das ebenso wie Germanium und Silizium im Diamantgitter kristallisiert.

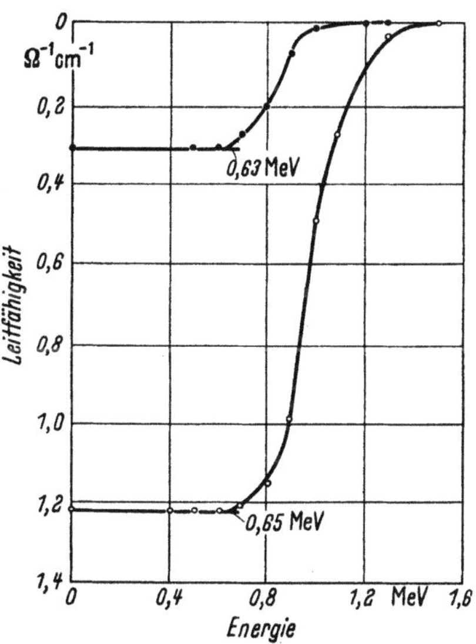

Abb. 117. Elektronenbestrahltes Germanium: Änderung der Leitfähigkeit als Funktion der Elektronenenergie [*148*]

Außer Fremdatomen sind auch in den Halbleiter eingebrachte Punktdefekte für das Widerstandsverhalten wesentlich. Die durch Beschuß mit energiereichen Partikeln erzeugten Frenkel-Defekte übernehmen die Rolle von Donatoren und Akzeptoren. Auch die durch den Beschuß bewirkte Ionisation wirkt sich, wegen der geringen Leitfähigkeit, auf das Widerstandsverhalten aus, und schließlich treten, vor allem bei Verwendung thermischer Neutronen, Kernreaktionen ein, die zum Einbau von Fremdatomen führen, die wieder als Donatoren oder Akzeptoren wirken können. Wesentlich gefördert wurde dieses Gebiet durch Lark-Horovitz, der es mit zahlreichen Mitarbeitern auf breiter Basis bearbeitet hat [*244, 245, 246, 247*].

Die Hauptwirkung der Korpuskularbestrahlung für die elektrischen Eigenschaften der Halbleiter beruht auf der Bildung von Frenkel-Defekten. Dies gibt die Möglichkeit durch Verfolgung der Leitfähigkeit durch Beschuß mit Elektronen steigender Energie die Bindungsenergie eines Gitteratoms im Halbleiter experimentell zu bestimmen. Abb. 117 bringt das Beispiel der Leitfähigkeitsänderung von N-Typ-Germanium durch Elektronenbestrahlung. Sie zeigt, daß unterhalb einer gewissen Schwellenenergie die Elektronen wegen ihrer geringen Masse nicht fähig sind, Frenkel-Defekte zu erzeugen. Erst oberhalb einer Energie von 0,65 MeV tritt durch die Bestrahlung ein Leitfähigkeitsanstieg ein. Auf Grund der Stoßformel erfolgt der in Tab. 24 (S. 121) bereits angegebene Wert von 30 eV für die Verlagerungsenergie eines Germaniumatoms aus seiner Gleichgewichtslage.

In Abb. 118 ist die Leitfähigkeit von Germanium als Funktion der eingestrahlten Dosis von Deuteronen (9,4 MeV; 200 °K) dargestellt. Bei

N-Typ-Germanium fällt die Leitfähigkeit am Beginn der Bestrahlung steil ab, durchschreitet ein Minimum, um bei weiterer Bestrahlung wieder anzusteigen. Dasselbe Verhalten wurde bei Bestrahlung mit α-Teilchen, Neutronen und Elektronen gefunden. Völlig anders wirkt sich Korpuskularbestrahlung auf P-Typ-Germanium aus. Bei Ausgangsmaterial geringen Widerstands (wie in Abb. 118) führt Korpuskularbestrahlung

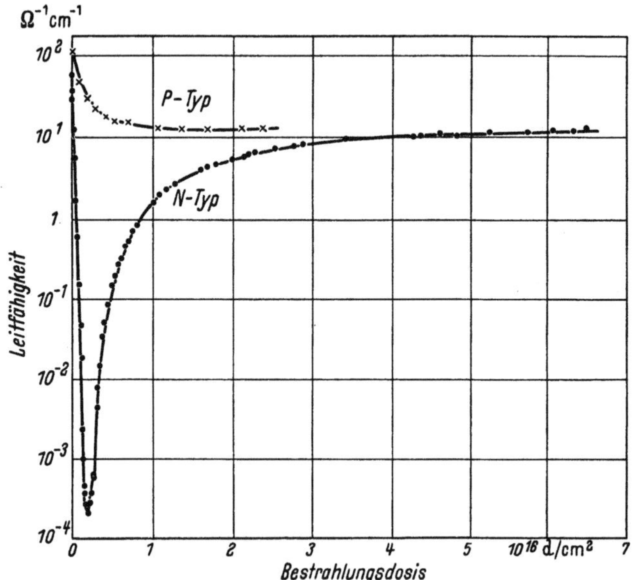

Abb. 118. Leitfähigkeit von N- und P-Typ-Germanium als Funktion der Dosis der eingestrahlten Deuteronen [*248*]

zu einer Leitfähigkeitserniedrigung, bei hochohmigem Ausgangsmaterial dagegen tritt ein monotoner Anstieg der Leitfähigkeit mit zunehmender Bestrahlung ein [*249*].

Auf neutronenbestrahlte Indium-Antimonid-Halbleiter bezieht sich Abb. 119. Hier sinkt bei Proben mit Überschußleitung die Leitfähigkeit mit steigender Bestrahlung ab, Proben mit Defektleitung zeigen einen schroffen Abfall zu Beginn der Bestrahlung und anschließend wieder einen Anstieg. Die Kurve der Leitfähigkeit scheint in beiden Fällen, wie auch schon bei Abb. 118, gegen denselben Endwert zu konvergieren.

Die Umkehr des Bestrahlungseffektes nach Durchschreiten eines Minimums scheint auf einen Übergang von einem Leitertyp in den anderen zu beruhen. Den Beweis hierfür erbrachten Messungen des Hall-Effekts, der kombiniert mit Widerstandsmessungen Vorzeichen, Konzentration und Beweglichkeit der Ladungsträger zu bestimmen erlaubt.

Auf entsprechende Versuche mit elektronenbestrahlten InSb-Proben bezieht sich Abb. 120. In diesem Fall zeigt, im Gegensatz zur Neutronenbestrahlung (Abb. 119) der N-Typ einen Abfall der Leitfähigkeit am Beginn der Bestrahlung und einen darauffolgenden Wiederanstieg. In der Tat zeigen die HALL-Messungen beim Durchschreiten des Minimums der Leitfähigkeit eine Umkehr des Vorzeichens, wodurch der Übergang von Elektronenleitung zu Defektleitung bestätigt ist.

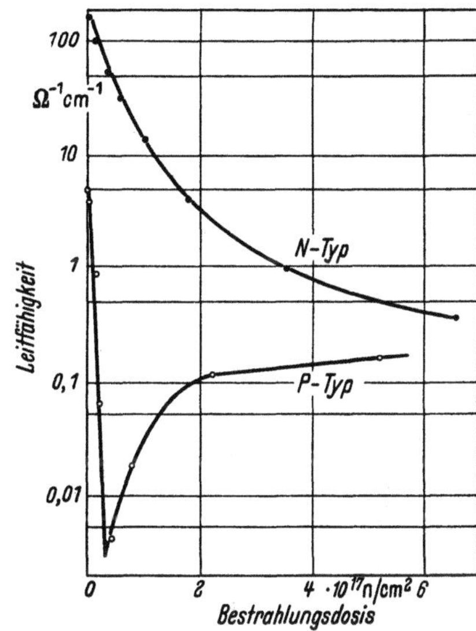

Abb. 119. Änderung der Leitfähigkeit von Indium-Antimonid durch Neutronenbestrahlung [250]

Ein Beispiel für die aus kombinierter HALL-Spannungs- und Leitfähigkeitsmessung an neutronenbestrahltem N-Typ- und P-Typ-Germanium erhaltene dosisabhängige Zahl der Ladungsträger und deren Beweglichkeit ist in Abb. 121 und 122 gegeben. Beim P-Typ handelt es sich hier um hochohmiges Material, so daß im Gegensatz zur Abnahme der Konzentration der Leitungselektronen beim N-Typ, die Zahl der Defektelektronen mit zunehmender Bestrahlung zunimmt. Die Beweglichkeit der Ladungsträger nimmt in beiden Fällen mit zunehmender Dosis ab.

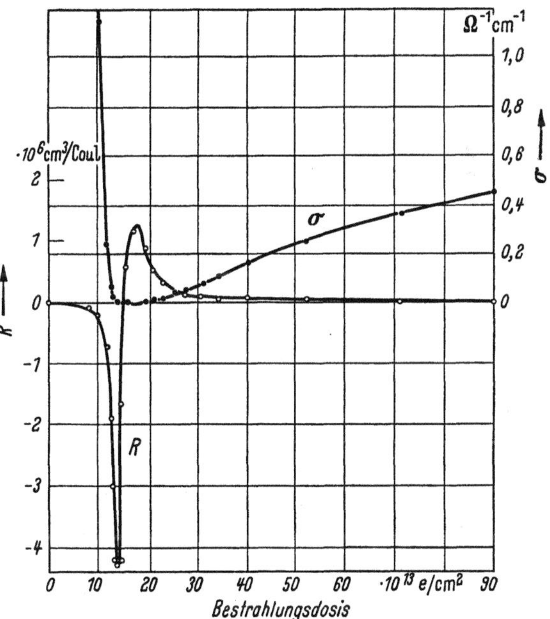

Abb. 120. Leitfähigkeit (σ) und HALL-Konstante (R) elektronenbestrahlten N-Typ-Indium-Antimonids [251]

Zur experimentellen Bestimmung der Lage der der

verbotenen Zone aufgeprägten Energieterme sind mehrere Wege offen. Zunächst kann durch Ermittlung eines Absorptionsspektrums (wegen der geringen Breite des verbotenen Bandes handelt es sich um Infrarotmessungen) die Energiedifferenz Donatorniveau-Leitfähigkeitsband bzw. Akzeptorniveau-Valenzband gewonnen werden. Als Beispiel seien zunächst Messungen an Silizium angeführt. Sowohl im N- als auch im P-Typ-Silizium ist durch die durch Neutronen- und Deuteronenbestrahlung gebildeten Akzeptoren und Donatoren eine neue starke Absorptionsbande bei etwa 1,8 μ entstanden [*253*]. Als verantwortlich für diese selektive Absorption werden Elektronenübergänge von den durch die Bestrahlung gebildeten Donatorniveaus in das Leitfähigkeitsband und vom Valenzband in die neuen Akzeptorterme angesehen. Die neu gebildeten Energieniveaus müssen, um die experimentellen Befunde zu deuten, etwa in der Mitte des verbotenen Bandes liegen. Neuerdings sind in neutronenbestrahltem Silizium noch weitere Absorptionsbanden bei 3,9 und etwa 20,5 μ festgestellt worden, deren Zuordnung heute noch nicht vollständig geklärt ist [*254*]. Da mit der Absorption ein Anstieg der Leitfähigkeit einhergeht, führt auch die Ermittlung der Photoleitfähigkeit als Funktion der Wellenlänge (Energie) zu der Lage der gesuchten Energieniveaus. Eine weitere Möglichkeit bietet die Verlagerung der FERMI-Energiegrenze durch Variation der Beimengungen. Da die Lage der FERMI-Grenze für die Wirksamkeit der durch die Bestrahlung eingebrachten Niveaus entscheidend ist, kann aus der Änderung der Leitfähigkeit bei gleicher Dosis, bzw. der Geschwindigkeit der Änderung der Trägerkonzentration bei verschiedenem Beimengungsgehalt die Höhe der Niveaus bestimmt werden. Als Beispiel sind in Abb. 123 die in bestrahltem Germanium experimentell

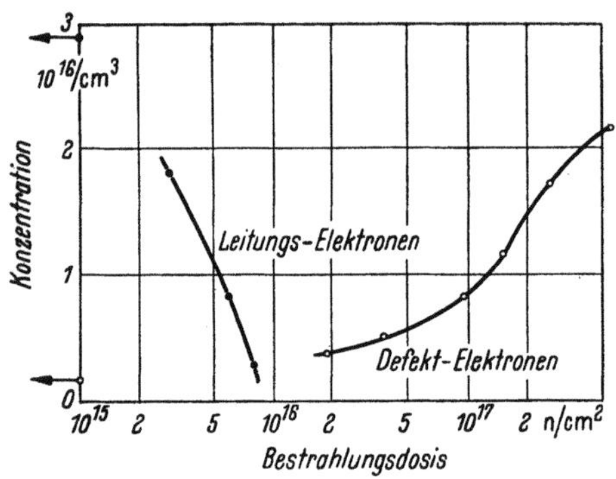

Abb. 121. Konzentration von Leitungs- und Defektelektronen in bei 200 °K neutronenbestrahltem Germanium [*252*]

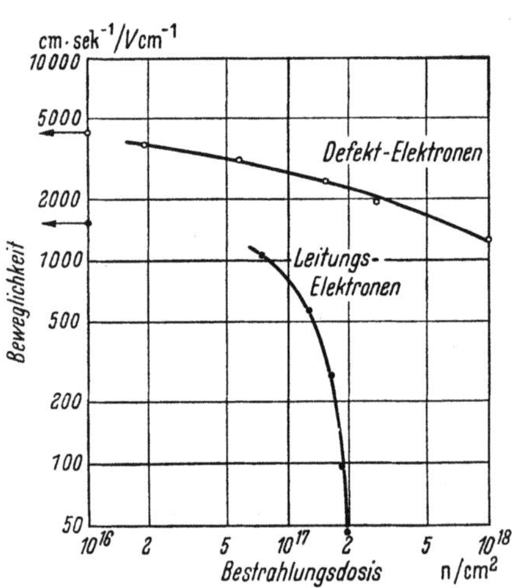

Abb. 122. Beweglichkeit von Leitungs- und Defektelektronen in bei 200 °K neutronenbestrahltem Germanium [*252*]

gefundenen Energieniveaus eingezeichnet. Die angegebenen Zahlen geben die Energieabstände in eV von der nächsten Bandgrenze an.

Ebenso wie bei den Metallen tritt auch bei Halbleitern eine thermische Erholung von den Folgen der Bestrahlung auf und ebenso wie dort wurden mehrere Erholungsstufen zwischen 90 °K und Raumtemperatur beobachtet [*251*]. Die Erholung betrifft jedoch nur die durch FRENKEL-Defekte gebildeten Energieniveaus im verbotenen Band, nicht aber die auf durch Kernreaktionen gebildete Fremdatome zurückgehenden, die sich natürlich ebenso stabil verhalten wie die durch gewollte Beimengungen erzeugten. Das für die Erholung bestrahlter Proben vorliegende Beobachtungsmaterial zeigt eine außerordentliche Mannigfaltigkeit. Demgemäß sind auch die vorgebrachten Deutungen auf Grund atomistischer Vorgänge sehr komplex. Im Rahmen dieser Darstellung soll hierauf nicht näher eingegangen werden.

Zum Abschluß seien einige Bemerkungen über die Bestrahlung technischer Gleichrichter gemacht. Im allgemeinen wird ihre Wirksamkeit durch Bestrahlung verschlechtert. Nach entsprechenden Bestrahlungs-

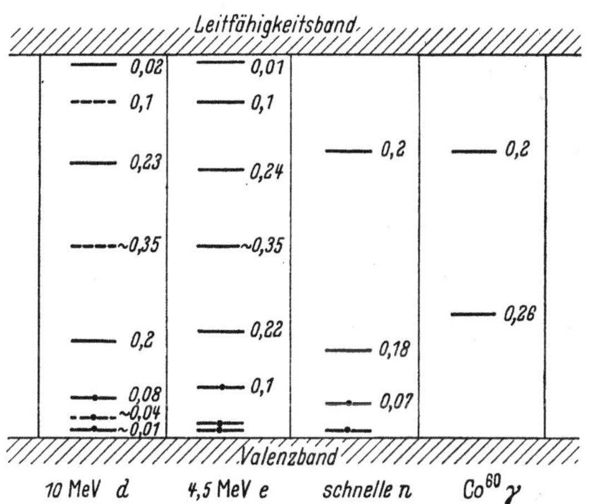

Abb. 123. Energieniveaus, die bei der Bestrahlung von Germanium beobachtet werden (nach [*247*])

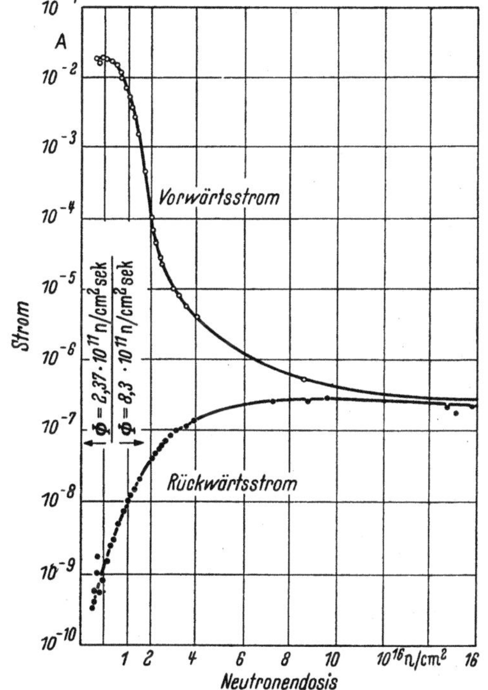

Abb. 124. Verlust der Gleichrichterwirkung eines Silizium-Flächengleichrichters durch Neutronenbestrahlung [*255*]

dosen können die Gleichrichter ihre Wirkung sogar völlig verlieren. Als Beispiel bringt Abb. 124 den Vorwärts- und Rückwärtsstrom eines Silizium-Flächengleichrichters als Funktion der Neutronendosis. Man erkennt, daß der Unterschied, der zunächst 8 Zehnerpotenzen betragen hat, durch eine steigende Neutronendosis rapid abnimmt; ab etwa 10^{17} n/cm^2 ist die Gleichrichterwirkung verschwunden. Es sei jedoch erwähnt, daß durch geeignete Herstellungsart Siliziumgleichrichter erzeugt werden können, die ihre Gleichrichterwirkung auch bei höheren Neutronendosen bewahren [*256, 257, 258*].

5. Physikalische Eigenschaften von Ionenkristallen und Isolatoren

Eine in einen Festkörper eingeschossene Partikel verliert ihre Energie auf zweierlei Weise, durch Ionisation (Wechselwirkung mit der Atomhülle) und durch Kernstöße. Bei den Metallen spielt die Ionisation, die stets den Hauptteil der Energieübertragung ausmacht, wegen der guten elektrischen Leitfähigkeit eine nur untergeordnete Rolle. Sie tritt bei den nun noch zu besprechenden zwei Festkörpergruppen, Ionenkristallen und Isolatoren einerseits und Hochpolymere anderseits, in den Vordergrund. Dies zeigt sich deutlich am Beispiel der Härteänderung von Alkalihalogeniden, die mit Röntgenstrahlen und Elektronen bestrahlt worden waren. Nach 16stündiger Röntgenstrahlung (50 kV, 20 mA) von Kaliumchlorid wurde eine Härteerhöhung um über 100% beobachtet, die durchaus dem Härteanstieg glich, der durch Elektronenbestrahlung (1 MeV, 2 μAh) bewirkt wurde. Wenn auch durch den Elektronenbeschuß eine geringfügige Zahl von Frenkel-Defekten (höchstens einer je Partikel) erzeugt werden kann, so können sicherlich die durch die Röntgenbestrahlung gebildeten energiearmen Sekundärelektronen keine Gitteratome aus ihren Gleichgewichtslagen entfernen. Auch bei Natriumchlorid wurden analoge Ergebnisse erhalten [*259*]. Eine grundlegende, heute noch nicht gelöste Aufgabe ist es, eine Trennung der durch Ionisation bewirkten Veränderungen von den durch Frenkel-Defekte erzeugten durchzuführen.

In diesem den Ionenkristallen und Isolatoren gewidmeten Punkt beschränken wir uns auf die Beschreibung der Strahleneinwirkung auf physikalische Eigenschaften an Hand einiger charakteristischer Beispiele.

Angaben über Gitterkonstantenänderungen durch Bestrahlung finden sich bereits in Kap. III C 1, das auch einen Vergleich der röntgenographisch und gravimetrisch bestimmten Dichten bestrahlter Proben enthält. Hier sei auf die hohe Dichteabnahme hingewiesen, die Quarz durch Neutronenbestrahlung erfährt und die bei einer Dosis von etwa $2 \cdot 10^{20}$ n/cm^2 fast 15% erreicht; durch weitere Bestrahlung geht die Kristallinität verloren unter Bildung von Quarzglas [*260*]. Quarzglas erfährt durch Neutronenbestrahlung die entgegengesetzte Änderung der Dichte; sie steigt an und erreicht mit zunehmender Bestrahlung etwa denselben Wert (2,260 g/cm³), dem sich auch die Dichte bestrahlten Quarzes nähert [*261*]. Anlassen bestrahlter Proben baut in breitem Temperaturbereich die durch die Bestrahlung bewirkte Dichteänderung wieder ab. Abb. 125 zeigt die durch zwei verschiedene Bestrahlungsdosen mit Protonen (400 MeV) verursachten Dichteabnahmen und die anschließende Erholung für das Beispiel von NaCl. Die Erhitzung des bestrahlten Materials war im Vakuum mit einer Erhitzungsgeschwindigkeit von 2 °C je Minute erfolgt. Bis zu 200 °C bleibt die hier nur wenig veränderte Dichte konstant, im anschließenden steilen Abfall werden bei 400 °C wieder die Ausgangswerte erreicht.

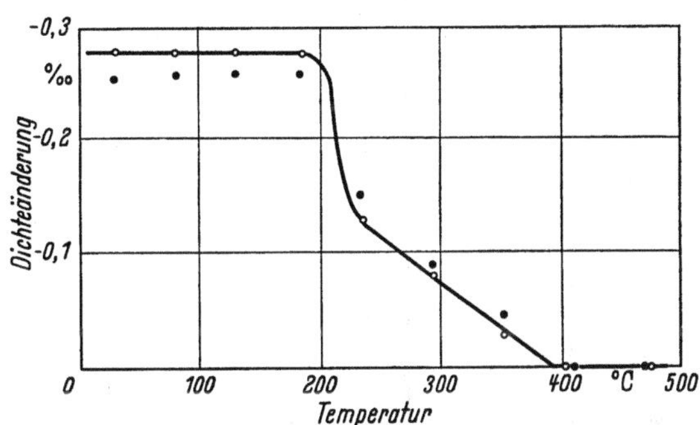

Abb. 125. Dichteänderung von protonenbestrahltem NaCl beim Anlassen [*262*]
● 7,1 · 10^{15} p/cm²; ○ 8,1 · 10^{15} p/cm²

Recht erheblich können die Änderungen sein, die im Elastizitätsmodul durch Bestrahlung auftreten. Protonenbestrahlte NaCl- und KCl-Kristalle ergaben auf Grund statischer Biegeversuche bemerkenswerte Anstiege durch Protonenbestrahlungsdosen von etwa 10^{15} p/cm² (400 MeV) [*263*]. Silikate – Forsterit, Cordierit, Zirkoniumsilikat – zeigen im Gegensatz hierzu Abnahmen des Elastizitätsmoduls um 11%, 27% und 45% durch eine Neutronenbestrahlung mit 1,6 · 10^{20} n/cm². Die Bestimmung des Moduls war hier dynamisch auf Grund der Resonanzfrequenz erfolgt [*62*].

Sehr vielfältig sind die Erscheinungen, welche die Leitfähigkeit der Ionenkristalle nach der Bestrahlung zeigen. Neben der Ionenleitung ist ja hier auch die für die typischen Halbleiter beschriebene Störstellenleitung wirksam, d. h. daß die Beeinflussung der Leitfähigkeit durch die Bestrahlung auf sehr verschiedene Art stattfinden kann. Als sicher kann gelten, daß die Ionenleitung in den Alkalihalogeniden auf eine Wanderung positiver Ionenleerstellen zurückgeht, deren Beweglichkeit die der negativen Leerstellen übersteigt. Da durch Bestrahlung die Zahl der Leerstellen vergrößert wird, sollte eine Erhöhung der Leitfähigkeit eintreten. Anderseits wird durch die Bestrahlung aber die Beweglichkeit der Leerstellen herabgesetzt, so daß auch eine Widerstandserhöhung im bestrahlten Kristall auftreten kann.

Auf mit Protonen (350 MeV) bestrahlte NaCl-Kristalle bezieht sich Abb. 126, welche die relative Widerstandserhöhung als Funktion der Anlaßtemperatur wiedergibt. Die Kristalle waren bei 50 °C mit verschiedenen Dosen bestrahlt und anschließend mit einer Erhitzungsgeschwindigkeit von 2 °C je Minute erwärmt worden. Durch die Erwärmung steigt

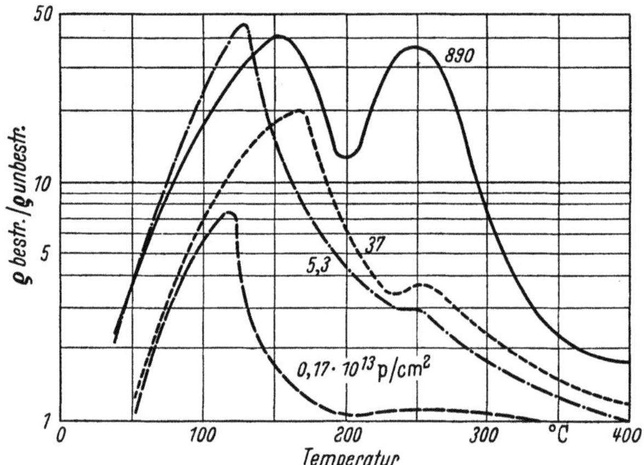

Abb. 126. Temperaturabhängigkeit des Widerstands von NaCl nach Protonenbestrahlung, bezogen auf den des unbestrahlten Kristalls [264]

der Widerstand zunächst erheblich weiter an, er fällt aber anschließend mit zunehmender Erholung wieder auf den Ausgangswert ab. Bei der kleinsten Bestrahlungsdosis wird im wesentlichen bei der Erwärmung nur *ein* Widerstandsmaximum beobachtet, bei hohen Dosen treten dagegen zwei etwa gleichwertige Maxima bei 150 und 250 °C auf, getrennt durch ein ausgesprochenes Minimum bei 200 °C. Messung der entwickelten Wärmemenge einer mit großer Protonendosis ($9{,}1 \cdot 10^{15}$ p/cm²) bestrahlten NaCl-Probe zeigt, daß dem Widerstandsminimum bei 200 °C ein Maximum der abgegebenen Wärmemenge entspricht.

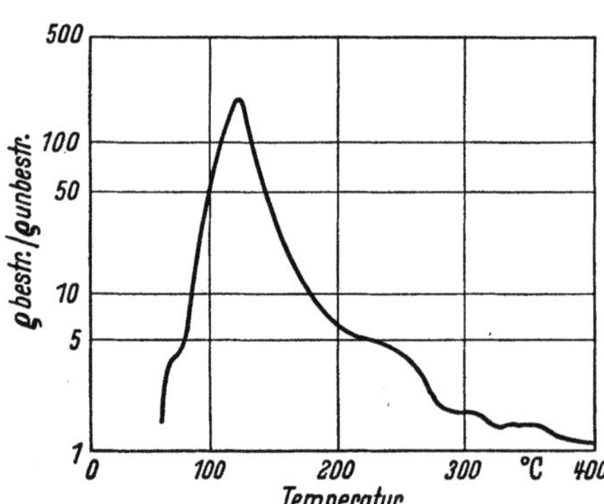

Abb. 127. Temperaturabhängigkeit des Widerstands von KCl nach γ-Bestrahlung, bezogen auf den des unbestrahlten Kristalls [265]

Daß sich Photonenbestrahlung sehr ähnlich auf das Widerstandsverhalten auswirken kann, zeigt Abb. 127, welche mit γ-Strahlen (Mesothor) bestrahlte KCl-Kristalle betrifft, die im Anschluß an die Bestrahlung mit einer Erhitzungsgeschwindigkeit von 1,2 °C je Minute erwärmt wurden. Auch hier wird durch die Temperaturerhöhung zunächst der Widerstand stark erhöht, bei hoher Temperatur erfolgt dann Erholung auf den Ausgangswert.

Mit dem Einfluß der Bestrahlung auf den Widerstand gehen bei durchsichtigen Ionenkristallen eng verknüpft Einflüsse auf das Absorptionsspektrum für Licht einher. Jede der gebildeten Störstellen wirkt als spezifisches Farbzentrum, worüber in gestörten Ionenkristallen, vornehmlich in Alkalihalogeniden, sehr eingehende optische Untersuchungen vorliegen. So wird z. B. als „F-Zentrum" ein an eine Anionenleerstelle gebundenes Elektron bezeichnet. Abb. 128 zeigt die Absorptionsspektren von mit verschiedenen Protonendosen bestrahlten NaCl-Kristallen. Man erkennt, daß die den F-, R_2- und M-Zentren zugehörigen Absorptionen mit steigender Dosis ansteigen. Auch im UV-Gebiet ändert sich der Charakter der Absorptionskurven mit steigender Bestrahlungsdosis. Durch Erwärmung der bestrahlten Proben werden die einzelnen Absorptionsmaxima im Maß der Anlaßtemperatur niedriger, und nach einer Erwärmung auf 225 °C bleibt nur mehr eine Absorptionsbande

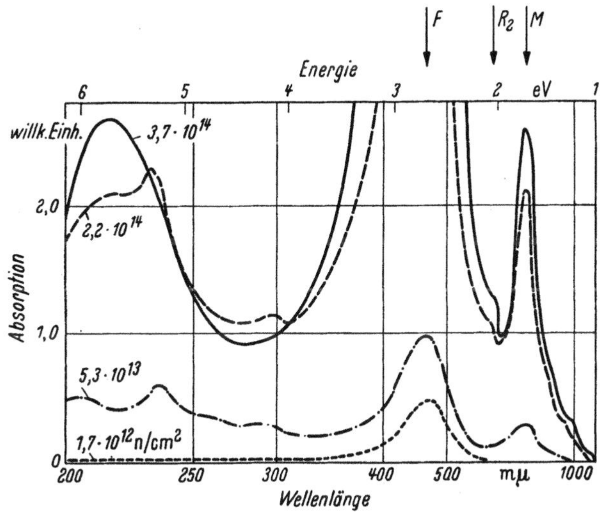

Abb. 128. Absorptionsspektrum von NaCl nach Protonenbestrahlung [264]

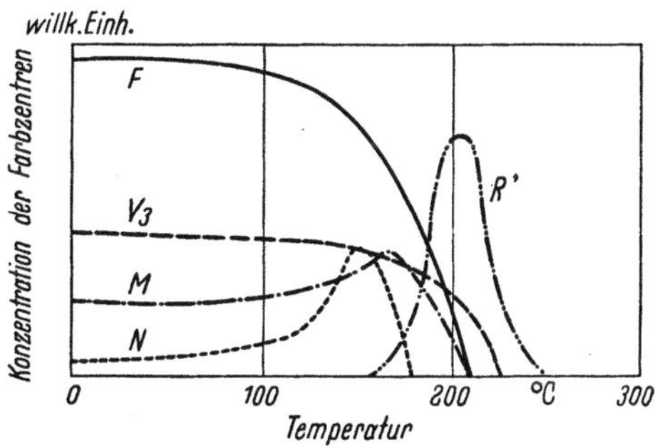

Abb. 129. Änderung der Konzentration der Farbzentren von protonenbestrahltem NaCl beim Anlassen [262, 264]

bei etwa 580 mμ bestehen (R'-Bande). Graphisch ist die Konzentration einzelner Zentren als Funktion der Anlaßtemperatur für mit $8 \cdot 10^{14}$ p/cm^2 protonenbestrahlte NaCl-Kristalle in Abb. 129 dargestellt. Man erkennt die Rückbildung der F- und V_3-Zentren mit steigender Temperatur, die M- und N-Zentren verschwinden erst nach Durchschreiten eines Maximums, neu tritt bei etwa 150 °C das R'-Zentrum auf, das bei 200 °C in maximaler Konzentration vorliegt und erst bei 250 °C wieder verschwunden ist.

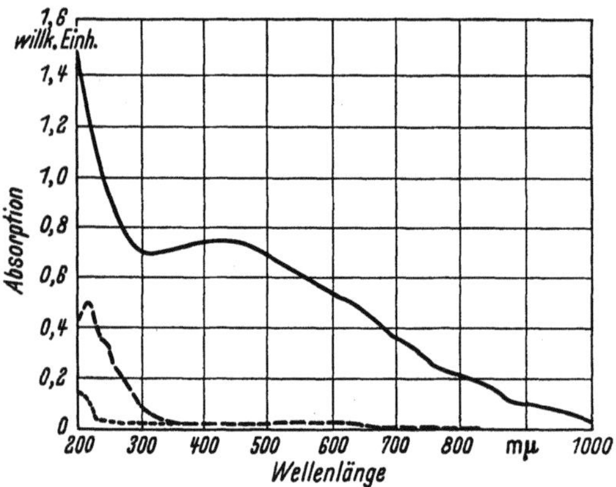

Abb. 130. Änderung der Absorption von Quarz durch Neutronenbestrahlung (~ 10^{16} n/cm^2) [266] ····· unbestrahlt; ——— bestrahlter Kristall; ---- bestrahltes Quarzglas

Änderungen der Absorptionsfähigkeit von natürlichen Quarzkristallen und von reinem geschmolzenem Quarzglas durch Neutronenbestrahlung sind in Abb. 130 dargestellt. Während der kristalline Quarz nach der Bestrahlung völlig dunkel erscheint, ist das Quarzglas hierdurch im sichtbaren Gebiet noch nicht verfärbt. Auf rhomboedrisches Natriumazid (NaN_3) bezieht sich Abb. 131, die auf Grund von Reflexionsmessungen die Absorptionsfähigkeit von γ-bestrahlten und mit langsamen Neutronen bestrahlten Proben wiedergibt. Ein breites Absorptionsband in der Gegend von 360 mμ tritt in beiden Fällen auf, bestätigend, daß die durch Reaktorbestrahlung hervorgerufene Absorption ausschließlich auf Ionisationswirkung zurückgeht. Als letztes Beispiel sei schließlich die Verfärbung von künstlichem Korund (α-Al_2O_3) durch γ-Strahlung und Reaktorbestrahlung erwähnt. γ-Bestrahlung führt zu zwei schwachen Absorptionsbanden bei 230 und 400 mμ, die bei einer Dosis

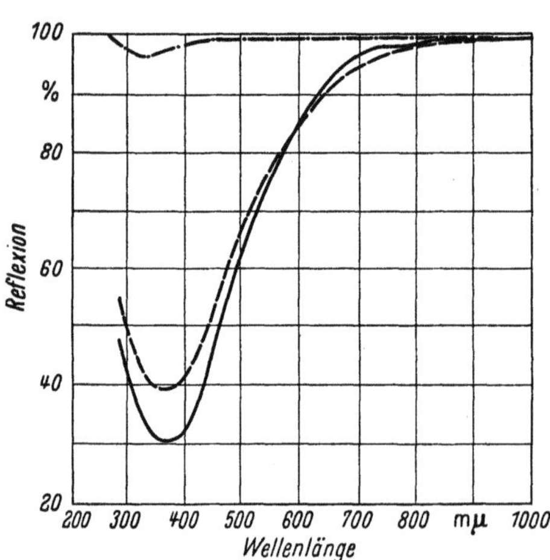

Abb. 131. Änderung des Reflexionsvermögens von NaN_3 durch Bestrahlung [267]
— · — · — unbestrahlt; ---- bestrahlt mit langsamen Neutronen; ——— bestrahlt mit γ-Strahlen

von $3 \cdot 10^4$ r ein bei weiterer Bestrahlung nicht mehr ansteigendes Maximum erreichen. Sehr viel ausgeprägter sind die durch Reaktorbestrahlung gebildeten Absorptionsmaxima bei 204 und 260 mμ [268].

Hinsichtlich der Wärmeleitfähigkeit der Kristalle ergibt die Theorie, daß auf Grund der für den Energietransport verantwortlichen Streuvorgänge bei tiefen Temperaturen ein Maximum durchlaufen werden muß. Im allgemeinen haben die Experimente die Theorie gut bestätigt, wie die Kurven für die unbestrahlten Kristalle in den Abb. 132 und 133 zeigen. Man erkennt aus den Bildern weiterhin, daß Neutronenbestrahlung die Wärmeleitfähigkeit erheblich verringert – bei Quarz um über zwei Größenordnungen – und daß bei zunehmender Temperatur eine Annäherung an die Werte des unbestrahlten Zustands stattfindet. Auch γ-Bestrahlung (Co^{60}) setzt die Wärme-

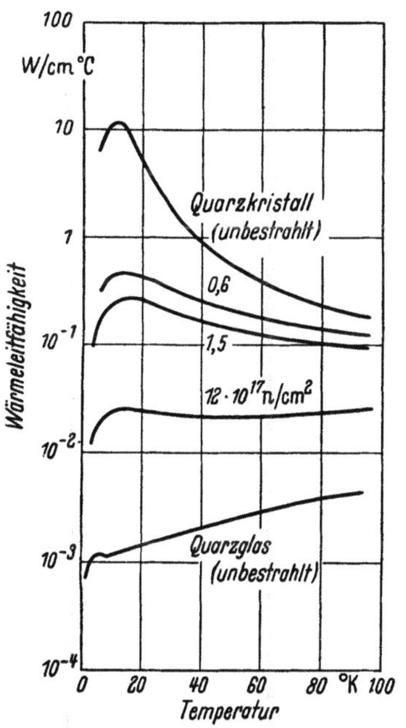

Abb. 132. Temperaturabhängigkeit der Wärmeleitfähigkeit von unbestrahlten und neutronenbestrahlten Quarzkristallen [269]

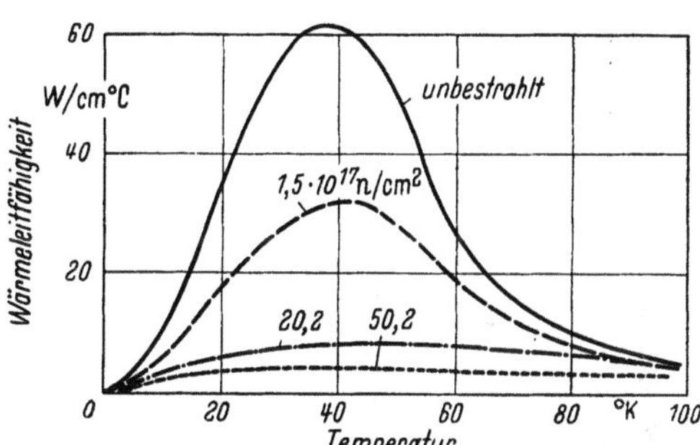

Abb. 133. Temperaturabhängigkeit der Wärmeleitfähigkeit von unbestrahlten und neutronenbestrahlten Saphiren [270]

leitfähigkeit von Saphir in sehr ähnlicher Weise herab wie Neutronenbestrahlung; allerdings ergab sich bei dieser Bestrahlung, daß eine Erhöhung der Dosis über $3 \cdot 10^6$ r hinaus keine weitere Leitfähigkeitsabnahme mehr herbeiführte.

Interessante Veränderungen durch Korpuskularbeschuß werden auch bei der magnetischen Suszeptibilität von Kristallen mit Valenzbindung gefunden. Unbestrahlter Quarz hat eine diamagnetische Suszeptibilität von $0{,}413 \cdot 10^{-6}$ cgs-Einheiten, die temperaturunabhängig ist (vgl. Abb. 134). Nach Bestrahlung mit schnellen Neutronen nimmt diese Suszeptibilität erheblich ab, und zwar um so mehr, je niedriger die Temperatur ist. Dieses Verhalten wird bedingt durch die Bildung paramagnetischer Zentren. Trägt man die Differenz der magnetischen Suszeptibilität von bestrahlter und unbestrahlter Probe als Funktion von $1/T$ auf, so erhält man die CURIEschen Geraden. Aus ihrer Neigung gegenüber der Temperaturachse kann man die Konzentration der paramagnetischen Zentren ermitteln. Eine Darstellung der Konzentration dieser Zentren (vom Spin 1/2) als Funktion der Bestrahlungsdosis gibt nach verschiedenen Beobachtern Abb. 135. Man erkennt für kleine Dosen einen linearen Anstieg, der bei einer Dosis von $4 \cdot 10^{19}$ n/cm² jedoch einen maximalen Wert von $6{,}5 \cdot 10^{19}$ cm^{-3} erreicht. Weitere Steigerung der Dosis führt zu einer Abnahme der Zentrenkonzentration. Unter der sehr wahrscheinlichen Annahme, daß zerrissene Valenzbindungen als paramagnetische Zentren wirken, heißt dies, daß für Bestrahlungsdosen größer als die des Maximums Neubildung von Valenzbindung erfolgt. In etwa dem gleichen Bereich der Dosis werden Unterschiede zwischen der röntgenographisch und gravimetrisch bestimmten Dichte merklich; die kristalline Struktur geht allmählich verloren unter Neubildung von nur mehr Nahordnung aufweisenden Atombereichen [273].

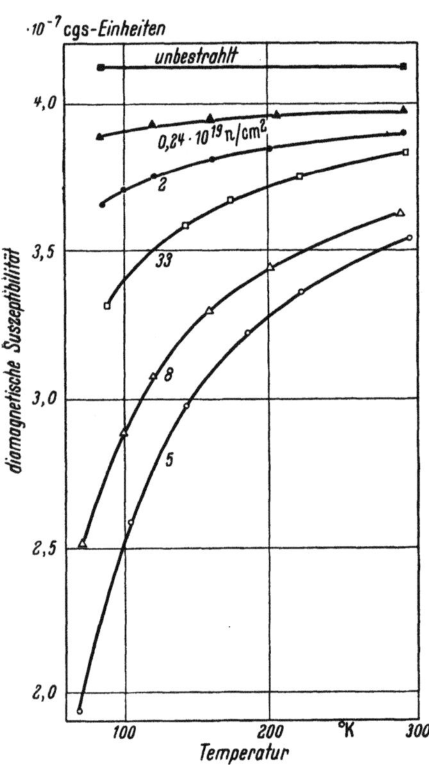

Abb. 134. Temperaturabhängigkeit der diamagnetischen Suszeptibilität von Quarz in unbestrahltem und neutronenbestrahltem Zustand [271]

Erwähnt, jedoch nicht mehr besprochen sei die aussichtsreiche Untersuchung der durch Korpuskularbeschuß erzeugten Fehlstellen mit der neuen Methode der Kernresonanz. Das Kernresonanzspektrum, das durch das Umklappen einer durch ein äußeres Magnetfeld erzwungenen Präzession des Kernmoments als Funktion der variablen Frequenz eines darauf senkrecht stehenden magnetischen Wechselfeldes dargestellt ist, ist vom Magnetfeld am Ort des Kerns abhängig. Da sich dem äußeren Feld das innere, von den Nachbaratomen herrührende überlagert, können aus Änderungen der Resonanzfrequenz Änderungen des inneren Magnetfeldes ermittelt werden. Ursache solcher Änderungen sind im Kristallgitter entstandene Defekte, für deren Studium die Methode der

Kernresonanz eine, heute erst am Anfang der Entwicklung stehende Möglichkeit darstellt [*274, 275, 276, 62, 63*].

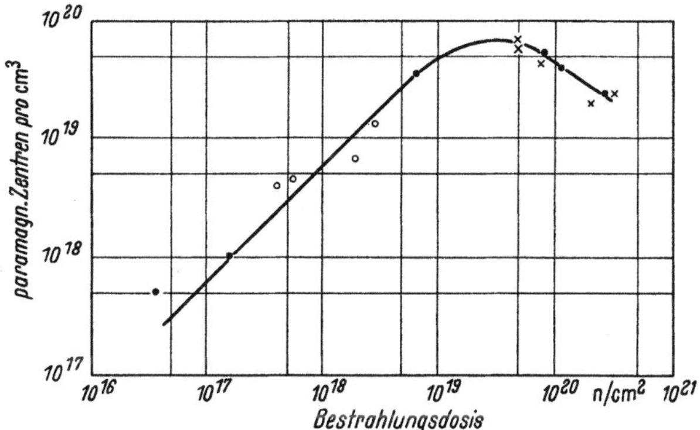

Abb. 135. Konzentration der paramagnetischen Zentren in diamagnetischem Quarz als Funktion der Neutronendosis [*272*]

6. Festigkeitseigenschaften von Hochpolymeren

Zum Abschluß des Kapitels über die Beeinflussung von Festkörpereigenschaften durch Bestrahlung soll das weite Gebiet der Strahlungsbeeinflussung von Hochpolymeren wenigstens gestreift werden. Ein ausführliches Eingehen auf dieses neue Gebiet der Strahlenchemie fiele aus dem Rahmen dieses Buches. Für zusammenfassende Übersichten sei auf [*277, 278, 279, 280, 281*] verwiesen.

Schon bei Besprechung der physikalischen Eigenschaften von Ionenkristallen und Isolatoren wurde darauf hingewiesen, daß neben der Bildung von FRENKEL-Defekten die ionisierende Wirkung von Korpuskularbestrahlung sehr in den Vordergrund rückt. Bei den Hochpolymeren spielt die Ionisation die entscheidende Rolle. Maßgeblich für die Wirkung von schnellen Elektronen, von Röntgen- oder γ-Strahlen und von komplexer Reaktorbestrahlung ist die Menge der absorbierten Energie. Man hat dies zunächst durch Vergleich der Wirkung von Reaktorstrahlung und γ-Strahlen (Co^{60}) auf Polymere geprüft. Man hat es weiterhin im Reaktor geprüft mit und ohne Kadmiumumhüllung der Hochpolymerenproben. Ohne diese Umhüllung stammt die absorbierte Energie von schnellen Neutronen und γ-Strahlung, mit der Umhüllung kommt die aus der (n, γ)-Reaktion der thermischen Neutronen am Kadmium gebildete harte γ-Strahlung zu dem Strahlengemisch hinzu. Auch in diesem Fall ist die Strahlenwirkung gleich für gleiche absorbierte Energiebeträge; das heißt also, daß die auf die Stöße der schnellen Neutronen mit organischen Molekülen zurückgehenden Veränderungen weitgehend überdeckt sind durch die viel größeren Veränderungen durch

Ionisation. Ein weiteres Beispiel für gleiche Wirkung bei gleicher Energieabsorption von Reaktorstrahlung und reiner γ-Strahlung (Viskosität von Toluol) gibt Abb. 136.

Die physikalischen Eigenschaften von Polymeren hängen von der chemischen Struktur der Moleküle und der Anordnung der Moleküle ab. In den „eindimensionalen" Polymeren liegen lange Kettenmoleküle vor, deren Molekulargewicht 10^6 übersteigen kann. Als Beispiele hierfür seien Zellulose, Kautschuk und Polyäthylen genannt. In den dreidimensionalen Polymeren sind die Kettenmoleküle durch Querverbindungen miteinander verknüpft, so daß der ganze Körper quasi ein Molekül ist. Vulkanisierter Kautschuk sei hierfür als Beispiel genommen. Bestrahlung kann zu Quervernetzungen von Ketten (Verknüpfung von C-C-Bindungen) und hierdurch zu einer Zunahme des Molekulargewichts führen. Sie kann aber auch eine Spaltung von C-C-Bindungen hervorrufen. Welcher der beiden Vorgänge überwiegt, hängt vom chemischen Reaktionsvermögen des Moleküls und von seiner Umgebung ab.

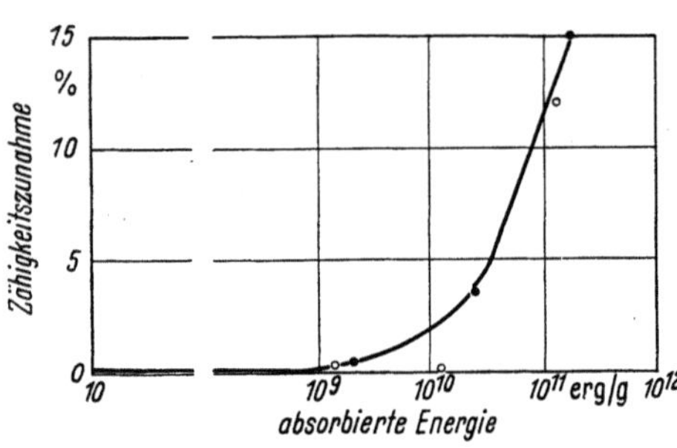

Abb. 136. Zähigkeit von Toluol als Funktion der absorbierten Strahlungsenergie [282] ○ γ-Strahlung; ● Reaktorstrahlung

Der Primärakt der Wechselwirkung von Strahlung und Materie ist hier eine Ionisation, die bewirkt, daß ein Wasserstoffatom aus dem Molekül entfernt wird und dadurch ein Radikal entsteht. Dieses ist kurzlebig und trachtet sich abzusättigen, was auf zweierlei Weise geschehen kann. Entweder schließt es sich mit einem zweiten Radikal zusammen, bildet eine neue Querverbindung oder aber es entsteht eine Doppelbindung (Spaltung). Beispiele für die Bildung einer Querverbindung und einer Spaltung geben die nebenstehenden Reaktionsschemata.

Eine Übersicht über einige Hochpolymere, in denen Vernetzungen bzw. Zerfall durch Bestrahlung eintritt, ist in Tab. 35 gegeben.

Die Mechanismen der Verformung von Hochpolymeren sind elastische Dehnung und viskoses Fließen. Man kann daher die Wirkung der Bestrahlung auf die mechanisch-technologischen Eigenschaften der Hochpolymeren durch Betrachtung des Einflusses von Vernetzungen und Spaltungen auf diese Mechanismen beschreiben. Vernetzung strebt das viskose Fließen zu unterbinden und den Elastizitätsmodul zu erhöhen, da er direkt proportional der Konzentration der Querverbindungen ist. Die Empfindlichkeit gegenüber Bestrahlung nimmt mit zunehmender Sprödigkeit des Materials ab. Als Beispiel bringt zunächst Abb. 137

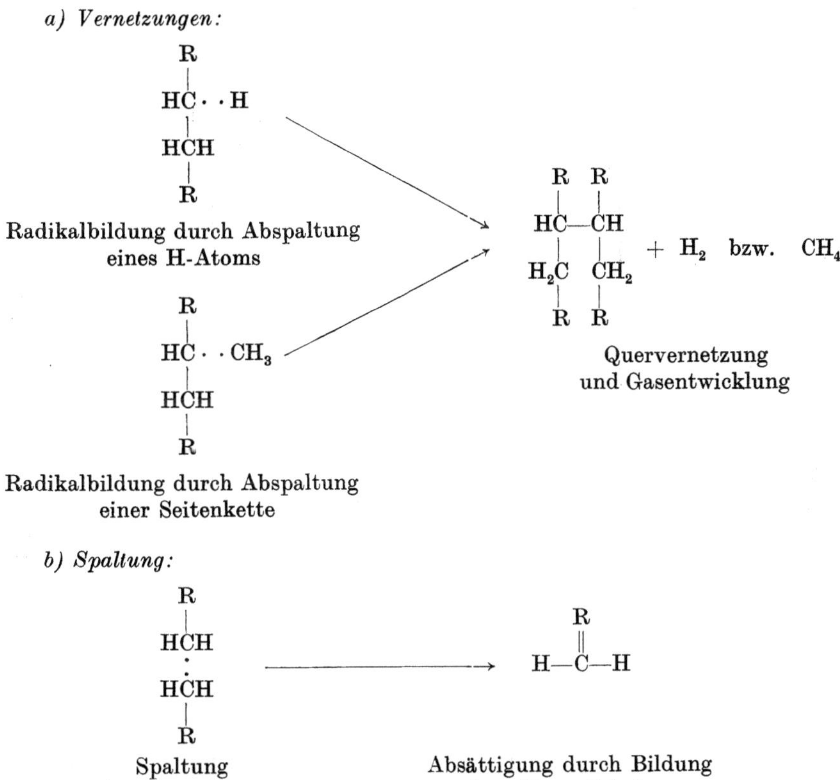

Tab. 35. *Hochpolymere mit Vernetzung und Zerfall durch Bestrahlung* (vgl. [*283, 284*])

Vernetzung	Zerfall
Naturkautschuk	Butylkautschuk
Neopren	Polyisobutylen (Oppanol)
Nylon	Polymethylmetacrylat (Lucit)
Polyacrylester	Polytetrafluoräthylen
Polyäthylen	Polytrifluorchloräthylen
Polyäthylenchlorid	Polyvinylchlorid
Polydimethylsiloxan	Teflon
Polyester	Thiokol
Polystyrol	Vinylchloridazetat
Polyvinylalkohol	Zellulose
Polyvinylazetat	
Terylen	

Spannungs-Dehnungskurven von Nylon in unbestrahltem Zustand und nach Reaktorbestrahlung. Der Beginn der Dehnungskurve des unbestrahlten Materials verläuft angenähert linear (Hookesches Gebiet), doch überlagert sich schon von geringen Verformungen an ein viskoses Fließen, das im weiteren Verlauf der Dehnung vorherrscht; die Fließgrenze liegt nicht weit unter der Zugfestigkeit. Die Veränderungen in der Kurvenform durch steigende Bestrahlung der Proben ist charakteristisch für Vermehrung der Vernetzungen: der Elastizitätsmodul steigt, das Ausmaß des viskosen Fließens geht zurück. Auch das in Abb. 138 dargestellte Verhalten von Rohkautschuk ist für die mit zunehmender Bestrahlung ein-

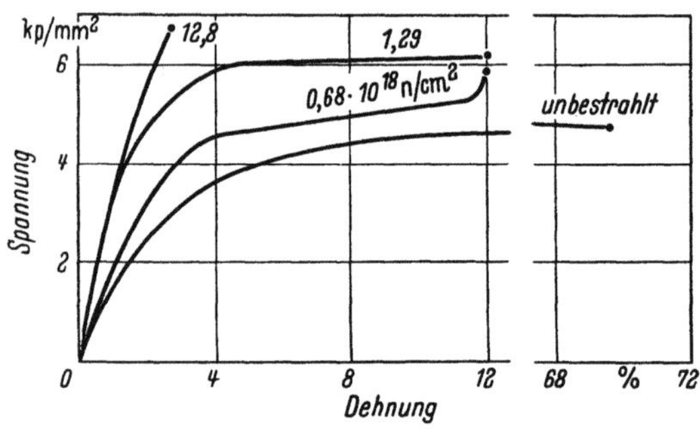

Abb. 137. Dehnungskurven von Nylon nach verschiedener Reaktorbestrahlung [285]; (1 n/cm² entspricht $1{,}0 \cdot 10^{-9}$ rad)

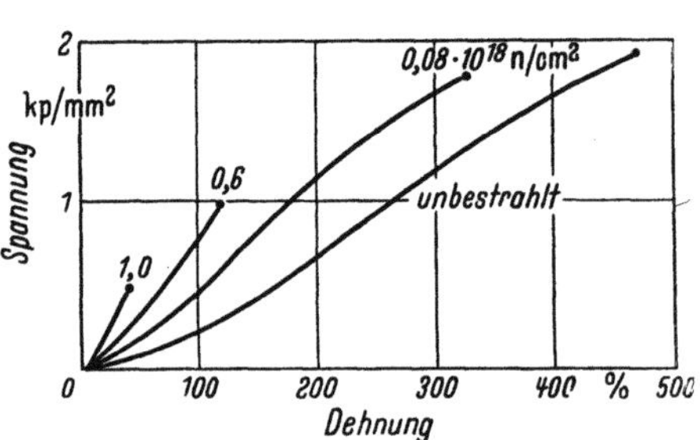

Abb. 138. Dehnungskurven von Rohkautschuk nach verschiedener Reaktorbestrahlung [285]; (1 n/cm² entspricht $0{,}6 \cdot 10^{-9}$ rad)

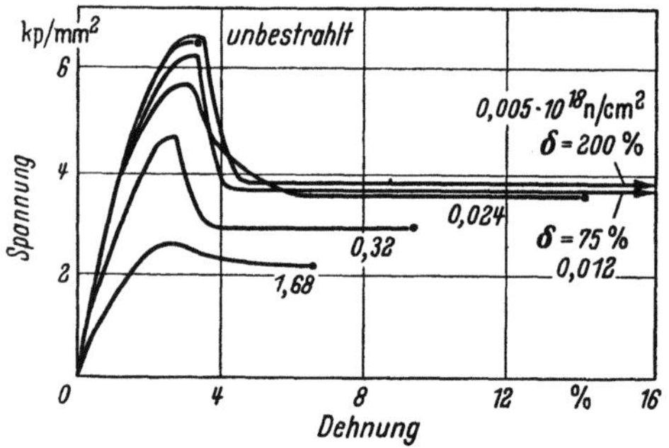

Abb. 139. Dehnungskurven von Vinylchloridazetat nach verschiedener Reaktorbestrahlung [285]; (1 n/cm² entspricht $2{,}5 \cdot 10^{-9}$ rad)

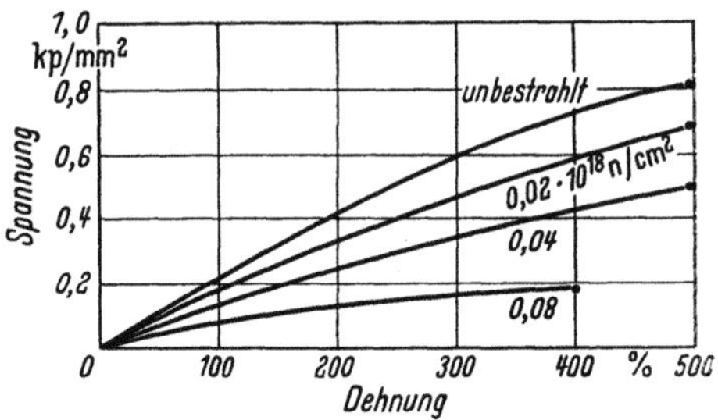

Abb. 140. Dehnungskurven von Butylkautschuk nach verschiedener Reaktorbestrahlung [285]; (1 n/cm² entspricht $0{,}6 \cdot 10^{-9}$ rad)

hergehende Vermehrung der Vernetzungen typisch. Hierdurch ergibt sich eine interessante Möglichkeit der Vulkanisierung von Rohkautschuk ohne Einwirkung von Schwefel und Wärmebehandlung durch ionisierende Strahlung [286]. Nach hohen Bestrahlungsdosen tritt bei Rohkautschuk, ebenso wie bei Nylon, erhebliche Versprödung auf.

Molekülspaltung führt zu einer Verminderung der Fließgrenze für viskoses Fließen. Der Elastizitätsmodul nimmt mit zunehmender Bestrahlungsdosis ab, da nun der Vernetzungsgrad verringert wird. Als Beispiel bringt Abb. 139 Dehnungskurven unbestrahlter und reaktorbestrahlter Vinylchloridazetat-Proben und Abb. 140 solche von reaktorbestrahltem Butylgummi. Die Erweichung durch die Bestrahlung tritt deutlich zutage, vor allem nähert sich das Verhalten hochbestrahlter Butylkautschuk-Proben dem zäher Flüssigkeiten.

Als Beispiel einer technischen Veredelung eines Hochpolymeren durch Bestrahlung sei Polyäthylen erwähnt. Über die Temperaturabhängigkeit

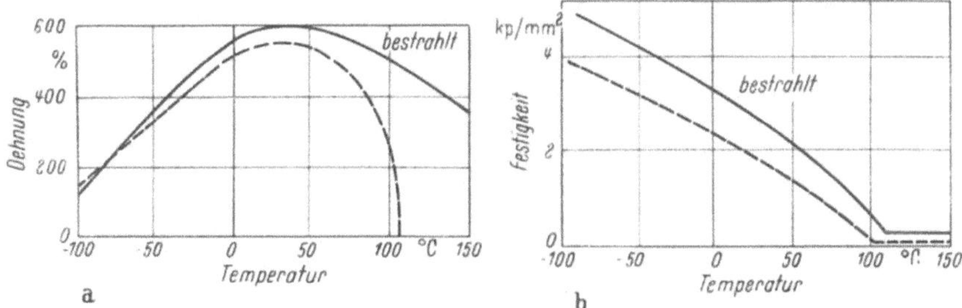

Abb. 141a u. b. Temperaturabhängigkeit von Dehnung (a) und Festigkeit (b) von unbestrahlten und röntgenbestrahlten Polyäthylenproben [*283*]

von Festigkeit und Dehnung unbestrahlter und röntgenbestrahlter Proben gibt Abb. 141a u. b Auskunft. Während für unbestrahltes Material für Temperaturen über 100 °C Festigkeit und Dehnung praktisch auf Null abgesunken sind, bleibt in den bestrahlten Proben über diese Tem-

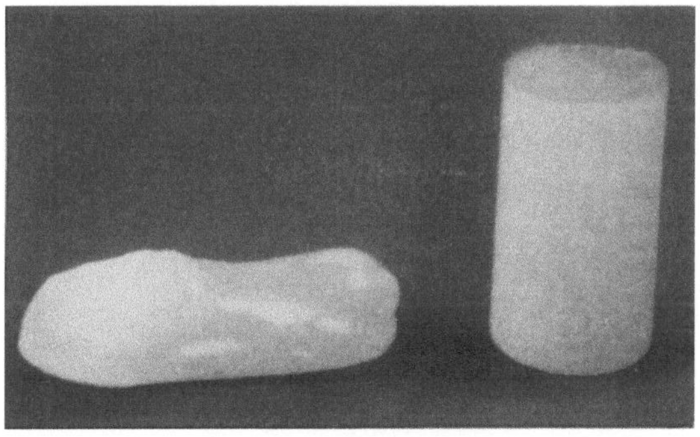

Abb. 142. Polyäthylen: Bedeutung von Bestrahlung für die Temperaturbeständigkeit [*287*]; (unbestrahlte Probe links)

peratur hinaus eine, wenn auch niedrige Festigkeit und hohe Dehnung bestehen. Die durch Reaktorbestrahlung bewirkte Erhöhung der Formfestigkeit von Polyäthylen wird durch Abb. 142 veranschaulicht, die je eine zylindrische Probe unbestrahlten und bestrahlten Materials nach einer Erhitzung auf 120 °C darstellt. Das in der bestrahlten Probe durch Schaffung von Querverbindungen eingeführte, dreidimensionale Netzwerk bedingt die erhöhte Temperaturbeständigkeit. Dies geht auch nochmals aus Abb. 143 hervor, welche die Temperaturabhängigkeit des Elastizitätsmoduls unbestrahlter und durch Bestrahlung in steigendem Maß vernetzter Proben einander gegenüberstellt. Derartig behandelte Polyäthylengefäße können einer Dampfsterilisation ausgesetzt werden. Außer der Formfestigkeit wird auch die chemische Beständigkeit durch die Erhöhung des Vernetzungsgrades verbessert.

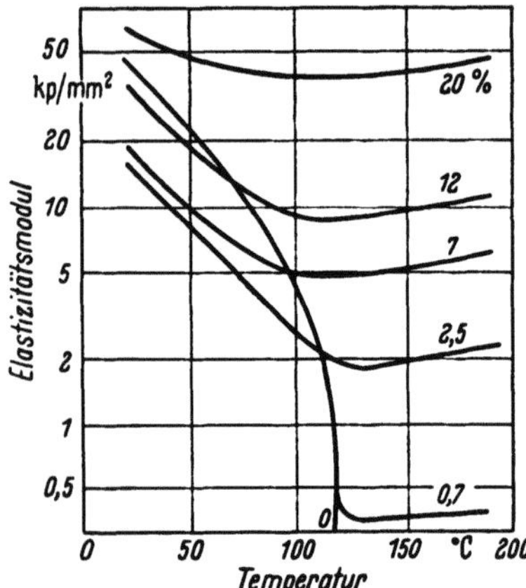

Abb. 143. Temperaturabhängigkeit des Elastizitätsmoduls von Polyäthylen nach verschiedener Bestrahlung [287]; (Prozentsatz der vernetzten C-Atome jeweils angeschrieben)

Abschließend seien noch die sogenannten Pfropfpolymeren erwähnt, bei denen die Hauptkette aus dem Monomer A besteht, während Seitenketten überwiegend aus einem Monomer B bestehen. Auf diese Weise können Polymere entstehen, die sich in ihren Eigenschaften weitgehend von Polymer A und B oder Mischungen derselben unterscheiden. Solche Pfropfpolymere werden auf chemischem Wege hergestellt. Ihre Herstellung kann durch Bestrahlung weitgehend erleichtert und verbreitert werden. Veröffentlichungen über die Eigenschaften von Pfropfpolymeren liegen nur spärlich vor. Vorhersagen auf Grund der Eigenschaften der Komponenten A und B sind kaum möglich. Hier liegt ein breites, vielversprechendes Forschungsgebiet vor.

IV. Reaktorwerkstoffe

In Kap. I ist das Grundsätzliche des Aufbaus eines Kernspaltungsreaktors beschrieben worden unter Aufzählung seiner wesentlichsten Bestandteile. Der wichtigste ist naturgemäß der Brennstoff, der im thermischen Reaktor durch Einfang langsamer Neutronen zur Spaltung und dadurch zur Energieentbindung gebracht wird. Um die hochenergetischen Spaltneutronen für die Ausbildung einer Kettenreaktion geeignet zu machen, müssen sie im Moderator auf thermische Geschwindigkeiten abgebremst werden. Die Regulierstäbe sorgen für die Aufrechterhaltung des stabilen Ablaufs der Kettenreaktion. Das Konstruktionsmaterial bildet das mechanische Gerüst für die Reaktorbestandteile. Aus ihm sind die mannigfachen Behälter für Brennstoff, Kühlmittel, Regulierstäbe usw. gefertigt. Das Kühlmittel dient zur Ableitung der entwickelten Wärme, bei Leistungsreaktoren auch zu ihrer Übertragung auf einen

Wärmeaustauscher. Das Abschirmmaterial schließlich verhindert den Austritt gefährlicher und störender Strahlungen (γ-, Neutronen- und Wärmestrahlung) aus dem Reaktor.

Bei all diesen Bauelementen eines Reaktors treten schwierige Werkstoffprobleme auf, denen wir uns nunmehr zuwenden. Kennzeichnend für diese Probleme ist, daß in den meisten Fällen zu den technischen Anforderungen des normalen Maschinenbaus kernphysikalische Anforderungen beherrschend hinzukommen.

Nachfolgend werden die Werkstoffprobleme für die einzelnen Bauelemente besprochen. Besonders eingehend wird dabei der Brennstoff erörtert, da es sich dabei ja um völlig neue Entwicklungen handelt. Nicht mit aufgenommen werden Verarbeitungsfragen, die lange bekannte Vorgänge betreffen und beim Reaktorbau lediglich durch extreme Bedingungen gekennzeichnet sind. Hierher gehören z.B. das Schweißen dickwandiger Platten zu Tanks bisher nicht verwendeter Größen, weiterhin die Herstellung von Gußstücken großer Abmessungen aus Spezialwerkstoffen. Schließlich sei die Beherrschung großer Gasmengen in bestimmten Reaktortypen erwähnt, die ebenfalls ein technisch schwieriges Problem darstellt, aber eben ein Problem, das nicht für die Atomtechnik charakteristisch ist.

Ein Abschluß der Werkstoffentwicklung für den Reaktorbau ist heute noch nicht im geringsten erreicht. Die ständigen Wünsche zu Verbesserungen im Bau von Reaktoren und beim Übergang zu neuen Reaktortypen führen zu immer neuen Forderungen bezüglich der Eigenschaften und Eigenschaftskombinationen der Werkstoffe. Vielfach ist die Werkstoffentwicklung entscheidend für den Fortschritt bei diesen Bemühungen.

Die nachstehenden Darstellungen können nur ein Augenblicksbild einer durch weltweite Arbeiten in raschem Fluß gehaltenen Entwicklung darstellen. Es wurde Wert darauf gelegt, nach Möglichkeit die grundsätzlichen Fragen in den Vordergrund zu rücken und die Darstellung nicht durch Schilderung zu vieler Einzelheiten zu überlasten. Für zusammenfassende Übersichten über das Gebiet der Reaktorwerkstoffe vgl. [*1, 2, 3, 4, 5, 6, 7, 665*].

A. Brennstoffe

Im Brennstoff eines Reaktors muß zumindestens eines der drei spaltbaren Isotope U^{235}, U^{233} und Pu^{239} enthalten sein. U^{235} findet sich in geringer Menge im natürlichen Uran. U^{233} wird aus Thorium, Pu^{239} aus U^{238} gebildet; beide Umsetzungen werden in Brüter-Reaktoren vorgenommen.

Dieser Abschnitt bringt eine Übersicht über Gewinnung, Eigenschaften und Verarbeitung der Brennstoffe und über den Aufbau der aus ihnen hergestellten Brennstoffelemente.

1. Uran

An Übersichtsdarstellungen sei außer [*1*] bis [*7*] noch [*8*] genannt.

1.1 Vorkommen. Der Anteil des Urans am Aufbau der Erdrinde ist etwa $2 \cdot 10^{-4}\%$. Dies entspricht dem Anteil von Zinn und von Blei und ist etwa hundertmal soviel wie der Anteil von Silber. Auch im Meerwasser wurde Uran nachgewiesen; sein Gehalt wird hier auf etwa $2 \cdot 10^{-7}\%$ geschätzt.

Geologisch ist Uran sehr weit verbreitet. Es verdankt dies seinen chemischen und physikalischen Eigenschaften, im besonderen seiner Mehrwertigkeit, seiner chemischen Reaktionsfreudigkeit, der Löslichkeit vieler seiner sechswertigen Verbindungen in Wasser, seinem großen Atomradius und seiner doch relativ großen Häufigkeit. Diese Eigenschaften sind aber auch die Ursache für die im allgemeinen so geringe Konzentration von Uran in Mineralien, die hinter der von anderen Metallen gleicher Häufigkeit, aber geringerer Reaktionsfreudigkeit zurückbleibt. Der weitaus größte Teil des Urans findet sich in Vorkommen mit 0,01% Uran und weniger.

Weit über 100 uranhaltige Minerale, gekennzeichnet durch eine relativ konstante Zusammensetzung und Struktur, sind heute bekannt. Nur etwa 10 davon haben erhebliche wirtschaftliche Bedeutung. Eine genaue Beschreibung der uranhaltigen Minerale und ihrer Eigenschaften findet sich in [*9, 10*].

Chemisch lassen sich die Uranminerale in 5 Gruppen einteilen: in einfache Oxyde, wasserhaltige Oxyde, zusammengesetzte Oxyde, einfache Silikate und wasserhaltige Uranylsalze. Das wirtschaftlichst aufzuarbeitende Uranmineral ist die *Pechblende* (*Uraninit*), im wesentlichen eine Mischung aus UO_2 und UO_3. Sein Urangehalt reicht bis etwa 60%. Von hydratisierenden Oxyden sei der *Curit* ($2\,PbO \cdot 5UO_3 \cdot 4H_2O$) genannt, der nur in Vergesellschaftung mit afrikanischer Pechblende gefunden wird, von zusammengesetzten Oxyden, die schwer auflösbar sind, *Brannerit*, ein Uran-Titan-Oxyd, das kleine Mengen von Eisen, Kalzium, Thorium und seltenen Erden enthält, mit 30–40% Uran und der *Davidit*, ein Eisen-Titan-Oxyd, mit Urangehalten von 3–7%. Als Beispiele einfacher Silikate seien die Orthosilikate *Coffinit* mit über 60% Uran, dessen Zusammensetzung allgemein als $U(SiO_4)_{1-x} \cdot (OH)_x$ angegeben wird, erwähnt und *Uranothorit* ($Th_{1-x} \cdot U_x \cdot SiO_4$), dessen Urangehalt variabel ist und meist unter 10% liegt. Von den wasserhaltigen Uranylsalzen seien schließlich aufgeführt: das Vanadat *Carnotit* ($K_2O \cdot 2UO_3 \cdot V_2O_5 \cdot 3H_2O$) mit im allgemeinen weniger als 7% Uran, die Sulfate *Zippeit* ($2UO_3 \cdot SO_3 \cdot nH_2O$) mit etwa 30–60% Uran und *Gilpinit*, ein Kupfer-Eisen-Uran-Sulfat mit 50–60% Uran, die an Uran reichen Phosphate *Autunit* ($CaO \cdot 2UO_3 \cdot Pb_2O_5 \cdot 8H_2O$) und *Torbernit* ($CuO \cdot 2UO_3 \cdot Pb_2O_5$

$\cdot 8H_2O$), das Karbonat *Schroeckingerit* ($3CaO \cdot Na_2O \cdot UO_3 \cdot CO_2 \cdot SO_3F \cdot 10H_2O$) mit etwa 25% Uran und schließlich das zusammengesetzte Uran-Niobat und -Titanat *Betafit* mit etwa 20% Uran.

Bekanntlich sind die ersten Vorkommen von Uranerzen durch Zufall entdeckt worden. Die älteste Fundstätte von Pechblende liegt in den Silberminen von Joachimsthal (jetzt Jachymov in der Tschechoslowakei). Aus dieser Pechblende isolierten 1898 P. und M. Curie das durch erheblich intensivere Strahlung als Uran gekennzeichnete Element Radium, das ein Folgeprodukt der Uran-Radium-Zerfallsreihe ist. Für kurze Zeit stellte die Joachimsthaler Pechblende das einzige Ausgangsmaterial für die Radiumgewinnung dar. Diese Monopolstellung wurde im zweiten Jahrzehnt des Jahrhunderts durch die Entdeckung der reichen Carnotit-Vorkommen im Colorado-Plateau beendet. Hoch uranhaltiges Erz wurde anschließend im Kongo gefunden, und durch Jahre hinduch war dies die wichtigste Fundstätte für Uranerze. Hierauf folgte die Entdeckung der Erze in der Gegend des großen Bärensees in Kanada. Stets war aber bei der Aufarbeitung der Erze Uran nur ein Nebenprodukt, das bei der Radiumproduktion anfällt.

Der Markt für Uran war nur klein. Gewisse Verbindungen dienten zur Färbung von Gläsern und von Glasuren in der keramischen Industrie. Einige Salze wurden als Beizmittel in der Textilindustrie benutzt. In metallischer Form hatte Uran keine, als Legierungselement kaum Verwendung gefunden. Die Lage änderte sich mit einem Schlage durch die Entdeckung der Uranspaltung. Das bisher nur als Nebenprodukt beachtete Uran wurde nun das begehrte Hauptprodukt der Aufarbeitung.

Intensive geologische Forschungsarbeiten zur Auffindung aufarbeitungswürdiger Uranvorkommen setzten allenthalben ein. Außer den klassischen Arbeitsmethoden wurde dabei auch weitgehend von der Möglichkeit Gebrauch gemacht, Uran mit Hilfe der Strahlung seiner Folgeprodukte nachzuweisen. Zwei Arten von Strahlungsdetektoren werden benutzt, das Geiger-Müller-Zählrohr und der erheblich empfindlichere Szintillationszähler. Hierdurch wurde auch die Möglichkeit geschaffen, in großen ebenen Gebieten (Wüsten) vom Flugzeug aus Lagerstätten festzustellen.

Ein kurzer Überblick über die wichtigsten Vorkommen von Uranerzen geordnet nach Kontinenten sei hier angeführt [*3*, *11*]. In Europa sind zu dem Vorkommen im Erzgebirge nach 1945 aufgefundene, sehr erhebliche, auch Pechblende führende Vorkommen im französischen Zentralmassiv hinzugekommen. Weniger bedeutende Pechblende-Lagerstätten finden sich in Cornwall, England, und in Portugal, Vorkommen von Autunit und Torbernit in Bulgarien und Norditalien. Arme Erze und uranhaltiger Tonschiefer kommen in Schweden vor und Phosphate mit geringerer Konzentration an zahlreichen Stellen im zentralen und nördlichen Teil des europäischen Rußlands.

In Afrika sind außer den schon genannten Vorkommen von Pechblende und anderen Mineralien im Katangagebiet (Kongo) sehr beachtliche Vorkommen in den Goldminen von Südafrika zu nennen, die heute zu den ergiebigsten der Welt gehören. Ferner findet sich Uran in geringerer Konzentration in Phosphatlagern in Ägypten, Algerien, Tunis und Marokko, vergesellschaftet mit Thorium in Madagaskar. Jüngste Prospektierungsarbeiten unter Verwendung von Flugzeugen haben auch in der Sahara Uranvorkommen aufgedeckt.

Von Lagerstätten in Asien seien genannt: Turkestan, das Gebiet um den Baikalsee, Südwestsibirien (Carnotit) und der Ural. Auch in Indien, Thailand und Japan kommt Uran in komplexen Verbindungen vor.

In Amerika liegen in Kanada und den Vereinigten Staaten reiche Vorkommen, hinzu kommen Funde von Pechblende und Carnotit in den Anden Südamerikas. In Kanada handelt es sich um die schon erwähnten Vorkommen in Bereich des großen Bärensees und seit 1953 ausgebeutete pechblende-(uraninit-)haltige Adern an den Nordufern des Athabaskasees. In den Vereinigten Staaten sind vor allem die auch schon erwähnten großen Carnotit-Vorkommen im Colorado-Plateau hervorzuheben, die für die Urangewinnung eine überragende Bedeutung besitzen. Weitere Vorkommen finden sich im östlichen Teil des Landes (Phosphate in Florida, Schroeckingerit in North-Carolina).

In Australien werden oxydische Vorkommen im Süden und Norden des Landes bereits verhüttet, weitere Vorkommen (Phosphate) im Südteil des Kontinents sind bekannt.

1.2 Aufarbeitung der Erze; Reinigung des Metalls. Wie schon erwähnt, sind die mit größter Wirtschaftlichkeit aufzuarbeitenden Erze Uranoxyde, Pechblende und Uraninit, die bis zu 60% Uran als U_3O_8 enthalten. Jachymov, Katanga und der Bezirk des großen Bärensees liefern solche Erze. Uranärmere Erze mit etwa 0,25–3% stehen z.B. im Carnotit des Colorado-Plateaus zur Verfügung. Als Beispiel für noch ärmere, komplexe Erze seien die in Südafrika genannt, einschließlich der Schlackenrückstände der Goldaufarbeitung.

Der Weg vom Erz bis zum hochreinen Metall führt über folgende Stufen, die gelegentlich stetig ineinander übergehen: Anreicherung des Urans aus dem Erz bzw. dem Konzentrat eines Erzes zu einer hochprozentigen Verbindung, die noch nicht die nötige Reinheit hinsichtlich stark neutronenabsorbierender Beimengungen aufweist; nukleare Feinreinigung, die insbesondere den Gehalt an Elementen mit hohem Neutroneneinfangquerschnitt (Gd, Sm, Cd, B; vgl. Tab. 2, S. 6) herabzudrücken hat. Es folgt die Herstellung der für die Reduktion zu Metall geeigneten Verbindung, wobei gegebenenfalls bereits das Uranisotop 235 angereichert wird. Schließlich erfolgt die Reduktion zum Metall (vgl. [*12*]).

Die Anreicherung der Erze wird entweder durch Schwereseigerung oder durch Flotation durchgeführt. Das Verfahren zur Gewinnung eines hochprozentigen Urankonzentrats ist naturgemäß der Zusammensetzung des Rohstoffs anzupassen. Bei der alkalischen Laugung, üblicherweise mit Natriumkarbonat-Lösung, benutzt man die Eigenschaft des 6wertigen Urans, dessen Gegenwart durch Oxydation des Erzes sichergestellt wird, mit Soda wasserlösliche Komplexverbindungen zu bilden. Diese Laugung wird angewendet, wenn die Erze Calzit enthalten. Bei hoch silikathaltigen und bei vielen komplexen Erzen wird Laugung mit Schwefelsäure oder Salpetersäure verwendet. Letztere hat eine etwas günstigere Wirksamkeit, bietet auch bei den nachfolgenden Operationen gewisse Vorteile, ist jedoch teurer. Ergebnis dieser Laugung ist schließlich – nach Reduktion des 6wertigen Urans durch Aluminiumpulver zu 4wertigem – ausgefälltes Uranphosphat, das durch Zugabe von mono-Natriumphosphat gefällt wird. In zunehmendem Maß wird Ionenaustausch und Lösungsextraktion bei sauren Erzen angewendet. Beim Ionenaustauschverfahren wird beispielsweise der Uranylsulphatkomplex in einer Ionenaustauschersäule adsorbiert, dann durch Ammoniumnitrat desorbiert und schließlich mit Ammoniumhydroxyd ausgefällt und in U_3O_8 übergeführt.

Zur Feinreinigung wird zunächst ein Uranylnitrat erzeugt, etwa nach der Gleichung

$$U_3O_8 + 8\,HNO_3 \longrightarrow 3\,UO_2(NO_3)_2 + 4\,H_2O + 2\,NO_2 .$$

Man benützt die Eigentümlichkeit dieser Verbindung, sich in gewissen organischen Lösungsmitteln zu lösen. Als solches benützt man wohl heute allgemein Tri-normal-Butylphosphat (TBP). Gegenüber dem früher verwendeten Äther sind Flammpunkt und Siedepunkt sehr viel höher; ferner ist TBP ungiftig, chemisch widerstandsfähig, greift Chrom-Nickel-Stahl nicht an und erleidet nur geringe Veränderungen durch Strahleneinwirkung. Die Nachteile, daß die Dichte des TBP (0,973 g/cm^3) der des Wassers nahe kommt und daß seine Zähigkeit relativ hoch ist, werden durch Verdünnung mit einem geeigneten Kohlenwasserstoff (Kerosen oder Hexan) überwunden. Durch Auswaschen mit Wasser wird das Uransalz vom organischen Lösungsmittel getrennt, das Wasser wird verdampft und das zurückbleibende Uranylnitrat zu gelbem UO_3 denitriert. Dieses Oxyd bildet den Ausgangspunkt für die Herstellung der für die Reduktion benötigten hochreinen Verbindungen Urantetrafluorid oder Urandioxyd.

Die wichtigste Verbindung zur Herstellung von Uranmetall ist Urantetrafluorid (UF_4), das sogenannte „grüne Salz“. Die Herstellung von

UF_4 beginnt mit der Reduktion von UO_3 mit Wasserstoff (oder Spaltammoniak) in einem Gegenströmer aus rostfreiem Stahl bei Temperaturen über 600 °C entsprechend der Gleichung

$$UO_3 + 2H_2 \longrightarrow UO_2 + 2H_2O.$$

Aus dem Dioxyd wird das UF_4 zumeist durch Einwirkung von gasförmigem Fluorwasserstoff bei erhöhten Temperaturen gewonnen. Die technische Durchführung dieser Reaktion ist nicht einheitlich, teils wird mit bewegtem Gut nach dem Gegenstromverfahren gearbeitet, teils ruht das Dioxyd bei der Fluorierung. Horizontale oder Schachtöfen werden benutzt. Für den Bau dieser Fluorierungsöfen muß hoch korrosionsfestes Material (Monelmetall, Inconel) verwendet werden.

Durch thermische Reduktion wird aus dem UF_4 oder dem UO_2 metallisches Uran hergestellt. Soll ein an U^{235} angereichertes Metall gewonnen werden, so müssen entsprechende Isotopentrennungsverfahren benutzt werden, die alle von gasförmigen Uranverbindungen ausgehen. Wir kommen am Schluß dieses Punktes hierauf noch zurück.

Die Reduktion von feingepulvertem UF_4 wird in Stahlformen oder in Bomben mit Magnesium oder Kalzium hoher Reinheit entsprechend den Gleichungen

$$UF_4 + 2Mg \longrightarrow U + 2MgF_2 + 84\,\text{kcal}$$

und

$$UF_4 + 2Ca \longrightarrow U + 2CaF_2 + 137\,\text{kcal}$$

durchgeführt.

Bei Verwendung von Magnesium als Reduktionsmittel erfolgt die Reduktion in mit Dolomit oder totgebranntem Kalk ausgekleideten zylindrischen Formen oder Bomben [*13*]. Die fein gepulverten Reaktionspartner – das stets im Überschuß vorhandene Magnesium wird, zur Vermeidung unzulässiger Oxydation, erst unmittelbar vor dem Einsatz zerkleinert – werden innig miteinander vermischt und in die Bombe eingestampft, bis diese fast völlig gefüllt ist. Hierauf wird eine Graphitscheibe eingepreßt und diese schließlich mit Auskleidungsmaterial bedeckt. Sodann wird die Bombe druckfest verschlossen, da die Temperatur im Einsatz wegen des hohen Schmelzpunkts der gebildeten MgF_2-Schlacke (1263 °C) über den Siedepunkt des Magnesiums (1100 °C) erhöht werden muß. Die verschlossene Bombe wird in einen Ofen versenkt und bis auf etwa 600 °C erhitzt. Wegen der relativ kleinen Bildungswärme von MgF_2 reicht die bei der Reduktion gebildete Wärme nicht aus, die Magnesiumschlacke nieder zu schmelzen. Die zusätzlich erforderliche Wärme muß entweder durch Außenerhitzung geliefert werden oder durch eine parallel ablaufende, stark exotherme Umsetzung. Beispielsweise gibt die Reduktion von Kaliumchlorat, das in 1/7 Molkonzentration von UF_4 beigemischt und gemäß der Gleichung

$$KClO_3 + 3\,Mg \longrightarrow KCl + 3\,MgO + 444\,\text{kcal}$$

reduziert wird, ausreichende Energie. Als Ergebnis der Reaktion bildet sich ein Schmelzkuchen von Uran, der außer Schlackenverunreinigungen auch noch Wasserstoff enthält. Die Bombe wird nach Abschluß der Reaktion aus dem Ofen entfernt und abgekühlt. Erst nach völligem Erkalten wird sie geöffnet und der Schmelzkuchen entnommen.

Bei der Reduktion mit Kalzium spielt sich eine typische Thermitreaktion ab, bei der durch die Reaktionswärme Charge und Schlacke weit über ihre Schmelzpunkte erhitzt werden [*14*]. Das Reduktionsgefäß besteht aus einem mit gesintertem CaF_2 ausgekleideten Einsatz aus Chrom-Nickel-Stahl, der in ein evakuierbares Stahlgefäß, das zusätzlich Heizwicklungen trägt, eingebracht ist. Das Reduktionsgefäß selbst erhält durch geeignete Einstampfung von Flußspat Trichterform. Zur Entgasung wird der Ofen etwa einen Tag lang bis zu einem Druck von 1 Torr evakuiert unter gleichzeitiger Erwärmung auf 200 °C zur völligen Trocknung der Auskleidung. Wieder wird das Reduktionsmittel, hier Kalziumspäne, im Überschuß mit dem Urantetrafluorid vermischt. Die Reduktion geht bei offenem Ofen vor sich, nachdem sie in geeigneter Weise durch lokale Erhitzung eingeleitet worden ist. Während der Reaktion läuft das Uranmetall in den Tiegel unterhalb des Reaktionstrichters. Sobald die Reaktion nachläßt, wird das Reaktionsgefäß verschlossen, evakuiert und mit Argon gefüllt. Während der Reaktion schützt anscheinend die Flußspatschlacke und der Kalziumdampf das Uran vor der Atmosphäre. Die Abkühlung erfolgt auch hier außerordentlich langsam. Erst nach völligem Erkalten wird der Tiegel aus dem Ofen, dessen Auskleidung zersprungen ist, entnommen. Wieder enthält der Schmelzkuchen Schlackenverunreinigungen, hier von CaF_2, und Oxyde.

Die Reduktion mit Magnesium hat zwar gegenüber der mit Kalzium den Nachteil einer erheblich geringeren Wärmeentwicklung (84 gegenüber 137 kcal/Mol Uran), doch haben gewisse Vorzüge dazu geführt, daß in USA und Kanada die ursprüngliche Reduktion mit Kalzium vollständig durch die Magnesiumreduktion verdrängt wurde. Der Preis des Magnesiums ist niedriger als der des Kalziums, man benötigt zur Reduktion derselben Menge Urantetrafluorid um 40% weniger Magnesium als Kalzium, im allgemeinen ist der Reinheitsgrad des Magnesiums höher als der des Kalziums, und schließlich liegt der Schmelzpunkt des MgF_2 unter dem des CaF_2. Der Nachteil der geringeren Wärmeproduktion kann, wie schon oben erwähnt, entweder durch Wärmezufuhr von außen oder von innen ausgeglichen werden. Nachteilig für die Magnesiumreduktion ist der Umstand, daß die Arbeitstemperatur über dem Siedepunkt des Magnesiums liegt und daher abgeschlossene Gefäße verwendet werden müssen, während sich die Kalziumreduktion in offenen abspielt, da der Siedepunkt des Kalziums nicht überschritten wird. In den europäischen Ländern wird UF_4 nach wie vor mit Kalzium reduziert.

Die durch die Reduktion von UF_4 erhaltenen Schmelzkuchen müssen durch Umschmelzen von den enthaltenen Verunreinigungen, von Schlacke und Gas befreit werden. Man hat dies zunächst in Vakuumöfen vorgenommen, wobei der Frage des Tiegel- und Formenmaterials wegen der hohen Reaktionsfreudigkeit von Uranschmelzen große Beachtung zu schenken ist. Beispiele für die Reinheit des durch die Reduktion aus UF_4 gewonnenen Uranmetalls finden sich in Tab. 36. Ergänzend sei erwähnt, daß die Gehalte an stark neutronenabsorbierenden Substanzen, wie z.B. Bor, 0,1 ppm nicht übersteigen sollen. Kohlenstoffgehalte dürften bis etwa 1000 ppm unbedenklich sein. In Hinblick auf Wiederaufarbeitung gebrauchter Spaltstoffelemente soll der Siliziumgehalt nicht über 20 ppm liegen [*15*].

Tabelle 36. *Beimengungen in durch Reduktion von* UF_4 *erhaltenem Uran* (aus [*3*])

Herstellung	Beimengungen in ppm											
	C	N	O	Al	Ca	Cr	Cu	Fe	Mg	Mn	Ni	Si
Mg-red. (Argonne)	8 bis 13	19	–	5	< 20	5	1	20	15	1	10	15
Mg-red. (Argonne) in Graphit umgeschmolzen	240 bis 295	10 bis 16	6 bis 16	10	< 20	2	5	30	0,5	2	15	15
Ca-red. (Bouchet)					20 bis 50			50 bis 200		5 bis 10		50 bis 100
Ca-red. (Belgien) in Tonerde umgeschmolzen	40	7	16	< 20	–	< 5	3	28	< 5	8	< 5	10

Neuerdings wird in USA ein Verfahren vielfach benutzt, das eine direkte Herstellung von Blöcken (dingot = direct ingot) aus den Reduktionsöfen gestattet und das erhebliche wirtschaftliche Vorteile besitzt [*16, 17*]. Die zur Reduktion benutzte Bombe trägt am Boden ein Graphitventil, welches durch einen geeigneten Mechanismus geöffnet werden kann. Die mit flüssigem Uran gefüllte Bombe wird unmittelbar nach Beendigung der Reduktion aus dem Ofen genommen und dicht auf eine Kokille gesetzt, die einen Graphitkopf und einen Graphiteinsatz besitzt. Nach Öffnen des Bodenventils füllt das geschmolzene Uran die Kokille in fallendem Guß. Als besondere Vorteile werden die Möglichkeiten, etwa zehnmal so große Chargengewichte wie bisher verwenden zu können, sowie die besondere Reinheit, vor allem in den inneren Schichten der Blöcke hervorgehoben.

Bezüglich weiterer Einzelheiten der Reduktionsverfahren, besonders im industriellen Großeinsatz, sei auf [*18*] verwiesen.

Eine sehr frühe Darstellung des Urans benutzte UCl_4, das durch Kalzium reduziert worden ist [*19*]. Die großen Erfolge, die durch neuere Arbeiten bei der Reduktion von Zirkonium- und Titantetrachlorid mit Natrium erzielt worden sind, lassen es nicht ausgeschlossen erscheinen, daß eine derartige Alkali-Reduktion auch bei Uranchloriden Erfolg bringen könnte.

Erwähnt sei auch noch ein in [*20*] beschriebenes Verfahren der Reduktion von $NaUF_5$ mit Magnesium, ein Verfahren, das technisch erfolgversprechend scheint, bisher aber nur für die Darstellung kleiner Mengen von Uran verwendet worden ist. Der Vorteil dieses Reduktionsprozesses liegt darin, daß die zusätzlich erforderliche Wärmemenge geringer ist als bei der Magnesiumreduktion von Urantetrafluorid und daß der Schmelzpunkt der Schlacke bei etwa 1000 °C liegt, man also nur über den Schmelzpunkt des Urans erhitzen muß, nicht aber über den Siedepunkt des Magnesiums.

Versuchsweise und für spezielle Verwendungszwecke wird bei der Uranherstellung auch von UO_2 ausgegangen, das mit Kalzium, Kalziumhydrid, Magnesium und Kohlenstoff reduziert werden kann. Der Vorteil der Verwendung von UO_2 wäre die Abkürzung der Erzaufbearbeitung, insbesondere die Vermeidung der Fluorierung.

Die nach der Gleichung

$$UO_2 + 2\,Ca \longrightarrow U + 2\,CaO$$

vor sich gehende Kalziumreduktion wird im Inneren einer mit gebranntem Kalk ausgekleideten Bombe aus warmfesten Legierungen unter Argon vorgenommen. Durch Erhitzung wird die Reaktion eingeleitet, die im Inneren bis zu Temperaturen von 1600 °C führt. Aus dem entstehenden Schmelzkuchen, der Uran in feinverteilter Form enthält, wird durch Auslaugung nach entsprechender Zerkleinerung Uran als feinkörniges Pulver erhalten, das der großen Oberfläche entsprechend erhebliche Gehalte an Sauerstoff und Stickstoff ausweist. Es kann als Rohmaterial für pulvermetallurgische Herstellung von Brennstoffelementen verwendet werden.

Die Reduktion von UO_2 mit Kohlenstoff geht von Pastillen aus, die aus UO_2 und Ruß hergestellt und in Graphitformen erhitzt werden [*21*]. Im Vakuum gehen bei 220 °C die Reaktionen

$$UO_2 + 2\,C \longrightarrow U + 2\,CO \text{ und } UO_2 + 3\,C \longrightarrow UC + 2\,CO$$

vor sich. Das Uranmonokarbid wird durch Hydrolyse in UO_2 rücküberführt und durch geeignete Maßnahmen der Uranschwamm abgetrennt. Die geringe Löslichkeit von Sauerstoff in Uran bedingt, daß der Schwamm besonders rein ist. Er kann zur Speisung eines Lichtbogenofens für Metall- und Legierungsherstellung verwendet werden oder für pulvermetallurgische Weiterverarbeitung.

Als Laboratoriumsmethoden zur Herstellung besonders reinen Uranmetalls sei auf die thermische Zersetzung eines Uranhalogenids und auf elektrolytische Metallherstellung hingewiesen. Die thermische Zersetzung geht, entsprechend dem VAN-ARKEL-DE-BOER-Verfahren, vom UJ_4 aus, das bei bestimmten Temperatur- und Druckbedingungen zu einer Metallabscheidung an einem in der Jodidatmosphäre ausgespannten, heißen Draht führt [*7*]. Bei der elektrolytischen Reinigung wird eine eutektische Mischung von KCl und LiCl, die 30% UCl_4 enthält, als Elektrolyt benutzt. Als Kathode dient Molybdän, als Anode Uranmetall. Die Elektrolyse wird unter Argonatmosphäre bei Badtemperaturen von 400 bis 450 °C ausgeführt. Der Metallniederschlag wird von löslichen Salzen durch Salpetersäurebehandlung befreit, gewaschen und im Vakuum getrocknet [*22*].

Als ein weiteres laboratoriummäßiges Raffinationsverfahren zur Behandlung kleiner Proben sei noch das Zonenschmelzen genannt [*23*]. Hierbei kann auch der Unterschied in der Dichte von Uran und der der Beimengungen ausgenutzt werden. Lösliche metallische Beimengungen werden bei langsamem Durchwandern der Schmelzzone entfernt, während nichtmetallische Elemente schon bei sehr viel höheren Geschwindigkeiten abgetrennt werden.

Die auf U^{235} beschränkte Spaltbarkeit durch thermische Neutronen begründet die hohe Bedeutung, die einer Anreicherung dieses Isotops im Uran zukommt. Für eine solche Anreicherung kommen im wesentlichen nur physikalische Verfahren in Frage, und unter ihnen spielt die Diffusion eine besonders wichtige Rolle. Der hierfür bevorzugte Aggregatzustand ist der gasförmige. Eine im Falle von Uran brauchbare Verbindung ist Uranhexafluorid, das zwar bei Raumtemperatur fest ist, aber bereits bei 56 °C sublimiert (Dampfdruck 1 Atm). Ein weiterer Vorteil dieser Verbindung ist das niedrige Atomgewicht von Fluor und der Umstand, daß Fluor nur aus einem Isotop, F^{19}, besteht. Ein Nachteil des UF_6 ist seine große chemische Aktivität, welche die Entwicklung spezieller Werkstoffe für die benutzten Apparaturen erforderlich macht. Die Darstellung des Hexafluorids kann entweder durch direkte Fluorierung des bei der Uranherstellung anfallenden UF_4 in wassergekühlten Monelmetalltürmen gemäß Gleichung

$$UF_4 + F_2 \longrightarrow UF_6$$

oder durch Oxydation bei 600 °C entsprechend

$$2\,UF_4 + O_2 \longrightarrow UF_6 + UO_2F_2$$

durchgeführt werden (vgl. [*24*]). Die Diffusion erfolgt durch feinporige Diaphragmen aus einer Speziallegierung (Porendurchmesser etwa $4 \cdot 10^{-10}$ cm) verschieden schnell je nach dem Atomgewicht von Uran in der betreffenden Fluoridmolekel. Da sich nach dem Bunsenschen Gesetz des Ausströmens von Gasen aus engen Öffnungen die Ausströmungsgeschwindigkeiten umgekehrt verhalten wie die Wurzeln aus den Molekulargewichten, so ergibt sich für den vorliegenden Fall der Trennfaktor $\alpha = v_{235}/v_{238} = \sqrt{238/235} = 1{,}0043$ (v_{235} bzw. v_{238}, Ausström-Geschwindigkeit von U^{235} bzw. U^{238}). Da der Trennfaktor nahezu gleich 1 ist, ist der Grad der Anreicherung bei *einer* Diffusionszelle sehr klein. Durch Anordnung von Kaskaden wird er vervielfacht. Als Beispiel zeigt Abb. 144 die Wirkungsweise dreier hintereinander geschalteter Diaphragmazellen. Um zu Anreicherungsgraden von 80–90% zu gelangen, müssen Tausende von Diffusionszellen zusammengeschaltet werden.

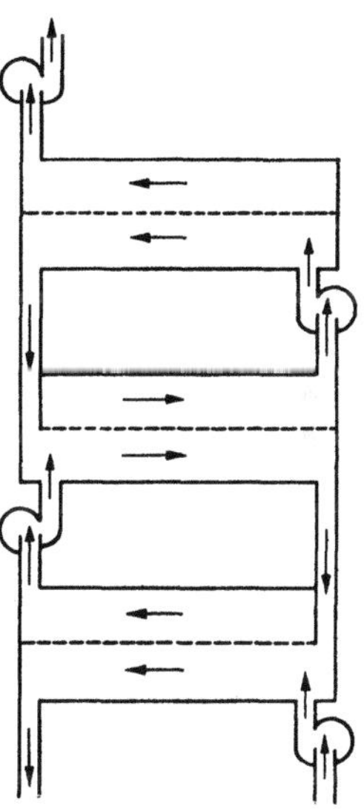

Abb. 144. Isotopentrennung von Uran: Serienschaltung dreier Diffusionszellen

Ein Trennverfahren, bei dem starke Druckgradienten für unterschiedliche Diffusion verantwortlich sind, benützt die Trenndüse, die schematisch in Abb. 145 dargestellt ist. Bei der Ausströmung eines Gas- oder Isotopengemisches aus einer Düse tritt unter geeigneten Druckbedingungen eine teilweise räumliche Entmischung der Komponenten ein, die sich durch Anbringung einer Abschälblende für eine präparative Trennung ausnützen läßt. Die Trennung erfolgt so, daß die leichtere Komponente außen im Strahl durch die Blende abgeschält wird (sich in der Abbildung im oberen Gefäß anreichert), die schwerere Komponente nach unten durchtritt. Der Trennfaktor entspricht etwa dem für poröse Wände [*25, 26*].

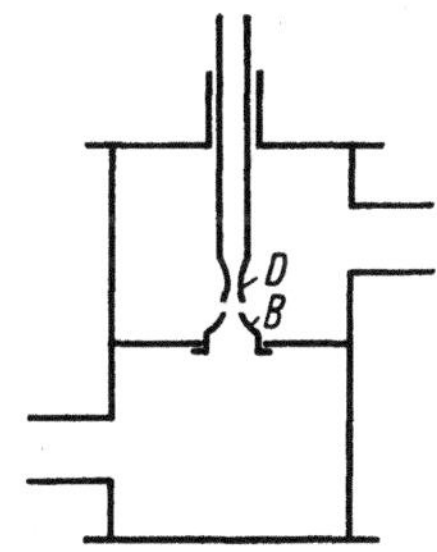

Abb. 145. Isotopentrennung von Uran: Schema der Trenndüse [*25*]
D Düse; *B* Abschälblende

Der Versuch, eine Trennung der Uranisotope mit Hilfe des Thermodiffusionsverfahrens zu bewerkstelligen, ist nicht gelungen. Der Thermodiffusionskoeffizient des schwereren und leichteren UF_6-Moleküls ist in dem zugänglichen Temperaturintervall (siedendes Quecksilber und Raumtemperatur) zu klein, um eine praktische Trennung der Isotopen herbeizuführen [*27*].

Zentrifugalfelder für die Isotopentrennung in Uran benützt das Gaszentrifugenverfahren [*27*, *28*, *29*]. Die zugrunde liegende Idee ist schon älter, experimentelle Erfolge wurden aber erst mit schnellaufenden Gaszentrifugen erreicht, die jegliche Konvektionsströmung im Inneren des Rotors vermieden. Das Bestechende an diesem Trennverfahren ist die Tatsache, daß das Verhältnis der leichten und schweren Isotopen am Rande des Rotors zu dem in der Achse von der absoluten Massendifferenz der Moleküle abhängt und nicht, wie bei den Diffusionsverfahren, die Wurzel aus dem Massenquotienten für den Trennfaktor verantwortlich ist. Die Anreicherung im Zentrifugalfeld übertrifft bei den praktisch erreichbaren Umfangsgeschwindigkeiten damit weit die durch Diffusion erzielbare. Wieder wird für den Fall des Urans von UF_6 ausgegangen. Die Rechnung ergibt, daß eine Gaszentrifuge von 3,5 m Länge in zwei Stufen Uran mit etwa 2% U^{235} unter gleichzeitiger Abreicherung des Ausgangsmaterials auf 0,42% herstellen könnte.

Tabelle 37

Anordnung der Elektronenhülle des Urans

Schale	Unterschale	Zahl der Elektronen in Unterschale	Zahl der Elektronen insgesamt
K	1s	2	2
L	2s 2p	2 6	8
M	3s 3p 3d	2 6 10	18
N	4s 4p 4d 4f	2 6 10 14	32
O	5s 5p 5d 5f	2 6 10 2 od. 3	20 od. 21
P	6s 6p 6d	2 6 2 od. 1	9 od. 10
Q	7s	2	2

Von historischem Interesse ist die Trennung der Uranisotopen auf massenspektroskopischem Wege, da auf diese Weise die ersten Trennungen in größerem Maßstab durchgeführt wurden. Ein Urantetrahalogenid wurde verdampft und durch Elektronenbombardement ionisiert. Unter den entstehenden Ionen befinden sich auch U^+-Ionen, die durch ein hohes elektrisches Feld in eine Vakuumkammer gebracht werden. Durch ein magnetisches Feld werden sodann die U^{238}-Ionen auf einen Kreisbogen mit etwas größerem Halbmesser gezwungen als die U^{235}-Ionen. Nach Umlenkung um 180° beträgt der Abstand der beiden Strahlen die doppelte Radiendifferenz. Die beiden Isotope wurden so Molekül für Molekül in getrennten Auffangkammern gesammelt.

Für eine eingehende Behandlung der Verfahren zur Isotopentrennung des Urans vgl. [*30*, *31*, *32*].

1.3 Physikalische Eigenschaften. Uran mit dem Atomgewicht 238,07 ist Element 92 im Periodensystem der Elemente. Es gehört zu den mit dem Actinium beginnenden Actiniden, die ein Gegenstück zu den seltenen Erden (Lantaniden) darstellen. Die noch nicht völlig geklärte Anordnung der Hüllenelektronen in den aufeinanderfolgenden Schalen ist in Tab. 37 dargestellt. Die noch bestehende Unsicherheit betrifft die 5f-

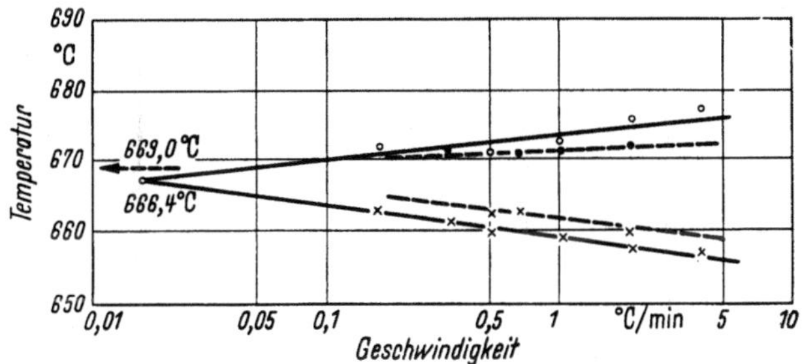

Abb. 146. Ermittlung des α-β-Umwandlungspunkts von hochreinem Uran aus Erhitzungs- (○, ●) und Abkühlungsversuchen (×) [33]

und 6d-Unterschalen. Die den unvollständigen Schalen angehörigen Elektronen, 5f und 6d, sowie die zwei 7s-Elektronen sind die der maximalen Wertigkeit sechs des Urans entsprechenden Valenzelektronen.

Natürliches Uran ist ein Gemisch aus drei Isotopen: 99,274% U^{238}, 0,720% U^{235} und 0,006% U^{234}. Das Uranisotop U^{238} und das aus ihm durch einen α-Zerfall und zwei β-Zerfälle entstehende U^{234} stehen am Anfang der Uran-Radium-Zerfallsreihe. U^{235} ist das erste Glied der Actiniumreihe. Alle Isotope sind α-strahlend, die Halbwertszeiten des α-Zerfalls betragen: $4{,}23 \cdot 10^9$ Jahre für U^{238}, $8{,}5 \cdot 10^8$ Jahre für U^{235} und $2{,}7 \cdot 10^5$ Jahre für U^{234}. Diesen langen Halbwertszeiten zufolge ist die Radioaktivität des Urans relativ schwach, doch sind entsprechende Schutzmaßnahmen trotzdem zu beachten.

Uran ist in reinem Zustand ein silberweißes Metall. An der Luft oxydiert es zunächst unter Bildung einer goldgelben Deckschicht, deren Farbe mit fortschreitender Oxydation dunkler wird und nach 3 bis 4 Tagen das Metall schwarz erscheinen läßt. Das Oxyd schützt das Metall nicht vor weiterem Angriff.

Uran tritt in drei Modifikationen auf: einer rhombischen α-Phase, einer tetragonalen β-Phase und einer kubischen, bis zum Schmelzpunkt von $1132{,}3 \pm 0{,}8$ °C stabilen γ-Phase. Die Umwandlungstemperaturen sind: $667{,}7 \pm 1{,}3$ °C für die $\alpha \rightleftarrows \beta$- und $774{,}8 \pm 1{,}6$ °C für die $\beta \rightleftarrows \gamma$-Umwandlung. Diese Werte gelten für hochreines Uran. Sie wurden mit thermischer Analyse unter Variation von Erhitzungs- und Abkühlungsgeschwindigkeit ermittelt. Die Umwandlungstemperaturen ergeben sich als lineare Funktionen des Logarithmus der Erhitzungs- bzw. der Abkühlungsgeschwindigkeit, so daß (vgl. Abb. 146) durch Extrapolation zu kleinen Geschwindigkeiten ein Wert ermittelt werden kann, für den die störenden Einflüsse von Hysteresis, Überhitzung und Unterkühlung verschwinden [33].

Die Umwandlungswärme für die $\alpha - \beta$-Umwandlung wird zu 2,86 bis 2,99 cal/g angegeben, die für die β-γ-Umwandlung mit 4,80 bis

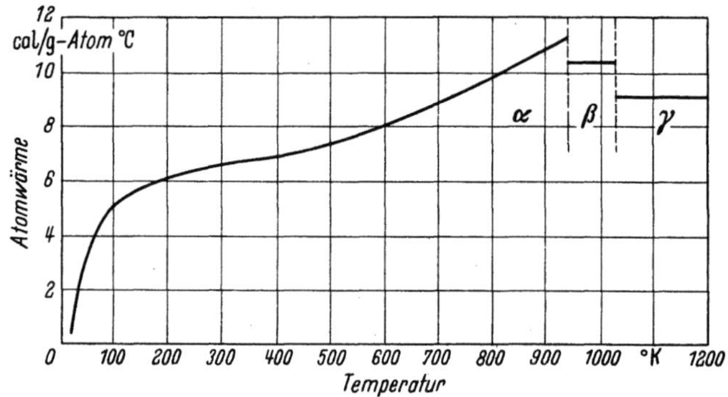

Abb. 147. Temperaturabhängigkeit der Atomwärme (C_p) von Uran [35, 36]

4,89 cal/g. Die Schmelzwärme beträgt etwa 20 cal/g [34]. Die Atomwärme als Funktion der Temperatur ist in Abb. 147 gegeben. Der Dulong-Petitsche Wert wird bei Temperaturen von 200 °K aufwärts überschritten, nach tiefen Temperaturen erfolgt der bekannte Abfall [35].

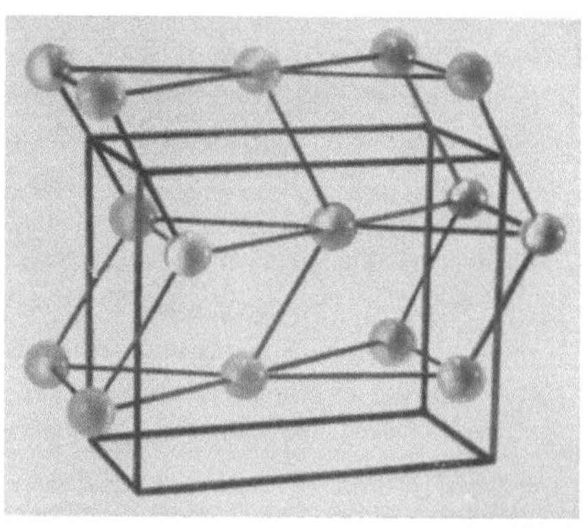

Abb. 148. Elementarkörper von α-Uran [40]

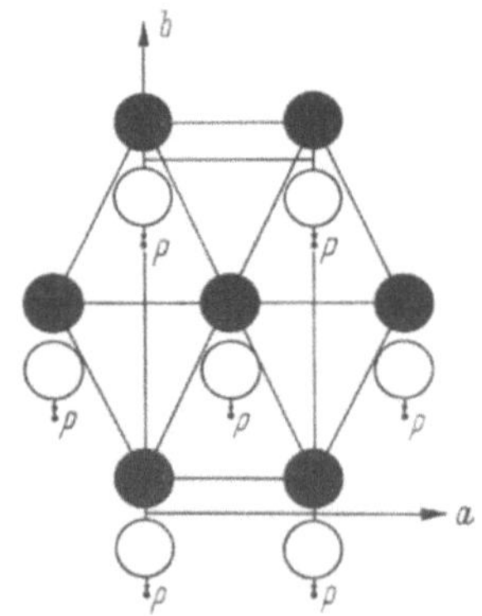

Abb. 149. Projektion des α-Urangitters auf die (001)-Ebene [41]

Bei den Umwandlungspunkten treten unstetige Änderungen ein, sowohl im β- als auch im γ-Gebiet scheint die spezifische Wärme temperaturunabhängig zu sein. Für β-Uran wird 10,38, für γ-Uran 9,10 cal/Mol angegeben [36]. Die charakteristische DEBYE-Temperatur Θ liegt bei 162 °K [37].

α-Uran kristallisiert rhombisch mit 4 Atomen im Elementarkörper. Die für 25 °C geltenden Gitterkonstanten sind in Tab. 38 samt der daraus berechneten Dichte angegeben [38, 39]. Abb. 148 zeigt den Elementarkörper [40]. Das Gitter kann als ein in der b-Richtung stark gedehntes hexagonales Gitter dichtester Packung angesehen werden [41]. Dies geht

Tabelle 38. *Gitterkonstanten und Dichte von Uran*

Modifikation	Temperatur in °C	Gitterkonst. in Å	Dichte in g/cm³
α-U (rhombisch)	25	a = $2,854_1$ b = $5,869_2$ c = $4,956_3$	19,4
β-U (tetragonal)	720	a = 10,763 b = 5,652	18,11
γ-U (k.-rz.)	805	a = 3,525	18,06

deutlich aus Abb. 149 hervor, welche eine Projektion des α-Urangitters auf die (001)-Ebene darstellt. Das Achsenverhältnis b/a für α-Uran beträgt 2,056, das ist um 16% mehr als für die Beschreibung eines hexagonalen Gitters als rhombisches Gitter folgt. Ein weiterer Unterschied des α-Urangitters gegenüber dem hexagonalen Gitter besteht darin, daß die Zentrierungsatome in den Zwischenschichten auch etwas von der entsprechenden Lage im hexagonalen Gitter abweichen. Diese Ideallagen sind in der Abb. 149 miteingezeichnet (P). Es ist interessant festzustellen, daß mit steigender Temperatur die Ähnlichkeit des Urangitters mit einem hexagonal dichtestgepackten steigt, ein Ergebnis, das im übrigen auch bei Lösung von Fremdatomen (Pu, Mo) in Uran beobachtet wird. Den im hexagonal dichtest gepackten Gitter durch gleichen Abstand ausgezeichneten 12 nächsten Nachbarn entsprechen 4 Gruppen von Gitternachbarn im α-Urangitter. Je 2 sind durch die Abstände 2,762 und 2,852 Å und je 4 durch Abstände von 3,261 und 3,322 Å gekennzeichnet. Da die Bindungskräfte mit fallendem Astand stark ansteigen, sind also deutlich Anzeichen von kovalenten Bindungen im α-Urangitter vorhanden.

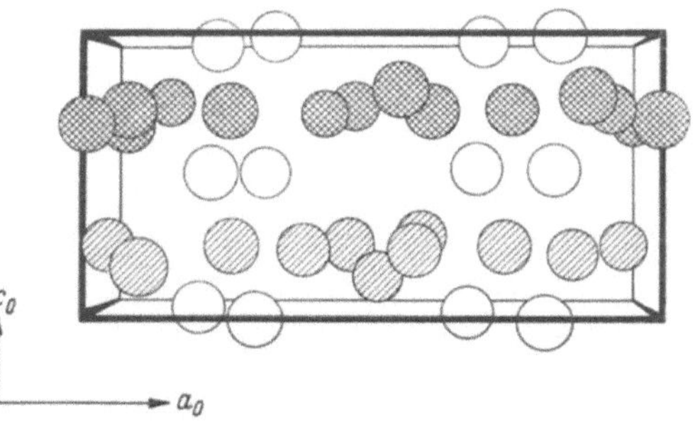

Abb. 150. Tetragonales Gitter des β-Urans [43]

β-Uran kristallisiert tetragonal mit 30 Atomen im Elementarkörper, in einem Gitter, welches dem der σ-Phase in Eisen-Chrom- und Kobalt-Chrom-Legierungen analog ist. Die Achsenlängen und die daraus erhaltene Dichte für 720 °C sind ebenfalls in Tab. 38 angegeben [*8*, *42*]. Wie Abb. 150 erkennen läßt, handelt es sich um schichtförmige Anordnung der Gitterpunkte. Sie liegen in nahezu ebenen Schichten parallel zur Basisfläche in den Höhen von 1/4 und 3/4c; auch zwischen diesen Schichten liegen einige Atome, die an diese Schichten gebunden sind [*43*].

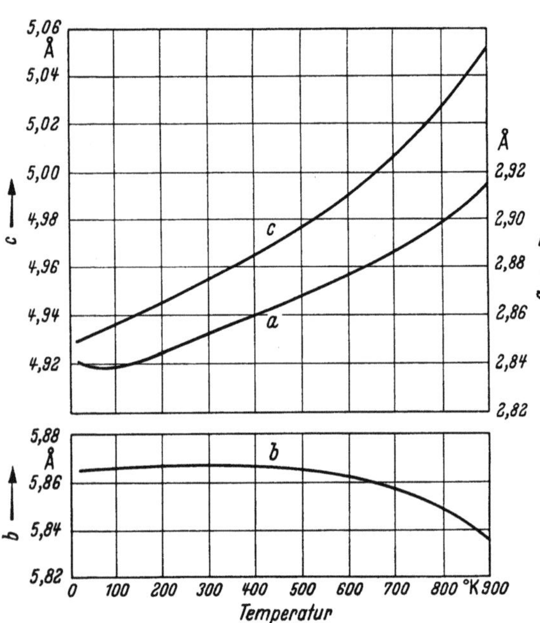

Abb. 151. Temperaturabhängigkeit der Gitterkonstanten von α-Uran [*39*, *34*]

γ-Uran kristallisiert kubisch-raumzentriert mit 2 Atomen im Elementarkörper. Die für 805 °C geltende Gitterkonstante und die daraus folgende Dichte enthält ebenfalls Tab. 38 [*38*, *44*].

Über die den Umwandlungen zugrunde liegenden Vorgänge können sichere Angaben heute noch nicht gemacht werden. Für die γ-β-Umwandlung sprechen die metallographischen Befunde für das Vorliegen von Keimbildung und Kornwachstum, während die β-α-Umwandlung der Austenit-Martensit-Umwandlung zu entsprechen scheint. Auch die Verfolgung der Orientierungsbeziehung zwischen den aus einem β-Kristall durch Umwandlung entstandenen α-Körnern und dem Mutterkristall scheinen für diesen Schiebungsmechanismus zu sprechen [*34*].

Gitterkonstantenbestimmungen als Funktion der Temperatur führen zum *Ausdehnungskoeffizienten* und zu seiner Anisotropie im untersuchten Temperaturbereich. Für α-Uran sind die Grundkanten des rhombischen Elementarkörpers auf Grund von Röntgenmessungen in Abb. 151 für den Temperaturbereich von 20 bis 900 °K dargestellt. Während die a- und c-Achsen mit steigender Temperatur zunehmen, in diesen Richtungen also ein positiver Ausdehnungskoeffizient besteht, bleibt die b-Achse zunächst über ein breites Temperaturgebiet nahezu unverändert, um bei weiterer Erhöhung der Temperatur sogar abzunehmen. Der Ausdehnungskoeffizient parallel zur *b*-Achse ist also zunächst praktisch gleich Null und nimmt bei hohen Temperaturen negative Werte an, die *b*-Achse kontrahiert bei Erwärmung.

Die aus Gitterkonstantenmessungen errechneten thermischen Ausdehnungskoeffizienten für die drei Achsenrichtungen sind in Tab. 39 enthalten, desgleichen der daraus berechnete Volumsausdehnungskoeffizient für dieselben Temperaturbereiche. Die nach Formel (II,3) berechnete Orientierungsabhängigkeit des Ausdehnungskoeffizienten ist in Abb. 152 dargestellt, die zeigt, daß in der (010)-Ebene eine nur geringe, dagegen in der (100)- und (001)-Ebene eine sehr ausgeprägte Orientierungsabhängigkeit vorhanden ist. Für gewisse Orientierungen ergibt sich ein mittlerer Ausdehnungskoeffizient Null zwischen 25 und 650 °C. Für das Temperaturgebiet von 25–300 °C ist die Orientierungsabhängigkeit des Ausdehnungskoeffizienten in [*46*] dargestellt.

Tabelle 39. *Koeffizienten der thermischen Ausdehnung von Uran*

Modifikation	Richtung	Temperaturbereich °C	mittl. Ausdehnungskoeffizient in $10^{-6}/°C$	Literatur
α-U	a [100] b [010] c [001] Volumen	25 bis 125	21,7 − 1,5 23,2 43,4	[*38*]
α-U	a [100] b [010] c [001] Volumen	25 bis 650	36,7 − 9,3 34,2 61,6	[*38*]
β-U	a = b c Volumen	662 bis 772	23,7 5,6 53,0	[*45*]
γ-U	a = b = c Volumen	772 bis 1100	21,5 64,5	[*45*]

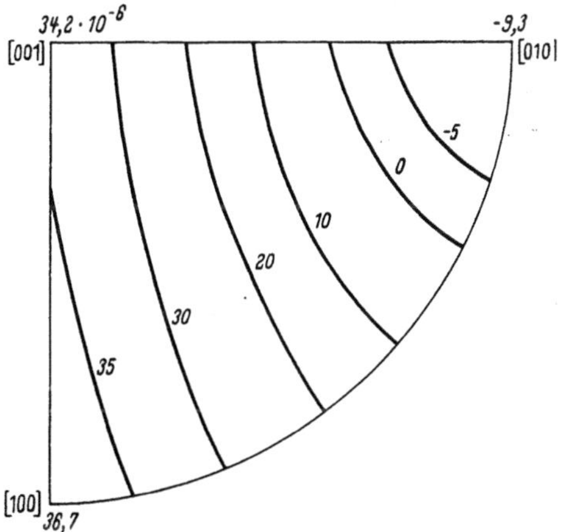

Abb. 152. Orientierungsabhängigkeit des Ausdehnungskoeffizienten von α-Uran im Temperaturbereich von 25 bis 650 °C

Auch für die β-Phase liegen exakte Messungen der Gitterkonstanten für den ganzen Existenzbereich vor. Sowohl die a-Achse als auch die c-Achse verlängern sich mit steigender Temperatur [*45*]. Die für die Richtung parallel und senkrecht zur tetragonalen Achse gültigen Ausdehnungskoeffizienten sind ebenfalls in Tab. 39 enthalten.

Die Bestimmung der Temperaturabhängigkeit der Gitterkonstanten der γ-Phase führt auf den gleichfalls in Tab. 39 enthaltenen mittleren Ausdehnungskoeffizienten. Die Ausdehnung erfolgt hier isotrop, da es sich um einen kubischen Kristall handelt.

Die gesamte Volumsänderung bei Erwärmung von 25 °C bis zum Schmelzpunkt ist in Abb. 153 dargestellt. Von der Gesamtausdehnung

Abb. 153. Volumsausdehnung von Uran bis zum Schmelzpunkt [*45*]

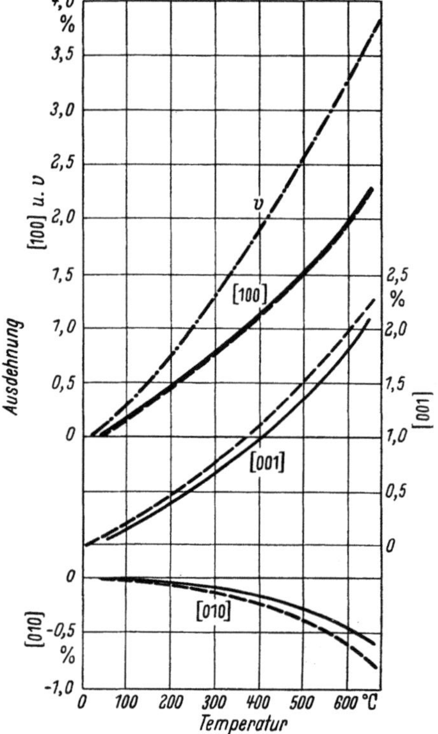

Abb. 154. Thermische Ausdehnung von Uran [*47*]
——— röntgenographische Messung;
- - - - - - dilatometrische Messung;
—.—.—. Volumsausdehnung

um 8,81% entfallen 1,15% auf die α-β-Umwandlung, 0,71% auf die β-γ-Umwandlung, der Rest auf thermische Ausdehnung der drei Phasen.

Dem eben beschriebenen, aus Röntgenuntersuchungen an vielkristallinem Pulver erschlossenen Ausdehnungsverhalten von α-Uran sind in Abb. 154 die dilatometrisch an Einkristallen in den drei Achsenrichtungen erhaltenen Ergebnisse gegenübergestellt[1]. In der [100]-Richtung stimmen Gitterkonstantenmessungen und dilatometrische Messung im untersuchten Temperaturbereich miteinander überein. Parallel der [010]-

[1] Auf die Herstellung grobkristalliner bzw. einkristalliner Proben von α-Uran gehen wir erst später (IV A 1.4) ein.

Richtung liegen die dilatometrischen Messungen etwas unterhalb, parallel der [001]-Richtung etwas oberhalb der röntgenographischen. Zurückgeführt wird dieser Unterschied auf elastische Spannungen im Vielkristall, die von der Anisotropie der thermischen Ausdehnung herrühren und sich der Ausdehnung des freien Einkristalls überlagern. Die ebenfalls in die Abbildung eingezeichnete Volumsausdehnung ergibt sich röntgenographisch und dilatometrisch gleich [*47*].

Tabelle 40. *Elastische Konstanten von α-Uran [48, 47]*

c_{ik} in 10^{-12} dyn/cm²	s_{ik} in 10^{12} cm²/dyn
$c_{11} = 2{,}147_4$	$s_{11} = 0{,}490_7$
$c_{22} = 1{,}985_7$	$s_{22} = 0{,}674_3$
$c_{33} = 2{,}671_1$	$s_{33} = 0{,}479_8$
$c_{44} = 1{,}244_4$	$s_{44} = 0{,}803_6$
$c_{55} = 0{,}734_2$	$s_{55} = 1{,}362_0$
$c_{66} = 0{,}743_3$	$s_{66} = 1{,}345_3$
$c_{12} = 0{,}464_9$	$s_{12} = -0{,}119_4$
$c_{13} = 0{,}217_7$	$s_{13} = 0{,}008_2$
$c_{23} = 1{,}079_1$	$s_{23} = -0{,}262_7$

Zur Beschreibung des *elastischen Verhaltens* des rhombischen α-Urans sind 9 elastische Parameter erforderlich. Ihre Ermittlung wurde mit Hilfe der Ausbreitungsgeschwindigkeit von Ultraschallwellen durchgeführt. Tab. 40 gibt sowohl die Moduln c_{ik} als auch die Koeffizienten s_{ik}. Für die Elastizitätsmoduln und die linearen Kompressibilitäten in den Richtungen der Hauptachsen gelten die in Tab. 41 angeführten Werte. Gleichfalls in der Tabelle finden sich auch die POISSONschen Querkontraktionszahlen μ_{ij} für einen Zug in der Richtung i; die Indizes 1, 2 und 3 gelten für die [100]-, [010]- und [001]-Richtungen. Man erkennt beispielsweise, daß eine elastische Dehnung parallel [100] zwar in der darauf senkrecht stehenden [010]-Richtung eine Querkontraktion, aber in der ebenfalls senkrecht stehenden [001]-Richtung eine geringe Querdilatation ergibt [*48*].

Tabelle 41. *Elastizität von α-Uran [48, 47]*

Richtung	Elastizitätsmodul in 10³ kp/mm²	Kompressibilität in 10^{-6} cm²/kp	POISSONsche Zahl
[100]	20,72	0,372	$\mu_{12} = +0{,}243$ $\mu_{13} = -0{,}017$
[010]	15,05	0,286	$\mu_{21} = +0{,}177$ $\mu_{23} = +0{,}390$
[001]	21,14	0,221	$\mu_{31} = -0{,}017$ $\mu_{32} = +0{,}548$

Eine anschauliche Darstellung der Orientierungsabhängigkeit des Elastizitätsmoduls gibt Abb. 155 mit Hilfe eines Elastizitätsmodulkörpers. Das Minimum des Elastizitätsmoduls von 15000 kp/mm² liegt in der [010]-Richtung, das Maximum von 29400 kp/mm² in einer Richtung, welche in der (100)-Ebene liegt und 38°30′ mit der [001]-Richtung einschließt [*48*].

Für den regellosen Vielkristall würde sich auf Grund eines Mittelungsverfahrens, das sich im Falle kubischer Kristalle gut bewährt hat[1] [*51*], ein Elastizitätsmodul von 21400 kp/mm² und ein Torsionsmodul von 8960 kp/mm² ergeben.

Durch Wahl geeigneter Mittel für die Ankoppelung eines Ultraschallsenders an den Probenkristall und entsprechende Anpassung der Versuchstechnik gelang es, die Ausbreitungsgeschwindigkeit longitudinaler Wellen im weiten Temperaturbereich von -190 bis $+300$ °C zu bestimmen, wodurch die Ermittlung der Temperaturabhängigkeit der Moduln c_{11}, c_{22} und c_{33} in diesem Bereich möglich wurde. Während c_{22} und c_{33} den erwarteten Anstieg mit fallender Temperatur zeigen, ergibt c_{11} ein Maximum bei etwa -20 °C, dem ein steiler Abfall bei weiterer Temperaturerniedrigung folgt. Bis zu -20 °C herab zeigt auch c_{11} den üblichen Anstieg mit fallender Temperatur [*48*].

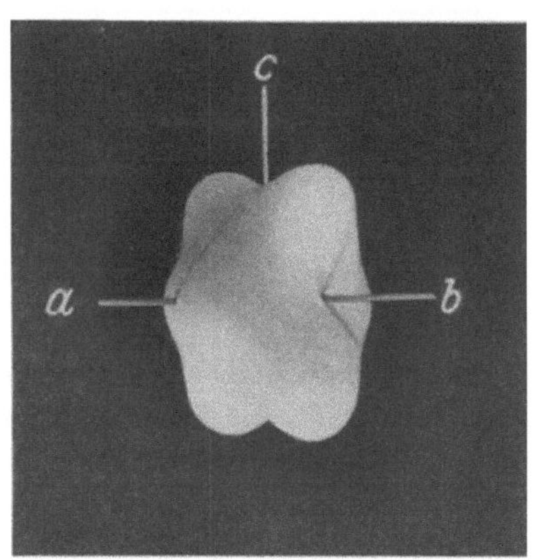

Abb. 155. Elastizitätsmodulkörper von α-Uran

Uran ist ein schlechter Leiter der Elektrizität, sein *spezifischer Widerstand* ist etwa 20mal so groß wie der von Kupfer. Für eine regellos orientierte vielkristalline Probe wird ein Wert von etwa $30 \cdot 10^{-6}$ Ωcm angegeben. Der Temperaturkoeffizient des Widerstands ist positiv, er nimmt von etwa $2{,}4 \cdot 10^{-3}$/°C bei 0 °C auf $0{,}51 \cdot 10^{-3}$/°C bei 600 °C ab. Bei Durchschreiten der α-β-Umwandlung sinkt der Widerstand unstetig um einige Prozent. Auch im β-Gebiet liegt ein positiver Temperaturkoeffizient, etwa $0{,}18 \cdot 10^{-3}$/°C, vor. Durchschreitung der β-γ-Umwandlung führt erneut zu einem unstetigen geringen Widerstandsabfall. Auch im γ-Zustand ist der Temperaturkoeffizient positiv; er beträgt etwa $0{,}43 \cdot 10^{-3}$/°C [*52, 53*]. Übergang zu extrem tiefen Temperaturen ergab das Auftreten von Supraleitung bei 0,68 °K. Der Übergang erfolgt nicht scharf, sondern in einem Temperaturgebiet von etwa 0,45 °K Breite [*54*].

Entsprechend der niedrigen Symmetrie des α-Urangitters ist anisotropes Verhalten des Widerstands zu erwarten. An kleinen Kristall-

[1] Das Verfahren besteht darin, die in [*49*] angegebene Mittelbildung (stetiger Übergang der Verrückungen und ihrer Ableitungen, der Deformationen, an den Korngrenzen) mit dem Mittelungsverfahren nach [*50*] (gleicher Spannungszustand in allen Körnern) mit je gleichem Gewicht zu kombinieren. Im vorliegenden Fall des Urans führen beide Mittelungen praktisch zu den gleichen Ergebnissen.

proben parallel den drei kristallographischen Achsen wurden die in Tab. 42 verzeichneten Werte erhalten. Die hohen Fehlergrenzen rühren von der Ungenauigkeit der Querschnittsmessung der kleinen Proben her. In der [100]-Richtung liegt deutlich ein Maximum des Widerstands vor. Mitaufgenommen in die Tabelle ist auch das Restwiderstandsverhältnis $\varrho_{4,2°K}/\varrho_{273°K}$ [55].

Tabelle 42. *Orientierungsabhängigkeit des spezifischen Widerstands von α-Uran* [55, 47]

Richtung	$\varrho_{273°K}$ in 10^{-6} Ω cm	$\varrho_{4,2°K}/\varrho_{273°K}$
[100]	39,4 ± 10%	$3,39 \cdot 10^{-2}$
[010]	25,5 ± 5%	$4,26 \cdot 10^{-2}$
[001]	26,2 ± 10%	$4,45 \cdot 10^{-2}$

Die *Wärmeleitfähigkeit* des Urans spielt für seine Verwendung im Reaktor deshalb eine wichtige Rolle, weil die Belastbarkeit der Brennstoffelemente durch die Güte der Wärmeableitung mitbestimmt wird. Untersuchungen über die Anisotropie des Wärmeleitvermögens liegen wegen der Schwierigkeit der Beschaffung geeigneter Einkristalle noch nicht vor. Die bisherigen Bestimmungen beziehen sich auf vielkristallines Material, häufig auch auf aus dem β-Gebiet abgeschreckte Stangen. Verschiedene Vorgeschichte, Unterschiede im Reinheitsgrad und in der Verteilung der Beimengungen bedingen nicht unerhebliche Streuungen in den Ergebnissen der verschiedenen Meßreihen. Eine als typisch anzusehende Darstellung der Wärmeleitfähigkeit im breiten Temperaturbereich von – 253 bis 900 °C gibt Abb. 156. Die Absolutwerte steigen von etwa 0,02 cal/sek cm °C bei der tiefsten Temperatur bis auf 0,13 cal/sek cm °C bei 900 °C [56]. Auffälligerweise wird Fehlen von Unstetigkeit sowohl für die Durchschreitung der Umwandlung α–β, als auch für den Übergang in die γ-Phase angegeben [57].

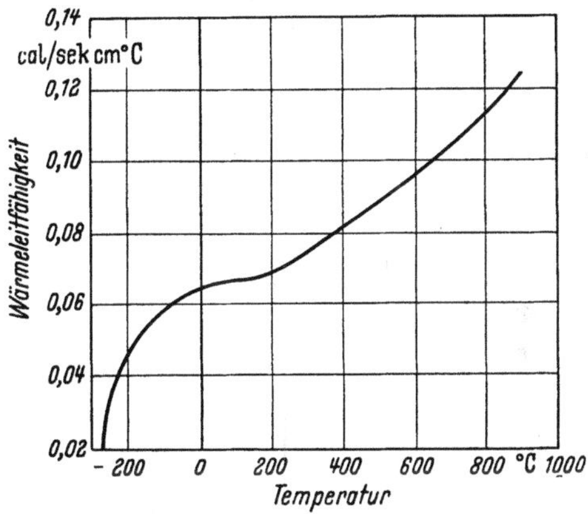

Abb. 156. Temperaturabhängigkeit der Wärmeleitfähigkeit von Uran [56]

Für Elektronenleiter gilt das WIEDEMANN-FRANZ-LORENZsche Gesetz, welches besagt, daß das Verhältnis von Wärmeleitfähigkeit zu elektrischer Leitfähigkeit proportional der absoluten Temperatur ist. Für den Proportionalitätsfaktor ergibt sich theoretisch der Wert $2,45 \cdot 10^{-8}$ $(V/°C)^2$. Tab. 43 gibt die experimentell gefundenen Werte. Man erkennt, daß bei der tiefsten Temperatur der theoretische Wert unterschritten, oberhalb 60 °K dagegen überschritten wird [53]. Diese Überschreitung wird als ein zusätzlicher Beitrag von Gitterleitung (Diffusion) zur Elektronenleitung angesehen [*58*].

Von *magnetischen Eigenschaften* des Urans liegen einzelne Messungen über die magnetische Suszeptibilität, den galvanomagnetischen THOMSON-Effekt und den HALL-Effekt vor. Uran ist schwach paramagnetisch, seine Suszeptibilität steigt im α-Uran von Raumtemperatur bis zum Umwandlungspunkt in die β-Phase von $1{,}66 \cdot 10^{-6}$ emE/g bis etwa $1{,}92 \cdot 10^{-6}$ emE/g an. Für die β-Phase wird ein von der Temperatur unabhängiger Wert von $2{,}05 \cdot 10^{-6}$ emE/g angegeben. Umwandlung in die γ-Phase führt wieder zu einem sprunghaften Anstieg auf $2{,}10 \cdot 10^{-6}$ emE/g und dann zu allmählichem Weiteranstieg mit steigender Temperatur [*59*]. Das untersuchte Material dürfte sehr frei von ferromagnetischen Beimengungen gewesen sein, da andere Bestimmungen etwas höhere Werte erbrachten [*60*]. Mit besonders reinem Material ($<$ 50 ppm Fe und $<$ 20 ppm Si) konnten in der Tat die eben genannten Werte bestätigt werden [*61*].

Tabelle 43. *Wiedemann-Franz-Lorenzsche Zahl von Uran [53, 57]*

Phase	Temperatur in °K	WIEDEMANN-FRANZ-LORENZ-Zahl in 10^{-8} (V/°C)^2
α-U	20	2,34
	60	2,46
	100	2,75
	140	2,88
	180	2,88
	220	2,82
	260	2,73
	300	2,67
	300– 940	2,7
β-U	940–1048	2,29
γ-U	1048–1405	2,15

Von den galvanomagnetischen Effekten sei zunächst erwähnt, daß an den Urankristallen, die zur Widerstandsmessung in den drei Achsenrichtungen herangezogen worden waren, weitere Versuche durchgeführt wurden, die Widerstandsänderung durch ein transversales Magnetfeld betreffend (THOMSON-Effekt). Die Ergebnisse zeigen deutlich den anisotropen Charakter des Widerstands; je nachdem, ob bei den Kristallstäbchen parallel [100] das magnetische Feld parallel [001] oder parallel [010] angelegt wurde, ergaben sich verschiedene, mit steigendem Magnetfeld wachsende Widerstandsunterschiede. Völlig analoge Ergebnisse brachten Widerstandsbestimmungen in den [010]- und [001]-Stäbchen mit transversalem Feld. Die geringsten Widerstandsanstiege und geringsten Unterschiede je nach Orientierung des transversalen Feldes zeigte das [100]-Stäbchen, das (vgl. Tab. 42) durch ein Maximum des spezifischen Widerstands ausgezeichnet ist [*55, 62*].

Die durch ein transversales Magnetfeld im stromdurchflossenen Leiter abgelenkten Ladungsträger müssen zu einer Transversalspannung führen (HALL-Effekt). Untersuchungen wurden an Blechstreifen im Temperaturbereich von 1,2 bis 570 °K ausgeführt [*55, 63, 64*]. Für Raumtemperatur ergibt sich eine HALL-Konstante von $+3{,}9 \cdot 10^{-5}$ cm^3/Coul.

Das positive Vorzeichen bedeutet, daß die Ladungsträger ebenfalls positives Vorzeichen haben, d.h. vorwiegend Löcherleitung vorhanden ist. Aus Widerstand und HALL-Konstante wurde eine Konzentration der Defektelektronen von 3,7 je Atom berechnet [*63*]. Mit steigender Temperatur ändert sich die HALL-Konstante nicht. Auffällig ist ein im Bereich tiefer Temperaturen erfolgender starker Abfall auf weniger als die Hälfte, dessen Natur noch nicht geklärt ist [*55*].

Untersuchungen über die *Selbstdiffusion* von Uran liegen sowohl für die β- als auch für die γ-Phase vor. Zur Durchführung der Messung wurden auf die zu untersuchenden Proben dünne Schichten eines bestimmten Uranisotops, U^{233} oder U^{234}, aufgebracht, der Verbundkörper der gewünschten Glühbehandlung unterworfen und nachher nach entsprechender Abtragung die für das aufgebrachte Isotop charakteristische α-Strahlung verfolgt. Für die β-Phase ergab sich dabei im Bereich von 700 bis 755 °C ein steigender Diffusionskoeffizient von $D = 5{,}1 \cdot 10^{-12}$ bis auf $16 \cdot 10^{-12}$ cm²/sek. Die aus der linearen Abhängigkeit von log D von 1/T berechnete Aktivierungswärme beträgt 22 kcal/gAtom [*65*]. Auf die Selbstdiffusion im γ-Uran bezieht sich Tab. 44, welche die Diffusionskoeffizienten aus verschiedenen Meßreihen für den Temperaturbereich von 800 bis 1050 °C enthält und befriedigende Übereinstimmung der Resultate der verschiedenen Stellen erkennen läßt. Für die Aktivierungswärmen ergaben sich aus den drei Meßreihen 26,6, 21,0 und 27,5 kcal/gAtom [*66*, *67*].

Tabelle 44. *Diffusionskoeffizient von γ-Uran*

Temperatur in °C	D in 10^{-8} cm²/sek (a)	(b)	(c)
800	0,48	0,9	0,5
850	—	—	0,77
900	1,17	2,0	1,4
950	—	—	2,2
1000	2,8	4,0	3,2
1040	—	—	5,1
1050	4,5	—	—

(a) nach [*66*] (U^{233}, Szintillationszähler); (b) nach [*66*] (U^{233}, Autoradiographie); (c) nach [*67*] (U^{234}, Ionisationskammer).

Untersuchungen des *thermoelektrischen Verhaltens* ergaben, daß Uran gegenüber Platin und Kupfer thermoelektrisch positiv ist. Die an sehr reinem Material bestimmte, absolute thermoelektrische Kraft ergab einen Anstieg von etwa 1,7 μV/°C bei 50 °K bis auf etwa 7,0 μV/°C bei 273 °K [*53*]. Beim Umwandlungspunkt in die β-Phase wird ein Wert von etwa 38 μV/°C erreicht. Übergang in die β-Phase scheint keine Unstetigkeit, Übergang in die γ-Phase einen geringen unstetigen Abfall zu bedingen [*68*].

Zum Abschluß seien noch für die *Austrittarbeit* der Elektronen ermittelte Werte angegeben. Für die thermische Emission entgasten Metalls werden Werte von 3,27 bis 3,47 eV gefunden, für die photoelektrische Emission 3,63 eV. Ebenso wie bei zahlreichen anderen Metallen fallen die für thermische und für photoelektrische Emissionen gültigen Schwellenwerte nicht völlig zusammen (zit. nach [*34*]).

1.4 Plastizität von Einkristallen. Die wichtigsten Verformungsmechanismen für Uran sind, wie allgemein für Metalle, Translation und Bildung von Deformationszwillingen. Für α-Uran wurden Untersuchungen zur Kennzeichnung dieser beiden Verformungsverfahren an grobkörnigem Ausgangsmaterial und an isolierten Einkristallen ausgeführt.

Für die Herstellung von großen α-Uran-Einkristallen stehen mehrere Verfahren zur Verfügung. Einmal ist es die Methode der Ausnützung der Phasenumwandlung $\beta \longrightarrow \alpha$, zweitens Rekristallisation nach kritischer Reckung und drittens Sammelkristallisation. Eine gute Übersicht über diese Verfahren wird in [*34*] gegeben.

Bei der Methode geregelter Phasenumwandlung wird vom β-Zustand ausgegangen und ein möglichst steiler Temperaturgradient an die Probe gelegt, damit gleichzeitig nur ein sehr kleines Volumen sich umwandelt, die Keimbildung also sehr beschränkt erfolgt. Das Ergebnis dieser Methode ist im allgemeinen nicht ein Einkristall, sondern ein Stapelkristall, der aus langen gerichteten α-Kristallen aufgebaut ist, zwischen denen geringe Orientierungsunterschiede (Größenordnung 1° zwischen zwei Nachbarkörnern) bestehen. Weit voneinander entfernte Kristalle können sich in ihrer Orientierung allerdings bis etwa um 15° unterscheiden. Wenn auf diese Weise auch nur unvollkommene Proben entstehen, so können mit ihnen doch erfolgreich Untersuchungen über Orientierungsabhängigkeit verschiedener physikalischer Eigenschaften (spezifischer Widerstand, Wärmeleitfähigkeit) und andere Vorgänge, wie Diffusion von Spaltprodukten, Strahlenschädigung usw. durchgeführt werden [*69, 70*].

Für den Erfolg des Verfahrens der Rekristallisation nach kritischer Reckung sind dieselben Voraussetzungen erforderlich, die auch für die Kristallzüchtung anderer Kristalle mit Hilfe dieses Verfahrens erfüllt sein müssen. Für den Fall des Urans kommen zusätzlich einige Bedingungen hinzu. Die allgemeinen Bedingungen sind relative Reinheit des Materials, feinkörniges und gleichmäßiges Ausgangskorn, kritischer Kaltreckgrad und entsprechende Rekristallisationsglühung. Der kritische Reckgrad für Uran liegt mit etwa 1% niedriger als bei anderen Metallen. Er vermeidet allzustarke Bildung von Deformationszwillingen, die Keimstellen für die Rekristallisation darstellen. Zur Vermeidung des Auftretens thermischer Spannungen zufolge der anisotropen Ausdehnung von Uran ist es zweckmäßig von Proben mit einer Vorzugsorientierung auszugehen: sei es von Material mit Rekristallisationstextur nach starker Kaltreckung, sei es von Stapelkristallen, wie sie durch die eben beschriebene Methode der Phasenumwandlung erhalten werden. Als besonders geeignet ist bandförmiges Ausgangsmaterial mit ausgeprägter Textur anzusehen, da hierbei auch der in der Fasertextur gezogener oder gewalzter Drähte noch vorhandene eine Freiheitsgrad fehlt. Wenn auch mit dieser Methode bisher nicht sehr große Kristalle erhalten worden sind, so ist doch ihre Vollkommenheit besonders gut [*69*, *70*, *71*, *72*].

Das Verfahren der Sammelkristallisation geht auch von Proben geregelter Textur aus, in denen durch Anlassen auf hohe Temperaturen nur wenige Körner zum Wachsen gebracht werden. Diese Beschränkung des Wachstums wird dadurch erreicht, daß an den Korngrenzen eine Beimengung abgelagert wird, welche die gegenseitige Berührung der Körner und damit das Zusammenwachsen bei hohen Temperaturen im allgemeinen verhindert. An einzelnen Stellen schrumpft jedoch bei der hohen Temperatur die eingelagerte Zwischenphase zusammen und dort tritt lebhaftes Kornwachstum der Grundmasse ein. Erforderlich für das Funktionieren des Verfahrens ist, daß von reinem Ausgangsmaterial ausgegangen wird, z.B. von vakuumgeschmolzenem Elektrolyturan, das durch Warmwalzen auf die gewünschte Form (Stäbe von etwa 10 mm Durchmesser) gebracht wird. Wichtig ist nun die Einlagerung der eben erwähnten Beimengung. Es hat sich hierfür Silizium als geeignet erwiesen, das entweder durch Glühen der Uranproben in evakuierten Vycor-Glaskapseln, aus denen Silizium durch Abdampfen befreit wird, erfolgt oder durch Erhitzen der Proben in siliziumhaltigen NaK-Schmelzen. Durch geeignete Behandlung wird das Eindiffundieren des Siliziums in die Proben durchgeführt, die sodann von Temperaturen zwischen 800 und 1000° C abgeschreckt werden. Nun erfolgt die Erzeugung des erforderlichen feinkörnigen Ausgangsgefüges geregelter Textur. Dies geschieht durch stufenweises Abwalzen der Stäbe mit eingeschalteten Zwischenglühungen. Schließlich erfolgt das Kornwachstum durch eine zweistufige Anlaßbehandlung, wobei die Proben zunächst in einem Ofen mit einem Temperaturgradienten von 20 °C/cm im Temperaturbereich von 600 bis 650 °C erhitzt werden. Anschließend erfolgt die Schlußglühung bei 665 °C durch 48 Stunden. Auf diese Weise werden in der Mehrzahl der Fälle große, den ganzen Querschnitt der Probe einnehmende Kristalle von 1 bis 2 cm Länge erhalten [*73*].

Große β-Kristalle wurden ebenfalls nach dem Verfahren geregelter Phasenumwandlung hergestellt. Um die Möglichkeit zu gewinnen, die Kristalle durch Abschrecken bei Raumtemperatur metastabil zu erhalten, wird zweckmäßig ein kleiner (0,3 bis 1,0 At.-%) Chromzuschlag gegeben. Drähte einer solchen Uran-Chrom-Legierung werden vertikal in einen Ofen gebracht, der eine heiße, über der β-γ-Umwandlung liegende Zone (850 °C) und eine im β-Gebiet liegende Temperaturzone (700 °C) enthält. Die zunächst in den γ-Zustand übergeführte Uranprobe wird langsam in die kältere Zone des Ofens bewegt und sodann der gebildete β-Kristall durch Abschrecken auf Raumtemperatur gebracht. Der Querschnitt der

Drähte darf 4 bis 5 mm nicht übersteigen, um ausreichende Abschreckgeschwindigkeiten zu verbürgen [*74*].

Zur kristallographischen Kennzeichnung der Translation ist die Angabe von Translationsfläche und -richtung, zur dynamischen Kennzeichnung die der kritischen Schubspannung des Translationssystems erforderlich. Wenn es gelingt parallelepipedische Proben zu untersuchen, so führt die Vermessung der auftretenden Verformungsstreifen bei Kenntnis der Orientierung des Kristalls zur Erkennung der Gleitebene für Translation und Zwillingsbildung. Steht nur *eine* Schnittfläche des Kristalls (Probenoberfläche in einer grobkörnigen Probe) zur Verfügung, so kann auf folgende Weise die kristallographische Natur der die Deformationsstreifung bedingenden Ebene erkannt werden. Man bestimmt durch LAUE-Reflexionsaufnahmen die Orientierung der einzelnen Körner in bezug auf die Probenoberfläche, deren Lot als Mittelpunkt einer stereographischen Darstellung benutzt wird. Weiterhin wird in diese stereographische Darstellung die Lage der Streifung eingezeichnet als gerade Linie durch den Mittelpunkt. Der kristallographische Pol der die Streifung verursachenden Netzebene liegt auf dem Größtkreis, der in der stereographischen Projektion als der senkrechte Durchmesser zur Lage der Streifung erscheint. Durch Vermessung einer größeren Zahl von Streifungen in verschiedenen Körnern gelangt man so, nachdem alle Diagramme in eine Standardorientierung gedreht worden sind, zum Pol der Gleitfläche als Schnittpunkt der verschiedenen Größtkreise. Als Beispiel für dieses Polortungsverfahren gibt Abb. 157 die Ermittlung von Gleitebenen für Translation und Zwillingsbildung und auch für Bildung von Knickbändern in α-Uran [*75*].

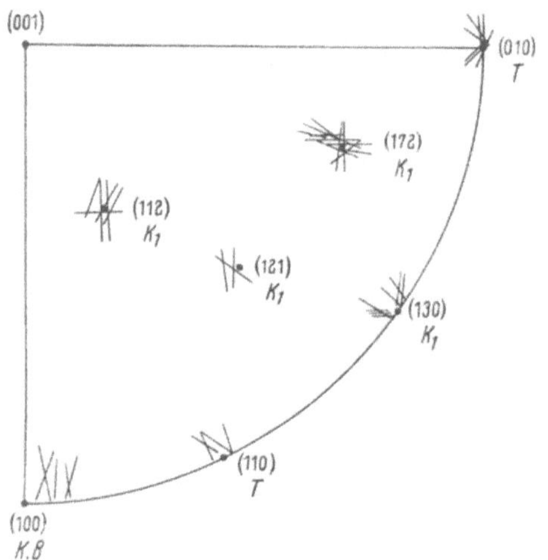

Abb. 157. Polortungsverfahren zur Bestimmung der Gleitebenen für Translation (T), mechanische Zwillingsbildung (K_1) und Knickbänder ($K.\ B$) [*75*]

Die normale Bestimmung der Translationsrichtung als jene Richtung, der sich die Längsachse eines freigedehnten Einkristalls mit zunehmender Dehnung durch Translation nähert, stößt bei Uran auf Schwierigkeiten, da weder ausreichendes Kristallmaterial bisher vorliegt, noch die Verformung auf einfache Translation beschränkt bleibt. Die Translationsrichtung wurde daher auf indirekte Weise aus dem Asterismus von LAUE-

Bildern, aus der Tatsache, daß bei LAUE-Reflexionsaufnahmen die Reflexe der (001)-Fläche im Gegensatz zu denen anderer Flächen kaum Störungen aufweist, erschlossen. Die Richtung [001] liegt in der (010)-Gleitfläche senkrecht zur [100]-Richtung, ist also die Richtung, um die bei [100] als Gleitrichtung die Biegung der Translationsfläche erfolgt. Schließlich ist in Übereinstimmung mit dem allgemeinen Ergebnis an anderen Metallen die [100]-Richtung als dichtest belegte Gitterkante als beste Translationsrichtung zu erwarten.

Tabelle 45. *Translationselemente und kritische Schubspannung für α-Uran* [*77*]

Translations-ebene bei 20 °C	Translations-richtung bei 20 °C	Kritische Schubspannung in kp/mm²	Translations-ebene bei 600 °C	Translations-richtung bei 600 °C	Kritische Schubspannung in kp/mm²
(010)	[100]	0,34	(001)	[100]	0,013
{011}	[100]		(010)	[100]	0,30
{110}	⟨110⟩*		{110}	⟨110⟩	0,43
{110}	[001]**		{021}	⟨112⟩	1,76
{110}	?***		{111}	?	
(001)	[100]				

* nach [*75*], ** nach [*78*], *** nach [*79*].

An isolierten Einkristallen mit zwei aufeinander senkrecht stehenden Begrenzungsflächen wurden in Druckversuchen Translationsstreifungen erzeugt und in einigen Fällen die zur Quetschgrenze gehörige kritische Schubspannung bestimmt [*47, 76, 77*]. Eine Übersicht über die bei Raumtemperatur und bei 600 °C wirksamen Translationssysteme und die zur Zeit als gültig angesehenen Werte der kritischen Schubspannung gibt Tab. 45. Das wichtigste Translationssystem für Raumtemperatur ist (010)/[100] (Abb. 158). Es tritt in Zug- [*79*] und Druckversuchen [*47, 76, 77*] auf. Die kritische Schubspannung liegt in einer Größenordnung, wie sie für die Gleitsysteme reiner Metalle gefunden wird. Translationsrichtung ist die dichtest belegte Gitterkante. Die (010)-Translationsebene ist vielleicht durch den Umstand ausgewählt, daß durch Gleitung entlang dieser Fläche in Richtung der a-Achse die stärksten kovalenten Bindungen nicht zerrissen werden. Relativ häufig wird auch Gleitung nach T = {011} beob-

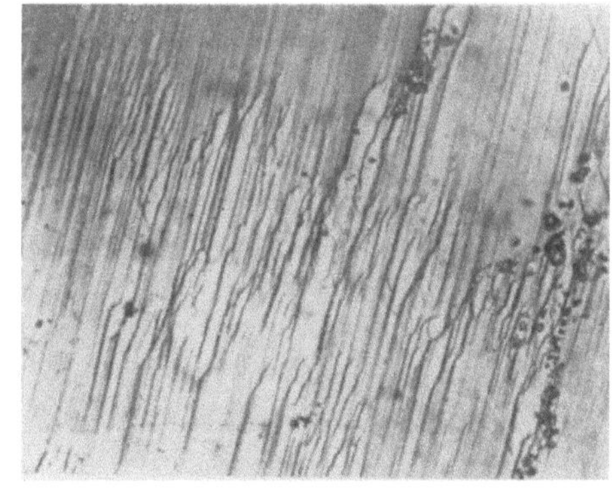

Abb. 158. Urankristall, deformiert durch Translation nach (010)/[100] und gleichzeitiger Quergleitung nach (001)/[100]; $V \sim 100$ [*79*]

achtet. {110}-Gleitung wird mit ⟨110⟩ als Gleitrichtung bei 600 °C mehrfach gefunden [*47*, *77*]. Aber auch bei Raumtemperatur wurde {110} als Translationsfläche beobachtet [*75*, *79*,*78*]. In [*78*] wird angegeben, daß sie auch bei der Stauchung von Einkristallen bei − 192 °C wirksam ist. Während bei der Hochtemperaturgleitung ⟨110⟩ als Gleitrichtung wirkt [*47*, *77*], soll bei der Verformung bei tiefen Temperaturen die Gleitung nach [001] erfolgen [*78*]. Das Gleitsystem (001)/[100] wird nur bei der sogenannten Quergleitung beobachtet, auf die wir gleich zurückkommen. Bei 600 °C weist dieses Gleitsystem die höchste Gleitfähigkeit auf; die kritische Schubspannung beträgt nur 13 p/mm² [*47*, *77*].

Bei der Besprechung des α-Urangitters wurde auf seine Ähnlichkeit mit der hexagonal dichtesten Kugelpackung hingewiesen und schon erwähnt, daß zufolge der Anisotropie der thermischen Ausdehnung diese Ähnlichkeit mit steigender Temperatur zunimmt. Das Gleitsystem (001)/[100] entspricht dem Basisgleitsystem hexagonal dichtest gepackter Kristalle. Sehr viel kleiner als die Temperaturabhängigkeit der kritischen Schubspannung des (001)/[100]-Systems ist die des (010)/[100]-Systems. Ihre Abnahme beträgt hier nur wenig mehr als 10%, ein Betrag, der der geringen Temperaturabhängigkeit der kritischen Schubspannung anderer Metalle entspricht. In einem Fall wurde bei 600 °C auch Translation nach T = {111} beobachtet. Die zugehörige Gleitrichtung konnte nicht ermittelt werden. Die kritische Schubspannung dürfte gleich oder noch höher sein als die für das System {021}/⟨112⟩ [*77*].

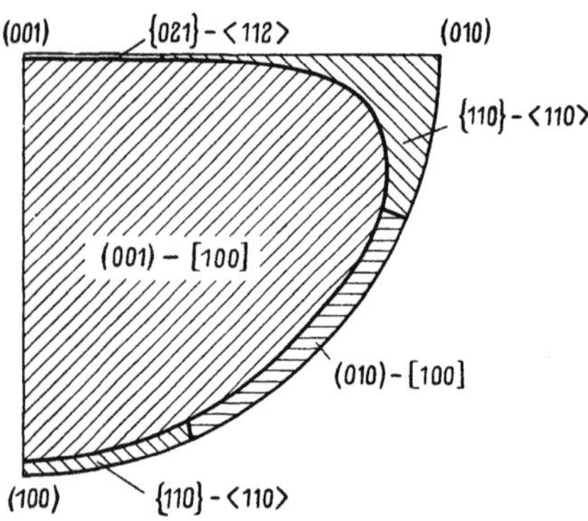

Abb. 159. Translation von α-Uran bei 600 °C: Wirkungsbereich der einzelnen Translationssysteme [*47*, *77*]

Eine Aufteilung des Orientierungsbereichs je nach dem ersten bei Kompression bei 600 °C auf Grund der kritischen Schubspannung ins Spiel kommenden Translationssystem ist in Abb. 159 gegeben.

Sogenannte Quergleitung wurde beobachtet, wenn Kristalle in Richtungen nahezu parallel der (010)-Fläche gestaucht wurden. Zunächst tritt dabei eine allgemeine Aufrauhung der Oberfläche auf, an die sich die Ausbildung einer charakteristischen Streifung anschließt. Diese unregelmäßigen Deformationslinien setzen sich aus Gleitspuren parallel (010) und Quergleitung zusammen. Als wirksame Gleitfläche dieser letzteren wurde die (001)-Ebene ermittelt. Die Gleitrichtung ist in beiden Ebenen dieselbe, nämlich [100]. In Abb. 158 ist zusätzlich Quergleitung erkennbar [*75*, *76*, *79*].

Knickbänder treten auf, wenn die Kompressionsrichtung des Kristalls mit einer Gleitrichtung einen nur kleinen Winkel einschließt. Es entstehen hierdurch lokalisierte Deformationsbereiche, in denen das Gitter um eine Achse gedreht ist, die in der Gleitfläche senkrecht zur Gleitrichtung liegt. Ein Beispiel solcher Knickbänder in Uran ist in Abb. 160 wiedergegeben. Der tragende Verformungsmechanismus ist (010)/[100]-Translation, die Gitterdrehung in Knickband erfolgt um die [001]-Achse [*75*, *76*, *79*].

Abb. 160. Knickbänder in einem α-Urankristall; $V \sim 16$ [*76*]

Die mechanische Zwillingsbildung wird kristallographisch durch Angabe der beiden Kreisschnittsebenen (K_1 und K_2) gegeben. Hieraus folgt unmittelbar der Betrag der Schiebung (s), die kristallographische Natur der Gleitrichtung (η_1) und die der Schnittkante der beiden Kreisschnittsebenen (Gegenrichtung η_2). Die Bestimmung der Gleitfläche, die sich als Begrenzung der Zwillingslamellen in deformierten Kristallen abzeichnet, erfolgt bei Uran nach denselben Methoden, die eben für die Bestimmung der Translationsfläche beschrieben wurden (vgl. Abb. 157). Die Bestimmung der 2. Kreisschnittsebene und damit die von η_1, η_2 und s erfolgt im allgemeinen goniometrisch durch Vermessung der Winkel zwischen den Oberflächen des Mutterkristalls und der Zwillingslamelle. Im Falle des Urans ist dies aus Gründen ungünstiger Oberflächenausbildung (nach elektrolytischer Ätzung) häufig nicht möglich. Hier wurden Symmetriebedingungen des Urangitters herangezogen. Wenn eine Symmetrieebene auf der Zwillingsebene senkrecht steht, muß der Schnitt der beiden Ebenen die Gleitrichtung η_1 sein. Für die zweite Kreisschnittsebene folgt unmittelbar eine Richtung, nämlich die Gegenrichtung η_2. Als weiterer Hinweis für K_2 dient die Tatsache, daß die Schiebungsbeträge meist sehr klein sind, d.h. daß der Winkel zwischen den beiden Kreisschnittsebenen im allgemeinen zumeist größer als 80° ist.

Eine Zusammenstellung der Schiebungselemente von α-Uran nach fallender Bedeutung ist in Tab. 46 gegeben. Die zuerst genannte Zwillingsgleitung ist durch Rationalität aller Elemente ausgezeichnet. In den vier übrigen Fällen ist entweder K_1 und η_2 oder K_2 und η_1 rational, die übrigen Elemente sind irrational bzw. durch Elemente mit hohen Indices angenähert. Die {172}-{112}-Zwillingsbildung ist reziprok, d.h. K_1 und K_2 können ihre Bedeutung vertauschen. Ein Beispiel für Druck-

Tabelle 46. *Schiebungselemente von α-Uran*

K_1	K_2	η_1	η_2	s	Literatur
{130}	{110}	⟨310⟩	⟨110⟩	0,299	[*75, 76, 79*]
~{172}*	{112}	⟨312⟩	⟨ ⟩*	0,228	[*75, 76, 79*]
{112}	~{172}*	~⟨372⟩*	⟨312⟩	0,228	[*75, 79*]
~{176}*	{111}	⟨512⟩	⟨ ⟩*	0,216	[*75, 76, 79*]
{121}	{ }*	~⟨321⟩*	⟨311⟩	0,329	[*75, 79*]

* irrational.

zwillinge nach K_1 (130) und (1$\bar{3}$0) ist in Abb. 161 gegeben. Druckzwillinge mit einer irrationalen, durch {176} angenähert dargestellten Zwillingsebene zeigt Abb. 162, welche die beiden Seiten eines parallelepipedischen Kristalls wiedergibt und die außerordentliche Schärfe der Zwillingslamellen erkennen läßt.

Abb. 161. Druckzwillinge nach K_1 = (130) und (1$\bar{3}$0) eines α-Urankristalls; $V \sim 1300$ [*75*]

Die wirkliche Bewegung der Gitterpunkte bei der Zwillingsbildung entspricht nicht exakt der einfachen Schiebung (vgl. Abb. 14, S. 26). Zur Überführung in die in bezug auf die erste Kreisschnittsebene symmetrische Lage zum Ausgangskristall müssen außer der Verschiebung parallel der Zwillingsebene kleine zusätzliche Bewegungen ausgeführt werden, die sich vektoriell zu der Abschiebung addieren. Als Beispiel gibt Abb. 163 die Bewegung der Gitterpunkte bei der Bildung eines (130)-Zwillings. Die Projektionsebene ist die Ebene der Schiebung (001), die mit ● bezeichneten Punkte liegen 1/4c über, die mit ○ bezeichneten 1/4c unter der Projektionsfläche.

Im Gegensatz zur Translation, bei welcher die Gleitrichtung unpolar ist, ist die Gleitrichtung bei der einfachen Schiebung polar, d.h. daß durch diesen Deformationsmechanismus, bei dem auch der Betrag der Abgleitung vorgegeben ist, nur ganz bestimmte Gestaltsänderungen möglich sind. Ob ein Kristall durch Zwillingsbildung gestaucht oder gedehnt werden kann, hängt daher von der Lage der Verformungsrichtung zum Kristallgitter ab. Wieder für die {130}-Zwillingsbildung sind die Orientierungsbereiche, in denen hierdurch Stauchung bzw. Dehnung eintritt, in Abb. 164 gekennzeichnet. In gewissen Gebieten ist nur Dehnung, in anderen nur Stauchung und in einem dritten schließlich nach (130) Dehnung und nach (1$\bar{3}$0) Stauchung möglich. Für analoge Orientierungsbetrachtungen für die übrigen Zwillingsgleitungen vgl. [*76, 79*]. Zwillingsbildung führt, im Gegensatz zur Translation, stets nur zu sehr geringem Ausmaß der Verformung. Die {130}-Zwillingslamellen können beispielsweise nur eine maximale Dehnung um 16% bzw. eine maximale Stauchung um 14% aufweisen[1].

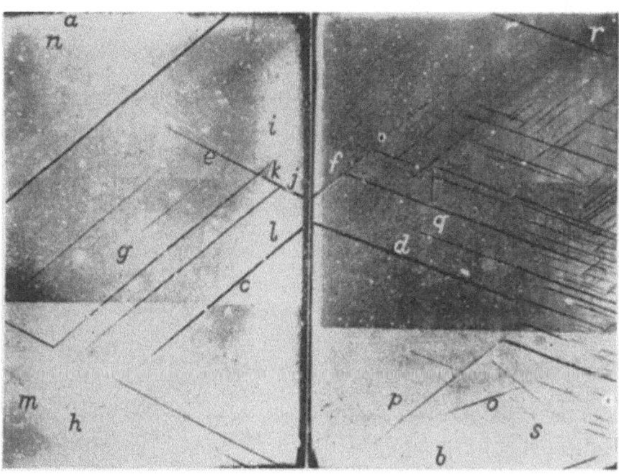

Abb. 162. Druckzwillinge nach einer irrationalen Gleitebene ~{176} in einem α-Urankristall; $V \sim 20$ [76]

Mit fallender Temperatur tritt die Zwillingsbildung von Uran gegenüber der Translation immer mehr in den Vordergrund. Vielleicht hängt dies mit dem Umstand zusammen, daß bei der Zwillingsgleitung, wegen der Kleinheit der Gleitbeträge, kovalente Bindungen, die bei niedrigen Temperaturen besonders ausgeprägt sind, nicht zerrissen werden.

In Abb. 165 ist schließlich eine für Raumtemperatur gültige Übersicht über die Verformungsmechanismen gegeben, die sich in verschiedenen Orientierungsgebieten bei der Stauchung von α-Uran betätigen. Eine analoge Darstellung für Dehnung würde sich hinsichtlich der Translation nicht von der Darstellung in Abb. 165 unterscheiden, wohl aber, zufolge der gerichteten Verformung durch Zwillingsbildung, hinsichtlich der Bereiche für diese.

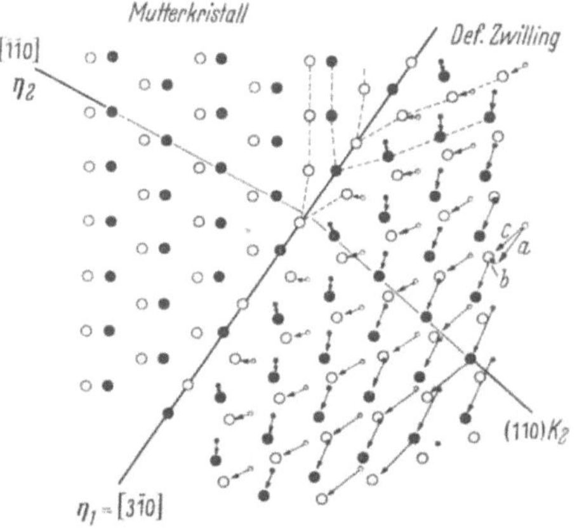

Abb. 163. Atombewegung bei (130)-Zwillingsbildung in α-Uran [34] (die eingezeichneten Pfeile geben die Resultierende aus Schiebung und zusätzlicher Bewegung)

[1] Für die Berechnung dieser Werte vgl. Formeln (II, 6a u. b) und [80].

Die β-Phase des Urans galt lange Zeit hindurch als völlig spröde. Durch die Herstellung einzelner Kristalle (mit 0,5 bis 1,5% Chromzusätzen gelang es, drahtförmige Kristalle der β-Phase zumindestens für einige Stunden bei Raumtemperatur zu bewahren) konnte nachgewiesen

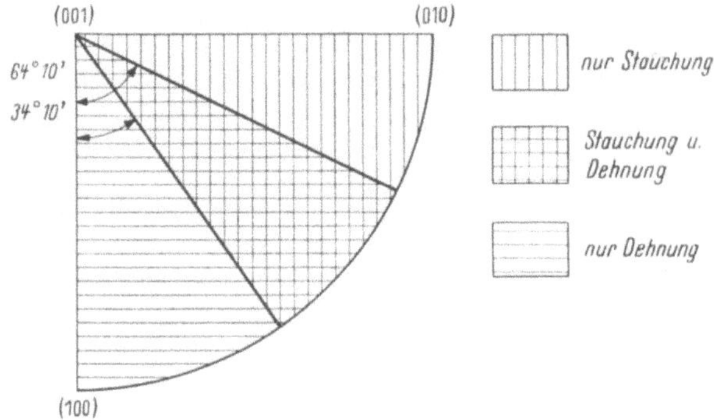

Abb. 164. Orientierungsbereich für Dehnung und Stauchung durch Zwillingsbildung nach $K_1 = \{130\}$ in α-Uran

werden, daß Translation nach einer {110}-Ebene in der [001]-Richtung auftritt, d.h. daß zwei gleichwertige Gleitmöglichkeiten vorliegen [*74*]. Sofern keine weiteren Translationssysteme existieren, folgt, daß es von der Orientierung der Beanspruchungsrichtung zum Kristall abhängt,

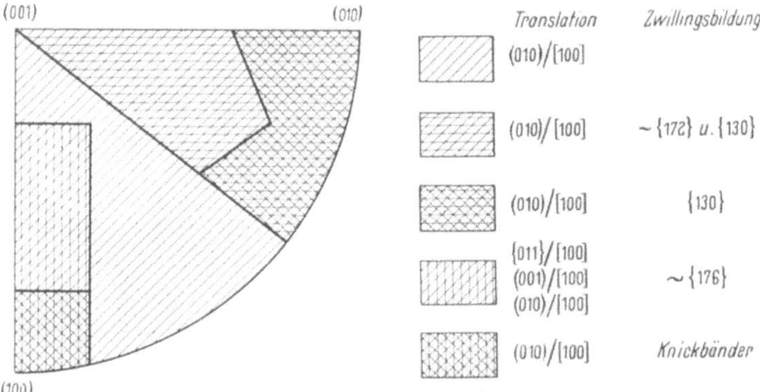

Abb. 165. Orientierungsbereich für Translation und Zwillingsbildung bei der Stauchung von α-Urankristallen bei Raumtemperatur [*76*]

ob Plastizität vorhanden ist. In Richtung parallel zur tetragonalen Achse und parallel zu digonalen Nebenachsen II. Art liegt Sprödigkeit vor, da hier keine Schubspannungskomponente im Gleitsystem auftritt. Das angegebene Translationssystem entspricht im übrigen einem wichtigen Gleitsystem des ebenfalls tetragonalen weißen Zinns. Ob bei höheren

Temperaturen noch weitere Gleitsysteme hinzukommen, konnte noch nicht geprüft werden. Theoretische Überlegungen zur Plastizität des β-Urans finden sich in [*81*]. Es wird gezeigt, daß die Struktur einen Gleitprozeß mit den angegebenen Gleitelementen ermöglicht, wobei eine dünne Zwischenschicht zwischen den gleitenden Teilen die strukturelle Kontinuität während des Gleitens aufrechthält.

Hinsichtlich der Verformung des γ-Urans ist zu erwarten, daß sie der der übrigen kubisch-raumzentrierten Metalle entspricht.

1.5 Schmelzen und Gießen. Das Schmelzen und Gießen des Urans bietet wegen der hohen Reaktionsfreudigkeit des Metalls mit der Atmosphäre und mit der Mehrzahl der Tiegelmaterialien zahlreiche Schwierigkeiten. Der Einfluß der Atmosphäre wird durch Schmelzen im Vakuum, in inerten Gasen oder unter Salzdecke ausgeschaltet, die Wahl des Tiegelmaterials wird durch die Reinheit des Einsatzes (Höhe der zulässigen Beimengungen) bestimmt.

Flußspat und Urandioxyd reagieren mit Uran nicht bis etwa 1700 °C. Beide Stoffe kommen aber als Tiegelmaterial nicht in Frage; CaF wird bei den hohen Temperaturen zu weich, beim UO_2 verhindert Sprödigkeit und schlechte Wärmeleitfähigkeit seine Verwendung. Gut brauchbar sind Berylliumoxyd, Zirkoniumoxyd, Thoriumoxyd, Graphit und mit Thoriumoxyd ausgekleidetes Alundum (künstl. Korund). Besonders die beiden letztgenannten Materialien werden in großem Umfang benutzt. In Graphittiegeln bildet sich zwar Urankarbid, die Reaktion ist aber unterhalb 1600 °C träge und der in das Uran einwandernde Kohlenstoff (einige Hundert ppm) scheint für die weitere Verwendung des Urans im Reaktor nicht bedenklich (vgl. S. 192).

Als Formmaterial wird ebenfalls in ausgedehntem Maß Graphit benutzt, neuerdings haben sich aber auch wassergekühlte Kupferkokillen ohne jegliche Auskleidung vorzüglich bewährt. Die in solchen Kokillen erhaltenen Gußkörper sind durch ein feinerkörniges Gefüge vor den in Graphit vergossenen ausgezeichnet. Auch Stahlformen aus nahtlosen Rohren hergestellt haben sich für den Guß von Stäben bewährt. Um die Innenseite der Kokillen vom Metall zu isolieren wird eine Schicht von Benzinruß aufgebracht. Auch mit Tonerde ausgekleidete Stahlformen werden verwendet. Keramische oder mit keramischem Material ausgekleidete Formen müssen genügend erhitzt sein, um jegliche Spur von Wasser mit Sicherheit auszuschließen. Formentemperaturen von mindestens 700 °C werden hierfür benutzt. Die Gießtemperatur der entgasten Schmelze hängt von der Größe des Gußstücks ab; sie liegt in der Gegend von 1320 bis 1340 °C.

Die wichtigste Ofenform für das Vergießen von Uran ist der Vakuuminduktionsofen; vielfach wird aber auch Lichtbogenschmelzung vorgenommen. Schematisch ist ein Vakuuminduktionsofen zum Schmelzen und Gießen in Abb. 166 dargestellt. Unmittelbar unter dem induktionsgeheizten Tiegel befindet sich die Form, in die das geschmolzene Metall in fallendem Guß, möglichst unter Vermeidung von Turbulenz, eingefüllt wird. Zur Einleitung dieses Gusses wird ein Ventil geöffnet, das zunächst eine am Boden des Tiegels befindliche Öffnung verschließt. Außer diesem in der Regel verwendeten fallenden Guß wird auch Kippguß benutzt. Ausreichende Entgasung wird durch Eintritt völliger Beruhigung der Schmelzoberfläche festgestellt. Zur Entgasung sind, je nach Größe des Tiegeleinsatzes, Pumpzeiten von 20 Minuten bis zu 2 bis 3 Stunden erforderlich. Die Höhe des erreichten Vakuums hängt von dem benutzten Pumpenaggregat ab; sie soll bis 10^{-6} Torr vorangetrieben werden. Zur Vermeidung jeglichen Kontakts der Metallschmelze mit Wasser im Falle eines Undichtwerdens einer Kühlwicklung wird die Induktionsspule des öfteren statt mit Wasser mit Preßluft gekühlt, gegebenenfalls überhaupt nicht zusätzlich gekühlt. Als Beispiel für elektrische Betriebsbedingungen seien folgende genannt: 15 kW Leistung bei 10 kHz Frequenz bis 170 kW bei etwa 1 kHz. Ofeneinsätze von 1 bis 1800 kg können mit derartigen Aggregaten geschmolzen werden. Für eingehende Darstellung vergleiche neben den bereits zitierten Zusammenfassungen auch [*82*, *83*].

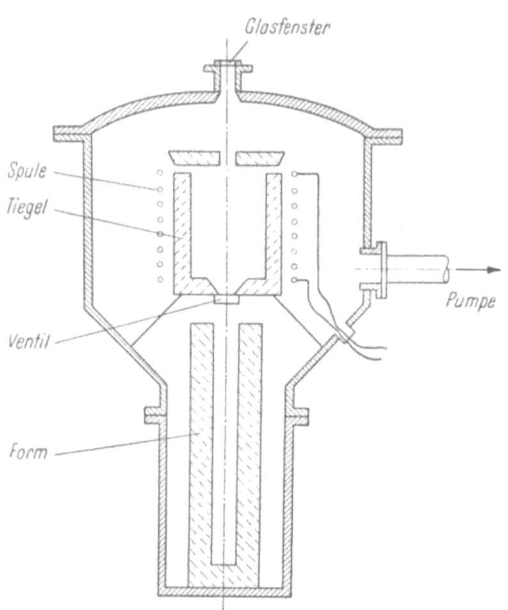

Abb. 166. Schnitt durch einen Vakuuminduktionsofen [*82*]

Das gute Fließvermögen und die hohe Dichte der Uranschmelze begünstigen die Erzielung dichten Gusses. Bei Bemessung der Kokillen ist auf die Schrumpfung der Gußstücke Rücksicht zu nehmen, die in der Länge 2,2%, im Durchmesser 1,8% beträgt. Die Gefügeausbildung im Gußstück hängt von den üblichen, die Wärmeabfuhr beeinflussenden Größen, Abmessung der Gußstücke, Formtemperatur, Wandstärke der Form, Temperaturgradient usw. ab. Zur Erzielung glatter Oberflächen der Gußstücke ist Säuberung der Form nach jedem Guß unerläßlich. Die Fehler in den Gußstücken sind, wie allgemein in Gußblöcken, Lunker, thermische Spannungen, Einschlüsse, insbesondere von Schlacke, Poren, Falten- und Rißbildung an der Oberfläche. Durch Wahl der Gießbedingungen trachtet man sie nach Möglichkeit gering zu halten. Eine Übersicht über die in Uran beobachteten Einschlüsse auf Grund eingehender Untersuchungen findet sich in [*84*]. Insbesondere wird darauf hingewiesen, daß wegen der isomorphen Struktur (Steinsalztyp) von UO, UN und UC und der nahezu gleichen Gitterkonstanten im allgemeinen in den Einschlüssen eine Komplexverbindung von Uran mit Sauerstoff, Stickstoff und Kohlenstoff vorliegt. Je nach der Zusammensetzung und der thermischen Vorgeschichte des Metalls kann darin eine der Komponenten vorherrschen.

Vakuumlichtbogenöfen oder solche mit Argonfüllung werden sowohl mit Fremdmetallelektroden (Wolfram) als auch mit Abschmelzelektroden verwendet. Die Öfen mit Metallelektrode eignen sich gut zur Herstellung kleiner Gußkörper, die Verunreinigung durch die Wolframelektrode ist nur gering. Bei den Öfen mit Abschmelzelektrode wird im allgemeinen im Vakuum gearbeitet, der Metalldampf liefert dabei die Ladungsträger. Die niederzuschmelzende Elektrode wird in die wassergekühlte Form eingeführt und der Lichtbogen zwischen ihr und Uranabfällen, z.B. Drehspänen, am Grunde der Form gezündet. Die Herstellung der Abschmelzelektroden kann durch Induktionsschmelzung oder auf pulvermetallurgischem Wege erfolgen.

Schließlich seien noch zwei weitere Gießverfahren erwähnt. Beim Schleuderguß wird aus einem Vakuuminduktionsofen die Schmelze dem die Gußformen tragenden Rotor zugeführt. Als ein Beispiel für Betriebsbedingungen sei eine Gießtemperatur von 1460 °C, ein Druck von $4{,}10^{-5}$ Torr und eine Umdrehungszahl von 25 je Minute genannt. Dem Prinzip dieses Gießverfahrens entsprechend sind die Gußstücke durch hohe Dichte ausgezeichnet (18,9 g/cm³) [*82*].

Im Bestreben, den Vakuumguß zu ersetzen, sind auch Versuche unternommen worden, Uran an Luft unter Salzschmelzen niederzuschmelzen. Als Schlackendecke wurde $CaCl_2$ oder ein Gemisch von CaF_2 und MgF_2 verwendet. Schwierigkeiten erwachsen diesem Gußverfahren bei der Trennung von Metall und Schlacke.

1.6 Pulvermetallurgie. Die im vorherigen Punkt besprochene Gußherstellung führt einerseits zu Halbzeug, das durch spanlose Formung (Strangpressen, Walzen, Ziehen usw.) oder durch spanabhebende Formung weiter verarbeitet wird, andererseits zu Fertigerzeugnissen. Auch die in diesem Punkt zu besprechenden Verfahren der Pulvermetallurgie liefern sowohl Halbzeug als auch Fertigprodukte.

Das Ziel der Pulvermetallurgie ist es, aus Pulvern von Metallen, Metalloiden oder Metallverbindungen durch Druck und Wärme feste Metallkörper oder keramische Körper zu erzeugen, ohne sie zu schmelzen.

Als allgemeine Vorteile der pulvermetallurgischen Verfahren seien die Möglichkeit der Herstellung von auf anderem Wege nicht erhältlichen Kombinationen (z. B. metallischer Komponenten in Legierungen, oder von Metallen und nichtmetallischen Komponenten), die Herstellung poröser Produkte, die Möglichkeit genaue Maßtoleranzen einzuhalten, der geringe Abfall und die ihm zufolge im allgemeinen erhöhte Wirtschaftlichkeit hervorgehoben.

Für das Beispiel Uran gilt, daß man auf diese Weise Gefüge gewünschter Korngröße (größer 4 μ) erzielen kann, daß man nichtlösliche Materialien in Uran verteilen und umgekehrt Uranverbindungen in Metallen dispergieren kann, daß man Legierungen hoher Homogenität herstellen kann, die auf dem Wege über das Gießen nur schwierig herzustellen sind, daß man Formstücke mit geringstem Materialverlust herstellen kann, was beispielsweise bei Verwendung angereicherten Urans besonders wichtig ist.

a) Uranformstücke. Die wichtigsten Verfahren der pulvermetallurgischen Herstellung von Formstücken sind das Kaltpressen und Sintern, das Heißpressen, das Strangpressen, das Kaltwalzen und Warmwalzen und der Schlickerguß. Für Uran gültige Beschreibungen finden sich außer in den zitierten Zusammenfassungen in [*85, 86, 87*].

Für die Herstellung des Uranpulvers kommen folgende Verfahren in Betracht: Hydrierung von Uran (Drähte, Abfälle) bei 225 °C (maximale Reaktionsgeschwindigkeit) und anschließende Zersetzung des Hydrids bei 400 °C und 5–10 · 10^{-6} Torr, Reduktion von UO_2 mit Ca oder Mg (vgl. S. 193), Reduktion von UCl_4-Dampf mit Na und Elektrolyse von geschmolzenen Uransalzen. Laboratoriumsmäßig wurde auch die Zerteilung von Uran im Lichtbogen unter Überleiten eines inerten Gases erprobt [*88*].

Die Korngröße des überwiegenden Teils des Pulvers liegt bei der Herstellung durch Reduktion von UO_2 mit Ca zwischen 10 und 30 μ, während sie bei Mg-reduziertem Pulver zwischen 5 und 10 μ liegt. Durch Hydrierung von Uranmetall hergestelltes Pulver weist noch kleinere Korngrößen auf. Infolge der großen Affinität des Urans zu Sauerstoff und mit Rücksicht auf die zum Volumen relativ große Oberfläche ist Uranpulver pyrophor. Lagerung und Kaltpressen zu Rohlingen muß daher in Schutzkammern vorgenommen werden, in welchen sich von außen bedienbare hydraulische Pressen in einer Schutzgasatmosphäre (Argon) befinden. Die Pyrophorität hängt außer von der Größe auch von der Gestalt der Pulverteilchen ab. Kugelförmige Teilchen, die bevorzugt entstehen, wenn die Herstellungstemperatur oberhalb des Schmelzpunkts des Urans liegt, sind weniger feuergefährlich als unregelmäßig geformte. Besonders wichtig ist die Gestalt der Teilchen auch für die Formfestigkeit der Rohpreßlinge; sie wird durch unregelmäßige

Form verbessert. In kaltgepreßten und anschließend gesinterten Teilen wirkt sich Kugelgestalt günstig auf die Dichte aus. In warmgepreßten Stücken ist kein deutlicher Einfluß der Gestalt des Ausgangspulverkorns erkennbar. Kalziumreduktion von UO_2 führt zu einem luftbeständigeren Pulver als Hydrierung von massivem Uran. Bei Verwendung von durch Kalziumreduktion hergestelltem Pulver erübrigt es sich, das Kaltpressen der Rohlinge in einer Schutzkammer vorzunehmen [*87*, *89*].

Zum *Kaltpressen* und *Sintern* werden die Pulver mit oder ohne Schmiermittel zu Preßlingen verdichtet. Diese müssen ausreichende Festigkeitseigenschaften für die weitere Verarbeitung haben. Der für das Kaltpressen erforderliche Druck hängt außer von der Plastizität des Preßguts von der Teilchengröße und -gestalt und von den Abmessungen des Formstücks ab.

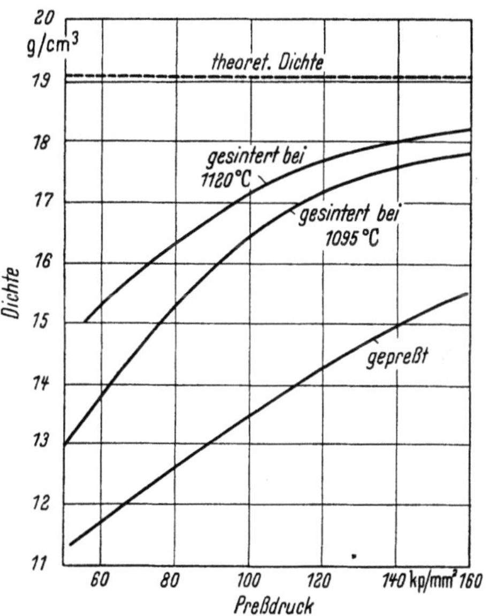

Abb. 167. Dichte rohgepreßter und gesinterter Uranformstücke [*85*]

Ein Beispiel für die Dichte roh gepreßter „grüner" Preßlinge aus durch Hydrierung von Uran gewonnenem Pulver gibt Abb. 167. Die Schüttdichte, welche von der Größenverteilung der Teilchen abhängt, betrug 6 bis 8 g/cm³. Durch einen Druck von etwa 50 kp/mm² werden je nach Gestalt und Abmessungen der Form Dichten des Preßlings von 10 bis 11,5 g/cm³ erreicht. Diese Preßlinge enthalten noch eine große Zahl zusammenhängender Poren und damit eine große innere Oberfläche, so daß die Pyrophorität weiter besteht, wenn auch abgeschwächt gegenüber der des Ausgangspulvers. Auf alle Fälle muß das Pressen und die Handhabung der Preßlinge in Schutzgasatmosphäre erfolgen [*85*].

Für das Sintern der Preßlinge wird am besten Vakuum benutzt, da hierbei der Sauerstoff- und Stickstoffpartialdruck am niedrigsten gehalten werden kann. Abb. 167 enthält zwei Dichtekurven, die sich auf Sinterung der Rohpreßlinge bei 1095 und 1120 °C beziehen. Während der Erhitzung durchschreitet das Uranpulver zwei Umwandlungen. Ob hierdurch die Verdichtung durch das Sintern beeinflußt wird, ist noch nicht geklärt. Die Korngröße steigt durch die Hochtemperatursinterung erheblich an, besonders wenn die Sinterzeiten 4 Stunden überschreiten.

Körner bis zu 1500 μ Durchmesser können gelegentlich entstehen. Die theoretische Dichte wird durch diese Sinterbehandlung noch keineswegs erreicht, auch dann nicht, wenn die Sintertemperatur bis knapp unter den Schmelzpunkt erhöht wird.

Uran verdichtet und sintert bedeutend schlechter als andere Metalle, wie die verschiedenen in Abb. 168 dargestellten Kurven zeigen, die sich auf die Dichtezunahme von Preßlingen bezieht, die mit 78 kp/mm² Druck hergestellt worden waren. Im Gegensatz zu allen Vergleichsmetallen beginnt bei Uran eine starke Verdichtung erst, wenn die Sintertemperatur auf etwa 85% der Schmelztemperatur erhöht worden ist.

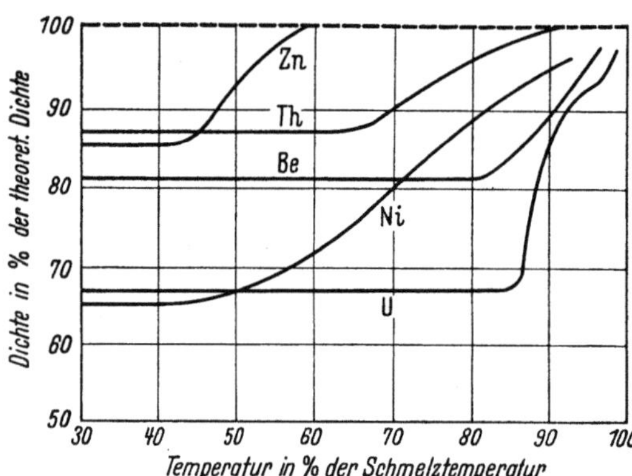

Abb. 168. Dichte von Sinterkörpern verschiedener Metalle als Funktion der Sintertemperatur [85]

Durch Nachpressen wird vielfach versucht in Sintermaterial höhere Verdichtungsgrade zu erzielen. Bei Uran, das nachträglich mit Drucken bis zu 270 kp/mm² gepreßt wurde, werden hierdurch jedoch nur geringfügige Effekte erhalten.

Das durch Kalziumreduktion von UO_2 erhaltene Pulver verhält sich bei der Sinterung der Preßkörper unterschiedlich. Es ergab sich, daß die zur Auslaugung des CaO benützte Säure hierfür verantwortlich ist. Wird mit Salpetersäure gelaugt, so entsteht zumeist ein Pulver, das bei etwa 900 °C zu sintern beginnt und das ohne Vorpressung von einer Ausgangsdichte von 11 g/cm³ nach zweistündiger Sinterung bei 1100 °C Dichten von 18,6 g/cm³ erreicht. Das Sinterprodukt hat eine schwarze Oberfläche. Verschlechterung des Vakuums bei Sinterung von 10^{-4} auf $3 \cdot 10^{-2}$ Torr ändert nichts an diesem Verhalten, auch zweiwöchige Lagerung bei Raumtemperatur an Atmosphäre bringt keinen Einfluß. Röntgenographisch und metallographisch wurde in den Sinterkörpern als hauptsächliche Verunreinigung UO_2 festgestellt. Wird die Laugung mit Essigsäure durchgeführt, so beginnt die Sinterung bereits bei etwa 750 °C einzusetzen. Die Dichten erreichen jedoch nach zweistündiger Sinterung bei 1100 °C nur 18,1 g/cm³, sogar wenn von etwas höheren Schüttdichten ausgegangen wird. Der Sinterkörper trägt nun einen silbergrauen Oberflächenfilm. Die Oxydationsbeständigkeit der Pulver ist erheblich geringer; einwöchentliche Lagerung an Luft bei Raumtemperatur zerstört das Sinterverhalten bereits stark, ebenso störend wirkt Verschlechterung des Vakuums während des Sinterns. Die nunmehr beobachteten Einschlüsse sind in der Hauptsache oxydisch, in geringem Umfang Karbide und spurenweise Nitride. Zurückgeführt werden die Unterschiede im Sinterverhalten der beiden Pulvergruppen auf Deckschichten, die von der Erzeugung her auf den Pulverkörnern sitzen. Das Pulver mit guter Sinterfähigkeit scheint Filme aus UO_2 oder höheren Oxyden aufzuweisen, während die Deckschicht des schlechter sinternden Materials wahrscheinlich ein Uranmonokarbid ist [*87*].

Durch *Warmpressen* kann Uranpulver praktisch zur makroskopischen Dichte verdichtet werden. Um die Plastizität der Pulverkörner möglichst auszunützen, wird das Warmpressen bei Preßtemperaturen nahe an der Umwandlungstemperatur in die β-Phase vorgenommen. Wieder muß naturgemäß für Vermeidung einer Wechselwirkung mit der Atmosphäre gesorgt werden, d.h. es muß unter Schutzgas oder im Vakuum verpreßt werden. Als Beispiel bringt Abb. 169 den Anstieg der Dichte als Funktion der Warmpreßtemperatur für einen Preßdruck von 30 kp/mm² für Uranpulver, das durch Hydrierung von metallischem Uran erzeugt worden war. Man erkennt, daß bei Preßtemperaturen nahe der Umwandlungstemperatur die makroskopische Dichte erreicht wird. Das im α-Bereich verpreßte Pulver führt zu einer feinkörnigen Struktur mit einer Korngröße von etwa 10 bis 30 μ [*85*].

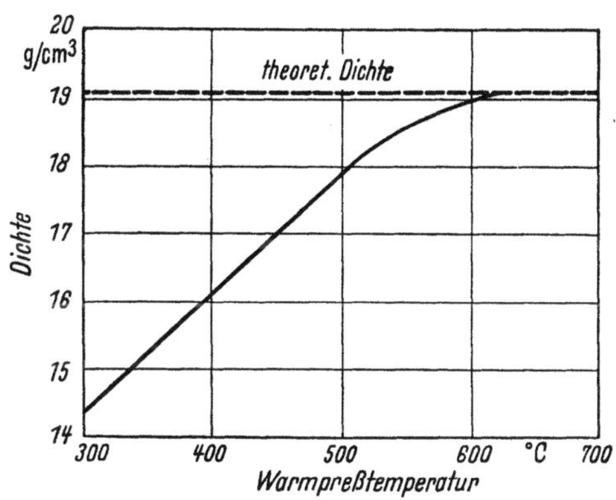

Abb. 169. Dichte warmgepreßter Uransinterkörper [*85*]

Die Pyrophorität ist in den warmgepreßten Körpern verschwunden. Als Einsatz können beim Heißpressen außer Metallpulvern auch Kaltpreßlinge verwendet werden, denen feste Kohlenwasserstoffe als Schutzgasentbinder beigegeben werden. Als Material für die Preßwerkzeuge für das Heißpressen haben sich Inconel und Tränklegierungen, Titankarbide entweder mit Nickel oder Kobalt verkittet, bewährt. Letztere sind zwar spröde, verlangen sorgsame Behandlung, vermeiden aber als keramische Werkstoffe die Bildung von Uranlegierungen bei den hohen benützten Temperaturen.

Erhöht man die Preßtemperatur über die $\alpha \rightarrow \beta$-Umwandlungstemperatur, so beobachtet man bei niedrigen Preßdrucken eine Verlangsamung des Dichteanstiegs mit steigender Temperatur, was offenbar mit der geringen Plastizität des β-Urans zusammenhängt (Abb. 170). Gelangt man mit der Preßtemperatur bis ins γ-Gebiet, so tritt bei niedrigen

Drucken eine sehr starke Erhöhung der Dichtezunahme auf. Bei dem höchsten verwendeten Druck wird die größte Dichtezunahme bereits im Gebiet der α-Phase bewirkt [87]. Das Gefüge von im β-Gebiet verpreßten Proben ist grobkörnig.

Erwähnt sei noch das Pressen unter hydrostatischem Druck in einer deformierbaren Form. Diese wird in eine geeignete Flüssigkeit versenkt, die als Überträger des hydrostatischen Drucks dient. Als Formmaterial kann Gummi oder Kunststoff verwendet werden. Die Kompression des Pulvers ist allseitig und liefert gleichmäßige Dichte. Gegebenenfalls kann auch bei erhöhter Temperatur verpreßt werden.

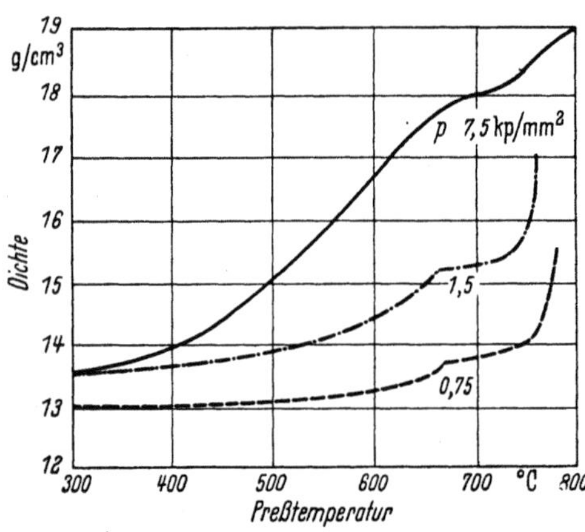

Abb. 170. Dichte von bei verschiedenen Temperaturen und mit verschiedenem Druck verpreßten Urankörpern [87]

Auch durch *Walzen* von Pulvern kann eine Verdichtung herbeigeführt werden. Ausführung bei Raumtemperatur nähert die Dichte der theoretischen. Durch anschließendes Sintern und nochmaliges Walzen kann die Dichte noch etwas erhöht werden. Beim Heißwalzen gelingt es, die makroskopische Dichte zu erreichen ohne Vorzugsorientierung im Gefüge. Hierzu ist erforderlich, daß die bei 600 °C vorgenommene Verwalzung abgebrochen wird, wenn etwa 95% der theoretischen Dichte erreicht sind und anschließend warm nachgepreßt wird.

Zur Durchführung der Verwalzung werden die Pulver entweder für die Dauer der Verarbeitung in eine dichte Umhüllung eingeschlossen, die durch Evakuierung von störenden Gasen befreit wird, oder aber es wird die sogenannte ,,Bildrahmen-Methode" benutzt, bei welcher der vorgepreßte Pulverkörper zwischen Deckplatten eingeschlossen und gemeinsam mit diesen verwalzt wird. Der Vorteil dieser Herstellung pulvermetallurgischer Körper liegt darin, daß die Beschränkungen hinsichtlich der Dimensionen, die beim Pressen vorliegen, wenigstens in einer Dimension in Fortfall kommen.

Auch durch *Strangpressen* können Metallpulver verarbeitet werden. Insbesondere für die Herstellung von Stäben und Rohren eignet sich diese Technik. Oxydation muß wieder durch Einbringen der Pulver in eine Schutzhülle vermieden werden. Die Verformungstemperaturen sind dem Werkstoff und den durch die Düse erzwungenen Fließvorgängen anzupassen. Die hohe Plastizität der α-Phase des Urans ermöglicht das

Auspressen von Stangen in inerter Atmosphäre bei etwa 800 °C. Die Stangen zeichnen sich durch eine Dichte nahe der theoretischen und gute Toleranzen der Abmessungen aus. Dem Schutz vor der Atmosphäre muß bei dieser hohen Arbeitstemperatur besondere Aufmerksamkeit gewidmet werden. Durch Argon wird die Luft vor der Erhitzung der Düse verdrängt, eine Schutzatmosphäre wird durch beigemischte Kohlenwasserstoffe entwickelt. Die Schmierung erfolgt mit kolloidalem Graphit. Der erforderliche Preßdruck steigt, wie stets beim Strangpressen, mit dem Verpressungsgrad, der bis zu 20 : 1 gesteigert werden kann. Durch Abschrecken der Stangen vor der Düse kann eine Kornverfeinerung auf etwa $^1/_5$ der Korngröße nicht abgeschreckten Materials erzielt werden. Auch Rohre können mit Preßgeschwindigkeiten von etwa 1 m/min gepreßt werden [*87*].

Schließlich kann auch der *Schlickerguß* zur Fertigung von Formteilen verwendet werden. Er besteht darin, daß man Metallpulver in Flüssigkeiten suspendiert, welche durch geeignete Zusätze das ungleichmäßige Absetzen der Teilchen verzögern. Mit Hilfe des Schlickergusses gelingt gegebenenfalls metallkeramisch die Herstellung von Teilen, die für die normale Herstellung durch Pressen zu kompliziert oder zu groß sind. Die Feuchtigkeit muß entweder durch Verdampfen oder durch Aufsaugung durch die Form entfernt werden. Die Anforderungen an das Formmaterial sind daher ausreichende Festigkeit, gutes Absorptionsvermögen für die Flüssigkeit, wirtschaftliche Herstellung und Entfernung nach Trocknung (Gips). Die Trocknung des vergossenen Schlikkers kann durch Vibration der Form, gegebenenfalls durch Zentrifugieren, beschleunigt werden. Durch anschließendes Sintern unter geeigneten Bedingungen wird der so „gegossene" Körper weiter verdichtet.

b) *Keramische Stoffe.* Noch viel wichtiger als für Uran sind pulvermetallurgische Verfahren für die keramischen Stoffe UO_2, U_3O_8, UC und UC_2, deren Bedeutung zur Herstellung von Brennstoffelementen immer mehr steigt. Grundsätzlich sind auch hier dieselben Verfahren, die wir eben für metallische Pulver beschrieben haben, anwendbar; Kaltpressen und Sintern, Heißpressen, Walzen, Strangpressen, hydraulisches Pressen und Schlickerguß. Stets muß im Anschluß an das Verdichtungsverfahren eine Sinterbehandlung vorgenommen werden; eine Ausnahme bildet nur das Heißpressen. Die Bedingungen zur Erzielung einer raschen Sinterung, hoher Dichten, einer nur geringen Abhängigkeit der Dichte des Sinterkörpers von der des grünen Preßlings und möglichst gleichförmigen Korns im Sinterkörper sind große spezifische Oberfläche der Pulver, kleine Korngröße oder, wenn Pulveragglomeration vorliegt, leichtes Zerbrechen dieser Agglomerate. Bei der Sinterung nimmt der Anteil an kommunizierenden Poren ab. Verschiedene Herstellungsart der Pulver (Korngröße und -gestalt, Oberflächenbeschaffenheit) scheint sich vor allem durch Unterschiede in der Zeit, die benötigt wird, um die zusammenhängenden Poren gegeneinander abzudichten, auszudrücken.

Die Herstellung von UO_2-Pulver kann durch Reduktion, Fällung und direkte Oxydation von Uranmetall erfolgen. Technische Herstellungsverfahren sind die schon bei der Uranerzaufbereitung erwähnten Fällungs- und Reduktionsverfahren; hinzu kommt eine Aufarbeitung des für die Isotopentrennung verwendeten UF_6, das über ein Ammondiuranat in U_3O_8 übergeführt wird, das schließlich bei Rotglut mit Wasserstoff zu UO_2 reduziert wird [*18, 90, 91, 92*].

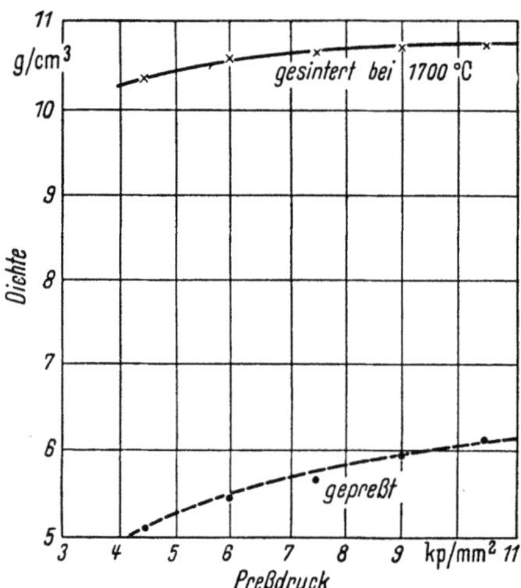

Abb. 171. Dichte rohgepreßter und gesinterter UO_2-Formstücke [*93*]

Urandioxyd hat eine theoretische Dichte von 10,96 g/cm³. Es ist zwar gegen entgastes Wasser bis etwa 300 °C beständig, nicht jedoch gegen Luft. Über Zwischenoxyde bildet sich bei 600 °C U_3O_8, das bei höheren Temperaturen wieder in UO_2 übergeht, das ab 1100 °C beständig ist. Extrem feinkörniges UO_2-Pulver kann daher pyrophor sein und bei Raumtemperatur explosionsartig in U_3O_8 übergehen. Beim Sintern in Luft tritt zweimal die Umwandlung $UO_2 \rightleftarrows U_3O_8$ ein und mit ihr verbunden die entsprechenden Dichteänderungen, wodurch Rißbildung im Sinterkörper eintritt. Die technischen Sinterungen werden daher üblicherweise unter Schutzgas, Argon, aber vor allem Wasserstoff, ausgeführt. Vakuumglühung empfiehlt sich wegen des bei 1700 °C schon merklichen Dampfdrucks des UO_2 nicht.

Ein Beispiel für den Anstieg der Dichte im grünen Preßling und in bei 1700 °C in trockenem Wasserstoff gesinterten Proben als Funktion des Preßdrucks zeigt Abb. 171. Eine dreidimensionale Darstellung, die als weiteren Parameter die Sinterzeit enthält, gibt Abb. 172 für Wasserstoffsinterung bei 1725 °C.

Die Enddichte des Sinterprodukts kann durch mehrere Faktoren beeinflußt werden. Da, wie schon erwähnt, feinkörniges Pulver bessere Dichten ergibt als grobkörniges, kann durch Mahlen des Pulvers in Kugelmühlen die Sinterfähigkeit weitgehend verbessert werden [*95, 96*]. So wird z.B. angegeben, daß durch 16stündiges Mahlen die Enddichte um 6% gesteigert werden kann. Zugabe von „aktivierenden“ Substanzen erhöht die Sinterdichte weiterhin; 0,2% TiO_2 bringt beispielsweise einen

Gewinn von 10%. In [*97*] wird eine Reihe von Beimengungen untersucht und gezeigt, daß bei bestimmten Konzentrationen eine optimale Wirkung eintritt.

Der Frage nach dem Einfluß des Schutzgases auf die erreichte Dichte ist in zahlreichen Arbeiten nachgegangen worden, ohne daß bisher völlige Klarheit erzielt worden wäre [*96, 98, 99, 100*]. Eine der noch offenen Fragen ist die, ob Sinterung in Wasserstoff oder in Argon bei gleicher

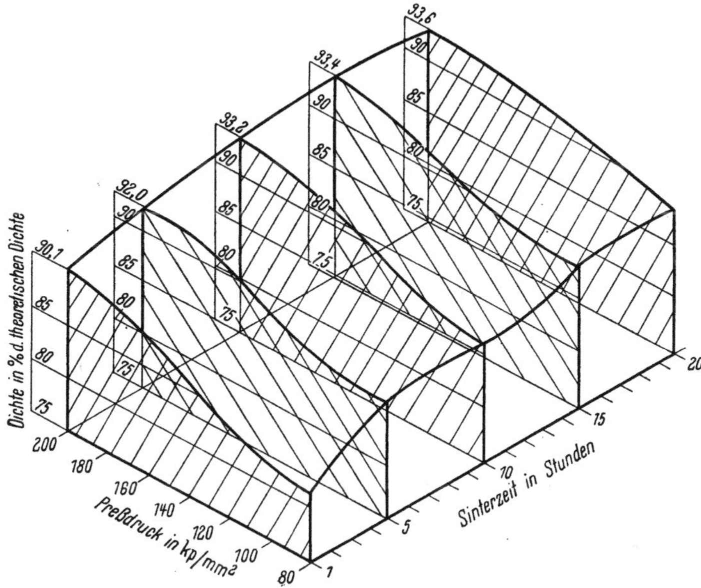

Abb. 172. Dichte von UO_2-Sinterkörpern als Funktion von Preßdruck und Sinterzeit bei 1725 °C [*94*]

Temperatur zu höheren Dichten führt. Möglicherweise ist die Beschaffenheit des Pulvers für den Befund maßgeblich. Pulver mit sehr großer spezifischer Oberfläche führen beim Sintern in Wasserstoff bei verhältnismäßig niedrigen Temperaturen (1300 bis 1400 °C) zu einem Maximum der Dichte. Ebenso wurde ein Maximum der Sinterdichte beobachtet, wenn die Sinterung in Wasserdampf erfolgte, der erst bei Erreichung der Sintertemperatur eingeführt wurde; Erhitzung und Abkühlung erfolgte im Schutzgas.

Eingehend wurde auch die Frage des Sauerstoffüberschusses im Urandioxyd-Pulver untersucht. Die erreichte Sinterdichte scheint, jedenfalls im Bereich des Verhältnisses O/U von 2,04 bis 2,18 nur geringfügig durch den Sauerstoffüberschuß beeinflußt zu werden [*96, 99, 100*].

Das Heißpressen von UO_2 wird in erhitzten Graphitformen vorgenommen. Die benötigten Preßtemperaturen hängen von dem Sauerstoffüberschuß ab; reines UO_2 verdichtet deutlich erst bei Temperaturen über 1700 °C, während $UO_{2,13}$ durch eine Erhöhung der Diffusion durch den Sauerstoffüberschuß bereits bei 1300 °C hohe Sinterdichten erreicht [*101*]. Der Vorteil des Sauerstoffüberschusses geht in den an die Graphitformen angrenzenden Teilen wegen der dort eintretenden Reduktion verloren, was zu einer inhomogenen Sinterung führt. Werden Stahlformen zum Heißpressen benutzt, so ist die Sinterzeit so kurz wie möglich zu wählen um Anfressungen zu vermeiden.

Große Teile aus UO_2 werden mit Vorteil durch hydrostatisches Pressen in Gummiformen und anschließende Sinterung erzeugt. Dieses Verfahren wird unter Verwendung eines metallischen Einsatzstückes auch zur Herstellung von Rohren benutzt. Die Drucke liegen in der Größe von etwa 30 kp/mm^2. Nach Wasserstoffsinterung werden Enddichten von 95% der theoretischen Dichte erreicht.

Viel verwendet wird der Schlickerguß. Er dient zur Herstellung von Tiegeln, Zylindern und anderen dünnwandigen Formen. Das UO_2-Pulver wird zunächst mit Salzsäure behandelt und anschließend mit Wasser gewaschen. Kontrolle des p_H-Wertes hat sich als wichtig herausgestellt. Ein p_H von etwa 2 erweist sich als vorteilhaft. Zusätze verhindern ungleichmäßiges Absetzen der Suspension. Unter anderem hat sich Bentonit hierfür als geeignet erwiesen. Als Formenmaterial wird wieder Gips verwendet. Die Gußstücke werden langsam bei Raumtemperatur getrocknet und anschließend in Wasserstoffatmosphäre bei Temperaturen bis zu 1750 °C gesintert. Dichten bis zu 90% der theoretischen werden erreicht.

Für eine Verdichtung von UO_2 wurde, worauf auch noch hingewiesen sei, Hämmern und Ziehen (eventuell bei erhöhter Temperatur) pulvergefüllter Rohre benutzt. Eine anschließende Sinterglühung kann hierbei gegebenenfalls unterbleiben.

Urandicarbid (UC_2) wird durch Erhitzen eines Pulvergemisches aus U_3O_8 oder UO_2 mit Reaktorgraphit in Überschuß in nicht oxydierender Atmosphäre bei Temperaturen von 1980 °C erhalten.

Die Herstellung des Monocarbids (UC) erfolgt entweder direkt aus den Komponenten oder durch Graphitreduktion von UO_2 bei 1800 °C. Pulver mit Partikelgrößen kleiner als 40 μ sind pyrophor. Verwendung der üblichen pulvermetallurgischen Verfahren zur Herstellung von Formstücken verlangt hohe Sintertemperaturen bis zu 2000 °C. Glühungen im Vakuum und in gereinigtem Argon erbrachten keinen Unterschied. Die hohen Glühtemperaturen bringen naturgemäß Schwierigkeiten, und so ist es als Fortschritt zu werten, daß Methoden entwickelt wurden, bei denen das Karbid in situ erst während des Sintervorgangs entsteht [*102*].

Es sei erwähnt, daß es sich bei den Entwicklungsarbeiten hinsichtlich der Urankarbide heute noch um laboratoriumsmäßige Untersuchungen handelt. Mit Rücksicht auf die hohe Temperaturbeständigkeit dieser Verbindungen (Schmelzpunkt von UO_2 etwa 2800, von UC etwa 2400 °C) kommt diesen Arbeiten zur Schaffung von Brennstoffelementen für hohe Temperaturbeanspruchung erhebliche Bedeutung zu.

Abschließend sei noch auf die sogenannten „Tränk-Legierungen" hingewiesen, die dadurch entstehen, daß die Poren von porösen Sinterkörpern durch Metalle oder Legierungen in schmelzflüssiger Phase ausgefüllt werden. Der Sinterkörper kann dabei sowohl metallischer als auch keramischer Natur sein. Wesentlich für die Gewinnung von Tränk-Legierungen (Cermets) ist, daß die Schmelze des Füllstoffs den gerüstbildenden Stoff benetzt [*102*, *103*, *104*, *105*, *106*].

Bei Beschreibung der Herstellung der Brennstoffelemente werden pulvermetallurgische Verfahren nochmals zur Sprache kommen.

1.7 Spanlose Formung; Rekristallisation; Texturen. Die spanlose Formung von Uran kann mit allen den Verfahren durchgeführt werden, die auch bei den übrigen Metallen verwendet werden. Besondere Beachtung ist den verschiedenen Modifikationen des Urans zu schenken. Die bei reinem Metall zwischen 667,7 und 774,8 °C beständige β-Phase ist durch sehr mangelhafte Verformbarkeit gekennzeichnet. Die kubisch-raumzentrierte γ-Phase ist dagegen im ganzen Stabilitätsbereich besonders gut verformbar. Die rasche Oxydation des Metalls an Luft bei höheren Temperaturen macht entsprechende Vorkehrungen beim Anwärmen und bei der Warmverformung erforderlich.

Ausgangsmaterial für die spanlose Formung sind im allgemeinen Gußblöcke. Bei kleinen Abmessungen der Gußbolzen können diese nach entsprechender Säuberung der Oberfläche und Vorwärmung der plastischen Verformung durch Walzen oder Strangpressen zugeführt werden. Liegen als Ausgangsgußblöcke Dingots mit erheblichen Blockgewichten (bis zu 1,5 t) vor, so muß eine entsprechende Vorbehandlung vor der Weiterbearbeitung eingeschaltet werden. Zunächst werden die von der Schlacke befreiten, abgestrahlten Blöcke in vertikalen Drehbänken von einer dünnen Außenschicht befreit, in der, im Gegensatz zur gleichmäßigen Verteilung in kleinen Blöcken, bevorzugt Schlackeneinschlüsse (MgF_2) abgelagert sind. Boden und Kopf des Blockes, die ebenfalls durch Schlakken verunreinigt sind, werden gleichfalls entfernt. Als Prüfmethode, ob die Außenhaut in genügender Stärke abgetragen worden ist, wird Abflammung benützt, die zu starken Farbunterschieden zwischen Metall und Schlackeneinschlüssen führt.

Für die Weiterverarbeitung durch Stangen- oder Blechwalzen werden die Gußblöcke in hydraulischen Pressen entsprechend vorgeschmiedet und anschließend zerteilt. Das Anwärmen der Dingots erfolgt in elektrisch beheizten Salzbädern (Karbonate oder Chloride) bis zu einer Temperatur nahe an der oberen Grenze des α-Bereichs. Das Bad ist durch eine Schicht von Koks oder Graphit zur Vermeidung von Wärmeverlusten und von Verdampfung abgedeckt. Die Reaktion des geschmolzenen Salzes mit Uranmetall ist nur gering. Geschmolzenes Salz bleibt nach Entnahme des Dingots aus dem Bad an der Blockoberfläche haften und schützt sie vor Oxydation. Beim Blockschmieden sinkt im allgemeinen die Temperatur der Blöcke, sofern nicht zu hohe Verformungsgeschwindigkeiten angewendet werden. Ist der Block auf etwa 540 °C abgekühlt, so wird er zweckmäßig wieder im Salzbad aufgewärmt. Die für die Verarbeitung im Walzwerk wichtige Zerstörung des grobdendritischen Gefüges des langsam erstarrten Dingots wird in ausreichendem Maß durch mehrmaliges Wechseln der Schmiederichtung (Querschmieden) erreicht.

Für die Verarbeitung von Bolzen für das Stangenwalzen werden durch entsprechend dimensionierte Druckplatten der Presse parallelepipedische Knüppel erzeugt. Als Einsatz für die Strangpresse werden kreiszylindrische Bolzen benötigt. Diese werden entweder auf dem Wege über polygonale Bolzen, deren Kanten nachträglich abgedreht werden, erzeugt oder durch Hämmern, das an einem Ende des Dingots beginnt, der langsam gedreht und durch die Hämmermaschine hindurch bewegt wird. Die so vorverformten Dingots werden nun auf geeignete Längen für die Weiterverarbeitung zugeschnitten. Auch die Herstellung der Rohlinge für das Blechwalzen erfolgt durch eine entsprechende Verschmiedung zu Platten, wobei schon auf die Abmessungen der gewünschten Bleche Rücksicht zu nehmen ist. Auch hier wird Querpressung mit Vorteil angewendet [*107*].

Außer dem Preßschmieden kann auch Hammerschmieden bei Uran verwendet werden, wobei jedoch die Verformung nicht so weit in das Innere dringt wie bei der langsamen Preßschmiedung. Nachteilig für die Hammerschmiedung wirkt sich auch die rasche Zerstörung der Salzschutzdecke auf den vorgewärmten Blöcken aus. Rasche Abkühlung der Schmiedestücke nach der letzten Verformung unterdrückt die Oxydation der Oberfläche. Verformung durch Schmieden ist auch im γ-Gebiet möglich. Mit Rücksicht auf die hohe Temperatur ist eine Salzbadvorwärmung nicht ungefährlich. Induktionsheizung wurde verwendet, wobei der Uranbolzen durch Besprühung mit einer Suspension von niedrig schmelzendem Glaspulver in Alkohol geschützt wurde. Schutzgas innerhalb der Spule soll eine Oxydation des Urans vor dem Niederschmelzen des Glaspulvers verhindern.

Für das Warmwalzen (400 bis 600 °C) von Stangen im α-Gebiet werden kontinuierliche Walzenstraßen empfohlen. Sorgfältig muß die Geschwindigkeit jedes der einzelnen Walzwerke mit Rücksicht auf den kontinuierlichen Verformungsvorgang eingestellt werden. Die Walzenspalten sind abwechselnd oval und kreisrund. Die Querschnittsabnahme je Stich hängt außer von den Endabmessungen der Stangen auch davon ab, ob von rund zu oval oder umgekehrt gewalzt wird. Querschnittsabnahmen bis um 25% je Stich werden verwendet [*108*]. Durch die Verformungsarbeit beim Walzen erhöht sich bei starken Querschnittsabnahmen die Temperatur des Walzguts. Bei einer Bolzentemperatur von 600 °C trat beispielsweise in den ersten fünf Stichen, die zu einer Querschnittsabnahme um 78,7% führten, eine Temperaturerhöhung von 6 bis 12 °C je Stich ein. Die Endverwalzung wird häufig bei niedrigeren Temperaturen (etwa 300 °C) vorgenommen. Dies bringt den Vorteil einer verringerten Oxydation, einer besseren Oberflächenausbildung und besserer Abmessungstoleranzen. Technisch sind Dickentoleranzen von weniger als 0,25 mm erreicht worden [*82*].

Während bei Walztemperaturen in der Gegend von 600 °C typisch Warmverformung vorliegt, d. h. daß sich der Verformung des Arbeitsguts Rekristallisation überlagert, liegt eine Verformungstemperatur von 300 °C bereits unterhalb der Rekristallisationstemperatur. Bei diesen Temperaturen liegt also Kaltverformung vor[1].

Ausgangsmaterial für Blechwalzung sind entweder gegossene Walzplatten, aus zylindrischen Gußkörpern entnommene Streifen oder aus Dingots durch Schmieden hergestellte Platten. Die Verarbeitungsbedingungen sind sehr ähnlich denen für Stangenwalzen. Die Platten werden nach Säuberung der Oberfläche in Salzbädern auf 625 °C gebracht, eine Temperatur, die einerseits völlige Rekristallisation während der Verwalzung mit mehr als 60% Querschnittsabnahme verbürgt und außerdem sicherstellt, daß die entbundene Verformungswärme nicht zu einer Überschreitung des α-Gebiets führt. Die anhaftende Salzschicht schützt, wie beim Stangenwalzen, das Metall vor Oxydation. Soll das Blech durch gute Tiefziehfähigkeit ausgezeichnet sein, so empfiehlt sich Querwalzen, da hierdurch die Ausbildung geregelter Texturen erschwert wird. Die prozentuale Querschnittsabnahme je Walzstich liegt beim Warmwalzen zwischen 10 und 20%. Im Anschluß an das Warmwalzen erfolgt auch hier das Fertigwalzen im Temperaturgebiet von 300 bis 325 °C. Das warmgewalzte Vormaterial wird zunächst entweder noch einmal für kurze Zeit im Salzbad erhitzt, um innere Spannungen auszugleichen und möglichst gleichmäßiges Rekristallisationsgefüge zu erzeugen, oder das vorgewalzte Blech wird unmittelbar in Wasser abgeschreckt; hierdurch wird die Entfernung von Salzresten erleichtert und die Oxydation während der Abkühlung verringert. Das Blech

[1] In verschiedenen Veröffentlichungen (z. B. [*109, 110, 111*] wird aus praktischen Gründen zwischen „Kalt"-, „Warm"- und „Heißverformung" des Urans unterschieden. Das Gebiet der Kaltverformung erstreckt sich dabei bis etwa 100 bis 150 °C, Verformung zwischen 300 und 350 °C wird als Warmverformung und Verformung über 550 °C als Heißverformung bezeichnet. Im Sinne der von uns beibehaltenen Terminologie gehört die so definierte Warmverformung mit zur Kaltverformung, die Heißverformung liegt im Temperaturbereich der üblicherweise als Warmverformung bezeichneten spanlosen Formung.

wird nun in einem Ölbad erwärmt und bei etwa 300 °C kaltgewalzt. Der starken Verfestigung beim Kaltwalzen entsprechend müssen nach bestimmten Abwalzgraden Zwischenglühungen eingeschaltet werden.

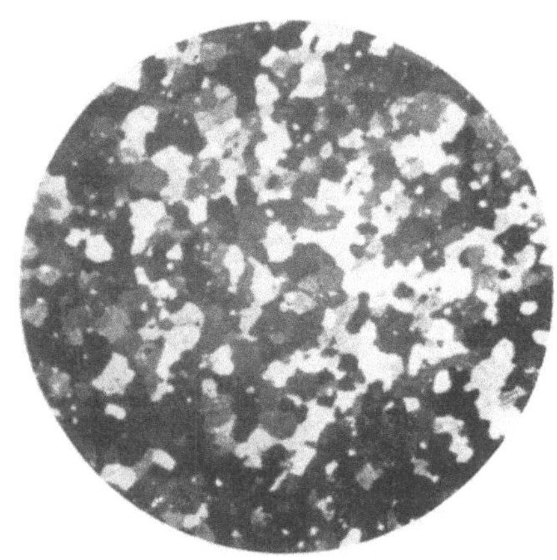

Abb. 173. Gefüge eines bei 364 °C warmgewalzten Urans; $V\sim$ 80 (aus [*34*])

Man kann Uran auch bei Raumtemperatur walzen, doch wird hier sehr häufig Zwischenglühung benötigt, außerdem neigt das Blech zu Kantenrissigkeit. Nach Erreichung der Enddicke werden die Bleche zumeist bei 600 °C im Salzbad geglüht, wobei Rekristallisation unter Bildung eines gleichmäßigen Korngefüges (20 bis 40 μ Korndurchmesser) entsteht. Wasserstoffadsorption aus dem Salzbad dürfte eine Verringerung der Dehnung der Bleche bedingen. Um dies zu vermeiden, wurde auch Anlassen im Vakuum oder im Schutzgas durchgeführt [*109*, *112*]. Vakuumglühung wird auch bei sehr dünnen Blechen verwendet, die besonders empfindlich auf Korrosionsschäden sind [*111*].

Ein Bild des Gefüges einer warmgewalzten Uranprobe ist in Abb. 173 wiedergegeben. Gefügebilder eines kaltgewalzten und eines anschließend

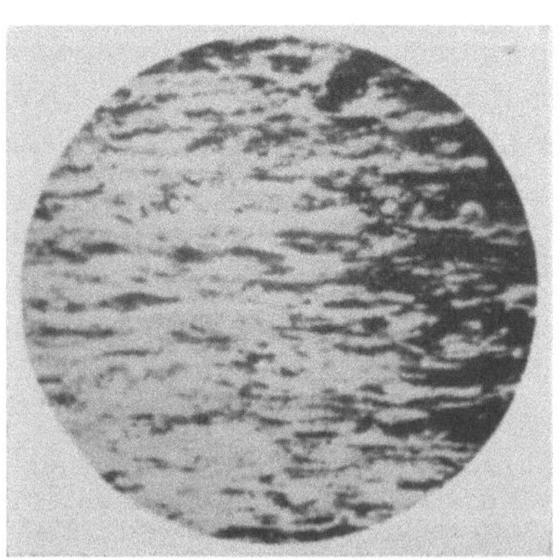

Abb. 174. Gefüge eines bei 300 °C um 60% kaltgewalzten Uranblechs; $V\sim$ 200 [*109, 110*]

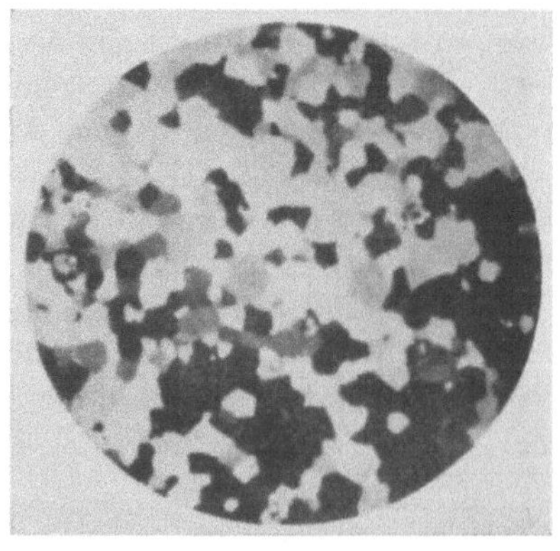

Abb. 175. Gefüge eines bei 300 °C um 60% kaltgewalzten und anschließend 30 Min. bei 625 °C rekristallisierten Uranblechs; $V\sim$ 200 [*109, 110*]

angelassenen Blechs zeigen die Abb. 174 und 175. Die warmgewalzte Probe und das im Anschluß an starke Kaltwalzung angelassene Blech zeigen Rekristallisationsgefüge, während das kaltgewalzte deutliches Verformungsgefüge mit Längung der Körner in Walzrichtung aufweist. Das Ausmaß der Kaltreckung beeinflußt bei Uran, ebenso wie bei den übrigen Metallen, weitgehend die Korngröße des bei abschließender Rekristallisation gebildeten Gefüges. Als Beispiel hierfür sind in Abb. 176 Schliffbilder von Proben gebracht, die von rekristallisiertem Ausgangszustand um verschiedene Beträge (1,25 bis 3,5%) bei etwa 125 °C gereckt und anschließend einer Glühung bei 625 °C (durch 45 Minuten) unterworfen worden waren. Die unterschiedliche Korngröße in den einzelnen Proben ist deutlich erkennbar. Ein ausgeprägtes Maximum zeigt die um 2,5% gereckte Probe. Die Schärfe dieses Maximums geht aus Abb. 177 hervor. Ein Rekristallisationsdiagramm, das die Abhängigkeit der Korngröße von Reckgrad und Glühtemperatur wiedergibt, ist für bei Raumtemperatur kaltgewalzte Proben und 10stündige Glühbehandlung in Abb. 178 dargestellt. Der Beginn der Rekristallisation liegt im Temperaturbereich von 370 bis 430 °C, die zu maximaler Korngröße führende Reckung ist kleiner als 5%. Wie empfindlich der Verlauf der Rekristallisation durch Beimengungen beeinflußt werden kann, geht aus Abb. 179 hervor, die ein analog erhaltenes Rekristallisationsdiagramm einer Uran-Molybdän-Legierung mit 0,1% Mo darstellt. Man erkennt durch Vergleich mit Abb. 178 die starke Bremsung der Rekristallisation durch die geringe Zugabe von Molybdän.

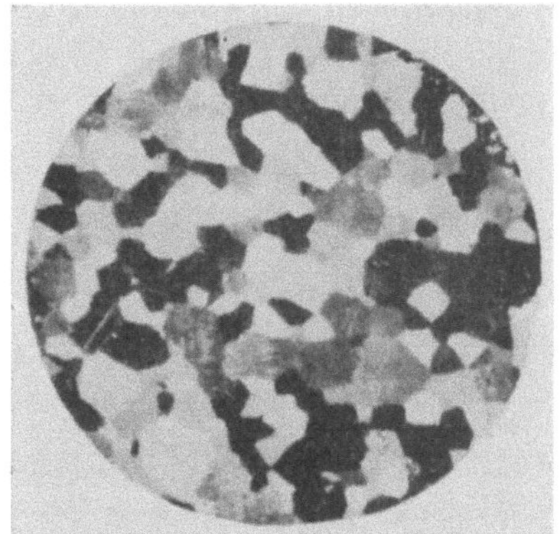

Abb. 176a. Reckgrad 1,25%

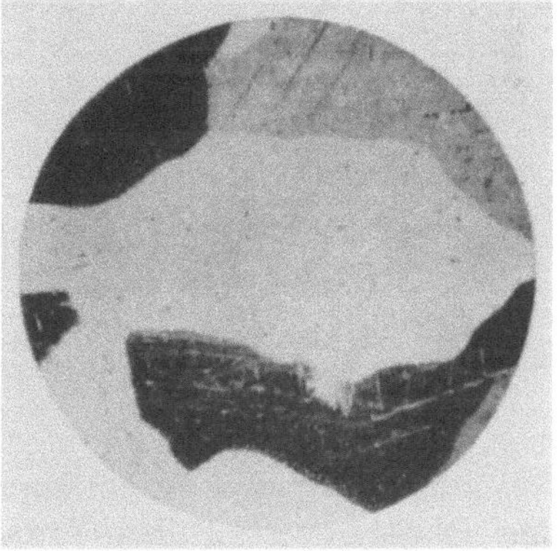

Abb. 176b. Reckgrad 2,5%

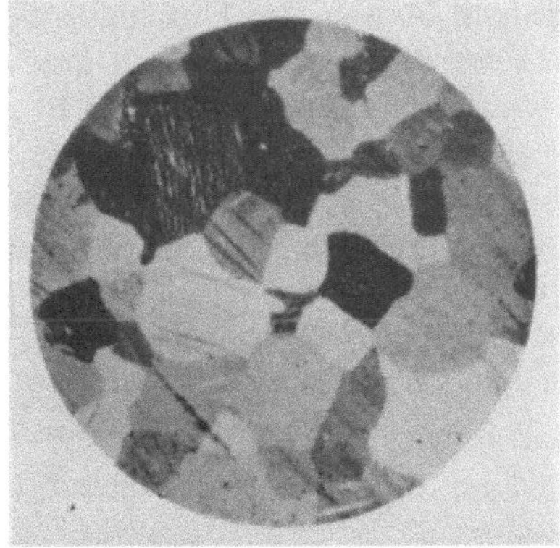

Abb. 176c. Reckgrad 3,5%

Abb. 176a–c. Rekristallisation verschieden stark gereckten Uranblechs durch Glühung bei 625 °C (45 Minuten); $V \sim 220$ [*111*]

Tiefziehen von Uran kann nicht bei Raumtemperatur, wohl aber bei erhöhter Temperatur (250 °C) und mit vorgewärmten Werkzeugen durchgeführt werden. Es können normale Werkzeuge benutzt werden; als Schmiermittel hat sich besonders kolloidaler Graphit in Naphtha bewährt. Die Faltenhalterdrucke für Blechstärken von 1 bis 3 mm sind 0,5 bis 8 kp/mm², die Gesamtkräfte für übliche Ziehoperationen zu einfachen Formen liegen unter 100 t [*111*].

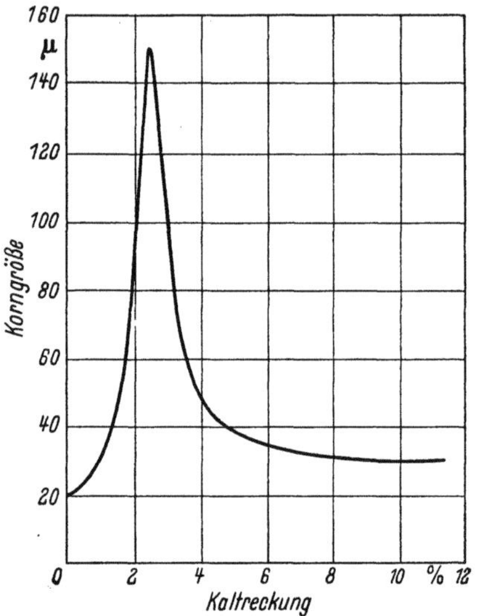

Abb. 177. Kritischer Reckgrad von kaltverformtem Uran; Glühbedingung: 45 Minuten bei 625 °C [*111*]

Strangpressen von Uran kann sowohl im α- als auch im γ-Gebiet vorgenommen werden. Der Temperaturbereich für das Strangpressen im α-Gebiet liegt zwischen 200 und 600 °C. Die zu wählende Temperatur hängt von der Pressenkapazität und vom beabsichtigten Verpressungsgrad ab. Wichtig ist, daß der Materialfluß in der Presse keine Turbulenz aufweist, damit ein zusammenhängender Schmiermittelfilm zwischen Bolzen und Preßwerkzeug aufrechterhalten bleibt. Zur Erzielung wirbelfreien Materialflusses ist ein konischer Einlauf in die Düse erforderlich. Der Preßstempel soll dem Aufnehmer dicht anliegen und den Bolzen ohne Hemd verpressen. Zur Isolierung des Urans von Aufnehmer und Düse wurden zunächst viele Hochtemperaturschmiermittel erprobt, ohne jedoch Fressen des Urans ausreichend zu vermeiden. Eine Kupferhülle, die verlötet wird, hat sich gut bewährt. Die dünne Kupferschicht auf dem Preßgut kann später leicht mit Salpetersäure abgeätzt werden. Ein Vorteil der Kupferumhüllung ist weiterhin der, daß sie evakuiert werden kann, so daß die Aufheizung der Bolzen ohne Oxydation möglich ist. Neuerdings ist man dazu übergegangen, eine dünne Kupferschicht (0,25 mm) elektrolytisch aufzubringen, da die mechanisch aufgebrachten Kupferumhüllungen den zur Kornverfeinerung des Gußbolzens erforderlichen Wärmebehandlungen nicht standgehalten haben [*114*]. Auch eine als Folge des Vorwärmens der Preßbolzen in Salzbädern adhärierende flüssige Salzschicht in Verbindung mit Öl-Graphit-Schmierung kann zu ausreichender Isolierung zwischen Preßbolzen und Aufnehmer führen [*16*].

Die Preßgrade liegen zwischen 10 : 1 und 60 : 1. Die Preßgeschwindigkeiten hängen vom Preßgrad ab; im allgemeinen werden niedrige Stempelgeschwindigkeiten (25 bis 125 cm/Minute) verwendet. Auf alle Fälle muß vermieden werden, daß durch eine Kombination zu hoher Preßgeschwindigkeiten und Preßgrade eine Erhitzung des Metalls bis in die β-Phase erfolgt. Die durch Pressen im α-Gebiet erzielbaren Profile umfassen Stangen, Rohre und nicht zu flache Schienen. Sehr dünne Querschnitte und scharfe Ecken bringen Schwierigkeiten für die Düse [*114*].

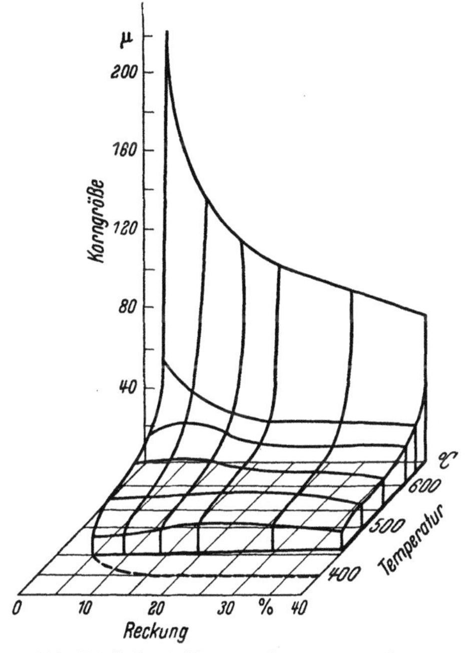

Abb. 178. Rekristallisationsdiagramm von kaltgewalztem Uran; Glühdauer 10 Stunden [*113*]

Die für die Verwendung des Urans im Reaktor erforderliche Umhüllung des Brennstoffelements zum Schutz vor Oxydation und sonstigen Korrosionsangriffen kann durch geeignete Maßnahmen beim Strangpressen im gleichen Arbeitsgang erzielt werden. Hierzu wird der Urankern mit einer Hülle aus Schutzmaterial umgeben. Dieser Verbundkörper wird, wie eben beschrieben, in eine Kupferumhüllung eingebracht, welche vor der Erhitzung auf die Preßtemperatur evakuiert wird. Durch Verpressung im α-Gebiet wird auf diese Weise eine innige Verbindung von Schutzmantel und Uran erzielt. Bei der Beschreibung der Herstellung von Brennstoffelementen kommen wir nochmals darauf zurück.

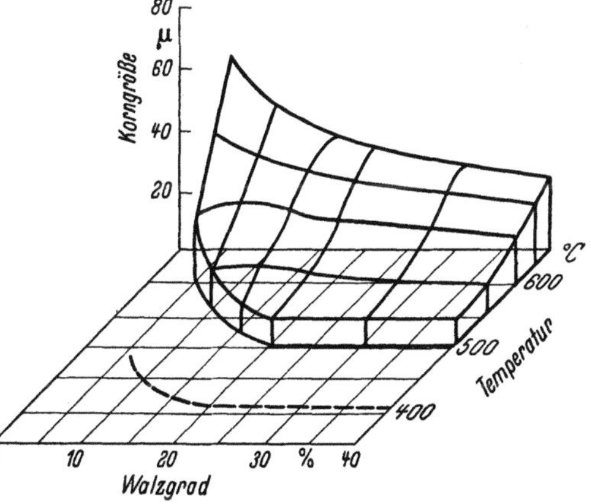

Abb. 179. Rekristallisationsdiagramm einer kaltgewalzten Uran-Molybdän-Legierung (0,1% Mo); Glühdauer 10 Stunden [*113*]

Strangpressen im γ-Gebiet war ursprünglich zur Herstellung von Uranstangen verwendet, später aber verlassen worden, da das grobe Korn der so erhaltenen Stangen eine Verwendung im Reaktor erschwerte. Heute wird diesem Verfahren wegen der in ihm liegenden wirtschaftlichen

Vorteile wieder großes Interesse entgegengebracht. Der Fließwiderstand des Urans in der γ-Phase beträgt weniger als $^1/_{10}$ des in der α-Phase. Man kann also von viel größeren Formaten, wie sie in der modernen Dingotfabrikation anfallen, ausgehen. Weiterhin sind heute Verfahren bekannt, die das grobe Korn des im γ-Gebiet verpreßten Halbzeugs verfeinern. Das Temperaturgebiet für die Verpressung in der γ-Phase reicht von 950 bis 1040 °C. Preßdrucke von 1,4 bis 2,1 kp/mm² werden für große Bolzen angegeben, ein Wert von 5,6 kp/mm² für das Rohrpressen aus kleinen Bolzen. Wegen der niedrigen Preßdrucke können sehr hohe Verpressungsgrade und Preßgeschwindigkeiten angewendet werden. Unbedingt ist zu vermeiden, daß in der Presse eine Abkühlung in das β-Gebiet eintritt. Die Vorwärmung der Bolzen kann in derselben Weise wie oben für das Schmieden im γ-Gebiet angegeben erfolgen. Auch beim Strangpressen hat sich eine Schmierung mit Glas bewährt. Hierzu werden die in Schutzgas erhitzten Bolzen auf einem mit Glaswolle bedeckten Tisch gerollt. Ein Glaskissen wird vor die Düse gelegt. Chromkarbiddüsen haben sich gegenüber Stahldüsen überlegen gezeigt.

Mit Rücksicht auf die Weichheit des Preßguts muß für entsprechenden Transport vor der Düse gesorgt werden. Oxydation wird durch Besprengung mit Wasser verringert oder auch durch Verwendung von Schutzgas. Der Hauptvorteil der Verpressung im γ-Zustand ist, wie schon erwähnt, die Möglichkeit von sehr großen Gußbolzen ausgehend, Profile verschiedenster Querschnittsformen zu fabrizieren.

Das Hämmern von Uran in Hämmermaschinen, in denen ein schnell rotierendes System von Gesenkhämmern mehr als tausendmal in der Minute auf das Werkstück aufschlägt, bringt gegenüber dem Stangenwalzen gewisse Vorzüge, sofern keine hohen Produktionsgeschwindigkeiten verlangt werden; größere Querschnittsabnahmen als beim Kaltwalzen und engere Maßtoleranzen können eingehalten werden. Das Hämmern kann im ganzen α-Gebiet vorgenommen werden. Wird es kalt vorgenommen, so sind Zwischenglühungen erforderlich. Im Warmverformungsbereich können Querschnittsabnahmen bis zu 15% je Durchgang erzielt werden.

Rohr- und Drahtziehen wird zur Erzielung gleichmäßiger Querschnitte und kleiner Durchmesser verwendet. Das Ziehgut wird dabei durch eine kreisförmige Düse etwas kleineren Durchmessers gezogen. Besondere Bedeutung kommt der Verwendung eines geeigneten Schmiermittels zu; feste und flüssige Mittel sind verwendet worden. Schmieröle, Lackmischungen und Molybdändisulfid haben sich bewährt; auch Verkupferung und Versilberung werden verwendet. Um ausreichende Lebensdauer der Düsen zu gewährleisten, wird Wolframkarbid hierfür verwendet. Querschnittsabnahmen von 10 bis 15% je Stich sind möglich. Bei Drähten werden Enddurchmesser bis 80 μ angegeben [*115*].

Wiederholt ist darauf hingewiesen worden, daß für die Verwendung von Uran im Reaktor ein regellos orientiertes, feinkörniges Gefüge anzustreben ist. Die beschriebenen Herstellungs- und Verformungsverfahren erfüllen diese Forderung nur sehr unvollständig. Gegossene Blöcke sind grobkörnig, gleiches gilt für im γ-Zustand warmverformtes Material. Wesentlich feinkörniger ist in der α-Phase warmverformtes Halbzeug und kaltverformtes und anschließend rekristallisiertes. Eine wichtige Wärmebehandlung zur Kornverfeinerung stellt eine ,,Stoßglühung" in das β-Gebiet und anschließendes Abschrecken in Wasser dar. Durch mehrfache Wiederholung kann der Effekt vergrößert werden. Die Temperatur des für die β-Umwandlung benutzten Bades liegt im Bereich zwischen 720 und 750 °C, die Dauer der Glühung muß ausreichen, um völlige Umwandlung in die β-Phase zu gewährleisten. Das Abschrecken in Wasser muß so rasch erfolgen, daß keine α-Umwandlung vor dem Beginn des Abschreckens eintreten kann. Das Verziehen von Stangen durch diese Wärmebehandlung wird durch nachträgliches Richten wieder beseitigt. Diese ,,β-Behandlung" bringt deutlich Fortschritte hinsichtlich der Erzielung der Regellosigkeit des Gefüges, bringt aber gleichzeitig eine Kornvergrößerung mit sich, sofern von im α-Gebiet verarbeitetem Material ausgegangen wird. Neuerdings hat sich nun gezeigt, daß eine Kombination von Abschrecken aus dem β-Gebiet und anschließendes Anlassen im α-Gebiet kornverfeinernd wirkt. Zur Erfassung der für die Verwendung im Reaktor optimalen Herstellungsbedingungen ist noch viel Entwicklungsarbeit zu leisten. Zusammengestellt sind die durch die erwähnten Maßnahmen erzielbaren Korngrößen in Tab. 47.

Tabelle 47. *Korngröße von Uran nach verschiedener Vorbehandlung [116]*

Materialzustand	Korngröße in μ
gegossen	2000–3000
γ-geglüht oder γ-bearbeitet	~ 1000
gegossen + mehrfach β-stoßgeglüht	~ 300
α-warmbearbeitet + β-stoßgeglüht	150–300
α-bearbeitet + β-stoßgeglüht + α-geglüht	80–120
α-warmbearbeitet	15–60
kaltbearbeitet + rekristallisiert	15–60
stark kaltbearbeitet + rekristallisiert	~ 5 (nicht stabil)

Hingewiesen sei hier auch noch auf die Möglichkeit, durch Legierung Kornverfeinerung zu erzielen. Versuchsreihen mit Beimengungen bis 5 At.-% zu Uran ergaben gute Wirksamkeit von Chrom, Silizium und Zirkonium [*116*]. Auf die Bedeutung des Niobs und die günstige Wirkung zweier Zusätze wird in [*117*] hingewiesen, wo folgende Beimengungen zur Kornverfeinerung von Gußblöcken empfohlen werden: 0,30% Nb; 0,03% Cr + 0,15% Nb; 1,0% Zr + 0,15% Nb; 0,66% Zr + 0,10% Mo.

Träger der plastischen Verformung bei den verschiedenen Verfahren der spanlosen Formung sind die Körner des technischen Vielkristalls. Ihre Verformung unter Wirkung der deformierenden Kräfte erfolgt unter Betätigung der kristallographischen Verformungsmechanismen, die für den Uran-Einkristall in Punkt 1.4 dieses Abschnitts beschrieben sind. Vermutlich werden unter den räumlichen Spannungszuständen, denen das Einzelkorn im Vielkristall durch die aufgeprägten Kräfte und die Verwachsung mit den Nachbarkörnern ausgesetzt ist, noch weitere, am

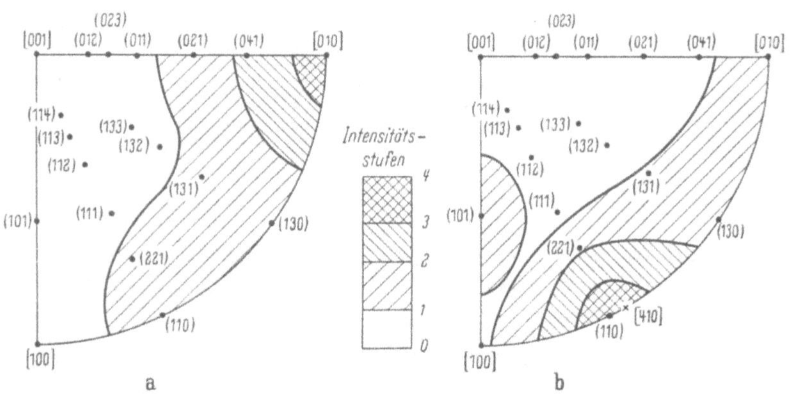

Abb. 180a u. b. Warmgewalzte Uranstangen; reziproke Polfigur [*126*]
a) kleiner Reckgrad; b) großer Reckgrad

isolierten Einkristall nicht beobachtete Gleitungen ins Spiel kommen. Wenn auch bereits versucht wurde, aus den bekannten Verformungsmechanismen die Deformationstexturen vielkristallinen Materials zu deuten [*118, 119*], so muß doch betont werden, daß wir von einer quantitativen Ableitung der Deformationstexturen heute noch weit entfernt sind. Die Vielfalt der Gleit- und Schiebungselemente, die nur lückenhafte Kenntnis der kritischen Schubspannung und Verfestigung der Translationssysteme, die völlige Unkenntnis der Initialbedingung für Zwillingsbildung, ein Mechanismus, der für die Deformation des niedrig symmetrischen Urans insbesondere im Gebiet der Kaltverformung wesentlich ist, und die Unkenntnis der in den Zwillingslamellen entstandenen Verfestigung sind genügend Gründe für unser heute noch geringes Verständnis der Texturausbildung in verformtem Uran.

Das wichtigste Verfahren zur Bestimmung der Texturen ist wie stets das röntgenographische. Das hohe Absorptionsvermögen des Urans für Röntgenstrahlen, das Durchstrahlungsaufnahmen weitgehend verhindert, nötigte zur Weiterentwicklung der Technik der Reflexionsaufnahmen durch Bau von entsprechenden Röntgengoniometern [*120, 121, 122, 123, 124*]. Da das Absorptionsvermögen für Neutronen nur gering ist, können mit Vorteil auch monochromatische Neutronen zur Texturbestimmung herangezogen werden [*125*].

Die aufschlußreichste Darstellung von Gefügeregelungen geschieht durch Polfiguren. Hierdurch gewinnt man nicht nur einen Überblick über die Hauptlagen der Texturen, sondern auch über die Streuung der Einstellung. Als Beispiel einer solchen Darstellung, und zwar durch eine sogenannte reziproke Polfigur (vgl. S. 31), bringt Abb. 180 die Textur von warmgewalzten Uranstangen nach geringer und stärkerer Verformung. Projektionsebene ist die (001)-Fläche des rhombischen Gitters. Die Textur ist durch die Lagen der Stangenachse in bezug auf das kristallographische Koordinatensystem dargestellt. Sie läßt deutliche Unterschiede je nach dem Ausmaß der Verformung erkennen. Während nach schwächer Verformung die [010]-Lage mit großer Intensität auftritt, wird nach stärkerer Verformung das Maximum der Intensität um die ⟨410⟩-Richtung beobachtet[1].

Eine Übersicht über die in gewalzten, stranggepreßten und gehämmerten Uranstangen beobachteten Texturen ist in Tab. 48 gegeben. Wenn auch bei den verschiedenen Verformungsarten der Kraftangriff verschieden ist, so ist die Symmetrie des Werkstoffflusses doch stets wesentlich dieselbe: Längung in der Stangenrichtung und gleichmäßige Verkürzung der Richtungen senkrecht dazu. Die Tabelle gibt außer den Verformungsbedingungen die kristallographische Natur der Gitterrichtungen, die sich bevorzugt in der Längsrichtung einstellen. Die Streuung der Einstellung kommt bei dieser Darstellung nicht mit zum Ausdruck. Man erkennt, daß es im wesentlichen zwei Richtungen sind, nämlich die [010]- und die ⟨410⟩-Richtung, die sich parallel der Richtung des starken Materialflusses einstellen. Die Verformungstemperatur und auch der Verformungsgrad können, wie bereits am Beispiel der Polfiguren von Abb. 180 gezeigt wurde, Verschiebungen in der Häufigkeit der einander überlagerten einfachen Fasertexturen bedingen. In [*129*] wird darauf hingewiesen, daß von 300 °C an mit steigender Walztemperatur eine Verschiebung der ⟨210⟩-Lage zu ⟨410⟩ erfolgt unter gleichzeitiger Steigerung der Häufigkeit. Wenn der Walzgrad 70% übersteigt, ist die nach Walzen bei 300 °C beobachtete Textur unabhängig von der Gefügeregelung des Ausgangsmaterials [*133*]. Wenn von durch Heißpressen aus Pulver hergestelltem Material ausgegangen wird, führt das Stangenwalzen zu Texturen nahe ⟨041⟩ [*134*].

Die jüngsten Arbeiten über Texturen von Uranstangen lassen er-

---

[1] Häufig werden an Stelle der in die Längsrichtung fallenden kristallographischen Richtung die Indices der quer zur Längsrichtung stehenden Netzebene angegeben. Zufolge der verschiedenen Maßstäbe in drei Achsenrichtungen des rhombischen Systems stimmen die numerischen Werte nur für die drei Koordinatenebenen mit denen der Flächenlote überein.

Tabelle 48. *Textur in gewalzten, stranggepreßten und gehämmerten Uranstangen*

Temp. in °C	Verformung	‖ Stangenachse	Temp. in °C	Verformung	‖ Stangenachse	Lit.
	kaltgewalzt				*warmgewalzt*	
—	gering	[010] st. ⟨320⟩ schw.	—	gering stark	[010] st. ⟨410⟩ schw. ⟨410⟩ st. [010] schw.	[*126*]
300	—	[010] st. ⟨410⟩ schw.	600	—	⟨410⟩ st. [010] schw.	[*127*]
300	45–70%	⟨041⟩	600	45% 70%	⟨041⟩ ⟨410⟩ st. ⟨041⟩ schw.	[*128*]
300	75%	[010] st. ⟨210⟩ schw.	600	75%	⟨410⟩ st. [010] schw.	[*129*]
					stranggepreßt	
			500	77% 92%	∼⟨410⟩ (52%) ⟨041⟩ (46%) ∼⟨410⟩ (70%) ⟨041⟩ (30%)	[*130*]
	kaltgehämmert				*warmgehämmert*	
25	50–80%	[010]	600	50–80%	[010] ⟨410⟩	[*131*]
			500	—	⟨410⟩ st. [010] schw.	[*132*]

kennen, daß die Angabe von Hauptlagen, die nicht in der (001)-Ebene liegen, die tatsächlichen Verhältnisse noch besser beschreiben [*133, 135, 136*]. Als Beispiel gibt Abb. 181 die Textur einer bei 500 °C stranggepreßten Stange. Die Intensitätsmaxima werden am besten durch die Richtungen ⟨041⟩ und eine Richtung angegeben, die um 21° von der [100] und um 70° von der ⟨410⟩-Richtung abweicht.

Für den Fall des Pressens von Rundstangen ist in radialer Richtung mit rotationssymmetrischer Textur zu rechnen. Bei gewalzten Stangen liegen hingegen an den Stellen, an denen die Walzen sich berühren, Störungen des Materialflusses vor. Ebenso treten Abweichungen entlang des Umfangs auf, wenn nicht mit kreisförmigen, sondern ovalen oder rechteckigen Kalibern verwalzt wird [*129*].

Über eine Inhomogenität der Walz- oder Preßtextur von Uranstangen liegen heute noch keine Angaben vor. In Analogie zum Verhalten anderer Metalle sind solche Inhomogenitäten, die auf Unterschiede im Materialfluß in Außen- und Innenschichten zurückgehen, zu erwarten.

Durch Rekristallisation können geringfügige Änderungen in den Texturen von Stangen eintreten. Bei 300 °C rundgewalztes Material ergab nach Glühung bei 550 °C eine Textur, die durch zwei Komponenten beschrieben werden kann, die ursprünglich vorhandene [010]-Lage und eine neue Lage nahe ⟨110⟩ [*133*]. Abb. 182 zeigt die Polfigur einer bei 500 °C stranggepreßten Stange nach einer einstündigen Glühung bei 550 °C. Der Vergleich mit Abb. 181, welche die Textur vor der Glühbehandlung darstellt, zeigt, daß das Intensitätsmaximum bei ⟨041⟩ verschwunden, dafür ein neues in der Nähe von ⟨431⟩ entstanden ist. In älteren Untersuchungen über die Bedeutung einer Glühung im α-Gebiet sind zumeist keine Unterschiede zwischen Rekristallisations- und Deformationstextur gefunden worden [*137*].

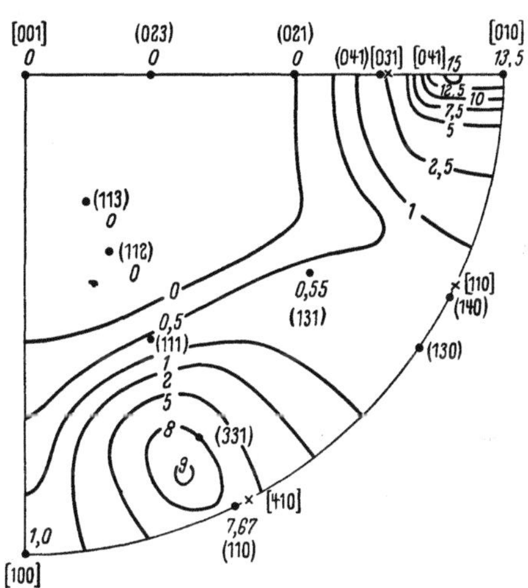

Abb. 181. Stranggepreßte Uranstange (500 °C); reziproke Polfigur [*130*]

Auf den Übergang zu regellosem Gefüge durch eine Glühung im Gebiet der β-Phase mit anschließender Wasserabschreckung wurde schon oben hingewiesen. Wichtig für den Erfolg der Maßnahme ist, daß nicht nur teilweise, sondern vollständige Überführung in den β-Zustand vor sich geht [*133, 137, 138, 139*].

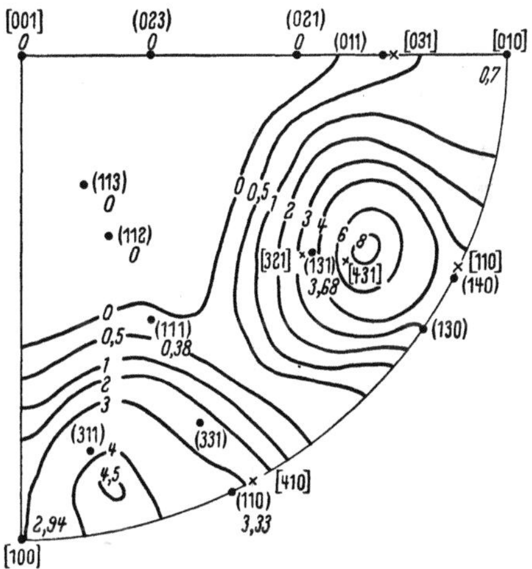

Abb. 182. Stranggepreßte (500 °C) und bei 550 °C geglühte Uranstange; reziproke Polfigur [*130*]

Auf die Textur gewalzter Bleche aus Uran beziehen sich die Abb. 183 und 184. Wieder ist zur Darstellung die reziproke Polfigur gewählt; die Lage von Walzrichtung und die Blechnormalenrichtung gegenüber den Hauptachsen wird dargestellt. Die Abb. 183 bezieht sich auf ein Blech, das bei 300 °C mit einem Walzgrad von 60% verwalzt worden war. Man erkennt, daß die Walzrichtung bevorzugt in die [010]-Richtung fällt, die Streuung der Einstellung dieser Lage aber beträchtlich ist. Die Blechnormale stellt, wieder mit nicht unerheblichen Streuungen, das Lot auf die {103}-Ebene dar.

Beim warmgewalzten Blech (Abb. 184) tritt wieder ein Häufigkeitsmaximum der Walzrichtung in der [010]-Richtung auf, ein sehr viel ausgeprägteres Maximum jedoch in der Nähe der Richtung ⟨410⟩. Die Orien-

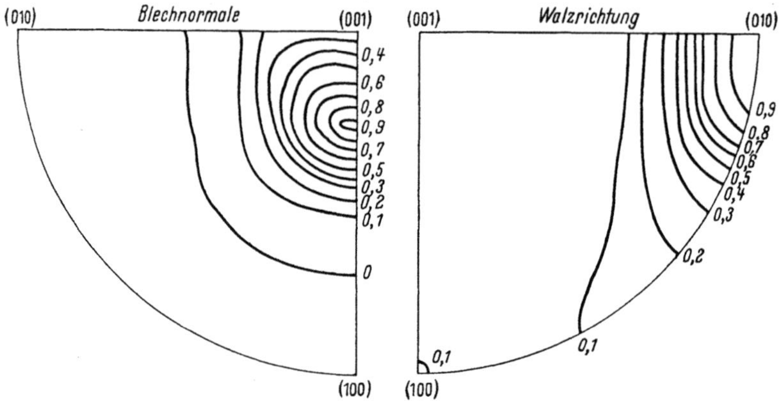

Abb. 183. Um 60% kaltgewalztes Uranblech; reziproke Polfigur [*119*]

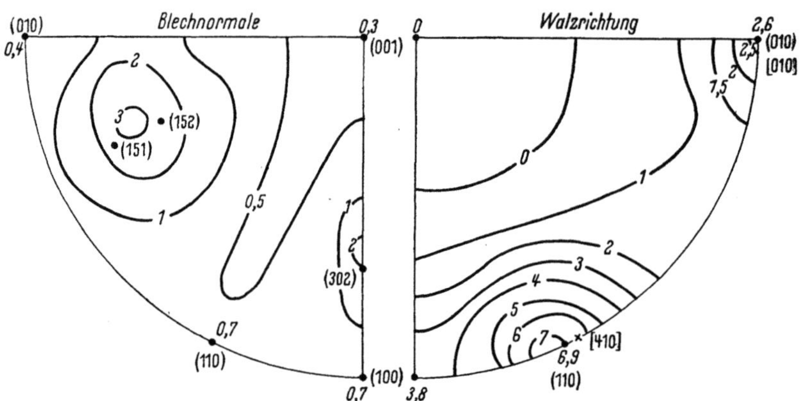

Abb. 184. Um 85% warmgewalztes (600 °C) Uranblech; reziproke Polfigur [*140*]

tierungsverteilung der Blechnormalen läßt in warmgewalzten Blechen bevorzugt die Ebenen {152} und {302} parallel der Walzebene erkennen.

Diese Polfigurdarstellungen haben die kristallographische Kennzeichnung von Walzrichtung und Walzebene mit relativer Sicherheit ermöglicht. Vielfach sind jedoch die erhaltenen Polfiguren nicht so klar durch Hauptlagen zu beschreiben wie die eben besprochenen. Die Korngröße des Ausgangsgefüges, das verwendete Walzprogramm und Beimengungen im Uran beeinflussen die entstehenden Gefügeregelungen. Zu ihrer Beschreibung durch Hauptlagen werden häufig mehr als zwei solcher Lagen herangezogen. Wenn auch mit zunehmender Anzahl von Hauptlagen das

Aussehen der Polfiguren immer besser beschrieben werden kann, so haftet diesem Vorgehen doch eine gewisse Subjektivität an. Vielfach werden auch nur ungefähre Angaben gemacht, wobei sich die Unsicherheit dann auf die Walzebene bezieht.

Tabelle 49. *Verformungs- und Rekristallisationstextur von Uranblechen*

Temp. °C	Walz-grad	∥WE / ∥WR	Lit.	Temp. °C	Walz-grad	∥WE / ∥WR	Lit.
		kaltgewalzt				*warmgewalzt*	
20	91%	{102}/[010] + {012}/⟨021⟩	[*121*]	600	60–80%	~ {103}/[010] + ~ {146}/⟨410⟩	[*119*] [*143*]
275	85%	{102}/[010] + {012}/⟨021⟩	[*141*]	600	86%	~ {152}/⟨410⟩ + ~ {302}/[010]	[*140*]
300	87%	~ {103}/[010] + ~ {013}/⟨031⟩ + ~ {146}/⟨410⟩ + ~ {139}/⟨552⟩	[*142*]	600	60% 90%	(100)/[010] + {035}/[100] {304}/[010] + {143}/⟨410⟩ + {223}/⟨110⟩	[*146*]
300	60%	{103}/[010]	[*119*] [*143*]				
300	–	WR∥ [010] + ⟨410⟩	[*144*]	600	85%	WR∥ ⟨410⟩ + [010]	[*144*]
330	85%	{102}/[010] + {012}/⟨021⟩ + {132}/⟨310⟩	[*145*]	600	90%	{102}/[010] + ~ {133}/⟨310⟩ + ~ {112}/⟨110⟩	[*145*]
			Rekristallisation				
		nach Kaltwalzen				*nach Warmwalzen*	
–	60%	{103}/[010]	[*119*]	–	60%	~ {113}/⟨110⟩	[*119*]
525	87%	~ {113}/⟨110⟩ + ~ {103}/[010] + ~ {116}/⟨411⟩ + (100)/[010]	[*142*]				
–	91%	(100)/[010]	[*141*]				
–	–	WR∥ [010] + ⟨110⟩	[*144*]				
360	85%	{112}/⟨110⟩ + (100)/[010] schw.	[*145*]				

In Tab. 49 ist das Beobachtungsmaterial für die Walztextur von Uranblech zusammengestellt. Übereinstimmend wird bei Kaltwalzung die [010]-Richtung als Walzrichtung gefunden. Ihr überlagert sich häufig eine ⟨021⟩- oder eine ⟨410⟩-Richtung. In der Walzebene liegt bevorzugt eine {102}-Fläche, der sich wieder häufig eine {012}-Fläche überlagert. In warmgewalzten Blechen wird wieder [010] als Walzrichtung gefunden.

Oftmals tritt jedoch die überlagerte Richtung $\langle 410\rangle$ mit größerer Häufigkeit auf. Parallel zur Walzebene wird zwar auch hier die bei kaltgewalzten Blechen bevorzugt auftretende {102}-Ebene gefunden, häufiger jedoch werden nunmehr höher indizierte Flächen parallel zur Walzebene beobachtet.

Rekristallisationsglühung kaltgewalzter Bleche bringt, ebenso wie dies schon bei den Stangen beschrieben worden war, nur wenig Änderung der Textur, vielfach wurde sogar Erhaltung der Kaltwalztextur beobachtet. In Tab. 49 sind einige Angaben über Hauptlagen in rekristallisierten Blechen enthalten. Vergleich mit den für den kaltgewalzten Zustand gültigen Hauptlagen zeigt, daß [010] parallel Walzrichtung in allen Fällen erhalten bleibt. Neu hinzu tritt häufig eine $\langle 110\rangle$-Richtung, eine Richtung, die auch als Walzrichtung in warmgewalzten Blechen beobachtet wird. Die Blechebene ist nach Glühbehandlung im allgemeinen durch andere Netzebenen gekennzeichnet als im kaltgewalzten Zustand. Die (100)-Fläche wurde mehrfach gefunden, wenn auch, wie in dem zuletzt angeführten Beispiel, mit sehr geringer Intensität. In einem Fall wurde diese Ebene auch in warmgewalztem Blech parallel der Walzebene gefunden.

Nach Warmwalzung ist im allgemeinen nicht mit wesentlichen Texturänderungen durch anschließende Glühbehandlung zu rechnen, da ja schon während des Warmwalzens mehr oder minder stark Rekristallisation auftritt. Auffällig ist das in der Tabelle enthaltene Beispiel, welches zeigt, daß nach Glühbehandlung eines warmgewalzten Bleches, dessen Textur besser durch *eine* Hauptlage zu beschreiben ist als durch *zwei*, die vorher zur Kennzeichnung dienten. Diese Lage wird im übrigen auch nach Glühbehandlung eines kaltgewalzten Bleches neben anderen Hauptlagen angegeben.

Über die Bedeutung einer Stoßglühung im β-Gebiet für die Textur von Blechen liegen kaum Angaben vor. In [*140*] wird berichtet, daß ein bei 600 °C gewalztes Blech, dessen Walztextur gemäß Abb. 184 zu beschreiben war, nach kurzer Glühung bei 730 °C und anschließender Wasserabschreckung die ursprüngliche Walztextur zwar verloren hat, daß aber kein regelloses Gefüge entstanden ist, sondern eine durch fünf verschiedene Komponenten zu beschreibende Textur.

1.8 Technologische Eigenschaften von Halbzeug. Die technologischen Eigenschaften von Uran sind, sofern es sich um eine Beschreibung des plastischen Verhaltens handelt, wie bei den übrigen Metallen strukturempfindlich, d.h. sie hängen außer von der Korngröße und der Textur wesentlich von den Beimengungen, der thermischen Vorgeschichte der Probe usw. ab. Für eine exakte Bewertung wäre also die Kenntnis aller dieser Angaben erforderlich. Untersuchungsergebnisse finden sich in einer Vielzahl von Veröffentlichungen, häufig jedoch ohne genaue Kenn-

Tabelle 50. *Technologische Festigkeitswerte von gegossenem Uran*

	E-Modul in kp/mm²	*G*-Modul in kp/mm²	Poissonsche Zahl	$\sigma_{0,2}$ in kp/mm²	σ_B in kp/mm²	δ in %	Vickershärte	Lit.
gegossen	20600 bis 21000	8500	0,23					[*147*]
gegossen				19–25	42–56	5–10	220	[*3, 34*]
gegossen					53			[*113*]
$+\gamma$-abgeschreckt				52	70	6		[*113*]

zeichnung des Werkstoffzustands. Die nachfolgend mitgeteilten Werte sind als Richtwerte aufzufassen, sie entbinden nicht davon, in auftretenden Spezialfällen die in Frage kommenden Eigenschaften unmittelbar zu bestimmen.

Für gegossenes Uran sind in Tab. 50 entsprechende

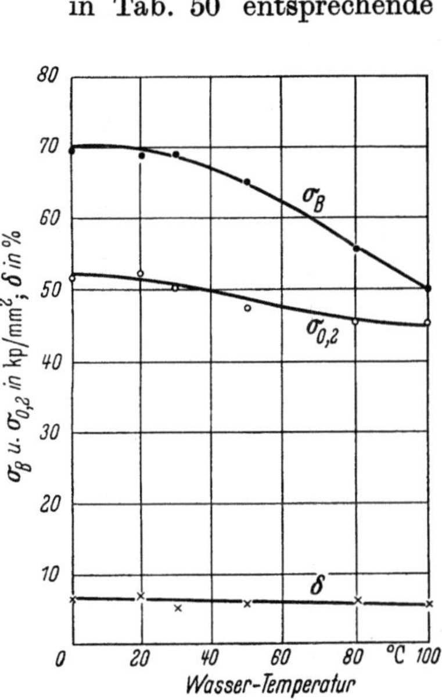

Abb. 185. Von 850 °C abgeschreckte Urangußstäbe; Bedeutung der Temperatur des Abschreckmittels für technologische Festigkeitswerte [*113*]

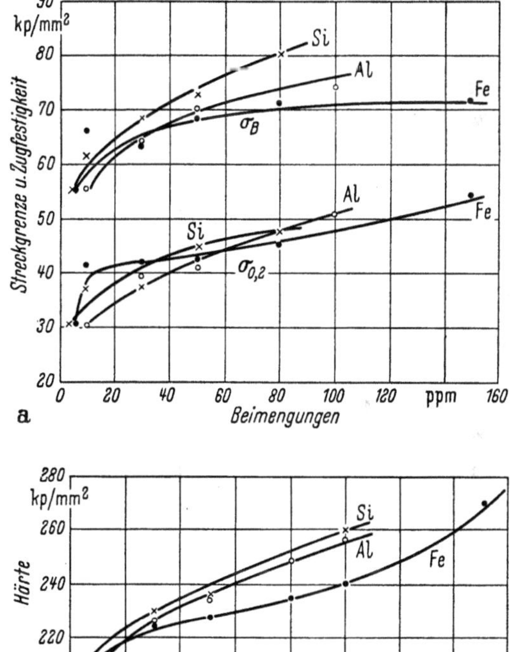

Abb. 186a u. b. Verfestigung abgeschreckter Urangußproben durch Beimengungen [*113*]
a) Streckgrenze und Zugfestigkeit; b) Härte

Werte enthalten. Sie beziehen sich, soweit es sich um Kennwerte des Zugversuchs handelt, außer auf normales Gußmaterial auch auf Proben, die nach dem Guß 30 Minuten im γ-Gebiet angelassen und anschließend im Wasser abgeschreckt worden waren. Man erkennt eine erhebliche Steigerung von Streckgrenze und Zugfestigkeit durch diese Vorbehandlung. Durch die Abschreckung tritt eine beträchtliche Kornverfeinerung ein, deren Ausmaß außerdem von der Höhe des Gehalts an Verunreinigungen mitbestimmt wird. Die Bedeutung der Schärfe der Abschreckung geht aus Abb. 185 hervor, die Streckgrenze, Zugfestigkeit und Dehnung der von 850 °C abgeschreckten Proben als Funktion der Temperatur des Abschreckmittels (Wasser) darstellt. Die verfestigende Wirkung geringer Eisen-, Silizium- und Aluminiumbeimengungen in abgeschreckten Proben zeigt Abb. 186a u. b. Auf steigende Kohlenstoffzugabe bei ungefährer Erhaltung der Summe der übrigen Beimengungen bezieht sich Tab. 51. Hier scheint ein Maximum des Einflusses bei mittleren Kohlenstoffgehalten zu liegen.

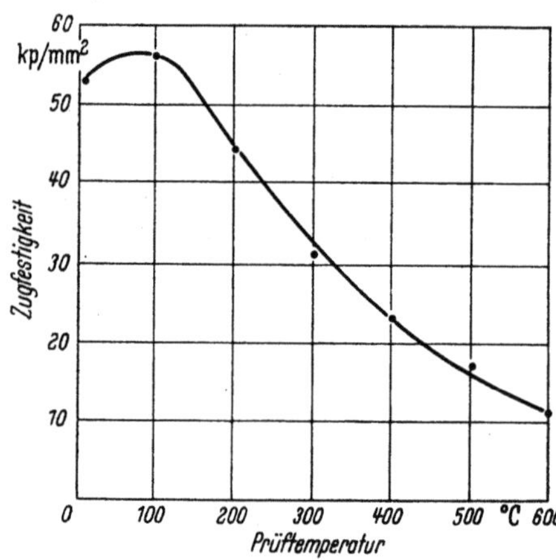

Abb. 187. Temperaturabhängigkeit der Zugfestigkeit von Urangußstäben [*113*]

Über die Temperaturabhängigkeit der Zugfestigkeit gegossener Proben bringt Abb. 187 einige Angaben. Die Versuchstemperatur blieb hierbei im Bereich der α-Phase. Durch Abschreckung der Proben wird bis zur höchsten verwendeten Temperatur eine gewisse Festigkeitserhöhung bewirkt. Eine Darstellung der Temperaturabhängigkeit der technologischen Eigenschaften in der Nachbarschaft der α-β-Umwandlung gibt Abb. 188. Übergang ins β-Gebiet führt zu einem Anstieg von Streckgrenze und Zugfestigkeit unter gleichzeitigem starkem Absinken der Dehnung.

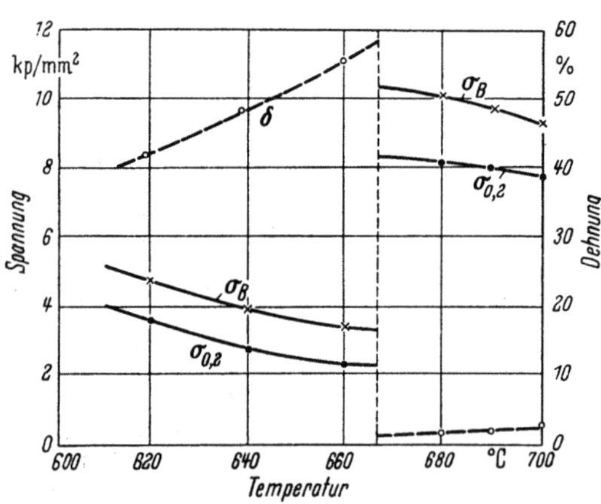

Abb. 188. Temperaturabhängigkeit technologischer Eigenschaften von Urangußstäben in der Umgebung des α-β-Umwandlungspunkts [*148*]

Die verfestigende Wirkung einer γ-Abschreckung äußert sich auch für das Kriechverhalten von gegossenem Uran. Bei 300 °C geprüfte Proben zeigen, daß durch die Abschreckbehandlung das in 500 Stunden ein-

Tabelle 51. *Wirkung steigender Kohlenstoffgehalte auf die Festigkeitseigenschaften von Uranstäben* (aus [*3*])

Gehalt an Verunreinigungen Kohlenstoff in ppm	gesamt	Streckgrenze in kp/mm²	Zugfestigkeit in kp/mm²	Dehnung in %
60	260	14,0	36,4	8
210	410	15,4	37,1	8
360	525	19,6	41,3	8
550	650	20,3	50,4	11
630	815	19,6	52,5	17
710	1000	19,6	49,0	12
820	925	17,5	43,4	9
1250	1800	17,5	51,8	10

Tabelle 52. *Elastische Eigenschaften von gewalzten Uranstangen*

Materialzustand	*E*-Modul in kp/mm²	*G*-Modul in kp/mm²	POISSONsche Zahl	Lit.
warmgewalzt (630°C)	19000	8000	0,20	[*149*]
stranggepreßt	21000	8400	0,23	[*147*]
warmgewalzt + geglüht	18000	7800	0,19	[*149*]
warmgewalzt + β-abgeschreckt	20000–21000	8300–8600	0,18	[*149*]
warmgewalzt + β-abgeschreckt	18000	7200	0,25	[*150*]

Tabelle 53. *Technologische Festigkeitswerte von gewalzten Uranstangen*

Materialzustand	$\sigma_{0,2}$ in kp/mm²	σ_B in kp/mm²	δ in %	Literatur
α-stranggepreßt (200°C; 50%)	36	89	6	[*2*]
α-stranggepreßt (400°C; 50%)	32	88	11	[*2*]
α-stranggepreßt (400°C; 88%)	22	72	18	[*2*]
α-stranggepreßt (600°C; 93%)	20	67	20	[*2*]
γ-stranggepreßt	13–27	60–84	10–18	[*3, 34*]
kaltgewalzt (300°C)	77	120	7,5	[*151*]
kaltgewalzt (300°C + gegl. 600°C)	30	78	6,8	[*152*]
kaltgewalzt (300°C + gegl. 700°C)	17	45	8,5	[*152*]
warmgewalzt (600°C)	21–25	60–70	10–18	[*3, 34*]
warmgewalzt (600°C)	22	47	15	[*113*]
warmgewalzt (600°C)	33–48	84–98	11–20	[*153*]
warmgewalzt + 58% gehämmert	58–71	102–111	11–17	[*153*]
warmgewalzt + 96% gehämmert	92–106	126–130	3	[*153*]
warmgewalzt + α-geglüht (600°C)	18	60	13,5	[*152*]
warmgewalzt + α-geglüht (600°C)	21–28	56–77	10–15	[*3, 34*]
warmgewalzt + β-geglüht (700°C)	18	44	6	[*152*]
warmgewalzt + β-geglüht (700°C)	18–25	39–46	6–10	[*3, 34*]
warmgewalzt + β-abgeschreckt	21–25	49–67	10–15	[*3, 34*]
warmgewalzt + β-abgeschreckt	25–31	40–54	13	[*113*]
warmgewalzt + γ-abgeschreckt	12–18	42–56	8–15	[*3, 34*]
warmgewalzt + γ-abgeschreckt	31–47	54–63	12	[*113*]

tretende Fließen der Proben nur etwa ein Achtel des für gewöhnliche Gußproben beträgt. Werden die Fließversuche hingegen bei 500 °C durchgeführt, so kehren sich die Verhältnisse um. Nun tritt bereits Korngrenzenfließen in erheblichem Ausmaß auf, was zur Folge hat, daß nunmehr die aus dem γ-Gebiet abgeschreckten, feinkörnigen Proben erheblich lebhafter fließen als gewöhnliches Gußmaterial [*113*].

Auf die elastischen Eigenschaften von *Stangenmaterial* – stranggepreßt oder gewalzt – bezieht sich Tab. 52, auf die Kennziffern des Zugversuchs, Streckgrenze, Zugfestigkeit und Dehnung, Tab. 53. Wieder sind die angegebenen Werte nur als Richtwerte anzusehen. Die strukturunempfindlichen elastischen Eigenschaften werden durch verschiedene thermische Vorbehandlung der Proben kaum beeinflußt. Die für warmgewalzte, β-abgeschreckte Proben (weitgehend regelloses Gefüge) erhaltenen Werte von Elastizitäts- und Torsionsmodul stimmen gut mit den aus den elastischen Konstanten für regelloses Gefüge berechneten Mittelwerten ($E = 21\,600$ und $G = 8960\,\text{kp/mm}^2$) überein. Gleiches gilt für die Moduln von Gußstäben (vgl. Tab. 50). Für die Kennziffern des Zugversuchs geht die Bedeutung von Preßtemperatur und Verformungsgrad sowie einer an das Kaltwalzen anschließenden thermischen Behandlung aus den angegebenen Zahlen deutlich hervor. Für warmgewalztes Material wird die Verfestigung durch anschließendes Kalthämmern, die Bedeutung thermischer Glüh- und Abschreckbehandlungen illustriert.

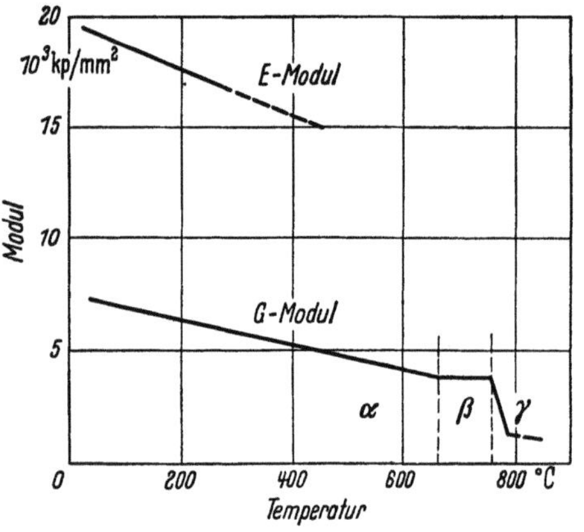

Abb. 189. Temperaturabhängigkeit der elastischen Moduln von Uran
E-Modul nach [*149*]; *G*-Modul nach [*154*]

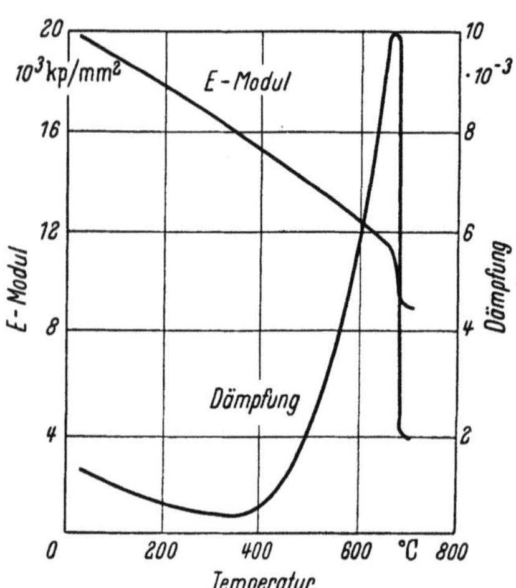

Abb. 190. Temperaturabhängigkeit des Elastizitätsmoduls und der Dämpfung von Uran (γ-abgeschreckt, α-geglüht) [*41*]

Die durch Ultraschallversuche ermittelte Temperaturabhängigkeit des Elastizitätsmoduls und des Torsionsmoduls ist in Abb. 189 dargestellt. Abb. 190 zeigt nochmals die durch Resonanzversuche ermittelte Temperaturabhängigkeit des Elastizitätsmoduls und auch die Temperaturabhängigkeit der Dämpfung, die aus der Abklingzeit von Transversalschwingungen erschlossen ist. Übergang in die spröde β-Phase führt zu einem deutlichen Abfall des Moduls und zu einem außerordentlich scharfen Dämpfungsabfall.

Die Bedeutung der Walztemperatur für die bei Raumtemperatur ermittelte Streckgrenze und Zugfestigkeit geht zusätzlich zu den bereits in der Tab. 53 enthaltenen Zahlen aus Abb. 191 hervor. Die Abbildung zeigt überdies, daß die Kaliberfolge (rundes Kaliber; und oval-spießkant-Kaliber) nur geringen Einfluß auf die Festigkeitseigenschaften hat.

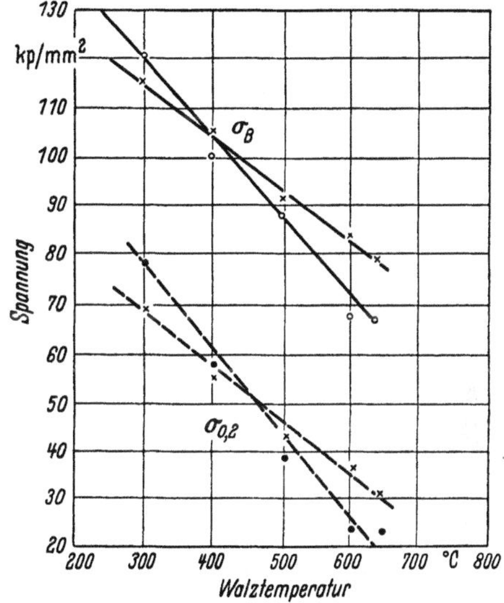

Abb. 191. Streckgrenze und Zugfestigkeit von Uranstangen in Abhängigkeit von der Walztemperatur [151]
○ u. ● Rundkaliber; × Oval-spießkant-Kaliber

Eine Illustration der Anisotropie der Festigkeitseigenschaften gewalzter Uranstangen gibt Abb. 192, welche statische Dehnungskurven von Längs- und Querproben darstellt. Textur und Zeilenstruktur der Einschlüsse sind für die beobachteten Unterschiede verantwortlich.

Die Temperaturabhängigkeit von Streckgrenze, Zugfestigkeit und Dehnung von aus dem β-Gebiet abgeschreckten Proben zeigt Abb. 193. Streckgrenze und Zugfestigkeit sinken im α-Gebiet mit steigender Temperatur erheblich ab, während

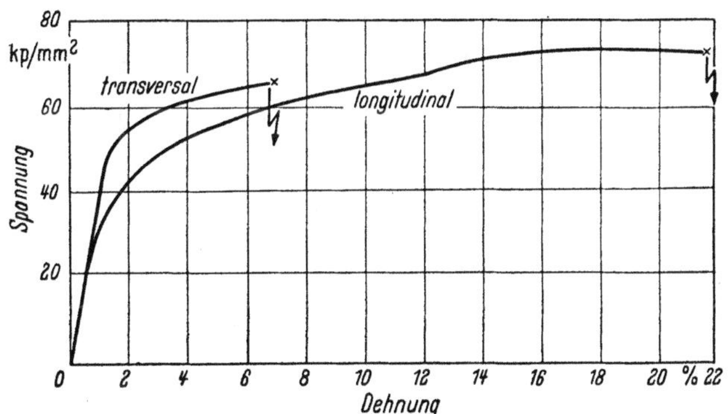

Abb. 192. Dehnungskurven von transversal und longitudinal aus gewalzten Uranstangen entnommenen Proben [34]

die Dehnung gleichzeitig stark zunimmt. Übergang ins β-Gebiet führt, wie bei Gußproben, zu einem Anstieg von Streckgrenze und Zugfestigkeit.

Ebenso wie Streckgrenze und Zugfestigkeit sinkt auch die Härte mit steigender Walztemperatur. Für das Beispiel der Vickershärte ist dies für den Bereich von 300 °C bis zur Grenztemperatur der α-Phase in Abb. 194 dargestellt. Die Abbildung zeigt überdies, daß auch für den Härteverlauf die gewählte Kaliberfolge nur geringen Einfluß hat.

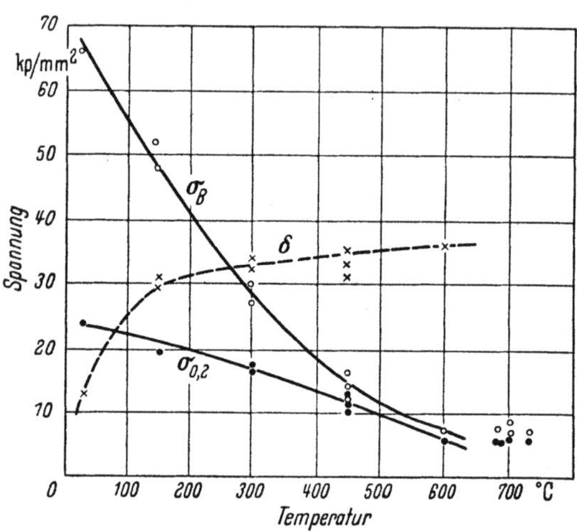

Abb. 193. Temperaturabhängigkeit technologischer Eigenschaften von aus dem β-Gebiet abgeschreckten Uranproben [*154*]

Die Abhängigkeit der Härte von der Prüftemperatur gibt Abb. 195 wieder¹. Auf den im α-Gebiet vor sich gehenden Härteabfall mit steigender Temperatur folgt ein unstetiger Anstieg beim Übergang ins β-Gebiet, dem ein plötzlicher Abfall zu sehr niedrigen Werten beim Übergang ins γ-Gebiet folgt (hier ähnelt die Härte des Urans etwa der von reinem Blei bei Raumtemperatur).

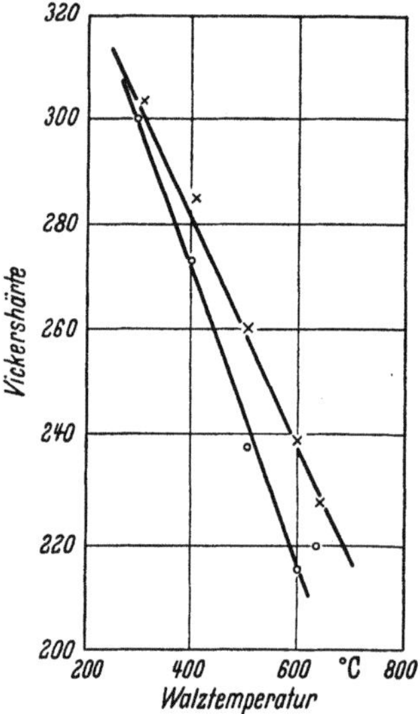

Abb. 194. Abhängigkeit der Härte von Uranproben von der Walztemperatur [*151*]. ○ Rundkaliber; × Oval-spießkant-Kaliber

Bei dynamischer Beanspruchung weist Uran bei niedrigen Temperaturen Sprödbruch auf. In Abb. 196 ist der Übergang vom plastischen zum spröden Bruch für verschieden reines Material und verschiedene Herstellungsart der Proben dargestellt. Man erkennt, daß im warmgewalzten und im aus dem β-Gebiet abgeschreckten, anschließend α-geglühten Material der Übergang im Temperaturbereich von 100 bis 150 °C erfolgt. Der Übergang ist nicht so scharf ausgeprägt wie i. A. bei k.-rz. Metallen. Reinheitsgrad und Vorbehandlung beeinflussen ihn, wie die Abbildung erkennen läßt, deutlich.

Die Ermüdungsfestigkeit von Uran (Basis 10^6 Zyklen) wird mit 17,5 kp/mm²,

¹ Bei der Bestimmung der Warmhärte ist vor allem auf Vermeidung von Oxydation, die zu fehlerhaften Werten führen würde, zu achten.

d.i. etwa 0,2 der Zugfestigkeit, angegeben. Mit 24,5 kp/mm² Belastung wurden Brüche zwischen 120.000 und 250.000 Zyklen gefunden. Durch Trainieren mit 17,5 kp/mm² wird die Wechselfestigkeit gegenüber höheren Beanspruchungen verbessert [*158*]. Auf den Bereich niedriger Wechselzahlen bezieht sich Abb. 197. Sie enthält die Streubereiche für longitudinal und transversal entnommene Proben und zeigt, daß die Querproben nicht nur nach kleineren Wechselzahlen zu Bruch gehen, sondern auch einen erheblich größeren Streubereich umfassen als die Längsproben. Vermutlich sind Zeilen von Einschlüssen in den im α-Gebiet stark kaltgewalzten Stäben für diese Unterschiede verantwortlich.

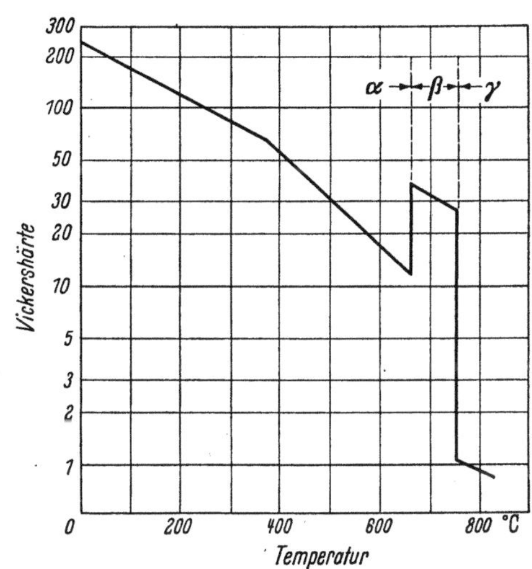

Abb. 195. Temperaturabhängigkeit der Härte von Uran [*156*]

Ebenso wie in gegossenen Uranproben wird auch in heißgewalzten Proben durch anschließende γ-Abschreckung das Fließen je nach der Versuchstemperatur verschieden beeinflußt. Bei 300 °C fällt der Fließweg je Stunde etwa auf ein Fünftel durch die vorausgegangene Abschreckung, bei einer Versuchstemperatur von 500 °C dagegen wird er durch diese Behandlung auf das etwa Neunfache vergrößert [*113*]. Eine Wiedergabe des Zusammenhangs zwischen Kriechspannung und Temperatur für verschiedene mittlere Kriechgeschwindigkeiten gibt Abb. 198, die sich auf β-abgeschrecktes Material bezieht. Man erkennt, daß im Temperaturbereich von 250 bis 380 °C beträchtliche Abnahmen der zur Auf-

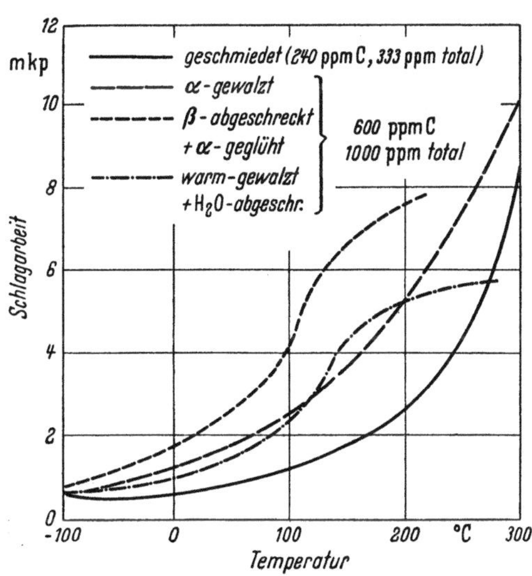

Abb. 196. Temperaturabhängigkeit der Kerbschlagzähigkeit von Uran [*157*]

rechterhaltung der Fließgeschwindigkeit erforderlichen Spannungen eintreten.

Wie das Stangenwalzen wird auch das Blechwalzen teils als Warmverformung (600 bis 625 °C), teils als Kaltverformung (300 bis 325 °C)

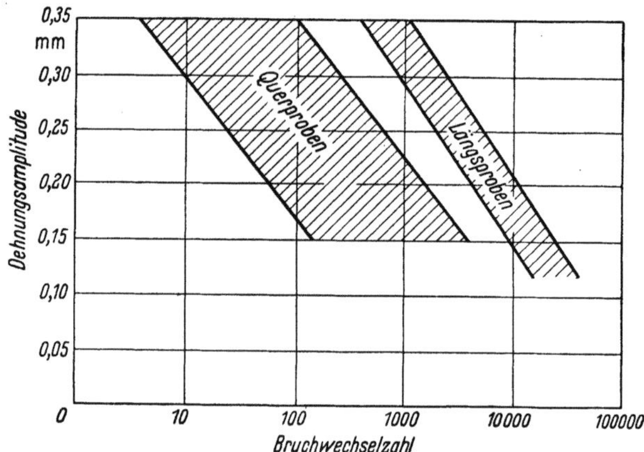

Abb. 197. Wechselbeanspruchung von Uran: WÖHLER-Kurven im Bereich hoher Beanspruchung [*159*]

vorgenommen. Im ersten Fall tritt nach Querschnittsabnahmen um etwa 60% völlige Rekristallisation ein. Einige technologische Festigkeitswerte zur Kennzeichnung der Bedeutung der Warmwalztemperatur sind in Tab. 54 gegeben. Ebenso wie im Falle des Stangenwalzens nimmt die Plastizität mit zunehmender Walztemperatur zu.

Tabelle 54. *Festigkeitswerte von warmgewalzten Uranblechen* (*65% Walzgrad*) [*109*]

Walztemperatur in °C	Streckgrenze in kp/mm²	Zugfestigkeit in kp/mm²	Dehnung in %
550	29,1	65,9	9
575	26,8	65,5	8
600	20,5	67,8	10
625	22,5	59,3	10
650	21,6	59,0	12

Auf stark kaltgewalztes Blech bezieht sich Abb. 199, welche die Orientierungsabhängigkeit von Zugfestigkeit und Dehnung als Funktion des Winkels zur Walzrichtung wiedergibt. Im wesentlichen ist diese Orientierungsabhängigkeit durch die Walztextur bedingt. Durch anschließende Anlaßbehandlung wird die im allgemeinen unerwünschte Richtungsabhängigkeit der Festigkeitseigenschaften erheblich verringert. Auch durch ein geeignetes Walzprogramm kann für ungefähre Gleichmäßigkeit der Eigenschaften gesorgt werden. In [*109*] werden drei vorteilhafte Walzprogramme beschrieben. Der erste Schritt war in allen Fällen ein Warmwalzen um 70% bei 625 °C. An ihn schloß sich im ersten

Programm eine Kaltwalzung bis auf die Enddicke an, im dritten Fall folgte ebenfalls Kaltwalzung, aber mit eingeschalteter Zwischenglühung; im zweiten Fall folgten dagegen auf das Warmwalzen zwei Kaltwalzschritte mit Zwischenglühung und schließlich eine Querwalzung. Das

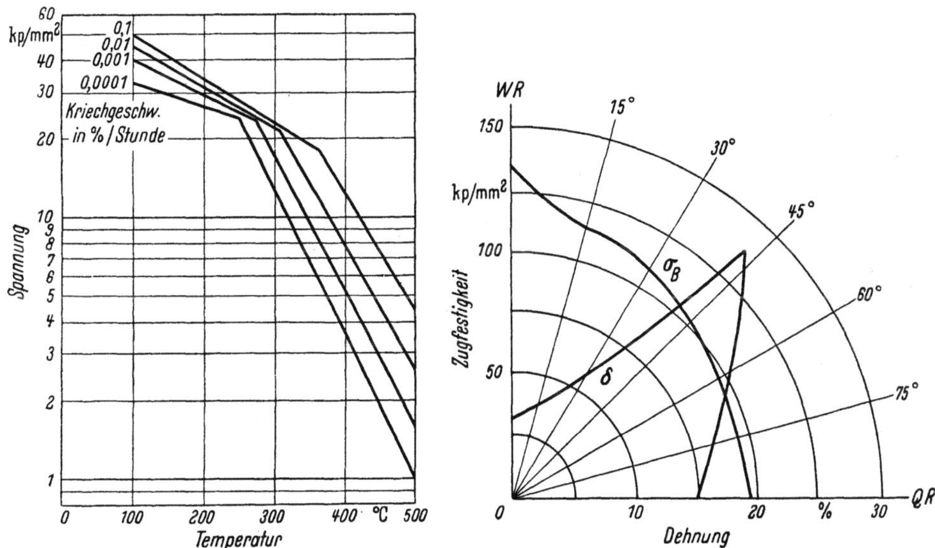

Abb. 198. Kriechversuche an β-abgeschrecktem Uran [160]

Abb. 199. Orientierungsabhängigkeit von Zugfestigkeit und Dehnung kaltgewalzter Uranbleche (aus [3])

Tabelle 55. *Festigkeitswerte von warmgewalzten Uranblechen* [*109*]

Materialzustand	Streckgrenze in kp/mm²	Zugfestigkeit in kp/mm²	Dehnung in %
Programm 1			
gewalzt 70% b. 625 °C + gewalzt 88,5% b. 300°C;			
Ausgangszustand	96,3	141,0	8
45 Minuten Salzbad b. 625°C	33,8	74,4	3
Programm 2			
gewalzt 70% b. 625°C + gewalzt 64% b. 300°C + Zwgl. b. 625°C + gewalzt 30% b. 300°C + kreuzgewalzt 53,7% b. 300°C;			
Ausgangszustand	86,2	114,7	15
45 Minuten Salzbad b. 625°C	30,5	64,4	6
Programm 3			
gewalzt 70% b. 625°C + gewalzt 64% b. 300°C + Zwgl. b. 625°C + gewalzt 67% b. 300°C;			
Ausgangszustand	92,0	123,6	11
45 Minuten Salzbad b. 625°C	29,0	69,5	5

Walzprogramm 2 führt zur geringsten Anisotropie der Eigenschaften, aber auch das Walzprogramm 3 führt, wenn eine Schlußglühung bei etwa 600 °C angeschlossen wird, zu ausreichender Quasiisotropie. Dieses letztere Walzprogramm hat durch Verzicht auf die Querwalzung den Vorteil, daß es die Herstellung von langen Streifen und Bändern gestattet. In Tab. 55 sind die Festigkeitseigenschaften von parallel zur Walzrichtung entnommenen, 0,9 mm dicken Proben enthalten, die aus Blechen hergestellt nach den drei Walzprogrammen stammen. Mitaufgenommen in die Tabelle sind die Eigenschaftswerte, die sich nach einer

Tabelle 56. *Festigkeitseigenschaften von gewalztem Uranblech* [*109*]

Zustand des Blechs	Streckgrenze in kp/mm²	Zugfestigkeit in kp/mm²	Dehnung in %
Walzzustand	73,5	131,9	10,1
30 Min. Salzbad (600°C)	28,3	80,5	4,5
30 Min. Vakuum (600°C)	32,9	93,0	21,6

Anlaßbehandlung bei 625 °C in einem Kaliumkarbonat-Lithiumkarbonat-Bad ergeben. Außer einer erheblichen Abnahme von Streckgrenze und Zugfestigkeit wird auch ein sehr starker Dehnungsrückgang durch die Anlaßbehandlung bewirkt. Dies kennzeichnet deutlich den schädigenden Einfluß des Anlassens im Salzbad, der auf eine Wasserstoffabsorption aus dem Bad zurückgeführt wird. Sehr deutlich tritt die Dehnungsverminderung durch Salzbadglühung auch aus den Zahlen der Tab. 56 hervor. Die Dehnung des durch Warmwalzen um 76% und anschließendes Kaltwalzen um 85% erhaltenen Bleches von 0,9 mm Dicke sinkt durch Salzbadglühung auf weniger als die Hälfte ab, während sie durch analoge Vakuumglühung auf über das Doppelte ansteigt. Massenspektrometrisch wurde nach der Salzbadglühung ein Wasserstoffgehalt von 1,5 ppm, nach der Vakuumglühung ein solcher von 0,5 ppm ermittelt. Durch anschließende Vakuumglühung kann die Wasserstoffschädigung beseitigt werden, wie aus Abb. 200 hervorgeht, welche Zugfestigkeit und Dehnung nach abwechselnder Glühbehandlung im Salzbad und im Vakuum wiedergibt. Die Bedeutung auch anderer Glühatmosphä-

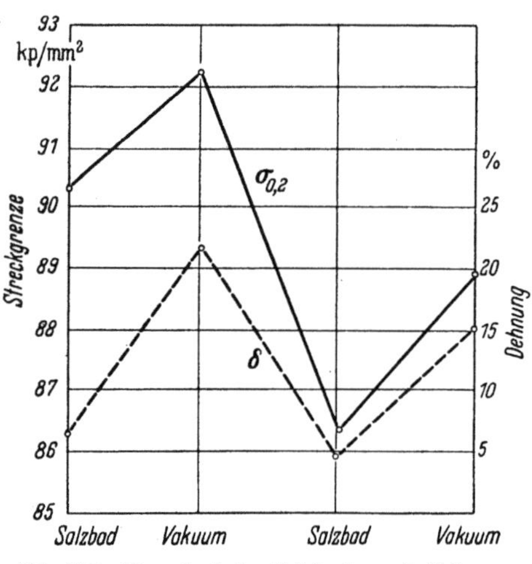

Abb. 200. Abwechselnde Salzbad- und Vakuumglühung (30 Minuten bei 600 °C) von Uranblechen [*111*]

ren auf ebenso vorbehandeltes Ausgangsblech zeigt Abb. 201. Einem nicht sehr ausgeprägten Einfluß auf die Zugfestigkeit steht ein markanter auf die Dehnung gegenüber, der auf die Aufnahme von Beimengungen aus dem

Dehnung
0 5 10 15 % 20
Zugfestigkeit
0 50 100 kp/mm² 150
ungeglüht
Vakuum gegl
He „
Ar „
N₂ „
Luft „
CO₂ „
H₂ „
Salzbad „

Abb. 201. Einfluß der Glühatmosphäre auf Zugfestigkeit und Dehnung von Uranblechen [*111*]

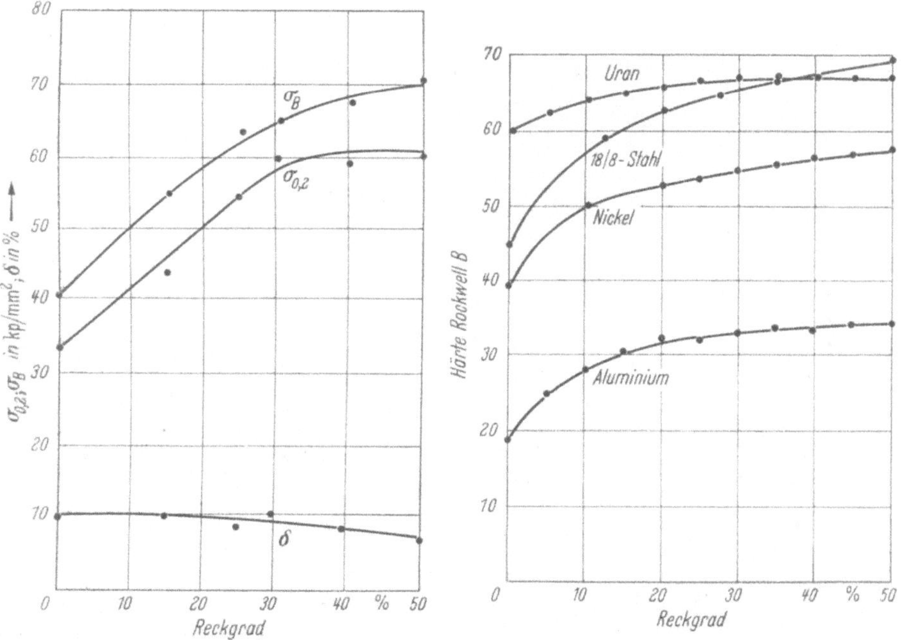

Abb. 202. Verfestigung von Uranblechen durch Walzen bei 500 °C [*113*]

Abb. 203. Härteanstieg verschiedener Metalle durch Kaltreckung [*111*]

Schutzgas zurückgeführt wird. Unter diesen Beimengungen spielt zweifellos der Wasserstoff eine hervorragende Rolle.

Auf die Härtung durch Walzen bei 500 °C bezieht sich Abb. 202, in der Streckgrenze, Zugfestigkeit und Dehnung parallel zur Walzrichtung als Funktion der Querschnittsverminderung bis zu 50% dargestellt sind.

Die Verfestigung von Uran durch Kaltwalzen (250 °C) wird am Beispiel der Härte in Abb. 203 dargestellt, in die zum Vergleich die bei Raumtemperaturwalzung beobachtete Verfestigung von Aluminium, Nickel und 18/8-Chrom-Nickel-Stahl miteingetragen ist. Man erkennt, daß die

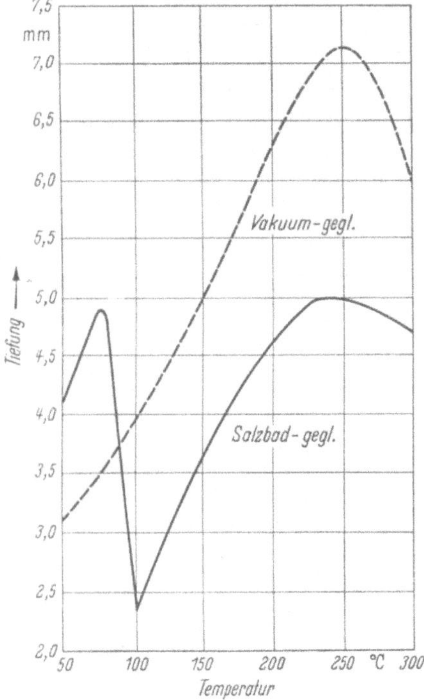

Abb. 204. Temperaturabhängigkeit der Tiefung vakuum- und salzbadgeglühter Uranblechproben [109]

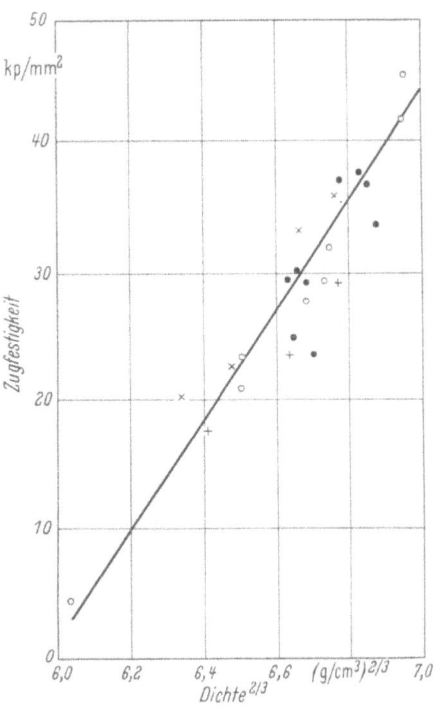

Abb. 205. Zugfestigkeit als Funktion der Dichte von Uransinterkörpern [87]. ○ 2 Stunden gesintert; ● 4 Tage 16 Stunden gesintert; ×Pulver 1 Woche oxydiert, dann 2 Stunden gesintert; + Pulver 3 Wochen oxydiert, dann 2 Stunden gesintert

Verfestigung von Uran erheblich hinter der der Vergleichsmetalle zurückbleibt, was den Vorteil höherer Reckgrade bis zur notwendigen Einschaltung von Zwischenglühungen mit sich bringt.

Für eine Formgebung durch Tiefziehen ist ein hohes Dehnvermögen erforderlich, welches eine Kaltverformung bei niedrigen Kräften gestattet und auch noch bei hohen Verformungsgraden ein einwandfreies Fließen gewährleistet. In Ermangelung eines geeigneten Prüfgeräts hat man sich zunächst zur Prüfung der Tiefziehfähigkeit von dünnen Blechen mit der Ermittlung von Festigkeit und Dehnung begnügt. Später wurden spezielle Tiefungsprüfgeräte ausgebildet. Die beim Bruch erreichte Tiefung wird dabei als Gütemaß benutzt. Wichtig für gute Tiefziehfähigkeit ist außer geeigneter Korngröße und entsprechenden mechanischen Eigenschaften das Vorhandensein einer möglichst regellosen Textur. Zu ihrer Erzielung kann das oben beschriebene Querwalzverfahren (Programm 2) oder Programm 3 benutzt werden. Daß mit der Dehnung auch die Tiefung entscheidend durch das Medium der Zwischenglühung beeinflußt wird, zeigt Abb. 204, in der die Tiefungswerte von nach Programm 3 gewalzten Blechen als Funktion der Versuchstemperatur eingetragen sind.

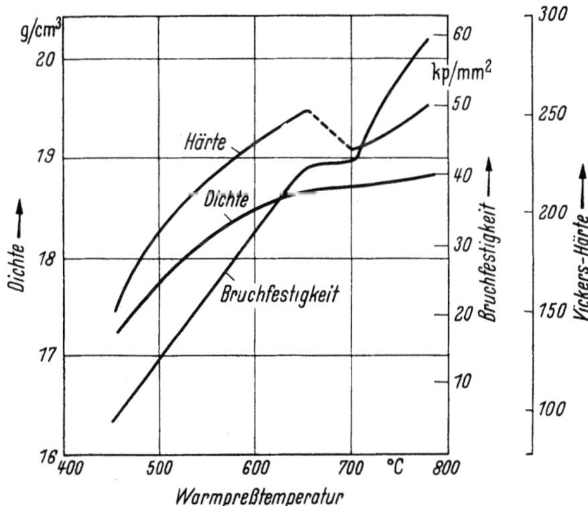

Abb. 206. Bedeutung der Warmpreßtemperatur für die Eigenschaften von Uranpreßlingen [87]

Man erkennt zunächst, daß eine Tiefungstemperatur von etwa 250 °C zu optimalen Tiefungswerten führt, und erkennt weiter, daß bei im Salzbad geglühten Proben bei 100 °C ein ausgesprochenes Minimum der Tiefung auftritt, die hier erheblich unter der für 50 °C geltenden liegt. Wieder wird vermutet, daß dieses Minimum der Tiefung mit Wasserstoffaufnahme des Metalls aus dem Salzbad zusammenhängt.

Abschließend seien noch einige Angaben über die technologischen Eigenschaften von pulvermetallurgisch hergestellten Proben gemacht. Die Zugfestigkeit von Sintermaterial hoher Dichte ist mit 42 kp/mm² vergleichbar der von Gußmaterial. Dehnungen bis 11% werden beobachtet [87]. Der Zusammenhang der Zugfestigkeit mit der Dichte (ϱ) ist in Abb. 205 dargestellt. Der Anstieg erfolgt linear mit $\varrho^{2/3}$. Für die Dehnung gilt keine analoge Beziehung. Die Bedeutung der Warmpreßtemperatur bei konstantem Preßdruck (15,5 kp/mm²) und konstanter Preßzeit (10 Minuten) für die technologischen Eigenschaften geht aus Abb. 206 hervor. Außer Bruchfestigkeit und Härte ist auch die Dichte miteingezeichnet. Der Übergang in den β-Bereich äußert sich in allen drei Fällen. Der im α-Bereich mit steigender Temperatur erhebliche Anstieg setzt sich für Dichte und Bruchfestigkeit nicht fort, er geht bei der Härte in einen deutlichen Abfall über. Verpressen im γ-Gebiet führt für alle drei Eigenschaften zu weiterem Anstieg mit steigender Temperatur (vgl. Abb. 170, S. 224).

Auf im γ-Zustand stranggepreßtes Material beziehen sich die in Tab. 57 angegebenen Werte, die einmal die Bedeutung der Querschnitts-

Tabelle 57. *Technologische Eigenschaften von durch Strangpressen aus Pulver hergestellten Uranstangen [87]*

Preßtemperatur in °C	Preßgrad in %	Dichte g/cm³	Zugfestigkeit in kp/mm²	Dehnung in %	VICKERS-Härte
800	72	18,8	50,5	3,0	275
800	86	18,75	52,2	3,5	298
800	94	18,80	59,2	4,5	285
850	94	18,85	56,1	6,1	268
900	96	18,64	55,6	2,0	310
950	96	18,50	51,1	0,5	320

verminderung (des Drucks) bei konstanter Temperatur betreffen, zum zweiten den Einfluß einer Erhöhung der Preßtemperatur kennzeichnen.

1.9 Thermische Instabilität. Nach der Schilderung der üblichen technologischen Eigenschaften müssen nun zwei Eigenschaften des Urans besprochen werden, die für seine Verwendung als Brennmaterial im Reaktor von hoher Bedeutung sind. Es handelt sich um Forminstabilitäten, die einmal durch zyklische thermische Beanspruchung, zum anderen durch den Einfluß der Reaktorstrahlung bewirkt werden. Die erste dieser Instabilitäten wird in diesem Punkt erörtert, das Wachsen des Urans durch Reaktorstrahlung bildet neben der Besprechung der Wirkung der Strahlung auch auf andere Eigenschaften den Inhalt des folgenden Punkts.

Abb. 207. Oberfläche eines Urangußstabes nach 300 thermischen Zyklen zwischen 50 und 500 °C; V=2 [*161*]

Zur Kennzeichnung der thermischen Instabilität ist zunächst in Abb. 207 die Oberfläche eines gegossenen Uranstabes wiedergegeben, der 300 thermischen Zyklen zwischen 50 und 500 °C ausgesetzt war. Die ursprünglich glatte Oberfläche des Stabes erfuhr hierdurch eine erhebliche Aufrauhung. Sehr viel ausgeprägter tritt die thermische Instabilität aus Abb. 208 hervor, in der stark kaltgewalzte Uranstäbe im Ausgangszustand und nach 1300 bzw. 3000 zyklischen Erhitzungen zwischen 50 und 550 °C dargestellt sind. Ein außerordentliches Wachstum ist eingetreten, das in dem einen Fall auf etwa die sechsfache Länge führt. Diese makroskopischen Deformationen sind von charakteristischen Änderungen im Mikrogefüge begleitet.

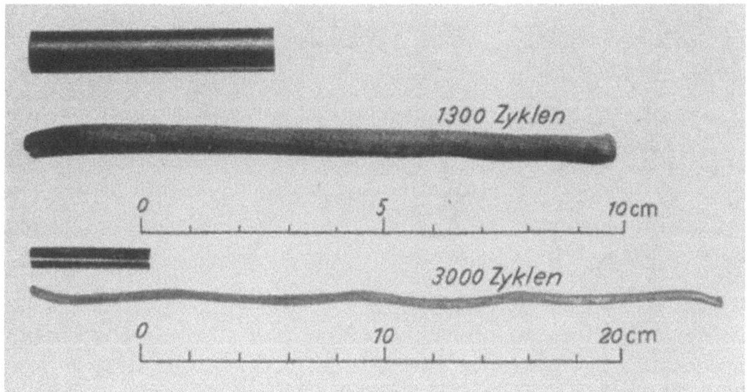

Abb. 208. Wachsen von Uranproben durch zyklische Erhitzung zwischen 50 und 550 °C [*161*]

Schon von Beginn an hat man dieses Wachsen durch thermische Wechselbeanspruchung mit der Anisotropie der thermischen Ausdehnung des Urans in Verbindung gebracht. In der Tat treten ähnliche Erscheinungen auch bei anderen nichtkubischen Metallen auf, die eine ausgeprägte Richtungsabhängigkeit des Ausdehnungskoeffizienten aufweisen. Frühe Beobachtungen liegen an Zinn und Zinnlegierungen [*162*] sowie an Zink und Kadmium [*163*] vor. Auf die Längenänderung durch thermische Wechselbeanspruchung von Feinzinkproben zwischen 20 und 200 °C bezieht sich Abb. 209. Auf analoge Beobachtungen an thermisch wechselbeanspruchtem Zirkonium [*165*] kommen wir später noch zurück.

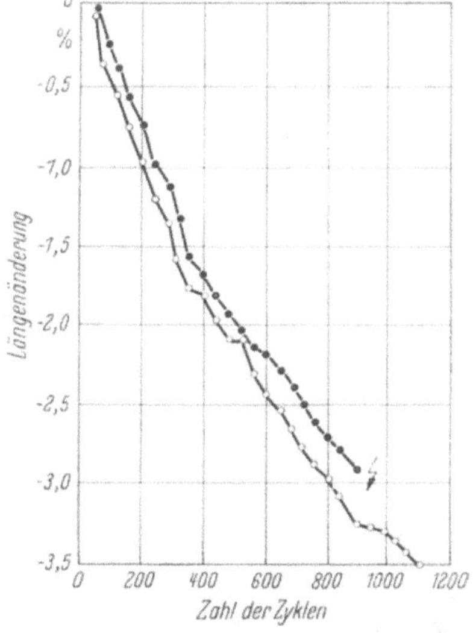

Abb. 209. Schrumpfung von Feinzinkproben durch Temperaturwechsel zwischen 20 und 200 °C [*164*]

Besonders ausgeprägt sind die Gestaltsänderungen, wenn der Temperaturbereich der zyklischen Wärmebeanspruchung einen Phasenumwandlungspunkt enthält. Für Uran wird dies durch Abb. 210 belegt, in der drei Proben wiedergegeben sind, die eine zyklische Beanspruchung von 200 Temperaturwechseln in einem

50 °C umfassenden Bereich ausgesetzt waren. Die mittlere Probe erlitt dabei ständig Übergänge zwischen α- und β-Uran, während die beiden anderen knapp unterhalb des Umwandlungspunkts im α-Gebiet und knapp oberhalb im β-Gebiet beansprucht waren. Während die Änderungen bei den beiden Proben a und c nur gering sind, tritt bei der Probe b eine sehr starke Gestaltsänderung auf.

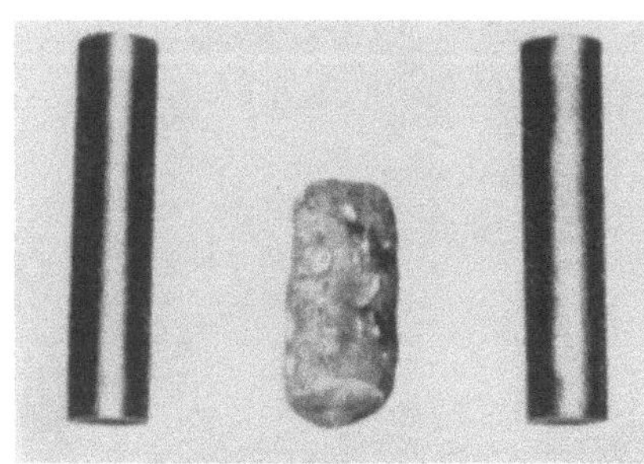

a b c

Abb. 210a–c. Gestaltsänderung von Uran durch 200 Wärmezyklen [166]
a) 580–630 °C, $\Delta L/L = +\ 0{,}7\%$, $\Delta D/D = -\ 0{,}4\%$
b) 630–680 °C, $\Delta L/L = -\ 31{,}0\%$, $\Delta D/D = +\ 19{,}0\%$
c) 680–730 °C, $\Delta L/L = -\ 2{,}6\%$, $\Delta D/D = +\ 2{,}4\%$

Systematische Untersuchungen der Verlängerung stabförmiger Uranproben durch zyklische thermische Beanspruchung im Bereich der α-Phase ergeben, daß die Verlängerung, gemessen durch $\ln(L_N/L_0)$ in guter Annäherung linear mit der Zahl der Zyklen ansteigt (L_0 Ausgangslänge; L_N Länge nach N thermischen Zyklen). Häufig wird das Wachsen auch durch einen Koeffizienten, G_t, gemäß der Definitionsgleichung

$$G_t = \frac{1}{L_N} \cdot \frac{\mathrm{d}L_N}{\mathrm{d}N}$$

gekennzeichnet. Er gibt im Falle der linearen Abhängigkeit von $\ln(L_N/L_0)$ von N die Neigung dieser Geraden an. Weicht die Abhängigkeit von $\ln(L_N/L_0)$ von N von der Linearität ab, so wird analytisch eine zweikonstantige Formel der Form

$$\ln(L_N/L_0) = aN + bN^2$$

benutzt. Für den Wachstumskoeffizienten ergibt sich in diesem Fall $G_t = a + 2bN$.

Abb. 211 zeigt die Verlängerung durch Wärmezyklen zwischen 100 und 550 °C für Proben mit drei verschiedenen Vorbehandlungen, nämlich für kaltgewalztes, anschließend bei 575 °C rekristallisiertes Material, für warmgewalztes Material und für im β-Bereich geglühtes Material. Die Längenänderung des kaltgewalzten rekristallisierten Materials übertrifft die der beiden anderen Probensorten erheblich. Seine Gefügeregelung ist durch Überwiegen einer Fasertextur mit [010] parallel zur Längsrichtung zu beschreiben. In der warmgewalzten Probe liegt bevorzugt eine Fasertextur mit $\langle 410 \rangle$ parallel zur Längsrichtung vor. Das im β-Bereich geglühte Material, das nahezu formbeständig ist, weist fast regellos orientiertes Gefüge auf.

Außer der Textur ist in diesen Proben auch die Korngröße verschieden. Um die beiden Einflüsse auf die Forminstabilität zu trennen, wurden durch geeignete Maßnahmen Proben möglichst gleicher Korngröße aber verschiedener Textur und Proben möglichst gleicher Verformungstextur aber verschiedener Korngröße hergestellt. Schließlich wurden noch möglichst regellos orientierte Proben verschiedener Korn-

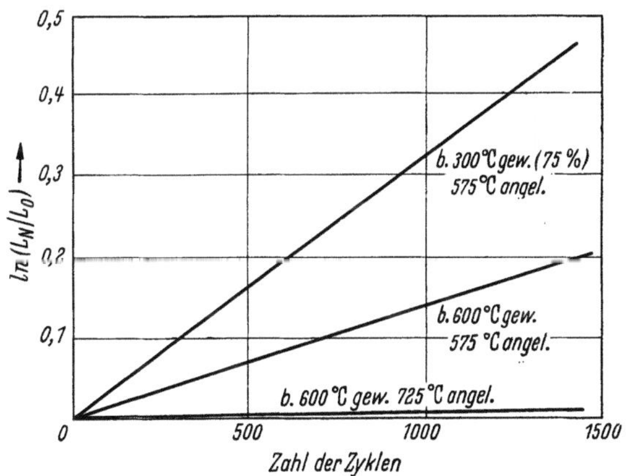

Abb. 211. Verlängerung von Uran verschiedener Vorbehandlung durch zyklische Wärmebehandlung zwischen 100 und 550 °C [*161*]

größe geprüft [*167*]. Die Herstellung der Proben erfolgte in allen drei Fällen ausgehend von aus dem β-Gebiet abgeschrecktem Material. Zur Erzielung verschieden gut ausgeprägter Deformationstextur (Serie 1) wurden die Proben anschließend um verschiedene Beträge kaltgewalzt; zur Herstellung von Proben mit gleicher Texturausbildung wurde jeweils derselbe Kaltwalzgrad benutzt (Serie 2); bei den Proben mit regellosem Gefüge (Serie 3) unterblieb die Kaltwalzung. Die Proben der Serien 1 und 2 wurden anschließend an die Kaltreckung 2 Stunden bei 575 °C rekristallisiert. Zur Erzielung gleicher Korngröße wurden die Proben der Serie 1 nach der Rekristallisationsglühung um denselben kleinen Betrag plastisch gedehnt und anschließend erneut bei 575 °C rekristallisiert. Die Proben der Serien 2 und 3 wurden verschiedenen plastischen Dehnungen unterworfen, um in der anschließenden Rekristallisationsglühung zwischen 600 und 640 °C verschiedene Korngrößen zu ergeben[1]. Tab. 58 enthält das Ergebnis der Temperaturwechselbeanspruchung der drei Versuchsserien. Man erkennt, daß die durchgeführten Behandlungen in der Tat bei Serie 1 etwa gleiche Korngröße erzeugt haben, bei den Serien 2 und 3 wird dagegen ein breiter Korn-

[1] Die bei der Probenherstellung mitbenutzte Rekristallisation ändert, wie in Punkt IV A 1.7 ausgeführt, die Textur nicht in charakteristischer Weise.

Tabelle 58. *Wachsen von Uranstäben durch thermische Zyklen (700 Zyklen zwischen 50 und 550°C) [167]*

Walzgrad in %	Korngröße in mm	Verlängerung in %	a in 10^{-4}	b in 10^{-6}	G_t in 10^{-8}/Zyklus $N = 0$	$N = 700$
Serie 1						
3	0,065	11,4	1,05	7,74	105	213
5	0,05	13,4	0,98	12,3	98	270
9,5	0,04	15,5	1,33	10,9	133	286
16	0,04	21,5	2,00	11,8	200	365
26	0,04	24,3	2,37	11,2	237	394
46	0,04	32,7	3,02	15,4	302	518
74	0,04	34,3	3,33	13,0	333	606
Serie 2						
70	0,014	58,4	6,08	7,78	608	717
70	0,04	45,4	4,27	16,49	427	658
70	0,05	37,1	3,24	18,75	324	586
70	0,09	21,0	1,84	13,37	184	371
70	0,10	23,5	1,99	15,50	199	416
70	0,18	13,1	0,54	17,81	54	303
Serie 3						
0	0,03	12,2	1,35	4,19	135	194
0	0,05	7,0	0,62	4,93	62	131
0	0,06	3,2	0,02	6,28	2	90
0	0,08	3,2	0,20	3,51	20	69
0	0,13	1,7	− 0,05	4,69	− 5	60

größenbereich überstrichen. Das Ausmaß der Verlängerung durch 700 Zyklen ist in den beiden ersten Serien groß und übersteigt weit das in Serie 3 beobachtete. Der in die Tabelle mitaufgenommene Wachstumskoeffizient und die Konstanten a und b werden weiter unten erörtert.

Eine kurvenmäßige Darstellung der Verlängerung als Funktion der Wechselzahl ist für Proben der Serie 1 in Abb. 212 gegeben. Die Kurven zeigen, daß mit steigendem Reckgrad und damit mit schärferer Texturausbildung das Wachsen der Proben durch aufgeprägte Wärmezyklen zunimmt. Diese Feststellung gilt allerdings nicht bis zur Einstellung einer absolut scharfen, nur durch eine Hauptlage zu kennzeichnenden Faser- oder Blechwalztextur. Eine solche Gefügeregelung entspräche im gewalzten Blech weitgehend einem freien Einkristall, und ein solcher gibt durch thermische Wechselbeanspruchung keinerlei Verformung (vgl. [*168*]). Auch bei einer einfachen Fasertextur in stabförmigen Proben haben alle Körner parallel der Längsrichtung denselben Ausdehnungskoeffizienten, so daß auch hier nur eine mit zunehmender Korngröße steigende Aufrauhung der Mantelfläche der Proben, nicht aber ein Wachstum in der Längsrichtung zu erwarten ist. Voraussetzung für ein solches ist das Vorhandensein von mindestens zwei Gruppen von Kristalliten mit kristallographisch verschiedener Faserachse [*164*]. Im allgemeinen ist durch die erhebliche Streuung in der Einstellung der Textur von Stangen und Drähten auch bei Auftreten nur einer deutlichen Hauptlage die Bedingung für das Wachsen bereits erfüllt.

Die Darstellung in Abb. 212 zeigt, daß der Zusammenhang von $\ln(L_N/L_0)$ mit N nicht streng linear ist; es ist daher die zweikonstantige Formel zu benutzen. Die den einzelnen Kurven zugehörigen Werte der Konstanten a und b sind in der Tab. 58 verzeichnet, desgleichen der Wachstumskoeffizient für $N = 0$ und $N = 700$.

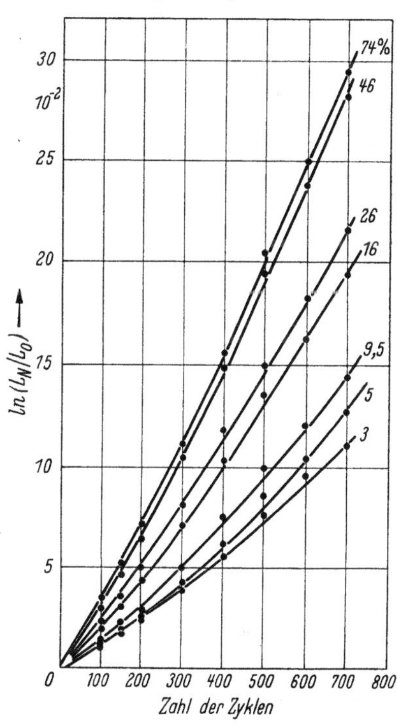

Abb. 212. Wachsen von Uranstäben verschiedenen Reckgrads durch thermische Zyklen zwischen 50 und 550 °C [*167*]

Aus den zu Serie 2 gehörigen Zahlen der Tab. 58 sieht man, daß bei Vorhandensein gleicher Textur die durch thermische Wechselbeanspruchung erzielte Verlängerung und damit auch der Wachstumskoeffizient mit wachsender Korngröße abnehmen. Das gleiche Ergebnis erbringt auch Serie 3, allerdings liegt bei diesen, regellosen Gefügeaufbau zeigenden Proben das Ausmaß der Verlängerung durch thermische Wechselbeanspruchung und damit auch der Wachstumskoeffizient erheblich niedriger als in den beiden anderen Fällen, erneut ein deutlicher Hinweis auf die Bedeutung einer geregelten Textur für das Ausmaß der Forminstabilität nach thermischer Wechselbeanspruchung.

Außer Textur und Korngröße sind auch die Versuchsbedingungen des thermischen Zyklus von Einfluß auf das Wachsen der Proben. Zunächst muß die obere Grenztemperatur des Zyklus über 350 °C liegen, damit überhaupt eine thermische Instabilität beobachtet wird. Die Höhe der beiden Temperaturgrenzen, der Temperaturbereich, die Erhitzungs- und Abkühlungsgeschwindigkeit und die Zeiten, während deren die Proben auf den Temperaturen gehalten werden, erweisen sich von Einfluß auf das Wachsen [*170, 171*]. Die Bedeutung von oberer Grenztemperatur sowie von Erhitzungs- und Abkühlungsgeschwindigkeit für den Wachstumskoeffizienten geht aus Abb. 213 hervor. Verlängerung der Erhitzungszeit steigert (bei gleicher Abkühlungszeit) den Effekt, Verlängerung der Abkühlungszeit (bei gleicher Erhitzungszeit) verringert ihn. Mit steigender oberer Grenztemperatur nimmt der Wachstumskoeffizient zu. Höchste Werte werden somit erhalten, wenn langsame Erwärmung, rasche Abkühlung und breites Temperaturintervall kombiniert sind.

Eine Darstellung, aus der unmittelbar die Bedeutung des Temperaturintervalls für das Wachsen hervorgeht, ist in Abb. 214 gegeben. Die Kurven zeigen klar, daß für obere Grenztemperaturen über 350 °C das Wachsen um so stärker erfolgt, je breiter das Temperaturintervall ist. Sie zeigen weiterhin, daß bei gleichem Temperaturintervall der Effekt um so größer ist, je höher die Temperaturen liegen. Für andere als der Darstellung zugrunde liegende Erhitzungs- und Abkühlungsgeschwindigkeiten würde die Kurvenschar bei entsprechend höheren oder niedrigeren Wachstumskoeffizienten verlaufen.

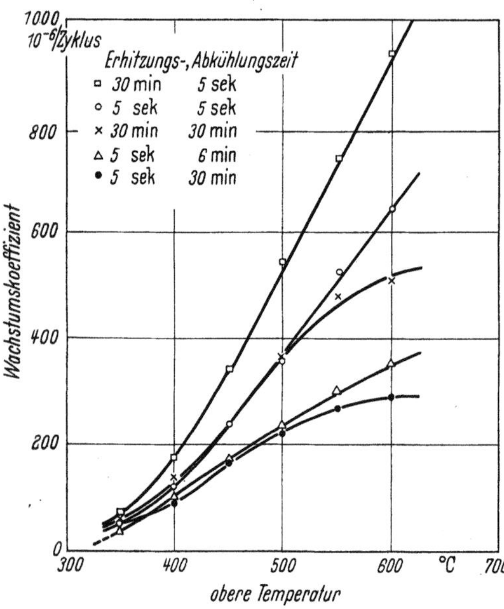

Abb. 213. Bedeutung der Bedingungen des Wärmezyklus für den Wachstumskoeffizienten von Uran [*161*]

Der Einfluß der Zeit, während der die Proben auf der oberen Grenztemperatur gehalten werden, ist durch einen anfänglich raschen Anstieg des Wachstumskoeffizienten zu beschreiben, der schließlich einen zeitunabhängigen Endwert erreicht. Je höher die Temperatur, um so kürzer ist die Zeit bis zur Einstellung des konstanten Endwerts. Ein meßbarer Einfluß der Haltezeit auf der unteren Grenztemperatur ist nicht gefunden worden [*171*].

Die eingangs erwähnten, das makroskopische Wachsen zyklisch thermisch behandelter Proben begleitenden Änderungen im Mikrogefüge sind Polygonisation (Subkornbildung), kristallographische Gleitvorgänge, Aufrauhung, Gleitung entlang und Wanderung von Korngrenzen sowie Auftreten von Porosität. Abb. 215b zeigt als markanteste Änderung im Schliffbild die in einer grobkörnigen Probe (Abb. 215a) nach 700 Zyklen zwischen 100 und 550 °C auftretende Polygonisation. In der Nachbarschaft von Korngrenzen grobkörnigen Materials tritt diese Subkornbildung schon nach relativ wenigen Temperaturwechseln ein, wie Abb. 216c erkennen läßt. Vergleich von Abb. 216a u. b[1] zeigt, daß durch

[1] Das in der Abbildung erkennbare Raster war vor der thermischen Behandlung der Proben zur Verfolgung der Orientierungsbeziehung eingeritzt worden.

Temperaturwechselbeanspruchung Derbheit und Zahl der Gleitspuren in der Schliffoberfläche erheblich zugenommen haben. Eine kristallographische Kennzeichnung der im Ausgangszustand in den drei Körnern

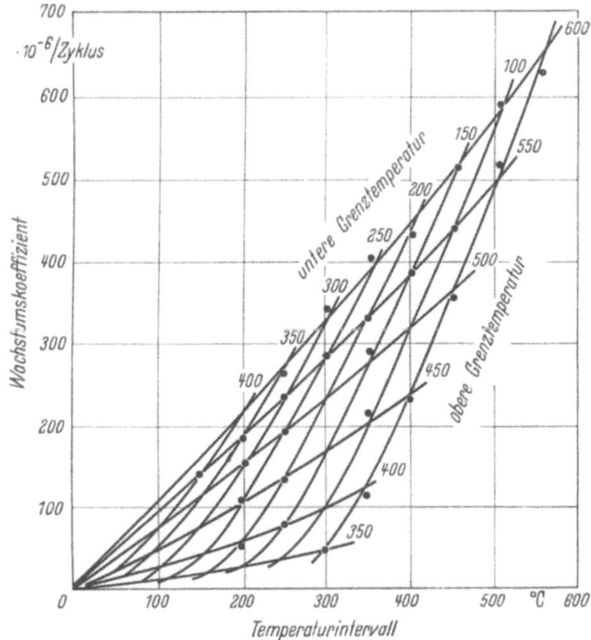

Abb. 214. Bedeutung des Temperaturintervalls für den Wachstumskoeffizienten von Uran [*161*] (Erhitzungs- und Abkühlungsgeschwindigkeit je 5 Sekunden. Rast auf oberer Grenztemperatur 5 Minuten, auf unterer 2 Minuten)

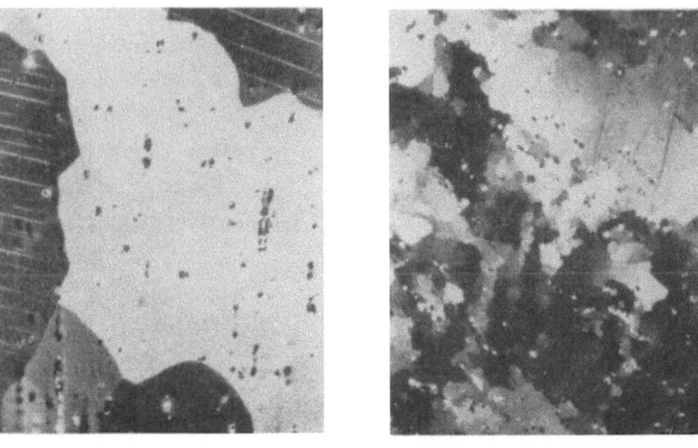

a b

Abb. 215 a u. b. Polygonisation in grobkörnigem Uran durch zyklische Wärmebeanspruchung; $V = 75$ [*161*] a) Ausgangszustand; b) nach 700 Zyklen zwischen 100 und 550 °C

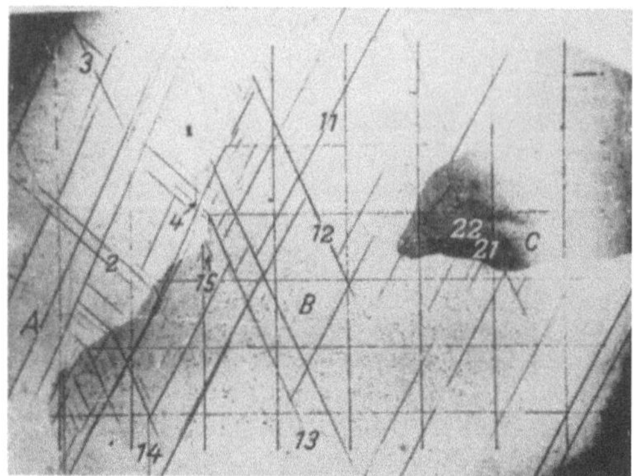

a; $V \sim 25$

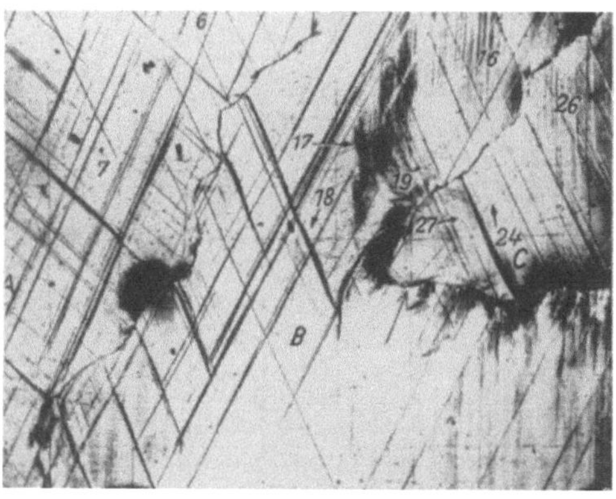

b; $V \sim 25$

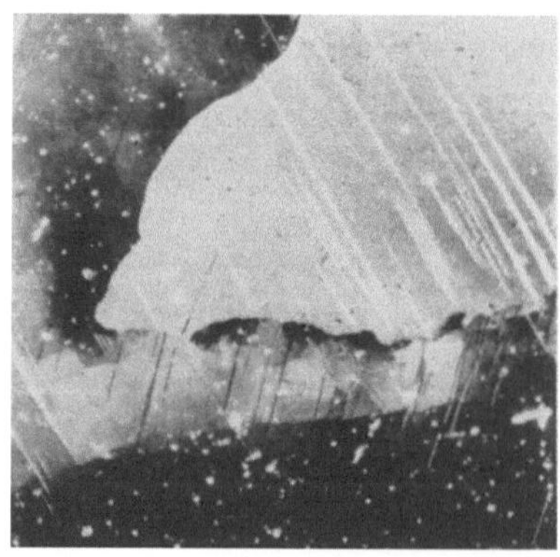

c; $V \sim 50$

Abb. 216a–c. Einfluß thermischer Wechselbeanspruchung auf die Mikrostruktur von Uran [*172*]. a) Ausgangszustand; b) nach 25 Zyklen zwischen 20 und 500 °C; c) wie b) in polarisiertem Licht

sichtbaren Streifungen und der zusätzlich durch zyklische Wärmebehandlung neu hervorgerufenen ist in Tab. 59 gegeben. Im Ausgangszustand werden nur Zwillingslamellen mit $K_1 = \{130\}$ und $\sim \{172\}$ beobachtet (mit Polortungsverfahren bestimmt). Nach der thermischen Behandlung tritt in allen drei Körnern Translationsstreifung mit $T = (010)$ und in den Kristallen *A* und *B* zusätzlich auch Translationsstreifung mit $T = \{110\}$ auf. Zwillingslamellen, die schon vor der thermischen Wechselbeanspruchung vorhanden waren, sind durch diese deutlich verbreitert worden, außerdem hat sich ihre Zahl vermehrt. Neu hinzugekommen sind im Kristall *C* Zwillingslamellen mit $\sim \{172\}$ als erste Kreisschnittsebene.

In feinkörnigem Material treten zwar nach Temperaturwechselbeanspruchung auch relativ geradlinige Streifungen auf, eine Identifizierung von Translations- und Zwillingsebenen konnte jedoch nicht durchgeführt werden. Eine Ver-

Tabelle 59. *Kristallographische Kennzeichnung der Deformationsstreifung in thermisch wechselbeanspruchtem Uran [172]*

Korn	Ausgangszustand			nach 25 Zyklen (20–500 °C) zusätzl.		
	Spur	T	K_1	Spur	T	K_1
A	1		{130}	6	(010)	
	2		{130}	7	{110}	
	3		~ {172}			
	4		~ {172}			
B	11		{130}	16	(010)	
	12		{130}	17	{110}	
	13		~ {172}	18	{110}	
	14		~ {172}			
	15		~ {172}			
C	21		{130}	26	(010)	
	22		{130}	23		~ {172}
				24		~ {172}

mehrung von im Ausgangszustand vorhandenen Zwillingslamellen ist bei diesen Proben nur in geringem Ausmaß erfolgt.

Als Beispiel für eine Bewegung der Korngrenzen sei auf Abb. 216b hingewiesen, in der an der unteren Begrenzung des Kristalls C das vor der thermischen Behandlung aufgebrachte Raster eine Verschiebung

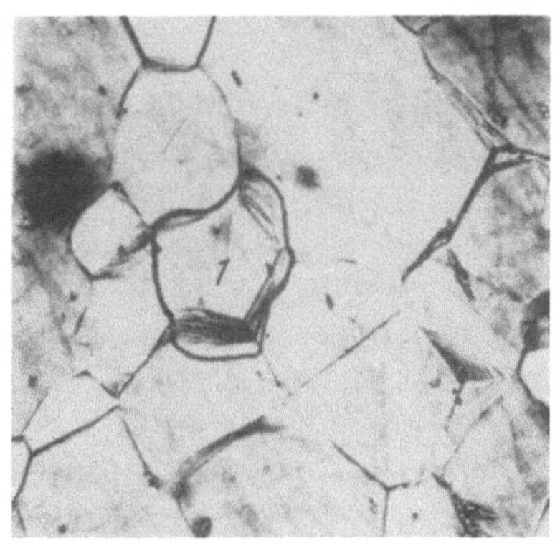

a

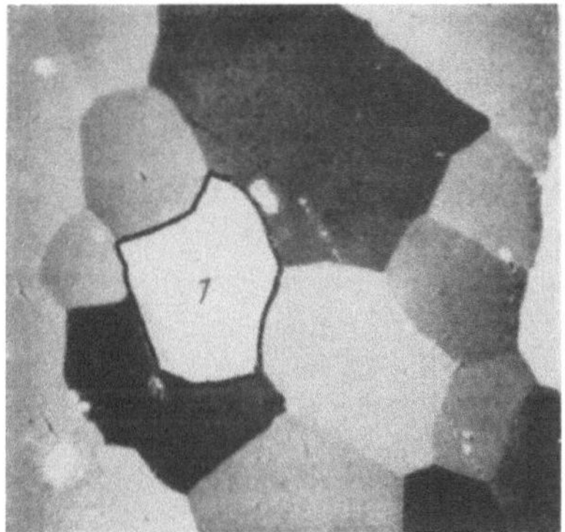

b

Abb. 217a u. b. Mikrostruktur einer feinkörnigen Uranprobe nach 50 Zyklen zwischen 20 und 500 °C; $V \sim 200$ [*172, 173*]
a) unmittelbar nach der Beanspruchung; b) nach neuerlichem Polieren

beim Durchschneiden der Korngrenze aufweist (durch ↗ gekennzeichnet). Die relative Bewegung der beiden Nachbarkörner bestand hier also in einer Gleitung entlang der Korngrenze. Als weitere Bewegung von Korngrenzen wird gelegentlich eine Wanderung senkrecht zu ihrer Längsausdehnung beobachtet, ein Vorgang, der sich beim normalen Kornwachstum im metallischen Vielkristall abspielt. Je feiner das Korn, um so schwieriger ist eine Korngrenzengleitung nachzuweisen, Korngrenzenwanderung hingegen wird in feinkörnigem Gefüge häufig beobachtet. Als Beispiel seien in Abb. 217 zwei Schliffbilder gebracht, die sich beide auf dieselbe Probe nach 25 Zyklen zwischen 20 und 500 °C beziehen. Abb.217a wurde unmittelbar nach der thermischen Wechselbeanspruchung ge-

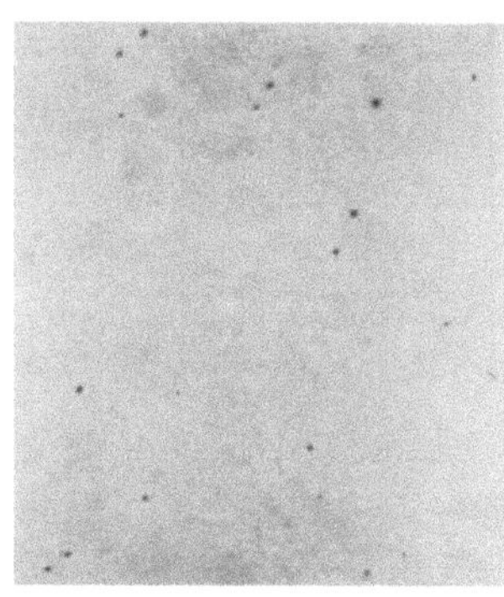

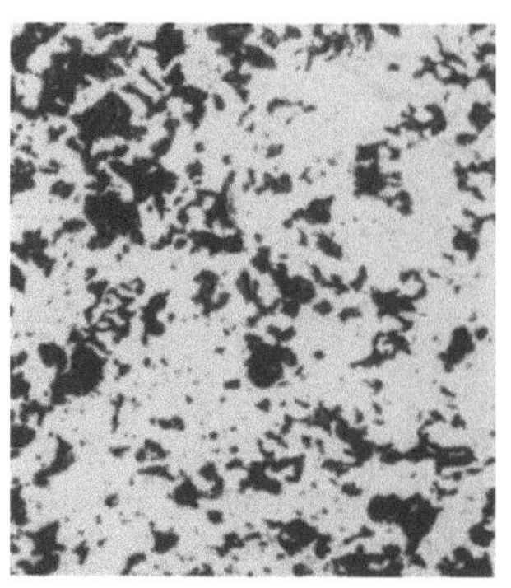

a b

Abb. 218a u. b. Porenbildung in Uran durch zyklische Wärmebeanspruchung (3000 Zyklen zwischen 50 und 550 °C); $V \sim 50$ [*161*]
a) reines Uran; b) technisches Uran

wonnen, Abb. 217b nach oberflächlichem Polieren, um das entstandene Oberflächenrelief zu beseitigen. Man erkennt deutlich, daß der Kristall 1 an zahlreichen Stellen in seine Nachbarn hineingewachsen ist. Durch entsprechende Streifungen ist die Lage der Korngrenze nach den einzelnen Zyklen erkennbar. Auffällig ist, daß in einzelnen Bereichen der Krümmungsradius der Korngrenze sich entgegengesetzt dem Sinn geändert hat, wie es aus Gleichgewichtsgründen zu erwarten wäre.

Auf die oben erwähnte Porenbildung durch Wärmezyklen beziehen sich die Abb. 218a u. b. Sie zeigen klar die große Bedeutung des Reinheitsgrads. Die aus reinem Ausgangsmaterial (10 bis 20 ppm C) bestehende Probe läßt praktisch keine Hohlraumbildung erkennen (Abb. 218a), obwohl durch die thermische Wechselbeanspruchung erhebliches Wachsen eingetreten war. Die Probe aus unreinem Uran (500 ppm C) zeigt eine große Zahl von Poren (Abb. 218b), die keineswegs ausschließlich an den Korngrenzen liegen, sondern bevorzugt um Einschlüsse herum.

Zur Deutung des Wachstums von Uranproben durch zyklische Wärmebeanspruchung im α-Gebiet bietet sich zunächst die Anisotropie des Ausdehnungskoeffizienten dar. Im Vielkristall entstehen ihr zufolge bei Temperaturänderung thermische Spannungen zwischen benachbarten Körnern verschiedener Orientierung. Diese Spannungen wurden als Ursache für die plastische Verformung in einzelnen Körnern angesehen. Diese Vorstellung entspricht der Deutung, die in [*162*] und [*163*] für die an Zinn, Zink und Kadmium gemachten Beobachtungen einer „thermischen Ermüdung" gegeben wurde. Die Tatsache einer makroskopischen Verlängerung in einer Richtung mit steigender Zahl der Temperaturwechsel wird dadurch jedoch nicht aufgeklärt. Für ein Verständnis dieses makroskopischen Wachsens wurde ein Mechanismus vorgeschlagen, der die in Abb. 219 dargestellte Irreversibilität der Deformation erklären soll. Die in der Abbildung dargestellten Dilatometerkurven von Proben kaltgewalzten Urans für aufeinanderfolgende thermische Zyklen zwischen 30 und 630 °C zeigen, daß zunächst mit steigender Temperatur die Probenlänge ansteigt, daß dann aber ab etwa 180 °C eine Kontraktion der Probe eintritt, die auf Grund der Textur und der Anisotropie des Ausdehnungskoeffizienten durchaus zu erwarten ist. Die Abkühlungskurve folgt keineswegs der ursprünglichen Erhitzungskurve; die Probe ist bei Erreichung von 30 °C bleibend verlängert. Jeder weitere Zyklus fügt eine weitere Verlängerung hinzu.

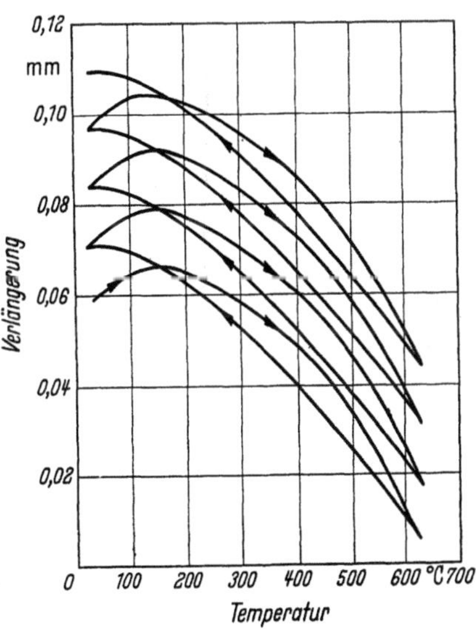

Abb. 219. Dilatometerkurven einer Uranprobe für aufeinanderfolgende Wärmezyklen [*38*]

In [*174, 175, 176*] wurde dem Mechanismus für die Irreversibilität der Deformation folgende Vorstellung zugrunde gelegt. Der Vielkristall wird aus Kristallpaaren aufgebaut gedacht, deren Komponenten stets verschiedene Orientierung haben. Durch Temperaturänderungen entstehen thermische Spannungen an der Korngrenze. Zur Ausbildung der Irreversibilität wird angenommen, daß diese Spannungen bei niedrigen Temperaturen durch Gleitvorgänge im gemäß seiner Orientierung „weicheren" Kristall entlastet werden, während bei hohen Temperaturen die Spannungen durch Fließen entlang der Korngrenze abgebaut werden. Zur Stützung dieser Auffassung wurden Versuche mit längs miteinander verwachsenen Zinkkristallen ausgeführt, in denen die Basisgleitfläche verschiedene Orientierung hatte. Während sie im Kristall 1 unter für Translation günstigen Richtungen zur Längsrichtung stand, lag sie im Kristall 2 ungünstig für Translation. Die beiden Kristalle unterscheiden sich somit nicht nur hinsichtlich des Ausdehnungskoeffizienten parallel zur Längsrichtung, sondern auch hinsichtlich der im Gleitsystem wirksamen Schubspannung. Beim Erhitzen trachtet sich Kristall 1, der plastischer ist und einen größeren Ausdehnungskoeffizienten hat, rascher zu dehnen als Kristall 2, so daß eine Schubspannung an der Korngrenze entwickelt wird. Bei hohen Temperaturen soll nun, entsprechend der eben erwähnten Vorstellung, diese Schubspannung durch Fließen entlang der Korngrenze abgebaut werden, so daß Kristall 1 sich gegenüber Kristall 2 verlängert. Bei der Abkühlung entsteht eine entgegengesetzte Spannung; Kristall 1 wird nun auf Zug, Kristall 2 auf Druck beansprucht. Bei der niedrigen Temperatur kann sich nun aber die Spannung nicht durch Abscherung entlang der Korngrenze entlasten, d. h. bei Erreichung der kritischen Schubspannung für Gleitung im weicheren Kristall 1 wird dieser Kristall sich erneut plastisch verlängern. Bei wiederholter thermischer Beanspruchung setzt sich dieser Vorgang fort, d. h. es bildet sich eine Abgleitung entlang der Korngrenze aus, wie dies Abb. 220 in der Tat für einen thermisch wechselbeanspruchten Zink-Zweikristall belegt. Außerdem wurde auch die zu erwartende Stufenbildung beobachtet. Eine Übertragung dieses Modellversuchs auf die Verhältnisse in kaltgewalztem Uran führt zu folgender Analogie. Zufolge der Walztextur liegt eine [010]-Richtung bevorzugt parallel der Stabachse. Diese Richtung ist durch einen negativen Ausdehnungskoeffizienten ausgezeichnet, d. h. alle Körner, die der Hauptlage gemäß orientiert sind, haben einen niedrigeren Ausdehnungskoeffizienten als die Körner, deren Orientierung von der Hauptlage abweicht. Das beste Gleitsystem im Uran ist das System (010)/[100]. In gemäß der Hauptlage orientierten Körnern wird daher weder durch eine Zug- noch durch eine Druckspannung eine von Null verschiedene Schubspannung in diesem Translationssystem auftreten, wohl aber treten endliche Schubspannungen im allgemeinen in Kristallen aller übrigen Orientierungen auf. Die gemäß der Hauptlage orientierten Körner entsprechen also dem Kristall 2 des eben besprochenen Zink-Zweikristalls, während die von der Hauptlage abweichenden Körner dem Kristall 1 entsprechen. Alle diese Körner werden daher bei Temperaturwechselbeanspruchung sich verlängern und damit ein Wachsen der Probe herbeiführen.

Abb. 220. Thermisch wechselbeanspruchter Zink-Zweikristall [*174*]. Abgleitung entlang der Korngrenze, sichtbar gemacht durch Versetzung der senkrecht zur Korngrenze eingeritzten Marke

Auch in [*177, 178*] wird eine Verschiedenheit des Deformationsmechanismus im niedrigen und hohen Temperaturbereich des Wärmezyklus zur Erklärung der makroskopischen Verlängerung angenommen. Der Unterschied gegenüber der eben vorgebrachten Deutung besteht darin, daß nun für die Verformung an der oberen Temperaturgrenze nicht ein Fließen entlang der Korngrenzen, sondern ein Kriechen auch der festen Kristalle verantwortlich gemacht wird, während im unteren Temperaturbereich nur die weicheren Kristalle durch Gleitung plastisch verformt werden. Das Ausmaß des Kriechens in den festen Kristallen wird nur klein sein, weil auch in den plastischen Kristallen eine hohe Spannung vorhanden ist, was bedeutet, daß der Spannungsabbau bei hoher Temperatur vornehmlich durch Kriechen in diesen Kristallen erfolgt.

a b c

Abb. 221 a–c. Zyklische Temperaturbeanspruchung von Uran [*179*]
a) 200 Zyklen zwischen 610 und 710 °C; b) Ausgangsprobe; c) 144 Zyklen zwischen 710 und 810 °C

Welche der beiden Auffassungen die richtigere Deutung der Erscheinung ist, kann heute noch nicht entschieden werden. Vermutlich werden beide für die Verformung an der oberen Grenztemperatur angenommenen Mechanismen wirksam sein. Kriechvorgänge in den Körnern sind bei der hohen Temperatur zufolge der Spannungsverteilung unvermeidlich. Korngrenzenabgleitungen sind, jedenfalls bei grobkörnigen Uranproben, in gewissem Ausmaß experimentell beobachtet worden. Weitere Untersuchungen werden also vornehmlich zu klären haben, welcher der beiden Mechanismen vorherrscht (vgl. die Diskussionen zu [*167*, *173*, *176*]).

Für eine Deutung der Porenbildung bei thermischer Wechselbeanspruchung insbesondere in der unmittelbaren Umgebung von Einschlüssen, wird darauf hingewiesen, daß in den harten Karbiden, Nitriden usw. bei der Abkühlung Risse entstehen können, die sich dann in die Uranmatrix ausbreiten und durch die Wärmebehandlung zufolge plastischen Fließens und durch Diffusionsvorgänge aufweiten und verrunden [*34*].

Abb. 210 zeigte einleitend, wie wichtig es für die Gestaltsänderung dicker Proben ist, ob bei zyklischen thermischen Beanspruchungen eine Phasenumwandlung durchschritten wird. Abb. 221 bringt als weiteres Beispiel das Aussehen von Proben, die zyklischer Temperaturbeanspruchung mit einem Temperaturintervall von 100 °C unterworfen waren. Das eine Mal war die α-β-Umwandlung, das andere Mal die β-γ-Umwandlung umschlossen.

Im Gegensatz zu dem Verhalten dicker Proben wird in dünnen Drähten von Uran, die um die α-β-Umwandlung zyklisch beansprucht werden, kein erhebliches Fließen beobachtet [*180*]. Dies deutet bereits darauf hin, daß die Ursache für die Gestaltsänderung bei zyklischer, eine Phasenumwandlung umschließender Beanspruchung eine andere ist als im Fall der Wärmezyklen in der α-Phase. Bei der Abkühlung von der oberen Grenztemperatur verharrt bei dicken Barren das Innere noch im β-Zustand, während die Außenschichten bereits ins α-Gebiet umgewandelt sind. Da die Dichte der beiden Phasen verschieden ist (das Volumen sinkt bei der β-α-Umwandlung um über 1%; vgl. Abb. 153), entstehen hohe Spannungen. Sie und der Unterschied in den Festigkeitseigenschaften beider Phasen sind für die eintretenden Gestaltsänderungen bestimmend. Der Mechanismus der Verformung hängt vom Innendruck ab, den der noch nicht umgewandelte β-Kern während eines Teils der Abkühlung ausübt. Auch bei regellos orientiertem Gefüge werden durch diesen Mechanismus Verformungen auftreten.

a b c

Abb. 222a–c. Gestaltänderung dicker kubischer Metallproben durch 300 thermische Zyklen [*181*]. a) Al, 20 bis 500 °C; b) Gestalt der Ausgangsprobe; c) Fe, 20 bis 700 °C

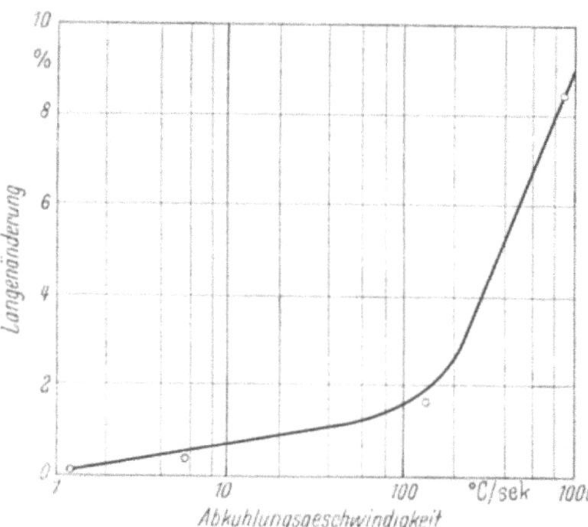

Abb. 223. Längenänderung eines Chrom-Nickel-Stahls durch zyklische thermische Beanspruchung (500 Zyklen zwischen 20 und 800 °C) unter Variation der Abkühlgeschwindigkeit [*181*]. (Zusammensetzung des Stahls: 0,06–0,12% C, 20–23% Cr, 30–40% Ni, 2,5–3,5% W, 1,2–1,7% Nb, 0,7–1,2% Ti)

Neuerdings wurde unter gewissen Bedingungen eine thermische Forminstabilität auch bei dicken Proben (40 mm Durchm.) kubischer Metalle beobachtet. Abb. 222 zeigt die Gestaltsänderung von Aluminium- und Eisenproben durch 300 thermische Zyklen. Abb. 223 gibt die Längenänderung einer mit verschiedenen Abkühlungsgeschwindigkeiten zwischen 800 und 20 °C 500 thermischen Zyklen ausgesetzten Chrom-Nickel-Stahl-Probe wieder. An die Stelle der durch verschiedene Dichte zweier Phasen hervorgerufenen Spannungen treten nunmehr thermische Spannungen zufolge des großen radialen Temperaturgradienten. Eine Anisotropie des Ausdehnungskoeffizienten ist bei dieser Art der Forminstabilität nicht erforderlich, was ihr Auftreten an kubischen Metallen

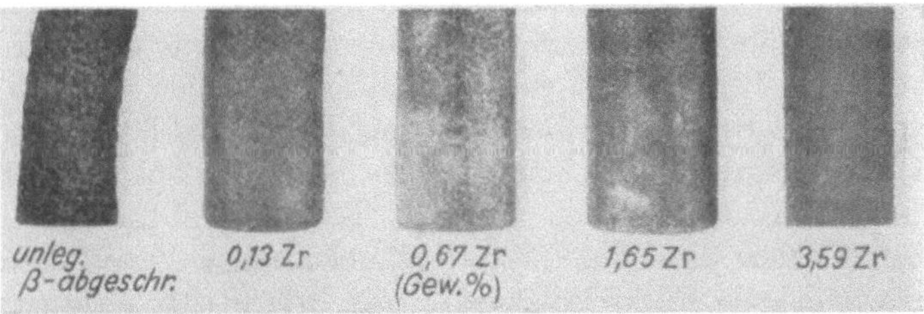

Abb. 224. Einfluß von Zirkoniumzugaben auf die Forminstabilität von Uran durch thermische Zyklen (700 Zyklen zwischen 100 und 550 °C) [*47*]

beweist. Es sei nochmals betont, daß diese Art der Forminstabilität stark vom Probenquerschnitt abhängt. Einer Überlagerung derartiger innerer Spannungen, die von der Gestalt der Probe abhängen, ist auch bei nichtkubischen Metallen Beachtung zu schenken.

Für die Bekämpfung der thermischen Instabilität bei zyklischer Temperaturbeanspruchung von Uran im α-Gebiet bieten sich nach den vorangegangenen Ausführungen vor allem die Erzielung möglichster Freiheit von geregelter Textur und Kornfeinheit an. Ein wirksamer Weg zur Kornverfeinerung kann, wie bereits weiter oben erwähnt, durch Legierung beschritten werden. Als Beispiel sei zunächst Molybdän erwähnt, das bei Gehalten von mindestens 2 Gew.-% in Uran nach Abschrecken aus dem γ-Gebiet Aufrauhung der Oberfläche nach 700 Zyklen zwischen 100 und 550 °C in gewalzten und in gegossenen Proben unterdrückt. Das Beispiel schwach legierter Uran-Zirkonium-Legierungen ist in Abb. 224 dargestellt. Auch hier führte ein Gehalt 2 Gew.-% Zr zu glatter Oberfläche nach den Wärmezyklen. Schließlich sei noch auf eine Uranguß-legierung mit 0,6% Niob hingewiesen, die nach 200 Zyklen weder Verlängerung noch Oberflächenrauhigkeit aufweist [*47*]. In all diesen Fällen handelt es sich um rhombische α-Uranlegierungen, die durch die Höhe des Zusatzes und geeignete thermische Vorbehandlung in feinkörnigen quasiisotropen Zustand gebracht wurden. Auf den Weg, durch teilweise oder völlige Stabilisierung der kubischen γ-Phase des Urans durch geeignete Beimengungen die Anisotropie des Ausdehnungskoeffizienten zu eliminieren, sei hier nur hingewiesen. Bei Besprechung der Uranlegierungen wird darauf zurückgekommen.

1.10 Einwirkung von Reaktorstrahlung. Schon im vorangegangenen Punkt, der sich mit der thermischen Instabilität des Urans beschäftigt hat, ist auf eine zweite Instabilität von Uranbrennmaterial hingewiesen worden, nämlich auf ein Wachsen des Urans durch Reaktorstrahlung. Parallel mit dieser irreversiblen Längenänderung gehen auch Veränderungen anderer Eigenschaften des der Reaktorstrahlung unterworfenen Brennstoffs.

In Kap. III ist die Beeinflussung von Festkörpereigenschaften durch Strahlung ausführlich erörtert worden. Bewußt wurde dort auf die Besprechung der Verhältnisse, die in Reaktorbaustoffen vor sich gehen, verzichtet. Für Uran wird dies nun nachgeholt. Bei der Spaltung des U^{235}-Kerns entstehen hochenergetische schwere Spaltprodukte und energiereiche Neutronen. Beide sind in der Lage, bei Zusammenstößen mit Gitteratomen diese aus ihrer Gleichgewichtslage herauszuschlagen, wobei lawinenartig FRENKEL-Defekte und Störungsbereiche entstehen. Die Reichweite der Spaltprodukte und der durch sie und die schnellen Neutronen sekundär, tertiär usw. herausgeschlagenen Gitteratome ist nur kurz, so daß die Dichte der entstandenen FRENKEL-Defekte groß ist.

Weiterhin treten beim Zerfall der radioaktiven Spaltprodukte neben gasförmigen Zwischenprodukten auch stabile gasförmige Endprodukte (Krypton, Xenon) auf, die sich zufolge von Diffusionsvorgängen in Hohlräumen sammeln und auf die Umgebung Drucke ausüben. Der prozentuale Anteil dieser gebildeten Edelgasmengen liegt bei etwa 13 Gew.-% der insgesamt gebildeten Spaltprodukte (vgl. Tab. 1, S. 2).

Als Maß für die Intensität des Korpuskularbeschusses wurde in Kap. III die Gesamtzahl der einfallenden Partikel, oder bei geladenen Partikeln auch die transportierte Ladungsmenge verwendet. Schon dort wurde darauf hingewiesen, daß die Kennzeichnung der Neutronendosis, die den Effekt bestimmt, durch die Angabe eines Produkts nvt unsicher ist. Gemessen wird im allgemeinen die Zahl der langsamen Neutronen, die Festkörperbeeinflussung geht aber vorwiegend auf schnelle Neutronen zurück. Der Schluß auf die Zahl der schnellen Neutronen auf Grund der Anzahl der langsamen ist mit Unsicherheiten behaftet und streng überhaupt nur bei Kenntnis des Energiespektrums der Reaktorstrahlung möglich. Für die auf den Brennstoff des Reaktors auftreffende Strahlung ist diese Unsicherheit noch erheblich verstärkt, da die Spaltquerschnitte sehr stark energieabhängig sind. Man gibt daher in diesem Fall die Dosis der Strahlung durch die Anzahl der auftretenden Spaltungen oder durch die Gesamtenergie der Spaltstücke an. Als Abbrand (burn up) wird die Anzahl der gespaltenen Atome in Prozenten der Summe der ursprünglich vorhandenen spaltbaren und nichtspaltbaren Atome bezeichnet[1]. Da jedes gespaltene Atom schließlich zu zwei Fremdatomen führt, ist die Atomkonzentration der so entstandenen Fremdatome etwa das Doppelte des Abbrands. Die Angabe durch die im Brennstoff entwickelte Energie erfolgt üblicherweise in Megawatt-Tagen je Tonne (MWd/t). Für die Umrechnung von prozentualem Abbrand in MWd/t ist die Beziehung zu benutzen, daß dem völligen Zerfall von 1 g U^{235} eine Energie von etwa 1 MWd/t entspricht. Der jeweilige Umrechnungsfaktor

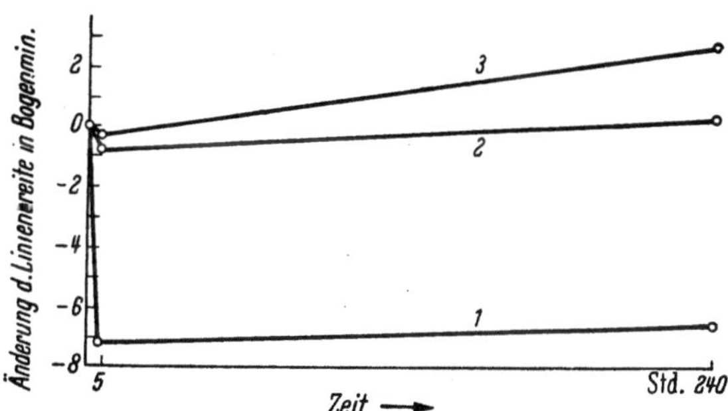

Abb. 225. Breite der Röntgenlinie (114) von Uran als Funktion der Reaktorbestrahlung [*185*] *1* kaltgewalzt (einsinnig); *2* kaltgewalzt (einsinnig) und 10^h bei 320 °C geglüht; *3* kaltgewalzt (kreuz) und 4^h bei 450 °C geglüht

von prozentualem Abbrand in MWd/t hängt daher vom Anreicherungsgrad des U^{235} und der Zusammensetzung der benutzten Uranbrennstofflegierung ab.

Die in Uran durch Reaktorstrahlung erzeugten Gitterstörungen wurden röntgenographisch an Hand von Linienbreiten verfolgt. In [*182*] wird angegeben, daß die Halbwertsbreite der (154)-Linie, für die in angelassenen Proben 0,38 Bogengrade gefunden wurde, durch eine nur wenige Stunden dauernde Bestrahlung im Reaktor auf 0,61° ansteigt. Durch Anlaßbehandlung bei 600 °C und darüber geht diese Linienverbreiterung wieder zurück. Verwendung einer Uranprobe, der praktisch das Isotop U^{235} entnommen war, ergab nur ganz geringe Linienverbreiterung durch die Bestrahlung, so daß der Schluß berechtigt ist, daß die Verbreiterung im wesentlichen durch das Bombardement mit Spaltbruchstücken verursacht wird. Erholung von Uran von der Bestrahlungswirkung (220 MWd/t) durch Anlassen bei 650 °C wurde auch in [*183*] be-

[1] Im Schrifttum finden sich auch andere Definitionen des Abbrands: Zerfallenes U^{235} in Prozenten des ursprünglich vorhandenen U^{235} und zerfallenes U^{235} in Prozenten des vorhandenen Urans. Für die Beschreibung der Wirkung der Reaktorbestrahlung von Uran und Uranlegierungen scheint uns die im Text gegebene Definition die sinnvollste, da sie ein unmittelbares Maß der Atomkonzentration der erfolgten Spaltungen ist.

obachtet mit Hilfe des K_α-Dubletts der Linien (132) und (220). Das vor der Anlaßbehandlung nahezu verschmierte Dublett war nachher deutlich auflösbar. Auch in einem bestrahlten Uran-Einkristall wurden nach niedrigem Abbrand im Lauebild diffuse Verbreiterungen der Interferenzflecke beobachtet, deren ursprüngliche Schärfe durch eine Erholungsglühung von nur 24 Stunden bei 200 °C wiederhergestellt werden konnte [*184*]. Graphisch ist die Änderung der Breite der Linie (114) als Funktion der Bestrahlungsdauer im Reaktor in Abb. 225 dargestellt. Als Ausgangsmaterial dienten einsinnig kaltgewalzte Proben, einsinnig kaltgewalzte und angelassene und schließlich kreuzgewalzte und angelassene Proben. In der nur kaltgewalzten Probe tritt durch kurze Reaktorbestrahlung eine sehr deutliche Linienverschmälerung zutage, an die sich nach langer Bestrahlungsdauer eine gewisse Linienverbreiterung anschließt. Die beiden übrigen Proben zeigen die Linienverschmälerung nur angedeutet, hier herrscht die Linienverbreiterung durch lange Bestrahlungsdauer vor. Es wird hervorgehoben, daß gleichzeitig mit der Verschmälerung der Röntgenlinien der kaltgewalzten Proben durch die Bestrahlung eine gerade noch meßbare Verschiebung der Linien um 3 bis 4 Bogenminuten erfolgt. Zurückgeführt werden diese Erscheinungen auf Abbau der Kaltreckspannungen [*185*].

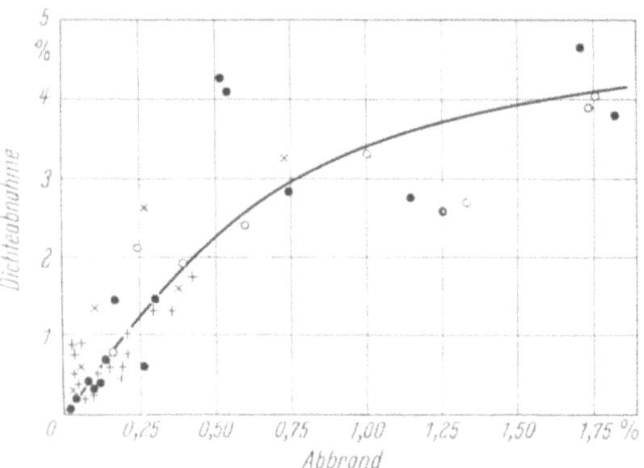

Abb. 226. Einfluß von Reaktorbestrahlung auf die Dichte von Uran [*186*]
× bei 300 °C gewalzt; ○ bei 300 °C gewalzt und β-abgeschreckt; ● bei 300 °C gewalzt, β-abgeschreckt und rekristallisiert; + bei 600° gewalzt

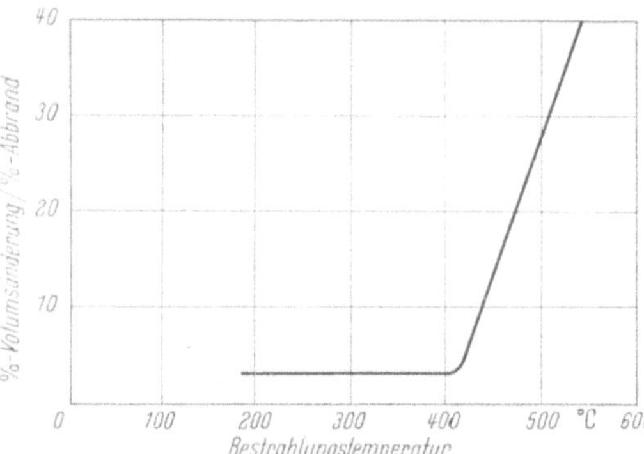

Abb. 227. Relative Volumsänderung von Uran als Funktion der Bestrahlungstemperatur [*188*]

Die Dichte von Uran nimmt mit zunehmendem Abbrand ab und zwar anscheinend unabhängig von der Vorgeschichte des Materials, wie Abb. 226 erkennen läßt. Auch die Ergebnisse für U-reiche α-Legierungen fällen in denselben Streubereich [*186, 187*]. Mit steigendem Abbrand wird die Neigung der Kurven flacher, d.h. die Dichteabnahme je 1% Abbrand sinkt mit steigender Strahleneinwirkung. Erhöht man die Bestrahlungstemperatur, so bleibt zunächst die auf 1% Abbrand bezogene Volumsänderung konstant, sie steigt bei Überschreiten einer Bestrahlungstemperatur von etwa 400 °C steil an, wie aus Abb. 227 hervorgeht. Völlig analoges Verhalten wie gewalztes Material zeigen auch Proben, die durch Heißpressen von Uranhydrid erhalten worden sind [*186*]. Das unvermittelte Auftreten einer starken Dichteabnahme ist keineswegs durch eine entsprechende Gitteraufweitung zu erklären, sondern ist durch die Wirkung der gasförmigen Spaltprodukte bedingt, wie gleich des näheren ausgeführt wird. Diese Volumsvergrößerung wird daher als „Aufblähung" (swelling) bezeichnet. Ein typisches Beispiel ist in Abb. 228 gegeben.

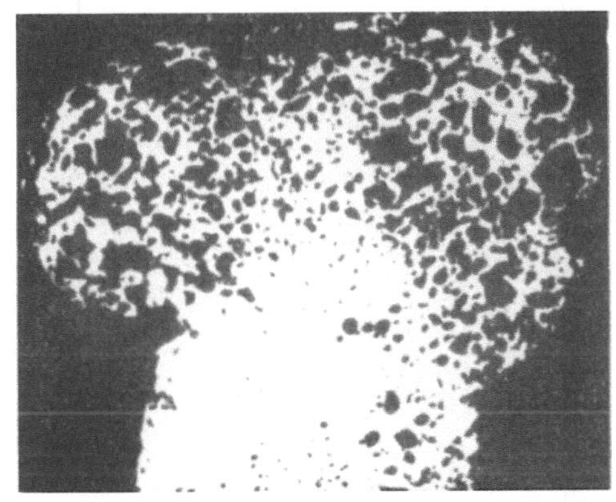

Abb. 228. Aufblähung von bei 600 °C einem Abbrand von 0,44% unterworfenem Uran (0,5% V) [*189*]

Erfolgt die Bestrahlung unterhalb 300 °C und werden die Proben anschließend auf verschiedene, steigende Temperaturen erhitzt, so hängt das Ausmaß der auch bei dieser Versuchsausführung auftretenden Aufblähung von dem Abbrand ab, den die Proben erlitten haben. Bei großem Abbrand (0,3 bis 0,4%) beginnt die Aufblähung bei Anlaßtemperaturen über 450 °C. Sie beträgt bei 575 °C 2% und steigt auf 4% bei 800 °C und auf über 20% bei etwa 1000 °C. Durch Aufbringung äußerer Drucke kann dieses Aufblähen verringert werden. Durch bestimmte Wärmebehandlung, besonders durch thermische Wechselbeanspruchung, kann sehr starkes Aufblähen und beträchtliche Rißbildung, vor allem in der Nachbarschaft von nichtmetallischen Einschlüssen, herbeigeführt werden. Erfolgt die Bestrahlung bei 300 °C bis zu einem Abbrand von etwa nur der Hälfte, nämlich bis 0,17%, so wirkt sich anschließende Anlaßbehandlung völlig anders auf das Aufblähen der Uranproben aus. Im α-Bereich wird auch bei Erstreckung der Anlaßzeiten bis zu 100 Stunden kein Aufblähen beobachtet. Auch Erhitzung im β-Bereich (710 °C) brachte nur Dichteänderungen um bis zu 1,2% im Verlauf hundertstündigen Anlassens. Erhitzung im γ-Bereich führt zu sehr erheblichen Dichteabnahmen. Abb. 229 zeigt dies für eine Anlaßtemperatur von 880 °C. In der ersten Stunde nahm die Dichte rasch um 2% ab, es folgte ein Anlaßbereich, in dem die Dichte allmählich abfällt. Bei weiterer Erstreckung der Versuchsdauer sinkt die Dichte sodann rasch ab, um für Erhitzungsdauern über 60 Stunden bei etwa 70% des Ausgangswertes praktisch konstant zu bleiben [*190*].

Es kann keinem Zweifel unterliegen, daß diese Aufblähung durch die gebildeten gasförmigen Spaltprodukte bedingt ist. Im allgemeinen sind Edelgase in Metallen nicht löslich. Im Fall des Spaltvorganges entstehen sie erst in der Uranmatrix, werden also zunächst erzwungen in Lösung sein. Der Atomradius von Krypton bzw. Xenon ist mit 2,0 bzw. 2,2 Å größer als der von Uran mit ungefähr 1,5 Å. Die atomdispersen Einlagerungen sind daher unbeweglich; lebhafter Platzwechsel wird, sofern nicht andere Mechanismen ihn erleichtern, erst mit dem Eintritt der Selbstdiffusion vor sich gehen.

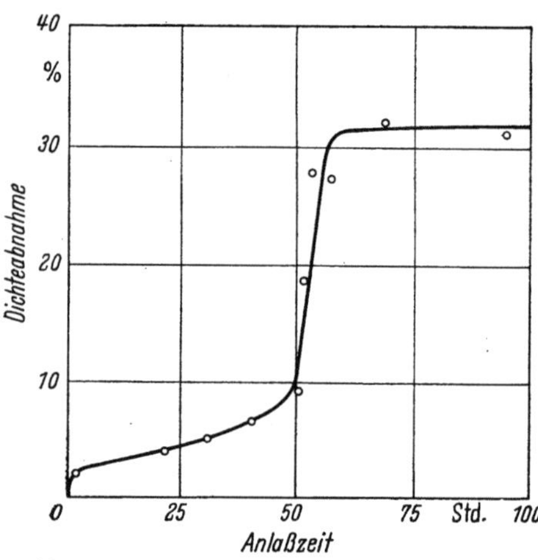

Abb. 229. Dichteabnahme von bestrahltem Uran (0,17% Abbrand bei 300 °C) durch Anlassen bei 880 °C [*190*]

Erfolgt die Bestrahlung bei niedrigen Temperaturen, so werden die durch Spaltung entstehenden Gasatome im Urangitter fixiert bleiben. Wird nun eine solche instabile Lösung erhitzt, so beginnt eine feine Ausscheidung in dem Maß, in dem die Beweglichkeit der Gasatome zunimmt. Eine große Zahl kleinster Bläschen wird sich bilden, in deren jedem das Gas durch Oberflächenspannung komprimiert ist. Als Beispiel bringt Abb. 230a ein mikroskopisches Bild einer bei 300 °C bis zu einem Abbrand von 0,17% bestrahlten Probe nach einer zwanzigstündigen Anlaßglühung bei 880 °C. Die Kleinheit und große Häufigkeit dieser Bläschen verhindert, daß namhafte Gasmengen an Einschlüssen, Rissen oder sonstigen Keimstellen eingefangen werden. Die Aufblähung ist in diesem Stadium noch gering (vgl. Abb. 229). Unter der Annahme einer Oberflächenspannung von 10^3 dyn/cm sind ungefähr 10^{12} Bläschen mit einem Durchmesser von etwa 0,5 μ je cm^3 Metall erforderlich, um die beobachteten Volumsänderungen zu erklären. Die bei weiterer Erhitzungsdauer sich ausbildenden großen Hohlräume stimmten nach Zahl und Verteilung etwa mit denen der Einschlüsse überein. Als Mechanismus der Bildung dieser Gasblasen wäre daher anzunehmen, daß die an den Kondensationskernen gebildeten Bläschen zunächst wachsen, bis sie einen Durchmesser von etwa 5 μ erreicht haben, von welcher Größe an sie homogen verteilte

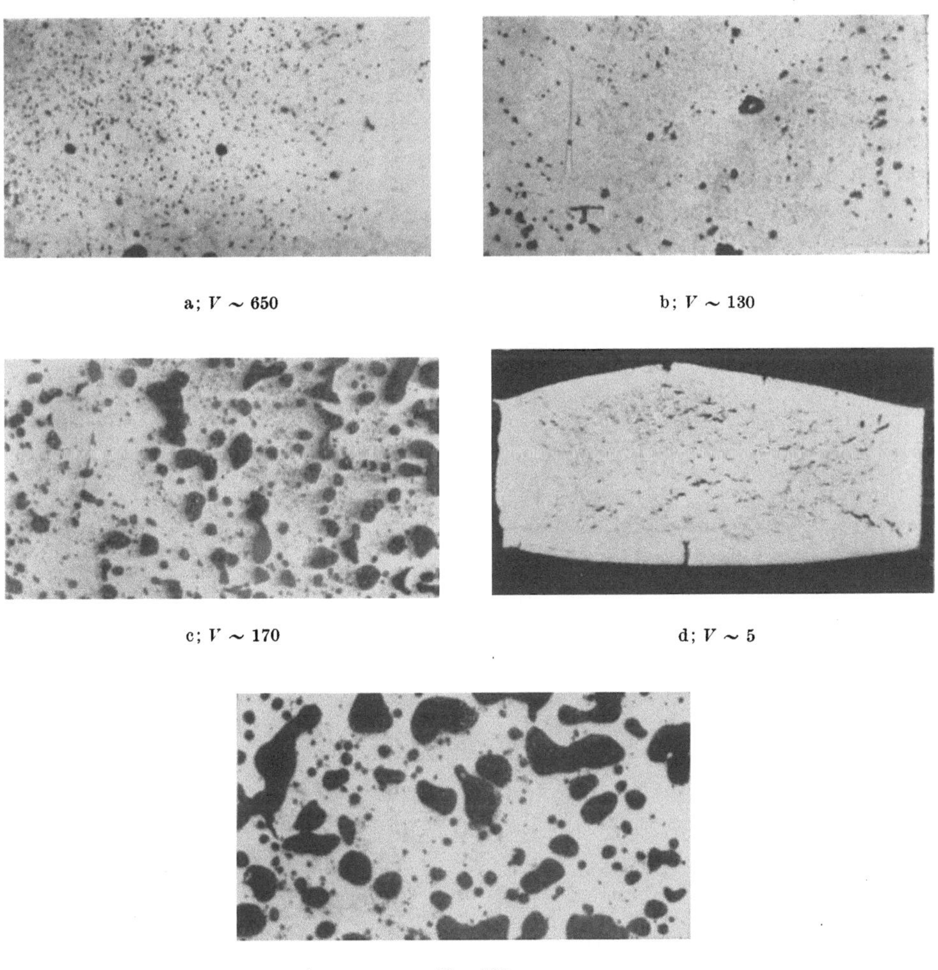

a; $V \sim 650$ b; $V \sim 130$

c; $V \sim 170$ d; $V \sim 5$

e; $V \sim 170$

Abb. 230 a-e. Mikrobilder von bestrahltem Uran (0,17% Abbrand bei 300 °C) nach verschiedener Anlaßdauer bei 880 °C [*190*]
a) 20^h; b) 50^h; c) 52^h; d) 52^h, Übersichtsbild; e) 96^h

feine Nachbarbläschen in sich aufzunehmen beginnen. Um die großen Blasen entsteht auf diese Weise eine von feinen Bläschen freie Zone. In der Kurve der Abb. 229 entspricht dies der Zeit etwa zwischen 20 und 50 Stunden. Ein Beispiel für das Gefüge nach 50stündiger Erhitzung bringt Abb. 230b. Der sehr feine Untergrund an Bläschen ist noch gut erhalten, die größeren Hohlräume sind nun sehr viel deutlicher geworden (man beachte den verschiedenen Vergrößerungsmaßstab in den Abb. 230a u. b). Der steile Anstieg der Dichteänderung (Abb. 229) wird dem nunmehr erfolgenden Einfang von Gas durch sämtliche großen

Blasen zugeschrieben. Durch Vereinigung von Nachbarblasen entstehen unregelmäßig geformte Hohlräume, es entstehen Risse, die sich bis an die Oberfläche erstrecken und auf diese Weise zur Gasabgabe führen. Abb. 230c zeigt ein Mikrobild nach 52stündiger Erhitzung, Abb. 230d ein schwach vergrößertes Übersichtsbild. Bei weiterer Erstreckung der Versuchsdauer nimmt die Aufblähungsgeschwindigkeit ab, sie wird nach etwa 60 Stunden Null, wenn das Gas in den großen Hohlräumen einen Gleichgewichtsdruck erreicht hat, der nun nicht mehr von der Oberflächenspannung beherrscht wird, sondern von der Formfestigkeit des Materials. Abb. 230e zeigt ein Gefügebild nach 96stündiger Erhitzungsdauer. Die mittlere Größe der Hohlräume ist weiter angewachsen, die Gesamtzahl wegen weiterer Blasenvereinigung zurückgegangen.

Wenn die Temperatur der Bestrahlung so hoch ist, daß die gebildeten Gasatome thermisch beweglich sind, werden sie zu Einschlüssen, Rissen usw. wandern, wo sie sich ausscheiden und große Hohlräume bilden werden [*190*]. Wie schon in Kap. III hervorgehoben, kann durch die Bestrahlung die Diffusion stark begünstigt werden.

Eingehend wird in [*189*] die Mitwirkung der durch die Bestrahlung gebildeten Leerstellen für die Aufblähung beschrieben. Im Temperaturbereich von 300 bis 500 °C sind die Leerstellen ausreichend beweglich. Als negative Ausdehnungszentren folgen sie der Anziehung der positiven Ausdehnungszentren, welche die Edelgasatome darstellen, und kondensieren an diesen. Dieser Vorgang ist häufiger als die Rekombination eines Frenkel-Defekts, weil das Spannungsfeld um ein Fremdgasatom größer ist als um ein kleineres Uranzwischengitteratom. Ein zunächst noch unbeweglicher Komplex aus Edelgasatomen und einigen Leerstellen bildet somit den Keim für die Bildung der zahlreichen winzigen Gasbläschen, die sich in diesem Temperaturbereich, in dem die Aufblähung noch gering bleibt, bilden. Bei Bestrahlung über 500 °C gewinnen die aus Fremdgasatomen und einigen Leerstellen gebildeten Komplexe ausreichende Beweglichkeit, sie führen durch ihre Vereinigung – bevorzugt an Einschlüssen – zur Bildung von Gasporen. Die Aufblähung ist nun von der Kriechfestigkeit des Materials abhängig, das am Porenrand unter dem herrschenden Gasdruck steht. Handelt es sich um besonders einschlußfreies Material, so kann diese Bildung großer gasgefüllter Hohlräume bis zu 600 °C verschoben werden. Auch bei dieser Temperatur sind die entstandenen Bläschen noch homogen in sehr reinem Brennstoff verteilt. Die Aufblähung beträgt erst einige Prozent.

In [*190*] wird theoretisch belegt, warum bei gleichem Abbrand, also gleicher Menge abgeschiedener Edelgase, die Aufblähung nur gering bleibt, solange das Gas in zahlreichen kleinsten Poren gespeichert ist, durch Agglomerierung der Gasporen aber zu hohen Werten steigen kann. Im ersten Fall wird eben dem in den Poren herrschenden Gasdruck durch die Oberflächenspannung des Metalls das Gleichgewicht gehalten, während im Falle makroskopischer Gasporen die mechanische Festigkeit der Matrix beansprucht wird.

Wenn es auch gelungen ist, qualitativ die bisher vorliegenden Beobachtungen auf Grund der theoretischen Behandlung verständlich zu

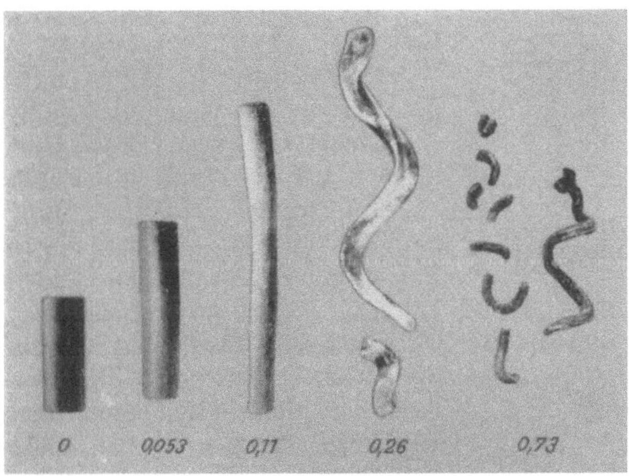

Abb. 231. Wachsen von kaltgewalzten Uranproben durch steigende Reaktorbestrahlung [186]

machen, so steht eine quantitative Berechnung der Aufblähung unter verschiedenen Bedingungen heute, wegen der vielen beeinflussenden und schwer rechnerisch exakt erfaßbaren Parameter, noch aus.

Außer der eben beschriebenen, als Aufblähung bezeichneten Gestaltsänderung von bestrahltem Uranspaltmaterial, die ursächlich auf die durch die Spaltung entstehenden Edelgase zurückgeht, wird noch eine zweite Gestaltsänderung bei Bestrahlung von Uranproben beobachtet. Sie besteht in einem Wachsen der Proben in einer Richtung, begleitet von einer Einschnürung in der darauf senkrecht stehenden Ebene. Ebenso wie beim Wachstum durch zyklische thermische Behandlung wird auch hier ein Wachstumskoeffizient (G_i) gemäß der Gleichung

$$G_i = \ln (L/L_0)/\text{Abbrand}$$

zur Charakterisierung verwendet (L = Länge nach Bestrahlung, L_0 = Ausgangslänge). Für kleine Verlängerungen gilt folgende Näherung:

$$G_i = \%\ \text{Verlängerung}/\%\ \text{Abbrand}.$$

Als Beispiel für dieses strahlungsbedingte Wachsen zeigt Abb. 231 die Gestalt von Uranstangenproben mit gut ausgeprägter [010]-Fasertextur vor und nach verschiedenem Abbrand. Außerordentliche Verlängerungen treten auf, die bei den höchsten Abbränden zu einer Verwindung und zum Bruch der Proben geführt haben, da diesen nicht genügend Raum zum Längenwachstum in den sie umschließenden Kapseln zur Verfügung gestanden hatte.

Im Gegensatz zum Verhalten bei zyklischer Wärmebehandlung zeigen Uran-Einkristalle bei Bestrahlung ebenfalls ein Wachsen. Abb. 232 zeigt dies am Beispiel eines kreiszylindrischen Kristalls, dessen Längsrichtung die [010]-Richtung ist. Durch die Bestrahlung hat sich der Kristall in dieser Richtung verlängert, der Querschnitt wurde dabei zur Ellipse deformiert und zeigt, daß in der [100]-Richtung eine Kontraktion erfolgt ist, während in der [001]-Richtung die Dimension erhalten blieb. Tab. 60 gibt die für die drei Achsenrichtungen gültigen Wachstumskoeffizienten. Bezüglich der Größe des Strahlungswachstums in Einkristall und Vielkristall sind die Aussagen nicht ganz einheitlich. Grundlegende Unterschiede im Wachstum von Einkristall und Vielkristall scheinen jedoch nicht zu bestehen [*191*]. Jedes Korn im Vielkristall trachtet sich in der [010]-Richtung zu verlängern und in der [100]-Richtung zu verkürzen. Durch die Verwachsung der Körner im Vielkristall hindern sie sich gegenseitig an der freien Entfaltung dieses Strahlungswachstums. Am größten ist diese Behinderung naturgemäß im regellos orientierten feinkörnigen Vielkristall, der daher durch geringste Formänderung ausgezeichnet ist. Besonders ausgeprägtes Längenwachstum ist bei Proben zu erwarten, bei denen die Richtung größten Wachstumskoeffizientens, also die [010]-Richtung in der Längsrichtung liegt. Abb. 233 zeigt die Bedeutung der Textur für die Verlängerung durch Bestrahlung am Beispiel verschieden vorbehandelter Proben. Der außerordentlich großen Verlängerung schon bei geringem Abbrand der eine ausgeprägte [010]-Textur aufweisenden Probe (kaltgewalzt) stehen nur geringfügige Änderungen in Proben gegenüber, die, nach Abschrecken aus dem β-Gebiet, weitgehend regellose Kristallitanordnung aufweisen.

a

b

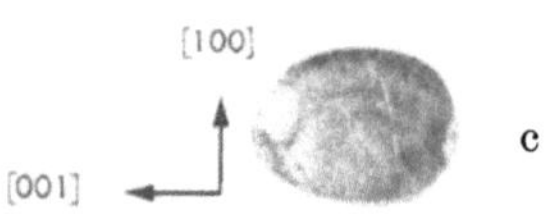

c

Abb. 232a-c. Gestaltsänderung eines kreiszylindrischen Urankristalls durch Reaktorbestrahlung ($2 \cdot 10^{20}$ n/cm²) [*168*] (vgl. [*34*])
a) Ausgangskristall, Aufriß;
b) bestrahlt, Aufriß;
c) bestrahlt, Grundriß

Tabelle 60. *Wachstumskoeffizienten des Uran-Einkristalls* [*187*]

Kristall-richtung	Wachstums-koeffizient
[100]	-420 ± 20
[010]	$+420 \pm 20$
[001]	0 ± 20

Je höher der Anteil der [010]-Lage in der Textur stabförmiger Proben ist, um so ausgeprägter ist das Wachstum durch Bestrahlung.

Abb. 234 zeigt dies am Beispiel des Wachstumskoeffizienten von Proben mit regellos orientiertem Ausgangszustand, die vor der Bestrahlung um verschiedene Beträge kaltverformt worden waren. Der Wachstumskoeffizient für Bestrahlung steigt stetig mit steigendem Kaltreckgrad. Miteingezeichnet in die Abbildung ist der Wachstumskoeffizient analog vorbehandelter Proben für zyklische thermische Beanspruchung. Die Ordinatenmaßstäbe wurden so aufeinander abgestimmt, daß nach 70prozentiger Kaltreckung die Kurven sich schneiden. Wenn auch der allgemeine Verlauf beider Kurven ähnlich ist, so decken sie sich doch keineswegs völlig.

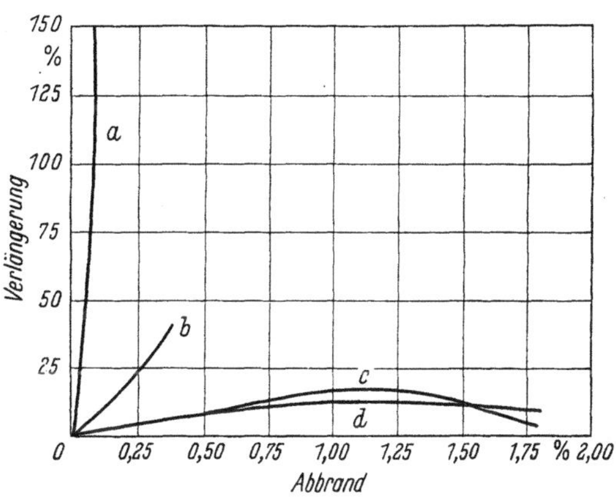

Abb. 233. Strahlenwachstum von Uranproben mit verschiedener Textur [186]. *a* bei 300 °C gewalzt; *b* bei 600 °C gewalzt; *c* bei 300 °C gewalzt und *β*-abgeschreckt; *d* bei 300 °C gewalzt, *β*-abgeschreckt und rekristallisiert

Nochmals wird die Bedeutung der Textur in Abb. 235 illustriert, welche das Aussehen von Proben verschiedener Textur nach bestimmter Bestrahlungsdosis zeigt. Angegeben ist jeweils die vorliegende Textur durch Hauptlagen, hier durch Angabe der paratropen (senkrecht zur Längsrichtung liegenden) Ebenen. Der Anteil der Hauptlagen ist durch einen Faktor gekennzeichnet, welcher (ermittelt aus Röntgeninterferenzen) die Poldichte in der Längsachse der geprüften Probe zur Poldichte bei regellos orientierten Proben darstellt. Die Abbildung zeigt erhebliches Wachsen im Falle des Vorhandenseins einer (010)-Hauptlage, sei es allein oder als vorherrschende Komponente einer mehrfachen Textur. Regellos orientiertes Gefüge führt zu keiner Verlängerung, nur geringfügig ist diese bei gewissen Mischtexturen. In diesen Fällen verformt sich die ursprünglich kreiszylindrische Probe zu einem elliptischen Zylinder. Quantitativ geht der Anstieg des Längenwachstums als Funktion

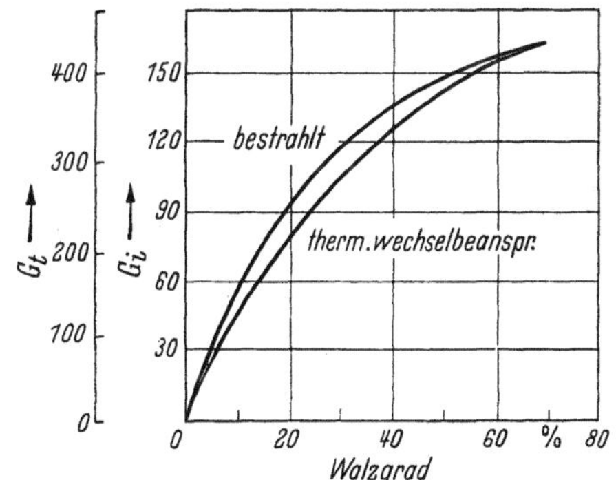

Abb. 234. Bedeutung der Textur für den Wachstumskoeffizienten von Uran [187]

steigenden Anteils der [010]-Hauptlage in ursprünglich regellosem Gefüge aus Abb. 236 hervor. Wenn auch die einzelnen Beobachtungen eine ziemliche Streuung aufweisen, so scheint der Wachstumskoeffizient exponentiell mit dem Häufigkeitsfaktor der [010]-Lage anzusteigen.

Außer von der Textur bzw. der Orientierung der bestrahlten Probe hängt der Wachstumskoeffizient erheblich von der Temperatur ab. Er steigt zunächst mit steigender Temperatur zu einem Maximum zwischen 100 und 200 °C an [*187*]; bei etwa 500 °C wird kein Wachsen durch die Bestrahlung mehr beobachtet [*191*].

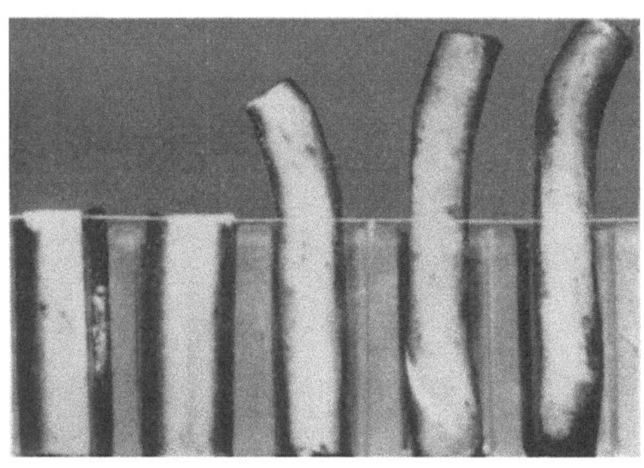

2,1; 4,6   3,1; 5,3   11,6; 2,6   13,2; 3,4   9,1; 2,4; 2,9
(010); (110)   (010); (110); (130)

Abb. 235. Bedeutung der Textur für das Strahlenwachstum von Uran (10^{20} – $3 \cdot 10^{20}$ n/cm² bei 100 bis 150 °C) [*192*]

Bestrahlung bewirkt außer dem eben beschriebenen Längenwachstum der Proben eine Reihe weiterer Erscheinungen, wie Oberflächenaufrauhung, Runzelbildung, Aufwerfungen usw. Alle diese Erscheinungen dürften auf dieselbe Ursache zurückgehen, die auch das Wachsen des Urans durch Bestrahlung herbeiführt. Je nach den geometrischen Bedingungen, Korngröße und Textur werden sie mehr oder weniger beobachtet werden. Grobkörniges Gefüge beispielsweise führt zufolge des anisotropen Wachstums zu einer Oberflächenaufrauhung oder Bläschenbildung [*194*]. Ein Verwerfen wird häufig auf ungleiches Wachsen an einander gegenüberliegenden Teilen einer Probe verursacht sein, wofür wieder Korngrößenunterschiede oder Texturunterschiede verantwortlich sein können. Auch lokale Unterschiede in der Bestrahlungsdosis können für solche Erscheinungen verantwortlich sein.

Ebenso wie eine systematische experimentelle Untersuchung des Wachsens von Uran durch Bestrahlung heute noch nicht ausreichend vorliegt, ist auch die theoretische Deutung dieser Erscheinung noch keineswegs abgeschlossen. Eine kurze Übersicht über die vorgebrachten Theorien sei nachfolgend gebracht. Eine unmittelbare Übernahme der für das Wachsen durch Temperaturwechselbeanspruchung aufgestellten Theorien verbietet sich, da in diesen entscheidend Korngrenzeneinwirkungen auftreten, Wachsen durch Bestrahlung im Gegensatz zur Wirkung thermischer Wechselbeanspruchung aber auch im freien Einkristall beobachtet wird.

Eine Gruppe von Theorien sieht die in bestrahltem Uran auftretenden Spannungen als verantwortlich für das Wachsen an. Diese Spannungen rühren von der thermischen Ausdehnung in den Störbereichen her, welche sich um die Bahn der Spaltstücke ausbilden. Im Mittel hat ein solches energiereiches Spaltbruchstück in Uran eine Reichweite von etwa $5{,}10^{-4}$ cm. Das Volumen eines Störbereiches beträgt etwa $1{,}5 \cdot 10^{-16}$ cm³, d. h. da je Spaltung zwei Bruchstücke, also zwei Störbereiche, entstehen, daß im Mittel das Volumen der Störungsbereiche je Spaltung $3 \cdot 10^{-16}$ cm³ beträgt. Wird natürliches Uran bis zu einem Abbrand von 0,1% (rund $5 \cdot 10^{18}$ Spaltungen je cm³) verwendet, so wird jeder Teil der Probe etwa 15000 Mal kurzzeitig (10^{-11} sek) auf über 3000 °C erhitzt und wieder abgekühlt. Während der Erhitzung übt der Störbereich einen erheblichen Druck auf das umgebende Metall aus.

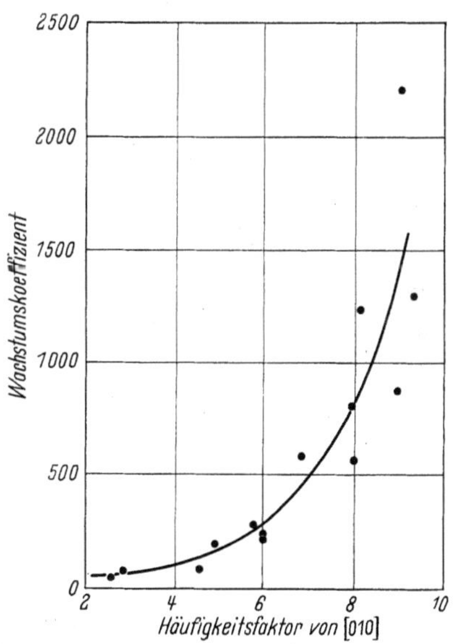

Abb. 236. Bedeutung der [010]-Hauptlage für das Strahlenwachstum von Uran [*193*]

In [*191*, *195*] wird nun angenommen, daß durch diese inneren Spannungen Zwillingsbildung eintritt, die stets zu einer ganz bestimmten Gestaltsänderung führt und zwar in der Richtung [010] zu Stauchung und in der [100]-Richtung zu Dehnung. In der Phase des Temperaturanstiegs im Störbereich wird die Umgebung daher durch Zwillingsbildung in der [010]-Richtung verlängert, bei der Wiederabkühlung dagegen in der [100]-Richtung verkürzt werden. Als Gesamtwirkung der zahlreichen, durch die Bestrahlung gebildeten Störbereiche wird daher ein Wachsen in der [010]-Richtung und ein Stauchen in der [100]-Richtung erfolgen. In [*196*] wird darauf hingewiesen, daß das wichtigste Zwillingssystem im Uran – $K_1 = \{130\}$, $K_2 = \{110\}$ – gerade die geforderte Anisotropie der Deformation gibt.

Gegen diese Deutung des Wachsens wurde eingewendet, daß das Verformungsausmaß durch Zwillingsbildung nur gering ist (im vorliegenden Fall etwa 20%), während Wachstumsdehnungen um weit höhere Beträge beobachtet wurden und mit steigendem Abbrand das Wachsen ständig weiter ansteigt. Auch ist die Annahme der Wirkung nur eines Verformungssystems bei der Vielzahl der im Uran wirksamen sehr gezwungen.

Auf Grund dieser Einwände wurde in [*197*] an Stelle der Verformung durch Zwillingsbildung eine solche durch doppelte Translation nach

{110}/⟨110⟩ angenommen, welche ebenfalls zu einer Verlängerung in der [010]-Richtung führt. Das Ausmaß der Verformung ist nun aber, da sie ja durch Translation erfolgt, nicht mehr beschränkt. Als weiterer Deformationsmechanismus wurde in [*198*] die Bildung von Knickbändern vermutet, für die (010)/[100]-Translation der Verformungsmechanismus ist. Translation und Wanderung von Versetzungen wird in [*199*] zur Deutung des Wachsens benutzt. Unter der Wirkung des anisotropen Spannungsfelds in der Umgebung eines Störbereichs klettern die Versetzungen, wodurch sie Atome von der [100]-Richtung in die [010]-Richtung bringen. In all diesen Fällen handelt es sich also um sehr spezielle Annahmen über die tragende Verformungsart, so daß die Deutungen durchaus offen erscheinen.

Aus metallographischen Untersuchungen sind heute noch kaum Beiträge zu diesen Fragen zu gewinnen. Es wurden zwar häufig Schliffuntersuchungen an Proben vor und nach der Bestrahlung ausgeführt. Leider handelt es sich dabei aber zumeist um regellos orientierte Proben, die in keiner Richtung einsinniges Wachsen aufwiesen.

Ein völlig andersartiger Mechanismus für das Wachsen des Urans durch Bestrahlung, wie die bisher beschriebenen, wird in [*200*] angenommen. Die Grundlage ist die Anisotropie der thermischen Ausdehnung. Zufolge des negativen Ausdehnungskoeffizienten in der [010]-Richtung wird im Störbereich bei Erwärmung das Material in dieser Richtung unter Zugspannungen stehen, während es in den darauf senkrecht stehenden Richtungen druckbeansprucht ist. In der [010]-Richtung wird also eine Verlängerung, in den anderen Richtungen eine Verkürzung erfolgen. Dieser Verformungsprozeß wird bei Abkühlung des Störungsbereichs nur teilweise in umgekehrter Richtung verlaufen, da die Formfestigkeit des Materials bei der hohen Temperatur geringer ist als bei der niedrigeren. Voraussetzung für die Wirksamkeit dieses Modells ist, daß im Verformungsbereich trotz der hohen Temperatur keine Umwandlung in den β- und γ-Zustand erfolgt, was im Hinblick auf die sehr kurze Erhitzungsdauer auch plausibel und durch Experimente bestätigt ist.

Weiterhin sei eine Theorie genannt, welche für das Wachsen durch Bestrahlung die Anisotropie der Diffusion zugrunde legt [*201*]. Auf Grund von Überlegungen wird angenommen, daß Zwischengitteratome bevorzugt parallel [010], Leerstellen bevorzugt parallel [100] wandern. Die im Störbereich gebildeten Frenkel-Defekte werden nicht unverzüglich rekombinieren, und die eben genannte anisotrope Diffusion wird zu Strahlenwachstum führen. Da Gestaltsänderungen aber erst eintreten, wenn die Fehlstellen die äußere Oberfläche oder Korngrenzen erreichen, sieht diese Theorie einen Korngrößeneinfluß auf das Wachstum voraus, derart, daß feinkörniges Material rascher wachsen sollte als der Einkristall. Auch die Abnahme des Wachstums bei Temperaturerniedrigung würde aus diesem Mechanismus folgen, und auch die Abhängigkeit des Wachstums mit steigender Temperatur kann aufgefaßt werden als das Ergebnis von Überlagerung thermischer Rekombination der FRENKEL-Defekte und anisotroper Diffusion.

Eine gewisse Verwandtschaft mit dieser Theorie weisen Vorstellungen auf, die das anisotrope Wachsen des Urans als Ergebnis korrelativer Stoßprozesse deuten [*202*]. Während nach der „Diffusions-Theorie" anisotrope Diffusion von Zwischengitteratomen und Leerstellen angenommen wird, wird das Wachsen nunmehr durch fokussierende und defokussierende Stöße zu erklären gesucht. In der [010]-Richtung werden dadurch nach dem Schema des dynamischen Crowdions Zwischengitteratome transportiert, die schließlich an Korngrenzen oder der Oberfläche abgelagert werden und zum Wachsen in dieser Richtung führen. In der [100]-Richtung finden weitreichende fokussierende Stöße statt; bei Erreichung der Korngrenze werden Atome in das Nachbarkorn gestoßen. In der [001]-Richtung schließlich findet bevorzugt Ablagerung von Zwischengitteratomen im Korn statt, wodurch weitreichende Stöße abgeriegelt sind.

Das Wachsen durch Bestrahlung erfolgt unter völlig anderen Bedingungen als die Dehnung in einem statischen Zugversuch. Bei Bestrahlung wird das Uran in kleinsten Bereichen kurzzeitig und oftmals auf außerordentlich hohe Temperaturen gebracht, so daß zweifellos die für das Wachsen durch zyklische Wärmebeanspruchung verantwortlichen Vorgänge auch für das Wachsen durch Bestrahlung mitverantwortlich sein werden. Wichtigstes Erfordernis scheint heute systematische experimentelle Erweiterung unserer Kenntnis der Erscheinung des Strahlenwachstums.

Schließlich sollen nochmals die wichtigsten Ähnlichkeiten und Unterschiede des Wachstums von Uran durch zyklische Wärmebeanspruchung und durch Reaktorstrahlung zusammengestellt werden. Die Erscheinungen gleichen sich hinsichtlich der Bedeutung der Textur: Je ausgeprägter die [010]-Hauptlage, um so stärker ist das Wachstum. Der wichtigste Unterschied zwischen den beiden Erscheinungen ist, daß für den Effekt durch Temperaturwechselbeanspruchung Korngrenzen wesentlich sind, daß durch Bestrahlung dagegen auch Einkristalle Wachstum zeigen. Die das Wachsen begleitende Porosität ist im Falle der zyklischen Wärmebehandlung mechanisch, im Falle der Bestrahlung durch gasförmige Spaltprodukte bedingt. Das Ausmaß des Wachsens bei Wechselerhitzung steigt mit dem Anstieg der oberen Grenze des Temperaturintervalls, sinkt diese unter 350 °C, so hört das Wachsen auf. Beim Strahlungswachsen tritt ein Maximum im Temperaturbereich von 100 bis 200 °C auf, über 450 °C unterbleibt eine Gestaltsänderung.

In mechanisch-technologischer Hinsicht wird Uran durch Bestrahlung im Sinne einer Versprödung verändert; die Streckgrenze steigt, die

Dehnung sinkt, gegebenenfalls auf sehr kleine Werte. Als Beispiel bringt Abb. 237 einige Dehnungskurven bestrahlter Proben in Vergleich zu einer für unbestrahltes Ausgangsmaterial. Eine Zusammenstellung von Festigkeitszahlen unbestrahlten und bestrahlten Materials findet sich in Tab. 61. Eine ausgeprägte [010]-Textur lag in keinem Fall vor, so daß durch die Bestrahlung außer einer kleinen allseitigen Aufblähung keinerlei Gestaltsänderung eingetreten sein dürfte. Abbildung und Tabelle

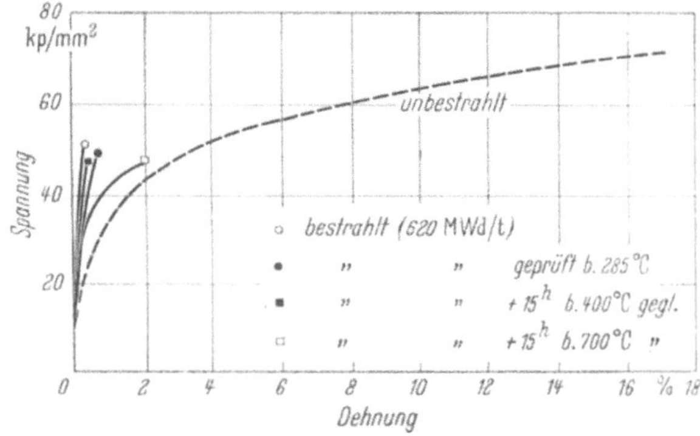

Abb. 237. Dehnungskurven von Uran in bestrahltem und unbestrahltem Zustand [*203*]

lassen die Versprödung durch die Bestrahlung deutlich erkennen. Über das Verhalten bestrahlter Proben in Warmzerreißversuchen unterrichtet Abb. 238, die zeigt, daß zwar die Streckgrenzenerhöhung durch die Bestrahlung bei Temperaturen über 450 °C verschwindet, die Dehnung jedoch bis an die Grenze des α-Bereichs keinerlei Wiederanstieg erfährt. Die sich durch einen Anstieg der Streckgrenze äußernde Verfestigung durch Bestrahlung bringt auch eine Steigerung der Härte mit sich. Abb. 239 zeigt die mit zunehmendem Abbrand steigende Härte für rekristallisier-

Tabelle 61. *Änderung der Festigkeitseigenschaften von Uran durch Reaktorbestrahlung* [*187, 203, 204*]

Material	Bestrahlung	Streckgrenze		Zugfestigkeit		Dehnung		Schlagfestigkeit	
		$\sigma_{0,2}$ kp/mm²	$\Delta\sigma_{0,2}$ in %	σ_B kp/mm²	$\Delta\sigma_B$ in %	δ in %	$\Delta\delta$ in %	kpm	Δ in %
gegossen	10^{19} n/cm²			55	−61	nach Bestr. $\delta \sim 0$		2,1	−72
gegossen	10^{19} n/cm²			45	−71			2,9	−72
β-stoßgegl.	10^{19} n/cm²			55	−49			2,2	−68
warmgewalzt	10^{19} n/cm²			41	−34			3,7	−74
warmgewalzt	0,035% Abbr.	23	+117	73	−27	17	−98		
„ + α-gegl.	0,035% Abbr.	23	+58	73	−38	17	−97		
warmgewalzt	0,018% Abbr.	26	+51	68	−19	19	−96		
warmgewalzt	0,031% Abbr.	26	+93	68	−14	19	−96		
warmgewalzt	0,075% Abbr.	26	+109	68	−9	19	−97		
warmgewalzt	0,10 % Abbr.	26	+95	68	−20	19	−97		

tes Material. Durch anschließende Anlaßbehandlung geht ebenso wie die Streckgrenze auch die Härte bestrahlter Proben schließlich wieder auf den Ausgangswert zurück [*183*].

Die bisherigen Angaben betrafen Festigkeitseigenschaften, die an Proben nach erfolgter Bestrahlung erhalten worden waren. Für den praktischen Betrieb sind vor allem aber Eigenschaften während der Bestrahlung von Bedeutung, deren Ermittlung naturgemäß große experimentelle Schwierigkeiten mit sich bringt. In ersten Versuchen ergab sich, daß die während der Bestrahlung gemessene Dehnung eine leichte Abnahme, die Zugfestigkeit eine deutliche Zunahme zeigte gegenüber den Werten von Proben, welche die gleiche Bestrahlung erlitten, aber erst im Anschluß an die Bestrahlung geprüft worden waren [*205*].

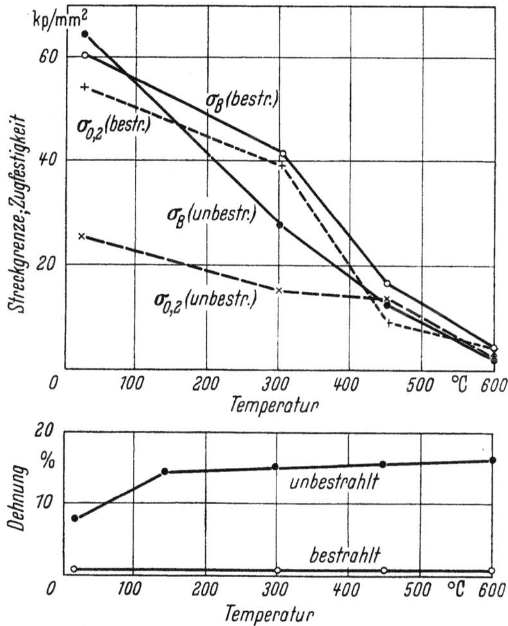

Abb. 238. Temperaturabhängigkeit technologischer Festigkeitseigenschaften unbestrahlter und bestrahlter Uranproben (0,75% Abbrand, 50 °C) [*203*]

Von ganz besonderer Bedeutung ist die Prüfung der Proben während der Bestrahlung, wenn es sich um das Kriechverhalten handelt. Schon frühzeitig war beobachtet worden, daß die Kriechgeschwindigkeit schwach belasteter Proben durch gleichzeitige Reaktorbestrahlung erheblich (ein bis zwei Größenordnungen) ansteigen kann [*204*]. Systematische Untersuchungen zu dieser Frage wurden in [*206*] beschrieben, wo auch eine Deutung des Effekts gegeben wird. Wir haben diese Versuche in Kap. III

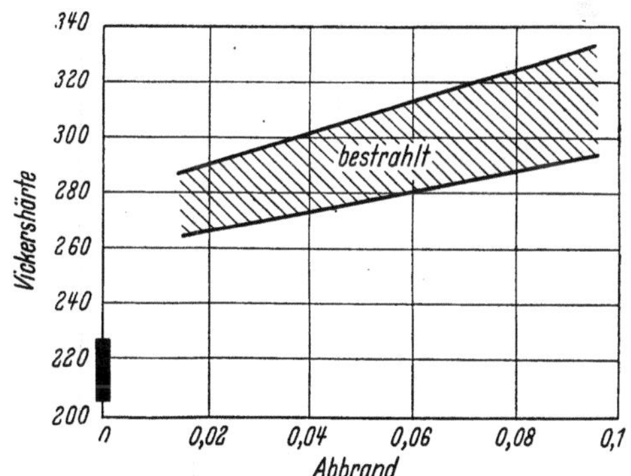

Abb. 239. Härte von Uran als Funktion steigenden Abbrands [*187*]

bereits geschildert. Als Versuchsmaterial dienten zu Wendeln gewundene Urandrähte. Über Kriechversuche an Stäben von 2 mm Durchmesser und 70 mm Länge ohne und mit gleichzeitiger Neutronenbestrahlung wird in [*205*] berichtet. Als Beispiel für die Spannungsabhängigkeit des Fließens bringt Abb. 240 Fließkurven von gewalzten und rekristallisierten Proben für eine Versuchstemperatur von 220 °C. Strichliert eingezeichnet ist das Verhalten in den Zeiträumen, in denen die Reaktorbestrahlung ausgeschaltet war. Man erkennt, daß das bestrahlte Material trotz niedriger statischer Belastung erhebliches Fließen aufweist. Die Fließgeschwindigkeit steigt mit der Belastung an, sie fällt praktisch auf Null in den Perioden, in denen der Reaktor abgeschaltet ist. Fließkurven mit einer Spannung von 15 kp/mm² mit Uranproben verschiedener Vorgeschichte in bestrahltem und unbestrahltem Zustand sind in Abb. 241 einander gegenübergestellt. Sie zeigen, daß die Fließgeschwindigkeit durch die Bestrahlung um ein bis zwei Größenordnungen gesteigert wird.

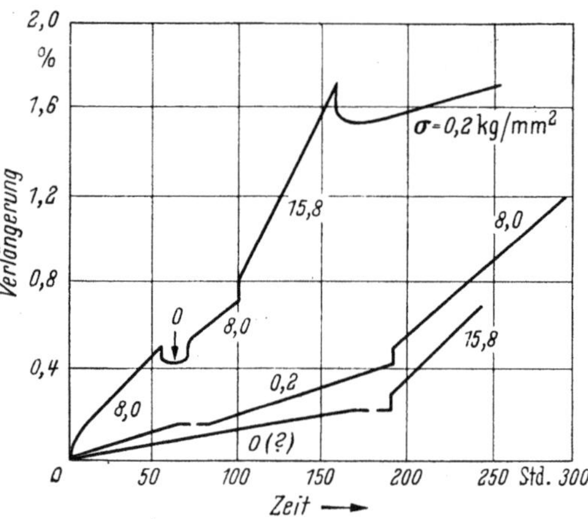

Abb. 240. Fließkurven von Uranstäben unter Reaktorbestrahlung ($\Phi = 6 \cdot 10^{12}$ n/cm²sek) [*205*]. (– – : Verhalten bei abgeschaltetem Reaktor)

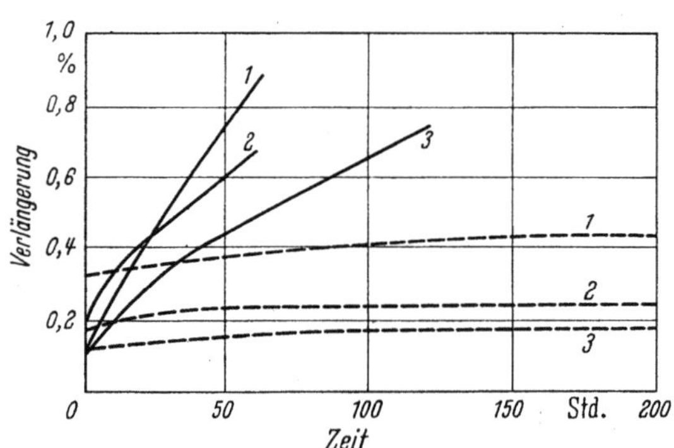

Abb. 241. Fließkurven bestrahlter (———) und unbestrahlter (- - -) Uranstäbe (200 °C, $\sigma = 15$ kp/mm², $\Phi = 6 \cdot 10^{12}$ n/cm²sek) [*205*]. *1* langsam gekühlt; *2* β-abgeschreckt; *3* γ-abgeschreckt

Sehr spärlich sind die Angaben über Änderungen des elektrischen Widerstands und der Wärmeleitfähigkeit durch Bestrahlung, obwohl für die Beurteilung der Temperaturverteilung im Brennstoffelement während des Betriebs des Reaktors gerade die Kenntnis der Änderung der Wärmeleitfähigkeit durch Bestrahlung bedeutungsvoll ist. In [*207*] wird angegeben, daß nach 0,02% Abbrand die Wärmeleitfähigkeit von Uran –

gemessen während der Bestrahlung – um 10 bis 15% abnahm. Nach Erhöhung der Bestrahlung um eine Zehnerpotenz zeigten sich Ansätze einer Bestrahlungserholung. Ähnliche Werte der Änderung wurden auch in Messungen, die nach Bestrahlung erfolgten, gefunden [*208*]. Für den elektrischen Widerstand wird durch einen Abbrand von 0,015% eine Zunahme von 4% angegeben [*209*]. Porenbildung und Dimensionsänderungen erschweren die Auswertung der Messungen, doch kann es keinem Zweifel unterliegen, daß durch Bestrahlung eine Widerstandserhöhung eintritt.

Eine vollständige Erholung von den Folgen der Bestrahlung ist ausgeschlossen. Wohl können die Wirkungen von Zwischengitteratomen und Leerstellen durch geeignete thermische Behandlung beseitigt werden, nicht aber werden Dimensionsänderungen, Poren, Risse, Verwerfungen usw. wieder aufgehoben. Außerdem enthält bestrahltes Uran mit steigendem Abbrand immer mehr Spaltprodukte, die naturgemäß seine Eigenschaften verändern.

Hier sei eingefügt, daß man versucht hat Legierungen herzustellen, die durch ihren Gehalt an Molybdän, Ruthenium, Palladium, Rhenium, Zirkonium usw. der Zusammensetzung eines Urans nach bestimmtem Abbrand hinsichtlich der Konzentration gleichen (Uran-Fissium-Legierungen). Das Ergebnis waren dennoch völlig verschiedene Eigenschaften in beiden Fällen [*210*]. Im Brennstoff sind außer metallischen Beimengungen auch Edelgase vorhanden, die Spaltprodukte entstehen atomdispers und sind häufig in Zwischengitterlagen eingebettet, außerdem fehlen in den über die Schmelze hergestellten Legierungen alle die Wirkungen, die durch die kurzzeitigen und oftmaligen Erhitzungen in den kleinen Bezirken der Störbereiche bedingt sind. So ergibt sich trotz nahezu gleicher Konzentration doch ein deutlich verschiedener struktureller Aufbau. Der normalen Erholung (Ausheilung von Gitterstörungen) können sich im bestrahlten Uran bei thermischer Behandlung Effekte überlagern, die durch Diffusion und Agglomeration der durch Spaltung entstandenen Fremdatome bedingt sind, was zu Wirkungen ähnlich denen der Ausscheidungshärtung führen kann.

Bei der Konstruktion von Brennstoffelementen sind die Wirkungen der Bestrahlung auf den Brennstoff sorgfältig zu beachten bzw. nach Möglichkeit zu bekämpfen. Ebenso wie im Falle der Störungen durch Wärmezyklen wird eine zu großem Wachstum führende Textur zu vermeiden und feinkörniges Gefüge zu erstreben sein. Auf die Möglichkeiten, welche die Verwendung von Uran*legierungen* bietet, wurde bereits gelegentlich hingewiesen. Wir werden später ausführlich darauf zurückkommen. Ebenso werden die bei der Herstellung der Brennstoffelemente beschrittenen konstruktiven Wege zur möglichsten Verhinderung von Strahlungsschäden im Brennstoff später aufgezeigt werden.

1.11 Spanabhebende Bearbeitung. Für die spanabhebende Bearbeitung von Uran sind mit gewissen Abänderungen die üblichen Werkstattmethoden brauchbar. Wichtig ist es, eine Verfestigung der Oberfläche während der Bearbeitung nach Möglichkeit zu vermeiden; hierzu müssen allgemein hohe Drucke und relativ hohe Geschwindigkeiten benutzt werden. Wesentlich ist die Verwendung von Schmiermitteln, um Fressen der Werkzeuge zu verhindern, um zu kühlen und vor allen Dingen auch um die Brandgefahr für die Späne und eventuell auch für das Werkstück zu vermeiden.

Für das Sägen sind schwere Metallsägen zu verwenden; grobe Sägeblätter, hoher Druck, hohe Geschwindigkeit und starker Schmiermittelfluß sind wesentlich. Sowohl gewöhnliche als auch automatische Drehbänke sind für das Drehen geeignet. Die Werkzeuge müssen mit Hartmetallschneiden ausgerüstet sein; die Lebensdauer der Werkzeuge ist bei großer Spantiefe und raschem Vorschub länger als bei Verwendung milderer Schnittbedingungen. Relativ schwierig ist das Bohren feiner Löcher; die Bohrer werden hierbei äußerst beansprucht. Man verwendet daher nur kurze Bohrer, die ständig nachgeschliffen werden müssen. Für das Fräsen werden Drehmesser aus Schnelldrehstahl benutzt, die vor der Verwendung vorteilhaft in Kohlensäureschnee vorgekühlt werden. Zum Schleifen werden relativ weiche Scheiben verwendet, die mit großer Geschwindigkeit rotieren und mit einer, von der Tiefe des Abschleifens abhängigen Geschwindigkeit relativ zum Werkstück bewegt werden. Zur Schmierung erweisen sich hier nicht, wie bei den übrigen spanabhebenden Verformungen, Öle als besonders günstig, sondern wasserlösliche Schmiermittel. Hierdurch wird allerdings die Brandgefahr des Uranschleifstaubes erhöht.

Wegen der Radioaktivität des Urans sind die Maßnahmen zum Schutze der die Bearbeitungsmaschinen Betreuenden vor Metallstaub besonders sorgfältig zu beachten.

1.12 Verbindungsarbeiten. Verbindungsarbeiten sind sowohl durch Schweißen als auch durch Löten möglich. Eine Erschwerung der üblichen technischen Verfahren wird allerdings durch die hohe Reaktionsfreudigkeit des Urans gebildet. Beim Löten kommt die Bildung spröder Verbindungen des Urans mit dem Lötmetall hinzu. Hinsichtlich der Lötbarkeit ähnelt Uran dem Aluminium.

Für das Schweißen hat sich am besten die Schmelzschweißung im Lichtbogen erwiesen, die für Bleche, Platten, Rohre und andere Formstücke verwendbar ist. Lichtbogenschweißung mit Wolframelektrode (Gleichstrom ist hierbei Wechselstrom vorzuziehen) unter Verwendung eines inerten Schutzgases (Helium oder Argon) führt zu guten Schweißnähten. Voraussetzung hierfür ist relative Freiheit von Oxydhäuten in dem zu schweißenden Bereich und Verwendung eines trockenen gereinigten Schutzgases, das auch noch während der Abkühlung das Schweißgut vor Oxydation zu schützen hat. Es gelingt auch gut die Schweißung automatisch durchzuführen. Einwandfrei hergestellte Schweißungen erwiesen sich fester als gegossenes Material. Metallographisch sind mehrere Schichten in der Umgebung der Schweißnaht zu beobachten. An den Bereich, in dem Schmelzung eingetreten war, der daher Gußgefüge zeigt, schließen sich Bereiche an, in denen das Uran bis in die γ- oder β-Phase umgewandelt bzw. nur im α-Gebiet erhitzt worden war. Rückumwandlung in den α-Bereich führt zu den schon in IV A 1.7 beschriebenen Gefügeänderungen. In den über 450 °C im α-Gebiet erhitzten Bereichen tritt beim Schweißen kaltbearbeiteten Materials Rekristallisation ein. Die Breite dieser Zonen wird durch die Materialstärke und die Schweißbedingungen beeinflußt [*211*]. Mit großer Sorgfalt muß das Schweißen dünnwandiger Rohre durchgeführt werden, bei denen Oberflächenzustand und die Reinheit des Schutzgases von besonderer Bedeutung sind [*212*]. Mit Rücksicht auf die Dünnflüssigkeit und hohe Dichte des geschmolzenen Urans muß der zu schweißende Bereich während des Schweißens in möglichst horizontaler Lage gehalten werden. Außer der Lichtbogenschweißung wurde mit Erfolg auch Schweißung unter einer Schicht geschmolzenen Flußmittels durchgeführt. Als Flußmittel wurde ein Gemisch von 75% Flußspat und 25% Kryolit verwendet [*213*]. Auch Punktschweißung kann unter geeigneten Schutzmaßnahmen zur Anwendung gelangen.

Das Löten von Uran kann mit einer Reihe handelsüblicher Weichlote durchgeführt werden. Besonders vorteilhaft erweist sich Ultraschallanregung (Zerreißen der störenden Oxydhäute) sowohl für Lötungen Uran an Uran als auch für Verbindung mit anderen Metallen, wie rostfreier Stahl usw. [*214*]. Auch Plattierung des Urans mit Nickel oder Silber und anschließendes Verlöten dieser Schichten mit üblichen Methoden kann gegebenenfalls benutzt werden.

1.13 Metallographie. Die Technik der Schliffherstellung von Uran entspricht der üblichen für weiche Metalle mit harten Einschlüssen. Wichtig ist, daß jegliches mechanisches Schleifen oder Polieren unter einem Abzug erfolgt und daß nach Möglichkeit Naßschleifen verwendet wird. Dies dient zum Schutz der arbeitenden Personen, die Handschuhe und Schutzkleidung tragen sollen, um Hand und Kleidung vor Uranstaub zu schützen. Es dient ferner dazu, um eine Verseuchung des metallographischen Laboratoriums mit radioaktivem Metallstaub auszuschließen. Ansammlungen solchen Staubes sind auch wegen seiner Pyrophorität unbedingt zu vermeiden.

Das Schleifen erfolgt mit feinkörnigen Papieren und am besten von Hand, da maschinelles Schleifen bei der Weichheit des Metalls leicht zu Oberflächenverformung führt. Das Polieren kann wie üblich vorgenom-

Tabelle 62. *Polier- und Ätzmittel für Uran* [*34*]

Reagens	Menge	Verwendungsart	Verwendungszweck
Orthophosphorsäure (85%) Äthylenglykol Äthylalkohol (95%)	100 ml 100 ml 160 ml	elektrol. Polieren*	Passivierung; Polieren f. polaris. Licht
Zitronensäure, C. P. Salpetersäure (70%) destill. Wasser	10 g 215 ml 490 ml	elektrol. Ätzen 15 mA/cm²	Hellfeld; Polieren und Ätzung
Flußsäure (48%) Salpetersäure (konz.) Wasser	30 ml 30 ml 60 ml	einige Tropfen auf Poliersch.	Hellfeld, Polieren
Chromtrioxyd Wasser Eisessig	25 g 30 ml 300 ml	elektrol. Ätzen 200 mA/cm² 45 Sekunden	Hellfeldätzung
Zitronensäure Salpetersäure (70%) Wasser Äthylenglykol Intramin	5 g 2,5 ml 470 ml 25 ml 0,05 g	elektrol. Ätzen 30 mA/cm² 5 Minuten (kühl aufbewah- ren)	Makroätzung

* Anwesenheit von Wasser stört den Poliervorgang; nur völlig trockene Proben in Elektrolyt bringen.

men werden, abschließend durch Verwendung von Samt- oder Seidentüchern mit feiner Tonerdeaufschlemmung. Zumeist wird jedoch, um Oberflächenverformungen zu vermeiden, elektrolytisch poliert. Eine größere Reihe geeigneter Elektrolyte und Ätzlösungen wurde angegeben. Eine Übersicht über die hauptsächlich benützten bringt Tab. 62, die außerdem Angaben über die Art der Verwendung und den Verwendungszweck enthält. Für sehr rasches elektrolytisches Polieren wird eine 50prozentige Perchlorsäure und eine Stromdichte von 500 mA/cm² empfohlen, gegebenenfalls kann ein erheblicher Überschuß von Eisessig zugeführt werden. Diese Lösungen müssen kalt aufbewahrt und, zur Unterdrückung von Explosionsgefahr, völlig frei von organischem Fremdmaterial gehalten werden. Als weiteres Makroätzmittel sei schließlich noch ein Gemisch von 50 g Zitronensäure mit 5 ml konzentrierter Schwefelsäure und 450 ml Wasser genannt, für das eine 40 Minuten lange Ätzdauer mit 50 mA/cm² Stromdichte angegeben wird.

Zur Untersuchung der polierten Schliffflächen wird bei Uran vorzugsweise polarisiertes Licht verwendet. In diesem Fall unterbleibt eine der Betrachtung vorausgehende Ätzung. Eine Gegenüberstellung der Schliffbilder einer bei 400 °C gewalzten, bei 625 °C rekristallisierten Uranprobe – elektropoliert für Verwendung polarisierten Lichts, elektrogeätzt für Hellfeld – gibt Abb. 242a u. b.

Die Feststellung von Einschlüssen erfolgt zweckmäßig mit Hellfeldbeleuchtung. Auch bei nur geringen Gehalten an Verunreinigungen nehmen sie wegen ihrer gegenüber zu Uran zumeist viel geringeren Dichte relativ große Flächenanteile ein. Tab. 63 beschreibt das Aussehen verschiedener Einschlüsse im Schliffbild. Auf die Isomorphie von UC, UN und UO ist bereits in Abschnitt IV A 1.5 hingewiesen worden. Eine Unterscheidung sauerstoffhaltiger Mischkristalle U(OCN) von den drei ersten in der Tabelle genannten Einschlüssen scheint vor allem durch elektrolytische Verkupferung im Zyanbad möglich. Auf der sauerstoffhaltigen

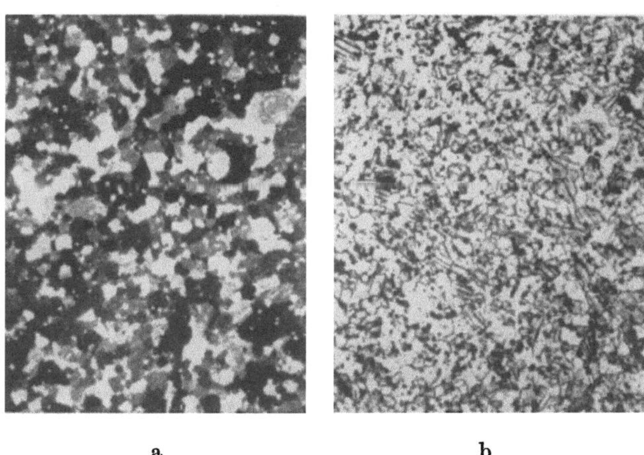

a b

Abb. 242a u. b. Mikrogefüge einer bei 400 °C gewalzten, bei 625 °C angelassenen ofenabgekühlten Probe; $V\sim 70$ (aus [*3*])
a) elektropoliert, polarisiertes Licht; b) elektrogeätzt, natürliches Licht

Phase scheidet sich hierbei im Gegensatz zu den übrigen Phasen kein Niederschlag ab [*216*]. Außerordentlich empfindlich ist der metallographische Nachweis von Hydrid, das bei Gehalten über 2 ppm Wasserstoff in Form von Nadeln, gegebenenfalls mit zentraler Längsfurchung, in Erscheinung tritt. Große Ähnlichkeit mit den Hydrideinschlüssen zeigen gelegentlich gelängte UF_3-Einschlüsse [*84*]. Am Ende der Tab. 63 sind die von der Uranherstellung herrührenden Schlackeneinschlüsse gekennzeichnet.

Zeilenförmige Einschlüsse beweisen, daß das Material eine Kaltverformung erlitten hat. Abb. 243a gibt ein Beispiel hierfür. Auch nachträgliche Rekristallisation bringt die zeilenförmige Anordnung der Einschlüsse nicht zum Verschwinden. Erst bei Glühung bei so hohen Temperaturen, daß Auflösung der Beimengungen erfolgt, verschwindet das im Schliffbild vorhandene Kennzeichen einer Kaltbearbeitung. Die Wiederausscheidung der Beimengungen erfolgt regellos, und das Schliffbild gleicht dem einer gegossenen oder warmbearbeiteten Probe (Abb. 243b).

Tabelle 63. *Metallographische Feststellung von Einschlüssen* [*34*] (vgl. insbesondere auch [*215, 216*])

Einschluß	Oberflächenzustand der Probe	Form der Einschlüsse	Farbe Hellfeld	Farbe Pol. Licht
UC	poliert	Dendriten in großer Zahl, winkelig in geringer Zahl	weiß	—
	Cu-plattiert		gelb	—
	in 50% HNO_3 getaucht		schwarz	schwarz
UN	poliert	Dendriten, chin. Schriftz. winkelig	grau	dkl.grau
	Cu-plattiert		gelb	—
	in 50% HNO_3 getaucht		grau	dkl.grau
U (C, N)	poliert	Dendriten, chin. Schriftz. winkelig	grau	dkl.grau
	Cu-plattiert		gelb	—
	in 50% HNO_3 getaucht		dkl.grau	dkl.grau
U(O,C,N)	poliert	kugelig	lichtgrau	dkl.grau
	Cu-plattiert		keine Abscheidung	
UF_3	poliert	kugelig od. langgestreckt	schwarz	violett
UO_2	poliert	kugelig od. langgestreckt	dkl.grau	rot
UH_3	poliert	Nadeln	dkl. od. lichtgrau	grau
	in 50% HNO_3 getaucht		kein Angr.	—
U_3Si_2	poliert	strukturiert kugelig	grau	—
MgF_2 u. CaF_2	poliert	kugelig od. langgestreckt	schwarz	weiß

Nur hingewiesen sei auf eine Warmätzung von Schliffen im Vakuum durch Ionenbeschuß kathodisch geschalteter Proben [*218, 219*]. Wenn auch grundsätzlich alle Edelgase für das Bombardement der Oberfläche geeignet sind, so hat sich doch Krypton als bestes erwiesen. Auffällig ist, daß derartig geätztes Uran an Luft von Raumtemperatur wochenlang glänzend bleibt ganz im Gegensatz zu normal geätzten Oberflächen. Es wird vermutet, daß ein dünner amorpher Oxydfilm für die Schutzwirkung verantwortlich ist.

Elektronenmikroskopische Untersuchungen erfolgen mit Hilfe des Abdruckverfahrens, bei dem zunächst ein Negativ der zu untersuchenden Oberfläche erzeugt wird. Hierzu kann weiches Aluminium unter hohem Druck gegen die geätzte Oberfläche gepreßt werden, oder aber es wird ein durchsichtiges plastisches Filmmaterial auf die zu untersuchende Oberfläche aufgebracht. Durch anodische Oxydation wird im ersten Fall die Aluminiumoberfläche oxydiert, der Oxydfilm abgelöst und der elektronenmikroskopischen Untersuchung zugeführt. Der gemäß dem zweiten Verfahren auf die Probe aufgebrachte Film wird nach Trocknen mechanisch abgelöst. Er kann im Anschluß daran unmittelbar unter-

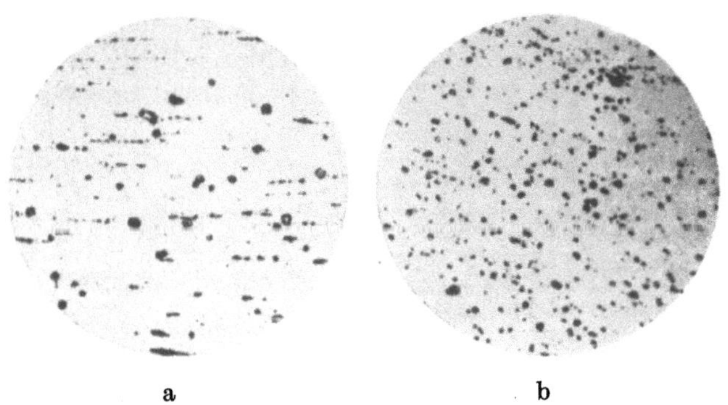

Abb. 243 a u. b. Schliffbilder einer kaltgewalzten (a) und warmgewalzten (b) Uranprobe [*217*]; $V \sim 60$

sucht werden. Zur Prüfung im reflektierten Licht wird er schräg mit Aluminium bedampft. Für elektronenmikroskopische Untersuchung in Durchsicht wird ebenfalls Metall schräg aufgedampft, hierauf eine Schicht von Siliziummonoxyd aufgebracht und schließlich der Film in Azeton aufgelöst und das Oxydhäutchen im durchfallenden Elektronenstrahl mikroskopiert [*220*, *221*].

Handelt es sich um metallographische Untersuchung hoch radioaktiven Materials, wie es beispielsweise Uranbrennstoffe nach Abbrand darstellen, so sind besondere Vorkehrungen erforderlich. Entweder wird die metallographische Untersuchung in abgeschlossenen Zellen mit Hilfe von Manipulatoren durchgeführt, oder aber es wird mit Hilfe des Abdruckverfahrens gearbeitet, bei dem nur das Polieren und die Herstellung des Abdrucks in der Zelle erfolgt, die weitere mikroskopische oder elektronenmikroskopische Untersuchung jedoch außerhalb. Der zweite Vorgang hat sich für die Praxis als weit überlegen erwiesen. Für metallographische Untersuchungen hoch radioaktiven Materials in der Zelle müssen solche optische Linsen verwendet werden, die nur langsam unter der Einwirkung der Strahlung dunkeln. Durch nachträgliche Beleuchtung, vor allem mit ultraviolettem Licht kann eine Wiederentfärbung eintreten. Jedenfalls wird man Objektive nur so kurz wie möglich radioaktiven Präparaten gegenüber belassen. Als Beispiel für mikroskopische Aufnahmen hoch aktiven Urans (0,07% Abbrand) bringt Abb. 244 ein im reflektierten Licht erhaltenes Bild eines Zelluloseazetatabdrucks, welches breite Zwillingslamellen zeigt. Abb. 245 stellt eine elektronenmikroskopische Aufnahme einer Uranprobe mit 0,03% Abbrand dar, die deutlich Ausscheidung entlang einer Korngrenze erkennen läßt.

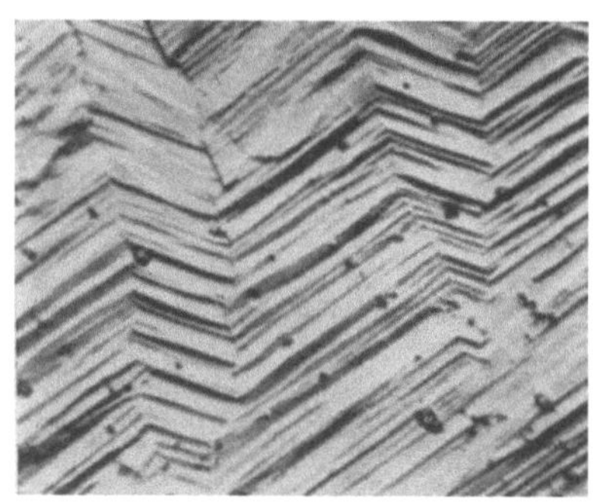

Abb. 244. Mikrostruktur bestrahlten Urans; $V \sim 400$ [222]. (0,07% Abbrand, Zelluloseazetatabdruck)

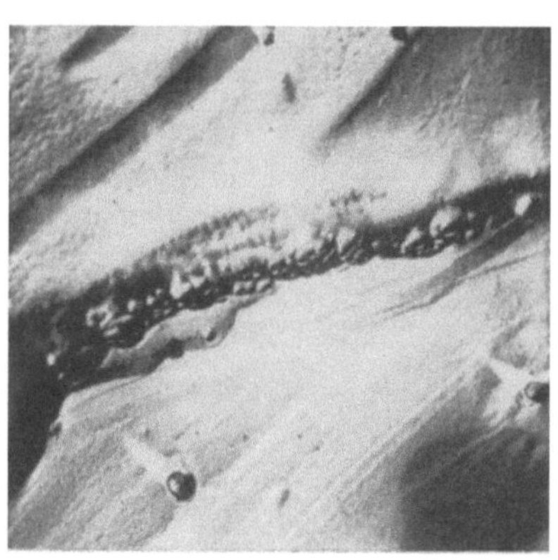

Abb. 245. Elektronenmikroskopische Aufnahme bestrahlten Urans; $V \sim 4000$ [222]. (0,03% Abbrand, positiver Abdruck)

1.14 Aufbau von Legierungen und keramischen Systemen. *a) Binäre Legierungen.* Mischkristallbildung in der α-Phase kann im Hinblick auf die singuläre Gitterform des α-Urans und des Auftretens von kovalenter Bindung neben metallischer nur in sehr beschränktem Maß erwartet werden. Dies gilt auch für Fälle, in denen der Atomradius des Zusatzmetalls weitgehend dem des Urans gleicht. Analog liegen die Verhältnisse auch für β-Mischkristalle. Ausnahmen bestehen jedoch in binären Systemen von Uran mit anderen Actiniden von ähnlichem Atomradius auf Grund der in diesen Fällen weitgehend ähnlichen Struktur der äußeren Teile der Elektronenhülle.

In der kubischen γ-Phase liegt das Uran in typisch metallischer Form vor. Mischkristallbildung ist bei entsprechendem Atomgrößenfaktor durchaus zu erwarten. Bei gleicher Gitterstruktur des Zusatzmetalls und einem Atomradius, der sich um weniger als 14% von dem des γ-Urans unterscheidet, kann auf Grund der allgemeinen Erfahrungen lückenlose Mischkristallbildung erfolgen. Aus der heute schon mit großer Vollständigkeit durchgeführten Bestimmung binärer Diagramme folgen die aus Abb. 246 ablesbaren maximalen Löslichkeiten als Funktion des Atomgrößenfaktors. Bei ungünstigem Größenfaktor tritt niemals wesentliche Löslichkeit auf. Lückenlose Mischkristallbildung wurde in vier Systemen gefunden. Auffällig ist, daß Tantal und Wolfram, Elemente, die in ihren chemischen und metallurgischen Eigenschaften dem Niob und Molybdän als Homologe weitgehend gleichen, nur sehr geringe Löslichkeit in γ-Uran aufweisen.

Eine Übersicht über das Auftreten von intermetallischen Verbindungen in binären Systemen gibt Tab. 64. Die Zusatzmetalle sind ententsprechend den Gruppen des Periodensystems der Elemente geordnet. Die Übergangsmetalle sind gesondert zusammengefaßt. Vor allem in Systemen mit Übergangsmetallen treten zahlreiche Verbindungen auf, von denen die tetragonalen U_6X-Verbindungen und die Laves-Phasen UX_2, die im hexagonalen C-14- und im kubischen C-15-Gittertyp kristallisieren, besonders hervorgehoben seien. In Legierungsreihen mit Elementen der III. und IV. Gruppe tritt bevorzugt die kubisch kristallisierende UX_3-Phase auf. Der Gittertyp entspricht dem der geordneten Cu_3Au-Phase ($L1_2$). In der letzten Zeile der Tabelle ist noch angegeben, ob außer den verzeichneten intermetallischen Verbindungen noch andere bestehen. Die Gitterabmessungen der einzelnen intermetallischen Verbindungen finden sich in dem Standardwerk über binäre Legierungen [*224*] und in [*225, 226*].

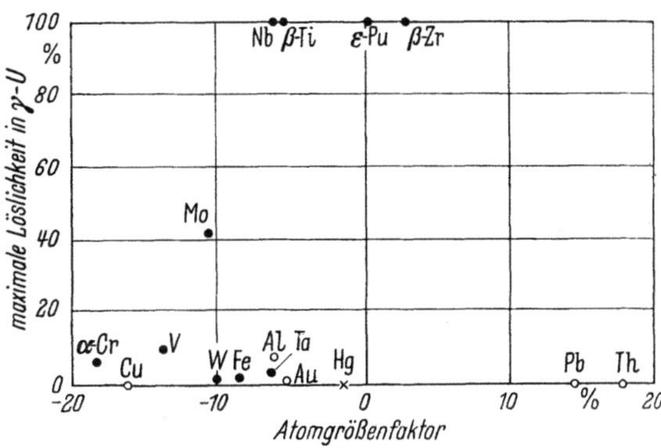

Abb. 246. Maximale Löslichkeit verschiedener Metalle in γ-Uran [*223*]. (● k.-rz.; ○ k.-flz.; × hex.)

Von den Systemen ohne Verbindungsbildung seien drei typische Beispiele gebracht. Im System Uran-Thorium bilden die Bestandteile im flüssigen Zustand eine Mischungslücke, im festen Zustand liegt ein Gemenge der bei der betreffenden Temperatur stabilen Uranmodifikation mit Thorium-Uran-Mischkristallen vor (Abb. 247). In M herrscht

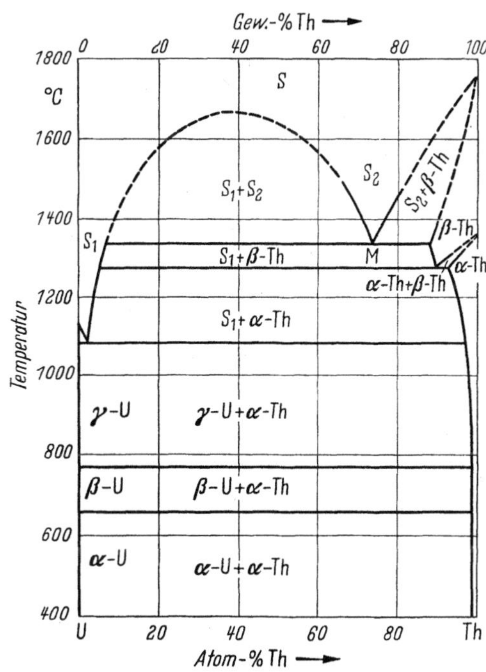

Abb. 247. Binäres Diagramm: Uran-Thorium [*225, 227*]

Tabelle 64. *Intermetallische Verbindungen in binären Systemen des Urans* [*223*] (erg. nach [*225, 226*])

	I			II				III			IV			
	Cu	Ag	Au	Be	Mg	Zn	Hg	Al	In	Tl	Sn	Pb	Ti	Zr	Th
U_6X															
UX												?			
UX_2			?				C 32	C 15						?	
UX_3			?				?	$L1_2$	$L1_2$	$L1_2$	$L1_2$	$L1_2$			
UX_4			?				?	o.rh							
UX_5	C 15		?												
UX_{13}				$D2_3$											
andere	—	—	ja	—	—	ja	—	—	?	?	ja	—	C 32	—	—

	V						VI			VII		VIII							
										Übergangsmetalle									
	V	Nb	Ta	As	Sb	Bi	Cr	Mo	W	Mn	Re	Fe	Co	Ni	Ru	Pd	Os	Ir	Pt
U_6X										tetr		tetr	tetr	tetr					
UX				B 1	B 1	rz. t.							B 2			?			?
UX_2				?	?	C 38				C 15	C 14	C 15	C 15	C 14			C 15	C 15	?
UX_3													?		$L1_2$	DO_{24}			DO_{19}
UX_4													?						
UX_5														C 15					?
UX_{13}																			
andere	—	—	—	?	ja	$D7_3$	—	C 11b	—	—	ja	—	ja	ja	ja	ja	?	?	ja

in Gegenwart von drei Phasen ein nonvariantes Gleichgewicht gemäß der monotektischen Reaktion: Schmelze M $\rightleftharpoons$ β-Th + Schmelze S_1. Die Temperatur bleibt konstant bis die ganze Schmelze M aufgebraucht ist. Dann setzt sich die primäre Kristallisation von β-Th fort. Die Löslichkeit von Thorium in Uran ist außerordentlich klein; sie beträgt bei

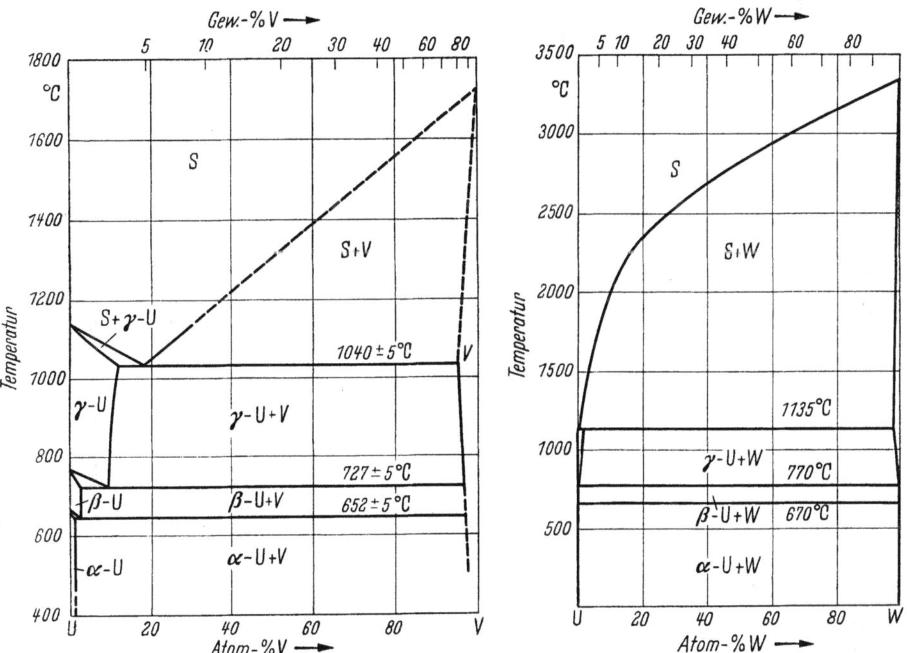

Abb. 248. Binäres Diagramm: Uran-Vanadium [225, 224]

Abb. 249. Binäres Diagramm: Uran-Wolfram [225, 224]

900 °C etwa 0,3 At.-% (~ 0,3 Gew.-%) Th und weniger als 0,5 At.-% (~ 0,5 Gew.-%) bei 700 °C. Die Löslichkeit von Uran in Thorium, ermittelt aus Gitterkonstantenmessungen, beträgt bei 1250 °C 7,3 At.-% (7,5 Gew.-%), bei 1100 °C 2,9 At.-% (3,0 Gew.-%) und bei Raumtemperatur etwa 1 At.-% (1 Gew.-%). Auch in den Systemen Uran-Magnesium und Uran-Silber liegen breite Mischungslücken im flüssigen Zustand vor.

Das Zustandschaubild Uran-Vanadium ist in Abb. 248 dargestellt. Die Löslichkeit von Vanadium in γ-Uran erreicht ihr Maximum von 12 At.-% (2,84 Gew.-%) bei der eutektischen Temperatur von 1040 °C und sinkt bis zum eutektoiden Zerfall des γ-Mischkristalls bei 727 °C auf 9 At.-% (2,07 Gew.-%) ab. In β-Uran ist Vanadium zu etwa 2 At.-% (0,4 Gew.-%) löslich, im α-Uran zu weniger als 1,5 At.-% (0,3 Gew.-%).

Die Löslichkeit des Urans in Vanadium erreicht bei der eutektischen Temperatur ihr Maximum von etwa 4 At.-% (16,3 Gew.-%).

Im Zustandssystem Uran-Wolfram (Abb. 249) tritt nahe der Uranseite bei 1135 °C, nur wenig oberhalb des Schmelzpunkts des Urans, peritektische Bildung von γ-Uran ein [*225*]. Die gegenseitige Löslichkeit beider Metalle ist nur gering; sie beträgt bei 1000 °C 0,9 At.-% (0,7

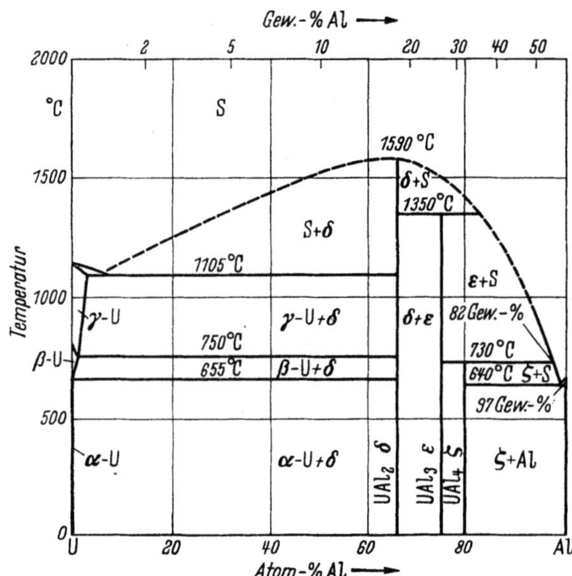

Abb. 250. Binäres Diagramm: Uran-Aluminium [*225, 224*]

Gew.-%) Wolfram in Uran und etwa 0,1 At.-% (0,13 Gew.-%) Uran in Wolfram. Völlig analog dem Uran-Wolfram-Diagramm ist das Uran-Thallium-Diagramm.

Als erstes Zweistoffsystem, in dem intermetallische Verbindungen auftreten, sei das System Uran-Aluminium besprochen (Abb. 250.) Die Liquiduslinie ist hypothetisch, gesichert ist lediglich der Schmelzpunkt von UAl_2 mit nahe 1590 °C. Die auftretenden Phasen UAl_2, UAl_3 und UAl_4 sind bereits in Tab. 64 kurz gekennzeichnet. Die Löslichkeit von Aluminium in γ-Uran beträgt 5,9, 4,2, 3,0 und 2,2 At.-% (0,7, 0,5, 0,35 und 0,25 Gew.-%) bei 1100, 1000, 900 und 800 °C. Eine Zugabe von 0,4 Gew.-% Aluminium soll es ermöglichen, die β-Phase bei Raumtemperatur zu stabilisieren [*227*].

Abb. 251 bringt das Zustandsbild des Systems Uran-Wismut. Die auftretenden intermetallischen Verbindungen sind ebenfalls in Tab. 64 charakterisiert. Gegenseitige Löslichkeit der Elemente im festen Zustand ist praktisch nicht vorhanden.

Vielfache Bearbeitung haben Uran-Molybdän-Legierungen erfahren. Die Uranseite des binären Diagramms stellt Abb. 252 auf Grund der jüngsten Arbeiten dar [*41*, *229*, *230*, *231*]. Im γ-Gebiet tritt erhebliche Mischkristallbildung auf, die bei der peritektischen Temperatur von 1285 °C bis 43 At.-% (23,3 Gew.-%) erreicht. Die maximale Löslichkeit im β-Gebiet liegt bei etwa 1,2 At.-% (0,5 Gew.-%) bei der eutektoiden Temperatur von 640 °C. Im α-Gebiet liegt die Löslichkeit des Molybdäns unter 0,5 At.-% (0,2 Gew.-%). Molybdän löst in geringem Maß Uran. Die höchste Mischkristallkonzentration liegt bei 1285 °C; sie beträgt etwa 2 At.-% (3,9 Gew.-%). Die um die stöchiometrische Zusammensetzung U_2Mo liegende γ'-Phase kristallisiert analog zur Verbindung $MoSi_2$ tetragonal im C-11b-Typ[1]. Sie kann als ein γ-Mischkristall mit geordneter Atomverteilung aufgefaßt werden, in dem die Molybdänatome bestimmte Plätze in einer aus drei raumzentrierten Würfeln aufgebauten Zelle einnehmen (Abb. 253). Mit steigender Temperatur geht die Ordnung immer mehr zurück, völlig regellose Atomverteilung wird bei Überschreitung von 615 °C erreicht, das tetragonale γ'-Überstrukturgitter ist in das kubische γ-Gitter übergegangen [*41*].

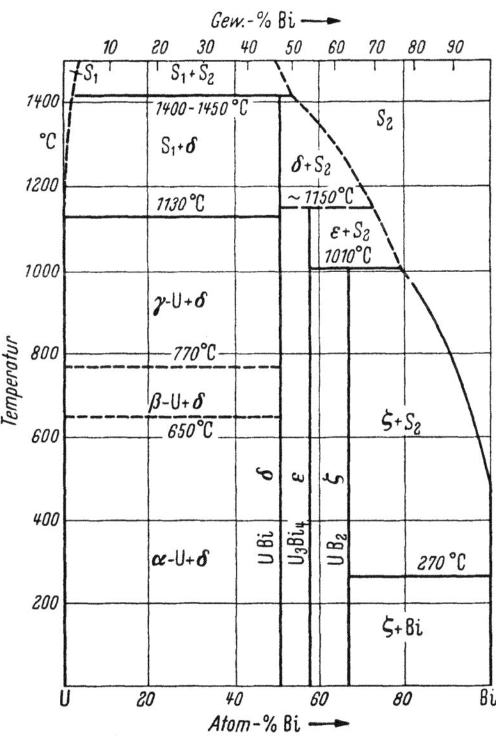

Abb. 251. Binäres Diagramm: Uran-Wismut [*225*, *224*]

Durch Abschreckung von Uran-Molybdän-Legierungen gelingt es, Umwandlungen herbeizuführen, die zu metastabilen, durch bemerkenswerte mechanische Eigenschaften gekennzeichneten Zuständen führen[2]. Durch entsprechende Anlaßbehandlung werden sie wieder in die aus dem

[1] Im amerikanischen Schrifttum wird die γ'-Phase häufig als δ-Phase bezeichnet.

[2] Für die früher im Schrifttum verschiedenen Bezeichnungen liegt in [*233*] ein Nomenklaturvorschlag vor, den wir im weiteren verwenden.

Gleichgewichtsdiagramm abzulesenden Phasen übergeführt. Art der Umwandlung und Umwandlungsprodukt hängen von der Molybdänkonzentration, von der Abschrecktemperatur und -geschwindigkeit ab.

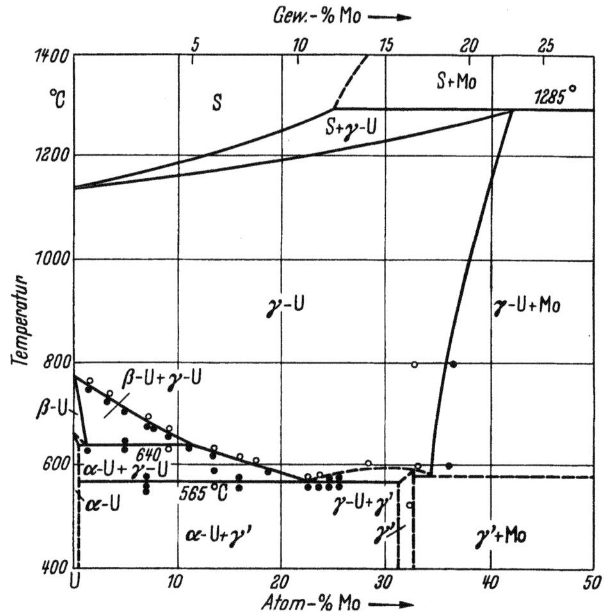

Abb. 252. Uranseite des binären Diagramms Uran-Molybdän [*229, 231*]

Bei stufenweisem Abschrecken spielt entscheidend auch die Temperatur der Stufe und die Zeit, in der die Probe auf dieser Temperatur gehalten wird, mit.

Als Beispiel sind in Abb. 254 in Form des TTT-Diagramms die Umwandlungen einer Uran-Molybdän-Legierung mit 4 Gew.-% Mo dargestellt. Bei Abschreckung aus dem γ-Gebiet auf Temperaturen über 570 °C gibt das Diagramm die jeweilige Inkubationszeit bis zum Eintritt der α-Ausscheidung und die Zeit bis zur Beendigung der dem Zustandsschaubild entsprechenden Reaktion $\gamma \to \alpha + \gamma$. Für Temperaturen zwischen 570 und etwa 375 °C tritt nach Überschreitung der dargestellten Inkubationszeit eine eutektoide Zersetzung der γ-Phase ein, die in zwei Schritten erfolgt; zunächst scheidet sich wieder sehr rasch α-Phase aus, hierauf folgt der sehr viel langsamere Übergang der ungeordneten γ-Phase in die geordnete γ'-Phase. Unterhalb einer Temperatur von etwa 375 °C wandelt sich die durch Abschrecken aus dem γ-Gebiet entstandene γ°-Phase (eine schwach anisotrope Phase mit stark gestörtem Gitter) in eine metastabile Phase α'_b um. Das Gitter dieser α'_b-Phase ist gegenüber dem des α-Urans schwach deformiert: die b-Achse ist geringfügig verkürzt,

a- und c-Achse sind etwa gleich geblieben, der Winkel β zwischen a- und c-Achse beträgt 91°, d.h. der Elementarkörper ist nun monoklin [*234*]. Der Mechanismus der Umwandlung ist hier nicht mehr durch Keimbildung und Wachstum zu beschreiben, sondern erfolgt durch Schiebungsvorgänge (analog zur Austenit-Martensit-Umwandlung). Die Grenztemperatur, unter welcher dieser Umwandlungsmechanismus wirkt, wird daher als Martensitpunkt, M_S, bezeichnet.

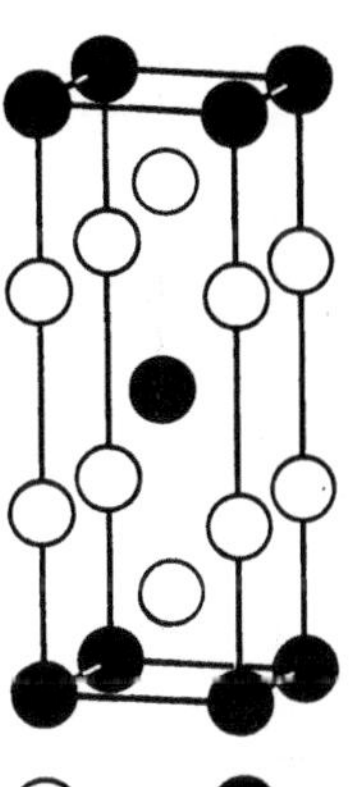

Abb. 253. γ-Phase im Uran-Molybdän-System (Überstrukturbildung) [*232*]

In Legierungen mit 2 bis 3 Gew.-% Mo führt Abschreckung aus dem γ-Gebiet unmittelbar auf eine martensitische Struktur mit der schon genannten Phase α_b'. Der Martensitpunkt ist gegenüber dem der 4%igen Legierung erhöht, er beträgt etwa 425 °C bei der 3%igen und 475 °C bei der 2%igen Legierung. Oberhalb der Martensitpunkte sind die TTT-Kurven zu kürzeren Zeiten verschoben [*230*].

Auch bei Legierungen mit 1 und 0,5% Mo werden durch Abschrecken aus bestimmten Temperaturbereichen gestörte metastabile α-Phasen erhalten. Bemerkt sei weiterhin, daß man durch Abschrecken von 0,5prozentiger Legierung aus dem γ-Gebiet die β-Phase bei Raumtemperatur stabilisieren kann [*234*].

Ähnliche Befunde bei Legierungen mit über 1% Mo werden auch in [*235*] mitgeteilt. Zusätzlich wird dort angegeben, daß Legierungen mit

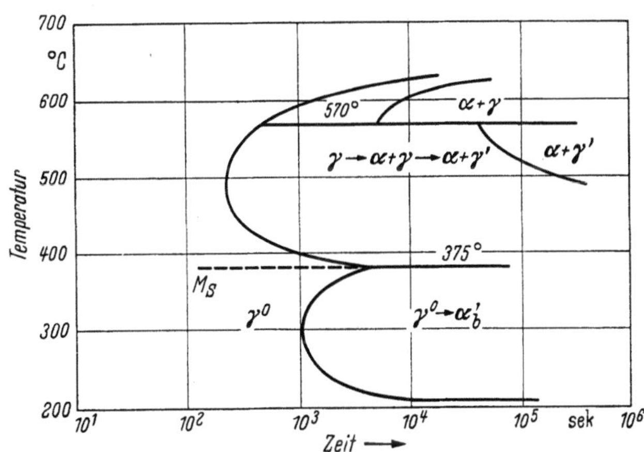

Abb. 254. TTT-Diagramm einer Uran-Molybdän-Legierung (4 Gew. % Mo) [*230*]

6,6 Gew.-% Mo durch Abschrecken aus dem γ-Gebiet zur metastabilen γ^0-Phase führen und daß in Legierungen mit 12 bis 15 Gew.-% durch

Abschrecken die γ-Phase bei Raumtemperatur stabilisiert wird. Auch über die Anlaßbeständigkeit der abgeschreckten Legierungen auf Grund von röntgenographischen und metallographischen Untersuchungen sowie von Härtemessungen wird berichtet. Von den Ergebnissen seien nur die für eine Uran-Molybdän-Legierung mit 12 Gew.-% Mo erwähnt. Bei einer Anlaßglühung von 450 °C ist auch nach eintägiger Temperung nur

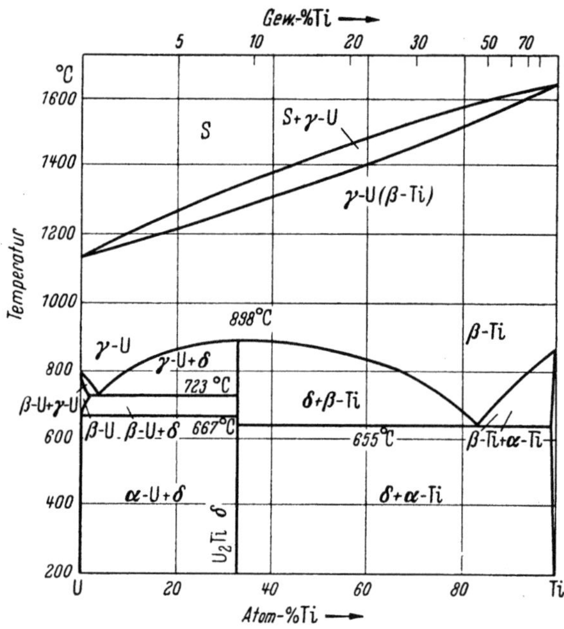

Abb. 255. Binäres Diagramm: Uran-Titan [225, 224]

das γ-Gitter im Röntgenbild erkennbar, nach 56tägiger Glühung ist die unterkühlte γ-Phase in $\alpha + \gamma'$ zerfallen. Bei einer Anlaßtemperatur von 500 °C wird schon nach 7 Tagen der Zerfall gefunden, bei einer Anlaßtemperatur von 550 °C schließlich wird nach einer Anlaßzeit von einem Tag das γ-Gitter, nach 7 Tagen $\gamma + \gamma'$ und nach 168 Tagen $\alpha + \gamma + \gamma'$ beobachtet. Die zugehörigen Härtewerte ändern sich durch das Anlassen bei 500 und 550 °C kaum.

Lückenlose Mischkristallbildung im γ-Bereich tritt, wie schon erwähnt, in den Diagrammen Uran-Titan, Uran-Zirkonium, Uran-Niob und Uran-Plutonium auf. Abb. 255 bringt zunächst das Zustandsschaubild Uran-Titan. Die im System auftretende Phase U_2Ti hat einen sehr schmalen Stabilitätsbereich, sie kristallisiert im hexagonalen C-32-Typ. Durch Abschrecken gelingt es, den kubisch-raumzentrierten Mischkristall im Konzentrationsbereich von 70 bis 90 At.-% (32 bis 64,4 Gew.-%) Ti bei Raumtemperatur metastabil zu halten. In diesem Bereich durchgeführte Gitterkonstantenmessungen stehen mit der VEGARDschen Regel in Übereinstimmung.

Das Zweistoffsystem Uran-Zirkonium bringt Abb. 256. Die sich peritektoid aus α-Uran und γ-Mischkristall bei 620 °C und 63 At.-% (39,5 Gew.-%) Zr bildende ε-Phase[1] hat einen breiten Homogenitäts-

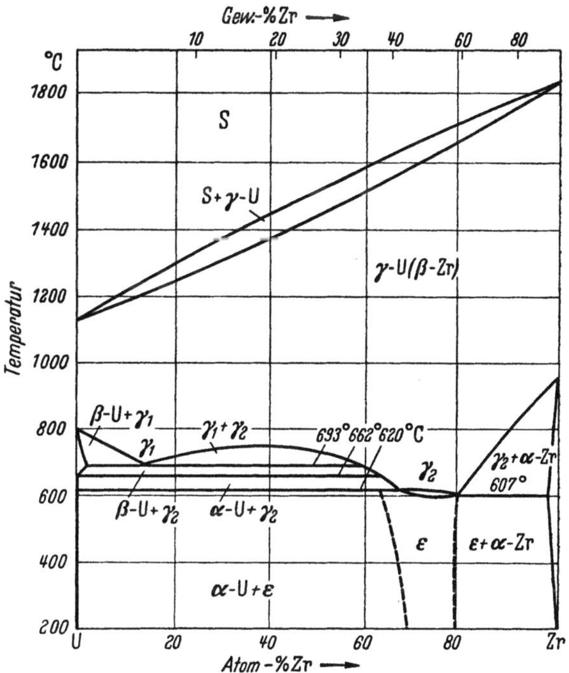

Abb. 256. Binäres Diagramm: Uran-Zirkonium [236]

bereich um die Verbindung UZr_3. Über die Grenzen des Homogenitätsbereichs sind die Angaben heute noch nicht einheitlich. Mit α-Zirkonium bildet die Phase ein Eutektoid bei 607 °C und 80 At.-% (60,5 Gew.-%) Zr. Die Struktur dieser ε-Phase ist nicht endgültig ermittelt. Durch Hochtemperatur-Röntgenaufnahmen ist die Existenz eines ausgedehnten $(\beta + \gamma_2)$-Feldes sichergestellt, das in den zunächst aufgestellten Diagrammen nicht enthalten war. Durch Abschrecken von Legierungen mit 5 At.-% (2 Gew.-%) Zr gelingt es, die γ-Phase zu unterkühlen, Anlassen im α-Gebiet führt sodann zur Umwandlung, die hier anscheinend nicht martensitisch erfolgt.

Im binären System Uran-Niob (Abb. 257) existiert keine stabile intermetallische Verbindung. Hinsichtlich der Begrenzung des $(\gamma_1 + \gamma_2)$-

[1] Oftmals wird diese Phase im Schrifttum als δ-Phase bezeichnet.

Gebietes weichen die Angaben verschiedener Beobachter etwas voneinander ab. Der monotektoide Punkt liegt im Bereich von 11 bis 19 At.-% (4,6 bis 8,4 Gew.-%) Nb, die niobreiche Grenze zwischen 70 und 78 At.-% (47,7 und 58 Gew.-%) Nb. Die Löslichkeit des Niobs in β- und α-Uran ist sehr klein, sie liegt unter 1,5 At.-% (0,6 Gew.-%). In abgeschreckten Legierungen des Bereichs 14 bis 20 At.-% (6,0 bis 8,9 Gew.-%) Nb wurde eine tetragonale Struktur beobachtet, die auf Ordnungsvorgänge im γ-Mischkristall in der Gegend des Monotektoids zurückgeführt wurde. Möglicherweise handelt es sich auch um einen Zwischenzustand während des Zerfalls der metastabilen γ-Phase.

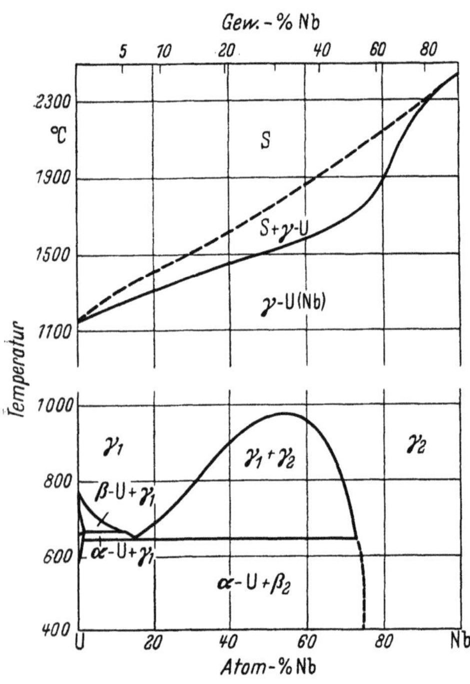

Abb. 257. Binäres Diagramm: Uran-Niob [225, 224]

Das System Uran-Plutonium wird später im Abschnitt Plutonium gebracht.

Zum Abschluß dieser kurzen Zusammenstellung wichtiger Zweistoffsysteme des Urans seien noch das Uran-Kohlenstoff- und das Uran-Wasserstoff-System erörtert. Im Uran-Kohlenstoff-System (Abb. 258) treten drei Verbindungen, UC, U_2C_3 und UC_2 auf, von denen UC_2 bei 1820 °C eine allotrope Umwandlung erleidet. UC kristallisiert kubisch im NaCl-Gitter mit einer Gitterkonstante von $a = 4{,}961$ Å (Röntgendichte 13,63 g/cm³). Auch U_2C_3 kristallisiert kubisch mit $a = 8{,}088$ Å und 8 Molekülen in der Zelle (Röntgendichte 12,88 g/cm³). Die bis 1820 °C stabile Modifikation von UC_2 kristallisiert raumzentriert-tetragonal, $a = 3{,}516$ Å und $c = 5{,}972$ Å, mit 2 Molekülen im Elementarkörper (Röntgendichte 11,68 g/cm³), die Hochtemperaturphase kubisch-flächenzentriert mit $a = 5{,}472$ Å. Über die sehr geringe Löslichkeit von Kohlenstoff in Uran und deren Temperaturabhängigkeit gibt Abb. 259 Auskunft. Die Konzentration des Eutektikums liegt bei 0,98 At.-% (500 ppm) Kohlenstoff bei einer Temperatur von 1116,6 °C. Die Löslichkeit im γ-Mischkristall nimmt von 0,3 At.-% (150 ppm) C bei der eutektischen Temperatur auf 0,09 At.-% (45 ppm) C bei der eutektoiden Temperatur von 771,8 °C ab, bei der der γ-Mischkristall in β-Mischkristall und

UC zerfällt. Auch die Umwandlung $U_\alpha \rightarrow U_\beta + UC$ ist eutektoid. Schätzungsweise liegt die Löslichkeit von Kohlenstoff in der β-Phase unter 10 ppm und in der α-Phase unter 3 ppm.

Die einzige Verbindung im Uran-Wasserstoff-System ist UH_3. Dieses Hydrid existiert in zwei allotropen Modifikationen, α- und β-UH_3. Das allgemein beobachtete β-UH_3 kristallisiert kubisch mit einer Gitterkonstante $a = 6{,}6310$ Å, 8 Molekülen in der Elementarzelle und einer Röntgendichte von 10,92 g/cm³. β-UD_3 unterscheidet sich nur geringfügig in der Gitterkonstanten, die nun $a = 6{,}620$ Å beträgt, Röntgendichte 11,11 g/cm³. α-UH_3, das durch Reaktion von Uranpulver mit Wasserstoff bei tiefen Temperaturen oder auch elektrolytisch gewonnen werden kann, kristallisiert ebenfalls kubisch mit einer Gitterkonstanten $a = 4{,}610$ Å und 2 Molekülen im Elementarkörper[1]. Die Ausbeute der Gewinnung von α-UH_3 steigt mit abnehmender Bildungstemperatur, die Phase wird als metastabil angesehen.

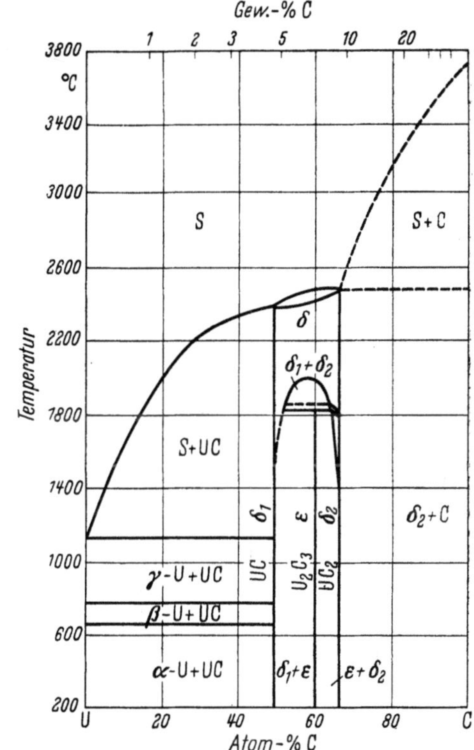

Abb. 258. Binäres Diagramm: Uran-Kohlenstoff [225, 224]

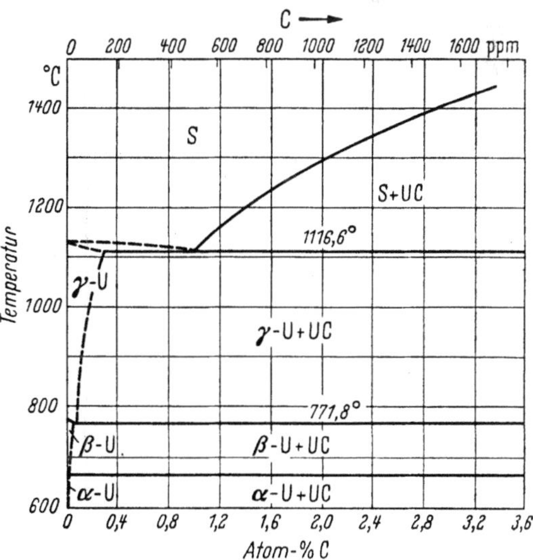

Abb. 259. Uranecke des binären Diagramms Uran-Kohlenstoff [237]

[1] Zur Ermittlung der Struktur von UH_3 und UD_3 wurden neben Röntgenaufnahmen auch Neutronenbeugungsaufnahmen herangezogen.

Über die Löslichkeit von Wasserstoff in den drei Uranmodifikationen und in geschmolzenem Uran gibt die Uranecke des Diagramms (Abb. 260) Auskunft. Die Darstellung gibt die Löslichkeitsisobare für den Druck von 1 atm. Wird der Druck jeweils über den Dissoziationsdruck des UH_3 gesteigert, so ergeben sich naturgemäß weit höhere Löslichkeiten, die in der γ-Phase zu einer Grenzlöslichkeit von 700 ppm bei etwa 1500 atm, in der β-Phase zu 100 ppm bei etwa 130 atm führen.

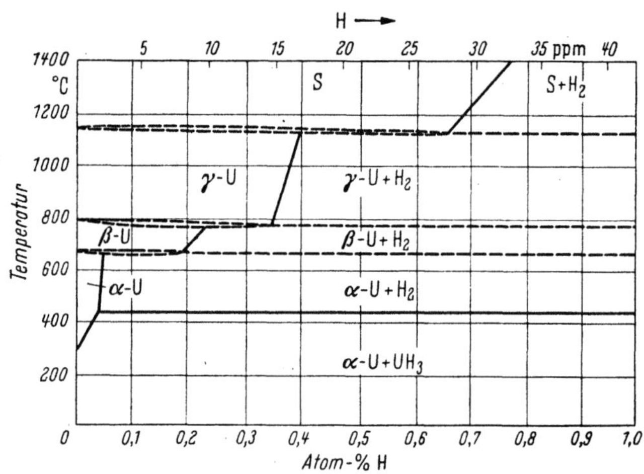

Abb. 260. Uranecke des binären Systems Uran-Wasserstoff (Löslichkeitsisobare für 1 Atm Druck) [*225, 224*]

b) Ternäre Legierungen. Von den zahlreichen heute schon bekannten Zustandsdiagrammen ternärer Legierungen bringen wir nur zwei Beispiele, die für die Herstellung von Uranbrennstoffelementen von besonderer Bedeutung sind.

Im Uran-Niob-Zirkonium-System besteht in allen drei binären Teilsystemen bei hohen Temperaturen lückenlose Mischkristallbildung in Form der kubisch-raumzentrierten γ-Phase. Diese Phase erstreckt sich auch über das ganze Uran-Niob-Zirkonium-System für Temperaturen über 800 °C. Durch Abschrecken von dieser Temperatur gelingt es im überwiegenden Teil des Konzentrationsdreiecks die kubische Phase metastabil auf Raumtemperatur zu holen. Lediglich in einem kleinen Konzentrationsbereich, der sich von der Uranecke bis zu etwa 5 Gew.-% nach Niob und bis 25 Gew.-% gegen Zirkonium erstreckt, entsteht eine martensitische α'-Phase. Da Lösung von Niob die Gitterkonstante des γ-Urans verkleinert, Lösung von Zirkonium sie dagegen vergrößert, hebt das eine gelöste Element gewissermaßen die Störung auf, die das andere Element bei seiner Auflösung mit sich bringt. Zufolge dieser teilweisen gegenseitigen Kompensation reicht das Zustandsfeld des γ-Mischkristalls in ternären Legierungen zu höheren Urankonzentrationen als in binären Uranlegierungen. Abb. 261 zeigt die Linien gleicher Gitterkonstanten für von 800 °C abgeschreckte ternäre Legierungen. Miteingezeichnet ist der Grenzbereich zwischen den Zusammensetzungen, für welche die γ-Phase metastabil erhalten werden kann und jenen, in denen eine martensitische Umwandlung vorherrscht.

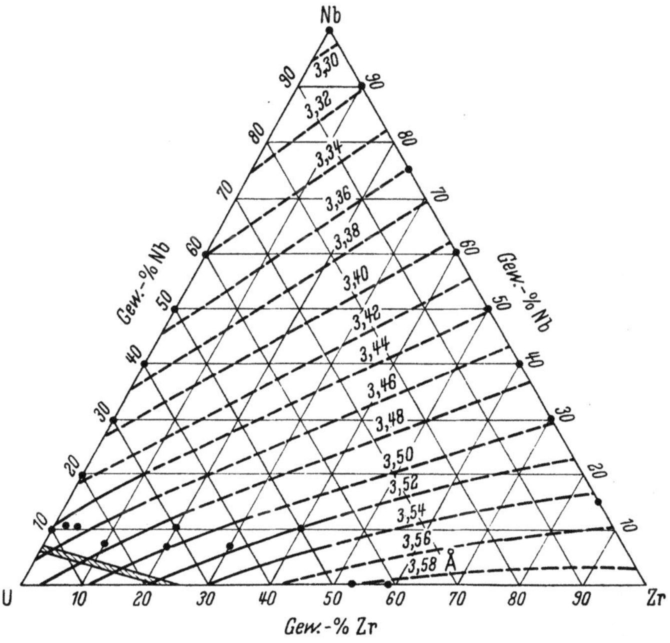

Abb. 261. Ternäres Diagramm: Uran-Niob-Zirkonium; Linien gleicher Gitterkonstante für von 800 °C abgeschreckte γ-Legierungen [*238*]

Die Aufeinanderfolge der Phasenumwandlungen in einem ternären System wird am besten durch eine Reihe von isothermen Schnitten durch das räumliche Modell gezeigt. Abb. 262 zeigt einen davon, der sich auf die Uranecke beschränkt und für 700 °C gilt. Als γ_1 werden U-reiche UZr- und UNb-Mischkristalle bezeichnet, γ_2 sind Zr-reiche γ-Mischkristalle und γ_3 Nb-reiche; an weiteren Phasen in der Uranecke des ternären Systems sind α- und β-U und die ε-Phase des U-Zr-Systems zu nennen. Man erkennt, daß eine Zugabe von etwa 6 Gew.-% Zr zu Uran-Niob-Legierungen und eine Zugabe von etwa 1 Gew.-% Nb zu Uran-Zirkonium-Legierungen die Mischkristallücke beseitigt, die in den binären Systemen Uran-Niob (Abb. 257) und Uran-Zirkonium (Abb. 256) besteht. Man erkennt aus der Abb. 262 weiterhin, daß sowohl durch Niob- als auch durch Zirkoniumzugabe die γ-Phase stabilisiert wird, da die Umwandlungstemperatur $\gamma \rightleftarrows \beta$ herabgesetzt wird. In Legierungen mit mehr als 4 Gew.-% Nb fehlt die β-Phase, bei der Abkühlung geht die Umwandlung von γ zu α. Abb. 263 gibt einen isothermen Schnitt für 500 °C, der einer Untersuchung entnommen ist, die vor allem die Bedeutung der Uran-Zirkonium-ε-Phase für das ternäre System prüfen sollte. Sie zeigt,

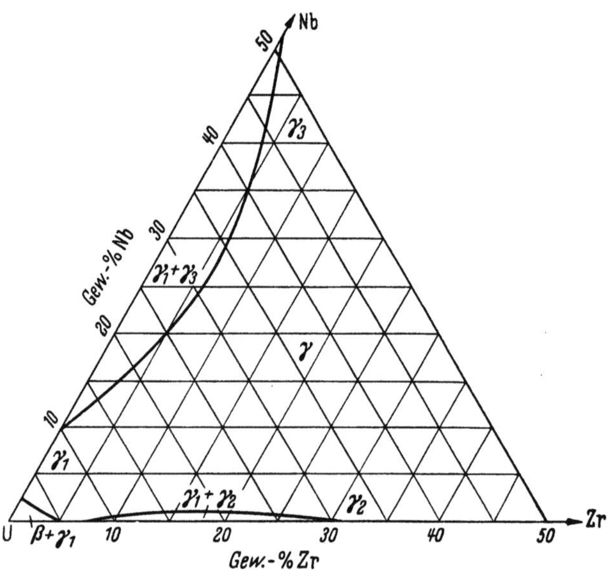

Abb. 262. Uranecke des ternären Diagramms Uran-Niob-Zirkonium; isothermer Schnitt für 700 °C [*238*]

daß die ε-Phase durch Zugabe von mehr als 10 Gew.-% Nb verschwindet, sie also nur in einem kleinen Bereich des Diagramms auftritt. Im Großteil der Uranecke ist α- und γ-Uranmischkristall vorherrschend.

Das zweite Beispiel ternärer Legierungen betrifft Uran-Aluminium-Legierungen, in denen durch eine dritte Komponente die Ausbildung der Phase UAl_4 unterdrückt wird [*239*]. Durch eine solche strukturelle Veränderung, welche den Volumsanteil an intermetallischer Verbindung verringert, wird die Verarbeitung der Legierung zu Brennstoffelementen verbessert. Es gelang auf diese Weise in Brennstoffelementen aus einer Legierung mit 48 Gew.-% U, das nur zu 20% an U^{235} angereichert war, dieselbe absolute Menge an spaltbarem Uran zu speichern wie in Elementen aus 20%iger Uran-Aluminium-Legierung mit über 90%iger Anreicherung. Diese Entwicklung ging von der Beobachtung aus, daß eine Zugabe von 0,8 Gew.-% Si zu einer Uran-Aluminium-Legierung mit 20% Gew.-% U ausreicht, um die peritektische Bildung der Phase UAl_4 aus UAl_3 und Schmelze (vgl. Abb. 250) völlig zu unterdrücken. Die primär ausgeschiedene UAl_3-Phase bleibt nun bis zu Raumtemperatur stabil. Systematische Untersuchungen über die Unterdrückung der UAl_4-

Phase in Gußproben einer Legierung mit 48 Gew.-% U ergaben die in Tab. 65 verzeichneten Werte, die erkennen lassen, daß bei Gehalten über 1,8 Gew.-% Si röntgenographisch keine Spuren von UAl_4 mehr gefunden werden. Durch analytische Bestimmung von Uran und Silizium an ver-

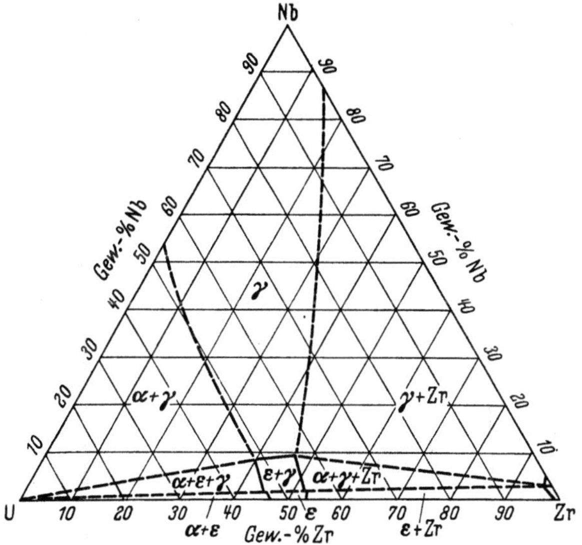

Abb. 263. Ternäres Diagramm: Uran-Niob-Zirkonium; isothermer Schnitt für 500 °C [238]

schiedenen Stellen der Gußproben konnte gezeigt werden, daß die jeweilig ermittelten Werte einander durchaus entsprechen, was bedeutet, daß beide Elemente in der intermetallischen Verbindung vereinigt sind. Da UAl_3 und USi_3 isomorph im Gittertyp L 1_2 kristallisieren, ist die Bildung der ternären Phase $U(Al, Si)_3$ auch zu erwarten. Einen weiteren Hinweis für das Bestehen dieser ternären Phase in 48%igen Uran-Aluminium-Legierungen mit bis zu 10 Gew.-% Si geben die Ergebnisse von Gitterkonstantenbestimmungen der UAl_3-Phase und der Al-Grundmasse. Während sich die Abmessung des Al-Gitters nicht ändert, nimmt die Gitterkonstante der UAl_3-Phase mit steigendem Siliziumgehalt ab, was auch auf das Bestehen einer ternären Phase steigenden Si-Gehalts hinweist. Glüh-

Tabelle 65. *Unterdrückung der Bildung der* UAl_4-*Phase in einer 48%igen Uran-Aluminium-Legierung durch Siliziumzugaben* [239]

Siliziumgehalt in Gew.-%	Röntgenogr. festgestellte Menge von Al %	UAl_3 %	UAl_4 %
0,12	50	—	50
0,90	40	30	30
1,57	45	50	5
1,82	30	70	—
2,20	30	70	—

versuche bei 600 °C von über 300 Stunden Dauer zeigten, daß in 48 Gew.-% U und 3 Gew.-% Si enthaltenden Uran-Aluminium-Silizium-Legierungen keinerlei Phasenumwandlung eintritt, $U(Al, Si)_3$ also in der Tat stabil ist (vgl. [*240*]).

Auch in Legierungen mit niedrigeren Urangehalten als zur peritektischen Bildung von UAl_4 erforderlich sind, konnte die nunmehr eutektische Bildung dieser Phase unterdrückt werden. Beispielsweise bringt 1 Gew.-% Si in der eutektischen Legierung (13 Gew.-% U) völlige Abwesenheit von UAl_4. Bemerkt sei schließlich, daß dieser Veredelungseffekt in Uran-Aluminium-Legierungen auch durch eine Reihe weiterer Zugaben erzielt werden kann; so wurde völlige Unterdrückung der peritektischen Bildung von UAl_4 auch durch Gehalte von 3 Gew.-% Zinn, Zirkonium, Germanium und Titan beobachtet [*239*].

Für weitere Untersuchungen an ternären Uran-Legierungen seien hier nur Schrifttumshinweise gebracht. In [*241*] finden sich die Entwicklung der ternären Diagramme U-C-Th, U-Mo-Cr, U-Mo-Nb, U-Mo-Zr, U-Nb-Zr und U-Th-Zr. In [*236*] ist das Diagramm U-Ti-Zr ausgearbeitet. Mehr oder minder ausführliche Hinweise über die ternären Legierungen U-Al-Si, U-Al-Th, U-Be-C, U-Bi-Pb, U-Bi-Sn, U-Co-Ni, U-Fe-Ni, U-Mn-Ni, U-Mo-Nb, U-Mo-Ru, U-Mo-Ti, U-Nb-Zr, U-O-Zr, U-Pb-Sn, U-Th-Zr und U-Ti-Zr finden sich in [*225*], für die Legierungen U-Cr-Fe, U-Cr-Mo, U-Fe-Mo und U-Fe-Si in [*242*] und für U-Mo-Pu schließlich in [*243*].

Für das quarternäre System U-Mo-Nb-Zr finden sich Angaben auf Grund isothermer Schnitte bei 800 und 1000 °C für 80, 70, 60 und 50 At.-% U in [*241*].

c) *Oxydische und karbidische Systeme.* Die Erörterung uranhaltiger Systeme abschließend sollen nun noch einige Angaben über oxydische und karbidische Systeme gemacht werden. In [*244*] wird angegeben, daß das im kubischen Fluorittyp kristallisierende Urandioxyd UO_2 mit Al_2O_3 (rhomboedrisch) und BeO (hexagonal) einfache eutektische Systeme bildet ohne gegenseitige Mischkristallbildung. Im ersten Fall liegen Zusammensetzung und Temperatur des Eutektikums bei 26 Mol.-% UO_2 und 1900 °C, im zweiten Fall bei 32 Mol.-% UO_2 und 2170 °C. In [*245*] wird dagegen im System UO_2-Al_2O_3 die Existenz einer Mischungslücke im schmelzflüssigen Zustand angenommen. In [*246*] wurden die Systeme UO_2-ThO_2 (Fluorittyp) und UO_2-ZrO_2 (monoklin, tetragonal) untersucht. Das erste System zeigt lückenlose Mischkristallbildung, auch beim zweiten wird ausgedehnte Löslichkeit beobachtet ohne Bildung neuer Phasen. Der UO_2-Mischkristall erstreckt sich bis zu etwa 52 Mol.-% ZrO_2 bei Temperaturen über 1900 °C, die Löslichkeit von UO_2 in ZrO_2 reicht bis zu etwa 47 Mol.-% UO_2. Zusammensetzung und Schmelzpunkt des Eutektikums werden mit 52,5 Mol.% ZrO_2 und 2550 °C angegeben.

Das System UO_2-MgO (Steinsalztyp) scheint komplizierter zu sein als die eben besprochenen. Liegt ein Sauerstoffüberschuß im UO_2 vor, der aus der Ofenatmosphäre oder auch durch thermische Dissoziation von MgO stammen kann, so wird eine feste Löslichkeit von MgO in UO_2 beobachtet, die im Temperaturbereich von 1600 bis 1750 °C bis zu 37 Mol.-% MgO erreicht. Läßt man diese Oxydation des UO_2 jedoch außer acht, so ergibt sich idealisiert auch hier ein einfach eutektisches System mit einem Eutektikum von 53 Mol.-% UO_2 bei einer Temperatur von 2280 °C [*244*] (vgl. [*247*]). Über das ternäre System UO_2-MgO-O wird in [*248*] berichtet.

Das im kubischen Steinsalzgitter kristallisierende Uranmonokarbid zeigt mit den isomorphen Karbiden TaC, ZrC und ThC lückenlose Mischkristallbildung [*249, 250, 241*]. Wahrscheinlich bilden auch UC und NbC eine lückenlose Mischkristallreihe. Im System UC-TiC bilden sich bei mittleren Konzentrationen zwei Mischphasen (UC-reich und TiC-reich) mit von der Konzentration kaum abhängigem Gitterparameter. Feste Lösungen treten auf der UC-Seite bis zu etwa 10 Mol.-% TiC auf. Ob auch auf der TiC-Seite eine feste Lösung vorliegt, ist noch nicht entschieden. Auch im System UC-VC gibt es eine Mischungslücke, doch löst UC im Hinblick auf den recht erheblichen Unterschied in den Gitterparametern der beiden Karbide bemerkenswert viel VC. Die Mischbarkeit auf der VC-Seite ist gering [*250*].

In den Systemen von UC mit den Karbiden der Metalle der VIa-Gruppe treten ternäre Karbidphasen auf, wobei isotype rhombische Kristallarten $UMoC_2$, UWC_2 und $UCrC_2$ bestehen [*251*].

Im System UC-HfC tritt im Gegensatz zu dem Verhalten des Systems UC-ZrC auch bei 2000 °C noch eine Mischungslücke auf [*252*]. Völlig analog wie im System ZrC-VC, in dem durch Zugabe von Drittkarbiden TiC, NbC und TaC die Mischungslücke bei 2000 °C eingeengt werden kann [*253*], kann auch im System UC-HfC die bestehende Mischungslücke durch Drittkarbide geschlossen werden [*254*]. Am wirksamsten ist ZrC, das durch Zusätze von weniger als 10 Mol.-% die Mischungslücke abschließt, aber auch bei NbC und TaC genügen weniger als 20 Mol.-% zur Bildung eines ternären Mischkristalls bei 2050 °C.

Eine ähnliche Rolle wie Zr-, Nb- und Ta-Karbid in den eben besprochenen Systemen spielt, wie in [*241*] gezeigt worden ist, UC im Pseudo-Dreistoffsystem ZrC-ThC-UC. Im System ThC-ZrC besteht nur geringe gegenseitige Löslichkeit, UC ist sowohl mit ZrC als auch mit ThC lückenlos mischbar und schließt im Dreistoffsystem die Mischungslücke zwischen ZrC und ThC bei einem Gehalt von etwa 70 Mol.-%.

Orientierende Untersuchungen des ternären Systems Uran-Beryllium-Kohlenstoff ergaben das Vorliegen pseudobinärer Schnitte UC-UBe_{13}, UC-Be_2C und UBe_{13}-Be_2C. In den ersten beiden dieser Schnitte tritt eutektische Kristallisation auf. Ternäre Verbindungen wurden im System nicht beobachtet. Im System Uran-Beryllium-Thorium wurde der Schnitt UBe_{13}-$ThBe_{13}$ metallographisch, röntgenographisch und mit Hilfe von Härtemessungen untersucht. Es ergab sich lückenlose Mischkristallbildung entsprechend der isomorphen kubischen Gitterstruktur mit nahezu gleicher Gitterkonstante (10,257 Å für UBe_{13} und 10,395 Å für $ThBe_{13}$) [*241*].

1.15 Eigenschaften von Legierungen und keramischen Stoffen. Uran ist ein relativ weiches Metall. Die Anisotropie prägt sich auch in den Festigkeitseigenschaften aus, die bei technischen Vielkristallen daher von der Art der Verformung und der thermischen Behandlung abhängen. In chemischer Hinsicht ist Uran sehr reaktionsfreudig, seine Korrosionsfestigkeit ist nur gering. Durch Legieren versucht man sowohl die mechanisch-technologischen Eigenschaften als auch die Korrosionsfestigkeit zu verbessern. Der Verwendung als Brennstoffelement ist die Instabilität bei thermischer Wechselbeanspruchung und das Aufblähen und Wachsen unter dem Einfluß von Reaktorstrahlung hinderlich. Auch hierfür trachtet man naturgemäß durch geeignetes Legieren Verbesserungen zu bewirken.

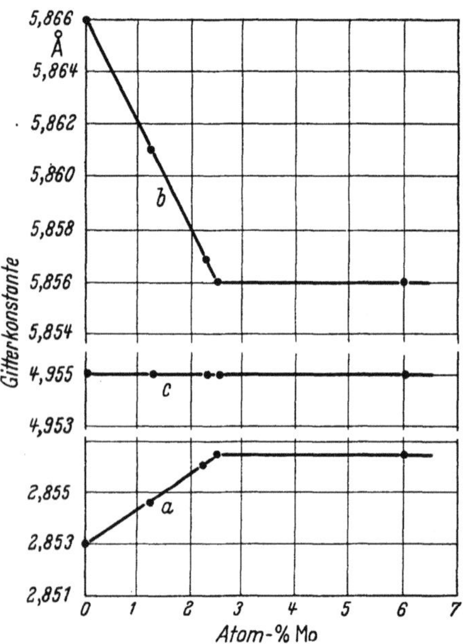

Abb. 264. Konzentrationsabhängigkeit der Gitterkonstanten von α-U-Mo-Mischkristallen [*41*]

In der Wahl der Legierungselemente ist man bei Uran, das als Brennstoffelement dienen soll, sehr beschränkt. Die Grundforderung nach Neutronenökonomie verlangt, daß nur Legierungselemente mit kleinem Einfangquerschnitt für thermische Neutronen verwendet werden. Zirkonium, Aluminium, Silizium, Niob und Molybdän kommen daher vor allem in Betracht (vgl. Tab. 2, S. 6).

Zur Beeinflussung physikalischer Eigenschaften des Urans durch Legierungsbildung sei zunächst in Abb. 264 die Änderung der Gitterkonstanten als Funktion von Molybdängehalten wiedergegeben. Man erkennt eine relativ starke Verkürzung der b-Achse, eine Verlängerung der a-Achse mit zunehmendem Mo-Gehalt, während die c-Achse ungeändert bleibt. Die Gitterkonstantenänderungen reichen bis zur Grenzkonzentration des α-Mischkristalls; sie liegen, worauf schon in Abschn.

IV A 1.3 hingewiesen wurde, in dem Sinn, daß das rhombische α-Urangitter sich der hexagonal-dichtesten Kugelpackung annähert.

Der Änderung des spezifischen Widerstands binärer Uran-Molybdän- und Uran-Niob-Legierungen wird in [255] und [256] nachgegangen, wobei gleichzeitig auch die Temperaturabhängigkeit des Widerstands mitgeprüft wird. Abb. 265 gibt sowohl für den α-, als auch für den γ-Zustand das Temperaturverhalten des Widerstands für verschiedene Konzentrationen an Zusatzmetall. Man sieht in den α-Legierungen erstens die Widerstandserhöhung mit zunehmendem Fremdatomgehalt und zweitens die starke Abnahme des Widerstands mit fallender Temperatur. Für Legierungen im γ-Zustand ergibt sich kein wesentlicher Einfluß der Konzentration des Zusatzmetalls. Besonders auffällig ist, daß diese Legierungen einen negativen Temperaturkoeffizienten haben. Dieser Tatbestand geht nochmals und besonders deutlich aus Abb. 266 hervor, die für γ-Legierungen den Widerstand als Funktion der Temperatur darstellt. Ähnliches Verhalten ist auch in abgeschreckten Ti-Nb-, Ti-V- und Ti-Mo-Legierungen, in denen ebenfalls eine kubisch-raum-

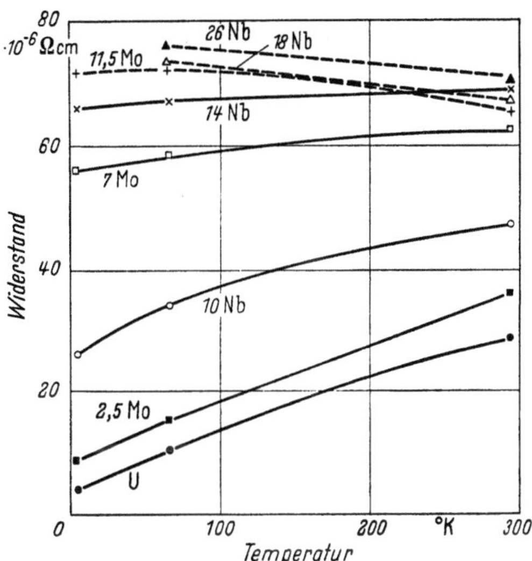

Abb. 265. Temperaturabhängigkeit des Widerstands binärer Uranlegierungen [255]
——— α-Legierungen; - - - γ-Legierungen

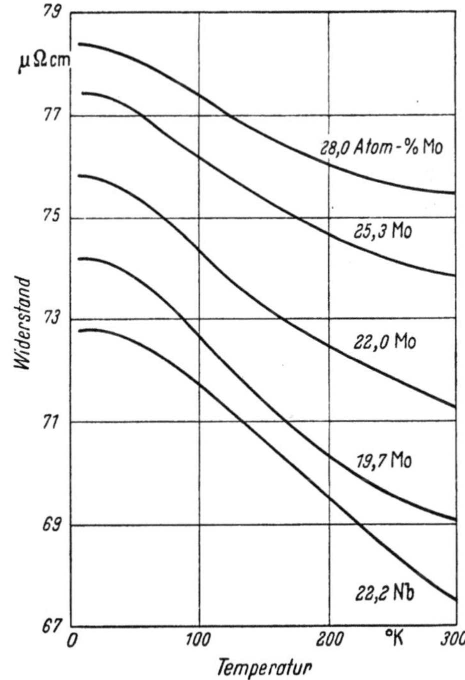

Abb. 266. Temperaturabhängigkeit des Widerstands binärer γ-Uran-Legierungen [255]

zentrierte Phase unterkühlt werden kann, beobachtet worden. Eine Aufklärung dieses abnormalen Verhaltens steht noch aus.

In Abb. 267 ist schließlich die Konzentrationsabhängigkeit der Wärmeleitfähigkeit von Uran-Zirkonium-Legierungen für verschiedene Versuchstemperaturen dargestellt. Miteingezeichnet ist die für Raumtemperatur gültige Konzentrationsabhängigkeit des spezifischen Wider-

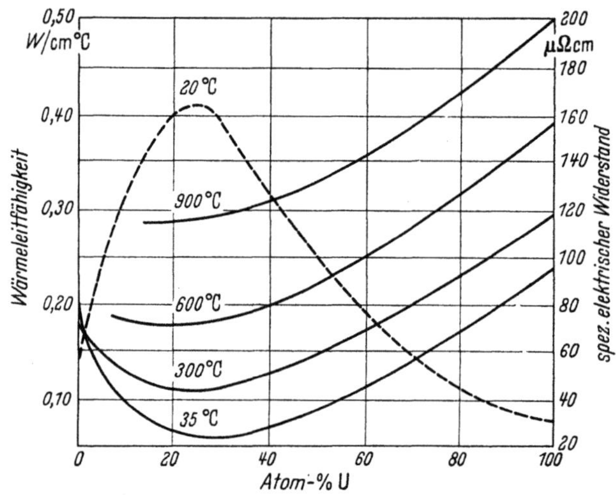

Abb. 267. Konzentrationsabhängigkeit von Wärmeleitfähigkeit und spezifischem Widerstand von Uran-Zirkonium-Legierungen bei verschiedenen Temperaturen [257]
——— Wärmeleitfähigkeit; - - - elektrischer Widerstand

stands. Minima der Kurven der Wärmeleitfähigkeit und das Maximum der Widerstandskurve treten etwa bei der Konzentration der ε-Phase auf. Aus der Abbildung geht eine näherungsweise Erfüllung des Wiedemann-Franz-Lorenzschen Gesetzes hervor. Ausdrücklich wird in [41] auf seine Gültigkeit auch bei Uranlegierungen im Falle einer γ-stabilisierten U-Mo-Legierung mit 9 Gew.-% Mo hingewiesen.

Nach dieser kurzen Schilderung von physikalischen Eigenschaften von Uranlegierungen wenden wir uns nunmehr technologischen Eigenschaften zu. Die Bedeutung steigender Zirkoniumzusäze für die mechanischen Eigenschaften von Uran-Zirkonium-Legierungen geht aus Abb. 268 hervor, die sich auf lichtbogengeschmolzene Legierungen bezieht, die warmverarbeitet und anschließend 24 Stunden bei 575 °C angelassen wurden (Prüftemperatur 370 °C). Streckgrenze und auch Zugfestigkeit steigen mit zunehmendem Zirkoniumgehalt außerordentlich stark an, um nach Durchschreiten eines Maximum erneut abzufallen. Die Dehnung weist im Bereich hoher Festigkeitswerte ihr Minimum auf. Auf Raumtemperatur bezügliche Zahlenwerte finden sich in [259] und [257].

Wärmebehandlung und Beimengungen beeinflussen die mechanischen Eigenschaften, wofür Tab. 66 zwei Beispiele bringt. Die bei Raumtemperatur ermittelten technologischen Kennziffern zeigen für eine Uran-Zirkonium-Legierung mit 22 Gew.-% eine deutliche Versprödung durch Luftabkühlung gegenüber Ofenabkühlung. Wasserabschreckung von 950 °C hat zu völlig sprödem Verhalten geführt. Der Einfluß von Sauerstoffbeimengungen ist am Beispiel einer 50%igen U-Zr-Legierung demonstriert. Gegenüber den Werten der sehr sauerstoffarmen Legierung steigen Streckgrenze und Zugfestigkeit mit zunehmendem Sauerstoffgehalt an, die Dehnung sinkt auf etwa die Hälfte.

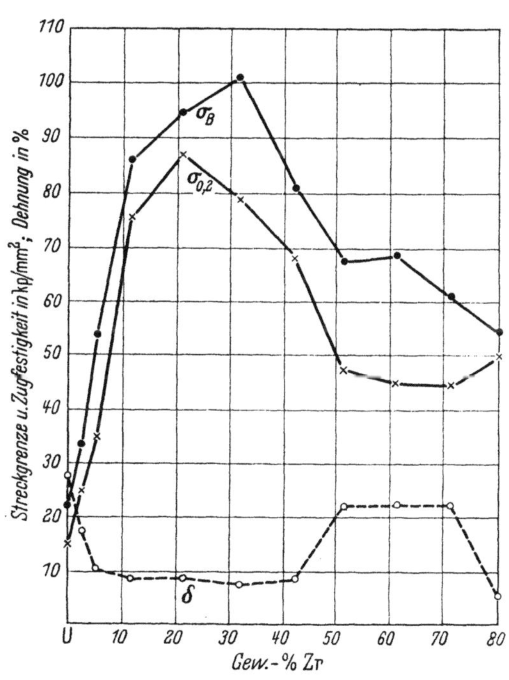

Abb. 268. Konzentrationsabhängigkeit technologischer Eigenschaften binärer Uran-Zirkonium-Legierungen bei 370 °C [258]

Auf die technologischen Eigenschaften von Aluminium-Uran-Legierungen, die für die Herstellung von Brennstoffelementen wichtig sind, bezieht sich Abb. 269. Wie schon in Abschn. IV A 1.14 erwähnt, gelingt auch mit Legierungen mit weit höherem Urangehalt als in der in der Abbildung beschriebenen Serie eine einwandfreie Fabrikation, wenn durch Zulegieren dritter Komponenten für die Unterdrückung der Ausbildung der Phase UAl_4 gesorgt wird. Als Beispiel sei wieder eine Legierung

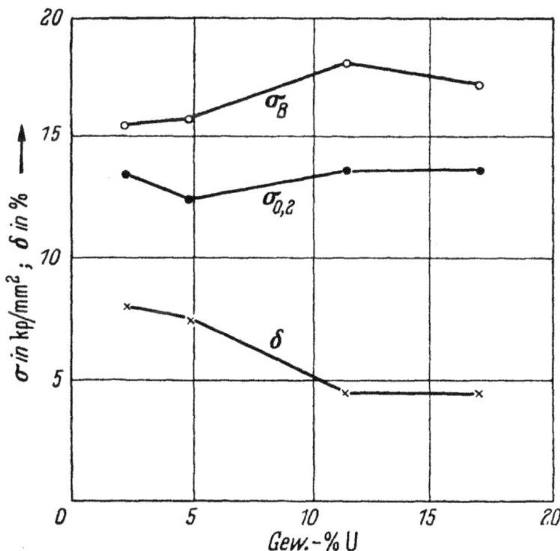

Abb. 269. Konzentrationsabhängigkeit technologischer Eigenschaften binärer Uran-Aluminium-Legierungen [260]

Tabelle 66. *Festigkeitseigenschaften von Uran-Zirkonium-Legierungen nach einstündiger Temperung bei 950 °C* [*257*]

Legierung	Art der Abkühlung	Streckgrenze in kp/mm²	Zugfestigkeit in kp/mm²	Dehnung in %
22% U + 78% Zr*	luftgekühlt	—	54,0	0,6
22% U + 78% Zr*	ofengekühlt	42,0	68,6	5,0
50% U + 50% Zr*	wasserabgeschr.	57,9	66,1	7,0
50% U + 50% Zr**	wasserabgeschr.	66,2	73,0	4,4
50% U + 50% Zr***	wasserabgeschr.	70,7	77,4	3,0

* van Arkel-Zirkonium.
** Zirkoniumschwamm (1000 ppm Sauerstoff).
*** Zirkoniumschwamm (3000 ppm Sauerstoff).

mit 48 Gew.-% Uran und 3 Gew.-% Si, Rest Aluminium genannt. Streckgrenze und Zugfestigkeit sinken durch die Zugabe von dritten Komponenten wegen des geringeren Gehalts an Einlagerungen in er-

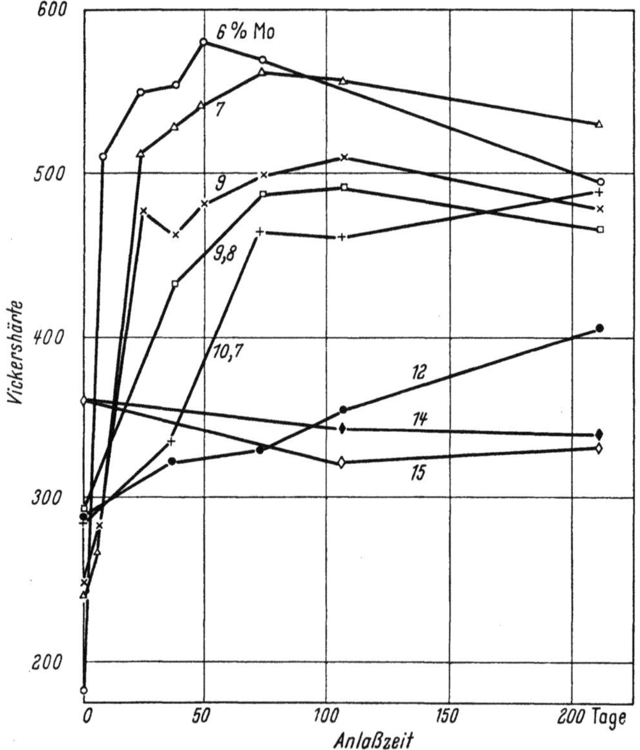

Abb. 270. Härte von Uran-Molybdän-Legierungen nach verschiedenen Anlaßzeiten bei 343 °C [*261*]

wünschter Weise ab; die entsprechenden Werte ohne bzw. mit 3% Siliziumzusatz sind 12,6 und 17,8 kp/mm² bzw. 8,1 und 10,6 kp/mm² [*239*].

Für Uran-Molybdän-Legierungen sind technologische Eigenschaften in Abb. 270 und Tab. 67 veranschaulicht. Die Abbildung bezieht

Tabelle 67. *Festigkeitseigenschaften einer Uran-Molybdän-Legierung* (12 Gew.-% Mo) [*261*]

Zustand	Prüf-temperatur in °C	Streckgrenze (0,5%) in kp/mm²	Zugfestigkeit in kp/mm²	Dehnung in %
1. stranggepreßt	260	80	84	6,1
2. 24 St. 900 °C + W. abg.		71	73	6,8
3. wie 2. + 40 St. 500 °C		79	81	5,2
4. stranggepreßt	316	76	83	6,8
5. 24 St. 900 °C + W. abg.		70	72	5,0
6. wie 5. + 3 St. 500 °C		71	73	5,5

sich auf den Härteverlauf von Legierungen verschiedenen Molybdängehalts, die von 900 °C abgeschreckt eine Anlaßbehandlung bei 343 °C erhalten haben. Bei niedrigen Molybdängehalten wird durch die Anlaßbehandlung zunächst eine erhebliche Verfestigung bewirkt, der bei sehr langen Anlaßzeiten eine geringfügige Härteabnahme folgt. Bei mittleren Molybdängehalten steigt die Härte nur allmählich an, die Legierungen höchster Konzentration zeigen einen geringen Härteabfall durch die thermische Behandlung. Bedingt sind diese Änderungen durch die in Abschn. IV A 1.14 beschriebenen strukturellen Vorgänge, die sich während der Anlaßbehandlung abspielen. Tab. 67 bringt die Kennziffern des Zugversuchs für eine Legierung mit 12 Gew.-% Mo. Wieder handelt es sich um Proben, die zunächst einen Tag bei 900 °C geglüht, anschließend wasserabgeschreckt waren, und um solche, die zusätzlich Anlaßglühungen bei 500 °C erfahren hatten. Man erkennt, daß durch die Anlaßbehandlung die Festigkeitswerte bei erhöhten Temperaturen (ebenso wie die bei Raumtemperatur) kaum geändert werden, obwohl durch das Anlassen die zunächst metastabile γ-Phase in $\alpha + \gamma'$ zerfallen ist.

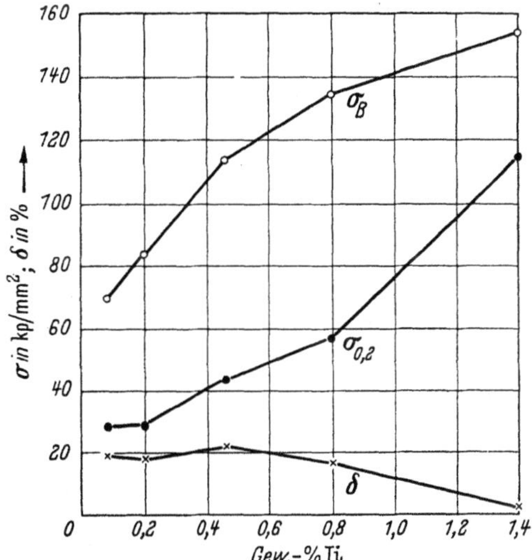

Abb. 271. Konzentrationsabhängigkeit der technologischen Eigenschaften von Uran-Titan-Legierungen (4^h bei 800 °C geglüht, wasserabgeschreckt) [*262*]

Die technologischen Eigenschaften niedrigprozentiger Uran-Titan-Legierungen bringt Abb. 271. Es handelt sich dabei um Proben, die vier

Stunden bei 800 °C geglüht und anschließend in Wasser abgeschreckt wurden. Die bei Raumtemperatur gemessenen Festigkeitswerte zeigen die härtende Wirkung steigender Titanzusätze.

Über das Kriechverhalten von einigen Uran-Legierungen bei 815 °C im Vakuum unter einer Spannung von 0,35 kp/mm² gibt Tab. 68 Aus-

Tabelle 68. *Kriechverhalten von U-haltigen Legierungen* (815 °C, Vakuum, 350 p/mm² Spannung) [*258*]

Leg. Komponente in Gew.-%	Kohlenstoff in Gew.-%	Prüfzeit in Stunden	Zeit für 1% Verform. in Stunden	Min. Kriechgeschwindigkeit in %/Stunde	Verlängerung in %
7,1 Zr	0,07	6,0	0,8	0,65	8,1
25,8	0,07	11,0	0,45	1,0	14,0
47,1	0,07	169	56	0,013	15,1
72,6	0,07	162,7	40	0,021	12,3
4,2 Ti	0,38	30,9	0,7	0,14	6,4
12,3	0,25	170,4	8,5	0,06	12,8
32,6	0,80	167,7	40,0	0,0045	2,2
55,4	0,19	193	12,5	0,007	3,7
90,6	0,28	44,7	1,7	0,4	9,4
4,8 Mo	0,50	6,9	1	2,16	15,1
7,8	0,13	166	2	0,052	7,5
12,3	0,24	172	29	0,014	3,6
13,3	0,27	191	150	0,0023	1,1

kunft. Man erkennt, daß in den binären Legierungen die Kriechfestigkeit, gemessen durch die Zeit bis zu einer Verformung um 1%, um ein bis zwei Größenordnungen variiert. In [*148*] sind für einige Legierungen mit geringem Gehalt an Aluminium, Molybdän, Chrom und Vanadium Kriechkurven angegeben. Auch diese Darstellung zeigt deutlich eine starke Erhöhung der Kriechfestigkeit durch Einlegierung von Zusatzmetallen.

Neuerdings wird mit Erfolg eine Härtung durch unplastische Einlagerungen (dispersion hardening) versucht. In einer Uranmatrix fein verteilte UO_2-Partikel erhöhen nicht nur die Biegefestigkeit sondern auch die Beständigkeit gegenüber zyklischer Temperaturwechsel um die Umwandlungstemperatur $\alpha \rightleftarrows \beta$. Als Beispiel sei genannt, daß bei 815 °C die Härte eines 18,6 Vol.-% UO_2 enthaltenden Sinterkörpers die eines Uranstabs um das Siebenfache übertrifft und nahezu die einer 10%igen Uran-Molybdän-Legierung erreicht. Dieser Befund läßt auch eine beträchtliche Verbesserung der Kriechfestigkeit bei höheren Temperaturen erwarten [*666*].

Über die Bedeutung von Legierungszusätzen zur Verbesserung der Stabilität gegenüber zyklischer Wärmebeanspruchung wurde schon in Abschn. IVA1.9 berichtet. Hier sei nur mehr darauf hingewiesen, daß eine radikale Lösung des Problems dann möglich ist, wenn es gelingt, die kubisch-raumzentrierte γ-Phase auch bei Raumtemperatur zu stabilisieren. Erforderlich hierzu ist eine erhebliche Löslichkeit des Zusatzmetalls in γ-Uran. Molybdän, Niob und Zirkonium erfüllen diese Bedingung. Hierdurch sind die in der niedrigsymmetrischen Gitterstruktur begründeten Voraussetzungen für die thermische Instabilität beseitigt, solange nicht durch die Art der Temperaturführung Ausscheidungen anisotroper α-Phasen herbeigeführt werden.

Ebenso wie gegenüber thermischer Wechselbeanspruchung sind Uran-γ-Legierungen auch gegenüber Reaktorbestrahlung besonders widerstandsfähig und auch das Korrosionsverhalten dieser Legierungen ist, wie vorwegnehmend vermerkt sei, besonders günstig. Wir beschränken uns im nachfolgenden zunächst auf eine Schilderung des Einflusses einer Reaktorbestrahlung auf derartige Legierungen.

In Uran-Molybdän-Legierungen eines Konzentrationsbereiches von 8 bis 15 Gew.-% Mo sind bei Raumtemperatur zwei verschiedene Arten des Gefügeaufbaus möglich: der stabile Aufbau, der dem Gleichgewichtsdiagramm entsprechend aus α-Mischkristall und γ'-Phase besteht und ein metastabiler Aufbau, der durch Abschrecken von hohen Temperaturen erzeugt wird und aus γ-Mischkristall besteht. Werden nun Proben homogenen und heterogenen Ausgangszustands einer Neutronenbestrahlung unterworfen, so ergibt sich, daß bei homogenem Ausgangszustand der spezifische Widerstand durch eine Neutronendosis von etwa 10^{19} n/cm^2 nur eine geringfügige, unter 1% liegende, bleibende Abnahme erfährt unter völliger Erhaltung des Temperaturkoeffizienten, während das Material mit heterogenem Ausgangszustand durch die gleiche Bestrahlung nicht nur eine deutliche Dichteabnahme, sondern auch eine erhebliche Zunahme des Widerstands erfährt, wobei gleichzeitig sein Temperaturkoeffizient von einem hohen Ausgangswert auf den niedrigen Wert der homogenen Probe abfällt (Tab. 69). Metallo-

Tabelle 69. *Homogenisierung einer Uran-Molybdän-Legierung (9 Gew.-% Mo) durch Neutronenbestrahlung [204]*

Werkstoffzustand	Spez. Widerstand in $\mu\Omega$ cm vor Bestrahlung	Spez. Widerstand in $\mu\Omega$ cm nach Bestrahlung	Temperaturkoeffizient in 10^{-3}/°C vor Bestrahlung	Temperaturkoeffizient in 10^{-3}/°C nach Bestrahlung
homogen	68,6	68,2	0,01	0,01
von 500 °C abgeschreckt	53,1	68,2	1,5	0,01

graphische Kontrolle ergibt, daß im ersten Fall auch nach der Bestrahlung homogener Werkstoff vorliegt, während im zweiten Fall der ursprünglich heterogene Werkstoff durch die Bestrahlung homogenisiert wurde. Durch systematische Röntgenuntersuchungen konnte dieser Befund erhärtet und die Überführung des heterogenen Ausgangszustands durch die Bestrahlung in den homogenen Endzustand genauer verfolgt werden. Es bildet sich aus der tetragonalen γ'-Phase durch die Bestrahlung eine kubische γ-Phase annähernd gleicher Konzentration. Da der Unterschied zwischen beiden Phasen somit in der Hauptsache in einem Übergang von geordneter Atomverteilung (γ') in ungeordnete (γ) besteht, zeigt dies, daß die Bestrahlung für diesen Übergang verantwort-

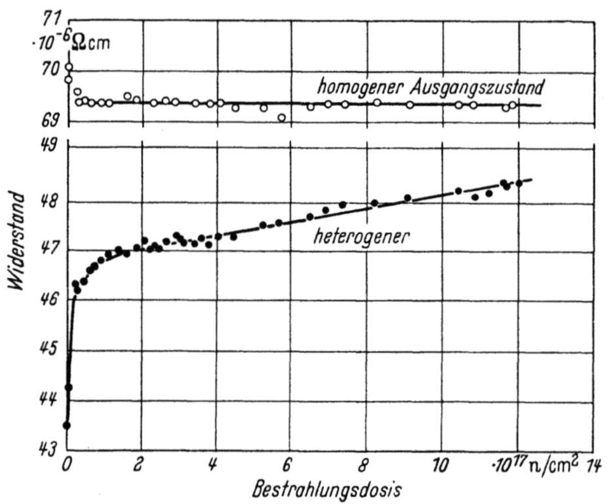

Abb. 272. Widerstandsänderung einer Uran-Molybdän-Legierung (9% Mo) durch Neutronenbestrahlung mit homogenem und heterogenem Ausgangszustand [*263*]

lich ist. Im Anschluß an diesen ersten Schritt der Umwandlung erfolgt ein zweiter langsamerer, unter Diffusion vor sich gehender, in dem die Konzentration des γ-Mischkristalls unter gleichzeitigem Verschwinden des α-Mischkristalls der der Legierung zustrebt [*185*].

Die Abhängigkeit des Widerstands von der Bestrahlungsdosis wird in Abb. 272 gezeigt. Die zunächst heterogene Probe weist mit zunehmender Bestrahlung einen anfänglich sehr steilen, im weiteren Verlauf flacheren, linearen Widerstandsanstieg auf, die abgeschreckte Probe dagegen einen nur sehr geringen anfänglichen Abfall; anschließend bleibt ihr Widerstand konstant. Derartige Änderungen des Widerstands sind typisch für Legierungen, die in geordnetem und ungeordnetem Zustand existenzfähig sind (z.B. Cu_3Au; vgl. III C 1.2); die ursprünglich geordnete γ'-Legierung geht durch die Bestrahlung in die ungeordnete γ-Phase über, die abgeschreckte ungeordnete γ-Phase wird hierdurch teilweise geordnet [*263*]. In [*264*] wurde der Versuch unternommen, die durch Reaktorbestrahlung bei tiefer Temperatur bewirkte Widerstandsänderung von abgeschreckten γ-Uran-Molybdän-Legierungen, die anfänglich wieder einen steilen Abfall, im weiteren Verlauf der Bestrahlung einen Anstieg aufweisen, näher zu analysieren. Es ergibt sich die Möglichkeit, die beobachteten Kurven durch eine Überlagerung der durch teilweise Ordnung bedingten Widerstandsabnahme und der durch FRENKEL-Defekt-Bildung bewirkten Zunahme, die bei der tiefen Bestrahlungstemperatur besonders wirksam wird, zu deuten (vgl. Abb. 273).

Für die Beeinflussung der für die Wärmeabfuhr aus dem Brennstoff wichtigen Wärmeleitfähigkeit durch Reaktorbestrahlung bringt Abb. 274 ein Beispiel. Es betrifft Aluminium-Uran-Legierungen mit 5,7 bis 17,2 Gew.-% U, die einem Abbrand bis zu 0,6% unterworfen wurden. Wenn auch die Streuung der einzelnen Bestimmungen recht groß ist, läßt die Abbildung doch erkennen, daß in dem untersuchten Konzentrationsbereich die Abnahme der Wärmeleitfähigkeit von der Zusammensetzung unabhängig und nur von der Höhe des Abbrands bestimmt zu sein scheint. Bei 0,6% Abbrand sinkt die Wärmeleitfähigkeit um etwa 50%. Für Uran-Zirkonium-Legierungen mit 1,6 Gew.-% Zr werden in [*266*] für einen Abbrand von 0,21% eine Abnahme der Wärmeleitfähigkeit um 8%, für 0,75% Abbrand eine solche um 9,5% beobachtet.

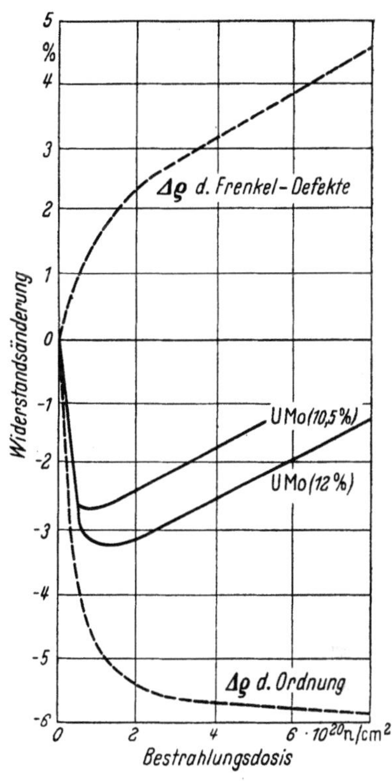

Abb. 273. Widerstandsänderung abgeschreckter γ-Uran-Molybdän-Legierungen durch Neutronenbestrahlung bei −196 °C [*265*]

Die lineare thermische Ausdehnung von Proben einer Uran-Molybdän-Legierung (10 Gew.-% Mo) in unbestrahltem Zustand und nach verschiedenem Abbrand ist in Abb. 275 dargestellt. Die Erhitzung der Proben erfolgte im Anschluß an die Bestrahlung. Man erkennt, daß bis zu Temperaturen von 500 °C die Ausdehnung bestrahlter und unbestrahlter Proben ähnlich erfolgt. Erhöht man die Versuchstemperatur über 500 °C, so tritt in der bestrahlten Probe eine starke Verlängerung auf, die nach Wiederabkühlen zurückbleibt und eine Dichteabnahme von etwa 3,2% bewirkt. Es handelt sich hierbei um ein Aufblähen der Proben. Eine Übertragung der in diesem Fall im Anschluß an die Bestrahlung festgestellten Inkubationstemperatur auf das Verhalten während der Bestrahlung ist nicht möglich. Immerhin scheint die Durchführung der Messungen auch während der Bestrahlung zu zeigen, daß in abgeschreckten Uranlegierungen mit 9 bis 11 Gew.-% Mo unstetig starke Dichteänderungen einsetzen, wenn bei Abbränden unter 2% die Bestrahlungstemperatur 575°C übersteigt.

Eingehend sind die Änderungen von Abmessungen und Dichte γ-abgeschreckter Uran-Molybdän-Legierungen mit Molybdängehalten zwischen 10,5 und 13,5 Gew.-% in [*265*] untersucht. Tab. 70 bringt eine Übersicht über die erhaltenen Ergebnisse. Aus der Gleichheit der prozentualen Änderung von Durchmesser und Länge folgt, daß es sich bei der beobachteten Gestaltsänderung um eine Aufblähung der Proben handelt. Die Versuche wurden bis zu den hohen Bestrahlungsdosen von 8800 MWd/t durchgeführt. Die maximal beobachtete Dichteabnahme betrug 4,4%. Handelte es sich nicht, wie in den bisher beschriebenen Versuchen um ungeschützte Proben, sondern um in Schutzhülsen aus Zircaloy-2

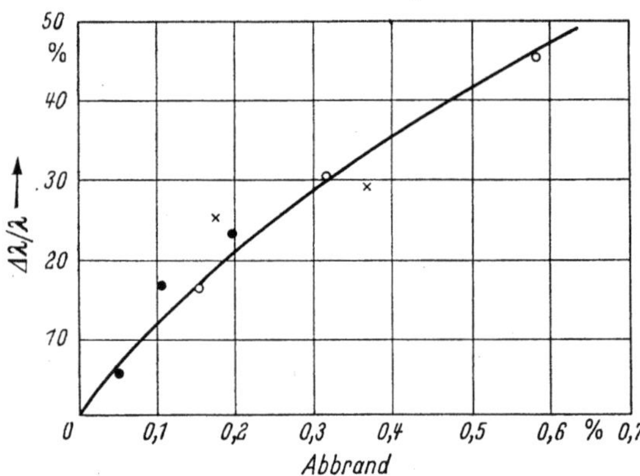

Abb. 274. Abnahme der Wärmeleitfähigkeit von Aluminium-Uran-Legierungen durch verschiedenen Abbrand [*208*]
● 5,7 Gew.-% U; ○ 15,0 Gew.-% U; × 17,2 Gew.-% U

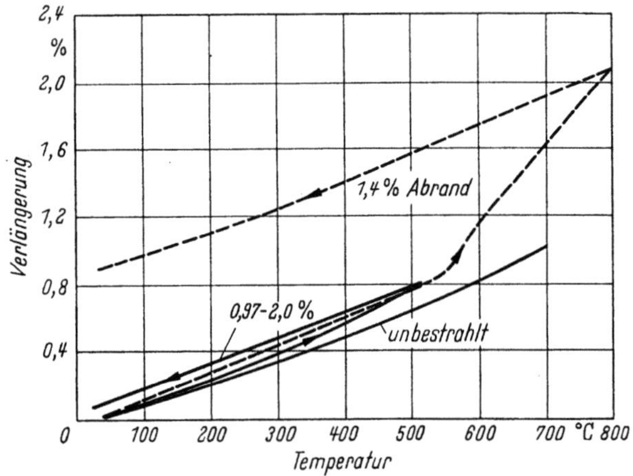

Abb. 275. Einfluß von Reaktorbestrahlung auf die thermische Ausdehnung einer Uran-Molybdän-Legierung (10 Gew.-% Mo) [*267*]

eingebrachte, so wurde bis zu Bestrahlungsdosen von 5610 MWd/t keine nennenswerte Längsänderung beobachtet, während ungeschützte

Proben bei gleicher Dosis bereits etwa 2,5 bis 3% Dichteänderung aufweisen. Wurde die Bestrahlungsdosis in den geschützten Proben bis etwa 28000 MWd/t erhöht, so traten Längsrisse im Schutzrohr auf, das vorher schon eine gewisse bleibende Verformung erlitten

Tabelle 70. *Bestrahlungsstabilität von aus dem γ-Gebiet abgeschreckten Uran-Molybdän-Legierungen* [*265*]

Legierung	Bestrahlungs-dosis in MWd/t	Änderung von Durch-messer	Länge	Dichte
		in %		
U + 10,5% Mo	1600	0,3	0,15	− 0,9
	2800	0,5	0,4	− 1,4
	3000	0,3	0,5	− 1,6
	5350	1,1	0,8	− 2,7
	5500	0,8	0,7	− 2,3
	8500	1,6	1,0	− 3,5
	8800	1,1	1,0	− 4,4
U + 12,0% Mo	1200	0,5	0,25	− 1,1
	2450	0,5	0,5	− 2,1
	3500	3,2	2,1	− 6,7
	3950	0,5	0,55	− 1,6
	5250	1,0	0,9	− 3,0
	6100	1,2	1,2	− 4,0
U + 13,5% Mo	1350	0	0,1	− 0,5
	2050	0	0,2	− 1,1
	2250	0,5	0,25	− 1,1
	2900	0,6	0,45	− 2,2
	3200	1,1	0,6	− 2,8

hatte. Vermutlich trat dieses Versagen durch die Volumsausdehnung (etwa 4%) des Kernmaterials ein, das das Schutzrohr bis zum Bruch beansprucht hat. Wurden Uran-Molybdän-Proben gleicher Zusammensetzung, aber im heterogenen Gefügezustand der Reaktorbestrahlung ausgesetzt, so ergab sich eine Dichteabnahme im Sinne einer Annäherung an den γ-Zustand, der, wie oben aufgeführt, durch die Bestrahlung herbeigeführt wird.

Analoge Versuche mit ungeschützten Proben einer Uran-Niob-Legierung mit 10 Gew.-% Nb wurden bis zu Bestrahlungsdosen von 820MWd/t ausgeführt. Es ergab sich dabei, daß die Dimensions- und Dichteänderungen γ-abgeschreckter Legierungsproben durch die angewendeten Bestrahlungsdosen unbedeutend bleiben. Wird die Bestrahlung dagegen an Proben heterogenen Gefügezustands vorgenommen, so treten Dimensionszunahmen und Dichteabnahmen auf, die ebenso wie bei den Uran-Molybdän-Legierungen durch einen Übergang in die γ-Phase bedingt sind. Auch bei Uran-Niob-Legierungen ist daher der aus dem γ-Gebiet abgeschreckte Zustand am stabilsten gegenüber Reaktorbestrahlung [*265*].

Auf die Bedeutung fein und gleichmäßig verteilter Ausscheidungen in Uran-Legierungen zur Unterdrückung der Aufblähung wurde kürzlich in [*667*] hingewiesen. Die durch geeignete thermische Behandlung in Uran-Molybdän-Legierungen mit kleinen Zusätzen von Silizium oder Zinn gebildeten Ausscheidungen wirken offenbar als Keimstellen für Gasbläschen, die nunmehr wegen der gleichmäßigen und mindestens bis zur Anlaßtemperatur stabilisierten Verteilung nicht mehr zu störender Größe anwachsen.

Über das Strahlenwachstum von Uran-Zirkonium-Legierungen mit 2 und 3 Gew.-% Zr gibt Tab. 71 Auskunft. Als Maß der Strahlenfestigkeit ist der Wachstumskoeffizient benutzt. Der Gußzustand erweist sich als relativ stabil, Hämmern in α-Zustand führt zu einem erheblichen Strahlenwachstum, das durch Abschrecken aus dem γ-Gebiet deutlich verringert werden kann (Beseitigung der Vorzugsorientierung). Allerdings erweist sich das dabei erhaltene stengelige Gefüge als ungünstig. Durch Wärmebehandlung bei verschiedenen Temperaturen werden weitere Verbesserungen erzielt, vor allem wenn die Proben im Bereich des Zweiphasengebiets ($\beta + \gamma_2$) geglüht werden. Man erhält auf diese Weise eine feinkörnige, kugelförmige Ausscheidung von γ-Zr-Mischkristall in β-U-Mischkristall. Der Wachstumskoeffizient bei Bestrahlung von Legierungen derartigen Gefügezustands beträgt nur 3,4 (s. [*47*]).

Tabelle 71. *Strahlenwachstum von Uran-Zirkonium-Legierungen nach verschiedener Wärmevorbehandlung* [*268*]

Wärmebehandlung	Wachstumskoeffizient bei	
	2 Gew.-% Zr	3 Gew.-% Zr
gegossen	7,5; 8,2	5,7
gegossen + γ-abgeschreckt	24	—
gehämmert (α-Gebiet)	470	720
gehämmert + γ-abgeschreckt	63	140
abgeschreckt + Temperung		
bei 400 °C (a + ε)	85	—
bei 575 °C ($\alpha + \varepsilon$)	50	99
bei 625 °C ($\alpha + \gamma_2$)	43	77
bei 690 °C ($\beta + \gamma_2$)	3,4	—
bei 725 °C ($\beta + \gamma_1$)	27	—

Unter den Uran-Silizium-Legierungen ist die Legierung mit 3,8 Gew.-% Si entsprechend der raumzentriert tetragonalen Phase U_3Si durch besonders gute Korrosionsfestigkeit gegenüber Wasser hoher Temperaturen ausgezeichnet. An die stöchiometrische Zusammensetzung grenzt gegen Uran ein Zweiphasengebiet α-U + U_3Si, in Richtung zu höheren Siliziumgehalten folgt das Zweiphasengebiet $U_3Si + U_3Si_2$. Sowohl nennenswerte Anteile von α-U als auch von U_3Si_2

setzen die Korrosionsfestigkeit deutlich herab. Untersuchungen über die Strahlenfestigkeit von U_3Si haben ergeben, daß diese Legierung schon nach geringen Bestrahlungsdosen etwa (100 MWd/t) eine Dichteabnahme um etwa 4% erfährt, die sich durch Steigerung der Dosis bis etwa 1100 MWd/t nicht mehr ändert. Die auftretenden Dichteänderungen werden von Verkrümmungen, Rißbildung und Blasenbildung an der Oberfläche der ungeschützten Proben begleitet [*265*].

Hinsichtlich der Bedeutung des Mikrogefüges für die Strahlenfestigkeit verhalten sich ternäre Uran-Niob-Zirkonium-Legierungen (5 Gew.-% Zr, 1,5% Nb) sehr ähnlich den eben erwähnten Uran-Zirkonium-Legierungen. Wieder ist der aus der γ-Phase abgeschreckte Zustand auch nach anschließender Anlaßbehandlung bei niedrigen Temperaturen durch geringe Strahlenfestigkeit ausgezeichnet. Mit steigender Temperungstemperatur der abgeschreckten Proben steigt die Strahlenfestigkeit, desgleichen mit steigender isothermer Umwandlungstemperatur von im γ-Zustand geglühten Proben. Abb. 276 gibt den Wachstumskoeffizienten als Funktion der Umwandlungstemperatur für einen Abbrand von 0,044 bis 0,048%. Legierungen, die im Bereich von 620 bis 650 °C isotherm umgewandelt wurden, weisen den niedrigsten Wachstumskoeffizienten auf. Diese Wärmebehandlung führt wieder zu einer Einlagerung kugeliger α-Mischkristalle in die γ-Matrix. Für das günstige Verhalten gegenüber Bestrahlung wird vermutet, daß das Strahlenwachstum der α-Kristalle in gewissem Maße durch die sehr viel plastischere Grundmasse aufgefangen wird (s. [*47*]). Über die Strahlenfestigkeit plutoniumhaltiger Uranlegierungen finden sich Hinweise im Abschnitt Plutonium.

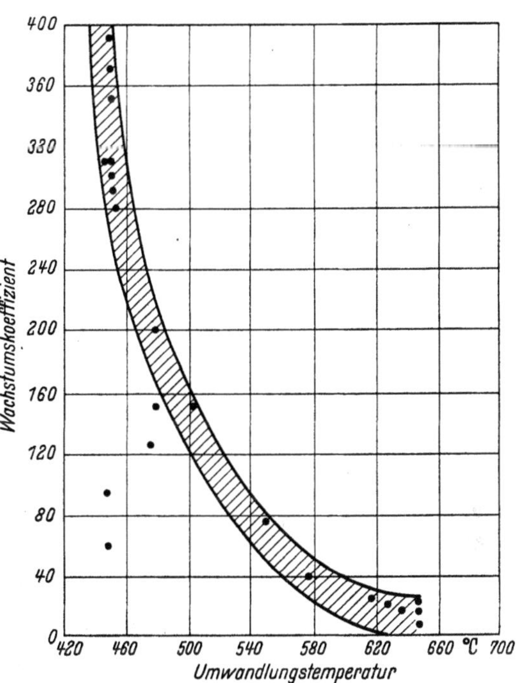

Abb. 276. Strahlenwachstum einer Uran-Zirkonium-Niob-Legierung (5% Zr, 1,5% Nb) durch einen Abbrand von ~0,046% nach verschiedener Wärmebehandlung [*238*]

Abschließend sollen noch einige Angaben über die Strahlenfestigkeit von Uran-Fissium-Legierungen gemacht werden. Als Beispiel für eine derartige Legierung sei folgende Zusammensetzung genannt: 95 Gew.-% U, 2,5% Mo, 1,5% Ru, 0,5% Pd, 0,3% Rh und 0,2% Zr. Diese Legierungen sind durch sehr trägen Verlauf der Umwandlungen gekennzeichnet, so daß bei genügender Menge Fissium die γ-Phase sogar bei langsamer Abkühlung bestehen bleibt [*47*]. Es ist daher zu erwarten, daß die Strahlenfestigkeit dieser Werkstoffe günstig ist. Eine Legierung mit 3,2 Gew.-% Fissium, bei der durch Abschrecken der γ-Zustand nicht stabilisiert werden kann, erweist sich als völlig stabil, wenn sie isotherm bei höheren Temperaturen umwandelt. Der Wachstumskoeffizient, der für abgeschreckte Proben etwa 50 beträgt, sinkt auf 0,1, wenn die Legierung 24 Stunden bei 650 °C gehalten wird. Anderseits erweist sich eine Legierung mit 5 Gew.-% Fissium, bei der durch Abschrecken der γ-Zustand stabilisiert werden kann, ähnlich stabil nur im abgeschreckten Zustand. Um den günstigen Wachstumskoeffizienten möglichst unabhängig von der Wärmebehandlung zu machen, wurde den Uran-Fissium-Legierungen Molybdän zugesetzt. Eine Uranlegierung mit 5 Gew.-% Fissium und 2,5 Gew.-% Mo ergab den niedrigen Wachstumskoeffizienten von 2, gleichgültig, ob die Legierung aus der γ-Phase abgeschreckt oder langsam abgekühlt worden war. Ähnlich verhalten sich auch Legierungen mit 7,5 Gew.-% Mo [*186*].

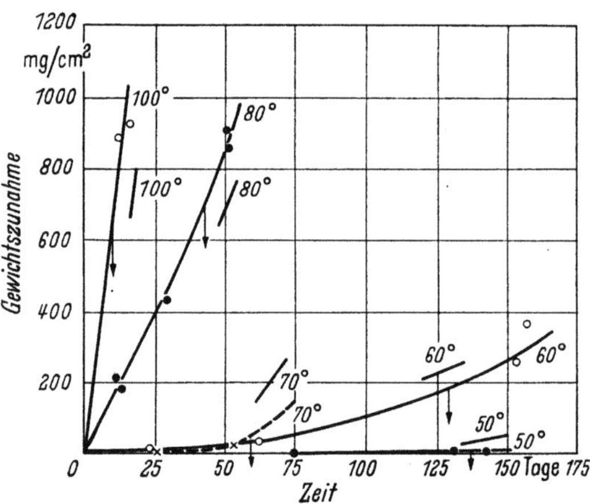

Abb. 277. Korrosionsgeschwindigkeit von Uran in belüftetem destilliertem Wasser [*269*]

Als letzte der Eigenschaften der Uranlegierungen soll nun noch das so wichtige Korrosionsverhalten besprochen werden einschließlich der Änderungen dieses Verhaltens durch Reaktorbestrahlung. Wir beschränken uns hier darauf, das Korrosionsverhalten gegenüber Wasser und Wasserdampf zu erörtern. Das Verhalten gegenüber anderen Angriffsmitteln (Gase, geschmolzene Metalle) wird in Abschn. IV D beschrieben werden. Der Erörterung des Korrosionsverhaltens der Legierungen müssen einige Ausführungen über die Korrosion von reinem Uran gegenüber Wasser vorausgeschickt werden. Allgemein ist auf die Reaktionsfreudigkeit des Urans schon an vielen Stellen hingewiesen worden.

In Abb. 277 wird die Korrosionsgeschwindigkeit, gemessen durch den Metallverlust der Proben, in belüftetem destilliertem Wasser verschiedener Temperatur dargestellt. Uran reagiert mit Wasser unter Bildung des stabilen Uranoxyds UO_2, mit Wasserstoff unter Bildung des Hydrids UH_3. Bei allen Temperaturen übertrifft die Bildungsgeschwindigkeit des Hydrids die des Oxyds beträchtlich. Für das Korrosionsverhalten in Wasser ist es entscheidend, ob der schützende Oxydfilm erhalten bleiben kann. Die Gewichtsverlustkurven der Abbildung zeigen, daß bis zu Wassertemperaturen von 70 °C durch längere Zeiten hindurch niedrige Korrosionsgeschwindigkeiten bestehen, daß bei Verlängerung der Korrosionszeit sodann die Reaktionsgeschwindigkeit aber erheblich ansteigt. Es ergab sich, daß der Eintritt des starken Wachsens der Reaktionsgeschwindigkeit mit dem Zusammenbruch der dünnen schützenden Oyxdhäute zusammentraf und daß nunmehr poröse schwarze Korrosionsprodukte auftraten. Je höher die Versuchstemperatur ist, um so kürzer ist die Zeit der Schutzwirkung des Oxydfilms. Bei Temperaturen über 80 °C tritt überhaupt ein derartiger Schutz nicht mehr ein. Die Versuchsergebnisse werden in dem Sinne gedeutet, daß Wasserstoff durch den Oxydfilm diffundiert und unterhalb dieses Filmes eine Hydridschicht bildet, welche den Oxydfilm absprengt und damit seine Schutzwirkung beseitigt. Die Zeit, zu welcher die Wasserstoffdiffusion und Hydridbildung den schützenden Oxydfilm zerstört, ist bei den einzelnen Kurven durch Pfeile angedeutet. Miteingezeichnet sind ferner kurze Strecken, deren Neigungen den Gewichtsverlustkurven in wasserstoffgesättigtem Wasser entsprechen. In [*270*] werden allerdings Einwände gegen den Hydridmechanismus vorgebracht. Der Durchtritt des Wasserstoffs durch den Oxydfilm soll nicht in Form von Protonen vor sich gehen, sondern durch eine OH-Ionen-Diffusion. Die absprengende Wirkung wird hiernach nicht dem Hydrid, sondern einem Hydroxyd zugeschrieben.

In wasserstoffgesättigtem oder entgastem Wasser wächst die Korrosion linear mit der Zeit. Der Logarithmus der Korrosionsgeschwindigkeit sinkt im Temperaturbereich von 50 bis 350°C linear mit der reziproken absoluten Temperatur [*269, 271*].

Das Korrosionsverhalten von technischem Uran in kochendem destilliertem Wasser kann durch Wärmebehandlung des Metalls verbessert werden. Ofenabkühlung aus dem γ-Zustand erniedrigt die Korrosionsgeschwindigkeit etwa um den Faktor zwei und gleicht sie damit der für hochreines Uran gültigen an. Da bei diesem eine Wärmebehandlung einflußlos ist, wurde Lösung und Neuausscheidung der Beimengungen als Ursache für die verbessernde Wirkung der Wärmebehandlung im technischen Uran angenommen [*38*].

Drei wichtige Wege sind beschrieben worden, um die Korrosionsfestigkeit von Uranbrennstoff durch Aufrechterhaltung eines schützenden Oxydfilms bis zu Wassertemperaturen von 350°C sicherzustellen. Erstens die Herstellung von Legierungen in metastabiler γ-Phase, zweitens die Herstellung übersättigter α-Legierungen und drittens Verwendung bestimmter intermetallischer Verbindungen. Es sind dies dieselben Wege, die oben bereits zur Verbesserung der Stabilität von Uranlegierungen gegenüber zyklischer Wärmebehandlung und Reaktorbestrahlung beschrieben wurden. In Abb. 278 sind Korrosionsgeschwindigkeiten derartiger Legierungen als Funktion der reziproken absoluten Temperatur eingetragen. Am korrosionsfestesten erweist sich Uran-Niob mit 8 bis 20 Gew.-% Nb, Uran-Zirkonium mit 50 Gew.-% Zr, knapp gefolgt von Uran-Molybdän-Legierungen mit 9 bis 15 Gew.-% Mo. Alle diese Legierungen liegen bei hohen Temperaturen in Form eines kubisch-raumzentrierten Mischkristalls vor, der mit nicht zu geringer Abkühlungsgeschwindigkeit metastabil auf Raumtemperatur gebracht werden kann. Die Korrosionsfestigkeit dieser Werkstoffe bleibt so lange gering, wie die γ-Phase erhalten bleibt und keinerlei Transformationen eintreten. Gewisse Verbesserungen können bei diesen Legierungen noch dadurch erreicht werden, daß sie im Anschluß an die Abschreckung aus dem γ-Stabilitätsbereich eine Wärmebehandlung bei niedrigen Temperaturen erfahren. Die Ursache des schließlichen Versagens dieser Legierungen wird wieder der Bildung von Uranhydrid zugeschrieben. Der bei der Reaktion gebildete Wasserstoff dringt in das Grundmetall ein, wo er sich als metastabiles Hydrid ausscheidet. Hierdurch werden lokal hohe Spannungen entwickelt, die zum Bruch führen. Durch geeignete Depolarisatoren kann die Wirkung des Wasserstoffs verringert werden; auch kann die Ausscheidung des Hydrids durch Wärmebehandlung in eine weniger störende Form gebracht werden [*272*]. Zur Uran-Zirkonium-Legierung ist noch zu bemerken, daß sie relativ hoch an Zusatzmetall ist. Bei Urangehalten über 60 Gew.-% geht das gute Korrosionsverhalten

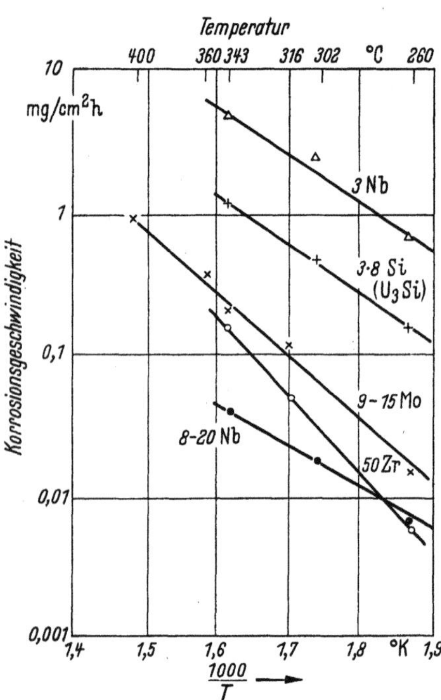

Abb. 278. Temperaturabhängigkeit der Korrosionsgeschwindigkeit von Uranlegierungen [*261*]

verloren. Weitere Erhöhung des Zirkoniumgehalts führt zwar zu weiterer Verbesserung des Korrosionsverhaltens, das sich schließlich dem des Zirkoniums annähert, führt aber zu sehr spaltstoffarmen Werkstoffen [*257*].

Von übersättigten α-Legierungen ist in die Abb. 278 das Verhalten einer Uranlegierung mit 3 Gew.-% Nb eingezeichnet. Ihr Korrosionsverhalten liegt an der oberen Grenze des Kurvenfächers. Die Übersättigung kommt dadurch zustande, daß zunächst das Niob in der γ-U-Phase aufgelöst ist und sodann durch rasche Abkühlung eine martensitische Transformation und nicht eine normale Ausscheidung der α-Phase herbeigeführt wird (analoge Bildung wie im Abschnitt IV A 1.14 für die metastabilen martensitischen α'-Phasen von Uran-Molybdän-Legierungen niedrigen Molybdängehalts beschrieben). Solange die martensitische α-Phase erhalten bleibt, bleibt die Korrosionsfestigkeit gut. Durch Anlaßbehandlung mit Übergang zu zweiphasiger Gefügeausbildung geht die Korrosionsfestigkeit verloren. Durch Zulegieren eines dritten Bestandteils, beispielsweise Zirkonium (5 Gew.-% Zr + 1,5 Gew.-% Nb), kann die Temperatur dieser Überalterung hinaufgesetzt werden.

Der typische Vertreter der dritten Gruppe von Legierungen (einfache intermetallische Verbindung) ist U_3Si. Ihre in die Abb. 278 eingezeichnete Korrosionsgeschwindigkeit ist verhältnismäßig gut. Wichtig ist, daß die stöchiometrische Zusammensetzung möglichst genau eingehalten wird. Als Vorteil dieser Legierung sei hervorgehoben, daß sie ihre gute Korrosionsfestigkeit auch bei Temperaturen behält, bei denen die metastabilen γ- und die übersättigten α-Phasen durch Übergänge in zweiphasige Legierungen ihre Korrosionsfestigkeit bereits völlig verloren haben.

Bevor die Auswirkung der Reaktorbestrahlung auf die Korrosionsfestigkeit von Uranbrennstoffen geschildert wird, sei nochmals darauf hingewiesen, daß Wirkungen des Korpuskularbeschusses einerseits im Uran entstehen, andererseits aber auch im angreifenden Medium chemische Veränderungen unter erheblicher Verstärkung der Aggressivität eintreten können. Hierüber ist in III C 2.7 bereits berichtet worden.

Eine Auswahl der experimentellen Ergebnisse über die Wirkung von Reaktorbestrahlung auf binäre Uranlegierungen, die sich durch besonders gute Korrosionsfestigkeit gegenüber Wasser auszeichnen (vgl. oben), findet sich in Tab. 72. Gemessen wurde die Korrosionsgeschwindigkeit und die Lebensdauer (Versagen durch Rißbildung mit starker Oberflächenvergrößerung) in Wasser von 343 °C. Die Uran-Molybdän- und Uran-Niob-Proben waren aus dem γ-Zustand abgeschreckt, befanden sich also in dem für Korrosionsfestigkeit und Stabilität günstigen metastabilen Zustand. Die Zahlen der Tabelle zeigen, daß stranggepreßte Uran-Molybdän-Proben durch Reaktorbestrahlung keine wesentlichen Veränderungen hinsichtlich des Korrosionsverhaltens erfahren. Deutlich anders verhält sich dagegen die gegossene Uran-Molybdän-Legierung. Hier wird durch die Reaktorbestrahlung die Lebensdauer erheblich herabgesetzt. Möglicherweise geht dieser Unterschied auf die verschiedene Anordnung der Korngrenzen, längs denen Hydridbildung

Tabelle 72. *Änderung der Korrosionsfestigkeit von Uran-Legierungen gegenüber heißem Wasser (343 °C) durch Bestrahlung [265]*

Legierung	Bestrahlungsdosis in MWd/t	Korrosionsgeschwindigkeit in mg/cm²h	Lebensdauer in Tagen
U + 10,5% Mo (stranggepreßt)	0 445–1050	0,24 0,26	21–35 22–42
U + 12,0% Mo (stranggepreßt)	0 445–940	0,23 0,18	21–35 20–42
U + 12,0% Mo (gegossen)	0 230–835 1690–2000	0,10 0,04 0,05	45–66 14–21 1–7
U + 10,0% Nb	0 820	0,037 – 4,01	35 3
U + 3,8% Si (U_3Si)	0 390–755	– 2,8 –	80 1

erfolgt, zurück. Auch bei metastabilen Uran-Niob-Legierungen wird durch die Bestrahlung die Lebensdauer in heißem Wasser herabgesetzt. Die in unbestrahltem Zustand bei hohen Temperaturen so besonders widerstandsfähige U_3Si-Legierung verliert durch die Bestrahlung schon bei relativ niedrigen Dosen jegliche Korrosionsfestigkeit.

Wird in Korrosionsversuchen von γ-abgeschreckten Uran-Molybdän-Legierungen die Bestrahlung nach gewisser Zeit abgeschaltet und bleibt die Probe weiterhin dem Heißwasserangriff ausgesetzt, so tritt nach kurzer Zeit völliger Zerfall ein. Werden heterogenisierte Uran-Molybdän-Proben unter gleichzeitiger Bestrahlung der Heißwasserkorrosion ausgesetzt, so tritt gegenüber dem Verhalten unbestrahlter Proben eine gewisse Verbesserung zutage. Zur Deutung dieser Erscheinung ist darauf hinzuweisen, daß das günstige Verhalten der stranggepreßten Uran-Molybdän-Legierungen zweifellos durch den einphasigen Gefügezustand bedingt ist. Wie hoch der Molybdängehalt mindestens sein muß, um im Reaktor die Erhaltung der γ-Phase zu verbürgen, ist nicht genau bekannt; vermutlich werden 6% hierzu genügen. Die Tatsache des raschen Versagens im heißen Wasser nach Abschalten der Bestrahlung ist vielleicht dadurch bedingt, daß die Bestrahlung im Werkstoff Veränderungen erzeugt, die nach Wegnahme des Korpuskularbeschusses zum Zerfall der Legierung führen, bei andauernder Bestrahlung aber unwirksam bleiben. Die Verbesserung der heterogenisierten Uran-Molybdän-Legierungsproben geht auf den oben beschriebenen Übergang in den einphasigen γ-Zustand durch Bestrahlung zurück. Zur Erklärung der Herabsetzung der Korrosionsfestigkeit durch die Bestrahlung in Uran-Niob-Legierungen wird Inhomogenisierung, Anhäufung gleichartiger Atome, angenommen, die auch zur Deutung des Verhaltens des elektrischen Widerstands dient. Das Versagen von U_3Si durch Reaktorbestrahlung wird auf die Störung der geordneten Atomverteilung durch die Bestrahlung zurückgeführt [*265*]. Eine Beurteilung des Korrosionsverhaltens eines Werkstoffs, der als Brennstoff verwendet werden soll, kann auf Grund der beschriebenen Versuche nur durch Korrosionsuntersuchungen unter gleichzeitiger Bestrahlung gewonnen werden.

Zum Abschluß dieses Kapitels sollen nun noch die Eigenschaften von keramischen Sinterkörpern kurz geschildert werden. Im wesentlichen beschränken wir uns dabei auf Urandioxyd, UO_2, und Uranmonocarbid, UC. Über die Herstellung der Pulver und die Verarbeitung zu Sinterkörpern ist bereits in IV A 1.6 berichtet worden. Einige wichtige Eigenschaften derartiger Sinterkörper sind in Tab. 73 verzeichnet. Natur-

Tabelle 73. *Physikalische und technologische Eigenschaften von* UO_2 *und* UC (UO_2 nach [*273*] und [*92, 274, 275, 276, 277*]; UC nach [*278*] und [*102*])

Eigenschaften		UO_2	UC
Gittertyp		kub. Flußspat	kub. Steinsalz
Gitterkonstante	Å	a = 5,469	a = 4,961
theoret. Dichte	g/cm³	10,96	13,63
Schmelzpunkt	°C	~ 2800	2375
lin. Ausdehnungsk.	10^{-1}/°C	10 (0–1000 °C)	10,4 (20–1000 °C)
spez. Wärme	cal/g °C	0,065 (0–200 °C) 0,092 (0–400 °C) 0,064 (0–900 °C) 0,059 (0–1000 °C)	0,048 (b. 125 °C) 0,053 (b. 250 °C)
Wärmeleitfähigk.	cal/cm sek °C	0,02 (b. 20 °C) 0,008 (b. 1000 °C)	0,080 (b. 60 °C) 0,074 (b. 115 °C) 0,061 (b. 195 °C) 0,050 (b. 265 °C)
E-Modul	kp/mm²	~ 17500	
Bruchfestigkeit	kp/mm²	7–10 (100–500 °C) (Dichte ϱ = 9,2)	7 (b. 20 °C) (ϱ = 12,0)
Härte		666 Knoop (b. 270 °C)	700 H_P (ϱ = 10,8) 500 H_L (ϱ = 10,2)

gemäß hängen die Eigenschaften weitgehend von der Dichte der Sinterkörper, d.h. von dem noch vorhandenen Porenvolumen ab. Im allgemeinen ist es zweckmäßig der theoretischen Dichte durch die Verarbeitung der Pulver so weit wie möglich nahe zu kommen. Einen besonderen Vorzug des UC bildet die hohe Wärmeleitfähigkeit, die etwa mit der von Uran übereinstimmt. Ein weiterer Vorteil des UC ist sein relativ günstiges Verhalten Temperaturstößen gegenüber, das weit günstiger liegt als das von UO_2 [*278, 275*]. Hinsichtlich des Stromdurchgangs unterscheiden sich UO_2 und UC grundsätzlich: während UO_2 ein Halbleiter ist mit einem geringfügigen Anteil an Ionenleitung, weist UC metallische Leitfähigkeit auf [*279, 278*].

Ergänzend zu den Angaben in Tab. 73 zeigt Abb. 279 die Wärmeleitfähigkeit von UO_2 als Funktion der Temperatur aus zwei verschie-

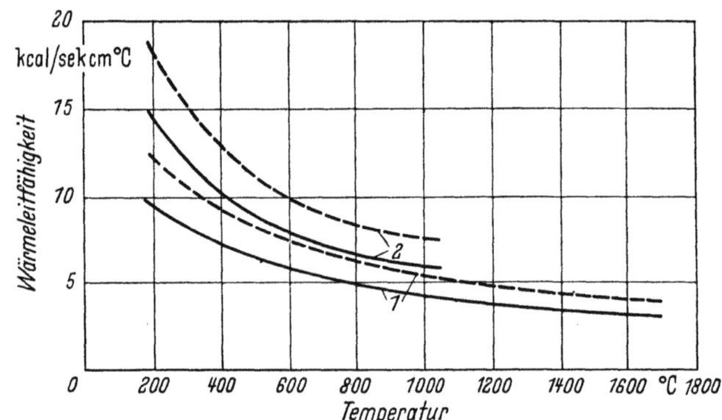

Abb. 279. Temperaturabhängigkeit der Wärmeleitfähigkeit von UO_2-Sinterkörpern [*276*] (vgl. auch [*280*])
1 25,5% Porosität [*281*]; *2* 26,7% Porosität [*282*], - - - umgerechnet auf 5% Porosität

denen Meßreihen. Miteingezeichnet sind Kurven, welche auf eine Porosität von 5% umgerechnet sind, wobei angenommen wurde, daß bei 200 °C die volle Dichtekorrektur anzubringen ist und bei Temperaturen über 1200 °C keinerlei Korrektur notwendig ist. Diese Art der Korrektur wird durch Versuchsergebnisse nahegelegt, die zeigen, daß von etwa 1000 °C ab die Wärmeleitfähigkeit bis zum Schmelzpunkt unabhängig von der Dichte ist.

Für die Abhängigkeit des plastischen Verhaltens von „UO_2"-Sinterkörpern von der Zusammensetzung liegen ähnliche Ergebnisse vor wie für das Sinterverhalten (vgl. S. 227); gesintertes $UO_{2,06}$ und $UO_{2,16}$ kann in Biegekriechversuchen schon bei etwa 800 °C verformt werden, während die entsprechende Temperatur bei $UO_{2,00}$ bei etwa 1600 °C liegt. Entsprechende Biegefließkurven für 900 und 1000 °C sind in Abb. 280 dargestellt. Die $UO_{2,00}$-Probe hat sich auch bei 216stündiger Belastung bei 1000 °C erst um weniger als $2{,}5 \cdot 10^{-1}$ cm verformt.

Ergänzend zu den Angaben von Bruchfestigkeit und Härte der Tab. 73 seien noch die Werte für die Zermalmungsfestigkeit von UC-Sinterkörpern genannt. Parallel der Preßrichtung wurden 30 kp/mm² und senkrecht dazu etwa 12,5 kp/mm² gefunden, Werte, die beträchtlich über über denen von UO_2-Sinterkörpern liegen [*278*].

Die Sprödigkeit der Sinterkörper schließt spanabhebende Bearbeitung durch Drehen, Feilen, Sägen usw. aus, es gelingt jedoch Sinterkörper mit nassen Siliziumkarbid-Scheiben zu durchschneiden und zu schleifen.

Zyklische thermische Beanspruchung von UO_2- und UC-Sinterkörpern erweist, wie auf Grund der thermischen Isotropie zu erwarten, günstiges Verhalten. UC zeigt nach 1000 Zyklen zwischen 100 und 750 °C keine beobachtbare Veränderung der Proben [*278*].

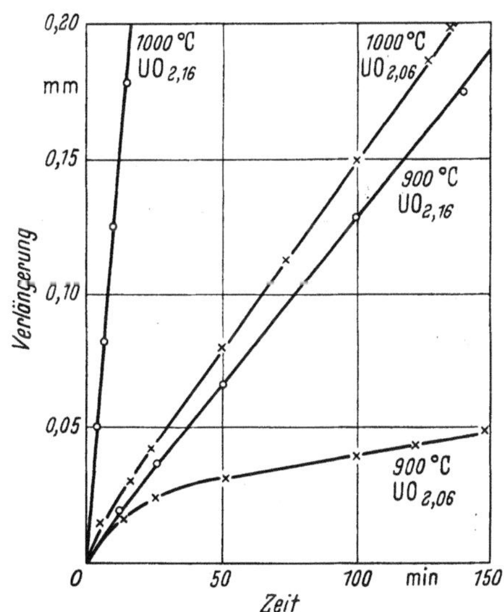

Abb. 280. Biegekriechkurven von „UO_2"-Sinterkörpern [*283*]

Bei der Beurteilung der Strahlenfestigkeit von UO_2-Brennstoffen muß auf den hohen Temperaturgradienten in den Proben Rücksicht genommen werden, der zufolge der schlechten Wärmeleitfähigkeit besteht. Die sich entwickelnden thermischen Spannungen führen bei zu großem Durchmesser zur Ausbildung von konzentrischen Rissen bzw. zum Zerfall der Proben [*275, 284*]. Durch ihre Einbringung in Schutzrohre kann die Verwendungsdauer wesentlich verlängert werden. In Abb. 281 sind zwei Beispiele für Rißbildung in geschützten Brennstoffelementen aus UO_2 durch thermische Spannungen gezeigt. Tab. 74 bringt Ergebnisse von

Tabelle 74. *Bestrahlungsstabilität von Zircaloy-2-geschützten* UO_2-*Brennstoffelementen* [*285*]

Bestrahlungsdosis in MWd/t	Zentraltemperatur in °C	Änderung von Durchm. in %	Änderung von Länge in %	Geschmolzene Zone in % d. Querschnitts
14000	2400	0	0	0
22000	> 2750	+ 3,5	0	33
25000	> 2750	+ 4,3	0	45
12000	2200	0	0	0
6430	1400	0	0	0
12400	> 2750	+ 2,5	+ 0,20	49
12100	> 2750	+ 2,2	+ 0,33	59
6100	2200	0	0	0

Bestrahlungsversuchen in geschützten UO_2-Elementen. Man erkennt, daß in einigen Fällen die Temperatur in der Probenmitte über den

Schmelzpunkt angestiegen war und daß in diesen Fällen kleine Änderungen in den Dimensionen der Proben eingetreten sind. In den übrigen Fällen erweist sich die Gestalt der UO_2-Proben der Bestrahlung gegenüber als stabil. Auch durch Röntgenuntersuchungen konnten in UO_2 keine Strukturänderungen durch niedrige Abbrände beobachtet werden[1]. Die Dichte, das metallographische Gefüge und die Wärmeleitfähigkeit bleiben in UO_2 auch bis zu sehr hohen Abbränden merklich konstant [*285*].

Korrosionsversuche in destilliertem Wasser zeigten, daß UO_2-Proben bis zu Temperaturen von 315 °C völlig stabil sind. Sauerstoffhaltiges Was-

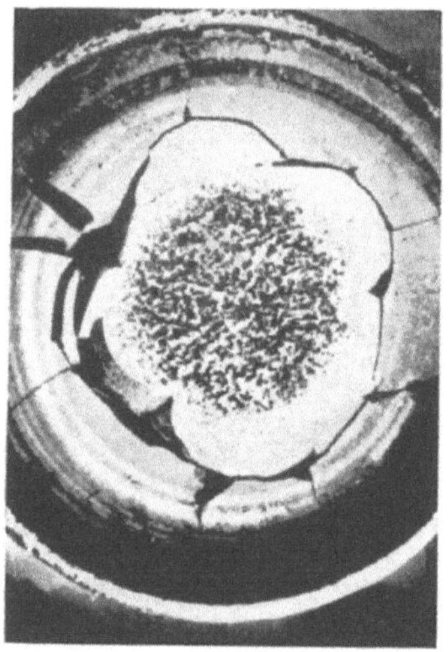

a

b

Abb. 281 a u. b. Rißbildung in Zircaloy-2 geschützten UO_2-Brennstoffelementen [*284*]
a) Durchmesser 2,4 cm, 250 MWd/t; b) 0,9 cm Durchmesser, 2600 MWd/t

ser hingegen führt schon bei 87 °C zu einer merklichen Oxydation der Proben und bei 177 °C scheint sich schon in wenigen Tagen diese Oxydation bis zu UO_3 fortzusetzen [*275, 2*]. Dies bedeutet, daß auf sorgfältige Entgasung des Kühlwassers, das gegebenenfalls durch Fehler im Schutzrohr mit dem UO_2 in Berührung kommen kann, sehr zu achten ist.

Wenig gut ist die Korrosionsfestigkeit von UC gegenüber Wasser. Schon bei 65 °C werden 600 mg/cm²h abgetragen und bei 100 °C erfolgt eine lebhafte Reaktion [*278*].

Wir haben uns bei der Besprechung der keramischen Sinterkörper auf zwei Substanzen, UO_2 und UC, beschränkt. Unerwähnt blieb das

[1] In rhombischen Uranoxyden werden dagegen durch denselben niedrigen Abbrand die Röntgeninterferenzen fast völlig verwischt.

Urandicarbid, UC_2, das hinsichtlich Schmelzpunkt und Wärmeleitfähigkeit dem UC gleicht, aber wegen der gegenüber UC geringeren Urankonzentration weniger aussichtsreich erscheint. Weiterhin blieben auch höhere Uranoxyde unerwähnt, die allerdings gelegentlich in sehr energiearmen Reaktoren Verwendung finden.

Durch Herstellung von Cermets U-UC wird versucht, die Eigenschaften des UC zu verbessern. Hinzu kommt, daß bei der Herstellung von Cermets nicht so hohe Temperaturen erforderlich sind wie bei der Sinterherstellung. Wenn auch eingehende systematische Untersuchungen über das Verhalten der Cermets noch ausstehen, so sei doch hervorgehoben, daß sich Proben mit hohen Gehalten an UC (62%) gegenüber zyklischer thermischer Beanspruchung sehr gut verhalten haben; nach 1000 Zyklen im Bereich von 20 bis 500 °C wurden weder eine Verlängerung noch Oberflächenveränderungen beobachtet. Es wird vermutet, daß derartige Cermets sich auch gegenüber Zyklen, welche die α-β-Umwandlung umfassen, günstig verhalten und auf diese Weise eine Bestrahlungstemperatur ertragen, die höher liegt als die üblicherweise dem Uran zumutbare [*106*].

Für ausführliche Literaturübersichten über Arbeiten mit Uran-Sinterkörpern, Herstellung und Eigenschaften betreffend, sei auf [*668*, *669*] verwiesen.

2. Plutonium

2.1 Vorkommen. Das Plutoniumisotop 239 findet sich in der Natur in sehr geringer Konzentration in uranhaltigen Erzen. Seine Entstehung verdankt es der Einwirkung von Neutronen auf U^{238}. Gebildet werden diese Neutronen durch die spontane Spaltung des Urans, durch die durch langsame Neutronen herbeigeführte Spaltung des U^{235} und durch (α, n)-Prozesse an leichten Elementen. Sofern nicht spezifisch neutronenabsorbierende Beimengungen in den Erzen enthalten sind, liegt der Plutoniumanteil etwa bei $1 \cdot 10^{-9}\%$ des Urans. Es ist verständlich, daß diese geringen Gehalte eine metallurgische Gewinnung des Plutoniums ausschließen. Das Element Plutonium wird vielmehr ausschließlich künstlich im Uranspaltungsreaktor hergestellt gemäß der Gleichung

$$U^{238} + n \longrightarrow U^{239} \xrightarrow{\beta} Np^{239} \xrightarrow{\beta} Pu^{239}$$

Bei Anwesenheit von U^{238} im Spaltstoff wird stets Plutonium entstehen, wobei das Ausmaß der Bildung vom Spektrum der Neutronengeschwindigkeiten, vom Anteil an U^{238} und von der Geometrie des Reaktorkerns abhängt. Reaktoren, die vor allem dem Zweck dienen, Plutonium zu erzeugen, werden „Brüter-Reaktoren" genannt. Die Isolierung des Plutoniums geschieht durch Aufarbeitung der Brennstoffelemente nach mehr oder minder großem Abbrand [*286*].

2.2 Extraktion aus Brennstoffelementen; Reinigung. Durch die sukzessive Anreicherung von Spaltprodukten mit großem Einfangquerschnitt für thermische Neutronen kann das Brennstoffelement wirtschaftlich nur bis zu einem gewissen Abbrand verwendet werden. Es wird sodann der Wiederaufarbeitung zugeleitet, um das spaltbare Material wiederzugewinnen. Gegenüber dem Ausgangszustand hat sich durch die Reaktorbestrahlung der Plutoniumgehalt, der zunächst verschwindend klein war, erheblich erhöht, gegebenenfalls bis in die Größenordnung von Promille. Die Isolierung dieses, durch thermische Neutronen spaltbaren Elements ist eine wichtige Aufgabe, wird doch dadurch die Menge des mit langsamen Neutronen spaltbaren Materials erheblich vervielfacht und damit die Möglichkeit der technischen Ausnützung der Kernenergie erweitert.

Die chemische Aufarbeitung gebrauchter Brennstoffelemente ist aus mehreren Gründen ein äußerst schwieriges Problem. Für die Isolierung des Plutoniums ist zu beachten, daß dieses Aktinid zumeist nur in geringen Mengen im Vergleich zu Uran vorliegt, das, ebenfalls ein Aktinid, ihm chemisch außerordentlich verwandt ist. Die aus dem Reaktor entnommenen Brennstoffelemente weisen durch die entstandenen Spaltprodukte hohe Aktivität auf, die zu äußerster Vorsicht zwingt. Im allgemeinen kann die chemische Aufarbeitung überhaupt erst durchgeführt werden, nachdem die Brennstoffelemente eine gewisse Ablagerung (Größenordnung 100 Tage) in entsprechend abgeschirmten Behältern in unmittelbarer Nähe des Reaktors erfahren haben, wobei sich die Radioaktivität durch Absterben der kurzlebigen Isotope sehr verringert. Eine weitere Komplikation der Aufarbeitung beruht in der großen Mannigfaltigkeit der Brennstoffelemente; neben unlegiertem Uran werden vielfach Legierungen des Urans verwendet, weiterhin auch keramische Stoffe, Oxyde und Karbide. Hinzu kommt, daß eine mechanische Abtrennung des Brennstoffs von etwa vorhandenen Schutzrohren kaum möglich ist, also bei der chemischen Aufarbeitung auch auf die hierfür verwendeten Metalle bzw. Legierungen Rücksicht zu nehmen ist. Wurden zur Herstellung der Verbindung von Brennstoff und Schutzrohr Metallschmelzen benutzt, Natrium, Quecksilber, so wird vor der Auflösung des Brennstoffelements eine mechanische Entfernung dieses Bindemetalls herbeigeführt. Außer für die Abtrennung von Uran und Plutonium hat die Aufarbeitung auch für die restlose Beseitigung radioaktiver Spaltprodukte zu sorgen, wobei vor allem die Sicherheit der Personen, die nachher mit dem Spaltmaterial zu arbeiten haben, im Vordergrund steht.

Wenn auch durch das Ablagern der verbrauchten Brennstoffelemente ihre Radioaktivität erheblich abgeklungen ist, so bleibt sie doch noch so hoch, daß die gesamte Aufarbeitung hinter Schutzmauern ferngesteuert bzw. automatisiert vorgenommen werden muß. Betonwände von etwa

2 m Dicke reichen im allgemeinen als Schutz aus. Analysen vieler aus dem Arbeitsgang entnommener Proben müssen in speziell geschützten, sogenannten „heißen Laboratorien" (hot cells) durchgeführt werden. Mit von außen bedienten Manipulatoren können dabei die erforderlichen Hantierungen vorgenommen werden. Aus Sicherheitsgründen wird, da auch gasförmige radioaktive Spaltprodukte vorhanden sind, in den Aufbereitungsräumen und in den heißen Laboratorien ein gewisser Unterdruck aufrechterhalten.

Die Dimensionierung der Anlagen muß so erfolgen, daß an keiner Stelle die kritische Masse in Erscheinung treten kann. Da diese für Plutonium je nach den Bedingungen (Geometrie, Anwesenheit von Moderatoren) nur 1 bis 2 kg beträgt, ist diese Gefahr hier besonders groß. Ein sehr heikles und heute noch nicht endgültig gelöstes Problem ist die Behandlung des „radioaktiven Abfalls", der in allen drei Aggregatzuständen bei der Aufarbeitung der Brennstoffelemente anfällt. Auf die bisher beschrittenen Wege der Beseitigung kann nicht eingegangen werden, es sei hier nur auf [*287*] verwiesen.

Das großtechnische Aufarbeitungsverfahren von bestrahlten Brennstoffelementen beruht auf Lösungsextraktion. Weitere Möglichkeiten bestehen auf pyrometallurgischem und pyrochemischem Wege, in Anwendung des Ionenaustauschverfahrens und durch fraktionierte Destillation. Wir können auf all diese Verfahren nur ganz kurz hinweisen; für nähere Angaben, besonders für technische Einzelheiten siehe [*288*, *289*, *290*, *291*].

Die Grundlage des Lösungsextraktions-Verfahrens ist zunächst die hohe Löslichkeit von Nitraten des sechswertigen Urans, des sechs- und vierwertigen Plutoniums in organischen Lösungsmitteln, wie Trinormalbutylphosphat (TBP), (vgl. Abschn. 1.2 dieses Kapitels), die einer sehr geringen Löslichkeit des dreiwertigen Plutoniums und der meisten Spaltprodukte gegenübersteht. Tab. 75 enthält die Verteilungskoeffizienten von Uran und Plutonium und die einiger wichtiger Spaltprodukte in 20%iger Lösung von TBP in Kerosen. Durch die verschiedene Löslichkeit gelingt eine Trennung von Uran und Plutonium von den Beimengungen und Spaltprodukten. Reduktion von Plutonium vom vierwertigen in den dreiwertigen Zustand führt zu einer sehr geringen Löslichkeit in TBP und damit zur Möglichkeit, das Plutonium durch Wasser zu extrahieren und so vom Uran zu trennen. Neben dem zumeist verwendeten TBP, gelöst in Kohlenwasserstoffen,

Tabelle 75. *Verteilung der Ionen in 20%iger TBP-Lösung in Kerosen und in Wasser* [*292*]

Ion	Verteilungskoeffizient*
U (VI)	30
Pu (VI)	3
Pu (IV)	20
Pu (III)	0,01
Ru	3
Zr (IV)	1
Ce (IV)	0,2
Nb	0,01
Y (III)	0,02

* Verhältnis der Ionenkonzentration in TBP-Lösung zu der in Wasser.

werden auch Diäthyläther, Dibutoxydäthyläther („butex"), Methylhexocyclan, Methylisobutylketon und T-trifluorazeton („TTA") verwendet.

Zur praktischen Durchführung des Lösungsextraktionsverfahrens werden die bestrahlten Brennstoffelemente im allgemeinen in Salpetersäure gelöst, deren Konzentration etwa 5 bis 6 Mol je Mol Uran beträgt. Durch Zuführung von Sauerstoff kann die Bildung von Stickoxyden unterdrückt, also eine „rauchlose" Lösung herbeigeführt werden. In der Lösung ist Uran in der sechswertigen, Plutonium vorwiegend in der vierwertigen, teils auch in der sechswertigen Form enthalten [*292*].

Je nach Legierung des Uranbrennstoffs und nach der Natur des Schutzrohres muß die Auflösung der Brennstoffelemente modifiziert werden. Einige Beispiele hierzu seien nachfolgend gebracht. Bei magnesiumgeschützten Brennstoffelementen wird in Salpetersäure bei 35 °C gelöst. Die Dauer der Auflösung variiert je nach Abbrand von 4 bis 56 Stunden, wobei stärkerer Abbrand raschere Auflösung bewirkt. Das Magnesium scheint durch die Bestrahlung leichter angreifbar zu werden [*293*]. Brennstoffelemente aus Uran-Molybdän-Legierung (9 Gew.-% Mo) in einer Magnesiummatrix (mit einem Anteil von 12 Gew.-%), eingebracht in Schutzrohre aus rostfreiem Stahl, werden vor der Auflösung in Salpetersäure, der zur Bildung löslicher Komplexe geringe Beigaben von Eisennitrat oder Phosphorsäure (einige g/l) zugeführt werden, mechanisch zerschnitten. Hierdurch wird eine chemische Ablösung des Stahls vermeidbar, die anderenfalls durch Schwefelsäure zu erfolgen hat. Zur Begegnung der Explosionsgefahr des bei der Auflösung in Salpetersäure entstehenden Gemisches von Wasserstoff und Stickoxyden wird in inerter Atmosphäre (Stickstoff) gearbeitet [*294*]. Die Ablösung von Aluminiumschutzrohren erfolgt in Natronlauge oder in Salpetersäure unter geringer Zugabe von Quecksilber als Katalysator [*295*]. Bei Gegenwart von Zirkonium, das in Salpetersäure unlöslich ist, wird die Lösung in Flußsäure oder in Ammonfluorid durchgeführt, wodurch natürlich neue Anforderungen an das Gefäßmaterial entstehen. Monelmetall wird als solches verwendet. Das Uran entsteht bei dieser Auflösung in vierwertiger Form. Es wird nach der Lösung durch Zugabe von Chromsäure in die sechswertige Form oxydiert. Zuschlag von Aluminiumnitrat führt anschließend Uran und Plutonium in Nitrate über und bindet alles noch vorhandene freie Fluor. Dies ist wichtig, um bei der weiteren Extraktion mit Gefäßen aus rostfreiem Stahl auskommen zu können [*296*].

Bei dem hauptsächlich verwendeten Prozeß wird, wie schon erwähnt, die salpetersaure Lösung der Brennstoffelemente, die Uran und Plutonium als Uranylnitrat [$UO_2(NO_3)_2$] und Plutonylnitrat [$Pu_2(NO_3)_2$] enthält, mit einer 20%igen Lösung von TBP in Kerosen ausgeschüttelt, wobei Uran und Plutonium fast vollständig in die organische Phase übergehen, während die meisten Spaltprodukte in der wässerigen Lösung bleiben. Die Reduktion des Plutoniums von der vierwertigen, in TBP löslichen Form in die dreiwertige unlösliche geschieht durch Zugabe von wässeriger Lösung von Ferrosulfamat oder von Hydrazin. Hierdurch wird eine Trennung von Plutonium, das wieder in die wässerige Phase übergeht, von Uran, das in der organischen verbleibt, bewirkt. In der Praxis wird der Prozeß mehrfach wiederholt und ergibt gute Trennung von Uran und Befreiung von Spaltprodukten. Technisch wird er vollautomatisch durchgeführt und als „Purex"-Prozeß bezeichnet.

Aus der TBP-Phase kann das Uran abgeschieden und der Metallherstellung zugeführt werden. Ausgangspunkt für die Plutoniumherstellung ist die wässerige Phase, deren Aufarbeitung analog der Herstellung von Uranmetall erfolgt. Das Plutoniumnitrat wird entweder durch Glühen an Luft oder durch Bildung von festem Oxalat und dessen Zersetzung in Oxyd, PuO_2, übergeführt. Genau so wie beim Uran ist es möglich, das Oxyd mit Kalzium, Magnesium oder Kohlenstoff bei hohen Temperaturen zu Metall zu reduzieren. Auch hier wird dieser Weg technisch jedoch nicht beschritten, sondern die Metallherstellung vom Fluorid aus durchgeführt. Aus dem Oxyd wird mit Flußsäure bei etwa 475 °C gemäß der Gleichung

$$PuO_2 + 4HF \rightarrow PuF_4 + 2H_2O$$

Tetrafluorid erzeugt. Auch die Überführung in Trifluorid ist üblich; hier muß die Reaktion mit Flußsäure in reduzierender Atmosphäre ($HF + H_2$-Mischung) durchgeführt werden. Die Reduktion erfolgt auch bei Plutonium zumeist mit Kalzium. Die Reaktionswärme bei der Reduktion von PuF_3 ist dreimal so groß wie die von PuF_4. Als Tiegelmaterial wird hier wieder Flußspat verwendet. Die Einleitung der Reduktion, die in einer geschlossenen Stahlbombe durchgeführt wird, erfolgt durch Induktionsheizung; als Schutzgas dient Argon [*297*].

Das Lösungsextraktionsverfahren arbeitet mit einer Ausbeute von über 99%, die Trennung von radioaktiven Spaltprodukten ist sehr vollständig, die Reaktionen spielen sich in flüssigem Zustand ab, so daß eine Beförderung der reagierenden Substanzen durch ferngesteuerte Pumpen leicht bewerkstelligt werden kann, die Anpassungsfähigkeit an sehr verschiedenartige Ausgangslösungen ist groß. Nachteilig empfunden wird das große Volumen der die abgeschiedenen Spaltprodukte enthaltenden wässerigen Lösungen des ersten Schrittes, das auch nach Eindampfen noch erheblich bleibt. Die zur Speicherung erforderlichen, geschützten Tanks müssen daher beträchtliche Abmessungen besitzen.

Das Ionenaustauschverfahren, auf das auch bereits bei der Uranherstellung hingewiesen worden ist, findet häufig Anwendung als ein die Lösungsextraktion ergänzender Vorgang, der die Konzentration von

Uran und Plutonium und die Abreicherung der Beimengungen erhöht. Wieder wird Anionenaustausch bevorzugt, weil er gegenüber dem Kationenaustausch den Vorteil bringt, daß das wiederzugewinnende Plutonium (Anionenkomplex) leicht von den, keine negativen Komplexionen bildenden Beimengungen getrennt werden kann. Grundsätzlich kann das Ionenaustauschverfahren auch allein zur Abtrennung des Plutoniums und dessen Befreiung von störenden Beimengungen benutzt werden. Allerdings sind die zur Zeit verwendeten organischen Ionenaustauscher sehr strahlungsempfindlich, wodurch ihre Lebensdauer stark beeinträchtigt wird. Trotzdem wird das Verfahren, das chemisch und mechanisch besonders einfach ist, beispielsweise zur Aufarbeitung der Uranylsalzlösung eines homogenen Reaktors benutzt.

Das Charakteristische der pyrometallurgischen und pyrochemischen Verfahren ist, daß die Aufarbeitung der Brennstoffelemente als Metallschmelze von hoher Temperatur erfolgt. Die Reinigung von Beimengungen und Spaltprodukten wird nicht in gleichem Maße erreicht wie bei dem Lösungsextraktionsverfahren. Der Sinn der pyrometallurgischen und pyrochemischen Verfahren ist der, den Hauptteil der unerwünschten Spaltprodukte zu entfernen und den Brennstoff möglichst bald wieder dem Reaktor zuzuführen. Die Plutoniumgewinnung steht bei diesen Verfahren nicht im Vordergrund, bei einem derselben wird bewußt eine Uran-Plutonium-Legierung als Endprodukt erhalten. Dieses einfachste der hierher gehörigen Verfahren besteht darin, daß das erschöpfte Brennstoffelement mechanisch von der Schutzhülle befreit, in einem geeigneten Tiegel niedergeschmolzen wird und sodann die Schmelze etwa 4 Stunden bei 1200 °C gehalten wird. Hierbei dampfen die als Spaltprodukte enthaltenen Edelgase Krypton und Xenon, aber auch Zäsium und Strontium ab. Die seltenen Erden, deren Oxyde stabiler sind als UO_2, sammeln sich in einem auf der Schmelze liegenden Oxydschaum. In der Metallschmelze unterhalb der Schlackendecke verbleiben, wie versuchsweise festgestellt wurde, über 90% des ursprünglich vorhandenen Urans, Plutoniums und Rutheniums; Zirkonium verbleibt zu über 30% in der Schmelze, kann aber durch gleichzeitige Verschlackung mit Graphit weiter entfernt werden. Der Anteil an seltenen Erden ist etwa 1% des ursprünglichen Gehalts, der an Zäsium und Strontium etwa 0,01%. Durch Bodenabstich kann die durch die Schlackendecke geschützte Legierung einer Schleudergußmaschine zur Herstellung neuer Brensstoffelemente zugeführt werden.

Eine Trennung von Plutonium von geschmolzenem Uran wurde mit Hilfe von geschmolzenem Urantetrafluorid versucht. Plutonium wird durch das Urantetrafluorid zu Plutoniumtrifluorid oxydiert und tritt in die Salzphase ein. Analoges gilt für einige der Spaltprodukte. Über 90% des Plutoniums kann auf diese Weise in einem Arbeitsgang entfernt werden. Die flüchtigen Spaltprodukte werden, wie vorhin schon erwähnt, dabei naturgemäß abdampfen. Eine anschließende Aufarbeitung führt zur Gewinnung des Plutoniums aus dem Salz.

Erwähnt sei schließlich, daß durch fraktionierte Destillation eine Trennung von Plutonium und Uran möglich erscheint, da Plutonium flüchtiger ist als Uran. Um brauchbare Destillationsgeschwindigkeiten zu erhalten, müßten Temperaturen von etwa 1800 °C verwendet werden. Naturgemäß bestehen für ein derartiges Verfahren außerordentliche Gefäßschwierigkeiten. Auch das Sammeln des Plutoniums ist ein keineswegs einfaches Problem.

Zum Abschluß dieses Punktes sei noch kurz auf die Fabrik der Eurochemie in Mol, Belgien, hingewiesen, deren Kapazität zur Aufarbeitung von 100 t je Jahr verschiedener Arten von Brennstoffelementen aus natürlichem Uran und Uran mit bis 5% Anreicherung an U^{235} geplant ist. Die vorgesehene Extraktion ist ein Purex-Prozeß in zwei Zyklen, deren erster zur Abtrennung der Spaltprodukte und Trennung von Uran und Plutonium dient, je ein zweiter Zyklus dient der weiteren Reinigung von Uran und Plutonium. Die abschließende Reinigung wird sowohl für Uran als auch für Plutonium mit Hilfe eines Anionenaustauschverfahrens durchgeführt werden.

2.3 Physikalische Eigenschaften. Das aus U^{238} über Neptunium hergestellte Plutonium hat die Kernmassenzahl 239. Durch verschiedene andere Kernprozesse ist es gelungen, eine große Reihe von Plutoniumisotopen mit den Massen zwischen 232 und 246 herzustellen. Hieraus ein mittleres Atomgewicht wie bei den Isotopengemischen natürlicher Elemente ableiten zu wollen, ist sinnwidrig. Dem spaltbaren Isotop Pu^{239} kommt das Atomgewicht 239,1265 zu.

Plutonium ist ein Aktinid mit der Atomnummer 94 und einer Elektronenkonfiguration, bei der die vier innersten Schalen und in der fünften, sechsten und siebenten Schale die Unterschalen 5s, 5p, 5d, 6s, 6p und 7s voll besetzt sind. Die 5f-Unterschale enthält 6 Elektronen, wobei der höchste 5f-Term sehr nahe benachbart dem 6d-Term ist, so daß ein Elektronenaustausch zwischen diesen beiden Niveaux leicht stattfinden kann. Pu^{239} ist ein reiner α-Strahler mit einer Halbwertszeit von 24.360 Jahren.

Plutonium weist eine Reihe sehr ungewöhnlicher Eigenschaften auf. Die am meisten zu beachtende ist seine außerordentliche Giftigkeit. Seine α-Strahlung und seine chemischen Eigenschaften stempeln es zu einem der gefährlichsten der bekannten Gifte. Äußerste Vorsichtsmaßnahmen und spezielle Einrichtungen sind beim Arbeiten mit Plutonium zu beachten; stets sollen die Untersuchungen mit den kleinstmöglichen Mengen durchgeführt werden. Ganz allgemein müssen alle Versuchseinrichtungen in luftdicht abgeschlossenen Boxen untergebracht werden, in denen ein gewisser Unterdruck gegenüber dem Laboratorium herrscht.

Dicke Strahlenschutzwände sind hier nicht erforderlich, da Plutonium keine γ-Strahlen emittiert und die von ihm ausgesandten α-Strahlen nur geringes Durchdringungsvermögen haben. Die Operationen in den Boxen werden entweder durch Fernsteuerung durchgeführt, zumeist aber durch Handschuhtore, durch welche lange Gummihandschuhe eingeführt sind, die dem Experimentator die Bedienung der Geräte von Hand aus ermöglichen (Abb. 282). Peinlichst ist jeglicher Austritt von Plutonium zu verhüten. Mit Hilfe von α-Zählrohren wird eine ständige Überwachung durchgeführt, das Versuchspersonal hat die Vorschriften für den Umgang mit radioaktivem Material auf das schärfste zu beobachten und steht überdies unter ständiger ärztlicher Kontrolle. In den menschlichen Körper eingedrungenes Plutonium wird zum Teil in den Knochen zurückgehalten und nur sehr langsam wieder ausgeschieden. Die insgesamt erlaubte Dosis beträgt 0,6 μg.

Abb. 282. Handschuhbox zur Durchführung von Wägungen [*298*]

Von Plutonium sind bis zum Schmelzpunkt von 640 °C sechs verschiedene Phasen bekannt. Tab. 76 bringt Angaben über die oberen Stabilitätsgrenzen dieser Phasen und über den jeweiligen Gitterbau. Die Ermittlung der Stabilitätsgrenzen erfolgte mit thermischer Analyse und Dilatometrie, in beiden Fällen bei steigender Temperatur der Proben mit kleiner Erhitzungsgeschwindigkeit (1 °C/min). Rückläufige Kurven ergeben bei den hohen Umwandlungspunkten nur geringfügige Unterschiede, sehr erhebliche hingegen bei den tieferliegenden, die um bis zu 60 °C niedriger gefunden werden als bei Temperaturanstieg [*243, 301*]. Erhöhung der Erhitzungsgeschwindigkeit auf 4 °C/min führt bei der thermischen Analyse zu erheblichem Anstieg der niedrig liegenden Umwandlungspunkte, die höher liegenden ergeben sich wieder praktisch unverändert [*243*]. α- und β-Plutonium kristallisieren monoklin. Die Symmetrie der bei höheren Temperaturen stabilen Phasen steigt mit der Temperatur des Stabilitätsbereichs in Übereinstimmung mit den allgemeinen Beobachtungen über allotrope Modifikationen der Metalle. Ob die Phase δ', deren tetragonal-raumzentrierte Struktur bekannt ist, eine wirklich selbständige Phase darstellt, oder ob es sich nur um einen, in einem schmalen Temperaturbereich von wenig mehr als 20 °C auftreten-

Tabelle 76. *Allotrope Modifikationen von Plutonium*

Modifikation	Obere Stabilitätsgrenze* in °C	Gittertypus	Gitterkonstante in Å	Atome je Zelle	Röntgendichte in g/cm³
α-Pu	124 127	monoklin [*302*]	21 °C a = 6,184 b = 4,824 c = 10,973 β = 101,8°	16	19,82
β-Pu	208 207	monoklin [*303*]	190 °C a = 9,284 b = 10,463 c = 7,859 β = 92,1°	34	17,70
γ-Pu	316 313	rhombisch flz. [*304*]	235 °C a = 3,158 b = 5,768 c = 10,162	8	17,14
δ-Pu	458 456	kub.-flz. [*305*]	320 °C a = 4,637	4	15,92
δ'-Pu**	482 478	tetragonal rz. [*305*]	465 °C a = 3,327 c = 4,482	2	16,00
ε-Pu	640 640	kub.-rz. [*305*]	490 °C a = 3,636	2	16,51

* Jeweils erste Zeile thermoanalyt. Methode; Mittelwerte nach [*243, 299, 300, 301*]; jeweils zweite Zeile Dilatometermethode; Mittelwerte nach [*299, 301*].
** In der russischen Literatur als η-Pu bezeichnet.

den Zwischenzustand der Umwandlung vom kubisch-flächenzentrierten δ-Pu in das kubisch-raumzentrierte ε-Pu handelt, sei dahingestellt [*306*]. An Hand des Verhaltens der magnetischen Suszeptibilität wird die Allotropie des Plutoniums in Abb. 283 dargestellt. Die oben beschriebene Hysterese bei der Rückumwandlung im Bereich der niedrigen Temperaturen tritt klar zutage. Durch erhöhten Druck (bis 20000 Atm) bei 100 und 200 °C wurde keine neue Umwandlung gefunden [*309*]. Mit der Phasenumwandlung sind, wie schon aus den in der Tab. 76 enthaltenen Röntgendichten hervorgeht, zum Teil erhebliche Volumsänderungen verbunden. Die relative Volumszunahme bei der Umwandlung $\alpha \rightarrow \beta$ beträgt 8,9%, bei $\beta \rightarrow \gamma$ 2,4% und bei $\gamma \rightarrow \delta$ 6,7%; die Umwandlung $\delta \rightarrow \delta'$ bedingt eine Volumsabnahme von 0,4%, desgleichen $\delta' \rightarrow \varepsilon$ eine solche um 3%; auch für das Schmelzen errechnet sich eine Volumsabnahme um etwa 1% [*310*]. Zufolge des größeren spezifischen Volumens von β gegenüber α wird die $\alpha \rightarrow \beta$-Umwandlungstemperatur durch äußeren Druck erhöht; die Erhöhung beträgt etwa 0,001 °C/Atm.

Für die Umwandlungswärme $\alpha \rightarrow \beta$ werden Werte von 4,0 und 5,2 cal/g gefunden. Die Wärmetönung der übrigen Umwandlungen ist sehr viel kleiner, besonders klein ist sie für die Umwandlung $\delta \rightarrow \delta'$; sie wird mit nur 0,07 cal/g angegeben. Auch die Schmelzwärme des Plutoniums ist besonders niedrig; mit 2,2 cal/g beträgt sie nur etwa ein Zehntel der des Urans [*311, 312*].

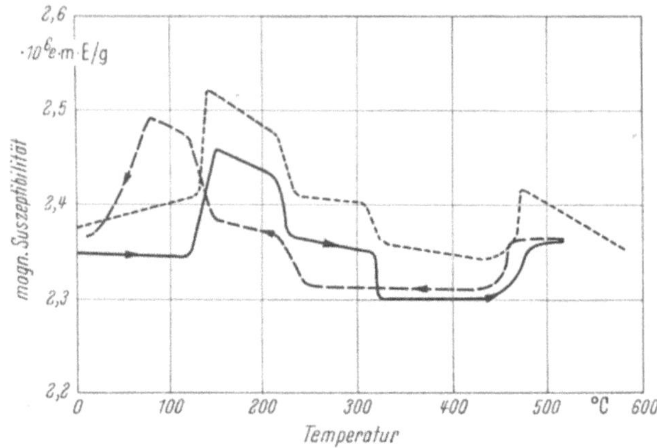

Abb. 283. Temperaturabhängigkeit der magnetischen Suszeptibilität von Plutonium - - - nach [*307*]; ——— Erwärmung nach [*308*]; – – – Abkühlung nach [*308*]

Die Untersuchung der $\beta \rightarrow \alpha$-, der $\gamma \rightarrow \beta$- und der direkten $\gamma \rightarrow \alpha$-Umwandlung mit Hilfe der Verfolgung der Volumsänderung abgeschreckter Proben und Darstellung der Ergebnisse durch TTT-Kurven führt, ge-

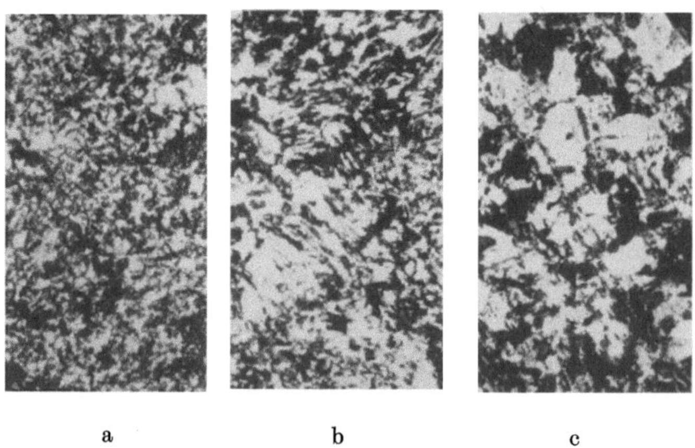

Abb. 284a–c. Abhängigkeit der Korngröße von Plutonium von der Umwandlungstemperatur in die α-Phase; $V \sim 170$ [*315*]. a) – 21 °C; b) 26 °C; c) 73 °C

meinsam mit metallographischer Verfolgung, zu der Auffassung, daß die $\beta \rightarrow \alpha$-Umwandlung auf Keimbildung und Wachstum beruht. Gleiches gilt auch für die $\gamma \rightarrow \beta$- und auch für die $\gamma \rightarrow \alpha$-Umwandlungen. Die schließliche Korngröße hängt von der Umwandlungstemperatur in die α-Phase ab; je niedriger sie liegt, um so feineres Korn entsteht [*313*, *314*, *315*] (Abb. 284).

Die spezifischen Wärmen der einzelnen Modifikationen des Plutoniums unterscheiden sich nur wenig voneinander; sie liegen für α (25 °C) bei 8,0 cal/Mol, für β und ε bei etwa 10 cal/Mol und für γ und δ etwa bei 11,5 cal/Mol [*312*].

Aus Gitterkonstanten erschlossene Werte für die Ausdehnungskoeffizienten der verschiedenen Phasen sind in Tab. 77 enthalten. Mitangegeben

Tabelle 77. *Thermische Ausdehnung von Plutonium*

Modifikation	Temperaturintervall in °C	Ausdehnungskoeffizient in 10^{-6} °C	Literatur
α-Pu	21–104	α_1 ($\perp$ c) = 66 α_2 ($\parallel$ b) = 73 α_3 ($\parallel$ c) = 29 $\bar{\alpha}$ = 56	[*316*]
β-Pu	93–190	α_1 ($\parallel$ [10$\bar{1}$]) = 94 α_2 ($\parallel$ b) = 14 α_3 ($\perp$ [10$\bar{1}$]) = 18 $\bar{\alpha}$ = 42	[*316*]
γ-Pu	210–310	α_a ($\parallel$ a) = − 19,7 α_b ($\parallel$ b) = + 39,5 α_c ($\perp$ c) = + 84,3 $\bar{\alpha}$ = + 35	[*304*]
δ-Pu	320–440	$\alpha = \bar{\alpha}$ = − 8,6	[*305*]
δ'-Pu	450–479 465–485	$\alpha_\parallel$ = − 1064 $\alpha_\perp$ = + 445 $\bar{\alpha}$ = − 58 $\alpha_\parallel$ = − 659 $\alpha_\perp$ = + 305 $\bar{\alpha}$ = − 16	[*316*] [*305*]
ε-Pu	490–550	$\alpha = \bar{\alpha}$ = + 36,5	[*305*]
Schmelze	665	β = 50	[*317*]

ist stets der mittlere lineare Ausdehnungskoeffizient ($\bar{\alpha}$), der sich im Falle der monoklinen und der rhombischen Phase als arithmetrisches Mittel der für die drei aufeinander senkrecht stehenden Richtungen angebenen Ausdehnungskoeffizienten ergibt; für die tetragonale Phase ist bei der Mittelung der Ausdehnungskoeffizient senkrecht zur tetragonalen Achse doppelt zu zählen. Man erkennt eine sehr starke Anisotropie der Ausdehnung der beiden monoklinen Phasen α und β, noch größer ist die Anisotropie in der rhombischen γ-Phase, die parallel der a-Achse eine Kontraktion bei Erwärmung erfährt. Sehr bemerkenswert ist der negative Ausdehnungskoeffizient der kubisch-flächenzentrierten δ-Phase und auch die tetragonale δ'-Phase gibt zufolge des hohen negativen Ausdehnungskoeffizienten parallel zur tetragonalen Achse im Mittel eine Schrumpfung bei Erwärmung.

Um ein Verständnis des negativen Ausdehnungskoeffizienten der kubisch-flächenzentrierten δ-Phase anzubahnen, wurden Vorgänge in den Elektronenhüllen vorgeschlagen, welche eine Abnahme der Elektronenenergie mit steigender Temperatur verursachen könnten. Rein qualitativ wurde angenommen, daß ein kontinuierlicher Übergang von Elektronen von der 6d zur 5f Unterschale eine entsprechende Verringerung der Gitterkonstanten bewirken könne. Weiterhin wurde gezeigt, daß ein kleiner oder sogar negativer Ausdehnungskoeffizient zu erwarten ist, wenn die Fermigrenzenergie einen Wert hat, für den die Dichte der Elektronenzustände sich sehr rasch mit der Energie ändert. Dies ist vor allem dann der Fall, wenn der Anteil der Elektronen an der spezifischen Wärme relativ groß ist, besonders bei starker Überlappung von nicht voll besetzten Energiebändern [*318*]. Eine Folgerung aus diesen Überlegungen ist der Umstand, daß in diesem Fall der Ausdehnungskoeffizient durch geeignete Beimengungen stark beeinflußbar, d.h. strukturempfindlich wäre. Dies konnte auch durch Messungen an δ-Pu mit verschiedenem Aluminiumgehalt bestätigt werden. Die Gitterkonstante von Legierungen mit über 3 At.-% Al steigt im ganzen Temperaturbereich mit zunehmender Temperatur, bei geringen Aluminiumgehalten wechselt der Ausdehnungskoeffizient von positiven Werten bei niedrigen zu negativen bei hohen Temperaturen (Abb. 285) [*243*]. Weiterhin wurde auch versucht, die Tatsache, daß die dichteste Kugelpackung (δ-Pu) nicht die größte Dichte hat, auf mit den Umwandlungen einhergehende Änderungen in der Elektronenkonfiguration zurückzuführen. Nach diesen

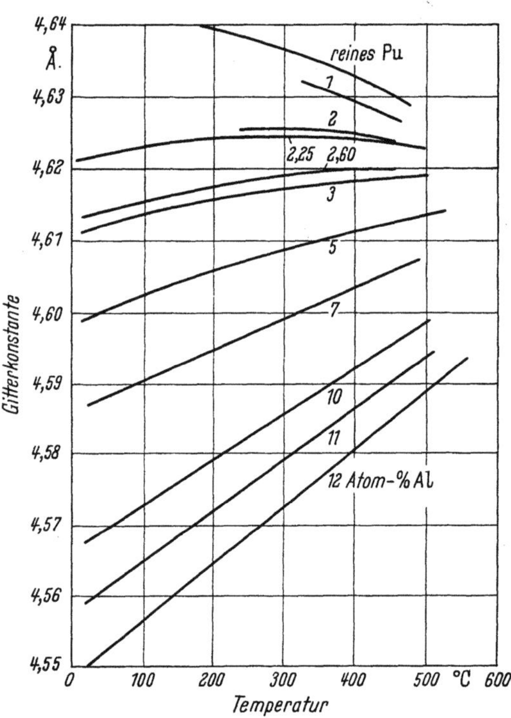

Abb. 285. Temperaturabhängigkeit der Gitterkonstante von δ-Plutonium-Aluminium-Mischkristallen [*319*]

Überlegungen entspricht dem 6d-Elektronenzustand die typische metallische Bindung der Übergangsmetalle mit kleinem Atomvolumen (γ-U, ε-Pu), dem Zwitterzustand des teilweisen Übergangs der Elektronen von 6d zu 5f kovalente Bindungen mit niedriger Gittersymmetrie (α- und β-U, α- und β-Pu) und schließlich dem 5f Elektronenzustand der typische Charakter der seltenen Erden mit ihrem großen Atomvolumen (δ-Pu) [*320, 321*].

Für das elastische Verhalten von α-Pu werden auf Grund von Resonanzversuchen folgende Werte für den Elastizitätsmodul und den Schubmodul angegeben: $E = 9100$ kp/mm², $G = 3800$ kp/mm² [*41*] und $E = 10100$ kp/mm², $G = 4300$ kp/mm² [*322*].

Werte für den spezifischen Widerstand von Plutonium und die zugehörigen Temperaturkoeffizienten sind in Tab. 78 zusammengestellt.

Tabelle 78. *Spezifischer Widerstand von Plutonium* [*299, 300*]

Modifikation	Spez. Widerstand in $\mu\Omega$cm		Temperaturkoeffizient in $10^{-5}/°C$
α-Pu	b. 25 °C	145	− 21
β-Pu	150	108	− 6
γ-Pu	235	107,5	− 5
δ-Pu	370	100	+ 7
δ'-Pu	475	103	+ 45
ε-Pu	510	111	− 7

Die an anderer Stelle erhaltenen Werte stimmen mit den Zahlen der Tabelle gut überein [*323, 324*]. Die Werte liegen sehr hoch, der Widerstand von α-Pu überschreitet den aller als metallische Leiter angesehenen Elemente. Die Temperaturkoeffizienten sind nur in den beiden Phasen δ und δ', die eine anomale thermische Ausdehnung haben, positiv. In den übrigen Phasen liegt ein für Halbleiter typischer negativer Temperaturkoeffizient vor. Bis zu 0,75 °K wird keine Supraleitung beobachtet [*319*].

In Übereinstimmung mit den hohen Werten für den elektrischen Widerstand werden für die thermische Leitfähigkeit außerordentlich niedrige Werte angegeben. Bei der Schwierigkeit der Messung liegen heute erst Ergebnisse für α-Pu vor. Für ein zonengeschmolzenes Material ergibt sich bei 40 °C etwa 0,008 cal/cm sek °C, für 100 °C liegt der Wert bei 0,006cal/cm sek °C [*243*].

Plutonium ist paramagnetisch. Die Werte der Suszeptibilität der einzelnen Phasen sind bereits in Abb. 283 zur Darstellung gebracht worden.

Die aus der Temperaturabhängigkeit der elektromotorischen Kraft von Plutonium-Platin-Thermoelementen bestimmte absolute thermoelektrische Kraft der einzelnen Plutoniummodifikationen zeigt hohe positive Werte für α-Pu ($\sim 14\,\mu$V/°C), die in derselben Größenordnung liegen wie für die drei Uranmodifikationen. Es folgt ein Abfall über β- und

γ-Pu zu etwa 2 μV/°C für δ-Pu und sodann über δ'-Pu ein leichter Wiederanstieg zu ε-Pu ($\sim$ 4 μV/°C). Im Gegensatz zu α-U zeigen alle Phasen des Plutoniums mit steigender Temperatur eine Abnahme der thermoelektrischen Kraft [*319, 325*].

2.4 Verarbeitung und technologische Eigenschaften. Der niedrige Schmelzpunkt von Plutonium, seine Volumsänderungen bei den zahlreichen Phasenumwandlungen, der negative Ausdehnungskoeffizient der δ- und δ'-Phase, die geringe Korrosionsfestigkeit schließen eine Verwendung massiven reinen Metalls als Brennstoffelement aus. Eine solche Verwendung ist nur in Form von Legierungen möglich. Trotz dieser Beschränkung bringen wir nachstehend eine kurze Übersicht über die Verarbeitung und die technologischen Eigenschaften des reinen Metalls, soweit hierüber überhaupt Veröffentlichungen vorliegen.

Nochmals sei darauf hingewiesen, daß bei allen Arbeitsgängen auf zwei wesentliche Eigenschaften des Plutoniums Rücksicht zu nehmen ist, auf seine Giftigkeit und auf seine Kernspaltung. Der Giftigkeit begegnet man durch die Verwendung der abgeschlossenen Boxen. Den durch die Kernspaltung bedingten Gefahren (Ausbildung einer Kettenreaktion) begegnet man durch die Beschränkung auf sehr kleine Materialmengen bei den einzelnen Arbeitsschritten. Es wurde schon früher darauf hingewiesen, daß die kritische Masse des Plutoniums sehr klein ist und daß sie noch durch Änderungen in der Gestalt oder in der Natur der Umgebung beeinflußt wird. So kann es vorkommen, daß eine Plutoniummenge, die in Form massiver Stücke noch völlige Sicherheit bietet, kritisch werden kann, wenn das Metall geschmolzen, oder wenn eine Schmelze in eine Form vergossen wird. Berücksichtigung dieses Umstands nötigt oft zu Verarbeitungsarten, die keineswegs ein Optimum in metallurgischer Hinsicht darstellen.

Plutonium oxydiert an Luft besonders lebhaft bei Gegenwart von Feuchtigkeit. Das gebildete Oxyd haftet nicht an der Oberfläche, es kann leicht von ihr abgeschabt werden; es bildet dann einen sehr gefährlichen Staub. Der Mechanismus der Oxydation, der bei trockener Luft einen parabolischen Verlauf der Gewichtszunahme mit der Zeit aufweist, geht, wenn Wasserdampf zugegen ist, in eine raschere Oxydation mit einer konstanten Geschwindigkeit über. Abb. 286 zeigt entsprechende Kurven für die Korrosion bei 75 °C in getrockneter Luft und in Luft mit 50% Feuchtigkeit.

Das Schmelzen und Gießen erfolgt in widerstandsbeheizten Vakuumöfen. Die hohe chemische Aktivität von Plutoniumschmelzen nötigte zu Entwicklungsarbeiten hinsichtlich des Tiegelmaterials, durch die festgestellt wurde, daß eine Plutoniumschmelze nur sehr wenig Tantal auflöst. Ein speziell entwickeltes Tiefziehverfahren führte zu brauchbarer Tiegelherstellung aus diesem Metall [*324*]. Graphitformen mit einer Auskleidung von Magnesiumoxyd werden als brauchbare Gußformen genannt [326]. Durch die Abkühlung auf Raumtemperatur tritt eine beträchtliche Schrumpfung der Gußstücke ein.

Die in speziell entwickelten Geräten in abgeschlossenen Handschuhboxen geprüfte spanlose Verformbarkeit von Plutonium ergab auf Grund von Schmiedeversuchen, daß α-Pu offenbar keine Duktilität aufweist; typischer Sprödbruch wurde beobachtet. Strangpressen von Plutonium kann durchgeführt werden und erbrachte Drähte von etwa 25 cm Länge. Angaben über die Preßtemperatur liegen nicht vor [324]. Auch Drahtzug und Blechwalzen ist möglich, ebenso spanabhebende Verarbeitung mit üblichen Werkzeugen [300].

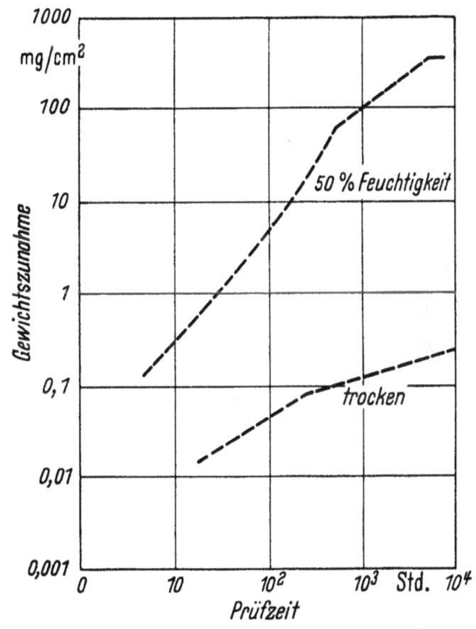

Abb. 286. Oxydation von Plutonium in Luft von 75 °C [270]

Eine Übersicht über technologische Kennwerte des Plutoniums bringt Tab. 79. Sie enthält die Ergebnisse von Versuchen mit Gußstäben. Die einen waren nach dem Guß bei − 23 °C gehalten worden, um möglichst vollständige Umwandlung in den α-Zustand zu verbürgen, die anderen waren zunächst im Bereich der δ-Phase in Argonatmosphäre 30 bis 90 Minuten lang angelassen, rasch auf Raumtemperatur abgekühlt und anschließend auch der Lagerung bei −23 °C unterworfen worden. Das

Tabelle 79. *Technologische Eigenschaften von α-Plutonium-Gußstäben* [326]

Streckgrenze (0,02%) in 10^3 kp/mm²	Zugfestigkeit in 10^3 kp/mm²	Vickershärte
b. − 23 °C gelagert; Summe der Beimengungen 975 ppm		
27,5	44,0	262
δ-geglüht u. b. − 23 °C gelagert; 1091 ppm		
27,1	42,7	259

Abdrehen der Proben auf Zerreißstabform erfolgte im Anschluß an diese thermische Behandlung. Die Tabelle enthält Mittelwerte für eine auf 0,02% bleibende Dehnung bezügliche Streckgrenze und für die Zugfestigkeit. Ferner ist auch die Pyramidenhärte und die Summe der Beimengungen mitangegeben. Unter diesen stellen Eisen, Nickel und Kohlenstoff die höchsten Beiträge. Die außerordentliche Sprödigkeit des gegossenen α-Plutoniums wird außer durch die hohe Lage der 0,02%-Grenze relativ zur Zugfestigkeit und durch die erhaltenen niedrigen Bruchdehnungswerte gekennzeichnet, die etwa 0,15% betrugen. Auch das Bruchaussehen entsprach einem Sprödbruch. Anlaßbehandlung im δ-Gebiet änderte die technologischen Festigkeitswerte nicht [*326*].

Thermische Wechselbeanspruchung würde unter den Betriebsbedingungen eines Reaktors stets Phasenumwandlung bei Plutonium bedingen, d.h. zu erheblichen Gestaltsänderungen führen. Zwei Versuchsreihen über das Verhalten des Plutoniums bei zyklischer thermischer Beanspruchung führten zu der Auffassung, daß wesentlich mitverantwortlich für das beobachtete Verhalten die Ausbildung von Mikroporen ist, welche bei der Abkühlung der Gußstäbe vornehmlich durch die Umwandlung von der γ- in die β-Phase gebildet werden. Bei der Wiedererhitzung sollen diese Mikroporen durch die $\gamma \rightarrow \delta$-Umwandlung weiter vergrößert werden. Die anschließende Umwandlung in δ' und ε soll dagegen eine Beseitigung dieser Poren begünstigen, besonders auch durch ein Fritten bei diesen relativ hohen Temperaturen. Dieses Schließen der Poren liefert möglicherweise auch einen Beitrag zur Kontraktion der δ-Phase bei Erhitzung [*298*]. Ein Beispiel für das Auftreten von Poren bringt Abb. 287, die ein Schliffbild einer Probe zeigt, die wiederholt im Bereich der $\alpha \rightleftarrows \beta \rightleftarrows \gamma$-Phasenumwandlungen thermisch wechselbeansprucht worden war. Vor der thermischen Beanspruchung waren keine Hohlräume beobachtbar.

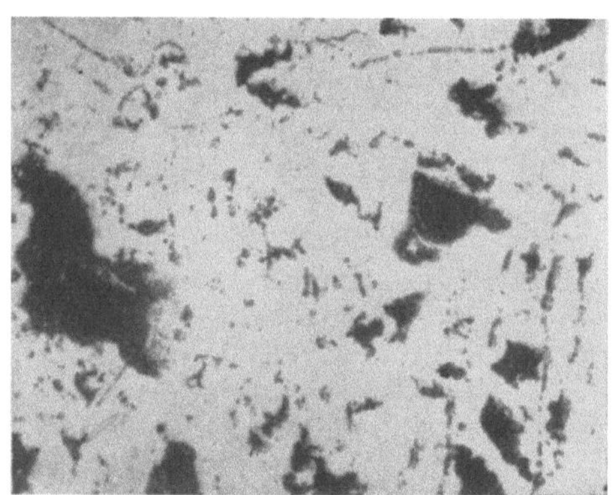

Abb. 287. Porenbildung bei thermischer Wechselbeanspruchung von Plutonium im α-β-γ-Bereich; $V \sim 85$ [*315*]

2.5 Aufbau von Legierungen und keramischen Systemen. Vor der Erörterung der Zustandsdiagramme des Plutoniums seien einige Bemerkungen über die metallographische Untersuchung von Plutonium und seinen Legierungen vorausgeschickt. Die Vorschrift, daß jegliche Arbeiten mit diesen Materialien in geschlossenen Boxen zu erfolgen hat, kann für die metallographischen Untersuchungen gemildert werden. Im allgemeinen werden die zu untersuchenden Proben in Kunstharze eingebettet, in einer Box durchschnitten und zumeist von der Rückseite her angebohrt, um einen elektrischen Kontakt für die fast stets verwendete elektrolytische

Ätzung zu erhalten. Anschließend wird in einer weiteren Box das Schleifen mit üblichen Papieren durchgeführt, es folgt das Rohpolieren auf einem Billardtuch mit Tonerde und schließlich Feinpolieren. Tetrachlorkohlenstoff wird bei all diesen Verrichtungen als Schmiermittel benutzt. Er ist relativ inert gegenüber Plutonium, leicht ohne Rückstand verdampfbar und nicht entflammbar. Besondere Schwierigkeiten entstehen bei diesen Verfahren nicht, es soll nur rasch poliert und so rasch wie möglich anschließend die Ätzung vorgenommen werden. Das Ätzen kann in offenen Boxen erfolgen, wenn nur häufige Säuberung erfolgt und äußerste Vorsicht geübt wird, daß Gegenstände, die in den geschlossenen verwendet werden, mit Dingen der offenen Boxen nicht in Berührung kommen.

Befriedigende chemische Ätzmittel für Plutonium und plutoniumreiche Phasen sind bisher nicht gefunden. Das Ätzen erfolgt daher elektrolytisch in Lösungen auf Basis von Tetra- oder Orthophosphorsäure. Diese Lösungen haben im allgemeinen einen hohen Widerstand, so daß keine Schwierigkeiten durch Erhitzung entstehen. Die Ätzung wird in kleinen Glasgefäßen vorgenommen unter nur geringfügigem Verbrauch von Elektrolyt. Als Kathode wird rostfreier Stahl benutzt und auch der Anschluß der durchgebohrten Probe besteht aus diesem Material. Es wird hervorgehoben, daß für jede Probe die optimalen Bedingungen neu zu ermitteln sind. Als Anhaltspunkte für den Elektrolyten seien folgende Zusammensetzungen genannt: 3 Volumsteile Tetraphosphorsäure, 3 Teile Glyzerin und 94 Teile Wasser; 7 Teile Tetraphosphorsäure, 57 Teile 2-ätoxy-Äthanol, 36 Teile Wasser; 12 Teile Tetraphosphorsäure, 55 Teile ätoxy-Äthanol, 33 Teile Wasser; auch der für die elektrolytische Ätzung von Uran viel benutzte Elektrolyt, 8 Teile Orthophosphorsäure, 5 Teile Glyzerin und 5 Teile Äthanol arbeitet für Plutonium gut. Die Ätzzeit ist in allen Fällen kurz (10 bis 45 Sekunden.) Plutonium wird durch das Ätzen relativ passiv gegen Wasser, kann also anschließend an die Ätzung mit destilliertem Wasser abgespült und mit Warmluft getrocknet werden.

Die geätzten Proben können fast in gleicher Weise wie andere Proben metallographisch geprüft werden, sie sind frei von locker haftenden Partikeln und sind mit Zangen auf das Prüfinstrument zu bringen. Die Untersuchungszeit wird so kurz wie möglich bemessen, um die Bildung lokaler Oxydschichten zu vermeiden.

Neuerdings wird das Ätzen durch Ionenbombardement erprobt. Hingewiesen sei schließlich darauf, daß mit Rücksicht auf die starke α-Aktivität des Plutoniums das Verfahren der Autoradiographie mit Erfolg zur Untersuchung der Verteilung plutoniumreicher Phasen in Legierungen anwendbar ist [*327*].

Mischkristallbildung in der α-, β- und γ-Phase des Plutoniums ist mit Rücksicht auf die niedrigsymmetrische Gitterform, ebenso wie bei α-Uran, nur in sehr beschränktem Maß zu erwarten. In den beiden kubischen Phasen δ und ε sind hingegen breitere Mischkristallgebiete möglich. Lückenlose Mischung wird im Uran-Plutonium-System zwischen γ-U und ε-Pu und im Plutonium-Zirkonium-System zwischen ε-Pu und β-Zr beobachtet.

Die Gliederung dieses kurzen Überblicks über die binären Systeme des Plutoniums erfolgt auf Grund der Anforderungen, welche von Seiten der Reaktortechnologie an die Plutonium-Legierungen gestellt werden.

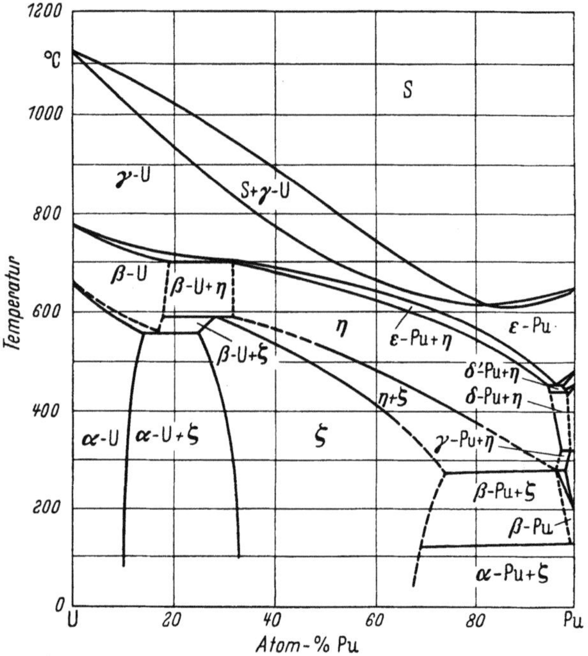

Abb. 288. Binäres Diagramm: Plutonium-Uran [*328*]

Für den „schnellen Reaktor" sind Uran-Plutonium-Legierungen mit 10 bis 30 Gew.-% Pu von großem Interesse. Gleiches gilt für thoriumreiche Plutonium-Thorium-Legierungen.

Für das System Plutonium-Uran bringen wir zwei veröffentlichte vollständige Diagramme (Abb. 288 u. 289). Einheitlichkeit besteht hinsichtlich der lückenlosen Hochtemperatur-Mischkristallreihe γ-Uran und ε-Plutonium und hinsichtlich des Minimums der Liquiduslinie. Im übrigen weichen aber die Phasengrenzen in einzelnen Bereichen recht erheblich voneinander ab. Die Löslichkeiten von Plutonium in α-Uran und insbesonders in β-Uran werden in [*329*] erheblich höher gefunden als in [*328*]. Auch auf der Plutoniumseite werden in [*329*] höhere Mischkristallkonzentrationen angegeben. Zwei Zwischenphasen mit breitem Homogenitätsbereich (η bzw. x' und ζ bzw. β'), von denen die erste nur bei hohen Temperaturen stabil ist, treten im System auf. Für die Hochtemperaturphase wird in [*328*] versuchsweise für eine Legierung mit 25 At.-% U (~ 25 Gew.-%), abgeschreckt von 500 °C, ein tetragonaler Elementarkörper mit $a = 10{,}57$ und $c = 10{,}76$ Å und 52 Atomen in der Zelle angegeben. Für die ζ- bzw. β'-Phase wird eine pseudo-kubische Zelle mit etwa 58 Atomen gefunden, deren Gitterkonstante im Bereich von 35 bis 70 At.-% U von 10,692 auf 10,651 Å abnimmt. Röntgenaufnahmen bei höheren Temperaturen ergaben eine anisotrope Ausdehnung in dem Sinn, daß die Symmetrie tetragonal wird. In [*329*] wird für eine Legierung mit 20 At.-% U ein tetragonales Gitter mit $a = 10{,}73$ und $c = 10{,}44$ Å angegeben mit 56 Atomen in der Elementarzelle. Bemerkt sei noch, daß in einer 85 At.-% U enthaltenden Legierung nach Abschrecken aus dem β-Zustandsfeld die β-Phase bei Raumtemperatur stabilisiert werden kann, bei Abschrecken aus dem ε-(γ-)Feld dagegen Umwandlung in den α-Mischkristall erfolgt.

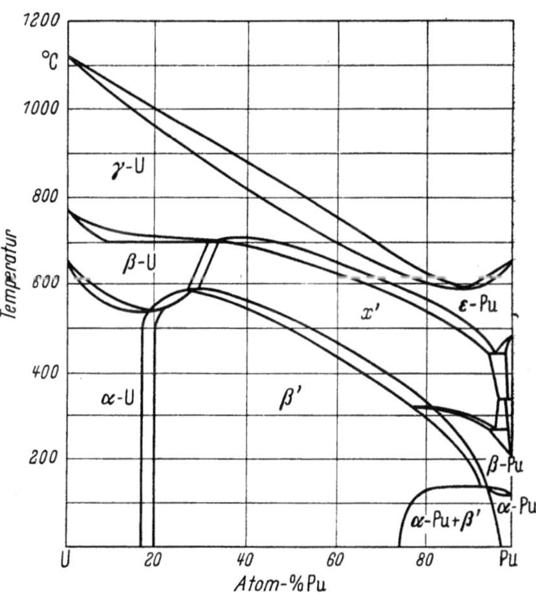

Abb. 289. Binäres Diagramm: Plutonium-Uran [*329*]

Das binäre Diagramm Plutonium-Thorium ist in Abb. 290 wiedergegeben. Es entstammt den Untersuchungen, die Konobeevsky mit einer Reihe von Mitarbeitern mit sehr kleinen Materialmengen (in einigen Fällen 10 μg und niemals über einige hundert mg) durchgeführt hat [*307*, *329*]. Im System wird nur eine intermetallische Verbindung beobachtet, Pu_2Th, die durch eine peritektische Reaktion bei 610 °C entsteht. In [*298*] wird versuchsweise für diese Phase eine rhombische Elementarzelle mit $a = 9{,}820$ Å, $b = 8{,}164$ Å und $c = 6{,}681$ Å angegeben. Aus der gemessenen Dichte von 14,0 g/cm³ würde sich eine Zahl von 6 Pu_2Th-Molekeln in der Elementarzelle ergeben. Feste Lösungen auf der Plutoniumseite werden im Bereich der δ- und ε-Phase gebildet, die Grenzlöslichkeiten betragen 3,3 und 5,6 At.-% Th (etwa 3,3 und 5,6 Gew.-%). Auf der Thoriumseite werden sowohl vom β- als auch vom

α-Th aus erhebliche Löslichkeiten beobachtet, die maximal bis über 30 At.-% Pu reichen. Bei etwa 600 °C erfährt der β-Thorium-Mischkristall einen eutektischen Zerfall gemäß β-Th $\rightarrow$ Pu_2Th + α-Th.

Plutonium als Legierungsmetall findet weiterhin Verwendung in Brennstoffelementen auf Aluminiumbasis. Das Diagramm Plutonium-Aluminium ist in Abb. 291 wiedergegeben. Fünf verschiedene Verbindungen, Pu_3Al (tetragonal,) PuAl (komplex kubisch), $PuAl_2$ (kubisch-flächenzentriert), $PuAl_3$ (hexagonal) und $PuAl_4$ (rhombisch) treten auf. Angaben über Gitterkonstanten finden sich in [*329*, *330*]. Legierungen aus dem Gebiet der δ-Phase können leicht bei Raumtemperatur stabilisiert werden. Bei 175 °C zerfällt diese Phase eutektoid in β-Pu und Pu_3Al. Bei Raumtemperatur ist bis zu Aluminiumgehalten von 25 At.-% (3,6 Gew.-%) das Zweiphasengebiet α-Pu + Pu_3Al stabil. Die Aluminiumseite des Diagramms ähnelt außerordentlich der Aluminiumseite des Uran-Aluminium-Diagramms (vgl. Abb. 250, S. 302). Im übrigen bilden auch die weiteren Elemente der dritten Gruppe des Periodensystems, Indium und Thallium, deren Atomradius den des Aluminiums übersteigt, mit Plutonium Verbindungen der Zusammensetzung $PuIn_3$, Pu_3In und $PuTl_3$, Pu_3Tl [*329*].

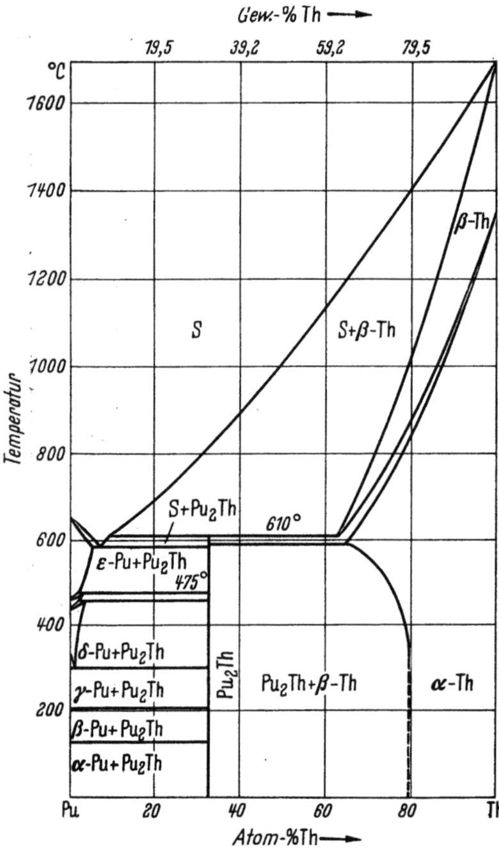

Abb. 290. Binäres Diagramm: Plutonium-Thorium [*307*, *329*]

Abb. 292 bringt das binäre Diagramm Plutonium-Zirkonium. Zwei intermediäre Phasen mit relativ breitem Homogenitätsbereich treten auf, die rhombisch kristallisierende Verbindung Pu_6Zr, die von 12,1 bis 20,6 At.-% Zr (5 bis 9 Gew.-%) stabil ist, allerdings durch Abschrecken von Legierungen aus der δ-Phase unterdrückt werden kann und die hexagonal kristallisierende Phase $PuZr_2$. Die lückenlose Mischkristallbildung zwischen ε-Pu und β-Zr ist bereits oben erwähnt worden. Auch δ-Pu vermag hohe Anteile von Zirkonium in fester Lösung aufzunehmen. β-Pu löst etwa 6,3 At.-% Zr (2,5 Gew.-%) und kann ebenso wie die δ-Phase durch Abschrecken auf Raumtemperatur unterkühlt werden. In α-Zr ist Plutonium bis zu etwa 14 At.-% (∼ 30 Gew.-%) löslich [*329*,

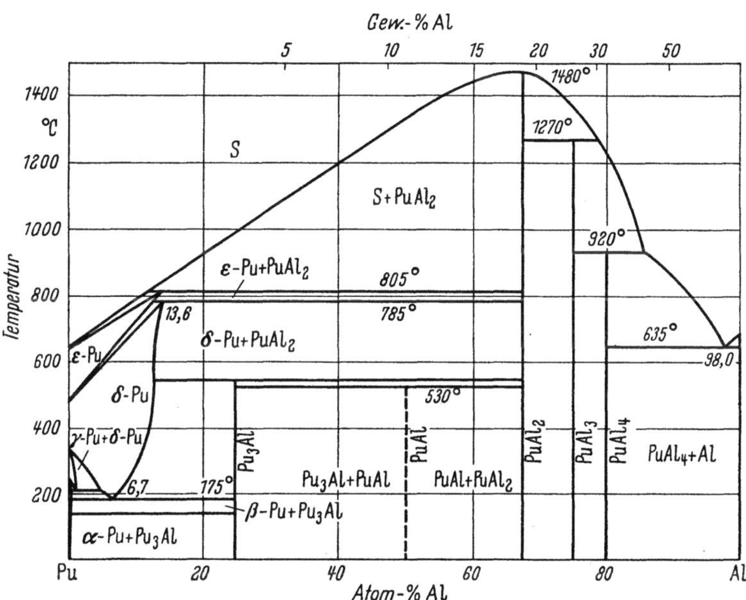

Abb. 291. Binäres Diagramm: Plutonium-Aluminium [*329*]

331, *243*]. Ebenso wie mit Zirkonium bildet Plutonium auch mit den Übergangsmetallen Titan und Hafnium feste Lösungen, ausgehend von δ- und ε-Pu.

Besondere Bedeutung für ihre Verwendung als schmelzflüssige Brennstoffe haben niedrig schmelzende binäre Eutektika des Plutoniums. Tab. 80 enthält Angaben über Zusammensetzung und Schmelzpunkt derartiger Eutektika. In den entsprechenden Zustandsdiagrammen treten eine Reihe intermetallischer Verbindungen auf. Als Beispiel bringen wir nur das Diagramm Plutonium-Eisen (Abb. 293), in dem die raumzentriert-tetragonale Pu_6Fe-Phase und die kubische $PuFe_2$-Phase auftreten.

Keine Verbindungen scheinen in den Systemen Plutonium-Chrom, Plutonium-Molybdän, Plutonium-Niob, Plutonium-Tantal, Plutonium-Wolfram und Plutonium-Vanadium vorzuliegen. Die Neigung der Liquiduskurve auf der Plutoniumseite wird um so steiler, die Zusammensetzung des Eutektikums rückt um so näher an das reine Plutonium, je höher die Atomnummer des Legierungspartners ist. Die jeweiligen eutektischen Temperaturen unterschreiten den Plutoniumschmelzpunkt nur unwesentlich.

Mit Alkalimetallen reagiert Plutonium im festen Zustand nicht. Die spärlichen Angaben zeigen, daß Plutonium und Lithium sowohl im flüs-

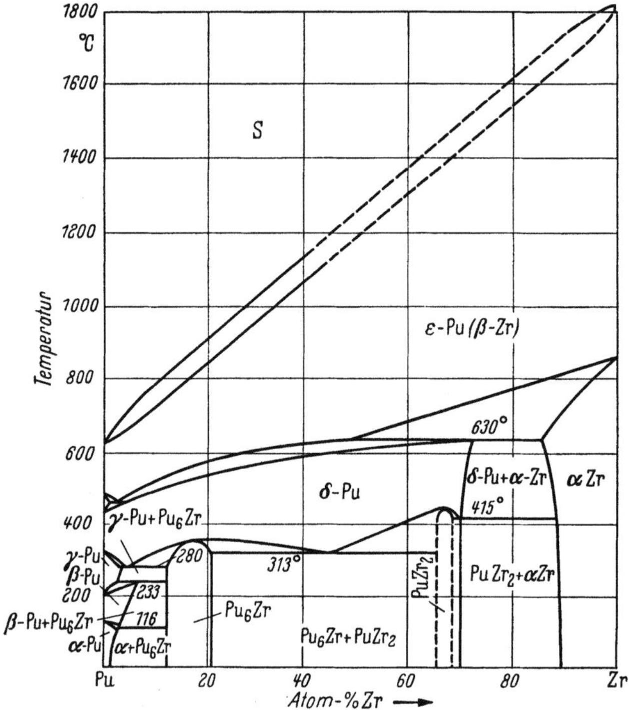

Abb. 292. Binäres Diagramm: Plutonium-Zirkonium [329]

Tabelle 80. *Niedrig schmelzende binäre Plutonium-Eutektika*

System	Eutektikum			Literatur
	Temp. in °C	Plutoniumgehalt in At.-%	Plutoniumgehalt in Gew.-%	
Pu-Co	410	87,5	96,6	[330]
Pu-Fe	411 411	90,0 90,5	97,5 97,6	[307] [330]
Pu-Ni	475 465	85,5 87,5	96,0 95,7	[307] [330]
Pu-Os	495	89,0	91,0	[307]
Pu-Mn	510 525	90,7 90,0	97,7 97,5	[307] [330]
Pu-Mg	552	15,0	63,8	[330]

sigen als auch im festen Zustand völlig unmischbar sind. Gleiches gilt im übrigen auch für das System Plutonium-Kalzium [*330*].

Schließlich sei noch das System Plutonium-Beryllium erwähnt. Es ist ein eutektisches System mit einer hochschmelzenden Verbindung $PuBe_{13}$, die isomorph mit UBe_{13} und $ThBe_{13}$ im kubisch-flächenzentrierten Gittertyp des $NaZn_{13}$ kristallisiert. Durch den (α,n)-Prozeß am

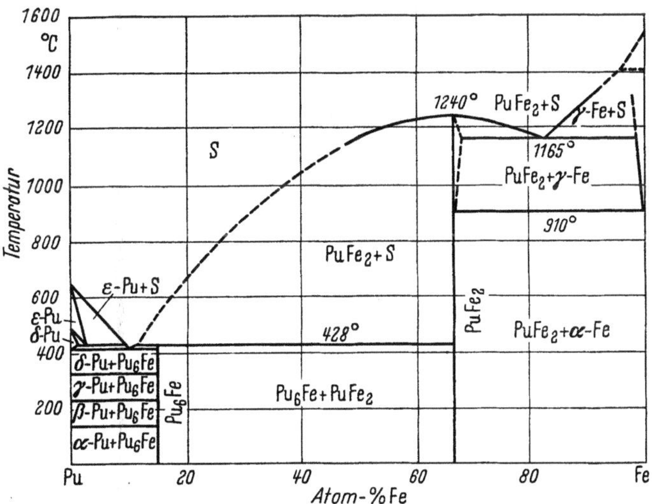

Abb. 293. Binäres Diagramm: Plutonium-Eisen [*243, 332*]

Beryllium stellt die Verbindung $PuBe_{13}$ eine Neutronenquelle dar, die zwar in ihrer Ausbeute schwächer ist als die übliche Radium-Beryllium-Quelle, die sich aber durch eine besondere Reproduzierbarkeit und Konstanz auszeichnet.

Das ternäre System Plutonium-Molybdän-Uran ist in [*243, 333*] kurz beschrieben. Die Tatsache, daß Molybdän weitgehend in γ-U löslich ist und dieses mit ε-Pu eine lückenlose Mischkristallreihe bildet, schafft die Möglichkeit, ternäre Legierungen herzustellen, die in weitem Temperaturbereich in der kubisch-raumzentrierten γ-Phase kristallisieren und Plutonium bis zu 30 At.-% neben 20 bis 30 At.-% Molybdän enthalten. Genaue Angaben über die Ausdehnung dieses γ-Feldes bei verschiedenen Temperaturen werden gemacht; die Natur der Phasen in den angrenzenden Zustandsfeldern wird gemeinsam mit den Temperaturen der Solidus- und Liquiduslinien U-reicher Legierungen untersucht. Ein räumliches Modell für das ternäre System Uran-Plutonium-Eisen ist in [*307*] dargestellt.

Im System Plutonium-Sauerstoff treten mehrere Oxyde auf: das kubisch im NaCl-Gitter kristallisierende PuO, Pu_2O_3, das in einer hexagonalen und in einer kubischen Modifikation auftritt und das Plutoniumdioxyd, PuO_2, das im kubischen Flußspattyp kristallisiert. Der Schmelzpunkt des PuO_2 liegt um 2240 °C; das Dioxyd verliert allerdings vor dem Schmelzen Sauerstoff, so daß eigentlich der Schmelzpunkt für ein Zweiphasengemisch aus PuO_2 und kubischem Pu_2O_3 bestimmt wird [*334*]. Da PuO_2 isomorph und mit sehr ähnlichen Gitterabmessungen wie UO_2 und ThO_2 kristallisiert, besteht zwischen diesen drei Oxyden lückenlose Mischkristallbildung [*335*].

Im Plutonium-Kohlenstoff-System bestehen die beiden Karbide PuC (kubisch NaCl-Typ) und Pu_2C_3 (kubisch-raumzentriert).

2.6 Eigenschaften von Legierungen und keramischen Stoffen. Über die physikalischen und technologischen Eigenschaften plutoniumhaltiger

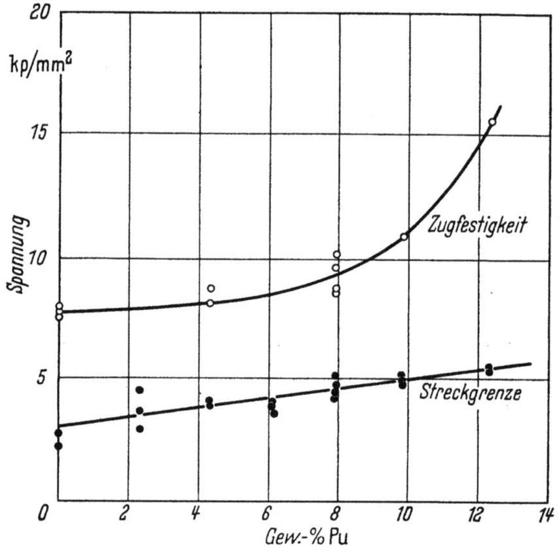

Abb. 294. Festigkeitswerte von Aluminium-Plutonium-Legierungen [*326*]

Legierungen liegen nur sehr spärliche Angaben vor; die meisten von ihnen betreffen die Strahlenfestigkeit der Werkstoffe.

In hoch plutoniumhaltigen Plutonium-Aluminium-Legierungen mit bis zu 10 At.-% (1,24 Gew.-%) Al, die in der δ-Phase vorliegen, wurde ein Anstieg des spezifischen Widerstands mit zunehmendem Aluminiumgehalt beobachtet. Der Anstieg beträgt bei 600 °K bis etwa über 20%. Mit fallender Temperatur steigt zunächst der Widerstand an, zwischen 100 und 150 °K tritt ein Maximum auf [*319*].

Auf Festigkeitseigenschaften von Gußstäben aluminiumreicher Plutonium-Aluminium-Legierungen bezieht sich Abb. 294, welche die Härtung des Aluminiums durch Plutoniumzugaben veranschaulicht. Die recht streuenden Dehnungswerte sind nicht miteingezeichnet, sie lagen im Bereich von 3 bis 12% [*326*].

Ein auffälliges Verhalten zeigen bei 300 °C kaltgewalzte Stäbe aus einer Uran-Plutonium-Legierung (1% Pu). Während analoge Proben aus reinem Uran bei Erwärmung ab 180 °C eine Verkürzung aufweisen, die durch den negativen Ausdehnungskoeffizienten parallel der b-Achse bedingt ist (vgl. Abb. 154, S. 202), verlängern sich die Legierungsstäbe bis zu Temperaturen von 600 °C. Eine Aufklärung dieses Unterschiedes konnte bisher nicht gegeben werden, da die Verformungstextur sich in beiden Fällen als wesentlich gleich erwiesen hat [*77*]. Bei Plutoniumgehalten über etwa 10 Gew.-% (Grenze der festen Löslichkeit in α-U bei Raumtemperatur) tritt in Plutonium-Uran-Legierungen die spröde ζ-Phase auf (vgl. Abb. 288). Durch Zugabe von Molybdän wird die Ausbildung der ζ-Phase unterdrückt und die kubisch-raumzentrierte γ-Phase stabilisiert; hierdurch kann eine erhebliche Verbesserung technologischer Festigkeitseigenschaften erwartet werden.

Zur Beurteilung der Strahlenfestigkeit plutoniumhaltiger Legierungen sind in Tab. 81 Versuchsergebnisse zusammengestellt, die sich auf Ab-

Tabelle 81. *Zur Strahlenfestigkeit plutoniumhaltiger Legierungen* [*336, 337*]

Legierung (At.-%)	Bestrahl.-Temperatur in °C	Abbrand in %	Volumszunahme in %	Aufblähungsfaktor
Uran unlegiert	500	0,26	10,2	39
	700	0,27	11,5	43
U + 7,5% Pu	500	0,33	5,8	18
	700	0,32	9,7	30
U + 10% Pu	400	0,29	18,3	53
	700	0,29	25,4	70
U + 28% Mo	500	0,50	3,5	7
	700	0,47	1,6	3,4
U + 28% Mo + 6,5% Pu	500	0,22	12,7	58
	700	0,22	3,3	15
U + 28% Mo + 18% Pu	500	0,44	99	225
	700	0,42	113	269
Th + 47% U	500	0,62	9,2	14,8
Th + 15% Pu	500	0,54	14,0	26
Zr + 20% U	500	0,20	1,8	9
Zr + 40% Pu	500	0,83	5,4	6,5

brände zwischen 0,20 und 0,83% und Bestrahlungstemperaturen von 400 bis 700 °C beziehen. Angegeben ist die Volumsvergrößerung durch Aufblähung und ein „Aufblähungsfaktor", der analog dem Wachstumsfaktor als Quotient der prozentualen Volumszunahme und des prozentualen Abbrands gebildet ist. Mitaufgenommen in die Tabelle sind zum Vergleich Werte für unlegiertes Uran und einige binäre Legierungen des Urans. Bei 500 °C liegt die 7,5% Pu enthaltende Uranlegierung im rhombischen α-Urangitter, bei 700 °C im tetragonalen β-Urangitter vor. Die schlechteren mechanischen Eigenschaften dieser spröden Kristallart können wohl als Ursache für das schlechtere Verhalten bei 700 °C angesehen werden. Von den ternären Uran-Molybdän-Plutonium-Legierungen verhält sich die mit 6,5 At.-% Pu bei 700 °C bestrahlte gut, während die bei 500 °C bestrahlte stark rissig geworden ist und einen hohen Aufblähungsfaktor aufweist. Gemäß ihrer Zusammensetzung ist die Legierung bei beiden Temperaturen einphasig. Das günstigere Verhalten bei der höheren Bestrahlungstemperatur dürfte durch eine erhöhte Duktilität bedingt sein. Bei 18% Pu wird in beiden Fällen schlechte Strahlenfestigkeit beobachtet, was mit Ausscheidungen in Verbindung gebracht wird. Bei 500 °C besteht die Legierung aus drei Phasen, bei 700 °C sollte sie zwar einphasig in der γ-Phase vorliegen, aber nur geringe Entmischung führt zum Auftreten von freiem Molybdän. Gutes Verhalten zeigen die geprüften Thorium-Uran- und Thorium-Plutonium-Legierungen. Auch die Verdünnung von Plutonium und Uran mit Zirkonium führt zu sehr strahlenfesten Legierungen, wofür zweifellos der einphasige, kubisch-flächenzentrierte Gefügestand verantwortlich ist [*337*, *338*].

Über die Strahlenfestigkeit von Uran-Plutonium-Molybdän-Legierungen (20% Gew.-% Pu, 5 Gew.-% Mo) bei den tieferen Bestrahlungstemperaturen des Bereichs von 180 bis 340 °C wird in [*339*] berichtet. Der Abbrand variiert bei diesen Versuchen zwischen 0,15 und 0,43%. Vorläufige Ergebnisse zeigen, daß die untersuchten Gußproben gute Beständigkeit der Abmessungen aufweisen und daß auch die Oberfläche nur geringfügige Veränderungen durch die Bestrahlung erleidet. Der Wachstumskoeffizient ergab sich im Mittel zu 3,2 [*186*].

Die zu erwartende gute Strahlenfestigkeit bei Vorliegen nur geringer Plutoniumgehalte wurde für Aluminium-Plutonium-Legierungen mit 1,64 Gew.-% Pu (~ 0,19 At.-%) und für eutektische Aluminium-Silizium-Legierungen mit 1,61 Gew.-% Pu (~ 0,19 At.-%) experimentell bestätigt. Bestrahlung entsprechend gekapselter Proben bei 45 °C mit Abbränden bis zu 60% der Plutoniumatome ergab keinerlei Dimensionsänderungen oder Zerstörungserscheinungen der Proben. Auch Aluminium-Plutonium-Legierungen bis zu 20 Gew.-% Pu scheinen völlig ausreichende Strahlenfestigkeit aufzuweisen [*340*].

Sehr gute Strahlenfestigkeit weisen auch Uran-Plutonium-Fissium-Legierungen auf. Zwei verschiedene Proben (20 Gew.-% Pu + 5,4% Fissium und 20% Pu + 10,8% Fissium) wurden im Gußzustand bestrahlt. Nicht nur lag der Wachstumskoeffizient sehr niedrig (1,8), sondern auch die Oberfläche der Proben blieb weitgehend ungestört [*339*, *186*]. Auch gegenüber thermischer Wechselbeanspruchung zeigen derartige Legierungen sowohl im Gußzustand als auch nach Verformung günstiges Verhalten. 200 Wärmezyklen zwischen 25 und 500 °C veränderten die Versuchsproben praktisch nicht. Im Gegensatz dazu weisen binäre Uran-Plutonium-Legierungen durch dieselbe Wärmebehandlung starke Rißbildung und Zerstückelung auf [*336*].

Versuche über die Oxydationsbeständigkeit plutoniumhaltiger Legierungen wurden in trockener Luft mit Hilfe von Thermowaagen ausgeführt. Bei 450 °C haben sich Thorium mit 15 At.-% Pu und Eisen mit 5 At.-% Pu als besonders günstig erwiesen. Es scheint, daß bei Temperaturen unter 500 °C auch Plutonium-Zirkonium-Legierungen und Eisen mit 25 At.-% Pu brauchbares Verhalten aufweisen. Thorium mit 30 At.-% Pu und Uran-Plutonium-Molybdän-Legierungen, bei denen unter Umständen lebhafte Selbsterwärmung infolge der Oxydation eintritt, scheiden dagegen aus [*333*].

In [*270*] wird über vergleichende Untersuchungen des Korrosionsverhaltens von Plutonium-Legierungen und reinem Plutonium gegenüber Luft verschiedenen Feuchtigkeitsgehalts berichtet. Es ergibt sich dabei, daß durch Zirkonium- und Aluminiumzugaben erhebliche Verbesserungen erzielt werden können, die mit zunehmender Beanspruchungsdauer stark ansteigen. Tab. 82 bringt den „Schutzfaktor“ – Quotient aus Gewichtszunahme von reinem Plutonium durch Gewichtszunahme der Legierung – für drei verschiedene Plutoniumlegierungen bei einer Versuchstemperatur von 35 °C und 20% relativer Feuchtigkeit.

Tabelle 82. *Schutzfaktor von Plutoniumlegierungen gegen Angriff von Luft von 35 °C und 20% Feuchtigkeit* [*270*]

Zusammensetzung	Schutzfaktor nach 900 Stunden	4300 Stunden	8730 Stunden
Pu	1,0	1,0	1,0
Pu + 7,5 At.-% Zr	22	152	226
Pu + 10,0 At.-% Zr	22	133	197
Pu + 8,0 At.-% Al	19	42,5	51

Etwas weniger günstig wirkt ein Zirkoniumgehalt von 7,5% bei 75 °C und 50% Feuchtigkeit. Hier nimmt der Schutzfaktor von 33 bei 250- auf 8 bei 9000stündiger Beanspruchung ab. Der Angriff trockener Luft von 75 °C (vgl. Abb. 286) wird durch einen Zirkoniumgehalt von 7,5% nicht verringert. Gewisse Verbesserungen gegenüber dem Angriff feuchter Luft werden auch durch kleine Zugaben von Aluminium (~ 3,5 At.-%) und Thorium erzielt.

Bei Erörterung des ternären Systems Uran-Plutonium-Molybdän ist auf die in weitem Temperaturbereich vorliegende Einphasigkeit der Legierungen hingewiesen worden; es ist zu vermuten, daß mit der Einphasigkeit auch ein günstiges Korrosionsverhalten verbunden ist [*270*].

Zum Abschluß seien noch einige Angaben über Eigenschaften von Plutoniumdioxyd, PuO_2, und von Cermets gemacht. Für den Ausdehnungskoeffizienten des PuO_2 folgt auf Grund von Röntgenmessungen ein Wert von $9,0 \cdot 10^{-6}/°C$ für den Temperaturbereich von Raumtemperatur bis 500 °C. Chemisch ist PuO_2 in den meisten Lösungsmitteln nur schwer löslich. Das beste Lösungsmittel ist 85 bis 100%ige Phosphorsäure bei 200 °C, als nächstes folgt ein Gemisch aus 10 Mol HNO_3, 0,05 Mol HF und 5 bis 6 Mol HJ; dieses wird bei der Aufarbeitung von Plutonium bevorzugt [*334*].

Für das Verhalten bei der Sinterung der PuO_2-Pulver ist wie stets die Art der Herstellung, die spezifische Oberfläche der Pulver, die Temperatur und das Schutzgas von Einfluß. Um mit der Dichte auf Werte von über 90% der theoretischen zu kommen, müssen Temperaturen um 1500 °C angewendet oder Zuschläge in geringen Mengen gegeben werden, im allgemeinen Oxyde oder Fluoride. Bei Pulvergemischen aus 80% UO_2 und 20% PuO_2, die unter einem Druck von 25 bis 30 kp/mm² zu Pastillen verpreßt worden waren, ergaben sich bei einer Sinterung in Wasserstoff bei einer Temperatur von 1200 °C Dichten von 84% der theoretischen, bei 1500 °C 95% und bei 1600 °C 90%. Die Sinterzeiten betrugen etwa 3 bis 5 Stunden [*341*].

In [*342*] wird ein Verfahren zur Herstellung von Pastillen aus Gemischen von UO_2 und PuO_2 beschrieben, bei dem zunächst durch Verwendung von MgF_2 und NH_4Cl als Gel durch Zumischung der Oxyde eine teigartige Masse erzeugt wird, die ohne Schwierigkeiten mit Drucken bis zu 80 kp/mm² zu Preßlingen verarbeitet werden kann. Wenn NH_4Cl und Wasser durch Erwärmung im Vakuum verdrängt werden, besteht das feste Material zu etwa 97% aus den Oxyden. Durch Glühung im Vakuum bei etwa 1100 °C steigt die Dichte der Preßlinge etwas an, die zurückbleibenden Poren betragen etwa 25 Vol-%. Als Vorteil dieses Verfahrens wird auf die Möglichkeit des Pressens in Matrizen beliebiger Form hingewiesen, auch Strangpressen scheint möglich, desgleichen einfache Umkleidung derartiger Brennstoffelemente mit keramischem Material.

Eingehende Untersuchungen über die Verdichtung von PuO_2- und UO_2-Pulvergemischen werden in [*343*] beschrieben. Es scheint, daß die Form der Kurven, welche die Gitterkonstante als Funktion der Zusammensetzung darstellt, qualitativ aus der Konzentration der Oxyde und ihren Sintereigenschaften erklärt werden kann. Erfolgt die Sinterung des Pulvergemisches in Argon, so ergibt sich durch Diffusion Mischkristallbildung mit Gitterkonstanten, die zwischen denen von UO_2 und PuO_2 liegen und etwa der VEGARDschen Regel gehorchen. Gleiches gilt für Sinterung in Wasserstoff, doch tritt hier außer der kubisch im Fluoritgitter kristallisierenden Mischphase auch eine kubischraumzentrierte Phase auf, die auf teilweise Reduktion der Oxyde zurückzuführen ist. Wird das Pulvergemisch im Lichtbogenofen unter Argonatmosphäre niedergeschmolzen, so treten drei Phasen auf, von denen die eine der Fluorittyp und die beiden anderen kubisch-raumzentriert sind. Die Sinterung von Preßlingen aus PuO_2 und $UO_{2,13}$, die durch sorgfältiges Mischen der Pulver im Achatmörser und Verdichtung mit einem Preßdruck von 28 kp/mm² in trockenem Wasserstoff und trockenem Argon bei einer Temperatur von 1650 °C durchgeführt wurde, ergab das Folgende: bis zu 80 Mol.-% PuO_2 im Pulvergemisch führt die Sinterung in Argon zu höheren Dichtewerten als in Wasserstoff, bei Sinterung in Wasserstoff tritt bei etwa 40 Mol.-% PuO_2 ein ausgesprochenes Minimum der Sinterdichte auf. Die erreichte Sinterdichte ist bei reinem PuO_2 bei Sinterung in Wasserstoff, bei UO_2 bei Sinterung in Argon größer. Kleine Zugaben von PuO_2 scheinen die Sinterfähigkeit von UO_2 in Argon zu verbessern.

Auch bei Plutonium wurde versucht, die allgemeinen Eigenschaften von Sinterkörpern durch Herstellung von Cermets zu verbessern. Von den verschiedenen geprüften Kombinationen scheinen die von PuO_2 mit Niob oder Eisen stabil zu sein, allerdings wird bei der erforderlichen Erhitzung etwa 20% des PuO_2 zu β-Pu_2O_3 reduziert. Möglicherweise können die Eigenschaften der Metallmatrix noch verbessert werden, wenn Eisen durch Chrom-Nickel-Stahl ersetzt wird. Vielleicht wird auch ein Cermet, aufgebaut aus Pu_2O_3 mit Uran oder Zirkonium, verwendbar sein [*333*, *337*].

3. Thorium

Außer den zusammenfassenden Arbeiten [*1*] bis [*7*] nennen wir [*344*, *345*].

3.1 Vorkommen. Der Anteil des Thoriums an der Erdkruste ist etwa $1 \cdot 10^{-3}$%. Es findet sich in einer großen Zahl von Mineralien vergesellschaftet mit Uran und seltenen Erden. Die Erze mit höchstem Thoriumgehalt sind der kubische Thorianit, ThO_2, mit wechselndem Gehalt an UO_2 und stets vorhandenen Beimengungen von Blei, das wohl radioaktiven Ursprungs ist, und der tetragonale Thorit, das Thoriumsilikat $ThSiO_4$. Das wichtigste Thoriumerz ist, mit Rücksicht auf die ausgedehnten Fundstätten, der Monazit, eine Mischung von Orthophosphaten von Thorium, seltenen Erden und Uran. Er findet sich mit Quarz und anderen Beimengungen im sogenannten Monazitsand. Konzentrate von diesen Sanden enthalten je nach Fundstätte 4 bis 9% ThO_2.

Lagerstätten der thoriumreichen Erze Thorianit und Thorit sind spärlich. Ausgebeutet werden Thorianitlager in Madagaskar, das Mineral findet sich weiterhin in Alaska und Kanada, in Ceylon und Sibirien. Thorit wird in vielen Varianten, die verschiedene Namen tragen, weit verstreut gefunden. Monazit findet sich als primäres Mineral in Graniten, Gneisen und Pegmatiten. Durch Wassererosion wird Monazitsand entlang von Flüssen und an Küsten abgelagert. Die größten und reichsten Ablagerungen finden sich in Brasilien und Indien, ziemlich große Lagerstätten finden sich in Indonesien, in Südafrika und in den Vereinigten Staaten (insbesondere Idaho). Auch im Nordural, im Gebiet des Baikalsees und entlang zweier Flüsse von Mittelsibirien liegen Monazitvorkommen [*9*].

Der Gehalt von ThO_2 liegt mit etwa 9,4% in den indischen Monazitsanden am höchsten, für brasilianische Sande werden 6,5% und für Idaho-Monazit 4,0% angegeben. Bei sehr niedrigem Gehalt an ThO_2 wird die Wirtschaftlichkeit der Aufarbeitung häufig durch wertvolle Begleitmetalle, Gold, Kupfer, Zirkonium herbeigeführt. In allen Erzen tritt Thorium als vierwertiges Element auf.

3.2 Aufarbeitung der Erze; Reinigung. Verbindungen des Thoriums werden in der Technik seit Jahrzehnten verwendet. Es sei nur an die aus Thoriumoxyd und Zeroxyd bestehenden Gasglühkörper erinnert. Thoriumnitrat ist seit langem ein handelsübliches Produkt, das als Ausgangsmaterial von im Reaktor zu verwendendem Thorium allerdings unzulässig hohe Beimengungen an seltenen Erden enthält. Es muß für die Gewinnung hochreiner Thoriumverbindungen daher durch entsprechende Verfahren gereinigt werden. Diese Reinigung erfolgt ähnlich wie bei Uran unter Verwendung von TBP als Lösungsmittel, das nun aber durch eine aromatische Verbindung verdünnt ist, oder mit Hilfe von Ionenaustauschern. Es fällt hierbei eine außerordentlich reine wässerige Lösung von Thoriumnitrat an, aus der mit Oxalsäure schwer lösliches Oxalat abgeschieden wird. Durch Glühen dieses Oxalats an Luft wird ThO_2 erhalten, von dem die meisten der üblichen Verfahren zur Herstellung von Thoriummetall ausgehen. Die benützten Verfahren ähneln wieder sehr den bei Uran verwendeten. Entweder erfolgt eine unmittelbare Reduktion mit Kalzium (mit $CaCl_2$ als Flußmittel), oder es werden zunächst Halide erzeugt, aus denen Thorium entweder durch Schmelzflußelektrolyse oder durch Reduktion mit Kalzium, Magnesium oder Natrium gewonnen wird. Die Reduktion mit Kalzium wird durch Zusatz von wasserfreiem $ZnCl_2$ zur ThF_4-Ca-Charge erheblich verbessert. Das in stark exothermer Reaktion mit Kalzium gebildete Zink verbindet sich mit metallischem Thorium zu einer niedrig schmelzenden Legierung, aus der es durch Erhitzen im Hochvakuum abgedampft wird. Wie die Reduktion von UF_4 mit Mg, muß auch die Reduktion von ThF_4 in Druckbomben durchgeführt werden. Das Thorium fällt als Schwamm an, der in Berylliumoxydtiegeln geschmolzen werden kann. Eine noch weiter gehende Raffination des Metalls ist mit Hilfe des van Arkel-DeBoer-Verfahrens möglich, das auf der thermischen Zersetzung von ThJ_4 beruht. Insbesondere die Beimengungen von Kohlenstoff, Sauerstoff und Stickstoff werden hierbei weitgehend verringert [*12*, *346*].

3.3 Physikalische Eigenschaften. Thorium mit dem Atomgewicht 232,12 ist das Element 90 im Periodensystem der Elemente. Es ist das zweite Element der Aktinidenreihe. Die Anordnung der Hüllenelektronen der Außenschalen ist: $5s^2$, $5p^6$, $5d^{10}$, $6s^2$, $6p^{10}$, $6d^2$ und $7s^2$. Natürliches Thorium besteht nur aus dem einen Isotop Th^{232}, welches radioaktiv ist und das erste Glied der Thoriumzerfallsreihe darstellt, die im radioaktiven Blei, Pb^{208}, endet. Unter α-Strahlenemission (3,98 MeV) zerfällt es mit einer Halbwertszeit von $1{,}4 \cdot 10^{10}$ Jahren in Thoriumemanation. Beim Arbeiten mit Thorium sind daher entsprechende Schutzmaßnahmen zu treffen. Die chemische Giftigkeit des Thoriums und die seiner Verbindungen ist gering.

Frisch hergestelltes Thorium zeigt hellen Silberglanz, läuft aber an der Luft dunkel an. Thorium tritt in zwei Modifikationen auf, einer kubisch-flächenzentrierten bis zu 1400 °C und einer kubisch-raumzentrierten von 1400 bis zum Schmelzpunkt von etwa 1750 °C. Die Gitterkonstante von α-Th bei 25 °C beträgt 5,096 Å, ihr entspricht eine theoretische Dichte von 11,72 g/cm³, für das raumzentrierte β-Th wird für 1450 °C eine Gitterkonstante von 4,11 Å angegeben, die zugehörige Röntgendichte beträgt 11,16 g/cm³. Eine Reihe weiterer physikalischer Eigenschaften von α-Th ist in Tab. 83 zusammengestellt.

Tabelle 83. *Physikalische Eigenschaften von α-Thorium*

lin. Ausdehnungsk.	10^{-6}/°C	11,0	(bei 20–200 °C)
		12,5	(bei 20–1000 °C)
spez. Widerstand	$\mu\Omega$cm	13–14	(bei 20 °C)
Temperaturk.	10^{-3}/°C	4	(bei 0–100 °C)
spez. Wärme	cal/g °C	0,028	(bei 20 °C)
Schmelzwärme	cal/g	19,8	
Wärmeleitfähigkeit	cal/cm sek °C	0,090	(bei 100 °C)
		0,108	(bei 650 °C)

Im Bereich von Heliumtemperaturen wird Thorium supraleitend. Für sehr reines Metall liegt die Sprungtemperatur bei 1,37 °K. HALL-Effekt-Messungen ergaben zum Unterschied von α-U einen negativen HALL-Koeffizienten. Die Zahl der Leitungselektronen beträgt 2,4 je Atom. Thorium besitzt schwachen Paramagnetismus, der eine nur geringe Temperaturabhängigkeit besitzt. Die Thermokraft von α-Th gegen Platin ist bei Raumtemperatur negativ, bei einer Temperaturdifferenz von 100 °C tritt eine Thermospannung von 0,13 mV auf. Die Elektronenaustrittsarbeit liegt im Bereich von 3,38 bis 3,68 eV.

Systematische Untersuchungen über die plastische Deformation von Thoriumkristallen liegt nicht vor. Man wird wohl in der Annahme nicht fehlgehen, daß in α-Th Oktaedertranslation wirksam ist und in β-Th die Translation nach der Raumdiagonalen und parallel mehrerer Translationsflächen vor sich geht.

3.4 Schmelzen und Gießen. Das Schmelzen und Gießen des Thoriumschwamms erfolgt einmal in Induktionsöfen im Vakuum oder im Schutzgas – um Aufnahme von Stickstoff und Sauerstoff auszuschließen – weiterhin wird Lichtbogenschmelzung mit Abschmelzelektroden verwendet.

Der hohe Schmelzpunkt von Thorium und seine chemische Reaktionsfähigkeit mit Tiegelmaterialien bringt erhebliche Schwierigkeiten für das Schmelzen und Gießen des Metalls. Von der großen Zahl der untersuchten Tiegel- und Formenmaterialien scheiden die meisten aus, sei es wegen unzulässiger Verunreinigung der Schmelze, sei es wegen zu geringer Widerstandsfähigkeit gegenüber thermischen Stößen. Am besten bewährt sich Berylliumoxyd, dessen Reaktion mit Thorium bis etwa 1770 °C zu vernachlässigen ist, das allerdings bei Temperaturen über 1800 °C eine rasch steigende Erosion durch die Thoriumschmelze erfährt. Brauchbare Ergebnisse wurden auch mit Tiegeln aus stabilisiertem Zirkoniumoxyd erzielt, das die Schwierigkeiten, die von der Giftigkeit des Berylliums herrühren, vermeidet und erheblich wirtschaftlicher ist. Auch Zirkoniumoxyd wird von Thorium bei Temperaturen oberhalb des Schmelzpunkts angegriffen, so daß stets eine sehr genaue Temperaturmessung verlangt wird, wofür Wolfram-Niob-Thermoelemente bzw. pyrometrische Methoden herangezogen werden. Auch Graphittiegel und -formen, die mit Berylliumoxyd ausgekleidet sind, entsprechen. Für die Entzinkung des Thoriumschwamms genügt ungeschützter Graphit, da dafür 1300 °C als Höchsttemperatur völlig ausreicht (Schmelzpunkt der Thorium-Zink-Legierung bei etwa 1200 °C) und hierbei nur geringfügige Reaktion der Schmelze mit dem Tiegelmaterial erfolgt [*347*].

Zur Herstellung der Gußknüppel mit Hilfe des Lichtbogenofens sind mehrere Arbeitsgänge erforderlich. Die ersten Elektroden werden durch Zerschneiden entzinkten Thoriumschwamms und anschließendes Stumpfschweißen der Streifen aneinander unter Argonatmosphäre hergestellt. Das anschließende Lichtbogenschmelzen erfolgt unter Argon oder Helium-Argon-Gemisch. Als Form dient eine wassergekühlte Kupferkokille, in die zunächst Thoriumabfälle eingebracht werden, an denen die Zündung des Lichtbogens erfolgt. Nach Niederschmelzen der Elektrode wird der Ofen nach Abkühlung unter Einhaltung geeigneter Schutzmaßnahmen geöffnet. Der Hauptteil der flüchtigen Beimengungen, die durch das Schmelzen und Gießen verdampft werden, kondensiert an den Seiten und am Kopf des Gußstücks, dessen Boden aus den zusammengeschmolzenen Thoriumabfällen besteht. Zufolge der Schrumpfung des Gußstücks um etwa 2% im Durchmesser kann es leicht aus der Form entnommen werden. Kopf und Boden werden abgetrennt, der Mantel abgedreht. Mehrere solcher Bolzen werden erneut stumpf aneinander geschweißt, um die Elektrode für den zweiten Lichtbogenguß zu bilden. Gußbolzen in den Abmessungen von etwa 18 cm Durchmesser und etwa 40 cm Länge werden auf diese Art erhalten. Gegebenenfalls wird zur weiteren Befreiung von Beimengungen und Gasen noch ein drittes Mal umgeschmolzen; stets erfolgt dies, wenn von Elektroden ausgegangen wird, die aus elektrolytisch gewonnenem Pulver hergestellt worden waren. Mit Rücksicht auf die stürmische Reaktion zwischen Metallschmelze und Wasser müssen ausreichende Schutzmaßnahmen für den Fall des Eintretens von Explosionen getroffen werden. Ein ernstes Problem bilden auch die im Ofen verbleibenden Metallreste, einmal wegen ihrer Entzündlichkeit, zum anderen mit Rücksicht auf die Gesundheitsschädlichkeit [*348*].

In Kombination der beiden beschriebenen Gießverfahren sind in Versuchsfertigung die Elektroden für das Lichtbogenschmelzen durch Vakuuminduktionsguß hergestellt worden. Über eine Verwendung wassergekühlter Kupferkokillen auch im Induktionsofen liegen keine Berichte vor.

3.5 Pulvermetallurgie. *a) Thoriumformstücke.* Die Herstellung von Thoriumpulver kann auf verschiedenen Wegen erreicht werden: Zersetzung von Thoriumhydrid, ThH_2, Schmelzflußelektrolyse von Thoriumsalzen, Reduktion von Thoriumoxyd, ThO_2, mit Kalzium. Bei der Herstellung über das Hydrid wird zuerst Thorium – vorzugsweise in Form von Drehspänen oder Abfällen – durch Glühen bei 600 bis 650 °C in Wasserstoff von 1 Atm Druck in Dihydrid übergeführt (ThH_2 kristallisiert raumzentriert-tetragonal, $a = 4{,}10$ Å, $c = 5{,}03$ Å, 2 Moleküle in der Zelle, Röntgendichte 9,20 g/cm³). Während dieser Hydrierung bläht sich die Charge auf, zerpulvert aber nicht. Um die Zerkleinerung herbeizuführen, wird noch weiter hydriert (optimale Temperatur etwa 250 °C) zu einem höheren Hydrid (Th_4H_{15}, kubisches Gitter mit $a = 9{,}11$ Å, 4 Moleküle in der Zelle, 8,33 g/cm³ Röntgendichte). Hierbei tritt ein Aufbrechen zu grobkörnigem Pulver ein, das nun durch Erhitzen auf 500 °C in Wasserstoffatmosphäre wieder zu ThH_2 zersetzt wird. Als letzter Schritt folgt die Vakuumzersetzung dieses Pulvers bei 700 °C. Wird diese Zersetzung bei 1 Torr Druck ausgeführt, so bleiben etwa 2,5 At.-% Wasserstoff im Thorium. Als Gefäßmaterial wird bei kleinen Chargen umgeschmolzener Quarz, bei Chargen über 5 kg rostfreier Stahl verwendet [*345*]. In dieser Weise hergestelltes Thoriumpulver eignet sich besonders gut zur Herstellung von Sinterkörpern, das Gewinnungsverfahren wird aber hinsichtlich Wirtschaftlichkeit von den beiden anderen übertroffen.

Bei der elektrolytischen Herstellung von Thoriumpulver wird von Thoriumhalogeniden ($ThCl_4$, ThF_4) ausgegangen, denen Alkalihalogenide als Flußmittel beigegeben werden. Die Elektrolyse wird im Temperaturbereich von 800 bis 850 °C vorgenommen. Die Korngröße wird durch Temperatur, Stromdichte und Badzusammensetzung beeinflußt. Die Reinheit des so erhaltenen Pulvers unterliegt ziemlichen Schwankungen [*345*].

Die Kalziumreduktion von ThO_2 erfolgt in Bomben durch Zugabe von gepulvertem $CaCl_2$ und Erhitzung der Mischung auf 1000 bis 1100 °C im Vakuum oder unter Verwendung einer Schutzgasatmosphäre (Argon), was vorzuziehen ist, da die Kalziumverdampfung dadurch erniedrigt wird. Zugabe von $CaCl_2$ in Höhe von 40% des ThO_2 Gewichts führt zu höchsten Ausbeuten an Thoriumpulver. Brikettieren der Chargen begünstigt den Reaktionsablauf wegen des dadurch erzielten besseren Kontakts der Reaktionspartner [*349*].

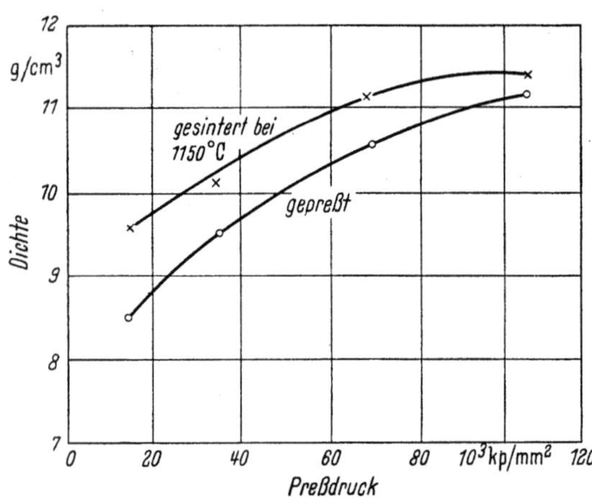

Abb. 295. Dichte rohgepreßter und gesinterter Thoriumformstücke [*350*]

Entsprechend den Herstellungsverfahren unterscheiden sich die Pulver hinsichtlich Korngröße, Gestalt und Beimengungen. Das durch Hydridzersetzung gewonnene Pulver ist im Mittel feinerkörnig als das durch Elektrolyse bzw. Reduktion von Oxyd erhaltene. Das elektrolytisch gewonnene Pulver hat zumeist kugelige Gestalt und glatte Oberfläche, während das durch Kalziumreduktion gewonnene zu vielkristallinen Konglomeraten zusammensintert. Das Schüttgewicht dieser Pulver bleibt daher mit 2,6 bis 3 g/cm³ hinter dem Schüttgewicht von etwa 4,5 g/cm³ von elektrolytischem Thoriumpulver zurück [*349*]. Die häufigsten Beimengungen der Pulver sind Sauerstoff, Stickstoff, Wasserstoff und Kohlenstoff. Sehr feinkörniges Pulver ist, ebenso wie ThH_2-Pulver, pyrophor, insbesondere, wenn ein Feuchtigkeitsgehalt nicht peinlich vermieden ist.

Den Anstieg der Dichte von Preßlingen als Funktion des verwendeten Preßdrucks zeigt Abb. 295 für aus Hydrid gewonnenes Thoriumpulver. Mitaufgenommen sind die Dichten, die durch anschließendes, 30 Minuten langes Sintern bei 1150 °C erhalten werden. Über die Bedeutung der Sintertemperatur in Prozenten der absoluten Schmelztemperatur wurde bereits in der vergleichenden Abb. 168 (S. 222) eine Kurve für Thorium gezeigt, aus der hervorgeht, daß durch Hydridzersetzung gewonnenes Thoriumpulver bis zur Dichte des kompakten Metalls verdichtet werden kann. Auf den Vergleich von durch Elektrolyse und Kalziumreduktion gewonnenes Thoriumpulver bezieht sich Abb. 296. Man erkennt, daß wie zu erwarten bei gleichen Preß- und Sinterbedingungen das regelmäßig geformte Elektrolytpulver zu besserer Raumerfüllung führt als das zerklüftete, durch Reduktion gewonnene.

b) Keramische Stoffe. Thoriumoxyd kann durch unmittelbare Verbrennung von Thoriumnitrat, durch Zersetzung von Thoriumhydroxyd, das durch Umsetzung von Thoriumnitrat mit Ammoniak entsteht, durch Zersetzung von Thoriumkarbonat (mit Ammoniumkarbonat aus Thoriumnitrat lösung ausgefällt) und schließlich durch Zersetzung von Thoriumoxalat, das aus der Nitratlösung durch Oxalsäure gefällt wurde, hergestellt werden. Das letzte Verfahren, das schon oben bei der Thoriummetallherstellung erwähnt wurde, ist das technisch übliche [*352*]. Die Fällungstemperatur hat erheblichen Einfluß auf die physikalischen Eigenschaften, insbesondere die Oberflächeneigenschaften des Oxyds. Ebenso ist die Temperatur der anschließenden Röstung von Wichtigkeit, ganz besonders dann, wenn das Oxyd in Form einer Suspension weiter verwendet wird. Die Korngröße ist bei dem über das Oxalat erhaltenen Pulver am feinsten [*353*].

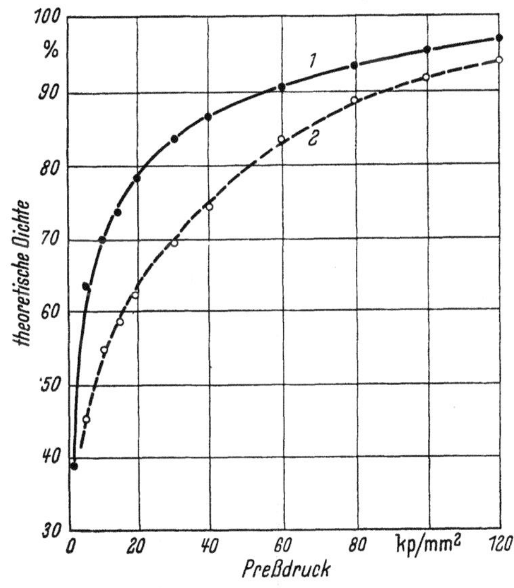

Abb. 296. Vergleich der Dichte von aus verschiedenem Pulver gepreßten Thoriumformstücken [*349*] *1* Elektrolytpulver; *2* Pulver durch Ca-Reduktion gewonnen

Thoriumoxyd, ThO_2, kristallisiert kubisch im Flußspatgitter ($a = 5{,}586$ Å) isomorph mit UO_2, PuO_2,(NpO_2 und AmO_2) mit einer Röntgendichte von 10,05 g/cm³. Für den Schmelzpunkt werden Werte im Bereich von 3000 und 3300 °C angegeben; damit ist ThO_2 das höchstschmelzende Oxyd. Chemisch ist es durch Widerstandsfähigkeit gegenüber Säuren und gegenüber Wasser hoher Temperatur ausgezeichnet.

Die Herstellung von Formstücken aus ThO_2 kann nach den in der Pulvermetallurgie üblichen Verfahren erfolgen: Kaltpressen, Warmpressen, Verdichtung durch hydraulischen Druck, Strangpressen, Verdichten durch Zentrifugieren und Schlickerguß. Außer bei der Herstellung durch Warmpressen erfolgt jeweils anschließend an die Verdichtung eine Sinterbehandlung [*354*].

Für das Kaltpressen werden zur Erleichtung der Verdichtung, vor allem bei großen Probenabmessungen, geringe Wasserzugaben verwendet, gelegentlich auch Bindemittel, beispielsweise Dextrin und Schmiermittel, wie Stearinsäure. Auf alle Fälle sind diese Zugaben mengenmäßig gering zu verwenden, um das im Formstück nach der Sinterung zurückbleibende Porenvolumen niedrig zu halten. Die Dichte nach der Sinterung steigt im allgemeinen mit abnehmender Korngröße des verwendeten Pulvers, mit steigendem Preßdruck und steigender Sintertemperatur. Durch bei der Sintertemperatur eintretende Reaktion des ThO_2 mit anderen Oxyden können beträchtliche Steigerungen der Dichte erzielt werden. So werden beispielsweise durch 0,5 Gew.-% CaO in Preßlingen, die mit 7 kp/mm^2 gepreßt und anschließend bei 1800 °C gesintert wurden, Dichten erhalten (9,70 g/cm^3), die größer sind als die von reinen ThO_2-Sinterkörpern, bei denen der zehnfache Preßdruck verwendet wurde (9,50 g/cm^3). Der Verfestigungseffekt durch CaO, der ähnlich, jedoch schwächer, auch bei Verwendung von Strontiumoxyd eintritt, wird auf Diffusion und Mischkristallbildung zurückgeführt [*354*]. Über die Bedeutung der Herstellungsart der Pulver und der Sinterbedingungen für die erreichte Dichte finden sich Angaben in [*353*]. Ein Höchstwert der Sinterdichte wurde mit Pulver erhalten, welches über Oxalat hergestellt war, das bei 20 °C abgeschieden und bei 900 °C geröstet worden war. Die Sintertemperatur der Preßlinge betrug hierbei 1500 °C.

Beim Warmpressen erfolgt die Verdichtung und die Sinterung in einem Arbeitsgang. Als Formmaterial wird zumeist dickwandiger Graphit benutzt. Drucke bis zu etwa 1,4 kp/mm^2 werden verwendet, wobei als Stempelmaterial ebenfalls Graphit dient. Bei 1700 °C (Induktionsheizung) verpreßtes Pulver führt zu 95%, bei 2000 °C verpreßtes zu 97,8% der theoretischen Dichte. Als nachteilig für das Heißpressen sei erwähnt, daß die Formstücke im allgemeinen nachbearbeitet werden müssen und daß die apparative Ausrüstung relativ kostspielig ist.

Die hydrostatische Verdichtung der Pulver wird angewendet, wenn besonders einheitliche Dichte im Formstück verlangt wird. Ein mit grünen ThO_2-Pulverpreßlingen gefülltes evakuiertes Rohr aus Gummi oder Kunststoff wird in ein durchlochtes Metallrohr eingebracht und allseitigem Druck (Öl) ausgesetzt. Die auf diese Weise erhaltenen Dichten erreichen nach Sinterung 95% der theoretischen.

Das Strangpressen stellt das beste Verfahren zur Herstellung von Stäben und Rohren mittlerer Dichte dar. Ebenso wie beim Kaltpressen ist es häufig erforderlich, plastizierende Beimischungen, Schmiermittel oder Binder in geringen Gehalten zuzufügen.

Durch Zentrifugalverdichtung gelingt die Herstellung verhältnismäßig großer ringförmiger Formstücke auf rasche und billige Art, die Dichte in den Formstücken ist allerdings nicht einheitlich.

Beim Schlickerguß wird von einer möglichst gleichmäßigen Suspension von ThO_2 in einer Flüssigkeit, zumeist Wasser, ausgegangen, das einen Elektrolyt in geeigneter Konzentration enthält. Zur Stabilisierung der Suspension können Zugaben von Kryolit und Polyvenylalkohol verwendet werden. Die Verdampfung des Suspensionsmittels wird zweckmäßig in mehreren Schritten durchgeführt. Vorzüge dieses Herstellungsverfahrens sind geringer apparativer Aufwand und die Möglichkeit dünnwandige Formstücke einheitlicher, allerdings nur mittlerer Dichte herzustellen.

3.6 Spanlose Formung; Rekristallisation; Texturen. Die spanlose Formung von Thorium ist im allgemeinen gut durchführbar. Zu berücksichtigen ist die hohe Oxydationsneigung bei hohen Temperaturen und die Neigung zum Fressen in Düsen, was gegebenfalls zur Verwendung von Schutzumhüllungen nötigt. Auch muß der Kerbempfindlichkeit des Materials durch Beseitigung von Oberflächenfehlern vor der Verformung begegnet werden.

Für das Warmschmieden werden Verarbeitungstemperaturen zwischen 700 und 800 °C verwendet. Das Strangpressen kann im Temperaturbereich von 480 bis 1000 °C mit erträglichen Drucken vorgenommen werden. Der Preßling wird zweckmäßig mit Kupfer oder Eisen umhüllt, um die Oberfläche zu schützen und die Reibung in der Düse herabzusetzen. Da Thorium und Kupfer bei Temperaturen von etwa 900 °C und darüber eine pyrophore Verbindung bilden und auch schon bei etwa 800 °C eine Reaktion eintritt, wird das Innere der Kupferumhüllung mit Chrom ausgekleidet oder eine BeO-Zwischenschicht aufgebracht. Auch ungeschützte Rohlinge können verwendet werden, allerdings auf Kosten höherer Preßdrucke. Als Schmiermittel wird eine Aufschlemmung von Graphit in Öl benutzt, die Preßwerkzeuge werden vor dem Verpressen leicht angewärmt. Die heißgepreßten Stangen sind völlig rekristallisiert.

Die Walzverarbeitung von Thorium erfolgt, wenn von Bolzen aus dem Induktionsofen ausgegangen wird, zunächst durch Warmwalzen, um das Gußgefüge zu zerstören. Anschließend kann weitgehend kalt gewalzt werden ohne die Gefahr störender Kantenrisse. Für lichtbogengeschmolzene Bolzen wird angegeben, daß auch eine unmittelbare Kaltwalzung möglich ist. Allerdings treten nach einem Walzgrad von etwa 25% Kantenrisse ein, die vor der Weiterverarbeitung beseitigt werden müssen. Jedenfalls verbessert auch bei diesem Material eine zunächst vorgenommene Warmwalzung die Verformbarkeit in darauffolgender Kaltwalzung erheblich. Walzgrade von über 90% werden dann ohne Zwischenglühung erreicht. Das Warmwalzen erfolgt im Bereich von 740 bis 850 °C mit 25 bis 30% Querschnittsabnahme je Walzstich. Mit Rücksicht auf die geringe Wärmekapazität des Thoriums muß die Warmverarbeitung rasch erfolgen.

Beim Drahtziehen des Thoriums macht sich die Eigenschaft des Metalls, auf Stahlwerkzeugen zum Fressen zu neigen sehr bemerkbar. Hier fällt dem Schmiermittel besondere Bedeutung zu. Ein solches auf Basis von Molybdändisulfid hat sich bewährt. Dünnste Drähte (0,08 mm Durchmesser) wurden durch Umhüllung eines Thoriumstabes mit einem Kupferrohr und Ziehen des Verbundkörpers hergestellt. Das Kupfer, das hier als Schmiermittel dient, wird nach erfolgtem Drahtzug mit Salpetersäure abgelöst. Auch dünnwandige Rohre kleiner Durchmesser können bei Verwendung geeigneter Schmiermittel gezogen werden.

Kalthämmern kann ebenfalls zur Herstellung von Thoriumstäben und -drähten benutzt werden, wobei fette Öle als Schmiermittel dienen.

Über die Erholung und Rekristallisation von Thorium nach Kaltreckung liegen nur wenige Angaben vor; sie zeigen, daß das Metall sich in üblicher Weise verhält: je höher der Reckgrad, um so niedriger die Rekristallisationstemperatur. Sie fällt bei reinstem Thorium von etwa 600 bis 650 °C nach einem Kaltreckgrad von 20% auf 570 °C nach 60% und etwa 550°C nach 80% Verformung. Kohlenstoffgehalte bis zu 0,13% haben anscheinend keinen deutlichen Einfluß auf die Rekristallisationstemperatur. Vergleichende Versuche mit durch Kalziumreduktion und nach dem VAN-ARKEL-Verfahren gewonnenem Thorium zeigten, daß das Rekristallisationskorn im reinsten Metall sehr viel gröber ist, ein Unterschied, der auf die Wirkung der Beimengungen im durch Ca reduzierten Thorium zurückzuführen ist [*355*].

Die Verformungs- und Rekristallisationstexturen entsprechen, soweit die bisherigen Befunde erkennen lassen, denen kubisch-flächenzentrierter Metalle. In gepreßten Stangen ohne weitgehende Rekristallisation liegt eine doppelte Fasertextur mit $\langle 111 \rangle$ und $\langle 100 \rangle$ parallel zur Längsrichtung vor [*356*]. Für gewalzte Bleche kann die Polfigur durch die beiden Hauptlagen – (110) parallel Walzebene, $[1\bar{1}2]$ parallel Walzrichtung und (112) $\|$ WE, $[11\bar{1}]$ $\|$ WR – beschrieben werden. Eine Kennzeichnung der Walztextur durch *eine* Hauptlage wäre durch (123) $\|$ WE, $[41\bar{2}]$ $\|$ WR zu geben[1]. In rekristallisierten Blechen wird die Würfellage beobachtet [*357*].

3.7 Technologische Festigkeitseigenschaften von Halbzeug. Die elastischen Koeffizienten von Thorium sind nicht bekannt, so daß über die Anisotropie des Elastizitäts- und des Schubmoduls noch keine Angaben möglich sind. Die an vielkristallinem Material auf akustischem Weg erhaltenen Werte für den Elastizitätsmodul liegen für Raumtemperatur im Bereich von 8000 kp/mm², für 300 °C um 7000 kp/mm² [*359*]. Die entsprechenden Werte für den Schubmodul sind etwa 3200 und 2700 kp/mm² [*345*]. Daraus ergibt sich die POISSONsche Querkontraktionszahl zu 0,25 bzw. 0,27.

[1] Die in der Literatur angegebene Lage (123) $\|$ WE, $[1\bar{2}1]$ $\|$ WR bezieht sich offenbar auf Walzebene – Querrichtung und nicht auf Walzebene – Walzrichtung (vgl. [*358*]).

Auf die üblichen technologischen Eigenschaften von verformten und geglühten Thoriumproben (bombenreduziert) bezieht sich Abb. 297, die auch die Temperaturabhängigkeit dieser Eigenschaften wiedergibt. Der Abstand von Streckgrenze und Zugfestigkeit bleibt über den ganzen Temperaturbereich etwa derselbe; für Gußmaterial wird angegeben, daß die Zugfestigkeit gleich der Streckgrenze + 7 kp/mm² ist. In der Härte-Temperatur-Kurve tritt bei etwa 400 °C ein Knick auf, der auf einsetzende Korngrenzenplastizität zurückgeführt wird. Art und Höhe der Beimengungen sowie, in gewissem Ausmaß, auch die Deformationsgeschwindigkeit beeinflussen die technologischen Werte. Eine Erhöhung des Kohlenstoffgehalts von 0,02 auf 0,08 Gew.-% verdoppelt die Streckgrenze etwa [*345*]. Für reines „Jodid-Thorium" zeigt Abb. 298 die verfestigende, plastizitätsvermindernde Wirkung von Kohlenstoff-, Stickstoff- und Sauerstoffbeimengungen. Die Bedeutung des Herstellungsverfahrens (Reinheitsgrad) für die Verfestigung durch Kaltreckung geht aus Abb. 299 hervor. Sie zeigt, daß das nach dem Jodid-Verfahren gewonnene Thorium die niedrigsten, das Ames-Thorium die höchsten Härtewerte aufweist, sie zeigt weiterhin, daß die Härte besonders am Beginn der Verformung sehr rasch ansteigt, sich ein breites Gebiet schwacher Verfestigung anschließt, und nach Überschreitung eines Reckgrads von 80% erneut ein steiler Anstieg erfolgt.

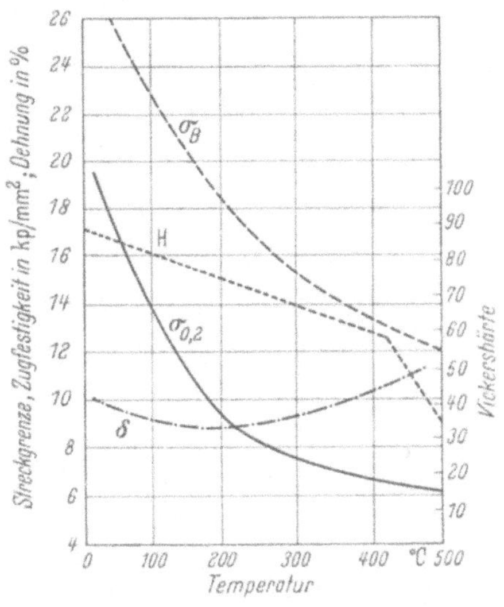

Abb. 297. Temperaturabhängigkeit der technologischen Eigenschaften von bombenreduziertem Thorium [*360*]

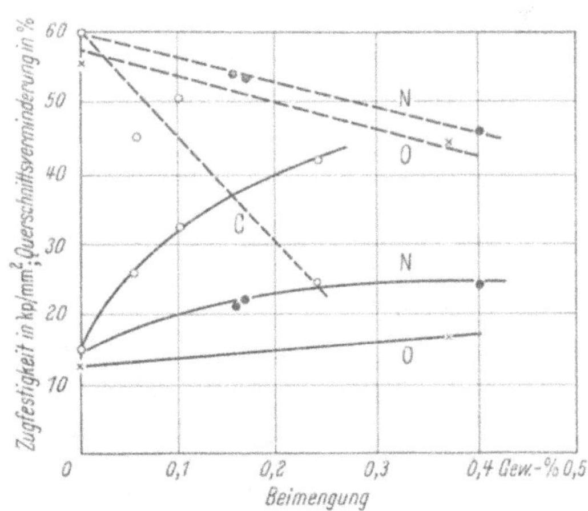

Abb. 298. Abhängigkeit von Zugfestigkeit (———) und Querschnittsverminderung (- - -) von dem Gehalt an Beimengungen in Jodid-Thorium [*361*]

Die Entfestigung von bombenreduziertem Material (Ames-Th) verschiedenen Kaltreckgrads durch einstündige Glühung bei verschiedenen Temperaturen bringt Abb. 300. Man erkennt, daß schon bei Glühungen über 450 °C eine Entfestigung beginnt und daß bei den höheren Reckgraden diese Entfestigung rascher mit steigender Temperatur erfolgt als nach niedriger Verformung. Entfestigungsisothermen sind für Material mit 80% Kaltverformung in Abb. 301 bis zu einer Erhitzungsdauer von 60 Minuten dargestellt. Bei 500 °C ist noch kaum eine Entfestigung zu beobachten, bei einer Glühung bei 600 °C hat das Material nach 20 Minuten Glühdauer bereits den auch für längere Zeiten gültigen Gleichgewichtszustand erreicht, bei Glühung bei 625 °C bereits nach etwa 5 Minuten.

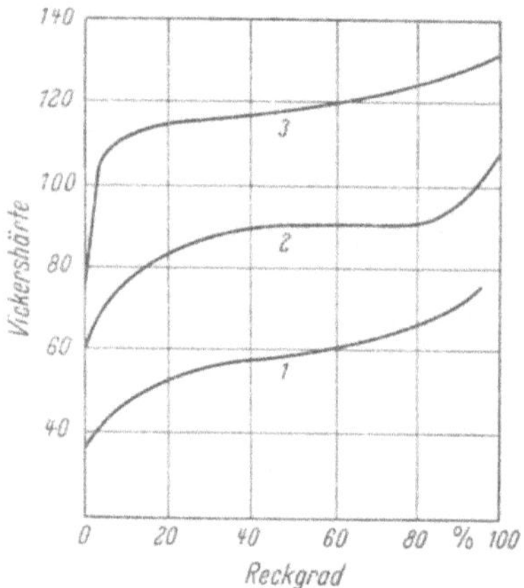

Abb. 299. Verfestigung von Thorium verschiedener Herstellungsart [362] *1* Jodid-Thorium; *2* Ca-reduziert aus ThF_4; *3* Ca-reduziert aus ThO_2 (Ames-Thorium)

Gemessen durch Kerbschlagzähigkeit wird bei reinen kubisch-flächenzentrierten Metallen kein Versprödungsbereich bei Erniedrigung der Versuchstemperatur gefunden. Dies gilt auch für Jodid-Thorium, wie Abb. 302 erkennen läßt. Die Kerbschlagzähigkeit steigt in diesem Fall mit abnehmender Temperatur an. Auch bei — 190 °C tritt noch zäher

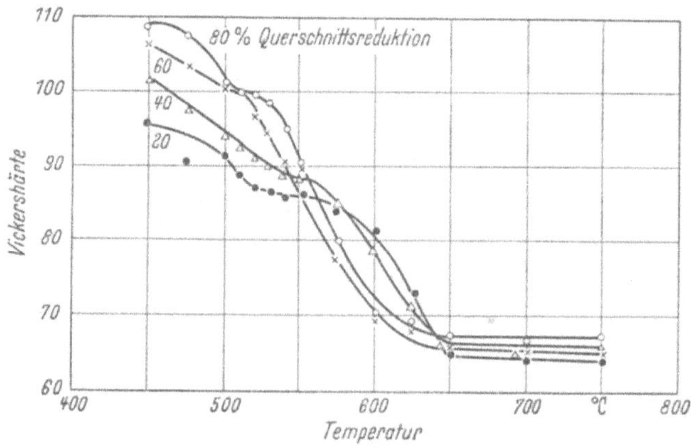

Abb. 300. Entfestigung von Ames-Thorium verschiedenen Reckgrads durch Anlassen (1 Stunde) bei verschiedenen Temperaturen [355]

Bruch auf. Im Gegensatz zu diesem Verhalten zeigt bombenreduziertes Thorium einen Übergang von zähem zu sprödem Bruch im Bereich von 100 bis 0 °C. Zugabe von Kohlenstoff zu Jodid-Thorium führt auch hier zum Auftreten von Sprödbruch, wobei der Übergang in einem relativ breiten Temperaturbereich erfolgt.

Über das Kriechverhalten von Thorium liegt zu wenig Versuchsmaterial vor, um begründete Angaben zu machen.

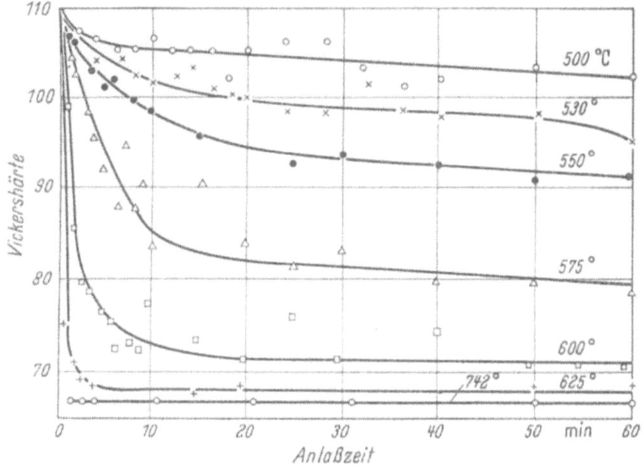

Abb. 301. Entfestigungsisothermen von Ames-Thorium mit 80% Kaltverformung [355]

Die Ermüdungsfestigkeit wird in Planbiegeversuchen mit Blechproben höher gefunden als in Umlaufbiegeversuchen. Während im ersten

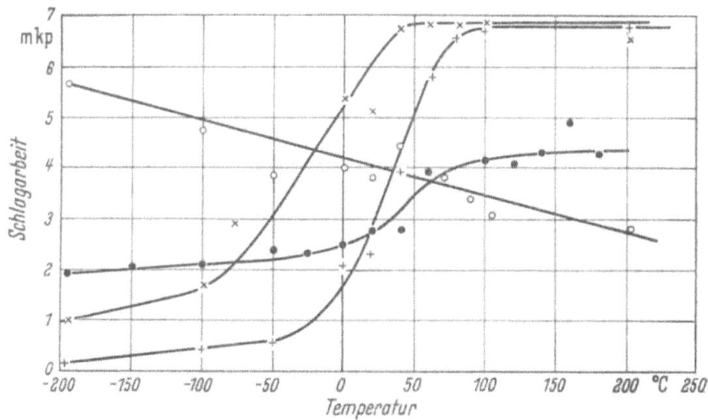

Abb. 302. Temperaturabhängigkeit der Kerbschlagzähigkeit von Thoriumproben verschiedener Herstellungsart [363]
● Th aus ThF_4; ○ Jodid-Thorium; × Jodid-Thorium + 0,16% C; + Jodid-Thorium + 0,21% C

Fall für heißgewalztes und anschließend angelassenes Material Werte von etwa 15 kp/mm² angegeben werden, liegt die Umlaufbiegefestigkeit für Gußstäbe bei etwa 8,6 kp/mm², für kaltgewalztes Material bei etwa 10,5 kp/mm² und für warmgewalztes bei ungefähr 9,1 kp/mm² [*345*].

Auf technologische Eigenschaften von Sintermaterial bezieht sich Abb. 303. Sie gibt den Einfluß der Sintertemperatur wieder für ein Ausgangsmaterial, das durch Kalziumreduktion von ThO_2 erhalten worden ist. Mit steigender Sintertemperatur tritt ein erheblicher Anstieg von Streckgrenze, Zugfestigkeit (und Härte) ein. Die Dehnung bleibt in allen Fällen niedrig, sie erreicht bei der höchsten Sintertemperatur nur 5%. Analoge Versuche mit elektrolytisch hergestelltem Thoriumpulver als Ausgangsmaterial für die Sinterkörper führen, wegen der in diesem Fall sehr viel höheren Dichte der grünen Preßlinge schon bei niedrigen Temperaturen zur praktischen Erreichung der bei Sinterung bei 1500 °C erzielbaren Werte. Die Härte ändert sich im Bereich von 900 bis 1500 °C praktisch gar nicht und auch die Zugfestigkeit steigt bei Erhöhung der Sintertemperatur über 1100 °C nur mehr geringfügig an. Die Dehnungen liegen bei diesem Material erheblich höher als bei dem kalziumreduzierten; schon nach Sinterung bei 1100 °C werden 20% erreicht, nach Sinterung bei 1500 °C 26% [*349*].

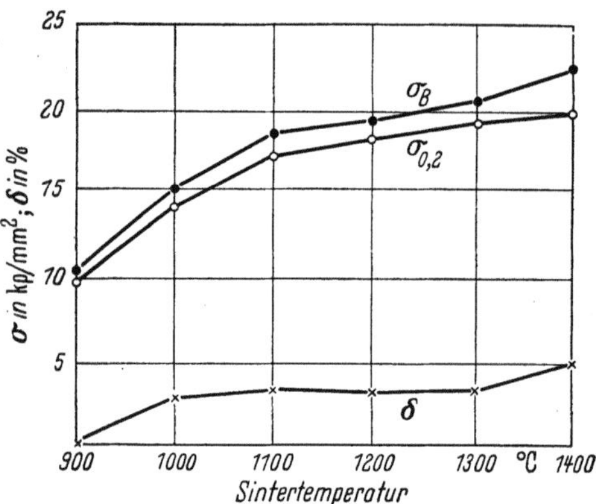

Abb. 303. Abhängigkeit der technologischen Eigenschaften von Thorium (hergestellt durch Ca-Reduktion von ThO_2) von der Sintertemperatur [*349*]

Der Bedeutung von Sauerstoff, Stickstoff und Kohlenstoff für die technologischen Eigenschaften von Sinterkörpern wurde in [*364*] nachgegangen. Während bei Sauerstoffgehalten bis zu 0,94 Gew.-% und Stickstoffgehalten bis zu 0,225 Gew.-% die Änderungen von Streckgrenze, Zugfestigkeit und Dehnung relativ klein bleiben, führen kleine Zugaben von Kohlenstoff zu erheblicher Verfestigung. Die in Abb. 304 dargestellten Dehnungskurven zeigen diese Verfestigung (Erhöhung von Streckgrenze und Zugfestigkeit) sehr deutlich. Sie lassen erkennen, daß mit steigendem Kohlenstoffgehalt die Ausbildung der oberen und unteren Streckgrenze immer ausgeprägter wird. Übersteigt der Kohlenstoffgehalt etwa 0,25 Gew.-%, so verspröden die Proben völlig. Durch Neubestimmung der Temperaturabhängigkeit der Löslichkeit von Kohlenstoff in Thorium konnten die beobachteten Festigkeitsänderungen gedeutet werden.

Zyklische thermische Beanspruchung läßt beim kubischen Thorium, wenn thermische Spannungen durch zu große Querschnitte vermieden sind, keinerlei Gestaltsänderungen erwarten. Diesbezügliche Veröffentlichungen liegen nicht vor. Gegenüber Reaktorbestrahlung verhält sich Thorium sehr günstig. Bis zu einer Gesamtdosis von 10^{21} n/cm² wurden keinerlei systematische Durchmesseränderungen beobachtet. In allen Fällen blieben diese Änderungen kleiner als 0,1% [*365*].

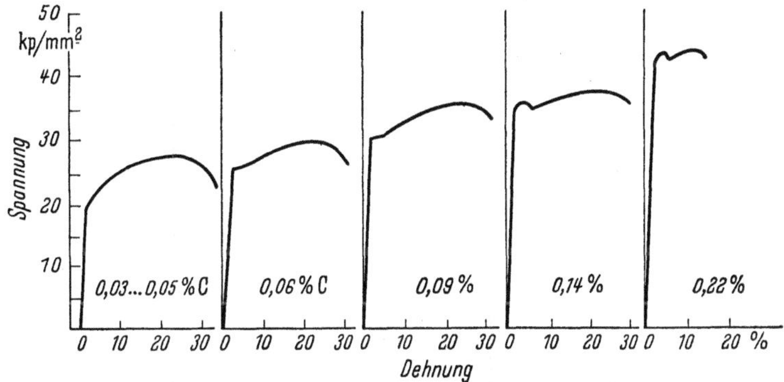

Abb. 304. Dehnungskurven von Thoriumproben verschiedenen Gehalts an Kohlenstoff [*364*]

3.8 Spanabhebende Bearbeitung. Die spanabhebende Bearbeitung von Thorium bietet keine besonderen Schwierigkeiten. Sehr reines Material ähnelt in seinem Verhalten dem Kupfer, härteres dem weichen Stahl. Im allgemeinen sind kleine Schnittgeschwindigkeiten und grober Span erwünscht. Hierdurch wird zu starke Erwärmung der Späne und damit die Entzündungsgefahr verringert, überdies die Aufarbeitung erleichtert. Kühlmittel üblicher wasserlöslicher Art sind empfehlenswert, aber auch trockenes Abdrehen wird ausgeübt. Für Schneidarbeiten werden Sägeblätter aus Schnelldrehstahl empfohlen.

3.9 Verbindungsarten. Die Angaben über Schweißen sind uneinheitlich, wohl wegen verschiedener Schweißbedingungen und unterschiedlichen Reinheitsgrads des Metalls. Wegen seiner lebhaften Neigung zur Oxydation bei hohen Temperaturen können bei Thorium die üblichen einfachen Gas- und elektrischen Schweißungen nicht angewendet werden. Einfache Nahtschweißungen sind mit bestimmten Vorkehrungen möglich. Geringe Zusätze von Molybdän, Wolfram oder Niob verbessern die Schweißbarkeit. Auch Punktschweißung ist bei dünnen Blechen durchführbar, bei dicken bildet das Auftreten von Schweißrissigkeit Schwierigkeiten. Stumpfschweißen gelingt mit dem Helium-Lichtbogen oder mit Wechselstrombogen. Auf diese Weise ist nicht nur die Schweißung von Thorium auf Thorium möglich, sondern auch die auf Thallium, Titan und Zirkonium. Auch Punktschweißung von Thoriumblechen aneinander oder an Thallium oder Molybdän ist möglich.

3.10 Aufbau von Legierungen und keramischen Systemen. Dem Überblick über die Legierungssysteme des Thoriums seien einige Bemerkungen über seine Metallographie vorangestellt. Die Schliffherstellung ist nicht einfach, da Thorium sehr weich ist und daher beim Schleifen die Oberfläche leicht deformiert wird. Weiterhin führen herausgerissene harte Einschlüsse häufig zum Auftreten von störenden Schleifkratzern. Schleifen und Polieren kann trocken vorgenommen werden, vorzuziehen ist jedoch Naßschleifen mit Wasser oder Kerosen als Schmiermittel. Zur Schliffherstellung werden die üblichen harten Schleifmittel, Diamantpaste, Siliziumkarbid und Tonerde, benutzt. Das Polieren kann mit denselben Substanzen in feinerer Körnung vorgenommen werden. Seidentücher werden empfohlen; gelegentlich wird eine 10%ige Oxalsäurelösung für die Suspension des Poliermittels benutzt.

Das chemische Ätzen der Schliffe ist nicht sehr erfolgreich, am geeignetsten hat sich elektrolytisches Polieren erwiesen. Als Elektrolyt werden zumeist 1 Teil Perchlorsäure und 10 Teile Eisessig verwendet. Der Angriff erfolgt bei einer Spannung von 12 bis 40 Volt während 3 bis 30 Sekunden. An Stelle der 10 Teile Eisessig können auch 15 bis 45 Teile Äthylalkohol verwendet werden. Stets ist durch Kühlung zu sorgen, daß die Badtemperatur nicht über 15 °C ansteigt. Das Ergebnis des elektrolytischen Polierens sind zwar glatte rißfreie Oberflächen, die Einschlüsse sind jedoch zerstört, und Lochfraß wird beobachtet. Peinlichst zu beachten ist, daß der verwendete Elektrolyt die Gefahr von Explosionen mit sich bringt. Das Tragen von Schutzbrillen, das Arbeiten hinter Glasschutzwänden ist unbedingt erforderlich. Durch geringe Zugaben von Salpetersäure wird die Explosionsgefahr der Perchlorsäure etwas herabgesetzt. Gute Erfolge, insbesondere hinsichtlich Korngrenzenätzung, werden mit einem Elektrolyt, bestehend aus 100 Teilen Ameisensäure, 2 bis 4 Teilen konzentrierter Salzsäure und 1 bis 2 Teilen 50%iger Jodwasserstoffsäure erzielt. Hierdurch werden auch die Einschlüsse nicht zerstört. Bezüglich weiterer Ätzmittel sei auf [*346*] verwiesen.

Oxyd-, Karbid- und Nitrideinschlüsse werden im allgemeinen in den polierten Proben besser identifiziert als nach Ätzung. Oxydpartikel sind je nach der Herstellungsart der Probe mehr oder minder grobkörnig, regellos verteilt und von dunkelgrauer Farbe. Karbide treten häufig als feinkörnige kugelförmige Ausscheidungen kettenförmig an Korngrenzen gelagert auf. Nitrideinschlüsse erscheinen goldgelb.

Für Korngrenzenentwicklung hat sich auch Ionenbeschuß als brauchbar erwiesen, bei dem die als Kathode geschaltete Probe bei einem Druck von etwa $1{,}5 \cdot 10^{-2}$ Torr durch Argonionen beschossen wird.

Thorium wird im Reaktorbau als Brüterstoff und als Brennstoffkomponente, legiert mit Uran oder Plutonium, verwendet. Wegen der hohen Temperaturen, denen Thorium hierbei ausgesetzt ist, kommt einer Verfestigung durch Legierung erhebliche Bedeutung zu. Bei der Beurteilung der Eignung der Legierungspartner muß naturgemäß weitgehend die Neutronenökonomie berücksichtigt werden. Elemente mit zu großem Einfangquerschnitt für Neutronen scheiden von vorneherein aus. Von den übrigbleibenden bewirkt nur Kohlenstoff eine wesentliche Festigkeitserhöhung, auf die schon oben hingewiesen wurde (vgl. auch IV A 3.11). Ein weiterer leitender Gedanke bei der Auswahl von Thoriumlegierungen für den Reaktorbau ist die Verbesserung der Korrosionsfestigkeit des reinen Metalls. In dieser Richtung liegen heute noch keine wesentlichen Fortschritte vor.

a) Binäre Legierungen. Umfassende Zusammenstellungen von binären Systemen des Thoriums und des Gitterbaus der in diesen Systemen auftretenden Verbindungen sind in [*224, 225, 366*] enthalten. Die beiden binären Diagramme Thorium-Uran und Thorium-Plutonium sind in den Abschn. 1.14 und 2.5 dieses Kapitels bereits besprochen worden. Wir bringen im nachfolgenden nur einige markante Beispiele, die sich auf Systeme mit ausgesprochener Verbindungsbildung, auf Systeme ohne Verbindungsbildung und ohne wesentliche Löslichkeit und auf Systeme mit ausgedehnten Mischkristallgebieten beziehen.

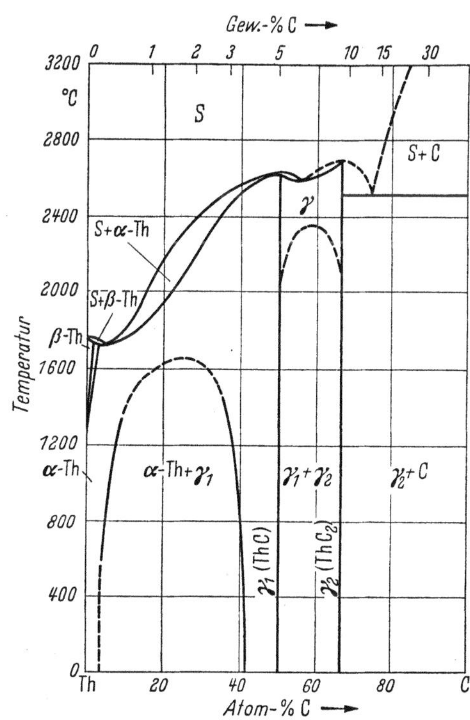

Abb. 305. Binäres Diagramm: Thorium-Kohlenstoff [*225*]

Das Zustandsdiagramm Thorium-Kohlenstoff ist in Abb. 305 dargestellt. Man erkennt den deutlichen Einfluß des Kohlenstoffs auf Umwandlungspunkt und Schmelzpunkt des Thoriums. An Verbindungen treten das kubisch, im Steinsalzgitter kristallisierende ThC ($a = 5{,}34$ Å) und das monokline ThC_2 auf. Die Löslichkeit von Kohlenstoff im α-Th (Einlagerungsmischkristall) nimmt mit steigender Temperatur zu, sie erreicht bei 1300 °C 13,5 At.-% C (0,8 Gew.-%) [*364*]. Auch das Monokarbid ist in der Lage, Thorium bis zu etwa 10 At.-% Überschuß „aufzunehmen", d.h. bis zu etwa 10 At.-% Kohlenstofflücken aufzuweisen. Bei hohen Temperaturen sollen die beiden Phasen kontinuierlich ineinander übergehen.

Das in Abb. 306 dargestellte Diagramm Thorium-Aluminium weist sechs Verbindungen und vier Eutektika auf. Th_2Al, die Verbindung mit dem höchsten Schmelzpunkt, kristallisiert tetragonal. Tetragonal kristallisieren auch die beiden nur bei hoher Temperatur beständigen Phasen, Th_3Al_2 und die ζ-Phase, deren stöchiometrische Zusammensetzung noch nicht ermittelt ist. ThAl kristallisiert rhombisch, $ThAl_2$ und $ThAl_3$ hexagonal. Die Löslichkeit von Aluminium in Thorium ist klein, sie beträgt bei 200 °C etwa 0,8 At.-% (0,1 Gew.-%). Auch auf der Aluminiumseite liegt nur sehr beschränkte Löslichkeit vor. Für sorgfältig homogenisierte Proben wird ein Höchstwert von 0,08 bis 0,1 At.-% Th (0,7 bis 0,8 Gew.-%) angegeben. Mikrohärtemessungen führten bei Verwendung von 99,99%igem Aluminium nur auf etwa 0,001 At.-% Th (0,01 Gew.-%) bei 620 °C.

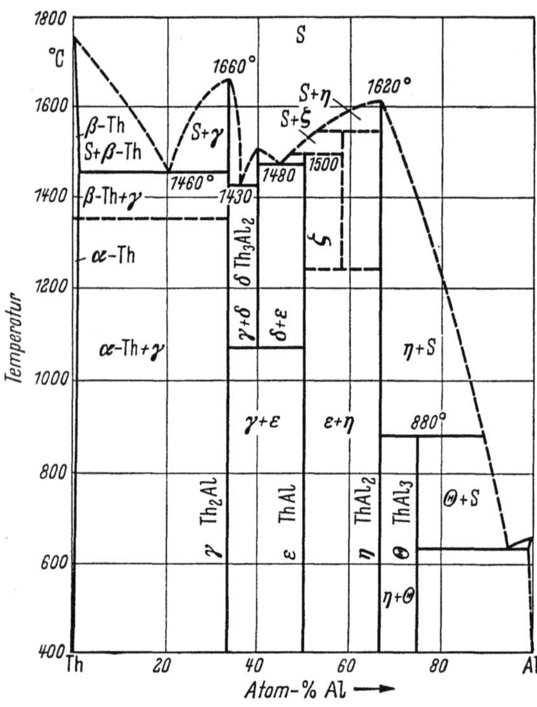

Abb. 306. Binäres Diagramm: Thorium-Aluminium [*225*]

Als Beispiel für ein System ohne Auftreten von Verbindungen und ohne nennenswerte Mischkristallbildung bringt Abb. 307 das Diagramm Thorium-Niob. Ein Eutektikum bei 1435 °C und 18 At.-% Nb (8 Gew.-%) tritt auf. Die Löslichkeit von Niob in Thorium ist außerordentlich gering, sie beträgt bei 1435 °C in β-Th weniger als 2,5 At.-% Nb (1 Gew.-%). Im α-Th wird eine maximale Löslichkeit weit unter 0,25 At.-% Nb (0,1 Gew.-%) angegeben.

Schließlich seien noch einige Beispiele für das Auftreten ausgeprägter Mischkristallgebiete gebracht. Der große Atomradius von Thorium steht weitgehender Löslichkeit hindernd im Wege. Nur wenige Elemente, insbesondere seltene Erden, unterscheiden sich im Atomradius von Thorium um weniger als 14%. Lückenlose Mischkristallbildung wird zwischen α-Th und α-Ce beobachtet [*367*]. Weiterhin wird sie zwischen α-Th und β-La (oberhalb 340 °C, dem Umwandlungspunkt des hexagonalen in das kubisch-flächenzentrierte La) gefunden [*368*] und schließlich zwischen dem kubisch-raumzentrierten β-Th und dem isomorph kristallisierenden β-Zr (vgl. Abb. 308). Der Zusammenhang zwischen Gitterkonstante und Konzentration für Thorium-Zer- und Thorium-Lanthan-Mischkristalle ist in Abb. 309 dargestellt. Während im Falle des Thorium-Lanthan die Abweichung von der VEGARDschen Regel nur gering ist, tritt bei Thorium-Zer ein erheblicher Durchhang der experimentell bestimmten Gitterkonstantenkurve auf, der einer Kontraktion der Zeratome im Mischkristall zufolge eines Übergangs des 4f-Elektrons in eine 5d-Schale zugeschrieben wurde [*369*]. Ausgedehnte Mischkristallbildung wurde auch, mit Hilfe von Gitterkonstantenmessungen, im System Thorium-Yttrium gefunden. Trotz weitgehender Ähnlichkeit der Atomradien ist lückenlose Mischkristallbildung hier wegen der verschiedenen Kristallstruktur (Yttrium kristallisiert in hexagonaler dichtester Kugelpackung) nicht möglich. Die Gitterkonstante des Thoriums wird durch Zulegieren von Yttrium bis etwa 50 At.-% (28 Gew.-%) nur unwesentlich geändert; die Gitterparameter des Yttriums ändern sich gegenläufig durch Mischkristallbildung; während sich die c-Achse durch Zulegieren von Thorium (bis 35 At.-%) vergrößert, verkleinert sich gleichzeitig die a-Achse. Im Bereich von 49 bis 65 At.-% Y liegt ein Zweiphasengebiet [*370*].

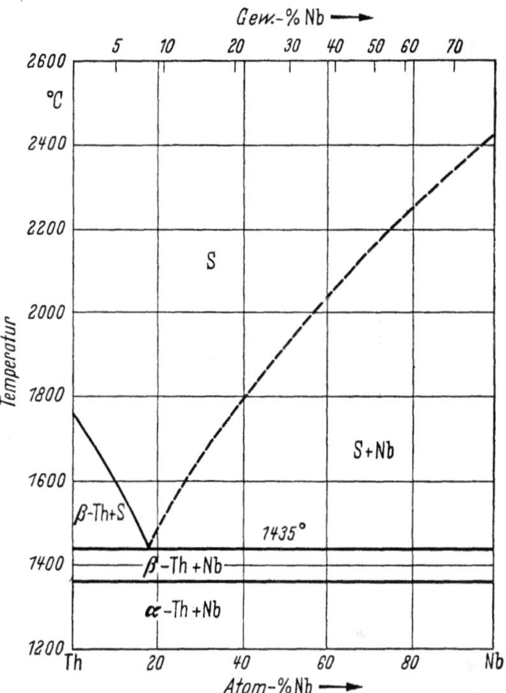

Abb. 307. Binäres Diagramm: Thorium-Niob [*224, 225*]

Von ternären Systemen des Thoriums sind in [*241*] die Systeme Thorium-Uran-Zirkonium und Thorium-Uran-Kohlenstoff beschrieben. Angaben über die ternären Systeme Thorium-Wismut-Blei an Hand eines Isothermenschnitts für 1000 °C und über Thorium-Beryllium-Silizium, Nachweis einer eutektischen Rinne vom Th-Si-Eutektikum zum Th-Be-Eutektikum, finden sich in [*225*].

b) Keramische Systeme. Daß in den Systemen ThO_2-UO_2 und ThO_2-PuO_2 sowie im ternären System ThO_2-UO_2-PuO_2 lückenlose Misch-

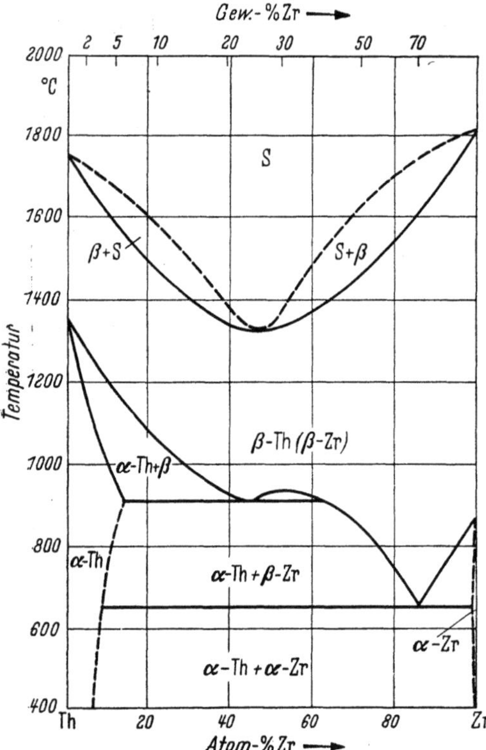

Abb. 308. Binäres Diagramm: Thorium-Zirkonium [*224, 225*]

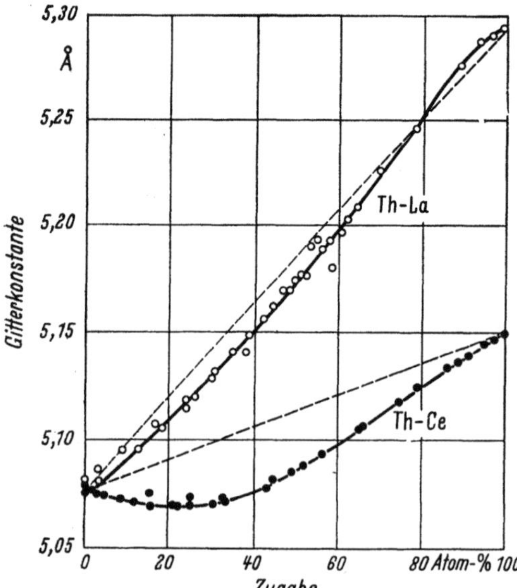

Abb. 309. Abhängigkeit der Gitterkonstanten von Thorium-Zer- und Thorium-Lanthan-Legierungen von der Konzentration des Legierungspartners [*368, 369*]

kristallbildung vorliegt, wurde bereits in den Abschn. IV A 1.14 und IV A 2.5 erwähnt. Auch auf die lückenlose Mischkristallbildung des ThC und UC wurde schon hingewiesen, desgleichen auf die Fähigkeit des UC, bei einem Gehalt von etwa 70 Mol.-% die Mischungslücke zwischen ThC und ZrC zu schließen.

Für Angaben über weitere Systeme des ThO_2 mit anderen Metalloxyden sei auf [*354*] verwiesen. Mischkristallbildung wurde in diesen Fällen nicht beobachtet, der hohe Schmelzpunkt des Thoriumoxyds wird stets, bisweilen außerordentlich rasch, durch Zugabe anderer Oxyde herabgesetzt. In einer Reihe von Fällen werden Zusammensetzung und Temperatur des Eutektikums angegeben.

3.11 Eigenschaften von Legierungen und keramischen Systemen. Über die technologischen Festigkeitseigenschaften von Thoriumlegierungen ist aus einer Übersichtsarbeit [*371*], die binäre Legierungen mit bis zu 5 At.-% Legierungszugabe untersucht, zu entnehmen, daß die weit überwiegende Menge der Zusatzelemente nur sehr geringfügige Änderungen von Streckgrenze und Härte bringt. In einigen

Fällen z.B. bei 5 At.-%Ti, Zr, Nb, V, Se und S treten Abnahmen der Streckgrenze auf, die auf einen Auswascheffekt (Abbindung von verfestigenden Verunreinigungen, vor allem von C und O) zurückgehen dürften. Eine deutliche Verfestigung bringen, worauf schon hingewiesen wurde, Zugaben von Kohlenstoff (Abb. 304). Auch 5 At.-% Indium erhöhen die Streckgrenze erheblich; im Hinblick auf den hohen Neutroneneinfangquerschnitt des Indiums kommen derartige Legierungen im Reaktorbau jedoch nicht in Betracht. Sehr ähnlich wie auf die Streckgrenze wirken sich die untersuchten Zusätze auch auf die Härte der Legierungen aus.

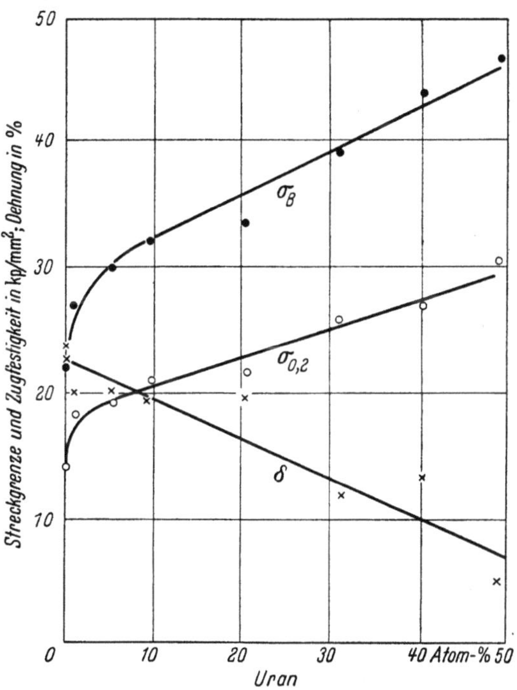

Abb. 310. Konzentrationsabhängigkeit technologischer Festigkeitseigenschaften Th-reicher Thorium-Uran-Legierungen [372]

Die technologischen Festigkeitseigenschaften thoriumreicher Thorium-Uran-Legierungen kennzeichnet Abb. 310. Durch kleine Zugaben treten erhebliche Verfestigungseffekte auf, Erhöhung der Urangehalte bringt sodann einen etwa linearen Anstieg von Streckgrenze und Zugfestigkeit mit zunehmendem Gehalt. Die Dehnung fällt mit steigendem Urangehalt ab. Die Kaltverfestigung der Thorium-Uran-Legierungen ist größer als die unlegierten Thoriums. Wird von Jodid-Thorium ausgegangen, so bringt Einlagerung von Uran eine höhere Verfestigung, gemessen am Streckgrenzenanstieg [*373*], als in dem in Abb. 310 dargestellten Beispiel des bombenreduzierten Thoriums.

Zufolge der Temperaturabhängigkeit der Löslichkeit von Uran in Thorium sind Aushärtungseffekte durch geeignete thermische Behandlung zu erwarten. Entsprechende Versuche mit Urangehalten bis zu 3 At.-% haben allerdings nur geringfügige Härtesteigerungen durch Anlaßbehandlung abgeschreckter Legierungen gebracht. Wird zusätzlich zum Urangehalt noch 1 At.-% Aluminium einlegiert, so tritt eine erhebliche Aushärtung ein, die wohl hauptsächlich auf eine Ausscheidung von Th_2Al zurückzuführen ist, wie aus dem Härteverlauf einer binären Thorium-Aluminium-Legierung erkennbar ist. Abb. 311 bringt die entsprechenden Aushärtungskurven. Ähnliche Verhältnisse werden auch beobachtet, wenn statt von Elektrolyt-Thorium von Ames-Thorium ausgegangen wird [*374*].

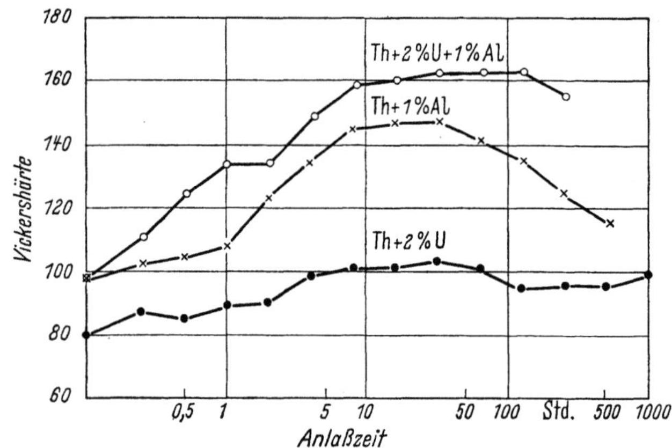

Abb. 311. Aushärtungskurven von Thorium-Aluminium-Legierungen [*374*] (Anlaßtemperatur 600 °C)

Auf die Warmhärte von binären Thorium-Zirkonium-Legierungen bezieht sich Abb. 312. Die Legierung liegt im α-Mischkristallgebiet, so daß Aushärtungseffekte nicht zu erwarten sind.

Abb. 312. Temperaturabhängigkeit der Härte von Thorium und von Thorium-Zirkonium-Legierungen [*374*]
● Th gegossen; ○ Th + 2,5% Zr gegossen; × Th + 2,5% Zr 7 Tage bei 900 °C angelassen

Zum Korrosionsverhalten des Thoriums und seiner Legierungen sei erwähnt, daß frisch hergestellte Schliffflächen ihren hellen Metallglanz an der Luft mit der Zeit verlieren und dunkel anlaufen. Es scheint, daß die Anlaufgeschwindigkeit mit steigenden Oxydverunreinigungen ansteigt. Thoriumblech, das nach Verwalzung mit hochpolierten Walzen eine besonders glatte Oberfläche hat, behält den Metallglanz länger als bei rauher Oberfläche.

In siedendem destilliertem Wasser weist unlegiertes Ames-Thorium eine ausgezeichnete Korrosionsfestigkeit auf. Gleiches gilt für Thorium-Zirkonium-Legierungen (bis 30 Gew.-% Zr), während in zahlreichen anderen binären Legierungen (mit Al, Cr, Mo, Ni, Nb, Pb, Si, Ti und V) die Korrosionsfestigkeit entweder erniedrigt oder überhaupt völlig zerstört ist. Gegenüber Wasser von 200 °C erweist sich weder unlegiertes Thorium noch eine der genannten Legierungen beständig. Nach dreiwöchiger Beanspruchung hielt keine der Proben dem Angriff stand; die Korrosionsgeschwindigkeit ist etwa tausendfach größer als in siedendem Wasser. Gewisse Verbesserungen gegenüber dem unlegierten Thorium zeigen binäre Thorium-Zirkonium- und Thorium-Titan-Legierungen [*375*]. In Wasser von 330 °C erfolgt der Angriff auf Thorium mit außerordentlicher Geschwindigkeit [*372*].

Zum Abschluß seien in Tab. 84 noch einige Eigenschaften von ThO_2-Sinterkörpern zusammengestellt. Wie bei allen Sinterkörpern hängen die

Tabelle 84. *Physikalische Eigenschaften von* ThO_2

lin. Ausdehnungsk.	$10^{-6}/°C$	7,1	(20– 300 °C)
		8,5	(20– 600 °C)
		9,0	(20– 900 °C)
		10,3	(20–1200 °C)
Wärmeleitfähigkeit	cal/cm sek °C	0,025	(b. 127 °C)
		0,011	(b. 527 °C)
		0,005	(b. 927 °C)
spez. Wärme	cal/°C Mol	16,24	(0–100 °C)
Elastizitätsmodul	kp/mm^2	8800	(b. 20 °C; $\varrho = 6{,}7\ g/cm^3$)
		13700	(b. 20 °C; $\varrho = 8{,}0\ g/cm^3$)
		10500	(b. 20 °C)
		13000	(b. 420 °C)
		11100	(b. 870 °C)
		8500	(b. 1170 °C)

Eigenschaften weitgehend von den Herstellungsbedingungen ab. Dichte und Festigkeit steigen im allgemeinen mit steigendem Preßdruck und steigender Sintertemperatur. Deutlicher Einfluß kann Verunreinigungen zukommen. Die in der Tabelle enthaltenen Werte sind daher nur als Richtwerte anzusehen. Ebenso wie Sinterkörper aus UO_2 sind auch die aus ThO_2 hergestellten empfindlich gegenüber Wärmestößen, wofür die mäßige Wärmeleitfähigkeit und der relativ große Ausdehnungskoeffizient verantwortlich sind.

4. Verwendungsart der Brennstoffe im Reaktor

Nach der ausführlichen Beschreibung der als Reaktorbrennstoffe in Frage kommenden Metalle soll in diesem Punkt eine Übersicht über die Art ihrer Verwendung im Reaktor gegeben werden. Wir gliedern die Übersicht je nachdem, ob der Brennstoff fest ist, als metallische Schmelze oder Suspension in solchen Schmelzen vorliegt, oder schließlich als wässerige Lösung oder Suspension in Flüssigkeiten verwendet wird. Für ausführliche Darstellungen vergleiche [*2, 4, 5, 376, 377, 378, 379, 380, 381*].

Tabelle 85. *Reaktoren mit festen metallischen Brennstoffelementen* [382, 383, 384]

Posit. Nr.	Brennstoff		Schutzhülle	Moderator	Kühlmittel	Bezeichnung des Reaktors; Aufstellungsland*
	natürl.	anger.				
1	U		Mg-Leg.	Graphit	CO_2	Calder-Hall u. v. a. (GB), EDF (F), G-2 (F), G-3 (F), SIMEA (I), Tokai-Mura (Ni)
2	U		Mg, Al	Graphit	Luft	Bepo u. a. (GB), BR-1 (B), G-1 (F), Gleep (GB), X-10 (USA)
3	U		Al-Leg.; Stahl**	Graphit	H_2O	Sibirian (SU); Beloyarsk (SU)
4	U		Mg-Be-Leg.; Al	D_2O	CO_2	KS-150 (CS); EL-2 (F)
5	U		Al	D_2O	D_2O; H_2O	CP-6 (USA), Diorit (CH), EL-1 (F), El-3 (F), El-4 (F), FR-2 (D), Halden (N), HFBR (USA), Jeep (N), JRR-3 (Ni) NRU (CA), Zeep (CA); NRX (CA) R-1 (S), TR (SU)
6	U		Zircaloy, Stahl	D_2O	D_2O	HWCTR (USA), Sulzer (CH); TVR-S (SU u. YU)
7		U		H_2O	H_2O	EWA (Pl), Neptune (GB), WWR-2 (SU), WWR-S (SU, CS, DDR, H, Pl u. R)
8		U		BeO	Gas	Brenda (F)
9		UMo	Al	Terphenyl	Terphenyl	Piqua (USA)
10		UMo	Stahl	Graphit	Na	Hallam (USA)
11		UTh	Stahl	Graphit	Na	SRE (USA)
12		UZr	Zircaloy-2	H_2O	H_2O	Shippingport (USA)
13		UZrNb	Zircaloy-2	H_2O	H_2O	EBWR (USA)
14		U	Ni	keiner	Luft	AFSR (USA), USNC (USA)
15		U	Nb u. V	keiner	NaK	DFR (GB)
16		UMo; UZr	Zr	keiner	Na	Enrico Fermi (USA), EBR-1 (USA)
17		U-Fiss.	Stahl	keiner	Na	EBR-2 (USA)
18		U Pu	—	keiner	Na	Rapsodie (F)
19		Pu	Stahl	keiner	Na	BN-50 (SU), BN-250 (SU)
20		Pu	Stahl	keiner	Hg; Na	BR-1 (SU); BR-2 (SU); BR-5 (SU)
21		Pu	Ni	keiner		Zephyr (GB)

* Angegeben durch internationale Kennzeichen. ** Stets austenitischer Cr-Ni-Stahl.

4.1 Fester Brennstoff. Bei dieser Ausführungsform wird der Brennstoff in einzelnen Elementen untergebracht, die im Reaktorkern vereinigt sind. Das Brennmaterial der einzelnen Elemente muß hierbei von Schutzhüllen umgeben sein, die verhindern, daß radioaktive Kernbruchstücke nach außen in Moderator oder Kühlmittel dringen, die weiterhin vor korrosivem Angriff durch Moderator oder Kühlmittel zu schützen haben und bei bestimmtem Aufbau der Brennstoffe im Element schließlich Verformungen unterdrücken. Maßgebend für die Auswahl der Werkstoffe für die Schutzhüllen ist vor allem der kernphysikalisch wichtige Absorptionsquerschnitt für langsame Neutronen und das Verhalten gegenüber Brennstoff auf der einen Seite, Moderator und Kühlmittel auf der anderen unter den Betriebsbedingungen des Reaktors. Ausführlich wird auf diese Gesichtspunkte im Abschnitt über Konstruktionsmaterial (IV E) eingegangen.

Der feste Brennstoff kann in verschiedenen Formen, z. B. Stäben, Platten oder Rohren, vorliegen, die aus massivem Uran, Legierungen auf Uranbasis oder Plutonium bestehen. Er kann weiterhin aus Oxyd oder Karbid gefertigt sein, er kann schließlich den Brennstoff dispergiert in metallischer oder keramischer Matrix enthalten. Die Beschreibung der Brennstoffelemente gliedern wir nach diesen drei Gruppen.

Tab. 85 bringt zunächst Angaben von in Betrieb, im Bau und in Projektierung befindlichen Reaktoren, bei denen massiver metallischer Brennstoff verwendet wird. Außer der Kennzeichnung der Brennstoffe bringt die Tabelle das jeweils für die Schutzhüllen verwendete Material, den Moderator und das Kühlmittel, schließlich Bezeichnung und Land des Reaktors. Neben natürlichem Uran wird vielfach Uran mehr oder minder angereichert an U^{235} verwendet, mehrfach wird eine einphasige Uran-Molybdän-Legierung (1,5 bis 10 Gew.-% Mo) benutzt, ferner Uran-Zirkonium-Legierungen, in einem Fall ein ternärer γ-Mischkristall von Uran-Niob-Zirkonium und eine Uran-Fissium-Legierung.[1]

Bis Position Nr. 13 handelt es sich um thermische Reaktoren, die Positionen Nr. 14 bis 21 betreffen schnelle Reaktoren, in denen an Stelle von Uran mehrfach Plutonium als Brennstoff verwendet wird. Bei den unter Nr. 15 bis 17 angeführten Beispielen, in denen das Brennstoffelement aus angereichertem Uran besteht, bestehen die Elemente der Brüterschicht aus natürlichem Uran in Chrom-Nickel-Stahl-Schutzhüllen.

Über die Herstellung von Formstücken aus Spaltmaterial ist in den Abschn. IV A 1.5 bis 1.7 und 2.4 berichtet worden. Hier sei nur hinzugefügt, daß beispielsweise bei Uran-Zirkonium-Legierungen durch Verwendung von Vakuumschleuderguß eine so gute Oberfläche der Gußstücke erhalten werden kann, daß sie ohne weitere Nachbearbeitung ein-

[1] Die vielfach verwendete Aluminium-Uran-Legierung wird erst bei den Dispersions-Elementen besprochen.

gebaut werden können. Die Einbringung des Zirkoniums in die Uranschmelze erfolgt zweckmäßig durch Verwendung von dünnen Zirkoniumdrähten (große Oberfläche), die in geeigneter Weise bis zu ihrer Auflösung unter der Schmelzoberfläche gehalten werden [*385*]. Für Uran-Plutonium-Legierungen wird ein Verfahren des „steigenden Gusses" zur Herstellung von kleinen Stiften als vorteilhaft beschrieben, das darin besteht, daß über der Schmelze im Vakuumofen eine Reihe von am oberen Ende geschlossenen Pyrexglasröhren eingebracht ist. Nach Ein-

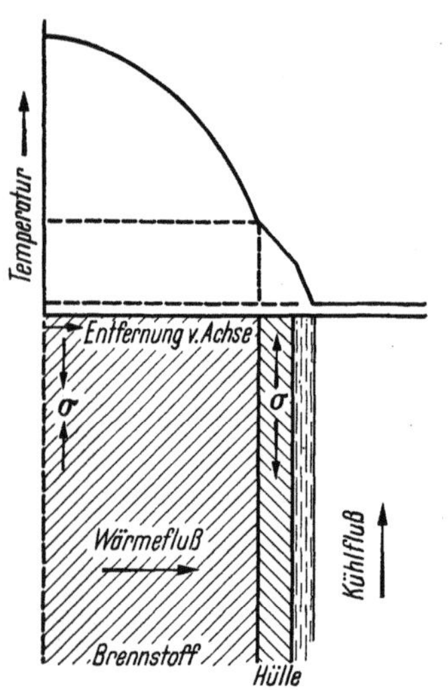

Abb. 313. Schema des Verlaufs von Temperatur und thermischen Spannungen im Brennstoffelement [*387*]

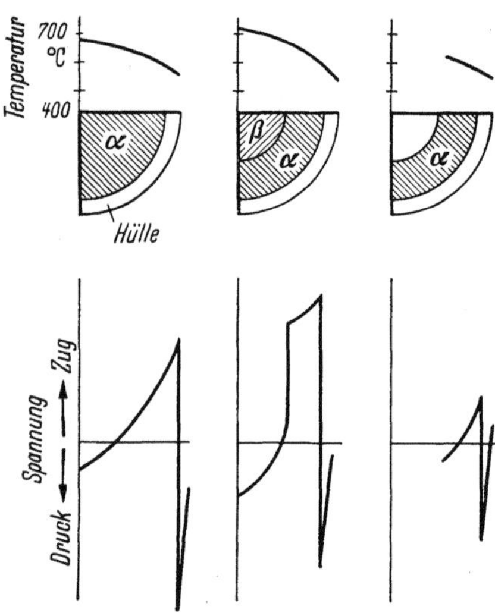

Abb. 314. Temperatur- und Spannungsverlauf im Uranbrennstoffelement bei jeweils gleicher Leistung [*387*]

tauchen der unteren Enden der Röhren wird durch Einbringen von Edelgas die Schmelze in den Röhren nach oben gepreßt. Nach Abkühlung und Entfernung der Glasröhrchen stehen die Stifte auch hier zu sofortigem Einbau in die Schutzhülsen zur Verfügung [*386*].

Von den Fällen abgesehen, in denen die Leistung des Reaktors vernachlässigbar klein ist, muß die Schutzhülle der Brennstoffelemente einen möglichst guten Wärmeübergang vom Brennstoff zum Kühlmittel gewährleisten. Schematisch ist der Verlauf von Temperatur und thermisch bedingten Spannungen im Spaltstoffelement in Abb. 313 dargestellt. Auf das Beispiel Uran als Brennstoff bezieht sich Abb. 314, aus der zu entnehmen ist, daß, für jeweils gleiche Leistung, im Falle des teilweisen Überschreitens des α-β-Umwandlungspunkts maximale Zugspannungen auftreten, geringste thermische Spannungen in dem wichtigsten Fall des röhrenförmigen, nicht ins β-Gebiet erhitzten Spaltstoffelementes vorliegen.

Die gute Wärmeabfuhr erfordert außer einer möglichst großen Oberfläche des Spaltstoffelements im Vergleich zu seinem Volumen eine besonders gute Bindung der Schutzhülle an den Brennstoff. Je nach den Eigenschaften der Werkstoffe für Brennstoff und Schutzhülle und nach der Gestalt des Brennstoffelements ergeben sich verschiedene Möglichkeiten zur Herbeiführung dieses innigen Kontakts. Grundsätzlich kann man dreierlei Vorgehen unterscheiden:

1. der gute Wärmeübergang auf die Schutzhülle wird durch eine Zwischenschicht, bestehend aus einem niedrig schmelzenden Metall in flüssigem Zustand oder aus einem unter Druck stehenden Gas, gebildet,

2. die innige Verbindung von Brennstoff und Schutzhülle erfolgt ohne Zwischenschicht durch geeignete Aufbringungsverfahren und

3. werden durch Erzeugung von Diffusionsschichten ohne oder mit Einfügung einer metallischen Zwischenschicht Brennstoff und Schutzhülle miteinander verbunden [*2*].

Als schmelzflüssige Metallzwischenschicht wird vor allem Natrium oder das Eutektikum Natrium-Kalium verwendet, Schmelzen, die nur geringen Angriff auf Uran zeigen. Für Schutzhüllen wird dann üblicherweise Chrom-Nickel-Stahl benutzt. Zur Herstellung der Brennstoffelemente werden Brennstoff und Schutzhülle auf Fertigmaß hergestellt, der Brennstoff in das zunächst einseitig geschlossene Schutzrohr eingeführt. Am anderen Ende wird ein Pumpstutzen angebracht, der den etwa $^1/_4$ mm dicken ringförmigen Zwischenraum zu evakuieren gestattet. Nach Einfüllen des geschmolzenen Alkalimetalls werden Pump- und Füllstutzen zugeschweißt. Die Alkalischmelze reicht über den Brennstoff hinaus. Oberhalb der Schmelzoberfläche befindet sich ein Heliumpuffer von normalem Druck, der einmal die thermische Ausdehnung der Schmelze während des Betriebs auffängt, zum zweiten die bei der Spaltung gebildeten, aus dem Brennstoff entwichenen Gase aufnimmt.

Mit Gaszwischenschichten (Helium, Wasserstoff, Kohlensäure, Luft unter 25 bis 50 Atm) werden zwar bei weitem nicht die guten Wärmeübergangszahlen wie mit Metallschmelzen erreicht, wohl aber solche der Größenordnung, wie sie durch mechanische Aufbringung der Schutzrohre erzielt werden.

Die Aufbringung von Schutzhüllen ohne Zwischenschicht kann auf sehr verschiedene Art erfolgen: durch Elektroplattieren, durch Eintauchen des Brennstoffs in Metallschmelzen, analog dem Feuerverzinken, durch Aufdampfen bzw. Aufstäuben, durch Aufpressen der Hülsen durch thermische Spannungen (Aufschrumpfen) oder durch hydraulischen Druck, ferner durch gemeinsame spanlose Verformung wie Strangpressen, Walzen, Ziehen und Hämmern entsprechender Verbundwerkstoffe. Den beiden ersten Aufbringungsverfahren haftet der Nachteil an, daß Porosität der Schicht nicht völlig zu vermeiden ist, obwohl beim Elektroplattieren auch mehrere Schichten – Nickel und Blei oder Aluminium – aufgebracht wurden und beim Überziehen durch Eintauchen in Schmelzen neben Zink mit 2% Al auch Legierungen auf Kupferbasis versucht wurden [*3*]. Durch Nachbehandlung derartiger Schichten unter geeigneten Temperaturbedingungen und entsprechendem hydraulischem Druck sind durchaus Verbesserungen zu erwarten, die diese Verfahren für unregelmäßig geformte Brennstoffelemente, bei denen andere, sonst übliche Verfahren nicht anwendbar sind, wertvoll erscheinen lassen [*388*]. Für das Verfahren des Aufdampfens oder Aufstäubens der Schutzschicht ist eine extreme Reinigung der Oberfläche des Spaltstoffs, wie sie nur durch Kathodenzerstäubung erzielt werden kann, unerläßlich. In breiten Versuchsreihen haben sich auf Uran aufgedampfte Chromschichten als am besten erwiesen, allerdings widerstehen auch sie dem Angriff siedenden Wassers im Mittel nur 200 Stunden lang [*389*].

Beim Aufschrumpfen der Schutzhüllen werden in bekannter Weise die thermischen Spannungen zur Erzielung eines festen Sitzes herangezogen, die bei der Abkühlung einer bei hoher Temperatur aufgezogenen Schutzhülle entstehen, wenn ihr Werkstoff einen größeren Ausdehnungskoeffizienten aufweist als der Brennstoffkern.

Beim hydraulischen Verfahren wird das Spiel zwischen Schutzhülle und eingeschlossenem Brennstoff durch äußeren Druck verringert. Die Aufbringung des Drucks erfolgt entweder mit Hilfe einer Flüssigkeit (Öl oder Wasser) oder von Luft. Benutzt werden Drucke bis zu 3000 Atm bei Raumtemperatur und bis 1000 Atm bei erhöhten Temperaturen, die bei Verwendung von Chrom-Nickel-Stahl bis zu 850 °C, bei Zirkonium bis 800 °C [*390*] und bei Aluminium bis etwa 400 °C reichen [*391*]. Im allgemeinen wird das Aufpressen der Schutzhüllen in mehreren Schritten vorgenommen.

Für die Aufbringung der Schutzhüllen durch spanlose Formung von Verbundwerkstücken seien zunächst zwei Beispiele für Strangpressen gebracht. Im ersten werden Bänder von Uran als Dorn benutzt, über die Aluminium beim Durchtritt durch Düsen gepreßt wird. Gegebenenfalls kann zur Verbesserung der Bindung eine Nickelplattierung des Urans vorgenommen werden. Die Arbeitsbedingungen hängen von der Form des zu umhüllenden Uranstreifens und insbesondere von der Dicke der gewünschten Schutzschicht ab, die bei diesem Verfahren bis weit unter 1 mm gebracht werden kann. Die Temperatur der Düse der Strangpresse und des Aluminiumpreßbolzens liegt in der Gegend von 525 °C, die Uranstreifen werden auf 200 bis 300 °C vorgewärmt, die Aufpreßgeschwindigkeit liegt bei 250 bis 300 cm/min, die Preßdrücke umfassen den Bereich von 2450 bis 3240 kp/cm² [*392*]. Auf die gleichzeitige Herstellung zirkoniumgeschützter Brennstoffelemente mit unlegiertem Uran, Uran-

Zirkonium-, Uran-Molybdän-, Uran-Silizium- und Uran-Zirkonium-Niob-Legierungen beziehen sich die in [*393*] beschriebenen Versuche. Der dem Strangpressen unterworfene Preßkörper besteht aus einem Kern von Uran oder einer Uranlegierung, der von einem Hemd und Endstücken aus Zirkonium oder Zircaloy-2 umgeben ist. Kern und Schutzschicht sind für das Verpressen in einem evakuierten verschlossenen Kupfermantel eingeschlossen. Als Beispiel ist in Abb. 315 der Querschnitt durch einen Verbundkörper dargestellt, der zur Herstellung von drei auf der Innen- und Außenseite mit Zirkonium geschützten Uranrohren dient. Das oben erwähnte Kupferschutzrohr ist nicht mit dargestellt. Auf die Gestalt der Uranpreßringe und der zwischen ihnen angeordneten Endstücke aus Zirkonium sei besonders aufmerksam gemacht. Durch diese Formgebung wird erreicht, daß im verpreßten Verbundkörper die Begrenzung des Urankerns glatt und etwa gleichmäßig an den vorderen und rückwärtigen Enden des Uranrohrs verläuft (vgl. Abb. 316, aus welcher die Variation von Länge und Dicke des U-Rohres hervorgeht).

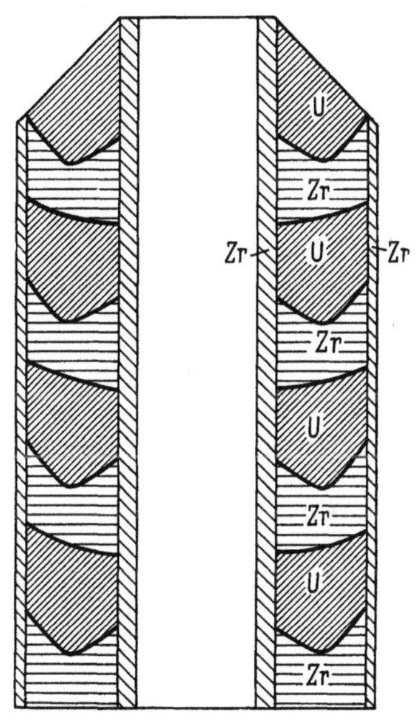

Abb. 315. Verbundkörper für die Herstellung von drei außen und innen mit Zirkonium geschützten Uranrohren [*393*]

Als besonders wichtiges Verfahren zur Herstellung von Brennstoffelementen durch Verbundverarbeitung sei weiterhin das sogenannte

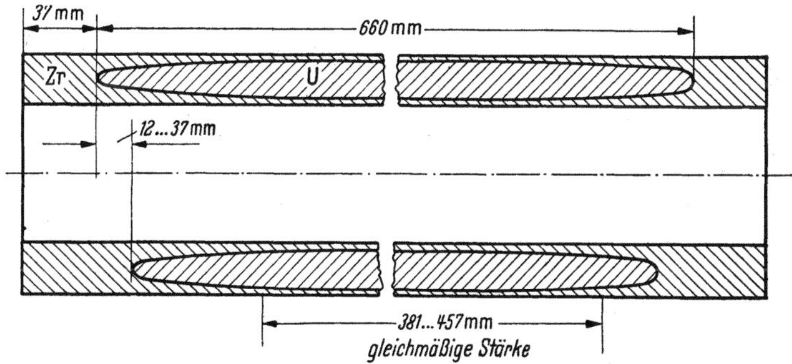

Abb. 316. Längsschnitt durch ein durch Verbundpressen hergestelltes Zr-geschütztes Uranbrennstoffelement [*393*]. (Außendurchmesser 60,3 mm, Innendurchmesser 46,2 mm, Stärke der Zirkoniumschutzhülle 0,75 mm)

„Bildrahmen"-Verfahren kurz beschrieben. Hierbei wird Uran oder eine Uranlegierung in Form von kleinen Platten in Aluminium-, Zirkonium-

oder Chrom-Nickel-Stahl-Rähmchen zwischen ebensolche Platten eingebracht und gemeinsam zu langen Streifen verwalzt (Abb. 317). Die Brennstoffelemente bestehen dann aus mehreren Streifen, die, durch dem Kühlmitteldurchfluß dienende Zwischenräume getrennt, in langgestreckte

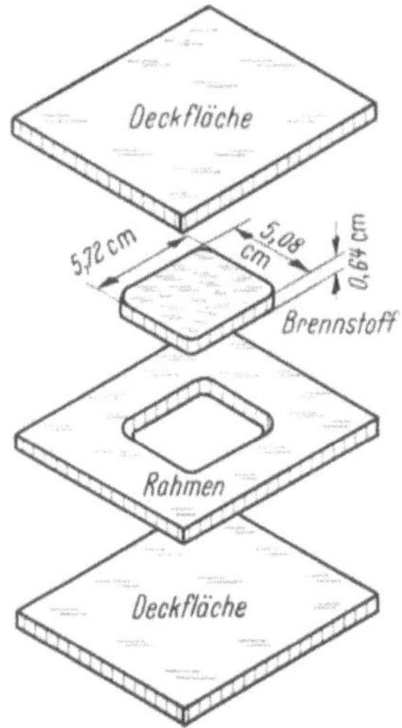

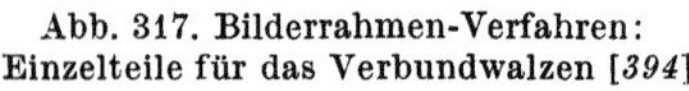
Abb. 317. Bilderrahmen-Verfahren: Einzelteile für das Verbundwalzen [*394*]

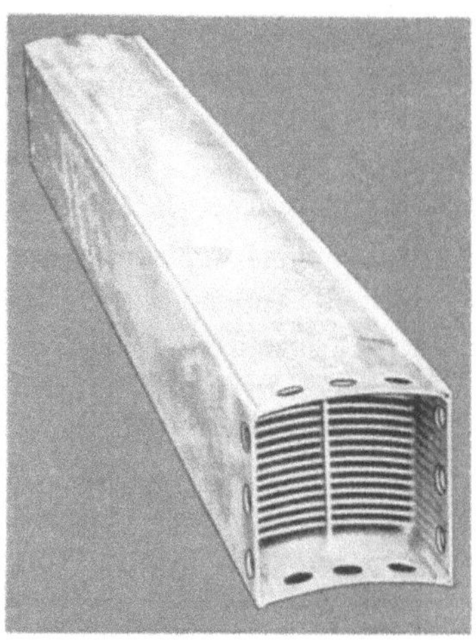

Abb. 318. „MTR“-Brennstoffelement [*394*]

prismatische Hüllen eingebaut sind und ein leichtes Auswechseln einzelner Lamellen ermöglichen (Abb. 318).

Auf die dritte oben angeführte Möglichkeit zur Herbeiführung eines guten Kontakts zwischen Brennstoff und Schutzhülle, Erzeugung vorteilhafter und Unterdrückung störender Diffusionsschichten, wird erst bei der Besprechung des Konstruktionsmaterials eingegangen werden. Hier sei nur erwähnt, daß Hartlöten in vielen Fällen zu gutem Wärmeübergang zwischen Brennstoff und Schutzhülle führt. Weiterhin werden Zwischenschichten auch durch Einlegen von Metallfolien zwischen Brennstoff und Schutzmantel erzeugt, die dann beispielsweise bei dem Bildrahmen-Verfahren bei der Verbundwalzung mitverformt werden. Molybdän hat sich bei der Kombination Uran-Kohlenstoffstahl als wirksamste Zwischenschicht bis zu Betriebstemperaturen von 1100 °C erwiesen [*395*].

Einleitend zu diesem Punkt war erwähnt worden, daß in gewissen Fällen die Schutzhülle auch den Zweck hat, Verformungen des Brennstoffs während des Reaktorbetriebs zu unterdrücken. Für diese Wirksamkeit ist naturgemäß außer den Warmfestigkeitseigenschaften das Verhältnis von Querschnittsfläche des Schutzrohrs zu Querschnitt des Brennstoffs maßgebend. Unlegiertes Zirkonium wird über Temperaturen von 550 °C unwirksam zur Unterdrückung von Kernverformungen,

Chrom-Nickel-Stahl bleibt bis 800 °C wirksam, sofern der Querschnitt mehr als 22% des Brennstoffquerschnitts beträgt und keine Legierungsbildung zwischen Uran und Stahlhülle eintritt. Tantalhülsen bewähren sich bis zu gleichen Temperaturen, selbst wenn das Querschnittsverhältnis nur 7 bis 11% beträgt [*396*]. Entsprechende Angaben über andere Schutzrohrwerkstoffe (Beryllium, Niob) liegen nicht vor.

Auf den Einsatz von festen Brennstoffen in Reaktoren in Form von UO_2 oder PuO_2 bezieht sich Tab. 86, die analog zu Tab. 85 aufgebaut ist. Das Uran im UO_2 kann entweder natürliches oder mehr oder minder angereichertes sein. Das Interesse, das man derartigen keramischen Brennstoffen entgegenbringt, ist begründet durch das Fehlen von Instabilitäten durch thermische Wechselbeanspruchung und Reaktorbestrahlung sowie durch die Hoffnung, mit derartigem Material höhere Brennstofftemperaturen verwenden zu können. Nachteilig wirken sich naturgemäß die schlechte Wärmeleitfähigkeit und die Empfindlichkeit gegenüber Temperaturstößen aus (vgl. IV A 1.15). Die technische Entwicklung keramischer Brennstoffelemente wird wegen der erhofften Vorteile lebhaft vorangetrieben.

Für die Herstellung derartiger Brennstoffelemente kommen vielfach dieselben Verfahren in Betracht, die eben für die Herstellung metallischer Brennstoffelemente beschrieben wurden. Heißgepreßte UO_2-Körper in Schutzrohre eingeführt können z.B. gemeinsam mit diesen stranggepreßt werden [*397*]. Mehrfach wird auf eine besonders wirtschaftliche Herstellung durch Kalthämmern von Verbundkörpern verwiesen, die aus Schutzrohren und eingefülltem UO_2-Pulver bzw. eingebrachten UO_2-Preßlingen bestehen. Auf diese Weise können außer Stäben auch Rohre hergestellt werden, wobei besonders darauf zu achten ist, die Innenwand des Schutzrohres möglichst zu glätten (elektrolytisches Polieren [*97, 398, 399*]). Auch hydrostatischer Druck kann zur Herstellung einer innigen Verbindung zwischen keramischem Brennstoff und Schutzmantel führen. Beispielsweise werden kleine Platten aus verdichtetem UO_2 allseits mit Zircaloy-4 umgeben und bei Temperaturen von etwa 840 °C mit einem Druck von 700 Atm verbunden. Um eine Reaktion zwischen UO_2 und Zircaloy zu vermeiden, müssen geeignete Zwischenschichten für gegenseitige Trennung sorgen. Gut bewährt hat sich eine durch Bedampfung auf die UO_2-Körper aufgebrachte Chromschicht von etwa 1 μ Stärke. Auch durch thermische Zersetzung von Methan erzeugte Kohlenstoffschichten haben sich ausreichend bewährt [*400*].

Von den verschiedenen Vorschlägen zur Schaffung neuer keramischer Brennstoffelemente seien nur noch zwei erwähnt. Der eine betrifft die Herstellung von Tränkwerkstoffen, also die Ausfüllung der Poren von Sinterkörpern, z.B. aus UC mit Metallen [*401*]. Der andere betrifft die Erhöhung der Wärmeleitfähigkeit durch Einlagerung von Molybdänfäden

Tabelle 86. *Reaktoren mit festen keramischen Brennstoffelementen* [*382, 383, 384*]

Posit.-Nr.	Brennstoff	Schutzhülle	Moderator	Kühlmittel	Bezeichnung des Reaktors; Aufstellungsland
1	UO_2	Be	Graphit	CO_2	AGR (GB), East Central Florida (USA), Hero (GB)
2	UO_2	Stahl	Graphit	He	EGCR (USA)
3	UO_2	Al	Graphit	H_2O	RPT (SU)
4	UO_2	Al	D_2O	D_2O	Jeep-2 (N)
5	UO_2	Zircaloy-2 u. 4	D_2O	D_2O	CANDU (CA), CVNPA (USA), NPD (CA), R-3 (S)
6	UO_2	Hasteloy X	H_2O	N_2	ML-1 (USA)
7	UO_2	Zr	H_2O	H_2O	Atomkraftwerk I (DDR), Consumers Power (USA), Energie Nucléaire SA (CH), JPDR (Ni), Lenin (SU), Pathfinder (USA), SELNI (I), SENN (I), VVER (SU)
8	UO_2	Stahl	H_2O	H_2O	Big-Rock-Point (USA), BR-3 (B), ELPHR (USA), Enrico Fermi (I), Humboldt Bay (USA), RR-BN (B), Santa Lucia (C), Savannah (USA), SAXTON (USA), SM (USA), VBWR (USA), Yankee Atomic (USA)
9	UO_2	Zircaloy-2	H_2O	H_2O	BONUS (PR), BWR-Japan (Ni), Dresden (USA), Pacific gas (USA), PWR (USA), RWE (D)
10	UO_2	Al-Leg.	H_2O	H_2O	Northern States (USA)
11	UO_2	Stahl	Terphenyl	Terphenyl	OMRE (USA)
12	UC	C	Graphit	He	AVR (D)
13	PuO_2	Stahl	keiner	Na	BR-5 (SU)

in UO_2. Durch einen 15prozentigen Molybdänanteil wird bei 95 °C die Wärmeleitfähigkeit um 3% erhöht; bei höheren Temperaturen steigt die Wirkung noch [*402*].

Bei den letzten nun zu besprechenden festen Brennstoffelementen, den sogenannten Dispersionselementen, ist der Brennstoff in mehr oder minder feiner Verteilung in einer metallischen oder nichtmetallischen Matrix dispergiert. Die Vorteile eines derartigen Aufbaus eines Elements sind:

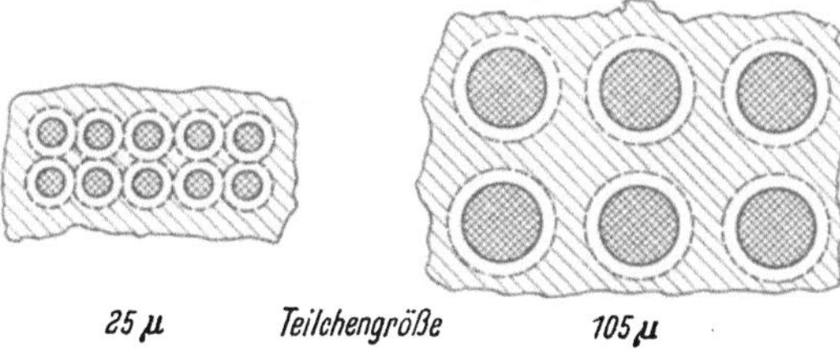

Abb. 319. Bedeutung der Größe der Dispersionsbrennstoffpartikel für die Verteilung der gestörten Zonen [*403*]

1. Eine längere Lebensdauer, herbeigeführt durch Beschränkung der durch die Spaltprodukte bewirkten Störungen der Matrix nur auf die unmittelbare Nachbarschaft der spaltbaren Phase, wodurch große Teile der Matrix unversehrt bleiben.

2. Kann die Strahlenbeeinflussung des Spaltstoffs durch geeignete Auswahl desselben, die nur Verträglichkeit mit der verwendeten Matrix verlangt, klein gehalten werden.

3. Führt die Art des Aufbaus des Elements zu einer großen Variabilität der Kombinationsmöglichkeit Spaltstoff-Matrix, wobei vor allem Kombinationen realisierbar sind, die durch besondere physikalische, chemische und metallurgische Eigenschaften ausgezeichnet und nicht auf andere Weise herstellbar sind [*403, 404*].

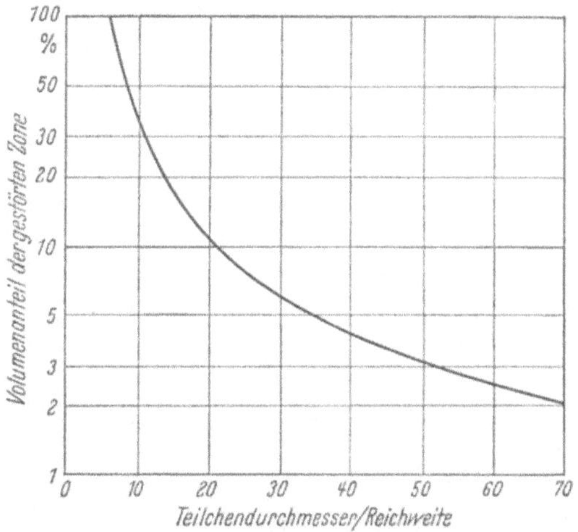

Abb. 320. Volumsanteil der gestörten Zone in Abhängigkeit vom Verhältnis Teilchendurchmesser zu Bruchstückreichweite (20 Vol.-% kugelförmige Brennstoffteilchen) [*403*]

Abb. 319 zeigt schematisch die Anordnung der durch Bruchstückbeschuß gestörten Zonen in der Matrix für konstanten Volumsanteil an Brennstoff. Die Bedeutung der Größe der dispergierten Partikel geht aus der Abbildung klar hervor; bei kleinen Teilchengrößen berühren sich die gestörten Zonen, bei Einlagerung großer Teilchen sind diese Zonen durch ungestörte Bereiche getrennt. Abb. 320 kennzeichnet diese Verhältnisse nochmals durch Angabe des gestörten

Volumsanteils der Matrix als Funktion des Verhältnisses von Partikeldurchmesser und Reichweite der Spaltprodukte in der Matrix (etwa 7 bis 14 μ). Während bei einem Wert von etwa 7 die Matrix 100%ig gestört ist, sind bei einem Wert von 70 nur etwa 2% der Matrix durch Beschuß mit Kernspaltstücken beeinflußt. Mit zunehmender Teilchengröße des dispergierten Brennstoffs sinkt außerdem der Anteil der in die Matrix entweichenden Spaltbruchstücke. Für das Beispiel von UO_2 entweichen bei einem Partikeldurchmesser von 9,4 μ 100% der Kernbruchstücke in die Matrix, bei einem Partikeldurchmesser von 37 μ nur mehr 37% und bei 210 μ nur mehr 3,4% [*2*].

Die allgemeinen Anforderungen an den Dispersionsspaltstoff sind: hoher Gehalt an Uran oder Plutonium, kleiner Neutroneneinfangquerschnitt der Begleitelemente, möglichste Verträglichkeit mit dem Werkstoff der Matrix, sowohl bei der Herstellung als auch im Betrieb, geeignete technologische Eigenschaften, um die Beanspruchung der Brennstoffelementherstellung zu ertragen. Für das Matrixmaterial sind wichtig: kleiner Einfangquerschnitt für Neutronen, ausreichende technologische Eigenschaften und geringe Beeinflußbarkeit durch Neutronenbeschuß, gute Wärmeleitfähigkeit und niedriger Ausdehnungskoeffizient, Verträglichkeit mit dem Material der Schutzhüllen und schließlich Korrosionsfestigkeit gegenüber dem Kühlmittel (für den Fall der Zerstörung der Schutzhüllen).

Tabelle 87. *Für Dispersionen geeignetes spaltbares Material* [*403*]

Verbindung	Dichte in g/cm³	Volumenanteil Uran	Schmelzpunkt in °C	Absorptionsquerschnitt d. 2. Komponente in barn
U	18,9	1,0	1120	
U_6Fe	17,7	0,91	815	2,53
U_6Ni	17,6	0,89	—	4,6
U_3Si	15,6	0,77	930	0,13
U_2Ti	15,22	0,73	—	6,0
UN	14,3	0,71	2630	1,88
UC	13,6	0,69	2270	0,0032
U_3Si_2	12,2	0,59	1665	0,13
UC_2	11,7	0,56	2400	0,0032
UO_2	10,96	0,53	2500	0,0002
U_3O_8	8,39	0,38	—	0,0002
UAl_2	8,9	0,35	1500	0,23
UZr_2	10,3	0,31	—	0,18
UAl_3	6,7	0,26	1320	0,23
UAl_4	6,0	0,22	730	0,23
UBe_{13}	4,37	0,15	2000	0,010

Aus der großen Zahl der als Einlagerungsbrennstoff in Frage kommenden Materialien ist in der Tab. 87 eine Auswahl gegeben, wobei besonders auf hohen spaltbaren Anteil und kleinen Einfangquerschnitt für

Neutronen Rücksicht genommen wurde. In Tab. 88 wird ein Überblick über die Kombinationen von Dispersionspaltstoff und Matrix gegeben, die bereits auf ihre Strahlenfestigkeit untersucht worden sind. Es handelt sich dabei um Metall-Legierungen, um Mischungen von Metallen und Mischungen von keramischen Stoffen mit Metallen oder mit anderen keramischen Stoffen. Angaben über das Material der auch bei den Dispersionsbrennstoffelementen notwendigen Schutzhüllen sind nicht aufgenommen. Bei den in Tab. 89 zusammengestellten praktischen Ausführungsformen von Brennstoffelementen sind, ebenso wie bereits in den Tab. 85 und 86, auch hierfür entsprechende Hinweise enthalten.

Tabelle 88. *Dispersions-Brennstoff-Systeme* [*405*]

Dispergierte Phase	Matrix
UO_2	rostfreier Stahl (austenit. u. ferrit.), Eisen, Ni-Cr-Leg., SiC-Si, $MoSi_2$, Niob, Aluminium, Zirkonium, Zircaloy, Graphit, ThO_2, BeO, Al_2O_3, SiO_2
U	Magnesium, Thorium, Zirkonium, Zircaloy
UAl_4	Aluminium
UZr_2	Zirkonium, Zircaloy
UC	rostfreier Stahl, Zirkonium, Zircaloy
UN	rostfreier Stahl, Zirkonium
U_3Si	Zirkonium
U_6Ni	Zirkonium
U_2Ti	Zirkonium

An der Spitze der Tab. 89 steht das Brennstoffelement, das ursprünglich im Material Testing Reactor verwendet wurde und das seither in mannigfacher Abwandlung vielfach Verwendung auch in anderen Reaktoren gefunden hat. Zunächst handelte es sich um ein nach dem Bilderrahmen-Verfahren hergestelltes Element, bei dem eine Legierung von Aluminium und angereichertem Uran als Brennstoff verwendet wurde. Bei einer benutzten Urankonzentration von 14 bis 25 Gew.-% besteht das Gefüge einer derartigen Legierung aus primär ausgeschiedener Verbindung UAl_4 umgeben von einer Matrix, bestehend aus dem Eutektikum Al und UAl_4. Bei der Herstellung uranreicherer Legierungen bestehen Schwierigkeiten durch Seigerungen und dadurch Ungleichmäßigkeit der Uranverteilung [*394*]. Man hat diese Schwierigkeiten einmal dadurch umgangen, daß man in diesen Fällen Pulvergemische von UO_2 und Aluminium verwendet hat, wobei man mit dem Urangehalt bis zu 60% gehen kann. Ein zweiter Weg besteht (vgl. IV A 1.14) in der Zugabe geringer Mengen von Silizium, welche es ermöglicht, Aluminium-Uran-Legierungen mit bis etwa 50 Gew.-% U in geeigneter Weise für Brennstoffelementherstellung zu erzeugen. An Stelle der Brennstoffelementherstellung durch gemeinsame Verwalzung von Brennstoffplatte, Schutzrahmen und -blechen wurde auch ein Umgießen der Spaltstoffplatte mit Aluminium und Walzen dieses Verbundwerkstoffs auf Enddicke vor-

Tabelle 89. *Reaktoren mit Dispersions-Brennstoffelementen* [382, 383, 384]

Posit.-Nr.	Brennstoff/Matrix	Schutzhülle	Moderator	Kühlmittel	Bezeichnung des Reaktors; Aufstellungsland
1	U/Al bzw. UAl_4/Al	Al	H_2O	H_2O	MTR (USA), MTR-Typ: ASTRA (A), BR-2 (B), CAMEN (I), FRM (D), Hamburg (D), Melusine (F), Merlin (GB u. D), SAPHIR (CH) u. v. a.
			D_2O	D_2O	Pluto (GB), Dido (GB, D, I) u. v. a.
			Graphit	H_2O; Luft	AMF-GNE (USA), Brookhaven (USA)
			Be	H_2O	BRO-2 (B), ORR (USA), R-2 (S),
2	U/Stahl	Stahl	H_2O	H_2O	SPERT (USA)
3	U/Th	Graphit	(Graphit)	He, N_2	Dragon (GB), Zenith (GB)
4	U/ThC	Graphit	(Graphit)	He	Dragon (GB), HTGR (USA)
5	U/ZrH	Al	ZrH	H_2O	Irga (USA), Rega (USA), Triga (USA), Wien (A) u. a.
6	UMo/Mg	Stahl	Graphit	H_2O	APS-1 (SU) ·
7	UO_2/Al	Al	H_2O; Graphit	H_2O	WWR-M (SU), WWR-C (SU), RPT (SU)
8	UO_2/Stahl	Stahl	H_2O	H_2O	APPR (USA), Borax-5 (USA), BSR-2 (USA), BWR (USA), PM-1 (USA)
			Terphenyl	Terphenyl	OMRE (USA)
			Santowax	Santowax	EOCR (USA)
9	UO_2/Mg	Al	H_2O	H_2O	ITR (SU, CS, DDR, H, R)
10	UO_2/Th	Stahl	H_2O; D_2O	H_2O; D_2O	Rural cooperativ Power Assn. (USA), Wolga (SU)
11	UO_2/Graphit	Zr	Graphit	Luft	Treat (USA)
12	UO_2/ThO_2	Stahl	H_2O	H_2O	CETR (USA), Borax (USA), ERR (USA), Indian Point (USA)
13	UO_2/Polythen	Al-Ni-Leg.	H_2O	H_2O	AGN (USA)
14	U_3O_8/Polyäthylen		Polyäthylen		SUR (D)
15	U_3O_8/Al	Al	Graphit	H_2O	Argonaut (USA), SAR (D) u. a. m.
16	UC/Graphit	Graphit	Graphit	He	AVR (D)
17	UNO_3/Graphit	Graphit	Graphit	He	Turret (USA)
18	PuO_2/UO_2	Stahl	keiner	Na	Rhapsodie (F)

geschlagen [*406*]. Völlig analog, wie eben für Aluminium-Uran-Legierungen beschrieben, liegen die Verhältnisse auch im Falle der Aluminium-Plutonium-Legierungen; auch hier sind bei Plutoniumgehalten bis zu etwa 25 Gew.-% $PuAl_4$-Kristalle in einer Matrix aus dem Eutektikum Al und $PuAl_4$ eingebettet [*407*]. Auch bei Zirkonium-Uran-Legierungen (mit weniger als etwa 40 Gew.-% U) besteht, dem binären Diagramm entsprechend, die Möglichkeit der Einlagerung von Spaltstoff in einer fast spaltstoffreinen Matrix (UZr_2 in Zr). Bei der Verwendung der Zirkonium-Uran-Legierung als Brennstoff wird Zirkonium oder Zircaloy als Schutzmaterial verwendet, ein Werkstoff, der auch bei Dispersionselementen mit Pulvergemischen aus UO_2 und Zr Verwendung findet. Außer den eben besprochenen Beispielen sind noch zahlreiche weitere Kombinationen zur Herstellung von MTR-Typ-Elementen verwendet worden. Naturgemäß lassen sich alle diese Kombinationen auch in anderer Weise zu Brennstoffelementen zusammenbauen, wofür in der Tab. 89 Beispiele enthalten sind.

Von besonderer Wichtigkeit für die Verwendung bei hoher Temperatur sind Brennstoffelemente mit Pulvergemischen von UO_2 und Chrom-Nickel-Stahl in Schutzhüllen ebenfalls aus Chrom-Nickel-Stahl. Die Tatsache, daß der Brennstoff hier in kubisch kristallisierender Form vorliegt, daß er, die Matrix und die Schutzhüllen gute Korrosionsfestigkeit aufweisen, daß Matrix und Hüllenmaterial überdies ausreichende Festigkeitseigenschaften besitzen, läßt erkennen, daß ein derartiges Brennstoffelement die eingangs aufgestellten Forderungen an ein Dispersionsbrennstoffelement weitgehend erfüllt. Über die Bedeutung der Reaktorbestrahlung für die technologischen Festigkeitseigenschaften eines Dispersionsbrennstoffs, 25 Gew.-% UO_2 und Chrom-Nickel-Stahl, gibt Tab. 90 Auskunft. Die hohen Abbrände belegen die große Lebensdauer derartiger Elemente. Bemerkenswert gegenüber dem Verhalten von metallischem Uran (Tab. 61, S. 288) ist außerdem, daß trotz höheren

Tabelle 90. *Wirkung von Reaktorbestrahlung auf die Festigkeitseigenschaften von* UO_2-*Dispersionen in* 18/8 Cr–Ni-*Stahl* [*408*]

U-Abbrand in %	Versuchs-temp. in °C	Streckgrenze Ausgangsw. in kp/mm²	Streckgrenze $\Delta\sigma_{0,2}$ in %	Zugfestigkeit Ausgangsw. in kp/mm²	Zugfestigkeit $\Delta\sigma_B$ in %	Dehnung Ausgangsw. in %	Dehnung $\Delta\delta$ in %
3,2	20	16,1	+ 94	32,0	+ 4,3	16	− 50
15,3			+ 86		+ 1,5		− 75
21,3			+ 102		+ 7,6		− 88
6,7	537	9,7	+ 104	17,6	+ 29,0	9	− 55
10,5			+ 127		+ 32,5		− 67
19,4			+ 126		+ 34,5		− 78
6,6	649	8,7	+ 55	14,0	+ 8,6	11	− 73
12,0			+ 54		+ 4,4		− 73
18,5			+ 49		− 7,8		− 82

Abbrands im Dispersionselement eine recht merkliche Dukilität erhalten bleibt. Das günstige Verhalten derartiger Brennstoffelemente gegenüber thermischer Wechselbeanspruchung sei durch folgende Zahlen belegt. In einem Dispensionsbrennstoff bestehend aus 30 Gew.-% UO_2 und Eisenmatrix treten nach 250 Zyklen zwischen 260 und 810 °C die ersten sichtbaren Risse auf, und erst nach 1000 Zyklen wird starke Rißbildung beobachtet. Wird als Matrixmaterial austenitischer Chrom-Nickel-Stahl benutzt, so führen auch 17000 Zyklen im erwähnten Temperaturbereich noch nicht zu Rißbildung [*409*].

Für einen gasgekühlten Hochtemperaturreaktor wurde ein interessantes neuartiges Brennstoffelement vorgeschlagen, das aus einer Kugel (etwa 6 cm Durchmesser) besteht, die eine mit einem Gemisch aus Urankarbid und Graphit gefüllte Bohrung besitzt. Ein thermisch stabilisierter Graphitschraubstopfen schließt die Bohrung ab. Das Mischungsverhältnis von Uran zu Kohlenstoff hängt vom Anreicherungsgrad des Urans ab. Bei dem im Bau befindlichen Reaktor (AVR) wird bei einem Anreicherungsgrad des Urans von 20% ein Atomverhältnis von U : C = 1 : 50 verwendet. Der verwendete Brennstoff ist bis zu 1500 °C, der Temperatur im Spaltstoffzentrum, in Kontakt mit Graphit chemisch stabil. Bei der Auswahl des Karbids, UC oder UC_2, für den Brennstoff braucht in diesem Dispersionselement die gute Wärmeleitfähigkeit des UC nicht besonders berücksichtigt zu werden, da die Wärmeableitung im wesentlichen durch die Matrix, also den Graphit, erfolgt. Als Vorteil derartiger Brennstoffelemente wird außer ihrer hohen Temperaturbeständigkeit auf die Leichtigkeit des Abziehens verbrauchter und des Nachfüllens neuer Elemente hingewiesen. Da eine gasdichte Ummantelung der Graphitkugeln nicht vorliegt, tritt naturgemäß bei laufendem Betrieb eine Verseuchung des Kühlgases vor allem durch radioaktive Edelgase ein, die durch eine entsprechende Reinigung stationär gehalten werden muß. Ein Brüterreaktor kann durch Zugabe analoger Elemente mit Thoriumkarbidfüllung aufgebaut werden [*410, 411, 412*]. Auf „homogenen" Brennstoff, hergestellt durch Kaltpressen und Sintern von Pulvergemischen aus Graphit und Uran- bzw. Thoriumkarbiden wird in [*413*] hingewiesen. Schließlich sei noch erwähnt, daß ein Brennstoffelement (für geringe Leistung) bestehend aus Graphit imprägniert mit UO_2 dadurch erreicht werden kann, daß entgaste Blöcke von Graphit mit Uranylnitrat getränkt werden und dieses anschließend bei etwa 850 °C zersetzt wird [*414*].

Ein homogenes Brennstoffelement, diesmal auf Legierungsbasis, findet im Triga-Reaktor (Reaktor mit kleiner Leistung) Verwendung. Ausgegangen wird von einer Zirkonium-Uran-Legierung (8 Gew.-% U; UZr_2 in Zr-Matrix), die in üblicher Weise durch Lichtbogenschmelzung und spanlose Formung auf die gewünschte Form gebracht und anschließend bei etwa 750 °C im Vakuum geglüht und sodann mit gereinigtem Wasserstoff hydriert wird. Die hierzu erforderliche Zeit hängt von Gestalt und Größe des Formstücks und dem gewünschten Wasserstoffgehalt ab. Sie beträgt für Stäbe von etwa 40 cm Länge und 4 cm Durchmesser bei einer gewünschten Zusammensetzung von 91 Gew.-% Zr, 8% U und 1% H einige Stunden. Den günstigen kernphysikalischen Eigenschaften der U-Zr-H-Legierung, die Brennstoff- und Moderatoreigenschaften in sich vereinigt, stehen nur mäßige technologische Eigenschaften gegenüber; für das praktisch spröde Material liegt die Zugfestigkeit bei Raumtemperatur bei etwa 20 kp/mm² [*415*].

Wenn auch in einer Reihe von Fällen Dispersionselemente – und zwar sehr wichtige – auf dem Wege über Gußherstellung und spanlose Formung gewonnen werden, so überwiegt doch schon mit Rücksicht auf die große Vielfalt der Kombinationsmöglichkeiten die pulvermetallurgische Herstellung. Ebenso wie bei den festen keramischen Brennstoffen sind auch bei den festen Dispersionsbrennstoffen grundsätzlich alle üblichen pulvermetallurgischen Herstellungsverfahren brauchbar. Als besonderen Spezialfall möchten wir auf den Schlickerguß hinweisen, der sich im Falle der Herstellung eines Dispersionselements aus UO_2 und Chrom-Nickel-Stahl bewährt hat, wobei auch die Hülle durch Schlickerguß erzeugt wird. Die nach Sinterung erhaltenen Festigkeitswerte liegen mit 52 kp/mm² Zugfestigkeit und 55% Dehnung sehr nahe bei denen eines Elements, das durch Walzen und Anlassen hergestellt worden war (54 kp/mm² und 60%) [*416*]. Für die Herstellung von Dispersionselementen aus UO_2 und Chrom-Nickel-Stahl in Form sehr dünnwandiger Rohre, die besonders günstige Bedingungen für Kühlung bieten, wird darauf hingewiesen, daß eine gute Bindung des Brennstoffhohlzylinders an die Schutzhüllen beim Ziehen des Verbundkörpers nur dann erzielt wird, wenn durch geeignete chemische Vorbehandlung die Brennstoffoberfläche von UO_2-Körnern befreit wird [*417*].

Diese sehr gedrängte Übersicht über die Dispersionselemente abschließend, sei betont, daß ihre Weiterentwicklung insbesondere für die Gewinnung von Brennstoffelementen für hohe Temperaturen besonders aussichtsreich erscheint. Hierzu wird man die Metalle als Matrix verlassen und durch keramische Stoffe, wie BeO (besonders niedriger Einfangquerschnitt), Al_2O_3, SiC, (eventuell Yttrium- oder Zer-Verbindungen) usw. ersetzen. Auf die vorzüglichen Eigenschaften von Graphit als Matrixmaterial ist oben bereits hingewiesen worden.

Die in diesem Punkt beschriebenen festen Brennstoffelemente müssen vor ihrem Einsatz in mannigfaltiger Weise geprüft werden. Ohne auf diese Prüfungen im einzelnen einzugehen, sei nur darauf hingewiesen, daß die Herstellungsgüte besonders durch Prüfung der Bindung von Brennstoff und Schutzhülle, Kontrolle der Dicke und Dichtigkeit der

Schutzhülle und Gleichmäßigkeit der Verteilung des Spaltstoffs überwacht wird. Außer auf die allgemeinen Übersichten sei hierzu auch auf [*418*] verwiesen.

Beim Einbau der Brennstoffelemente in den Reaktorkern werden sie im allgemeinen zu Gruppen zusammengefaßt, wodurch die Zuverlässigkeit des Reaktors erhöht, seine Bedienung, vor allem was die Auswechslung einzelner Brennstoffelemente betrifft, erleichtert und auch in vielen Fällen die Konstruktion und der Bau des Reaktors vereinfacht wird. Die Verfahren, welche zur Zusammenfassung einzelner Elemente zu Gruppen benutzt werden, hängen von vielen Umständen, wie Arbeitstemperatur, korrosive Wirkung des Kühlmittels, Strahlungsbeeinflussung, Gestalt und Größe der Brennstoffelemente und Art des Schutzhüllenmaterials ab. Die wichtigsten Methoden sind Schweißen, Hartlöten und mechanische Verbindung. Beim Schweißen, das ebenso wie das Hartlöten auch zur Verbindung von Abschlußpfropfen und Umhüllung einzelner Elemente dient, finden auch die modernen Ausführungsformen, Ultraschallschweißen, Schweißung durch Elektronenbeschuß, Verwendung. Für das Hartlöten wurden zahlreiche Lotzusammensetzungen erprobt, um den Anforderungen hinsichtlich Schmelzpunkt, Dichtigkeit und Korrosionsfestigkeit der Lötnaht zu entsprechen. Für den wichtigen Fall des Chrom-Nickel-Stahls im Druckwasser-Reaktor vgl. [*409*].

Auf die Aufarbeitung verbrauchter Brennstoffelemente braucht hier nicht mehr eingegangen zu werden, da darüber ausführlich im Abschnitt über Plutoniumgewinnung (IV A 2.2) berichtet wurde. Die zahlreichen Verfahren erfordern erhebliche Schutzmaßnahmen. Um sie wirtschaftlich zu gestalten, trachtet man das Uran möglichst rasch in erneut einsatzfähiger Form, gegebenenfalls unter Inkaufnahme von Beimengungen an Fissium, wiederzugewinnen.

Sehr vereinfacht ist die Aufarbeitung bei den im folgenden zu besprechenden flüssigen Brennstoffen; die Entfernung der neutronenabsorbierenden Spaltbruchstücke erfolgt gegebenenfalls in kontinuierlichem Betrieb.

4.2 Flüssiger Brennstoff; metallische Schmelzen, Suspensionen in geschmolzenen Metallen. Zu den eben erwähnten Vorteilen flüssiger Brennstoffe gegenüber festen, nämlich die vereinfachte Aufarbeitung und die Möglichkeit, die die Neutronenökonomie störenden Spaltprodukte kontinuierlich zu entfernen, kommen weitere Vorteile: die weitgehende Freiheit von Störungen durch zyklische Temperaturbeanspruchung und Strahlenschädigung, die besonders gute Wärmeübertragung und das Fehlen von Begrenzungen der Betriebstemperatur durch Phasenumwandlungen von Uran und Plutonium. Schließlich fällt auch die bisweilen komplizierte Brennstoffelementherstellung weg. Diesen Vorteilen stehen allerdings auch einige Nachteile gegenüber, wie die Notwendigkeit, radioaktive Metallschmelzen umzupumpen, die erhebliche Beanspruchung des Rohrmaterials durch Korrosion und Erosion, Verlust von Spaltmaterial durch Ablagerung außerhalb des Reaktorkerns, Gefahr des Auftretens induzierter Radioaktivität außerhalb des Kerns durch Wirkung verzögerter Neutronen und Verseuchung von Pumpen und Wärmeaustauscher durch Ablagerung von Spaltprodukten, was zur Notwendigkeit führt, Pumpenaggregat und Wärmeaustauscher in den abzuschirmenden Bereich einzubeziehen. Eine Komplikation für die Inbetriebnahme eines Reaktors mit flüssigem metallischem Brennstoff bildet schließlich die Tatsache, daß bei den meisten verwendeten Metallen und Legierungen der Schmelzpunkt über Raumtemperatur liegt. Eine ausführliche Übersicht über flüssige Brennstoffe gibt [*419*].

Uranschmelzen kommen wegen des hohen Schmelzpunkts des Metalls im allgemeinen als Spaltmaterial kaum in Frage. Eutektika mit erheblicher Schmelzpunktserniedrigung (Eisen, Kobalt, Nickel, Chrom) bilden eher eine technische Lösung. Bei Plutonium besteht im Hinblick auf den niedrigen Schmelzpunkt die Möglichkeit, das Metall in geschmolzenem Zustand zu verwenden, ganz besonders dann, wenn eutektische Legierungen verwendet werden, deren Schmelzpunkt (vgl. Tab. 80, S. 360) im Bereich von 400 bis 550 °C liegt. Während in den Eutekticis mit Übergangsmetallen Plutonium in sehr hoher Konzentration vorliegt (ein Umstand, der wegen der kleinen kritischen Masse des Pu zu beachten ist), enthält das Magnesium-Plutonium-Eutektikum den Spaltstoff in erheblicher Verdünnung [*420*]. In ternären oder quarternären Legierungen wird noch eine gewisse weitere Schmelzpunktserniedrigung möglich sein. Natürlich wirft die Verwendung einer Metallschmelze von hoher Temperatur für die Auswahl des Konstruktionsmaterials sehr schwierige Probleme auf. In dem LAMPRE-Reaktor (Los Alamos) wird als Brennstoff das geschmolzene Plutonium-Eisen-Eutektikum verwendet, als Behältermaterial hat sich Tantal als am vorteilhaftesten erwiesen, auch gegenüber dem als Kühlmittel vorgesehenen flüssigen Natrium.

Eine weitere Möglichkeit für schmelzflüssigen Brennstoff, allerdings von hoher Verdünnung der spaltbaren Komponente, bietet die Auflösung von Uran und Plutonium in Metallschmelzen kleinen Neutroneneinfangquerschnitts und niedrigen Schmelzpunkts. Von den unter diesen Gesichtspunkten auszuwählenden Metallschmelzen kommt nur Wismut in Frage. Abb. 321 zeigt die Temperaturabhängigkeit der Löslichkeit von Uran, Plutonium und Thorium in geschmolzenem Wismut. Für Uran beträgt sie bei 500 °C etwa 0,5%, was bei Verwendung hoch angereicherten Metalls zur Aufrechterhaltung der Kettenreaktion ausreicht. Für Plutonium liegen die Verhältnisse noch günstiger, bei Thorium hingegen ist die Sättigungskonzentration der Lösung so niedrig, daß ein geeigneter Brütstoff auf diesem Wege nicht erhalten werden kann. Wohl aber gelangt man zu einem schmelzflüssigen Thoriumbrütstoff durch Verwendung des Thorium-Magnesium-Eutektikums. Als Behältermaterial hat sich Tantal sowohl für geschmolzene Wismut-Uran-Legierungen bis 1100 °C, als auch für das Thorium-Magnesium-Eutektikum bis 800 °C bewährt [*421*]. Ausführlicher kommen wir auf diese sehr ernsten Korrosionsprobleme im Kapitel über Kühlmittel nochmals zurück.

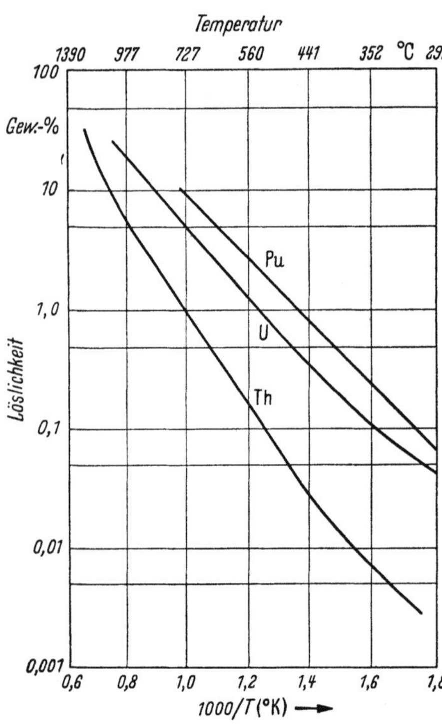

Abb. 321. Temperaturabhängigkeit der Löslichkeit von Thorium, Uran und Plutonium in geschmolzenem Wismut (aus [*419*])

Die eingangs erwähnte Möglichkeit der kontinuierlichen Aufarbeitung der flüssigen Brennstoffe ist im Falle der Wismut-Uran-Legierung dadurch gegeben, daß die meisten der entstehenden Spaltprodukte in Wismut löslich sind. Bei Behandlung mit geschmolzenen Salzmischungen von LiCl und KCl bei etwa 450 °C gelangt der Großteil der Spaltprodukte in das Salzgemisch, während der Urangehalt durch diese Behandlung unverändert bleibt. Das bei der Spaltung in ziemlichen Mengen entstehende Molybdän ist dagegen nur in außerordentlich niedrigen Konzentrationen in der Wismutschmelze bei Temperaturen unter 800 °C löslich; es wird durch die Salzbehandlung nicht aus dem flüssigen Brennstoff entfernt, sondern bildet einen Schlamm, der aber die Neutronenökonomie nicht wesentlich stört. Zur Entfernung des Molybdäns erweist sich als geeignetster Weg eine Abscheidung auf in die zirkulierende Schmelze eingebrachte Kühlfinger [*419*, *422*].

Werden höhere Urangehalte gefordert als der Sättigungskonzentration in Wismutschmelzen entsprechen, so kann an geeignete Suspensionen von Uranverbindungen in der Metallschmelze gedacht werden. Flüssige Brütstoffe auf Thoriumbasis können, wegen der geringen Löslichkeit von Thorium in Wismutschmelzen, überhaupt nur als Suspension von Thoriumverbindungen erhalten werden. In diesen Fällen ist man nicht mehr an eine Wismutschmelze gebunden, kann also Schmelzzusammensetzungen wählen, die in der Dichte einigermaßen der der suspendierten Teilchen entsprechen. Für Uran wurden intermetallische Phasen von Uran-Wismut (UBi, U_3Bi_4, UBi_2) in Wismut bzw. im Wismut-Blei-Eutektikum (Schmelzpunkt 125 °C) vorgeschlagen [*423*]. Neuerdings wurde auf eine Suspension von UO_2 in einer Bleischmelze hingewiesen, die zweckmäßig in einem SAP-Rohr enthalten ist und als Brennstoffelement für einen Reaktor mit organischem Moderator verwendet werden soll [*424*]. Für den Thoriumbrüter kommen $ThBi_2$ oder Th_3Bi_4 in Betracht, suspendiert in Wismut oder ebenfalls im Blei-Wismut-Eutektikum [*425*].

Verzichtet man auf Gleichheit der Dichte von suspendierten Teilchen und Schmelze, so kann auf Metallschmelzen niedrigerer Schmelzpunkte (Na), die gegebenenfalls auch noch bei Raumtemperatur flüssig sind (NaK-Eutektikum), übergegangen werden. Es scheint, daß eine Suspension von UO_2 in NaK-Eutektikum die erforderlichen Bedingungen hinsichtlich des Strömungsverhaltens und der Wiederaufmischung nach erfolgter Schwereseigerung (etwa durch Abschalten des Reaktors) erfüllt. Als Behältermaterial kann im Fall der Alkalischmelzen rostfreier Stahl benutzt werden [*426*].

Zu den flüssigen Brennstoffen mit metallischen Schmelzen bzw. Suspensionen in solchen sei abschließend nochmals betont, daß hier sehr aussichtsreiche Möglichkeiten vorliegen, daß aber noch viele Fragen der Lösung harren.

4.3 Flüssige Brennstoffe; wässerige Lösungen, Suspensionen in Wasser. Eine besonders einfache Form des Brennstoffs in homogenen Reaktoren stellen die nun noch zu besprechenden wässerigen Lösungen von Uransalzen, bzw. Suspensionen von Uranverbindungen in Wasser dar. Die ersten Versuche des Aufbaus derartiger Reaktoren reichen bis in den Beginn der Reaktorentwicklung zurück (LOPO, 1954).

Als wasserlösliche Uransalze kommen Uranylsulfat (UO_2SO_4), -nitrat ($UO_2(NO_3)_2$) sowie -fluorid (UO_2F_2) in Betracht. Der Anreicherungsgrad an U^{235} muß, bei Verwendung von gewöhnlichem Wasser als Lösungsmittel, das hier gleichzeitig als Moderator und Kühlmittel dient, relativ hoch sein. Tab. 91 enthält eine Zusammenstellung derartiger Reaktoren. Als Behältermaterial wird austenitischer Chrom-Nickel-Stahl verwendet, der im Falle der Phosphatlösung eine Goldplattierung erhalten muß.

Auf die allgemeinen Vorteile der flüssigen Brennstoffe wurde schon oben hingewiesen. Gegenüber den Metallschmelzen weisen die wässerigen Brennstoffe weitere Vorteile auf: Die höhere Wärmekapazität, die geringe Dichte und die sehr viel leichtere Handhabung (Umpumpung). Ein großer Nachteil gegenüber metallischen Schmelzen ist die durch Strahleneinwirkung eintretende Wasserzersetzung (Knallgasbildung), der durch geeignete Maßnahmen begegenet werden muß und die mit der Zersetzung zusammenhängende erhöhte Aggressivität der Lösung. Als wei-

Tabelle 91. *Reaktoren mit wässerigem homogenem Brennstoff* [*382, 383, 384*]

Brennstoff	Lösungsmittel	Bezeichnung des Reaktors Aufstellungsland
UO_2SO_4	D_2O	HRE-2 (USA)
UO_2SO_4	H_2O	AE-6 (USA), AI-typ L-54 (D, I, Ni), AI-typ L-77 (USA), ARR (USA), DR-1 (DK), HRE-1 (USA), KEWB (USA), LIWB (USA), LOPO (USA), NCSCR-4 (USA), RRR (USA)
$UO_2(NO_3)_2$	H_2O	HYPO(USA), SUPO (USA), WBNS (USA)
UO_2F_2	H_2O	Hazel (GB)
PuO_2SO_4	H_2O	Proserpine (F)
UO_2 suspendiert in D_2O		Wolga (SU)
UO_2 suspendiert in H_2O		SUSPOP (NL)

terer Nachteil seien die hohen Drucke genannt, welche Verwendung hoher Betriebstemperaturen mit sich bringt.

Mitaufgenommen in Tab. 91 sind zwei Ausführungsbeispiele, in denen der Brennstoff (UO_2) in Wasser suspendiert ist. Stabilität herrscht im p_H-Bereich von 6,3 bis über 10; auch in Wasser von 250 °C (Wasserstoffdruck) ist UO_2 beständig. Dem hohen Dichteunterschied zwischen UO_2 und Wasser entsprechend muß die Suspension in ständiger geeigneter Strömung gehalten werden [*427*].

Zum Abschluß dieser Zusammenstellung der Brennstoffelemente sei noch auf zwei Entwicklungen hingewiesen, die sich nicht in das benutzte Schema einordnen lassen. Die eine betrifft eine Salzschmelze, bestehend aus einer Mischung von Alkalifluoriden, BeF_2 und UF_4. Es ist verständlich, daß hierbei schwerwiegende Korrosionsprobleme zu lösen sind, besonders da die Betriebstemperaturen über 800 °C liegen. Als aussichtsreichstes Behältermaterial hat sich eine Nickel-Molybdän-Chrom-Eisen-Legierung (INOR 8) erwiesen [*428*]. Als Brütermaterial auf analoger Basis wurde auf ein Salzgemisch von ThF_4 mit Li^7F und BeF_2 hingewiesen [*2*]. Ein Brennstoff in Form einer Suspension in Helium wird in [*429*] vorgeschlagen. Als ein Vorteil einer derartigen Suspension im Gas wird eine ohne Druckanwendung mögliche hohe Betriebstemperatur (600 bis 700 °C) angegeben.

B. Moderatoren und Reflektoren

Thermische Reaktoren benötigen zur Aufrechterhaltung der Kernspaltung von U^{235} bzw. Pu^{239} Neutronen von erheblich niedrigerer Energie als die der Spaltneutronen. Die Verlangsamung der Neutronen besorgt der Moderator, wobei der Mechanismus des Energieverlustes in elastischen Zusammenstößen der Neutronen mit den Atomen der Moderatorsubstanz besteht. Die bei einem solchen Zusammenstoß auf den getroffenen Atomkern im Mittel übertragene Energie ($\overline{\Delta E}$) ist gemäß Formel (III, 1b) durch den Ausdruck $\overline{\Delta E} = 2\,E \cdot M/(1 + M)^2$ gegeben, worin E die Energie des stoßenden Neutrons und M die Masse des getroffenen Kerns darstellt. Der übertragene Energiebetrag ist um so größer, je leichter das getroffene Atom ist; ein Wasserstoffkern übernimmt im Mittel die Hälfte der Energie des stoßenden Neutrons.

Für die Wirkung des Moderators spielen aber außer der Masse der Atome auch ihre Absorptions- und Streuquerschnitte für Neutronen eine Rolle. Um möglichst geringe Verluste durch Neutronenabsorption zu erhalten, muß der Absorptionsquerschnitt der Moderatorsubstanz so klein wie möglich sein. Dieser Bedingung kommt deshalb so hohe Bedeutung zu, da stets erhebliche Volumina an Moderatorsubstanz erforderlich sind. Als Maß für die Fähigkeit zur Neutronenstreuung dient der Streuquerschnitt (σ_s). Je größer das Produkt aus Streuquerschnitt und Energieverlust je Zusammenstoß ist, auf um so kürzerer Strecke erfolgt der Energieverlust. Dieser Verlust wird zweckmäßig in Form des mittleren logarithmischen Energieverlusts (ξ), definiert durch die Gleichung

$$\xi = \ln E_0 - \ln E = 1 - \frac{(M-1)^2}{2\,M} \ln \frac{M+1}{M-1} \qquad \text{(IV,1)}$$

benutzt. Das Produkt ($\sigma_s \cdot \xi$) multipliziert mit der Anzahl der Atome je cm^3 (N) wird als Bremsvermögen für Neutronen bezeichnet. Eine kombinierte Beurteilung einer Moderatorsubstanz auf Grund von Neutronenabsorption und Bremsvermögen führt auf den sogenannten Moderierfaktor, der als Quotient von Bremsvermögen durch makroskopischen Absorptionsquerschnitt gegeben ist:

$$\text{Moderierfaktor} = \frac{\sigma_s}{\sigma_a}\,\xi \qquad \text{(IV,2)}$$

In Tab. 92 sind unter diesen Gesichtspunkten die wichtigsten als Moderator in Frage kommenden Substanzen mit ihren für diesen Verwendungszweck kernphysikalisch wesentlichen Eigenschaften zusammengestellt. Den angegebenen Zahlen für die Querschnitte und damit für Bremsvermögen und Moderierfaktor kommt nur orientierende Bedeutung zu. Das Spektrum der Neutronenenergie reicht von etwa 2 MeV bis zu 0,025 eV, so daß Streu- und Absorptionsquerschnitt in weiten Grenzen variieren können. In Tab. 92 wurden die Streuquerschnitte für epithermische Neutronen ($0{,}025 < E < 1000$ eV), die Absorptionsquerschnitte für thermische Neutronen benutzt.

Hinsichtlich des Moderierfaktors steht Helium an der Spitze. Allerdings ist sein Bremsvermögen, obwohl sich die Zahlen auf unter 100 at Druck stehendes Gas beziehen, sehr klein. Deuterium und schweres Wasser weisen die nächst günstigen Moderierfaktoren auf. Das Bremsvermögen des schweren Wassers liegt um über eine Größenordnung über dem des Deuteriums, das überdies feuergefährlich ist. Auch bei leichtem

Wasser und Wasserstoff fällt der Vergleich durchaus zugunsten des Wassers aus, da wieder bei etwa gleichem Moderierfaktor das Bremsvermögen des Wassers um mehr als eine Größenordnung höher liegt. Gute Moderatoreigenschaften weisen Beryllium und Berylliumoxyd, deren Verwendung jedoch einen hohen Kostenaufwand bedeutet, und Kohlenstoff (Graphit), der in vielen Fällen verwendet wird, auf. Kohlenwasserstoffe stellen ihrer chemischen Zusammensetzung nach gut geeignete Moderatoren dar; ein ernstes Problem bei ihnen bildet ihre starke Beeinflussung durch Neutronen und γ-Strahlen.

Tabelle 92. *Eigenschaften von Moderatorsubstanzen* [*430*]

Moderator	A bzw. M (g/Mol)	Dichte* g/cm³	Makroskopischer Absorptionsquerschnitt cm⁻¹ $\Sigma_a = N\sigma_a$	Makroskopischer Streuquerschnitt cm⁻¹ $\Sigma_s = N\sigma_s$	Mittlerer logarithmischer Energieverlust ξ	$N\sigma_s\,\xi$	Moderierfaktor $\frac{\sigma_s}{\sigma_a}\,\xi$
H_2	1,008	0,009	0,0018	0,11	1,00	0,11	61
D_2	2,02	0,018	$2{,}5 \cdot 10^{-6}$	0,018	0,725	0,013	5200
He	4,00	0,018	~ 0,0	0,0022	0,425	0,0009	~∞
Be	9,01	1,85	0,0011	0,76	0,206	0,16	145
C	12,0	1,60	0,00036	0,38	0,158	0,060	165
O_2	16,0	0,014	$1{,}1 \cdot 10^{-6}$	0,021	0,12	0,0025	230
Na	23,0	0,97	0,012	0,076	0,083	0,0063	0,53
BeO	25,0	2,8	0,00060	0,66	0,173	0,11	183
H_2O	18,0	1,00	0,022	1,47	0,925	1,36	62
D_2O	20,0	1,10	$36 \cdot 10^{-6}$	0,35	0,504	0,18	5000
Polyphenyl			~ 0,0064	1,3–1,6	0,4–0,5	~ 0,64	~ 100

* Bei Gasen bei etwa 100 at Druck.

Aufgabe der Reflektoren ist es, Neutronenverluste durch Abwanderung aus dem Reaktor zu vermeiden. Vor allem muß daher das Reflektormaterial durch große Streuquerschnitte für Neutronen, neben kleinen Absorptionsquerschnitten, ausgezeichnet sein. Das heißt aber, daß als Reflektormaterial im Grunde dieselben Substanzen verwendet werden können wie als Moderatormaterial.

Bei Reaktoren, bei denen schnelle Neutronen zur Spaltung benutzt werden und die daher keinen Moderator enthalten, sind als Reflektorsubstanzen solche zu wählen, die große Streuquerschnitte für schnelle Neutronen und im allgemeinen hohe Atomnummer und hohe Dichte haben (Pb, Bi). Sehr häufig werden Uran- und Thoriumreflektoren verwendet, die zudem noch den Vorteil mit sich bringen, gleichzeitig als Brütermantel zu dienen.

In der nachfolgenden Besprechung der Moderatorsubstanzen gehen wir ausführlich nur auf Graphit, Beryllium und Berylliumoxyd ein, leichtes und schweres Wasser und organische Moderatoren werden nur gestreift.

1. Leichtes und schweres Wasser

Die Verwendung von leichtem Wasser als Moderator benötigt als Brennstoff Uran, das an U^{235} angereichert ist oder gewisse Gehalte an Plutonium enthält.

In natürlichem Wasser und natürlichem Wasserstoff kommt auf etwa 6500 Wasserstoffatome des Atomgewichts 1 ein Deuteriumatom mit dem Atomgewicht 2, wodurch die relative Häufigkeit des Deuteriums gekennzeichnet ist. Tab. 93 enthält eine Zusammenstellung einiger Eigenschaften von leichtem und schwerem Wasserstoff sowie von leichtem und schwerem Wasser.

Tabelle 93. *Einige Eigenschaften von leichtem und schwerem Wasserstoff, leichtem und schwerem Wasser*

	H_2	D_2	H_2O	D_2O
Schmelzpunkt °C	− 259,2	− 254,6	0	3,81
Siedepunkt °C	− 252,8	− 249,7	100	101,65
Dichte bei 4 °C g/cm³			1,000	1,105
Kritische Temperatur °C	− 239,9		374,1	371,5
Kritischer Druck kp/cm²	12,8		225,7	225,8

Zur Herstellung von schwerem Wasser sind drei Verfahren entwickelt worden: die Elektrolyse, das Destillationsverfahren und das Austauschverfahren (vgl. [*670*]). Beim Elektrolyseverfahren reichert sich das schwere Wasser im Rückstand an, da bei der Abscheidung die Überspannung des Deuteriums größer ist als die des leichten Wasserstoffs. Das Verfahren verbraucht große Mengen elektrischer Energie (etwa 130000 kWh je kg D_2O) und ist nur dann einigermaßen wirtschaftlich, wenn sehr billiger Strom zur Verfügung steht. Destillation kann sowohl mit Wasser als auch mit Wasserstoff durchgeführt werden. Der mit Wasser im Gleichgewicht stehende Dampf ist deuteriumärmer als das Wasser, so daß Rektifikation in hohen Kolonnen eine Anreicherung ermöglicht. Wegen der außerordentlich hohen benötigten Energiemengen scheint dieses Verfahren aber heute nicht mehr angewendet zu werden. Auf Grund der relativ großen Unterschiede der Atomgewichte der beiden Wasserstoffisotope wurde eine technische Deuteriumherstellung durch Destillation flüssigen Wasserstoffs bei −252 °C ausgearbeitet. Bei einer in [*431*] beschriebenen Anlage wird als Ausgangsprodukt Synthesegas für die Ammoniakdarstellung, das zu 70% aus Wasserstoff, Rest Stickstoff, Kohlenoxyd und anderen Fremdgasen besteht, verwendet. Durch stufenweise Abkühlung wird der Wasserstoff gereinigt und anschließend verflüssigt. In großen isolierten Destillationskolonnen wird der flüssige Wasserstoff rektifiziert; schließlich fällt ein Produkt mit über 99% D_2 an, welches mit Sauerstoff zu schwerem Wasser verbrannt wird. Im Gegensatz zu diesen beiden Verfahren, bei denen die Isotopentrennung auf Grund verschiedener physikalischer Eigenschaften des schweren und leichten Wasserstoffs erfolgt, zieht das Austauschverfahren geringe, im chemischen Verhalten vorhandene Unterschiede zur Deuteriumanreicherung heran. Am häufigsten wird der Austausch zwischen Wasser und Wasserstoff benutzt, wobei sich gemäß der Reaktion $H_2O + HD = HDO + H_2$ das Deuterium unter Mitwirkung eines Katalysators bevorzugt im Wasser anreichert.

Auf die starke Wirkung, welche die Reaktorstrahlung auf Wasser ausübt (Zersetzung) ist schon mehrfach hingewiesen worden. Hier sei nur noch erwähnt, daß bei schwerem Wasser zusätzlich zur Zersetzung auch noch eine Kernreaktion (Übergang von D zu H) eintreten kann, die allerdings wegen des außerordentlich kleinen Absorptionsquerschnitts des Deuteriums für Neutronen nicht ins Gewicht fällt.

Auf die Korrosionsprobleme des Behältermaterials in Berührung mit Wasser, insbesondere bei hohen Drucken und hohen Temperaturen wird erst im Kapitel über Konstruktionsmaterial eingegangen.

2. Graphit

Obwohl zahlreiche Lagerstätten von Graphit bekannt sind, er in einigen von ihnen auch in sehr erheblichen Mengen auftritt, wird „Reaktor-Graphit" heute im allgemeinen künstlich hergestellt. Der Grund dafür ist die Tatsache, daß die natürlichen Graphite sehr verunreinigt sind und hierdurch die Neutronenökonomie erheblich stören würden. Da, wie bereits erwähnt, im Moderator sehr erhebliche Mengen Graphit benötigt werden (gewichtsmäßig etwa das Zehnfache des Urangewichts), würde bei Verwendung natürlichen Graphits die Kettenreaktion nicht aufrechterhalten werden können. Reinigungsverfahren (vielstufige Laugen- und Säurebehandlung) sind bekannt und werden gelegentlich auch angewandt. Sie können den Aschengehalt bis zu 30 ppm erniedrigen. Die Weiterverarbeitung dieses gereinigten natürlichen Graphits kann durch Verpressen zu Blöcken ohne Bindemittel erfolgen, wobei Dichten über 2,0 g/cm^3 bei allerdings niedrigen Festigkeitswerten erreicht werden. Durch Zugabe entsprechender Binder, die nachträglich durch Glühen der gepreßten Blöcke bei 1500 °C karboniert werden, wird eine wesentliche Erhöhung der Festigkeit erzielt [*432, 433*].

Ausgangsmaterial für die Herstellung künstlichen Graphits ist Petrolkoks, der durch Polymerisation und Destillation von Schweröl gewonnen wird. Zur Entfernung verbliebener flüchtiger Beimengungen wird der Koks geröstet und anschließend zermahlen, um eine geeignete Verteilung der Korngröße zu gewinnen. Das Pulver wird mit verkokbarem Bindemittel vermischt; durch Strangpressen oder andere Verformung werden die gewünschten grünen Preßlinge hergestellt, und diese anschließend bei 1000 °C verkokt. Der hierbei entstandene poröse Kokskörper besteht somit aus primären Kokskörnern verschiedener Korngröße (maximal bis

1 mm) und dem Bindemittelkoks. In diesem Zustand ist der Formkörper sehr hart, unverformbar und enthält noch eine gewisse Menge von Beimengungen. Zur Erzielung höherer Dichten im Endprodukt werden die Formkörper sodann nach Vakuumglühung bei 200 °C mit Pech imprägniert. Es folgt nun durch elektrische Heizung die Graphitierung bei etwa 2800 °C, ein Vorgang, bei dem die im Koks vorgebildeten Graphitkristalle von etwa 50 Å Durchmesser auf etwa 1000 Å anwachsen. Der Elektrographit nähert sich in der Kristallstruktur dabei dem bestausgebildeten Naturgraphit. Bei dieser Graphitierung ändern sich auch die übrigen Eigenschaften des künstlichen Graphits erheblich. Insbesondere verdampfen viele der noch vorhandenen Beimengungen, die thermische Leitfähigkeit und Bearbeitbarkeit werden erheblich verbessert. Die Reinheit des Materials hängt von der Reinheit des Ausgangsmaterials ab, besonders was die Elemente Bor und Vanadium betrifft, die hochschmelzende stabile Karbide bilden. Gegebenenfalls kann durch Behandlung mit Halogenen bei hohen Temperaturen, entweder gleichzeitig oder im Anschluß an die Graphitierung, eine weitere Reinigung erzielt werden [*434*, *435*, *436*, *437*].

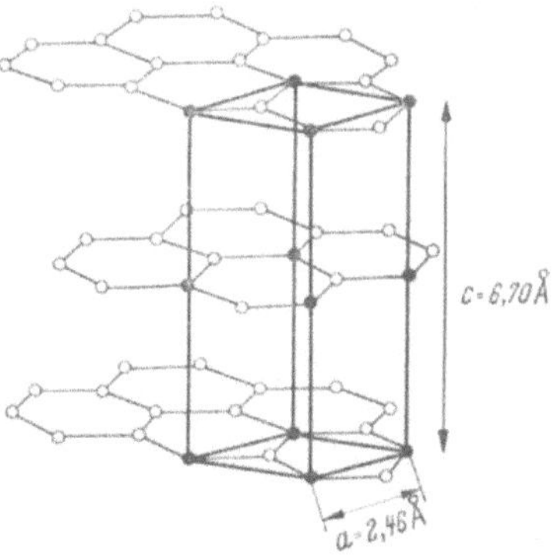

Abb. 322. Gitterstruktur des Graphits

Der kristallographisch vollkommenste Graphit liegt in natürlichen Kristallplättchen vor, die eine Dicke bis zu einigen Millimetern haben. In Abb. 322 ist das bekannte Schichtgitter des Graphits dargestellt, das erkennen läßt, daß in der Basisfläche die Kohlenstoffatome dichtest gepackt sind, die einzelnen Schichten jedoch einen erheblich größeren Abstand aufweisen als einer dichtesten Packung entspricht. In den Schichten sind die Kohlenstoffatome durch sehr starke kovalente Bindungen zusammengehalten. Die Bindung zwischen benachbarten Schichten dagegen ist, wie der große Abstand ausdrückt, schwach. Wahrscheinlich ist der Zusammenhalt hier in der Hauptsache durch VAN DER WAALSsche Kräfte gegeben. Diese so anisotrope Struktur des Graphitgitters drückt sich deutlich in den richtungsabhängigen Kristalleigenschaften aus.

Im künstlichen Graphit liegt in den einzelnen Körnern ein Gemenge von sehr kleinen Graphitkriställchen vor, die durch noch kaum verstandene Bindungskräfte zusammengehalten werden. Die Eigenschaften dieses künstlichen Graphits werden so wesentlich durch die der Graphitkristalle und durch die Anordnung dieser Kristalle bestimmt sein. Aus diesem Grunde bringen wir in Tab. 94 einige Eigenschaften von natürlichen Graphitkristallen. Auffällig ist der große Ausdehnungskoeffi-

Tabelle 94. *Eigenschaften von Graphiteinkristallen* [*438, 439, 440, 441*]

Dichte	g/cm^3		2,26	
lin. Ausdehnungsk.	$10^{-6}/°C$	$\parallel$ [0001]	28,3	bei 15–800 °C
		$\perp$ [0001]	− 1,5	0–150 °C
			$\sim$ 0	400 °C
			+ 0,9	600–800 °C
elast. Konstanten	10^{-13} cm^2/dyn	$s_{11} + s_{12}$	1,2	
		s_{13}	− 2,85	
		s_{33}	38,84	
E-Modul	kp/mm^2	$\parallel$ [0001]	2500 (= $1/s_{33}$)	
spez. Wärme	cal/g °C		0,152	
spez. Widerstand	10^{-3} Ω cm	$\parallel$ [0001]	$\sim$ 10	
		$\perp$ [0001]	$\sim$ 0,04	
Wärmeleitfähigkeit	cal/cm sek °C	$\perp$ [0001]	1,0	

zient parallel der hexagonalen Achse, dem bei niedrigen Temperaturen zunächst ein negativer Ausdehnungskoeffizient senkrecht zur hexagonalen Achse gegenüber steht. Bei etwa 400 °C wird der Ausdehnungskoeffizient senkrecht zur Achse Null, um bei höheren Temperaturen dann positiv zu werden. Ihre Erklärung findet diese Erscheinung durch die sehr verschiedene Stärke der Bindungskräfte in der Basisfläche und senkrecht dazu. Bei niedrigen Temperaturen werden die thermischen Schwingungen im wesentlichen parallel zur Achse aktiviert, da in dieser Richtung die elastische Verformbarkeit sehr viel größer ist; dies geht aus dem hohen Wert der elastischen Konstanten s_{33} hervor, die sehr groß gegenüber s_{11} ist. Senkrecht zur hexagonalen Achse wird daher die Querkontraktion, die proportional zu s_{13} ist, die geringe thermische Ausdehnung übertreffen. Mit steigender Temperatur wird mehr Energie auch den Schwingungen senkrecht zur hexagonalen Achse zukommen. Bei bestimmter Temperatur werden thermische Ausdehnung und Querkontraktion einander gerade kompensieren. Bei weiterer Temperatursteigerung überwiegt die thermische Ausdehnung und auch senkrecht zur hexagonalen Achse tritt nun ein positiver Ausdehnungskoeffizient auf. Außerordentlich groß ist die Anisotropie des elektrischen Widerstands. Parallel zur Achse ist er etwa 100 bis 1000mal größer als senkrecht dazu. Senkrecht zur Achse fällt der Widerstand mit fallender Temperatur auf einen Restwiderstand bei Heliumtemperatur von etwa 10% des Raumtemperaturwerts. Kombinierte Messungen von Hall-Koeffizient und Widerstand zeigen, daß im Graphit die Zahl der Elektronen und Defektelektronen bei allen Temperaturen etwa gleich groß ist, die Widerstandsänderung mit der Temperatur also auf Änderungen der Beweglichkeit der Ladungsträger zurückgeht [*440*]. Die Wärmeleitfähigkeit senkrecht zur hexagonalen Achse ist besonders hoch; sie gleicht der des reinen Kupfers. Bei normalem Druck schmilzt Graphit nicht, er sublimiert bei etwa 3650 °C.

Im künstlichen Graphit wachsen bei der Graphitierung die kleinen Graphitlamellen, erreichen aber nicht dieselbe Größe wie im natürlichen

Graphit und auch nicht denselben Grad an Vollkommenheit. Bei der Formgebung, beispielsweise durch Strangpressen, bildet sich im Graphitblock eine Textur aus, derart, daß die gelängten Körner sich mit ihrer Längsrichtung in die Hauptfließrichtung einstellen. Innerhalb der Körner folgen die Graphitlamellen mehr oder minder dieser Umorientierung, so daß schließlich nach der Graphitierung die hexagonale Achse der Graphitplättchen bevorzugt senkrecht zur Fließrichtung steht. In Tab. 95, in der die Eigenschaften von künstlichem Graphit zusammengestellt sind, werden daher die Richtungen parallel der Hauptfließrichtung und senk-

Tabelle 95. *Eigenschaften von künstlichem Graphit*; vgl. [*434, 435*]

Eigenschaft		∥ zur Hauptfließrichtung	⊥ zur Hauptfließrichtung
Dichte	g/cm^3	1,5–1,75	
lin. Ausdehnungsk.	$10^{-7}/°C$	11– 24	26– 41
E-Modul	kp/mm^2	670–1520	490–800
Zugfestigkeit	kp/mm^2	0,7 –2,1	
Druckfestigkeit	kp/mm^2	2,1 –3,5	
spez. Widerstand	$10^{-4}\,\Omega$ cm	5,4 –8,1	8,4 –12,0
Wärmeleitfähigkeit	cal/cm sek °C	0,3 –0,5	0,2 – 0,3
Gasdurchlässigkeit	cm^2/sek	0,55–0,85	0,30– 0,45

recht dazu voneinander unterschieden. Diese Bezeichnungsweise deckt sich keineswegs mit der eben für den Graphitkristall benutzten, bei dem Eigenschaftswerte parallel und senkrecht zur hexagonalen Achse angegeben wurden. Wenn im künstlichen Graphit eine ideale Ringfasertextur vorläge, d.h. alle Plättchen-(Basis-)Ebenen parallel der Hauptfließrichtung lägen, so würde in dieser Richtung, die nun als parallel bezeichnet wird, ein Eigenschaftswert zu erwarten sein, der in der kristallographischen Bezeichnung für die Richtung senkrecht zur Hauptachse gälte. Senkrecht zur Hauptfließrichtung dagegen liegen bei der genannten Textur in den verschiedenen Lamellen alle Richtungen zwischen hexagonaler Achse und Basisfläche, d.h. daß die in einem künstlichen Graphit beobachtete Anisotropie der Eigenschaften nur sehr viel schwächer ausgeprägt sein kann als am isolierten natürlichen Graphitkristall. Weiterhin wird die Anisotropie dadurch verkleinert, daß die Textur keineswegs ideal ist und daß außer den Volumsbereichen, die von Graphitlamellen eingenommen werden, auch Bereiche vorliegen, in denen der Kohlenstoff nicht in Form des Graphits vorliegt. Da die Eigenschaften des künstlichen Graphits zudem von Reinheitsgrad und Herstellungsart abhängen, ist es nicht verwunderlich, daß zwischen verschiedenen Versuchsreihen erhebliche Streuungen auftreten, wie dies Tab. 95 veranschaulicht. Auf Grund des hohen Porenvolumens liegt die Dichte erheblich unter der theoretischen Dichte des natürlichen Graphits. Der spezifische Widerstand fällt, im Gegensatz zu dem des natürlichen Graphitkristalls, bei Temperatursteigerung von Heliumtemperatur bis etwa 500 °C. Die Wärmeleitfähigkeit nimmt ab Raumtemperatur mit steigender Temperatur allmählich ab. Bemerkenswert ist, daß die Festigkeit von Graphit mit steigender Temperatur ansteigt. Abb. 323 gibt dieses Verhalten für die Zugfestigkeit von einigen künstlichen Graphitsorten verschiedener Herstellungsart wieder. Die erheblichen Unterschiede der Festigkeitswerte gehen aus dieser Abbildung ebenfalls hervor. Die mit steigender Temperatur beobachtete Verfestigung, welche auf die Beseitigung innerer Spannungen zurückgeführt wird, die von der Abkühlung von der Graphitierungstemperatur herrühren, wird in Kriechversuchen nicht beobachtet. Im Bereich der im Reaktorbetrieb in Frage kommenden Temperaturen erweist sich Graphit überdies als sehr kriechfest.

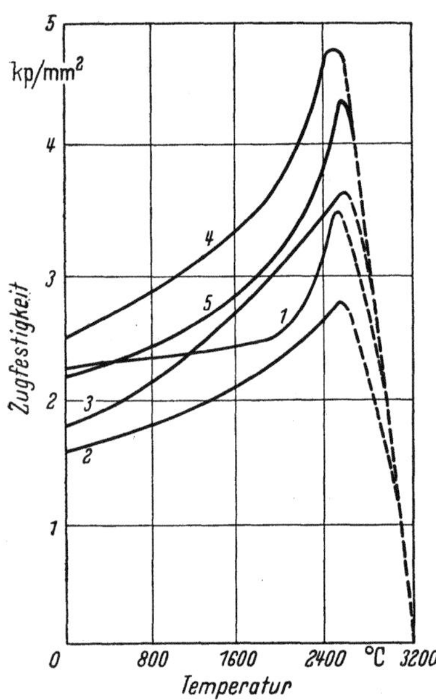

Abb. 323. Temperaturabhängigkeit der Zugfestigkeit künstlichen Graphits verschiedener Herstellungsart [*422*]
1 $\varrho = 1{,}55$; *2* $\varrho = 1{,}58$; *3* $\varrho = 1{,}60$; *4* $\varrho = 1{,}67$; *5* $\varrho = 1{,}76\ \mathrm{g/cm^3}$

Zur spanabhebenden Bearbeitung des relativ weichen Graphits können sowohl Werkzeuge für Holz – als auch für Metallbearbeitung verwendet werden. Für das Bohren von Löchern werden zweckmäßig an Stelle von gewöhnlichen Spiralbohrern Hohlbohrer benützt, die das Absaugen des Staubes ermöglichen. Die Standhaltigkeit von Stahlfräsern übertrifft die von Hartmetallen.

Eine Schweißverbindung von Graphit an Graphit, die gasdicht ist und bis etwa 1900 °C brauchbar bleibt, kann mit Molybdändisilizid erreicht werden. Der Verbundkörper muß zur Ausbildung der Schweißung auf etwa 2150 °C erhitzt werden [*1*].

Gegenüber Reaktorbestrahlung verhält sich Graphit ähnlich wie ein Metall; allerdings ist in ihm die Wirkung quantitativ erheblich ausgeprägter. Wie in Metallen tritt die ionisierende Wirkung der Strahlung weitgehend zurück, kompensiert durch Elektronen, die beim Halbleiter Graphit wegen der Nähe der beiden Energiebänder praktisch ohne Energiezufuhr aus dem Valenzband in das Leitfähigkeitsband gehoben werden können. Der beherrschende Mechanismus für die Strahlenbeeinflussung ist Ausbildung von Frenkel-Defekten, von denen die Leerstellen naturgemäß in der dicht belegten Basisfläche, die Zwischengitteratome zwischen den Basisschichten liegen. Diese Art der Einlagerung der FRENKEL-Defekte führt zu sehr bemerkenswerten Eigenschaftsänderungen im Graphit.

Röntgendiagramme bestrahlter Proben ergeben, daß die Basisreflexe mit zunehmender Bestrahlung eine Verschiebung zu kleineren Beugungswinkeln zeigen unter gleichzeitiger Abnahme der Intensität und unter wesentlicher Linienverbreiterung (Abb. 324). Nach einer Dosis von etwa

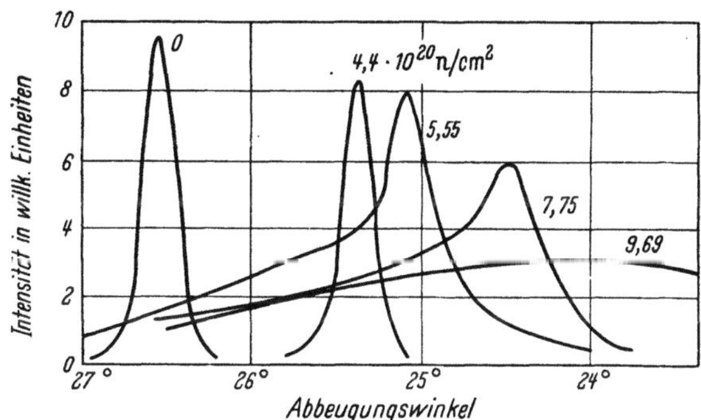

Abb. 324. Basisreflexe von Graphit nach verschiedener Bestrahlung [*443*]

10^{21} n/cm^2 gleicht das Röntgendiagramm bestrahlten Graphits weitgehend dem von Ruß [*443, 444*]. Mit zunehmender Bestrahlungsdosis wächst die c-Achse monoton bis zu einem Sättigungs-Endwert (bei Zimmertemperatur vom Ausgangswert 6,71 bis 7,78 Å [*445*]). Die Gitteraufweitung hängt ebenso wie die übrigen Eigenschaftsänderungen sehr stark von der verwendeten Bestrahlungstemperatur ab; sie sinkt mit zunehmender Temperatur zufolge der hierdurch steigenden Erholung und beträgt bei 1050 °C nur mehr 0,02 Å.

Eng gekoppelt mit den Gitteränderungen sind die durch die Bestrahlung bewirkten Änderungen in den Abmessungen der Graphitproben. Allerdings ist ein wirkliches Verständnis der experimentellen Befunde heute noch nicht möglich. Wohl gelingt es die in Abb. 325 dargestellten Längenänderungen von Proben parallel und senkrecht zur Hauptverformungsrichtung qualitativ zu deuten, die bei 30 °C steigender Reaktorbestrahlung unterworfen waren. In den „senkrechten“ Proben liegt in den Graphitplättchen bevorzugt die hexagonale Achse parallel zur Beobachtungsrichtung, die durch die Bestrahlung eine Verlängerung erfährt. Das Ausmaß der röntgenographisch festgestellten Verlängerung liegt allerdings erheblich höher als die dilatometrisch beobachtete, ein Unterschied, der durch die Mitwirkung der im künstlichen Graphit vorhandenen Poren verständlich wird. Plausibel ist auch die Schrumpfung der parallel zur Verformungsrichtung entnommenen Proben durch die Bestrahlung. Erhöhung der Bestrahlungstemperatur auf etwa 400 bis 500 °C verändert die Forminstabilität. Hier tritt in beiden Arten von Proben geringfügige Kontraktion durch die Bestrahlung ein (in der senkrecht zur Verformungsrichtung entnommenen erst im Anschluß an eine geringe anfängliche Expansion). Für eine Deutung dieser Befunde wird außer auf die sehr viel kleineren Änderungen der c-Achse bei erhöhter Bestrahlungstemperatur (von 6,71 auf 6,76 Å) auf die Mitwirkung der Poren und auf die Beseitigung thermischer, durch Abkühlung von der Graphitierungstemperatur zurückgebliebener innerer Spannungen hingewiesen [*436*, *445*]. Auch das Ausgangsmaterial und die Herstellungsbedingungen wirken sich aus. Bei einer bestimmten Graphitsorte (Texas Koks-Graphit, TS-GBF), der bei 400 bis 500 °C mit steigender Dosis bestrahlt wurde, bleibt in den „senkrechten“ Proben die Länge konstant, wenn die Graphitierungstemperatur zwischen 2570 und 2700 °C liegt, während Proben, hergestellt mit einer Graphitierungstemperatur von 1370 °C durch die gleiche Bestrahlung eine Verkürzung von etwa 0,5% erleiden [*445*].

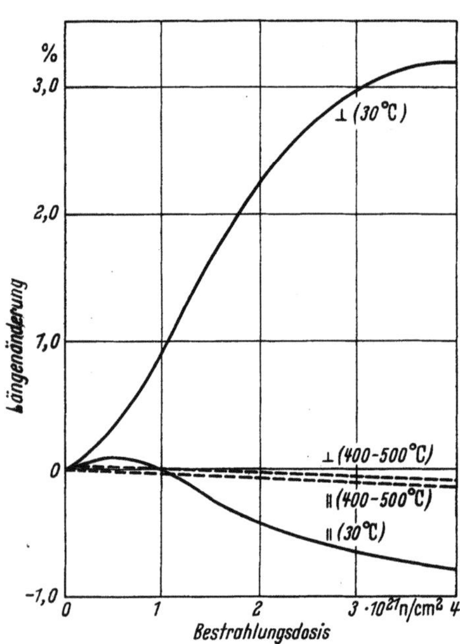

Abb. 325. Längenänderung von Graphit parallel und senkrecht zur Hauptverformungsrichtung als Funktion der Bestrahlungsdosis [*445*, *446*]

Wenn auch der spezifische Widerstand keine für die Verwendung des Graphits im Reaktor wichtige Eigenschaft ist, so sei doch erwähnt, daß durch eine Bestrahlung von etwa $1{,}5 \cdot 10^{20}$ n/cm² der Widerstand auf das 3- bis 4fache des Ausgangswerts ansteigt, um bei weiterer Bestrahlung ungefähr konstant zu bleiben. Erhöhung der Bestrahlungstemperatur auf etwa 180 °C ändert diesen Widerstandsanstieg nur geringfügig [*443*].

Von erheblicher Bedeutung für die Reaktorverwendung ist die Wärmeleitfähigkeit. Sie erfährt durch Bestrahlung bei Raumtemperatur eine außerordentliche Verschlechterung. Bei erhöhter Temperatur erfolgt die Abnahme der Wärmeleitfähigkeit zwar deutlich schwächer, führt aber auch bei 500 °C Bestrahlungstemperatur noch auf etwa ein Drittel des Ausgangswerts (Tab. 96).

Temperaturerhöhung führt in bei Raumtemperatur bestrahltem Graphit infolge der Ausheilung der FRENKEL-Defekte zu einem Anstieg der

Tabelle 96. *Änderung der Wärmeleitfähigkeit von Graphit durch Reaktorbestrahlung* [*445*]

	Bestrahl.-Temp. in °C	Wärmeleitfähigkeit in cal/cm sek °C Bestrahlungsdosis in 10^{20} n/cm² 0	3,9	7,8	11,7	15,6	19,5
∥ zur Hauptverformungsrichtung	30	0,40	0,0104	0,0078	0,0073	0,0071	0,0070
⊥ zur Hauptverformungsrichtung	30	0,26	0,0082	0,0066	0,0063	0,0063	0,0062
⊥ zur Hauptverformungsrichtung	400	0,25	0,077	0,064	0,060	0,057	
⊥ zur Hauptverformungsrichtung	500	0,25	0,11	0,087	0,080		
⊥ zur Hauptverformungsrichtung	750	0,21			0,10		

durch die Bestrahlung herabgesetzten Wärmeleitfähigkeit, während sie bei unbestrahltem Graphit zufolge der Aktivierung der Gitterschwingungen zu der schon oben erwähnten Abnahme der Wärmeleitfägigkeit führt. Als Beispiel bringt Abb. 326 diese Temperaturabhängigkeit unbestrahlter und bei 30 °C mit $6{,}4 \cdot 10^{20}$ n/cm² bestrahlter Proben.

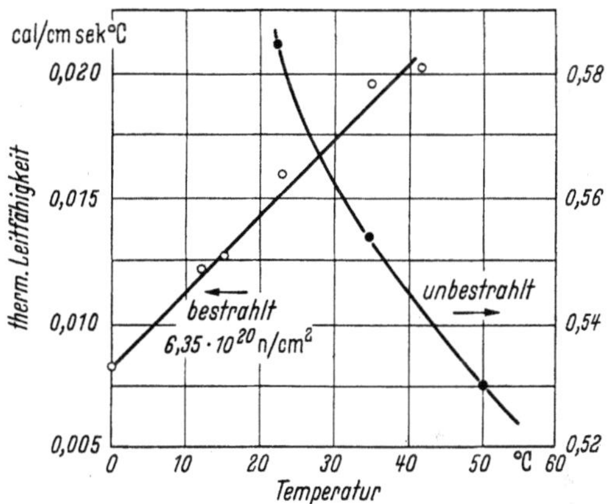

Abb. 326. Wärmeleitfähigkeit unbestrahlten und bei 30 °C bestrahlten Graphits ($6{,}4 \cdot 10^{20}$ n/cm²) in Abhängigkeit von der Temperatur [*443*]

Auf die Änderung mechanisch-technologischer Eigenschaften durch Reaktorbestrahlung bei etwa 30 °C bezieht sich Abb. 327, die erkennen läßt, daß der Elastizitätsmodul, sowie die Druck- und Knickfestigkeit bis zu einer Dosis von etwa $0{,}5 \cdot 10^{20}$ n/cm² rasch auf das 3- bis 4fache des Ausgangswerts ansteigen. Bei weiterer Bestrahlung erfolgt ein Wiederabfall, der aber auch bei den höchsten verwendeten Dosen von 10^{21} n/cm² zu Werten führt, die noch etwa das Doppelte der Ausgangswerte betragen. Es kann kein Zweifel bestehen, daß dieser Verfestigungseffekt durch die durch die Bestrahlung erzeugten Gitterstörungen hervorgerufen ist.

Eine weitere, für die Verwendung von Graphit im Reaktor sehr zu beachtende Folge von Bestrahlungseinwirkung ist die Speicherung von Energie (WIGNER-Energie). Durch entsprechende Temperaturerhöhung kann diese gespeicherte Energie entbunden werden. Da sie die spezifische Wärme des Graphits um mehr als drei Größenordnungen übertreffen kann, kann eine solche Energieentbindung zu außerordentlichen Temperaturanstiegen führen und damit gegebenenfalls zu Unfällen im Reaktorbetrieb. Abb. 328 gibt den Anstieg der durch steigende Reaktorbestrahlung bei etwa 30 °C und 100 °C gespeicherten Energie. Gemessen wird diese Energieaufnahme entweder mit Hilfe der kalorimetrisch bestimmten Verbrennungswärme oder mit Differential-Thermoanalyse.

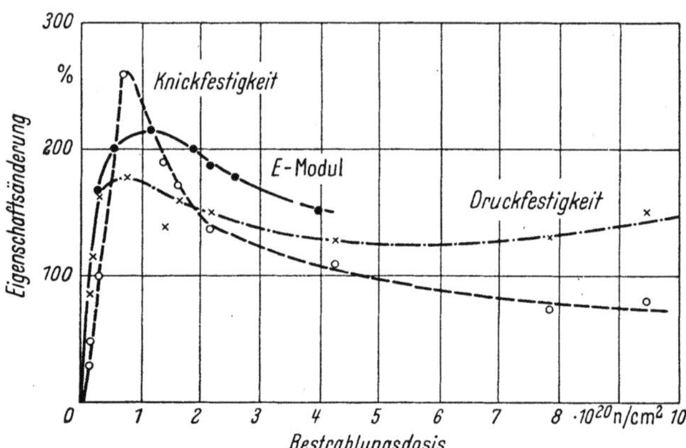

Abb. 327. Änderung technologischer Festigkeitseigenschaften von Graphit durch Neutronenbestrahlung [*443*]

Man erkennt, daß eine Strahlendosis von $2 \cdot 10^{21}$ n/cm² bei Raumtemperatur zu einem Energieanstieg von über 500 cal/g (gegenüber einer spezifischen Wärme von 0,2 cal/g) führt, während eine Bestrahlungstemperatur von 100 °C bei der gleichen Dosis nur etwa 100 cal/g ergibt. Längeres Anlassen bei 1000 °C der bei Raumtemperatur bestrahlten Proben führt, offenbar durch teilweise Wiedervereinigung von erzeugten FRENKEL-Paaren, zu einer erheblichen Abnahme der Energiespeicherung. Die Abbildung enthält zusätzlich als Differenz der beiden Kurven vor und nach der Anlaßbehandlung die hierdurch befreite Energie. Bei Bestrahlungsdosen über $1{,}3 \cdot 10^{21}$ n/cm² führt diese Anlaßbehandlung trotz weiterer Steigerung der gespeicherten Energie zu keiner weiteren Erhöhung der Erholungswirkung. Offenbar sind die durch höhere Bestrahlungsdosen bewirkten Gitter-

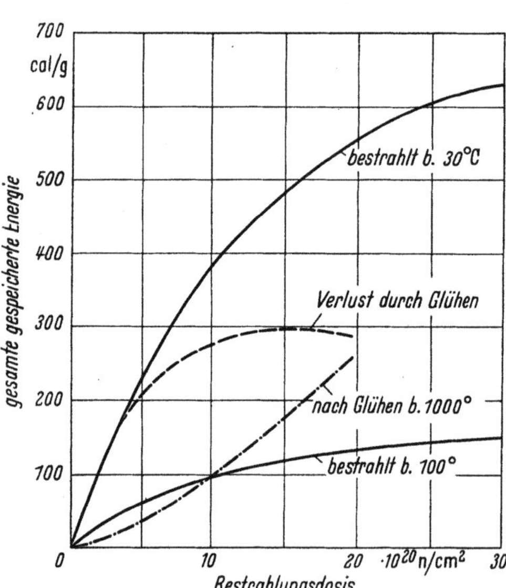

Abb. 328. Energiespeicherung in reaktorbestrahltem Graphit [*443, 446*]

störungen durch höhere Temperaturbeständigkeit ausgezeichnet, d.h. also von komplexerem Bau als einfache Punktdefekte. Für völlige Erholung müssen Anlaßtemperaturen in der Gegend der Graphitierungstemperatur benutzt werden. Auch an diesem Beispiel erkennt man wieder deutlich, daß eine Erhöhung der Bestrahlungstemperatur ungleich wirksamer für die Herabsetzung des Bestrahlungseffekts ist als eine an Bestrahlung bei niedriger Temperaturanschließende Glühbehandlung (Überlagerung einer Bestrahlungserholung zur thermischen Erholung). Bei einer Bestrahlungstemperatur von 750 °C führt eine Dosis von $1,2 \cdot 10^{21}$ n/cm^2 nur mehr zu einer Energiespeicherung von 9 cal/g [*445*].

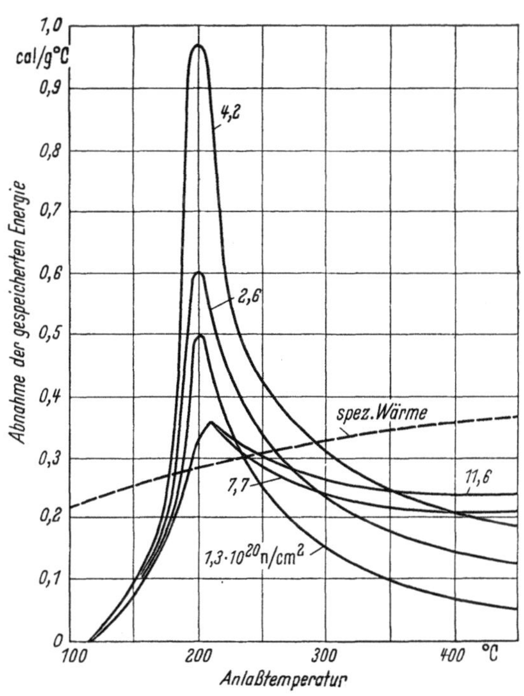

Abb. 329. Entbindung der in reaktorbestrahltem Graphit gespeicherten Energie durch Anlaßbehandlung [*443*]

Die oben erwähnte Gefährlichkeit der Entbindung der gespeicherten Energie bei geringer Temperaturerhöhung illustriert Abb. 329. Die Ergebnisse wurden auf Grund kalorimetrischer Bestimmung der spezifischen Wärme von bei Raumtemperatur mit steigender Dosis bestrahlten Proben erhalten unter Benutzung einer Erwärmungsgeschwindigkeit von 10 °C/min. Man erkennt, daß allgemein im Temperaturbereich um 200 °C ein ausgeprägtes Maximum der Energieentbindung vorliegt, dessen Höhe zunächst mit zunehmender Dosis ansteigt, bei den höchsten Dosen jedoch wieder abfällt. Miteingezeichnet in die Abbildung ist eine Kurve, welche die Temperaturabhängigkeit der spezifischen Wärme unbestrahlten Materials darstellt. Die Lage dieser Kurve gegenüber der Schar der übrigen zeigt, daß im Temperaturgebiet zwischen 180 und 280 °C die bestrahlten Proben anscheinend negative spezifische Wärmen besitzen, da in diesem Temperaturbereich die entbundene Energie höher ist als die spezifische Wärme. Die Bedeutung hoher Bestrahlungstemperatur für die Beseitigung der Bestrahlungsschäden tritt auch am Beispiel der durch

Anlassen befreiten gespeicherten Energie klar zutage: liegt die Bestrahlungstemperatur über 110 °C, so wird beim anschließenden Anlassen keine Eigenerwärmung auftreten können, da die den Temperaturverlauf der entbundenen Energie darstellenden Kurven stets unterhalb der Kurve der spezifischen Wärme verlaufen [*443*].

Da der Moderator Graphit bei eingeschaltetem Reaktor im allgemeinen nicht auf einheitliche Temperatur erwärmt wird, sondern sich in den den Kühlrohren benachbarten Teilen auf wesentlich niedrigeren Temperaturen befindet als im Inneren der Blöcke, werden sich durch die Reaktorbestrahlung verschieden stark gestörte Zonen im Graphit ausbilden. Um diese Störungen soweit wie möglich wieder zu beseitigen, insbesondere um Selbsterhitzung des Graphits durch Energieentbindung auszuschließen, wird dieser von Zeit zu Zeit Erholungsglühungen unterworfen. Für die praktische Durchführung in Spezialfällen vgl. [*447*, *448*].

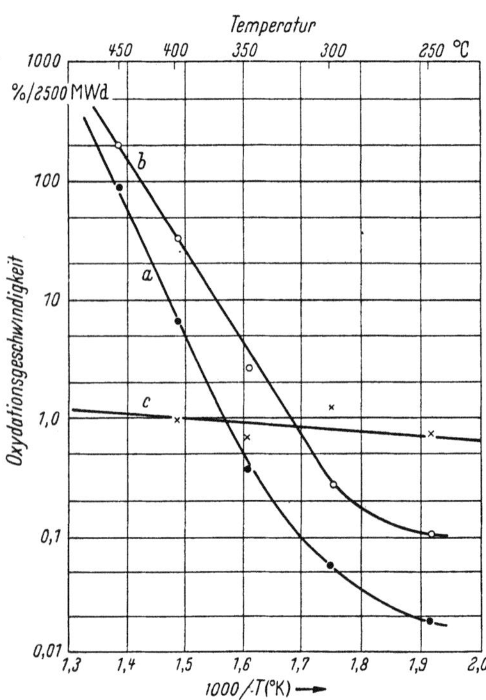

Abb. 330. Oxydationsgeschwindigkeit von Graphit [*449*] *a* unbestrahlt; *b* vor Oxydation mit $4 \cdot 10^{20}$ n/cm² bestrahlt; *c* Oxydation während Bestrahlung ($\Phi = 6 \cdot 10^{12}$ n/cm²sek)

Als letzte Eigenschaft des Graphits und ihre Beeinflussung durch Reaktorbestrahlung sei die chemische Reaktionsfähigkeit mit Sauerstoff und Kohlendioxyd besprochen. Kohlenstoff verbrennt oberhalb etwa 500 °C zu CO und CO_2. Kurve *a* in Abb. 330 gibt in der Arrheniusschen Darstellung die Kinetik der Oxydation unbestrahlten Graphits wieder. Aus der Temperaturabhängigkeit der Oxydationsgeschwindigkeit ergibt sich eine Aktivierungswärme von 48,8 kcal/Mol. Wird der Graphit vor der Oxydation einer Reaktorbestrahlung von $4 \cdot 10^{20}$ n/cm² unterworfen, so ergibt sich für die Temperaturabhängigkeit der Oxydationsgeschwindigkeit Kurve *b*, die zeigt, daß nunmehr die Oxydation erheblich rascher vor sich geht; die Aktivierungswärme ist auf 36,1 kcal/Mol gesunken. Erholungsversuche ergaben, daß eine Anlaßbehandlung des bestrahlten

Graphits bei 600 °C keine Veränderung der Oxydation brachte, daß eine Glühung bei 2800 °C dagegen die Wirkung der Bestrahlung völlig beseitigt. Bestimmt man die Oxydation nicht nach erfolgter Bestrahlung, sondern während derselben, so ergibt sich für einen Flux von $6 \cdot 10^{12}$ n/cm²sek die Kurve *c*, die zeigt, daß bei Temperaturen unter etwa 320 °C die Oxydationsgeschwindigkeit höher ist als die einer nach der Bestrahlung oxydierten Probe, daß dagegen bei höheren Temperaturen die Oxydation sehr viel langsamer erfolgt als bei vor dem Versuch bestrahlten Proben. Die Aktivierungswärme ist nun auf 1,6 kcal/Mol abgesunken. Es ist klar, daß diese Feststellung von hoher praktischer Bedeutung ist, da sie die Verwendung von Graphit in luftgekühlten Reaktoren bei höheren Temperaturen zu erlauben scheint als zunächst auf Grund von Versuchen ohne gleichzeitige Bestrahlung möglich schien [*449*].

Die Reaktion $C + CO_2 = 2CO$, die sich in kohlensäuregekühlten, graphitmoderierten Reaktoren abspielt, wird durch Reaktorstrahlung gefördert. Bisher ist es nicht gelungen, geeignete Inhibitoren zu finden, so daß für hohe Temperaturen eine CO_2-Kühlung zu verlassen und durch Edelgaskühlung zu ersetzen sein wird. Bei den zur Zeit in Betrieb befindlichen CO_2-gekühlten Reaktoren wirkt sich, wegen der benutzten verhältnismäßig niedrigen Temperatur, die reaktionsbeschleunigende Wirkung der Reaktorbestrahlung noch nicht prohibitiv aus [*436*, *450*].

Neben der Verwendung des Graphits als Moderator und Reflektor wird neuerdings seine Verwendung auch als Schutzmantel für Brennstoffe vorbereitet, insbesondere wenn hohe Temperaturen angestrebt werden. Maßgebend für diese Entwicklung sind die Tatsachen, daß die Bestrahlungsschäden mit steigender Bestrahlungstemperatur immer mehr in den Hintergrund treten, daß die Festigkeitseigenschaften des künstlichen Graphits mit steigender Temperatur ansteigen und daß Graphit auch bei hohen Temperaturen mit als Kühlmittel und als Brennstoff in Frage kommenden Metallschmelzen gut verträglich ist. Ein wesentliches Erfordernis für diese neue Verwendung ist Steigerung der Dichte und damit der Undurchlässigkeit für Gase und Flüssigkeiten. Die Steigerung der Dichte wird auf mehrfache Weise erreicht: durch Verwendung entsprechend geformter Ausgangsmaterialien, durch Verbesserung der Technik des Imprägnierens (Verwendung von Bindern geeigneter Zähigkeit und Benetzungsfähigkeit), durch Verbesserung der Formungstechnik, insbesondere Anwendung von Heißpreßverfahren [*451*]. Weiterhin gehören hierher auch die schon oben erwähnten, von natürlichem Graphit ausgehenden Verfahren, die ohne oder mit Verwendung von Bindemitteln zu hohen Dichten der Formkörper führen [*432*, *433*]. Eine Übersicht über die auf diese Weise erhaltenen Eigenschaften gibt Tab. 97, die im Vergleich mit Tab. 95 erkennen läßt, daß

Tabelle 97. *Eigenschaften von verdichtetem Graphit*

	Künstlicher Graphit		Natürlicher Graphit		
	mit Bindemittel		ohne Bindemittel	mit Bindemittel [*433*]	
	[*451*]	[*452*]	[*432*]		
Dichte in g/cm^3	1,88–1,98	1,87–1,90	1,94–2,07	1,95	2,05
Druckfestigkeit in kp/mm^2	4,6 –6,8	–	2,0 –3,8	9	2
Gasdurchlässigkeit in cm^2/sek	$9{,}0\cdot10^{-2}$–$2{,}7\cdot10^{-3}$	$\sim10^{-6}$	$1{,}5\cdot10^{-3}$	10^{-2}	10^{-3}–10^{-5}

die Dichte deutlich erhöht, die Druckfestigkeit in den meisten Fällen ebenfalls verbessert und die Gasdichtigkeit außerordentlich gesteigert ist. Weiterhin sei hervorgehoben, daß die neuen Herstellungsverfahren die Anisotropie der Preßkörper beträchtlich verringert haben [*433, 451*].

Zur Prüfung des Einsatzes derartigen Graphits im Reaktorbau sind auf breiter Ebene Bestrahlungsversuche eingeleitet. In [*671*] wird über den Einfluß von im Temperaturbereich von 70 bis 700 °C mit Neutronendosen bis zu 5.10^{21} n/cm^2 durchgeführten Bestrahlungen auf verschiedene physikalische Eigenschaften berichtet. Es ergibt sich, daß Unterschiede in Eigenschaften, die durch verschiedene Binder bedingt sind, mit steigender Bestrahlungsdosis weitgehend verschwinden, daß dagegen die relativen Unterschiede in der Festigkeit auch nach der Bestrahlung bestehen bleiben.

Die Entwicklung des Graphits als Schutzhüllenmaterial ist noch keineswegs abgeschlossen, weitere Verbesserungen sind durchaus wahrscheinlich.

3. Beryllium und Berylliumoxyd

Zu den bereits genannten allgemeinen Übersichten [*1*] bis [*7*] seien zusätzlich noch [*453, 454, 455, 456, 457*] angegeben.

Heute sind etwa 50 Be-haltige Mineralien bekannt, jedoch ist nur eines von ihnen, Beryll ($3\,BeO \cdot Al_2O_3 \cdot 6\,SiO_2$), ein abbauwürdiges Erz. Beryll enthält bis zu 14% BeO, entsprechend 3,6% Be. Hauptvorkommen liegen in Brasilien und Argentinien; neuerdings wurden Vorkommen auch in Indien und im Kongo gefunden. In Europa liegen nennenswerte Fundstätten nur in Portugal.

3.1 Beryllium. Da für Beryllium wegen seiner vorzüglichen kernphysikalischen Eigenschaften außer seiner Verwendung als Moderator und Reflektor auch eine solche als Hüllenmaterial angestrebt wird, bringen wir in diesem Punkt die physikalischen und technologischen Eigenschaften etwas ausführlicher, als es für seine vielfache Verwendung nur als Moderator und Reflektor erforderlich wäre.

Aufbereitungsverfahren des Berylls sind seit langem bekannt. Technisch angewendet werden heute zwei Verfahren: die Überführung des Berylliums in ein wasserlösliches, leicht weiter zu behandelndes Beryllium-Natrium-Fluorid(modifiziertes SIEMENS-Verfahren) und das Niederschmelzen des Berylls im Lichtbogenofen, Abschrecken in Wasser und anschließende Wärmebehandlung, wodurch ein Angriff von Schwefelsäure ermöglicht wird, Auslaugen des löslichen $BeSO_4$ und schließlich Überführung über $Be(OH)_2$ in BeF_2.

Die Gewinnung des Metalls erfolgt sodann durch Reduktion von Berylliumfluorid mit Magnesium oder durch Schmelzflußelektrolyse von Berylliumchlorid bzw. Beryllium-Fluordoppelsalzen. Da die $BeCl_2$-Schmelze ein schlechter Leiter der Elektrizität ist, müssen zur Erhöhung der Leitfähigkeit weitere Salze, meist NaCl und KCl, hinzugegeben werden, die außerdem den Dampfdruck des $BeCl_2$ erniedrigen (DEGUSSA-Prozeß). Im ersten Fall fällt das Beryllium in Form von Kieseln, im zweiten in Form von Flocken an.

Der Reinheitsgrad des erhaltenen Berylliums und besonders auch der Anteil an verschiedenen Beimengungen hängt eng mit dem Herstellungsverfahren zusammen. Für das Mg-reduzierte Metall wird für technisch reine Kiesel ein Metallgehalt von etwa 97% angegeben (hauptsächliche metallische Beimengungen: Mg etwa 1,2%, Al, Cu und Fe je 0,4 bis 0,5%), für hochreine Kiesel etwa 98,5% (etwa 1,2% Mg, je 0,1 bis 0,15% Al und Fe). Durch Vakuumschmelzen kann ein Metallgehalt von 99,6 bis 99,7% erreicht werden, wobei nunmehr Fe, Al und Si mit je 0,075 bis 0,085% die Hauptbeimengungen darstellen, der Mg-Gehalt nimmt auf etwa 50 ppm ab. Bei den elektrolytisch hergestellten Flocken ist Chlor die Hauptbeimengung (0,12 bzw. 0,46%). Die metallischen Beimengungen liegen in Summe zwischen 0,05 und 0,1%. Durch Vakuumschmelzen kann das Chlor auf sehr niedrige Werte (10 ppm) gedrückt werden. Wird durch Mahlen Berylliumpulver für metallkeramische Weiterverarbeitung hergestellt, so erhöht sich durch Reiboxydation der Sauerstoffgehalt unabhängig vom Ausgangsmaterial erheblich, er kann bis auf 1 Gew.-%, bei feinerem Pulver noch darüber ansteigen [*455*].

Neuerdings wurde laboratoriumsmäßig ein elektrolytisches Verfahren erprobt, von dem man sich erhöhte Wirtschaftlichkeit verspricht. Es besteht in einer Elektrolyse einer geschmolzenen nahezu eutektischen Mischung von $BeCl_2$ und NaCl unter Verwendung einer Quecksilberkathode. Das auf diese Weise gebildete Beryllium-Amalgam kann direkt zu Formstücken verpreßt werden (im Gegensatz zu den Flocken der normalen elektrolytischen Herstellung), wobei gleichzeitig das Quecksilber abgeschieden wird. Die letzten Spuren von Quecksilber können durch Vakuumdestillation abgedampft werden [*458*].

Metallisches Beryllium ist von stahlgrauer Farbe. An trockener Luft bleibt es blank, in Berührung mit Wasser überzieht es sich mit einer dünnen, schützenden Oxydhaut. Sehr zu beachten ist die Giftigkeit des Metalls, auf die später zurückgekommen wird.

Eine Zusammenstellung physikalischer Eigenschaften des Berylliums ist in Tab. 98 gegeben. Die Gitterstruktur des α-Berylliums ist

Tabelle 98. *Physikalische Eigenschaften von Beryllium* [*453, 457*]

Atomgewicht		9,013	
Gitterkonstante	Å		
α-Be (hex. d. Kp.)		$a = 2{,}281$	(bei 20 °C)
		$c = 3{,}577$	
		$c/a = 1{,}568$	
β-Be (k.-rz.)		$a = 2{,}55$	(bei 1250 °C)
Umwandlungspunkt	°C	1244–1250	
Schmelzpunkt	°C	1284	
Schmelzwärme	cal/g	259	
α-Beryllium:			
Röntgendichte	g/cm³	1,848	
lin. Ausdehnungskoeff.	10^{-6}/°C	$\alpha_{\parallel} = 9$	(bei 20 °C)
		$\alpha_{\perp} = 12$	
		$\alpha_{\parallel} = 18$	(bei 800 °C)
		$\alpha_{\perp} = 22$	
elast. Konstanten*	c_{ik} in 10^{11} dyn/cm²	$c_{11} = 30{,}8$	$s_{11} = 2{,}94$
	s_{ik} in 10^{-13} cm²/dyn	$c_{33} = 35{,}7$	$s_{33} = 2{,}81$
		$c_{44} = 11{,}0$	$s_{44} = 9{,}09$
		$c_{12} = -5{,}8$	$s_{12} = 0{,}88$
		$c_{13} = 0{,}87$	$s_{13} = -0{,}10$
Elastizitätsmodul**	kp/mm²	$E_{\parallel} = 37400$	
		$E_{\perp} = 28000$	
Torsionsmodul	kp/mm²	$G = \sim 13800$	
Poissonsche Zahl**		$\mu_{\parallel} = 0{,}10$	
		$\mu_{\perp} = 0{,}035$	
spez. Widerstand	μΩ cm	4	(bei 0 °C)
		31	(bei 800 °C)
spez. Wärme	cal/g °C	~ 0,43	(bei 20 °C)
Wärmeleitfähigkeit	cal/cm sek °C	~ 0,36	(bei 50 °C)
		~ 0,25	(bei 500 °C)

* Nach [*459*]. ** Nach [*460*].

hexagonale dichteste Kugelpackung, allerdings mit der auffälligen Abweichung, daß das Achsenverhältnis c/a mit 1,568 deutlich kleiner ist als das für ideale dichteste Kugelpackung gültige von $2\sqrt{2/3} = 1{,}633$. Dies bedeutet, daß in der Basisfläche nicht mehr dichteste Packung vorliegt. Die Nachbarn jedes Berylliumatoms bilden zwei Gruppen; die sechs der einen haben von ihm einen Abstand von 2,221 Å, während die sechs der zweiten den Abstand 2,281 Å besitzen. Kürzlich ist es gelungen im Temperaturbereich zwischen 1270 °C und dem Schmelzpunkt eine kubisch-raumzentrierte Modifikation des Berylliums festzustellen [*461, 672*]. Die Anisotropie der thermischen Ausdehnung führt zu stärkerer Ausdehnung der digonalen Achsen als der hexagonalen, wodurch das Achsenverhältnis eine etwa lineare weitere Abnahme mit steigender Temperatur erfährt; es sinkt auf etwa 1,562 bei 1000 °C. Der mittlere Ausdehnungskoeffizient (regellose Textur) bei Raumtemperatur beträgt $11 \cdot 10^{-6}$/°C. Auffällig hoch ist die Schmelzwärme, die neben der von

Silizium, die höchste aller Metalle ist. Auf Grund der elastischen Konstanten ergibt sich parallel der hexagonalen Achse ein Elastizitätsmodul von 36300 kp/mm², senkrecht zur hexagonalen Achse 30000 kp/mm², Werte, die mit den direkten Bestimmungen erträglich übereinstimmen. Die Absolutwerte der elastischen Moduln sind hoch, erheblich höher als die von Stahl. Bemerkenswert niedrig ist die POISSONsche Querkontraktionszahl.

Die Mechanismen der plastischen Kristalldeformation von Beryllium sind die im A3-Typ stets festgestellte Basisgleitung ($T = (0001)$, $t = \langle 11\bar{2}0 \rangle$) und Zwillingsbildung nach $K_1 = (10\bar{1}2)$ und $K_2 = (10\bar{1}\bar{2})$. Als weiteres Translationssystem kommt $\{10\bar{1}0\} / \langle 11\bar{2}0 \rangle$ hinzu. Diese Gleitung nach der Prismenfläche I. Art wird bei hexagonalen Metallen stets dann beobachtet, wenn das Achsenverhältnis den für dichteste Kugelpackung gültigen Wert unterschreitet. Für die kritische Schubfestigkeit der Basisgleitung bei Raumtemperatur wird aus Zug- und Torsionsversuchen 1400 ± 350 p/mm² angegeben. Temperaturerhöhung führt auffälligerweise zu einem leichten Anstieg auf 1750 ± 210 p/mm² bei 500 °C. Für Prismengleitung wurde bei Raumtemperatur der sehr viel höhere Wert von 6650 p/mm² beobachtet. Für diese Translation sinkt die kritische Schubspannung erheblich mit steigender Temperatur ab, so daß bei 500 °C Basis- und Prismengleitung durch dieselbe kritische Schubspannung ausgezeichnet sind [*462*]. Überraschenderweise wird für die kritische Schubspannung des Basisgleitsystems aus Stauchversuchen bei Raumtemperatur der sehr viel höhere Wert von 3220 p/mm², bei 300 °C 2840 p/mm² und bei 500 °C 4520 p/mm² angegeben [*463*]. Da der Reinheitsgrad des Metalls derselbe war wie bei den Zugversuchen, dürfte die Nichtübereinstimmung der Schubspannungswerte wohl auf Störungen bei der Ausführung der Stauchversuche (Reibung der niedrigen Proben an den Deckplatten) zurückzuführen sein. Die Annahme eines Einflusses der Normalspannung scheint jedenfalls noch nicht gerechtfertigt. Ein Berylliumkristall, hergestellt aus durch 5faches Zonenschmelzen gereinigtem Beryllium führt im Zugversuch zu dem niedrigen Wert der kritischen Schubspannung von 780 p/mm² [*464*]. Neuerdings wurde für 8fach zonengeschmolzenes Material der noch erheblich niedrigere Wert von 350 p/mm² angegeben [*673*].

Verfestigungskurven liegen noch nicht vor, es wird nur angegeben, daß Basisgleitung nur zu schwacher Verfestigung führt. Bei Material technischer Reinheit tritt nach geringer Abgleitung Bruch durch Spaltung nach der Basisebene ein [*465*]; bei dem eben erwähnten 8fach zonengeschmolzenen Material hingegen wurde die Basisspaltung erst nach einer Abgleitung von 160% beobachtet [*673*]. Prismengleitung kann zu erheblichen Dehnungen führen. In dem in Abb. 331 in zwei Ansichten dargestellten Kristall ist in der durch doppelte Prismengleitung gebildeten Fließschneide eine Querschnittsabnahme von etwa 60% aufgetreten. Außer Basisspaltung wurde bei bestimmten Orientierungen der Bruch auch nach Prismenflächen II. Art $\{11\bar{2}0\}$ beobachtet.

Die Ausbildung von Deformationszwillingen wird bei geeigneter Kristallorientierung im Temperaturbereich von Raumtemperatur bis 700 °C beobachtet. Obwohl noch keineswegs erwiesen ist, daß auch das Einsetzen von Zwillingsbildung an die Erreichung einer kritischen Schubspannung im Zwillingsgleitsystem gebunden ist, wird für die Beryllium-

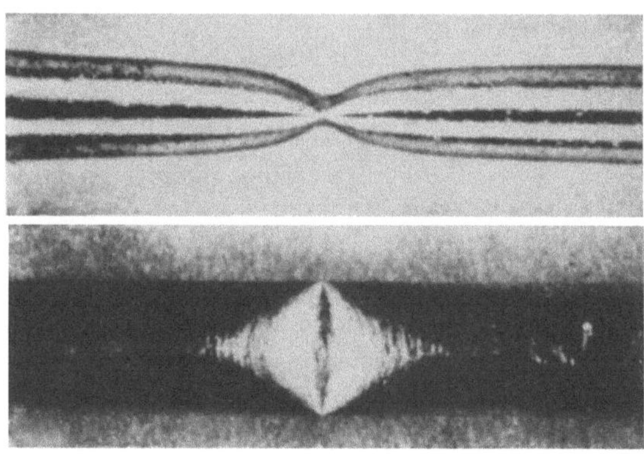

Abb. 331. Doppelgleitung eines Berylliumkristalls nach $\{10\bar{1}0\}$-Ebenen [*462*]

$\{10\bar{1}2\}$-Verzwillingung eine solche Schubspannung in der Größenordnung von 5600 p/mm² vermutet. Ihre Größe entspricht etwa der für Translation nach der Prismenfläche gültigen. Mit steigender Temperatur soll die zur Zwillingsgleitung führende Schubspannung ansteigen [*462*]. Jedenfalls sind weitere systematische Untersuchungen zum besseren Verständnis des Verhaltens von Berylliumkristallen bei plastischer Verformung dringend erforderlich.

Das sehr anisotrope Verhalten der Einkristallplastizität von Beryllium wird später bei Besprechung der technologischen Eigenschaften vielkristallener Proben zur Deutung dieser Eigenschaften mit herangezogen werden.

Das *Schmelzen* von Beryllium erfolgt üblicherweise im Vakuum (etwa 0,1 mm Hg) in Induktionsöfen unter Verwendung von Berylliumoxydtiegeln. Die Anwendung des Vakuums empfiehlt sich nicht nur um die Oxydation des Metalls zu verringern, sondern auch um flüchtige Beimengungen zu entfernen (siehe oben). Schmelzen in offenen Öfen führt zu Porosität der Gußstücke, die auf Wasserstoffentbindung zurückgeht (H_2 bildet sich durch Reaktion mit Luftfeuchtigkeit). Ein brauchbares, die Schmelze wirksam abdeckendes Flußmittel ist bisher nicht gefunden. Als Formenmaterial hat sich Graphit bewährt. Wichtig ist völlige

Trockenheit desselben und entsprechende Wandstärke. Wegen des hohen Schwindmaßes (Erstarrungskontraktion 3%) muß die Abkühlung der Gußstücke langsam erfolgen, um Bildung von Schwindrissen zu vermeiden, die durch nachträgliche Verformung nicht wieder verschweißen. Der Guß selbst erfolgt fallend durch eine zunächst verschlossene Bodenöffnung des Tiegels. Wegen der zufolge des grobkörnigen Gußgefüges erheblichen Sprödigkeit der Gußstücke sind diese kein geeigneter Konstruktionswerkstoff; sie dienen als Ausgangsmaterial für das Strangpressen und zur Herstellung von Pulvern. Durch geeignete Zugaben, durch Erschütterung der Form während des Gusses, durch Verwendung von keimbildenden Substanzen bemüht man sich, zu möglichst feinkörnigem Guß zu gelangen, der dann unmittelbar verwendbar wäre (vgl. auch [*674*]). In [*466*] wird eine Hochvakuum-Schmelz- und -Gießanlage für Beryllium beschrieben, die auch zur Herstellung von Schleuderguß geeignet ist.

Vielfach werden *pulvermetallurgische Herstellungsverfahren*, die weit zurückreichen [*467*], in der Technologie des Berylliums verwendet. Zur Herstellung einer Standardpulversorte werden Berylliumkiesel im Vakuum umgeschmolzen, die erhaltenen Gußblöcke zerspant und die Späne in Mühlen zermahlen. Durch Mahlen in trockenem Helium bei -60 °C läßt sich der Oxydgehalt auf etwa 0,3% halten. Die Herstellung der Formkörper geschieht durch Vakuumsintern von bei Raumtemperatur hergestellten Preßlingen, wobei man Dichten von 1,7 g/cm^3 erreicht. Zugabe von Bindemitteln ist nicht erforderlich. Vielfach benutzt wird auch Heißpressen unter Verwendung von Vakuum (10^{-1} bis 10^{-2} mm Hg), einer Temperatur von 1050 °C, Drucken je nach der Größe des Formkörpers von 4 bis 20 kp/mm^2 und Preßdauern bis zu 20 Stunden [*468*]. Ein Verfahren der drucklosen Sinterung von Berylliumpulver (Schüttdichte 45 bis 50% der theoretischen Dichte) zu Formkörpern hoher Dichte (bis zu 98% der theoretischen) ist in [*469*] beschrieben. Pulver einer bestimmten Korngrößenverteilung (mittlerer Durchmesser etwa 30 μ) wird in einem Vakuumofen in Graphitformen bei 1200 bis 1220 °C etwa sechs Stunden gesintert. Hohlformen können durch Verwendung von Graphiteinsätzen ebenfalls erhalten werden. Karbidbildung tritt nur an der Oberfläche ein. Den wirtschaftlichen Vorteilen dieses Verfahrens steht als Nachteil die Notwendigkeit, eine bestimmte Korngrößenverteilung einzuhalten, gegenüber und eine geringere Beherrschung der Abmessung der Sinterkörper.

Für die *spanlose Formung* von Beryllium kommt vor allem Strangpressen, aber auch Walzen und Schmieden in Frage; Ziehen scheidet wegen der nur geringen Plastizität bei Zugbeanspruchung weitgehend aus. Wegen des besonders bei hohen Temperaturen auftretenden Klebens des Berylliums an den Werkzeugen muß für ausreichende Trennschichten gesorgt werden. Graphitschmierung schien sich zu bewähren, den großen Fortschritt jedoch brachten Schutzhüllen aus weichem Stahl. Dieser besitzt den Vorteil in seiner Verformungsfähigkeit bei den zur Verformung erforderlichen Temperaturen dem Beryllium zu ähneln und geht erst oberhalb 1100 °C störende Legierungsbildung mit ihm ein. Die Hüllen bieten den weiteren Vorteil, eine Evakuierung durch ein dünnes, die Hinterwand der Schutzhülle durchsetzendes Rohr zu ermöglichen. Es ergab sich, daß solche Schutzhüllen aus weichem Stahl, deren Wandstärke vom beabsichtigten Verpressungsgrad abhängt, nicht nur für das Strangpressen von Gußbolzen geeignet sind, sondern ebenso für das Strangpressen von Berylliumpulver. Dieses kann in Form von grünen Preßlingen oder von Heißpreßlingen eingebracht werden. Es kann aber auch als loses Pulver in die Schutzhülle eingeführt und erst in dieser kalt oder warm verdichtet werden. Dies bewirkt, daß sich der Preßling nunmehr völlig lückenlos der Wand der Hülle anlegt. Die Arbeitstemperatur liegt im allgemeinen über der Rekristallisationstemperatur von etwa 900 °C, damit größere Querschnittsabnahmen erzielbar sind. Auf diese Weise können Stäbe, Rohre, Schienen und andere einfache Formkörper mit guten Abmessungstoleranzen erhalten werden. Vereinfacht kann das Strangpressen auch von ungeschützten heißgepreßten Bolzen erfolgen. Man verwendet in diesem Fall Preßtemperaturen von 400 bis 450 °C, die einem Maximum der Verformbarkeit der Preßlinge entsprechen. Die erforderlichen Drucke liegen naturgemäß höher als bei dem eben beschriebenen Heißpressen mit Schutzhüllen und die Preßgeschwindigkeiten liegen erheblich unter den dort erreichbaren.

Auch für das Warmwalzen wird Beryllium – in der Hauptsache stranggepreßtes Vormaterial – in Schutzhüllen aus weichem Stahl, gegebenenfalls auch aus Chrom-Nickel-Stahl, Molybdän oder Kupfer eingebracht. Die Walztemperatur liegt im Bereich von 800 bis 1100 °C. Gesamtquerschnittsabnahmen bis zu 95% sind erreicht worden unter Verwendung von 5 bis 20% Abnahme je Stich und Wiedererwärmung nach jedem Walzendurchgang. Das Fertigwalzen erfolgt im Temperaturbereich von 350 bis 400 °C um die Oberflächenbeschaffenheit zu verbessern und die Verschweißung des Berylliums mit der Schutzhülle zu lockern. Gegebenenfalls wird schon vor den letzten Stichen die Schutzhülle abgeätzt.

Auch das Schmieden erfolgt zumeist unter Verwendung einer Schutzhülle. Die Schmiedetemperatur liegt bei 1000 °C. Beim Gesenkschmieden wird der Druck langsam gesteigert, das offene Schmieden erfolgt durch häufige leichte Schläge. Wird ohne Schutzhülle geschmiedet, so erweist sich ein einziger kräftiger Schlag als günstig.

Für die Herstellung von Brennstoffelementen mit Berylliumschutzhüllen soll auf zwei Verfahren hingewiesen werden. Das erste ist die gemeinsame Strangpreßverformung eines Verbundkörpers aus Brennstoff und Berylliumschutzrohr. Das Grundsätzliche dazu ist in Kap. IV A 4.1 bereits beschrieben. Das zweite Verfahren geht von stabförmigem Brennstoff aus, der zentrisch in ein etwas weiteres Rohr aus weichem Stahl eingeführt wird. Der Zwischenraum wird mit Berylliumpulver gefüllt und durch Warmhämmern die entsprechende Verdichtung erzielt. Der Stahlmantel kann nach erfolgter Bearbeitung in Salpetersäure abgelöst werden [*470*].

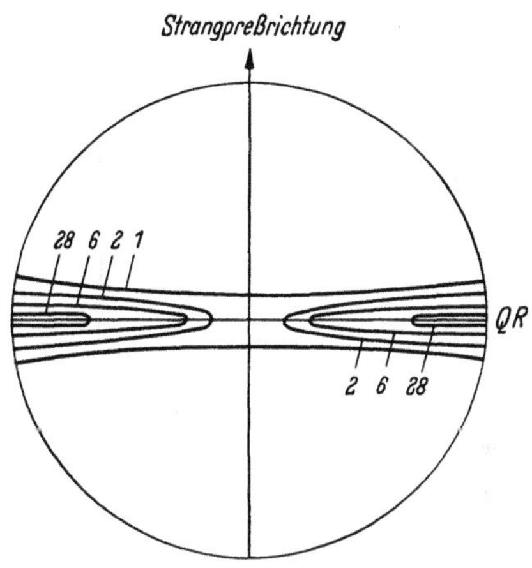

Abb. 332. Textur einer stranggepreßten Berylliumschiene; Polfigur der Basis [*473*]

Die Ermittlung der Deformationstextur von Beryllium hat ergeben, daß warmgepreßte Rundstangen, ebenso wie Magnesiumstangen, eine einfache Fasertextur mit einer digonalen Achse II. Art, $\langle 10\bar{1}0\rangle$, parallel der Preßrichtung aufweisen, unabhängig davon, ob von Berylliumgußblöcken oder von Pulverpreßkörpern ausgegangen wird. Die Schärfe der Einstellung der Textur steigt bis zu einem Verpressungsgrad von 15 : 1 deutlich an. Variation der Preßtemperatur von 900 bis 1120 °C führte bei einem Verpressungsgrad von 20 : 1 zu einer leichten Zunahme der Streuung mit der Preßtemperatur. Luftabkühlung oder Wasserabschreckung der Stangen bringt keinen Unterschied [*471*, *472*]. In stranggepreßten Schienen ist die Textur nicht mehr rotationssymmetrisch um die Preßrichtung. Abb. 332 gibt die Textur in einer warmgepreßten Schiene von 64 × 16 mm Querschnitt und einem Verpressungsgrad von 18 : 1 durch die Polfigur der Basis. Es ergibt sich, daß die Basisflächen überwiegend senkrecht zur breiten Fläche der Schiene stehen. Eine ähnliche Textur bildet sich auch durch Warmwalzen aus; der Streubereich der hexagonalen Achse überstreicht wieder einen schmalen Bereich zwischen Blechnormale und Querrichtung, die Häufigkeitsmaxima liegen in der Ebene Normale-Querrichtung nun unter etwa 20° zur Blech-

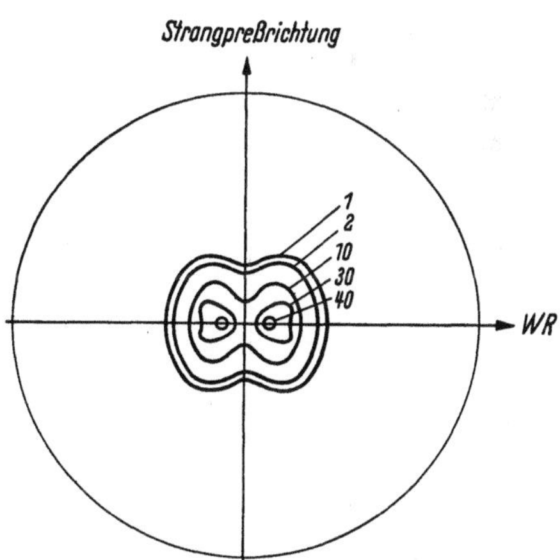

Abb. 333. Walztextur nach Querwalzen einer stranggepreßten Schiene (Walzgrad 6 : 1); Polfigur der Basis [*473*]

normalen und nicht, wie in den gepreßten Schienen, unter 90°. Durch Querwalzen einer stranggepreßten Schiene erhält man Texturen, die durch die Polfiguren der Abb. 333 und 334 gekennzeichnet sind. Abb. 333 bezieht sich auf einen Walzgrad von 6 : 1, Abb. 334 auf einen solchen von 18 : 1. Man erkennt, daß durch den kleineren Walzgrad eine annähernd gleichmäßige Verteilung der Basislagen um die Blechnormale entstanden ist, beim größeren Walzgrad tritt eine Asymmetrie auf; der Streubereich steht nunmehr senkrecht auf dem in der gepreßten Schiene. Eine ähnliche symmetrische Deformationstextur, wie durch Abb. 333 gekennzeichnet, ergibt sich auch durch zwei Walzvorgänge mit gekreuzter Richtung, die jeweils bei derselben Temperatur und mit demselben Reckgrad vorgenommen werden. Von der Höhe der Walztemperatur zwischen 870 und 1070 °C ist der Erfolg kaum abhängig. Wird dagegen von den gepreßten Schienen ausgegangen, so führt bei der höheren Walztemperatur ein breiterer Bereich des Walzgrads zur erstrebten Textur als bei der niedrigen Walztemperatur [*473*]. Im Prinzip erhält man dieselbe Verteilung von Basislagen wie im warmgewalzten Blech auch in kaltgewalzten Blechen, wie in [*474*] durch Versuche mit 84 bis 90% Walzgrad bei Raumtemperatur, 350 und 800 °C gezeigt worden ist.

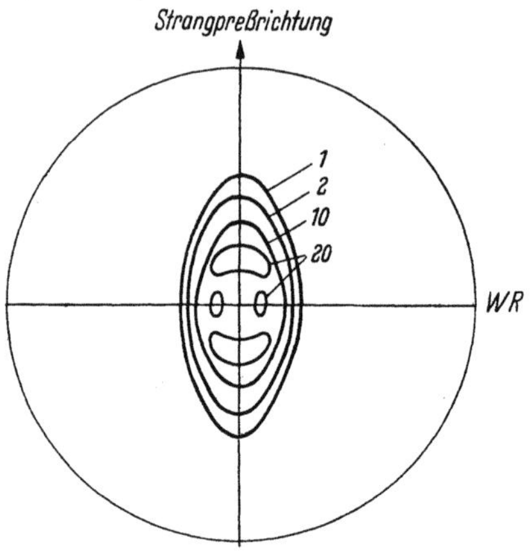

Abb. 334. Walztextur nach Querwalzen einer stranggepreßten Schiene (Walzgrad 18 : 1); Polfigur der Basis [*473*]

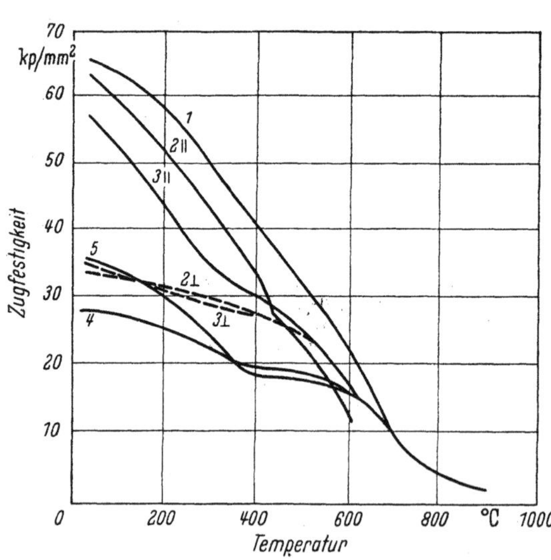

Abb. 335. Temperaturabhängigkeit der Festigkeit von Berylliumstangen verschiedener Herstellungsart [*476*]
1 stranggepreßt (unterh. Rekristallisationstemperatur; QMV-Pulver); *2* stranggepreßt (Elektrolytpulver); *3* stranggepreßt (QMV-Pulver); *4* stranggepreßt (Gußknüppel); *5* heißgepreßt (QMV-Pulver)

Für die Textur von stranggepreßten Rohren ist die Preßtemperatur ebenso von untergeordneter Bedeutung wie für die Textur stranggepreßter Stangen, aber der Verpressungsgrad führt in den Rohren zu zwei deutlich verschiedenen Gefügeregelungen. Bei kleinem Verpressungsgrad (< 12 : 1) liegt die Basisebene bevorzugt parallel zur Oberfläche des Rohres, bei hohem Preßgrad (> 12 : 1) dagegen liegen die Basisflächen zwar auch parallel zur Preßrichtung, trachten sich aber außerdem senkrecht zum Umfang des Rohres einzustellen [*475*].

Von den *technologischen Eigenschaften* bringen die Abb. 335 und 336 die Temperaturabhängigkeit der Festigkeit und Dehnung von Proben

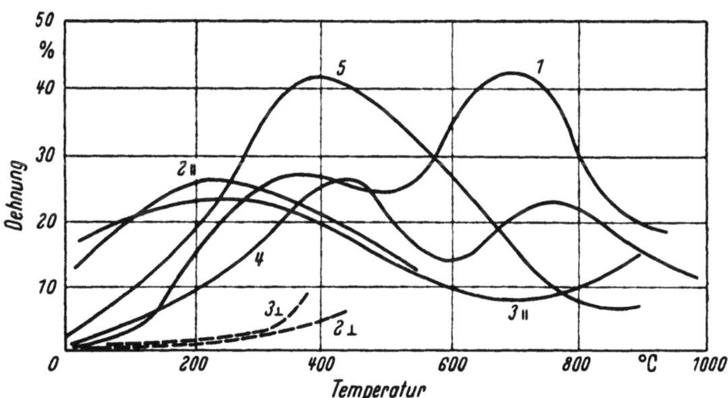

Abb. 336. Temperaturabhängigkeit der Dehnung von Berylliumstangen verschiedener Herstellungsart [*476*]
1 stranggepreßt (unterh. Rekristallisationstemperatur; QMV-Pulver); *2* stranggepreßt (Elektrolytpulver); *3* stranggepreßt (QMV-Pulver); *4* stranggepreßt (Gußknüppel); *5* heißgepreßt (QMV-Pulver)

verschiedener Herstellungsart. In der Festigkeit liegt das unterhalb der Rekristallisationstemperatur stranggepreßte „QMV"-Pulver (Mg-reduziert und vakuumgeschmolzen) an der Spitze, gefolgt vom stranggepreßten Elektrolytpulver, dem über der Rekristallisationstemperatur stranggepreßten und dem heißgepreßten QMV-Pulver; die niedrigsten Festigkeitswerte weist der stranggepreßte Gußkörper auf. In zwei Fällen sind auch die Querfestigkeitswerte angegeben, die bei niedrigen Temperaturen weit unter den Längsfestigkeiten liegen. Die Dehnungswerte für Längsbeanspruchung bei Raumtemperatur liegen für die oberhalb der Rekristallisationstemperatur stranggepreßten Pulverkörper hoch, während das heißgepreßte Pulver, das unter der Rekristallisationstemperatur stranggepreßte Pulver und der stranggepreßte Gußknüppel nur geringe Verformbarkeit zeigen. Die Querproben zeigen auch bei stranggepreßten Pulverkörpern nur sehr niedrige Bruchdehnung. Mit steigender Temperatur nehmen die Dehnungen zunächst zu. Im Bereich von 300 bis 400 °C tritt ein erstes Maximum auf, dem bei höherer Temperatur ein weiteres folgt. Lediglich das heißgepreßte Pulver zeigt nur das erste

Maximum, liegt mit ihm aber erheblich über dem ersten Maximum anderer Proben. Auf Material, das durch Warmpressen von QMV-Pulver und anschließendes Strangpressen bei 425 °C erhalten wurde, bezieht sich

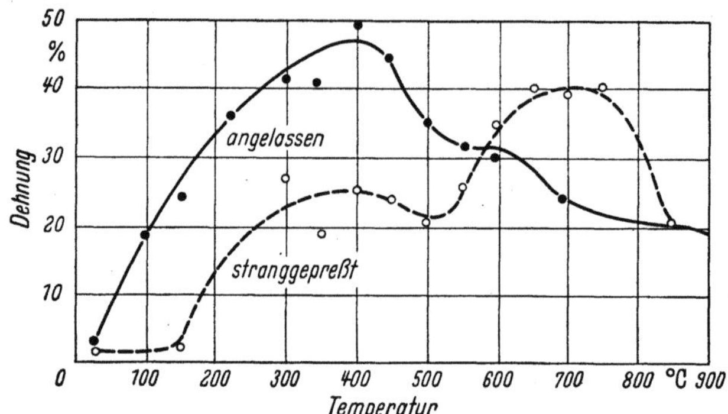

Abb. 337. Temperaturabhängigkeit der Dehnung von bei 425 °C stranggepreßtem QMV-Pulver im Anlieferungszustand und nach Anlaßbehandlung bei 750 °C (rekristallisiert) [476]

Abb. 337, in der die Dehnung als Funktion der Temperatur für den stranggepreßten und für anschließend bei 750 °C angelassenen Zustand dargestellt ist. Man erkennt einen außerordentlichen Anstieg des ersten, bei 400 °C liegenden Maximums durch die Anlaßbehandlung. Die Festigkeit wird durch die Glühbehandlung um etwa 20% erniedrigt.

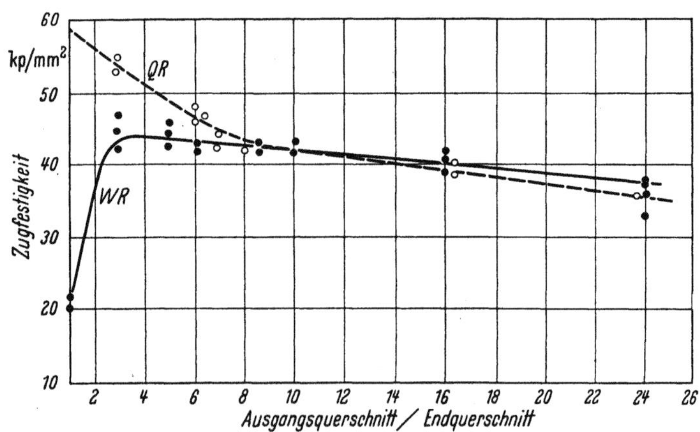

Abb. 338. Zugfestigkeit quergewalzter Berylliumschienen in Abhängigkeit vom Walzgrad [473]

Auf Berylliumbleche, die durch Querwalzen stranggepreßter Schienen erhalten worden sind, beziehen sich Abb. 338 und 339. Die Abhängigkeit der Zugfestigkeit vom Reckgrad der Querwalzung zeigt, daß die zunächst sehr ausgeprägte Anisotropie in der Walzebene nach Walzgraden von

8 : 1 und darüber praktisch verschwindet; Längs- und Querproben weisen dann dieselben Festigkeitswerte auf, die mit steigendem Walzgrad allmählich von 42 auf 35 kp/mm² abfallen. Die auf die Dehnung bezügliche Abbildung zeigt zunächst wieder die starke Anisotropie der gepreßten Schienen. Mit zunehmendem Walzgrad steigt die Dehnung in Längs- und Querrichtung erheblich an. Für einen Walzgrad von etwa 8 : 1 wird in beiden Richtungen der hohe Wert von 40% erreicht. Höhere Walzgrade führen sodann zu einem Wiederabfall, wobei die in Walzrichtung entnommenen Proben jetzt höhere Dehnungswerte aufweisen als die

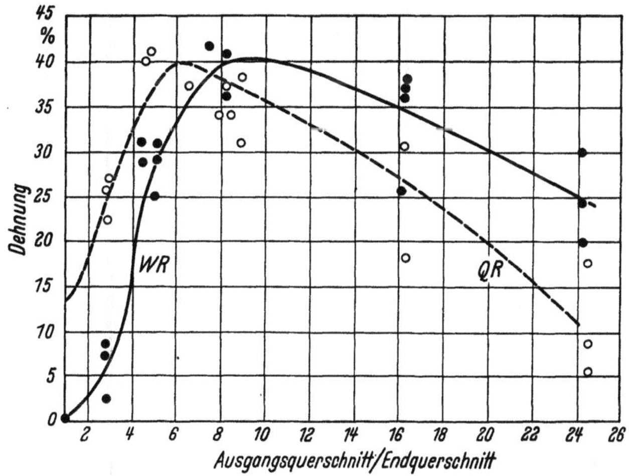

Abb. 339. Dehnung quergewalzter Berylliumschienen in Abhängigkeit vom Walzgrad [*473*]

senkrecht dazu entnommenen. Wie oben beschrieben, tritt nach dem zur hohen Dehnung führenden Walzgrad eine Textur auf, die durch eine Basishauptlage in der Blechebene und etwa gleichmäßige Streuung gekennzeichnet ist (vgl. Abb. 333). Vielfach wird dieser Zustand des Blechs als „zweidimensionale Plastizität“ bezeichnet, da in Richtung der Blechnormalen die Proben praktisch unverformbar sind. Auf Grund der vorliegenden Textur wird dieses Verhalten unmittelbar verständlich. Basistranslation ist bei allen Beanspruchungsrichtungen in der Walzebene und auch senkrecht zu ihr ausgeschlossen. Die hohen Dehnungswerte der Längs- und Querproben sind durch Prismentranslation bedingt; bei Beanspruchung in Richtung der Blechnormalen ist aber außer der Basistranslation bei der vorliegenden Textur auch eine Prismentranslation weitgehend unterdrückt, so daß eine plastische Verformung durch Translation hier nicht eintreten kann. Auch die Ausbildung von Deformationszwillingen kann in diesem Fall durch eine Druckbeanspruchung nicht erfolgen, da sie, dem Schiebungsvorgang entsprechend, eine Verlängerung in Richtung der hexagonalen Achse bewirkt. Bei Zug senkrecht zur Blechebene ist dagegen die Bildung von Deformationszwillingen zu erwarten, gleichzeitig aber auch die gefährliche Basisspaltung.

Für das technisch so bedeutungsvolle Plastizitätsproblem des Berylliums wird außer der Auswirkung von Texturen auch dem Reinheitsgrad des Metalls hohe Beachtung geschenkt. Den Ausgangspunkt derartiger Arbeiten bildet die in [*477*] beschriebene Feststellung, daß extrem gereinigtes Beryllium, bei dem insbesondere der Sauerstoffgehalt sehr stark herabgesetzt worden war, deutlich eine Härteabnahme zeigt. Während bei einem Reinheitsgrad von 99,5 bis 99,6% eine Brinellhärte von 140 bis 160 beobachtet wird, liegt diese für den Reinheitsgrad 99,7 bis 99,8% bei 100 bis 120 und für 99,95 bis 99,97% bei 60 bis 65 kp/mm^2. Auf Grund eingehender metallographischer Untersuchungen wurde vermutet, daß bei etwa 1265 °C ein Eutektikum Be-BeO kristallisiert, das in Form dünner Häute die Berylliumkörner einhüllt und für das spröde Verhalten verantwortlich ist. In der Nachbarschaft der Härteeindrücke der extrem reinen Proben traten deutlich Gleitspuren auf. Durch Verringerung metallischer Beimengungen wird die spröde Natur des Berylliums nicht wesentlich beeinflußt. Neuere Untersuchungen bestätigen diesen Befund hinsichtlich der metallischen Beimengungen, bezüglich des Einflusses von Sauerstoff sind entscheidende Aussagen jedoch noch nicht möglich [*478, 471*]. Zur Zeit wird auf drei verschiedenen Wegen versucht zu möglichst reinem Beryllium zu gelangen; durch Destillation von QMV-Beryllium beim Schmelzpunkt im Hochvakuum (10^{-7} bis 10^{-9} mm Hg), durch Reinigung im Zonenschmelzverfahren und durch Alkalireduktion von Berylliumhalogeniden in der Gasphase z.B. entsprechend der Gleichung

$$BeCl_2 + 2Na \rightarrow Be + 2NaCl.$$

Über die Basistranslation von durch Zonenschmelzen weitgehend gereinigten Kristallen ist oben bereits berichtet worden. Außer der Erniedrigung der kritischen Schubfestigkeit ist eine recht erhebliche Dehnung beobachtet worden. Sie betrug bei einer 5mal zonengeschmolzenen Probe etwa 25%, obwohl die Basisfläche nur einen Winkel von 20° zur Längsachse bildete [*464*]. In einem unreineren Kristall mit der für Dehnbarkeit wesentlich günstigeren Ausgangslage der Basis von 45° zur Längsrichtung wurde dagegen nur 2 bis 3% Dehnung gemessen [*462*]. Gedeutet wird dieser Unterschied auf Grund der bei der schrägeren Basislage sehr viel niedrigeren Basisnormalspannung, wodurch erst bei höheren Dehnungsbeträgen Basisspaltung einsetzt. In einem durch 8maliges Umschmelzen extrem gereinigten Kristall wurde neuerdings bei einer Ausgangslage der Basis von 45° zur Längsrichtung 100% Dehnung (entsprechend 160% Abgleitung) gefunden [*673*].

Fortführung der Deformationsversuche an Einkristallen verschiedenen Reinheitsgrads, die unabhängig von jeglichem Korngrenzeneinfluß sind, werden außer der Bedeutung der Beimengungen für die kritische Schubspannung der Gleitsysteme auch Ergebnisse hinsichtlich des Einflusses des Reinheitsgrads und der Verformung für das Reißen entlang der Basisfläche, der Prismenfläche II. Art und nach Zwillingsebenen erbringen. Eine genauere Kenntnis der Wechselwirkung von Gleitverformung und Rißbildung entlang Spaltflächen könnte neue Wege zur Bekämpfung des Sprödigkeitsproblems des Berylliums erschließen. Ein Hinweis, daß für die $\{11\bar{2}0\}$-Ebene eine kritische Normalspannung existiert, findet sich in [*479*], wo Zerreißversuche mit Proben die parallel und senkrecht zur Walzrichtung aus Berylliumblech mit zweidimensionaler Plastizität entnommen waren, beschrieben sind. Der Wert 0,752 für das Verhältnis von wahrer Zerreißfestigkeit parallel zur Walzrichtung zu dem entsprechenden Wert senkrecht hierzu steht in guter Übereinstimmung mit dem Vorhandensein einer kritischen Normalspannung für $\{11\bar{2}0\}$.

Von theoretischer Seite wurde auf einen möglichen Zusammenhang zwischen den elastischen Moduln reiner Metalle und ihren plastischen Eigenschaften hingewiesen. Es ergibt sich, daß sich die Bruchdehnung als eine Funktion des Quotienten aus Kompressionsmodul und Schubmodul darstellen läßt. Dementsprechend würde ein sehr niedriger Wert der POISSONschen Zahl auf Sprödigkeit hindeuten, wie sie bei Beryllium mit der so kleinen Querkontraktionszahl vorliegt [*480*].

Zusammenfassend läßt sich feststellen, daß für die Sprödigkeit des Berylliums offenbar zwei Ursachen vor allem verantwortlich sind, nämlich Beimengungen und kristallographische Gründe. Hinsichtlich der Beimengungen wird man vor allem an Metalloide denken. Außer durch störende eutektische Häute um Berylliumkörner dürften sie auch noch in sehr kleinen Gehalten durch Bildung von Einlagerungsmischkristallen versprödend wirken. In zwischen den Basisschichten liegenden oktaedrischen oder tetraedrischen Zwischengitterplätzen können vermutlich vorhandene Metalloidatome einerseits die Basisschubfestigkeit erhöhen, anderseits ihre Normalfestigkeit erniedrigen. Weitgehende Reinigung des Metalls bleibt also ein Haupterfordernis zur Erhöhung der Plastizität. Gelingt diese Verbesserung, dann kann daran gedacht werden, Bleche mit zweidimensionaler Plastizität auch in der dritten Dimension plastisch verformbar zu machen durch Einbringen von Zwillingslamellen, in denen sekundäre Translationsverformung auch in Richtung der Blechnormalen gestattet ist. Für die Erzwingung der Zwillingsbildung könnte eventuell ein abwechselndes Dehnen und Stauchen der Bleche parallel zur Blechebene durch mehrmaliges Hindurchschicken durch Richtwalzen benutzt werden [*674*, *675*].

Auf das Kriechverhalten von Beryllium bezieht sich Abb. 340, in der die Temperaturabhängigkeit der Spannung, die zu verschiedenen Kriechgeschwindigkeiten führt, dargestellt wird.

Eine auf Wechselbiegeversuche von QMV-Beryllium bezügliche WÖHLER-Kurve ist in Abb. 341 dargestellt. Sie läßt auf eine Dauerfestigkeit (auf Basis von 10^7 Lastwechseln) von etwa 22,5 kp/mm² schließen.

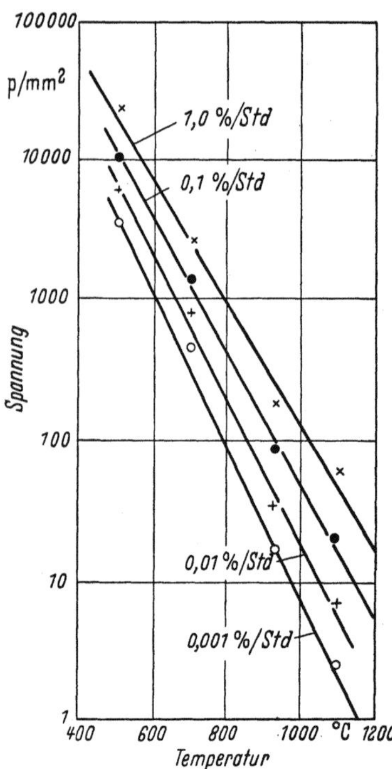

Abb. 340. Temperaturabhängigkeit des Kriechverhaltens von Beryllium [*471*]

Hinsichtlich der *spanabhebenden Bearbeitung* gleicht Beryllium anderen spröden Materialien. Als allgemeine Regel wird genannt, daß Bearbeitungsbedingungen, die für Gußeisen gelten auch für Beryllium brauchbar sind. Große Aufmerksamkeit ist mit Rücksicht auf die Giftigkeit des Berylliums dem sich bildenden Staub zu widmen. Naßbearbeitung vermeidet die Bildung trockenen Staubes, bringt aber die Notwendigkeit mit sich, vor einer eventuellen Aufarbeitung der Späne diese einem Reinigungsprozeß zu unterwerfen. Schnelldrehstähle oder Hartmetallwerkzeuge können verwendet werden, die ersten verschleißen allerdings rasch.

Verbindungsarbeiten sind wegen der Sprödigkeit des Berylliums im allgemeinen schwierig. Schmelzschweißung hat sich wegen auftretender Schweißrissigkeit nicht bewährt, Druckschweißung in Argon oder Vakuum ist dagegen in weiten Temperatur- und Druckbereichen möglich. Für das Hartlöten können Aluminium, Silumin, Silber, Silber-Aluminium-Legierungen und auch das Silber-Kupfer-Eutektikum verwendet werden. Mit diesem und Silber kann auch eine Lötverbindung mit anderen Metallen (Nickel, Kupfer, rostfreier Stahl) erhalten werden. Wichtig ist es, die Erhitzungsgeschwindigkeit sehr hoch zu halten, um die Diffusion von Beryllium in das Lotmetall und die Bildung spröder Verbindungen zu unterdrücken.

Zur Frage der *Strahlenfestigkeit* des Berylliums gibt die jahrelange, klaglose Bewährung von aus Pulver warmgepreßten Formstücken als Reflektor im Material Testing Reactor einen ersten Hinweis. Direkte Bestrahlungsversuche mit verschieden hergestelltem Material mit einer Neutronendosis von $1{,}8 \cdot 10^{20}$ n/cm² ergaben keinerlei Dimensionsänderungen, keine Änderung des elektrischen Widerstands und der Korrosionsfestigkeit, nur einen geringen Anstieg der Härte und eine geringe Abnahme der Wärmeleitfähigkeit [*465*]. Werden sehr hohe Bestrahlungsdosen verwendet ($> 2{,}4 \cdot 10^{21}$ n/cm²), so tritt eine fast völlige Versprödung des Materials ein. Die Bruchdehnung sinkt von etwa 1,4% auf 0,2% unter gleichzeitigem erheblichen Anstieg von Bruchfestigkeit (25 auf 35 kp/mm²) und Härte (70 auf 90 Rockwell B) [*482, 647*].

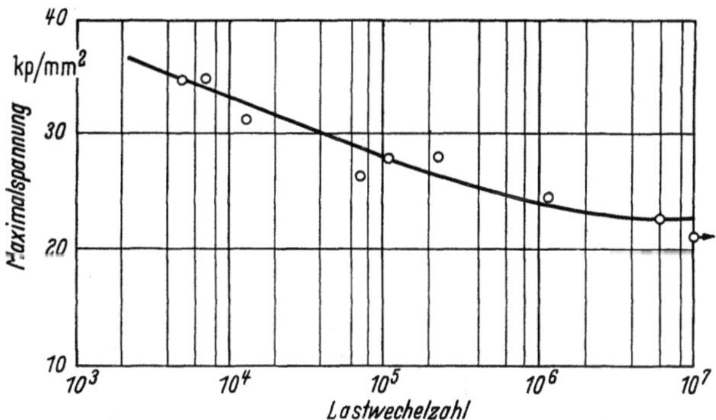

Abb. 341. Wechselbiegung von Beryllium; WÖHLER-Kurve [*481*]

Für eine Reaktorverwendung des Berylliums bei hohen Temperaturen muß auf das durch die Bestrahlung gemäß den beiden Reaktionsgleichungen

$$_4Be^9 + {_0n^1} \rightarrow {_2He^6} + {_2He^4} \qquad (\sigma = 85\ \text{mb})$$
$$_4Be^9 + {_0n^1} \rightarrow 2\,{_2He^4} + 2\,{_0n^1} \qquad (\sigma = 530\ \text{mb})$$

gebildete Helium hingewiesen werden. Es ist dasselbe Problem, das im Uranbrennstoff zufolge der Edelgasspaltprodukte auftritt und dort zu Aufblähungen Anlaß gibt (IV A 1.10). Mit Berylliumproben sind entsprechende Versuche sowohl durch α-Beschuß (III C 1.5) als auch durch Neutronenbeschuß durchgeführt worden. Proben, die eine Dosis schneller Neutronen von etwa 10^{22} n/cm² erhalten hatten, wurden nach der Bestrahlung auf verschiedene Temperaturen angelassen. Hierbei verringerte sich bei einstündigem Anlassen bei 595 °C die Dichte um 0,8%, bei 995 °C um 20% und bei 1100 °C schließlich um 30%. Die Analyse des abgeschiedenen Gases ergab, daß es in hauptsächlich aus He^4 bestand. Da das gemäß der ersten Gleichung durch den (n, α)-Prozeß gebildete He^6 durch β-Emission in Li^6 übergeht, welches seinerseits wieder durch einen (n, α)-Prozeß mit thermischen Neutronen H^3 bildet, zeigt das Fehlen von Wasserstoff im entwickelten Gas, daß sich im wesentlichen der (n, 2n)-Prozeß bei der Bestrahlung abspielt. Mit steigender Anlaßtemperatur vergrößern sich die Gasblasen erheblich; bei 1100 °C erreichen die vornehmlich an den Korngrenzen abgeschiedenen Blasen etwa 10^{-2} mm

Durchmesser. Mechanisch ist das bestrahlte Beryllium versprödet, wofür die Gasausscheidungen an den Korngrenzen zweifellos mitverantwortlich sind [*483, 484*]. Ebenso, wie schon für Uran betont, ist eine unmittelbare Übertragung der mit bestrahlten und anschließend angelassenen Proben erhaltenen Ergebnisse auf bei hohen Temperaturen bestrahlte Proben nicht möglich; hierzu sind entsprechende Versuche unerläßlich.

Wenn auch die erste *metallographische Prüfung* des Berylliums schon weit zurückliegt, so sind doch erst seit seiner Verwendung in der Atomtechnik ausführliche und eingehende Untersuchungen darüber angestellt worden [*485*]. Das Schleifen erfolgt zumeist naß, lediglich für die Schlußscheibe empfiehlt sich Trockenschleifen. Das Polieren kann in üblicher Weise als Ätzpolieren oder elektrolytisch erfolgen. Für die Zusammensetzung des Elektrolyten und die Ätzbedingungen seien folgende Hinweise gegeben: 1. 900 ml H_3PO_4, 240 g Cr_2O_3, 200 ml Wasser, Blei- oder Graphitkathode, 250 A/cm², 70 bis 80 °C, 2. 100 ml H_3PO_4, 30 ml H_2SO_4, 30 ml Glyzerol, 30 ml Äthanol, Stromdichte 2 bis 4 A/cm². Als Ätzlösungen werden wässerige und alkoholische Flußsäurelösungen, das TUCKERsche Reagenz und auch Oxalsäurelösungen angegeben. Zur Beobachtung eignet sich besonders polarisiertes Licht. Bei seiner Verwendung kann gelegentlich ein Ätzen nach dem Polieren unterbleiben.

Die in Reinberylliumschliffen als gesonderte Phasen auftretenden Beimengungen sind Aluminium, Kohlenstoff, Silizium; pulvermetallurgisch hergestelltes Material enthält fast stets auch Oxyde. Aluminium und Silizium bilden mit Beryllium ein Eutektikum, von denen das erste gelblich, das zweite bläulich gefärbt erscheint. Kohlenstoff liegt als harte Einlagerung von Be_2C vor, die üblicherweise grau ist, sich aber an feuchter Luft über verschiedene Anlauffarben in braun verfärbt. Die BeO-Phase ist der dunkelste, an den Korngrenzen abgelagerte Einschluß.

Weiterhin sei über das Bestreben berichtet, durch *Legierungsbildung* die Plastizität des Berylliums, seine Beständigkeit gegenüber heißem Wasser und seine Oxydationsbeständigkeit zu verbessern. Auf eine Darstellung von Zustandsdiagrammen Be-haltiger Systeme wird dabei verzichtet, ebenso auf die Erörterung von Legierungen, in denen Beryllium nur die Rolle eines, wenn auch sehr wirksamen, Zusatzes spielt.

Der außerordentlich kleine Atomradius des Berylliums (1,125 Å) läßt bereits erwarten, daß ausgedehnte Mischkristallbildung nur in ganz wenigen Fällen eintritt. Um weniger als 14% im Atomradius unterscheiden sich nur Silizium, Chrom, Eisen, Nickel, Kobalt und Kupfer. Als maximale feste Löslichkeit werden 7,00 At.-% für Kupfer, 4,93 At.-% für Nickel und 0,93% At.-% für Eisen angegeben. Die maximale Löslichkeit von Chrom ist nicht bekannt, es wird nur darauf hingewiesen, daß in Beryllium-Chrom-Legierungen mit 0,95 At.-% Cr metallographisch keine neuen Phasen auftreten. Gitterkonstantenmessungen an Legierungen mit kleinen Zusätzen ergaben, daß im Falle von Eisen und Nickel durch Zugaben von bis etwa 0,08 At.-% die *c*-Achse linear mit der Höhe der Zugabe ansteigt. Für Beryllium-Kupfer-Legierungen streuen die erhaltenen Meßergebnisse zu sehr, um eine definierte Angabe zu ermöglichen. Überraschenderweise haben Bestimmungen des spezifischen elektrischen Widerstands nur bei Eisen den erwarteten Anstieg gebracht, während in den übrigen Fällen sogar gewisse Abnahmen aufgetreten sind [*479*].

Für die technologischen Eigenschaften ergab sich, daß Zugaben von Kupfer bis 0,5 Gew.-% ohne Einfluß auf Dehnung und Querschnittsverminderung sind, daß sie dagegen die Streckgrenze etwas und die Zugfestigkeit erheblich erhöhen. Im Falle des Nickels und Eisens wird ein Versprödungseffekt beobachtet. Bei den Beryllium-Chrom-Legierungen tritt ein unübersichtliches Verhalten zutage, das nicht wie in den anderen Fällen von einer Analyse der Dehnungskurve ausgehend, gedeutet werden kann. Ein Anstieg der kritischen Schubspannung der Prismengleitung führt zu deutlicherer Ausbildung der Streckgrenze, woraus gefolgert wird, daß Eisen und Nickel diese kritische Schubspannung erhöhen, während Kupfer sie erniedrigt. In Übereinstimmung damit steht, daß die Verformbarkeit mit dem Anstieg der kritischen Schubspannung des wirkenden Gleitsystems abnimmt [*479*]. Solche Untersuchungen lassen auch die Vermutung prüfen, daß eine Näherung des Achsenverhältnisses an den für dichteste Kugelpackung gültigen Wert die Duktilität erhöht [*486*]. Entsprechende Versuche mit Kobalt-, Nickel- und Kupfersätzen, die bis zu einem Achsenverhältnis bis zu 1,579 geführt haben, erbrachten keinerlei Steigerung der Plastizität. Die Prüfung der Frage, wie die Normalspannung von Basisfläche und Prismenfläche II. Art durch Mischkristallbildung geändert wird, scheint eine interessante Aufgabe [*487*].

Erfolg erbrachte die Einführung von metallischen Legierungszusätzen für die Warmfestigkeit. Tab. 99 bringt einige diesbezügliche Werte für die Zugfestigkeit bei 600, 800 und 900 °C. Mit steigendem Legierungsgehalt steigt die zu hohen Bruchdehnungen führende Temperatur; für etwa 3 Gew.-% Fe liegt die Übergangstemperatur von sprödem zu zähem Bruch bei etwa 650 °C [*2*].

Gleichzeitig mit der Erhöhung der Warmfestigkeit durch Zugabe von 1,5 und 3 Gew.-% Fe steigt auch die Oxydationsbeständigkeit in ruhender, trockener, CO_2-freier Luft. Zugaben von Chrom-Nickel-Stählen in gleicher Höhe führen hingegen nicht zu dieser Verbesserung [*2*]. Allgemein hängt das *Korrosionsverhalten* von Beryllium weitgehend vom Reinheitsgrad und von seiner Vorgeschichte ab. In destilliertem Wasser zeigt es bis zu etwa 300 °C gute Korrosionsfestigkeit. Die Neigung zu Lochfraß an Einschlüssen wird durch die Gegenwart von Chloriden,

Sulfaten, Eisen- und Kupferionen in Wasser gefördert. Spannungskorrosion wird nicht beobachtet. Bei Wassertemperaturen um 315 °C hat Beryllium nur eine Lebensdauer von 140 bis 160 Tagen, lebhafter lokaler Angriff schließt sich an. Prüfung der Bedeutung verschiedener Vorbehandlung ergab, daß nur Abschreckung von etwa 960 °C eine ge-

Tabelle 99. *Zugfestigkeit von stranggepreßten Beryllium-Legierungen* (aus [*2*])

Legierung	Zugfestigkeit in kp/mm² bei		
	600 °C	800 °C	900 °C
QMV-Be	14,7	2,9	2,0
Be + 1,5% Fe	32,9	13,0	3,5
Be + 3,2% Fe	31,5	11,9	—
Be + 3,0% Cr	23,1	4,9	1,8
Be + 1,5% Cr-Ni-Stahl	27,6	8,6	2,5
Be + 3,0% Cr-Ni-Stahl	34,4	13,7	4,2

wisse Verbesserung des Korrosionsverhaltens zu erbringen scheint. Die Untersuchung von Legierungszusätzen hinsichtlich einer Steigerung der Korrosionsfestigkeit führte nur für Zugaben von 0,66 Gew.-% Ni zu erfolgversprechendem Verhalten. Sowohl in gegossenem als in stranggepreßtem Zustand hielt eine Probe ohne Anzeichen des Versagens eine 280 Tage dauernde Heißwasserbeanspruchung (315 °C) aus, während unlegiertes Beryllium nach 2 Tagen versagt hatte [*488*]. Über das Verhalten gegen andere Kühlmittel wird in IV E 4 berichtet.

Ernste Beachtung ist der *Giftigkeit* des Berylliums zu schenken. Am gefährlichsten ist es, berylliumhaltigen Nebel, Staub oder Rauch einzuatmen. Dies kann sowohl zu akuter Lungenentzündung als auch zu chronischer Berylliumvergiftung (Berylliosis) führen. Kontakt der Haut mit löslichen Berylliumverbindungen kann Entzündungen hervorrufen. Eindringen von Beryllium oder Berylliumverbindungen kann Geschwüre erzeugen. In USA wurde berylliumverarbeitenden Betrieben empfohlen, daß die Konzentration des Berylliums in der Luft der Arbeitsräume im Mittel 2 μg/m³ während des 8-Stundentags nicht überschreiten soll, niemals darf auch für kürzeste Zeit die Konzentration 25 μg/m³ übersteigen. Diese niedrige Toleranz verlangt, daß alle Arbeiten, welche zur geringsten Entwicklung von Be-haltigem Staub führen unter genau kontrollierten Bedingungen vorzunehmen sind. In extremen Fällen ist Verwendung von Handschuhboxen erforderlich, häufig wird Arbeiten in Abzügen unter entsprechender Absaugung genügen, bzw. rasche Absaugung an Stellen lebhafter Stauentwicklung [*489*, *490*].

3.2 Berylliumoxyd. Berylliumoxyd kristallisiert hexagonal im Wurtzitgitter. Über seine Gewinnung ist grundsätzlich schon bei der Beschreibung der Berylliumherstellung kurz berichtet worden; es entsteht durch Rösten von Berylliumsulfat. Formkörper aus Berylliumoxyd werden nach den verschiedenen pulvermetallurgischen Verfahren hergestellt: durch Kaltpressen, Stampfen, Strangpressen und Schlickerguß, jeweils mit anschließender Sinterbehandlung, und durch Heißpressen [*1, 470, 491*]. Für den Schlickerguß werden häufig Aufschlemmungen von BeO in verdünnter Salzsäure benutzt. Durch die Säure werden die Eisenverunreinigungen, die durch das Mahlen des Berylliumoxyds zu sehr feinkörnigem Pulver eingebracht werden, wieder entfernt. Die Sinterbehandlung von Formkörpern erfolgt im Temperaturbereich von 1700 bis 2000 °C. Die obere Temperaturgrenze wird verwendet, wenn hohe Dichte gefordert wird, die untere, wenn poröse Körper erwünscht sind. Im allgemeinen werden kleine Beträge von Bindern dem Pulver zugemischt, um die Plastizität des Pulvers während der Verformung zu verbessern und die Festigkeit der grünen Preßlinge zu erhöhen. Paraffin, Stärke und diesen ähnliche Stoffe sind günstig vor allem auch, weil sie, ihrer organischen Natur gemäß, bei der Sinterung in oxydierender Atmosphäre völlig ausbrennen. Mehrfach wird auch Wasser vor der Verdichtung beigemischt. Beim Heißpressen wird hochreines BeO-Pulver in eine Form eingebracht, die zumeist aus Graphit besteht und durch Stromdurchgang auf 1600 bis 2100 °C erhitzt wird. Drucke von 0,7 bis 1,4 kp/mm² werden angewendet.

In Tab. 100 sind wichtige Eigenschaften des Berylliumoxyds zusammengestellt. Die Dichte bezieht sich auf Einkristalle. Die in Beryl-

Tabelle 100. *Physikalische und technologische Eigenschaften von* BeO (aus [*1*])

Gitterkonstante	Å	a = 2,69 (bei 20 °C), 2,72 (bei 1025 °C) c = 4,39 4,43 c/a = 1,63 1,63
Dichte	g/cm³	3,025
Schmelzpunkt	°C	2550
lin. Ausdehnungsk.	10^{-6}/°C	5,5 (bei 25– 100 °C) 9,6 (bei 25– 600 °C) 10,8 (bei 25–1000 °C)
spez. Widerstand (für ϱ = 2,25 g/cm³)	$10^3\,\Omega$ cm	80000 (bei 1000 °C) 1,6 (bei 2000 °C)
spez. Wärme	cal/Mol °C	5,5 (bei 0 °C)
Wärmeleitfähigkeit (ϱ = 2,23 g/cm³)	cal/sek cm °C	0,16 (bei 200 °C) 0,05 (bei 800 °C)
E-Modul (ϱ = 2,7–2,8 g/cm³)	kp/mm²	27300 (bei 25 °C)
G-Modul (ϱ = 2,7–2,8 g/cm³)	kp/mm²	10000 (bei 25 °C)
Poissonsche Zahl (ϱ = 2,7–2,8 g/cm³)		0,34
Zugfestigkeit (ϱ = 2,7–2,8 g/cm³)	kp/mm²	~ 11
Druckfestigkeit (ϱ = 2,7–2,8 g/cm³)	kp/mm²	~ 65

liumoxyd-Formstücken vorliegenden Dichten bestreichen je nach Herstellungsart den Bereich von 2,2 bis 3,0 g/cm³. Außerordentlich hoch ist der spezifische Widerstand. Die technologischen Festigkeitswerte hängen, wie stets bei keramischem Material, von der Dichte, der Art der Herstellung und natürlich von der Temperatur ab. Als Beispiel zeigt Abb. 342 die Temperaturabhängigkeit der Zugfestigkeit für Probekörper einer Dichte von 2,7 bis 2,8 g/cm³. Bei hohen Temperaturen (> 1010 °C) tritt Kriechen auf, das bei reinen BeO-Körpern unter einer Spannung von 67 p/mm² bei 1260 °C in 30 Stunden zu einer Verformung von etwa 0,28% führt; durch Beimischung von geringen Prozentsätzen von Al_2O_3, ZrO_2 und CaO wird die Kriechfestigkeit deutlich verbessert.

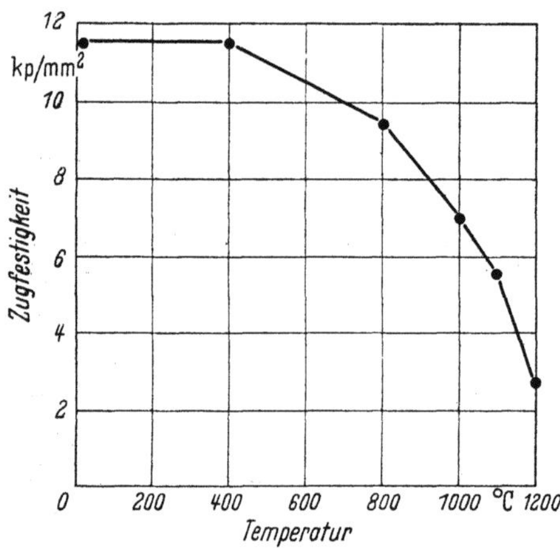

Abb. 342. Temperaturabhängigkeit der Zugfestigkeit von BeO [*492*]

Die hohe thermische Leitfähigkeit der BeO-Formkörper läßt thermische Spannungen nur in geringerer Höhe als bei den meisten anderen oxydkeramischen Materialien entstehen. Durch Zugabe von 0,5% Al_2O_3-ZrO_2-Mischung kann der Widerstand gegen thermischen Bruch noch erheblich weiter gesteigert werden.

Die spanabhebende Bearbeitung von BeO-Formkörpern ist mit Rücksicht auf die große Härte des Materials schwierig und mit erheblichem Werkzeugverschleiß verbunden. Gesinterte Körper können mit Diamantwerkzeugen geschnitten und auf der Drehbank bearbeitet werden. Wird die Sinterung bei niedrigen Temperaturen vorgenommen, so kann die Bearbeitung auch mit Schnelldrehstählen erfolgen. Für weitere Verdichtung wird dann eine nochmalige Sinterung angeschlossen.

Reaktorbestrahlung ($\sim 10^{21}$ n/cm²) von BeO-Körpern führt zu nur geringen Längsänderungen (< 0,2%) [*493, 494*]. Bis zu einer Dosis von etwa 10^{20} n/cm² scheint sich die Druckfestigkeit nicht wesentlich zu ändern; auch der Elastizitätsmodul bleibt innerhalb der Meßfehler von 0,5% konstant. Bei einer Dosis von $1 \cdot 10^{21}$ n/cm² wird dagegen eine Abnahme des Elastizitätsmoduls um mehr als 64% beobachtet. Erhebliche Änderungen, auch schon bei niedrigen Dosen, zeigt weiterhin die Wärmeleitfähigkeit. Tab. 101 enthält die Ergebnisse von zwei Versuchsreihen, in denen Bestrahlungsdosis und Bestrahlungstemperatur bei Proben verschiedener Dichte variiert wurde. Wenn auch keine quantitative

Übereinstimmung beider Versuchsreihen vorliegt, so zeigen sie doch das sehr erhebliche Absinken der Wärmeleitfähigkeit durch die Bestrahlung. Die Abnahmen steigen bei gleicher Dichte mit der Dosis, sie steigen bei gleicher Dosis mit der Dichte und nehmen bei Konstanthaltung dieser beiden Parameter mit der Bestrahlungstemperatur ab. Durch entsprechende Glühbehandlung bestrahlter Proben kann eine Erholung von

Tabelle 101
Abnahme der Wärmeleitfähigkeit von BeO *durch Neutronenbestrahlung*

Dichte in g/cm³	Temperatur in °C	Bestrahlungsdosis in 10^{20} n/cm²	Änderung der Wärmeleitfähigkeit in %	Lit.
2,7		0,3 0,7 1,2	− 19 − 54 − 51	[*493*]
2,9		0,3 0,7 1,2	− 33 − 46 − 62	[*493*]
2,8	200 300 350	0,3 0,3 0,3	− 35 − 28 − 26	[*493*]
2,74	$<$ 100 $<$ 100	3,0 10,0	− 22 − 69	[*494*]
3,0	$<$ 100 $<$ 100	3,0 10,0	− 30 − 80	[*494*]

den Folgen der Bestrahlung bewirkt werden. Während in [*493*] angegeben wird, daß eine eineinhalbstündige Anlaßbehandlung bei 980 °C zu fast völliger Wiederherstellung der Wärmeleitfähigkeit unbestrahlten Materials führt, wird in [*494*] eine völlige Erholung erst im Temperaturbereich zwischen 1300 und 1400 °C gefunden.

Zum Korrosionsverhalten des BeO sei bemerkt, daß dieses gegen die meisten Angriffsmittel inert ist, ausgenommen gegen Flußsäure, geschmolzene Alkalien und Wasserdampf von hohen Temperaturen. Über 1100 °C reagiert BeO mit Wasserdampf unter Bildung einer flüchtigen Verbindung. Dies bedeutet, daß bis 1100 °C BeO auch durch einen nicht vollständig getrockneten Luftstrom gekühlt werden kann. Zu prüfen ist allerdings noch die Frage hoher Geschwindigkeiten des Kühlgases (Erosion) und die eines eventuellen Einflusses von gleichzeitiger Reaktorbestrahlung. Die Prüfung des Korrosionsverhaltens im Wasser bei 250 °C (40 Atm) während 500 Stunden hat ergeben, daß Formkörper mit Dichten von 2,7 bis 2,9 g/cm³ Korrosionsgeschwindigkeiten zwischen 0,21 und 0,44 · 10^{-3} mg/cm²h zeigen und daß bei dichteren Proben (2,95 bis 3,00 g/cm³) die Korrosionsgeschwindigkeit unter 0,11 · 10^{-3} mg/cm²h liegt, hier also vernachlässigbar klein ist [*495*].

Die guten kernphysikalischen Eigenschaften des Berylliumoxyds in Verbindung mit seiner Beständigkeit gegenüber Gasen bei hohen Temperaturen mit Ausnahme von Wasserdampf, legen eine Prüfung seiner Verwendbarkeit auch als Schutzhüllenmaterial für gasgekühlte Reaktoren nahe. Vor allem ist hierzu die Durchlässigkeit für Gase zu kontrollieren. Entsprechende Versuche mit heißgepreßten BeO-Körpern (Dichte von 80 bis 95% der theoretischen) ergab ähnliches Verhalten wie bei metallischen Sinterkörpern. Die Permeabilität nähert sich bei etwa 95% der theoretischen Dichte dem Wert Null [*496*].

4. Organische Stoffe

Bei der allgemeinen Besprechung der kernphysikalischen Eigenschaften, die von einer Moderator- (Reflektor-) Substanz gefordert werden, ist bereits auf organische Stoffe hingewiesen worden. Die Vorteile derartiger Moderatoren, die auch als Reflektoren gleichzeitig aber auch als Kühlmittel dienen, sind: niedriger Dampfdruck, zumindestens bis 450 °C, geringe Aktivierung des Kühlmittels, niedrige Dichte und geringe Zähigkeit im Vergleich zu Metallschmelzen, Fehlen von gefährlichen chemischen Reaktionen mit Uran bzw. Wasser (Wärmeaustauscher), vernachlässigbarer Korrosionsangriff auf übliche Konstruktionswerkstoffe. Bemerkt sei überdies, daß mit organischen Moderatoren und Kühlmitteln Reaktoren mit einem negativen Temperaturkoeffizienten der Reaktivität gebaut werden können. Diesen Vorteilen stehen allerdings als Nachteile ein geringerer Wärmetransport als durch Wasser gegenüber, wodurch höhere Strömungsgeschwindigkeiten verlangt werden, weiterhin die Tatsache, daß Kohlenstoffwasserstoffe unter Einwirkung von Reaktorstrahlung chemische Veränderungen erleiden, sowie die Feuersgefahr und eine gewisse Giftigkeit [*497*].

Eine nicht ausreichende thermische Stabilität und unzureichende Strahlenfestigkeit standen der Verwendung organischer Moderatoren lange Zeit im Wege. In systematischen Untersuchungen ergab sich, daß hochpolymere Stoffe mit Benzolringen oder anderen Ringen aromatischer Reihen bedeutend strahlenfester sind als aliphatische Kettenverbindungen. Um in aromatischen Hochpolymeren durch Bestrahlung Vernetzungen zu erzeugen, werden je Vernetzungseinheit etwa 3000 bis 5000 eV, für aliphatische Hochpolymere dagegen nur etwa 22 eV benötigt. Zu den die Vernetzung katalysierenden Stoffen gehört auch Sauerstoff, woraus sich erklärt, daß die Strahlenfestigkeit organischer Verbindungen im allgemeinen bei Gegenwart von Luft zurückgeht. Auf Grund aller dieser Erkenntnisse konnte der Kreis der für Moderatoren in Frage kommenden Substanzen im wesentlichen auf die Polyphenyle eingeschränkt werden.

Das bisher in Betrieb befindliche Verwendungsbeispiel (OMRE) besteht aus einem Gemisch von 16,0% Diphenyl, 46,1% ortho-Terphenyl,

31,8% meta-Terphenyl und 6,1% para-Terphenyl mit einem Schmelzbereich von 20 bis 93 °C. Einige Eigenschaften dieses organischen Moderators sind in Tab. 102 enthalten.

Tabelle 102
Physikalische Eigenschaften eines Polyphenylgemisches [*498*]. (16,0 % Diphenyl, 46,1 % ortho-Terphenyl., 31,8 % meta-Terphenyl, 6,1 % para-Terphenyl)

		260 °C	370 °C	426 °C
Dichte	g/cm³	0,91	0,81	0,77
spez. Wärme	cal/g °C	0,52	0,59	0,60
Viskosität	Centipoise	0,46	0,23	0,17
Wärmeleitfähigkeit	10^{-3} cal/cm sek °C	0,283	0,261	0,252
Dampfdruck	at	0,373	3,01	6,64

Zur Kennzeichnung der durch die Reaktorbestrahlung in der organischen Substanz bei 400 °C bewirkten Veränderungen seien folgende Angaben gemacht. Je absorbierte Kilowattstunde[1] bilden sich 42 bis 100 cm³ Gas (Normaldruck), vornehmlich Wasserstoff mit Beimengungen von Methan und kleinen Gehalten an anderen leichten Kohlenwasserstoffen und 8,5 bis 21 g hochsiedende Polyphenylrückstände[2]. Die angegebenen Zahlen ändern sich nicht stark bei Veränderung des Mischungsverhältnisses der Polyphenylkomponenten [*498*]. Durch Wahl einer entsprechenden Betriebstemperatur ist dafür zu sorgen, daß zu der Zersetzung durch Strahleneinwirkung nicht auch merkliche thermische Zersetzung hinzukommt. Für das diskutierte Polyphenylgemisch muß hierzu die Arbeitstemperatur unter 400 °C gehalten werden.

Zur Reinigung des organischen Moderators und Kühlmittels müssen die gebildeten Gase und die hochsiedenden Zersetzungsprodukte entfernt werden. Die Abführung der Gase erfolgt durch einen Stickstoffstrom, der über die Oberfläche streicht und die Gase Exhaustoren zuführt. Die Reinigung von hochsiedenden Zersetzungsprodukten geschieht durch eine Destillation unter vermindertem Druck.

Bei einem in Bau befindlichen Kernkraftwerk mit organischem Moderator und Kühlmittel soll eine handelsübliche Mischung von Terphenylen (10% ortho-Terphenyl, 60% metha-Terphenyl und 30% para-Terphenyl) bei einem stationären Gehalt von 30% hochsiedenden Zersetzungsprodukten verwendet werden. Im Hauptkühlkreislauf werden etwa 370 t Terphenyl enthalten sein, weitere 200 t im Reaktortank und weitere 100 t in Hilfsanlagen. Das Reinigungssystem wird täglich rund 5,5 t hochsiedende Zersetzungsprodukte zu entfernen haben, im Entgaser werden stündlich etwa 100 t Kühlmittel aufgearbeitet, um gasförmige Zersetzungs-

[1] In Kap. III wurde ausgeführt, daß die Strahlenwirkung auf Hochpolymere unabhängig von der Strahlenart proportional der absorbierten Energie erfolgt.

[2] Berechnet auf Grund eines mittleren Molekulargewichts des hochsiedenden Rückstands von 458 (Hexaphenyl).

produkte abzutrennen und insbesondere den aus Wärmeaustauscher-Undichtigkeiten herrührenden Wassergehalt niedrig zu halten [*499*].

Wiederholend sei bemerkt, daß die Verwendung organischer Moderatoren und Kühlmittel wegen der Vorteile, die sie bringen, einen wichtigen Platz bei der Planung von Leistungsreaktoren einnimmt. Im Vorstehenden sind wir nur ganz kurz auf die laufenden Entwicklungsarbeiten eingegangen. Für eine ausführliche Behandlung des noch sehr im Fluß befindlichen Problems der Verwendung organischer Moderatoren sei auf [*500*] verwiesen (vgl. auch [*501, 502*]).

C. Regelstäbe

Aufgabe der Regelstäbe im thermischen Reaktor ist es, eine Konstanz der sekundlichen Spaltungen zu verbürgen. Die Abschaltstäbe haben für den Fall unzulässiger Überschreitung des Neutronenfluxes die sofortige Abschaltung des Reaktors zu bewirken. Diesen Aufgaben entsprechend muß das Material der Regel- bzw. Abschaltstäbe einen großen Einfangquerschnitt für thermische Neutronen besitzen. Zu dieser grundlegenden kernphysikalischen Forderung kommen einige weitere hinzu, nämlich geringe Dichte, um möglichst trägheitslos die Höheneinstellung der Stäbe variieren zu können, ausreichende Festigkeit bei den in Frage kommenden Betriebstemperaturen und hinreichende Korrosionsfestigkeit gegenüber dem Angriff des Kühlmittels, Fehlen von unerwünschten Kernreaktionen unter Einfluß der Neutronenbestrahlung und ausreichende Strahlenfestigkeit [*2, 503, 504*].

In Tab. 2 (S. 6) sind die mittleren Absorptionsquerschnitte der Elemente für thermische Neutronen angegeben. Schließt man alle diejenigen aus, deren Absorptionsquerschnitt kleiner als 25 b ist, so bleibt nur eine verhältnismäßig kleine Zahl zur weiteren Auswahl übrig. Mehr als die Hälfte davon sind seltene Erden, von denen einige heute noch nicht in ausreichenden Mengen wirtschaftlich zu erhalten sind. Eine Reihe weiterer Elemente fällt wegen ihrer großen Dichte als brauchbares Material für Regelstäbe aus, wieder andere haben zu niedrige Schmelzpunkte bzw. zu niedrige Festigkeiten bei Betriebstemperaturen. Zu wirklich technisch sinnvoller Verwendung als Regelstäbe bleiben übrig: Kadmium, Hafnium, Indium und Silber in unlegiertem Zustand und als Legierungen, Bor, Gadolinium, Europium, Samarium und Dysprosium in Form von Legierungszusätzen oder dispergiert in einer ausreichend festen Matrix. In Tab. 103 sind die Absorptionsquerschnitte der genannten Elemente sowohl als Mittelwerte für das natürliche Isotopengemisch als auch für die stark absorbierenden Isotopen angegeben. Bei Bor handelt es sich bei der Kernreaktion mit den Neutronen um eine (n, α)-Reaktion, in allen übrigen Fällen um Neutroneneinfang [(n, γ)-Reaktion].

Tabelle. 103. *Absorptionsquerschnitt der Elemente für Regelstäbe* [*505, 506*]

Element	aktives Isotop Atomgew.	aktives Isotop Häufigkeit in %	Kernreaktion	Absorptionsquerschnitt in barn nat. Element	Absorptionsquerschnitt in barn Isotop
Bor				769	
	10	18,9	(n, α)		4000
Silber				62,0	
	107	51,4	(n, γ)		30
	109	48,6	(n, γ)		84
Kadmium				2550	
	113	12,3	(n, γ)		27000
Indium				191	
	113	4,2	(n, γ)		63
	115	95,8	(n, γ)		197
Samarium				5500	
	149	13,8	(n, γ)		66000
Europium				4600	
	151	47,8	(n, γ)		9000
	152	—	(n, γ)		5000
	153	52,2	(n, γ)		420
	154	—	(n, γ)		1500
	155	—	(n, γ)		13000
Gadolinium				46000	
	155	14,7	(n, γ)		70000
	157	15,7	(n, γ)		180000
Dysprosium				1100	
	164*	28,2	(n, γ)		3000
					2600
	165	—	(n, γ)		5000
Hafnium				105	
	176	5,2	(n, γ)		30
	177	18,5	(n, γ)		370
	178	27,1	(n, γ)		80
	179	13,8	(n, γ)		65
	180	35,2	(n, γ)		10

* $\tau_1 = 1{,}3$ min, $\tau_2 = 2{,}4$ h.

Kadmium mit seinem hohen Absorptionsquerschnitt für thermische Neutronen von 2550 b hat einen niedrigen Schmelzpunkt (321 °C) und infolgedessen im unlegierten Zustand nur geringe Festigkeit, die schon bei Raumtemperatur nur bei 7,2 kp/mm^2 liegt. Unlegiert kommt es daher als Material für Regelstäbe nur für Reaktoren in Betracht, die bei relativ niedrigen Temperaturen arbeiten. In Form warmfester Legierungen ist seine Verwendbarkeit erheblich verbreitert. Für epithermische Reaktoren verliert Kadmium sein günstiges Verhalten, da der Absorptionsquerschnitt für Neutronen mittlerer Geschwindigkeiten erheblich niedriger ist als der für thermische. Ein Überblick über mögliche Wege zur

Schaffung neuen Cd-haltigen Materials für wirksame und sparsame Anwendung für Regelstäbe, insbesondere auf keramischer Basis, wird in [*507*] gegeben.

Auch für *Silber* mit dem relativ niedrigen Absorptionsquerschnitt für thermische Neutronen von nur 62 b liegt ein wichtiges Anwendungsgebiet nicht beim reinen Metall, sondern bei Legierungen. Insbesondere sind hier Silber-Kadmium-Legierungen zu nennen mit Zusammensetzungen im breiten α-Mischkristallgebiet (vgl. Abb. 343), in dem spanlose Formung gut möglich ist. Zur Kennzeichnung der technologischen Festigkeit sei angegeben, daß eine Silber-Kadmium-Legierung mit 25% Cd bei 316 °C eine Streckgrenze von 4,5 kp/mm² und eine Zugfestigkeit von 10,8 kp/mm² aufweist [*508*]. Da den α-Silber-Kadmium-Legierungen im Temperaturbereich von 260 bis 316 °C nur geringe Korrosionsfestigkeit gegenüber Wasser zukommt, müssen daraus gefertigte Regelstäbe durch Schutzhüllen vor Berührung mit wässerigen Moderatoren oder Kühlmitteln geschützt werden. Vermutlich gilt dasselbe für Berührung mit Metallschmelzen. Für die Herstellung von durch austenitischen Chrom-Nickel-Stahl geschützte Verbundwerkstoffe kann das Bilderrahmen-Verfahren verwendet werden (vgl. ferner auch [*509*]). Die Strahlenfestigkeit der Silber-Kadmium-Legierung ist gut. Proben einer Legierung mit 25% Cd zeigten nach einer Strahlendosis von etwa 10^{20} n/cm² bei Temperaturen unter 50 °C nur sehr geringfügige, wenige Promille betragende Änderungen in der Dichte [*510*].

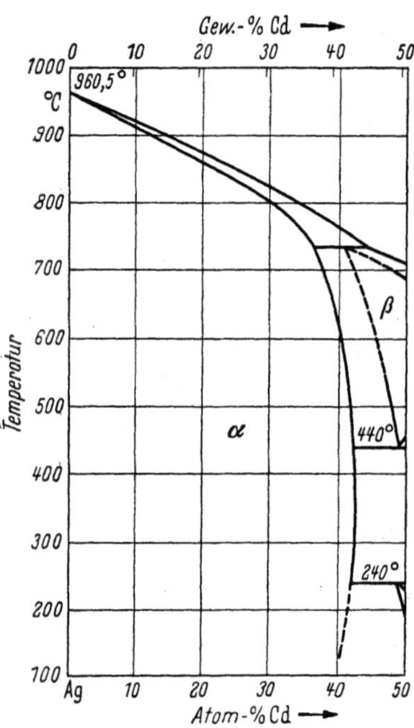

Abb. 343. Silberseite des binären Diagramms Silber-Kadmium [*224*]

Ternäre Silber-Indium-Kadmium-Legierungen zeigen eine günstige Kombination von Eigenschaften. Eine Legierung mit 15% In und 5% Cd entspricht hinsichtlich des Einfangs thermischer Neutronen fast völlig metallischem Hafnium. Die mechanischen Eigenschaften dieser α-Mischkristall-Legierung sind gut; bei 316 °C kommt ihr eine Streckgrenze von 7,7 kp/mm² und eine Zugfestigkeit von 12 kp/mm² bei 50% Dehnung zu. Die spanlose Verformbarkeit ist gleichfalls günstig. Das Strangpressen von vorgeschmiedeten Blöcken erfolgt im Temperaturbereich von 480 bis 590 °C. Das Korrosionsverhalten in Wasser von 316 °C ist im allgemeinen günstig, sofern der Kadmiumgehalt nicht weit über 5% erhöht wird. Ungünstig dagegen ist das Verhalten in sauerstoffhaltigem Wasser, dessen Angriff durch eine galvanische Vernickelung beseitigt werden kann. Reaktorbestrahlung bis zu einer Dosis von $1{,}4 \cdot 10^{21}$ thermischen Neutronen/cm^2 führt nur bei den Festigkeitswerten zu beobachtbaren Änderungen; die Streckgrenze steigt erheblich an, was auf die Bildung von Fremdatomen (Zinn aus Indium) zurückgeführt wird, Zugfestigkeit und Dehnung werden nur geringfügig geändert [*511*].

Hafnium wird als Nebenprodukt bei der Gewinnung von Zirkonium gewonnen, das für seine Verwendung im Reaktorbau hafniumfrei sein muß. Der Anteil des Hafniums in den Zirkoniumerzen liegt zwischen 0,5 und 2%. Die bei der Zirkoniumreinigung anfallende Hafniumverbindung wird in Chlorid übergeführt, dieses wird gereinigt und mit Magnesium zu Hafniumschwamm reduziert. Dieser bildet das Ausgangsmaterial für den bekannten Jodidprozeß (VanArkel-DeBoer-Verfahren), bei dem durch thermische Zersetzung von HfJ_4 bei 1550 °C grobkristalline Hafniumstäbe entstehen. Das so erhaltene Metall ist sehr rein, abgesehen von einigen Prozenten Zirkonium, die es in fester Lösung enthält. Auch eine Kalzium-Reduktion von Tetrafluorid in Stahlbomben wird angewendet. Ausführlich wird die Gewinnung von Hafnium, seine Eigenschaften und seine Verwendung in [*512*] beschrieben.

Hafnium kristallisiert bis zu 1760 °C in hexagonaler dichtester Kugelpackung. Die Gitterkonstanten nahe Raumtemperatur sind $a = 3{,}188$ Å und $c = 5{,}042$ Å ($c/a = 1{,}582$). Oberhalb 1950 °C liegt es in kubischraumzentrierter Modifikation vor. Einige physikalische und technologische Eigenschaften sind in Tab. 104 verzeichnet. Aus Kerbschlag-

Tabelle 104. *Physikalische und technologische Eigenschaften von Hafnium* (aus [*512,2*])

Gitterkonstanten	Å		
α-Hf (hex. d. Kp.)		$a = 3{,}188$	
		$c = 5{,}042$	
		$c/a = 1{,}581$	
β-Hf (k.-rz.)		$a = 3{,}50$	
Dichte α-Hf	g/cm^3	13,09	
Umwandlungspunkt	°C	1760	
Schmelzpunkt	°C	2222	
lin. Ausdehnungskoeff.	10^{-6}/°C	5,9	(20–200 °C)
spez. Widerstand	$\mu\Omega$ cm	35,1	(bei 25 °C)
spez. Wärme	cal/ g °C	0,035	(25–100 °C)
Wärmeleitfähigkeit	cal/cm sek °C	0,053	(bei 50 °C)
Streckgrenze	kp/mm^2	15,7	(bei 24 °C)
		8,5	(bei 260 °C)
		6,8	(bei 593 °C)
Zugfestigkeit	kp/mm^2	41,5	(bei 24 °C)
		26,4	(bei 260 °C)
		14,4	(bei 593 °C)
Dehnung	%	35	(bei 24 °C)
		51	(bei 260 °C)
		56	(bei 593 °C)

versuchen ergab sich, daß zwischen −196 und +300 °C keine ausgeprägte Versprödung des Metalls vorliegt.

Das Schmelzen von Hafnium erfolgt im Lichtbogenofen in inerter Atmosphäre, das Gießen in wassergekühlten Kupferkokillen. Die Gußblöcke werden im Temperaturbereich um 900 °C zur Zerstörung des Gußgefüges geschmiedet. Anschließend kann Warmverformung durch Walzen erfolgen. Die Oxydation bei diesen Temperaturen ist geringer als die von Zirkonium, da bei Hafnium die gebildete Oxydschicht einen besseren Schutz zu bieten scheint. Kaltverformung mit Querschnittsabnahmen unter 35% ist möglich, bei größeren Verformungen müssen Zwischenglühungen bei etwa 800 °C eingeschaltet werden. Bei Verwendung geeigneter Schmiermittel ist auch Kaltzug von Drähten möglich; auch hier wird jeweils nach Verformung um etwa 35% zwischengeglüht. Rekristallisation kaltbearbeiteten Materials tritt im Temperaturbereich von 700 bis 800 °C ein. Durch Strangpressen können unter Verwendung geeigneter Schmiermittel Stangen und einfache Profile hergestellt werden [*2*].

Verwickeltere Profile (Kreuz- und Y-Querschnitt), wie sie für Regelstäbe vielfach verwendet werden, können durch Strangpressen pulvermetallurgischer Ausgangskörper und Verwendung geeigneter Einsatzstücke hergestellt werden, wobei auch die Möglichkeit vorliegt, durch gemeinsames Verpressen Titanschutzhüllen auf den Hafniumformstücken zu erhalten [*513*]. Für die spanabhebende Verformung sind Werkzeuge aus Schnelldrehstahl ausreichend. Schweißen muß in inerter Atmosphäre vorgenommen werden. Die Korrosionsfestigkeit von Hafnium gegen Wasser hoher Temperatur und hohen Drucks und gegen Dampf ist vorzüglich, eine sich bildende Oxydschicht schützt das Material vor starkem Angriff.

Durch Legieren werden die kernphysikalischen Eigenschaften des Hafniums (der hohe Einfangquerschnitt) im allgemeinen geschädigt, so daß für die Verwendung im Reaktor Hafniumlegierungen kaum interessant erscheinen. Immerhin bleibt zu erwägen, ob nicht durch Verbesserung anderer Eigenschaften die nachteilige Beeinflussung der Neutronenabsorption kompensiert werden könnte.

Über die Strahlenfestigkeit des Hafniums liegen nur wenige Angaben vor. Sie lassen erkennen, daß eine gewisse Versprödung durch eine Neutronendosis von etwa 10^{21} n/cm^2 auftritt [*512*]; gleichzeitig sei aber bemerkt, daß es sich im Betrieb eines Leistungsreaktors erfolgreich bewährt hat.

Zusammenfassend sei hervorgehoben, daß für die Verwendung von Hafnium zur Herstellung von Regelstäben nicht vorwiegend sein Einfangquerschnitt für thermische Neutronen bestimmend ist, der mit 105 b nicht allzu groß ist, sondern eine gute Kombination auch der übrigen für diesen Verwendungszweck wesentlichen Eigenschaften. In kernphysikalischer Hinsicht sei betont, daß alle durch (n, γ)-Reaktionen entstehenden Isotope wieder günstige Absorptionsquerschnitte haben (Tab. 103), also die Eignung des Hafniums zur Neutronenabsorption nicht stören.

Natürliches *Bor* ist ein Isotopengemisch aus 81,2% B^{11} und 18,8% B^{10}. Das letztere ist durch einen außerordentlich hohen Einfangquerschnitt für thermische Neutronen ausgezeichnet und bedingt die Verwendungsmöglichkeit von Bor bei der Fertigung von Regelstäben.

In den meisten Fällen wird Bor angereichert am Isotop B^{10} verwendet. Als Isotopentrennverfahren werden einerseits Destillation von Bortrihalogeniden verwendet, andererseits chemischer Austausch zwischen gasförmigem Bortrifluorid und flüssigem Bortrifluorid-Ätherat (vgl. [*514*, *515*]).

Die Verwendung von Bor in Regelstäben kann auf die verschiedenste Weise erfolgen. In Schutzrohre aus rostfreiem Stahl eingefülltes Pulver aus Borkarbid oder gesinterte oder heißgepreßte Formkörper hieraus haben sich bewährt. An borhaltigen Legierungen seien weicher Kohlenstoffstahl, austenitischer Chrom-Nickel-Stahl, Titan und Zirkonium, jeweils mit Borgehalten bis etwa 2%, genannt. Schließlich werden verschiedene Dispersionen benutzt.

Der Kohlenstoffstahl wird mit niedrigem Kohlenstoff- und niedrigem Mangangehalt verwendet. Er weist nach Abschrecken von etwa 1000 °C und Anlassen bei 730 °C eine Festigkeit von etwa 51 kp/mm² auf. In der Korrosionsfestigkeit unterscheidet er sich nicht von borfreiem Material. Der Wunsch, den Verwendungsbereich zu höheren Temperaturen auszudehnen und das Korrosionsverhalten zu verbessern, führte zur Heranziehung borhaltiger austenitischer Chrom-Nickel-Stähle. Verwendet werden Zusammensetzungen mit 18% Cr und 8 bis 15% Ni. Als Legierungsbestandteil kann Bor (eingebracht ebenso wie bei Kohlenstoffstählen über eine 20%ige Ferrobor-Vorlegierung) bis zu etwa 2% verwendet werden; bei höheren Gehalten geht die Warmbearbeitbarkeit verloren (Walzrisse). Das Material wird in Luft oder im Vakuum im Induktionsofen geschmolzen, die spröde Gußstruktur der Blöcke wird durch Heißschmieden beseitigt. Das über der niedrigen Löslichkeitsgrenze vorhandene Bor scheidet sich an den Korngrenzen aus, wahrscheinlich in Form eines komplexen Borids [$(Fe, Cr)_2B$] [*516*]. Als Richtwerte für technologische Festigkeitswerte seien für einen 18-15-Stahl mit 0,5 Gew.-% B^{10} für Raumtemperatur angegeben 20,4 kp/mm² Streckgrenze, 57,0 kp/mm² Zugfestigkeit und 30% Dehnung und für 315 °C-16,2 kp/mm² Streckgrenze, 43,6 kp/mm² Zugfestigkeit und 20% Dehnung [*517*, *518*]. Borhaltige Titan- und Zirkoniumlegierungen verspröden mit steigendem Borgehalt. Im Falle der Zirkoniumlegierung wird auch die Korrosionsfestigkeit gegenüber Wasser sehr herabgesetzt.

Ein gemeinsamer Nachteil aller borhaltigen Legierungen ist die starke Schädigung, die sie durch Reaktorbestrahlung erleiden, bedingt durch den mit thermischen Neutronen vor sich gehenden (n, α)-Prozeß, bei dem ein Li^7-Atom größeren Atomdurchmessers und ein α-Teilchen entsteht. Tab. 105 bringt einige die Versprödung von 18-15-Chrom-Nickel-Stahl, von Titan und von Zircaloy-2 mit jeweils verschiedenen Borgehalten charakterisierende Zahlen. Als Maß der Versprödung wird der Quotient der Kerbschlagzähigkeit nach und vor Bestrahlung verwendet. In allen

Tabelle 105. *Einfluß von Reaktorbestrahlung auf B-haltige Legierungen* [*517, 518*]

Material	Dosis in 10^{20} n/cm²	Duktilitäts-index*
0,19% B in 18/15 Cr-Ni-Stahl	10	0,700
0,50% B in 18/15 Cr-Ni-Stahl	3	0,155
0,85% B in 18/15 Cr-Ni-Stahl	10	0,042
0,56% B in Titan	2	0,478
0,21% B in Zircaloy-2	4,9	0,50
0,37% B in Zircaloy-2	6,6	0,33
0,84% B in Zircaloy-2	3,4	0,27
18/8 Cr-Ni-Stahl	3	0,980

$* \frac{\text{Kerbschlagzähigkeit nach Bestrahlung}}{\text{Kerbschlagzähigkeit vor Bestrahlung}}$.

Fällen tritt mit steigenden Borgehalten deutlich zunehmende Versprödung ein. Außer der Versprödung wird bei borhaltigen Legierungen ein leichtes Aufblähen durch die Bestrahlung beobachtet. Nicht unmittelbar anliegende Schutzhüllen aus ausreichend festem Material können dieses Aufblähen verdecken.

Durch Übergang auf B^{10}-Dispersionen kann die Störung durch Reaktorbestrahlung verringert werden, ebenso wie dies bei Dispersionsbrennstoffelementen der Fall ist (vgl. IV A 4.1). Wenn die Matrix genügend duktil ist, werden die Spannungen in der Umgebung der gebildeten Lithiumatome abgebaut, das gebildete Helium wird innerhalb der Matrix zurückgehalten und damit die Ursache der Versprödung teilweise beseitigt. B-Dispersionen mit elementarem Bor wurden in Titan, Zircaloy-2 und austenitischem Stahl, in Form von ZrB_2 und TiB_2 in Zirkonium und Titan, in Form von B_4C in Aluminium, Kupfer, Titan und Zircaloy-2 und in Form von B_2O_3 in Aluminium hergestellt. Die Herstellung erfolgt hier mit Hilfe pulvermetallurgischer Verfahren [*404*]. Ebenso wie bei Dispersionsbrennstoffelementen ist die Verträglichkeit der Einlagerung mit dem Material der Matrix zu beachten (Vermeidung der Bildung spröder Zwischenschichten). Die besten Erfolge brachte die Kombination von angereichertem Bor oder B_4C mit Titan und Kupfer. Die Formkörper können durch Strangpressen oder Warmwalzen hergestellt werden. Zugaben geringer Aluminium- oder Aluminium + Vanadium-Mengen zu Titan erhöht die Warmfestigkeit. Aufbringung von Titanschutzhüllen kann durch Verbundwalzen nach dem Bilderrahmen-Verfahren erfolgen [*504*]. Dispersionsregelstäbe auf Kupferbasis, die bis zu 20 Gew.-% B_4C enthalten, sind bei höheren Temperaturen stabiler als entsprechende Stäbe auf Eisen- oder Nickelbasis. Die Aufbringung von Schutzhüllen aus 18-8-Stahl kann auch hier durch Verbundwalzen erfolgen. Sollen rohrförmige Regelstäbe gefertigt werden, so wird der

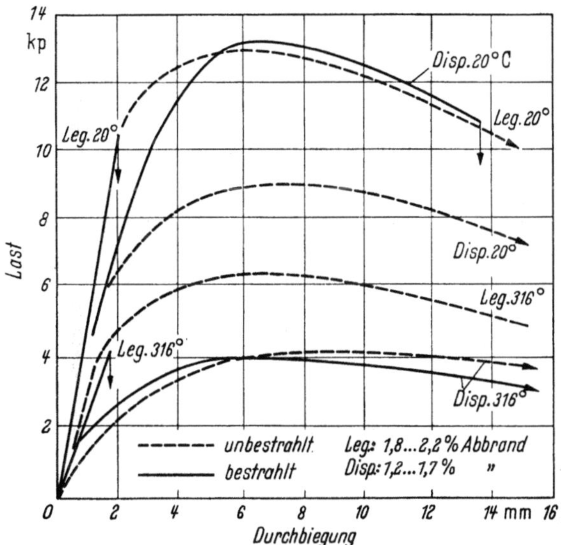

Abb. 344. Vergleichende Biegeversuche mit 0,35 Gew.-% B^{10} enthaltenden Zircaloy-2-Dispersionen und Zircaloy-2-Legierungen [*404*]

Zwischenraum zwischen zwei koachsialen Rohren aus austenitischem Stahl mit dem Pulvergemisch aus Kupfer und B_4C gefüllt und der erhaltene Verbundkörper durch Düsen gezogen. Kupferfolien zwischen der Füllung und den Stahlrohren verhindern die Ausbildung spröder Zwischenschichten [*520*].

Auch bei Bordispersionen bringt Reaktorbestrahlung naturgemäß eine Versprödung, diese bleibt jedoch im allgemeinen erheblich hinter der Versprödung zurück, die gleich zusammengesetzte Legierungen erleiden, offenbar weil die Störungen in den Dispersionen auf die Einlagerungen und ihre nächste Umgebung beschränkt bleiben und nicht im ganzen Volumen annähernd gleichmäßig verteilt sind. Als Beispiel sei genannt, daß eine Dispersion von 1% B in Titan erheblich weniger versprödet als eine Legierung mit nur 0,56% B [*2*]. Die Abb. 344 zeigt denselben Tatbestand für das Beispiel von 0,35% B^{10} enthaltenden Zircaloy-2-Legierungen und -Dispersionen. Sowohl bei Raumtemperatur als auch bei

316 °C ergibt sich eine stärkere Versprödung der Legierungsproben durch die Bestrahlung. Hieran ändert auch der Umstand nichts, daß die Bestrahlung der Legierungen etwas höher als die der Dispersion war; der Haupteffekt der Bestrahlung tritt bereits bei relativ kleinen Dosen ein. Analoge Versuche mit Chrom-Nickel-Stahl als Matrix haben bisher keine eindeutigen Ergebnisse erbracht.

Die durch die Wechselwirkung von B^{10} mit thermischen Neutronen eintretende Bildung von Fremdatomen führt zu wesentlich tiefer greifenden Beeinflussungen durch die Bestrahlung als es die bei den übrigen für Regelstäbe verwendeten Stoffen sich abspielende (n, γ)-Reaktion tut. Dies bedeutet, daß im Falle borhaltiger Regelstäbe die zulässige Gesamtdosis an Neutronen kleiner, die Lebensdauer der Stäbe also kürzer ist. Für die Verwendung als Abschaltstäbe spielt dieser Umstand jedoch keine Rolle. Als Vorteil borhaltiger Regelstäbe sei hervorgehoben, daß der Absorptionsquerschnitt auch im Gebiet epithermischer Neutronen groß ist.

Die in Tab. 103 mitaufgenommenen *seltenen Erdmetalle* sind durch besonders hohe Einfangquerschnitte für thermische Neutronen ausgezeichnet. Das Bestreben, sie für die Herstellung von Regelstäben zu verwenden ist daher verständlich. Gewonnen werden die seltenen Erden bei der Reinigung des aus Monazitsand isolierten Thoriums. In Form der Oxyde werden *Samarium*, *Europium* und *Gadolinium* zur Herstellung von Dispersionen in Titan, Zircaloy-2 und austenitischem Stahl untersucht und zum Teil schon verwendet [*2*, *521*]. Weiterhin wurde eine Reihe von Systemen des *Dysprosium*oxyds (Dy_2O_3) mit anderen Oxyden untersucht, um das Vorhandensein fester Lösungen und die Bildung neuer Phasen zu ermitteln [*522*]. Schließlich wurde auch versucht, Legierungen des Gadoliniums und Europiums zu erschmelzen und ihre Eigenschaften zu erfassen [*523*]. Insbesondere Silber-Europium-Legierungen erwiesen sich als günstig; Kadmiumzusätze verbessern die korrosions-chemischen und physikalischen Eigenschaften weiterhin. Legierungen auf Silberbasis mit etwa 10% Cd und bis zu etwa 5% Eu erfüllen hinsichtlich Verarbeitbarkeit, Festigkeit und Korrosionsbeständigkeit gegenüber Wasser von höherer Temperatur, wichtige Anforderungen, die an einen Werkstoff für Regel- und Abschaltstäbe zu stellen sind [*524*]. Eine Untersuchung der Strahlenfestigkeit steht noch aus. In kernphysikalischer Hinsicht weist Europium denselben Vorteil auf wie Hafnium; die durch (n, γ)-Reaktionen gebildeten Isotope haben, ebenso wie das Ausgangsmaterial, hohe Absorptionsquerschnitte für thermische Neutronen (vgl. Tab. 103).

Für Feinregelung des Neutronenflux' ist es nicht erforderlich, Regelstäbe aus besonders stark neutronenabsorbierendem Material zu verwenden. Häufig benutzt man hierfür Chrom-Nickel-Stähle, denen ein Absorptionsquerschnitt von etwa 2,6 b entspricht.

D. Kühlmittel

Das Kühlmittel im Reaktor dient dazu, die bei der Kernspaltung frei werdende Wärmeenergie abzuführen, beim Leistungsreaktor die kalorische Energie dem Wärmeaustauscher zuzuführen. Notwendigerweise handelt es sich dabei um strömende Kühlmittel, also um Gase oder Flüssigkeiten.

Außer den allgemeinen Anforderungen hinsichtlich der Eigenschaften eines wirksamen Kühlmittels, wie gute Wärmeübergangszahlen und Wärmeleitfähigkeit, hohe spezifische Wärme, niedrige Viskosität, niedriger Dampfdruck, auch bei hohen Temperaturen und hohem Siedepunkt der verwendeten Flüssigkeiten, thermische Stabilität bei Betriebstemperaturen, gute Verträglichkeit mit dem Behälter- und Rohrmaterial kommen wieder kernphysikalische Eigenschaften entscheidend zur Auswirkung. Es sind dies die Forderungen nach ausreichender Strahlenfestigkeit und nach möglichstem Fehlen induzierter Radioaktivität. Für die Verwendung in thermischen Reaktoren kommen weiterhin die Anforderungen, die oben bereits für die Moderatorsubstanz gekennzeichnet worden sind (geringe Neutronenabsorption und guter Moderierfaktor) hinzu. Für die Verwendung im schnellen Reaktor soll nach Möglichkeit jedes Moderiervermögen des Kühlmittels fehlen, da jeder Energieverlust der Spaltneutronen vor dem Einfang durch ein U^{238}-Atom peinlich zu vermeiden ist.

Eine gute Wärmeübertragung erlaubt hohe Leistungsdichte im Brennstoff und kleines Wärmeaustauschersystem. Für die Aufrechterhaltung einer bestimmten Wärmeübertragung durch das umgepumpte Kühlmittel kommt seiner Dichte, seiner spezifischen Wärme und seiner Zähigkeit hohe Bedeutung zu. Thermische Stabilität und Strahlenfestigkeit sollen Zersetzungen während des Betriebs verhindern, die zu störenden Gasentwicklungen führen können oder zu Niederschlägen im Kühlsystem, die den Wärmeübergang schädigen. Wichtig ist die Anforderung an das Kühlmittel, daß die durch die Bestrahlung in ihm induzierte Radioaktivität möglichst gering ist. Die Bildung radioaktiver Isotope verlangt nicht nur zusätzliche Schutzmaßnahmen im Kühlkreislauf und Wärmeaustauscher, sondern erschwert, sofern es sich im Isotope mit langer Halbwertszeit handelt, Reparaturarbeiten am Aggregat. Das Zurücktreten der induzierten Aktivität ist im allgemeinen mit niedrigem Absorptionsquerschnitt für thermische Neutronen gekoppelt und dies ist im Hinblick auf die meist großen Volumina des Kühlmittels eine durch möglichste Neutronenökonomie gegebene Forderung. Als Anhalt sei genannt, daß ein makroskopischer Absorptionsquerschnitt von ungefähr 0,3 cm^{-1} als Maximum anzusehen ist. Für Kühlmittel in thermischen Reaktoren ist ein hoher Moderierfaktor erstrebenswert, da das Kühl-

Tabelle 106. *Eigenschaften von Kühlmitteln** [527, 528]

	Makroskopischer Absorptionsquerschnitt in cm^{-1}	Moderierfaktor	Schmelzpunkt °C	Siedepunkt °C	Viskosität cP	Spezifische Wärme cal/g °C	Wärmeleitfähigkeit cal/cm sek °C	Wärmeübergangszahl[1] kcal/m²h °C	Radioaktive Isotope
He	~ 0	~ ∞				1,24[5]	$3{,}61 \cdot 10^{-4}$	388[5]	
Luft		0,82			0,0217[4]	0,25[5]	$0{,}61 \cdot 10^{-4}$	468[5]	
CO_2					0,0185[4]	~ 0,27[5]	$0{,}38 \cdot 10^{-4}$		
H_2O	0,022	250	0	100	0,28[2]	1,17[6]	0,0015	29500[6]	
D_2O	$36 \cdot 10^{-6}$	8250	3,8	101,4		1,17[6]			
Na	0,012	0,89	97,5	883	0,2–0,7[7]	0,3 –0,33[7]	0,15 –0,20[7]	74100[3]	Na^{24}, β, γ 1,5 h
Na-K-Leg. (56% Na)	0,05	0,225	19	822	0,2–0,6[7]	0,25–0,27[7]	0,060–0,068[7]	37300[3]	$Na^{24}+K^{42}$, β, γ 12,4 h
Li	3,29	0,006	180	1372		1,0[7]	~ 0,1[7]	69000[3]	
Hg	18,1		− 38,8	357	1,24[2]	0,033	0,020		Hg^{203}, β, γ 25 h
Pb-Bi-Leg. (44,5% Pb)	0,006	0,56	125	1670	1,2–1,8	0,035[7]	0,025[7]	34900[3]	Po^{210}, α 138,3 d
Bi	0,0009	5,75	271	1560	1,0–1,6	0,035[7]	0,037[7]		Po^{210}, α 138,3 d
Terphenyle	~ 0,0064	~ 100	20–93			0,52[3]	0,00028[3]		

[1] Strömungsgeschwindigkeit 30 m/sek bei Gasen, 6 m/sek bei Flüssigkeiten; Rohrdurchmesser 12,5 mm.
[2] Bei 100 °C; [3] bei 260 °C; [4] bei 100 °C und 1 at; [5] bei 260 °C und 7 at; [6] 260 °C und 100 at; [7] im Temperaturbereich des Reaktors (bis 540 °C).

*Die Werte für Absorptionsquerschnitt und Moderierfaktor sind für thermische Neutronen berechnet, wodurch die Unterschiede gegenüber Tab. 92 erklärt sind.

mittel entweder gleichzeitig als Moderator dient oder andernfalls den vorhandenen Moderator unterstützt. Gleichzeitig stellt ein hoher Moderierfaktor des Kühlmittels einen Sicherheitsfaktor dar; bei Auslaufen des Kühlmittels erlischt die Kettenreaktion [*2*, *525*, *526*].

Tab. 106 bringt eine Übersicht über nach den eben erläuterten Gesichtspunkten ausgewählte Kühlmittel. Enthalten sind Gase, Wasser, Metallschmelzen und ein organisches Kühlmittel.

Die gasförmigen Kühlmittel fordern wegen der geringen Dichte, der niedrigen Wärmeübergangszahlen und der geringen Wärmeleitfähigkeit trotz Verwendung erhöhten Drucks (bis 10 at) sehr große Abmessungen der Kühlaggregate und hohe Pumpleistungen. Helium ist durch seine kernphysikalischen Eigenschaften, durch relativ gute Wärmeleitfähigkeit und völlige Reaktionsträgheit ausgezeichnet. Wirtschaftliche Gründe fordern, daß es im Kreislauf verwendet werden muß, wobei auf die Gasdichtigkeit der Leitungen sehr Bedacht zu nehmen ist. Für Luft fallen wirtschaftliche Bedenken weg. Als Nachteil ist hier auf chemischen Angriff auf Reaktorwerkstoffe bei erhöhter Temperatur, sowohl durch Sauerstoff als auch durch Stickstoff hinzuweisen. Stickstoff und der vorhandene Gehalt an Argon bedingen eine gewisse induzierte Radioaktivität durch Bildung von C^{14} und Ar^{41}. Sehr breite Anwendung als Kühlmittel findet unter den Gasen heute Kohlendioxyd. Obwohl die Wärmeübertragung nicht optimal ist, wägen die durch seine Verwendung gegebene Sicherheit, die chemische Verträglichkeit mit Reaktorbaustoffen und der geringe Kostenaufwand die mit seiner Verwendung verknüpften Nachteile auf.

Das wichtigste Kühlmittel ist *Wasser*. Als Vorteile seien seine nahezu kostenlose Bereitstellung in praktisch beliebigen Mengen, seine guten Strömungseigenschaften, seine relativ hohe Wärmeübergangszahl, sein hoher Streuquerschnitt, der es im thermischen Reaktor gleichzeitig zu einer wertvollen Moderatorsubstanz macht, aufgeführt. Als Nachteile seien erwähnt, daß es in thermischen Reaktoren mit nicht angereichertem Spaltmaterial wegen seines verhältnismäßig hohen Absorptionsquerschnitts kaum verwendet werden kann, daß Reaktorbestrahlung zu Gasentwicklung (Knallgas) führt und daß es bei Verwendung in Leistungsreaktoren, bei denen naturgemäß möglichst hohe Temperaturen angestrebt werden, unter hohem Druck verwendet werden muß, was entsprechende bauliche Vorkehrungen bedingt. Im Siedewasserreaktor wird der hohe Druck vermieden, der Dampf wird unmittelbar der Turbine zugeleitet, Wärmeaustauscher entfallen und das Pumpenaggregat ist sehr reduziert. Bei Verwendung ein und derselben Wassermenge im Kreislauf besteht die Möglichkeit, schweres Wasser zur Kühlung zu verwenden, was im Hinblick auf den kleinen Absorptionsquerschnitt (und hohen Moderierfaktor) für thermische Neutronen Vorteile gegenüber der Verwendung gewöhnlichen Wassers bringt (Verwendung auch bei thermischen Reaktoren mit natürlichem Uran als Brennmaterial).

Metallschmelzen als Kühlmittel in geschlossenen Kreisläufen bringen die Möglichkeit der Verwendung hoher Temperaturen, ohne daß hierzu hohe Drucke erforderlich wären (Für eine umfassende Darstellung s. [*529*]). Der Wärmeübergang ist wegen hoher Wärmeübergangszahlen und guter Wärmeleitfähigkeit besonders günstig, so daß die Kühlsysteme kompendiös gebaut werden können. Wichtig ist ein niedrig liegender Schmelzpunkt des metallischen Kühlmittels, einmal

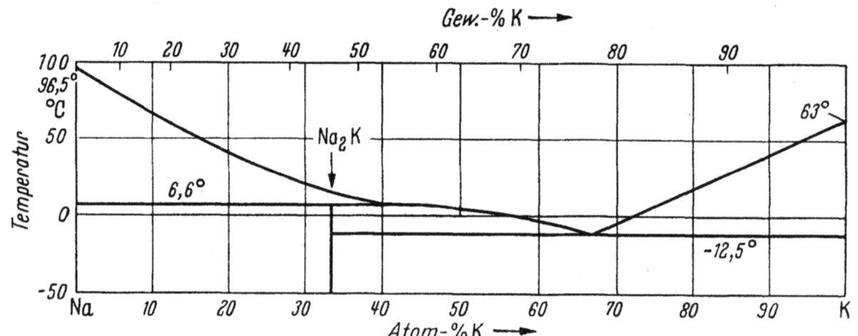

Abb. 345. Binäres Diagramm: Natrium-Kalium [*224*]

um zusätzliche Erhitzung vor dem Anlaufen des Reaktors zu vermeiden, weiterhin um auszuschließen, daß das Kühlmittel im Wärmeaustauscher einfriert, wenn die Temperatur des eintretenden Speisewassers unterhalb des Schmelzpunkts liegt. Für das Umpumpen der Metallschmelzen werden elektromagnetische Pumpen, die keine beweglichen Teile enthalten [*530, 531*] und Zentrifugalpumpen benutzt [*532*]. Bei ihrer Konstruktion ist wesentlich zu beachten, daß die umzupumpenden Schmelzen chemisch aktiv sind und zusätzlich radioaktiv sein können. Auf völlige Freiheit von Undichtigkeiten muß daher sorgfältig geachtet werden. Von den Alkalimetallen liegen die Schmelzpunkte von Natrium und Lithium über Raumtemperatur, während der von Natrium-Kalium-Legierungen unter diese gesenkt werden kann. Die in der Tab. 106 enthaltene Natrium-Kalium-Legierung entspricht nicht dem durch niedrigsten Schmelzpunkt ausgezeichneten Eutektikum (vgl. Abb. 345); man gibt lediglich soviel Kalium, das einen hohen Einfangquerschnitt für thermische Neutronen und besondere chemische Aktivität aufweist hinzu, wie notwendig ist, um den Schmelzpunkt unter Raumtemperatur zu bringen. Mit Rücksicht auf geringes Moderiervermögen sind Natrium-Kalium-Legierungen günstig für die Verwendung in schnellen Reaktoren, wo sie auch Verwendung finden. Bezüglich der induzierten Radioaktivität von Natrium und Kalium sei auf die durch (n, γ)-Prozesse vor sich gehende Bildung von Na^{24} und K^{42} hingewiesen, die beide zwar eine kurze Halbwertszeit haben, aber eine harte γ-Strahlung emittieren und dadurch zu entsprechenden Abschirmungen des gesamten Kühlkreislaufs nötigen. Natürliches Lithium ist ein Isotopengemisch bestehend aus 92,5% Li^7, das durch den sehr kleinen Absorptionsquerschnitt von 0,0015 cm^{-1} gekennzeichnet ist und 7,5% Li^6 mit einem sehr viel höheren Absorptionsquerschnitt von 43,5 cm^{-1}. Eine Reindarstellung von Li^7 stößt noch auf außerordentlich hohe Kosten (für seine Anreicherung werden Ionenwanderung in geschmolzenem LiCl und ein Lithiumamalgam-Verfahren vorgeschlagen [*533*]), so daß Li^7 zunächst nur in ganz speziellen Fällen bei thermischen Reaktoren in Betracht gezogen werden kann. Auf die bei Verwendung von Alkalischmelzen auftretenden schwerwiegenden Korrosionsprobleme gehen wir weiter unten ein. Quecksilber ist wegen seines hohen Einfangquerschnitts für thermische Reaktoren unbrauchbar, wohl aber verwendbar für schnelle Reaktoren. Als Nachteil seien seine hohe Dichte und sein hoher elektrischer Widerstand genannt, die den Wirkungsgrad der elektromagnetischen Pumpen herabgesetzten, sowie seine Giftigkeit und sein niedriger Siedepunkt. Als vorteilhaft sei die geringe durch die Bestrahlung induzierte Radioaktivität erwähnt, die keine großen zusätzlichen Schutzmaßnahmen bedingt.

Das in der Tab. 106 enthaltene Blei-Wismut-Eutektikum verbindet die vorteilhaften Eigenschaften seiner beiden Bestandteile mit einem erheblich herabgesetzten Schmelzpunkt; durch die Erhöhung des spezifischen Widerstands wird das elektromagnetische Umpumpen allerdings erschwert. Der sehr kleine Einfangquerschnitt für langsame Neutronen läßt eine Verwendung des Eutektikums zur Kühlung thermischer Reaktoren aussichtsreich erscheinen. Durch Bestrahlung entsteht nur eine sehr schwache induzierte Aktivität, Schutzmaßnahmen sind daher nur in geringem Ausmaß erforderlich, im übrigen stellen diese Metallschmelzen selbst beträchtlichen Strahlenschutz dar. Die Aufnahme von Wismut in Tab. 106 ist dadurch gerechtfertigt, daß Wismutschmelzen als Lösungsmittel für Uran dienen, worauf in IV A 4.3 bereits hingewiesen wurde. In diesem Fall sind Brennstoff und Kühlmittel vereinigt.

Über weitere schmelzflüssige Brennstoffe in Form niedrig schmelzender Eutektika oder in Form von Suspensionen von Verbindungen des Urans und des Thoriums in geeigneten Metallschmelzen liegen ausreichende Unterlagen heute noch nicht vor, es sei hier lediglich nochmals auf diese Möglichkeiten hingewiesen, die in IV A 4.3 gesammelt dargestellt sind.

Die Tab. 106 enthält ferner auch noch die in Abschn. IV B bereits als Moderator beschriebene Mischung von *Terphenylen*. Vor- und Nachteile dieser Schmelzen sind schon beschrieben, hier sei nur noch ergänzt, daß das Wärmeableitungsvermögen doch deutlich hinter dem von Wasser zurückbleibt.

Schließlich sei noch auf *Salzschmelzen* hingewiesen. In Erwägung gezogen wurden Salpeterschmelzen, die in der Industrie vielfach als Temperaturbäder benutzt werden, schmelzflüssige Mischungen von Natrium- und Kalium-Fluoriden und geschmolzenes Natriumhydroxyd. In allen Fällen liegen schwerwiegende Korrosionsprobleme vor, so daß über die technische Verwendbarkeit noch kein Urteil abgegeben werden kann.

Von den allgemein bei Kühlmitteln vorliegenden Korrosionsprobleme soll hier nur der Angriff auf Brennstoffe erörtert und auf die Gefahren, die bei Berührung mit Wasser bestehen, hingewiesen werden. Das große Gebiet der Verträglichkeit der Kühlmittel mit Konstruktionswerkstoffen wird erst bei Besprechung der letzteren behandelt.

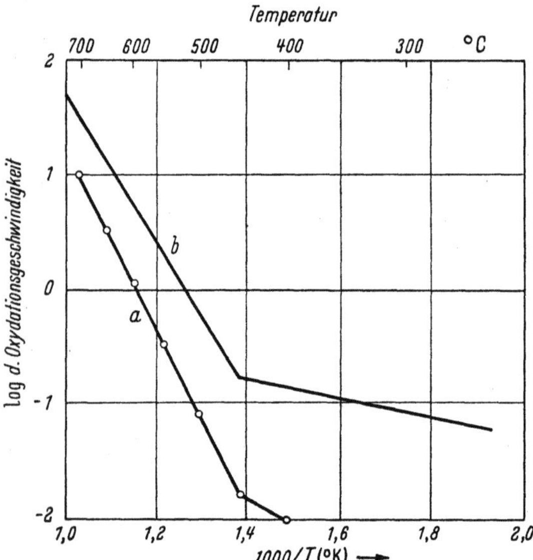

Abb. 346. Kinetik der U-CO_2-Reaktion (ARRHENIUS-Darstellung) *a* [*535*]; *b* [*536*]

Auf das Verhalten der Brennstoffe gegenüber Luft ist bereits in Abschn. IV A eingegangen worden, hier sei nur ergänzend hervorgehoben, daß sich auf Uran und Uranverbindungen, wie beispielsweise UC_2, in Stickstoffatmosphäre im Temperaturbereich von 400 bis 800 °C schützende Nitridfilme bilden [*534*].

Mehrfach wurde mit Rücksicht auf die Bedeutung von Kohlensäurekühlung in Leistungsreaktoren die Oxydation von Uran im Kohlensäurestrom untersucht. Von Sauerstoff befreites, getrocknetes Gas wurde in langsamem Strom (200 bis 500 cm^3/min) über Uranproben geleitet, deren Gewichtszunahme mit Thermowaagen registriert wurde. Das Gas wurde vor Beginn des Versuchs auf die gewünschte Temperatur erhitzt, die Temperatur der Proben mit Hilfe eines Thermoelements verfolgt, um Selbsterhitzung durch die eintretende Reaktion festzustellen. In Abb. 346 ist die Kinetik der Uranoxydation im ARRHENIUS-Diagramm dargestellt. Kurve *a*, die sich auf nuklearreines Uran und besonders sorgfältig gereinigtes CO_2 bezieht, zeigt deutlich geringere Oxydationsgeschwindigkeit als die in den Untersuchungen, die der Kurve *b* zugrunde liegen. Aus der Neigung der Kurve *a* ergibt sich im Temperaturintervall von 450 bis

700 °C eine Aktivierungsenergie von 34400 cal/Mol, die gut mit der Aktivierungswärme übereinstimmt, die für die Diffusion von Sauerstoff in UO_2 angegeben wird (29700 cal/Mol). Daraus ist wohl zu schließen, daß der die Geschwindigkeit der Oxydation bestimmende Vorgang die Sauerstoffdiffusion in der Deckschicht darstellt und nicht einer der anderen mit der Oxydation verbundenen Vorgänge [*535*]. Auch aus Kurve *b* ergibt sich eine sehr ähnliche Aktivierungsenergie, nämlich 27900 cal/Mol. Für Temperaturen unter 440 °C ergaben sich unerwartet hohe Oxydationsgeschwindigkeiten, die wohl auf Sauerstoffverunreinigungen der bei dieser Versuchsreihe verwendeten Kohlensäure zurückzuführen sind. Bei Gastemperaturen über 700 °C treten erhebliche Selbsterhitzungen auf, die zu Übertemperaturen von 190 °C führen können. Ein unstetiger Anstieg der Oxydationsgeschwindigkeit wurde in der Umgebung des Umwandlungspunkts $\beta \rightarrow \gamma$-Uran festgestellt, offenbar bedingt durch ein Abplatzen der Oxydschicht durch die Phasenumwandlung. Bei Temperatursteigerung bis zu etwa 1000 °C nimmt die Oxydationsgeschwindigkeit stetig mit steigender Temperatur ab [*536*].

Auf den Angriff von Wasser auf Uran, Plutonium und Thorium und Legierungen dieser Metalle wurde schon in Abschn. IV A eingegangen. Dort wurden insbesondere auch die Bestrebungen geschildert, durch geeignete Wahl der Zusammensetzung und der thermischen Vorbehandlung die Korrosionsfestigkeit von Brennstoffen auf Uranbasis zu erhöhen.

Zur Frage des Angriffs von Natriumschmelzen auf Uran ist zunächst zu sagen, daß Uran praktisch unlöslich in Natrium ist. Für 97,8 °C wird als obere Grenze 0,01 Gew.-% U geschätzt [*537*], für 300 °C werden nur 0,005 Gew.-% angegeben [*538*]. Beide Werte zeigen, daß das Lösungsvermögen von Natriumschmelzen für Uran vernachlässigt werden kann. Ausführliche Beobachtungen über den Einfluß von Natriumschmelzen von 475 und 600 °C auf Uran mit einer Einwirkungszeit von einem Monat werden in [*539*] beschrieben. Aus der Versuchsserie bei 475 °C sind die drei Schliffbilder der Abb. 347a bis c entnommen. Im ersten Fall enthielt das angreifende Natrium etwa 0,04% Sauerstoff (in Form von Na_2O), im zweiten Fall war dasselbe Natrium durch Zugabe von 0,1% Ca teilweise desoxydiert worden, im dritten Fall waren 8% Ca hinzugefügt worden. Man erkennt, daß durch Desoxydation des Natriums der Angriff auf Uran weitgehend unterbunden wird. Während Abb. 347a die Ausbildung zweier Schichten – eine dem Uran anliegende, dunklere und eine darauf aufgebaute, hellere Schicht – erkennen läßt, die sich deutlich in der Mikrohärte unterscheiden (600 VH innen und 450 außen), zeigt Abb. 347b, daß nunmehr die Gesamtdicke dieser Schicht auf den dritten Teil abgenommen hat. Völlig desoxydiertes Natrium greift die Uranoberfläche nicht an (Abb. 347c). Röntgenographisch wurde die Schicht als UO_2 ermittelt. Eine Uranbestimmung im Natrium ergab in allen

Fällen weniger als 0,01% U. Bei einer Temperatur der Natriumschmelze von 600 °C wird gelegentlich eine Art Lochfraß beobachtet, in einzelnen isolierten Bezirken reicht die Tiefe der Oxydation bis 100 μ. War die Natriumschmelze vor dem Versuch nicht gefiltert (Abscheidung von Na_2O), so ergab sich ein sehr viel stärkerer Angriff, die UO_2-Schicht hatte schon bei 475 °C eine Dicke von etwa 100 μ, im Natrium konnten in diesem Fall UO_2-Partikel festgestellt werden. Der chemisch ermittelte Urangehalt betrug 0,5%.

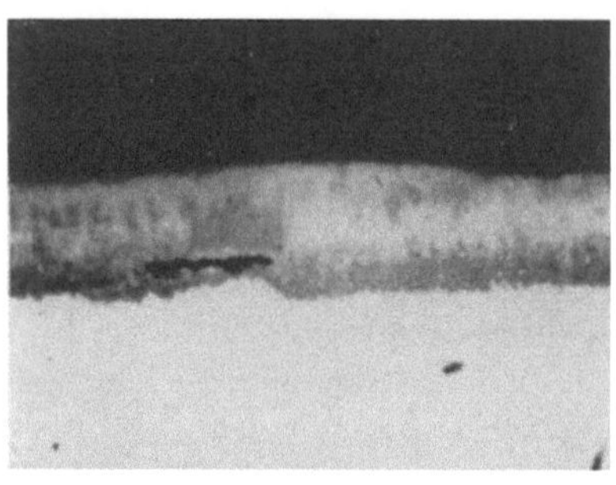

a

b

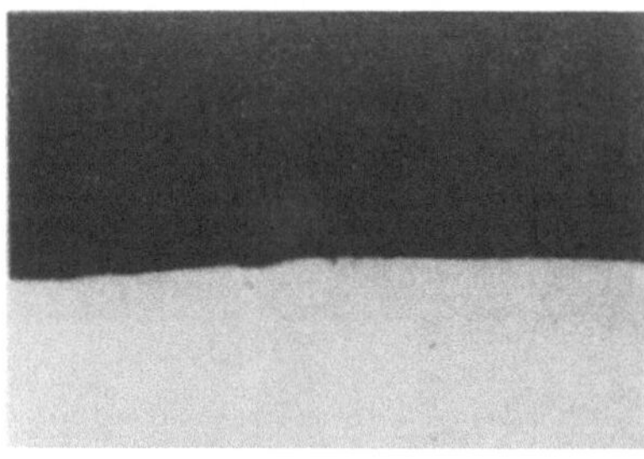

c

Abb. 347 a–c. Angriff geschmolzenen Natriums auf Uran; $V \sim 300$ [*539*]
a) Sauerstoffgehalt des Na 004%; Deckschichtdicke 30 μ; b) dem Na 0,1% Ca zugegeben; Deckschichtdicke 10 μ; c) dem Na 8,0% Ca zugegeben; Oberfläche fast blank

Ähnliche Ergebnisse werden auch in [*540*] berichtet, wo außer dem Angriff einer ruhenden Schmelze auch der strömenden Natriums miteinbezogen wurde. Wieder wurde gezeigt, daß die beobachtete Korrosionsgeschwindigkeit erheblich von den Beimengungen, insbesondere dem Sauerstoff des angreifenden Natriums, abhängt. In statischen Versuchen mit einer Natriumschmelze, die einen Sauerstoffgehalt von etwa 0,01% enthielt, wurden bis zu Temperaturen von 750 °C Korrosionsgeschwindigkeiten von 1 bis 10 mg/cm^2. Monat ermittelt. Außer UO_2 wurde auch UO in den Korrosionsprodukten nachgewiesen. Der Einfluß von Neutronenbestrahlung auf die Korrosionsgeschwindigkeit scheint kein wesentliches Ausmaß zu haben. Bei strömendem Natrium, das einen Sauerstoffgehalt von etwa 0,005% hatte, wurden bei 500 °C Korrosionsgeschwindigkeiten von über 600 mg/cm^2. Monat beobachtet. Die im wesentlichen vom Sauerstoffgehalt abhängende Korrosionsgeschwindigkeit hängt auch von der Strömungsgeschwindigkeit und der Temperaturverteilung in der strömenden Flüssigkeit ab. Verwendung einer Natrium-Kalium-Schmelze (56% Na) erbrachte keinen wesentlichen Unterschied; dies gilt auch für das Fehlen eines merkbaren Bestrahlungseinflusses. Auch der Bearbeitungszustand des Urans erweist sich als einflußlos.

Um den Sauerstoffgehalt in Natrium zu verringern kann Filtrierung (Glas- oder 18/8-Stahlfilter), Destillation und schließlich chemische Reinigung erfolgen. Für die chemische Reinigung kommen außer dem oben schon erwähnten Kalzium auch noch Titan, Zirkonium, Barium und Magnesium in Frage. Bei dieser Art der Reinigung ist auf die Entfernung der gebildeten Oxyde und auf eventuellen Angriff des Inhibitors auf Rohr- und Behältermaterial Bedacht zu nehmen [*541*].

Die gute Verträglichkeit von desoxydierten Natrium- und Natrium-Kalium-Schmelzen mit Uran hat auch zu der oben schon beschriebenen Verwendung dieser Schmelzen zur Erzielung eines guten Wärmekontakts von Brennstoff und Schutzhülle geführt (IV A 4.1).

Der Angriff von geschmolzenem Natrium und eutektischer Natrium-Kalium-Legierung auf Thorium oder Thorium-Uran-Legierungen bei 750 °C zeigte bei einmonatlicher Versuchsdauer nur geringe Oxydation des Metalls. Aus geometrischen Gründen (Verhältnis des Volumens eines Metallatoms im Oxyd zu dem im Metall) wird vermutet, daß das Thoriumoxyd besser auf der Unterlage haftet als Uranoxyd [*540*].

Eine Bemerkung sei hier noch angefügt hinsichtlich der Gefahren, die ein Zusammentreffen einer Alkalischmelze mit Wasser bringt. Ein solches Zusammentreffen ist im Wärmeaustauscher möglich, wenn Defekte in den die Metallschmelze führenden Rohrleitungen auftreten. Die in Betracht kommenden Reaktionen sind: Bildung von Metallhydroxyd und Wasserstoff, die Knallgasreaktion und die Bildung von Metalloxyden. Die Reaktionen 2 und 3 benötigen zu ihrem Ablauf Sauerstoff. Durch entsprechende Vorkehrungen kann die Gefährlichkeit der Metall-Wasser-Berührung weitgehend beseitigt werden. Die wichtigste Vorkehrung ist es, den Sauerstoffgehalt in metalldurchströmten, abgeschlossenen Bereichen möglichst niedrig zu halten. Hinzu kommt die Vorsorge für Ausdehnungsmöglichkeiten in allen Rohrleitungssystemen und für Austrittsventile. Die Richtigkeit dieser Aussagen wurde in betriebsnahen Versuchen erhärtet [*541*].

Über den Korrosionsangriff von Brennstoffen durch organische Kühlmittel liegen nur wenige Versuchsergebnisse vor, insbesondere fehlen Angaben über das Verhalten des in Abschn. IV B beschriebenen, ausreichend strahlenfesten, organischen Moderators aus Diphenyl- und Terphenylgemischen. Durchgeführte Korrosionsversuche mit Uran, Uran-Molybdän- und Uran-Zirkonium-Legierungen zeigen, daß der Angriff doch so groß ist, daß es nicht empfohlen werden kann, ungeschützte Brennstoffe dem organischen Kühlmittel auszusetzen, anderseits ist der

Angriff klein genug, daß Fehlstellen im Schutzmantel, die eine Berührung von Brennstoff und Kühlmittel herbeiführen, bei nahezu allen Brennstofflegierungen nicht zu schwerwiegenden Betriebsstörungen führen. Als Korrosionsprodukt wurde Urankarbid festgestellt, das offenbar auf dem Weg über ein als Zwischenprodukt auftretendes Uranhydroxyd entsteht. Besonders klein ist der Angriff bei Legierungen auf Aluminiumbasis (8,2 Gew.-% U) [*540*].

E. Konstruktionswerkstoffe

Es kann sich in diesem Kapitel nicht um eine ausführliche Beschreibung und Kennzeichnung aller beim Reaktorbau verwendeten Konstruktionswerkstoffe handeln. Viele davon sind klassische Werkstoffe des Maschinenbaus, die allerdings beim Aufbau von Reaktoren gelegentlich in bisher ungewohnten Abmessungen (Stärke von Kesselblechen, Gewicht von Gußstücken) verwendet werden, wodurch erhebliche Schwierigkeiten entstehen können (z. B. bei der Herstellung von Schweißverbindungen). Die speziell im Reaktorbau hinzukommenden Anforderungen haben aber auch zur Verwendung neuer, bisher – in der Regel aus wirtschaftlichen Gründen – technisch vernachlässigter Metalle geführt, für die Aufbereitungsverfahren, die Technologie der Verarbeitung entwickelt und Eigenschaften in unlegiertem und legiertem Zustand ermittelt werden mußten. Die eben erwähnten, im Reaktorbau zusätzlich auftretenden Bedingungen betreffen vor allem die Neutronenabsorption der Baustoffe, ihre Verträglichkeit mit dem Brennstoff und die Strahlenfestigkeit, sowie die durch Kernreaktionen induzierte Radioaktivität. Weitere wesentliche Voraussetzungen für die Verwendbarkeit der Werkstoffe im Reaktorbau sind ausreichende Verarbeitbarkeit und entsprechende Festigkeitseigenschaften bei den Betriebsbedingungen, insbesondere den Temperaturen des Reaktors und die Verträglichkeit mit den in Frage kommenden Kühlmitteln. Auf Grund dieses Tatbestandes gliedern wir den Abschnitt über Konstruktionswerkstoffe in einzelne Punkte: zunächst werden die auf Grund des Neutroneneinfangquerschnitts ausgewählten neuen Werkstoffe behandelt, es folgt eine Beurteilung auf Grund der Verarbeitbarkeit und der technologischen Festigkeitseigenschaften, hieran schließen sich zwei Punkte, in denen die Verträglichkeit mit dem Brennstoff und mit dem Kühlmittel erörtert wird und abschließend wird dann die Strahlenfestigkeit und induzierte Radioaktivität behandelt.

1. Auswahl auf Grund der Neutronenabsorption

Wenn ein Material in einem thermischen Reaktor im Kern oder in dessen Nähe verwendet wird, muß seine Neutronenabsorption klein sein. Da die Absorption der Elemente für thermische Neutronen in außerordentlich weiten Grenzen variiert, führt diese kernphysikalische Forderung zu einem scharfen Auswahlprinzip. Für schnelle Reaktoren fällt dies kaum ins Gewicht, da für energiereiche Neutronen die Absorptionsquerschnitte der meisten Elemente klein und einander ähnlich sind. Sofern aus zwingenden technischen Gründen im thermischen Reaktor die Verwendung stärker absorbierender Werkstoffe unerläßlich ist, kann diesem Nachteil durch Verwendung einer erhöhten Menge von Brennstoff bzw. durch Vergrößerung des Anreicherungsgrads von U^{235} oder eines eventuellen Gehalts an Plutonium begegnet werden.

In Tab. 107 sind die makroskopischen Absorptionsquerschnitte der wichtigsten rein oder als Basismetalle für Legierungen in Betracht kommenden Elemente enthalten. Mitaufgenommen ist auch der Schmelzpunkt der Reinstoffe. Beschränkt man sich zunächst auf Werkstoffe mit einem makroskopischen Absorptionsquerschnitt kleiner als 0,02 cm^{-1} (im thermischen Reaktor mit natürlichem Uran noch brauchbar), so ergibt die Tabelle, daß nur Beryllium, Magnesium, Zirkonium und Aluminium diese Bedingung erfüllen. Liegen die Betriebstemperaturen im Konstruktionsmaterial (Schutzhüllen der Brennstoffelemente) niedrig, so sind auf Grund des eben erörterten kernphysikalischen Auswahlprinzips Magnesium und Aluminium durchaus verwendbar; beide Metalle finden auch ausgedehnte Anwendung im Reaktorbau. Über die Begrenzung ihrer Verwendung, für die verschiedene Umstände verantwortlich sind, wird in den weiteren Punkten berichtet. Liegen die Arbeitstemperaturen im Konstruktionsmaterial dagegen hoch, so kommen nur Beryllium und Zirkonium in Betracht. Über *Beryllium* ist im Abschnitt über Moderatoren bereits berichtet worden, wobei auch die Schwierigkeiten dargestellt wurden, die heute noch einen breiten Einsatz dieses, auf Grund einer geringen Neutronenabsorption so attraktiven Konstruktionsmaterials entgegenstehen.

Tabelle 107. *Makroskopischer Absorptionsquerschnitt für thermische Neutronen* [505]

Metall	Schmelzpunkt in °C	Σ_a in cm^{-1}
Be	1284	0,0012
Mg	657	0,0030
Zr	1855	0,0079
Al	658	0,0145
Y	1509	0,0415
Nb	2468	0,063
Mo	2610	0,14
Fe	1535	0,22
Cr	1920	0,24
Ti	1727	0,31
Cu	1084	0,33
V	1900	0,36
Ni	1453	0,42
Mn	1221	1,09
Ta	2996	1,13
W	3410	1,22
Co	1492	3,4

Die Entwicklung von *Zirkonium* und Zirkoniumlegierungen ist ein charakteristisches Beispiel dafür, daß technische Forderungen zu intensiver Werkstoff-Forschung zwingen. Vor der Frage des Einsatzes des Zirkoniums im Reaktorbau spielte dieses Metall eine völlig untergeordnete Rolle. Für Literatur über Zirkonium siehe außer [*1, 2, 3, 7*] auch die beiden Monographien [*542*] und [*543*].

Mit einer Häufigkeit von 0,028% in der Silikatschale der Erde steht Zirkonium unter den metallischen Elementen an elfter Stelle. Seine Häufigkeit übertrifft die von Nickel, Kupfer, Blei und Zink. Die wichtigsten Zirkonium-Mineralien sind das Orthosilikat (Zirkon, $ZrSiO_4$), das durch Verwitterung von Granit als Sand, vergesellschaftet mit Titanmineralien an den Küsten von Florida, Australien, Brasilien und Indien gefunden wird und der Baddeleyit (Zirkonerde, ZrO_2) in Brasilien.

Zur Aufbereitung werden zunächst die Titanmineralien (durch elektrostatische Trennscheider) und die Gangart (gegebenenfalls durch Magnetscheider) abgetrennt und im sogenannten Karbidprozeß der Zirkonsand mit Kohlenstoff in Form von Graphit erhitzt, wobei sich Zirkoniumkarbid bildet, das anschließend in $ZrCl_4$ übergeführt wird. Nun folgt die für die Verwendung im Reaktor entscheidende Abtrennung des Hafniums, das im Zirkoniumchlorid in Höhe von etwa 2% vorhanden ist. Die Abtrennung dieses so besonders stark neutronenabsorbierenden Elements ist mit Rücksicht auf die große chemische Verwandtschaft von Zirkonium und Hafnium schwierig. Eine ganze Reihe von Trennverfahren wurden angegeben: Lösungsextraktion und Ionenaustausch, fraktionierte Kristallisation und Niederschlag, fraktionierte Destillation und Sublimation, Trennung auf Grund von Adsorption und Dechlorierung in der Gasphase.

Die Reduktion des Hf-freien $ZrCl_4$ zu metallischem Zirkonium erfolgt zumeist nach dem bekannten KROLL-Verfahren, das zunächst für Titan entwickelt worden war [*544*]. Da Sauerstoff- und Stickstoffbeimengungen die Plastizität und die Korrosionsfestigkeit des Zirkoniums erheblich verringern, muß das $ZrCl_4$ zunächst durch Sublimation von Zirkoniumoxyd befreit werden. Diese Sublimation erfolgt unter Wasserstoff, wobei das $ZrCl_4$ an wassergekühlten Eisenspulen kondensiert wird. Nach Ersatz des Wasserstoffs durch ein Edelgas wird das $ZrCl_4$ im KROLL-Ofen erneut bei etwa 300 °C sublimiert und der Dampf über ein Bad geschmolzenen Magnesiums geleitet, wobei sich metallisches Zirkonium und Magnesiumchlorid bilden. Wichtig ist es, daß Magnesium höchster Reinheit verwendet wird und daß unmittelbar vor seiner Verwendung Oxyddeckschichten abgelöst werden. Nach dem Abkühlen wird das Magnesiumchlorid und überschüssiges Magnesium durch Vakuumdestillation entfernt, das Zirkonium bleibt als pyrophorer Zirkoniumschwamm zurück. Größte Sorgfalt muß daher bei der Entnahme aus dem Ofen angewandt werden. Erst nach völligem Erkalten wird langsam Luft eingelassen. Die Lagerung des Schwamms erfolgt unter Argon. Wird eine noch weitere Reinigung des Metalls benötigt, so kann diese nach dem VAN ARKEL-DE BOER-Verfahren erfolgen. Als weitere Reduktionsmittel für $ZrCl_4$ kommen Natrium und Kalzium in Frage. Das letztere dient auch zur Bombenreduktion von ZrO_2 bei etwa 1000 °C. Für elektrolytische Zirkoniumherstellung wird Schmelzflußelektrolyse z.B. einer Lösung von Kaliumfluorzirkonat (K_2ZrF_6) in NaCl bei etwa 800 °C benutzt.

Zur Herstellung des für pulvermetallurgische Weiterverarbeitung gelegentlich verwendeten Zirkoniumpulvers wird zumeist Zirkoniumschwamm durch Wasserstoffaufnahme versprödet, auf die gewünschte Korngröße zerrieben und das erhaltene Pulver durch Erhitzung im Hochvakuum von Wasserstoff befreit.

Hinsichtlich der Reinheit steht das Jodid-Zirkonium an der Spitze, aber auch der Reinheitsgrad des nach den anderen Verfahren hergestellten Metalls erlaubt seine Verwendung im Reaktorbau bei extremen Anforderungen hinsichtlich Neutronenabsorption.

Mit Rücksicht auf die große Neigung des Zirkoniums zur Gasaufnahme wird das Schmelzen und Gießen im allgemeinen im Vakuum durchgeführt. Schwierigkeiten entstehen auch dadurch, daß Zirkoniumschmelzen die Tiegelmaterialien angreifen; sogar Thoriumoxyd und Zirkoniumoxyd führen zu einer Verunreinigung mit Sauerstoff. Graphittiegel sind brauchbar, allerdings diffundiert Kohlenstoff in die Schmelze und verschlechtert in gewissem Ausmaß die Eigenschaften. Begrenzung der Überhitzung der Schmelze hält die Kohlenstoffaufnahme in erträglichen Grenzen. Induktions- und Widerstandsöfen können verwendet werden. Die geringste Fremdstoffaufnahme tritt beim Lichtbogenschmelzverfahren ein, bei dem das Metall in inerter Atmosphäre oder im Vakuum in einen wassergekühlten Metalltiegel vergossen wird. Chargengewichte von über 3 t belegen den technischen Stand des Verfahrens. Das Schmelzen selbst kann mit Fremdelektrode oder mit Abschmelzelektrode erfolgen. Das letztere wird vorgezogen, da es verschiedene Mängel des Schmelzens mit Fremdelektrode beseitigt. Die bei Verwendung von Abschmelzelektroden gegebene Möglichkeit, im Vakuum zu schmelzen, senkt die Gasaufnahme auf ein Minimum. Die Zuführung des Schmelzguts erfolgt sehr gleichmäßig, Legierungen homogener Zusammensetzung werden durch Zugabe der Komponenten zum Zirkoniumschwamm, aus dem die Abschmelzelektroden durch Pressen hergestellt werden, gewonnen. Die Schmelzgeschwindigkeit ist gegenüber dem Schmelzen mit Fremdelektrode erheblich gesteigert. Die Blockentnahme aus den wassergekühlten Kupferformen ist bei zylindrischen Formen infolge des Schrumpfens der Gußbolzen leicht möglich. Als Nachteil der Abschmelzelektrode sei auf die Schwierigkeit des Einschmelzens von Schrott großer Abmessungen hingewiesen [*545*]. Häufig wird zur Steigerung der Qualität Doppelschmelzung benutzt. Neuerdings wird auch ein Schmelzen unter Elektronenbombardement angewendet, wodurch erhebliche Überhitzungen des Zirkoniumschwamms oder der Zirkoniumelektrode bzw. des Schmelzbades möglich und dadurch besondere Reinigungseffekte (Entgasung) erreicht werden [*546, 547, 548*] (vgl. hierzu auch [*549*]).

Zirkonium ist in reinem kompaktem Zustand ein hoch glänzendes, stahlähnlich aussehendes Metall. Bis zu 865 °C ist die in hexagonaler dichtester Kugelpackung kristallisierende α-Phase beständig. Von 865 °C bis zum Schmelzpunkt von 1855 °C kristallisiert Zirkonium kubischraumzentriert. Eine Reihe von physikalischen Eigenschaften des Zirkoniums ist in Tab. 108 angeführt. Ebenso wie Beryllium besitzt auch

Tabelle 108. *Physikalische Eigenschaften von Zirkonium* [*542, 543*]

Schmelzpunkt		°C	1855
Umwandlungspunkt	α-β	°C	865
Gitterkonstanten	α-Zr	Å	$a = 3{,}232$ $c = 5{,}147$ $c/a = 1{,}593$
	β-Zr		$a = 3{,}61$
Dichte	α-Zr	g/cm³	6,49
lin. Ausdehnungsk.	α-Zr	10^{-6}/°C	$\alpha_{\parallel} = 6{,}39$ $\alpha_{\perp} = 5{,}64$ $\bar{\alpha} = 5{,}89$
	β-Zr		9,7
E-Modul	α-Zr	kp/mm²	6900–9600
G-Modul	α-Zr	kp/mm²	$\sim$ 3500
spez. Widerstand	α-Zr	$\mu\,\Omega$ cm	40–50
Temperaturkoef.		10^{-4}/°C	44
spez. Wärme	α-Zr	cal/g °C	0,067
Wärmeleitfähigkeit	α-Zr	cal/cm sek °C	0,050 (25 °C) 0,049 (100 °C) 0,045 (300 °C)

α-Zirkonium keine ideale dichteste Kugelpackung, das Achsenverhältnis c/a ist mit 1,593 deutlich kleiner als das theoretische von 1,633. Im α-Zirkonium hat jedes Atom bei Raumtemperatur 6 nächste Nachbarn im Abstand von 3,179 Å und 6 weitere Nachbarn im Abstand von 3,232 Å. Für den Umwandlungspunkt sind die analogen Werte 3,208 und 3,251 Å, während in der β-Phase bei derselben Temperatur als nächster Abstand 3,126 Å gilt, das heißt, daß der Atomradius beim Übergang von α nach β etwas kontrahiert. Die Orientierungsbeziehungen zwischen α- und β-Phase sind derart, daß die Basisfläche des α-Kristalls mit einer Dodekaederfläche des β-Kristalls zusammenfällt und eine digonale Achse I. Art mit einer Raumdiagonalen [*550, 551*]. Diese Beziehungen scheinen sehr einleuchtend; die dichtest belegten Ebenen und Richtungen gehen ineinander über, d.h. die Umwandlung geht mit einem Minimum von Verschiebungsarbeit vor sich. Für die α-Phase enthält die Tabelle den aus Gitterkonstantenbestimmungen folgenden mittleren Ausdehnungskoeffizienten parallel und senkrecht zur hexagonalen Achse für den Temperaturbereich von 0 bis 600 °C. Für den regellos orientierten Vielkristall folgt daraus der ebenfalls angegebene Mittelwert [*552*]. Die thermische Ausdehnung der kubischen Phase ist isotrop. Der angegebene Wert wurde dilatometrisch erhalten, er bezieht sich nicht auf reines Zirkonium, sondern auf ein Zirkonium mit etwa 2% Hafnium [*553*]. Die elastischen Parameter des α-Zirkoniumkristalls sind nicht bekannt. Am Vielkristall erhaltene Werte des Elastizitätsmoduls zeigen je nach der Art der verwendeten Proben erhebliche Unterschiede. An einer durch Aufdampfen auf einem Wolframdraht erhaltenen Probe wurde für Raumtemperatur akustisch ein Elastizitätsmodul von 6970 kp/mm² gefunden [*554*], während für verformtes und geglühtes vielkristallines Material ein Wert von 9600 kp/mm² für den wahrscheinlichsten gehalten wird [*555*]. Der große Unterschied geht möglicherweise auf die elastische Anisotropie des Zirkoniums zurück; während in verformtem geglühtem Material vorwiegend der Wert senkrecht zur hexagonalen Achse gemessen wird, dürften in der aufgedampften Probe auch zahlreiche Körner mit der hexagonalen Achse in der Längsrichtung gelegen sein. Mit steigender Temperatur nimmt der Modul linear ab; bei Durchschreitung der α-β-Umwandlung erfolgt sprunghafte Abnahme [*554*].

Die Mechanismen der plastischen Kristalldeformation wurden an großen Kristallen untersucht, die durch geeignete Glühbehandlung im Vakuum (8 bis 10 Tage bei 840 °C, oder mehrmalige Wechselglühung: 4 Stunden bei 1200 °C und 5 Tage bei 840 °C) erhalten wurden. Auf Grund von Zug- und Druckversuchen mit verschieden orientierten Kristallen ergab sich, daß in weitem Orientierungsbereich bei Raumtemperatur Translation nur nach Prismenflächen I. Art in Richtung einer digonalen Achse I. Art erfolgt. Die in Druckversuchen ermittelte kritische Schubspannung dieses $(10\bar{1}0)$ / $[1\bar{2}10]$-Translationssystems beträgt etwa 650 p/mm². Auch Deformationszwillinge wurden beobachtet mit den Zwillingselementen $K_1 = (10\bar{1}2)$, $\eta_1 = [10\bar{1}1]$, sowie $K_1 = (11\bar{2}1)$, $\eta_1 = [11\bar{2}6]$ und $K_1 = (11\bar{2}2)$, $\eta_1 = [\bar{1}\bar{1}23]$. Die entsprechenden Schiebungen sind 0,17, 0,22 und 0,23. Schließlich wurde auch noch die Pyramidenfläche $\{1\bar{2}13\}$ als Zwillingsebene beobachtet [*556, 557*]. Anzeichen für Basisspaltung liegen nicht vor.

Die Anisotropie des Ausdehnungskoeffizienten läßt Gestaltsänderungen durch zyklische Wärmebehandlung erwarten. Abb. 348 zeigt eine Probe, die 65 Wärmezyklen zwischen 750 und 1050 °C erlitten hat. Das Bild läßt ein erhebliches Längenwachstum erkennen. Allerdings umschließt der benutzte Temperaturbereich auch die α-β-Umwandlung. Das Wachstum hängt naturgemäß mit der Textur der verwendeten Proben zusammen; es sinkt weiterhin mit fallender Korngröße der β-Körner.

Die spanlose Formung von Zirkonium erfolgt ähnlich wie die des Titans. Wie dieses neigt es zum Fressen am Werkzeug, wogegen entsprechende Vorkehrungen getroffen werden müssen. Für das Strangpressen, das bei Temperaturen über 700 °C vorgenommen wird, werden die Bolzen völlig mit Kupfer-, Messing- oder Stahlhemden umhüllt, ähnlich wie dies bei Beryllium bereits beschrieben wurde. Auch das SÉJOURNET-Glashemdverfahren hat sich besonders zur Herstellung stranggepreßter Rohre bewährt. Auch alle übrigen Verformungsverfahren sind möglich. Im allgemeinen wird zunächst durch Schmieden das Gußgefüge zerstört, anschließend weiter warmverformt, die Oberfläche durch Beizen gereinigt und schließlich kaltverformt. Für den Stangen-, Rohr- und Drahtzug ist eine gute Isolierung des Halbzeugs vom Werkzeug erforderlich, was durch Aufbringen eines Oxydfilms oder mit Hilfe anderer Schmiermittel, z.B. Molybdändisulfid, bewerkstelligt wird. Folien bis zu einigen μ Stärke und Drähte bis zu 30 μ Durchmesser sind technisch zuverlässig herstellbar. Zur Rekristallisation nach starker Kaltbearbeitung dienen Glühbehandlungen bei etwa 600 °C. Zwischen- und Endglühungen bei Halbzeug geringer Stärke sind im Vakuum oder im Schutzgas vorzunehmen [*548*, *558*].

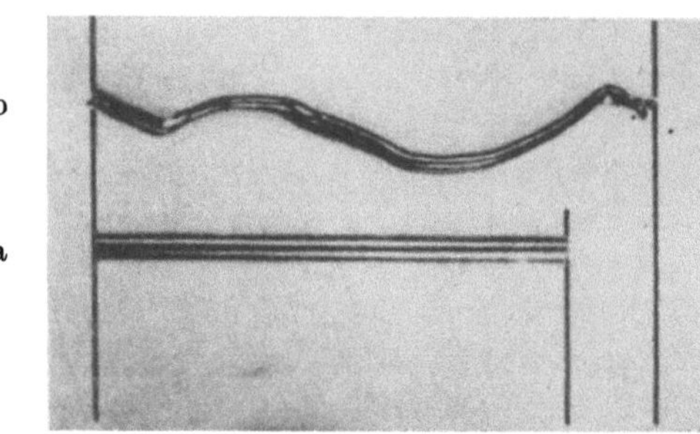

Abb. 348a u. b. Thermische Wechselbeanspruchung einer grobkörnigen Zirkoniumprobe [*165*]
a) Ausgangszustand; b) nach 65 Wärmezyklen zwischen 750 und 1050 °C

Für die Verarbeitung von Pulvern sei nochmals auf die Pyrophorität hingewiesen und die dadurch bedingte Notwendigkeit, in inerter Atmosphäre zu arbeiten.

Texturuntersuchungen an verformtem und an geglühtem Halbzeug ergaben kurz zusammengefaßt folgende Ergebnisse: kaltgezogener oder gehämmerter Draht gibt eine Ringfasertextur mit der hexagonalen Achse senkrecht zur Drahtachse; war der Draht für die Verformung in einem Eisenhemd eingeschlossen, so stellt sich eine digonale Achse II. Art $\langle 10\bar{1}0 \rangle$ parallel zur Drahtachse. Rekristallisation führt zu einer Fasertextur, bei der nun eine digonale Achse I. Art parallel zur Längsrichtung liegt [*559*, *560*]. Die Textur von Zirkoniumblechen ähnelt sehr der von Beryllium- oder Titanblechen. Die Basisfläche ist aus der Walzebene um die Walzrichtung um einen Winkelbereich von 30 bis 40° herausgedreht. Parallel zur Walzrichtung liegt eine ⟨10$\bar{1}$0⟩-Richtung. Dieselbe Textur wird auch in warmgewalzten Blechen (850 °C) beobachtet. Rekristallisation des Blechs führt auch hier wieder zu einer Drehung um etwa 30° um die hexagonale Achse; während das Streufeld der Basislagen dasselbe bleibt wie im kaltgewalzten Blech, liegt nun eine digonale Achse I. Art ⟨11$\bar{2}$0⟩ parallel der Walzrichtung. Diese Drehung tritt anschaulich aus den beiden Polfiguren der Abb. 349 und 350 hervor, die

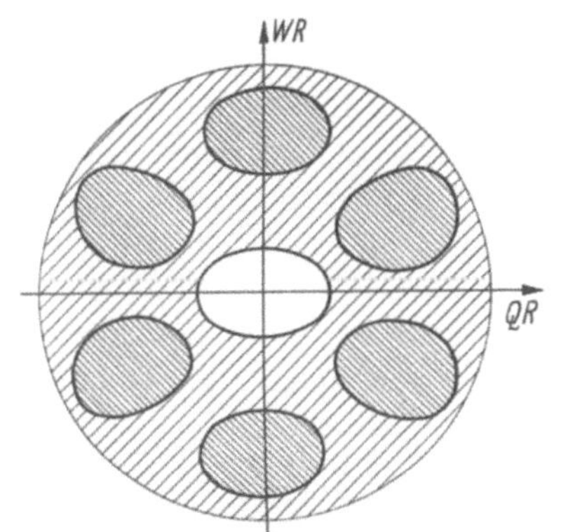

Abb. 349. Textur eines kreuzgewalzten Zirkoniumblechs; Polfigur von (10$\bar{1}$1) [*561*]

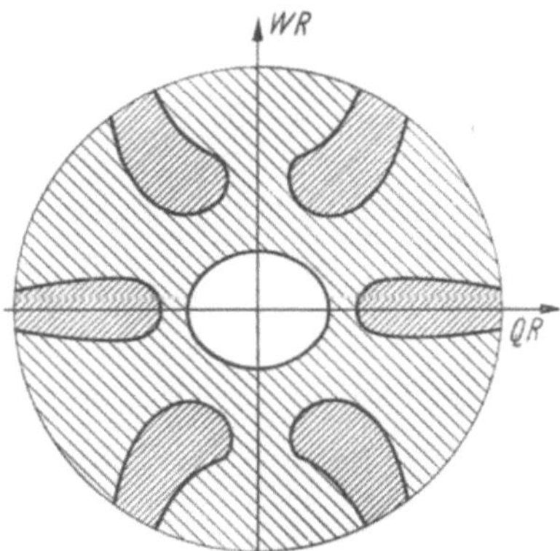

Abb. 350. Rekristallisationstextur eines kreuzgewalzten Zirkoniumblechs; Polfigur von (1011) [*561*]

sich auf kreuzgewalzte Bleche beziehen. Die Basisfläche liegt hier bevorzugt in der Walzebene, die Streuung erfolgt etwa gleichmäßig nach den verschiedenen Richtungen. Durch Rekristallisation tritt im wesentlichen, wie der Vergleich der beiden für die (10$\bar{1}$1)-Ebene giltigen Polfiguren zeigt, eine Rotation um 30° um die Blechnormale (hexagonale Achse) ein.

Die spanabhebende Bearbeitung von Zirkonium bietet, abgesehen von der Pyrophorität der Späne, keine Besonderheiten. Die Neigung zum Fressen führt zur Bildung von Aufbauschneiden an den Werkzeugen.

Für die Schweißbarkeit des Zirkoniums sind der kleine thermische Ausdehnungskoeffizient und die nur geringe Volumsänderung bei der Phasenumwandlung günstig. Unerläßlich für die Erzielung brauchbarer Schweißungen ist weitgehender Schutz vor der Atmosphäre. Lichtbogenschweißungen werden unter Helium oder Argon durchgeführt. Die Schweißnähte weisen Widmannstättensche Struktur auf (Platten von α-Zr eingelagert in ungewandeltem β-Gefüge). Zur reihenweisen Durchführung von Schweißungen (Verschluß von Brennstoffelementen) hat sich das Schweißen mit Elektronenstrahlerhitzung im Vakuum bewährt. Der Elektronenstrahl kann leichter gelenkt und dosiert werden als der Lichtbogen. Außerdem ist die Gefahr des Sauerstoffeintritts durch Verwendung von Hochvakuum beseitigt. Für das Löten von Zirkonium hat sich ein Hartlot auf Kupferbasis mit 20% Pd und 3% In bewährt. Die Lötung soll in inerter Atmosphäre ohne Flußmittel vorgenommen werden [*548*].

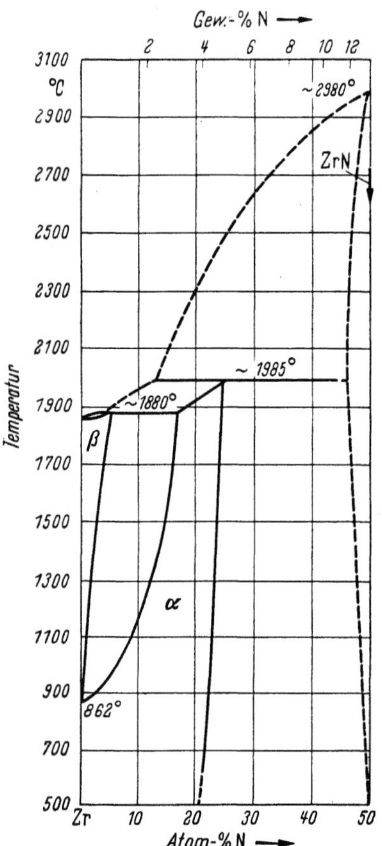

Abb. 351. Zirkoniumseite des binären Diagramms Zirkonium-Stickstoff [*224*]

Die Schliffvorbereitung und metallographische Untersuchung des Zirkoniums erfolgt in üblicher Weise. Glühbehandlungen sind unter Schutzgas vorzunehmen. Zahlreiche Ätzmittel sind angegeben; die meisten von ihnen enthalten neben Salpetersäure geringe Mengen von Flußsäure.

Dank eines mittleren Atomradius und seiner Kristallstruktur bietet Zirkonium gute Voraussetzungen für Mischkristallbildung. Die lückenlosen Mischkristallreihen β-U–β-Zr und β-Th–β-Zr sind bereits in Abschn. IV A 1.14 und IV A 3.10 beschrieben. Weitere lückenlose Mischkristallreihen, sowohl für die α- als auch für die β-Phase des Zirkoniums bestehen mit den entsprechenden α- und β-Phasen des Titans und Hafniums. Auf die völlige gegenseitige Löslichkeit von β-Zr und Nb kommen wir gleich zurück. Von den zahlreichen untersuchten binären Systemen soll im Weiteren nur auf jene eingegangen werden, welche die Grundlagen für die im Reaktorbau interessanten Legierungen darstellen. Schon mehrfach ist auf das Aufnahmevermögen von Zirkonium für Gase hingewiesen worden. Die sich oberflächlich bildenden Hydrid-, Nitrid- und Oxydschichten schützen bei höheren Temperaturen nicht vor weiterem Angriff, da die Metalloidatome aus der Deckschicht in das Metall eindiffundieren, mit dem sie Einlagerungs-Mischkristalle bilden. Eine solche Bildung tritt nur ein, wenn die relative Größe des Metalloidatoms unter 0,59 liegt. Ist das Verhältnis größer als 0,41, so werden oktaedrische Zwischenplätze besetzt, liegt das Verhältnis zwischen 0,23 und 0,41, so tritt das Metalloidatom auf einen tetraedrischen Zwischengitterplatz. Der erste Fall gilt für das Beispiel des Sauerstoffs, der zweite für das des

Wasserstoffs. In diesem Fall ist die Lokalisierung der eingelagerten Wasserstoffatome durch Neutronenbeugung unmittelbar möglich gewesen (vgl. [*543*]). In α-Zirkonium sind maximal 6 At.-% (0,07 Gew.-%) Wasserstoff löslich, im β-Zr über 50 At.-% ($>$ 1 Gew.-%). Für Stickstoff sind die entsprechenden Zahlen 25 At.-% (4,8 Gew.-%) und 5 At.-% (0,8 Gew.-%); in gleicher Weise ist auch die Löslichkeit des Sauerstoffs im α-Zr höher als im β-Zr, 29,2 At.-% (6,75 Gew.-%) in α-Zr und 10,4 At.-% (2 Gew.-%) in β-Zr (nach [*224*]). Etwas höhere Werte für die Sauerstofflöslichkeit wurden kürzlich in [*676*] gefunden. In Abb. 351 ist die Zirkoniumseite des Diagramms Zirkonium-Stickstoff dargestellt. Die auftretende Verbindung ZrN kristallisiert im NaCl-Typ.

Da 0,1 Gew.-% Sauerstoff die Plastizität des Zirkoniums bereits deutlich verschlechtert, da anderseits 20 bis 50 ppm Stickstoff die Korrosionsfestigkeit gegenüber Wasser von 316 °C merklich herabsetzen, sind die oberen Grenzen für Sauerstoff und Stickstoff für „Reaktor-Zirkonium" mit 0,1% Sauerstoff und 0,01% Stickstoff festgesetzt worden. Da sich eine weitere Herabsetzung der Stickstofftoleranz aus betrieblichen Gründen nicht durchführen läßt, erwuchs der Legierungsforschung die Aufgabe, durch geeignete Zusätze die schädigende Wirkung des Stickstoffs zu kompensieren. Ein weiterer Wunsch betraf die Verfestigung des Zirkoniums, besonders die Erhöhung seiner Kriechfestigkeit bei höheren Temperaturen. Als geeigneter Zusatz, der auch die Bedingung, die Neutronenabsorption nicht allzu ungünstig zu beeinflussen, erfüllt, ergab sich das Zinn. Obwohl in sehr reinem Zirkonium durch derartige Zusätze die Korrosionsfestigkeit herabgesetzt wird, erfüllen sie für Zirkoniumschwamm die gestellten Forderungen. Wie aus dem in Abb. 352 dargestellten, heute erst unvollständig bekannten binären Diagramm Zirkonium-Zinn hervorgeht, vermag α-Zr bis zu 7 At.-% (9 Gew.-%) Sn in fester Lösung aufzunehmen. Die Löslichkeit sinkt mit fallender Temperatur und wird unter 300 °C unmerklich. β-Zr vermag maximal 17 At.-% (21 Gew.-%) Sn zu lösen. Drei intermetallische Phasen treten auf: Zr_4Sn (vermutlich flächenzentriert tetragonales Gitter), eine mit offenem Maximum schmelzende Phase, Zr_5Sn_3 oder Zr_3Sn_2, und die rhombische Phase $ZrSn_2$. Die verbessernde Wirkung kleiner Zinnzugaben für die Korrosionsfestigkeit von Zirkonium wird noch verstärkt durch geringe Eisen-, Nickel- und Chromzusätze. Die Zirkoniumecke des ternären Diagramms Zr-Sn-Fe ist eingehend in [*562*] untersucht. Offenbar hängt die Erhöhung des Korrosionswiderstands von der Menge und der Verteilung der ausgeschiedenen intermetallischen Phasen ab. Da im wassergekühlten Reaktor die Zirkoniumlegierung der Aufnahme von Wasserstoff ausgesetzt ist, und Wasserstoffgehalte, besonders wenn sie in Form von Hydriden vorliegen, versprödend wirken, wurde in der Folge zu Ni-freien Legierungen übergegangen, da hierdurch die Wasserstoffaufnahme verringert wird [*563*]. Als Ergebnis dieser Entwicklungsarbeiten entstanden die Zircaloylegierungen. Da der atomare Absorptionsquerschnitt für thermische Neutronen den Wert 0,20 b nicht übersteigen soll, ist auf möglichste Freiheit von jeglichen Elementen mit hohem Einfangquerschnitt zu achten. Auf die Auswirkung der Zu-

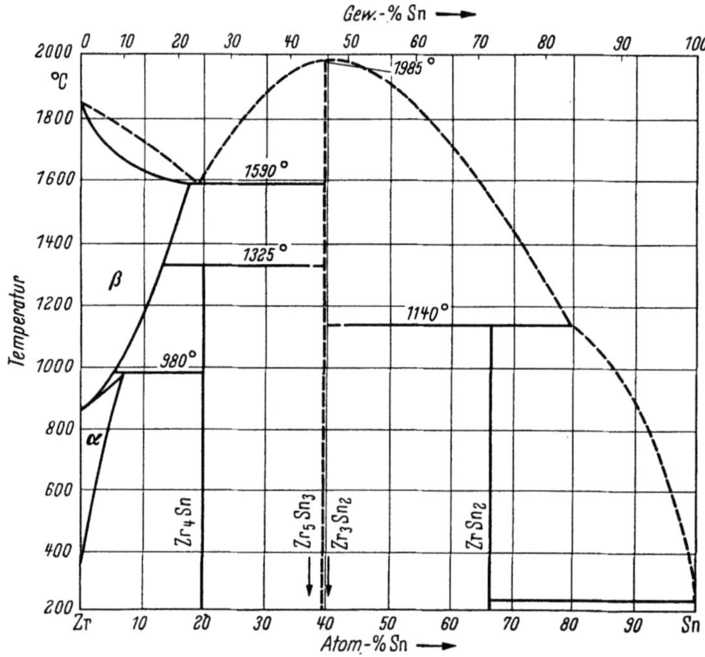

Abb. 352. Binäres Diagramm: Zirkonium-Zinn [*224*]

sätze für das Korrosionsverhalten des Zirkoniums kommen wir später zurück. Hier soll nur die Bedeutung für das Festigkeitsverhalten beschrieben werden.

Tab. 108 gibt für unlegiertes Zirkonium und die Zircaloy-Legierungen die technologischen Werte. Zunächst geht daraus für unlegiertes Zirkonium die Bedeutung des Reinheitsgrads klar hervor. Die für lichtbogengeschmolzenes Jodid-Zirkonium als Ausgangsmaterial gültigen Spannungswerte liegen nur etwa bei der Hälfte der für im Induktionsofen geschmolzenes Schwammzirkonium gültigen. Hauptsächlich für den Unterschied verantwortlich ist der im Schwammzirkonium deutlich höhere Sauerstoffgehalt. Außerdem spielt die Art der Schmelzung eine Rolle, die wieder mit der Aufnahme von Gasen, aber auch von anderen Verunreinigungen, wie z.B. Kohlenstoff, zusammenhängt und weiterhin die Wärmebehandlung und die Korngröße. Die Zircaloylegierungen sind auf Schwammzirkonium-Basis erschmolzen. Man er-

Tabelle 109

Festigkeitseigenschaften von Zirkonium und Zircaloy-Legierungen [*2, 543, 563*]

	Temp. in °C	$\sigma_{0,2}$ in kp/mm²	σ_B in kp/mm²	δ in %
Zr (Jodid)	20	9,8	20,4	34
Zr (Schwamm)	20	25,0	39,4	33
Zircaloy-2 (1,5% Sn, 0,12% Fe, 0,05% Ni, 0,10% Cr)	20 260	31,4 12,8	48,0 22,3	22 36
Zircaloy-3 (0,25% Sn, 0,25% Fe)	20 260	25,9 9,8	42,0 18,2	— —
Zircaloy-4 (1,2–1,7% Sn, 0,12–0,18% Fe, 0,05–0,15% Cr)	20 260	30,0 13,9	51,0 25,0	15 38

kennt, daß durch die Zusätze nur eine geringfügige Erhöhung der im Zugversuch ermittelten Festigkeitseigenschaften bewirkt wird. Recht erheblich ist hingegen die Bedeutung von Zinnzusätzen für das Kriechverhalten bei 260 °C. Die Spannung, welche zu einer Dehnungsgeschwindigkeit von 10^{-4}% je Stunde gehört, wird durch derartige Zusätze von 8,4 auf 21,1 kp/mm² erhöht [*543*]. Die Temperaturabhängigkeit der Zug-

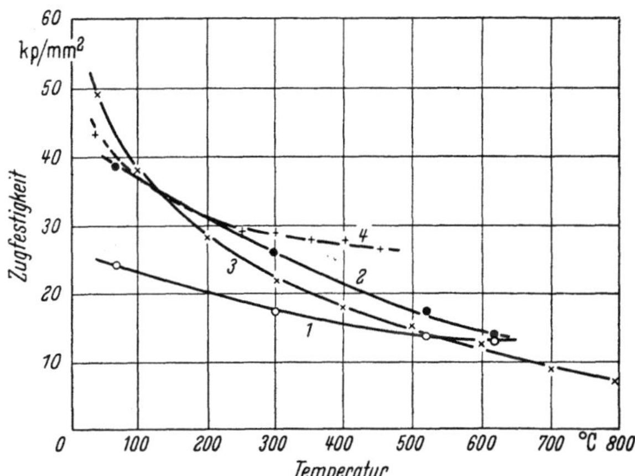

Abb. 353. Temperaturabhängigkeit der Zugfestigkeit von Zirkonium und Zirkoniumlegierungen *1* Jodid-Zirkonium [*543*]; *2* Schwamm-Zirkonium [*543*]; *3* Zr-Nb-Legierung (2,5% Nb) [*565*]; *4* Zircaloy-2 [*564*]

festigkeit ist für rekristallisiertes Zircaloy-2 und für die beiden Zirkoniumsorten in Abb. 353 dargestellt. Die Grenztemperatur zwischen α- und β-Phase wird auch bei Zircaloy-2 in derselben Höhe gefunden wie bei unlegiertem Zirkonium. Im Erhitzungsmikroskop und bei Beobachtung mit polarisiertem Licht ergab sich 860 °C für die Aufheizung, bei Abkühlung entstanden die ersten Nadeln des martensitischen Umwandlungsgefüges bei 870 °C [*566*].

Von den weiteren Bemühungen, Zirkonium durch kleine Zusätze gegenüber Heißwasserangriff und mechanisch zu verbessern, seien zunächst die Untersuchungen an Zirkonium-Niob-Legierungen erwähnt. Derartige Zusätze sind, dank der niedrigen Neutronenabsorption des Niobs, durch kernphysikalische Gründe nahegelegt. Das binäre Diagramm Zirkonium-Niob, das in seinen quantitativen Angaben noch nicht völlig geklärt ist, ist in Abb. 354 dargestellt. Für die Grenzlöslichkeit des Niobs in α-Zr gibt es 6,4 At.-% (6,5 Gew.-%) bei 615 °C an. β-Zr und Niob bilden eine lückenlose Mischkristallreihe. Über die Phasengrenzen unter der eutektoiden Temperatur können noch keine Angaben gemacht werden. Je nach der Höhe der Korrosionsbeanspruchung (Temperatur des Wassers bzw. Dampfs) werden binäre Zirkonium-Niob-Legierungen mit bis zu 3% Nb empfohlen. Auch hier wurde in großangelegter systematischer Untersuchung die Bedeutung weiterer geringer Zusätze erprobt (Cr, Sn, Fe, Ni) [*565, 567*]. Ein Beispiel, die Temperaturabhängigkeit der Zugfestigkeit einer Zirkonium-Niob-Legierung, ist in Abb. 353 mit aufgenommen.

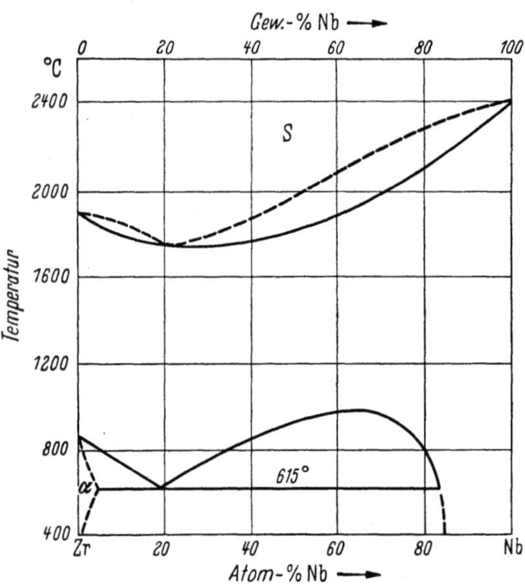

Abb. 354. Binäres Diagramm: Zirkonium-Niob [*224*]

Die Beanspruchung von Zircaloylegierungen durch Kohlendioxyd bei 400 und 450 °C ergab ernste Korrosionsschäden. Es zeigte sich, daß befriedigende Korrosionsfestigkeit durch Kupferzusätze bis zu 1% zu Zirkonium bewirkt wird. Eine weitere Verbesserung trat durch zusätzliche Molybdängehalte von 0,5 bis 1,5% ein, allerdings auf Kosten einer erhöhten Neutronenabsortpion [*568*]. Die Bedeutung der Zusätze für das Kriechverhalten bei 475 °C zeigt Abb. 355. Man sieht, daß die ternären Legierungen mit 0,5% Cu + 0,5% Mo und 1,0% Cu + 1,5% Mo bei einer Spannung von 4,2 kp/mm² zu Kriechkurven führen, die der von Zircaloy-2 weitgehend ähneln.

Sehr erweitert wird die Reihe der Reaktorbaustoffe, wenn man sich mit mittleren Absorptionsquerschnitten begnügt (und dabei eine Anreicherung der spaltbaren Komponente in Kauf nimmt). Läßt man Absorptionsquerschnitte bis 0,40 cm^{-1} zu, so kommen die im chemischen Apparatebau so bevorzugt verwendeten rostfreien Stähle (austenitisch, martensitisch und ferritisch), die gute Korrosionseigenschaften mit hoher Warmfestigkeit vereinigen, hinzu. Chrom-Nickel-Stahl (18/8) ist eine im Reaktorbau vielfach zur Herstellung von Schutzrohren verwendete Legierung. Auch Chromstähle mit 2,25% Cr und 1% Mo sowie 5% Cr und 1,5% Si werden im Hinblick auf ihre gute Korrosionsbeständigkeit

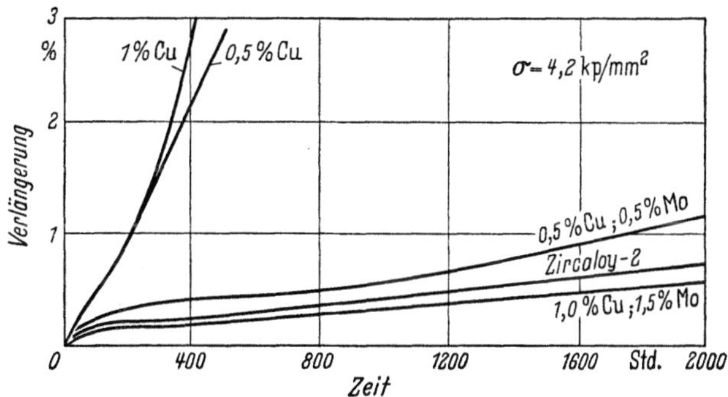

Abb. 355. Kriechkurven von verschiedenen Zirkoniumlegierungen [*568*]

gegenüber Wismutschmelzen benutzt. Wachsende Bedeutung kommt dem Niob zu, das einen noch relativ kleinen Absorptionsquerschnitt mit hohem Schmelzpunkt und guter chemischer Beständigkeit verbindet. Einen Neutronenabsorptionsquerschnitt, der an der oberen Grenze des Bereichs liegt, hat Vanadium, das wegen einer günstigen Kombination von Eigenschaften neuerdings ebenfalls im Reaktorbau zur Anwendung kommt. Schließlich ist noch Yttrium zu erwähnen, dessen Absorptionsquerschnitt an der unteren Grenze des betrachteten Bereichs liegt.

Das wichtigste *Niob*-Mineral ist der Niobit oder Columbit, der seiner Zusammensetzung nach ein Niobat des Eisens ist, das stets mehr oder weniger Eisentantalat isomorph beigemischt enthält. Die Hauptfundstätten von Niobit liegen in Nigeria, Uganda, Brasilien, Kanada und Norwegen. Von Pyrochlor, einem Kalziumniobat mit Gehalten von Titandioxyd, Thoriumoxyd und Alkalibifluorid, sind kürzlich große Vorkommen in Brasilien gefunden worden. Zur Aufarbeitung werden die Erze nach Flotation mit Natriumhydroxyd aufgeschlossen, ausgelaugt und der Rückstand in heißer Salzsäure gelöst, wodurch eine ziemlich reine Mischung von Nb_2O_5 und Ta_2O_5 entsteht. Die wichtige Abtrennung des Tantals geschieht durch Lösungsextraktion nach Bildung von Doppelsalzen mit Kalium und Fluor, deren Löslichkeiten in Hexan erheblich voneinander verschieden sind. Durch Kalzinieren wird sodann reines Nb_2O_5 gewonnen, das entweder durch Reduktion mit Kohlenstoff (unmittelbar oder aus Niobkarbid) oder mit Natrium oder Aluminium in das Metall übergeführt wird. Auch Wasserstoffreduktion eines Niobchlorids wird durchgeführt sowie Schmelzflußelektrolyse eines Kalium-Niob-Oxyfluorids. Den sehr ernsten Korrosionsfragen bei der Aufschließung der Erze begegnet man durch Verwendung von Gefäßen aus Monelmetall oder aus Kunststoff. Bei all diesen Verfahren fällt Niob in Pulverform an. Die Weiterverarbeitung zu verformbarem massivem Metall geschieht entweder auf pulvermetallurgischem Weg oder durch Schmelzen. In beiden Fällen werden Temperaturen über 2000 °C verlangt, ebenso eine gute Vakuumtechnik, um die Aufnahme von Sauerstoff und Stickstoff durch das Metall so klein wie möglich zu halten. Durch Verwendung großer Oberflächen ist für eine Beschleunigung des Abdampfens der Beimengungen zu sorgen.

Der Umstand, daß bei der pulvermetallurgischen Herstellung Temperaturen über 2000 °C verlangt werden und die Aufnahme von Verunreinigungen, insbesondere auch von Kohlenstoff möglichst vermieden werden muß, verhindert die Verwendung von üblichen Molybdän- oder Wolframöfen und von Graphitheizkörpern. Sowohl Induktionserhitzung als auch direkte Widerstandserhitzung sind möglich. Im letzteren Fall muß die Energieversorgung weitgehend regelbar sein, da der Widerstand der Sinterkörper während der Erhitzung etwa wie 1 : 1000 variiert. Groß sind die Anforderungen an die Vakuumanlage, da Niob besonders als Pulver, ein ausgezeichneter Getter ist, der Sauerstoff, Stickstoff und Wasserstoff gierig absorbiert, wenn er erhitzt wird. Im Ausgangspulver sind außer Wasserstoff und Sauerstoff auch erhebliche Mengen von Kohlenstoff vorhanden, der Stickstoffgehalt liegt niedrig. Durch geeignete Führung des Vakuums während der Erhitzung müssen die Beimengungen entfernt werden, wenn verformbares Material erzeugt werden soll. Wasserstoff wird bei etwa 1000 °C entfernt. Bei Temperaturen über 1650 °C bildet sich Kohlenmonoxyd und schließlich wird bei Temperaturen über 1900 °C der Sauerstoff entfernt, vermutlich durch Abdampfen eines Oxyds des Niobs. Durch hohe Pumpenkapazität muß für sehr rasche Absaugung der bei der Erhitzung befreiten Gase gesorgt werden. Für erfolgreiche Sinterung ist ein Grenzvakuum von $1 \cdot 10^{-5}$ mm Hg erforderlich. Der Temperaturmessung kommt hohe Bedeutung zu; sie erfolgt mit optischen Pyrometern. Die Sinterdauer richtet sich nach der Größe der Preßlinge, sie schwankt zwischen 2 und 10 Stunden. Die Abkühlung der Sinterkörper erfolgt im Vakuum. Zumeist wird eine Kaltschmiedung angeschlossen und erneut bei 2300 °C gesintert und dadurch geeignetes Ausgangsmaterial für spanlose Formung erhalten.

Das wichtigste Schmelzverfahren für Niob besteht in Lichtbogenschmelzung unter Verwendung von Fremdelektroden (Wolfram oder thoriertes Wolfram) oder Abschmelzelektroden. Verwendung von Fremdelektroden bringt die Gefahr der Verunreinigung des Niobs durch die Elektrode und außerdem wird die Reinigung des Niobs gestört durch die zur Aufrechterhaltung des Lichtbogens erforderliche Atmosphäre. Der letzte Nachteil haftet auch dem Schmelzverfahren mit Abschmelzelektrode an. Neuerdings wird in steigendem Maß Niederschmelzen durch Elektronenbombardement herangezogen, das die Möglichkeit der Anwendung von Hochvakuum mit sich bringt und daher Metall besonderer Reinheit liefert. Für ausführliche Darstellung der Erzaufbereitung und der Verarbeitung des Niobs vgl. [*569, 570, 571*], insbesondere auch die beiden Monographien [*572, 573*].

Niob ist ein graues, auf polierten Flächen weiß glänzendes Metall, das gegen Säuren, einschließlich Königswasser, beständig ist; nur Flußsäure greift es langsam an. Ebenso wird es von geschmolzenen Alkalihydroxyden angegriffen. Tab. 110 enthält eine Reihe physikalischer

Tabelle 110. *Physikalische Eigenschaften von Niob* [*572, 573*]

Schmelzpunkt	°C	2468
Gitterkonstante	Å	$a = 3{,}294$
Dichte	g/cm^3	8,58
lin. Ausdehnungsk.	$10^{-6}/°C$	7,1 (b. 18 °C) 7,95 (18–900 °C)
E-Modul G-Modul	kp/mm^2 kp/mm^2	10600 3800
spez. Widerstand Temperaturk.	$\mu\,\Omega$ cm $10^{-3}/°C$	14 4,0
spez. Wärme	cal/g °C	0,065
Wärmeleitfähigkeit	cal/cm sek °C	0,125

Eigenschaften des Niobs. Im ganzen Temperaturbereich bis zum hohen Schmelzpunkt ist nur die kubisch-raumzentrierte Modifikation bekannt. Schon bei 9,22 °K wird Niob supraleitend.

Die Natur der Translationselemente wurde aus der röntgenographischen Analyse von Deformationsstreifen in gestauchten Niobkristallen ermittelt. Es ergab sich die bei raumzentrierten Metallen häufig gefundene Dodekaederebene {110} als Translationsebene [*574*]. Man wird wohl nicht fehlgehen in der Annahme, daß die Raumdiagonale die Translationsrichtung darstellt. Ein Wert für die kritische Schubspannung dieses Translationssystems läßt sich aus einer Dehnungskurve eines Einkristalls, dessen Orientierung bekannt ist, ermitteln [*575*]. Es ergibt sich der hohe Wert von etwa 10 kp/mm^2. Durch 11%ige Dehnung tritt keine merkliche Schubverfestigung ein. Als Spaltflächen wurden sowohl die Würfelfläche als auch die Dodekaederfläche beobachtet. Zunehmender

Sauerstoffgehalt begünstigt das Auftreten von Spaltungen; in durch Elektronenbombardement gereinigtem Niob wurde keine Spaltung mehr beobachtet [*576*].

Infolge der eben erwähnten geringen Verfestigung des Niobs bei Verformung bei Raumtemperatur ist das Metall gut kalt bearbeitbar. Warmverarbeitung kann nur durchgeführt werden, wenn eine versprödende Gasaufnahme ausgeschlossen ist. Um der Neigung zum Fressen an den Werkzeugen entgegen zu wirken, muß beim Drahtzug und Strangpressen für ausreichende Schmierung gesorgt werden, sei es durch ein isolierendes Hemd aus anderen Metallen oder durch Oxydation als Grundlage eines ausreichenden Schmiermittelfilms. Beim Blechwalzen empfiehlt es sich zunächst mit groben Stichen zu beginnen und erst im weiteren Verlauf die Abnahme je Stich auf etwa 10% herabzusetzen; Querschnittsverminderungen von etwa 99% sind ohne Zwischenglühungen möglich. Wenn erforderlich werden diese üblicherweise im Hochvakuum bei 1000 bis 1200 °C ausgeführt. Das Stangenwalzen und -hämmern erfolgt im allgemeinen kalt bis zur Endabmessung. Glühbehandlungen werden hier nur zur Rekristallisation vorgenommen. Die Rohre werden entweder durch Schweißen zylindrisch gebogener Bleche oder durch Tiefziehen und anschließenden Rohrzug hergestellt.

Über Deformationstexturen liegen nur wenige Angaben vor. Für hartgezogene Drähte wird eine einfache Fasertextur mit $\langle 110 \rangle$ parallel zur Drahtrichtung, die für kubisch-raumzentrierte Metalle charakteristisch ist, angegeben. Durch Rekristallisation tritt keinerlei Änderung ein [*575*]. Auch in kaltgewalzten Blechen wird die erwartete Textur beobachtet; als Hauptlage tritt $\{100\}$ parallel zur Walzebene und $\langle 110 \rangle$ parallel zur Walzrichtung auf, mit einer erheblichen Streuung um die Walzrichtung. Durch Rekristallisation bei 1100 °C wird die Hauptlage der Textur nicht geändert, wohl aber der Streubereich erheblich verringert [*577*].

Hinsichtlich spanabhebender Formung verhält sich Niob ähnlich wie Chrom-Nickel-Stahl; wie er neigt es zum Fressen. Werkzeuge aus Schnelldrehstahl sind vorzuziehen. Wesentlich ist die Verwendung eines guten Schmiermittels; Tetrachlorkohlenstoff hat sich bewährt, wird jedoch sehr häufig wegen seiner Giftigkeit ersetzt, zumeist durch „Tantarol II".

Die übliche Schmelzschweißung verbietet sich bei Niob wegen der Gasaufnahme bei höheren Temperaturen. Erfolgreich kann Lichtbogenschweißung unter Argon durchgeführt werden. Für dünne Bleche wird Widerstandsschweißung in inerter Atmosphäre bevorzugt. Um Lötungen durchzuführen, werden die gebeizten Nioboberflächen zunächst elektrolytisch verkupfert oder vernickelt, die niedergeschlagene Schicht durch Diffusion bei 1200 °C im Vakuum fest gebunden und anschließend in üblicher Weise die Lötung vorgenommen.

Von den Legierungen des Niobs sei wieder nur auf solche eingegangen, die für den Reaktorbau von Interesse sind. Zunächst geben wir die Löslichkeit von Wasserstoff, Kohlenstoff, Stickstoff und Sauerstoff an, wobei es sich wieder um Einlagerungsmischkristalle handelt. Die homogene α-Phase erstreckt sich im Falle von Wasserstoffbeimengungen bis zu 10 At.-%, bei Kohlenstoff bis zu 0,02 At.%. Für Stickstoff bzw. Sauerstoff gilt für die Löslichkeit bei 800 und 1100 °C 0,20 und 0,33 At.-% N

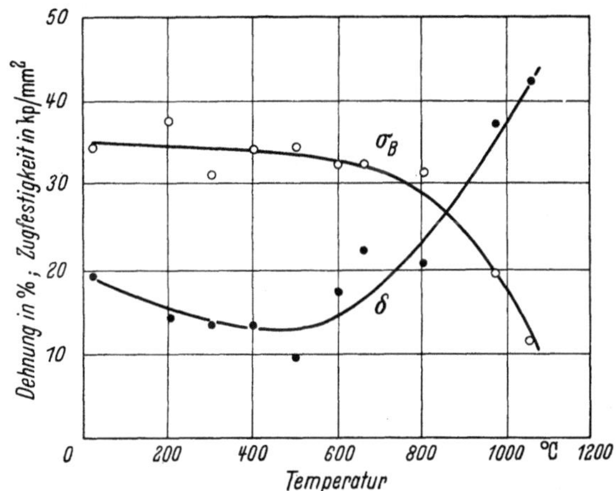

Abb. 356. Temperaturabhängigkeit von Zugfestigkeit und Dehnung von Niob [*578*]

bzw. 1,4 und 5,5 At.-% O. Gitterabmessungen und Symmetrie bringen gute Voraussetzungen für breite Mischkristallgebiete. Auf die lückenlose Mischbarkeit von γ-Uran mit Niob und von β-Zirkonium mit Niob wurde bereits hingewiesen (IV A 1.15 und dieser Punkt). Lückenlose Mischkristallreihen bestehen weiterhin zwischen Nb-Mo, Nb-W, Nb-Ta, Nb-V und Nb-β-Ti (nach [*224*]).

Wenn auch unlegiertes Niob ausreichende Festigkeit und Plastizität besitzt, um den Beanspruchungen, die ein Schutzmantel durch Gestaltsänderung von Uranbrennstoff erfährt, zu widerstehen – in Abb. 356 sind die Warmfestigkeitseigenschaften dargestellt –, so hat man doch versucht, durch geringfügige Legierungszusätze (möglichste Erhaltung des niedrigen Neutronenabsorptionsquerschnitts) die Festigkeitseigenschaften zu verbessern. Geringe Zusätze von Aluminium, Vanadium oder Molybdän führen in der Tat zu Verbesserungen der Festigkeitseigenschaften, ohne die übrigen Eigenschaften ungünstig zu beeinflussen. Überschreitet der Molybdängehalt etwa 8 At.-%, so tritt allerdings eine wesentliche Verschlechterung der Bearbeitbarkeit ein [*578*].

Der hohe Schmelzpunkt und die gute Warmfestigkeit des Niobs lassen es als besonders aussichtsreich erscheinen, hochtemperaturbeständige

Legierungen auf Niobbasis aufzubauen. Da hierzu erforderliche Zusätze erhebliche Ausmaße annehmen können, kann dabei der kernphysikalische Vorteil – niedrige Neutronenabsorption – mehr oder minder verloren gehen. Die Wege zur Erhöhung der Festigkeit sind Mischkristallhärtung, Ausscheidungshärtung und Härtung durch innere Spannungen. Für Mischkristallhärtung stehen dem Niob zahlreiche Partner gegenüber. Unter ihnen ist besonders wirksam Vanadium und Zirkonium. Nach oben sind diese Zusätze durch die Forderung nach ausreichender Hochtemperaturduktilität begrenzt (etwa 15% V, etwa 5% Zr). Für Ausscheidungshärtung scheint ein die feste Löslichkeit überschreitender Kohlenstoffgehalt besonders wirksam zu sein. Die sich ausscheidenden Karbide sind je nach der Legierungszusammensetzung verschieden aufgebaut. In einer Legierung mit 15% W, 5% Mo und 1% Zr enthalten die Karbide Zirkonium. Sie sind in feinerer Verteilung und größerer Anzahl ausgeschieden, geben also höhere Härtung als in einer Nioblegierung analoger Zusammensetzung, die zusätzlich noch 5% Ti enthält; hier scheiden sich Zr- und Ti-haltige Karbide aus. Die thermische Behandlung der Legierungen ist die übliche, Homogenisieren, Abschrecken und Anlassen. Als Zusammensetzungen weiterer Spitzenlegierungen auf Niobbasis seien genannt: 20% W, 10% Ti, 3% V; 15% W, 5% Ti, 5% Zr; 28% W, 7% Ti und 20% W, 10% Ti, 6% Mo [*579*]. Tab. 111 gibt eine Übersicht über die Warmfestigkeit dieser Legierungen.

Tabelle 111. *Technologische Eigenschaften von lichtbogengeschmolzenen Nioblegierungen bei hohen Temperaturen* [*579*]

Niob-Legierung	Prüftemp. in °C	$\sigma_{0,2}$ in kp/mm²	σ_B in kp/mm²	δ in %
15% W, 5% Mo, 1% Zr (bearbeitet)	1093	29,5	45,5	19
	1204	21,0	33,6	21
	1316	10,5	21,7	–
15% W, 5% Mo, 5% Ti, 1% Zr (bearbeitet)	1093	16,1	35,0	28
	1204	18,9	24,5	35
	1316	12,6	14,7	45
20% W, 10% Ti, 6% Mo (stranggeprest)	1093	–	35,0	25
	1260	22,4	25,2	30
	1371	–	17,5	35
28% W, 7% Ti (bearbeitet)	999	28,7	39,2	49
	1204	26,6	28,7	22
20% W, 10% Ti, 3% V (stranggepreßt)	999	47,6	53,9	15
	1204	18,9	23,8	40
15% W, 5% Ti, 5% Zr (stranggepreßt)	999	48,3	53,2	20
	1204	18,2	22,4	17

Zur Verbesserung der Oxydationsbeständigkeit wurde versucht, die Haftfestigkeit der oxydischen Deckschichten zu verbessern und die Sauerstoffdiffusion möglichst herabzusetzen. Für die Haftfestigkeit und Unversehrtheit der Deckschicht spielen die Größenverhältnisse im Nb_2O_5 und im Metall eine Rolle. Die Gitterkonstante des sich bildenden Niobmischkristalls soll kleiner sein als die des unlegierten Niobs [*580*]. Als besonders oxydationsbeständig haben sich Nioblegierungen mit 15 bis 25% Ti, 6 bis 14% W und 0 bis 4% Ni erwiesen; die Oxydationsgeschwindigkeit ist etwa auf den hundertsten Teil der von reinem Niob gesunken. An Stelle von Nickel kann auch Eisen treten [*581, 582*]. Parallel mit dem Bestreben, Niob gegen Oxydation durch Legierung zu schützen, gehen Versuche, einen derartigen Schutz durch metallische Deckschichten zu bewirken. Wenn hier auch noch keine entscheidenden Erfolge erzielt sind, so scheinen doch Schichten auf Aluminium-Silizium-Basis erfolgversprechend [*582*]. Überraschenderweise haben sich auch Zinküberzüge, hergestellt z. B. durch Eintauchen des zu schützenden Niobs in geschmolzenes Zink und anschließendes Glühen bei 870 °C um Diffusionsschichten zu erhalten, bewährt. Abb. 357 zeigt ein entsprechendes Beispiel; auf eine Schicht von $NbZn_3$ unterhalb der Oberflächenoxyde folgt eine sehr harte Zn-ärmere Schicht, die zur Niobschicht überleitet. Die Deckschicht verhindert nicht nur die Oberflächenoxydation des Niobs, sondern auch eine Sauerstoffaufnahme auf dem Wege der Diffusion. Als besonders bemerkenswert wird die Fähigkeit der Deckschicht zur Ausheilung bei Verletzung hervorgehoben [*583, 584*].

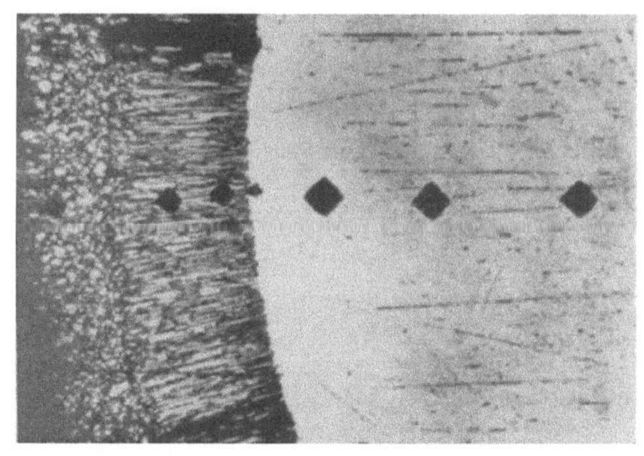

Abb. 357. Zinkdeckschichten auf Niob [*584*]

Über *Vanadium* seien hier nur wenige Bemerkungen gemacht. Sein Neutronenabsorptionsquerschnitt liegt an der oberen Grenze des betrachteten Bereichs, d.h. er liegt höher als der der auf breiter Basis verwendeten austenitischen rostfreien Stähle. Die Häufigkeit des Vanadiums in der Erdrinde ist etwa die des Zinks und die des Nickels. Zumeist ist es als Begleitelement in Erzen anderer Grundmetalle enthalten. Als wertvoller Legierungsbestandteil von Stählen, Magnetlegierungen, Gußeisen findet Vanadium seit langem Verwendung. Die Aufarbeitung geht meist über V_2O_5, das auf verschiedene Weise zu Metall reduziert wird (Ca-Reduktion von Oxyd, Mg-Reduktion von Chlorid). Weder der Regulus der Kalziumreduktion noch der Schwamm des KROLL-Verfahrens ist unmittelbar verarbeitbar. Die für die Duktilität kritischen Beimengungen sind wieder Wasserstoff, Sauerstoff, Stickstoff und Kohlenstoff. Das Schmelzen muß daher auch hier unter besonderen Maßnahmen erfolgen. Niederschmelzen im Vakuumlichtbogenofen mit Abschmelzelektrode oder Fremdelektrode, gekühlte Formen und nochmaliges Umschmelzen werden verwendet [*1*, *7*, *585*, *586*].

Vanadium ist ein stahlgraues Metall, das in kompaktem Zustand weder von Luft, noch von Wasser, noch von Alkalilaugen angegriffen wird. Auch nichtoxydierenden Säuren, mit Ausnahme von Flußsäure, widersteht es, während es sich in stark oxydierenden Säuren auflöst. Über die physikalischen Eigenschaften des kubisch-raumzentrierten Metalls orientiert Tab. 112. Ebenso wie Niob ist auch Vanadium ein Supraleiter; die Übergangstemperatur liegt bei 5,03 °K. Die Temperaturabhängigkeit von Zugfestigkeit und Dehnung ist in Abb. 358 dargestellt. Bemerkenswert ist das Festigkeitsmaximum bei etwa 400 °C, das wahrscheinlich durch einen Aushärtungseffekt, herrührend von auf Zwischengitterplätzen eingelagerten Metalloidbeimengungen, zurückzuführen ist [*587*].

Tabelle 112. *Physikalische Eigenschaften von Vanadium* [*585*]

Schmelzpunkt	°C	1900
Gitterkonstante	Å	$a = 3{,}034$
Dichte	g/cm^3	6,14
lin. Ausdehnungsk.	10^{-6}/°C	8,3 (23–100 °C)
E-Modul G-Modul	kp/mm^2 kp/mm^2	12800 4700
spez. Widerstand Temperaturk.	$\mu\,\Omega$ cm 10^{-3}/°C	25,0 3,4
spez. Wärme	cal/g °C	0,119
Wärmeleitfähigkeit	cal/cm sek °C	0,074

Angaben über Translationselemente fehlen zur Zeit noch. Die Würfelfläche tritt wahrscheinlich als Spaltfläche auf. Sowohl in kaltgezogenen Drähten als auch in kaltgewalzten Blechen werden die für raumzentrierte Metalle charakteristischen Texturen beobachtet: ⟨110⟩ parallel Drahtachse; {100} parallel Walzebene, ⟨110⟩ parallel Walzrichtung.

Unlegiertes Vanadium kann ohne Schwierigkeiten kaltgewalzt werden. Allerdings ist eine Zerstörung des Gußgefüges durch Heißschmieden (~ 1000 °C) erforderlich. Vor der Verwalzung müssen die an Stickstoff und Sauerstoff reichen Oberflächenschichten des Schmiedestücks entfernt werden, um Einreißen von der spröden Außenhaut her auszuschalten. Dünnwandige Rohre können mit Reckgraden bis zu 98% gezogen werden. Wenn Zwischenglühungen erforderlich sind, müssen sie, insbesondere bei dünnwandigem Material, in Schutzgas oder im Vakuum vorgenommen werden. Für die Warmverarbeitung des Vanadiums ist zu beachten, daß das sich rasch bildende V_2O_5 einen Schmelzpunkt von nur 600 °C hat. Bei höheren Temperaturen oxydiert das Metall rasch und das Oxyd läuft entlang des Metalls herunter. Der einfachste Weg der Warmverformung besteht darin, sehr rasch zu arbeiten und das Oxyd tröpfeln zu lassen. Weitere Möglichkeiten sind, das Metall in ein Schutzhemd aus weichem Stahl einzuschließen oder es durch eine geeignete Schlackendecke während der Erhitzung zu schützen.

Die spanabhebende Bearbeitung ist, nach Abtragung der oxyd- und nitridreichen, harten Oberflächenschicht ohne Schwierigkeiten durchführbar. Für das Schweißen von Vanadium kommt vor allem der Lichtbogen in Heliumatmosphäre in Frage.

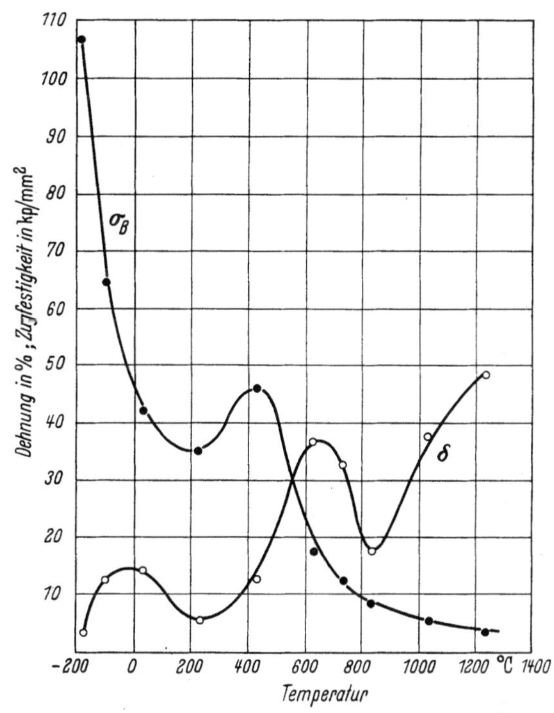

Abb. 358. Temperaturabhängigkeit von Zugfestigkeit und Dehnung von Vanadium (bei 1000 °C angelassen, feinkörnig) [585]

Wieder begünstigen Gitterabmessungen und Symmetrie das Auftreten breiter Mischkristallgebiete in Legierungssystemen auf Vanadiumbasis. Lückenlose Mischkristallbildung wird mit Titan, Niob, α- (δ)- Eisen, Molybdän und α-Chrom festgestellt. Im V-Fe-System tritt bei mittleren Temperaturen eine spröde σ-Phase auf, die übrigens auch in einigen anderen Vanadiumsystemen vorkommt. Für die Löslichkeit von Stickstoff, Sauerstoff und Kohlenstoff in Vanadium seien folgende Angaben gemacht. Nach rascher Erstarrung und bei hohen Temperaturen werden wenigstens 3,5 At.-% (1,5 Gew.-%) Stickstoff als Sättigungskonzentration angegeben, ein Wert, der bei 900 °C aber bereits unterschritten wird. Von Sauerstoff werden im Temperaturbereich von 400 bis 800 °C 3,2 At.-% (1,5 Gew.-%) in fester Lösung aufgenommen. Über die Temperaturabhängigkeit der Löslichkeit außerhalb des angegebenen Temperaturbereichs liegen keine Angaben vor. Die Löslichkeit von Kohlenstoff beträgt bei 1000 °C 1 At.-% (nach [224]).

Die Entwicklung von Legierungen auf Vanadiumbasis steht erst am Anfang. Für die Verwendung im Reaktor wurde insbesondere Wert auf hohe Zug- und Kriechfestigkeit, gute Korrosionsfestigkeit und gute Wärmeleitfähigkeit bei hohen Temperaturen gelegt, wie sie von Werkstoffen für Hüllenmaterial in Na-gekühlten Reaktoren verlangt werden. Als besonders wertvolles Legierungselement erweist sich Titan. Tab. 113

Tabelle 113. *Technologische Eigenschaften von Vanadiumlegierungen* [*588*]

Legierung	Zugfestigkeit in kp/mm²		Dehnung in %	
	bei 20 °C*	bei 800 °C**	bei 20 °C	bei 800 °C
V + 2,5% Ti	63,7	31,4	12	–
5 % Ti	54,8	31,8	26	–
10 % Ti	64,0	40,2	27	–
20 % Ti	70,5	49,1	29	–
V + 10% Ti + 1% Si	65,0	44,2	30	28
V + 1% Si	32,1	30,2***	~ 0	62

* Angelassen 2 Tage bei 650 °C.
** Angelassen 1 Tag bei 800 °C.
*** Bei 650 °C gemessen.

zeigt Zugfestigkeit und Dehnung einiger Legierungen für zwei verschiedene Versuchstemperaturen. Durch besonders hohe Verformbarkeit bei hohen Temperaturen (650 °C) ist eine binäre V-Si (1% Si)-Legierung ausgezeichnet. Allerdings geht diese Duktilität bei Raumtemperatur völlig verloren. Auch im Dauerstandversuch erweisen sich die Ti-haltigen Legierungen als besonders widerstandsfähig. Die im 100stündigen Versuch bei 650 °C ertragenen Spannungen liegen fast doppelt so hoch wie für Chrom-Nickel-Stähle. Die Wandstärke der Schutzrohre könnte also entsprechend herabgesetzt werden. Gegenüber geschmolzenem Natrium von 700 °C sind unlegiertes Vanadium und eine Reihe von Legierungen mit Titan und geringen Zusätzen einer weiteren Komponente sehr gut beständig, sofern der Na_2O-Gehalt der Schmelze unter 10 ppm gehalten wird. Die Wärmeleitfähigkeit des Vanadiums und seiner Legierungen liegt günstig, sie übertrifft die von Zirkonium, Uran und Chrom-Nickel-Stahl. Sofern es also gelingt, den Vorteil der guten Festigkeitseigenschaften durch Herstellung entsprechend dünnwandiger Rohre auszunutzen, wird man als weiteren Vorteil gute Wärmeleitung gewinnen. Geringe Aluminiumzugaben zu binären V-Ti-Legierungen scheinen die Wärmeleitfähigkeit allerdings erheblich zu drücken [*588*].

Als Beispiel einer Anwendung von Vanadium im Reaktorbau ist in Abb. 359 der Schnitt durch ein Brennstoffelement des „schnellen" Reaktors in Dounreay dargestellt. Das innere Schutzrohr besteht aus Vanadium. Bei normalen Betriebsbedingungen genügt es den Anforderungen hinsichtlich Festigkeit und Korrosionswiderstand sehr gut, bei Überhitzung des Reaktors bietet es einen gewissen Schutz dadurch, daß es schmilzt und daher den Reaktor durch Abfließen von Uranbrennstoff abschaltet.

Als letztes der hier zu behandelnden Metalle sei *Yttrium* besprochen, das für die Reaktortechnik aus zwei Gründen interessant ist: erstens wegen seines niedrigen Absorptionsquerschnitts für thermische Neutronen (0,042 cm^{-1}) und zweitens wegen seiner guten Verträglichkeit mit Uran. Wenn auch gewisse Mineralien Y-reicher sind als der Monazitsand, so kommt dieser für die Yttriumgewinnung doch vor allem in Frage, da er als das wichtigste Rohmaterial für Thoriumgewinnung ohnehin der Aufarbeitung zugeführt wird. Auf die Isolierung des Yttriums soll hier nicht näher eingegangen werden (vgl. hierzu [*590*]).

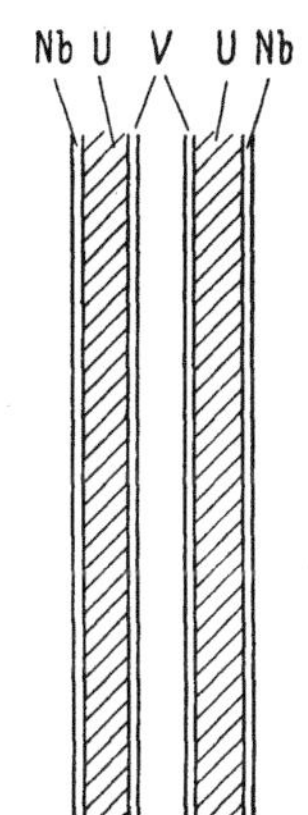

Abb. 359. Schnitt durch ein Brennstoffelement im Dounreay-Reaktor (schematisch) [*589*]

Eine Zusammenstellung physikalischer Eigenschaften des Yttriums findet sich in Tab. 114. Yttrium kristallisiert in einer parallel der hexagonalen Achse etwas gestauchten dichtesten Kugelpackung mit einem Achsenverhältnis c/a von 1,574. Zur Orientierung über die Festigkeitseigenschaften bringt Abb. 360 die Temperaturabhängigkeit der Zugfestigkeit von lichtbogengeschmolzenem Yttrium verschiedenen Sauerstoffgehalts und von bei 650 °C stranggepreßtem Material.

Das Metall wird als giftig angesehen, insbesondere sind die Augen durch Staub gefährdet, müssen also bei Arbeiten mit Yttrium entsprechend geschützt sein. An der Atmosphäre ist das Metall unter normalen Bedingungen ziemlich beständig. Bei hohen Temperaturen tritt zunehmende Oxydation ein, die bei 400 °C in 50 Stunden zu einer Gewichtszunahme von 0,5 mg/cm^2 führt. Aus diesem Grund wird das Metall bei Warmverarbeitung geschützt.

Tabelle 114. *Physikalische Eigenschaften von Yttrium* [*590*]

Schmelzpunkt	°C	1509
Gitterkonstante	Å	$a = 3{,}64$ $c = 5{,}73$ $c/a = 1{,}574$
Dichte	g/cm^3	4,47
E-Modul	kp/mm^2	6300–7000
G-Modul	kp/mm^2	$\sim$ 2700
spez. Wärme	cal/g °C	0,067
Wärmeleitfähigkeit	cal/cm sek °C	0,035

Sowohl Tiegelschmelzung (Tantal) als auch Lichtbogenschmelzung werden angewendet. Als Kokillenmaterial wird Kupfer oder Graphit verwendet. Bildet sich grobstengeliges Gußgefüge aus, so wird, der hexagonalen Struktur entsprechend, erheblich unterschiedliche Härte in den einzelnen Körnern beobachtet. Vor der Weiterverarbeitung muß das Gußgefüge zerstört werden, wofür sich Preßschmieden der in Schutzgas vorgewärmten Bolzen besonders bewährt hat. Nach der Zerstörung des Gußgefüges kann warmgewalzt werden. Als optimaler Temperaturbereich wird 750 bis 875 °C angegeben; Dickenabnahmen 10 bis 25% je Stich. Für Strangpressen werden die Gußbolzen durch ein Kupferhemd geschützt. Mit kleinen Stichabnahmen (4 bis 5%) ist auch Kaltwalzung, Stangen- und Rohrzug möglich. Für Zwischenglühung kommen je nach Kaltreckgrad Temperaturen zwischen 425 und 540 °C in Betracht [*592*].

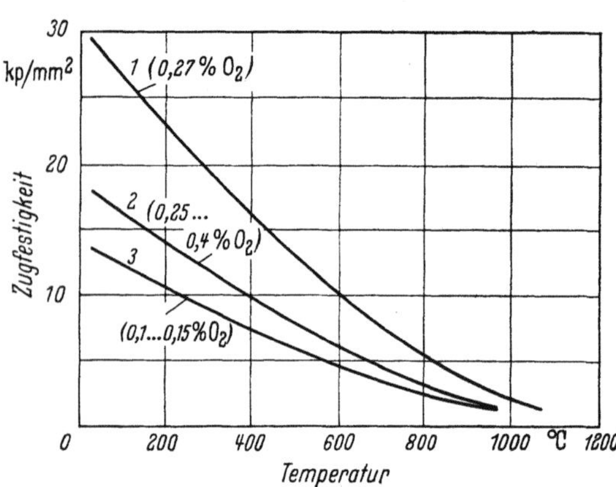

Abb. 360. Temperaturabhängigkeit der Zugfestigkeit von Yttrium [*591*]
1 stranggepreßt; *2* u. *3* lichtbogengeschmolzen

Die Entwicklung von Yttriumlegierungen steht noch so sehr am Beginn, daß hierüber noch nicht berichtet werden soll (vgl. hierzu [*224*, *593*]). Hier sei nur noch ein Experiment angeführt, das die gute Beständigkeit des Yttriums gegenüber einer Uranschmelze belegt. Während 250 Stunden zirkulierte eine eutektische Uran-Chrom-Schmelze von 1000 °C durch eine Yttriumschleife, die auf der Außenseite durch eine Umhüllung mit Chrom-Nickel-Stahl vor Oxydation geschützt war. Das Yttrium blieb blank, duktil und wies keinen Angriff durch die Beanspruchung mit der Uran-Chrom-Schmelze auf [*416*, *421*].

In diesem Punkt sind Reaktormetalle besprochen worden, die auf Grund eines besonders niedrigen Absorptionsquerschnitts für langsame Neutronen ausgewählt waren. Sie kommen also für thermische Reaktoren mit einem Brennstoff aus natürlichem oder nur wenig angereichertem Uran in Betracht. Weitere wichtige Anforderungen an das Konstruktionsmaterial sind, wie schon eingangs erwähnt, ausreichende Festigkeit bei Betriebstemperatur, gute Verträglichkeit mit dem Brennstoff und dem Kühlmittel. Zur Beurteilung ausreichender Festigkeit dürfte die Kriechfestigkeit bei der Betriebstemperatur des Reaktors besonders geeignet sein. Eine kombinierte Beurteilung auf Grund von Neutronenabsorption und Festigkeit könnte daher mit Hilfe eines „Gütefaktors" durchgeführt werden, der als Quotient aus Kriechfestigkeit durch Absorptionsquerschnitt gebildet ist. In Ermangelung ausreichender Daten über das Kriechverhalten unter identischen Bedingungen bei hohen Temperaturen kann als erste rohe Annäherung die Kriechfestigkeit durch die entsprechende Warmzugfestigkeit ersetzt werden [*594*, *595*]. Ein derartiges Vorgehen läuft darauf hinaus, daß Festigkeit und Absorptionsquerschnitt jeweils mit gleichem Gewicht in der Güteziffer verwendet werden. Mit Hilfe der in Tab. 107 (S. 469) angegebenen makroskopischen Absorptionsquerschnitte und der in vorangehenden Tabellen und Abbildungen enthaltenen Temperaturabhängigkeit der Zugfestigkeit (bei bekannten Werkstoffen ergänzt) ergibt sich die in Abb. 361 wiedergegebene Temperaturabhängigkeit des Gütefaktors. An der Spitze liegt, bedingt durch seinen besonders kleinen Absorptionsquerschnitt, bei allen Temperaturen mit großem Abstand Beryllium. Die Lage des Schmelzpunkts relativ zu dem betrachteten Temperaturbereich äußert sich deutlich im Abfall des Gütefaktors mit steigender Temperatur. Während für 18/8-Chrom-Nickel-Stahl und die hochschmelzenden Metalle der Gütefaktor nurwenig mit der Temperatur absinkt, tritt bei Magnesium und Aluminium im Temperaturbereich bis 500 °C ein sehr ausgeprägter Abfall auf. Erheblich oberhalb der Kurve des Gütefaktors von Aluminium verläuft die von SAP, das ein Sintermaterial aus plättchenförmigen, durch eine Oxydhaut umhüllten Reinaluminiumpartikeln darstellt (vgl. II E). Durch die Oxydumhüllung ist die Rekristallisation des Materials unterbunden und dadurch die Warmfestig-

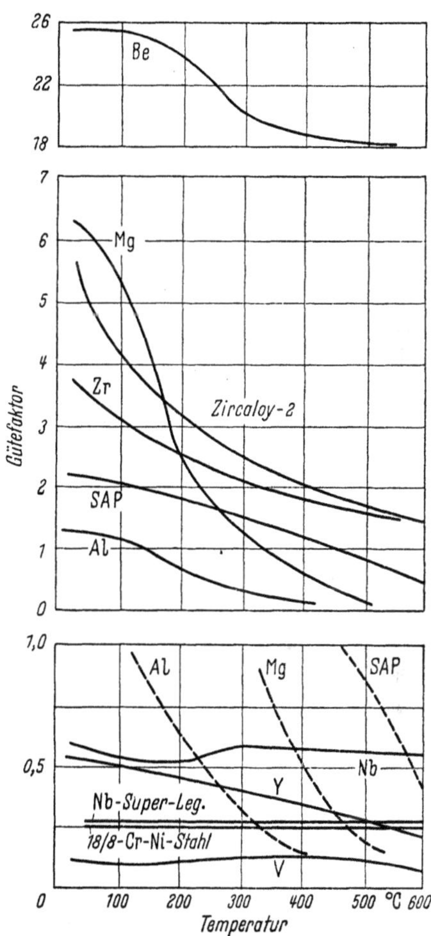

Abb. 361. Temperaturabhängigkeit eines Gütefaktors für Konstruktionswerkstoffe

keit erheblich erhöht [*596*, *597*, *598*]. Zu den Gütefaktoren des Zirkoniums und des Zircaloy-2, die im ganzen Bereich günstig liegen, sei bemerkt, daß es sich in beiden Fällen um Hf-freies Zirkonium handelt.

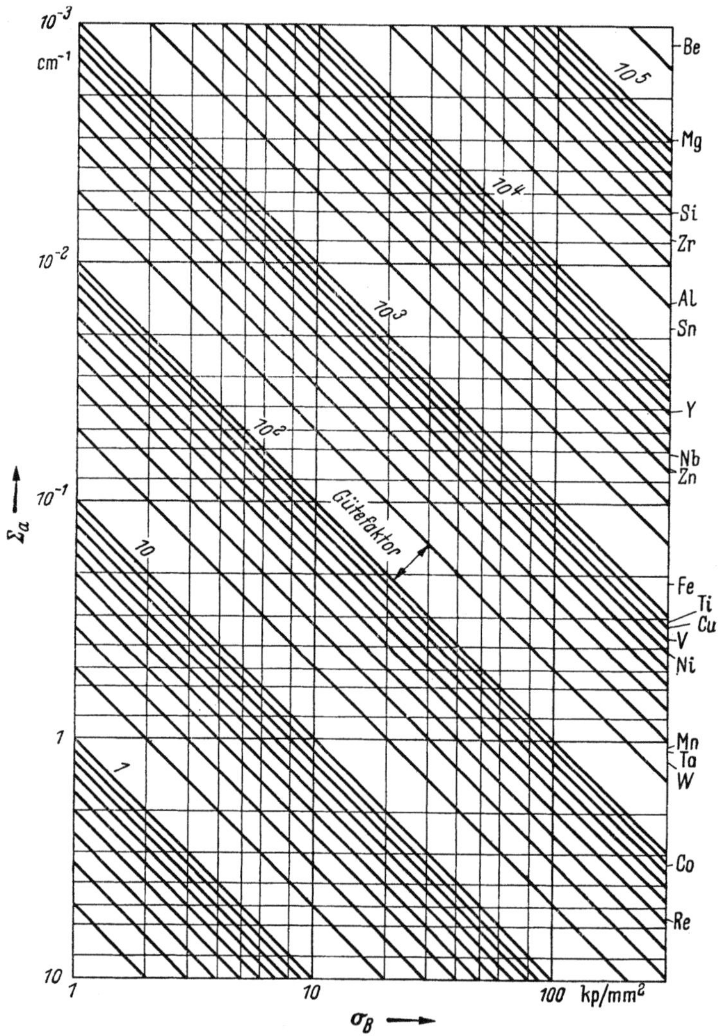

Abb. 362. Nomogramm zur Berechnung und Benutzung des Gütefaktors

Für technisches Zirkonium (mit 2% Hf) liegt der Gütefaktor unter 0,4 [Σ_a (Zr + 2% Hf) = 0,054 cm^{-1}]. Sehr niedrig liegt er auch für die in diesem Punkt erwähnten hoch warmfesten Legierungen auf Niob-Basis, bedingt durch den hohen Gehalt an stark Neutronen-absorbierenden Elementen (für Nb-Legierungen $\Sigma_a \approx 0{,}40\ cm^{-1}$).

Auch der reziproke Wert des Gütefaktors wurde als „Absorptionsindex" zur Charakterisierung der Werkstoffe herangezogen [*599*]. Entsprechend dem Vorgehen in [*600*] ist in Abb. 362 ein Nomogramm dargestellt, das unmittelbar die Beziehung zwischen Absorptionsquerschnitt, Festigkeit und Gütefaktor abzulesen gestattet.

2. Hochwarmfeste Werkstoffe

Das Streben, insbesondere beim Bau von Leistungsreaktoren, die Arbeitstemperatur im Hinblick auf den thermischen Wirkungsgrad möglichst hoch zu wählen, nötigt im allgemeinen zu dem Verzicht auf Konstruktionswerkstoffe extrem niedriger Neutronenabsorption. Schon im vorhergehenden Punkt, der sich mit der Werkstoffauswahl auf Grund der Neutronenabsorption befaßte, war auf Legierungen hingewiesen worden, die sich zwar durch besondere Warmfestigkeit auszeichnen, hinsichtlich der Neutronenabsorption aber weniger günstig liegen. Hier sei nochmals auf die gute Kombination der Eigenschaften von austenitischen Chrom-Nickel-Stählen hingewiesen. Für extreme Temperaturbeanspruchung wird die Forderung nach niedrigem Neutroneneinfangquerschnitt immer mehr zurücktreten, gute Warmfestigkeit, verbunden mit Verträglichkeit mit Brennstoff und Kühlmittel und naturgemäß mit ausreichender Bearbeitbarkeit treten in den Vordergrund. Da es sich hier nicht mehr um spezifische Entwicklungen für den Reaktorbau, sondern um für andere Zweige des Maschinenbaus (Turbinen-, Ofen-, Flugzeug- und Raketenbau) seit langem laufende Entwicklungsarbeiten handelt, soll hier nur kurz darauf hingewiesen werden.

In Tab. 115 sind Streckgrenze und Zugfestigkeit der hochschmelzenden Metalle bei 1090 °C verzeichnet. Weit an der Spitze steht das in hexagonal dichtester Kugelpackung kristallisierende Rhenium, das auch durch den höchsten Elastizitätsmodul ausgezeichnet ist (47000 kp/mm² bei Raumtemperatur). Eine Übersicht über die Temperaturabhängigkeit der Zugfestigkeit der heute als optimal geltenden Legierungen auf Chrom-Kobalt-, Vanadium-, Nickel-, Niob-, Tantal-, Molybdän- und Wolframbasis gibt Abb. 363. Sie zeigt, daß für allerhöchste Temperaturbeanspruchung Legierungen der vier raumzentrierten Metalle mit den höchsten Schmelzpunkten Niob, Tantal, Molybdän und Wolfram an der Spitze stehen. Über Legierungen auf Rhenium- (und

Tabelle 115. *Streckgrenze und Zugfestigkeit hochschmelzender Metalle bei 1090°C* [*601*]

Metall	Schmelzp. in °C	$\sigma_{0,2}$ in kp/mm²	σ_B in kp/mm²
Re	3180	—	54,8
W	3410	9,1	23,9
Mo	2610	11,3	18,6
Ta	2996	8,1	11,8
Nb	2468	—	11,3*
Cr	1900	6,0	6,0
V	1900	1,8	3,5

* Nach [*578*] bei 1050 °C.

Osmium-)Basis liegen noch kaum Angaben vor. Während für etwa 900 bis 1500 °C eine an der Grenze des α-Mischkristallgebiets liegende Wolf-

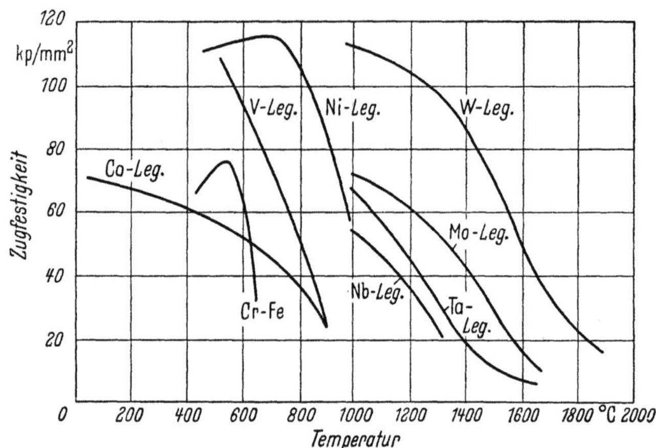

Abb. 363. Temperaturabhängigkeit der Zugfestigkeit hochwarmfester Legierungen [579, 601]

ram-Rhenium-Legierung (30% Re) die höchste Zugfestigkeit aufweist, liegt bei den höchsten Temperaturen Wolfram mit nur geringen Legierungszusätzen (unter 1%) an der Spitze [579]. Aus einer Untersuchung, in der Zerreißversuche mit Wolfram-Rhenium-Legierungen (bis zu 20% Re) bei noch höheren Temperaturen ausgeführt worden sind, ist Abb. 364 entnommen. Sie zeigt die Abhängigkeit der Zugfestigkeit bei Temperaturen zwischen 2200 und 3000 °C vom Rheniumgehalt. Man erkennt, daß Legierungen mit 10 bis 20% Re auch bei 3000 °C Zugfestigkeiten über 2 kp/mm² aufweisen [602].

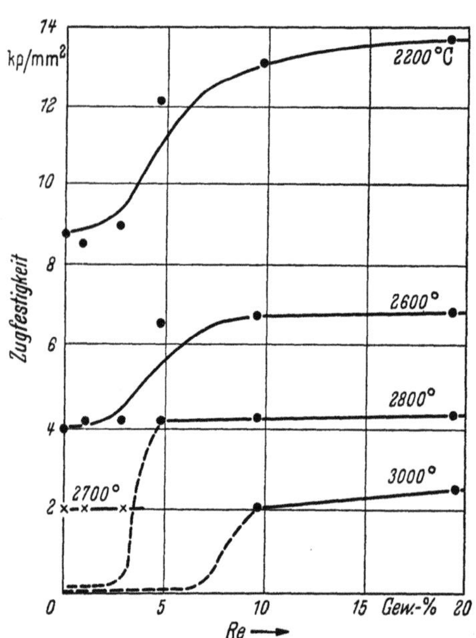

Abb. 364. Zugfestigkeit von Wolfram-Rhenium-Legierungen bei verschiedenen Temperaturen [602]

Der in Abb. 363 gegebene Vergleich ist auf die Zugfestigkeit gegründet. Berücksichtigt man auch noch die Dichte der Legierung, vergleicht also den Quotienten aus Festigkeit durch Dichte (Reißlänge), so ergeben sich Abweichungen in der Reihenfolge der Legierungen. Während etwa bei 1200 °C nach fallender Festigkeit geordnet die Reihenfolge Wolfram-, Molybdän-, Tantal- und Nioblegierungen lautet, ergibt sich auf Grund der Reißlänge die Reihenfolge Molybdän-, Wolfram-, Niob- und Tantallegierungen [*579*].

Ob die Legierungen höchster Warmfestigkeit für den Reaktorbau von Bedeutung sein werden, kann auf Grund des heutigen Entwicklungsstands der Reaktortechnik noch nicht übersehen werden. Auch müssen zur Beurteilung dieser Frage Unterlagen über die Verträglichkeit der Werkstoffe mit Brennstoff und Kühlmittel sowie über die Beständigkeit im Reaktorbetrieb vorliegen. Tatsächlich verwendet bzw. zur Verwendung vorgesehen sind heute warmfeste Nickellegierungen, nämlich Hastelloy X (22,0% Cr, 18,5% Fe, 9,0% Mo, max 1,5% Co, 0,6% W, max 0,15% C, Rest Ni) für eine Betriebstemperatur im Schutzrohr von 995 °C und INOR-8 (15% Mo, 6% Cr, 4% Fe, 0,06% C, Rest Ni) für eine Betriebstemperatur von 663 °C.

Ein hochtemperaturbeständiges Konstruktionsmaterial stellt auch Graphit dar, dessen Verwendung als Moderator und Reflektor in IV B 2 ausführlich beschrieben und auf dessen Verwendung auch als Schutzmantel dort hingewiesen wurde. Wesentlich für diese letztere Verwendung ist das Zurücktreten der Bestrahlungsschäden bei hohen Temperaturen und die Möglichkeit, die Dichte und damit die Dichtigkeit für Gase und Flüssigkeiten durch entsprechende Herstellungsbedingungen zu erhöhen. In den für die Anwendung vorgesehenen Fällen wird mit einer Graphittemperatur von 1000 °C gerechnet, wobei Heliumkühlung beabsichtigt ist.

Abschließend sei hier noch auf die Möglichkeit der Verwendung keramischer Materalien hingewiesen, die mit hoher Temperaturbeständigkeit den Vorteil niedriger Neutronenabsorption verbinden. Genannt seien z. B. Al_2O_3, BeO, MgO, ZrO_2 und SiC und ihre Kombinationen sowie Cermets, bei denen zu hoher Temperaturbeständigkeit auch noch gute Wärmeleitfähigkeit und bessere Festigkeitseigenschaften hinzukommen. Über BeO finden sich Angaben im Abschnitt über Moderatoren, wo auch schon auf die Verwendungsmöglichkeit als Schutzhüllenmaterial aufmerksam gemacht wurde. Über die Eignung keramischer Erzeugnisse aus anderen Oxyden oder Karbiden für die Verwendung im Reaktor liegen heute nur wenige Unterlagen vor; vor einer eventuellen Verwendung wäre noch weitere Entwicklungsarbeit erforderlich.

3. Verträglichkeit mit dem Brennstoff

In den beiden vorangegangenen Punkten wurde die Bedeutung der Neutronenabsorption und der Festigkeitseigenschaften für die Wahl geeigneten Konstruktionsmaterials besprochen. Mitentscheidend für diese Wahl ist weiterhin das Verhalten des Konstruktionswerkstoffs unter Betriebsbedingungen des Reaktors gegenüber dem Brennstoff einerseits und dem verwendeten Kühlmittel andererseits. Mit den Einschränkungen, die durch die erforderliche Verträglichkeit mit dem Brennstoff bedingt sind, beschäftigt sich dieser Punkt, auf die Wechselwirkung zwischen Konstruktionsmaterial und Kühlmittel gehen wir im folgenden ein.

Zunächst soll die Diffusion von Uran in Hüllenmaterial möglichst geringer Neutronenabsorption besprochen werden. Es handelt sich hier um Werkstoffkombinationen, die in thermischen Reaktoren sehr häufig realisiert sind.

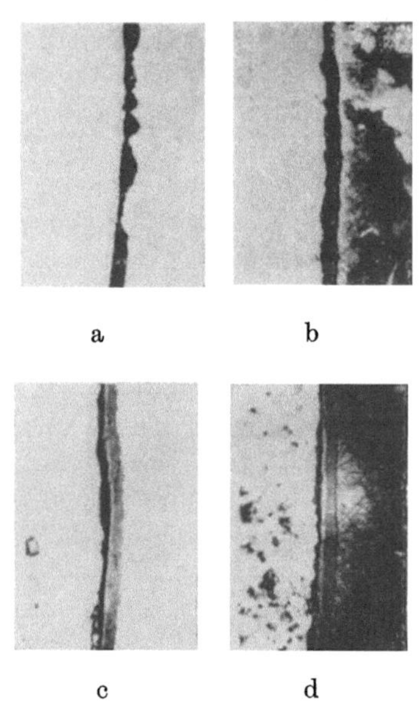

Abb. 365a–d. Wechselseitige Diffusion von Aluminium (links) und Uran (rechts) bei 400 °C; $V \sim 200$ [603] a) nach 2^h; b) nach 21^h; c) nach 151^h; d) nach 672^h

Auf das Werkstoffpaar Uran-Aluminium bezieht sich Abb. 365, die Schliffbilder von Verbundproben darstellt, die verschiedene Zeiten bei 400 °C geglüht worden waren. Die Diffusion spielt sich dabei in folgenden Schritten ab: in der Uranphase entstehen Keime von UAl_2, durch deren Wachstum sich eine UAl_2-Schicht bildet. Durch sie diffundieren im weiteren Verlauf Al-Atome zum Uran und U-Atome zum Aluminium. Die UAl_2-Schicht wächst in das Uran hinein, während auf der Aluminiumseite die neuen Phasen UAl_3 und UAl_4 gebildet werden. Besonders ungünstig wirkt sich die UAl_4-Schicht aus, da sie eine körnige, poröse Struktur hat, die nur wenig Kontakt mit der an der ursprünglichen Trennungsebene Uran-Aluminium sich bildenden UAl_3-Schicht hat. Hierdurch geht der für die Wärmeabfuhr erforderliche gute Kontakt zwischen Brennstoff und Schutzrohr verloren. Bei niedrigen Temperaturen verlangsamt sich die Oberflächenreaktion, unter 250 °C kann sie praktisch vernachlässigt werden, so daß eine betriebliche Verwendung eines mit Aluminium geschützten Uranbrennstoffelements bis zu dieser Temperatur durchaus möglich ist.

Um der störenden Diffusion auch bei höheren Temperaturen entgegen zu wirken, sind mehrere Wege beschritten worden. Zwischenschichten aus Aluminium-Silizium-Eutektikum (11,7% Si) erweisen sich bis zu Temperaturen von 350 °C als wirksames Diffusionshindernis [*604*]. An der Uranseite bildet sich eine dünne Schicht der Verbindung $U(Al, Si)_3$, an der Aluminiumseite tritt guter Kontakt zwischen dem Aluminium-Silizium-Eutektikum und dem Aluminium ein. Die Aufbringung der

Zwischenschicht erfolgt durch Eintauchen des Uranbrennstoffs und des Aluminiumschutzmantels in eine Schmelze eutektischer Al-Si-Legierung. Die Dicke dieser Zwischenschicht beträgt 0,1 bis 0,5 mm. Ihre Schutzwirkung geht aus Abb. 366 hervor, welche den Diffusionskoeffizienten für die Einwanderung von Uran in Aluminium und in die Aluminium-Silizium-Legierung als Funktion der reziproken Temperatur darstellt. Unter 330 °C erfolgt die Diffusion in die Al-Si-Legierung langsamer als in Al. Hier sei auch noch auf die bei der Herstellung der Brennstoffelemente (IV A 4) bereits erwähnten Nickelzwischenschichten hingewiesen, welche außer gutem Wärmekontakt zwischen Brennstoff und Schutzhülle auch die Diffusion von Uran und Aluminium bis zu höheren Temperaturen hemmen. In [*678*] wird über erfolgreiche Verwendung von Zinn-Zink-Eutektikum zur metallischen Bindung Uran-Aluminium und zur Unterdrückung wechselseitiger Diffusion durch die Zwischenschicht berichtet. Ein weiterer Weg der Isolierung des Aluminiumschutzmantels vom Uran besteht darin, die innere Oberfläche des Schutzrohres anodisch zu oxydieren. Die Dicke der Oxydschicht, welche eine Reaktion zwischen Uran und Aluminium verhindert, beträgt etwa 25 μ [*606*].

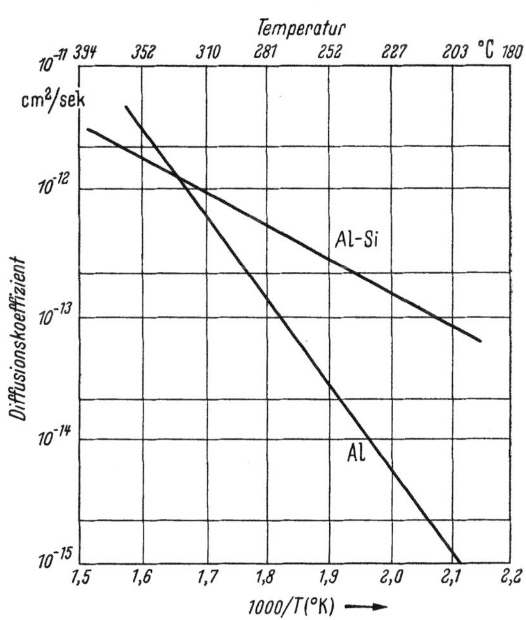

Abb. 366. Temperaturabhängigkeit des Diffusionskoeffizienten für die Systeme U/Al und U/AlSi [*605*]

Versuche über die Verträglichkeit von Magnesium mit Uran haben bis zu Temperaturen von 600 °C durchaus günstiges Verhalten ergeben [*599*].

Einer systematischen Untersuchung über die Bildung von durch wechselseitige Diffusion zwischen Uran und verschiedenen Hüllenmaterialien entstehenden Zwischenschichten sind die in Abb. 367 dargestellten Ergebnisse entnommen, welche die Schichtdicke als Funktion der Zeit für Temperaturen von 500 bis 700 °C wiedergeben. In doppelt logarithmischem Maßstab ergeben sich gerade Linien, d.h. die Schichtdicke (χ) ist mit der Zeit durch eine Gleichung der allgemeinen Form $\chi^n = K \cdot t$

verknüpft, worin n und K für die betreffende Paarung charakteristische Konstanten sind. Aus der Temperaturabhängigkeit der Dicke kann die übliche ARRHENIUSsche Darstellung abgeleitet werden, die es dann erlaubt, die Aktivierungsenergie zu berechnen.

Eine gemeinsame Bedingung für eine Grenztemperatur, oberhalb welcher die Werkstoffe mit Uran nicht mehr verträglich sind, kommt einer Reihe technischer Baustoffe, Eisen, Kobalt, Nickel und Legierungen auf dieser Basis, wie austenitischer Chrom-Nickel-Stahl, 50%ige Eisen-Nickel-Legierung, hoch nickelhaltige Legierungen (Inconel, Nimonic-80) zu. Gleiches gilt für Chrom und Mangan. In den binären Systemen Uran mit diesen Metallen tritt eine Verbindung U_6M auf, die eine peritektische Zersetzung im Temperaturbereich von 760 bis 830 °C erfährt. Durch Wechselwirkung mit einer höher schmelzenden Verbindung, der im allgemeinen die Formel UM_2 zukommt, bildet sich eutektische Schmelze im Temperaturbereich von 715 bis 740 °C. Bei dieser Temperatur tritt eine ausgeprägte Diskontinuität im Verhalten des Metallpaares auf: sehr langsame Reaktion bei niedrigeren Temperaturen, rasche Auflösung bei höheren [*599*].

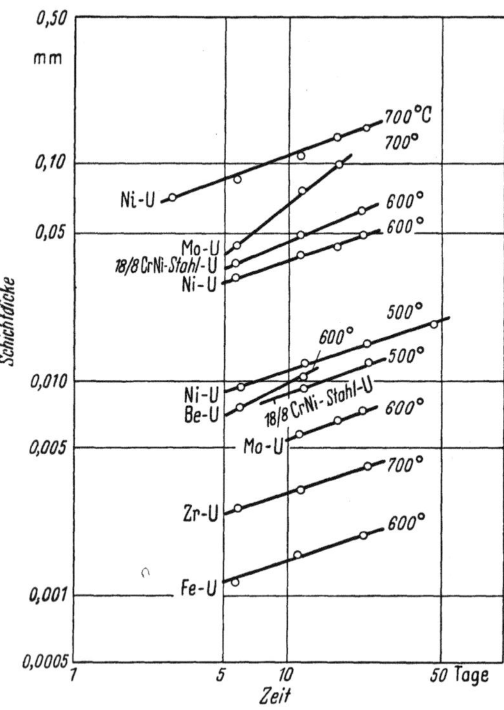

Abb. 367. Dicke der Diffusionszwischenschicht von Uran mit verschiedenen Konstruktionswerkstoffen [*607*]

Für den Fall der lückenlosen Mischkristallbildung bei hohen Temperaturen zwischen Uran und dem Metall der Schutzhülle wird in den grundsätzliche Fragen der Diffusion betreffenden Untersuchungen [*608*, *609*] darauf hingewiesen, daß die Diffusion bei höheren Temperaturen einphasig erfolgt. Schneidet bei niedrigeren Temperaturen die der Versuchstemperatur zugehörige Isotherme jedoch Phasengrenzen im binären Diagramm, so treten mehrere Phasen in den Diffusionszonen und damit Diskontinuitäten in der Konzentration an den Phasengrenzen auf. Zur Analyse wird das Röntgenemissionsspektrum der mit einem eingeschnürten Elektronenstrahl abgetasteten Probe untersucht. Hierdurch besteht die Möglichkeit, Bereiche von 1,5 μ Durchmesser in Abständen von wenigen μ voneinander zu untersuchen. Als Beispiel für die Ergebnisse derartiger Versuche bringt Abb. 368a u. b die Verteilung der Konzentration in den Diffusionszonen von Uran-Zirkonium einmal für eine 48stündige Erhitzung auf 1000 °C (homogener Mischkristallbereich), weiterhin für eine 142stündige Glühung bei 700 °C (Durchschneiden mehrerer Phasen-

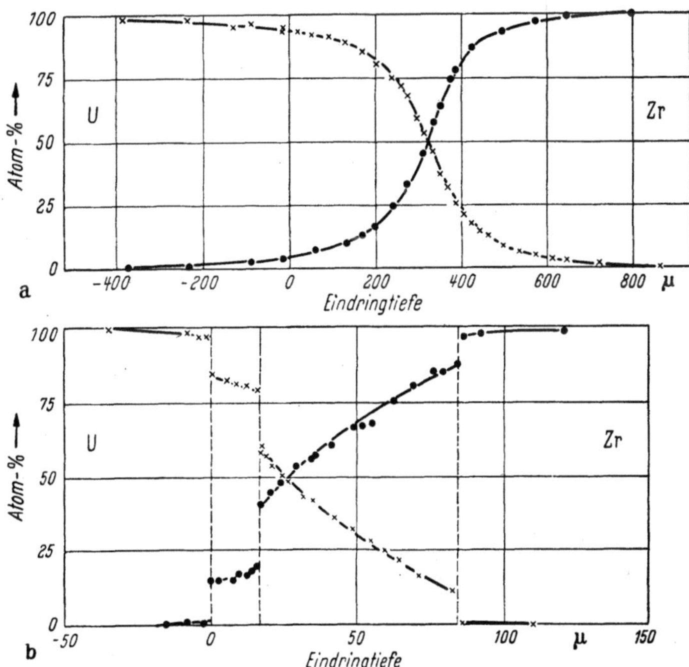

Abb. 368a u. b. Konzentrationsverlauf in den Diffusionszonen zwischen Uran und Zirkonium [*608*]
a) 48^h bei 1000 °C; b) 142^h bei 700 °C

grenzen, vgl. Abb. 256, S. 307). Die Konzentrationsbestimmungen ergeben klar, daß im ersten Fall die Konzentration einen stetigen Übergang zeigt, während im zweiten Fall Konzentrationssprünge an den Grenzen der sich bildenden Phasen auftreten. Ein Schliffbild, welches die Ausbildung mehrerer Phasen erkennen läßt, ist in Abb. 369 wiedergegeben.

Bei der Paarung Uran-Molybdän tritt dem binären Diagramm (vgl. Abb. 252; S. 304) entsprechend stets mehrphasige Diffusion auf. Wird jedoch Uran mit einer Uran-Molybdän-Legierung mit 30 At.-% Mo gepaart, die bei höheren Temperaturen ebenfalls im γ-Zustand vorliegt, so erfolgt die wechselseitige Diffusion einphasig. Bei Diffusion in den Paarungen U-Zr und U-Ti unterhalb 650 °C (sie ist bei diesen Temperaturen mehrphasig) tritt ein deutliches Voreilen entlang der Korngrenzen zutage.

Beobachtungen über das zeitliche Wachsen der Gesamtschichtstärke und auch einzelner durch ihr Gefüge abgrenzbarer Teilschichten ergaben, daß die Schichtdicke stets proportional der Wurzel aus der Zeit zunimmt. Als Beispiel bringt Abb. 370 das Wachsen der Gesamtschichtdicke für die Diffusion Uran-Niob und Uran-UNb (30% Nb). Im letzteren Fall erfolgt erheblich lebhaftere Diffusion. In Auswertung der erhaltenen Versuchsergebnisse wurden die Diffusionskoeffizienten für die verschiedenen Paarungen und für die verschiedenen Diffusionszonen sowie die zugehörigen Aktivierungswärmen ermittelt. Von einer Wiedergabe des großen Zahlenmaterials sehen wir ab, es sei nur bemerkt, daß an Phasengrenzen in den Diffusionszonen sehr erhebliche Änderungen des Diffusionskoeffizienten auftreten. Schließlich wird auch der auf den Unterschied der Diffusionskoeffizienten bei

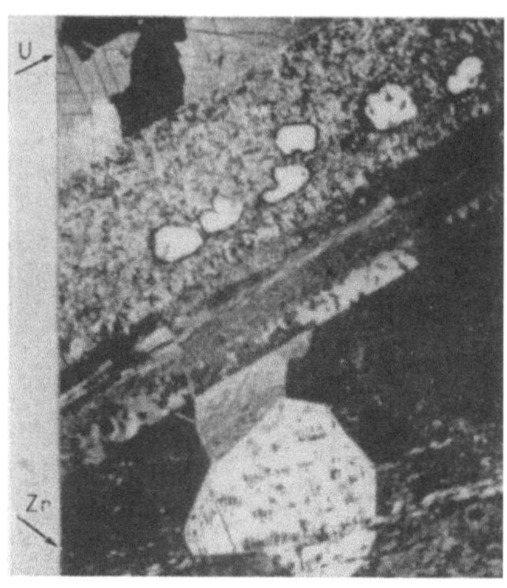

Abb. 369. Gefüge der Diffusionsschicht Uran-Zirkonium (160h bei 750 °C, langsame Abkühlung der Probe, pol. Licht); $V \sim 50$ [*608*]

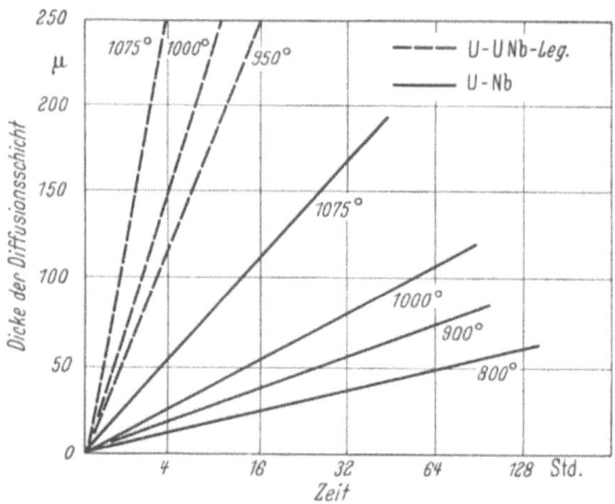

Abb. 370. Diffusion Uran-Niob; Zeitabhängigkeit der Dicke der Diffusionsschicht für verschiedene Temperaturen [*608*]

wechselseitiger Diffusion zurückgehende KIRKENDALL-Effekt untersucht und seine Beeinflussung durch Phasengrenzen verfolgt.

Als Beispiel für die Bedeutung verschiedener Modifikationen für den Diffusionskoeffizienten (und die Aktivierungsenergie) bringt Abb. 371 die Temperaturabhängigkeit des Diffusionskoeffizienten der Paarung Uran-Zirkonium und Uran-Zircaloy-2 für den α- und β-Zustand. Die Un-

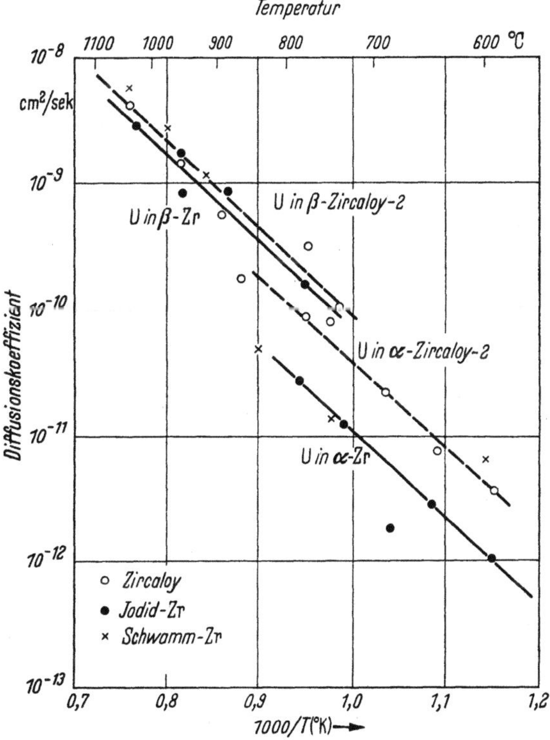

Abb. 371. Diffusion von Uran in α- und β-Zr bzw. α- und β-Zircaloy-2 [610]

stetigkeit beim Phasenwechsel tritt klar hervor. Die sehr ähnliche Neigung der geraden Linien in der Arrhenius-Darstellung läßt erkennen, daß die Aktivierungswärmen für die Diffusion einander weitgehend ähneln.

Über die Dicken der Diffusionsschichten bei Verwendung von Zircaloy-2 als Schutzmaterial für Legierungen auf Uranbasis orientiert Abb. 372, aus der erneut die Proportionalität mit der Wurzel aus der Zeit hervorgeht. Bei den Uranlegierungen handelt es sich um die als besonders korrosionsfest erkannten Zusammensetzungen (vgl. IV A 1.15). Eine Bemerkung ist zur α-Uran-Legierung mit 3,8% Si zu machen. Hier diffundiert bevorzugt das Silizium in das Zirkonium, so daß eine α-Uran-Oberflächenschicht zurückbleibt. Dies bedeutet eine ernste Korrosionsgefahr für den Fall einer Zerstörung der Schutzhülle, weshalb man in diesem Fall eine Zwischenschicht von Aluminium mit 6% Kupfer verwendet. Allerdings bringt diese Verbesserung der Korrosionsfestigkeit die Gefahr der Bildung spröder UAl_3-Schichten [*678*].

Für den Angriff von schmelzflüssigem Uran auf verschiedene Schutzschichten bringt Abb. 373 einige Beispiele. Aufgetragen ist die Zeit in

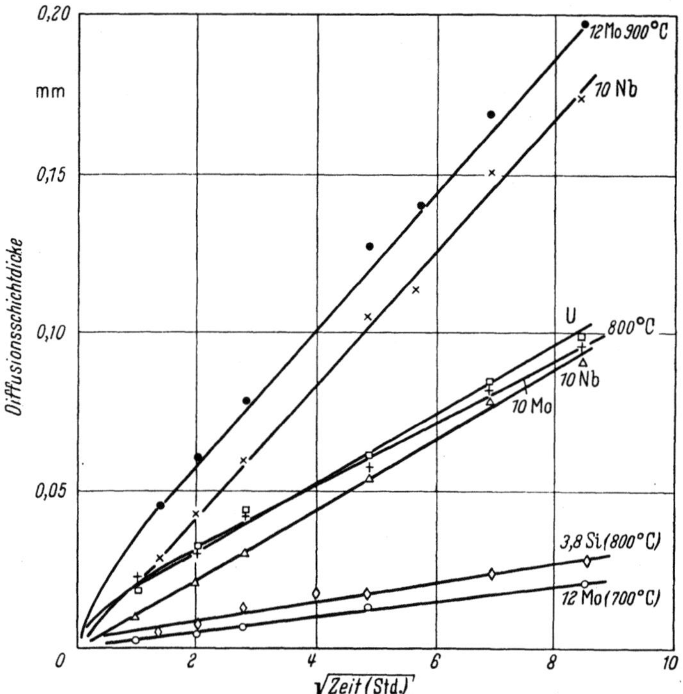

Abb. 372. Wachstum der Diffusionsschichten in Zircaloy-2-Schutzhüllen von Legierungen auf Uranbasis [*678*]

logarithmischer Darstellung, die zur Durchdringung einer Metallschicht von 0,5 mm erforderlich ist. Am beständigsten erweist sich Wolfram. Hinzuweisen ist hierfür allerdings auf Verarbeitungsschwierigkeiten, insbesondere hinsichtlich Verbindungsarbeiten. Auch Tantal besitzt ausgezeichnete Widerstandsfähigkeit gegenüber Uranschmelzen, weist allerdings den Nachteil interkristalliner Eindiffusion von Uran auf, wodurch die mechanischen Festigkeitswerte empfindliche Einbußen erleiden.

Zur Erniedrigung des Schmelzpunkts, gegebenenfalls auch zur Verdünnung des spaltbaren Elements, werden Legierungen, besonders binäre oder höhere Eutektika in Betracht gezogen. Als Beispiel sei das Uran-Chrom-Eutektikum (95 Gew.-% U; Schmelzpunkt 859 °C) genannt, für welches Yttrium als geeignetes Behältermaterial bereits erwähnt wurde (IV E 1). Das Mikrobild von Abb. 374 zeigt die außerordentliche Schärfe der Trennlinie zwischen Tiegelinhalt und Tiegelwand nach einem statischen Versuch von langer Dauer. Im binären System Thorium-Magnesium besteht ein Eutektikum bei 37 Gew.-% Th mit einem Schmelzpunkt knapp unter 600 °C. Auf Grund von statischen und dynamischen Angriffsversuchen mit einer niedrig schmelzenden Magnesium-Thorium-Legierung ergab sich Tantal als gut geeignet für das Behältermaterial [*421*].

Plutonium mit dem an sich niedrigen Schmelzpunkt von 640 °C gibt mit den Übergangsmetallen Eisen, Kobalt, Nickel binärere Eutektika mit Schmelzpunkten zwischen 400 und 450 °C. Hierdurch scheiden diese Metalle und darauf aufgebaute Legierungen als Behälterwerkstoffe für Plutonium aus. Sowohl in Verbindung mit dem Pu-reichen Plutonium-Eisen-Eutektikum (90,5 At.-% Pu), als auch mit dem sehr verdünnten Plutonium-Magnesium-Eutektikum (15 At.-% Pu) haben sich Wolfram und Tantal bewährt. Insbesondere haben langdauernde statische Korrosionsversuche (9000 Stunden bei 650 °C) die Verträglichkeit von Brennstoff und Tantal unter Beweis gestellt [*419, 420*]. Für Wolfram gilt wieder die Einschränkung wegen Verarbeitungsschwierigkeiten, bei Tantal ist auf die Gefahr interkristallinen Angriffs hinzuweisen.

Bei den nun zu besprechenden Wismut-Uran-Schmelzen kommt es vorzugsweise auf die Verträglichkeit des Behältermaterials mit dem metallischen

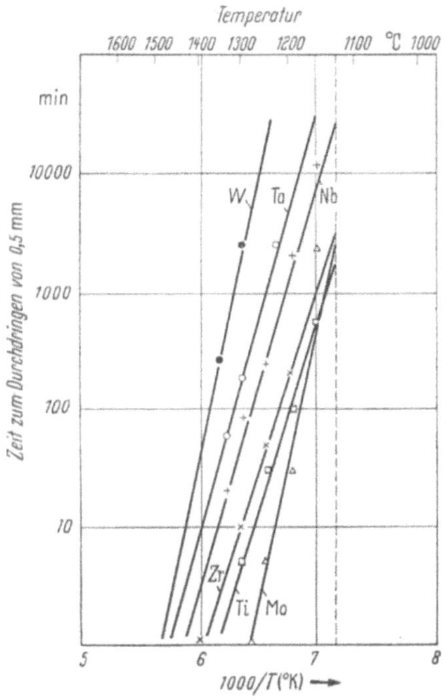

Abb. 373. Verträglichkeit schmelzflüssigen Urans mit verschiedenen Metallen [*599*]

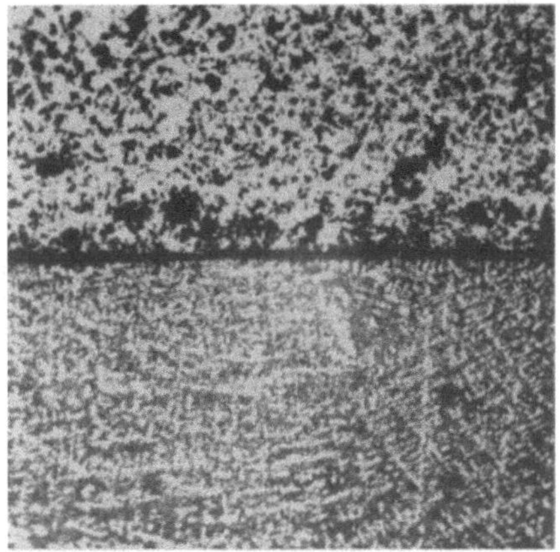

Abb. 374. Trennschicht von Uran-Chrom-Eutektikum und Yttrium nach einem statischen Korrosionsversuch von 1100^h Dauer bei 900 °C; $V \sim 110$ [*421*]

Lösungsmittel (Bi) an. Es scheint möglich, mit klassischen Baustoffen (Chromstahl), denen gewisse kleine Mengen von Inhibitoren (Zirkonium, Magnesium) zur Unterdrückung des Angriffs der Wismutschmelze zugesetzt sind, befriedigend auszukommen. Offen ist allerdings noch die Frage, ob nicht durch Bestrahlung (Aufnahme von Spaltprodukten) die Wirkung der Inhibitoren geschwächt oder unterdrückt wird [*378*, *420*]. In Versuchen hat sich weiterhin wieder Tantal als brauchbares Rohrmaterial für strömende Wismut-Schmelzen mit bis zu 10 Gew.-% U bei Temperaturen bis 1100 °C bewährt [*421*].

Auch bei Suspensionen von Uran- bzw. Thoriumverbindungen in Wismut- oder Blei-Wismut-Schmelzen (und auch bei Suspensionen von

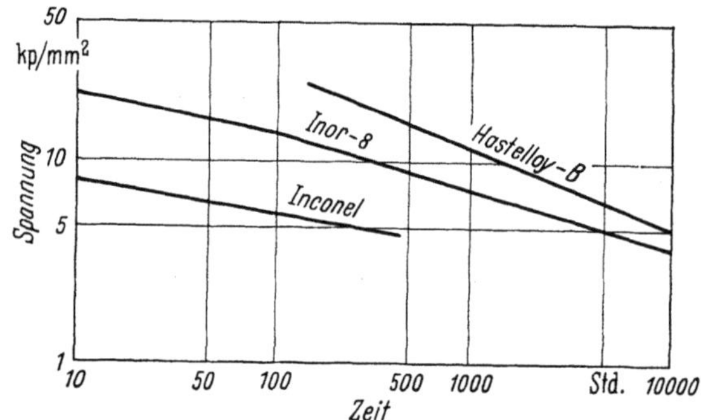

Abb. 375. Hochtemperaturformfestigkeit verschiedener Legierungen in Berührung mit Fluoridschmelzen [*428*]

UO_2 in Alkalischmelzen) wird für die Verträglichkeit mit dem Rohrmaterial vor allem die verwendete Schmelze verantwortlich sein. Zusätzlich können sich in höherem Maße Erosionsprobleme überlagern, als dies bei reinen Schmelzen der Fall ist.

Ebenso ist bei den als Brennstoff vorgesehenen Fluoridgemischen (UF_4 mit Alkali- und Erdalkalifluoriden) nicht Uran der Hauptträger des Korrosionsangriffs, sondern das Fluor. Abb. 375 kennzeichnet die Hochtemperaturfestigkeit einiger Legierungen in Berührung mit Fluoridschmelzen durch Angabe jener Spannung als Funktion der Zeit, in der eine Dehnung von 1% erreicht wird. Man erkennt, daß die schon erwähnte Legierung INOR 8 (15% Mo, 6% Cr, 4% Fe, 0,06% C, Rest Ni) erheblich günstiger liegt als Inconel; sie wird allerdings von Hastelloy B noch übertroffen.

Das Problem des Behältermaterials für Uranylsulfat oder Uranylnitrat ist in ähnlicher Form in der chemischen Industrie wiederholt aufgetreten. Rostfreie austenitische Stähle kommen vor allem in Betracht, wobei allerdings noch der Frage der Strahleneinwirkung auf die Lösung Beachtung zu schenken ist.

Abschließend sollen noch einige Bemerkungen über die Verträglichkeit von Werkstoffen mit keramischen Brennstoffen, UO_2 und UC, gemacht werden. Bei niedrigen Arbeitstemperaturen werden dieselben Schutzhüllenmaterialien verwendet wie für Uran. Mit derartigen Brennstoffen beabsichtigt man aber im Hinblick auf größere Wirtschaftlichkeit des Leistungsreaktors zu sehr viel höheren Reaktortemperaturen vorzuschreiten. Systematische Untersuchungen über die Verträglichkeit von Schutzhüllen in solchen Temperaturbereichen liegen kaum vor. In [*611*] wird die Eignung von Beryllium gegenüber oxydiertem Uran sowie gegenüber U-UC-Cermets verschiedenen Kohlenstoffgehalts bis zu reinem UC geprüft. Bis zu 14tägiger Glühung bei 500 °C wird zwischen Beryllium und Uranoxyd keinerlei Diffusionsschichtbildung beobachtet (gleiches gilt übrigens auch, wenn statt des Urans das Beryllium oxydiert ist). Ab 600 °C treten bereits Schichten auf, die eine Verwendung des Berylliums verhindern. Auch für U-UC-Cermets ist Beryllium für Temperaturen über 600 °C nicht verwendbar.

4. Verträglichkeit mit dem Kühlmittel

Es kann nicht die Aufgabe dieses Punkts sein, das große über das Korrosionsverhalten der Reaktorbaustoffe gegenüber verschiedenen Kühlmitteln vorliegende Versuchsmaterial in aller Breite darzulegen. Nach Möglichkeit soll das Grundsätzliche an Hand typischer Beispiele erörtert werden, wobei wir den Stoff nach den jeweiligen Kühlmitteln gliedern: Wasser, Gase, Metallschmelzen, Salzschmelzen und organische Kühlmittel.

Die Verwendung von *Druckwasser* als Kühlmittel brachte zunächst die überraschende Feststellung, daß die Korrosionsfestigkeit des Reinst-

Tabelle 116. *Änderung von Festigkeit und Dimensionen von Flachzerreißstäben aus Reinstaluminium nach 10tägiger Korrosion in destilliertem Wasser erhöhter Temperatur* [*614*]

Korrosions-temperatur in °C	$\sigma_{0,2}$ in kp/mm²	σ_B in kp/mm²	δ in %	Zunahme von Länge in %	Zunahme von Breite in %
	1,7*	4,8*	48,5*	—	—
100	1,7	4,8	47,0	0	0
105	1,7	3,5	27,5	1,2	0
125	1,2	1,4	4,5	6,6	6,6

*Ausgangswerte

alumimiums bei 230 bzw. 250 °C erheblich geringer ist als die von Reinaluminium, technischem Aluminium und einer Reihe handelsüblicher Aluminiumlegierungen. Als verbessernde Zusätze wurden frühzeitig Nickel und Eisen bzw. Silizium genannt [*612, 613*]. Daß schon bei sehr viel niedrigeren Wassertemperaturen beträchtliche Korrosionsschäden auftreten, geht aus Tab. 116 hervor, welche Festigkeitseigenschaften und Abmessungsänderungen von Flachzerreißstäben aus Reinstaluminium enthält, die einer 10tägigen Einwirkung von destilliertem Wasser bis 125 °C ausgesetzt waren. Schon bei einer Wassertemperatur von 105 °C treten erhebliche Änderungen der Festigkeitseigenschaften und deutliche

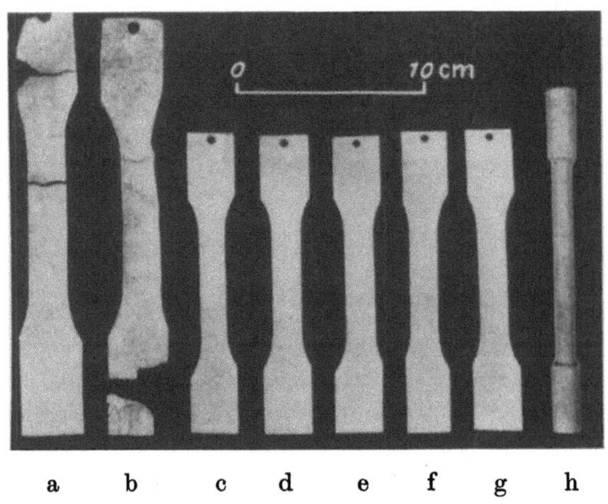

a b c d e f g h

Abb. 376a–h. Zerreißstäbe aus Aluminiumwerkstoffen nach 34stündiger Einwirkung von destilliertem Wasser bei 180 °C (10,2 at) [*614*]
a) Al (99,996%); b) Al (99,996%) + 0,5% Mg; c) Al (99,7%); d) Al (99,3%); e) AlMn (1,08%); f) AlMg 3; g) AlSi 1 (kaltausgeh.); h) GAlSi 12

Dimensionsänderungen auf. Daß unter gewissen Bedingungen sogar schon bei einer Wassertemperatur von 90 °C Anzeichen von Schwächungen zutage treten, wird in [*615*] betont. Auf eine 34stündige Einwirkung von destilliertem Wasser bei 180 °C (10,2 at) bezieht sich Abb. 376. Sie läßt erkennen, daß die Reinstaluminiumprobe eine erhebliche Verlängerung (49%) und Verbreiterung (36%) erlitten hat. Auch der Flachstab aus einer durch Zugabe von 0,5% Mg erhaltenen Legierung zeigt erhebliches Wachsen (25 und 20%). Die übrigen Werkstoffe sind dagegen unverändert geblieben, sie blieben es auch nach einer Erstreckung der Korrosionsdauer bis über 10 Tage. Durch Kaltverfestigung wird die Neigung zu Kornzerfall und Wachstum erheblich verringert. Die Zahlen der Tab. 117 zeigen, daß bei hartgewalztem und halbhartem Ausgangszustand die Dimensionsänderungen auch nach 7tägiger Einwirkung von destilliertem Wasser von 150 °C noch relativ klein bleiben. Der zunächst eintretende Anstieg der Dehnung bei gleichzeitigem Abfall der Festigkeit ist durch die einander entgegen wirkenden Einflüsse von Glühbehand-

Tabelle 117. *Korrosion von Reinstaluminium verschiedener Härte in destilliertem Wasser bei 150°C [614, 616]*

Zustand	Korrosionsdauer in Tagen	$\sigma_{0,2}$ in kp/mm²	σ_B in kp/mm²	δ in %	Zunahme von Länge in %	Zunahme von Breite in %
hartgewalzt	0	11,5	13,0	7,0	—	—
	2	2,6	5,3	18,0	0	0
	5	2,0	4,2	13,0	2,3	1,8
	7	1,7	3,7	12,0	4,8	3,1
halbhartgeglüht	0	6,2	9,2	12,5	—	—
	2	2,6	5,8	24,0	0,5	0
	5	2,5	5,0	17,0	2,6	2,3
	7	1,9	4,1	14,5	4,8	3,0
weichgeglüht	0	1,7	4,8	48,5	—	—
	2	1,6	2,4	15,5	4,0	3,0
	5	—	0,3	2,0	25,7	19,1
	7			zerfallen		

lung und Korrosionsangriff zu erklären. Weichgeglühtes Material zeigt den schon oben beschriebenen raschen Kornzerfall und Zunahme der Abmessungen; nach 7 Tagen war die Probe zerfallen.

Die Aufklärung dieses Korrosionsverhaltens von Reinstaluminium in destilliertem Wasser von hohen Temperaturen wird in [*617*] gegeben. Zunächst wird festgestellt, daß das Wachsen der Proben eng mit der interkristallinen Korrosion zusammenhängt. Abb. 377 zeigt zwei Proben, welche zunächst 3 Stunden in Wasser von 220 °C und anschließend 3 Stunden in Wasser von 250 °C gelagert waren. Die Probe 1 ist ein Einkristall, Probe 2 ein Vielkristall. Der Einkristall zeigt durch den Wasserangriff weder Korrosion noch Deformation, während die vielkristalline Probe erhebliches Wachstum und stärkste Korrosionserscheinungen aufweist. Offenbar ist die Keilwirkung der interkristallin abgelagerten Korrosionsprodukte für das Wachsen verantwortlich.

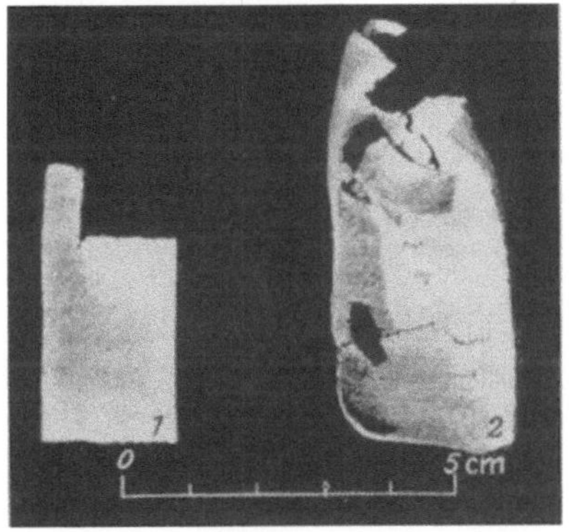

Abb. 377. Korrosion von Reinstaluminium in Druckwasser (3h bei 220 °C + 3h bei 250°C) [*617*]
1 Einkristall; *2* Vielkristall

Metallographische Untersuchungen haben die Mechanismen dieses Korrosionsangriffs erkennen lassen. Zunächst bildet sich ein durchsichtiger kompakter Film einheitlicher Dicke, die anfänglich mit der Zeit ansteigt, schließlich jedoch konstant bleibt. Gleichzeitig und schon von

Beginn des Angriffs an, tritt interkristalline Korrosion zutage, die rasch in die Tiefe fortschreitet. Abb. 378a zeigt eine Aufsicht auf eine 5 Stunden dem Wasserangriff von 165 °C ausgesetzte Probe, Abb. 378b einen Längsschnitt durch dieselbe Probe in sehr viel stärkerer Vergrößerung.

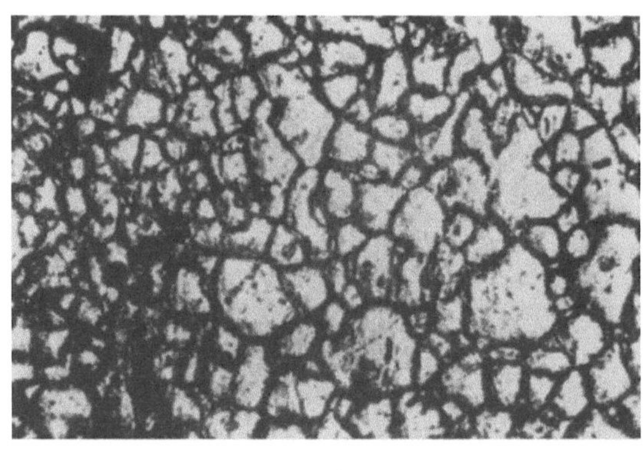

a

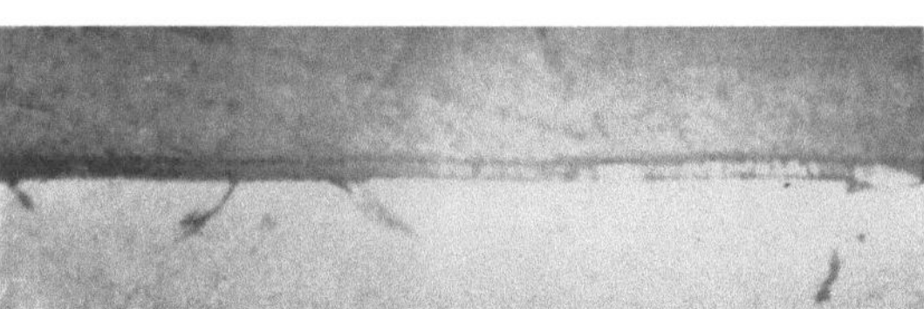

b

Abb. 378a u. b. Korrosion von Reinstaluminium in Druckwasser (5h bei 165 °C) [617]
a) Aufsicht, $V \sim 70$; b) Schnitt, $V \sim 650$

Während das erste Bild nur den interkristallinen Angriff erkennen läßt, zeigt das zweite Bild die Deckschichtbildung und einzelne Bereiche interkristalliner Korrosion. Die Tiefe dieses Angriffs wächst rasch und etwa proportional mit der Zeit. Abb. 379 zeigt, daß bei Verlängerung der Angriffsdauer die interkristalline Oxydation einzelne Körner völlig aus der Umgebung loslöst. Mit dem interkristallinen Angriff kann die Bildung von Wasserstofftaschen verknüpft sein, die zu einer Reliefbildung in einer anscheinend unversehrten Oberfläche führen (Abb. 380). Die Gefahr der interkristallinen Korrosion geht aus den gezeigten Beispielen eindeutig hervor. Eine dritte Form des Angriffs ist lokaler Lochfraß. Er beendet das kontinuierliche und gleichmäßige Wachstum der Deckschicht und führt dazu, daß die Oberfläche körniges Aussehen zeigt. Nach 10stündiger Beanspruchung im Wasser von 165 °C ist der Lochfraß noch nicht auf die ganze Oberfläche ausgedehnt, wohl aber nach 30stündiger.

Über die Kinetik dieser drei Angriffsarten gibt Abb. 381 Aufschluß, die für den Angriff von Reinstaluminium in Wasser von 165 °C gilt.

In zahlreichen Untersuchungen wurde versucht, durch geeignete Zusätze Aluminium für die Verwendung im Druckwasserreaktor geeignet zu

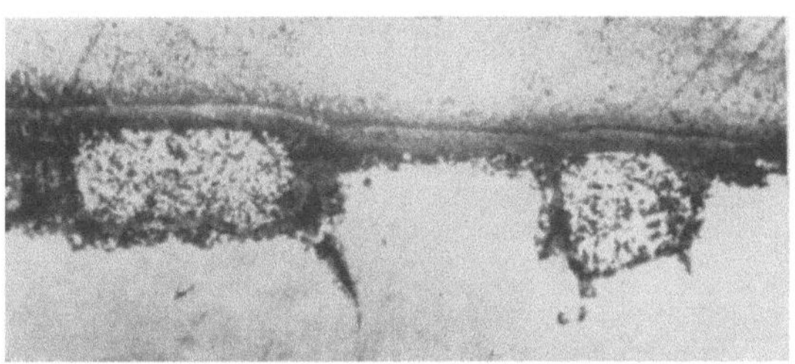

Abb. 379. Schnitt durch Reinstaluminiumproben nach 10stündigem Angriff von Wasser von 165 °C; $V \sim 250$ [*617*]. (Die durch interkristalline Korrosion von ihrer Umgebung isolierten Körner werden durch elektrolytisches Polieren nicht geglättet)

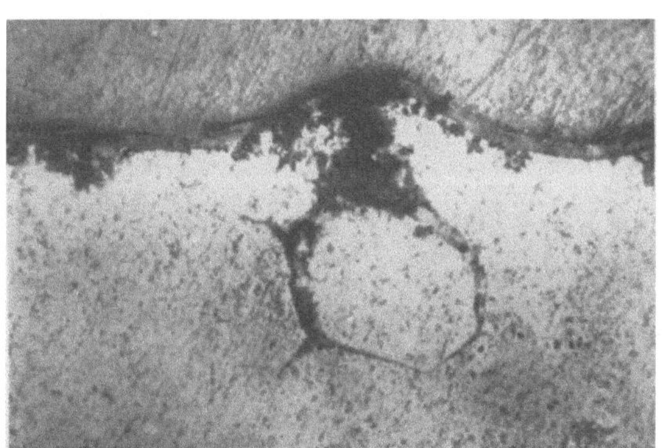

Abb. 380. Interkristalliner Angriff und Bildung einer Gastasche nach 30stündiger Heißwasserkorrosion einer Reinstaluminiumprobe bei 165 °C; $V \sim 160$ [*617*]

machen. Einerseits wurde von der Beobachtung ausgegangen, daß 99,5%iges Aluminium dem Reinstaluminium sehr überlegen ist. Da die Hauptbeimengungen in dieser Sorte Eisen und Silizium sind, wurde systematisch der Gehalt dieser beiden Elemente variiert. Anderseits wurde die Wirkung von Eisen- und Nickelzusätzen geprüft. Da durch diese das Absorptionsvermögen der Legierung für thermische Neutronen ansteigt, trachtete man naturgemäß mit möglichst geringen Prozentsätzen das Auslangen zu finden. In [*618*] wurde in der Aluminiumecke des ternären Diagramms Aluminium-Eisen-Silizium ein Gebiet abgegrenzt, in dem bei Korrosion in Wasser von 200 °C keine interkristalline Korrosion auftritt. Als Beispiel seien Legierungen der Zusammensetzungen 0,7% Fe und 0,18% Si sowie 1% Fe und 0,35% Si genannt.

Die Grundlage für die Schutzwirkung der Eisen-Silizium-Beimengungen ist das Auftreten kathodischer Gebiete in der anodischen Grundmasse [*619*]. Dieses Prinzip bewährt sich auch bei den Aluminium-Eisen-Nickel-Legierungen. Hier ist es die intermetallische Verbindung $FeNiAl_9$, die in feinkörniger und gleichmäßiger Verteilung für den Korrosionsschutz verantwortlich ist. Dies würde bedeuten, daß die Gehalte von Eisen und Nickel einander gleich sein sollten [*620*]. Um die gewünschte Feinkörnigkeit und die gleichmäßige Verteilung der Ausscheidungen zu erzwingen, können kornverfeinernde Zusätze, wie Titan oder Zirkonium, benutzt werden. Weiterhin kann durch entsprechende Kaltbearbeitung oder schließlich durch pulvermetallurgische Herstellung die gewünschte Gefügebildung angestrebt werden [*621*].

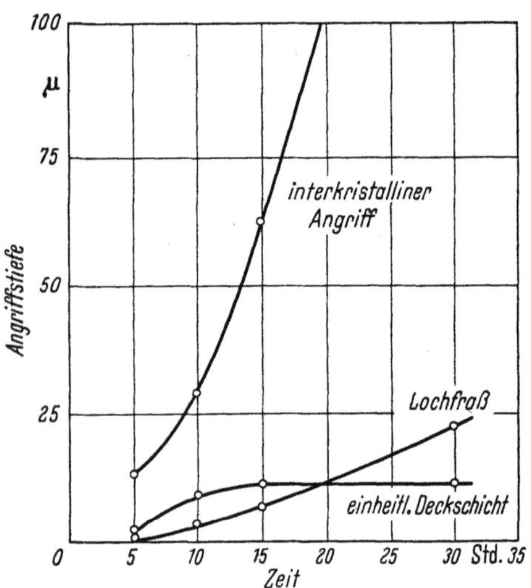

Abb. 381. Kinetik der Heißwasserkorrosion von Reinstaluminium bei 165 °C [*617*]

Am bekanntesten für die Verwendung in Wasser hoher Temperaturen ist eine Legierung, welche die amerikanische Bezeichnung X 8001 trägt und durch Zugabe von 1% Ni zu technisch reinem Aluminium erhalten

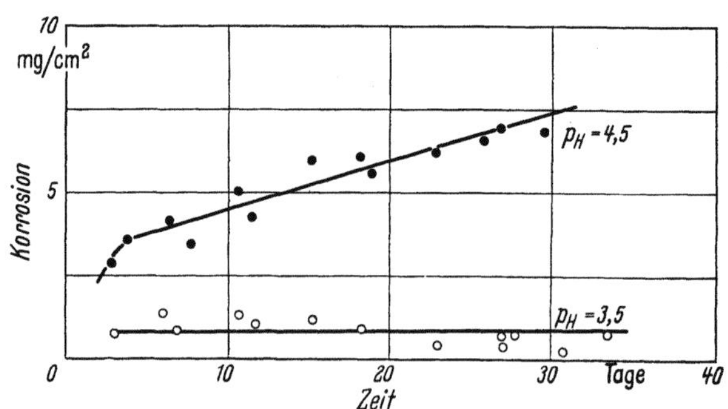

Abb. 382. Einfluß von Phosphorsäure auf die Heißwasserkorrosion (290 °C) der Legierung X8001 [*622*]

wird [*622*]. Für die Zusammensetzung wird angegeben: Ni 0,9 bis 1,3%, Fe 0,45 bis 0,7%, Si < 0,17%, Cu < 0,15%, Li < 0,008%, Cd < 0,003%, Co < 0,001% und B < 0,001% [*679*]. Schematisch wird das Verhalten von

X 8001 in Druckwasser hoher Temperatur in [623] in folgender Weise zu deuten versucht. Die auf dem Metall gebildete Deckschicht setzt sich aus drei Zonen zusammen. Die äußerste besteht aus Böhmit ohne Einlagerungen, die mittlere aus Böhmit mit eingelagerten $FeNiAl_9$-Ausscheidungen und die unterste aus amorphem Al_2O_3. Dies ist die Trennschicht, durch die Al^{+++}-Ionen nach außen wandern und zur Verstärkung dieser Trennschicht beitragen. Abgebaut wird die Trennschicht durch Übergang des Al_2O_3 in Böhmit durch Reaktion mit Wasser oder OH^--Ionen, deren Anlieferung durch die Dicke und Dichtigkeit der beiden Böhmitschichten reguliert wird.

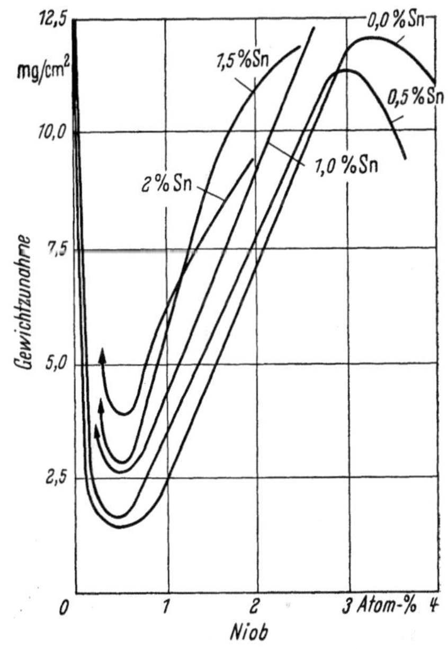

Abb. 383. Gewichtszunahme in 4000^h von ternären Zr-Nb-Sn-Legierungen in Wasserdampf von 400 °C und 250–300 at [567]

Nicht nur durch Wahl geeigneter Zusammensetzungen hat man die Heißwasserkorrosion des Aluminiums bekämpft, sondern auch durch Verwendung von Inhibitoren. Als Beispiel zeigt Abb. 382 den Einfluß von Phosphorsäure auf die Korrosion von X 8001 bei 290 °C in Wasser. Bei einem p_H-Wert von 3,5 ist eine Stabilisierung bis über 30 Tage eingetreten. Dies führt zu der Annahme, daß das Hydroxyl-Ion der aktive korrodierende Bestandteil ist.

In strömendem Wasser von hoher Temperatur ist der Korrosionsangriff erheblich lebhafter als im statischen Korrosionsversuch. Durch Verwendung der Legierung X 8001 und Verwendung von Phosphorsäure-Inhibitoren zur Erzielung eines p_H-Werts von 3,5 (bei Raumtemperatur) scheint jedoch auch bei dynamischer Korrosion bei hoher Temperatur (315 °C) ausreichende Sicherheit vorhanden zu sein.

Durch Strangpressen von Pulvergemischen aus X 8001 mit Zugabe von $AlPO_4$, Al_2O_3 oder SiO_2 wurden Proben erhalten, die bei 290 °C ebenso korrosionsfest sind wie geknetetes X 8001, dieses jedoch in den Festigkeitswerten übertreffen. Durch Einlegieren von etwa 6 bis 10% Cu in X 8001 konnte jedoch auch bei Knetmaterial gleiches Verhalten erzielt werden, so daß es durchaus möglich erscheint, Aluminium als Behältermaterial für den Druckwasserreaktor verwenden zu können [622].

Die Bemühungen, Zirkonium durch Zusätze gegenüber Heißwasserangriff beständiger zu erhalten, sind schon in IV E 1 angedeutet worden.

Hier soll nur noch durch zwei Abbildungen auf wichtige Ergebnisse der systematischen Entwicklungsarbeiten hingewiesen werden. Abb. 383 bringt das Korrosionsverhalten von ternären Zirkonium-Niob-Zinn-Legierungen gegenüber Wasserdampf von 400 °C. Man entnimmt der Abbildung, daß bei den verwendeten Zinngehalten bis 2% eine verbessernde Wirkung von Niobzusätzen nur im Bereich sehr kleiner Anteile (etwa 0,5 At.-%) auftritt; Erhöhung des Niobgehalts führt wieder zu stärkeren Gewichtszunahmen. Ähnliche Befunde wurden auch mit Molybdänzusätzen zu binären Zirkonium-Zinn-Legierungen erhalten. Abb. 384

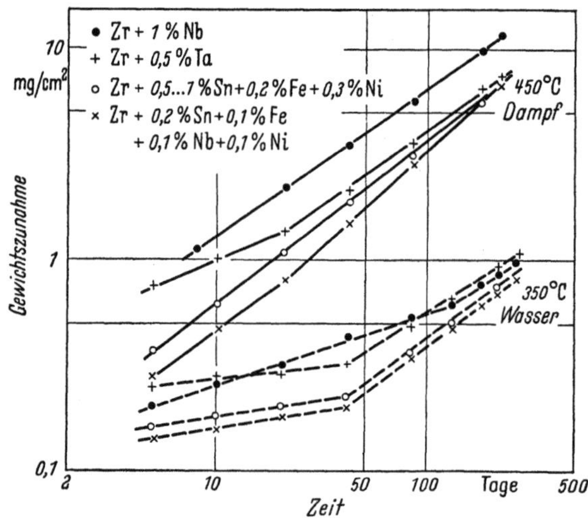

Abb. 384. Korrosion von Zirkoniumlegierungen in Wasser von 350 °C und überhitztem Dampf von 450 °C [*565*]

gibt für eine Reihe weiterer binärer und quarternärer Legierungen die Gewichtszunahmen bei Beanspruchung bis etwa 6000 Stunden in Wasser von 350 °C und überhitztem Dampf von 450 °C. Die sich gegenüber Wasser und Dampf am günstigsten verhaltende Legierung mit 0,2% Sn und je 0,1% Fe, Nb und Ni wird als „Ozhennite-0,5“ bezeichnet. Der in den Kurven der Abb. 384 auftretende Knick, der erstmals in [*624*] beschrieben ist, ist mit einer Veränderung des Aussehens der auf den Proben gebildeten Deckschicht verbunden. Der zunächst dünne schwarze Film geht in einen gesprenkelten grauen Film von geringerer Schutzwirkung über („breakaway“). Röntgenographisch erweisen sich beide Filme als monoklines ZrO_2. Die Zeit bis zum Eintritt rascherer Gewichtszunahme wird vielfach als Maß für die Korrosionsfestigkeit von Zirkoniumlegierungen angesehen [*625*]. Als Beispiel sind in Tab. 118 die Ergebnisse von Korrosionsversuchen verschiedener Zirkoniumlegierungen in Wasser von 350 °C und in Wasserdampf von 480 und 650 °C zusammengestellt. Bei

Wasserkorrosion erweist sich Zircaloy-2 den Vergleichslegierungen erheblich überlegen. Die Zeit bis zum Eintritt der rascheren Oxydation übersteigt die der anderen Legierungen erheblich. Gegenüber Wasserdampf liegen dagegen die Cu- und Mo-haltigen Legierungen an der Spitze. Dieses Ergebnis ist deshalb interessant, weil diese Legierungen bei Heißwasserkorrosion sehr ungünstiges Verhalten zeigen. Für das Korrosions-

Tabelle 118. *Korrosion von Zirkoniumlegierungen in Wasser (360 °C) und Wasserdampf (480 und 650 °C)* [*626*]

Legierung	Zeit für Übergang in Stunden			Gewichtsverlust* in mg/dm²			Korrosionsgeschwindigkeit** in mg/dm² h		
	360 °C	480 °C	650 °C	360 °C	480 °C	650 °C	360 °C	480 °C	650 °C
Zircalloy-2	2760	240	4	35	60	100	0,017	0,2	30
Zr + 1 % Nb	—	40	20	—	35	200	—	0,6	17
+ 2,5% Nb	240	—	5	30	—	110	0,033	—	18
+ 2,5% Nb + 0,5% Sn	720	40	2	40	90	100	0,038	0,6	40
+ 2,5% Nb + 1,5% Sn	360	40	2	25	80	90	0,046	0,7	55
Zr + 0,5% Cu	—	$>$ 1440	300	—	—	400	—	—	16
+ 0,5% Cu + 0,5% Mo	—	$>$ 1440	700	—	—	700	—	—	—
+ 1 % Cu + 1,5% Mo	—	$>$ 1440	360	—	—	400	—	—	20

* Bis zum Zeitpunkt des Übergangs (breakaway).
** Für den Bereich nach Übergang.

verhalten der Zirkoniumlegierungen ist also Temperatur- und Druckbereich sowie der Zustand des Angriffsmittels von Bedeutung; eine Kurzprüfung durch Verschärfung von Temperatur- und Druckbedingungen läßt daher keine Schlüsse auf das Verhalten unter anderen Bedingungen zu.

Austenitischer Chrom-Nickel-Stahl, hoch Ni-haltige und Co-reiche Legierungen zeigen allgemein befriedigende Korrosionsfestigkeit in Wasser im Temperaturbereich von 260 bis 360 °C. Für normale und für durch Niob stabilisierte 18/8-Stähle werden für Angriff durch entgastes Wasser im Temperaturbereich von 316 bis 360 °C mittlere Korrosionsgeschwindigkeiten zwischen 3 und 5 mg/dm² · 500 h angegeben. Durch geringe Wasserstoffgehalte des Wassers wird die Korrosionsgeschwindigkeit nicht beeinflußt, wohl aber treten in sauerstoffhaltigem Wasser höhere Korrosionsgeschwindigkeiten auf. Für Nickel (99,4%), Inconel, Carpenter-Legierung 20 (29% Ni, 20% Cr, 3% Cu, 2% Mo, 1% Si, Rest Eisen) werden für Beanspruchung durch Wasser von 316 °C ebenfalls mittlere Korrosionsgeschwindigkeiten von 5 mg/dm² · 500 h angegeben. Weniger befriedigend ist das Verhalten von Kohlenstoffstählen und Chromstählen (0,25 bis 5,0% Cr); Korrosionsgeschwindigkeiten von 28 bis 56 mg/dm² in 500 Stunden werden genannt [*627*].

Für Inconel wird in [*628*] darauf hingewiesen, daß sein Verhalten in ruhendem entgastem und gereinigtem Wasser von 150 °C und in strömendem Wasser von 290 °C (Bedingungen, welche für Komponenten von Regelstäben bzw. für Konstruktionswerkstoffe im Reaktor vorliegen) völlig befriedigend sei. Mitgeprüft wurden Verbindungen mit austenitischen Stählen, Armcoeisen, Reinnickel (99,4%), verschiedenen Nickellegierungen und Zircaloy-2, wobei sich keine Beschleunigung des Angriffs einer der Komponenten zeigte. Auch Kaltbearbeitung ändert die Korrosionsfestigkeit nicht. Durch Wasserstoffglühung nach Oberflächenbearbeitung wird die Widerstandsfähigkeit gegenüber Korrosion noch erhöht. Diesen Befunden steht eine Untersuchung entgegen, welche die

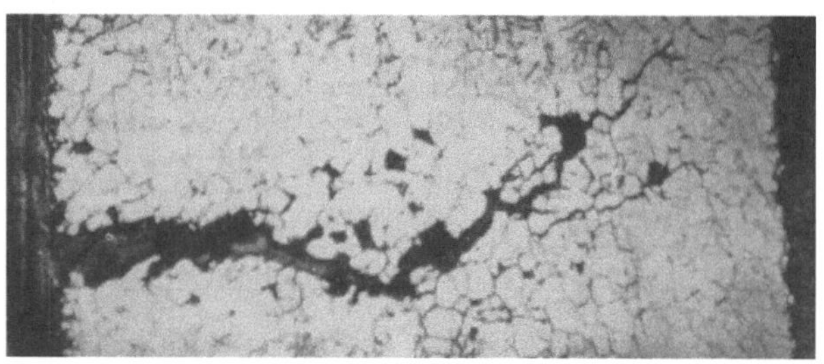

Abb. 385. Interkristalline Korrosion von Inconel nach 90tägiger Einwirkung von Wasser von 350 °C; $V \sim 70$ [*629*]

Spannungskorrosion verschieden vorbehandelter Inconelproben in reinem Wasser bei 350 °C prüft [*629*]. Während es bekannt ist, daß die austenitischen 18/8-Stähle unter diesen Umständen empfindlich sind, hat man Inconel auch hiergegen als beständig angesehen. Das Ergebnis dieser Untersuchung, die eine 120- bzw. 90tägige Beanspruchung umfaßt, beweist jedoch, daß auch Inconel unter den gewählten Bedingungen Spannungskorrosion zeigt. Abb. 385 zeigt die Ausbildung eines Risses durch die ganze Dicke der Probe. Deutlich erweist sich der Einfluß der Spannung: an der gedehnten Seite klafft ein weiter Riß, während an der gedrückten Seite die interkristalline Korrosion erheblich schwächer ist. Gelegentlich verläuft der vornehmlich entlang der Korngrenzen sich ausbildende Riß auch transkristallin durch einzelne Körner hindurch.

Unter den *gasförmigen* Kühlmitteln nimmt Kohlendioxyd einen bevorzugten Platz ein. Um mit natürlichem Uran als Brennstoff auszukommen, müssen Schutzhüllen möglichst geringer Neutronenabsorption verwendet werden. Hierfür rückt das Magnesium sehr in den Vordergrund, da Aluminium ohne Verwendung einer Trennschicht mit Uran nur bis zu etwa 230 °C verträglich ist, Magnesium dagegen bis 500 °C keinerlei störende Diffusionsschichten ausbildet. In verschiedenen europäischen Staaten vorgenommene Entwicklungsarbeiten trachteten das Magnesium durch geeignete Zusätze in mechanischer und korrosionschemischer Hinsicht zu verbessern. Aus thermodynamischen Gründen müßte Magnesium CO_2 reduzieren. Durch Bildung einer Deckschicht wird das Metall jedoch

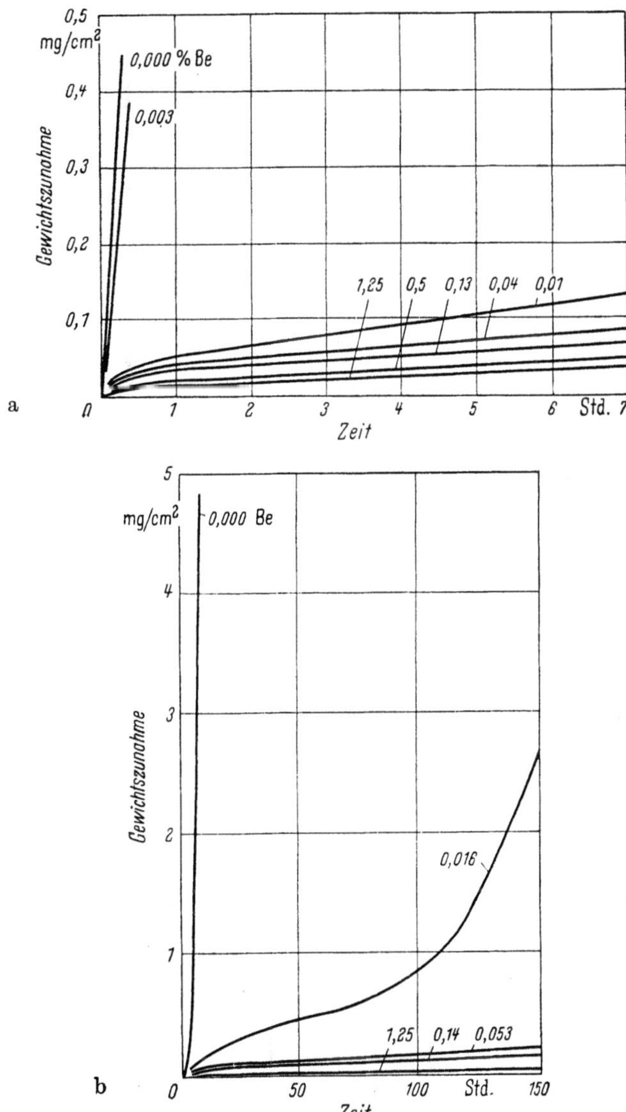

Abb. 386a u. b. Oxydation von Magnesium-Beryllium-Legierungen bei hohen Temperaturen [*631*]
a) in Luft von 550 °C; b) in CO_2 von 580 °C

geschützt und seine Oxydation außerordentlich verlangsamt. Als Ergebnis der Entwicklungsarbeiten sind vor allem einerseits Be-haltige Legierungen zu nennen, andererseits Zr-haltige. Daß Beryllium in kleinen

Mengen (0,005 bis 0,01%) einen außerordentlichen Oxydationsschutz für Magnesiumschmelzen bildet, war bekannt [*630*]. Aber auch im festen Zustand erweist sich eine Magnesium-Beryllium-Legierung oxydationsfester als Reinmagnesium. Wenn auch in der zunächst gebildeten Oxydschicht das Verhältnis von Magnesium zu Beryllium dasselbe ist wie in der Legierung, so reichert sich die Oxydschicht doch sehr bald durch bevorzugte Diffusion des Berylliums an die Oberfläche (kleinerer Atomradius des Be) stärker mit Beryllium an, dessen Gehalt bis auf 50% steigen und damit einen ausgezeichneten Schutz darstellen kann. Abb. 386 zeigt die Schutzwirkung des Berylliums bei einer Beanspruchung der Legierungsproben bei hohen Temperaturen in Luft und in CO_2. Bei den Versuchen in Luft tritt eine außerordentliche Abnahme der Oxydationsgeschwindigkeit ein, wenn 0,01% Be einlegiert wurde. Bei weiterer Steigerung des Berylliumgehalts nimmt die Oxydationsgeschwindigkeit weiter ab, jedoch nur mehr in erheblich geringerem Ausmaß.

Tabelle 119. *Zusammensetzung von Magnox-Legierungen*

	Legierungszusätze Be	Ca	Al
	in Gew.-%		
Magnox 1	0,01	0,2	0,5
Magnox E	0,05	0,1	1,0
Magnox A.12	0,01	—	0,8

Beryllium ist auch der wesentliche Zusatz in den Magnox-Legierungen, für deren Zusammensetzung Tab. 119 einige Beispiele bringt. Der Aluminiumgehalt in diesen Legierungen liegt innerhalb der Mischkristallgrenze, er dient zur Härtung des Grundmischkristalls. Auf einen Kalziumgehalt ist in der heute vorwiegend verwendeten Magnox A.12-Legierung verzichtet worden, trotz der durch diesen Zusatz bedingten Stabilisierung der Deckschicht, da dadurch Schwierigkeiten beim Schweißen entstehen. Zur Illustration des Kriechverhaltens des Magnox A.12 und der Abhängigkeit von der Korngröße bringt Tab. 120 einige Versuchsergebnisse. Man erkennt, daß bei 200 °C Proben mit feinkörnigem Gefüge rascher fließen als solche mit gröberem Korn. Bei 450 °C kehren sich die Verhältnisse um, bei 400 °C sind die Ergebnisse uneinheitlich. Zur Deutung dieses Verhaltens wird auf Korngrenzenplastizität und auf eine in [*632*] beobachtete und heute noch nicht befriedigend aufgeklärte Hohlraumbildung an den Stoßstellen mehrerer Körner hingewiesen.

Bei den Magnesium-Zirkonium-Legierungen steht offenbar die kornfeinende Wirkung des Zirkoniums im Vordergrund. Außer Gehalten von etwa 0,6 bis 0,7% Zr wird gelegentlich auch noch Zink in Konzentrationen von 0,8 bis 1,2% einlegiert. Diese Zn-Gehalte gehen in Magnesium in feste Lösung und bewirken dadurch eine gewisse Festigkeitssteigerung. Hinsichtlich der Oxydation an Luft unterscheiden sich die Magnesium-Zirkonium- und die Magnesium-Zirkonium-Zink-Legierungen nicht von Reinmagnesium. Die statische Korrosion in trockenem CO_2 von 15 at

Druck wird in Abb. 387 für Reinmagnesium und die Legierungen Mg-Zr und Mg-Zr-Zn für 400, 500 und 550 °C dargestellt. Die Abbildung zeigt, daß zwar die Legierung Mg-Zr bis zu 500 °C eine geringe Verbesserung gegenüber Reinmagnesium bringt, daß dagegen Mg-Zr-Zn jedenfalls

Tabelle 120. *Kriecheigenschaften von Magnox A.12 für verschiedene Korngrößen* [578]

Temperatur in °C	Spannung in kp/cm²	Korngröße in mm	Zeit in Stunden für Verlängerung um 1%	5%	10%
200	1,92	0,6 -3,0	132	—	—
		0,15–0,3	76	1015	1955
		0,04–0,08	24	190	400
		< 0,03	3,5	27	63
400	0,25	0,6 -3,0	13	74	185
		0,15–0,3	—	39,5	76
		< 0,03	10	48	92
450	0,16	0,6 -3,0	—	101	247
		0,15–0,3	19	245	678

schon bei 500 °C und höheren Temperaturen deutlich ungünstigere Korrosionsfestigkeit aufweist. Erfolgt die Beanspruchung in feuchter Kohlensäure, so erweist sich CO_2 als Inhibitor: eine Mg-Zr-Probe widersteht einer Erhitzung auf 450 °C mehrere Tage lang, während eine gleiche Probe in feuchter Luft gleicher Bedingungen erheblichen Angriff erleidet.

Auf die Temperaturabhängigkeit der Zugfestigkeit des Magnesiums und der Legierungen Mg-Zr (0,6%) und Mg-Zr-Zn (0,6% Zr, 0,9% Zn) bezieht sich Abb. 388. Der durch Hinzufügen des Zinks eintretende Verfestigungseffekt tritt aus der Abbildung klar hervor. Vergleichende Kriechversuche ergeben, daß bei niedrigen Temperaturen (300 bis 350 °C) in breitem Spannungsbereich und bei höheren Temperaturen (400 °C) bei niedrigen Spannungen keine wesentlichen Unterschiede zwischen Reinmagnesium und den beiden Vergleichslegierungen bestehen. Bei 400 °C

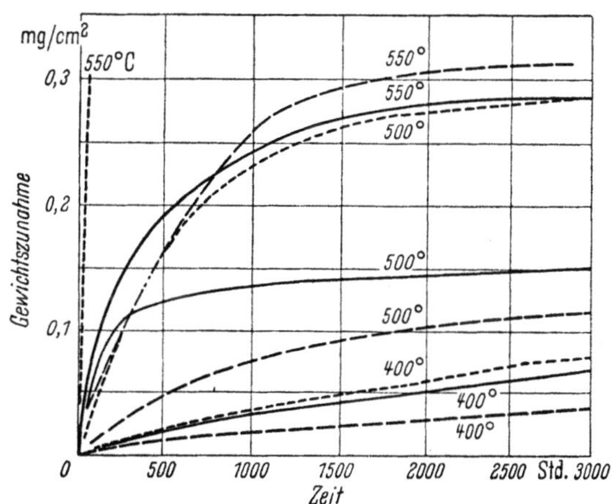

Abb. 387. Statische Korrosion von Mg, Mg-Zr- und Mg-Zr-Zn-Legierungen in heißer trockener Kohlensäure von 15 at [633]
——— Mg; — — — Mg-Zr; - - - Mg-Zr-Zn

und relativ hohen Fließspannungen treten dagegen recht erhebliche Unterschiede zutage, wie Abb. 389 erkennen läßt. Reinmagnesium erweist sich den beiden Legierungen deutlich überlegen, insbesondere wenn es in gesinterter Form vorliegt.

Zusammenfassend kann hervorgehoben werden, daß sowohl Magnesium als auch einige niedrig legierte Magnesiumwerkstoffe (Mg-Be, Mg-Zr)

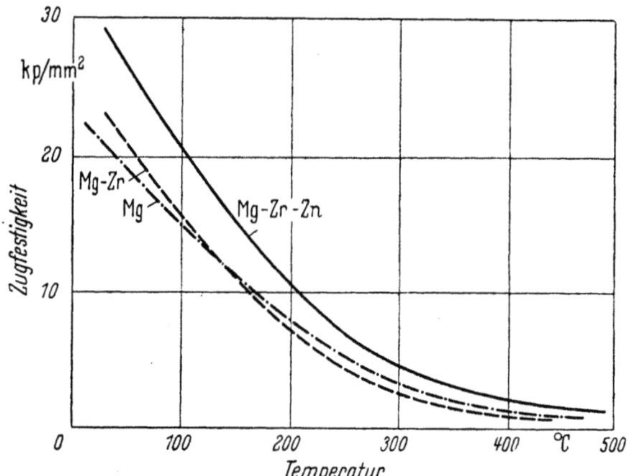

Abb. 388. Temperaturabhängigkeit der Zugfestigkeit von Mg, Mg-Zr- und Mg-Zr-Zn-Legierungen [*634*]

vom Standpunkt der Korrosionsfestigkeit aus in kohlendioxydgekühlten Reaktoren bis mindestens 450 °C eingesetzt werden können.

Miteingezeichnet in Abb. 389 sind Fließkurven einer Magnesium-Zer-Legierung und einer Magnesium-Thorium-Zirkonium-Zink-Legierung. Sie zeigen, daß die beiden Legierungen unter den herrschenden Versuchsbedingungen günstiges Fließverhalten aufweisen. Günstige Kriecheigenschaften in der Wärme wurden auch bei binären Magnesium-Mangan- (1 bis 1,5% Mn) und ternären Magnesium-Zer-Mangan-Legierungen (~ 1% Ce, 0,8% Mn) beobachtet [*568*].

Über das Verhalten von Kohlenstoffstählen und niedrig legierten Stählen sowie austenitischen Chrom-Nickel-Stählen in CO_2 unter 25 at Druck im Temperaturbereich von 350 bis 600 °C wird in [*635*] berichtet. Aus dem Verlauf der Gewichtszunahme als Funktion der Zeit wird auf den Einfluß der verschiedenen Zusatzelemente geschlossen. Die unlegierten Stähle scheinen bis 400 °C gut verwendbar, geringe Zusätze (2 bis 3%) von Chrom, Nickel oder Aluminium bringen deutliche Verbesserungen. Es scheint möglich, den Temperaturbereich dadurch bis 500 °C zu erstrecken. Als besonders wirksamer Zusatz erweist sich Aluminium; seine Zugabe ist unerläßlich, um schwach legierte Stähle bis 600 °C verwendbar zu machen. Die Verwendung der austenitischen Chrom-Nickel-Stähle scheint vom Standpunkt der Korrosionsfestigkeit aus auch langzeitig bei 600 °C möglich. Die in diesem Fall mituntersuchten dünnen Röhrchen von 0,15 mm Dicke zeigten jedoch deutlich schlechteres Verhalten als die übrigen Proben von 3 mm Stärke. Die träge interkristalline Karbidausscheidung, welche die mechanischen Eigenschaften und die Dichtigkeit der Röhrchen beeinflußt, erfordert weitere Prüfung. Ebenfalls mit der Verträglichkeit austenitischer Chrom-Nickel-Stähle mit CO_2 befaßt sich eine Untersuchung, welche die Proben bei 675 °C dem Angriff von CO_2 unter 15 at Druck und Strömungsgeschwindigkeiten bis zu 30 m/sek aussetzt [636]. Die Bedeutung der Oberflächenbehandlung des Stahls für die Widerstandsfähigkeit tritt hierbei klar hervor. Als besonders wertvoll hat sich ein Oberflächendrücken geätzter Proben durch Bestrahlung mit in Wasser aufgeschlemmtem Al_2O_3 erwiesen. Feuchtigkeitsgehalte der Kohlensäure bis zu 2% haben wenig Einfluß auf die Angriffsgeschwindigkeit. Mit Erhöhung des Drucks und der Strömungsgeschwindigkeit steigt der Angriff. Die auf einer Reihe von Proben sich bildenden Oxydschichten wurden röntgenographisch und metallographisch untersucht. Eine Erklärung des Einflusses von Druck und Geschwindigkeit wird ebenso wie für die Bedeutung des Einflusses der Oberflächenbeschaffenheit durch Verschiedenheiten der sich jeweils auf der Oberfläche bildenden Oxydschicht gegeben.

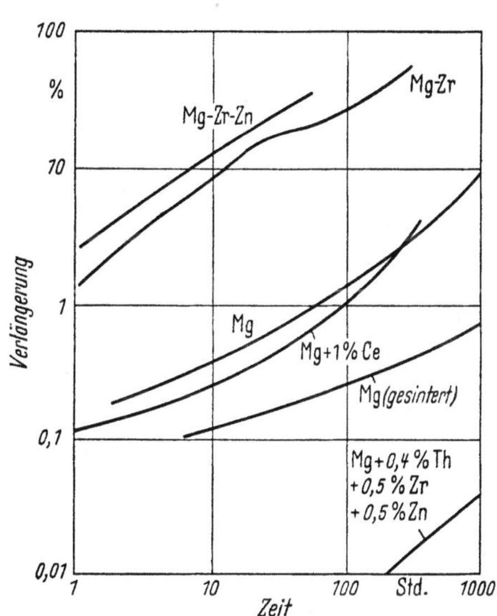

Abb. 389. Fließkurven von Reinmagnesium und Magnesiumlegierungen bei 400 °C unter 0,2 kp/mm² Spannung [634]

Auf Grund der Absicht, Beryllium als Schutzhüllenmaterial in einem kohlendioxydgekühlten Reaktor hoher Temperatur zu verwenden, wurden Versuche über die Verträglichkeit dieses Metalls mit feuchtem CO_2 bei 700 °C durchgeführt [637]. Das Probenmaterial war einerseits durch Strangpressen elektrolytisch hergestellten Pulvers, anderseits durch Vakuumguß hergestellt und auf verschiedene Weise oberflächenbehandelt worden. Es ergab sich, daß die Gewichtszunahme als Funktion der Zeit, ähnlich wie dies bei Zirkonium beschrieben worden ist, ein „breakaway" aufweist. Die Zeit bis zu seinem Eintritt ist bei dem vakuumgegossenen Material sowohl mit geschliffener als auch mit geätzter Oberfläche sehr kurz. Am günstigsten verhielten sich die aus gepreßten Stangen entnommenen Proben mit geschliffener Oberfläche. Durch Röntgenuntersuchungen wurde die Natur der sich bildenden Deckschicht als BeO erkannt; metallographisch wurde noch eine weitere Phase in den beanspruchten Proben festgestellt, deren Natur jedoch nicht ermittelt werden konnte, die aber als Hydrid vermutet wird. Eine Beantwortung der Frage der Verwendbarkeit des Berylliums unter den angegebenen Bedingungen ist auf Grund der bisherigen Ergebnisse noch nicht möglich.

Über das Verhalten von Magnesium-Beryllium und Magnesium-Zirkonium-Legierungen gegenüber Luft wurde schon oben kurz berichtet. Hier sei noch auf eine Untersuchung hingewiesen, welche die Möglichkeit der Erhöhung der Widerstandsfähigkeit von Reinmagnesium gegenüber feuchter Luft prüft [*638*]. Es ergab sich, daß es durch zwei Verfahren möglich ist, die unter diesen Bedingungen für Reinmagnesium gültige Grenztemperatur von 350 °C erheblich (auf 490 bis 500 °C) zu erhöhen. In beiden Fällen handelt es sich um Ausbildung einer Oberflächenschutzschicht, in der neben Magnesiumoxyd Magnesiumfluorid enthalten ist. Erreicht wird dies entweder durch Hinzugabe einer geringen Menge von Flußsäure zur Atmosphäre (0,003 mg/dm^3 bei Normaldruck) oder durch Behandlung des Magnesiums vor dem Einbau mit einer verdünnten wässerigen Lösung von Salpetersäure und Flußsäure.

Interessant ist eine Entwicklung, die Eisen-Aluminium-Chrom-Legierungen betrifft, die durch ihre hohe Oxydationsbeständigkeit, gleichzeitig aber auch durch ihre Sprödigkeit bekannt sind. Veranlassung für diese Arbeiten waren die guten kernphysikalischen Eigenschaften (bedingt durch den niedrigen Absorptionsquerschnitt von Aluminium), die eine Verwendung als Schutzhüllenmaterial in gasgekühlten Hochtemperaturreaktoren möglich erscheinen ließen [*639*, *640*]. Bei der Entwicklung wurden eine Bruchdehnung von mindestens 10% bei Raumtemperatur, eine Zunderfestigkeit, gekennzeichnet durch eine Oxydationsgeschwindigkeit kleiner als 0,1 mm/Jahr in Luft bei 870 °C, eine Kriechfestigkeit, gekennzeichnet durch weniger als 1% Dehnung in 10000 Stunden bei einer Spannung von 0,35 kp/mm^2 wieder bei 870 °C, angestrebt. Das bisherige Ergebnis ist eine Legierung mit 7,5 Gew.-% Al, 5% Cr, 4% Nb, 0,75% Zr, Rest Eisen, welche die Anforderungen hinsichtlich Verformbarkeit und Oxydationsfestigkeit erfüllt, allerdings noch eine drei bis vierfach größere Kriechgeschwindigkeit ausweist als die angestrebte. Der Ausdehnungskoeffizient der Legierung liegt zwischen den von ferritischen und austenitischen rostfreien Stählen.

Zum Abschluß dieser Betrachtungen über die bei Gaskühlung auftretenden Werkstoff-Fragen sei noch auf ein Problem hingewiesen, das bei der Verwendung von Helium als Kühlmittel auftritt. Korrosionsgefahren sind in diesem Fall auch bei sehr hohen Temperaturen durch die chemische Trägheit des Gases weitgehend zurückgedrängt. Als neu zu lösende Aufgabe tritt jedoch die nach Sicherstellung völliger Gasundurchlässigkeit der Behälterwerkstoffe, insbesondere auch der Schweißnähte hervor. Es ist bekannt, daß Helium nicht nur befähigt ist, durch engste Poren und Risse zu dringen („Leak-Prüfer"), sondern daß es auch durch kompakte Festkörper (z. B. Glas) diffundieren kann.

Das Beobachtungsmaterial über die Verträglichkeit der Konstruktionswerkstoffe mit *Metallschmelzen* ist heute schon außerordentlich reichhaltig. Eingehend wird darüber in [*529, 641, 419*] berichtet. Hier ausführlich darauf einzugehen ist unmöglich, es können nur einzelne besonders wichtige und charakteristische Fälle besprochen werden.

Die Korrosionsprobleme in Metallschmelzen sind im allgemeinen verwickelter als die in wässerigen Lösungen. Die in Betracht kommenden Vorgänge sind Lösung von Komponenten des Behältermaterials in der Schmelze, Legierungsbildung, interkristallines Eindiffundieren von Schmelze, Korrosion durch schädliche Beimengungen in den Schmelzen, Erosion und Materialtransport. Die beiden ersten Arten des Angriffs können auf Grund der in Frage kommenden Zustandsdiagramme beurteilt werden. Gefährlich ist der Korngrenzenangriff, bedingt durch Reaktion der Schmelze mit Ablagerungen an den Korngrenzen (Polyeutektikum). Diese Art der Korrosion ist dann besonders gefährlich, wenn sie, bevor sie sich visuell an der Oberfläche bemerkbar macht, bereits weitgehend die Festigkeitseigenschaften gemindert hat. Als Beispiel für den schädlichen Einfluß von Beimengungen in den Schmelzen sei auf Sauerstoff, Stickstoff und Kohlenstoff hingewiesen, die im Kühlmittel löslich sein können und auf diese Weise in das Kühlsystem eingeschleppt werden. Zum Erosionsproblem gehört die mechanische Ablösung von Oberflächenpartikeln durch die strömende Schmelze, gegebenenfalls durch Suspensionsteilchen. Der Massentransport kann durch Temperaturunterschiede im Kühlsystem bedingt sein (Auflösung an den heißen, Ablagerung an den kalten Stellen), er kann aber auch durch ein Abbinden des gelösten Stoffes durch Verbindungsbildung mit anderen Metallen verursacht werden, was zu einem Massentransport auch bei Fehlen eines Temperaturgradienten führen kann. Aus dem Gesagten ergibt sich unmittelbar, daß die Durchführung von Korrosionsversuchen möglichst den Betriebsbedingungen anzupassen ist. Aus statischen Versuchen allein sind z. B. keinerlei Rückschlüsse auf das Erosionsproblem und auf die Frage des Massentransports zu ziehen. Der Massentransport kann sich naturgemäß auch auf radioaktives Material beziehen, ein Umstand, der im Hinblick auf Instandhaltungsarbeiten, etwa im Wärmeaustauscher, die durch Ablagerung radioaktiven Isotoper erheblich verzögert werden können, zu berücksichtigen ist. Besonders störend machen sich γ-strahlende Isotope mit langer Lebensdauer bemerkbar, wie z. B. Co^{60}, das durch Bestrahlung aus Kobaltverunreinigungen in Ni-haltigen Stählen entsteht und Ta^{182}, das aus dem in Stählen als Begleiter des Niobs vorhandenen Tantal gebildet wird [2].

Einige Angaben über die Verträglichkeit von Konstruktionswerkstoffen mit Metallschmelzen sind bereits in IV A 4.3 und IV D bei Be-

flüssiges Metall	Na, K, NaK	Li	Hg	Bi	Pb	Bi-Pb	Bi-Pb-Sn
Schmelzpunkt °C	−12,3...98,3	186	−38,8	271,3	327	125	97

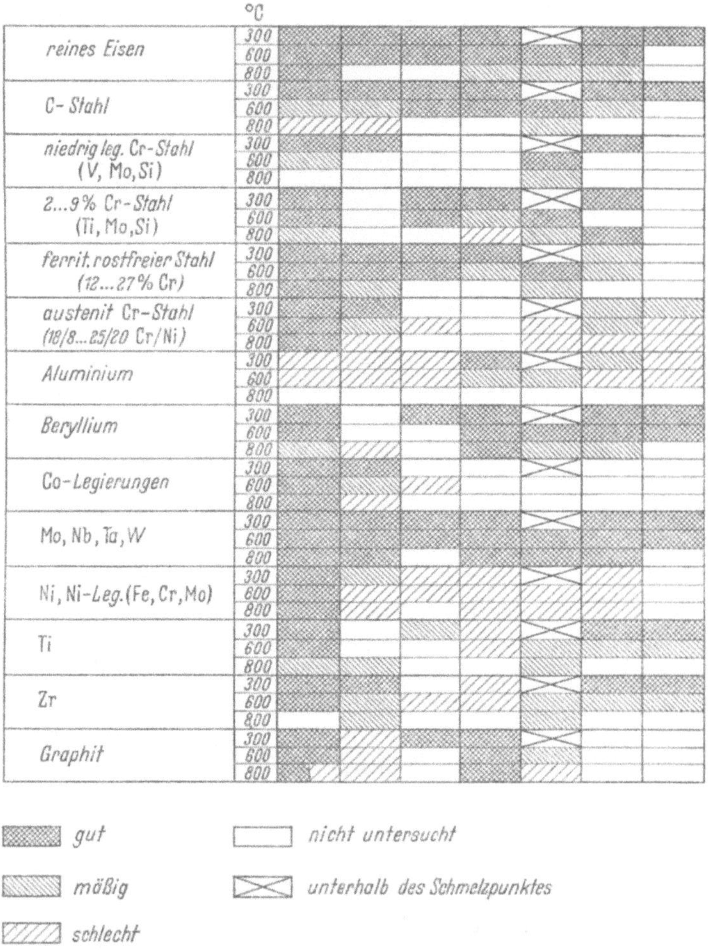

reines Eisen (300, 600, 800)
C-Stahl (300, 600, 800)
niedrig leg. Cr-Stahl (V, Mo, Si) (300, 600, 800)
2...9% Cr-Stahl (Ti, Mo, Si) (300, 600, 800)
ferrit. rostfreier Stahl (12...27% Cr) (300, 600, 800)
austenit Cr-Stahl (18/8...25/20 Cr/Ni) (300, 600, 800)
Aluminium (300, 600, 800)
Beryllium (300, 600, 800)
Co-Legierungen (300, 600, 800)
Mo, Nb, Ta, W (300, 600, 800)
Ni, Ni-Leg. (Fe, Cr, Mo) (300, 600, 800)
Ti (300, 600, 800)
Zr (300, 600, 800)
Graphit (300, 600, 800)

gut — nicht untersucht — mäßig — unterhalb des Schmelzpunktes — schlecht

Abb. 390. Widerstandsfähigkeit von Konstruktionswerkstoffen gegenüber Metallschmelzen [529]

sprechung schmelzflüssiger Brennstoffe angeführt worden. Eine allgemeine Übersicht über die Widerstandsfähigkeit von Konstruktionswerkstoffen gegenüber Metallschmelzen bei 300, 600 und 800 °C findet sich in Abb. 390. Die in der Abbildung vereinigten Ergebnisse sind auf

Grund von statischen Laboratoriumsversuchen gewonnen worden, eine unmittelbare Übertragung auf die Verhältnisse im Reaktor ist also nicht möglich. Der Hauptwert der Zusammenstellung liegt darin, daß sie von vornherein gewisse Materialien für den beabsichtigten Zweck ausschließt. Besondere Aufmerksamkeit ist dem durch Temperatur- und Konzentrationsgradienten möglichen Massentransport zuzuwenden. Die in der Abbildung als NaK bezeichneten Legierungen beziehen sich auf den Konzentrationsbereich von 12 bis 57% Na, die bei 20 °C geschmolzen sind. Im allgemeinen wird nicht die eutektische Zusammensetzung benutzt, sondern, wie bereits erwähnt, die K-ärmste, bei Raumtemperatur noch flüssige Legierung. Aus Abb. 390 ist zu ersehen, daß eine große Anzahl von Werkstoffen für Leitungen für Alkalischmelzen geeignet ist. Am weitesten verbreitet ist die Verwendung von austenitischen 18/8-Chrom-Nickel-Stählen, gegebenenfalls mit Niob stabilisiert. Es sei bemerkt, daß gegenüber Lithium austenitische Chrom-Stähle den Chrom-Nickel-Stählen überlegen sind, da eine gewisse Auflösung des Nickels und interkristalline Korrosion vor sich gehen. Als weiteres Beispiel eines interkristallinen Angriffs durch eine Metallschmelze bringt Abb. 391 ein Schliffbild eines ferritischen Chromstahls (2,25% Cr), der einer Uran-Wismutschmelze 1150 Stunden bei 550 °C ausgesetzt war.

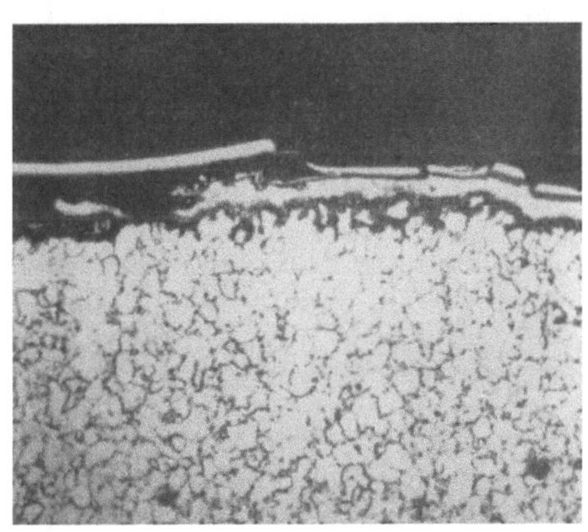

Abb. 391. Interkristalliner Angriff eines Chrom-Stahls (2,25% Cr) durch eine Uran-Wismut-Schmelze bei 550 °C während 1150^{h}; $V \sim 200$ [*642*]

Ein wichtiger Faktor für den Korrosionsangriff durch Alkalischmelzen ist der Sauerstoffgehalt dieser Schmelzen. Hierauf war schon bei der Besprechung der Verträglichkeit derartiger Schmelzen mit Uran hingewiesen worden. Solange der Sauerstoffgehalt unter 0,02% bleibt, hat er auf den Angriff von austenitischen Chrom-Nickel-Stählen keinerlei Einfluß, übersteigt er jedoch diesen Grenzgehalt, so wird der Angriff vergrößert; bei 500 °C z. B. erhöht sich die Angriffsgeschwindigkeit auf das über 5fache, wenn der Sauerstoffgehalt von 0,01 auf 0,1% gesteigert wird [*529*]. Von dem in IV D beschriebenen Verfahren zur Verringerung des Sauerstoffgehalts in Alkalischmelzen wird besonders häufig die Inhibitorenmethode verwendet. Wird als Werkstoff für die Rohrleitungen Ni-haltiger Stahl benutzt, so scheidet Kalzium als Inhibitor aus, da hierdurch der Angriff auf Nickel verstärkt wird [*529*, *643*]. Auch in Wismutschmelzen bildet der Sauerstoffgehalt die Quelle zahlreicher Schwierigkeiten. Diese können wieder vor allem durch Zugabe von sauerstoffbindenden Zusätzen, wie Zirkonium, Barium usw. weitgehend beseitigt werden. Besonderes Augenmerk ist darauf zu richten, daß in Wismut-Uran-Schmelzen durch den Inhibitor die Lösungsfähigkeit von Uran nicht störend geschwächt wird [419].

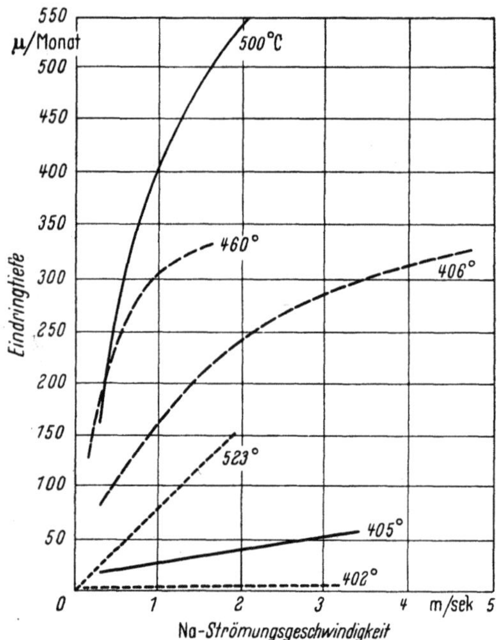

Abb. 392. Einfluß der Strömungsgeschwindigkeit von Alkalischmelzen auf die Korrosionsgeschwindigkeit verschiedener Metalle [643, 644]
——— Niob; — — — Vanadium; - - - Beryllium

Beispiele für den Einfluß der Strömungsgeschwindigkeit auf die Korrosionsgeschwindigkeit verschiedener Metalle gibt Abb. 392. Insbesondere bei hohen Temperaturen steigt die Korrosionsgeschwindigkeit mit der Strömungsgeschwindigkeit der Schmelze steil an.

Prüfung der statischen Festigkeit und der Wechselbiegefestigkeit von austenitischen Chrom-Nickel-Stählen, die in einer Umgebung von reinem Natrium bei etwa 700 °C vorgenommen wurde, ergab keinerlei Änderungen gegenüber in Luft ausgeführten Versuchen [529].

Zur nochmaligen Hervorkehrung der Temperaturabhängigkeit der Löslichkeit des Konstruktionsmaterials in der Metallschmelze, die zu einem durch ein Konzentrationsgefälle bedingten Massentransport führen kann, sei in Abb. 393 die Temperaturabhängigkeit der Sättigungskonzentration von Eisen, Chrom und Nickel in einer Wismutschmelze dargestellt.

Schon bei der Erwähnung von *Salzschmelzen* in IV D war auf schwerwiegende Korrosionsprobleme hingewiesen worden, die bei ihrer Verwendung auftreten. Bei den Versuchen mit geschmolzenem NaOH hat sich Nickel als das korrosionsfesteste Metall bei Temperaturen über 540 °C erwiesen. Aber auch hier ist das Korrosionsproblem keineswegs gelöst. Sehr schwerwiegend wirkt sich der Massentransport zufolge von Temperaturgradienten aus. Von keramischen Behältermaterialien ist MgO am widerstandsfähigsten gegenüber Auflösung und chemischer Reaktion in Berührung mit Hydroxydschmelzen [646]. Auf die Möglichkeit INOR 8 und Hastelloy B als Behältermaterial für Fluoridschmelzen zu verwenden, die zufolge des UF_4-Gehalts gleichzeitig als Brennstoff und Kühlmittel dienen, war schon oben hingewiesen worden.

Bei Verwendung *organischer Kühlmittel* liegt eine unmittelbare Korrosionsgefahr kaum vor. Eine solche entsteht jedoch durch Einwirkung

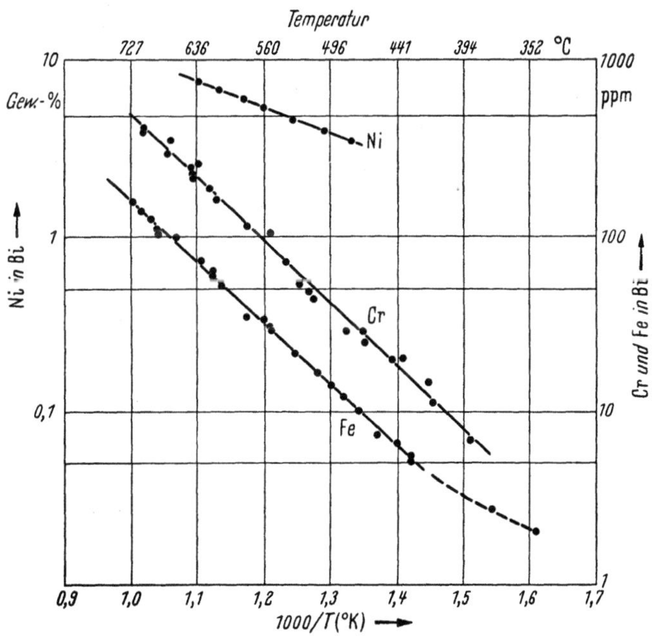

Abb. 393. Temperaturabhängigkeit der Sättigungskonzentration von Eisen, Chrom und Nickel in geschmolzenem Wismut [645]

von Neutronenbestrahlung, die zu Zersetzungen, insbesondere zu Wasserstoffentwicklung führt. Als Behälterwerkstoffe müssen daher Materialien, die durch Wasserstoffaufnahme verspröden, wie z.B. Zirkonium, vermieden werden.

5. Strahlenfestigkeit und induzierte Radioaktivität

Die theoretische Grundlage der Strahlenbeeinflussung und eine Übersicht über die experimentellen Ergebnisse sind in Kap. III gegeben worden. Die dort benützten Beispiele brachten vor allem Werkstoffe, die nicht im Reaktorbau Verwendung finden und die das Charakteristische der Strahlenwirkung erkennen ließen. In diesem, den Reaktorbaustoffen gewidmeten Kapitel wurden markante Unterschiede gegenüber dem allgemeinen Verhalten ausdrücklich hervorgehoben; in IV A für Brennstoffe, vor allem die so auffälligen Änderungen bei Uran, in IV B für Moderatoren, wobei besonders die so bemerkenswerten Änderungen im

Graphit erörtert wurden, desgleichen auch das Auftreten von Aufblähungen im Beryllium bei hohen Temperaturen, bedingt durch das durch (n, 2n)-Prozesse gebildete Helium.

Wie schon in Kap. III ausgeführt, ist eine quantitative Berechnung der Wirkung der Bestrahlung für die verschiedenen physikalischen und technologischen Eigenschaften heute noch fast unmöglich, sogar eine Abschätzung ist zumeist schwierig. Systematische experimentelle Ergebnisse unter genau bekannten Bedingungen über den Bestrahlungseinfluß liegen noch nicht ausreichend vor, um etwa auf diese Weise zu einer Beurteilung für eine geplante Anwendung zu kommen. Für eine Reihe von Bedingungen (z.B. die Energieverteilung im Strahlenspektrum) fehlt uns noch eine fundierte Kenntnis des Einflusses auf die Bestrahlungswirkung. Schließlich sind für einen neu zu konstruierenden Reaktor die genaue Flux- und Energieverteilung nicht vorauszusehen.

Bevor wir auf den Bestrahlungseinfluß auf das Konstruktionsmaterial von besonders exponierten Reaktorelementen eingehen, soll an Hand der Tab. 121 nochmals an die schon mehrfach erörterte Tatsache erinnert

Tabelle 121. *Änderung der Festigkeitseigenschaften und der Dichte von Konstruktionswerkstoffen des MTR durch Reaktorbestrahlung* [*647*]

Material	Neutronendosis in 10^{21} n/cm²	Streckgrenze in kp/mm²	Zugfestigkeit in kp/mm²	Dehnung in %	Dichte in g/cm³
Al (99,0)	0	12,7	14,1	23,0	2,713
	0	13,1	14,2	21,8	2,713
	2,4	16,2	18,9	25,5	2,712
	7,2	16,5	20,4	20,2	2,712
	26,0	18,5	21,3	23,0	–
	37,6	20,2	23,3	25,0	–
Al-Si (6,5–7,5)	0	16,8	22,9	2,9	2,663
	0	16,9	22,4	2,4	2,667
	2,4	29,7	31,0	0,4	2,660
	7,2	35,6	37,8	0,9	2,659
	26,0	25,6	31,5	1,5	–
	37,6	39,5	42,0	2,6	–
Be	0	16,2	24,5	1,4	1,847
	0	18,1	25,5	1,4	1,847
	2,4	–	36,0	0,2	1,847
	7,2	–	35,2	0,2	1,847
	26,0*	$>$ 33,4	$>$ 33,4	–	–
	37,6*	–	–	–	–
18/9-Cr-Ni-Stahl	0	46,3	71,0	57,0	7,890
	0	39,7	62,6	69,4	7,907
	2,4	68,3	76,1	51,6	7,896
	7,2	68,0	76,5	50,6	7,892
	26,0	70,4	75,0	44,0	–
	37,6	74,6	80,8	32,0	–

* Probe in Fassung gerissen.

werden, daß mit steigender Strahlendosis die Eigenschaftsänderungen immer langsamer erfolgen und sich ein gewisser Sättigungszustand einstellt (Bestrahlungserholung). Aufgenommen in die Tabelle sind Dichte und technologische Kennziffern für Bestrahlung im MTR bei einer Temperatur von etwa 38 °C bis zu Dosen von $3{,}76 \cdot 10^{22}$ n/cm^2 (Neutronenenergie $>$ 100 eV; das Verhältnis von Neutronen mit Energien über 1 MeV zu denen mit Energien über 100 eV ist etwa 1 : 10). Die geprüften Werkstoffe sind drei Leichtmetalle und ein austenitischer Chrom-Nickel-Stahl. Man erkennt, daß die Dichte praktisch unverändert bleibt, daß die Änderung der mechanischen Eigenschaften im Sinne einer Versprödung liegt. Bei geringen Bestrahlungsdosen steigen Streckgrenze, Zugfestigkeit (und Härte) erheblich an, um sich bei weiterer Bestrahlung nur mehr wenig zu ändern. Insgesamt ergibt sich, daß sich durch die intensive Bestrahlung die Festigkeitseigenschaften der Werkstoffe, die im MTR Verwendung finden, zwar stark geändert haben, daß diese Änderungen aber keineswegs so groß sind, daß sie zum Versagen einer der Komponenten führen würden. Bei hohen Bestrahlungstemperaturen sind, worauf ja ebenfalls schon wiederholt hingewiesen wurde und worauf sich weiter unten gebrachte Belege nochmals beziehen, die Strahleneinwirkungen noch kleiner.

Für die Beschreibung des Strahleneinflusses auf Konstruktionsmaterial greifen wir drei Maschinenelemente heraus, in denen gute Strahlenfestigkeit nicht nur erwünscht, sondern unerläßlich ist, um ein Versagen der Baustoffe, das schwerwiegende Folgen haben würde, auszuschließen. Es handelt sich hierbei um die Werkstoffe für den Reaktorkessel (Tank oder Druckkessel), Werkstoffe für die Fertigung von Rohrleitungssystemen („loops") für Hochdruckversuche im Reaktorkern und schließlich um Werkstoffe für Schutzhüllen der Brennstoffe.

Die Druckkessel der meisten Reaktoren bestehen, wegen der erheblichen Dimensionen, aus Kohlenstoffstahl oder niedrig legiertem Stahl. Bei den gasgekühlten Reaktoren werden Kesselwandstärken bis 10 cm, in Druckwasserreaktoren von über 20 cm verwendet. Ein wichtiges Problem ist hier der Sprödbruch. Trotz der großen Wandstärke muß im Material, in den Schweißnähten und deren Umgebung die Übergangstemperatur „zäher Bruch – spröder Bruch" unterhalb Raumtemperatur gehalten werden. Wie in Kap. III an Hand von Abbildungen und Tabellen bereits gezeigt wurde, tritt durch Neutronenbestrahlung eine erhebliche Verschiebung der Übergangstemperatur zu höheren Temperaturen ein. Neuerdings wurde über diese so gefährliche Versprödung auf Grund einer großen Zahl von Untersuchungen zusammenfassend berichtet [*648*]. Bei der Auswahl der zu verwendenden Stähle griff man zunächst auf bekannte Kesselstähle zurück, neuerdings liegen spezielle Entwicklungsarbeiten für den Anwendungsfall im Reaktor vor. Eine unmittelbare

Prüfung der Lage der Übergangstemperatur am fertigen Kessel ist nicht möglich, aber auch eine Prüfung des Materials vor dem Einsatz läßt keinen völlig bindenden Schluß auf das Verhalten der dickwandigen Bleche im Kessel zu, da für die Prüfung ja notgedrungen kleine Kerb-

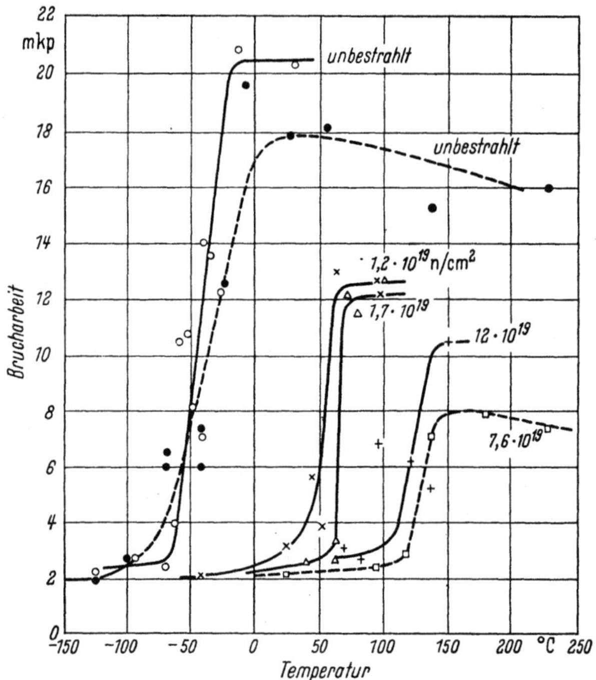

Abb. 394. Versprödung der Schweißzone eines Kesselstahls (ASTM A 212 B; 0,2% C; 0,82% Mn, 0,20% Si) durch Neutronenbestrahlung (Schweißmetall; ASTM E 7016)[*650*]
——— Schweißraupe; — — — thermisch beanspruchte Zone

schlagproben verwendet werden. In [*649*] wird ein Vergleich der Untersuchungsergebnisse mit einer genormten Charpy-V-Probe (55 mm lang, 10 × 10 mm Querschnitt, Krümmungsradius des 2 mm tiefen Kerbs 0,25 mm) mit denen einer 5 cm starken Probe (6,9 × 5 × 50 cm) durchgeführt. Während der Schlagversuch mit der Charpyprobe eine Verschiebung der Übergangstemperatur von 75 °C ergibt, wird bei den dicken Proben durch dieselbe Neutronenbestrahlung ($\sim 9 \cdot 10^{18}$ n/cm^2) eine Verschiebung um 110 °C gefunden.

Von den zahlreichen, wegen unterschiedlicher Bestrahlungsbedingungen miteinander oft nur schwer vergleichbaren Ergebnissen greifen wir einige markante Fälle heraus. Abb. 394 zeigt die Temperaturabhängigkeit der Schlagarbeit für die Schweißzone eines niedrig legierten Kohlenstoffstahls nach verschiedener Neutronenbestrahlung bei Temperaturen unter 93 °C. Geprüft wurde das Verhalten unmittelbar in der Schweißnaht und in der benachbarten thermisch beeinflußten Zone des Grundmetalls. Man erkennt die außerordentlich ausgeprägte Verschiebung der Übergangstemperatur und die Abnahme der Brucharbeit. Das Grundmetall hatte im unbestrahlten Zustand eine Übergangstemperatur von etwa −18 °C, nach der Bestrahlung glichen Übergangstemperatur und

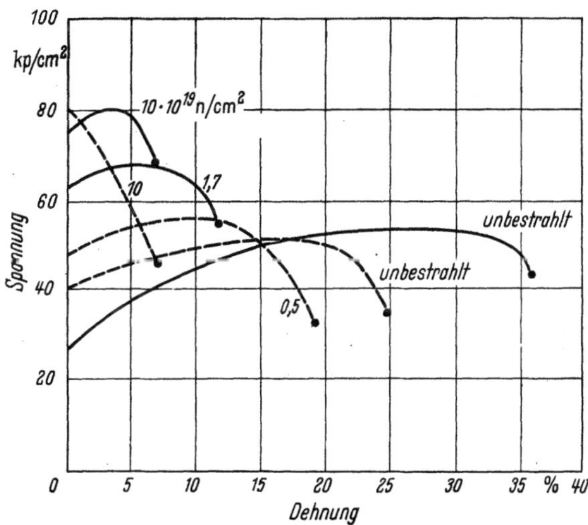

Abb. 395. Dehnungskurve eines Kesselstahls (A 212 B; ——) und des Schweißmetalls (E 7016; — — —) nach verschieden starker Neutronenbestrahlung [*650*]

Energieaufnahme den für die Nachbarzone der Schweißnaht gültigen Werten. Die Änderungen der statischen Dehnungskurve von Grundmetall und Schweißnaht als Funktion zunehmender Neutronenbestrahlung gehen aus Abb. 395 hervor.

Im Kap. III C 2.6 haben wir in Tab. 32 (S. 149) die experimentellen Befunde der Verschiebung der Übergangstemperatur bei Kohlenstoffstahl in Abhängigkeit von der Bestrahlungsdosis der theoretischen Abschätzung gegenübergestellt, die einen Anstieg mit der Kubikwurzel aus der Dosis ergibt und dabei befriedigende Übereinstimmung festgestellt. Die Neutronendosis wurde auf Grund der Messung der thermischen Neutronen angegeben. In Bestätigung dieses Ergebnisses wird in [*649*] mitgeteilt, daß für vier niedrig legierte Stahlsorten die Änderung der Übergangstemperatur als Funktion der Bestrahlungsdosis (Φt zwischen 4 und $13 \cdot 10^{18}$ n/cm²) für Grundmetall, Schweißnaht und thermisch beanspruchte Zone im Bereich zwischen den beiden Kurven $\Delta T = 27{,}3 \cdot (\Phi t)^{1/3}$ und $\Delta T = 56{,}7 \cdot (\Phi t)^{1/3}$ liegen. Die Dosis bezieht sich dabei auf schnelle Neutronen (Messung durch den S(n, p)P-Prozeß mit einer Schwellenenergie von 2,9 MeV). Keine gute Übereinstimmung mit der $(\Phi t)^{1/3}$-Beziehung wird in [*651*] durch Untersuchung von neun Stählen erhalten. In Abb. 396 ist zu den Beobachtungen die der $(\Phi t)^{1/3}$-Beziehung entsprechende Kurve eingezeichnet, die nicht als guter Ausgleich der experimentellen Bestimmungen angesehen werden kann. Es scheint fast, als ob eine lineare Be-

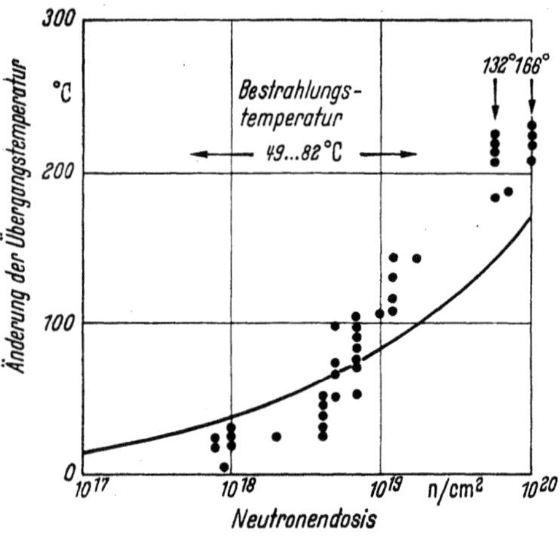

Abb. 396. Anstieg der Übergangstemperatur von 9 verschiedenen niedrig legierten Stählen durch steigende Neutronenbestrahlung [*651*]

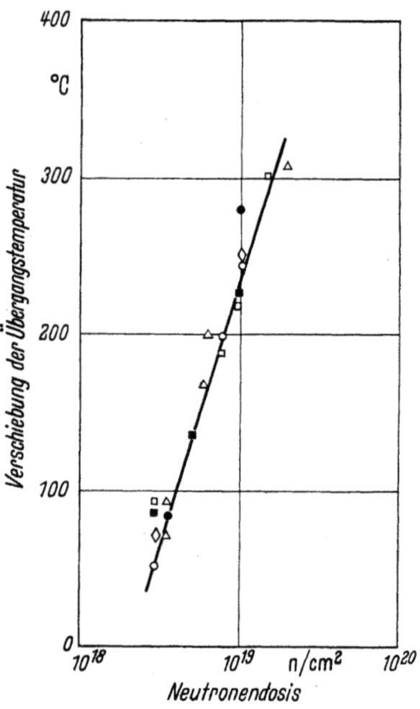

Abb. 397. Anstieg der Übergangstemperatur mit steigender Neutronenbestrahlung [*652*]

△ A 201: 0,22% C, 0,65% Mn, 0,22% Si, 0,12% Ni, 0,10% Cr, 0,01% Mo; □ A 212 B: 0,26% C, 0,78% Mn, 0,26% Si, 0,20% Ni, 0,17% Cr, 0,03% Mo; ○ A 302 B: 0,21% C, 1,34% Mn, 0,28% Si, 0,20% Ni, 0,20% Cr, 0,55% Mo; ◇ SA 336: 0,19% C, 0,65% Mn, 0,26% Si, 0,79% Ni, 0,40% Cr, 0,64% Mo, 0,12% Cu; ■, ● entsprechende Schweißraupen

ziehung zwischen ΔT und $\log(\Phi t)$ bestünde. In der Tat wurde eine solche lineare Abhängigkeit, zumindest in einem Dosisbereich von $2 \cdot 10^{18}$ bis $1 \cdot 10^{19}$ schnelle Neutronen je cm² (Energie > 1 MeV) gefunden. Abb. 397 gibt die für vier niedrig legierte Stähle in dem Grundmetall und in der Schweißnaht erhaltenen Verschiebungen der Übergangstemperatur in Abhängigkeit von der Neutronendosis. Die Linearität ist so gut gewahrt, daß sogar umgekehrt vorgeschlagen wurde, diese Verschiebung zur Schaffung eines Neutronendosimeters für den angegebenen Bereich für Neutronen mit Energien über 1 MeV heranzuziehen [*653*].

Die Dosisabhängigkeit der Kerbschlagzähigkeit eines ferritischen Chromstahls ist in Abb. 398 wiedergegeben. Im Bereich niedriger Neutronendosen tritt ein starker Abfall ein, mit steigender Dosis nähert sich die Kerbschlagzähigkeit asymptotisch einem Grenzwert.

Die wenigen über die Abhängigkeit der Verschiebung der Übergangstemperatur von der Korngröße des Probenmaterials vorliegenden Ergebnisse sind uneinheitlich. In [650] sind Versuche an Kohlenstoffstahl (0,24% C) verschiedener Korngröße beschrieben, die zeigen, daß die Verschiebung der Übergangstemperatur bei dem grobkörnigen Material größer ist als bei dem feinkörnigen. Es steht dies mit den in Kap. III beschriebenen theoretischen Überlegungen in Einklang. Die Verminderung der Brucharbeit durch die Bestrahlung ist bei der grobkörnigen Probe ebenfalls größer als bei der anderen. Im Gegensatz zu diesen Beobachtungen stehen Versuchsergebnisse mit einem niedrig legierten Nickelstahl (3,25% Ni) mit verschiedener Korngröße. Tab. 122 läßt die Änderungen der technologischen Festigkeitseigenschaften und der Übergangstemperatur für Bestrahlungsdosen bis 7,8 · 10^{19} n/cm² (Energie >500 eV) erkennen. Während in Streckgrenze,

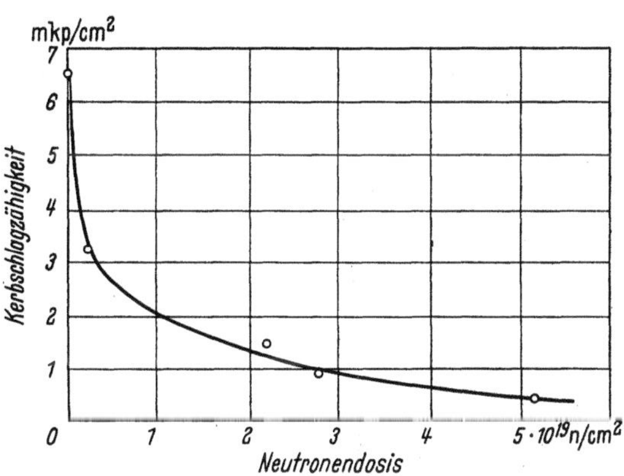

Abb. 398. Abnahme der Kerbschlagzähigkeit eines ferritischen Chrom-Stahls (0,25% C, 3% Cr-Ni-Mo) durch steigende Neutronenbestrahlung [654]

Tabelle 122. *Änderung technologischer Eigenschaften von Nickelstahl* (3,25% Ni) *durch Reaktorbestrahlung* [655]

Kornzahl je mm²	Neutronendosis in 10^{19} n/cm²	Streckgrenze in kp/mm²	Zugfestigkeit in kp/mm²	Dehnung in %	Übergangstemperatur in °C
2400	0	41,3	54,9	29	− 138
	4,7	73,1	73,1	15	− 30
	5,6	73,7	73,7	16	− 36
	7,8	77,5	78,4	13,5	− 20 bis + 10
430	0	41,0	56,7	25	− 94
	3,0	69,1	70,0	15,5	− 46
	5,4	73,6	75,0	16	− 20
	7,8	76,3	76,3	14	− 35

Zugfestigkeit und Dehnung der Bestrahlungseinfluß beide Probensorten etwa gleichmäßig betrifft, wird im feinkörnigen Material die Übergangstemperatur um mehr als doppelt soviel verschoben wie im grobkörnigen.

Die Bedeutung der Bestrahlungstemperatur für die durch die Bestrahlung hervorgerufenen Eigenschaftsänderungen ist darin begründet, daß mit steigender Temperatur die Ausheilung der durch die Bestrahlung bedingten Gitterfehlstellen begünstigt wird. Wie schon mehrfach erwähnt, sinken daher mit steigender Bestrahlungstemperatur im allgemeinen die durch den Korpuskularbeschuß hervorgerufenen Veränderungen. Für die statischen Festigkeitseigenschaften und die Übergangstemperatur eines niedrig legierten Stahls bringt Abb. 399 die relativ zu den Änderungen bei einer Bestrahlungstemperatur von 75 °C beobachteten Wirkungen der Bestrahlung bei höheren Temperaturen. Während die Änderungen von Streckgrenze und Dehnung den eben besprochenen Abfall mit steigender Bestrahlungstemperatur zeigen, tritt bei dem untersuchten Material für Zugfestigkeit und Übergangstemperatur zunächst eine Verstärkung des Effekts mit steigender Temperatur ein, dem nach Durchschreiten eines Maximums ein steiler Abfall folgt. Die Übergangstemperatur wird bei Bestrahlungstemperaturen über 280 °C kaum geändert. In [*649*] wird ebenfalls auf die Bedeutung der Bestrahlungstemperatur für die Eigenschaftsänderungen hingewiesen; auch dort wird bei Erhöhung der Bestrahlungstemperatur über 50 °C zunächst eine Vergrößerung der Verschiebung der Übergangstemperatur gefunden, die erst bei weiterer Temperaturerhöhung in eine Abnahme übergeht. Weiterhin wird darauf hingewiesen, daß die Art und Größe des Temperatureinflusses materialbedingt sein kann.

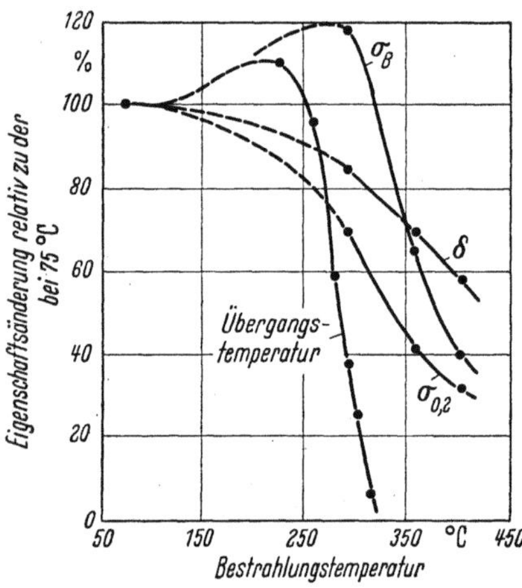

Abb. 399. Einfluß der Bestrahlungstemperatur auf die Änderung technologischer Eigenschaften und der Übergangstemperatur eines Kohlenstoffstahls (0,2% C, 0,82% Mn, 0,20% Si) [*651*] (Neutronendosis 2 · 10^{19} n/cm²)

Als letztes Beispiel zur Strahlenbeeinflussung von Kesselstählen bringt Abb. 400 die Wirkung einer im Anschluß an die Bestrahlung vorgenommenen Erholungsglühung von 168 Stunden Dauer auf die Rückbildung der durch die Bestrahlung bewirkten Verschiebung der Übergangstemperatur. Wenn sich auch die Ergebnisse an den verschiedenen Stahlsorten etwas unterscheiden, so ergibt sich doch allgemein, daß die Rückbildung um so weitergehend ist, je höher die Anlaßtemperatur gewählt wird. Ein völliger Rückgang tritt aber auch nach Glühbehandlung bei 371 °C noch nicht ein. Im Vergleich mit Abb. 399 sagt dies, daß eine Erholung *während* der Bestrahlung wirksamer ist als eine im Anschluß an die Bestrahlung durchgeführte. Die Frage, ob für das Ausmaß der Erholung auch die Größe der vorher durch Neutronenbestrahlung bewirkten Verschiebung der Übergangstemperatur verantwortlich ist, kann aus den bisherigen Ergebnissen noch nicht mit Sicherheit beantwortet werden.

Bei der Auswahl eines Stahls für einen Druckkessel wird man naturgemäß die Versprödung durch Neutronenbestrahlung nie außer acht lassen, d.h. man wird Stähle mit tief liegender Übergangstemperatur bevorzugen. Wesentliche Beachtung wird man aber auch der Verarbeitbarkeit, der Schweißbarkeit bei großen Wandstärken und der Stabilität gegenüber thermischer Beanspruchung schenken. Tatsächlich verwendet

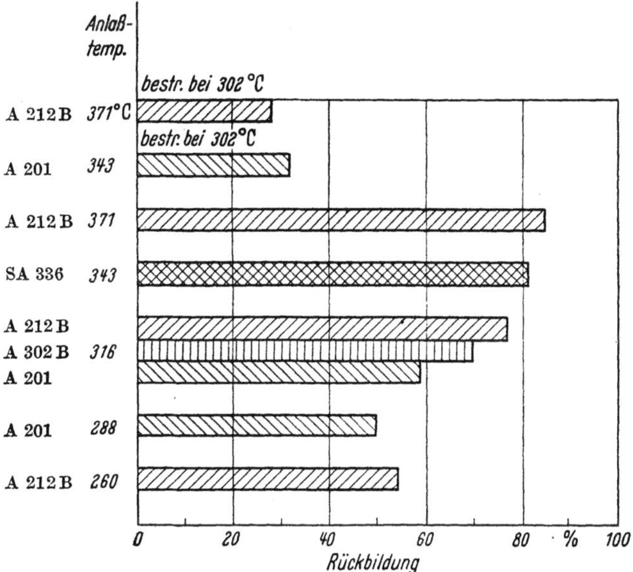

Abb. 400. Rückbildung der Verschiebung der Übergangstemperatur durch Erholungsglühungen neutronenbestrahlten Kohlenstoffstahls [652] (Bestrahlungstemperatur < 90 °C; Dosis 0,6–2,10^{19} n/cm²; Zusammensetzung in Abb. 397)

werden niedrig legierte Stähle mit verschiedenster Zusammensetzung, angefangen von Kohlenstoffstahl mit 0,2% C, 0,80% Mn und 0,20% S über Molybdän- und Chromstähle, etwa den Stahl mit 0,20% C, 1,30% Mn 0,20% Ni, 0,25% Cr, 0,40 bis 0,60% Mo, aus dem der Hochdruckkessel des Shippingport-Reaktors (Wasserdruck 175 at, 316 °C) besteht, bis zu Stählen mit größeren Reihen verbessernder Zusätze, wie die Stähle mit 0,15% C, 0,59% Mn, 0,12% Si, 0,15% Ni, 0,10% Cr, 0,15% Mo, 0,06% Co und 0,02% Al, oder mit 0,09% C, 1,25% Mn, 0,28% Si, 0,25% Ni, 1,0% Cr, 0,50% Mo, 0,1% V, 0,2% Nb und 0,03% Al.

Der zweite Fall, in dem ein Versagen des Werkstoffs schwerste Folgen haben kann, sind die Druckleitungssysteme. Ein Aufplatzen der unter Druck stehenden und gegebenenfalls hoch erhitzten Rohrsysteme, die meist bis in den Reaktorkern geführt werden und dadurch intensiver Bestrahlung ausgesetzt sind, kann den Kern beschädigen und insbesondere das Regelsystem, durch Verklemmung der Regelstäbe, stören. Die

Eignungsprüfung derartiger Rohrsysteme kann in der Weise durchgeführt werden, daß sie vor einer Kontrolle bestimmten Beanspruchungsbedingungen in einem Prüfreaktor ausgesetzt werden. Weiterhin besteht bei diesen Reaktorelementen die Möglichkeit eines Austausches nach bestimmten Betriebsbeanspruchungen. Bei der Aufbringung der Spannung ist zu beachten, daß durch Temperaturgradienten, hervorgerufen durch die Kühlung usw., zusätzlich beträchtliche thermische Spannungen auftreten können, welche die inneren Drucke gegebenenfalls erheblich übertreffen. Die praktische Erfahrung am MTR beweist, daß unter den verwendeten Druck- und Temperaturbedingungen austenitischer Chrom-Nickel-Stahl mindestens bis zu einer Dosis von $3 \cdot 10^{21}$ n/cm² ($E > 1$ MeV) und Kohlenstoffstahl bis $3 \cdot 10^{20}$ n/cm² verwendbar sind. In sechsjähriger Laufzeit hat das für die Druckrohrleitungssysteme verwendete Material, austenitischer Chrom-Nickel-Stahl mit und ohne Molybdän und ein Kohlenstoffstahl, durchaus entsprochen (von 25 Rohrleitungen fiel eine einzige aus). Eine aus Kohlenstoffstahl gefertigte Rohrleitung, die unter einem Druck von 180 at bei 316 °C stand, wurde nach Bestrahlung mit einer Dosis von $4 \cdot 10^{19}$ n/cm² ausgebaut und auf statische Festigkeit untersucht. Es ergaben sich dabei die in Tab. 123 eingetragenen Werte, die sich relativ wenig von den Ausgangswerten unterscheiden.

Tabelle 123. *Änderung der Festigkeitseigenschaften eines Kohlenstoffstahls durch Reaktorbestrahlung* ($4 \cdot 10^{19}$ n/cm²) [*647*]

		vor Bestrahlung	nach Bestrahlung
Streckgrenze	in kp/mm²	30,1	32,5
Zugfestigkeit	in kp/mm²	51,0	53,2
Dehnung	in %	41,0	29,0
Rockwellhärte	R_B	75	92

In dem Bestreben für noch schärfere Beanspruchungsbedingungen geeignete Werkstoffe bereitzustellen, sind entsprechende experimentelle Untersuchungen unerläßlich. Einen ersten Schritt hierzu bilden Versuche, in denen verschiedene warmfeste Legierungen (hoch Ni-haltige Legierungen, austenitische und ferritische Chromstähle) einer Reaktorbestrahlung bis maximal $3 \cdot 10^{20}$ n/cm² ausgesetzt und die Veränderungen in den statischen Festigkeitseigenschaften und in der Brucharbeit verfolgt wurden [*647*]. Über das Verhalten der in jüngster Zeit entwickelten Legierungen höchster Warmfestigkeit (Wolfram-, Molybdän-, Tantal- und Nioblegierungen) unter den harten, in Hochdruckschleifen vorliegenden Bedingungen liegen heute noch keinerlei Untersuchungen vor.

Für die dritte der oben angeführten Reaktorkomponenten, die Schutzrohre von Brennstoffen, sind die Folgen, die durch eine Strahlenschädigung verursacht werden können, deutlich milder als für die beiden ersten Beispiele. Die Entwicklungstendenz zu immer höheren Arbeitstemperaturen bringt automatisch eine Verringerung der Veränderungen der Eigenschaften durch Reaktorbestrahlung. Ein Austausch von Brennstoffelementen vor Erreichung unzulässig hoher Dosen ist im allgemeinen leicht möglich. Die experimentellen Beobachtungen von Schädigungen der Schutzhüllen durch Strahlung blieben hinter den Befürchtungen zurück, sie haben in keinem Fall zur Unverwendbarkeit einer Werkstoffgruppe geführt.

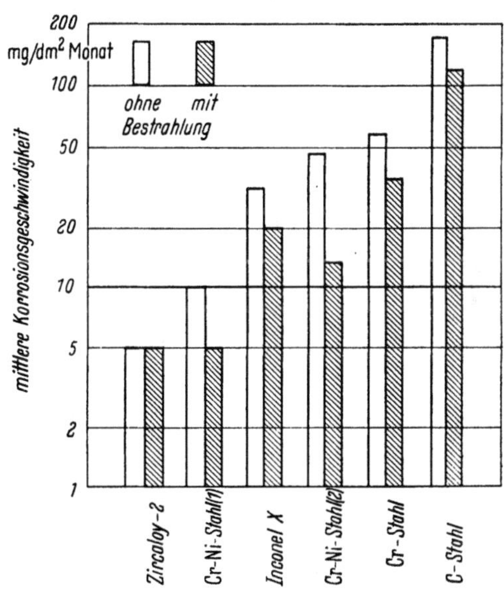

Abb. 401. Mittlere Korrosionsgeschwindigkeit verschiedener Legierungen in Wasser von 316 °C mit und ohne Reaktorbestrahlung ($1{,}1 \cdot 10^{21}$ n/cm²) [*657*] C-Stahl: 0,2% C, 0,82% Mn, 0,20% Si; Cr-Stahl: 11,5 bis 13,5% Cr; Cr-Ni-Stahl (1): 18–20% Cr, 8–12% Ni; Cr-Ni-Stahl (2): 15,5–17,5% Cr, 3–5% Ni, 3–5% Cu, 0,25–0,49% Co; Inconel X: ≧ 70% Ni, 14–17% Cr, 6–9% Fe, 0,4–1,0% Al, 2,0–2,75% Ti, 0,7–1,2% Nb + Ta

Über die Beeinflussung der Korrosion durch Bestrahlung liegen nur spärliche Angaben vor. Als Beispiele seien angeführt, daß austenitischer Chrom-Nickel-Stahl und Zircaloy bei Heißwasserkorrosion (282 °C; Strömungsgeschwindigkeit etwa 3 m/sek) unter Neutronenbestrahlung (10^{20} n/cm²) eine Gewichtszunahme von 10 und 200 mg/dm² erlitten, während ohne Bestrahlung die entsprechenden Gewichtszunahmen 7 und 4 mg/dm² betrugen. Gegebenenfalls kann raschere Bildung von Deckschichten zu Verbesserungen führen [*656*]. In Abb. 401 sind neuere Ergebnisse an verschiedenen austenitischen und ferritischen Stählen, an Inconel X und an Zircaloy-2 zusammengestellt. Die Werkstoffe wurden bei 316 °C einer Wasserkorrosion (p_H 8,9 bis 9,5) ausgesetzt, einmal ohne und einmal mit einer Neutronenbestrahlung bis zu einer Dosis von $1{,}1 \cdot 10^{21}$ n/cm². Die Ergebnisse zeigen, daß in den meisten dargestellten Fällen die Korrosionsgeschwindigkeit in den bestrahlten Proben geringer ist. Grundsätzlich haben die Versuche ergeben, daß die Bestrahlung zu Beginn die Korrosion beschleunigt. Bildet sich durch den Korrosionsangriff eine festhaftende schützende Schicht, dann wird der weitere Angriff verringert, bei nichthaftender Korrosionsschicht dagegen bleibt die korrosionsbeschleunigende Wirkung der Bestrahlung bestehen. Ein weiteres

Ergebnis über Zurückdrängung der Korrosionsgeschwindigkeit durch Bestrahlung ist in Abb. 402 für die korrosionsfeste auf technischem Aluminium aufgebaute Legierung X 8001 dargestellt.

Ein Einfluß von Neutronenbestrahlung uaf die Ermüdungsfestigkeit (Planbiegeversuch) von Zirkonium (DE BOER), Zircaloy-1 (2,5% Sn) und austenitischem Chrom-Nickel-Stahl konnte nach den verwendeten Dosen von 10^{19} bis 10^{20} n/cm^2 nicht gefunden werden [*658*]. Bezüglich der Kriecheigenschaften sind die Ergebnisse von Bestrahlungsversuchen sehr uneinheitlich, hierüber ist ausführlich in Kap. III C berichtet worden.

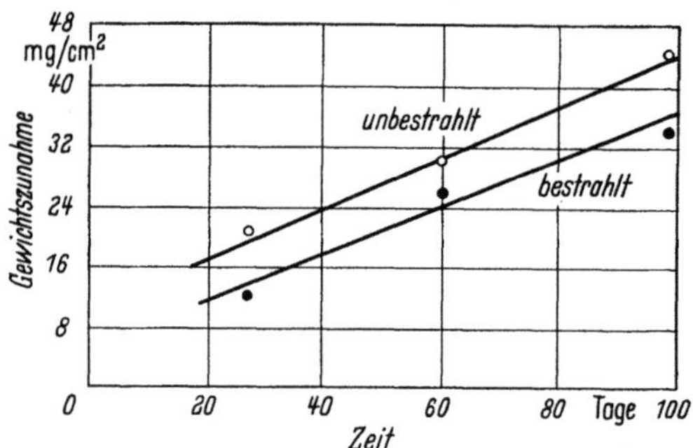

Abb. 402. Verzögerung der Korrosion von X8001 durch Neutronenbestrahlung [*622*]

In diesem Punkt ist als weitere Wirkung der Bestrahlung auch die induzierte Radioaktivität zu besprechen. Aus technischen und wirtschaftlichen Gründen ist man bestrebt, diese Aktivität so klein wie möglich zu halten, hängt doch die Dimensionierung der Abschirmungen und die Wartezeit für Reparaturarbeiten bestrahlter Reaktorbauteile eng mit der induzierten Aktivität zusammen. Ihr Entstehen verdankt die Aktivität zum Großteil (n, γ)-Prozessen, die gewisse Isotope der in den Reaktorbaustoffen vorhandenen Elemente in radioaktive, β- oder γ-strahlende Isotope überführen. Der „Aktivierungsquerschnitt“, der für das Auftreten dieser Kernreaktionen maßgeblich ist, kann höchstens gleich dem Absorptionsquerschnitt sein, so daß die Forderung nach kleinem Aktivierungsquerschnitt mit der nach kleinem Neutronenabsorptionsquerschnitt weitgehend parallel geht. Besonders nachteilig wirkt sich die induzierte Aktivität dann aus, wenn die Halbwertszeit des gebildeten Isotops sehr groß und die ausgesandte γ-Strahlung sehr hart ist. Eine Übersicht über die in den Konstruktionsmaterialien gebildeten radioaktiven Isotopen unter Angabe des für das natürliche Isotopengemisch gültigen mittleren Aktivierungsquerschnitts für thermische Neutronen, der Halbwertszeit der radioaktiven Isotope, Art und Energie der ausgesandten Strahlung und schließlich der Sättigungsaktivität ist in Tab. 124 gegeben. Für vollständige Angaben sei auf [*505, 659, 660, 661*] verwiesen.

Zur Berechnung der Aktivität ist von der Formel (III, 15b) auszugehen, die zur Berechnung der Konzentration von Fremdatomen durch die Bestrahlung diente. Bei der Übertragung dieser Formel auf das vorliegende Problem, d.h. der Berechnung der Aktivität, die identisch ist

Tabelle 124. *Zur Berechnung der induzierten Aktivität*

	Aktives Isotop	σ_{akt} in barn	Halbwertszeit	Energie in MeV β	γ	Sättigungsaktivität[1] C/g	Aktivität nach 1 Jahr C/g
Be	Be^{10}	0,009	$2{,}7\cdot10^6$ a	0,56	keine	0,0060	4.10^{-11}
Mg	Mg^{27}	0,003	9,5 min	0,8; 1,8	0,8; 1,0	0,002	0,002
Al	Al^{28}	0,21	2,3 min	3,0	1,8	0,130	0,130
Ti	Ti^{1}	0,0075	5,8 min	1,9; 2,2	0,32	0,0025	0,0025
V	V^{52}	4,5	3,76 min	2,05	1,47	1,43	1,43
Cr	Cr^{51}	0,58	27,8 d	—	0,24; 0,33	0,182	0,182
	Cr^{55}	0,0091	3,6 min	—	—	0,0028	0,0028
Mn	Mn^{56}	13,3	2,58 h	0,75–2,86	0,84–2,13	3,94	3,94
Fe	Fe^{55}	0,146	2,96 a	—	0,07	0,043	0,0089
	Fe^{59}	0,003	46 d	0,26; 0,46	1,10; 1,3	0,00089	0,00088
Co	Co^{60}	20	5,28 a	0,3	1,1; 1,3	9,5	1,2
	Co^{60*}	16	10,4 min	1,25	0,06	4,4	4,4
Ni	Ni^{65}	0,0185	2,57 h	1,9	0,3–0,9	0,005	0,005
Cu	Cu^{64}	2,97	12,8 h	0,57	1,3	0,76	0,76
	Cu^{66}	0,556	5,15 min	2,6	1,3	0,14	0,14
Y	Y^{90}	1,26	64,8 h	2,35	keine	0,231	0,231
Zr	Zr^{95}	0,0157	65 d	0,4; 1,0	0,3–0,7	0,0028	0,0027
	Zr^{97}	0,0028	17 h	2,1	0,8	0,0005	0,0005
Nb	Nb^{94}	1,0	6,6 min	1,3	0,04	0,18	0,18
Mo	Mo^{99}	0,107	67 h	0,24; 1,03	0,77–0,84	0,018	0,018
	Mo^{101}	0,0192	14,3 min	2,2	0,9	0,0033	0,0033
Ta	Ta^{182}	19	111 d	0,53	0,06–1,2	1,7	1,6
W	W^{181}	0,014	140 d	—	1,83	1,2	1,0
	W^{185}	0,64	73 d	0,43	keine	0,057	0,055
	W^{187}	9,7	24 h	0,63; 1,33	0,14; 0,69	0,85	0,85

[1] Für einen Flux von 10^{12} n/cm² sek.

mit der Zahl der sekundlichen Zerfälle, hat man den Quotienten $\mathrm{d}N/t$ auszurechnen, für den sich ergibt

$$\frac{\mathrm{d}N}{t} = N\cdot\sigma\cdot\Phi\left(1-e^{-\frac{0{,}69}{\tau}t_1}\right), \qquad \text{(IV, 3)}$$

worin τ die Halbwertszeit des radioaktiven Isotops und t_1 die Dauer der Bestrahlung bedeuten. Das Abklingen dieser induzierten Aktivität nach Aufhören der Bestrahlung geht nach dem Gesetz des radioaktiven Zerfalls vor sich, d.h. vom Ende der Bestrahlung an gerechnet folgt

$$\frac{\mathrm{d}N}{t} = N\cdot\sigma\cdot\Phi\left(1-e^{-\frac{0{,}69}{\tau}t_1}\right)\cdot e^{-\frac{0{,}69}{\tau}\cdot t_2}, \qquad \text{(IV, 4)}$$

worin t_2 die „Abkühlzeit" bedeutet. Will man die Aktivität nicht in Zerfällen je Sekunde, sondern in Curie angeben und drückt man N durch den Quotienten Loschmidtzahl durch Atomgewicht (A) aus, so bekommt man schließlich für die Aktivität S in Curie/g den Ausdruck

$$S = 1{,}625\cdot\frac{\sigma\cdot\Phi}{10^{11}\cdot A}\cdot\left(1-e^{-\frac{0{,}69}{\tau}t_1}\right)\cdot e^{-\frac{0{,}69}{\tau}\cdot t_2}, \qquad \text{(IV, 5)}$$

wobei die Angabe des Aktivierungsquerschnitts in barn und die des Neutronenfluxes in n/cm² sek erfolgt.

Für die Berechnung eines speziellen Falls hätte man also für die im bestrahlten Werkstoff vorhandenen Elemente nach Gl. (IV, 3) die Aktivität auszurechnen, diese Aktivität sodann vom Beginn der Abkühlzeit

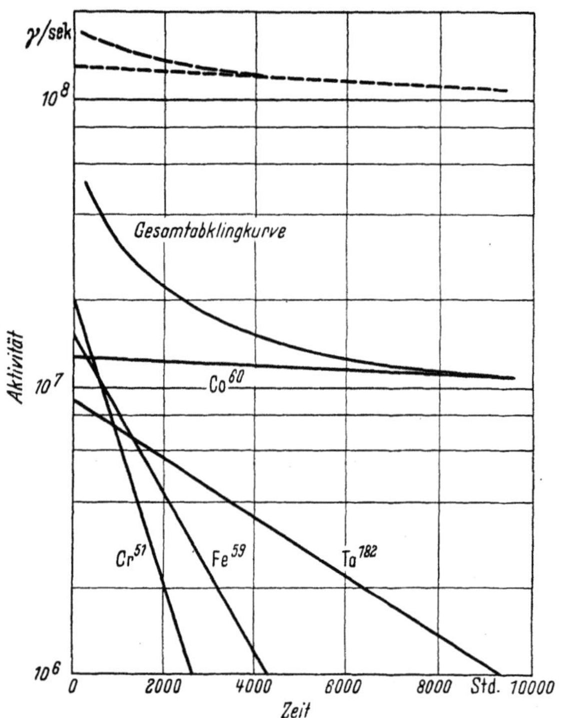

Abb. 403. Gesamtabklingkurven eines neutronenbestrahlten Nb-stabilisierten 18/8 Chrom-Nickel-Stahls sowie Abklingkurven für die einzelnen radioaktiven Isotopen [660] Stahlzusammensetzung: < 0,08%C, 18% Cr, 10,5% Ni, 0,8% Nb, ~ 0,03% Co

an mit der jeweiligen Halbwertszeit abklingen zu lassen und zur Ermittlung der vorhandenen Aktivität die einzelnen Teilaktivitäten zu summieren. Da praktisch schon nach 7 Halbwertszeiten 99% der Sättigungsaktivität, nach 10 Halbwertszeiten 99,9% erreicht ist, kann für Elemente mit kurzen Halbwertszeiten die am Ende der Bestrahlung erreichte Aktivität zumeist durch die Sättigungsaktivität

$$S_\infty = 1{,}625 \cdot \frac{\sigma \cdot \Phi}{10^{11} \cdot A} \qquad \text{(IV, 6)}$$

ersetzt werden, die aus diesem Grunde mit in die Tab. 124 aufgenommen worden ist. Keineswegs kann aber dieser einfache Weg bei Isotopen mit langer Halbwertszeit (z.B. Co^{60}, Ta^{182}, Fe^{55}, Be^{10}) beschritten werden.

Als praktisches Beispiel bringt Abb. 403 die Abklingkurve der Aktivität pro Gramm einer eineinhalb Monate mit einem Flux von 10^{12} n/cm² sek bestrahlten Probe eines Nb-stabilisierten 18/8-Chrom-Nickel-Stahls. In halblogarithmischer Darstellung, die dem Abklingen nach einer e-Potenz angepaßt ist, ergeben sich die Abklingkurven für die einzelnen radio-

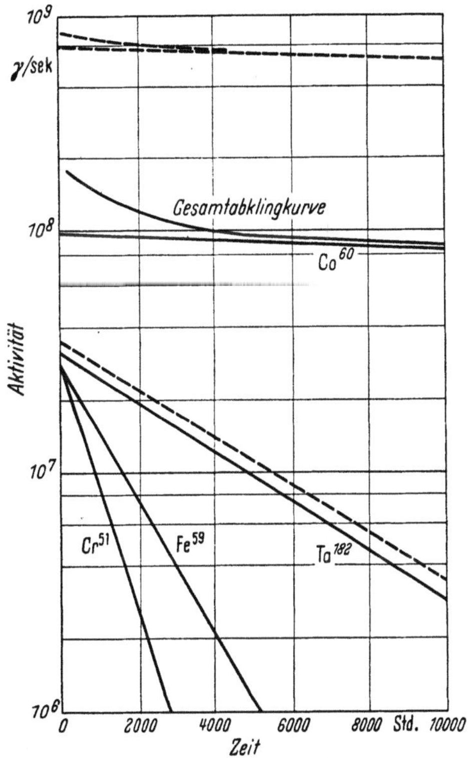

Abb. 404. Abklingen der Radioaktivität derselben Stahlprobe wie in Abb. 403 für Bestrahlungsdauern von 1 Jahr (——) und 10 Jahren (---)

aktiven Isotope als gerade Linien. Die Gesamtabklingkurve folgt durch Addition der Teilaktivitäten. Sie läßt erkennen, daß für längere Abkühlzeiten immer mehr die Abklingkurve des langlebigen Co^{60} entscheidend wird. Betrüge die Kobaltverunreinigung des Stahls das Zehnfache der zunächst im praktischen Beispiel verwendeten, so würden die Beiträge der übrigen radioaktiven Isotope zur Gesamtabklingkurve dieselben bleiben, der des Kobalts jedoch um eine Größenordnung steigen, so daß sich die in der Abbildung strichliert eingezeichnete Co-Aktivität und Gesamtaktivität ergäbe.

Bleibt die Konzentration des Stahls erhalten und wird die Bestrahlungszeit verlängert, so nimmt vor allem der Anteil der langlebigen Isotope an der Aktivität zu. Als Beispiel sind in Abb. 404 die Abklingkurven desselben Stahls für ein und zehn Jahre Bestrahlungszeit eingezeichnet. Während der Übergang von eineinhalb Monaten auf ein Jahr bei den kurzlebigen Isotopen noch eine gewisse Steigerung der Aktivität bedeutet (Vergleich mit Abb. 403), bringt die Erstreckung der Bestrahlung auf 10 Jahre nur mehr für Kobalt und Tantal eine Aktivitätssteigerung.

Gelegentlich wird das Abklingen der Aktivität nicht in halblogarithmischer Darstellung wiedergegeben, sondern in doppeltlogarithmischer. Dabei geht die Geradlinigkeit der Abklingkurven der einzelnen Kom-

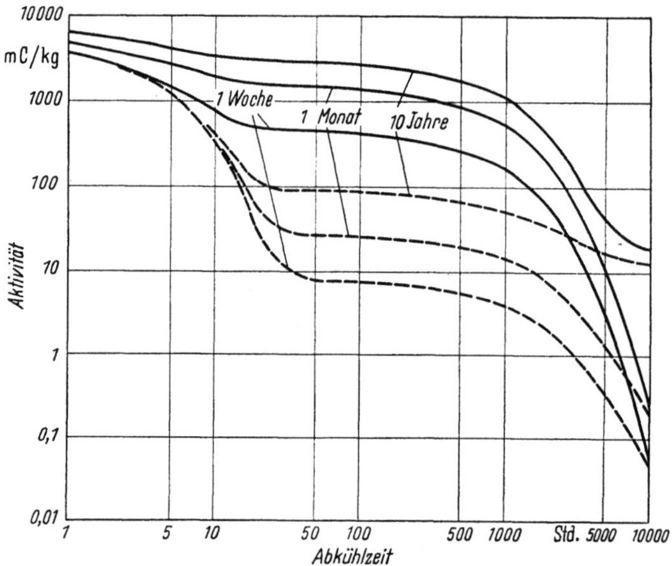

Abb. 405. Abklingkurven für 1 kg Stahl nach Bestrahlung mit einem Flux von 10^{11} n/cm² sek [662] ——— 0,05% C, 0,70% Si, 1,0% Mn, 19,0 %Cr, 9,5% Ni, max 30 ppm Co; - - - 0,17% C, 0,30% Si, 1,1% Mn, max 20 ppm Co

ponenten verloren, gewonnen wird die Möglichkeit, sehr große Zeitintervalle darstellen zu können. Zur Illustration dieses Vorgehens bringt Abb. 405 den Vergleich der Aktivität eines 19/9-Chrom-Nickel-Stahls mit einem Kohlenstoffstahl für Bestrahlungsdauern von einer Woche, einem Monat und 10 Jahren. Die Kobaltbeimengung war in beiden Werkstoffen etwa gleich. Deutlich erkennt man, daß bei kürzeren Abkühlzeiten die Aktivität des Chrom-Nickel-Stahls erheblich über der des Kohlenstoffstahls liegt, daß sich aber nach sehr langen Zeiten beide Aktivitäten, die nunmehr ausschließlich auf die Kobaltbeimengung zurückgehen, einander sehr nähern.

Aus den gezeigten Beispielen geht wohl zur Genüge die überragende Bedeutung langlebiger Isotope für die induzierte Radioaktivität hervor.

Besonders gefährlich ist Co^{60}, so daß man in Reaktorbaustoffen Co-Zusätze vermeidet und die Co-Verunreinigungen so niedrig wie möglich zu halten bestrebt ist. Stellt man die Forderung, daß an einem der Reaktorstrahlung (10^{12} n/cm^2 sek) durch 5 Jahre ausgesetzten Konstruktionsteil ein Monat nach dem Ausbau gefahrlos gearbeitet werden kann, so dürfte der höchste Gehalt an Kobalt nicht mehr als 50 ppm betragen. Dies ist eine im allgemeinen schwer erfüllbare Forderung. Etwa 200 ppm Co werden heute als praktisch einhaltbare Toleranz angesehen [*663*].

In [*664*] wird darauf hingewiesen, daß eine Verringerung der Aktivität grundsätzlich auch dadurch erzielbar ist, daß Neutronenabsorber den Flux der einfallenden Neutronenstrahlung verringern. Borhaltige Schichten werden in diesem Zusammenhang genannt. Gleichzeitig wird aber auch darauf aufmerksam gemacht, daß auch durch schnelle Neutronen eine gewisse Aktivierung erreicht wird, die unter Umständen keineswegs vernachlässigbar ist.

Literaturverzeichnis

zu Kap. I:

[1] RIEZLER, W.: Einführung in die Kernphysik, 6. Aufl., München: Oldenbourg 1960.

[2] RIEZLER, W., u. P. WALCHER: Kerntechnik, Stuttgart: Teubner 1958.

[3] CAP, F.: Physik und Technik der Atomreaktoren, Wien: Springer 1957.

[4] MÜNZINGER, F.: Atomkraft, 3. Aufl., Berlin/Göttingen/Heidelberg: Springer 1960.

[5] ARENDT, P. R.: Reaktortechnik, Mosbach: Physik-Verlag 1957.

[6] MIALKI, W.: Kernverfahrenstechnik, Berlin/Göttingen/Heidelberg: Springer 1958.

[7] SCHMIDT, K. P.: Nutzenergie aus Atomkernen, Berlin: de Gruyter 1960.

[8] HAHN, O., u. F. STRASSMANN: Naturwiss. 27 (1939) S. 11.

[9] KATCOFF, S.: Nucleonics 16/1 (1958) S. 78.

[10] FRISCH, O. R.: The Nuclear Handbook, London: Newnes 1958.

[11] HOWELLS, G. R., T. G. HUGHES, D. R. MACKEY u. K. SADDINGTON: Proc. Int. Conf. Peaceful Uses of Atomic Energy, Genf, 17 (1958) P/307, S. 3.

[12] HUGHES, D. J.: Neutron Cross Sections US.AEC.Rep., BNL-325 (1955, 1957, 1960).

[13] LYNN, J. E., u. N. J. PATTENDEN: Proc. Int. Conf. Peaceful Uses of Atomic Energy, Genf 4 (1955) P/423, S. 210.

[14] GLASSTONE, S.: Principles of nuclear engineering, Princeton: Van Nostrand 1955.

[15] GOODMAN, C.: in „Science and engineering of nuclear power“, Cambridge, Mass.: Addison-Wesley Press 1947, S. 273.

[16] Nuclear Power, „World Reactor Chart“ 6/57 (1961) S. 61.

[17] GLASSTONE-EKLUND: Kernreaktortheorie; Deutsche Bearbeitung von W. GLASER u. H. GRÜMM, Wien, Springer 1961.

zu Kap. II:

[1] MASING, G.: Lehrbuch der allgemeinen Metallkunde, Berlin/Göttingen/Heidelberg: Springer 1950.

[2] LEIBFRIED, G.: Gittertheorie der mechanischen und thermischen Eigenschaften der Kristalle. In S. Flügge (Hrsgb.): Handbuch der Physik Bd. VII/1, Berlin/Göttingen/Heidelberg: Springer 1955, S. 104.

[3] ERNST, TH.: Gittertypen, Strukturen und Dimensionen von Kristallen. In LANDOLT-BÖRNSTEIN: Zahlenwerte und Funktionen aus Physik, Chemie, Astronomie, Geophysik, Technik Bd. I/4, Berlin/Göttingen/Heidelberg: Springer 1955, S. 82.

[4] EWALD, P. P., u. C. HERMANN: Strukturbericht, Ergänzungsbände der Z. Kristallographie.

[5] Structure Reports (Ed. A. J. C. WILSON), herausgegeben von der Internat. Union of Crystallography, Oosthock-Utrecht 1945/46 bis 1952.

[6] KORITNIG, S.: Ionen- und Atomradien in Kristallen. In LANDOLT-BÖRNSTEIN: Zahlenwerte und Funktionen aus Physik, Chemie, Astronomie, Geophysik, Technik Bd. I/4, Berlin/Göttingen/Heidelberg: Springer 1955, S. 529.
[7] SCHMID, E.: in „Fortschritte der Uhrentechnik – Festschrift für R. STRAUMANN", Stuttgart: Steinkopf 1952, S. 25.
[8] SCHMID, E., u. W. BOAS: Kristallplastizität, Berlin: Springer 1935.
[9] CZOCHRALSKI, J.: Moderne Metallkunde in Theorie und Praxis, Berlin: Springer 1924.
[10] SCHMID, E.: Proc. Int. Congr. Appl. Mech., Delft 1924, S. 342.
[11] SCHMID, E.: Metall 13 (1959) S. 1.
[12] BLEWITT, T. H.: Phys. Rev. 91 (1953) S. 1115.
[13] DERUYTTÈRE, A., u. G. B. GREENOUGH: J. Inst. Met. 84 (1955/56) S. 337.
[14] WASSERMANN, G.: Texturen metallischer Werkstoffe, 2. Aufl., Berlin/Göttingen/Heidelberg: Springer 1962.
[15] SCHMID, E.: Texturen in Metallen und Legierungen. In LANDOLT-BÖRNSTEIN: Zahlenwerte und Funktionen aus Physik, Chemie, Astronomie, Geophysik, Technik Bd. IV/3, Berlin/Göttingen/Heidelberg: Springer 1955, S. 1021.
[16] WOLBANK, F.: Dissertation TH Wien 1939. Vgl. E. SCHMID: Z. Metallkde. 31 (1939) S. 125.
[17] BARRETT, C. S., u. L. H. LEVENSON: Trans. AIME. 137 (1940) S. 112.
[18] BUNGE, H.-J.: Z. Metallkde. 51 (1960) S. 535.
[19] MUELLER, M. H., W. P. CHERNOCK u. P. A. BECK: Trans. AIME. 212 (1958) S. 39.
[20] HU, H., P. R. SPERRY u. P. A. BECK: J. Met. 4 (1952) S. 76.
[21] VALOUCH, M. A.: Metallwirtschaft 11 (1932) S. 165.
[22] SCHMID, E., u. G. WASSERMANN: Metallwirtschaft 9 (1930) S. 698.
[23] MCGEARY, R. K., u. B. LUSTMAN: J. Met. 3 (1951) S. 994.
[24] SCHMID, E. (u. M. POLANYI): Verhandlg. d. Deutschen Phys. Gesellsch. 4 (1923) S. 25.
[25] POLANYI, M.: Z. Phys. 89 (1934) S. 660.
[26] OROWAN, E.: Z. Phys. 89 (1934) S. 634.
[27] TAYLOR, G. I.: Proc. Roy. Soc. London 145A (1934) S. 362.
[28] COTTRELL, A. H.: Dislocations and plastic flow in crystals, Oxford: Clarendon Press. 1956.
[29] SEEGER, K.: in S. FLÜGGE (Hrsgb.): Handbuch der Physik Bd. VII/1 und VII/2, Berlin/Göttingen/Heidelberg: Springer 1958.
[30] BURGERS, J. M.: Proc. Kon. Ned. Akad. v. Wetensch. 42 (1939) S. 293 u. 378.
[31] GILMAN, J. J.: J. Met. 8 (1956) S. 998.
[32] MAHL, H.: Metallwirtschaft 19 (1940) S. 1082.
[33] BORELIUS, G.: Handbuch der Metallphysik Bd. I/1, Leipzig: Akademische Verlagsgesellschaft 1935, S. 181.
[34] SCHAFMEISTER, P., u. R. ERGANG: Techn. Mitt. Krupp, Forschungsberichte 2 (1931) S. 5.
[35] SIEBEL, E.: Die Prüfung der metallischen Werkstoffe, Berlin: Springer 1939.
[36] HOUDREMONT, ED.: Handbuch der Sonderstahlkunde, Berlin: Springer 1943 (3. Aufl. unter Mitarbeit von H.-J. WIESTER. 2 Bde. 1956.)
[37] MITSCHE, R.: Berg- u. hüttenmännische Monatshefte 96/2 (1951) S. 1.
[38] HANSEN, M.: Aufbau der Zweistoffsysteme, Berlin: Springer 1936.
[39] KÖSTER, W., u. F. BRAUMANN: Z. Metallkde. 43 (1952) S. 193.
[40] WILM, A.: Metallurgie 8 (1911) S. 225 u. 650.

[41] IRMANN, R.: Techn. Rundschau Bern 41/36 (1949) S. 19 und Aluminium 33 (1957) S. 250.
[42] VON ZEERLEDER, A.: Z. Metallkde. 41 (1950) S. 228 u. 46 (1955) S. 809.
[43] SCHMID, E.: DRP. Nr. 425451, 425452 u. 427370 (1924).
[44] LENEL, F. V.: 4. Plansee-Seminar, Reutte/Tirol, Juni 1961.

zu Kap. III:

[1] LINTNER, K., u. E. SCHMID: Ergebn. d. exakten Naturwiss. 28 (1955) S. 302.
[2] GLEN, J. W.: Phil. Mag. Supplement 4 (1955) S. 381.
[3] DIENES, G. J., u. G. H. VINEYARD: Radiation effects in solids, New York: Interscience Publ. 1957.
[4] HARWOOD, J. J., H. H. HAUSNER, J. G. MORSE u. W. G. RAUCH: Effects of radiation on materials, New York: Reinhold 1958.
[5] BILLINGTON, D. S., u. J. H. CRAWFORD: Radiation damage in solids, Princeton: Princeton University Press 1961.
[6] SEITZ, F.: Disc. Faraday Soc. 5 (1949) S. 271.
[7] HUNTINGTON, H. B.: Phys. Rev. 93 (1954) S. 1414.
[8] KOHN, W.: Phys. Rev. 94 (1954) S. 1409.
[9] SNYDER, W. S., u. J. NEUFELD: Phys. Rev. 97 (1955) S. 1636.
[10] SNYDER, W. S., u. J. NEUFELD: Phys. Rev. 103 (1956) S. 862.
[11] SEITZ, F., u. J. S. KOEHLER: Proc. Int. Conf. Peaceful Uses of Atomic Energy, Genf, 7 (1955) P/749, S. 615.
[12] SEITZ, F., u. J. S. KOEHLER: Solid State Physics 2 (1956) S. 305.
[13] HARRISON, W. A., u. F. SEITZ: Phys. Rev. 98 (1955) S. 1530.
[14] KINCHIN, G. H., u. R. S. PEASE: Rep. Progress Phys. 18 (1955) S. 1.
[15] LEIBFRIED, G., u. CH. LEHMANN: unveröffentlicht, zit. in [5]; s. a. CH. LEHMANN: Nukleonik 3 (1961) S. 1.
[16] EVANS, R. D.: The atomic nucleus, New York: McGraw-Hill 1955.
[17] PRIMAK, W.: Nucl. Sci. Eng. 2 (1957) S. 117.
[18] BROOKS, H.: US. AEC. Rep., KAPL-360 (1950).
[19] BROOKS, H.: Ann. Rev. Nucl. Sci. 6 (1956) S. 215.
[20] SEITZ, F.: Physics Today 5/6 (1952) S. 6.
[21] DESSAUER, F.: Z. Phys. 12 (1923) S. 38.
[22] BRINKMAN, J.: US. AEC. Rep., NAA-SR-198 (1952) und J. Appl. Phys. 25 (1954) S. 961.
[23] BRINKMAN, J.: Am. J. Phys. 24 (1956) S. 246.
[24] SEEGER, A.: Proc. Int. Conf. Peaceful Uses of Atomic Energy, Genf, 6 (1958) P/998, S. 250.
[25] LEIBFRIED, G.: US. AEC. Rep., NP-6984 (1957) u. J. Appl. Phys. 30 (1959) S. 1388.
[26] SILSBEE, R. H.: J. Appl. Phys. 28 (1957) S. 1246.
[27] DEMPSTER, A. J.: Phys. Rev. 71 (1947) S. 144.
[28] WIGNER, E. P.: J. Appl. Phys. 17 (1946) S. 857.
[29] DIENES, G. J.: Phys. Rev. 86 (1952) S. 228.
[30] KÖSTER, W., u. W. RAUSCHER: Z. Metallkde. 39 (1948) S. 111.
[31] ZEHNER, C.: Acta Cryst. 2 (1949) S. 163.
[32] DIECKAMP, H., u. A. SOSIN: J. Appl. Phys. 27 (1956) S. 1416.
[33] KOEHLER, J. S.: in W. SHOCKLEY: Imperfections in nearly perfect crystals, New York: Wiley & Sons 1952, S. 197.
[34] THOMPSON, D. O., u. D. K. HOLMES: J. Appl. Phys. 27 (1956) S. 713.
[35] DEXTER, D. L.: Phys. Rev. 87 (1952) S. 768.

[36] JONGENBURGER, P.: Phys. Rev. 90 (1953) S. 710 und Appl. Sci. Res. 3 B (1953) S. 237.
[37] BLATT, F. J.: Phys. Rev. 99 (1955) S. 1708.
[38] BLATT, F. J., M. C. HUSE u. R. A. RUBENSTEIN: Phys. Rev. 98 (1955) S. 1553.
[39] JONGENBURGER, P.: Nature 175 (1955) S. 545.
[40] OVERHAUSER, A. W., u. R. L. GORMAN: Phys. Rev. 102 (1956) S. 676.
[41] ANTAL, J. J., R. J. WEISS u. G. J.DIENES: Phys. Rev. 99 (1955) S. 1081.
[42] MORGAN, C. E.: US. AEC. Rep., NARF-58-9T (1958)
[43] COTTRELL, A. H.: Theory of brittle fracture in steel and its application to radiation embrittlement, Proc. Conf. Brittle Fracture, Culcheth (Oktober 1957).
[44] MAKIN, M. J., A. T. CHURCHMAN, D. R. HARRIES u. R. E. SMALLMAN: Proc. Int. Conf. Peaceful Uses of Atomic Energy, Genf, 5 (1958) P/80, S. 446.
[45] CHURCHMAN, A. T., D. HULL u. I. L. MOGFORD: AERE. Rep., M/R 2515 und AERE Rep., M/R 2555 (1958).
[46] HUNTINGTON, H. B., u. F. SEITZ: Phys. Rev. 61 (1942) S. 315 und H. B. HUNTINGTON: Phys. Rev. 61 (1942) S. 325.
[47] HUNTINGTON, H. B.: Phys. Rev. 91 (1953) S. 1092.
[48] BARTLETT, J. H., u. G. J. DIENES: Phys. Rev. 89 (1953) S. 848.
[49] DAMASK, A. C., G. J. DIENES u. V. G. WEIZER: Phys. Rev. 113 (1959) S. 781.
[50] FUMI, F. G.: Proc. Int. Conf. Peaceful Uses of Atomic Energy, Genf, 6 (1958) P/1366, S. 288.
[51] REITZ, J. R., u. J. L. GAMMEL: J. Chem. Phys. 19 (1951) S. 894.
[52] SEITZ, F.: Rev. Mod. Phys. 18 (1946) S. 384.
[53] SEITZ, F.: in W. SHOCKLEY: Imperfections in nearly perfect crystals, New York: Wiley & Sons 1952, S. 3.
[54] FLETCHER, R. C., W. L. BROWN u. S. MACHLUP: Phys. Rev. 91 (1953) S. 237. und R. C. FLETCHER u. W. L. BROWN: Phys. Rev. 92 (1953) S. 585.
[55] COOK, L. G., u. R. L. CUSHING: Acta Met. 1 (1953) S. 539.
[56] COOK, L. G., u. R. L. CUSHING: Acta Met. 1 (1953) S. 549.
[57] WILSON, J. C.: in [4] S. 48.
[58] SISMAN, O., u. J. C. WILSON: Nucleonics 14/9 (1956) S. 58.
[59] PEASE, R. S.: Rev. Sci. Instr. 26 (1955) S. 1204.
[60] CUMMINGS, W. V. jr., D. C. KAULITZ u. M. J. SANDERSON: US. AEC. Rep., HW-28331 (1953) und Rev. Sci. Instr. 26 (1955) S. 5.
[61] BREDIG, M. A., G. E. KLEIN u. B. S. BORIE jr.: Rev. Sci. Instr. 26 (1955) S. 610.
[62] CRAWFORD, J. H. jr., u. M. C. WITTELS: Proc. Int. Conf. Peaseful Uses of Atomic Energy, Genf, 5 (1958) P/679, S. 300.
[63] CRAWFORD, J. H. jr., u. M. C. WITTELS: Proc. Int. Conf. Peaceful Uses of Atomic Energy, Genf, 7 (1955) P/753, S. 654.
[64] LEVY, P. W., u. O. F. KAMMERER: Phys. Rev. 100 (1955) S. 1787.
[65] WARREN, B. E.: US. AEC. Rep., NYO-3731 (1952).
[66] WARREN, B. E.: US. AEC. Rep., NYO-3734 (1953).
[67] WARREN, B. E.: US. AEC. Rep., NYO-6508 (1954).
[68] BINDER, D., u. W. J. STURM: Phys. Rev. 96 (1954) S. 1519.
[69] SMALLMAN, R. E., u. B. T. M. WILLIS: Phil. Mag. 2 (1957) S. 1018.
[70] WEISSMANN, S., u. R. CHANG: Phys. Rev. 99 (1955) S. 657.
[71] FUJITA, F. E., u. U. GONSER: J. Phys. Soc. Japan 13 (1958) S. 1068.
[72] KLEIN, G. E.: 58. Annual Meeting, Am. Ceram. Soc., New York, 23. bis 26. April 1956.

[73] HURLEY, P. M., u. H. W. FAIRBAIRN: J. Appl. Phys. 23 (1952) S. 1408.
[74] HAYES, S., u. R. SMOLUCHOWSKI: Phys. Rev. 91 (1953) S. 244.
[75] HOLLAND, H. D., u. D. GOTTFRIED: Acta Cryst. 8 (1955) S. 291.
[76] STECH, B.: Z. Naturforsch. 7a (1952) S. 175.
[77] GRAY, D. L.: US. AEC. Rep., HW-57903 (1958).
[78] SIMMONS, R. O., u. R. W. BALLUFFI: Phys. Rev. 109 (1958) S. 335 und Phys. Rev. 109 (1958) S. 1142.
[79] SLADE, J. J. jr., E. STURM, L. F. NANNI u. S. WEISSMANN: US. AEC. Rep., NYO-7299 (1957).
[80] KUNZ, F. W., u. A. N. HOLDEN: Acta Met. 2 (1954) S. 816.
[81] KLEIN, J. L., u. W. B. NOWAK: US. AEC. Rep., MIT-1085 (1952) und MIT-1091 (1952).
[82] SIEGEL, S.: Phys. Rev. 75 (1949) S. 1823.
[83] MARTIN, A. B., S. B. AUSTERMAN, R. R. EGGLESTON, J. F. MCGEE u. M. TARPINIAN: Phys. Rev. 81 (1951) S. 664.
[84] DIENES, G. J.: Ann. Rev. Nucl. Sci. 2 (1953) S. 187.
[85] FILLNOW, R. H., E. K. HALTEMAN u. G. F. MECHLIN: Phys. Rev. 91 (1953) S. 236.
[86] GLICK, H. L., F. C. BROOKS, W. F. WITZIG u. W. E. JOHNSON: Phys. Rev. 87 (1952) S. 1074.
[87] GLICK, H. L., u. W. F. WITZIG: Phys. Rev. 91 (1953) S. 236.
[88] BLEWITT, T. H., u. R. R. COLTMAN: Phys. Rev. 85 (1952) S. 384.
[89] COLTMAN, R. R., u. T. H. BLEWITT: Phys. Rev. 91 (1953) S. 236.
[90] BRINKMANN, J. A., C. E. DIXON u. C. J. MEECHAN: US. AEC. Rep., NAA-SR-249 (1953).
[91] BLEWITT, T. H., u. R. R. COLTMAN: Acta Met. 2 (1954) S. 549.
[92] ADAM, J., A. GREEN u. R. A. DUGDALE: Phil. Mag. 43 (1952) S. 1216.
[93] DIXON, C. E., C. J. MEECHAN u. J. A. BRINKMAN: Phil. Mag. 44 (1953) S. 449.
[94] MEECHAN, C. J., u. C. E. DIXON: US. AEC. Rep., NAA-SR-1531 (1946).
[95] DUGDALE, R. A.: Phil. Mag. 1 (1956) S. 537.
[96] DIXON, C. E., u. D. B. BOWEN: Phys. Rev. 94 (1954) S. 1418.
[97] DUGDALE, R. A., u. A. GREEN: Phil. Mag. 45 (1954) S. 163.
[98] KÖSTER, W., u. W. RAUSCHER: Z. Metallkde. 39 (1948) S. 178.
[99] ARONIN, L. R.: J. Appl. Phys. 25 (1954) S. 344.
[100] STELLO, P. G.: US. AEC. Rep., NAA-SR-171 (1952).
[101] RAYNOR, G. V.: Inst. of Metals (Annotated equilibrium diagram series Nr. 3) 1944.
[102] EGGLESTON, R. R., u. F. F. BOWMAN: J. Appl. Phys. 24 (1953) S. 229.
[103] FEDER, R., A. S. NOWICK u. D. B. ROSENBLATT: J. Appl. Phys. 29 (1958) S. 984.
[104] DENNEY, J. M.: Phys. Rev. 92 (1953) S. 531 und Phys. Rev. 94 (1954) S. 1417.
[105] ZAKHAROV, A. I., u. O. P. MAXIMOVA: Doklady Akad. Nauk. SSSR. 114 (1957) S. 1195 und Soviet Phys. (Doklady) 2 (1957) S. 283.
[106] ZAKHAROV, A. I., u. O. P. MAXIMOVA: Izvest. Akad. Nauk. SSSR. Otdel. Tekh. Nauk. 7 (1958) S. 3; zit. nach Nucl. Sci. Abstr. 13 (1959) S. 2211.
[107] WEISS-HOLLERWÖGER, B.: Nukleonik 2 (1960) S. 222.
[108] FLEEMAN, J.: Phys. Rev. 91 (1953) S. 237.
[109] FLEEMAN, J., u. G. J. DIENES: J. Appl. Phys. 26 (1955) S. 652.
[110] WITTELS, M. C., u. F. A. SHERRILL: J. Appl. Phys. 27 (1956) S. 643.
[111] WITTELS, M. C., u. F. A. SHERRILL: J. Appl. Phys. 28 (1957) S. 606.

[112] WITTELS, M.: persönl. Mitteilung.
[113] MÜLLER, H., u. E. SCHMID: Mh. Chemie 85 (1954) S. 719.
[114] FRISCHAUER, L.: C. R. 148 (1909) S. 1251.
[115] GONSER, U., u. B. OKKERSEE: Phys. Chem. Solids 7 (1958) S. 55.
[116] BILLINGTON, D. S., u. S. SIEGEL: Met. Progress 58 (1950) S. 847.
[117] MURRAY, G. T., u. W. E. TAYLOR: Phys. Rev. 86 (1952) S. 642 und Acta Met. 2 (1954) S. 53.
[118] RICHARDS, J. T.: Acta Met. 3 (1955) S. 211.
[119] CLELAND, J. W., D. S. BILLINGTON u. J. H. CRAWFORD jr.: Phys. Rev. 91 (1953) S. 238.
[120] NEUMANN, B., u. E. SCHMID: Metall 9 (1955) S. 349.
[121] KERNOHAN, R. H., D. S. BILLINGTON u. A. B. LEWIS: J. Appl. Phys. 27 (1956) S. 40.
[122] GERLACH, W.: Z. Metallkde. 28 (1936) S. 80 u. 183 und 29 (1937) S. 124.
[123] JAMISON, R. E.: Bull. Am. Phys. Soc. 2 (1957) S. 151.
[124] BOLTAX, A.: US. AEC. Rep., NMI-1165 (1956).
[125] SMALLMAN, R. E., u. K. H. WESTMACOTT. J. Appl. Phys. 30 (1959) S. 603.
[126] HIRSCH, P. B.: J. Inst. Met. 87 (1958/59) S. 406.
[127] WILSDORF, H. G. F.: Phys. Rev., Letters 3 (1959) S. 172.
[128] GILMAN, J. J., u. W. G. JOHNSTON: J. Appl. Phys. 29 (1958) S. 877.
[129] BARNES, R. S., u. G. W. GREENWOOD: Proc. Int. Conf. Peaceful Uses of Atomic Energy, Genf, 5 (1958) P/29, S. 481.
[130] REDDING, G. B., u. R. S. BARNES: AERE, M/R 2332 und 2332A (1958).
[131] BARNES, R. S., G. B. REDDING u. A. H. COTTRELL: Phil. Mag. 3 (1958) S. 17.
[132] KONOBEEVSKY, S. T., N. F. PRAVDYUK u. U. T. KUTAITSEV: Proc. Int. Conf. Peaceful Uses of Atomic Energy, Genf, 7 (1955) P/680, S. 479.
[133] BRUCH, C. E., W. E. McHUGH u. L. J. DOIG: AIME. Nuclear Engineering and Science Congress 1957.
[134] McDONELL, W. R., u. H. A. KIERSTEAD: Phys. Rev. 93 (1954) S. 247.
[135] VOOK, R. W., u. CH. WEERT: Phys. Rev. 109 (1958) S. 1529.
[136] ADAM, J., u. D. G. MARTIN: Phil. Mag. 3 (1958) S. 1329.
[137] SUTTON, C. R., u. D. O. LEESER: Nucleonics 12/9 (1954) S. 8 und Iron Age 174 (19. August 1954) S. 128 und 174 (26. August 1954) S. 97.
[138] THOMPSON, D. O., D. K. HOLMES u. T. H. BLEWITT: J. Appl. Phys. 26 (1955) S. 1188.
[139] THOMPSON, D. O., u. D. K. HOLMES: J. Appl. Phys. 27 (1956) S. 191.
[140] THOMPSON, D. O., T. H. BLEWITT u. D. K. HOLMES: J. Appl. Phys. 28 (1957) S. 742.
[141] GOENS, E. (u. J. WEERTS): Z. Instrumentenkde. 52 (1932) S. 167.
[142] THOMPSON, D. O., u. D. K. HOLMES: J. Phys. Chem. Solids 1 (1957) S. 275.
[143] PRAVDYUK, N. F., S. T. KONOBEEVSKY, A. D. AMAYEV u. Y. I. POKROVSKY: Proc. Int. Conf. Peaceful Uses of Atomic Energy, Genf, 5 (1958) P/2052, S. 457.
[144] LIKHTER, A. I., u. A. J. KIKOIN: Soviet Phys., JETP, 5 (1957) S. 772 und Zhur. Eksper. i. teoret. Fiziki 32 (1957) S. 945.
[145] KENWORTHY, H. M.: unveröffentlicht, zit. nach [146].
[146] FARIS, F. E.: Proc. Int. Conf. Peaceful Uses of Atomic Energy, Genf, 7 (1955) P/747, S. 484.
[147] EGGEN, D. T., u. M. J. LAUBENSTEIN: Phys. Rev. 91 (1953) S. 238.
[148] KLONTZ, E. E.: US. AEC. Rep., AECU-2664 (1952).

[*149*] BLEWITT, T. H., R. R. COLTMAN, D. K. HOLMES u. T. S. NOGGLE: US. AEC. Rep., ORNL-2188 (1956) S. 52.

[*150*] MARTIN, A. B., S. B. AUSTERMAN, R. R. EGGLESTON, J. F. MCGEE u. M. TARPINIAN: Phys. Rev. 81 (1951) S. 664.

[*151*] MARX, J. W., H. G. COOPER u. J. W. HENDERSON: Phys. Rev. 88 (1952) S. 106.

[*152*] LINTNER, K., L. RINDERER u. E. SCHMID: Anz. d. Österr. Akad. d. Wiss., math. nat. Klasse 97 (1960) S. 119.

[*153*] LYNTON, E. A., B. SERIN u. M. ZUCKER: J. Phys. Chem. Solids 3 (1957) S. 165.

[*154*] KAPP, W., u. F. STANGLER: Anz. d. Österr. Akad. d. Wiss., math. nat. Klasse, 95 (1958) S. 186 und Z. Phys. 154 (1959) S. 486.

[*155*] DITTMER, G.: Dissertation Universität Wien 1962.

[*156*] ROSENBLATT, D. B., R. SMOLUCHOWSKI u. G. J. DIENES: Phys. Rev. 94 (1954) S. 1417 und J. Appl. Phys. 26 (1955) S. 1044.

[*157*] SMOLUCHOWSKI, R., W. LEIVO, H. VAUGHAN, P. MITCHEL, E. A. PEARLSTEIN, W. SMITH u. W. VAUGHAN: US. AEC. ERP., NYO-3129 (1954).

[*158*] GRÜNEISEN, E.: Ann. Phys. 16 (1933) S. 530.

[*159*] WECHSLER, M. S., u. R. H. KERNOHAN: J. Phys. Chem, Solids 7 (1958) S. 307.

[*160*] BOWEN, D., u. G. W. RODEBACK: Acta Met. 1 (1953) S. 649.

[*161*] MEECHAN, C. J.: J. Appl. Phys. 28 (1957) S. 197.

[*162*] JOHNSON, R. D., u. A. B. MARTIN: J. Appl. Phys. 23 (1952) S. 1245.

[*163*] DAMASK, A. C.: J. Appl. Phys. 27 (1956) S. 610 und J. Phys. Chem. Solids 4 (1958) S. 177.

[*164*] DIENES, G. J., u. A. C. DAMASK: Proc. Int. Conf. peaceful Uses of Atomic Energy, Genf, 29 (1958) P/612, S. 340 und J. Appl. Phys. 29 (1958) S. 1713.

[*165*] ANDREW, A., M. R. JEPPSON u. H. P. YOCKEY: Phys. Rev. 86 (1952) S. 643.

[*166*] ANDREW, A., u. C. R. DAVISON: Phys. Rev. 89 (1953) S. 876.

[*167*] GORDON, D. J., R. S. SERY u. R. E. FISCHELL: Nucl. 16/6 (1958) S. 73.

[*168*] SERY, R. S., u. D. J. GORDON: Bull. Am. Phys. Soc. II, 3 (1958) S. 117.

[*169*] Bell. Lab. Record 35 (1957) S. 29 und Met. Ind. 91/8 (1957) S. 147.

[*170*] MAKIN, M. J., A. T. CHURCHMAN, D. R. HARRIES u. R. E. SMALLMAN: Proc. Int. Conf. Peaceful Uses of Atomic Energy, Genf, 5 (1958) P/80, S. 446.

[*171*] BLEWITT, T.H.: unveröffentlicht, zit. nach [*172*].

[*172*] MAKIN, M. J.: Progress Nucl. Energy Serie V, „Metallurgy and Fuels“ 2 (1959) S. 500.

[*173*] BRUCH, C. A., R. W. HOCKENBURRY u. M. MCHUGH: unveröffentlicht, zit. nach [*146*].

[*174*] MCREYNOLD, A. W., W. AUGUSTYNIAK, M. MCKEOWN u. D. B. ROSENBLATT: Phys. Rev. 98 (1955) S. 418.

[*175*] KUNZ, F. W.: US. AEC. Rep., KAPL-1366 (1955).

[*176*] BLEWITT, T. H.: Phys. Rev. 91 (1953) S. 1115.

[*177*] JAMISON, R. E., u. T. H. BLEWITT: Phys. Rev. 91 (1953) S. 237.

[*178*] BILLINGTON, D. S.: Proc. Int. Conf. Peaceful Uses of Atomic Energy, Genf, 7 (1955) P/744 S. 421 u. 496.

[*179*] JAMISON, R. E., u. F. A. SHERRILL, Acta Met. 4 (1956) S. 197.

[*180*] JAMISON, R. E., u. T. H. BLEWITT: Phys. Rev. 86 (1952) S. 641.

[*181*] KELLY, E. M., Acta Met. 3 (1955) S. 101.

[*182*] BLEWITT, T. H., R. R. COLTMAN u. J. K. REDMAN: J. Appl. Phys. 28 (1957) S. 651.

[183] ANDRADE, A. N. da C.: Nature 156 (1945) S. 113.
[184] MAKIN, M. J.: Nature 174 (1954) S. 752 und J. Nucl. Energy 1 (1955) S. 181.
[185] SCHMID, E., u. K. LINTNER: Sitzungsber. d. Öster. Akad. d. Wiss., math. nat. Klasse, 163 (1954) S. 109.
[186] NELL, M.: Dissertation Universität Wien 1960.
[187] SCHMID, E., u. K. LINTNER: Z. Metallkde. 46 (1955) S. 71.
[188] SLATER, J. C.: J. Appl. Phys. 22 (1951) S. 237.
[189] SCHOEK, G.: J. Appl. Phys. 29 (1958) S. 112.
[190] SMALLMAN, R. E.: J. Inst. Met. 84 (1955/56) S. 506.
[191] MÜLLER, H.: Anz. d. Österr. Akad. d. Wiss., math. nat. Klasse, 95 (1958) S. 117.
[192] MAKIN, M. J.: J. Inst. Met. 86 (1957/58) S. 449.
[193] WILSON, J. C., u. R. G. BERGGREEN: Proc. ASTM. 55, (1955) S. 689.
[194] DIXON, C. E., u. C. J. MEECHAN: Phys. Rev. 91 (1953) S. 237.
[195] BILLINGTON, D. S., u. S. SIEGEL: Met. Progr. 59 (1950) S. 847.
[196] GEIB, J. G., u. R. E. GRACE: Phys. Rev. 86 (1952) S. 643.
[197] BRUCH, C. A.: persönl. Mitteilung; vgl. auch J. Met. 8 (1956) S. 1362.
[198] KLEIN, J. L.: unveröffentlicht, zit. nach [146].
[199] MAKIN, M. J., u. F. J. MINTER: J. Inst. Met. 85 (1957) S. 397.
[200] JEPPSON, M. R., R. L, MATHER. A. ANDREW u. H. P. YOCKEY: J. Appl. Phys. 26 (1955) S. 365.
[201] WITZIG, W. F.: J. Appl. Phys. 23 (1952) S. 1263.
[202] JONES, E. R. W., W. MUNRO u. N. H. HANCOCK: J. Nucl. Energy 1 (1954) S. 76.
[203] WILSON, J. C., u. D. S. BILLINGTON: J. Met. 8 (1956) S. 665.
[204] COFFIN, L. F. jr.: unveröffentlicht, zit. nach [146].
[205] FILLNOW, R. H., L. A. COOK u. W. E. JOHNSON: unveröffentlicht, zit. nach [146].
[206] KONOBEEVSKI, S. T., N. F. PRAVDYUK u. V. I. KUTAITSEV: Proc. Int. Conf. Peaceful Uses of Atomic Energy, Genf, 7 (1955) P/681, S. 433.
[207] ROBERTS, A. C., u. A. H. COTTRELL: Phil. Mag. 1 (1956) S. 711.
[208] ROSE, H. C.: J. Inst. Met. 86 (1957/58) S. 122.
[209] MEYER, R. A.: J. Appl. Phys. 25 (1954) S. 1369.
[210] BRUCH, C. E., W. E. MCHUGH u. R. W. HOCKENBURY: J. Met. 7 (1955) S. 281.
[211] SMALLMAN, R. E.: Iron and Steel 32/5 (1959) S. 175.
[212] ROBERTSON, R. F. S.: Progr. Nucl. Energy Series IV, 1 (1956) S. 265.
[213] ROCKWELL, T., u. P. COHEN: Progr. Nucl. Energy, Series IV, 1 (1956) S. 281.
[214] Proc. Int. Conf. Peaceful Uses of Atomic Energy, Genf, 7 (1955) S. 513 bis 615.
[215] HITTMAN, F., u. O. A. KUHL: US. AEC. Rep., BNL-2257 (1955).
[216] LINTNER, K., ED. NACHTIGALL u. E. SCHMID: Metall 11 (1957) S. 31.
[217] LINTNER, K., u. E. SCHMID: Nukleonik 1 (1958) S. 29.
[218] SHATALOV, I. V., u. V. A. NIKITINA: Proc. Int. Conf. Peaceful Uses of Atomic Energy, Genf, 6 (1958) P/2042, S. 284.
[219] PRIMAK, W., u. L. H. FUCHS: Nucl. 13/3 (1955) S. 38.
[220] FARNSWORTH, H. E., u. R. F. WOODCOCK: Symposium on Catalysis. Am. Chem. Soc., Div. of Petroleum Chem., Dallas 1956, S. 39; zit. nach [4].
[221] HARKER, G.: J. Soc. Chem. Ind. 51 (1932) S. 314.
[222] TAYLOR, H. A., u. W. WETHINGTON: Symposium on Catalysis. Am. Chem. Soc., Div. of Petroleum Chem., Dallas 1956, S. 39; zit. nach [4].

[*223*] CLARK, G. L., P. C. MCGRATH u. M. C. JOHNSON: Proc. US. Nat. Acad. Sci. 11 (1925) S. 646.

[*224*] GIBSON, E. J., R. W. CLARKE, T. A. DORLING u. D. POPE: Proc. Int. Conf. Peaceful Uses of Atomic Energy, Genf, 29 (1958) P/63, S. 312.

[*225*] SPITZYN, V. I.: Vortrag Chem. Phys. Ges. Wien 1958.

[*226*] SIMNAD, M. T., u. R. SMOLUCHOWSKI: Phys. Rev. 99 (1955) S. 1891.

[*227*] SIMNAD, M. T., u. R. SMOLUCHOWSKI: J. Chem. Phys. 23 (1955) S. 1961.

[*228*] SIMNAD, M. T., R. SMOLUCHOWSKI u. A. SPILNERS: unveröffentlicht, zit. nach [*4*].

[*229*] COOPER, H. G., J. S. KOEHLER u. J. W. MARX: Phys. Rev. 94 (1954) S. 496.

[*230*] EGGLESTON, R. R.: Phys. Rev. 92 (1953) S. 531 und Acta Met. 1 (1953) S. 679.

[*231*] BLEWITT, T. H., R. R. COLTMAN, C. E. KLABUNDE u. T. S. NOGGLE: J. Appl. Phys. 28 (1957) S. 639.

[*232*] HOVE, J., u. C. DIXON: US. AEC. Rep., NAA-SR-1637 (1956).

[*233*] SOSIN, A., u. C. J. MEECHAN: US. AEC. Rep., NAA-SR-2062 (1957).

[*234*] CORBETT, J. W., J. M. DENNEY, M. D. FISKE u. R. M. WALKER: Phys. Rev. 104 (1956) S. 851.

[*235*] MEECHAN, C. J., u. J. A. BRINKMAN: US. AEC. Rep., NAA-SR-1571 (1956).

[*236*] REDMAN, J. K., R. R. COLTMAN u. T. H. BLEWITT: Phys. Rev. 91 (1953) S. 448.

[*237*] SIMNAD, M. T.: in [*4*] S. 126.

[*238*] OVERHAUSER, A. W.: Phys. Rev. 90 (1953) S. 393; Phys. Rev. 92 (1953) S. 530 und Phys. Rev. 94 (1954) S. 1551.

[*239*] VAN BUEREN, H. G.: Philips Res. Rep. 12 (1957) S. 1 u. 190.

[*240*] MAGNUSON, G. D., W. PALMER u. J. S. KOEHLER: Phys. Rev. 109 (1958) S. 1990.

[*241*] CORBETT, J. W., R. B. SMITH u. R. W. WALKER: Phys. Rev. 114 (1959) S. 1452 u. 1460 und Phys. Rev. 115 (1959) S. 67.

[*242*] HASIGUTI, R. R.: J. Phys. Soc. Jap. 15 (1960) S. 1807.

[*243*] BUCKEL, W., u. R. HILSCH: Z. Phys. 131 (1952) S. 420 und Z. Phys. 138 (1954) S. 109.

[*244*] LARK-HOROVITZ, K.: in HEMISCH (Hrsgb.): Semi-conducting materials, London: Butterworths Sci. Publ. 1951, S. 47.

[*245*] FAN, H. Y., u. K. LARK-HOROVITZ: Conf. on Defects in Cryst. Solids, Bristol 1954; Phys. Soc. London (1955) S. 232.

[*246*] FAN, H. Y., u. K. LARK-HOROVITZ: Proc. Int. Conf. on Semi-Conductor, Garmisch-Partenkirchen 1955.

[*247*] FAN, H. Y., u. K. LARK-HOROVITZ: in [*4*] S. 159.

[*248*] FORSTER, J. H.: unveröffentlicht, zit. nach [*245*].

[*249*] FORTSER, J. H., H. Y. FAN u. K. LARK-HOROVITZ: Phys. Rev. 86 (1952) S. 643.

[*250*] CLELAND, J. W., u. J. H. CRAWFORD: Phys. Rev. 95 (1954) S. 1177.

[*251*] AUKERMAN, L. W., u. K. LARK-HOROVITZ: BAPS 1 (1956) S. 332; zit. nach [*4*].

[*252*] CLELAND, J. W., J. H. CRAWFORD, jr. u. J. C. PIGG: Phys. Rev. 98 (1955) S. 1742 und Phys. Rev. 99 (1955) S. 1170.

[*253*] BECKER, M., H. Y. FAN u. K. LARK-HOROVITZ: Phys. Rev. 85 (1952) S. 730.

[*254*] SPITZER, W. G., u. H. Y. FAN: Phys. Rev. 109 (1958) S. 1011.

[*255*] PIGG, J. C., u. C. C. ROBINSON: unveröffentlicht, zit. nach [*247*].

[*256*] SHELTON, R. D., u. J. G. KENNEY: Nucl. 14/9 (1956) S. 66.

[*257*] FLORIDA, C. D., F. R. HOLT u. J. H. STEPHAN: Nature 173 (1954) S. 397.

[258] Gorton, R.: Nature 179 (1957) S. 864.
[259] Westervelt, D. R.: Acta Met. 1 (1953) S. 755.
[260] Wittels, M., u. F. A. Sherrill: Phys. Rev. 93 (1954) S. 1117.
[261] Primak, W., L. H. Fuchs u. P. Day: Phys. Rev. 92 (1953) S. 1064.
[262] Kobayashi, K.: Phys. Rev. 107 (1957) S. 41.
[263] Smoluchowski, R., W. Leivo, E. A. Pearlstein, W.J. Smith u. W. Vaughan: US. AEC. Rep., NYO-3126 (1953).
[264] Kobayashi, K.: Phys. Rev. 102 (1956) S. 348.
[265] Smoluchowski, R.: Proc. Int. Conf. Peaceful Uses of Atomic Energy, Genf, 7 (1955) P/748, S. 676.
[266] Levy, P. W.: J. Chem. Phys. 23 (1955) S. 764.
[267] Rosenwasser, H., R. W. Dreyfuss u. P. W. Levy: J. Chem. Phys. 24 (1956) S. 184.
[268] Levy, P. W., u. G. J. Dienes: Conf. on Defects in Cryst. Solids, Bristol 1954; Phys. Soc. London (1955) S. 256.
[269] Berman, R., P. G. Klemens u. F. E. Simon: Nature 166 (1950) S. 864.
[270] Berman, R., E. L. Forster u. H. M. Rosenberg: Conf. on Defects in Cryst. Solids, Bristol 1954; Phys. Soc. London (1955) S. 321.
[271] Stevens, D. K.: Phys. Rev. 98 (1955) S. 1541.
[272] Stevens, D. K., W. J. Sturm u. R. H. Silsbee: J. Appl. Phys. 29 (1958) S. 66.
[273] Wittels, M. C.: Phil. Mag. 2 (1957) S. 1445.
[274] Weeks, R. A.: J. Appl. Phys. 27 (1956) S. 1376.
[275] Griffiths, J. H. E., J. Owen u. I. M. Ward: Conf. on Defects in Cryst. Solids, Bristol 1954; Phys. Soc. London (1955) S. 81.
[276] O'Brien, M. C. M., u. M. H. L. Pryce: Conf. on Defects in Cryst. Solids, Bristol 1954; Phys. Soc. London (1955) S. 88.
[277] Proc. Int. Conf. Peaceful Uses on Atomic Energy, Genf, 29 (1958) S. 107, 367.
[278] Burton, M.: in [4] S. 243.
[279] Charlesby, A.: in [4] S. 261.
[280] Restaino, A. J.: in [4] S. 287.
[281] Collinson, E., u. A. J. Swallow: Chem. Rev. 56 (1956) S. 471.
[282] Calkins, V. P.: Nucl. 12/9 (1954) S. 8.
[283] Campbell, J. B.: Materials and Methods 40/9 (1954) S. 91.
[284] Lawton, E. J., A. E. Bueche u. J. S. Balwit: Nature, London 172 (1953) S. 76.
[285] Bopp, C. D., u. O. Sisman: Nucl. 13/7 (1955) S. 28 und Nucl. 13/10 (1955) S. 51.
[286] Kuzminsky, A. S., T. S. Nikitina, E. V. Zhuravskaya, L. A. Oksentievich, L. L. Sunitsa u. N. I. Vitushkin: Proc. Int. Conf. Peaceful Uses of Atomic Energy, Genf, 29 (1958) P/2085, S. 258.
[287] Charlesby, A.: Nucl. 12/6 (1954) S. 18.
[288] Berninger, E.: Dissertation Universität Wien 1962.
[289] Seeger, K.: in S. Flügge (Hrsgb.): Handbuch der Physik Bd. VII/1, Berlin/Göttingen/Heidelberg: Springer 1958, S. 383.

zu Kap. IV:

[1] The Reactor Handbook – Materials, Genf: Techn. Information Service US. Atomic Energy Commission 1955.
[2] Kopelman, B.: Materials for nuclear reactors, New York: McGraw-Hill 1959.

[3] WILKINSON, W. D., u. W. F. MURPHY: Nuclear reactor metallurgy, Princeton: Van Nostrand 1958.
[4] Progress in Nuclear Energy, Series V, „Metallurgy and Fuels", Vol. 1, London: Pergamon Press 1956.
[5] Progress in Nuclear Energy, Series V, „Metallurgy and Fuels", Vol. 2, London: Pergamon Press 1959.
[6] Progress in Nuclear Energy, Series IV, „Technology and Engineering", Vol. 1, London: Pergamon Press 1956.
[7] HAMPEL, C. A.: Rare Metals Handbook, New York: Reinhold 1954.
[8] KATZ, J. J., u. E. RABINOWITCH: The chemistry of uranium, National Nuclear Energy Series VIII, Vol. 5, New York 1951.
[9] FRONDEL, J. W., u. M. FLEISCHER: A Glossary of Uranium and Thorium Bearing Minerals, US. Geological Survey Bull. Nr. 1009-F, Washington 1955.
[10] KERR, P. F.: Proc. Int. Conf. Peaceful Uses of Atomic Energy, Genf, 6 (1955) P/1114, S. 5.
[11] GLEGG, J. W., u. D. D. FOLEY: Uranium ore processing, Reading, Mass.: Addison-Wesley 1958.
[12] WIRTHS, G.: Z. Metallkde. 47 (1956) S. 281; Acta Phys. Austriaca 11 (1958) S. 471 und Metall 13 (1959) S. 621.
[13] WILHELM, H. A.: Proc. Int. Conf. Peaceful Uses of Atomic Energy, Genf, 8 (1955) P/817, S. 162.
[14] GRAINGER, L.: Proc. Int. Conf. Peaceful Uses of Atomic Energy, Genf, 8 (1955) P/407, S. 149.
[15] SATORIUS, R.: Proc. Int. Conf. Peaceful Uses of Atomic Energy, Genf, 4 (1958) S. 182.
[16] FELLOWS, J. A.: Techn. Symposium on Fuel Elements, Paris, 18. bis 23. November 1957[1].
[17] THAYER, H. E.: Proc. Int. Conf. Peaceful Uses of Atomic Energy, Genf, 4 (1958) P/602, S. 22.
[18] Proc. Int. Conf. Peaceful Uses of Atomic Energy, Genf, 4 (1958) S. 1–181 und 3 (1958) S. 1–505.
[19] PELIGGOT, E.: Ann. Chim. et Phys. 5 (1842) S. 5 und 17 (1869) S. 368.
[20] CACCIARI, A., R. de LEONE, C. FIZZOTTI u. M. GABAGLIO: Proc. Int. Conf. Peaceful Uses of Atomic Energy, Genf, 4 (1958) P/1399, S. 30.
[21] HOLDEN, R. B., O. J. BLABER u. R. M. POWERS: US. AEC. Rep., SEP-178 (1955).
[22] BLUMENTHAL, B.: J. Met. 7 (1955) S. 1199.
[23] ANTILL, J. E., E. BARNES u. M. GARDNER: in [5] S. 9.
[24] Proc. Int. Conf. Peaceful Uses of Atomic Energy, Genf, 4 (1958) S. 153–181.
[25] BECKER, E. W., K. BIER u. H. BURGHOFF: Z. Naturforsch. 10a (955) S. 565.
[26] BECKER, E. W., K. BIER, H. BURGHOFF, O. HAGENA, P. LOHSE, R. SCHÜTTE, P. TUROWSKI u. F. ZIGAN: Proc. Int. Conf. Peaceful Uses of Atomic Energy, Genf, 4 (1958) P/1002, S. 455.
[27] GROTH, W. E.: unveröffentlicht, zit. in Nukleonik 1 (1958) S. 68.
[28] GROTH, W. E., E. NANN u. K. H. WELGE: Z. Naturforsch. 12a (1957) S. 81.
[29] GROTH, W. E., K. BEYERLE, E. NANN u. K. H. WELGE: Proc. Int. Conf. Peaceful Uses of Atomic Energy, Genf, 4 (1958) P/1807 S. 439.
[30] SMYTH, H. O.: Smyth Report, Princeton: Univ. Press 1945.
[31] COHEN, K.: The theory of isotope separation, New York: McGraw-Hill 1951.

[1] Die Berichte des Techn. Symposium on Fuel Elements in Paris sind in dem US. AEC. Rep., TID-7546 (1958) gesammelt.

[*32*] Proc. Int. Conf. Peaceful Uses of Atomic Energy, Genf, 4 (1958) S. 351–458.
[*33*] BLUMENTHAL, B.: J. Nucl. Materials 2 (1960) S. 23.
[*34*] HOLDEN, A. N.: Physical metallurgy of uranium, Reading, Mass.: Addison Wesley 1958.
[*35*] JONES W. M., J. GORDON u. E. A. LONG: J. Chem. Phys. 20 (1952) S. 695.
[*36*] MOORE, G. E., u. K. K. KELLEY: J. Am. Chem. Soc. 69 (1947) S. 2105.
[*37*] SIMON, F. E.: Brit. Rep., BR-280 A (1943).
[*38*] FOOTE, F. G.: Proc. Int. Conf. Peaceful Uses of Atomic Energy, Genf, 9 (1955) S. 33 und „Nuclear Metallurgy", IMD Special Report, AIME 1 (1955) S. 65.
[*39*] BRIDGE, J. R., C. M. SCHWARTZ u. D. A. VAUGHAN: J. Met. 8 (1956) S. 1282.
[*40*] JAKOB, C. W., u. B. E. WARREN: J. Am. Chem. Soc. 59 (1937) S. 2588.
[*41*] KONOBEEVSKY, S. T., A. S. ZAIMOVSKY, B. M. LEVITSKY, Y. N. SOKURSKY, N. T. CHEBOTAREV, Y. V. BOBKOV, P. P. EGOROV, G. N. NIKOLAEV u. A. A. IVANOV: Proc. Int. Conf. Peaceful Uses of Atomic Energy, Genf, 6 (1958) P/2230, S. 194.
[*42*] THEWLIS, J.: Acta Cryst. 5 (1952) S. 790.
[*43*] TUCKER, CH. W. jr.: Acta Cryst. 4 (1951) S. 425.
[*44*] THEWLIS, J.: Nature 168 (1951) S. 198.
[*45*] KLEPFER, H. H., u. P. CHIOTTI: US. AEC. Rep., ISC-893 (1957).
[*46*] WALTHER, H.-P.: persönl. Mitteilung.
[*47*] CHISWIK, H. H., A. E. DWIGHT, L. T. LLOYD, M. V. NEVITT u. S. T. ZEGLER: Proc. Int. Conf. Peaceful Uses of Atomic Energy, Genf, 6 (1958) P/713, S. 394.
[*48*] FISHER, E. S., u. H. J. MCSKIMIN: J. Appl. Phys. 29 (1958) S. 1473.
[*49*] VOIGT, W.: Lehrbuch der Kristallphysik, Leipzig/Berlin: Teubner 1910.
[*50*] REUSS, A.: ZAMM 9 (1929) S. 49.
[*51*] SCHMID, E.: in „Fortschritte der Uhrentechik — Festschrift für R. STRAUMANN", Stuttgart: Steinkopf 1952, S. 25.
[*52*] SMITH, K. F.: US. AEC. Rep., ANL-5700 (1957) Part B.
[*53*] TYLER, W. W., A. C. WILSON, jr., u. G. J. WOLGA: J. Met. 5 (1953) S. 1238.
[*54*] HEIN, R. A., W. E. HENRY u. N. M. WOLCOTT: Phys. Rev. 107 (1957) S. 1517.
[*55*] BERLINCOURT, T. G.: in J. E. HOVE: US. AEC. Rep., NAA-SR-1885 (1956) S. 9.
[*56*] SMITH, K. F.: US. AEC. Rep., ANL-5700 (1957) Part A.
[*57*] ERIKSON, V. O., u. W. HÄLG: J. Nucl. Energy 1 (1955) S. 232.
[*58*] ROSENBERG, H. M.: Phil. Trans. Roy. Soc. London 247 A (1955) S. 441.
[*59*] GORDON, P.: US. AEC. Rep., AECU-1833 (1952).
[*60*] BATES, L. F., u. J. R. MAILLARD: Proc. Phys. Soc., London 63 A (1950) S. 520.
[*61*] BATES, L. F., u. D. HUGHES: Proc. Phys. Soc., London 67 B (1954) S. 28.
[*62*] BERLINCOURT, T. G.: in C. DIXON u. J. E. HOVE: US. AEC. Rep., NAA-SR-1713 (1956) S. 5.
[*63*] BERLINCOURT, T. G.: in J. E. HOVE u. C. DIXON: US. AEC. Rep., NAA-SR-1637 (1956) S. 9.
[*64*] BOESCHOTEN, F., u. C. HUISZOON: Physica 23 (1957) S. 704.
[*65*] ADDA, Y., A. KIRIANENKO u. C. MAIRY: J. Nucl. Materials 1 (1959) S. 300.
[*66*] BOCHVAR, A. A., V. G. KUZNETSOVA u. V. S. SERGEEV: Proc. Int. Conf. Peaceful Uses of Atomic Energy, Genf, 6 (1958) P/2306, S. 68.
[*67*] ADDA, Y., u. A. KIRIANENKO: J. Nucl. Materials 1 (1959) S. 120.
[*68*] COSTA, P.: J. Nucl. Materials 2 (1960) S. 75.

[69] CAHN, R. W.: Acta Met. 1 (1953) S. 176.
[70] LACOMBE, P., u. D. CALAIS: Proc. Int. Conf. Peaceful Uses of Atomic Energy, Genf, 6 (1958) P/1258, S. 3.
[71] FISHER, E. S.: US. AEC. Rep., ANL-5160 (1954).
[72] MERCIER, J., D. CALAIS u. P. LACOMBE: C. R. 246 (1958) S. 110.
[73] FISHER, E. S.: J. Met. 9 (1957) S. 882.
[74] HOLDEN, A. N.: Acta Cryst. 5 (1952) S. 182.
[75] CAHN, R. W.: Acta Met. 1 (1953) S. 49.
[76] LLOYD, L. T., u. H. H. CHISWIK: J. Met. 7 (1955) S. 1206.
[77] LLOYD, L. T.: in F. G. FOOTE, J. F. SCHUMAR u. H. H. CHISWIK: US. AEC. Rep., ANL-5975 (1959).
[78] TEEG, R. O.: Dissertation Michigan, zit. in [79].
[79] CALAIS, D., P. LACOMBE u. N. SIMENEL: J. Nucl. Materials 1 (1959) S. 325.
[80] SCHMID, E., u. G. WASSERMANN: Z. Phys. 48 (1928) S. 370.
[81] KRONBERG, M. L.: J. Nucl. Materials 1 (1959) S. 85.
[82] CUTHBERT, F. L.: Techn. Symposium on Fuel Elements, Paris, 18. bis 22. November 1957.
[83] JAYNES, G. E., J. M. TAUB u. D. T. DOLL: Nuclear Metallurgy IMD-Special Report Series, AIME 4 (1957) S. 1.
[84] MEREDITH, K. E. G., u. M. B. WALDRON: J. Inst. Met. 87 (1958/59) S. 311.
[85] HAUSNER, H. H., u. J. L. ZAMBROW: Nucl. Sci. Eng. 1 (1956) S. 92.
[86] HAUSNER, H. H., u. M. C. KELLS: 2. Plansee-Seminar, Reutte/Tirol, 19. bis 23. Juni 1955.
[87] LLOYD, H., u. J. WILLIAMS: Proc. Int. Conf. Peaceful Uses of Atomic Energy, Genf, 6 (1958) P/1470, S. 426.
[88] HAUSNER, H. H., u. H. MANSFIELD: US. AEC. Rep., NYO-1133 (1956).
[89] MURRAY, P.: Diskussion in [86].
[90] Proc. Int. Conf. Peaceful Uses of Atomic Energy, Genf, 6 (1958) S. 569 bis 677.
[91] HENDERSON, C. M., G. W. TOMPKIN u. D. E. RHODES: Nuclear Metallurgy IMD-Special Report Series, AIME 4 (1957) S. 123.
[92] HARRINGTON, C. D.: Techn. Symposium on Fuel Elements, Paris, 18. bis 22. November 1957.
[93] HALLE, L.: EAES-Symposium on Reactor Materials, Stockholm (Saltsjöbaden), 5. bis 9. Oktober 1959, S/9.
[94] BURKE, T. J., J. GLATTER, H. R. HOGE u. B. E. SCHANER: Nuclear Metallurgy IMD-Special Report Series, AIME 4 (1957) S. 135.
[95] GLATTER, J.: Nuclear Metallurgy IMD-Special Report Series, AIME 4 (1957) S. 131.
[96] BELLE, J., u. B. LUSTMAN: US. AEC. Rep., WAPD-184 (1957) und Proc. Int. Conf. Peaceful Uses of Atomic Energy, Genf, 6 (1958) P/2404, S. 569.
[97] CHALDER, G. H., N. F. H. BRIGHT, D. L. PATERSON u. L. C. WATSON: Proc. Int. Conf. Peaceful Uses of Atomic Energy, Genf, 6 (1958) P/192, S. 590.
[98] NORDSTRÖM, B., u. U. RUNFORS: EAES-Symposium on Reactor Materials, Stockholm (Saltsjöbaden), 5. bis 9. Oktober 1959.
[99] BEL, A., R. DELMAS u. B. FRANCOIS: J. Nucl. Materials 1 (1959) S. 259.
[100] WILLIAMS, J., E. BARNES, R. SCOTT u. A. HALL: J. Nucl. Materials 1 (1959) S. 28.
[101] MURRAY, P., u. D. T. LIVEY: in [4] S. 448.
[102] BARNES, E., W. MUNRO, R. W. THACKRAY, J. WILLIAMS u. P. MURRAY: in [4] S. 435.
[103] KIEFFER, R., u. K. SEDLATSCHEK: Plansee-Berichte 5 (1957) S. 104.

[104] NOWOTNY, H., R. KIEFFER u. F. BENESOVSKY: Rev. Met. 55 (1958) S. 453.
[105] KIEFFER, R., u. K. SEDLATSCHEK: Proc. Int. Conf. Peaceful Uses of Atomic Energy, Genf, 6 (1958) P/1443, S. 96.
[106] DUBUISSON, J., A. HOUYVET, E. LEBOULBIN, R. LUCAS u. C. MORANVILLE: Proc. Int. Conf. Peaceful Uses of Atomic Energy, Genf, 6 (1958) P/1162, S. 551.
[107] FELLOWS, J. A., u. H. J. SCHAFFER: Nuclear Metallurgy IMD-Special Report Series, AIME 4 (1957) S. 67.
[108] FELLOWS, J. A.: Proc. Int. Conf. Peaceful Uses of Atomic Energy, Genf, 6 (1958) P/1433, S. 352.
[109] HANKS, G. S., J. M. TAUB u. D. T. DOLL: Nuclear Metallurgy IMD-Special Report Series, AIME 4 (1957) S. 73.
[110] DUNCAN, J. D., G. S. HANKS, J. M. TAUB, D. T. DOLL, T. L. CRISLER, D. S. FISHER u. V. VIGIL: US. AEC. Rep., LA-2071 (1957).
[111] TAUB, J. M., D. T. DOLL u. G. S. HANKS: Nuclear Metallurgy IMD-Special Report Series, AIME 4 (1957) S. 95.
[112] BARNARD, G. L. jr.: US. AEC. Rep., LAMS-626 (1957).
[113] SERGEYEV, G. Y., V. V. TITOVA, Z. P. NIKOLAYEVA, A. M. KAPTELTSEV u. L. I. KOLOBNEVA: Proc. Int. Conf. Peaceful Uses of Atomic Energy, Genf, 6 (1958) P/2307, S. 25.
[114] LOEWENSTEIN, P.: Nuclear Metallurgy IMD-Special Report Series, AIME 4 (1957) S. 87.
[115] ANDERSON, R. E., J. M. TAUB u. D. T. DOLL: US. AEC. Rep., LAMS-967 (1957).
[116] HAYES, E. E.: Techn. Symposium on Fuel Elements, Paris, 18. bis 22. November 1957.
[117] HUET, J. J., u. H. MASSAUX: EAES-Symposium on Reactor Materials, Stockholm (Saltsjöbaden), 5. bis 9. Oktober 1959, B/1.
[118] CALNAN, E. A., u. C. J. B. CLEWS: Phil. Mag. 41 (1950) S. 1085; Phil. Mag. 42 (1951) S. 616 u. 919 und 43 (1952) S. 93.
[119] MITCHELL, C. M., u. J. F. ROWLAND: Acta Met. 2 (1954) S. 559.
[120] HOLDEN, A. N.: Rev. Sci. Instr. 24 (1953) S. 10.
[121] SEYMOUR, W.: J. Met. 6 (1954) S. 999.
[122] JETTER, L. K., u. B. S. BORIE jr.: J. Appl. Phys. 24 (1953) S. 532.
[123] CHERNOCK, W. P., M. H. MUELLER, H. R. FISH u. P. A. BECK: Rev. Sci. Instr. 24 (1953) 925.
[124] MUELLER, M. H., u. H. W. KNOTT: Rev. Sci. Instr. 25 (1954) S. 1115.
[125] LANIESSE, J., P. MERIEL u. M. ENGLANDER: J. Nucl. Materials 2 (1960) S. 69.
[126] HARRIS, G. B.: Phil. Mag. 43 (1952) S. 113.
[127] CHERNOCK, W. P., u. P. A. BECK: US. AEC. Rep., AECD-3663 (1951).
[128] MUELLER, M. H., H. W. KNOTT u. P. A. BECK: US. AEC. Rep., ANL-5194 (1954) und US. AEC. Rep., AECD-4208 (1954).
[129] MUELLER, M. H., u. H. W. KNOTT: US. AEC. Rep., ANL-5329 (1957).
[130] JETTER, J. K., u. C. J. McHARGUE: J. Met. 9 (1957) S. 291.
[131] TURKALO, A., J. E. BURKE u. A. N. HOLDEN: US. AEC. Rep., KAPL-428 (1950).
[132] JETTER, L. K.: unveröffentlicht, zit. nach [38].
[133] MUELLER, M. H., H. W. KNOTT, W. P. CHERNOCK u. P. A. BECK: Trans. AIME 212 (1958) S. 793.
[134] MUELLER, M. H.; M. J. SANDERSON: unveröffentlicht, zit. nach [38].
[135] JETTER, L. K.; M. H. MUELLER u. P. A. BECK; W. E. SEYMOUR, zit. nach [38].

[136] Mueller, M. H.: in F. G. Foote, J. F. Schumar u. H. H. Chiswik: US. AEC. Rep., ANL-5975 (1959).
[137] Fischer, A.; J. B. Burnham u. J. H. Bach: unveröffentlicht, zit. nach [38].
[138] Cabane, G., u. J. Petit: Rev. Mét. 51 (1954) S. 603.
[139] Pruna, M., L. Lehr u. G. Chaudron: Rev. Mét. 51 (1954) S. 589.
[140] McHargue, G. J., u. L. K. Jetter: in [5] S. 430.
[141] Seymour, W., u. J. Duffey: US. AEC. Rep., KAPL-1104 (1953).
[142] Mueller, M. H., H. W. Knott u. P. A. Beck: J. Met. 7 (1955) S. 1214.
[143] Adam, J., u. J. Stephenson: J. Inst. Met. 82 (1954) S. 561.
[144] Mueller, M. H., H. W. Knott u. P. A. Beck: US. AEC. Rep., ANL-5117 (1953).
[145] O'Rourke, J. A.: US. AEC. Rep., LA-2071 (1957) S. 195.
[146] Chernock, W. P., u. D. Wahl: US. AEC. Rep., SEP-140 (1954).
[147] Laquer, H. L., W. E. McGee u. M. F. Kilpatrick: Trans. Am. Soc. Met. 42 (1950) S. 771.
[148] McIntosh, A. B., u. T. J. Heal: Proc. Int. Conf. Peaceful Uses of Atomic Energy, Genf, 6 (1958) P/49, S. 413.
[149] Hart, S. D., E. W. Kammer u. I. Vigness: US. AEC. Rep., NYO-3788 (1953).
[150] Reynolds, M. B., Trans. Am. Soc. Met. 45 (1953) S. 839.
[151] Mayfield, R. M., H. H. Chiswik u. R. E. Macherey: US. AEC. Rep., ANL-5296 (1956).
[152] Saller, H. A.: unveröffentlicht, zit. nach [38].
[153] McGowan, M. T., u. R. M. Treco: US. AEC. Rep., BRB-34 (1956).
[154] Schwope, A. D., u. G. T. Muehlenkamp: unveröffentlicht, zit. nach [3] u. [34].
[155] Hueschen, R. E., u. M. J. Sanderson: US. AEC. Rep., HW-27082 (1953).
[156] Chubb, W.: US. AEC. Rep., BMI-X-112 (1953).
[157] Marsh, L. L., C. T. Muehlenkamp u. G. K. Manning: unveröffentlicht, zit. nach [3] u. [38].
[158] Battelle Rep., CT-1795 (1944) S. 160; zit. nach [7].
[159] Coffin, L. F.: US. AEC. Rep., KAPL-1019 (1953).
[160] Shober, F. R. u. a.: Battelle Memorial Inst.; unveröffentlicht, zit. nach [34].
[161] Chiswick, H. H., u. L. R. Kelman: Proc. Int. Conf. Peaceful Uses of Atomic Energy, Genf, 9 (1955) P/557, S. 147.
[162] Boas, W., u. R. W. K. Honeycombe: Nature 153 (1943) S. 495 und Proc. Roy. Soc. 186 (1946) S. 57.
[163] Boas, W., u. R. W. K. Honeycombe: Nature 154 (1944) S. 338; Proc. Roy. Soc. 188 (1947) S. 427 und J. Inst. Met. 73 (1947) S. 433.
[164] Claus, K., u. K. Löhberg: Z. Metallkde. 46 (1955) S. 582.
[165] Kaufmann, A. R., u. T. T. Magel: in Metallurgy of zirconium. Nat. Nucl. Energy Series VII-4, New York: McGraw-Hill 1955, S. 348.
[166] Siegel, S., R. L. Carter, F. E. Bowman u. B. R. Hayward: Proc. Int. Conf. Peaceful Uses of Atomic Energy, Genf, 9 (1955) P/829, S. 321.
[167] Chiswik, H. H.: Trans. Am. Soc. Met. 49 (1957) S. 622.
[168] Turkalo, A. M.: US. AEC. Rep., KAPL-1044 (1954).
[169] Pugh, S. F.: J. Inst. Met. 86 (1958/59) S. 497.
[170] Zegler, S. T., R. M. Mayfield u. M. H. Mueller: Trans. Am. Soc. Met. 50 (1958) S. 905.
[171] Mayfield, R. M.: Trans. Am. Soc. Met. 50 (1958) S. 926.
[172] Mayfield, R. M., u. L. T. Lloyd: US. AEC. Rep., ANL-5347 (1956).
[173] Lloyd, L. T., u. R. M. Mayfield: Trans. Am. Soc. Met. 50 (1958) S. 954.

[174] Burke, J. E., u. A. M. Turkalo: J. Met. 4 (1952) S. 651.
[175] Burke, J. E., J. P. Howe u. A. M. Turkalo: Diskussion Trans. Am. Soc. Met. 49 (1957) S. 646.
[176] Burke, J. E., u. A. M. Turkalo: Trans. Am. Soc. Met. 50 (1958) S. 943.
[177] Bettman, M., G. W. Brown u. J. P. Frankel: US. AEC. Rep., MTA-36 (1953).
[178] Frankel, J. P., u. G. W. Brown: US. AEC. Rep., LWS-24552 (1952).
[179] Buckley, S. N., A. G. Harding u. M. B. Waldron: J. Inst. Met. 87 (1958/59) S. 150.
[180] Hayward, B. R.: unveröffentlicht, zit. in [34].
[181] Bochvar, A. A., A. A. Gulkova, L. I. Kolobneva, G. I. Sergeev u. G. I. Tomson: Proc. Int. Conf. Peaceful Uses of Atomic Energy, Genf, 5 (1958) P/2190, S. 288.
[182] Tucker, C. W., u. P. Senio: US. AEC. Rep., KAPL-749 (1952).
[183] Bloch, J., J. P. Mustelier, P. Bussy u. J. Blin: Proc. Int. Conf. Peaceful Uses of Atomic Energy, Genf, 5 (1958) P/1158, S. 593.
[184] Kunz, F. W., u. A. N. Holden: unveröffentlicht, zit. nach [34].
[185] Konobeevsky, S. T., K. P. Dubrovin, B. M. Levitsky, L. D. Panteleev u. N. F. Pravdyuk: Proc. Int. Conf. Peaceful Uses of Atomic Energy, Genf, 5 (1958) P/2192, S. 574.
[186] Kittel, J. H., u. S. H. Paine: Proc. Int. Conf. Peaceful Uses of Atomic Energy, Genf, 5 (1958) P/1890, S. 500.
[187] Paine, S. H., u. J. H. Kittel: Proc. Int. Conf. Peaceful Uses of Atomic Energy, Genf, 7 (1955) P/745, S. 445.
[188] Hayward, B. R., u. G. G. Bentle: Proc. Int. Conf. Peaceful Uses of Atomic Energy, Genf, 5 (1958) P/617, S. 537.
[189] Greenwood, G. W., A. J. E. Foreman u. D. E. Rimmer: EAES-Symposium on Reactor Materials, Stockholm (Saltsjöbaden), 5. bis 9. Oktober 1959, UK/12.
[190] Barnes, R. S., A. T. Churchman, G. C. Curtis, V. W. Eldred, J. A. Enderby, A. J. E. Foreman, O. S. Plail, S. F. Pugh, G. N. Walton u. L. M. Wyatt: Proc. Int. Conf. Peaceful Uses of Atomic Energy, Genf, 5 (1958) P/81, S. 543.
[191] Pugh, S. F.: Proc. Int. Conf. Peaceful Uses of Atomic Energy, Genf, 5 (1955) P/443 S. 441.
[192] Bush, S. H.: US. AEC. Rep., HW-51444 (1957).
[193] Shupe, O. K., W. V. Cummings u. E. C. Watts: US. AEC Rep., HW-54605 (1958).
[194] Eldred, V. W., G. B. Greenough u. P. Leech: Proc. Int. Conf. Peaceful Uses of Atomic Energy, Genf, 5 (1958) P/50, S. 510.
[195] Pugh, S. F.: in [4] S. 652.
[196] Hasiguti, R. R., H. Sakairi u. T. Sugai: J. Phys. Soc. Jap. 13 (1958) S. 1233.
[197] Pugh, S. F.: unveröffentlicht, zit. nach [34].
[198] Burke, J. E., u. A. M. Turkalo: US. AEC. Rep., TID-2505 (1954).
[199] Cottrell, A. H.: unveröffentlicht, zit. nach [34].
[200] Bettman, M.: US. AEC. Rep., TID-2504 (1953) S. 349.
[201] Seigle, L. L., u. A. J. Opinsky: Nucl. Sci. and Eng. 2 (1957) S. 38.
[202] Gonser, U.: J. Nucl. Materials 2 (1960) S. 43.
[203] Hueschen, R. E., R. S. Kemper u. W. S. Kelly: US. AEC. Rep., HW-41690 (1955).

[*204*] Konobeevski, S. T., N. F. Pravdyuk u. V. I. Kutaitsev: Proc. Int. Conf. Peaceful Uses of Atomic Energy, Genf, 7 (1955) P/681, S. 433.

[*205*] Zaimovsky, A. S., G. Y. Sergeev, V. V. Titova, B. M. Levitsky u. Y. N. Sokursky: Proc. Int. Conf. Peaceful Uses of Atomic Energy, Genf, 5 (1958) P/2191, S. 566.

[*206*] Roberts, A. C., u. A. H. Cottrell: Phil. Mag. 1 (1956) S. 711.

[*207*] Woods, W. K., u. S. S. Jones: US. AEC. Rep., HW-10558 (1948).

[*208*] Billington, D. S.: Proc. Int. Conf. Peaceful Uses of Atomic Energy, Genf, 7 (1955) P/744, S. 421.

[*209*] Kemper, R. S., u. C. L. Boyd: US. AEC. Rep., HW-28309 (1953).

[*210*] Saller, H. A., R. F. Dickerson, A. A. Bauer u. N. E. Daniel: US. AEC. Rep., BMI-1123 (1956).

[*211*] Brundige, E. L., D. T. Doll, G. S. Hanks u. J. M. Taub: Nuclear Metallurgy IMD Special Report Series, AIME 4 (1957) S. 107.

[*212*] Brundige, E. L., J. M. Taub, G. S. Hanks u. D. T. Doll: US. AEC. Rep., TID-8019 (1957).

[*213*] Hanks, G. S., J. M. Taub u. E. L. Brundige: Welding Journ. 37 (1958) S. 890.

[*214*] Hanks, G. S., D. T. Doll, J. M. Taub u. E. L. Brundige: US. AEC. Rep., TID-8018 (1957).

[*215*] Dickerson, R. E., A. F. Gerds u. D. A. Vaughan: J. Met. 8 (1956) S. 456.

[*216*] Kehl, G. L., E. Mendel, F. Jaraiz u. M. H. Mueller: Trans. Am. Soc. Met. 51 (1959) S. 717.

[*217*] Hoffman, C. G.: US. AEC. Rep.: LA-2071 (1957) S. 184.

[*218*] Bierlein, T. K.: US. AEC. Rep., HW-32676 (1954).

[*219*] Bierlein, T. K.: US. AEC. Rep., HW-34390 (1955).

[*220*] Bierlein, T. K., J. R. Morgan u. G. R. Mallet: US. AEC. Rep., HW-42184 (1956).

[*221*] Bierlein, T. K., u. B. Mastel: Proc. Int. Conf. Peaceful Uses of Atomic Energy, Genf, 6 (1958) P/1855, S. 14.

[*222*] Bierlein, T. K.: unveröffentlicht, zit. nach [*192*].

[*223*] Pfeil, P. C. L.: Proc. Int. Conf. Peaceful Uses of Atomic Energy, Genf, 9 (1955) P/416, S. 117.

[*224*] Hansen, M., u. K. Anderko: „Constitution on binary alloys", Metallurgy and Metallurgical Engineering Series, New York: McGraw-Hill 1958.

[*225*] Rough, F. R., u. A. A. Bauer: US. AEC. Rep., BMI-1300 (1958).

[*226*] Bauer, A. A., u. F. A. Rough: in [*5*] S. 600.

[*227*] Bentle, G. G.: Proc. Int. Conf. Peaceful Uses of Atomic Energy, Genf, 6 (1958) P/706, S. 156.

[*228*] Cabane, G., M. Englander u. J. Lehmann: Proc. Int. Conf. Peaceful Uses of Atomic Energy, Genf, 9 (1955) P/352, S. 120.

[*229*] Dwight, A. E.: J. Nucl. Mat. 2 (1960) S. 81.

[*230*] Lehmann, J.: J. Nucl. Materials 2 (1960) S. 152.

[*231*] Bostrom, W. A., u. E. K. Halteman: unveröffentlicht, zit. in [*230*].

[*232*] Halteman, E. K.: Acta Cryst. 10 (1957) S. 166.

[*233*] Lehmann, J., u. R. F. Hills: J. Nucl. Materials 2 (1960) S. 261.

[*234*] Lehmann, J.: EAES-Symposium on Reactor Materials, Stockholm (Saltsjöbaden), 5. bis 9. Oktober 1959, F/9.

[*235*] Hills, R. F., D. R. Harries, D. J. Hodkin u. M. B. Waldron: EAES-Symposium on Reactor Materials, Stockholm (Saltsjöbaden), 5. bis 9. Oktober 1959, UK/22.

[236] HOWLETT, B. W., u. A. C. KNAPTON: Proc. Int. Conf. Peaceful Uses of Atomic Energy, Genf, 6 (1958) P/1469, S. 104.
[237] BLUMENTHAL, B.: J. Nucl. Materials 2 (1960) S. 197.
[238] DWIGHT, A. E., u. M. H. MUELLER: US. AEC. Rep., ANL-5581 (1957).
[239] THURBER, W. C., u. R. J. BEAVER: US. AEC. Rep., ORNL-2602 (1959).
[240] BOUCHER, R.: J. Nucl. Materials 1 (1959) S. 13.
[241] IVANOV, O. S., u. T. A. BADAJEVA: Proc. Int. Conf. Peaceful Uses of Atomic Energy, Genf, 6 (1958) P/2043, S. 139
[242] JEPSON, M. D., R. B. KEHOE, R. W. NICHOLS u. G. F. SLATTERY: Proc. Int. Conf. Peaceful Uses of Atomic Energy, Genf, 6 (1958) P/27, S. 42.
[243] WALDRON, M. B., J. GARSTONE, J. A. LEE, P. G. MARDON, J. A. C. MARPLES, D. M. POOLE u. G. K. WILLIAMSON: Proc. Int. Conf. Peaceful Uses of Atomic Energy, Genf, 6 (1958) P/71, S. 162.
[244] BUDNIKOV, P. P., S. G. TRESVIATSKY u. V. I. KUSHAKOVSKY: Proc. Int. Conf. Peaceful Uses of Atomic Energy, Genf, 6 (1958) P/2193, S. 125.
[245] LAMBERTSON, W. A., u. M. H. MUELLER: J. Am. Ceram. Soc. 36 (1953) S. 329.
[246] LAMBERTSON, W. A., u. M. H. MUELLER: J. Am. Ceram. Soc. 36 (1953) S. 365 u. 397.
[247] LAMBERTSON, W. A., M. H. MUELLER u. F. H. GUNZEL, jr.: J. Am. Ceram. Soc. 36 (1953) S. 331.
[248] ANDERSON, J. S., u. K. B. B. JOHNSON: J. Am. Ceram. Soc. 36 (1953) S. 1731.
[249] NOWOTNY, H., R. KIEFFER, F. BENESOVSKY u. E. LAUBE: Plansee-Berichte 5 (1957) S. 102.
[250] NOWOTNY, H., R. KIEFFER, F. BENESOVSKY u. E. LAUBE: Mh. f. Chem. 88 (1957) S. 336.
[251] NOWOTNY, H., R. KIEFFER, F. BENESOVSKY u. E. LAUBE: Mh. f. Chem. 89 (1958) S. 692.
[252] NOWOTNY, H., R. KIEFFER, F. BENESOVSKY, C. BRUKL u. E. RUDY: Mh. f. Chem., 90 (1959) S. 669.
[253] NORTON, J. T., u. A. L. MOWRY: J. Met. 3 (1951) S. 923.
[254] RUDY, E., H. NOWOTNY, F. BENESOVSKY, R. KIEFFER u. A. NECKEL: Mh. f. Chem., 91 (1960) S. 176.
[255] CHANDRASEKHAR, B. S., u. J. K. HULM: Phys. Chem. Solids 7 (1958) S. 259.
[256] BATES, L. F., u. R. G. LOASBY: Proc. Phys. Soc. 72 (1958) S. 757.
[257] BAUER, A. A., S. KASS u. K. M. GOLDMAN: Proc. Int. Conf. Peaceful Uses of Atomic Energy, Genf, 5 (1958) P/1785, S. 602.
[258] SALLER, H. A., u. F. A. ROUGH: Proc. Int. Conf. Peaceful Uses of Atomic Energy, Genf, 9 (1955) P/558, S. 107.
[259] ROUGH, F. A.: US. AEC. Rep., BMI-1030 (1955).
[260] SALLER, H. A.: Proc. Int. Conf. Peaceful Uses of Atomic Energy, Genf, 9 (1955) P/562, S. 214.
[261] BOSTROM, W. A., M. W. BURKHART, E. K. HALTEMAN, R. D. LEGGETT, R. K. MCGEARY u. T. R. PADDEN: US. AEC. Rep., WAPD-127/Part I (1955).
[262] MURPHY, D. J.: Trans. Am. Soc. Met. 50 (1958) S. 884.
[263] BLEIBERG, M. L.: Proc. Int. Conf. Peaceful Uses of Atomic Energy, Genf, 6 (1958) P/619, S. 60.
[264] BLEIBERG, M. L., L. J. JONES u. B. LUSTMAN: J. Appl. Phys. 27 (1956) S. 1270.
[265] BLEIBERG, M. L., J. D. EICHENBERG, R. H. FILLNOW u. L. J. JONES: US. AEC. Rep., WAPD-127/Part IV (1957).

[266] DEEM, H. W., M. POBERESKIN, E. C. LUSK, C. F. LUCKS u. G. D. CALKINS: US. AEC. Rep., BMI-986 (1957).

[267] LEESER, D. O., F. A. ROUGH u. A. A. BAUER: Proc. Int. Conf. Peaceful Uses of Atomic Energy, Genf, 5 (1958) P/622, S. 587.

[268] KITTEL, J. H., S. H. PAINE u. H. H. CHISWIK: Symposium on Radiation Effects on Materials, ASTM, Special Technical Publ. Nr. 208 (1956) S. 87.,

[269] MCWHIRTER, J. W., u. J. E. DRALEY: zit. in [38].

[270] WABER, J. T.: Proc. Int. Conf. Peaceful Uses of Atomic Energy, Genf, 6 (1958) P/699, S. 204.

[271] AYRES, J. A., u. R. DILLON: unveröffentlicht, zit. nach [38].

[272] BURKHART, M. W.: US. AEC. Rep., WAPD-127/Part III (1957).

[273] JOHNSON, J. R.: US. AEC. Rep., ORNL-2011 (1957) und in [5] S. 209.

[274] JOHNSON, J. R.: J. Met. 8 (1956) S. 660.

[275] LAMBERTSON, W. A., u. J. H. HANDWERK: US. AEC. Rep., ANL-5033 (1956).

[276] BELLE, J., u. B. LUSTMAN: US. AEC. Rep., WAPD-184 (1957).

[277] HAUSNER, H. H., u. R. G. MILLS: Nucleonics 15/7 (1957) S. 94.

[278] BOETTCHER, A., u. G. SCHNEIDER: Proc. Int. Conf. Peaceful Uses of Atomic Energy, Genf, 6 (1958) P/964, S. 561.

[279] BRABERS, M. J.: Proc. Int. Conf. Peacefus Uses of Atomic Energy, Genf, 6 (1958) P/1474, S. 122.

[280] BERG, K., J. E. FLINTA u. L. SELTORP: Proc. Int. Conf. Peaceful Uses of Atomic Energy, Genf, 7 (1958) P/141, S. 691.

[281] KINGERY, W. D., J. FRANCL, R. L. COBLE u. T. VASILOS: J. Am. Ceram. Soc. 37 (1954). S. 107; zit. nach [276].

[282] HEDGE, J. L.: Armour Res. Found. Rep. 1954; zit. nach [276].

[283] SCOTT, R, A. R. HALL u. J. WILLIAMS: J. Nucl. Materials 1 (1959) S. 39.

[284] LEWIS, W. B.: EAES-Symposium on Reactor Materials, Stockholm (Saltsjöbaden), 5. bis 9. Oktober 1959, C/1.

[285] EICHENBERG, J. D., P. W. FRANK, T. J. KISIEL, B. LUSTMAN u. K. H. VOGEL: US. AEC. Rep., WAPD-183 (1957).

[286] SEABORG, G. T.: The transuranium elements, Reading, Mass.: Addison-Wesley 1958.

[287] Proc. Int. Conf. Peaceful Uses of Atomic Energy, Genf, 18 (1958) S. 1–245.

[288] Proc. Int. Conf. Peaceful Uses of Atomic Energy, Genf, 9 (1958) S. 453-627.

[289] Proc. Int. Conf. Peaceful Uses of Atomic Energy, Genf, 17 (1958) S. 1–492.

[290] Proc. Symposium Chem. Processing, Brüssel 1957, US. AEC. Rep., TID-7534 (1958).

[291] Proc. Symposium Chem. Processing, Washington, 1959, US. AEC. Rep., TID-7583 (1959).

[292] HOWELLS, G. R., T. G. HUGHES, D. R. MACKEY u. K. SADDINGTON: Proc. Int. Conf. Peaceful Uses of Atomic Energy, Genf, 17 (1958) P/307, S. 3.

[293] REGNAUT, P., P. FAUGERAS, A. BRUT, R. HELOU u. A. REDON: Proc. Int. Conf. Peaceful Uses of Atomic Energy, Genf, 17 (1958) P/1172, S. 73.

[294] SHEVCHENKO, V. B., N. S. POVITSKY u. A. S. SOLOVKIN: Proc. Int. Conf. Peaceful Uses of Atomic Energy, Genf, 17 (1958) P/2182, S. 46.

[295] BUCK, C., G. R. HOWELLS, T. A. PARRY, B. F. WARNER u. J. A. WILLIAMS: Proc. Int. Conf. Peaceful Uses of Atomic Energy, Genf, 17 (1958) P/82, S. 25.

[296] REID, D. G., C. E. STEVENSON, R. B. LEMON u. F. K. WRIGLEY: Proc. Int. Conf. Peaceful Uses of Atomic Energy, Genf, 17 (1958) P/526, S. 145.

[297] GRISON, E.: in [5] S. 91.

[298] Coffinberry, A. S., u. M. B. Waldron: in [4] S. 355.
[299] Jette, E. R.: J. Chem. Phys. 23 (1955) S. 365.
[300] Jette, E. R.: Nuclear Metallurgy IMD Special Report Series, AIME 1 (1955) S. 29.
[301] Abramson, R., R. Boucher, R. Fabre u. H. Monti: Proc. Int. Conf. Peaceful Uses of Atomic Energy, Genf, 6 (1958) P/327, S. 174.
[302] Zachariasen, W. H., u. F. H. Ellinger: J. Chem. Phys. 27 (1957) S. 811.
[303] Zachariasen, W. H., u. F. H. Ellinger: unveröffentlicht, zit. nach J. Nucl. Materials 1 (1959) S. 233.
[304] Zachariasen, W. H., u. F. H. Ellinger: Acta Cryst. 8 (1955) S. 431.
[305] Ellinger, F. H.: J. Met. 8 (1956) S. 1256.
[306] Grison, E.: Rap. CEA. 1419 (1960).
[307] Konobeevsky, S. T.: Konf. zur friedlichen Verwertung der Atomenergie, Moskau, Juli 1955, Bd. Chemie S. 362.
[308] Seguin, M., M.-M. Folmer, J. Friedel u. E. Grison: C. R. 246 (1958) S. 3243.
[309] Bridgman, P. W.: J. Appl. Phys. 30 (1959) S. 214.
[310] Jette, E. R., u. A. S. Coffinberry: in [1] S. 235.
[311] Pascard, R.: Acta Met. 7 (1959) S. 305.
[312] Dean, D. J., A. E. Kay u. R. G. Loasby: J. Inst. Met. 86 (1957/58) S. 464.
[313] Nelson, R. D.: US. AEC. Rep., HW-56843 (1958).
[314] Nelson, R. D.: Trans. Am. Soc. Met. 51 (1958) S. 677.
[315] Nelson, R. D., u. I. D. Thomas: Proc. Int. Conf. Peaceful Uses of Atomic Energy, Genf, 6 (1958) P/1030, S. 170.
[316] Coffinberry, A. S., F. W. Schonfeld, E. M. Cramer, W. N. Miner, F. H. Ellinger, R. O. Elliott u. V. O. Struebing: Proc. Int. Conf. Peaceful Uses of Atomic Energy, Genf, 6 (1958) P/1046, S. 681.
[317] Comstock, A. A.: US. AEC. Rep., LA-1348 (1952).
[318] Varley, J. H. O.: Proc. Roy. Soc. 237 A (1956) S. 413.
[319] Lee, J. A., D. M. Poole, M. B. Waldron: EAES-Symposium on Reactor Materials, Stockholm (Saltsjöbaden) 5. bis 9. Oktober 1959, UK/25 A.
[320] Friedel, J.: Rap. CEA. 766 (1958).
[321] Friedel, J.: J. Phys. Chem. Solids 1 (1956) S. 175.
[322] Laquer, H. L.: unveröffentlicht, zit. nach [298].
[323] Smith, C. S.: Met. Progress 65/5 (1954) S. 81.
[324] Ball, J. G., u. W. B. H. Lord: J. Inst. Met. 86 (1957/58) S. 369.
[325] Lee, J. A., u. R. O. A. Hall: J. Less Common Metals 1 (1959) S. 356.
[326] Gardner, H. R., C. H. Bloomster u. J. M. Jefferes: Proc. Int. Conf. Peaceful Uses of Atomic Energy, Genf, 6 (1958) P/1081, S. 686.
[327] Cramer, E. M., u. F. W. Schonfeld: Proc. Int. Conf. Peaceful Uses of Atomic Energy, Genf, 17 (1958) P/528, S. 668.
[328] Ellinger, F. H., R. O. Elliott u. E. M. Cramer: J. Nucl. Materials 1 (1959) S. 233.
[329] Bochvar, A. A., S. T. Konobeevsky, V. I. Kutaitsev, T. S. Menshikova u. N. T. Chebotarev: Proc. Int. Conf. Peaceful Uses of Atomic Energy, Genf, 6 (1958) P/2197, S. 184.
[330] Schonfeld, F. W., E. M. Cramer, W. N. Miner, F. H. Ellinger u. A. S. Coffinberry: in [5] S. 579.
[331] Marples, J. A. C.: unveröffentlicht, zit. nach [319].
[332] Mardon, P. B., H. R. Haines, J. H. Pearce u. M. B. Waldron: J. Inst. Met. 86 (1957) S. 166.

[*333*] Mardon, P. G., D. M. Poole u. M. B. Waldron: EAES-Symposium on Reactor Materials, Stockholm (Saltsjöbaden), 5. bis 9. Oktober 1959, UK/25 B.

[*334*] Holley, C. E., jr., R. N. R. Mulford, E. J. Huber jr., E. L. Head, F. H. Ellinger u. C. W. Bjorklund: Proc. Int. Conf. Peaceful Uses of Atomic Energy, Genf, 6 (1958) P/701, S. 215.

[*335*] Mulford, R. N. R., u. F. H. Ellinger: J. Am. Chem. Soc. 80 (1958) S. 2023.

[*336*] Nucleonics 16/8 (1958) S. 96.

[*337*] Waldron, M. B., A. G. Adwick, H. Lloyd, M. J. Notley, D. M. Poole, L. E. Russell u. J. B. Sayers: Proc. Int. Conf. Peaceful Uses of Atomic Energy, Genf, 6 (1958) P/1452, S. 690.

[*338*] Pugh, S. F.: unveröffentlicht, zit. nach [*336*].

[*339*] Smith, K. F., u. L. R. Kelman: US. AEC. Rep., ANL-5677 (1957).

[*340*] Freshley, M. D.: US. AEC. Rep., HW-52457 (1957).

[*341*] Bel, A.: EAES-Symposium on Reactor Materials, Stockholm (Saltsjöbaden), 5. bis 9. Oktober 1959, F/5.

[*342*] Hollstein, U., J. Kooi u. B. Verkerk: EAES-Symposium on Reactor Materials, Stockholm (Saltsjöbaden), 5. bis 9. Oktober 1959, NL/2.

[*343*] Russell, L. E., J. D. L. Harrison, N. D. Brett u. J. Williams: EAES-Symposium on Reactor Materials, Stockholm (Saltsjöbaden), 5. bis 9. Oktober 1959, UK/1.

[*344*] Gmelins Handbuch der anorganischen Chemie, Thorium und Isotope, Berlin/Göttingen/Heidelberg: Springer 1955.

[*345*] Carlson, O. N., P. Chiotti, G. Murphy, D. Peterson, B. A. Rogers, J. F. Smith, M. Smutz, M. Voss u. H. A. Wilhelm: Proc. Int. Conf. Peaceful Uses of Atomic Energy, Genf, 9 (1955) P/556, S. 74.

[*346*] Cuthberth, F. L.: Thorium production technology, Reading, Mass.: Addison-Wesley 1958.

[*347*] Corzine, P. D.: in [*5*] S. 63.

[*348*] Robertson, A. H., in [*5*] S. 56.

[*349*] Meyerson, G. A.: Proc. Int. Conf. Peaceful Uses of Atomic Energy, Genf, 8 (1955) P/635, S. 188.

[*350*] Wagner, R. B., u. S. Storchheim: unveröffentlicht, zit. nach [*345*].

[*351*] Wilhelm, H. A.: in [*4*] S. 205.

[*352*] Hermans, M. E. A., u. H. S. G. Slooten: EAES-Symposium on Reactor Materials Stockholm (Saltsjöbaden), 5. bis 9. Oktober 1959, NL/3.

[*353*] Kantan, S. K., R. V. Raghavan u. G. S. Tendolkar: Proc. Int. Conf. Peaceful Uses of Atomic Energy, Genf, 6 (1958) P/1705, S. 132.

[*354*] Curtis, C. E.: in [*5*] S. 223.

[*355*] Eckert, F. H., u. E. J. Boyle: unveröffentlicht, zit. nach [*345*].

[*356*] Jetter, H. K., B. S. Borie jr. u. W. J. Fretague: unveröffentlicht, zit. nach [*345*].

[*357*] Smallman, R. E.: J. Inst. Met. 83 (1954/55) S. 408.

[*358*] Schmid, E.: in Landolt-Börnstein: Zahlenwerte und Funktionen aus Physik, Chemie, Astronomie, Geophysik, Technik Bd. IV/3, Berlin/Göttingen/Heidelberg: Springer 1957, S. 1021.

[*359*] Köster, W.: Z. Metallkde. 39 (1948) S. 1.

[*360*] Schwope, A. D., G. T. Muhlenkamp u. L. L. Marsh: US. AEC. Rep., BMI-784 (1952).

[*361*] Goldhoff, R. M., H. R. Ogden u. R. I. Jaffee: US AEC. Rep., BMI-776 (1951).

[362] Miller, E. C., u. W. H. Bridges: US. AEC. Rep., ORNL-987 (1954).
[363] Bridges, W. H.: unveröffentlicht, zit. nach [346].
[364] Smith, M. D., u. R. W. Honeycombe: J. Nucl. Materials 1 (1959) S. 345.
[365] Burnham, J. B., u. M. H. Bartz: US. AEC. Rep., IDO-16162 (1954).
[366] Bauer, A. A., u. F. A. Rough: in [5] S. 612.
[367] Peterson, D., u. R. Mickelson: unveröffentlicht, zit. nach [225].
[368] Evans, D. S., G. V. Raynor u. R. T. Weiner: J. nucl. Materials 2 (1960) S. 121.
[369] Weiner, R. T., W. F. Freeth u. G. V. Raynor: J. Inst. Met. 86 (1957/58) S. 185.
[370] Evans, D. S., u. G. V. Raynor: J. Nucl. Materials 2 (1960) S. 209.
[371] Goldhoff, R. M., H. R. Ogden u. R. J. Jaffee: US. AEC. Rep., BMI-720 (1951).
[372] Keeler, J. R.: in [1] S. 299.
[373] Bentle, G.: in E. Hove: US. AEC. Rep., NAA-SR-1885 (1957) S. 7.
[374] Bannister, G. H., R. C. Burnett u. J. R. Murray: J. Nucl. Materials 2 (1960) S. 51.
[375] Berry, W. E., H. A. Pray u. R. S. Peoples: US. AEC. Rep., BMI-951 (1954).
[376] Proc. Int. Conf. Peaceful Uses of Atomic Energy, Genf, 9 (1955) S. 179–243.
[377] Proc. Int. Conf. Peaceful Uses of Atomic Energy, Genf, 6 (1958) S. 317–718.
[378] Gurinsky, D. H., u. G. J. Dienes: Nuclear Fuels, Princeton: Van Nostrand 1956.
[379] Techn. Symposium on Fuel Elements, Paris, 18. bis 23. November 1957, US. AEC. Rep., TID-7546 (1958).
[380] Proc. EAES-Symposium on Reactor Materials, Stockholm (Saltsjöbaden), 5. bis 9. Oktober 1959.
[381] Proc. IAEA-Symposium on fuel elements fabrication with special emphasis on cladding materials, Wien, 10. bis 13. Mai 1960.
[382] Nuclear Powers 5 (1960) Nr. 45; 6 (1961) Nr. 57 „World Reactor Chart".
[383] Isbin, H. S.: Proc. Int. Conf. Peaceful Uses of Atomic Energy, Genf, 8 (1958) S. 561.
[384] Progr. in Nuclear Energy, Series II Vol. 1, Reactors, New York: Pergamon Press 1956.
[385] Shuck, A. B.: Nuclear Metallurgy, IMD Special Report Serie, AIME 4 (1957) S. 39.
[386] Blumenthal, B.: J. Met. 11 (1959) S. 125.
[387] Weber, C. E.: J. Met. 8 (1956) S. 651.
[388] Alm, G. V., u. M. H. Binstock: US. AEC. Rep., NAA-SR-2704 (1958).
[389] Davis, W. D.: US. AEC. Rep., KAPL-1100 (1957).
[390] Dayton, R. W.: Techn. Symposium on Fuel Elements, Paris 18. bis 23. November 1957.
[391] Gauthron, M.: Techn. Symposium on Fuel Elements, Paris, 18. bis 23. November 1957.
[392] Mooradian, A. J.: Techn. Symposium on Fuel Elements, Paris, 18. bis 23. November 1957.
[393] Kaufmann, A. R., J. E. Klein, P. Loewenstein u. H. F. Sawyer: Techn. Symposium on Fuel Elements, Paris, 18. bis 23. November 1957, und US. AEC. Rep., NMI-TJ-8 (1957).
[394] Cunningham, J. E., u. E. J. Boyle: Proc. Int. Conf. Peaceful Uses of Atomic Energy, Genf, 9 (1955) P/953, S. 203.
[395] Saller, H. A., u. J. T. Stacy: US. AEC. Rep., BMI-69 (1957).

[396] SMITH, K. F., S. T. ZEGLER, u. R. M. MAYFIELD: US. AEC. Rep., ANL-5377 (1957).

[397] HUNT, J. G., A. R. KAUFMANN u. P. LOEWENSTEIN: IAEA Symposium on fuel elements fabrication, Wien, 10. bis 13. Mai 1960, FE/40.

[398] ROBERTSON, J. A. L., A. S. BAIN, A. H. BOOTH, J. HOWIESON, W. G. MORISON, R. F. S. ROBERTSON: Proc. Int. Conf. Peaceful Uses of Atomic Energy, Genf, 6 (1958) P/193, S. 655.

[399] YOKOSUKA, M., S. TAKAHASHI, Y. HONDA u. Y. SEKI: IAEA-Symposium on fuel element fabrication, Wien, 10. bis 13. Mai 1960, FE/23.

[400] PAPROCKI, S. J., E. S. HODGE, D. C. CARMICHAEL u. P. J. GRIPSHOVER: IAEA-Symposium on fuel element fabrication, Wien, 10. bis 13. Mai 1960, FE/50.

[401] KIEFFER, R., u. K. SEDLATSCHEK: Proc. Int. Conf. Peaceful Uses of Atomic Energy, Genf, 6 (1958) P/1443, S. 96.

[402] Atomwirtschaft 5 (1960) S. 377.

[403] WEBER, C. E., u. H. H. HIRSCH: Proc. Int. Conf. Peaceful Uses of Atomic Energy, Genf, 9 (1955) P/561, S. 196.

[404] WEBER, C. E.: in [5] S. 295.

[405] WHITE, D. W., A. P. BEARD u. A. H. WILLIS: US. AEC. Rep., KAPL-P-1849 (1957).

[406] JONCKHEERE, E., P. DEFREYN, PH. VAN ASBROECK, J. FLIPOT u. J. VAN GEEL: IAEA-Symposium on fuel element fabrication, Wien 10. bis 13. Mai 1960, FE/4.

[407] WICK, O. J., T. C. NELSON u. M. D. FRESHLEY: Proc. Int. Conf. Peaceful Uses of Atomic Energy, Genf, 6 (1958) P/1776, S. 700.

[408] VALOVAGE, W. D., u. R. H. SIERGIEJ: US. AEC. Rep., KAPL-1590 (1957)

[409] CUNNINGHAM, J. E., R. J. BEAVER u. R. C. WAUGH: Techn. Symposium on Fuel Elements, Paris, 18. bis 23. November 1957.

[410] BOETTCHER, A., R. SCHULTEN u. G. WIRTHS: Proc. Int. Conf. Peaceful Uses of Atomic Energy, Genf, 7 (1958) P/1005, S. 748.

[411] MATZ, G.: Atomwirtschaft 4 (1959) S. 384.

[412] BOETTCHER, A., W. KRUMMEICH u. G. WIRTHS: IAEA-Symposium on fuel elements fabrication, Wien 10. bis 13. Mai 1960, FE/8.

[413] LIVEY, D. T., J. DENTON, N. BRETT u. J. WILLIAMS: EAES-Symposium on Reactor Materials, Stockholm (Saltsjöbaden), 5. bis 9. Oktober 1959, UK/4.

[414] GORLE, F., E. JONCKHEERE u. J. VAN AUDENHOVEN: IAEA-Symposium on fuel elements fabrication, Wien, 10. bis 13. Mai 1960, FE/3.

[415] MERTEN, U., L. J. DIJKSTRA, F. D. CARPENTER, A. P. HATCHER u. L. D. LAGRANGE: Proc. Int. Conf. Peaceful Uses of Atomic Energy, Genf, 6 (1958) P/789, S. 111.

[416] WHITMAN, M. J.: IAEA-Symposium on fuel elements fabrication, Wien, 10. bis 13. Mai 1960, FE/38.

[417] SHAPIRO, S., u. M. GALVEZ: Proc. Int. Conf. Peaceful Uses of Atomic Energy, Genf, 6 (1958) P/784, S. 516.

[418] Berichte der 3. Internationalen Tagung „Zerstörungsfreie Prüfung", Japan, März 1960.

[419] LANE, J. A., H. G. MCPHERSON u. F. MASLAN: Fluid fuel reactors, Reading, Mass.: Addison-Wesley 1958.

[420] FROST, B. R. T., C. C. ADDISON, A. CHITTY, G. A. GEACH, P. GROSS, J. A. JAMES, G. J. METCALFE, T. RAINE u. H. A. SLOMAN: Proc. Int. Conf. Peaceful Uses of Atomic Energy, Genf, 7 (1958) P/270, S. 139.

[421] FISHER, R. W., u. CH. B. FULLHART: Proc. Int. Conf. Peaceful Uses of Atomic Energy, Genf, 7 (1958) P/1032, S. 216.
[422] DWYER, O. E., A. M. ESHAYA u. F. B. HILL: Proc. Int. Conf. Peaceful Uses of Atomic Energy, Genf, 17 (1958) P/1781, S. 428.
[423] TEITEL, R. J., D. H. GURINSKY u. J. S. BRYNER: Nucleonics 12/7 (1954) S. 14.
[424] BIONDI, L.: IAEA-Symposium on fuel elements fabrication, Wien, 10. bis 13. Mai 1960, FE/52.
[425] BRYNER, J. S., u. M. B. BRODSKY: Proc. Int. Conf. Peaceful Uses of Atomic Energy, Genf, 7 (1958) P/460, S. 207.
[426] ABRAHAM, B. M., H. E. FLOTOW u. R. D. CARLSON: Proc. Int. Conf. Peaceful Uses of Atomic Energy, Genf, 7 (1958) P/457, S. 166.
[427] DE BRUYN, H., M. E. A. HERMANS, TH. v. D. PLAS, B. L. A. v. D. SCHEE u. J. J. WENT: Proc. Int. Conf. Peaceful Uses of Atomic Energy, Genf, 3 (1955) P/936, S. 116.
[428] MANLEY, W. D., J. H. COOBS, J. H. DEVAN, D. A. DOUGLAS, H. INOUYE, P. PATRIARCA, T. K. ROCHE u. J. L. SCOTT: Proc. Int. Conf. Peaceful Uses of Atomic Energy, Genf, 7 (1958) P/1990, S. 223.
[429] DE BRUYN, H., B. L. A. v. D. SCHEE u. J. J. WENT: Proc. Int. Conf. Peaceful Uses of Atomic Energy, Genf, 3 (1955) P/938, S. 121.
[430] EVANS, G. E.: Nucl. 11/6 (1953) S. 18.
[431] FELLNER-FELDEGG, H.: Gas- und Wasserfach 97 (1956) H. 24.
[432] LIPSDORF, K., R. SCHÄFER, G. SPENER u. E. WEGE: IAEA-Symposium on fuel elements fabrication, Wien, 10. bis 13. Mai 1960, FE/9.
[433] ETZEL, K. W. F., u. E. FITZER: IAEA-Symposium on fuel element fabrication, Wien, 10. bis 13. Mai 1960, FE/13.
[434] CURRIE, L. M., V. C. HAMISTER u. H. G. MCPHERSON: in [6] S. 65.
[435] O'DRISCOLL, W. G., u. J. C. BELL: Nucl. Eng. 3 (1958) S. 479.
[436] FITZER, E., M. BEUTELL, E. NEDOPIL u. K. W. F. ETZEL: Atomkernenergie 4 (1959) S. 449 u. 476.
[437] Proc. Int. Conf. Peaceful Uses of Atomic Energy, Genf, 7 (1958) S. 241–402.
[438] DAVIDSON, H. W.: GEC. Atomic Energy Review 1 (1958) S. 130.
[439] NELSON, J. B., u. D. P. RILEY: Proc. Phys. Soc. 57 (1945) S. 477.
[440] KINCHIN, G. H.: Proc. Roy, Soc., London 217 A (1953) S. 9.
[441] PRIMAK, W., u. L. FUCHS: Phys. Rev. 95 (1954) S. 22.
[442] MALMSTROM, C., R. KEEN u. L. GREEN: J. Appl. Phys. 2 (1951) S. 593.
[443] WOODS, W. K., L. P. BUPP u. J. F. FLETCHER: Proc. Int. Conf. Peaceful Uses of Atomic Energy, Genf, 7 (1955) P/746, S. 455.
[444] KLIMENKOV, V. I., u. Y. N. ALEXENKO: Konf. zur friedlichen Verwertung der Atomenergie, Moskau, 1. bis 5. Juli 1955, Bd. Physik S. 322.
[445] NIGHTINGALE, R. E., J. M. DAVIDSON u. W. A. SNYDER: Proc. Int. Conf. Peaceful Uses of Atomic Energy, Genf, 7 (1958) P/614, S. 295.
[446] NIGHTINGALE, R. E., u. J. F. FLETCHER: US. AEC. Rep., HW-47776 (1957).
[447] DICKSON, J. L., G. H. KINCHIN, R. F. JACKSON, W. M. LOMMER u. J.H. W. SIMMONDS: Proc. Int. Conf. Peaceful Uses of Atomic Energy, Genf, 7 (1958) P/1805, S. 250.
[448] POWELL, R. W., R. A. MEYER u. R. G. BOURDEAU: Proc. Int. Conf. Peaceful Uses of Atomic Energy, Genf, 7 (1958) P/462, S. 282.
[449] HENNING, G. R., G. J. DIENES u. W. KOSIBA: Proc. Int. Conf. Peaceful Uses of Atomic Energy, Genf, 7 (1958) P/1778, S. 301.
[450] ANDERSON, A. R., H. W. DAVIDSON, R. LIND, D. B. STRANKS, C. TYZACK u. J. WRIGHT: Proc. Int. Conf. Peaceful Uses of Atomic Energy, Genf, 7 (1958) P/303, S. 335.

[*451*] Eatherly, W. P., M. Janes, R. L. Mansfield, R. A. Bourdeau u. R. A. Meyer: Proc. Int. Conf. Peaceful Uses of Atomic Energy, Genf, 7 (1958) P/708, S. 389.
[*452*] Fitzer, E., A. Pelz, O. Vohler u. K. W. F. Etzel: IAEA-Symposium on fuel element fabrication, Wien, 10. bis 13. Mai 1960, FE/12.
[*453*] Udy, M. C., H. L. Shaw u. F. W. Boulger: Nucleonics 11/5 (1953) S. 52.
[*454*] White, D. W. jr., u. J. E. Burke: The metal beryllium, The Am. Soc. Met., Cleveland, Ohio 1955.
[*455*] Williams, L. R., u. P. B. Eyre: Nucl. Eng. 3 (1958) S. 9.
[*456*] Ellis, G. C.: Metallurgia 58 (1958) S. 173 u. 243.
[*457*] Weik, H.: Metall 13 (1959) S. 202.
[*458*] Holden, R. B., M. C. Kells u. C. J. Whitman: Proc. Int. Conf. Peaceful Uses of Atomic Energy, Genf, 4 (1958) P/717, S. 306.
[*459*] Gold, L.: Phys. Rev. 77 (1950) S. 390.
[*460*] Truer, G. L.: unveröffentlicht, zit. nach [*454*].
[*461*] Conner, J. G.: unveröffentlicht, zit. nach [*457*].
[*462*] Truer, G. L., u. A. R. Kaufmann: in [*454*] S. 372.
[*463*] Lee, H. T., u. R. M. Brick: unveröffentlicht, zit. nach [*462*].
[*464*] Hein, E., M. Herman u. G. E. Spangler, Franklin Inst., Bi-Monthley-Progr. Rep., P-A 2323-6 Mai/Juni 1960.
[*465*] Kaufmann, A. R., u. B. R. F. Kjellgren: Proc. Int. Conf. Peaceful Uses of Atomic Energy, Genf, 8 (1955) P/820, S. 590.
[*466*] Ivanov, E. S., u. V. M. Shmelev: Proc. Int. Conf. Peaceful Uses of Atomic Energy, Genf, 4 (1958) P/2048, S. 302.
[*467*] Degussa, engl. Patent 508028 (1939).
[*468*] Hausner, H. H., u. N. P. Pinto: Trans. Am. Soc. Met. 43 (1951) S. 1052.
[*469*] Barrett, T. R., G. C. Ellis u. R. A. Knight: Proc. Int. Conf. Peaceful Uses of Atomic Energy, Genf, 5 (1958) P/320, S. 319.
[*470*] Livey, D. T., u. J. Williams: Proc. Int. Conf. Peaceful Uses of Atomic Energy, Genf, 5 (1958) P/319, S. 311.
[*471*] Kaufmann, A. R., P. Gordon u. D. W. Lillie: Trans. Am. Soc. Met. 42 (1950) S. 785.
[*472*] Klein, J. L., V. G. Macres, D. H. Woodard u. J. Greenspan: in [*454*] S. 425.
[*473*] Greenspan, J.: in [*5*] S. 183.
[*474*] Smigelskas, A., u. C. S. Barrett: J. Met. 1 (1949) S. 145.
[*475*] Hill, A. N., u. J. Williams: EAES-Symposium on Reactor Materials, Stockholm (Saltsjöbaden), 5. bis 9. Oktober 1959, UK/7.
[*476*] Beaver, W. W., u. K. G. Wikle: J. Met. 6 (1954) S. 559.
[*477*] Sloman, H. A.: J. Inst. Met. 49 (1932) S. 365.
[*478*] Kroll, W.: Met. Industry 47 (1935) S. 29, 103 u. 155.
[*479*] Yans, F. M., A. D. Donaldson u. A. R. Kaufmann: US. AEC. Rep., NMI-1192 (1958).
[*480*] Pugh, S. F.: Phil. Mag. 45 (1954) S. 823.
[*481*] Muvdi, B. B.: US. AEC. Rep., WADC-TR-58-162 (1958).
[*482*] Bartz, M. H., US. AEC. Rep., TID-7515 (1956) Pt. 1, S. 19.
[*483*] Ells, C. E., u. E. C. W. Perryman: J. Nucl. Materials 1 (1959) S. 73.
[*484*] Rich, J. B., G. E. Redding u. R. S. Barnes: J. Nucl. Materials 1 (1959) S. 96.
[*485*] Udy, M. C.: in [*454*] S. 505.
[*486*] Raynor, G. V.: J. Roy. Aeronaut. Soc. 50 (1946) S. 390.
[*487*] Kaufmann, A. R., u. P. Corzine: in [*454*] S. 555.

[488] KNEPPEL, D. S.: US. AEC. Rep., NMI-1190 (1957).
[489] EISENBUD, M.: in [454] S. 620.
[490] EYRE, P. B.: IAEA-Symposium on fuel element fabrication, Wien, 10. bis 13. Mai 1960, FE/26.
[491] CAILLAT, R., u. R. POINTUD: in [6] S. 122.
[492] SCHWARTZ, B.: US. AEC. Rep., MIT-1083 (1952).
[493] GILBREATH, J. R., u. O. C. SIMPSON: Proc. Int. Conf. Peaceful Uses of Atomic Energy, Genf, 5 (1958) P/621, S. 367.
[494] SALESSE, M.: Nukleonik 2 (1960) S. 79.
[495] ELSTON, J., u. R. CAILLAT: Proc. Int. Conf. Peaceful Uses of Atomic Energy, Genf, 5 (1958) P/1147, S. 334.
[496] O'NEILL, J. S., A. W. HEY u. D. T. LIVEY: EAES-Symposium on Reactor Materials, Stockholm (Saltsjöbaden), 5. bis 9. Oktober 1959, UK/5.
[497] COLICHMAN, E. L., u. R. H. GERCKE: Nucleonics 14/7 (1956) S. 50.
[498] TRILLING, C. A.: Proc. Int. Conf. Peaceful Uses of Atomic Energy, Genf, 9 (1958) P/421, S. 468.
[499] HARDE, R.: E. u. M. 77 (1960) S. 537.
[500] Proc. Int. Conf. Peaceful Uses of Atomic Energy, Genf, 9 (1958) S. 79–104 und 29 (1958) S. 107–312.
[501] RÖSINGER, S.: Atomkernenergie 2 (1957) S. 176.
[502] POLAK, H.: Atomkernenergie 2 (1957) S. 390.
[503] Symposium on Reactor Control Materials, New York 1957, Nucl. Sci. Eng. 4 (1958) S. 357–495.
[504] ANDERSON, W. K., u. D. N. DUNNING: in [5] S. 193.
[505] HUGHES, D. J.: Neutron Cross Sections, US. AEC. Rep., BNL-325 (1955, 1957, 1960).
[506] ANDERSON, W. K.: Nucl. Sci. Eng. 4 (1958) S. 357.
[507] SIEGEL, S.: US. AEC. Rep., GEAP-3395 (1960).
[508] UDY, M. C.: in [1] S. 505.
[509] WALKERT, D. E., u. R. A. NOLAND: US. AEC. Rep., ANL-4655 (1951).
[510] MURPHY, W. F.: US. AEC. Rep., ANL-4825 (1952).
[511] COHEN, I., E. F. LOSCO u. J. D. EICHENBERG: Nucl. 16/8 (1958) S. 122.
[512] THOMAS, D. E., u. E. T. HAYES: The metallurgy of hafnium, AEC, New York, 1959.
[513] RAY, W. E., u. C. J. BECK: Nucl. Sci. Eng. 4 (1958) S. 481.
[514] EDMUNDS, A. O., u. F. C. LOVELESS: Proc. Int. Conf. Peaceful Uses of Atomic Energy, Genf, 4 (1958) P/102, S. 576.
[515] MILLER, G. T., R. J. KRALIK, E. A. BELMORE u. J. S. DRURY: Proc. Int. Conf. Peaceful Uses of Atomic Energy, Genf, 4 (1958) P/1836, S. 585.
[516] PRUS, L. B., E. S. BYRON u. J. F. THOMPSON: Nucl. Sci. Eng. 4 (1958) S. 415.
[517] DUNNING, D. N., W. K. ANDERSON u. P. R. MERTENS: Nucl. Sci. Eng. 4 (1958) S. 402.
[518] SCHETTIG, J. R.: US. AEC. Rep., WAPD-SFR-FE-303 (1955).
[519] RAY, W. E., W. A. NEISZ u. H. W. COOPER: Nucl. Sci. Eng. 4 (1958) S. 386.
[520] BRADBURY, E. J., C. R. SUTTON u. D. K. WORN: Proc. Int. Conf. Peaceful Uses of Atomic Energy, Genf, 5 (1958) P/1454, S. 382.
[521] ANDERSON, W. K., u. D. N. DUNNING: Nucl. Sci. Eng. 4 (1958) S. 458.
[522] US. AEC. Rep., KAPL-2000–9 (1960).
[523] WRIGHT, M. L., F. E. BLOCK u. H. KATO: Proc. Int. Conf. Peaceful Uses of Atomic Energy, Genf, 5 (1958) P/696, S. 390.
[524] LEESER, R., u. E. ERBEN: Metall 15 (1961) S. 30.
[525] LUEBKE, E. A.: Proc. Conf. on Nuclear Engineering, Berkeley 1953, F-41.

[526] BOADLE, C. D.: Atomics 8 (1957) S. 41 u. 83.
[527] PARKINS, W. E.: Proc. Conf. Nuclear Engineering, Berkeley 1943, F-55.
[528] WOODRUFF, O. J., W. J. MCSHANE u. W. J. PURCELL: Nucl. 11/6 (1953) S. 27.
[529] Liquid Metals Handbook, Ed. R. N. Lyon, AEC., New York 1952.
[530] AGENA, H. H.: Atomkernenergie 3 (1958) S. 249.
[531] MIALKI, W.: Atomkernenergie 3 (1958) S. 321.
[532] SEIM, O. S., u. R. A. JAROSS: Proc. Int. Conf. Peaceful Uses of Atomic Energy, Genf, 7 (1958) P/2158, S. 88.
[533] KLEMM, A.: Angew. Chem. 70 (1958) S. 21.
[534] ALBRECHT, W. M. u. B. G. KOEHL: Proc. Unt. Conf. Peaceful Uses of Atomic Energy, Genf, 6 (1958) P/710, S. 116.
[535] PAIDASSI, J., M. L. POINTUD, R. CAILLAT u. R. DARRAS: EAES-Symposium on Reactor Materials, Stockholm (Saltsjöbaden), 5. bis 9. Oktober 1959, F/3.
[536] ANTILL, J. E., K. A. PEAKALL, N. CRICK u. M. GARNDER: AERE M/R 2524 (1958).
[537] DOUGLAS, T. B.: US. AEC. Rep., AECD-3254 (1951).
[538] EPSTEIN, L. F., u. C. E. WEBER: US. AEC. Rep., TID-70 (1951).
[539] MOGARD, H.: Proc. Int. Conf. Peaceful Uses of Atomic Energy, Genf, 9, (1955) P/787, S. 318.
[540] PEARLMAN, H.: US. AEC. Rep., NAA-SR-2225 (1959).
[541] DAVIS, M., u. A. DRAYCOTT: Proc. Int. Conf. Peaceful Uses of Atomic Energy, Genf, 7 (1958) P/25, S. 94.
[542] MILLER, G. L.: Metallurgy of the rarer metals, Nr. 2, Zirconium, London: Butterworths Sci. Publ. 1954.
[543] LUSTMAN, B. u. F. KERZE jr.: Metallurgy of zirconium, Nat. Nucl. Energy Series VII-4, New York: McGraw-Hill 1955.
[544] KROLL, W. J.: Z. Metallkde. 45 (1954) S. 67.
[545] GRUBER, H., u. H. SCHEIDIG: Z. Metallkde. 47 (1956) S. 149.
[546] SMITH, H. R., CH. D'A. HUNT u. CH. W. HANKS: 3. Plansee-Seminar, Reutte/Tirol, 1958 S. 336.
[547] BANGERT, L., u. K. HENNEMANN: Metall 14 (1960) S. 704.
[548] BANGERT, L. u. K. HENNEMANN: IAEA-Symposium on fuel elements fabrications, Wien, 10. bis 13. Mai 1960, FE/10.
[549] KIEFFER, R., u. F. SEDLATSCHEK: Öster. Chem. Ztg. 61 (1960) S. 217.
[550] BURGERS, W. G.: Physica 1 (1934) S. 561 u. Metallwirtsch. 13 (1934) S. 785.
[551] GAUNT, P., u. J. W. CHRISTIAN: Acta Met. 7 (1959) S. 534.
[552] RUSSELL, R. B.: J. Met. 6 (1954) S. 1045.
[553] SKINNER, G. B., u. H. L. JOHNSTON: J. Chem. Phys. 21 (1953) S. 1383.
[554] KÖSTER, W.: Z. Metallkde. 39 (1948) S. 1.
[555] SCHWOPE, A. D., u. G. T. MUEHLENKAMP: US. AEC. Rep., BMI-T-23 (1950).
[556] RAPPERPORT, E. J.: Acta Met. 3 (1955) S. 208.
[557] RAPPERPORT, E. J.: Acta Met. 7 (1959) S. 254.
[558] ANDERKO, K., u. E. G. HESS: Metall 13 (1959) S. 638.
[559] BURGERS, W. G., u. F. M. JACOBS: Metallwirtschaft 14 (1935) S. 285.
[560] BURGERS, W. G., J. D. FAST u. F. M. JACOBS: Z. Metallkde. 29 (1937) S. 410.
[561] MCGEARY, R. K., u. B. LUSTMAN: J. Met. 3 (1951) S. 994.
[562] TANNER, L. E., u. D. W. LEVINSON: Trans. Am. Soc. Met. 52 (1960) S. 1115.
[563] CHIRIGOS, J.: IAEA-Symposium on fuel elements fabrication, Wien, 10. bis 13. Mai 1960, FE/39.

[564] BANGERT, L.: Z. Metallkde. 50 (1959) S. 269.
[565] AMBARTSUMYAN, R. S., A. A. KISELEV, R. V. GREBENNIKOV, V. A. MYSHKIN, L. J. TSUPRUN u. A. F. NIKULINA: Proc. Int. Conf. Peaceful Uses of Atomic Energy, Genf, 5 (1958) P/2044, S. 12.
[566] NOWIKOW, A., u. I. PFEIFFER: Z. Metallkde. 48 (1957) S. 479.
[567] IVANOV, O. S., u. V. K. GRIGOROVICH: Proc. Int. Conf. Peaceful Uses of Atomic Energy, Genf, 5 (1958) P/2046, S. 34.
[568] OLDS, G. C. E., J. H. M. DRAPER, G. A. GEACH, J. E. HARRIS, O. P. HARTREE, T. RAINE, R. R. ROBERTS u. T. B. SMITH: Proc. Int. Conf. Peaceful Uses of Atomic Energy, Genf, 5 (1958) P/1455. S. 249.
[569] WILLIAMS, L. R.: J. Inst. Met. 85 (1956/57) S. 385.
[570] SIMS, CH. T.: J. Met. 10 (1958) S. 340.
[571] COTTER, M. J.: Atomics 8 (1957) S. 339.
[572] MILLER, G. L.: Tantalum and niobium, Metallurgy of the rarer metals, Nr. 6, London: Butterworths Sci. Publ. 1959.
[573] GONSER, B. W., u. E. M. SHERWOOD: Technology of columbium (niobium), Symposium on Columbium, Washington, 1958, New York: John Wiley & Sons 1958.
[574] MADDIN, R., u. N. K. CHEN: J. Met. 5 (1953) S. 1131.
[575] KOCKS, U. F., u. R. MADDIN: Acta Met. 4 (1956) S. 91.
[576] CHURCHMAN, A. T.: J. Inst. Met. 88 (1959/60) S. 221.
[577] ANDERS, F. J., u. W. I. POLLOCK: in [573] S. 60.
[578] HEAL, T. J.: Proc. Int. Conf. Peaceful Uses of Atomic Energy, Genf, 5 (1958) P/305, S. 208.
[579] LEMENT, B. S., u. I. PERLMUTTER: J. Less Common Metals 2 (1960) S. 253.
[580] KLOPP, W. D., C. T. SIMS u. R. I. JAFFEE: Proc. Int. Conf. Peaceful Uses of Atomic Energy, Genf, 6 (1958) P/712, S. 293.
[581] SMITH, R.: J. Less-Common Metals 2 (1960) S. 191.
[582] MILLER, G. L., u. F. G. COX: J. Less-Common Metals 2 (1960) S. 207.
[583] SANDOZ, G.: J. Met. 12 (1960) S. 340.
[584] KEARNS, T. F., u. J. MALTZ: J. Met. 12 (1960) S. 611.
[585] ROSTOKER, W.: The metallurgy of vanadium, New York: John Wiley & Sons 1958.
[586] MERILL, T. W.: J. Met. 10 (1958) S. 618.
[587] PUGH, J. W.: General Electric Res. Lab. Rep., 56-RL-1952; zit. nach [585].
[588] SMITH, K. F., u. R. J. VAN THYNE: US. AEC. Rep., ANL-5661 (1957).
[589] Nuclear Power 2/16 (1957) S. 329.
[590] STRNAT, K., u. H. WEIK: Metall 14 (1960) S. 713 u. 1163.
[591] SIMMONS, C. R.: ASM-AEC-Symp. on rare earths, Chicago, November 1959; zit. nach [590].
[592] GUIDOBONI, E. S., A. M. HUNTRESS u. P. LOEWENSTEIN: US. AEC. Rep., NMI-1228 (1959).
[593] US. AEC. Rep., ISC-1050 (1958).
[594] GURINSKY, D. H.: in Handbook of new nuclear techniques, Nucleonics (1952) S. 108.
[595] LINTNER, K., u. E. SCHMID: E. u. M. 72 (1955) S. 334.
[596] IRMANN, R.: Metallurgia 46 (1952) S. 125 und Aluminium 33 (1957) S. 250.
[597] SCHLEICHER, H. W., R. WEBER u. U. ZWICKER: IAEA-Symposium on fuel elements fabrication, Wien, 10. bis 13. Mai 1960, FE/11.
[598] BOUDOURESQUE, M. u. K. E. MANN: IAEA-Symposium on fuel elements fabrication, Wien, 10. bis 13. Mai 1960, FE/21.
[599] MCINTOSH, A. B., u. K. Q. BAGLEY: J. Inst. Met. 84 (1955/56) S. 251.

[600] Saur, G., W. Reinisch u. H. Borchers: Atomkernenergie 6 (1961) S. 30.
[601] Tietz, T. E., B. A. Wilcox, J. W. Wilson: Stanford Res. Inst. SRI-Project SU-2436 (1959).
[602] Savitzky, E. M., M. A. Tylkina, S. I. Inamova u. E. I. Pavlova: Trudy Inst. Met. im A. A. Bajkova, A. N. SSSR., 1960, H. 4 S. 214.
[603] Kiessling, R.: Proc. Int. Conf. Peaceful Uses of Atomic Energy, Genf, 9 (1955) P/786, S. 69.
[604] Green, D. R.: US. AEC. Rep., HW-49697 (1957).
[605] Cunningham, J. E., u. R. E. Adams: US. AEC. Rep., BNL-489 (1957) S. 174.
[606] Gurinsky, D. H., W. T. Warner, J. E. Atherton, C. Binge, H. C. Cook, L. McLean, R. J. Teitel u. B. Turovlin: Proc. Int. Conf. Peaceful Uses of Atomic Energy, Genf, 9 (1955) P/828, S. 221.
[607] Kittel, J. H.: US. AEC. Rep., ANL-4937 (1949).
[608] Adda, Y., u. J. Philibert: Proc. Int. Conf. Peaceful Uses of Atomic Energy, Genf, 6 (1958) P/1160, S. 72.
[609] Adda, Y., u. J. Philibert: Acta Met. 8 (1960) S. 700.
[610] Rough, F. A.: US. AEC. Rep., BMI-1030 (1955).
[611] Baird, J. D., G. A. Geach, A. Knapton u. K. B. C. West: Proc. Int. Conf. Peaceful Uses of Atomic Energy, Genf, 5 (1958) P/24, S. 328.
[612] Draley, J. E., u. W. E. Ruther: Proc. Int. Conf. Peaceful Uses of Atomic Energy, Genf, 9 (1955) P/535, S. 391.
[613] Carlsen, K.: Proc. Int. Conf. Peaceful Uses of Atomic Energy, Genf, 9 (1955) P/880, S. 397.
[614] Nachtigall, Ed.: Aluminium 33 (1957) S. 95.
[615] Coriou, H.: Symposium Saclay, 15. bis 20. Juli 1957, 3 (1957) S. 506.
[616] Nachtigall, Ed.: Aluminium, Ranshofen 1959, H. 6.
[617] Coriou, H., L. Grall, J. Hure, P. Lelong u. J. Herenguel: Rev. Mét. 53 (1956) S. 775.
[618] Videm, K.: Proc. Int. Conf. Peaceful Uses of Atomic Energy, Genf, 5 (1958) P/767, S. 121.
[619] Draley, J. E., u. W. E. Ruther: US. AEC. Rep., ANL-5658 (1957).
[620] Coriou, H., L. Grall, J. Hure u. A. Roux: Berichte über ,,Journées d'Automne 1957'' der Soc. Française de Métallurgie.
[621] Coriou, H., R. Fournier, L. Grall, J. Herenguel, J. Hure u. P. Lelong: Proc. Int. Peaceful Uses of Atomic Energy, Genf, 5 (1958) P/1271, S. 128.
[622] Draley, J. E., C. R. Breden, W. E. Ruther u. N. R. Grant: Proc. Int. Conf. Peaceful Uses of Atomic Energy, Genf, 5 (1958) P/714, S. 113.
[623] Videm, K.: EAES-Symposium on Reactor Materials, Stockholm (Saltsjöbaden), 5. bis 9. Oktober 1959, N/1.
[624] Thomas, D. E.: Proc. Int. Conf. Peaceful Uses of Atomic Energy, Genf, 9 (1955) P/537, S. 407.
[625] Krenz, F. H., G. J. Biefer u. N. A. Graham: Proc. Int. Conf. Peaceful Uses of Atomic Energy, Genf, 5 (1958) P/194, S. 241.
[626] Thomas, W. R.: IAEA-Symposium on fuel elements fabrication, Wien, 10. bis 13. Mai 1960, FE/20.
[627] Breden, C. R., S. Greenberg, R. M. Robinson, A. H. Roebuck, V. F. Saitta u. C. C. Scott: US. AEC. Rep., ANL-4519 (1951).
[628] Berry, W. E., E. L. White, J. C. Vargo, W. N. Stiegelmeyer u. F. W. Fink: BMI-Res. Rep., 26. X. 1960.

[629] Coriou, H., L. Grall, Y. LeGall u. S. Vettier: EAES-Symposium on Reactor Materials, Stockholm (Saltsjöbaden), 5. bis 9. Oktober 1959, F/15.
[630] Beck, A.: Magnesium und seine Legierungen, Berlin: Springer 1939.
[631] Sinelnikov, K. D., V. E. Ivanov u. V. F. Zelensky: Proc. Int. Conf. Peaceful Uses of Atomic Energy, Genf, 5 (1958) P/2133, S. 234.
[632] Grainger, L., u. A. B. McIntosh: J. Brit. Nucl. Energy, Conf. 2 (1957) S. 121.
[633] Caillat, R., u. R. Darras: Proc. Int. Conf. Peaceful Uses of Atomic Energy, Genf, 5 (1958) P/1146, S. 220.
[634] Bernard, J., B. Bourdouresque, L. Alfille u. R. Klersky: Proc. Int. Conf. Peaceful Uses of Atomic Energy, Genf, 5 (1958) P/1166, S. 157.
[635] Leclerq, D., C. Chevillard u. R. Darras, EAES-Symposium on Reactor Materials Stockholm (Saltsjöbaden), 5. bis 9. Oktober 1959, F/4.
[636] Draycott, A., u. R. Smith: IAEA-Symposium on fuel elements fabrication, Wien, 10. bis 13. Mai 1960, FE/1.
[637] Smith, R.: IAEA-Symposium on fuel elements fabrication, Wien, 10. bis 13. Mai 1960, FE/2.
[638] Caillat, R., R. Darras u. D. Leclerq: EAES-Symposium on Reactor Materials, Stockholm (Saltsjöbaden), 5. bis 9. Oktober 1959, F/2.
[639] Maxwell, W. A.: Proc. Int. Conf. Peaceful Uses of Atomic Energy, Genf, 5 (1958) P/707, S. 106.
[640] Tate, F.: US. AEC. Rep., TID-4500 (14th Ed.) (1959).
[641] Proc. Int. Conf. Peaceful Uses of Atomic Energy, Genf, 7 (1958) S. 57 bis 223.
[642] Weeks, J. R., C. J. Klamut, M. Silberberg, W. E. Miller u. D. H. Gurinsky: Proc. Int. Conf. Peaceful Uses of Atomic Energy, Genf, 9 (1955) P/118, S. 341.
[643] Bett, F. L. u. A. Draycott: Proc. Int. Conf. Peaceful Uses of Atomic Energy, Genf, 7 (1958) P/1091, S. 125.
[644] Davis, M. u. A. Draycott: Proc. Int. Conf. Peaceful Uses of Atomic Energy, Genf, 7 (1958) P/25, S. 94.
[645] Klamut, C. J., D. G. Schweitzer, J. G. Y. Chow, R. A. Meyer, O. F. Kammerer, J. R. Weeks u. D. H. Gurinsky: Proc. Int. Conf. Peaceful Uses of Atomic Energy, Genf, 7 (1958) P/2406, S. 173.
[646] Smith, G. P.: Nuclear Metallurgy, IMD Special Report Series, AIME 2 (1956) S. 71.
[647] Bartz, M. H.: Proc. Int. Conf. Peaceful Uses of Atomic Energy, Genf, 5 (1958) P/1878, S. 466.
[648] Steels for reactor pressure circuits, Symposium London, 30. November bis 2. Dezember 1960, Iron and Steel Institute.
[649] Harries, D. R., R. W. Nichols u. C. Judge: in [648] S. 297.
[650] Wilson, J. C.,: Proc. Int. Conf. Peaceful Uses of Atomic Energy, Genf, 5 (1958) P/1978, S. 431.
[651] Berggren, R. G.: in [648] S. 370.
[652] Hawthorne, J. R.: in [648] S. 343.
[653] Steele, L. E.: in [648] S. 328.
[654] Pravdyuk, N. F., S. T. Konobeevsky, A. D. Amayev u. Y. I. Pokrovsky: Proc. Int. Conf. Peaceful Uses of Atomic Energy, Genf, 5 (1958) P/2052, S. 457.
[655] Trudeau, L. P.: in [648], S. 382.
[656] Rockwell, T., u. P. Cohen: in [6] S. 281.
[657] LaQue, F. L., u. M. A. Cordovi: in [648] S. 157.

[658] LEESER, D. O., u. J. E. KEMME: US. AEC. Rep., CF-53-3-276/Part II (1955) S. 302.
[659] MATTAUCH, J., u. A. FLAMMERSFELD: Isotopenbericht, Verlag der Zeitschrift f. Naturforschung 1959.
[660] BOPP, C. D., u. O. SISMAN: Nucl. 14/1 (1956) S. 46.
[661] TISLJAR, M.: Ber. d. Österr. SGAE 60/1 B (1960).
[662] MAYERHOFER, ST.: Berg- und Hüttenmännische Monatshefte 104 (1959) S. 212.
[663] KÄLLBÄCK, O.: EAES-Symposium on Reactor Materials, Stockholm (Saltsjöbaden), 5. bis 9. Oktober 1959, S/5.
[664] FINK, K., N. RIEHL u. O. SELIG: Nukleonik 3 (1961) S. 41.
[665] EPPRECHT, W.: Werkstoffkunde der Kerntechnik, Basel/Stuttgart: Birkhäuser 1961.
[666] ARBITER, W., u. G. STERN: 4. Plansee-Seminar, Reutte/Tirol, 20. bis 24. Juni 1961.
[667] KRAMER, D.: US. AEC. Rep., NAA-SR-5507 (1960).
[668] HAUSNER, H. H., u. H. C. FRIEDEMANN: Bibliography on uranium carbides, Metallwerk Plansee, Reutte/Tirol 1961.
[669] HAUSNER, H. H., u. H. C. FRIEDEMANN: Bibliography on powder metallury in nuclear engineering, Metallwerk Plansee, Reutte/Tirol 1961.
[670] BENEDICT, M.: in [6] S. 3.
[671] BEUTELL, M., E. FITZER, R. GAM u. O. VOHLER: 5. Biennal Conf. on Carbon, Pennsylvania, 19. bis 23. Juni 1961, Paper 51.
[672] MARTIN, A. J., u. A. MOORE: J. Less-Common Metals 1 (1959) S. 85.
[673] Missiles and Rockets, 3. April 1961, S. 15.
[674] WEIK, H.: Metall 15 (1961) S. 686.
[675] SCHMID, E.: Vortrag auf der 4. Int. Leichtmetall-Tagung, Leoben, Juni 1961; und Metall; im Druck.
[676] GEBHARDT, E., H.-D. SEGHEZZI u. W. DÜRRSCHNABEL: J. Nucl. Materials 4 (1961) S. 255.
[677] SCHNEIDER, G.: Metall 15 (1961) S. 675.
[678] COHEN, I., u. E. F. LOSCO: US. AEC. Rep., WAPD-127/Part II (1955).
[679] Aluminum 35 (1959) S. 45.

Sachverzeichnis

Auf den durch Fettdruck hervorgehobenen Seiten wird das Stichwort ausführlich behandelt.

721/40/61

MIX
Papier aus verantwortungsvollen Quellen
Paper from responsible sources
FSC® C105338

If you have any concerns about our products,
you can contact us on
ProductSafety@springernature.com

In case Publisher is established outside the EU,
the EU authorized representative is:
Springer Nature Customer Service Center GmbH
Europaplatz 3, 69115 Heidelberg, Germany

Printed by Libri Plureos GmbH
in Hamburg, Germany